“十三五”国家重点出版物出版规划项目

采矿手册

第三卷 地下开采

古德生◎总主编

周爱民◎主编

周科平 李向东◎副主编

Mining Handbook

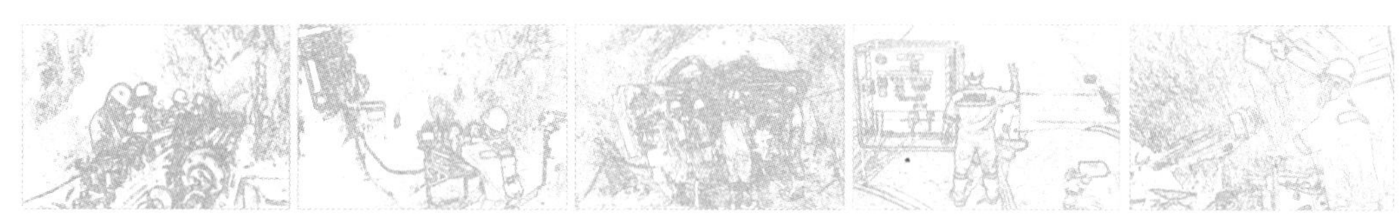

中南大學出版社
www.csupress.com.cn
·长沙·

图书在版编目(CIP)数据

采矿手册. 第三卷, 地下开采 / 周爱民主编. —长沙: 中南大学出版社, 2024.10

ISBN 978-7-5487-5371-1

Ⅰ. ①采… Ⅱ. ①周… Ⅲ. ①矿山开采—技术手册②地下开采—技术手册 Ⅳ. ①TD8-62

中国国家版本馆 CIP 数据核字(2023)第 086913 号

采矿手册　第三卷　地下开采

CAIKUANG SHOUCE　DISAN JUAN　DIXIA KAICAI

古德生 ◎ 总主编

周爱民 ◎ 主　编

周科平　李向东 ◎ 副主编

□出 版 人　林绵优

□责任编辑　史海燕　陈　澍

□封面设计　殷　健

□责任印制　唐　曦

□出版发行　中南大学出版社

社址: 长沙市麓山南路　　邮编: 410083

发行科电话: 0731-88876770　　传真: 0731-88710482

□印　　装　湖南省众鑫印务有限公司

□开　　本　787 mm×1092 mm　1/16　□印张 47.25　□字数 1206 千字

□互联网+图书　二维码内容　图片 8 张

□版　　次　2024 年 10 月第 1 版　□印次 2024 年 10 月第 1 次印刷

□书　　号　ISBN 978-7-5487-5371-1

□定　　价　326.00 元

内容提要

本卷共 7 章，分别为：第 1 章矿床开拓；第 2 章空场采矿法；第 3 章崩落采矿法；第 4 章充填采矿法；第 5 章矿山充填；第 6 章凿岩爆破；第 7 章特殊环境矿床开采。

本卷结合金属矿山地下开采工程实际，重点介绍了矿床开拓、空场采矿法、崩落采矿法、充填采矿法、矿山充填、凿岩爆破以及特殊环境矿床开采等方面的工程技术内容。作为一部大型手册，本卷尽可能突出先进性和实用性，重点收录了地下金属矿山开拓、采矿、充填、爆破等技术、装备，并筛选了部分典型工程案例。

本卷主要供金属、非金属地下矿山采矿工程师使用，也可供从事采矿工作的矿山管理、科研、设计、教学人员和相关专业的研究生与本科生参考。

《采矿手册》总编辑部

总 主 编　古德生

总 编 辑 部　(按姓氏笔画排序)

王李管　古德生　刘放来　汤自权　吴爱祥

周连碧　周爱民　赵　文　战　凯　唐绍辉

编辑部工作室　古德生　刘放来　王青海　鲍爱华　谭丽龙

胡业民

《采矿手册　第三卷　地下开采》编写人员

主　　编　周爱民

副 主 编　周科平　李向东

编 撰 人 员　(按姓氏笔画排序)

王洪江　史秀志　任凤玉　吴　鹏　吴春平

余　斌　郑伯坤　赵兴东　郭利杰　黄腾龙

盛　佳

《采矿手册　第三卷　地下开采》审稿人员

主　　审　蔡嗣经

审 稿 人　(按姓氏笔画排序)

刘福春　张钦礼　侯克鹏　姜凡均

Preface 总序

矿产资源是在地球长达46亿多年的演化过程中形成的、不可再生的可开发利用矿物质的聚合体。矿业是人类开发利用矿产资源而形成的产业，包括矿产地质勘探、矿床开采和矿物加工，是获取初级矿产品、为后续工业提供原材料的基础性产业。

人口、资源、环境是人类社会可持续发展的三大要素，而矿产资源是核心要素。人猿揖别后，人类文明"一切从矿业开始"：从旧石器时代到当前大数据、人工智能、物联网协同发展的"大人物"时代，人类从未须臾离开过矿业！矿产资源的开发利用与人类社会的发展，在历史长河中相辅相成，各类矿产资源为人类的衣、食、住、行，社会的发展与科技进步提供了重要的物质基础，衍生了人类社会，创造了人类的物质文明、科技文明和精神文明。现代社会的冶炼和压延加工业、建筑业、化学工业、交通运输业、机械电子业、航空航天业、核能业、轻工业、医药业和农业等国民经济的各行各业，没有矿业一切都将成无米之炊。

绵延五千年，在中华大地上，华夏儿女得以生存发展与繁衍生息，中华文明的传承和发扬光大，与矿产资源的开发密不可分。华夏祖先是世界上开发利用矿产资源最早、矿物种类最多的先民之一，在世界矿业史上开创了辉煌的时代，创造了灿烂的矿冶文明。1973年，在陕西临潼姜寨遗址中出土的黄铜片和黄铜管状物，年代测定为公元前4700年左右，是世界上最古老的冶炼黄铜，标志着我们的祖先早已为人类青铜时代的到来奠定了坚实的基础。出土了成批青铜礼器、兵器、工具、饰物等的二里头文化，表明在距今已有4000余年的夏朝时期，华夏文明就已进入了青铜时代。2009年，在甘肃临潭磨沟寺洼文化墓葬中出土的两块铁条，距今已有3510~3310年，表明3000多年前华夏的铁矿采冶技术就已经相当成熟，为春秋战国时期大量开采铁矿、使用铁器和人类跨入铁器时代奠定了基础。到了近代，特别是1840年鸦片战争以后，由于列强的掠夺、连年战乱和长期闭关锁国，中国矿业开始逐渐落后于西方国家。

1949年，中华人民共和国成立后，国民经济得到了迅猛的恢复和发展，中国矿业从年产钢15万吨、10种有色金属1.3万吨、煤炭3200万吨、原油12万吨起步，开启了快速发展与重新崛起的新纪元。

20世纪50年代初期，为规划"建设强大的社会主义国家"，振兴矿业成为头等大事。

1950年2月17日，正在苏联访问的毛泽东主席在莫斯科为中国留学生亲笔题写了“开发矿业”四个大字，号召有志青年积极投身祖国的矿山事业，为中国矿业的发展和壮大贡献青春和智慧。七十多年弹指一挥间，经过几代人的努力，我国已探明了一大批矿产资源，建成了比较完整、齐全的矿产品供应体系，为国民经济的持续、快速、协调、健康发展提供了重要的物质保障，取得了举世瞩目的成就：2019年生产钢材12.05亿吨，10种有色金属5866万吨，原煤38.5亿吨，原油1.91亿吨。

1 矿业特点与产业定位

在人类社会漫长的发展过程中，被发现和利用的矿产种类越来越多。依据矿业经济和社会发展的不同历史阶段所需矿物种类的差异性，可以大致将矿产资源分为三类：

第一类是传统矿产，包括铜、铁、铅、锌、锡、煤和黏土等工业化初期需要的主导性矿产品。

第二类是现代矿产，包括铝、铬、锰、钨、镍、矾、铀、石油、天然气和硅等工业化成熟期到高技术发展初期广泛利用的矿产品。

第三类是新兴矿产，包括钴、锗、铂、稀土、钛、锂、金刚石、高纯石英、晶质石墨等知识经济高技术时代大量使用的矿产品。

一个国家的科技及经济处于哪个发展阶段，依据上述三类矿产品的生产量和需求量的比例就可做出判断。当今世界正面临着新的技术革命，不仅需要第一类、第二类矿产，还需要大力开发第三类矿产。比如，航空航天、医疗设备、电子通信、国防装备等，都需要大量的新兴矿产品。

在联合国的《国际标准行业分类》(ISIC-4.0)和欧盟标准产业分类(NACE2006)、北美产业分类(NAIC2012)等文件中，矿业(包括探矿、采矿和选矿)均归属于从自然界获取初级矿产品、为后续加工产业(第二产业)提供原材料的第一产业。世界矿业大国和矿产品消费大国，如俄罗斯、美国、巴西、澳大利亚、新西兰、加拿大、南非等，都把矿业作为一个独立产业门类且归属为第一产业。仅有日本、德国等少数国家，因其国内矿产资源较为贫乏，所需要的矿产品主要依靠国外进口，矿业在其国民经济中所占份额较少，而把矿业列为第二产业。

由于历史的原因，我国矿业被划分在第二产业，这是不合适的。中华人民共和国成立之初所确定的产业分类法，是从苏联借鉴过来的按生产单位性质划分产业类型的方法，完全没有考虑经济活动的性质。因此，把设在冶金联合企业(包含探矿、采矿、选矿、冶炼和材料加工等生产业务)内部的矿山采掘生产作业(探矿、采矿、选矿)连带划入了第二产业。几十年来，我国一直维持着这一分类法。到2003年，国家统计局颁布的《三次产业划分规定》及现行的《国民经济行业分类》(GB/T 4754—2017)中，依然将采矿业划归为第二产业，且把勘查业划归为第三产业。这种把矿业等同于加工业的产业分类方法，混淆了企业经济活动的性质，压制了矿山企业的经济活力，实在有待商榷。马克思在《资本论》中阐述剩余价值学说时，就曾论述到：农业、矿业、加工业和交通运输业是人类社会的四大生产部类，农业和矿业是直接从自然界获取原料的生产部类，是基础性产业；加工业是对农业和矿业所获得的原料进行加工，以满足社会的需求；交通运输业是连接农业、矿业、加工业等的纽带和桥梁；没有农业和矿业的发展，就没有加工业和交通运输业的繁荣。

随着经济和社会的发展，中国已成为世界第一矿业大国，理应同世界上绝大多数国家一样，把矿业归属于第一产业。从生产活动的性质上看，矿业不仅应该划归第一产业，而且它还应该是个独立的产业门类。因为它与一般工业有本质的不同，主要有如下特性：

(1)建矿选址的唯一性。一般工业可选择相对有利于人们生产、生活的地区建厂，而矿山只能建在矿床所在地。大多数蕴藏矿产资源的地区往往是水、电、交通条件很差的边远山区，建矿如同建社会，矛盾多、投资大、工期长。

(2)开采对象的差异性。开采对象资源禀赋天然注定，其工业储量、有用矿物种类与价值、赋存条件、矿床形态、矿岩的物理力学性质、矿石品位等的差异非常大，由其所决定的生产方式、开发规模、服务年限与可营利性等千差万别。这些差别表明矿山投资风险高、技术工艺多变、建设周期长。

(3)作业场所的不确定性。矿山开采作业人员和设备的工作面随着生产推进而日新月异，同时还面对地质构造、地下水、地压、矿体边界等许多不确定性，以及采、掘(剥)等主要生产工序间的协同性，导致矿山生产作业、安全管控难度大、风险高。

(4)矿产资源的不可再生性。矿产资源是地质作用下形成的有用矿物质的聚合体，是不可再生的，因此，矿山终将随着资源的枯竭而关闭，大量固化工程将报废，大量固定资产因失效而流失，同时还有大量的如闭坑等善后处理工程。

(5)产业发展的艰难性。目前，矿山生产与建设需要遵守国家五十多项法律法规，矿山建设准备工作纷繁复杂；矿山生产设施和废碴排放需要占用大量土地，矿山建设与矿区周边复杂的利益关系往往使得矿地关系协调异常困难；受矿床赋存条件制约，矿山建设工程量大、建设周期长、投资风险高；采矿生产过程需要经常移动作业地点、资源赋存条件也往往不断变化，这些都会导致生产安全、生态环境等诸多不确定性，根本不可能用管理工厂的固定工艺流程的办法来管理矿山。

(6)矿业的基础性。矿业处于工业产业链的最前端，它为后续加工业提供初级原料，向下游产业输送巨大的潜在效益，全面支撑国民经济的可持续发展。我国85%的一次能源、80%的工业原材料、70%以上的农业生产资料均来自矿业。没有矿业就没有工业、没有国防，也没有国家现代化。矿业与粮食一样是国家立业之根本。

世界上最早认识到矿业处于国民经济基础地位的是现代工业发源地英国，其后是非常重视矿产资源基础地位、掀起了第二次工业革命浪潮的美国。当今时代，矿业在国民经济的发展和国家安全中的重要性尤为突出。但是，长期以来我国矿业被定位为第二产业，与加工业混为一谈，这漠视了矿业的特殊性，严重扭曲了矿业的租税制度，导致我国的矿业管理几近碎片化，致使矿业负担过重、资源开发过度、环境破坏严重，形成了当代矿业发展与后代子孙的资源权益同时受损的局面。在面临百年未有之大变局的今天，国际政治、经济、军事环境复杂多变、世局纷扰，无不涉及矿产资源的激烈竞争。对于我国这样一个涉及油气、煤炭、冶金、有色金属、化工、核工业、建材等领域的矿业大国来说，缺乏全国性的统一管理部门，对我国经济和社会的健康发展与有效应对复杂多变的国际环境十分不利。现实在呼唤：中国矿业应该与同是基础产业的农业一样划入第一产业，并由独立部门负责管理，以加强我国矿业发展的战略规划和政策引导。这有利于将矿业作为一个整体纳入国民经济体系之中，有利于制定统一的矿业发展战略和发展规划，有利于制定统一的方针政策和行业规范，有利于协调不同行业之间的矛盾，有利于解决行业内部遇到的共同问题，有利于制定并实施全球资源战略和参与国际竞争。让中国矿业大步跨出国门，积极融入“一带一路”建设，这也是第一矿业大国应有的担当。

2　矿产资源开发的世界视野

矿产资源的不可再生性，决定了世界矿产资源保有量的枯竭性和供应量的有限性。加上矿产资源供需不均衡，致使世界范围内争夺矿产资源的矛盾加剧，造成了全球局势的纷扰动荡。

在近代，全球地缘政治复杂多变，无不与资源争夺有关。矿产资源丰富本是一个国家的优势，但在世界资源激烈争夺的过程中，相对弱小的国家，资源优势成为了外国入侵的导火索，如某些中东国家的石油，非洲国家的钻石、黄金等，都带着资源争夺的血腥味。

当前，全球四千三百多家国际矿业公司中，尤其是占比达 63.5%的加拿大、美国、澳大利亚等国的矿业公司，在一百多个国家和地区既争夺资源，又争夺市场。这种争夺不仅表现在贸易摩擦和投资竞争的激烈性上，也表现在这些国际矿业公司与东道国之间矛盾的尖锐性上，有时甚至演化成为领土间的争端和冲突，造成世界经济、政治和军事的动荡不安。

邓小平同志在 1992 年曾经说过：“中东有石油，中国有稀土”，中国稀土年产量曾经独占全球的九成。随着高新科技产业的快速崛起，稀土资源成为极其重要的战略资源，特别是产于中国南方离子吸附型矿床中的钆、铽、镝、钬、铒、铥、镱、镥、钇、钪等 10 种重稀土。长时间超大规模、超强度的无序开采，给中国南方稀土矿区的生态环境带来了非常严重的破坏。为了保护生态环境，国家 2007 年决定对稀土出口实行配额管理，使得稀土的出口量缩减了 35%~40%。2012 年，美国、欧盟、日本等纠集起来，在世界贸易组织对中国的稀土配额管理制度横加指责、粗暴干涉。这些深刻地反映出世界矿产资源争夺与国际市场贸易战的激烈程度。

作为世界第一矿业大国，中国矿业对世界矿业的影响举足轻重，在矿业市场全球化的环境下，中国矿业已经深深地植根于全球化的矿业市场中，面对日益激烈的竞争，中国应加快从矿业大国向矿业强国转变。

到 2050 年，全球人口将会突破 90 亿，水、粮食和矿产资源的需求将大幅增加。资源过度开发利用所带来的环境破坏，以及资源过度消耗所造成的环境污染与气候变迁，将使人类面临更为严峻的生态危机。

放眼世界，资源是世局纷扰的主要因素。资源占有和资源供应决定着国家战略。发达国家之所以不惜投入巨资发展太空科技，研究打造月球基地和小行星采矿，努力向外太空发展，除了国家安全战略方面的考虑外，开发太空资源是其重要动因。未来一定是谁掌握了未来资源，谁就掌握了未来。

当前，我国经济已由高速发展阶段转向高质量发展阶段，对矿产资源的需求也由全面、持续、快速增长转变为差异化增长。矿产资源的供给安全正逐步突破以数量、规模、成本、利润为目标的市场供给范围，新一轮科技革命必将驱动矿产资源的供应安全渗透到国家经济发展和地缘政治领域。

面对错综复杂的国际环境，中国矿业要紧扣矿业领域新的发展阶段、新的发展理念、新的发展格局，以推进高质量低碳发展为目标，以短缺矿产资源找矿突破为重点，以树立绿色低碳矿业新形象为标志，加快构筑互利共赢的全球产业链、供应链命运共同体，形成以国内大循环为主体、国内国际双循环相互促进的发展新格局。

3 矿业的可持续发展

矿业要坚定不移地走可持续发展之路，“绿色开发”将成为矿业发展的永恒主题。人类在石器时代，对矿产品的认识、采集、加工利用等活动仅在地表进行，矿产品产量、开采方式和废弃物排放等，与生态环境的承载能力基本上相适应。自青铜时代起，铜、铁等矿产品先后出现规模化开采矿点，涉及地表、地下开发，但规模有限，对生态环境的影响也有限，故早期人类并没有十分重视矿业对周边生态环境的影响。进入工业化时代以后，经济和社会的发展使得矿产资源的需求量激增，矿业对生态环境的破坏也越来越严重。为了解决现代工业发展与生态环境保护间的矛盾，自20世纪70年代以来，人类在不懈地探求生存和发展的新道路，提出了“可持续发展”理念，倡导绿色矿业。经过几十年的实践，可持续发展和绿色矿业的理念，已被越来越多的人接受，并已成为全球共识。

我国是世界上少有的几个资源总量大、矿种配套程度较高的资源大国之一，矿产资源总量居世界第三位。但是，大宗矿产资源赋存条件不佳，可持续供给能力不强，人均资源量约为世界人均量的58%。从这个意义上说，我国实际上还是一个资源相对贫乏的国家。目前，我国的镍、铜、铁、锰、钾、铅、铝、锌等大宗矿产品的后备资源储量较少，品质不高，且经过多年远高于全球平均水平的高强度开采，资源消耗过快，静态储采比大幅下降，总体上处于相对危机状态。

目前，我国正处于工业化中期阶段，对矿产资源的需求强度将进入高峰期，矿产资源的供需矛盾日益突出，因此，矿产资源的可持续开发利用更加引人瞩目。自20世纪末以来，我国矿业的可持续发展理念有了很大升华，归纳为以下四点：

(1) 矿业经济的全球观。将一个国家和地区的资源供求平衡过程与国际平衡过程紧密地联系起来，采取两种资源和两个市场的战略方针和对策，稳定、及时、经济、安全地在国际范围内，实现国内总供给和总需求的平衡；同时积极、主动地适应矿业全球化的大趋势，以获得全球竞争与合作的“红利”，防止被边缘化。

(2)矿业的可持续发展观。将矿产资源的开发利用和生态环境的保护与整治紧密联系起来，强调资源利用的世界时空公平性和资源效益的综合性，在生产和消费模式上，实现由浪费资源到节约资源和保护资源，由粗放式经营到集约化经营，由只顾当代利用到兼顾后代持续利用的转变。

(3)资源开发利用增值观。通过科技进步，提高资源的综合回收率，开拓资源应用的新领域，延伸资源开发利用的产业链，从根本上改变“自然资源无价”和“劳动唯一价值论”的传统观念，使资源得到最大限度的利用。

(4)矿产资源供应安全观。矿产资源在很大程度上决定着一个国家的经济发展实力和综合国力，因此，资源需求大国应大大提高资源供求意义上的国家安全观，强化重要资源的安全供给。

矿业可持续发展是矿产资源开发利用与人口、经济、环境、社会发展相协调的可持续发展。2003 年，我国提出了“坚持以人为本，实现全面、协调、可持续发展”的科学发展观，它成为我国实施可持续发展战略的原动力和重要指导方针。为了实现矿产资源可持续开发，在树立上述四个新观念的基础上，人们十分关注与矿产资源可持续开发相关的矿业政策与措施：

(1)健全矿产资源法律法规体系。在已有《中华人民共和国矿产资源法》《中华人民共和国固体废物污染环境防治法》等的基础上，制定“矿山环境保护法”“矿业市场法”等法律；科学编制和严格实施矿产资源规划，加强对矿产资源开发利用的宏观调控，促进矿产资源勘查和开发利用的合理布局；健全矿产资源有偿使用制度，加强矿山生态环境保护和治理，制定矿业监督监察工作条例，加强矿业执法、检查和社会监督。

(2)择优开发资源富集区。加强矿产资源调查评价和矿产勘查工作，积极开拓资源新区，开发国家短缺的和有利于西部经济发展的矿产资源；依据资源配置市场化的战略思路，对战略性资源实行保护性开采；按照价值规律调节资源供求关系，重视开发利用过程中资源价值的增值问题；科学地探索和总结矿床地质理论，不断创新勘探技术与方法，提高矿产资源保证程度。

(3)提高矿产资源开采和回收利用水平。依靠科技进步，推广采、选、冶高新技术，大力提高矿石回采率和伴生、共生组分的回收利用能力，最大限度地合理利用矿产资源，减少矿业对环境的影响；促进资源开发的节能降碳、绿色发展；大力培养全民节约资源和保护资源的意识，建立节约资源和循环利用资源的社会规范。

(4)用好国内外两种资源、两个市场。从国内矿产资源供应为主，转变为立足国内资源，通过扩大国际矿产品贸易、合作勘查开发和购置矿业股权等途径，最大限度地分享国外资源；组建海外经济联合体，形成利益共同体，掌控海外矿冶产业链的主导权，以稳定国外资源供应。对国内优势矿产，坚持保护性开发，以保障国家资源安全。

(5)矿产开发与环境保护协调发展。推进矿产资源开发集约化之路，提高矿业开发的集中度，发挥规模经济效益；发展现代装备技术，提高采掘装备水平，变革采矿工艺技术，“在保护中开发，在开发中保护”，推进安全生产、绿色发展，促进矿产资源开发利用与生态建设和环境保护的协调发展。

(6)建立重要战略矿产资源储备制度。采用国家储备与社会储备相结合的方式，实施战略性矿产资源储备；建立重要战略矿产资源安全供应体系和预警系统，最大限度地保障国家经济和国防建设对资源的需求；完善相关经济政策和管理体制，以应对国内紧缺支柱性矿产供应中断和国际市场的突发事件；积极开展大洋与极地矿产资源的调查研究，为开发海底与极地资源做好技术储备。

4 金属矿采矿工程

我国目前已经发现的矿产有173种，其中金属矿产59种、非金属矿产95种、能源矿产13种、水气矿产6种。本书所涵盖的内容主要涉及金属矿产资源的开采领域，包括已探明储量的54种金属矿产。

根据金属矿床赋存的空间环境和所采用的采矿工艺技术及装备的不同，金属矿床的开采方式目前一般分为露天开采、地下开采和海洋开采三种。

“露天开采”用于开采近地表的矿床。我国的铁矿石和冶金辅助原料，以及化工、建材及其他非金属矿产多采用露天开采。

“地下开采”用于开采上覆岩土层较厚或滨海、滨江、滨湖的矿床。我国的铅、锌、钨、锡、锑、金等有色金属矿产主要采用地下开采。

“海洋开采”用于开采海水、海底表层沉积物和海底浅表基岩中的有用矿物，至今仍然处于探索阶段。我国已于1991年成为海底资源“先驱投资者”国家，在国际公海上获得了15万km^2的“开辟区”和“保留区”的权利。我国在深海海底资源勘探、深海耐高压采掘设备和机器人等领域的研究，也已取得重要进展。

采矿工程学科是一个以矿山地质、矿床开采系统与方法、采矿工艺技术、矿山装备与信息技术、数字矿山与智能采矿、矿床开采设计、矿山建设与管理、矿山安全与环境工程等为主线，以岩体力学为专业基础理论，以机械化、自动化、信息化、智能化为重要技术支撑的工程科学技术学科。为了开发利用矿岩中的有用矿物资源，需要在长期地质作用下所形成的矿岩体中进行采掘作业而形成采矿工程，因而打破了亿万年来地层结构的原始应力平衡状态，必须通过支护、充填或崩落等地压控制手段在矿岩中形成一个新的应力平衡。但在长期的地质作用下所形成的板块、地块、断层、裂隙、层理、节理等多层次的结构体存在着复杂多变的地应力，直接影响着岩体本构关系的性质，使得采矿工程学科的基础理论与工艺技术比一般工程学科更加复杂。作为采矿工程基础理论的岩体力学，由于受到开采过程中多种随机因素的影响，要研究和处理非均质、非连续介质、内部充满各种软弱面的力学问题，也变得十分复杂。但在近代计算力学成果的基础上，通过计算机仿真技术，岩体力学已经能够从工程的角度诠释混沌问题的本质，为采矿工程技术的发展提供科学基础。

5 金属矿采矿的未来

我国钢铁和有色金属产量已于2000年前后分别跃居世界第一位，成为世界金属矿业大国。如今，我国正处于迈向矿业强国的重要转折期。站在世界矿业科技前沿的高度，去审视我国金属矿业的发展状况，前瞻未来，明确重点发展领域，全面落实可持续发展、绿色开发理念，努力构建非传统的“深地”开采模式，寻求“智能采矿”技术的新突破，是当代中国矿业人的重大使命。

(1)遵循矿业可持续发展模式——绿色开发。遵循矿业可持续发展的模式，将矿区资源、环境和社会看作一个有机整体，在充分开发、有效利用矿产资源的同时，保护矿区土地、水体、森林等生态环境，实现资源-环境-经济-社会的和谐发展是绿色开发的基本特征。“绿色开发”的技术内涵很广，主要包括矿区资源的高效开发设计和闭坑设计，矿区循环经济规划设计，固体废料产出最小化和资源化，节能减排，矿产资源的充分综合回收，矿区水资源的保护、利用与水害防治，矿区生态保护与土地复垦，矿山重金属污染土地生物修复，矿区生态环境的容量评价等。

2005年8月15日，习近平同志首次提出“绿水青山就是金山银山”的理念。按照“绿水青山”和“金山银山”和谐共存、互利互惠的基本原则，充分依靠不断创新的充填采矿工艺技术和装备，特别是金属矿山“采、选、充”一体化技术、特殊资源原位溶浸开采技术、闭坑后采掘空间绿色开发利用技术，推广节能降碳、绿色发展的矿业新模式，是矿山企业践行“绿水青山就是金山银山”的绿色发展理念、建设美丽中国的时代要求。

新建矿山必须牢牢把“绿色、智能、安全、高效”作为矿山建设发展方向，高起点、高标准建设，把绿色发展理念贯穿到矿产资源开发的全过程，一次性建成“生态型、环保型、安全型、数字化”的绿色矿山，正确处理和妥善解决好矿产资源开发与生态环境保护这个主要矛盾，实现“开发一矿、造福一方”的目标，不断增强企业员工和矿区人民群众的获得感、幸福感和安全感。

已建成矿山应该秉持“天地与我并生，而万物与我为一”的中国传统哲学思想，把矿区的资源与环境作为一个整体，在充分回收利用矿产资源的同时，协调开发利用和保护矿区的土地、森林、水体等各类资源，实现绿色发展。

(2)开拓矿业的科技前沿——深部(深地)开采。由于浅部资源正在消耗殆尽，未来金属矿山开采的前沿领域必将是深部开采。对于“深部”概念的确定，国内外采矿专家、学者历经近半个世纪的研究，到目前为止尚无统一的标准。我国有些专家、学者建议以岩爆发生频率明显增加作为标准来界定，普遍认为矿山转入深部开采的深度为超过800~1000 m。谢和平院士指出：确定深部的条件应是由地应力水平、采动应力状态和围岩属性共同决定的力学状态，而不是量化的深度概念，这种力学状态可以经过力学分析得到定量化的表述，并从力学角度出发，提出了“亚临界深度”“临界深度”“超临界深度”等概念。

“深地”的科学内涵包括揭露陆地岩石圈结构，揭示地壳结构构造、地壳活动规律与矿物质组成；探索地球深部矿床成矿规律，开展深部矿产资源、热能资源勘查与开发；进行城市地下空间安全利用、减灾、防灾与深地核废料处理等。为开发“深地”基础科学与工程技术研究，2016年、2017年，国家项目“深部岩体力学与采矿基础理论研究”“深部金属矿建井与提升关键技术”“深部金属矿安全高效开采技术”和“金属矿山无人开采技术”等已先后启动，我国矿业拉开了向“深地”进军的大幕。

随着开采深度的增加，开采难度将越来越大。开采深度达到2000 m后，开采环境将更加恶化，井下温度将超过60℃，地应力在100 MPa以上，开采活动变得更加困难，这被视为进入“超深开采”(或“深地开采”)阶段。“高地应力能”“高地热能”和“高水势能”的“三高能”特殊开采环境，现有传统技术已经难以应对。因此，“深地开采”必将成为矿业发展的前沿领域。

任何事物都有两面性，如可以引起岩爆、造成事故的“高地应力能”，目前已能利用其诱导岩石致裂来提高破碎效果。严重危害人的健康，甚至能引发炸药自爆的“高地热能”或许可用来供暖、发电，甚至实现深井降温；可造成管网爆裂和深井排水成本大幅增加的“高水势能”或许可作为新的动力源，用于矿浆提升或驱动井下机械设备。从能量角度思考，可以说，深地开采中的难题源自“三高能”的可致灾性，而这些难题的解决在一定程度上又寄望于“三高能”的开发利用。因此，在“深地”开采中，既要研究“三高能”的能量控制与转移，以防止诱发灾害，又要研究“三高能”的能量诱导与转化，为“深地”开采所利用。遵循这一技术思路，在基础理论、装备与工程技术的研究中，就会有更宽广的路线，实现安全、高效、绿色开采，从而有更宽阔的空间发展未来的“深地”矿业科技。

“深地”开采包含许多需要研究开发的高端领域，如：整体框架多点支撑推进、导向钻进的智能竖井掘进机械；深井集约开采智能化无轨采掘装备；大矿段多采区协同作业连续采矿技术；高应力储能矿岩的诱导致裂与深孔耦合崩矿技术；深井开采过程地压调控与区域地压监测技术；井下磨矿、泵送地面选厂的浆体输送技术；深部井底泵站与全尾砂膏体泵压充填技术；“深地”地热开发利用与热害控制技术；集约开采生产过程智能管控技术，等等。

“深地”矿物资源、能源资源的开发利用，已引起世人的极大关注，它是未来矿业的重要领域，是矿业发展高技术的战略高地。

(3)迈向矿业的未来目标——智能采矿。智能采矿是新一代信息智能技术与矿山开发技术深度融合，人文智慧与系统智能高效协同，通过人-机-环-管5G网络化数字互联智能响应矿产资源开发环境变化，实现采矿作业遥控化、采掘装备智能化、开采环境数字化、生产管理信息化的绿色智能、安全高效开采技术，是21世纪矿业发展的必然趋势。近期目标是全面实现矿山采矿机械化、信息化、自动化，个别矿山初步构建较完善的智能采矿应用场景，针对井下有轨/无轨作业装备实行局部智能调度；中期目标是构建完善成熟的智能感知、智能决策、自动执行的智能采矿技术规范与标准体系，以矿山无轨装备远程自主智能化作业为基础，实现矿山开拓设计、地质保障、采掘(剥)、出矿(充填)、运输通风、供风排水、地压监控等系统的智能化决策和自动化协同运行；远期目标是矿山开采全过程三维可视化及数据实时采集智能化处理、矿山生产决策及管控一体化平台高效协同，地下矿山生产作业全部实现机器人替代，矿产资源开发实现全流程智能化开采。

矿业作为传统而复杂的产业，面对着采矿条件复杂、生产体系庞大、采掘环境多变等诸多挑战，抓住新一代信息技术变革机遇，构建互联网新思维，利用无线遥控传感技术、云计算、人工智能、机器视觉、虚拟现实、无人驾驶、工业机器人等先进技术，解决了生产、设备、人员、安全等制约矿山发展的瓶颈问题，着力打造“智能化矿山”，是当前矿业高质量发展的努力方向。

“智能采矿”的发展，起步于数字矿山的基础平台建设，发展于信息化智能化采矿技术的创新过程。近几年来，一批具有远见卓识的矿山企业，已把矿山数字化、信息化列为矿山基础设施工程，初步建成了集多功能于一体的矿山综合信息平台，包括矿产资源评价、资源动态管理、开采优化设计、矿山安全生产指挥调度中心、灾害远程监测与预报、矿山固定设备远程集中控制、井下移动目标跟踪定位、智能采装运设备检测与遥控系统、生产经营管理，等等。一批如杏山铁矿、迪庆普朗铜矿、城门山铜矿、乌山铜矿、三山岛金矿和即将投产的思山岭铁矿等智能化矿山标杆企业，已经走在前头。总体而言，我国大型矿山企业的智能化发展水平与国际先进水平的差距正逐步缩小，其中在智能化装备技术应用方面已基本与国际实现同步发展；在智能软件设计和应用，以及井下有轨矿山智能化改造等方面已经处于国际先进水平。

“智能采矿”是一个综合的系统工程，在推进智能采矿的过程中，需要矿业软件、矿山装备与通信信息等学科的支持及产业部门的大力合作和支持。但把握矿山工程活动全局的采矿工作者要做实践智能采矿的主导者，以推动矿业全面升级：实现采矿作业室内化，最大限度地解决矿山生产安全问题，使大批矿工远离井下作业环境；实现生产过程遥控化，大幅提高井下作业生产效率，大幅降低井下通风、降温等费用；实现矿床开采规模化，大幅提升矿山产能，大幅降低采矿成本，使大规模低品位矿床得到更充分的利用；实现职工队伍知识化，大幅提升职工队伍的知识结构，使矿工弱势群体的社会地位发生根本性的改变。

人类文明始于矿业，未来仍将以矿业为基石，伴随着中华文明的伟大复兴，中国采矿必将走向星辰大海，前途一片光明！

Foreword 前言

采矿业是国民经济的基础工业，这是几千年人类社会发展所证实的真理，也是未来社会发展所必须高度重视和持续投入的产业。地下开采在我国金属矿山的开采中占有很重要的地位，90%以上矿山均采用地下开采。地下开采是指通过开拓、采准、切割和回采四个步骤从地下矿床的矿块里采出矿石的过程。地下采矿方法分类繁多，常以地压管理方法为依据，分为三大类：空场采矿法、充填采矿法和崩落采矿法。就金属矿地下开采来说，矿床赋存条件是基础，矿床开拓是关键，采矿方法是核心。如何安全、高效地开采地下矿产资源，在很大程度上取决于矿山开拓方案是否科学，采矿方法是否合理。根据我国目前金属矿产的开采现状，一方面要提高矿产资源开发利用技术水平，使更多先进、安全、环保的开采方法与技术得到更好的推广与运用，提高矿山的生产能力与资源利用率；另一方面，要将资源节约的原则贯彻到矿产开采的全过程，避免在矿产开采过程中的资源浪费现象，同时，在矿产开采过程中创造一个安全无忧的生产环境，保障矿山生产安全。

随着我国对矿产资源需求的不断增加，复杂难采和深部矿产资源已逐渐成为资源开发的主要对象，要加快解决复杂难采和深部矿产资源开采所面临的技术难题，促进采矿技术装备自动化、信息化、智能化的快速发展。在机械化、自动化基础上，将信息化、智能化深度融合，推动矿山企业向绿色化、集约化和智能化发展。

《采矿手册 第三卷 地下开采》，围绕地下金属矿山资源开采的三大主要工程——矿床开拓、采矿方法和凿岩爆破，充分反映了我国金属矿采矿技术的发展成果，详细阐明了地下开采，矿床开拓的主要方法和案例，金属矿山的主要采矿方法类型、适用条件和案例；系统分析了金属矿地下开采凿岩爆破的发展趋势、爆破方法及爆破安全；全面论述了深部开采、高原高寒地区矿床开采、大水矿床开采等特殊条件下的采矿技术与发展趋势。

《采矿手册 第三卷 地下开采》由长沙矿山研究院有限责任公司周爱民教授级高级工程师任主编，中南大学周科平教授及长沙矿山研究院有限责任公司李向东教授级高级工程师任副主编，汇聚了国内著名研究院、高校多位专家学者的智慧。全卷共分7章，第1章矿床开拓由东北大学赵兴东教授撰写，第2章空场采矿法由中南大学周科平教授撰写，第3章崩落采矿法主要由东北大学任凤玉教授撰写，其中3.8节崩落采矿法放矿规律由长沙矿山研究院有限责任公司周爱民教授级高级工程师撰写；第4章充填采矿法由长沙矿山研究院有限责任公司李向东教授级高级工程师、盛佳教授级高级工程师、郑伯坤高级工程师、黄腾龙高级工程师撰写；第5章矿山充填主要由长沙矿山研究院有限责任公司周爱民教授级高级工程师撰写，其中5.3、5.5节由北京科技大学王洪江教授撰写；第6章凿岩爆破由中南大学史秀志教授撰写；第7章特殊环境矿床开采主要由矿冶科技集团有限公司余斌教授级高级工程师撰写，其中7.2、7.3节由矿冶科技集团有限公司郭利杰教授撰写，7.5节由北京科技大学吴春平教授撰写，7.6、7.7节由矿冶科技集团有限公司吴鹏教授撰写。

《采矿手册 第三卷 地下开采》也凝聚了多位审稿人的心血，他们为本卷的撰写提出了宝贵的意见和建议，在此对各位审稿人的真知灼见表示诚挚的感谢。长沙有色冶金设计研究院有限公司刘福春教授级高级工程师为第1、2章的审稿人，长沙矿山研究院有限责任公司姜凡均教授级高级工程师为第3、6章的审稿人，中南大学张钦礼教授为第4章的审稿人，北京科技大学蔡嗣经教授为第5章的审稿人，昆明理工大学侯克鹏教授为第7章的审稿人。

本卷在成稿的过程中，得到了中国工程院院士、我国著名采矿专家、中南大学古德生教授的多次指导和帮助，编者在此向古德生院士表示感谢。此外，中南大学、东北大学和北京科技大学的许多硕士、博士研究生参与了大量工作，中南大学出版社也为本卷的出版提供了大力支持，在此一并表示感谢。本卷的编写过程中参考了许多中外学者的著作、教材和研究成果，部分案例选自公开发表的文献和刘华武、孟书强等提供的素材，在此，谨对原作者和研究者表示最诚挚的谢意。

由于编者理论与实践水平有限，虽然反复修改，仍难免有各种不足，甚至是错误，热忱欢迎广大读者、同行批评指正。

编 者

Contents **目录**

第 1 章

矿床开拓

1.1 概述

为了开采地下矿床，需从地面掘进一系列井巷通达矿体，使之形成完整的提升、运输、通风、排水、充填和动力供应等系统，称为矿床开拓。

为了开拓矿床而开凿的各种井巷，称为开拓巷道，其在平面及空间上的布置系统构成完整的矿床开拓系统。

开拓巷道按在矿床开采中所起的作用，可分为主要开拓巷道和辅助开拓巷道。

运输矿石的主平硐和主斜坡道，提升矿石的井筒(如竖井、斜井)均有直通地表的出口，属主要开拓井巷；作为提升矿石的盲竖井、盲斜井等，虽无直通地表，但它与上列井、巷一样，也起主要开拓作用，故也为主要开拓巷道。

其他开拓巷道，如通风井、溜矿井等，在开采矿床中只起辅助作用，称为辅助开拓巷道。

矿床开拓方法的选择应符合下列规定：

(1)开拓方案应根据矿床赋存特点、工程地质及水文地质、矿床勘探程度、矿石储量等，结合地表地形条件、场区内外部运输系统、工业场区布置、生产建设规模等因素，对技术上可行的开拓方案进行一般性分析，并遴选出 2~3 个方案进行详细的技术经济比较后确定；

(2)矿体埋藏深或矿区面积大、服务年限长的大型矿山，可采用分期开拓或分区开拓；

(3)根据矿床赋存条件、地形特征、勘探程度等因素，结合采矿工业场地的布置要求，采用单一开拓方式在技术、经济上不合理时，可采用联合开拓方式。

1.1.1 开拓方法

主要开拓巷道的开拓类型可以划分为：平硐开拓、斜井开拓、竖井开拓、斜坡道开拓和联合开拓。典型开拓方法分类见表 1-1。

表 1-1 典型开拓方法

开拓方法		井巷类型	典型开拓方法	矿山实例
单一开拓法	平硐开拓	平硐	下盘平硐开拓	西华山钨矿、瓦厂铁铜矿、那林金矿、刁泉铜矿、桃冲铁矿等
			上盘平硐开拓	大庙铁矿、大吉山钨矿、大冶铁矿尖山2#挂帮矿、黑山铁矿Ⅰ号采场等
			侧翼平硐开拓	铜矿峪铜矿一期、马坑铁矿等
			阶段平硐开拓	瑶岭钨矿、普朗铜矿、瑶岗仙钨矿
	竖井开拓	竖井	下盘竖井开拓	冬瓜山铜矿、铜绿山铜铁矿、草楼铁矿、白象山铁矿、李楼铁矿、周油坊铁矿、重新集铁矿、石人沟铁矿、中关铁矿、黄岗铁矿、大红山铁矿、田兴铁矿、书记沟铁矿、哈密金聚矿业东南河铁矿等
			侧翼竖井开拓	金青顶金矿、鲤泥湖铜铁矿、常峪铁矿(在建)、姑山铁矿(露转井)等
			上盘竖井开拓	尹格庄金矿、三山岛金矿一期、湖北鸡冠嘴金矿等
	斜坡道开拓	斜坡道	直线式斜坡道开拓	三山岛金矿二期、新城金矿等
			螺旋式斜坡道开拓	陕西煎茶岭金矿、河北蔡家营锌金矿等
			折返式斜坡道开拓	云锡矿山、金川镍矿、近北庄铁矿、备战铁矿挂帮矿、镜泊铁矿(在建)等
	斜井开拓	斜井	下盘斜井开拓	江苏吴县铜矿、玉泉岭铁矿、马甲脑铁矿、陈台沟铁矿(在建)等
			侧翼斜井开拓	江西金山金矿、吉林大岭镍矿等
			脉内斜井开拓	玉石洼铁矿、长兴硅灰石矿等
联合开拓法	平硐与井筒联合开拓	平硐与井筒	平硐与竖井开拓	寿王坟铜矿、郭家沟铅锌矿等
			平硐与盲竖井开拓	特尼恩特矿(智利)、大吉山钨矿、桓仁铅锌矿、中条山篦子沟铜矿、东川因民铜矿等
			平硐与盲斜井开拓	森鑫矿业、香花岭锡矿、画眉坳钨矿、荡坪钨矿等
	明井与盲井联合开拓	明竖井或明斜井与盲竖井或盲斜井	明竖井与盲竖井开拓	红透山铜矿、云南会泽铅锌矿、铜绿山铜铁矿深部、华铜铜矿、铜官山铜矿、西部深水平金矿(南非)、科佩兰德铜矿(加拿大)、加潘贝里矿(瑞典)等
			明竖井与盲斜井开拓	车江铜矿、嵩县山金矿、穆富利拉铜矿(赞比亚)、克鲁夫(Kloof)金矿(南非)、岭南金矿等

续表1-1

开拓方法		井巷类型	典型开拓方法	矿山实例
联合开拓法	明竖井与盲井联合开拓	明竖井或明斜井与盲竖井或盲斜井	明斜井与盲竖井开拓	森特恩尼阿尔铜矿(加拿大)、萨克斯贝格特矿(瑞典)等
			明斜井与盲斜井开拓	牟定铜矿、辰州沃溪矿山等
			明斜井与盲斜坡道开拓	铜矿峪矿二期、潘洛铁矿、新城金矿等
	井筒与斜坡道联合开拓	竖井与斜坡道	竖井与盲斜坡道开拓	思山岭铁矿、中金纱岭金矿(在建)、科里斯登镍矿(加拿大)、基德克里克矿(加拿大)等
	平硐与斜坡道联合开拓	平硐与斜坡道	平硐与盲斜坡道开拓	金川二矿区、三矿区、龙首矿，安庆铜矿，凡口铅锌矿，大红山铁矿等
			平硐与斜坡道开拓	红透山铜矿、小寺沟铜矿、小汪沟铁矿

1.1.2 矿床开拓布置原则

矿床开拓布置原则：

(1)竖井、斜井、平硐位置，宜选择在资源储量较集中、矿岩运输功小、岩层稳固的地段，宜避开含水层、断层、岩溶发育地层或流砂层，如若穿过软岩、流砂、淤泥、砂砾、破碎带、老窿、溶洞或较大含水层等不良地层，施工前应制订专门的施工安全技术措施。

(2)开拓工程应布置在地表岩体移动范围之外，或者留保安矿柱消除其影响。

(3)矿井(竖井、斜井、平硐等)井口的标高应高于当地历史最高洪水位 1 m 以上。工业场地的地面标高应高于当地历史最高洪水位。

(4)每个矿井至少应有两个相互独立、间距不小于 30 m、直达地面的安全出口；矿体一翼走向长度超过 1000 m 时，此翼应有安全出口。

(5)进风井宜位于当地常年主导风向的上风侧，进入矿井的空气，不应受到有害物质的污染；回风井宜设在当地常年主导风向的下风侧，排出的污风不应对矿区环境造成危害；放射性矿山回风井与进风井的间距应大于 300 m。

(6)井口工业场地应具有稳定的工程地质条件，应避开法定保护的文物古迹、风景区、内涝低洼区和采空区，布置在不受地表滑坡、滚石、泥石流、雪崩等危险因素影响的安全地带，无法避开时，应采取可靠的安全措施。

(7)井口工业场地布置应合理紧凑、节约用地、不占或少占农田和耕地，对有可能扩大生产规模的企业应适当留有发展余地。

(8)位于地震烈度 6 度及以上地区的矿山，主要井筒的地表出口及工业场地内主要建、构筑物，应进行抗震设计。

(9)考虑井筒稳定和安全，竖井一般设计在矿体下盘。但如果矿床岩土力学性质或水文地质条件复杂，竖井可设计在矿体上盘，但其应用很少，谨慎使用。

1.2 竖井开拓

1.2.1 竖井开拓适用条件与规定

1)适用条件

竖井开拓适用于赋存于地表以下各种地质条件的急倾斜~缓倾斜矿体，及需特殊凿井法施工的矿井。

根据矿山设计及生产实践，矿体埋藏深度大于300 m时，矿床开采深度超过500 m，优先考虑竖井开拓。

2)竖井开拓应符合的规定

(1)矿体赋存在当地侵蚀基准面以下，井深大于300 m的急倾斜矿体或倾角小于20°的缓倾斜矿体，宜采用竖井开拓。

(2)当主井为箕斗井，并与选厂邻近时，应将箕斗卸载设施与选厂原矿仓相连。

(3)井深大于600 m、服务年限长的大型矿山，主提升竖井可分期开凿，一次开凿深度的服务年限宜大于12年。

(4)作为主要安全出口的罐笼提升井，应装备2套相互独立的提升系统，或装备1套提升系统并设置梯子间。当矿井的安全出口均为竖井时，至少有一条竖井中应装备梯子间。

1.2.2 竖井开拓方法

根据竖井与矿床的相对位置不同，竖井开拓方法可分为下盘竖井开拓、上盘竖井开拓和侧翼竖井开拓3种，特殊条件下采用穿过矿体的竖井开拓。

按提升容器不同，竖井开拓方法分为罐笼井开拓、箕斗井开拓(箕斗井作主井，另配备罐笼井作副井)和混合井开拓。

为便于矿山达产后持续正常生产，基建时将井筒开掘到足够深度，使开拓矿量保有期达到8~15年，大型矿山取大值。

1)下盘竖井开拓

下盘竖井开拓适用于地下急倾斜矿体开拓(图1-1)，下盘竖井开拓对井筒保护条件较好，一般不留保安矿柱。缺点：石门长度随着开采深度而增加，尤其矿体倾角变小时，下部石门更长，开拓工程量急剧增加。

若矿体倾角等于或小于下盘岩石移动角时，竖井应布置在地表表土层移

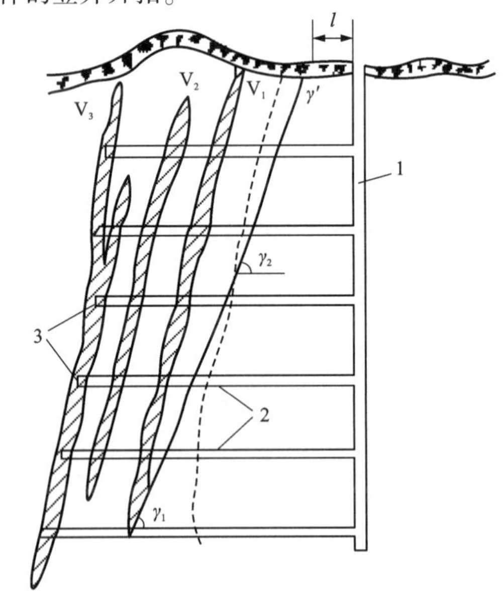

1—竖井；2—石门；3—阶段运输平巷；γ_1，γ_2—下盘岩石移动角；γ'—上盘岩石移动角；l—安全距离；V_1，V_2，V_3—矿体编号。

图1-1 下盘竖井开拓法

动角之外；若矿体倾角大于下盘岩石移动角时，则竖井应布置在矿体下盘岩体移动范围之外（表 1–2）。

表 1–2　下盘竖井开拓实例

矿山（工程）名称	井巷形式	设计生产规模/（t・d^{-1}）	采矿方法
安庆铜矿	主井、副井	3500	分段空场嗣后充填法，大直径深孔阶段空场嗣后充填法
三山岛金矿一期工程	混合井	1500	点柱式上向分层充填法
武山铜矿深部工程	主井、副井	5000	下向分层充填法
大尹格庄金矿一期工程	混合井、辅助井	2000	分段空场嗣后充填法，下向六角形进路胶结充填法
吴县银铅锌矿	罐笼井	300	分段空场嗣后充填法，浅孔留矿法

对于矿体走向很长，特别是大规模生产矿山，为使井下运输、采掘顺序、产量分配、通风、基建速度和巷道维护条件好，只要厂址、地形和工程地质条件允许，竖井应尽量布置在井下运输功最小位置（图 1–2）。

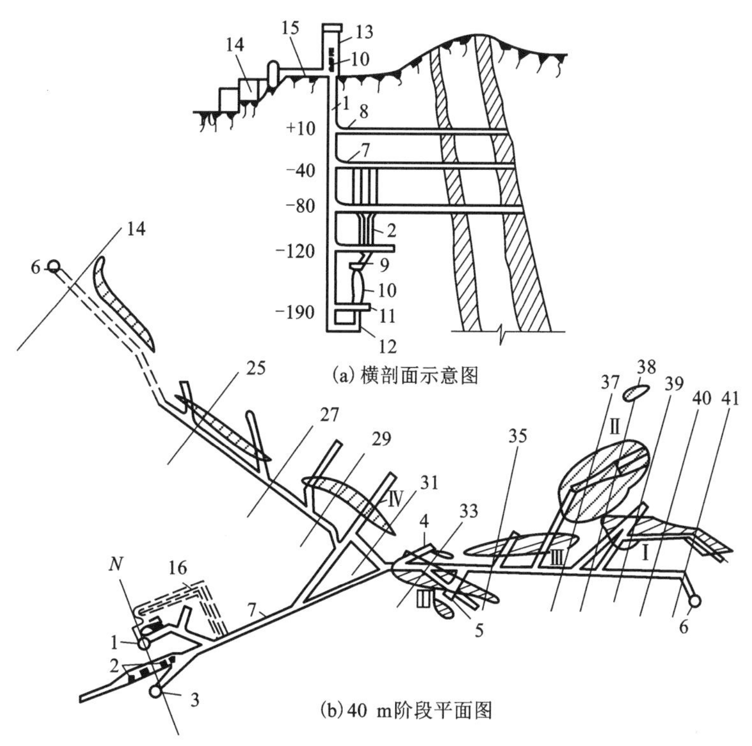

Ⅰ、Ⅱ、Ⅲ、Ⅳ—矿体编号；1—混合井；2—矿石溜井；3—废石溜井；4—1 号盲井；5—2 号盲井；6—通风井；7—运输阶段；8—副阶段；9—140 m 破碎站；10—矿仓；11—带式输送机巷道；12—粉矿回收井；13—井塔；14—选厂；15—带式输送机；16—水仓。

图 1–2　铜陵凤凰山铜矿下盘竖井开拓法

2）上盘竖井开拓

上盘竖井开拓是指在上盘岩体移动范围之外布置竖井，从竖井再掘进石门通达矿体的开拓方法（图 1-3）。与下盘竖井开拓相比，缺点为：上部阶段石门较长，基建工程量大，基建时间长，初期投资大，企业投产时经济效益差。若竖井穿过矿体，虽能克服上述缺点，但需留保安矿柱，因此一般很少采用。

考虑采用上盘竖井开拓法的条件：①地表地形条件。当矿体的下盘、侧翼无建厂条件，矿体下盘是高山而上盘地形比较平坦，采用上盘竖井井筒长度短（表 1-3）。②矿床的倾角近于垂直或水平。③地表及厂区内外部的运输联系及厂区布置采用上盘竖井开拓，基建投资、经营和运输费用高。④下盘地质条件复杂，或地表有河流、湖泊，或不能避开破碎带等。

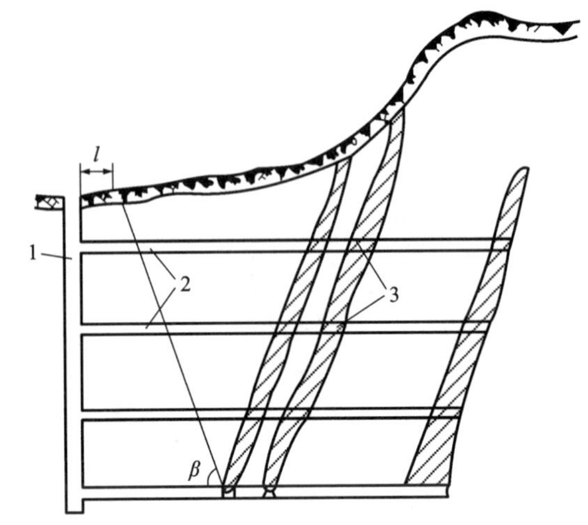

1—竖井；2—石门；3—阶段运输平巷；

β—上盘岩石移动角；l—上盘竖井至岩石移动界线的安全距离。

图 1-3 上盘竖井开拓法

表 1-3 上盘竖井开拓实例

矿山（工程）名称	井巷形式	设计生产规模/（$t \cdot d^{-1}$）	采矿方法
金川二矿区 850 工程	主井、副井、主斜坡道等	8000	机械化盘区下向进路胶结充填法
铜绿山铜铁矿二期深部开采工程	主井、副井	2500	上向分层充填法、VCR 法

3）侧翼竖井开拓

采用侧翼竖井开拓（图 1-4，表 1-4）时，其井下各阶段巷道的掘进和井下运输线路只能是单向的，掘进及运输线路较长，掘进速度受一定限制，通常适用于下列情况：①上下盘岩体工程地质条件较差，不利于设置竖井，而侧翼工程地质条件较好；②上下盘地表工业场地或井口布置受地形限制，而矿体侧翼有适合的工业场地；③选矿厂和尾矿设施等宜布置在矿体侧翼，地下矿石运输与地表矿石流向一致；④矿体倾角较小，

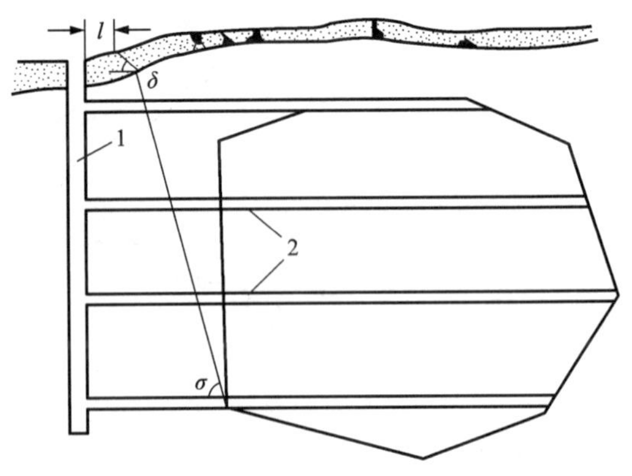

1—侧翼竖井；2—阶段运输平巷；σ—矿体侧翼岩石移动角；

δ—表土移动角；l—侧翼竖井至岩层移动线的安全距离。

图 1-4 侧翼竖井开拓法

竖井布置在上、下盘石门掘进量大，或矿体走向长度短、掘进量小、运输费用较低时。

当矿床受厂址、地形或工程地质条件限制，矿床下盘不宜建厂或原有厂址已建在矿床的一翼时，可采用侧翼竖井开拓；当矿床走向长度短、建设规模小时，为了减少井筒数目和简化运输、通风系统，亦可采用侧翼竖井开拓。采用侧翼竖井开拓时，矿床的两翼，特别是布置提升井的一翼，必须探清矿体形态，国内侧翼竖井开拓实例见表1-4。

表1-4 侧翼竖井开拓实例

矿山(工程)名称	井巷形式	设计生产规模	采矿方法
金川三矿区	主井、副井、辅助斜坡道	5500 t/d	自然崩落法
白象山铁矿	主井、副井、辅助斜坡道等	2 Mt/a	点柱式上向分层充填法
冬瓜山铜矿	主井、副井、辅助井等	10000 t/d	分段空场嗣后充填法，大直径深孔阶段空场嗣后充填法

侧翼竖井开拓在金属矿床特别是有色金属和稀有金属矿床的竖井开拓中，应用较为广泛，此方案适用于下列条件：

(1)矿体倾角较缓，竖井布置在下盘或上盘时石门都很长；

(2)矿体走向长度不大，矿体倾角小；

(3)只有矿体侧翼有合适的工业场地与布置井筒条件，采用侧翼竖井开拓后，井下与地面的运输方向一致。

缺点：井下存在单向运输、运输功较大；回采工作线也只能是单向推进，掘进与回采强度受到限制。

竖井穿过矿体的开拓设计主要适用于矿体倾角较小、厚度较薄、分布范围广、埋藏浅的矿床，从矿体内部开掘穿矿竖井，此开拓方案上下部阶段的石门总长度为最短，需留有维护井筒稳定的保安矿柱，造成矿石损失。故除了开采价值低的矿石外，现在一般金属矿山很少采用此方法。南非2000~4000 m深井采矿也采用此种竖井设计方案。

1.2.3 竖井工程

竖井按提升容器划分为箕斗井、罐笼井、混合井、通风井，具体布置形式为：罐笼井提升；箕斗加罐笼互为配重的混合井提升；箕斗井开拓或箕斗、罐笼为独立提升系统的混合井提升系统；双箕斗提升，一个井筒内配置两套以上提升系统。

1)箕斗井

大型和特大型以及深井开采的大中型矿山，多采用箕斗提升矿石(图1-5)。优点：提升能力大、效率高、成本低。缺点：工程量大、投资大。箕斗除提升矿石外也可兼提废石；废石量很大的矿山，也可设专提废石的箕斗提升系统。箕斗井作进风井时，应采取有效的净化措施，保证风源质量。

用箕斗井提升矿石的矿山，罐笼井可与箕斗井集中布置。采用集中布置时，其主、副井的距离不应小于30 m，阶段石门可直接与主、副井连通；主、副井采用分散布置时，各阶段石门只与副井连通，几个阶段才与主井连通1次。如铜官山铜矿、安庆铜矿等采用分散布置。

箕斗井的配置形式如下：单箕斗配平衡锤；双箕斗互为配重。生产规模大的矿山，可采用两套提升系统4箕斗配置形式(图1-5)。选用提升机时，采用多绳摩擦式提升机和落地缠绕式提升机。

2)罐笼井

罐笼井(图1-6、图1-7)除提升矿石外，也可提升废石，升降人员、设备、材料，并作进风井等。对于具有黏结性、结块性，不适于用溜井放矿和箕斗提升的矿石，或不宜于过分粉碎的矿石可用罐笼提升。

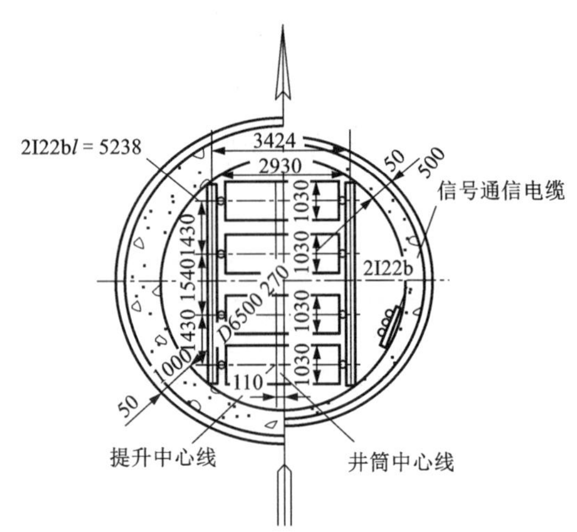

图1-5 南非某金矿主井两套箕斗提升系统断面布置图

罐笼井根据提升能力，可分为单罐和多罐等提升方式。对于产量小、多阶段提升矿石，可用单罐提升。例如用1台提升机提升双罐时，采用单阶段集中出矿。常见的有1套提升系统的单层单罐带平衡锤、单罐双层、双层双罐等，也有一个井筒中配置2套独立提升系统，如金川的18号井(罐笼井)、龙首矿的新2号井(罐笼井)。大型和特大型矿山，罐笼井不论作为主井还是副井提升，除设有大型罐笼外，还应设有小型的交通罐。如铜绿山铜铁矿副井，大罐笼底板尺寸为1190 mm×930 mm，可乘坐7人；阿舍勒铜矿大罐笼底板尺寸为4200 mm×2400 mm，为双层单罐笼带平衡锤，小罐底板尺寸为1190 mm×930 mm的交通罐带平衡锤。

罐笼井的配置形式如下：单罐笼配平衡锤；双罐笼互为配重。选用提升机时，采用多绳摩擦式提升机和落地缠绕式提升机。

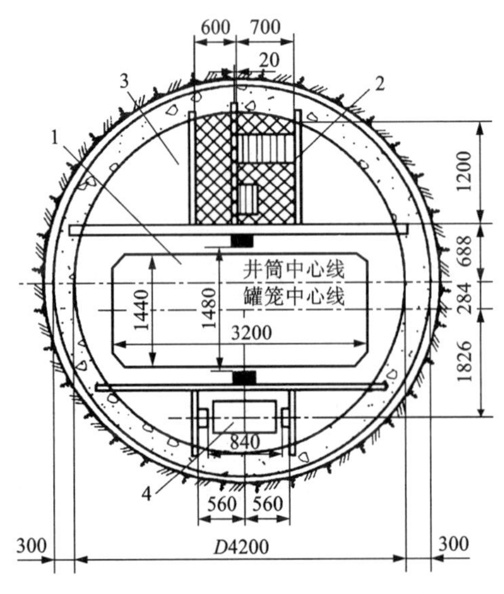

1—罐笼；2—梯子间；3—管缆间；4—平衡锤。

图1-6 单罐笼井断面图

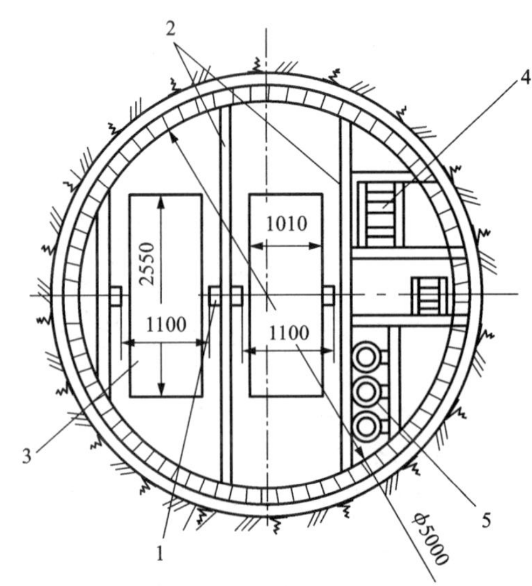

1—刚性罐道；2—罐道梁；3—罐笼；4—梯子间；5—管缆间。

图1-7 双罐笼井断面图

3)混合井

混合井(图 1-8)是指箕斗和罐笼两种提升容器同时布置在一个井筒中。按提升方式分主要有以下 3 种形式:

(1)两套提升系统分别提升箕斗、罐笼,并相应配有平衡锤;

(2)1 套提升系统提升箕斗和罐笼,互为配重;

(3)1 套提升系统提升箕斗、罐笼,两设备上下串联,并配有平衡锤。

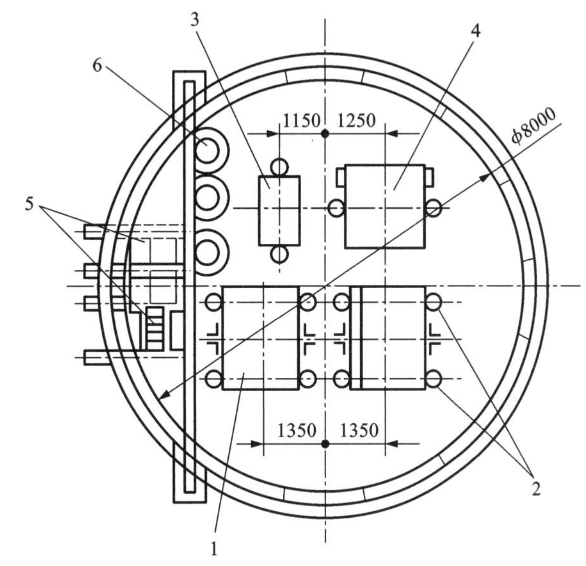

1—箕斗;2—钢丝绳罐道;3—平衡锤;4—罐笼;5—梯子间;6—管缆间。

图 1-8　混合竖井断面图

两套提升系统在同一井筒运行时,在井筒中自上而下将两套提升系统全部隔开。当混合井采用多绳提升时,应研究和预留井筒延深措施。南非深井采矿主要采用混合井提升。

混合井作进风井时,应采取有效的净化措施,保证风源质量。

例如:新城金矿新主井井筒深度为 1527 m,提升井;井筒毛断面直径为 7100 mm,井筒净直径为 6700 mm,衬砌混凝土厚度为 300 mm,混凝土强度等级为 C30;井筒内装备 1 套箕斗,互为平衡;装备 1 个交通罐,配 1 个平衡锤;配备两个管缆间。

为减少井筒数量,国外矿山混合井设计有进风区、回风区、箕斗提升和罐笼提升系统。例如:南非 President Steyn 金矿 No. 4 混合井,深度为 2365. 28 m,井筒内径为 10. 97 m。竖井内设有进风区和回风区。采用钢筋混凝土隔墙,从井底一直修筑到地表。井筒内进风区面积为 57. 6 m^2,回风区面积为 28. 98 m^2。装配两套箕斗,两套罐笼,No. 4 混合井断面图见图 1-9。

4)通风井

通风井断面一般为圆形,在确定风井断面时除应考虑风量及风速外,还应考虑获得最佳综合经济效益。其风井结构如下。

(1)风道

风道是风井与地表扇风机连接的通道。风道断面尺寸根据风机的规格型号而定,一般用混凝土或钢筋混凝土衬砌。为减少通风阻力,风道与风井连接处应做成圆弧形,其夹角小于 45°。风道应尽量减少转弯,当必须转弯时,转弯处应有一定的弧度,见图 1-10。

风道平面布置及风道长度,根据通风设备及所处地形决定。风道底板至地表的距离视表土层稳定程度而定。当表土层稳定时,地表至风道底板深度应大于 5 m;当表土层不稳定时,风道底板标高可适当增加。

(2)风井安全出口

安全出口是人员从风井上、下通达地面的人行道。安全出口与风井连接处应布置在梯子

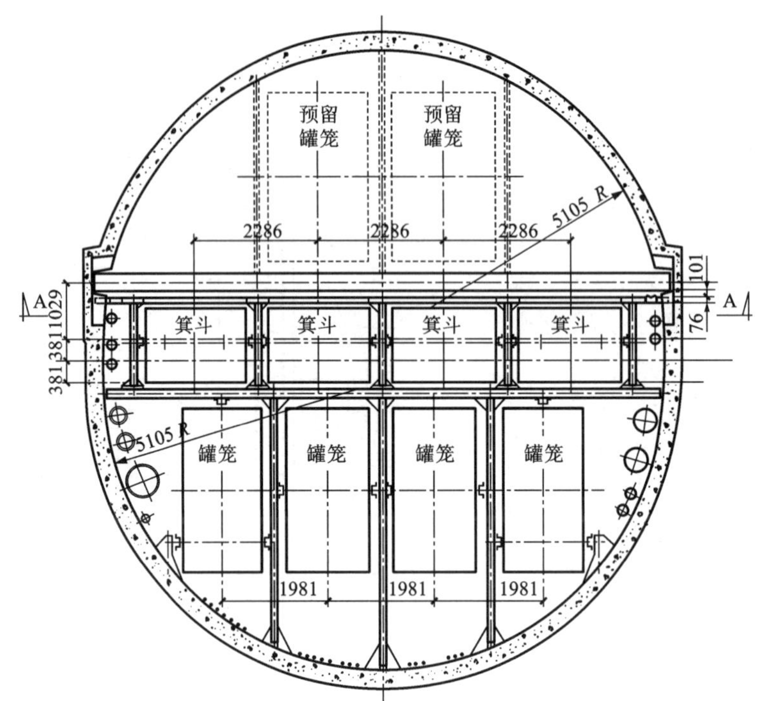

图 1-9　南非 President Steyn 金矿 No. 4 混合井断面图

间一侧，与风道成垂直方向，并位于风道口以上不小于 2 m 处。为便于上、下人员及安装风门，安全出口与风井连接处应有一段长 4~6 m 的平道。平道的标高应与风井内梯子间平台相适应，见图 1-11。

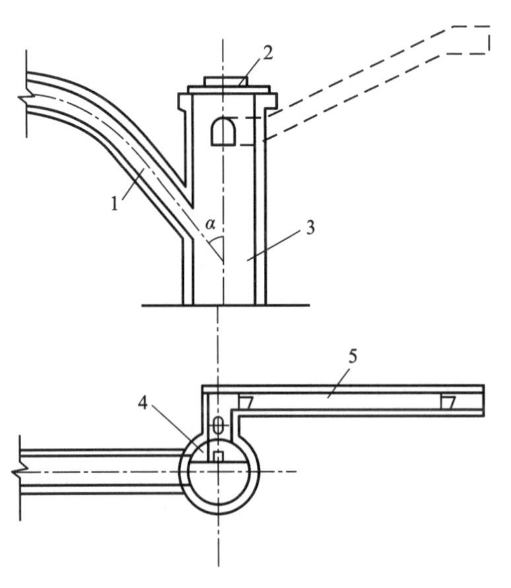

1—风道；2—密闭门；3—风井井筒；4—梯子间；5—安全出口。

图 1-10　风道与风井的连接

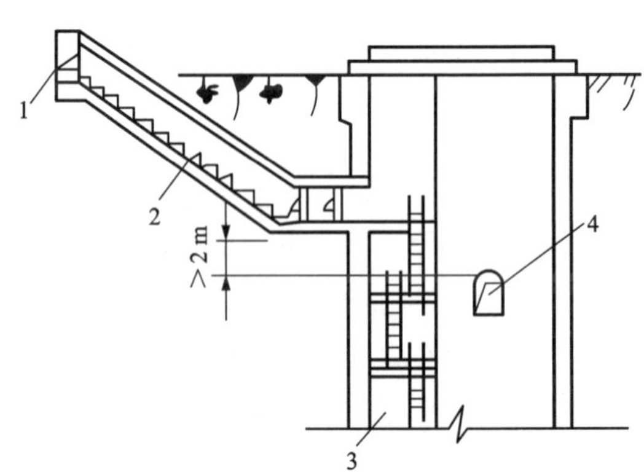

1—风门；2—安全出口；3—梯子间；4—风道。

图 1-11　安全出口的布置

安全出口断面多为拱形和矩形，用耐火材料砌筑，为钢筋混凝土顶盖。为便于行人，安全出口宽大于 1.2 m，高大于 2.0 m。与井筒相连的平段上及地面出口处必须设 3 道风门。

当为抽出式回风井时，一道门向内开，两道门向外开；当为压入式进风井时，两道门向内开，一道门向外开。

人行斜道内设行人台阶。

(3) 风井井底连接

风井井底与巷道连接有单侧和双侧两种，连接形式可做成马头门形或直角圆弧形，见图 1-12。

只作通风用的风井，不设井底水窝，井筒淋水可顺井底水沟沿巷道流出。需延深的风井则留 10~15 m 深的水窝。

(4) 密封井盖

无提升设备的主风井井口，当不作安全出口或留有安全通道出口时，可采用一道永久性密封井盖，见图 1-13。

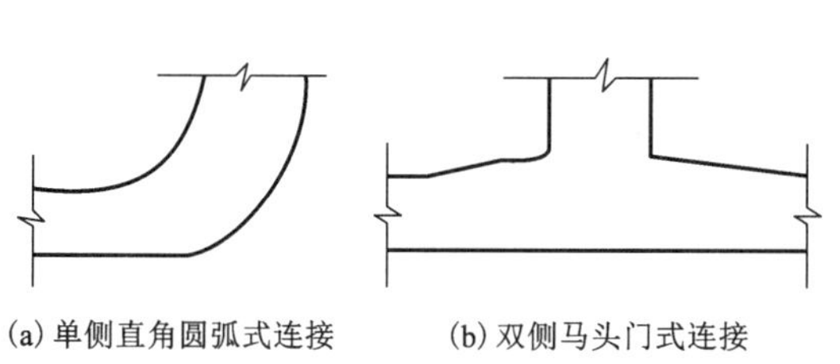

(a) 单侧直角圆弧式连接　(b) 双侧马头门式连接

图 1-12　风井井底连接形式

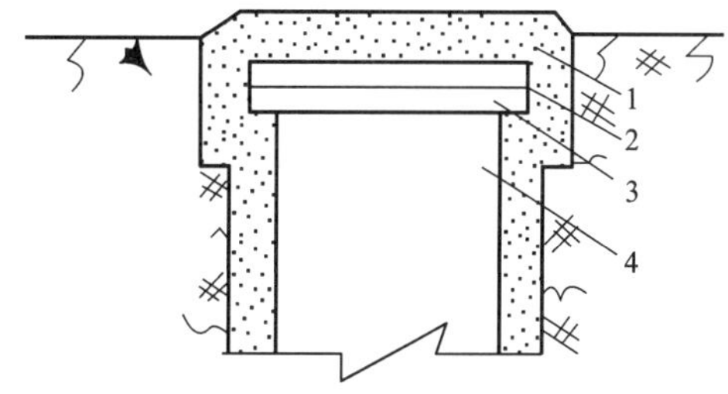

1—振捣混凝土；2—木板；3—钢轨；4—井筒。

图 1-13　主风井井口永久性密闭

当作安全出口且不设安全通道出口时，应设有带两道风门的永久性密闭井盖或永久性密闭墙，见图 1-14。两道密闭门(墙)或两道密闭井盖之间距离应不小于 5 m。

有提升设备的风井，当提升容器不出地表时，如不作安全出口，则结构与图 1-13 相似。如作安全出口，其结构与图 1-14 相似。不同之处是在永久性密闭井盖上要设置钢丝绳孔和电缆孔。绳孔直径根据钢绳摆动幅度而定，一般 $D=200\sim300$ mm。密闭方法同密闭门。

风井井口结构实例见图 1-15。

1.2.4　竖井工程设计

竖井是地下金属矿床开采的通道，为地下矿床开采输送新鲜(冷)空气、矿(废)石或者物料、人员、动力(电力和压缩空气)，提供通信以及供排水通道等。竖井设计深度取决于矿石开采深度。对于基建矿山，竖井开凿时间占矿山总开拓时间的 60%以上。因此，竖井井筒设计必须保证长期的使用年限，满足矿山通风及提升能力的要求，特别是近年来随着 1500 m 以深竖井建设增多，在此类竖井工程设计时，需充分考虑未来矿山降温需求。

1) 竖井工程布置

(1) 基本原则

矿山井筒数目取决于矿山日生产矿石量和矿区面积。为了降低基建成本，必须在基建成本和经营成本之间找到一个最佳收益平衡点。

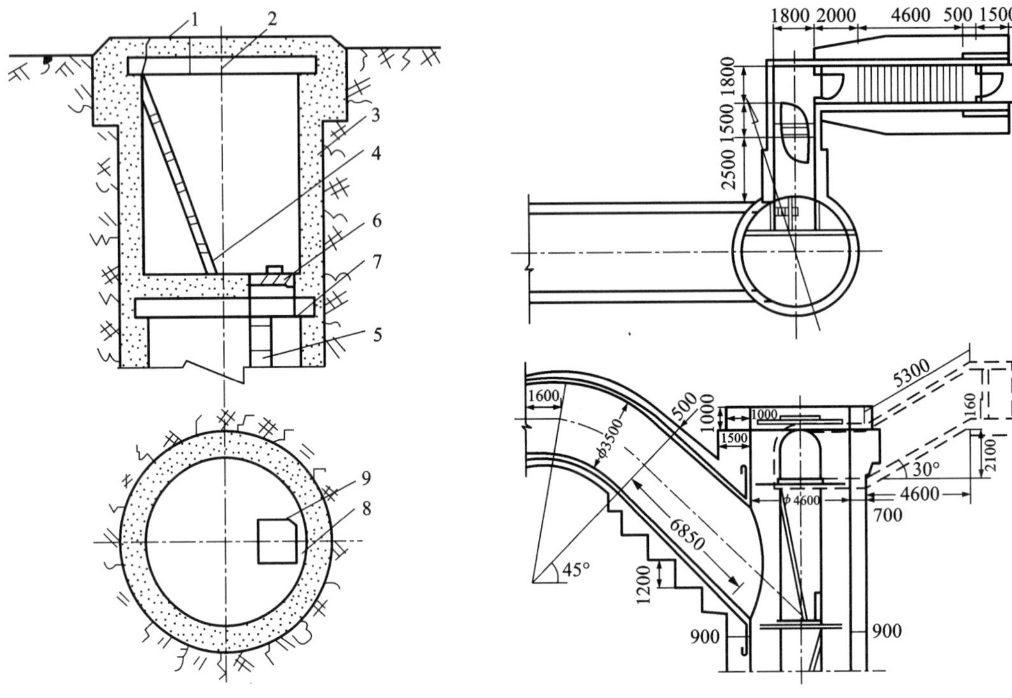

1—拉手；2—钢轨；3—衬砌混凝土；4—木梯；5—吊梯；6—木盖板；7—铁板；8—活页；9—毛绒毡。

图 1-14　设两道风门井盖的风井井口密闭示意图

图 1-15　风井井口结构(单位：mm)

考虑运输成本(矿石、材料、人员等)、工作面的通风路径，通常将井筒位置设计在矿区中央位置，距离最优。但中央式布置需要留设维护井筒稳定、确保地表构建物稳定的保安矿柱，造成矿体永久损失。对于缓倾斜层状矿床开采，在适合深度单层开采时，采用中央式布置最有效。

在通风路径同步延长的条件下，侧翼式布置相对于中央式布置生产运输成本增加了大约50%。对埋深厚大矿体开采，需设计井筒保安矿柱。

(2)竖井布置位置

①双竖井布置

双竖井可设计在矿床中央位置，或设计在沿矿体走向长轴方向矿体的下盘(见图 1-16)。

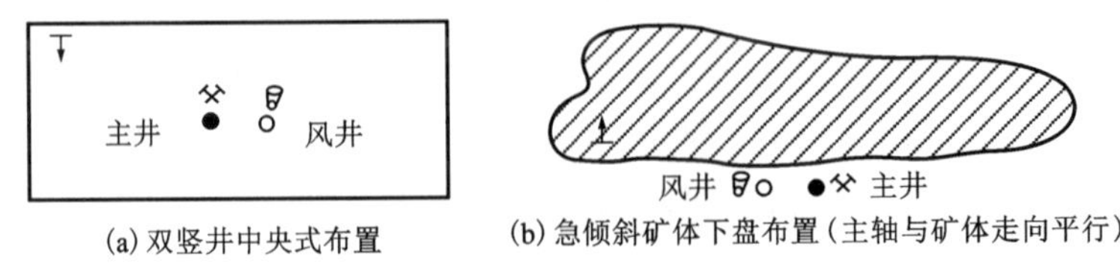

(a) 双竖井中央式布置　　(b) 急倾斜矿体下盘布置(主轴与矿体走向平行)

图 1-16　双竖井布置

②三竖井布置

当开采区域范围扩大，双竖井布置不能满足通风量要求时，采用三竖井设计。进风井需设计大断面风井(直径 7~8 m)，并且回风井的断面相应增加，但小于进风井断面(直径 5.5~6.0 m)。当开采矿体走向长度是倾向长度的 2~3 倍时，矿区端部的回风井应该沿走向方向布置[图 1-17(a)]。在独立的三维矿体沿走向延伸的情况下，主井布置在矿体下盘中间部分。回风井布置在矿体的两端之外[图 1-17(b)]。当矿体沿着倾向延深时，主井和 1 条回风井布置在中部，同时第 3 条竖井(第 2 条回风井)布置在矿体最靠近地表的位置[图 1-17(c)]。

③四竖井布置

当矿区范围更大，并且计划产量大约是双竖井矿山的两倍时，可采用四竖井布置。4 条竖井直径相近并包括以下功能：一条主井进风，一条人员材料井和两条回风井。前两条竖井布置在中央，两条回风井布置在矿体走向的两端。

依据矿体空间分布特征，四竖井布置可以参照三竖井布置的相关原则[图 1-17(d)]。另一个布置方案是回风井布置在矿体埋深最小的位置附近，且位于矿体下盘。当采矿区域沿倾向方向延伸时，竖井的具体布置如图 1-17(d)所示：3 条竖井布置在中央(生产、运人和物料、回风)，第 4 条(回风井)布置在矿体的上盘区域。

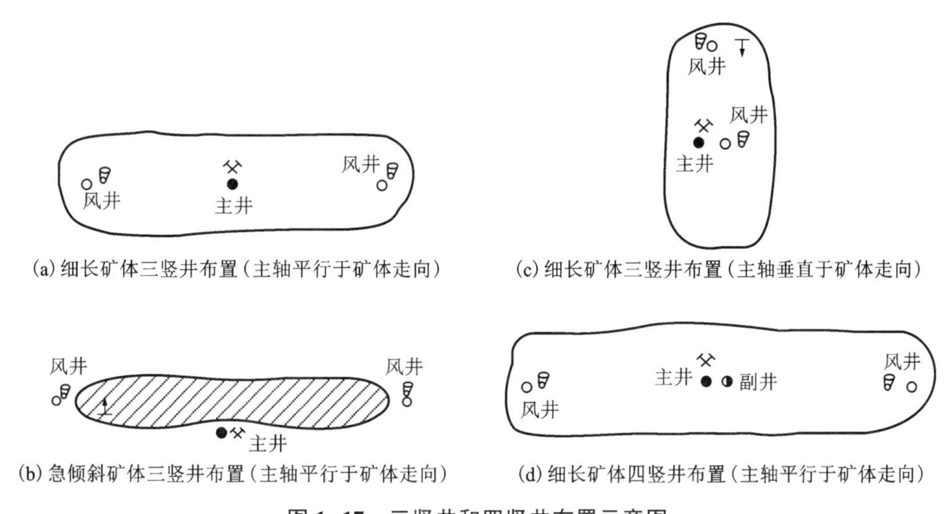

图 1-17　三竖井和四竖井布置示意图

2)竖井断面设计

竖井井筒断面设计技术资料主要由工程地质、水文地质近竖井位置地质等资料组成。竖井工程概况既要说明竖井工程目的、井位选取依据，也包括竖井及其功能简述，提升机，竖井提升能力、直径和深度，竖井衬砌类型，主管线和管缆，井下车场数目和服务年限，井底水窝深度，竖井通风量以及相关的图纸，成本控制。

常用竖井断面形状：圆形、椭圆形(或类椭圆形)。竖井多采用圆形断面，因为圆形断面既便于施工又易于维护，还可承受较大地压。南非等国家部分矿山深竖井断面设计采用类椭圆形断面。

①圆形断面

由浅部延伸至深部的中、大型主井中，圆形井筒是常用的井筒断面形状。如果井筒很深且其直径超过4.5 m，优选圆形断面(图1-18)。圆形断面为风流提供良好的几何通道，且承载能力强，能充分利用混凝土强度结构特性，易于施工。

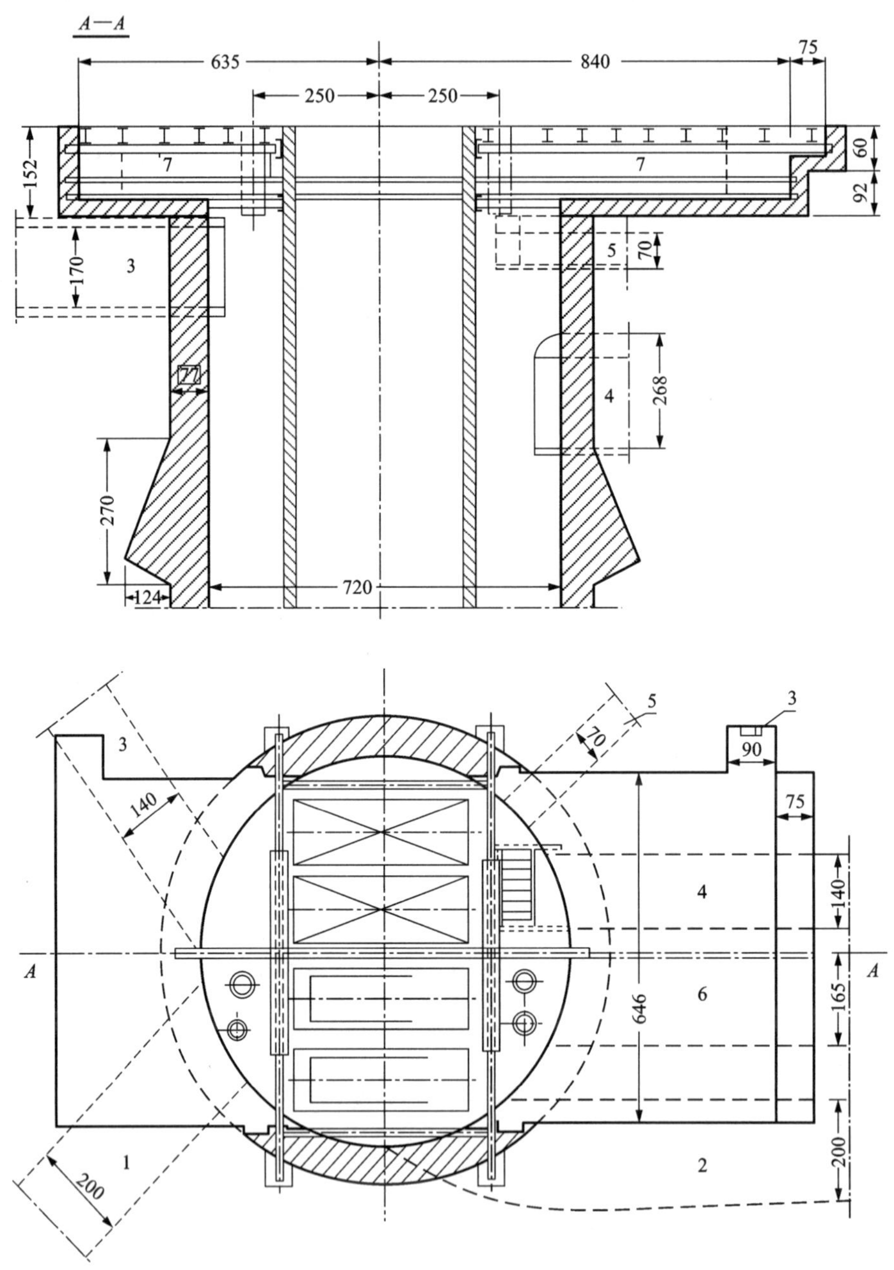

1—加热空气通道Ⅰ; 2—加热空气通道Ⅱ; 3—供水管道; 4—梯子间; 5—电缆道; 6—压缩空气管道; 7—推车器硐室。

图1-18 圆形竖井设计图(井筒直径7.2 m)

②椭圆形断面

椭圆形竖井(图 1-19)可替代圆形竖井，通过沿主轴方向增加长度，减少圆形断面的开挖工程量，降低成本。

椭圆形竖井(或拉伸的圆形竖井)，具有与圆形竖井相同的优点，且其能提高井筒断面利用率，使竖井井壁与隔间部分尺寸缩小，对于超深竖井需确定井筒主轴线方向与最大主应力方向平行。

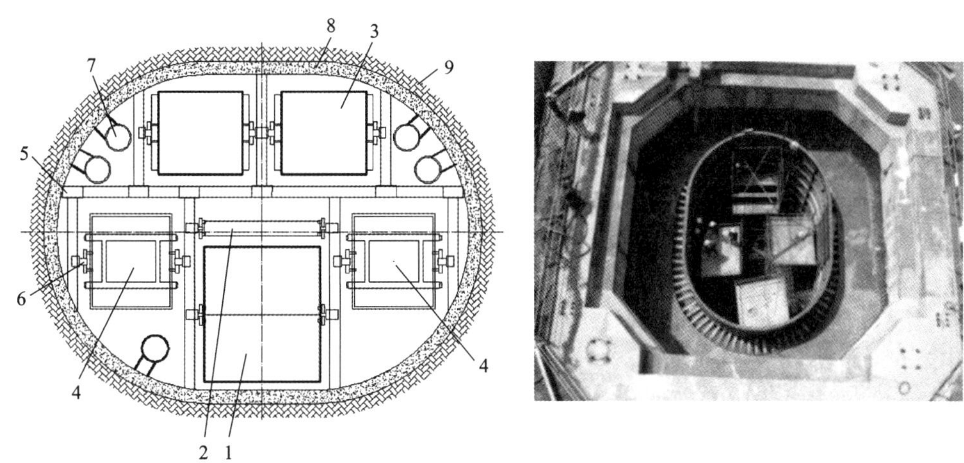

1—罐笼；2—平衡锤；3—箕斗；4—交通罐；5—罐道梁；6—罐道；7—管路；8—衬砌井壁；9—围岩。

图 1-19　赞比亚孔科拉铜矿椭圆形井筒

3)竖井断面尺寸

竖井断面设计尺寸取决于井筒用途、设备和需风量，确定步骤为：根据提升容器、井筒装备和井筒延深方式等因素，按规定的提升设备空间尺寸，用图解法(或解析法)求出井筒的近似直径，然后按 0.5 m 晋级(净直径为 6.5 m 以上的井筒按 0.2 m 晋级，采用钻井法、沉井法、混凝土帷幕法施工的井筒可不受此限)，确定井筒直径，按表 1-5 通风要求校核井筒断面尺寸。

表 1-5　井巷断面平均最大风速规定　　单位：m/s

井巷名称	平均最大风速
专用风井，专用总进风道、专用总回风道	20
用于回风的物料提升井	12
提升人员和物料的井筒，用于进风的物料提升井、中段的主要进风道和回风道，修理中的井筒，主要斜坡道	8
运输巷道，输送机斜井，采区进风道	6
采场	4

竖井断面尺寸包括掘进断面尺寸和净断面尺寸。竖井断面尺寸的确定步骤：先估算竖井开拓矿区范围的总资源量，估算提升矿石和废石量、人员数目和运输材料数量，再确定箕斗和罐笼尺寸，计算井筒装备总面积，包含竖井设备的形状与尺寸。

提升容器和其他装置(例如人行梯子间)的横向尺寸包括提升容器之间以及提升容器与井壁或罐道梁之间的安全间隙。

4)提升能力要求

提升容器(以箕斗为例)所允许的有效载荷 Q(t)，计划日产量 W(t/d)，对于新设计竖井按如下公式计算：

$$Q=\frac{kWt}{3600T} \tag{1-1}$$

式中：k 为不均衡系数，箕斗提升宜取 1.15，罐笼提升宜取 1.2；t 为一个提升循环总时间，s，$t=t_1+t_2$(t_1 为提升时间，t_2 为制动时间)；T 为每天提升机工作时间。

以国际单位制表示，箕斗有效容积 P(m^3)：

$$P=\frac{Q}{\gamma} \tag{1-2}$$

式中：γ 为提升材料密度，t/m^3。

在计算的基础上，考虑设计原则、约束条件以及主要提升能力，可依据图 1-20 确定竖井断面尺寸。

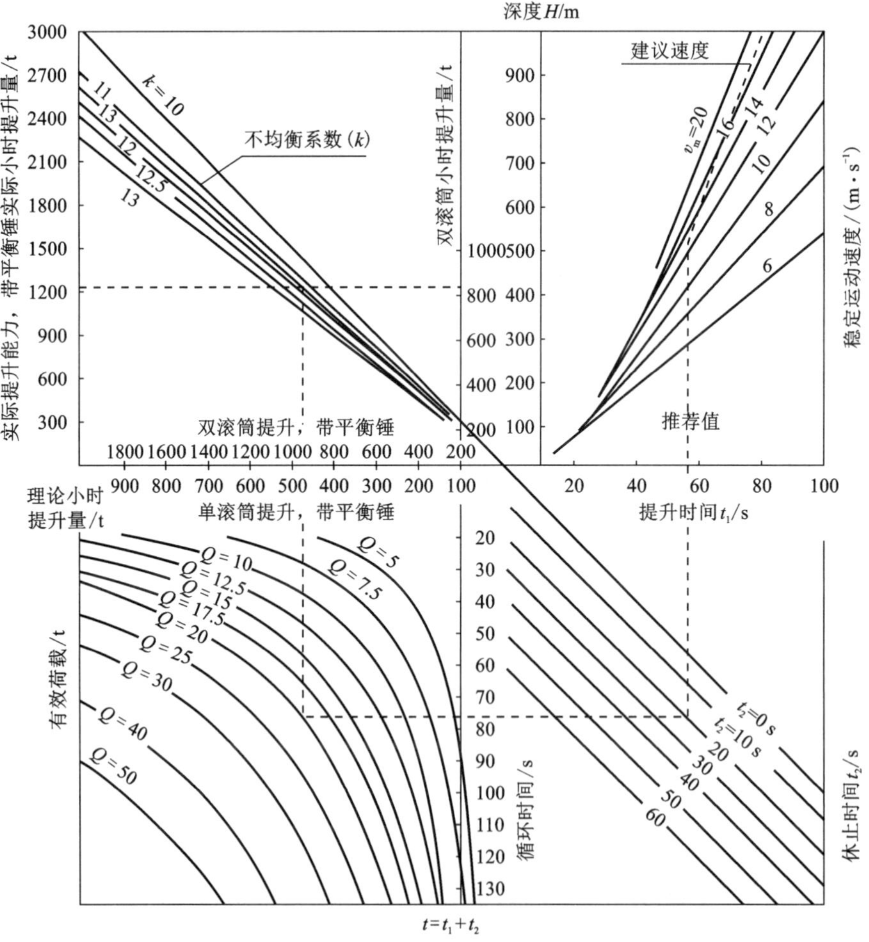

图 1-20　确定单提升和双提升系统提升能力的图表

井筒净断面尺寸主要根据提升容器规格和数量、井筒装备类型和尺寸、井筒布置方式以及各种安全间隙来确定，然后通过井筒的风速来校核。

掘进断面尺寸根据净断面尺寸和支护材料及厚度、井壁壁座尺寸等确定。

(1)净断面尺寸确定步骤

①选择提升容器的类型、规格、数量，确定井筒的布置形式。

②选择井内其他设施(例如罐道、罐道梁型号、截面尺寸等)，确定安全间隙。

③用图解法或解析法计算井筒的近似直径。

④按已确定的井筒断面尺寸验算罐道梁、罐道尺寸，按验算结果调整断面内的安全间隙及梯子间的断面尺寸。

⑤按通风要求核算井筒断面尺寸。

(2)净断面尺寸确定实例

以刚性罐道罐笼井为例说明竖井断面尺寸计算的步骤和方法。图 1-21 是一个普通罐笼井的断面布置及有关尺寸。图 1-21 中各参数的计算如下：

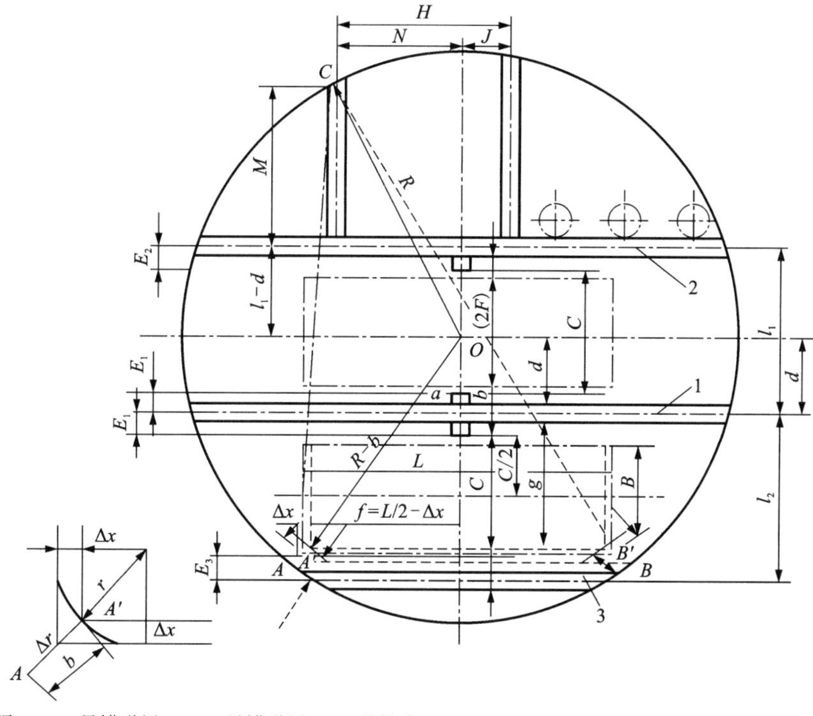

1—1 号罐道梁；2—2 号罐道梁；3—3 号罐道梁；R—井筒半径，mm；H—梯子间的两外边次梁中心线间距，即梯子间长度，取值≥1400 mm；N，J—梯子间短边次梁中心线至井筒中心线距离，mm；M—梯子间短边梁中心线与井壁的交点至梯子主梁中心线间距，mm；d—井筒中心线至罐道梁中心线(最近处)距离，mm。

图 1-21　普通罐笼井的断面布置及有关尺寸确定

①罐道梁中心线的间距

$$l_1 = C + E_1 + E_2 \tag{1-3}$$

$$l_2 = C + E_1 + E_3 \tag{1-4}$$

式中：l_1 为 1、2 号罐道梁中心线距离，mm；l_2 为 1、3 号罐道梁中心线距离，mm；C 为两侧罐道间间距，mm；E_1、E_2、E_3 分别为1、2、3号罐道梁与罐道连接部分尺寸，由初选的罐道、罐道梁类型及其连接部分尺寸决定。

②梯子间尺寸

梯子间尺寸 M 按式(1-5)确定：

$$M = 600 + 600 + s + a_2 \tag{1-5}$$

式中：600为一个梯子孔的宽度，mm；s 为梯子孔边至2号罐道梁的壁板厚度，一般木梯子间 $s=77$ mm；a_2 为2号罐梁宽度的一半。

$$H = 2 \times (700 + 100) = 1600(\text{mm})$$

式中：700为梯子孔长度，mm；100为梯子梁宽度，mm。

如图1-22所示，左侧布置梯子间，右侧布置管缆间，一般取 $J=300\sim400$ mm，因此：

$$N = H - J = 1200 \sim 1300 \text{ mm}$$

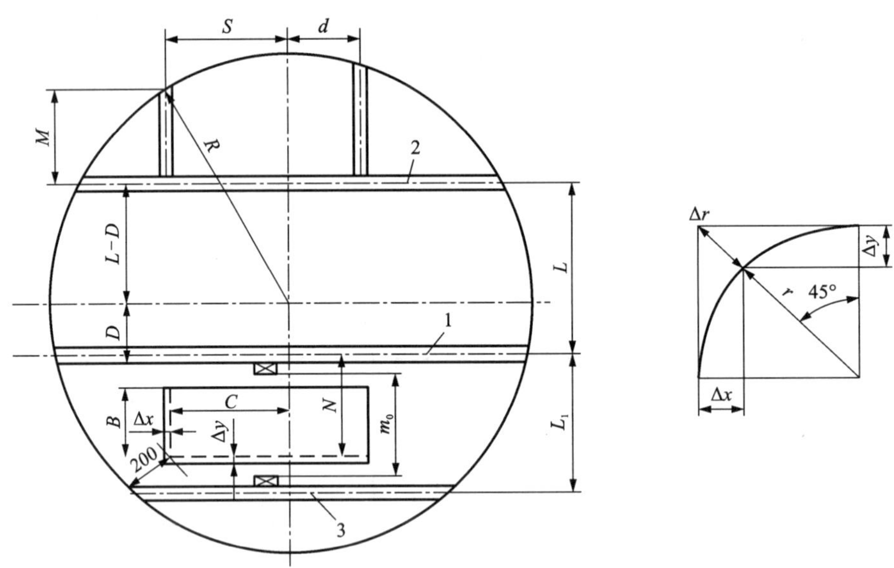

1—1号罐道梁；2—2号罐道梁；3—3号罐道梁；C—井筒中心线至罐笼短边收缩尺寸 Δx 处距离，mm；N—罐道梁中心线至 Δy 处距离，mm；B—罐笼宽度，mm；M—梯子间短边梁中收线与井壁的交点至梯子主梁中心线间距，mm；L，L_1—两相邻罐道梁水平中心距离，mm；m_0—提升容器要求的罐道之间的水平净间距，由罐笼型号确定，mm；d，S—短边次梁中心线至井筒中心线的距离，mm；D—井筒中心点至罐道梁中心线距离，mm。

图1-22 解析法确定井筒直径

③竖井近似直径

竖井断面的近似直径可用图解法或解析法求出。

a. 图解法求竖井近似直径

图解法计算井筒直径步骤如下：

ⓐ先确定井筒装备类型，选出井筒装备规格。

ⓑ根据提升设备及罐道形式，用已求出的参数绘制梯子间和罐笼提升间的断面布置图。

ⓒ在提升间一侧按梯子间及管缆等安装所需的最大尺寸截取 O、C 两点。

ⓓ以提升容器(罐笼、箕斗等)靠近井壁的两个拐角点 A' 和 B'，沿对角平分线方向即图中 R 方向，向外量距离 b(罐笼与井壁间的安全间隙)，可得井壁上 A、B 两点。

ⓔ由 A、B、C 三点可求出井筒圆心(O)和半径 $R=OA=OC$，同时量取井筒中心线和 1 号罐道梁中心线间的间距 d。求出 R 和 d 后，以 0.5 m 进级，即可确定井筒近似净直径。

ⓕ调整井筒直径，用三角函数关系验算井壁与容器之间的安全间隙 b 及梯子间尺寸 M，直到满足设计要求为止。

ⓖ根据井筒内所要安装管、缆及其他设施的数量、规格进行调整、配置，如能安排下，则确定井筒直径的全过程完毕。

b. 解析法求竖井近似直径

确定普通罐笼井井筒直径的方法如下。计算简图如图 1-22 所示。计算步骤及公式为：

$$L = m_0 + 2(\delta - 5) + \frac{b_1}{2} + \frac{b_2}{2} \tag{1-6}$$

$$L_1 = m_0 + 2(\delta - 5) + \frac{b_1}{2} + \frac{b_3}{2} \tag{1-7}$$

式中：L、L_1 为罐梁中心距离，mm；m_0 为两罐道间距离，mm；δ 为木罐道厚度，mm；5 为钢梁卡入木罐道的深度，mm；b_1、b_2、b_3 分别为 1、2、3 号罐道梁的宽度，mm。

$$M = m_1 + m_2 + 25 + \frac{b_2}{2} \tag{1-8}$$

式中：M 为梯子间最短边梁和 2 号梁中心线距离，mm；m_1 为两梯子中心线距离，一般取 $m_1=600$ mm；m_2 为梯子中心线与壁板距离和另一梯子中心线与井壁距离之和，$m_2=300$ mm$+$300 mm$=$600 mm；25 为梯子间壁板厚，mm。

上述数值(罐梁中心距离等)，采用不同厚度的壁板及梯子间布置时会有变化。梁 1 中心线至罐笼虚线的距离：

$$N = \frac{1}{2}m_0 + (\delta - 5) + \frac{b_1}{2} + \frac{B}{2} - \Delta y \tag{1-9}$$

式中：Δy 为普通罐笼短轴方向的收缩尺寸；B 为普通罐笼宽度，mm。

因 $\Delta x = r - r\cos 45°$

$$\Delta x = \frac{\Delta r}{\sqrt{2}} = r - r\cos 45°$$

$$\Delta r = \sqrt{2}\left(r - \frac{r}{\sqrt{2}}\right)$$

又因 $\Delta y = \Delta x$，则 $\Delta y = r - \dfrac{r}{\sqrt{2}}$

式中：r 为罐笼角部曲率半径，mm。

$$C = \frac{A}{2} - \Delta x$$

式中：A 为罐笼长度，mm。

按计算简图图 1-22 可得下列联立方程，解联立方程便可求出 R 及 D。

$$\begin{cases}(D + N)^2 + C^2 = (R - 200)^2 \\ (L - D + M)^2 + S^2 = R^2\end{cases} \tag{1-10}$$

式中：S 为梯子间最短边梁与井筒中心线的距离，一般 $S=1200\sim1300$ mm；D 为 1 号梁中心线与井筒中心线距离，mm。

如罐笼和井壁之间的间隙小于规定的数值，应对 D 作适当调整。

c. 确定箕斗井井筒直径

箕斗井井筒直径计算简图如图 1-23 所示。计算步骤如下：

解联立方程式(1-11)，便可求出 R 及 D。

$$\begin{cases}(M+200+B-D)^2+S^2=R^2 \\ x^2+(r+D)^2=(R-200)^2\end{cases} \tag{1-11}$$

式中：B 为罐道中心线与箕斗一端的距离，mm；r 为罐道中心线与箕斗另一端的距离，mm；D 为罐道梁中心线与井筒中心线的距离，mm；R 为井筒半径，mm。

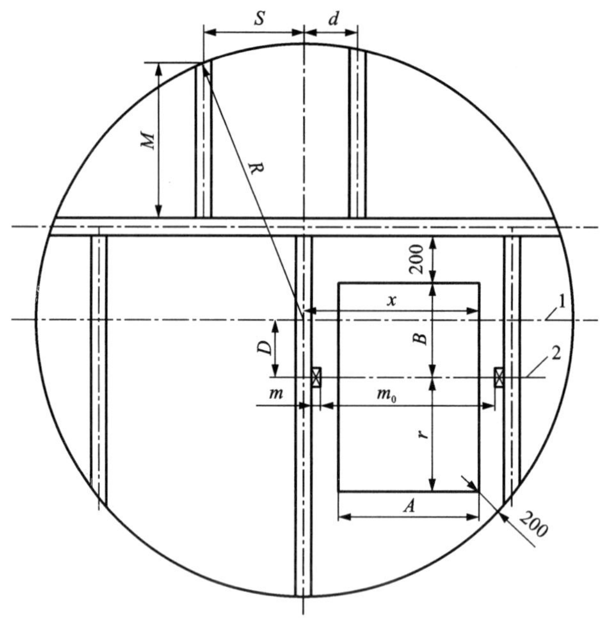

1—井筒中心线；2—罐道梁中心线。

图 1-23 箕斗井井筒直径计算简图

确定 D 后，返回核算安全间隙，即箕斗最突出部分与井壁间间隙 f_1 及箕斗边与 2 号梁之间间隙 f_2。计算公式为：

$$\begin{cases}R-[(r+D)^2+x^2]^{\frac{1}{2}} \geqslant f_1 \\ (R^2-S^2)^{\frac{1}{2}}-(M+B-D) \geqslant f_2\end{cases} \tag{1-12}$$

如间隙 f_1、f_2 小于规定的数值，应对 D 作适当的修正，M 与 S 所表示的意义与普通罐笼井筒相同。

d. 风速校核

按上述方法确定的井筒直径，还需要用风速验算，如不满足要求，可加大井筒直径，直至满足风速要求为止。要求井筒内的风速不大于允许的最高风速：

$$v=\frac{Q}{S_0} \leqslant v_{允} \tag{1-13}$$

式中：v 为通过井筒的风速，m/s；Q 为通过井筒的风量，m^3/s；S_0 为井筒有效通风断面面积，m^2，井内设有梯子间时 $S_0=S-A$，不设梯子间时 $S_0=0.9S$（S 为井筒净断面面积，m^2；A 为梯子间断面面积，m^2）；$v_{允}$为规定井巷允许通过的最大风速（见表 1-5）。

e. 钢丝绳罐道竖井尺寸

钢丝绳罐道竖井尺寸的确定方法与上述刚性罐道竖井断面尺寸的确定方法基本相同，鉴于钢丝绳罐道的特点，应考虑以下几点：

ⓐ为减少提升容器的摆动和扭转，罐道绳应尽量远离提升容器的回转中心，且对称于提升容器布置，一般设 4 根，井较深时可设 6 根，浅井可设 3 根或 2 根。

ⓑ适当增大提升容器与井壁及其他装置间的间隙。

ⓒ当提升容器间的间隙较小、井筒较深时，为防止提升容器间发生碰撞，应在两容器间设防撞钢丝绳。防撞绳一般为 2 根，若提升任务繁重可设 4 根。防撞绳的间距为提升容器长度的 3/5~4/5。

ⓓ对于单绳提升，钢丝绳罐道以对角布置为好；多绳提升，以单侧布置为好。单侧布置时容器运转平稳，且有利于增大两容器间的间隙。

5）井底深度

竖井深度主要根据提升钢丝绳和通风系统，按《金属非金属矿山安全规程》（GB 16423）来确定（以下简称“安全规程”）。竖井井底深度可按图 1-24、图 1-25 计算。

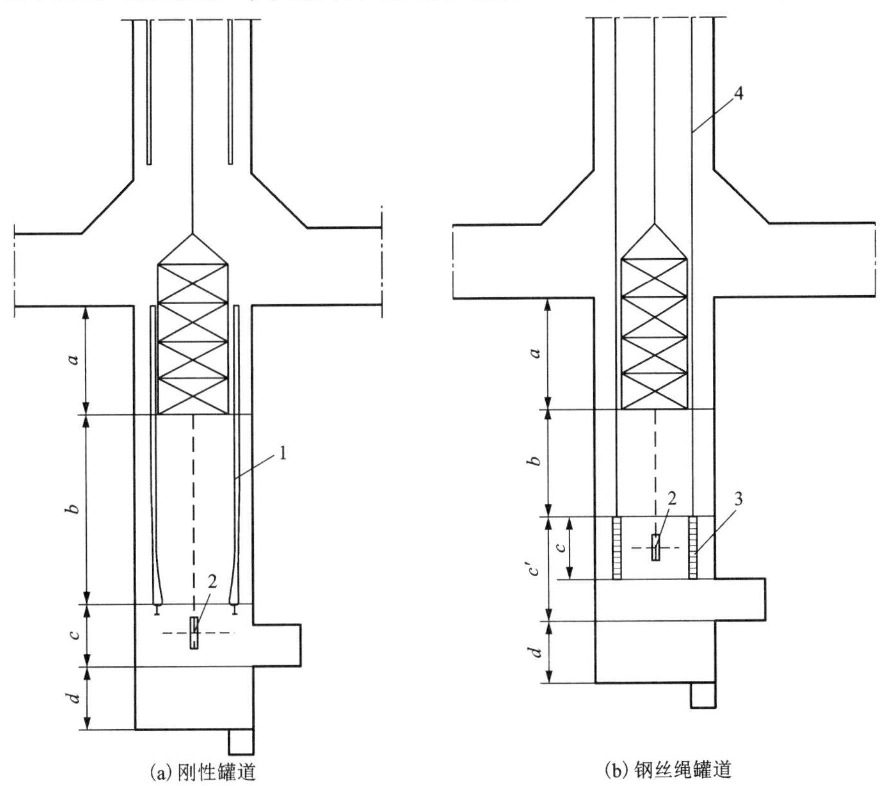

井底空间必须保证可容纳回转轮 2 和钢丝绳罐道拉紧重锤 3。井底深度（m）= $a+b+c+d$，式中：$a=(n-1)w$，$b=(1\text{-}1.5)w$，$c=2\sim10$ m，$d=3$ m，n 为罐笼层数，w 为罐笼底之间的距离，b 为自由段，c 为轮间隙。1—刚性罐道；2—回转轮；3—钢丝绳罐道拉紧重锤；4—钢丝绳罐道。

图 1-24　罐笼井底深度确定

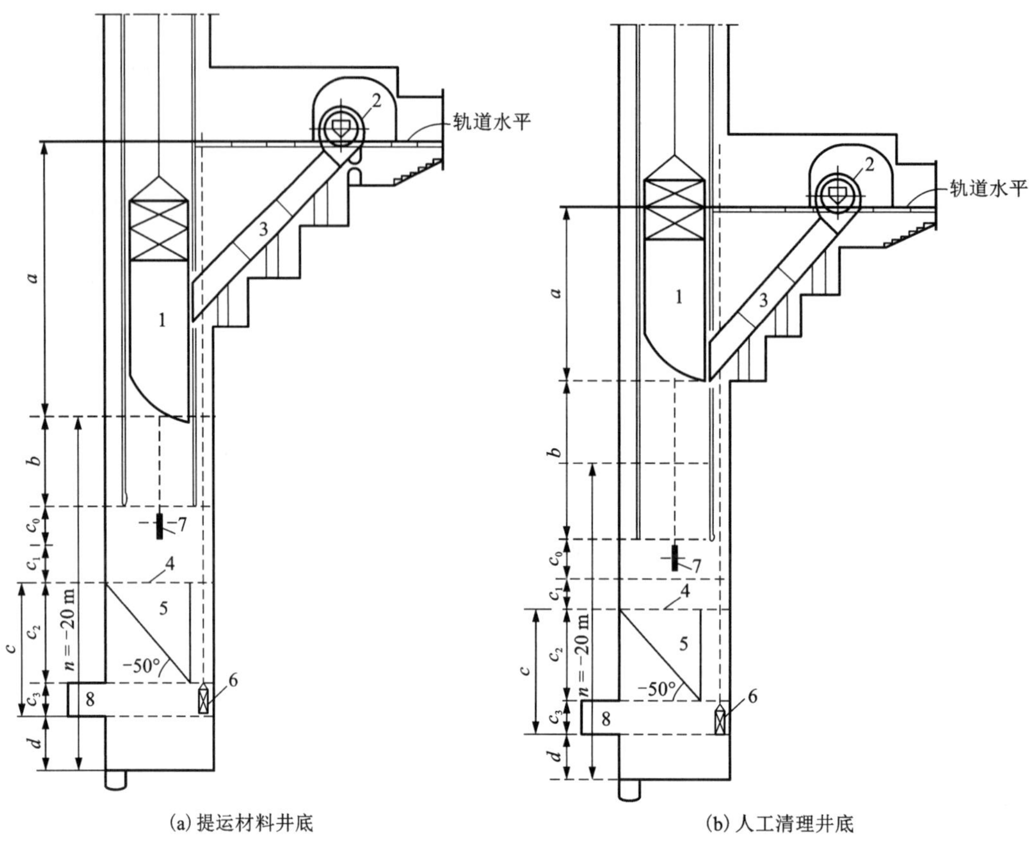

这种情况下，深度(m)=$a+b+c+d$，但是额外包括：1—箕斗；2—卸载装置；3—计量装置；4—保护层；5—撒矿仓；6—辅助提升吊桶；7—尾绳轮；8—井底水窝。

图 1-25　箕斗井底深度计算简图

多年来验证，竖井较经济合理的提升深度为 1600 m。

6) 井颈设计

井颈指从井筒第一个壁座起至地表部分，通常位于表土层中。根据实际情况，其深度可以等于表土的全厚或厚表土层中的一部分。由于井颈多处于坚固性差或大量含水的表土层、风化带内，所受地压大；由于井架基础位于井颈上(图 1-26)，它承受着井架、提升载荷的作用，因此井颈部分的支护需要加强，通常将井颈做成阶梯状，接近地表部分称为锁口盘，支护厚度为 1 m 以上。一般竖井井颈深度为 15~20 m、壁厚 1.0~1.5 m。

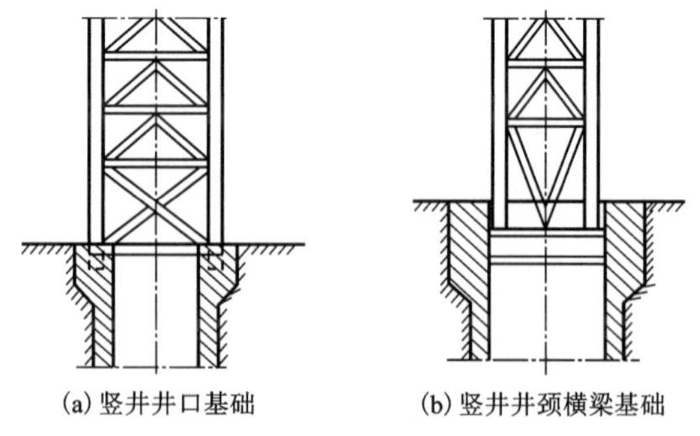

图 1-26　井架和提升装置基础部分示意图

确定井颈直径、深度、截面积和支护厚度时，主要考虑因素包括凿井方法、表土层性质、地应力、水文地质和附加载荷条件。

壁座是加强井壁强度的措施之一，在井壁上部、厚表土层下部、马头门上部等部位，一般都设有井壁壁座以加强井壁的支撑能力。壁座有单锥形壁座和双锥形壁座两种(图 1-27)。

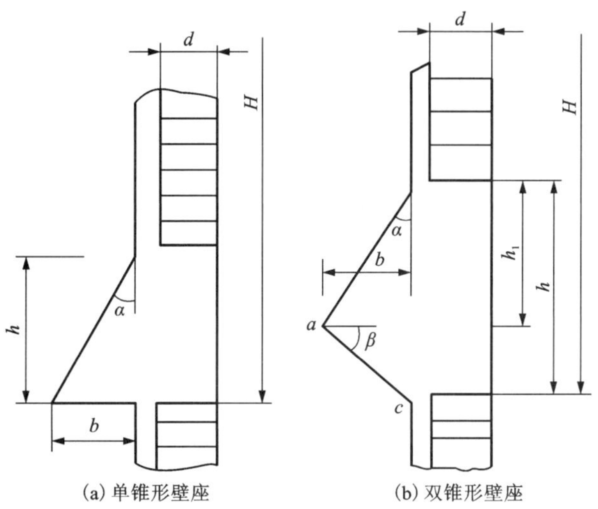

(a) 单锥形壁座　　(b) 双锥形壁座

d—井壁厚度；h—壁座高度；α—圆锥角，(°)；b—壁座宽度，mm；H—壁座深度；β—壁座底面倾角，(°)；h_1—单锥形壁座高度。

图 1-27　壁座结构形式

井筒基座附近的建筑(井架、矿仓等)对井颈产生的影响可以用图解法进行估算(图 1-28)。当距离小于 10 m 时，可在应力分布图中找到一个附加载荷，要求增加井颈设计尺寸。

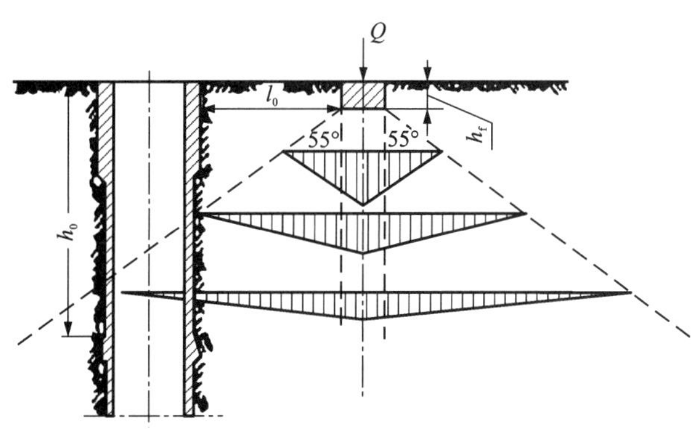

影响区域是在基础底部向外从垂直方向扩 35°。当地基到竖井井口的水平距离 l_0 远远大于 $(h_0-h_f)\tan 55°$ 时，地基对井颈的额外载荷可以忽略。其中 h_0 为井深，h_f 是地基深度。

图 1-28　用简单的几何方法来确定附近地基作用在井颈上的额外荷载

井颈形状呈阶梯状逐步缩小并在下部有一个台阶式井颈形状(图 1-29)。特殊井颈形状的选择取决于地层条件和载荷条件。由上至下，第一段衬砌厚度通常是 1~1.5 m，部分达到 2 m；第二段衬砌厚度通常是 0.5~1.0 m，或者大约是实际井筒衬砌厚度的 2 倍。如果设计有第三段，第三段壁厚应当介于地表段和正常井筒衬砌厚度之间。

实际上，井颈厚度是根据上述推荐方法，按照井颈结构要求选择的。然后计算出实际的应力，并考虑安全系数。

图 1-30 到图 1-33 为几个井颈设计方案。

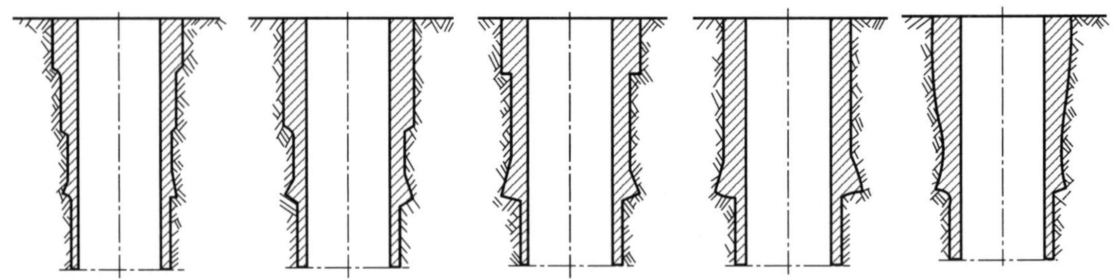

图 1-29 不同形状的井颈

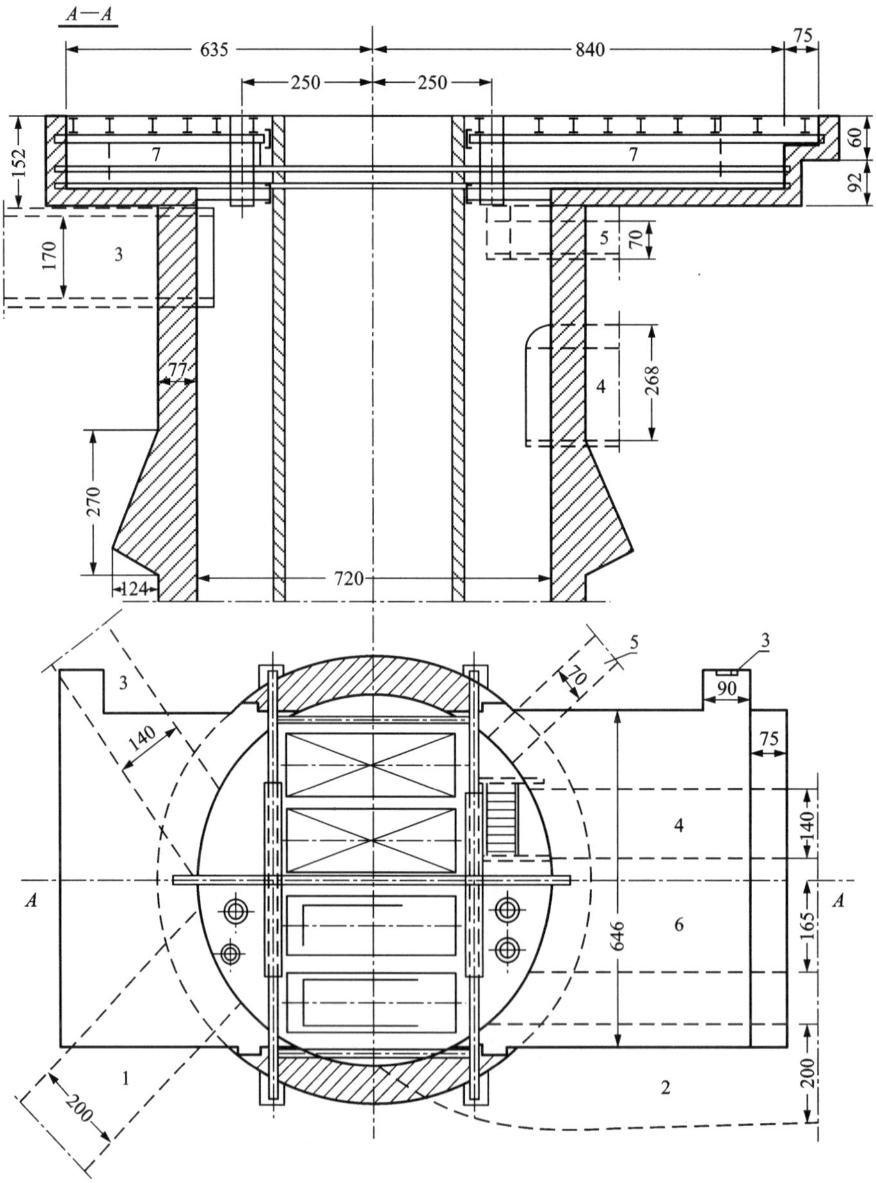

1—暖风道Ⅰ；2—暖风道Ⅱ；3—水管道；4—梯子间出口；5—电缆道；6—压缩空气管道；7—推车器硐室。(单位：cm)

图 1-30 主井断面尺寸设计图(井筒直径 7.2 m)

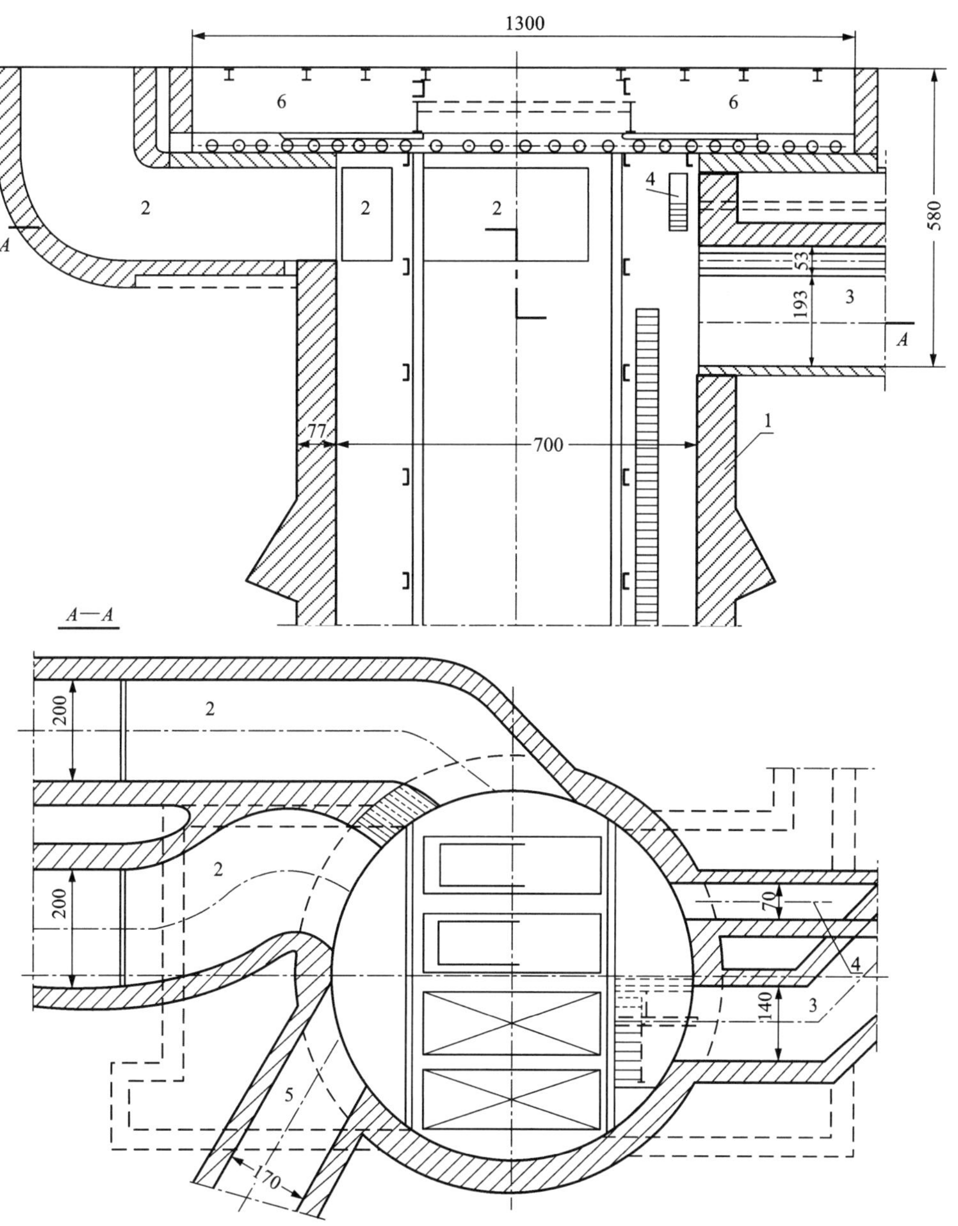

1—衬砌(砖); 2—暖风道; 3—梯子间出口; 4—电缆道; 5—水管和压缩空气通道; 6—灭火硐室。(单位: cm)

图 1-31　井筒直径 7 m 的主井井口设计

7) 井筒衬砌

井筒衬砌厚度确定方法有两种:

(1) 理论计算法

根据计算的井筒地压值, 计算井壁厚度, 但各种地压的计算方法都有局限性; 根据地压公式计算的井壁厚度需要进行验算。

在竖井混凝土井壁支护设计中, 增加井壁厚度是为了降低混凝土内部分布的切向压应力, 使其小于衬砌混凝土的强度指标。

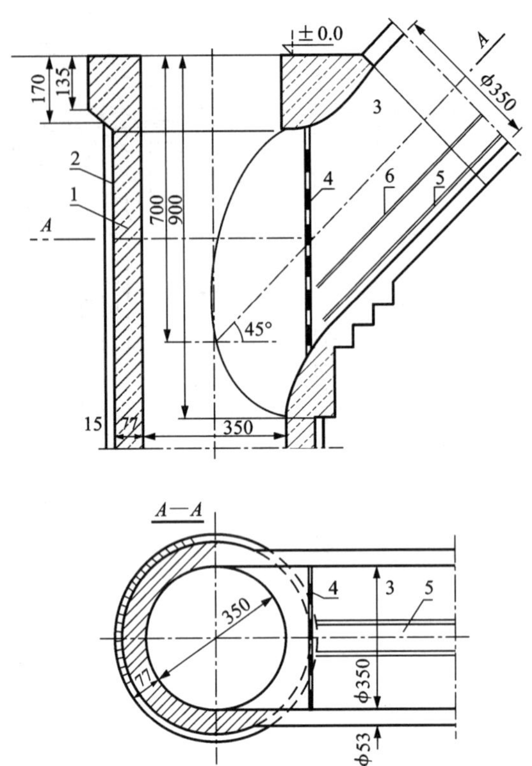

1—挂砖衬砌；2—保温混凝土外环；3—通风通道；4—安全格栅；5—踏步；6—扶手。

图 1-32　井筒直径 3.5 m 的通风井井口设计图

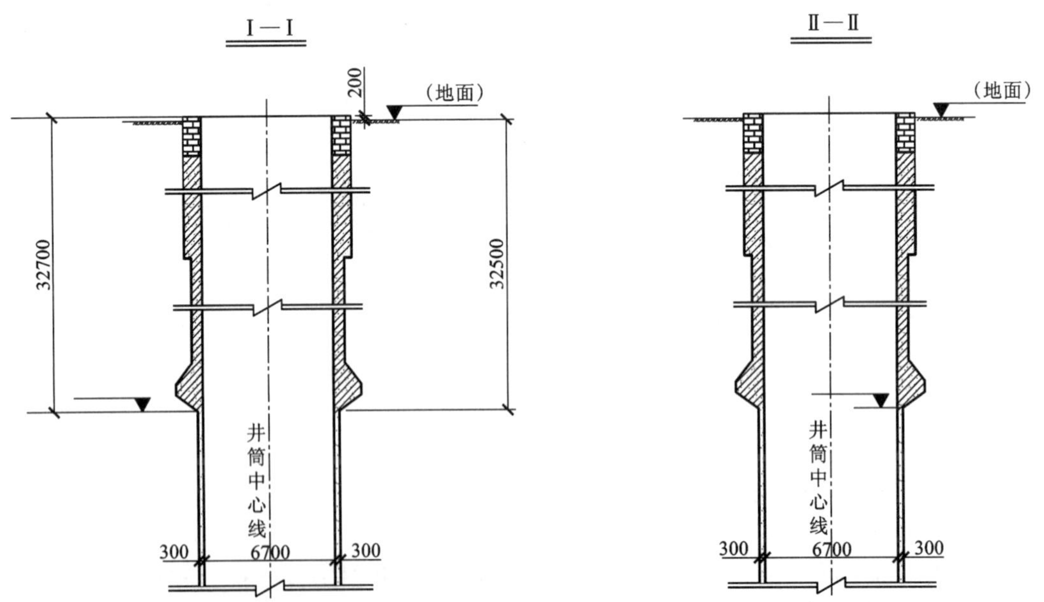

图 1-33　新城金矿 1527 m 深新主井井颈结构设计纵断面图(单位：cm)

在计算井筒混凝土衬砌厚度前，先确定井筒所承受的压力，常见理论计算方法有：

M. M. 普罗托季亚科诺夫提出的井筒压力计算公式：

$$p = \gamma h \cdot \tan^2 \frac{90° - \varphi}{2} \tag{1-14}$$

式中：φ 为岩层内摩擦角，(°)，$\varphi = \arctan \frac{Af_1 + Bf_2 + Cf_3}{A+B+C}$($A$、$B$、$C$ 分别为各岩层厚度，m；f_1、f_2、f_3 分别为各岩层普氏系数)；γ 为岩石容重，kg/m^3；h 为井筒深度，m。

A. H. 丁尼克公式：

$$p = \frac{m}{1 - m}\gamma h \tag{1-15}$$

式中：m 为泊松比。

H. M. 奇姆巴列维奇公式：

$$p = \gamma h A \tag{1-16}$$

式中：A 为推力系数。

在以上 3 个井筒围岩应力的计算公式中，式(1-14)仅考虑岩层内摩擦角，式(1-15)仅考虑围岩的泊松比，而式(1-16)考虑的是围岩的推力系数。上述 3 个公式分别考虑影响井筒围岩应力分布多种因素中的一种，故需根据工程实际情况，找出影响井筒压力的主要因素，选择合理的井壁压力的计算公式进行压力确定。

确定井筒衬砌所受围岩压力后，进行混凝土衬砌厚度计算。

圆形竖井井壁厚度常采用厚壁圆筒公式、薄壁圆筒公式及普氏经验公式进行计算。

薄壁圆筒公式：

$$d = \frac{Rp}{\sigma_a} \tag{1-17}$$

普氏对薄壁圆筒公式的修正：

$$d = \frac{Rp}{\sigma_a - p} + \frac{150}{\sigma_a} \tag{1-18}$$

拉麦公式：

$$d_{min} = R\left(\sqrt{\frac{\sigma_a}{\sigma_a - 2p}} - 1\right) \tag{1-19}$$

古别拉公式：

$$d_{min} = R\left(\sqrt{\frac{\sigma_a}{\sigma_a - \sqrt{3}p}} - 1\right) \tag{1-20}$$

普氏经验公式：

$$d = 0.007\sqrt{2RH} + 0.14 \tag{1-21}$$

式中：d 为井壁厚度，m；R 为井壁内半径，m；σ_a 为混凝土计算强度，$\sigma_a = R/K$，Pa，K 取 1.65；p 为井壁所受压力，Pa；H 为井筒所处深度，m。

式(1-19)拉麦公式与式(1-20)古别拉公式属于厚壁圆筒理论推导的计算公式，而古别拉公式适用于围岩完全处于塑性区状态下的井壁厚度确定(泊松比取 0.5)。

整体混凝土井壁厚度的计算方法如下：

①当井筒地压小于0.1 MPa时，可采用最小衬砌厚度$h=0.2\sim0.3$ m。

②当井筒地压为0.1~0.15 MPa时，衬砌厚度h可用下式估算：

$$h = 0.07\sqrt{RH} + 14 \tag{1-22}$$

式中：h为最小衬砌厚度，cm；R为井筒内半径，cm；H为井筒全深，cm。

③当井筒地压大于0.15 MPa时，用厚壁圆筒理论，即拉麦公式计算：

$$h = R\sqrt{\frac{[\sigma]}{[\sigma] - 2p_{max}} - 1} \tag{1-23}$$

式中：R为井筒净直径，cm；p_{max}为作用在井壁上的最大地压值，MPa；$[\sigma]$为井壁衬砌材料抗压允许应力。

在实际应用时，可参考表1-6。

表1-6　井壁厚度参考数据

井筒净直径/m	混凝土(C20)井壁支护厚度/mm
3.0~4.0	250
4.5~5.0	300
5.5~6.0	350
6.5~7.0	400
7.5~8.0	500

注：本表适用于$f_{kp}=4\sim6$。

(2)工程类比法

工程类比法涉及岩体工程地质、原岩应力、工程用途和使用期限以及断面形状和尺寸等。

初选井壁厚度后，要对井壁圆环的横向稳定性进行验算，如不满足井筒稳定性要求，要调整井壁厚度。为了保证井壁的横向稳定性，要求横向长细比不大于下列数值：

混凝土井壁：$L_0/h\leqslant24$ cm；

钢筋混凝土井壁：$L_0/h\leqslant30$ cm；

井壁在均匀载荷下，其横向稳定性可按下式验算：

$$K = \frac{Ebh^3}{4R_0^3p(1 - \mu)} \geqslant 2.5 \tag{1-24}$$

式中：L_0为井壁圆环的横向换算长度，$L_0=1.814R$，mm；h为井壁厚度，cm；E为井壁材料受压时的弹性模量，MPa；b为井壁圆环计算高度，通常取100 cm；R_0为井壁截面中心至井筒中心的距离，cm；p为井壁单位面积上所受侧压力，MPa；μ为井壁材料的泊松系数，对混凝土$\mu=0.15$。

8)绘制井筒施工图并编制井筒工程量及材料消耗量表

井筒净直径、井壁结构和厚度确定后，即可计算井筒掘砌工程量和材料消耗量，并汇总成表(表1-7)。部分矿山井筒断面实例见表1-8、图1-34、图1-35。

表 1-7 井筒工程量及材料消耗量表

井筒部位	断面面积/m²		长度/m	掘进体积/m³	材料消耗			
					混凝土/m³	钢材质量/t		
	净	掘进				井壁结构	井筒装备	合计
冻结层			108	6264.5	2689	97.2	66	163.2
壁座 1	33.2	58.1	2.0	159.3	93	1.35	1.14	2.49
基岩段			233.5	10321	2569		139.6	139.6
壁座 2	33.2	44.2	2.0	132.3	66	1.16	1.14	2.30
合计			345.5	16877.1	5417	99.71	207.88	307.59

表 1-8 竖井井筒断面实例表

参数			狮子山矿主井	某矿主井 1	某矿副井 1	某矿主井 2	某矿副井 2
井筒	直径/mm		4000	5000	5500	6000	6500
	断面面积/m²	净	12.56	19.63	23.65	28.3	
		毛	24.62	29.63	35.3		
	深度/m		179				252
支护	混凝土	标号	C20	C20	C20	C20	C20
		壁厚/mm	300	300	300	350	350
罐梁	材料		工字钢	工字钢槽钢	工字钢	工字钢槽钢	工字钢
	规格		20a 18a	20a 20a	20a	20a 20a	30a
	间距/mm		4000	2500	4000	4168	3126
罐道	材料及规格		钢轨 38 kg/m	木 180 mm×150 mm		钢轨 38 kg/m	钢轨 38 kg/m
提升设备	容器		双箕斗	双罐	单罐	单罐、单箕斗	双罐
	规格		1.5 m³	3 号	4000 mm×1460 mm	4000 mm×1476 mm; 16 t	4500 mm×1760 mm
	矿车/m³						
每百米井筒支护材料消耗	木材/m³			12			
	混凝土/m³			439	558	720	
	钢材/t			17		27	
井筒通过岩石情况				千枚岩 $f_{kp}=4\sim6$	灰岩 $f_{kp}=6\sim8$ 梯子平台间距 4 m	灰页岩，石灰岩 $f_{kp}=8\sim12$ 梯子平台间距 4168 mm	梯子平台间距 3126 mm
附注			梯子平台间距 4 m				
图号			图 1-34		图 1-35		

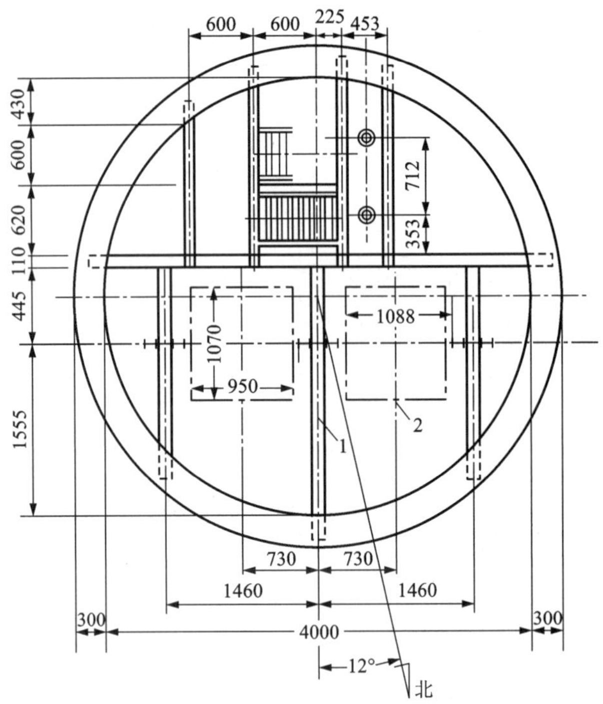

1—井筒中心线；2—箕斗中心线。

图 1-34 狮子山矿主井断面图

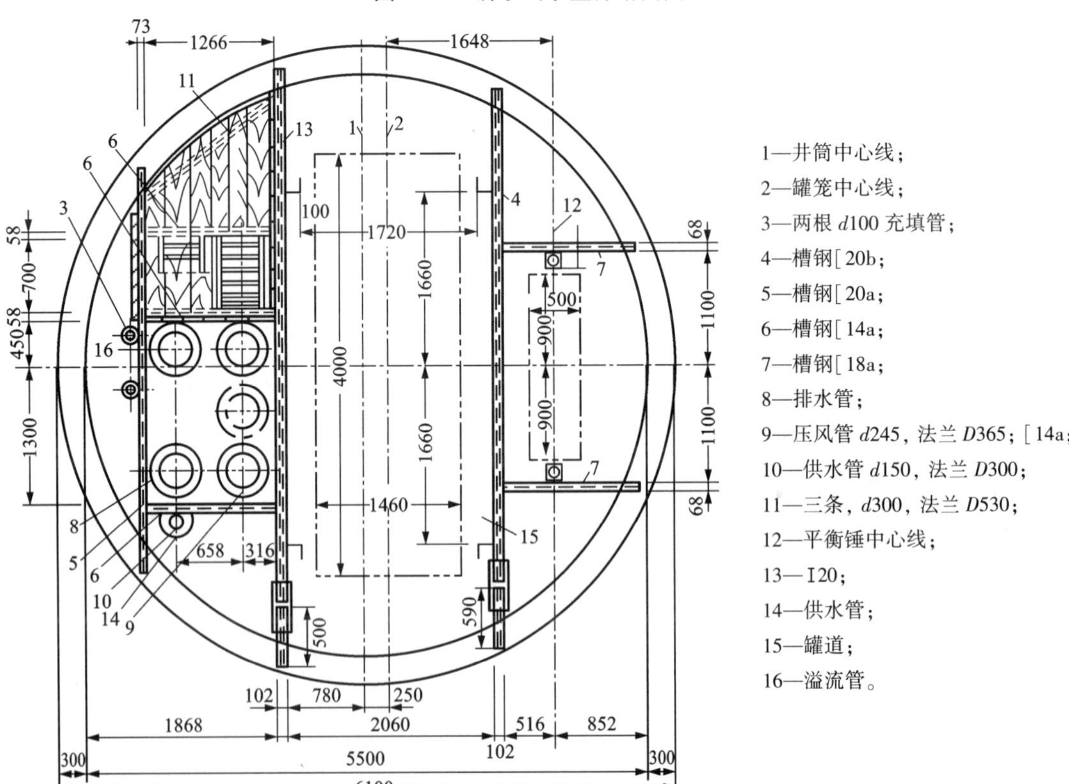

1—井筒中心线；
2—罐笼中心线；
3—两根 d100 充填管；
4—槽钢[20b；
5—槽钢[20a；
6—槽钢[14a；
7—槽钢[18a；
8—排水管；
9—压风管 d245，法兰 D365；[14a；
10—供水管 d150，法兰 D300；
11—三条，d300，法兰 D530；
12—平衡锤中心线；
13—I20；
14—供水管；
15—罐道；
16—溢流管。

图 1-35 某矿副井断面图

1.2.5　竖井施工

1) 钻爆法

金属矿山竖井施工主要采用钻爆法竖井施工工艺。采用钻爆法开凿竖井通常分为台阶法和全断面法。台阶法不适合采用控制爆破技术。为改变爆破质量，对于圆形断面的竖井，常采用全断面法掘进。全断面掘进控制爆破技术能减少对井筒围岩的破坏，提高井筒围岩的稳定性。20 世纪 60 年代早期抓岩机的引入大大提高了装岩速度。伞钻技术的逐步改进大大提高了竖井掘进凿岩速度。钻爆法竖井开凿系统见图 1-36。

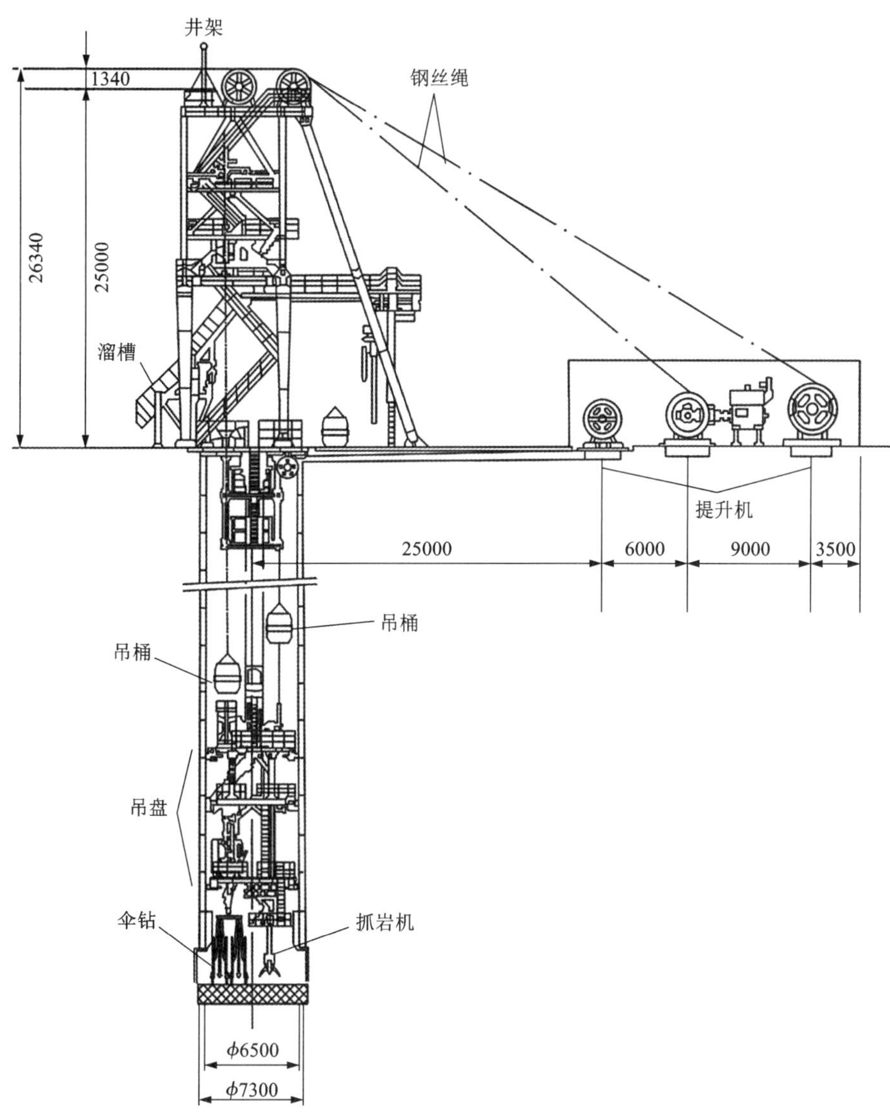

图 1-36　钻爆法竖井开凿系统

南非的 South Deep 金矿，采用容积为 5~7 m^3 的吊桶，配合容积为 1.3 m^3 抓斗快速出碴，采用双滚筒落地缠绕式提升机和吊桶自动卸载系统，凿井速度达到 4.5 m/d，采用上述凿井系统掘进了 2990 m 深竖井。

在基岩段开凿期间，采用直径 4.25 m 双滚筒落地缠绕式提升机。凿井期间，使用 3 台 56 kW、直径 2.03 m 的绞车悬吊，3 台空气压缩机（34 m^3/min）。衬砌混凝土由混凝土搅拌站提供，卡车运输，经混凝土输送带和料斗，通过直径 150 mm 的混凝土输料管输送至井下进行竖井衬砌。

通风：在竖井内布置直径 1.37 m 的玻璃纤维风筒，用 75 kW 风机供风。冬季采用 31.7×10^8 J 丙烷加热器供热。

边凿井边装配井筒。

竖井工作面掘进采用双臂、电/液混合伞钻。

4 层吊盘完成出碴、凿岩、衬砌混凝土、安装钢罐道梁和其他辅助设施。

（1）基础预备工作

①通过钻孔或者邻近的勘探孔判断工程地质、水文地质、地应力条件。

②做好测量工作及其内业。

③进行井口位置选择和井口基础建设。

（2）施工场地准备

竖井位置应选择在不发生洪水（历史最高水位 1 m 以上）的位置，施工场地准备包括：

①道路建设和材料存储地点。

②矿山建设地形分类。

③供应饮用水、工业用水及消防用水，针对暴雨设计排水沟渠。

④电力供应：变压站应该有两个独立的动力来源；停电时，使用备用柴油发电机。

（3）临时建筑及设施

①常规建筑包括办公用房、更衣室、急救室、供热和制冷室、存储仓库（当永久矿山设备可用时，不需要临时设备）。

②光源符合目前的矿山安全和健康管理标准。

③维修室。

④空压机房。

⑤变电站、变压器、高低压变换器及电工车间。

⑥混凝土搅拌站废石仓和其他设备。

⑦材料库、水泥仓库和其他建筑材料等。

⑧凿井阶段绞车房。

⑨通风机房。

⑩易燃物供应仓库。

⑪提升机房。

⑫火药库。

⑬凿井队生活区。

凿井场地平面布置见图 1-37。

（4）井颈施工

井颈施工取决于工程地质、水文地质条件。在松散的含水岩层中，必须使用特殊凿井方法。在良好的地质条件下，用普通法开凿井颈；井颈建好后，继续开凿 50 m 深井筒工作面，

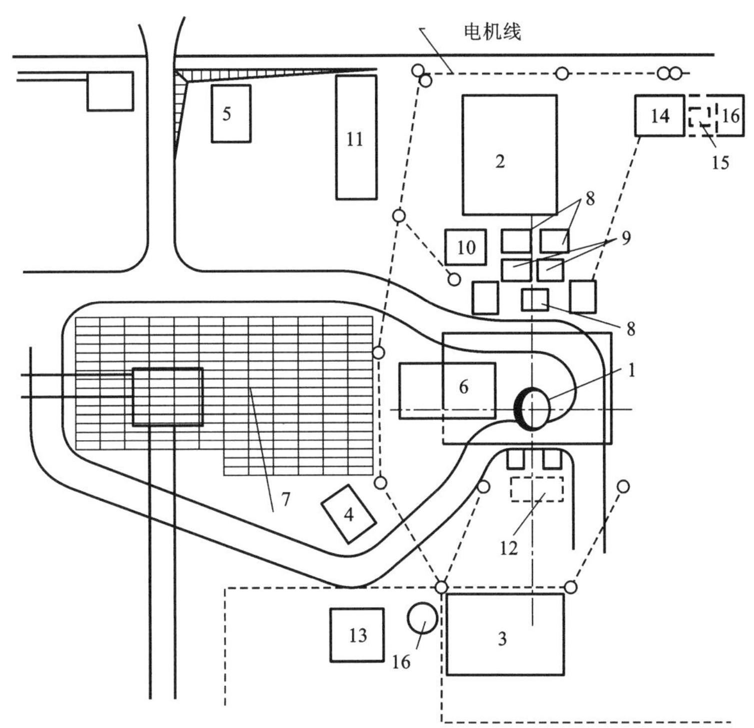

1—井架；2—提升机房；3—空压机房；4—风机；5—焊工室；6—混凝土车间；7—建筑材料露天储存处；8—混凝土模板稳车；9—吊盘稳车；10—控制室；11—设备室；12—紧急提升机；13—压缩罐和防火水槽；14—临时变压器 6.0/0.5 kV；15—压缩空气罐(10 m^3)；16—柴油机。

图 1-37　凿井场地平面布置

为深部井筒施工做好准备。

(5)凿岩爆破

凿岩爆破是井筒基岩掘进中的主要工序之一，其工时一般占掘进循环时间的 20%~30%，直接影响到井筒掘进速度和井筒规格质量。

井筒凿岩爆破工作要保证：①按设计尺寸和形状进行钻孔；②凿井工作面清理废石和钻凿下一圈炮孔；③爆破岩块均匀，便于清理、出碴；④安全和经济。

使用伞钻(图 1-38)凿岩。伞钻规格与吊桶尺寸要相匹配，吊桶承重能力与伞钻质量要匹配，在地表停放不能妨碍其他工序施工。

爆破器材的选择：采用防水乳化炸药，药卷直径 45 mm，毫秒延期导爆管雷管起爆。装药结构为反向装药，施工过程中，要根据岩石条件和爆破效果及时调整炮眼布置与装药结构。

(6)编制爆破图表

爆破图表是竖井基岩掘进时指导和检查凿岩爆破工作的技术文件，它包括按炮孔深度、炮孔数目、掏槽形式、炮孔布置、每孔装药量、起爆网络连线方式、起爆顺序等归纳的爆破原始条件表、炮孔布置图及其说明表、预期爆破效果三部分。不同的岩石性质及井筒断面尺寸要编制相应的爆破图表。

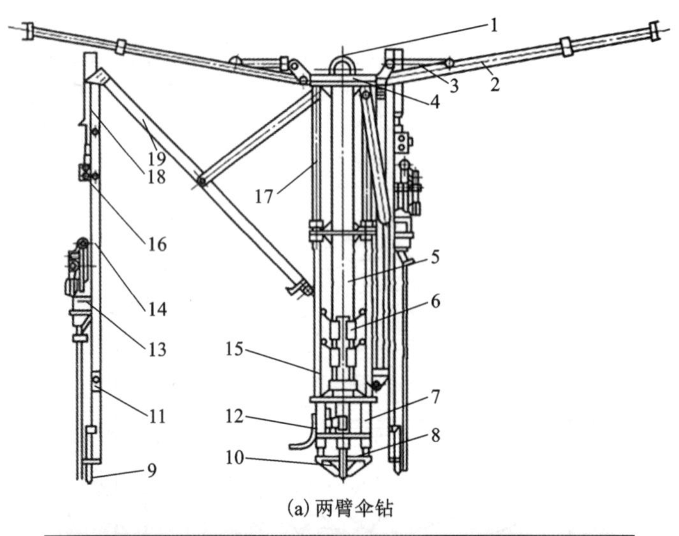

(a) 两臂伞钻

(b) 六臂伞钻

1—吊环；2—支撑臂油缸；3—升降油缸；4—顶盘；5—立柱钢管；6—液压阀；7—调高器；8—调高器油缸；9—活顶尖；10—底座；11—操纵阀组；12—风马达和丝杠；13—YGZ-70 型凿岩机；14—滑轨；15—滑道；16—推进风马达；17—动臂油缸；18—升降油缸；19—动臂。

图 1-38 凿井用伞钻

编制爆破图表前，应取得下列原始资料：井筒所穿过岩层的地质柱状图、井筒掘进规格尺寸、炸药种类、药卷直径、雷管种类。所编制的爆破图表实例见表 1-9、表 1-10、表 1-11 和图 1-39。

表 1-9 爆破原始条件

序号	项目	数值	序号	项目	数值
1	井筒掘进直径/m	5.9	5	炸药种类	2 号岩石乳化炸药
2	井筒掘进断面面积/m^2	27.34	6	药包规格/(mm×mm×g)	ϕ32×200×150
3	岩石种类	石英岩	7	雷管种类	非电导爆管
4	岩石坚固性系数	8~10			

表 1-10 爆破参数实例 1

炮孔序号	圈径/m	圈距/m	孔数/个	孔距/m	炮孔角度/(°)	孔深/m	孔径/mm	装药量/kg		充填长度/m	起爆顺序	连接方式
								每孔	每圈			
1~4	0.75	0.375	4	0.6	90	3.0	42	1.8	7.2	0.6	Ⅰ	分两组并联
5~12	1.8	0.53	8	0.7	85	2.8	42	1.8	14.4	0.6	Ⅱ	
13~26	3.0	0.60	14	0.67	90	2.8	42	1.5	21.0	0.8	Ⅲ	
27~46	4.4	0.70	20	0.68	90	2.8	42	1.5	30.0	0.8	Ⅳ	
47~76	5.7	0.65	30	0.60	92	2.8	42	1.35	40.5	1.0	Ⅴ	
合计			76						113.1			

表 1-11 爆破参数实例 2

序号	参数	指标
1	炮孔利用率/%	85
2	每一循环进尺/m	2.38
3	每一循环实体岩石量/m^3	65.07
4	实体岩石炸药消耗量/(kg · m^{-3})	1.74
5	进尺炸药消耗量/(kg · m^{-1})	47.52
6	实体岩石雷管消耗量/(个 · m^{-3})	1.17
7	进尺雷管消耗量/(个 · m^{-1})	31.93

(7)装药、连线、放炮

炮孔装药前，用压风将孔内岩粉吹净。药卷可逐个装入，或者采用装药器装药，装药结束后炮孔须用炮泥充填密实。

竖井爆破通常采用并联、串并联网络(图 1-40)。

(8)井筒通风

井筒通风主要依靠通风机和风筒，包括压入式通风、抽出式通风和混合式通风。

(9)装岩作业

爆破后，经过通风与安全检查后进行装岩。装岩工作是井筒掘进中最繁重、最费力的工序，占掘进循环时间的 50%~60%，是决定竖井施工速度的主要因素，表 1-12 中列出了装岩效率的影响因素。装岩效率也取决于岩石破碎块度和吊桶高度。在机械装岩作业中，中等块度(约 125 mm)岩石占爆堆体积的 70%~80%，装岩效率最高。

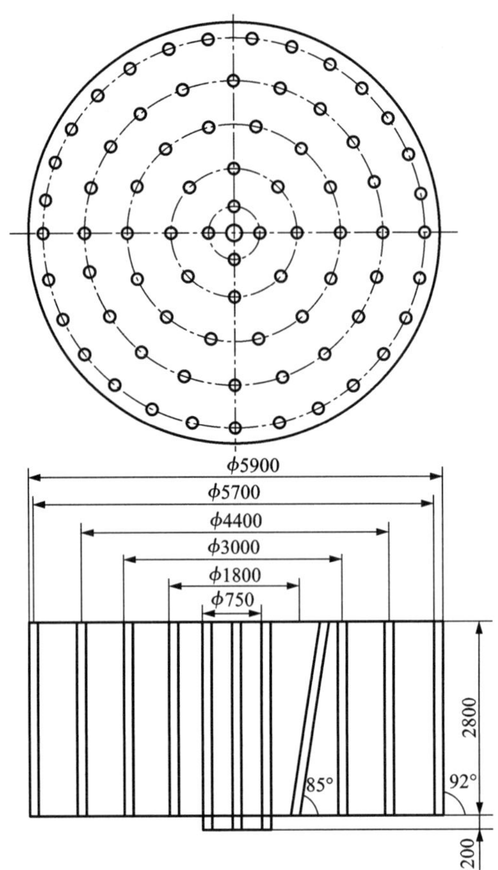

图 1-39　炮孔布置图

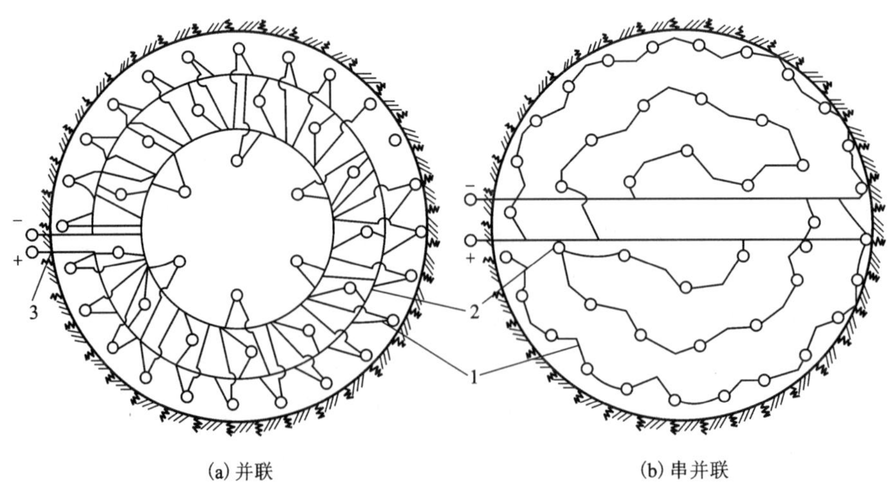

(a) 并联　　(b) 串并联

1—雷管脚线；2—爆破母线；3—爆破干线。

图 1-40　竖井爆破网络

表 1-12　掘进装岩效率的影响因素

<table>
<tr><td>深度/m</td><td><150</td><td colspan="2">150~300</td><td colspan="2">300~500</td><td>>500</td></tr>
<tr><td>装岩效率系数</td><td>1.0</td><td colspan="2">0.9</td><td colspan="2">0.85</td><td>0.8</td></tr>
<tr><td>岩石单轴抗压强度/MPa</td><td>12~15</td><td>10~12</td><td>6~10</td><td>3~6</td><td>2~3</td><td>0.5~2</td></tr>
<tr><td>机械装载因数</td><td>0.85</td><td>0.89</td><td>0.92</td><td>1.0</td><td>1.1</td><td>1.4</td></tr>
<tr><td>井筒断面面积/m²</td><td><4.0</td><td>4~8</td><td>8~12</td><td>12~16</td><td>16~20</td><td>20</td></tr>
<tr><td>因数</td><td>0.65</td><td>0.75</td><td>0.85</td><td>0.9</td><td>0.9</td><td>1.0</td></tr>
<tr><td>涌水量/(L·min⁻¹)</td><td><100</td><td colspan="2">100~200</td><td colspan="2">200~300</td><td>300</td></tr>
<tr><td>因数</td><td>1.0</td><td colspan="2">0.9</td><td colspan="2">0.8</td><td>0.75</td></tr>
</table>

国产大型抓岩机按斗容分为 0.4 m^3 和 0.6 m^3 两种；按驱动动力分为气动、电动、液压（包括气动液压和电动液压）三种；按机器结构特点和安装方式分为中心回转式、长绳悬吊式两种。

抓岩能力确定：

理论抓岩效率 P_1(m^3/h)计算公式：

$$P_1 = 3600K(V_b/t)$$

式中：K 为装满系数（砂石取 0.8~0.9，页岩、泥岩取 1.1~1.2）；V_b 为铲斗容积，m^3；t 为清碴时间，s。

通过计算实际清碴时间和所有的非生产性活动时间耗费来计算实际的平均效率。非生产性活动时间包括：抓岩机下放到位的时间、抓岩工作必须悬吊进行时建立临时支护的时间和最后清除的时间。

(10)井内排水

①吊桶排水

在提升岩石时，常采用吊桶将水排出地表，同时使用一个便携式水头 18 m 的气压泵排水，每小时排水量为 0.15~0.5 m^3。

专用排水吊桶（或箕斗），根据需要周期性提升排水。

在爆破和通风期间不能淹没工作面时，采用吊桶排水系统，涌水量按下式计算：

$$q > 0.8D^2(kl + 0.1)/t \tag{1-25}$$

式中：q 为井筒中每小时涌水量，m^3/h；t 为与爆破工作相协调的排水时间，h；k 为岩石松散系数，坚硬岩石取 0.5~0.6，软岩取 0.3~0.4；D 为吊桶直径，m；l 为爆孔深度，m；0.1 为井筒中允许的水位高度，m。

表 1-13 为吊桶排水允许涌水量，这取决于吊桶容量和每小时提升的吊桶数。欧洲实践表明，井筒深度约为 150 m 时，工作面允许涌水量为 3 m^3/h。我国竖井掘进控制允许涌水量为 7 m^3/h。

表 1-13 吊桶排水时的允许涌水量 单位：m^3/h

提升吊桶数/(桶·h^{-1})	1.0 m^3·桶	1.5 m^3·桶	2.0 m^3·桶	2.5 m^3·桶
5	2.25	3.4	4.5	6.75
10	4.5	6.8	9.0	13.5
15	6.75	10.2	13.5	20.3

②工作面水泵排水

压缩空气驱动隔膜泵提升排水效率高，常使用这种泵。

③悬吊泵排水

涌水量较大或者水头高度为 200~400 m 时，应选用悬吊泵。

④高压泵排水

适用于涌水量大的井筒，也可用于处理污水，甚至可以处理流砂。

⑤中间泵房排水

对于超深井筒排水，根据井筒的深度，建立中间泵房排水平台。

(11)井筒衬砌

井筒衬砌基础资料：工程/水文地质条件、竖井功能、设计年限、竖井断面形状和深度、建筑材料种类、建设成本等。

①临时支护

临时支护是当井筒进行施工时，为了保证施工安全，对围岩进行的一种临时防护措施。根据围岩性质、井段高度及涌水量等的不同，临时支护有锚杆金属网、喷射混凝土、挂圈背板、掩护筒等。

a. 锚杆金属网

这种支护是用锚杆来加固围岩，并挂金属网以阻挡岩帮碎块下落。金属网通常由 16 号镀锌铁丝编织而成，用锚杆固定在井壁上。锚杆直径通常为 18~22 mm，长度视围岩情况为 2.0~2.4 m，间距为 1.0~1.5 m。

锚杆金属网的架设是紧跟掘进工作面，与井筒的钻孔工作同时进行。支护段高一般为 10~30 m。

锚杆金属网支护，一般适用于f>5、仅有少量裂隙的岩层条件下，并常与喷射混凝土支护相结合，既是临时支护又是永久支护的一部分。它是一种较轻便的支护形式。

b. 喷射混凝土

喷射混凝土作临时支护，其所用机具及施工工艺均与喷射混凝土永久支护相同，只是喷层厚度稍薄，一般为 50~100 mm。它具有封闭围岩，充填裂隙、增加围岩完整性、防止风化的作用。喷射混凝土临时支护，只有在采用整体式混凝土永久井壁时，其优越性才比较明显(便于采用移动式模板或液压滑模实现较大段高的施工，以减少模板的装卸及井壁的接茬)。当永久支护为喷射混凝土井壁时，从施工角度看，宜在同一喷射段高内按设计厚度一次分层喷够，避免以后再用作业盘等设施进行重复喷射；从适应性角度看，采用喷射混凝永久井壁的井筒，其围岩应该是坚硬、稳定、完整的，开挖后不产生大的位移(图 1-41)。

图 1-41　竖井施工混凝土衬砌图

②永久支护

根据竖井设计和施工条件，常使用以下几种永久支护结构：整体混凝土支护；钢筋混凝土支护；预制钢筋混凝土井壁(铸铁和预制件)；锚喷网支护喷锚衬砌支护以及以上的几种结合使用。

当采用金属活动模板短段筑壁时，模板安装好，从地表悬吊下放，用螺栓连接在一起调整衬砌直径，适应实际井筒开挖尺寸，井筒筑壁段高为 4~5 m，井壁接茬的方法见图 1-42。

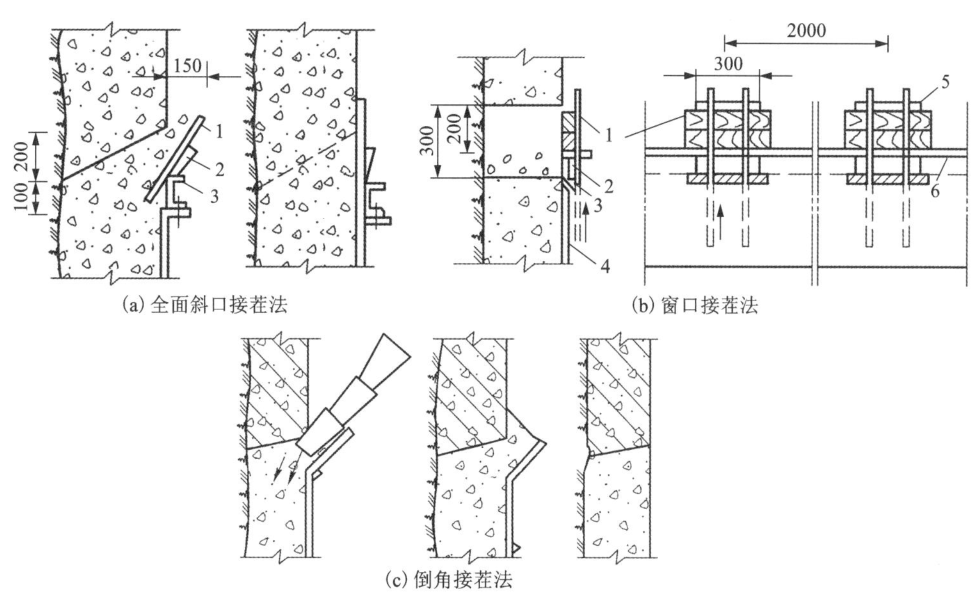

(a) 1—接茬模板；2—木楔；3—槽钢骨圈；

(b) 1—小模板；2—长 400 mm 插销；3—木垫板；4—模板；5—窗口；6—上段井壁下沿。

图 1-42　使用混凝土衬砌截面

喷射混凝土支护井壁有：喷射混凝土支护、喷锚衬砌支护、钢筋混凝土和锚杆联合支护，适用于干燥且岩体强度较高的竖井以及使用形式受限制的小直径竖井。

(12)特殊地层注浆处理

竖井开凿过程不可避免会遇到不良地层。不良地层主要包括:含水岩层、破碎带、构造带、地下热水等。如果含水层比较厚并且靠近地表,采用地表预注浆。如果从地表向目标地层钻深孔困难,则从掘进工作面进行注浆。

2)钻井法

钻井法凿井工艺是利用钻机的钻头破碎岩石,泥浆不断循环冲洗钻头,同时,采用压气把破碎的岩屑与泥浆的混合物提升排至地面。井内的泥浆保护井帮不致坍塌。当一个比设计直径大一些的井孔钻成之后,对井孔进行偏斜测量,然后将在地面预制好的井壁底和井壁逐节送到井口,依次对接,借助于泥浆的浮力与井壁的自重以及井筒中注水的重量,慢慢将井壁悬浮下沉至井筒设计深度。最后,在校正井位之后,进行壁后充填固井,完成钻井井壁的立井支护。

钻井设备由钻具系统、旋转系统、提吊系统、洗井系统、辅助系统等组成。钻井法凿井示意图如图 1-43 所示。

施工工艺包括:钻井(将工作面岩层破碎为岩屑);泥浆洗井护壁(提升岩屑、维护井帮);地面预制井壁、漂浮下沉井壁、排出泥浆、充填固井。

机械式钻井法施工,如德国海瑞克开发的机械式凿井钻机,其工作原理见图 1-44,在荷兰煤矿钻井直径 7.65 m、深度 512 m;美国钻机在澳大利亚西部完成了直径 4.267 m、深度 663 m 的风井施工。我国巨野煤田在龙固县煤矿主井应用钻井法钻凿直径 5.5 m,钻井深度达到了 582.75 m,成井速度 27.90 m/月。

加拿大必和必拓(BHP)的 Jansen 钾盐矿主井工程采用竖井掘进机(shaft boring roadheader, SBR)掘进,历时 5 年完成 940 m 深竖井施工,竖井直径 6.5 m。

3)竖井延深

常用井筒延深方式分两大类,而每一类又有不同的延深方案。

(1)自下而上小断面反掘,随后刷大井筒

利用反井自下而上延深竖井在金属矿山使用最为广泛,其施工程序如图 1-45 所示。在需要延深的井筒附近,先下掘一条井筒 1(称为措施井)到新的水平。自该井掘进联络道 2 通到延深井筒的下部,再掘联络道 3,留出保护岩柱 4,做好延深的准备工作。在井筒范围内自下而上掘进小断面的反井 5,用以贯通上下联络道,为通风、行人和供料创造有利条件。反井掘进方法,依据条件分为吊罐法、爬罐法、深孔爆破法、钻进法和普通法。然后刷大反井至设计断面,砌筑永久井壁,进行井筒安装,最后清除保护岩柱,在此段井筒完成砌壁和安装,井筒延深即告结束。

①措施井选择

采用这种方法的必要条件是必须有一条措施井下掘到新的水平。为了减少临时工程量,这条措施井应当尽可能地利用永久工程。例如,当采用中央一对竖井开拓时,可先自上向下延深其中一个井筒作为措施井,利用它自下向上延深另一个井筒。金属矿的中央竖井常是一条混合井,其附近通常有溜矿井。这时可以先向下延深溜矿井在其中安装施工用的提升设备,用它作为措施井,自下而上延深混合井。河北某铜矿混合井延深,就是利用离竖井 12 m 的溜矿井作为措施井。

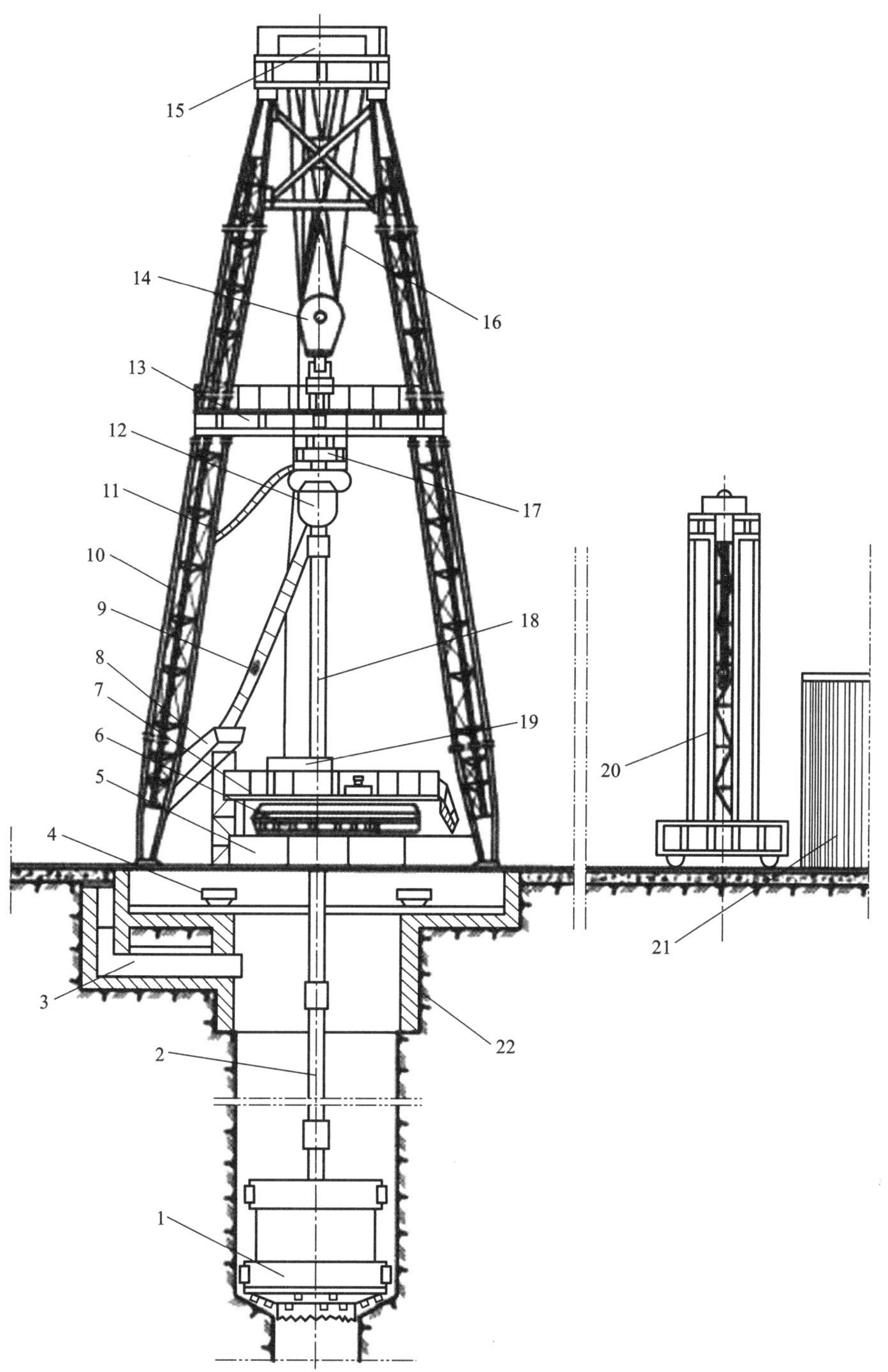

1—钻头；2—钻杆；3—回液槽；4—封口平车；5—转台(或转台车)；6—转盘；7—工作台；8—排浆槽；9—排浆管；10—钻塔；11—压气管；12—水龙头；13—钻塔二层台；14—游车；15—天车；16—钢丝绳；17—大钩；18—方钻杆；19—绞车；20—门式吊车；21—预制井壁；22—锁口。

图 1-43　钻井法凿井示意图

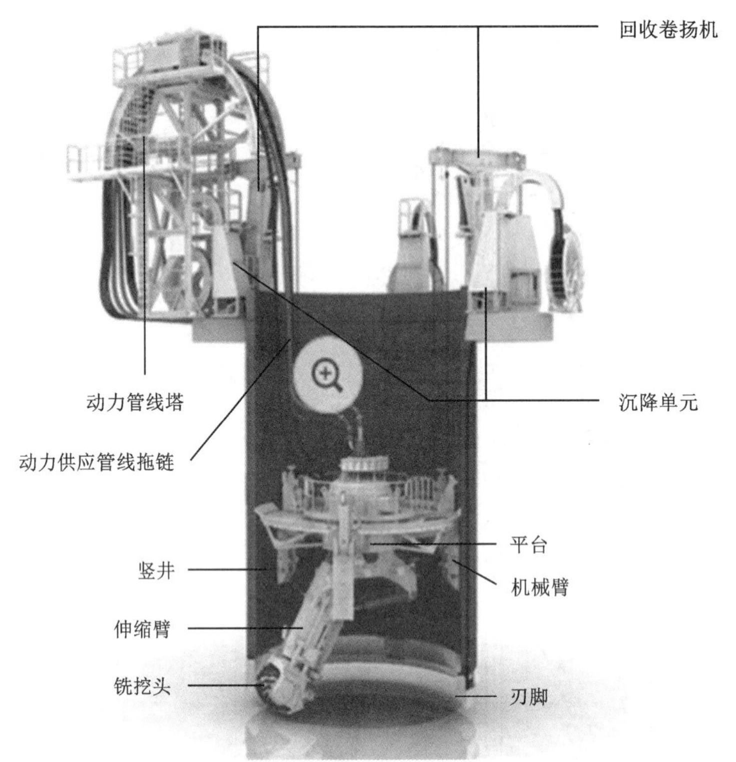

图 1-44　钻井法工作原理图

②井筒刷大

按照井筒刷大的方向，可分为自下向上刷大和自上向下刷大两种情况，现分述如下：

自下向上刷大(图 1-45)。在反井 5 掘成以后，即可自下向上刷大井筒。为此，在井筒的底部拉底，留出底柱，扩出井筒反掘的开凿空间，安好漏斗 6。向上打垂直眼，爆破的岩石一部分从漏斗 6 放出，装入矿车 7，用临时罐笼 8 提到生产水平。其余的岩石暂时留在井筒内，便于在碴面上进行凿岩爆破工作，同时存留的岩碴还可维护井帮的稳定。人员、材料、设备的升降用吊桶 9 来完成。待整个井筒刷大到辅助水平 3 后，逐步放出井筒内的岩石，同时砌筑永久井壁。

自上向下刷大(图 1-46)。开始刷大时，先自辅助水平向下刷砌 4~5 m 井筒，安设封口盘，然后继续向下刷大井筒。刷大过程中爆破下来的岩石，均由反井下溜到新水平 4，用装岩机装车运走。刷大后的井帮，由于暴露的面积较大，须用临时支护，如用锚杆、喷射混凝土或挂圈背板等维护。为了防止刷大工作面上工人和工具坠入反井，反井口上应加一个安全格筛 2。放炮前将格筛提起，放炮后再盖上。刷大井筒和砌壁工作常用短段掘砌方式，砌壁同刷大交替进行。

③拆除保护岩柱

延深井筒装备结束，井筒与井底车场连接处掘砌完成后，即可拆除保护岩柱(或人工保护盘)，贯通井筒。此时为了保证掘进工人的安全，井内生产提升作业必须停止。因此事先要做好充分准备，制订严密的措施，确保安全而又如期完成此项工作。

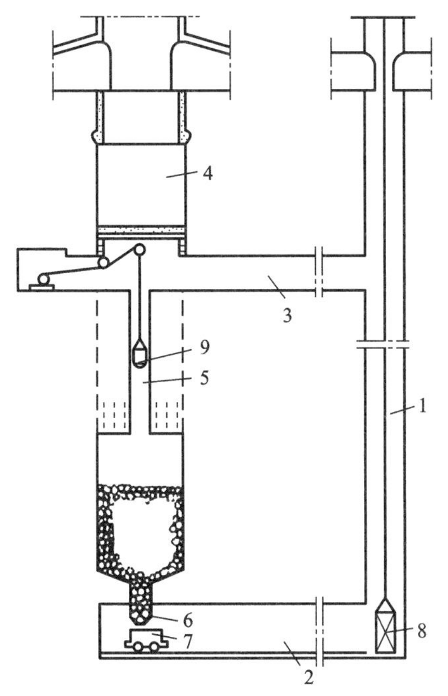

1—措施井；2、3—联络道；4—保护岩柱；5—反井；
6—漏斗；7—矿车；8—临时罐笼；9—吊桶。

图 1-45　先上掘天井然后上行刷大的延深方法示意图

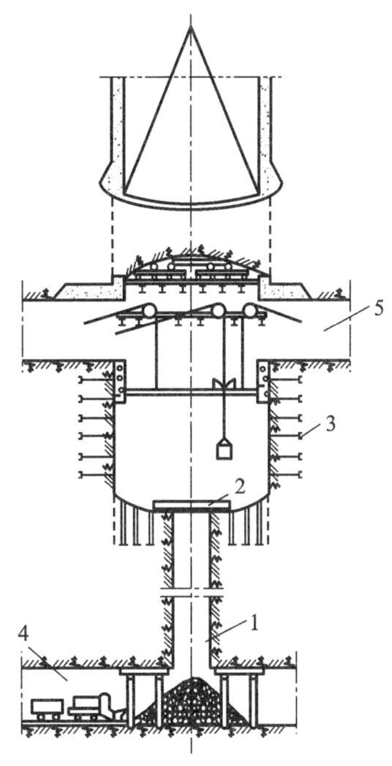

1—天井；2—安全格筛；3—钢丝绳砂浆锚杆；
4—下部新水平；5—上部辅助水平。

图 1-46　先上掘小井然后下行刷大的延深方法示意图

④自下向上多中段延深

金属矿山通常为多中段开采，由几个中段形成一个集中出矿系统。竖井每延深 1 次需要延深几个中段，开拓出一个新的出矿系统。例如，红透山铜矿、河北某铜矿的混合井都是一次下延 3 个中段，共 180 m。为了加快井筒延深速度，应组织多中段延深平行作业。此种平行作业包括两个内容：一是先行井下掘和各中段联络道掘进平行作业，例如图 1-47 为红透山铜矿第三系统延深时，先行井(盲副井)下掘和联络道平行作业的情况；二是竖井延深时采用反掘多中段平行作业，红透山铜矿混合井第二系统延深时，采用此种方式的施工情况如图 1-48 所示。

(2)自上向下井筒全断面延深

利用辅助水平延深井筒，其施工设备、施工工艺与开凿新井基本相同，区别是为了不影响矿井的正常生产，在原生产水平之下需布置一个延深辅助水平，以便开凿为延深服务的各种巷道、硐室与安装有关施工设备。所掘砌的巷道和硐室，包括辅助提升井(如连接生产水平和辅助水平的下山或小竖井)及其绞车房、上部和下部车场、延深凿井绞车房、各种稳车硐室、风道、料场及其他机电设备硐室。这些辅助工程量较大，又属临时性质，因此，合理地布置施工设备，尽量减少临时巷道及硐室的开凿工程量，是利用辅助水平延深井筒实现快速、安全、低耗的关键。

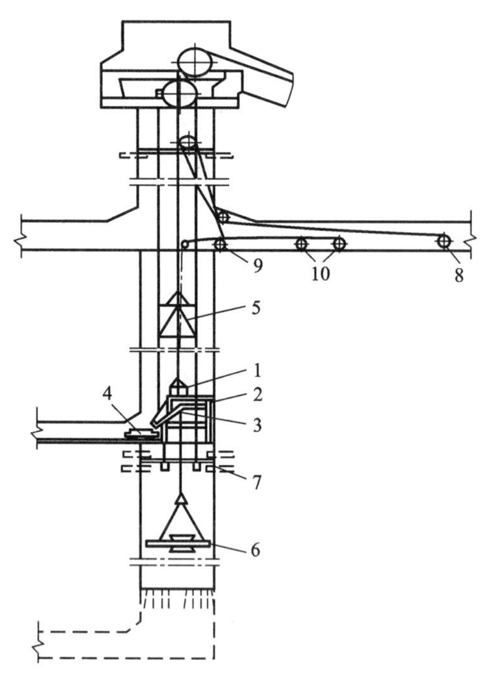

1—吊桶；2—翻矸台；3—漏斗；4—矿车；
5—双层罐笼；6—掘进吊盘；7—罐底棚；
8—22 kW 单筒提升机；9—1 t 手动稳车；10—8 t 稳车。

图 1-47 红透山铜矿盲副井两段提升系统出碴图

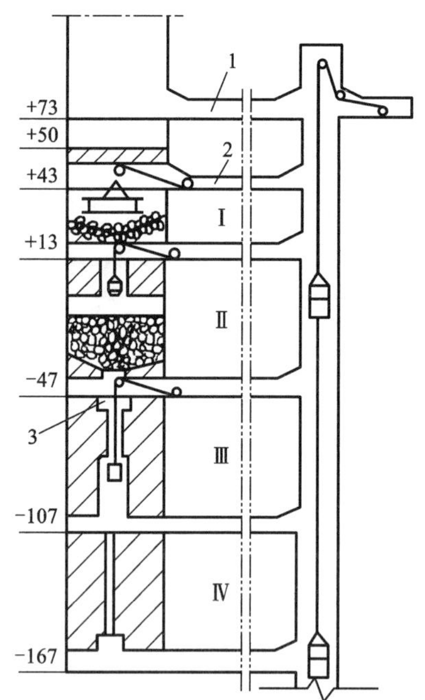

1—生产水平；2—延深辅助水平联络道；
3—预掘 2 m 天井段；Ⅰ、Ⅱ、Ⅲ、Ⅳ—各延深中段。

图 1-48 红透山铜矿混合井延深多中段平行施工图

利用辅助水平自上向下延深井筒的施工准备及工艺过程如图 1-49 所示。预先开掘下山、巷道和硐室，形成一个延深辅助水平，以便安装各种施工设备和管线工程，还要从延深辅助水平向上反掘一段井筒作为延深的提升间(井帽)，留出保护岩柱。如用人工保护盘，则将井筒反掘到与井底水窝贯通后构筑人工保护盘。随后下掘一段井筒，安好封口盘、天轮台及卸矸台，安装凿井提绞设备及各种管线，完成后即可开始井筒延深。当井筒掘砌、安装完后，再拆除保护岩柱或人工保护盘。

①提升机和卸矸台均布置在地面

适用条件：地面及井口生产系统改装工程量不大，可布置延深施工设备和堆放材料，且不影响矿井生产，但提升高度不应大于 300~500 m。采用这种布置方式，其优点是延深提矸和下料均从地面独立进行，管理工作集中，井下开凿的临时工程量减到最少，利用一套提升设备先后延深几个水平。其缺点是随延深深度的增加，吊桶提升能力降低，会影响延深速度，特别是深井延深时尤甚。

②提升机和卸矸台都布置在井下生产水平

适用条件：井筒延深深度大于 300~500 m，且地面缺少布置延深设备场地。此布置方式的优点是提升高度小，吊桶提升时间短，梯子间改装工程量小。缺点是井下临时掘砌工程量较大，延深工作独立性小，提升出碴、下料等都受矿井生产环节的影响。施工示意图如图 1-50 所示。

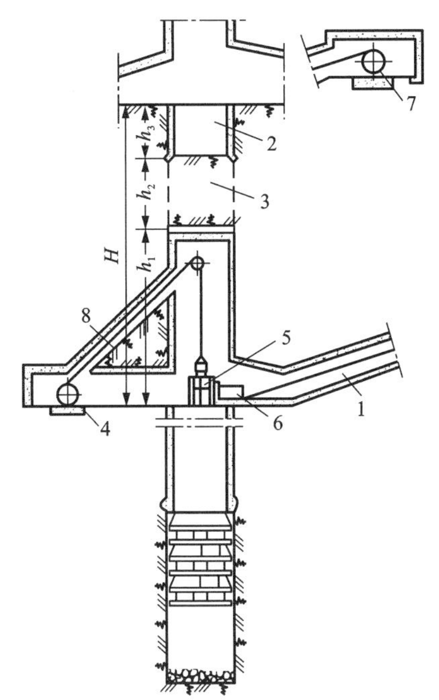

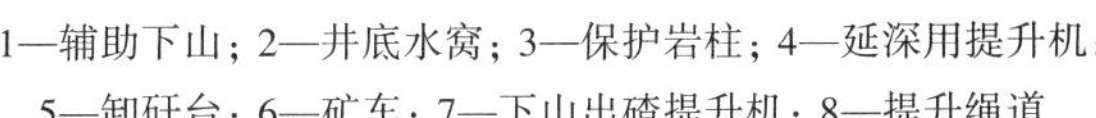

1—辅助下山；2—井底水窝；3—保护岩柱；4—延深用提升机；5—卸矸台；6—矿车；7—下山出碴提升机；8—提升绳道。

图 1-49　利用辅助水平延深井筒示意图

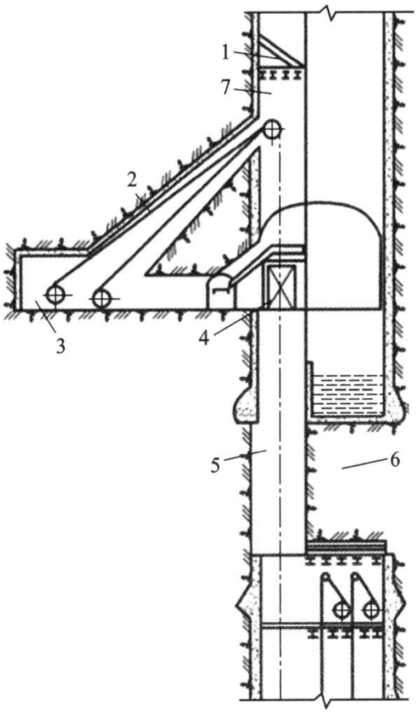

1—斜挡板；2—绳道；3—绞车硐室；4—卸矸台；5—延深通道；6—保护岩柱；7—原梯子间。

图 1-50　利用延深间或梯子间延深井筒示意图

利用延深间或梯子间延深井筒，虽具有延深辅助工程量少、准备工期短、施工总投资少等优点，但此方案金属矿山很少使用，而且只限于利用梯子间的一种形式。其原因是现有井筒设计一般不预留延深间，梯子间断面小，只能容纳小于 0.4 m^3 的小吊桶，提升能力小，井筒延深速度慢。

(3)竖井延深要注意的问题

在延深井筒时，生产段和延深段之间都必须有保护措施，在发生提升容器坠落或有其他坠落物时能确保下段延深工作人员的安全。

保护设施有以下两种形式：

①自然岩柱，即在延深井段与生产井段之间留有 6~10 m 高的保护岩柱。岩柱的岩石应坚硬、不透水、无节理裂缝等。保护岩柱可以只占部分井筒断面[图 1-51(a)]，适用于利用延深间或梯子间由上向下延深井筒；也可以全断面预留[图 1-51(b)]，适用于由下向上延深井筒及利用辅助水平延深井筒。

②人工构筑的水平保护盘。水平保护盘由盘梁、隔水层和缓冲层构成(图 1-52)。盘梁承受保护盘的自重和坠落物的冲击力。盘梁由型钢构成，两端插入井壁 200 mm，钢梁之上铺设木梁、钢板、混凝土、黏土等作隔水层，防止水及淤泥等流入延深工作面。

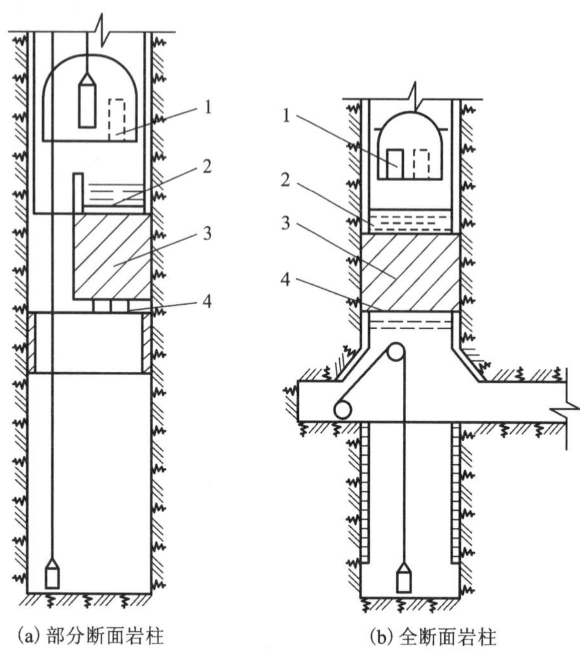

(a) 部分断面岩柱　　(b) 全断面岩柱

1—生产水平；2—井底水窝；3—保护岩柱；4-护顶盘。

图 1-51 保护岩柱

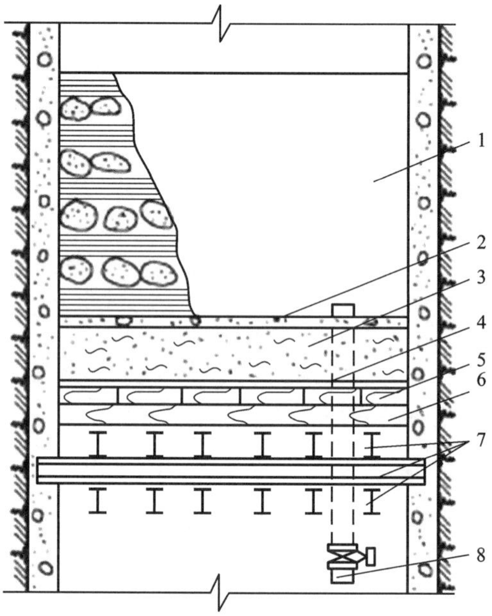

1—缓冲层；2—混凝土隔水层；3—黄泥隔水层；4—钢板；5—木板；6—方木；7—工字钢梁；8—泄水管。

图 1-52 水平保护盘

1.2.6 应用实例

1) 草楼铁矿

矿床采用明竖井开拓。矿区共布置 7 条竖井，分别为主井、副井、进风井、北辅助提升井、南辅助提升井、北回风井、南回风井(图 1-53)。

主井位于 11#勘探线东端地表错动范围以外的南侧，为箕斗提升井，井筒净直径 4.5 m，主要担负矿石提升任务。

副井位于 11 勘探线东端地表错动范围以外的北侧，为罐笼提升井，井筒净直径 5.5 m，担负全矿大部分的废石、材料设备、人员的提升任务。

进风井位于 11 勘探线的东端，与主、副井形成三足鼎立。井筒净直径 4.0 m。该井主要作为专用进风井，以减少副井的入风量，降低风速，防止冬季结冰。

北辅助提升井为箕斗提升井，井筒直径 4.5 m。井口标高 40.8 m，井底标高-455 m。前期箕斗装矿标高为-320 m，箕斗卸矿标高约 60 m。前期提升-290 m 及以上中段矿石，后期提升-410 m 中段的矿石。

南辅助提升井位于 8#勘探线东端的地表错动范围以外，为箕斗提升井，井筒净直径 4.5 m，井底标高-330 m，箕斗卸矿标高约 60 m，既提升矿石又提升废石。

北风井位于 19 勘探线东端北侧的地表错动范围以外，井筒净直径 4 m。

南回风井井筒净直径 4 m，作为矿山的南部通风井。

2) 冬瓜山铜矿

冬瓜山铜矿床是一大型深埋矿床，位于狮子山矿田深部。冬瓜山 1 号矿体为该井田的主

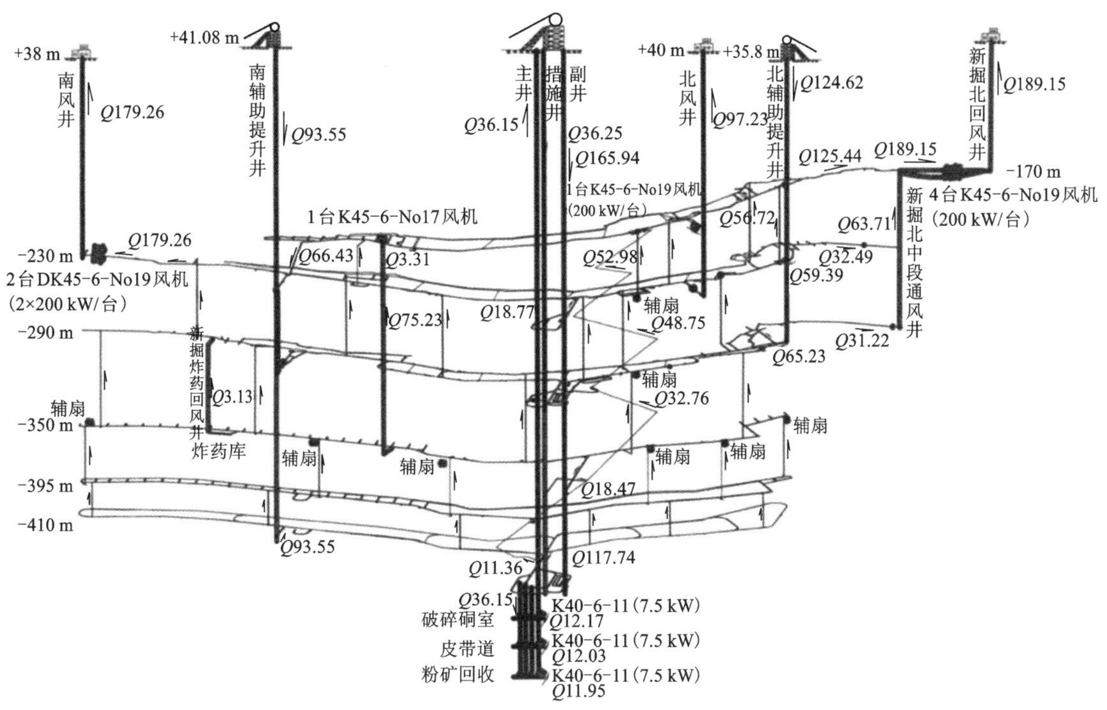

图1-53　草楼铁矿开拓系统图

矿体，其储量占总储量的98.8%。矿体位于青山背斜的轴部，赋存于石炭系黄龙组—船山组层位中，呈似层状产出。矿体产状与地层一致，与背斜形态相吻合。矿体走向NE35°~40°。矿体两翼分别向北西、南东倾斜，中部斜角较缓，而西北及东南部较陡，最大倾角达30°~40°。矿体沿走向向北东侧伏，侧伏角一般10°左右。矿体赋存于-690~-1007 m标高，其水平投影走向长1810 m，最大宽度882 m，最小宽度204 m，矿体平均厚度34 m，最小厚度1.13 m，最大厚度100.67 m，矿体直接顶板主要为大理岩，底板主要为粉砂岩和石英闪长岩，矿体主要为含铜磁铁矿、含铜蛇纹石和含铜矽卡岩。

根据矿床开采技术条件，设计推荐两种采矿方法，即大直径深孔阶段空场嗣后充填采矿法和扇形中深孔阶段空场嗣后充填采矿法。

经过详细的技术经济比较，设计采用竖井开拓，采用新老系统共用矿石提升主井，改造(老鸦岭)混合井为冬瓜山副井方案。其中老系统是指东、西狮子山，大团山等六个矿床的开拓系统，新系统是指冬瓜山矿床的开拓系统。

坑内运输采用主运输中段有轨运输集中破碎方案，主运输中段位于-875 m水平。开拓系统如图1-54所示。

主要井筒有：

(1)冬瓜山主井。净直径5.6 m，井深1120 m(+95~-1025 m)，井筒内装配有一套30 t双箕斗提升系统，担负冬瓜山10000 t/d、老系统3000 t/d的矿石提升任务。

(2)冬瓜山副井。改造并延深老鸦岭混合井作为冬瓜山副井，为一罐笼井。井深1023 m(+107~-916 m)，井筒净直径6.5~6.7 m。内配一套5180 mm×3000 mm双层单罐笼带平衡锤提升系统，担负冬瓜山人员、材料、设备的提升任务。

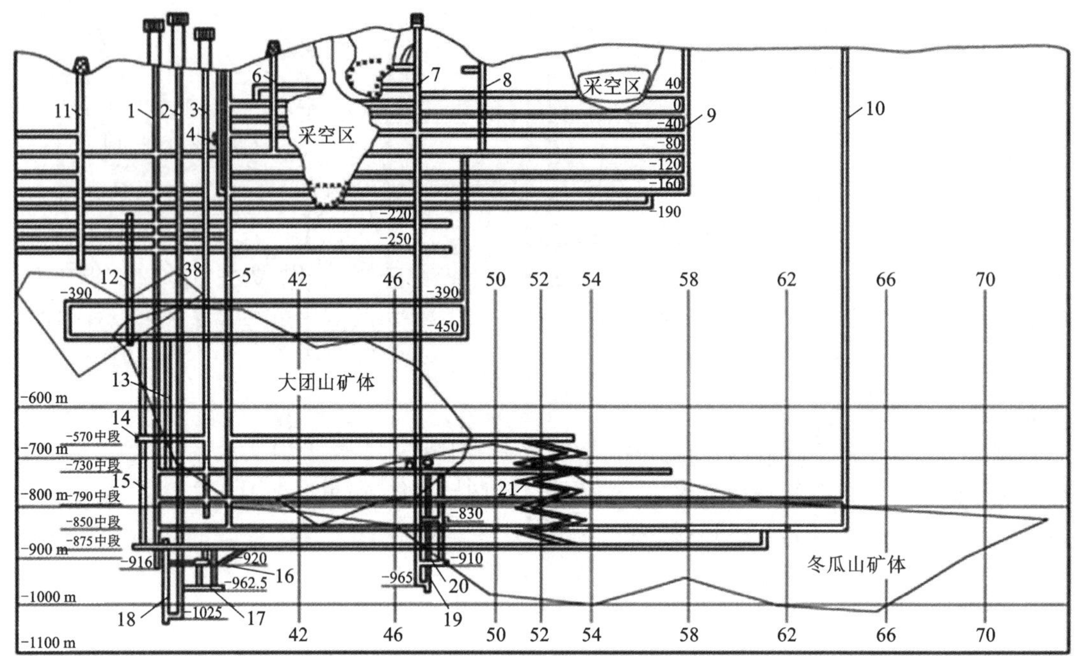

1—冬瓜山副井；2—冬瓜山主井；3—大团山副井；4—老西风井；5—冬瓜山进风井；6—狮子山主井；7—冬瓜山辅助井；8—东盲井；9—狮子山东风井；10—冬瓜山回风井；11—老鸦岭措施井；12—盲措施井；13—大团山废石溜井；14—大团山破碎站；15—大团山矿石溜井；16—破碎站；17—主井装矿皮带道；18—粉矿回收井；19—辅助井粉矿回收井；20—辅助井皮带道；21—斜坡道。

图 1-54 冬瓜山铜矿开拓系统纵投影图

(3)冬瓜山辅助井。改造并延深冬瓜山探矿井作为辅助井，净直径 4.0~4.5 m，内配有一套载重量 11 t 单箕斗(箕斗罐笼一体)带平衡锤提升系统，主要提升废石及作管缆。其最大提升能力为 2300 t/d。

(4)风井。除利用冬瓜山副井作为进风井外，还设置了 1 条专用进风井，井筒净直径 6.9 m，井深 972 m(+97~-875 m)；设置了 1 条专用回风井，井筒净直径 7 m，井深 950 m(+100~-850 m)。

(5)-875 m 有轨主运输中段。中段运输采用环形运输形式，穿脉间距 100 m，采用 2 台 20 t 电机车牵引 10 辆 10 m^3 底侧卸式矿车运输，将矿石运至破碎站。矿石破碎后通过主井提升到地表卸入矿仓。

(6)斜坡道。没有设通地表的斜坡道，但中段之间有辅助斜坡道或采准斜坡道连通。

3)南非帕拉博拉(Palabora)铜矿

南非 Palabora 铜矿位于南非的林波波(Limpopo)省，上部为露天开采，露天坑以下采用自然崩落法开采，设计矿石生产能力为 30000 t/d。

设计采矿方法为自然崩落法，其垂高为 500 m，172 个聚矿槽(即 344 个出矿口)，铲运机出矿。矿石铲装到矿体北侧的 4 台颚式破碎机中，破碎后的块度为-200 mm，由 1350 m 长的斜胶带送往位于矿体东翼主井旁的两个储矿仓中，之后通过主井中的 30 t 箕斗提升至地表，再通过地表胶带送至选厂矿堆。

矿山共有 4 条井筒，分别为主井、副井、通风井和已有的探矿井。

(1)主井。主井深 1290 m，内径 7.4 m，采用 300 mm 厚的混凝土衬砌。竖井装备有 4 个箕斗，两两互为配重，提升机为 2 台直径 6.2 m 的塔式摩擦式提升机带联动电机。每个箕斗由 4 根钢绳罐道和 4 根尾绳进行系统平衡。竖井只在底部有一个装载站。采用混凝土井塔，布置 2 台 Koepe 提升机，每台提升机的转筒有 4 根首绳，导向轮直径为 6.2 m。

箕斗设计提升能力为 32 t，初始按 30 t 提升能力作业，采用铝和钢结构，每个箕斗自重 22.4 t，箕斗的提升速度为 18 m/s。

(2)副井。副井深 1272 m，内径 9.9 m，采用 300 mm 厚的混凝土衬砌。井筒内配置 1 个大的单层人员材料罐笼和 1 个单层罐笼，每个罐笼配 1 个平衡锤。

罐笼及平衡锤、人员材料罐笼的平衡锤采用的是钢绳罐道。

副井混凝土井塔内装配有直径 6.2 m 的人员材料提升机和罐笼提升机。前者有 6 根首绳和尾绳，其大小和尺寸与主井提升机的首尾绳的相同，后者有 2 根首绳和 1 根尾绳。

人员材料罐笼设计寿命为 20 年，对应 140 万次提升循环。它可以一次提升 225 人，最大提升质量为 35 t，其结构由钢框架和铝板组成，以减少自重。罐笼质量约为 42 t，尺寸为 3.4 m(宽)×9.1 m(长)×7.9 m(高)。罐笼提升的最大设备为 Toro501 型铲运机，其决定了罐笼的提升质量和尺寸，在提升时铲运机的铲斗要卸下。罐笼的平衡锤质量为 59 t。

罐笼提升能力为 1.4 t，一次可提升 20 人，自重为 2 t，罐笼尺寸为 1.625 m(宽)×1.6 m(长)×2.5 m(高)，平衡锤质量 2.7 t。

主副井系统如图 1-55 所示。

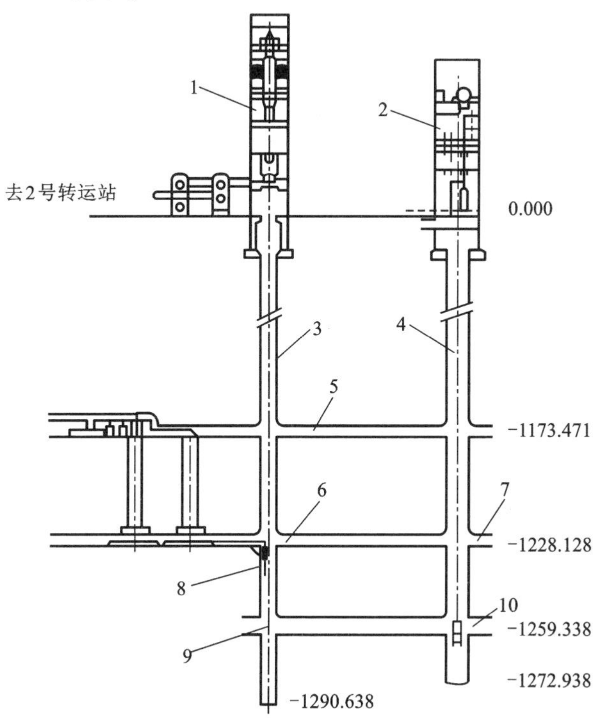

1—主井井塔；2—副井井塔；3—主井；4—副井；5—转运水平；6—装载水平；7—生产水平；8—箕斗；9—换绳水平；10—水泵水平。

图 1-55　南非 Palabora 铜矿主副井系统示意图

1.3 斜井开拓

1.3.1 斜井开拓适用条件与规定

1)斜井开拓适用条件

斜井开拓适用于开采缓倾斜和倾斜矿床，特别适用于倾角为20°~40°矿床。对于急倾斜侧翼倾覆的矿床可用侧翼斜井开拓，也有急倾斜矿床采用伪倾斜斜井开拓。斜井与阶段运输平巷之间需通过井下车场和石门连通。

按斜井使用设备的不同可分为3种提升方式，其适用条件为：

(1)箕斗或台车运输斜井一般适用斜井倾角30°~45°；

(2)矿车组(串车)运输斜井一般适用斜井倾角25°~30°；

(3)带式输送机斜井一般适用斜井倾角小于18°，向上运输不应大于15°，向下运输不应大于12°。

斜井倾角除了随提升容器的要求不同而不同外，还须考虑下盘岩层移动角。若矿体倾角小于下盘岩层的移动角，斜井依矿体倾角进行布置；当矿体倾角大于下盘岩层的移动角时，斜井应平行于下盘岩层的移动线布置。

2)斜井开拓符合规定

(1)埋藏深度小于300 m的缓倾斜或倾斜中厚以上矿体，宜采用下盘斜井开拓；矿体走向较长，埋藏深度小于200 m的急倾斜矿体，可采用侧翼斜井开拓；形态规整、倾角变化较小的缓倾斜薄矿体，宜采用脉内斜井开拓。

(2)下盘斜井井筒顶板与矿体的垂距应大于15 m；脉内斜井井筒两侧保安矿柱的宽度不应小于8 m。

(3)串车斜井不宜中途变坡和采用双向甩车道，当需要设置双向甩车道时，甩车道岔口间距应大于8 m。

(4)斜井内人行道一侧应设躲避硐室，其间隔不大于50 m。

(5)行人的有轨运输巷道应设高度不小于1.9 m的人行道，人行道宽度不小于0.8 m；机车、车辆高度超过1.7 m时，人行道宽度不小于1.0 m。斜井坡度为10°~15°时应设人行踏步；15°~35°时应设踏步及扶手；大于35°时应设梯子和扶手；有轨运输的斜井，车道与人行道之间应设隔离设施；提升容器运行通道与人行道之间未设坚固的隔离设施的，提升时不应有人员通行。

(6)斜井有轨运输设备之间，以及运输设备与支护之间的间隙，不应小于0.3 m；带式输送机与其他设备突出部分之间的间隙，不应小于0.4 m。

(7)井口应设阻车器，并与提升系统连锁或者由专人控制；井口及掘进工作面上方均应设保险杠，并由专人控制，工作面上方的保险杠应随工作面的推进而移动。

(8)井下设电话和声、光信号装置。

(9)斜井内的带式输送机的一侧应设检修道，检修道宽度不小于1.0 m；输送机另一侧到斜井侧壁的宽度不小于0.6 m。当检修运输道和人行道合并时，应设躲避硐室，其间距不大于50 m。

1.3.2　斜井开拓方案

(1)下盘斜井开拓

下盘斜井开拓，是将斜井布置在矿体下盘围岩内，通过各种不同形式的斜井井底车场和石门，与阶段运输平巷相连接，从而建立起矿体与地表之间的联系，见图 1-56。

下盘斜井开拓适用条件：

①厚度不大的倾斜矿体，矿体倾角一般小于 30°。

②井口应在岩层错动带以外 20~30 m，井筒与矿体倾斜平行或呈伪倾斜布置，井筒与矿体底板的垂距不小于 15 m。

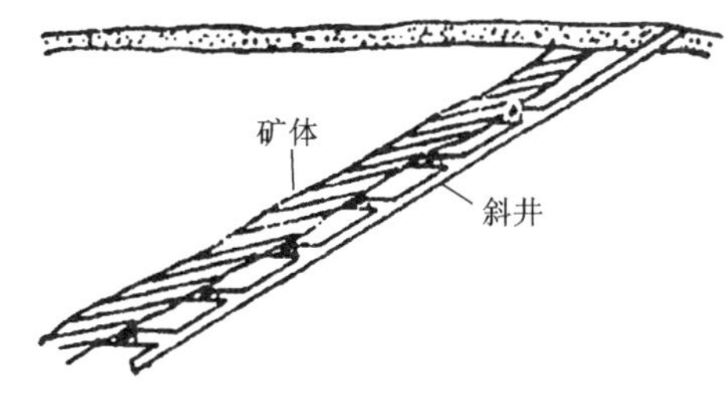

图 1-56　下盘斜井开拓示意图

下盘斜井开拓通常是将斜井沿矿体真倾斜方向布置。但对有些大型金属矿山，矿体走向长度较大，为了选用钢绳胶带运输机运送矿石，保持 16°左右的有效坡度，也可布置成伪倾斜斜井，见图 1-57。

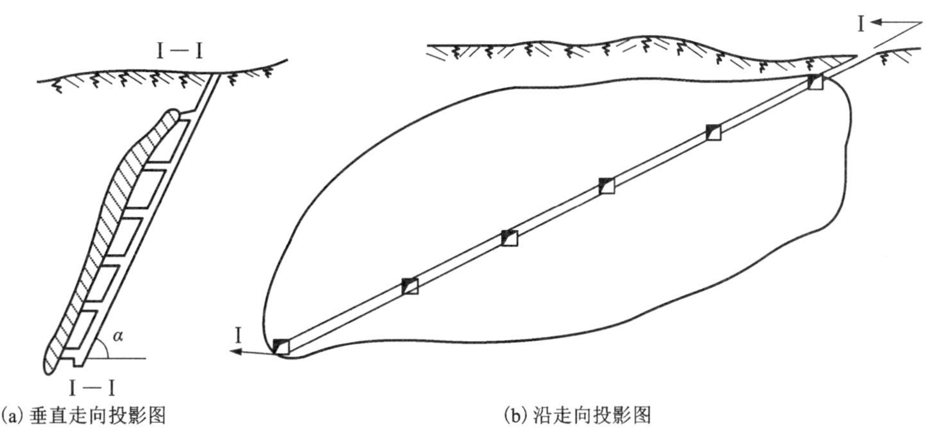

图 1-57　伪倾斜斜井开拓示意图

下盘斜井开拓不仅可开拓倾斜矿体，而且可开拓急倾斜矿体。布置成伪倾斜斜井后，各阶段的石门与矿体之间的连接分散在矿体的走向线上。

下盘斜井开拓具有石门短、基建量少、投资快、不需要留保安矿柱等优点。

(2)脉内斜井开拓

当矿体厚度不大，沿倾斜方向变化较小，产状比较规整时，适宜用脉内斜井开拓。脉内斜井开拓是将斜井直接开在矿体内部靠近矿体下盘，并沿矿体倾斜线布置，见图 1-58。斜井与阶段运输平巷之间连接，只通过井底车场，不开石门。

脉内斜井开拓的适用条件：

①边采边探的小矿体；

②矿体沿倾斜起伏不大，地质构造简单，没有大的褶皱、断裂、挤压破碎带、节理、裂缝等结构的破坏；

③矿体厚度不大，矿石价值不高，矿石和围岩稳固；

④井筒两侧应留有 10~15 m 以上的矿柱。

(3)侧翼斜井开拓(图 1-59)

因受地表地形、地质条件限制，主井只能布置在侧翼；走向不长，侧翼能减少运输及开拓费用；侧翼斜井倾角及石门长度受偏角影响。

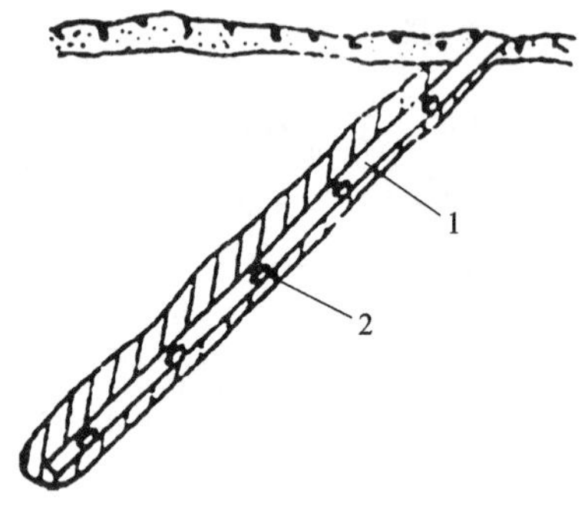

1—脉内斜井；2—阶段运输巷道。

图 1-58 脉内斜井开拓示意图

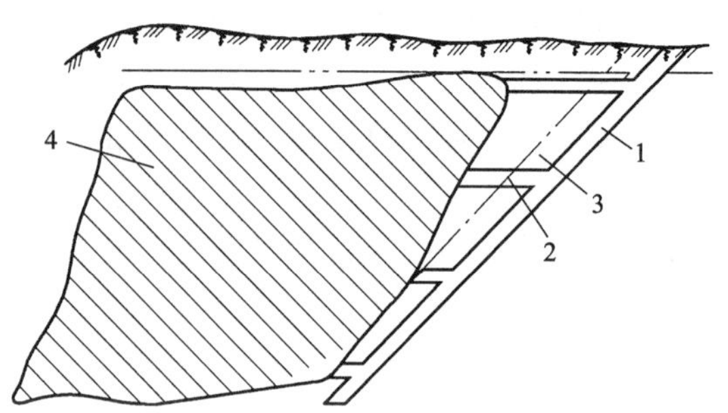

1—斜井；2—石门；3—矿体侧翼岩石移动角；4—矿体。

图 1-59 侧翼斜井开拓示意图

侧翼斜井开拓的适用条件：①矿体走向较短，矿体端部侧覆在矿体下盘，布置井筒受地形、工程地质、水文地质或其他不利因素影响，不宜在下盘布置井筒；②选矿厂或外运矿矿仓在矿体的一侧。

1.3.3 主要斜井类型

(1)矿车组斜井

矿车组(串车)斜井，按其用途可分为主斜井、副斜井和混合斜井。主斜井用于提升矿石；副斜井用于提升废石、运送设备材料、人员上下等，或兼作通风排水用；混合斜井兼作主井和副井之用。

斜井提升的车辆必须根据矿车连接器和车底架的强度校核矿车组车数。必要时需挂带安全绳。《有色金属采矿设计规范》(GB 50771—2012)规定：串车提升用的矿车容积宜为 0.5~1.2 m^3，最大不宜超过 2 m^3；每次提升矿车数宜与电机车牵引矿车数成倍数关系，每次提升矿车数不宜超过 5 辆。

矿车组斜井适用条件：

矿车组斜井适用于生产能力较小，提升量为 30 万 t/a 左右，埋藏深度不大的矿山或用于盘区提升。

矿车组斜井应遵循以下基本准则：

①矿车组斜井倾角不宜超过 30°，一般适用于倾斜、缓倾斜矿体的提升井或盘区提升上山。

②当斜井坡度在 30°以下而垂直深度超过 90 m，或斜井坡度在 30°以上且垂直深度超过 50 m 时，按规范规定，应设专用人车运送人员，严禁人货混合提升。

③斜井井筒一般应取同一角度，不宜中途变坡；特殊情况下斜井下段倾角可适当大于上

段倾角，其范围为 2°~3°。

④两斜井之间的距离应符合生产安全、施工方便和井口工业场地布置的需要，当斜井兼作风井时，应保证回风井的废风不进入风井。

⑤斜井中运输、通风、排水和压气管道及电缆布置等应符合安全规程的规定。

⑥应采用与井筒服务年限相适应的支护材料，在地震或严寒区，斜井应采用相应的抗震、防寒措施。

⑦甩车道的提升牵引角一般不超过 10°，主要提升斜井的平曲线半径可取 15~20 m，竖曲线半径可取 20~30 m。

⑧为便于布置人行道和管道，一般不采用双向甩车道，特殊情况需要采用双向甩车道时，甩车道岔口应错开 8 m 以上；采用双钩提升时，斜井井筒一般应按双道布置。

⑨斜井井筒中一般应设纵向主水沟，井筒内每 30~50 m 设一坡度不小于 0.3%的横向水沟，将水流截至主水沟内。

⑩当斜井倾角大于 20°~25°时，铺设轨道应考虑防滑措施。

⑪斜井井口为平车场时，应在井口车场设置阻车器，井筒内设置防跑车装置，下部车场应设躲避硐室。

⑫斜井进风时，井筒断面应按允许最大风速进行校验。

(2)带式输送机斜井

带式输送机斜井提升生产运输能力大、工艺连续、自动化程度高、生产工艺简单，适用于生产规模大的矿山。

带式输送机斜井提升适用于开拓倾角不同、生产规模较大的矿床。据统计，斜井长度可在 300 至 4000 m 之间，输送带宽 750~2000 mm，年提升矿石能力为 18 万~1400 万 t。

根据安全规程规定，带式输送机向上提升物料时斜井坡度应不大于 15°，向下运送物料时应不大于 12°。

国外一些矿山采用带式输送机斜井开拓，带宽达 1400~2000 mm，单机长度已突破 1000 m，斜井斜长达 2000~4000 m，带式输送机上坡可达 18°~20°，下坡为 15°~16°，自动化程度高，安全设施和保护装置完善，连续化运输能力可达 800 t/h。

带式输送机斜井提升应考虑的问题如下。

①设置地下破碎站。每个破碎系统的服务年限应在 10 年以上。

②井筒断面根据设备布置确定。输送机的最小带宽应不小于物料最大尺寸的 2 倍再加 200 mm。

③带式输送机斜井不应兼作风井。特殊情况兼作风井时，井筒中的风速不得超过 4 m/s，并应有可靠的降尘措施，保证粉尘浓度符合工业卫生标准。带式输送机斜井中还应装有专用的消防管路。

④人行道一般设在输送机提升道和检修道的中间，以利于设备检修和清扫撒矿。

⑤带式输送机斜井的硐室工程包括装载硐室、矿仓、连接硐室、井底撒矿清理巷道、水窝、泵房等；钢绳芯带式输送机斜井尚有驱动装置硐室、检修绞车硐室及拉紧装置硐室等。

带式输送机适用于凹凸不平的各种地形条件；增设有关装置和保护措施后，还可用于运送人员。带式输送机运距长，为 300~4000 m；运量大，为 180~14000 kt/a；高强度带式输送机适用于水平和倾斜运输，倾斜角度依矿岩等物料性质和输送带表面形状不同而异，与普通型相比高强度带式输送机适用于各种硬度的小块矿岩。各种矿岩物料所允许的带式输送机最大倾角见表 1-14 和表 1-15。

表 1-14 带式输送机的最大倾角 1

物料名称	0~120 mm 矿石	0~60 mm 矿石	40~80 mm 油母页岩	干松泥土	0~25 mm 焦炭	0~30 mm 焦炭	0~350 mm 焦炭
最大倾角/(°)	18	20	18	20	16	18	20

表 1-15 带式输送机的最大倾角 2

物料名称	块煤	原煤	谷物	水泥	块状干黏土	粉状干黏土	干矿	湿砂	盐	湿精矿	干精矿	筛分后石灰石
最大倾角/(°)	18	20	18	20	15~18	22	15	23	20	20	18	12

注：表中给出的最大倾角是物料向上运输时的倾角，向下运输时最大倾角要减小。

带式输送机设计基本准则：

①斜井倾角与输送机的倾角一致。带式输送机的倾角依运送矿岩性质、块度、粒级组成及含泥水多少而定，一般为 8°~15°。《有色金属采矿设计规范》规定：带式输送机宜用于斜井倾角小于 15°，矿体埋深小于 300 m 的一类矿山。

②带式输送机斜井内各种设施之间、设备与支护之间、设备与设备之间以及设备与设施之间的安全间隙，必须符合安全规程规定。

③需设置井下破碎站。带式输送机适用于较小的矿岩块度，而采场的原矿块度大，需经粗碎后才能上带。一般矿山，每个破碎站服务年限应在 5~10 年以上。

④输送带最小宽度应不小于运送矿岩最大尺寸的 2 倍，再加宽 200 mm。

⑤带式输送机斜井不应兼作风井。特殊情况兼作风井时，井筒中的风速不得超过 4 m/s，并有可靠的降尘措施，保证粉尘浓度符合工业卫生标准。

⑥斜井中应装有专用的消防设施。

⑦在斜井内，带式输送机的一侧应平行铺设一条运输道和一条检修人行道。当利用该运输道兼作辅助运输时，应在运输道与带式输送机之间设置坚固的隔墙。

(3)箕斗斜井

箕斗斜井提升主要用于大、中型矿山。斜井倾角一般为 30°~40°。

箕斗斜井的布置及对斜井的技术要求可参照串车斜井的有关规定，同时，还应考虑箕斗斜井提升的下述特殊要求：

①矿石块度大、生产规模大的矿山，为了延长箕斗的使用寿命，增大箕斗提升能力，一般应设置地下破碎站。

②箕斗井不得兼作进风井。

③线路布置：双箕斗斜井一般铺设双轨。只有一个开采水平时可布置单轨或三根轨，并在井筒中设双轨错车。

④提升车场线路形式：在装载点多、运输线路短的条件下，装卸处为双轨；或只用单轨车场，在装载点处只安装一个漏斗闸门，可减少装载点处的硐室工程量。

⑤箕斗斜井应设置相应的硐室，如装载设备硐室、矿仓、信号硐室、躲避硐室、撒矿清理巷道及水窝、泵房等。

表 1-16　冶金矿山箕斗斜井提升设备参数

矿山名称	提升长度/m	倾角/(°)	提升方式	提升物料	提升量/($t \cdot d^{-1}$)	箕斗容积/m^3	箕斗装载量/t	平衡锤质量/kg	卸载形式	钢丝绳		电动机		装载方式	备注
										直径/mm	绳速/($m \cdot s^{-1}$)	型号	功率/kW		
湘潭锰矿	455	32	单箕斗	锰矿	758，完成 909	2.7		5000	后卸	24	5.6		380	计量漏斗	斜井
牟定铜矿 2 号井	706	11	单箕斗	铜矿	1500，完成 1956	8.8	12		后卸	31	4	JRQ157-8	320	1200900 装矿闸门	盲斜井
牟定铜矿 1 号井	832	14°44′	双箕斗	铜矿	1500，完成 1956	8.8	12		后卸	31	4.5	JRQ1510-10	400	1200900 装矿闸门	斜井、单轨加中间错车道
湘西金矿	1129	27°30′	双箕斗	金矿	1303，完成 1194	6	10.2		后卸	34	6	JR1512-8	570	气动扇形闸门	斜井、单轨加中间错车道
大厂锡矿（铜坑）	320	25	单箕斗	锡矿	1000	4.5	7.2		底卸	31	3.4	JR158-8	380	计量漏斗	盲斜井
东风金矿	150	38	单箕斗	金矿	完成 100	0.76	1.2		前翻	15.5	1.2	JR82-8	28	手动	

箕斗斜井适用条件：

箕斗斜井适用于提升量为 0.3～0.6 Mt/a 的矿井，斜井倾角一般大于 25°～30°。国内使用箕斗斜井提升的矿山较少。

我国应用的斜井箕斗有前翻式、后卸式和底卸式。前翻式结构简单、坚固、质量轻，适宜提升重载，地下矿应用较多；后卸式比前翻式箕斗适用范围广、动载荷小、卸载比较平稳，斜井倾角小时其装满系数大，但结构较复杂，卷扬道倾角过大时卸载困难；底卸式箕斗卸载容易，但结构复杂、自重大，底卸式箕斗在斜井中很少采用，仅在斜井倾角不大时选用。

箕斗斜井设计的基本准则：

箕斗斜井一般作为矿山的主提升井，除考虑斜井的一般规定外，还需注意以下几点：

①箕斗斜井的倾角一般与矿体倾角相近，宜大于 30°；

②箕斗斜井不能作为进风井，而且井口必须布置在进风井的下风向；

③斜井宜采用整体道床；

④为了防止断绳或错误操作造成设备设施损坏，影响井下排水，井底需设挡梁并加缓冲木。

有条件时，箕斗斜井井底标高略高于辅助井底或阶段平巷标高，以便为解决斜井内的排水、粉矿回收和通风等问题提供方便。江西金山金矿、吉林吉恩镍业大岭矿等也采用箕斗斜井提升矿石。冶金矿山箕斗斜井提升设备参数见表 1-16。

1.3.4 斜井设计与施工

1)斜井工程布置

斜井工程布置和支护形式与平巷基本相同，但斜井是矿井的主要出口，服务年限长，因此斜井断面形状多采用拱形(半圆拱形、圆弧拱形或三心拱形)断面，用混凝土支护或喷锚支护。

斜井工程布置是指轨道(输送机)、人行道、水沟和管线等的相对位置。井筒工程布置的原则除与平巷相同之外，还应考虑以下各点：

①井筒内提升设备之间及设备与管路、电缆、侧壁之间的间隙，必须保证提升的安全，同时还应考虑到升降最大设备的可能性。

②有利于生产期间井筒的维护、检修、清扫及人员通行的安全与方便。

③在提升容器发生掉道或跑车时，对井内的各种管线或其他设备的破坏应降到最低程度。

④串车斜井一般为进风井(个别也有作回风井的)，井筒断面要满足通风要求。

另外，斜井内除设有运输设备系统外，还设有轨道、水沟、人行道、躲避硐、管路和电缆等。斜井内的运输线路应根据矿井服务年限、生产规模、提升设备选型及提升能力等因素选用不同线路布置和不同的轨枕、道床。下面以矿车组斜井为例，介绍斜井不同线路布置方式和轨枕、道床的安设形式。

(1)斜井内线路布置

①双钩提升矿车组斜井线路布置形式见表 1-17，双箕斗提升斜井线路布置形式见表 1-18。

表 1-17　双钩提升矿车组斜井线路布置形式

序号	线路布置形式及简图	优缺点	适用条件
1		为双轨线路，井筒中无道岔，车辆运行平稳可靠，使用寿命长；但工程量大，投资大	线路短，多水平生产，提升速度较高的井筒
2		车辆运行可靠，工程量少；但钢丝绳、车轮及轨道磨损较大；特别是轨道磨损不均匀	线路长，单水平生产的井筒
3		生产简单可靠，但钢轨消耗量大，钢丝绳与钢轨磨损大	线路长，两个水平生产的井筒
4		井筒工程量较大，可缩小井筒断面，节省工程量及材料消耗	小型斜井或临时工程
5		错车道不设道岔及岔心，车辆运行可靠，可减少井筒断面及工程量；但钢绳、车轮、轨道磨损较大	线路长，单水平生产的井筒
6		错车道不设道岔及岔心，车辆运行可靠，可减少井筒断面及工程量；但钢绳、车轮、轨道磨损较大	线路长，单水平生产的井筒

表 1-18　双箕斗提升斜井线路布置形式比较

序号	线路布置简图	优缺点	适用条件
1	①　②	生产简单可靠，但钢轨消耗量大，工程量大，投资多	装载点多，提升速度快，线路长，围岩稳定
2	①　②	生产简单可靠，工程量较大，投资较多	一个装矿点，提升速度快，线路较短，围岩稳定
3	①　③　②	生产可靠，工程量较小，投资较少	线路较长，一个装矿点，围岩较稳定
4	①　③　②	工程量小，投资少，生产可靠，但生产管理较复杂	装矿点多，线路较长，围岩较破碎

注：①—装矿处；②—卸矿处；③—中间错车道。

②斜井错车道布置

a. 错车道位置要求。当提升机卷筒为单层缠绳时，错车道设在提升行程的中心；如为多层缠绳且两卷筒缠绳圈数相同时，因下放的行程大于提升的行程，则错车道应设在提升行程中点略偏下的位置。在设计中错车道具体位置还应考虑设备的要求。

b. 错车道长度。错车道直线长度不得小于或等于两组矿车组总长，最短也不应小于 10 m。具体计算方法如下(图 1-60)：

错车段向上长度 L_s 为：$L_s=L_1+L_2+1000$

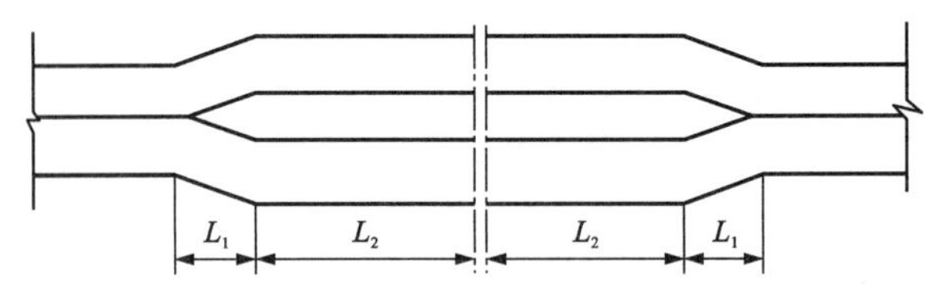

L_1—单轨变为双轨段；L_2—矿车组长度。

图 1-60　错车道长度计算图

错车段向下长度 L_x 为：$L_x=L_1+L_2+1000+\Delta$

式中：1000 为富余长度，mm；Δ 为空、重车钢丝绳因重力不同所引起的伸长之差，一般 Δ = 120~140 mm。

c. 错车道处道岔。错车道处应铺设 1/6 或 1/7 对称道岔。

d. 错车道处井筒断面。错车道处井筒断面的变化要尽量呈喇叭形，以利于通风。在一般情况下错车道处采用固定道床为宜。错车道曲线半径应大于 30 m。

(2)斜井道床布置

①斜井道床可分为石碴道床、整体道床和简易整体道床 3 种形式(表 1-19)：

a. 石碴道床又称道碴道床，施工简单，投资少。但是它对线路质量的保证较差，维修工作量大。它只适用于提升量不大、提升速度在 3.5 m/s、倾角小于 10°的斜井。根据《金属非金属矿山安全规程》规定，倾角大于 10°的斜井，应设置轨道防滑装置，轨枕下面的道砟厚度不得小于 50 mm。

b. 整体道床。整体道床具有行车平稳，行车速度快，维修工作量小，经营费用低等优点；缺点是施工质量要求高，基建工程量大，造价高等。整体道床适用于斜井倾角大于 10°，井筒服务年限长，提升能力大的矿山。大中型矿井的主溜井放矿闸门硐室内的轨道，带式输送机斜井的检修道，服务年限超过 20 年的大、中型矿山的箕斗斜井轨道以及马头门的铺轨均应采用整体道床。

c. 简易整体道床。这种道床是在石碴道床的基础上，浇上水泥砂浆使其整体固结化。简易整体道床具有石碴道床和整体道床的特点，适用于倾角小于 30°的斜井。简易整体道床施工简单，维修、管理方便，投资较省。

表 1-19　道床的类型和结构

类型	图示	优缺点
预埋螺栓式	150　300　300　1　2 1—固定螺杆；2—压板	(1)钢材消耗少； (2)施工较复杂； (3)维修更换困难

续表1-19

类型		图示	优缺点
预埋轨枕式	短木枕	1—木轨枕；2—人行台阶	(1)施工量小； (2)维修简单
	预埋钢筋混凝土短枕	1—预制钢筋混凝土轨枕； 2—预制混凝土填块	
	预埋钢筋混凝土长枕		(1)施工简单； (2)维修量小； (3)钢材消耗较多
简易式		1—水泥砂浆；2—石碴	(1)施工简单； (2)维修简单

斜井道床类型及适用范围见表 1-20。

表 1-20　斜井道床类型及适用范围

斜井提升类型	提升的对象	服务年限	提升量	道床类型				备注
				木轨枕石碴道床	混凝土轨枕石碴道床	整体道床	简易整体道床	
矿车组 1	人			可用	不可用	不可用	可用	保险装置 CRX 型 斜井倾角小于 10°
	人、矿石			可用	不可用	不可用	可用	
矿车组 2	人			不可用	不可用	可用	可用	保险装置 斜井倾角大于 10°
	人、矿石	长	大	不可用	不可用	可用	不可用	
	人、矿石	短	小	可用	可用	不可用	可用	
矿车组 3	矿石	长	大	不可用	不可用	可用	可用	斜井倾角大于 10°
	矿石	短	小	可用	可用	不可用	可用	
箕斗	矿石	短	小	可用	可用	不可用	可用	斜井倾角大于 10°
				不可用	不可用	可用	可用	
带式输送机斜井内检修道	人	长	大	不可用	不可用	可用	可用	斜井倾角大于 10°
	材料			可用	可用	可用	可用	

②轨道防滑布置

由于斜井轨道的重力作用，轨道会下滑，轨道下滑的程度与斜井的倾角、提升的速度、道床的结构、线路的铺设质量、斜井底板岩石的性质以及斜井井筒涌水量等因素有着密切关系。当斜井倾角大于10°时，对轨道应采取防滑措施，其方法有两种：固定钢轨法、固定轨枕法。

a. 固定钢轨法。在斜井井筒的底板上每隔30~50 m设一个混凝土地梁或在钢轨下面设混凝土柱。在梁、柱上预埋螺栓或连接件，将钢轨直接固定在它的上面。也可以采用将钢轨固定在型钢(工字钢或槽钢)上，型钢再同混凝土梁或混凝土柱相连接。还可采用打钢轨桩代替混凝土柱的方法，将型钢梁与钢轨连接，钢轨桩与型钢梁固定在一起。

实践证明，固定钢轨法使用效果好、施工简单、维修量小；但施工精度要求高，消耗材料多。

b. 固定轨枕法。该法可分为两种，一是轨枕嵌入法，二是轨枕埋桩法。

ⓐ轨枕嵌入法。将整体道床每隔0.7 m预留一个槽，槽的大小比轨枕大一些，把轨枕放入槽内后，再将砂浆灌入缝隙中，使轨枕与整体道床固结在一起。这种方法施工难度大，轨枕间距(700 mm)不易保证。嵌入法多用于钢筋混凝土预制轨枕。

ⓑ轨枕埋桩法。在斜井底板每隔10~15 m，垂直底板打钢轨桩或浇灌混凝土桩。桩的深度因斜井道床类型、岩石的稳定程度而异。如道床和斜井底板岩石稳定，则桩就浅；反之道床采用石碴或简易整体道床，且底板的岩层不太稳定，则桩柱要深，一般桩深取0.5~1.0 m。铺轨时轨枕的下坡边一定要紧靠桩，相邻轨枕有时需设撑木。桩的顶面与轨枕顶面要求一样平或者可高出轨枕顶面20 mm，但不准高出轨面。桩要求稳定牢固，严防轨枕下滑。此法施工工艺简单，但防滑效果欠佳。

常用防滑装置见表1-21。

表1-21 斜井轨道防滑装置

固定方式		图示	特征与要求	使用情况
固定钢轨法	型钢固定	1—钢轨；2—轨枕；3—槽钢[16；4—工字钢I12；5—圆钢 ϕ30；6—混凝土地梁	用型钢固定钢轨，每隔30 m设一组	1 t标准矿车，矿车组斜井提升
	钩形板固定	1—钢轨；2—轨枕；3—钩形板；4—槽钢[14；5—螺栓M32×500；6—混凝土地梁	用钩形板固定钢轨，每隔15~20 m设一组	维修、更换方便，防滑效果良好

续表1-21

固定方式		图示	特征与要求	使用情况
固定钢轨法	预埋螺栓固定	1—钢轨；2—轨枕；3—预埋螺栓；4—混凝土地梁	用预埋螺栓固定钢轨，每隔 30 m 设一组	防滑效果好，且钢轨与底梁间垫以枕木增加了弹性；但是螺栓易锈蚀，维修更换困难
固定轨枕法	轨枕桩	1—钢轨；2—轨枕；3—防滑桩；4—撑木	每隔 10～15 m 在轨枕两端向井筒底板各打一防滑桩(用型钢或圆钢都可)以阻止轨道下滑	有一定防滑作用，但由于车辆在运行中产生振动，使道钉松动，钢轨仍可下滑
固定轨枕法	轨枕槽	1—钢轨；2—轨枕；3—轨枕槽	轨枕放入井底板的槽内，槽深为 80～100 m，槽底垫道砟 50 mm	有一定防滑作用，但由于车辆在运行中产生振动，使道钉松动，钢轨仍可下滑

(3)人行道铺设

①斜井人行道有关规定

a. 采用有轨运输时，人行道的宽度不应小于 1 m。

b. 人行道的垂直高度不应小于 1.9 m。

c. 专为行人斜井的宽度不应小于 1.8 m。

d. 带式输送机斜井的人行道宽度不应小于 1.0 m。

e. 设有人车的斜井，在井口上部及下部应设乘车平台。平台长不应小于一组人车长的 1.5～2 倍，平台宽不得小于 1 m。

f. 斜井倾角为 10°～15°时，应设人行踏步；15°～30°时应设踏步及扶手；大于 30°时，应设梯子及扶手。

g. 运送物料的斜井兼作人行井时，车道与人行道之间应设安全隔离设施。

h. 在带式输送机斜井内，带式输送机的一侧，应平行铺设一条运输道和一条检修人行道。当该运输道兼作辅助运输时，应在运输道和带式输送机之间加设隔离设施。

②人行道台阶及扶手

人行道台阶(踏步)一般做成踏步形式，可以用混凝土浇筑而成，也可以用预制混凝土块、料石等制成。台阶形式分单一式和组合式两种：

a. 单一式。多用于水沟不在人行道侧，采用料石或预制混凝土块砌筑，也可用 C20 级混凝土直接浇筑。其特点是稳定牢固、施工方便，但井筒断面利用率低。

b. 组合式。多用于水沟设在人行道下面的情况。用混凝土预制成“]”形构件，砌筑成后，它既可作人行台阶又可兼作水沟盖板。其特点是井筒布置紧凑，断面利用率高，掘砌工程量少。但其施工工艺复杂，清理水沟不方便，不如单一式稳固。

关于人行台阶尺寸的计算，由于倾角不同，人行台阶的高度和宽度也有所不同，其计算公式为：

$$\tan \alpha = \frac{R}{T}$$

式中：R 为台阶高度，mm；T 为台阶宽度，mm；α 为斜井倾角，(°)；台阶长度 L 一般取 600~700 mm。

扶手设置要求见表 1-22。

表 1-22 扶手设置要求

斜井坡度/(°)	对台阶及扶手的要求
10~14	设防滑条及扶手，但人行道在中间时可不设扶手
15~30	设人行台阶及扶手
30~40	设人行台阶、扶手或者设梯道
45	设专门梯子间或梯道

行人扶手一般用硬质塑料管、木材、钢管制成。扶手安设在人行道侧的井壁上。扶手中心线距井壁的距离为 80~100 mm，它与人行台阶顶面的距离为 800~900 mm。

扶手连接件：将扁钢制成管卡，用螺栓拧紧后，将其焊接在井壁的预埋件上。预埋件间距因扶手的强度和刚度的不同而异，一般其间距为 2~3 m。井壁的预埋件用圆钢，直径为 4~16 mm，总长 210 mm，露头 60 mm。扶手管材外径一般取 50 mm 左右。

台阶尺寸及其材料消耗量见表 1-23。

(4) 水沟布置

为了将斜井井筒内的涌水、清洗粉矿和冲洗井壁的污水疏导干净，防止积水冲刷道床，保持路面清洁，斜井内应设置排水沟。

①对服务年限长且水量较大的斜井，必须设水沟，水沟应以混凝土砌筑并加盖板。对井筒服务年限较短，井筒底板岩石稳定坚硬，涌水量为 5~10 m^3/h 的斜井，斜井内可不设正规水沟，沿井筒墙边挖顺水槽即可。对服务年限短，井筒底板岩石稳固，而且涌水量在 5 m^3/h 以下的斜井，可设水槽。

②水沟一般设在人行道一侧，坡度与斜井坡度相同。水沟沟帮坡度取(1∶0.1)~(1∶0.25)。

③斜井内除设纵向水沟外，在井筒内每隔 30~50 m 应设一道横向水沟，其坡度不得小于 3‰。在含水层下方、阶段与斜井井筒连接处附近和带式输送机斜井接头硐室的上方(硐室内有水沟时，应将横向水沟设在下方)均须设横向水沟，把斜井井筒内的水引到各阶段的水沟内。

④在箕斗斜井或带式输送机斜井中，井底车场以上的斜井井筒内的流水，应尽量截入车场的水沟内，以减少井底水窝的排水量和清理工作量。水沟上铺盖板。

表 1-23　台阶尺寸及材料消耗量

图示	斜井倾角 /(°)	台阶高度 R /mm	台阶宽度 T /mm	台阶长度 l /mm	混凝土工程量/m^3
(a) (b)	16	120	420	650	0.033
	17	120	390	630	0.030
	18	120	370	610	0.027
	19	130	380	640	0.032
	20	130	360	620	0.029
	21	140	365	650	0.033
	22	140	350	640	0.031
	23	150	355	660	0.035
	24	150	340	640	0.033
	25	150	320	620	0.030
	26	160	330	650	0.034
	27	160	315	640	0.032
	28	170	320	660	0.036
	29	170	300	640	0.033
	30	190	295	680	0.038

⑤对于斜井底板岩石较松软或砌筑质量较差的水沟，当水很大时将会冲刷沟底和沟帮，造成水流不畅甚至堵塞。因此，这种条件下的水沟不宜与人行道、管线重叠布置，以免给维修工作带来困难。

(5)斜井内各种管路及电缆铺设

①铺设应符合规定

充填管道严禁敷设在主、副斜井内；

当管道及电缆都敷设在人行道同一侧时，电缆应设在管道上方，电缆不应直接挂在管子上，电缆与管子间距应在 300 m 以上；

当管道敷设在人行道侧，托管梁伸入人行道上部空间时，梁底离斜井底板的垂直高度不应小于 1.9 m；

管子采用落地式敷设在人行道侧时，管子不应侵占人行道的有效宽度；

缆线悬吊点间距不应大于 3 m；

架空式托管梁间距及落地式管座间距不应大于 5 m；

斜井内的照明线、动力电缆和信号线应分开敷设，照明灯间距不应大于 30 m；

管子放在人行道侧，以不妨碍行人安全为原则。

②管子和电缆敷设方法

a. 管子敷设方式

管子敷设方式和安装方法与平巷基本相同，可分为架空式和落地式两种。

ⓐ架空式是将管子架设(或悬吊)在井壁上。安装方法是将管子放(或悬吊)在托管梁上，用U形卡固定，托管梁采用槽钢或工字钢。托管梁埋入井壁的深度一般取200~300 mm。托管梁间距一般取3~5 m。

当管子敷设在人行道侧，托管梁伸入人行道上部空间时，梁底离斜井底板的垂直高度不得小于1.9 m。当管子放在非人行道侧时，托管梁底边离斜井底板的高度以比提升容器高500~600 mm为宜。

ⓑ落地式是将管子直接放在斜井底板的管座上，管座间距同托管梁的间距。这种方式多将管子放在非人行道侧，如果管子放在人行道侧，则管子不应侵占人行道的有效宽度。

b. 电缆敷设方法

常用的敷设方法有两种：挂钩法、入槽法(表1-24)。

表1-24 电缆敷设方法比较

形式	图示	优缺点
挂钩法	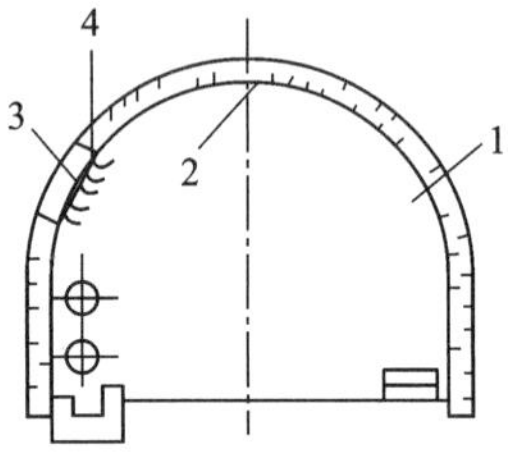 1—通信、信号电缆挂钩；2—照明灯挂钩；3—动力电缆挂钩；4—预埋件	(1)安装简单方便； (2)材料消耗少； (3)适用无提升设备或提升量小的矿井； (4)对电缆的保护不力
入槽法	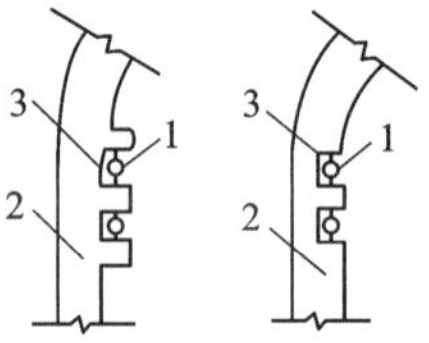 (a) (b) 1—电缆；2—井壁；3—槽钢或预制槽形的混凝土块	(1)对保护电缆有利； (2)用槽钢时材料消耗多，用预制混凝土块时施工较复杂； (3)对于图(a)来说增加井筒断面，对于图(b)来说降低井壁强度

(6)躲避硐室

在串车或箕斗提升时，按规定井内不准行人。为保证检修人员安全，又不影响生产，应在斜井井筒内每隔一段距离设置躲避硐室。

躲避硐室的间距在曲线段不超过15 m，在直线段不超过30 m，硐室的规格为1.0~1.5 m，高不小于1.9 m，深1.0~1.2 m，位置设于人行道一侧，以便人员出入方便。

2)斜井断面设计

(1)斜井断面尺寸主要根据井筒提升设备、管路和水沟的布置以及通风等需要来确定。

①非人行道侧，提升设备与支架之间的间隙应不小于300 mm，如将水沟和管路设在非人行道侧，其宽度还要相应增加。

②双钩串车提升时，两设备之间的间隙应不小于300 mm。

③人行道的有效宽度，不小于 1 m。如果管路设在人行道侧，不应占用人行道的有效净空。

④运输物料的斜井兼作人行道时，人行道的有效宽度不小于 1.0 m，人行道的有效高度不小于 1.9 m，车道与人行道之间应设置坚固的隔离设施；未设隔离设施的，提升时不应有人员通行。

⑤在人车的斜井井筒中，在上下人车停车处应设置站台。站台宽度不小于 1.0 m，长度不小于一组人车总长的 1.5~2.5 倍。

⑥提升设备的宽度应按设备最大宽度考虑。

在斜井井筒断面布置形式及上述尺寸确定后，可以按平巷断面尺寸确定斜井断面尺寸。

(2)斜井断面形式

斜井断面形式及适用的岩层范围见表 1-25。

表 1-25　斜井断面形式及适用的岩层范围

序号	断面形式	图示	特点	适用的岩层范围
1	半圆拱	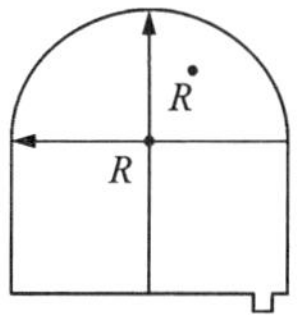	受力性能好，拱顶承受压力大，但断面利用率稍低，开拓费用高	围岩不够稳定，顶、侧压较大，服务年限较长的矿山
2	圆弧拱	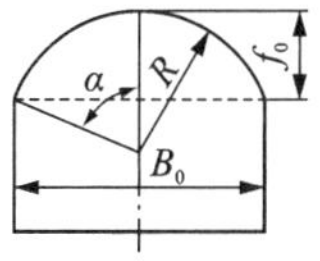	介于半圆拱与三心拱之间	围岩中等稳定、地压较小，服务年限较长的矿山
3	三心拱	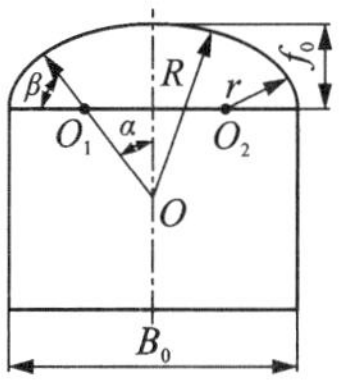	断面利用率较高，掘砌费用较半圆拱低，承受压力较差，当顶压大时，易在拱基及拱顶处开裂	围岩中等稳定、地压较小；服务年限较长的矿山
4	梯形	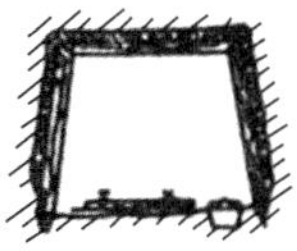	断面利用率高、施工简单，对不均匀地压适应性较好，但维修量较大	围岩稳定、地压较小，服务年限较短的矿山
5	马蹄形 椭圆形	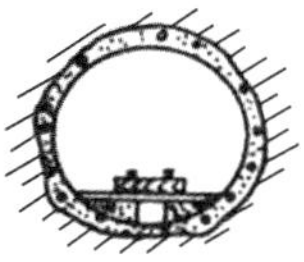 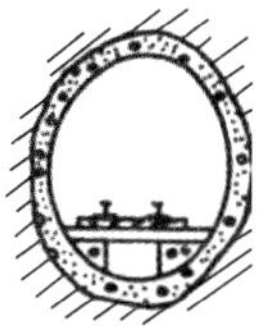	结构稳定，可承受多方来的压力，但断面利用率低，施工复杂，掘砌费用高	围岩不稳定、侧压和地压大的矿山

(3)设计斜井断面时，按提升类型分以下 3 种情况：

①矿车组斜井井筒断面设计

斜井断面内有轨道、人行道、管路和水沟等。无论单线或双线，人行道、管路和水沟的相对位置分为以下 4 种方式(图 1-61)。

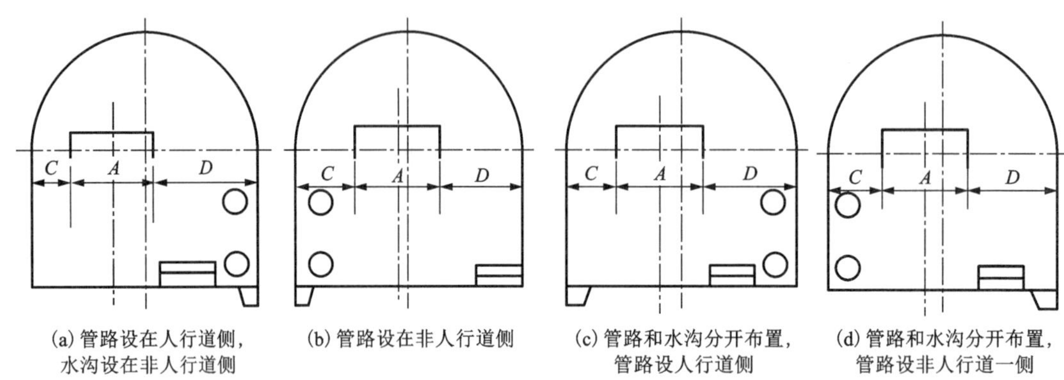

(a) 管路设在人行道侧，水沟设在非人行道侧　(b) 管路设在非人行道侧　(c) 管路和水沟分开布置，管路设人行道侧　(d) 管路和水沟分开布置，管路设非人行道一侧

A—矿车宽度；*C*—非人行道侧宽度；*D*—人行道侧宽度。

图 1-61　矿车组斜井井筒断面布置方式

管路和水沟布置在人行道一侧。这种布置方式，管路距轨道稍远些，万一发生跑车或掉道事故，管路不易被砸坏，而且管路架在水沟上，断面利用较好。缺点是出入躲避硐室因管路妨碍，不够安全和方便。

管路和水沟布置在非人行道一侧。这种情况下管路靠近轨道，容易被跑车或掉道车砸坏，但出入躲避硐室安全方便。

管路和水沟分开布置，管路设在人行道侧，需加大非人行道侧宽度用以布置水沟。

管路与水沟分开布置，管路设在非人行道一侧，人行道侧宽度应适当加宽。

考虑到需要扩大生产和输送大型设备，现场常采用后两种布置方式，其缺点是工程量有所增大。矿车组斜井难免发生掉道或跑车事故，故设计时应尽量不将管路和电缆设在矿车组提升的井筒中，尤其是提升频繁的主井，更应避免。近年来，有些矿山利用钻孔将管路和电缆直接引到井下，可有效地避免对管路和电缆的破坏。

当斜井内不设管路时，断面布置与上述基本相似，水沟可布置在任何一侧，但多数设在非人行道侧。

②带式输送机斜井井筒断面设计

在带式输送机斜井中，为便于检修带式输送机及井内其他设施，井筒内除设带式输送机外，还设有人行道和检修道。按带式输送机、人行道和检修道的相对位置，其断面布置有两种方式(图 1-62)。

我国当前多采用图 1-62(a)的形式，优点是检修带式输送机和轨道、装卸设备以及清扫撒矿都较方便。

③箕斗斜井井筒断面设计

箕斗斜井为出矿通道，一般不设管路(洒水管除外)和电缆，因而断面布置很简单，如图 1-63 所示，通常将人行道与水沟设于同侧。安全规程规定箕斗斜井井筒禁止进风，故其

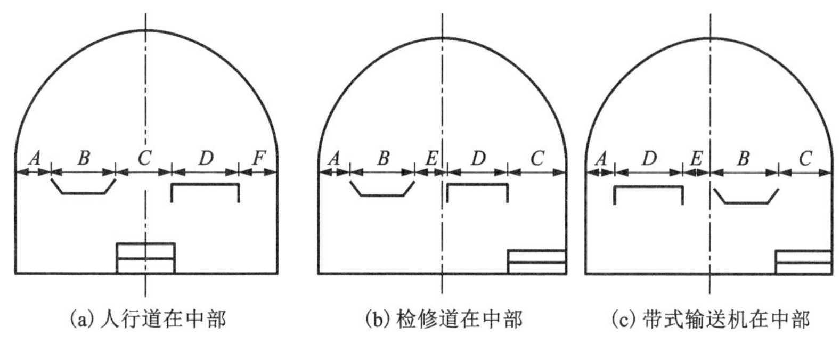

A、*F*—提升设备至井帮的距离；*B*—带式输送机宽度；*C*—人行道宽度；
D—矿车宽度；*E*—人行道在边侧时两提升设备的间距。

图 1-62 带式输送机斜井井筒断面布置形式

断面尺寸主要以箕斗的合理布置(尺寸)为主要依据。斜井箕斗规格见表 1-26。

表 1-26 金属矿斜井箕斗主要尺寸

箕斗容积 /m^3	最大载重 /kg	外形尺寸/mm			适用倾角 /(°)	最大牵引力 /N	轨距 /mm	卸载方式	自重 /kg
		长	宽	高					
1.5	3190	4525	1714	1280	20		900	前卸	1840
2.5		3968	1406	1280	30~35	65700	1100	后卸	2900
3.5	6000	3870	1040	1400	20~40	73500	1200	后卸	4050
3.74	7050	6130	1550	1740			1200	前卸	3200

(4)斜井断面设计实例

某金属矿山设计生产能力为 30 万 t/a，拟选用斜井开拓，其斜井倾角为 25°，采用固定车厢式矿车提升。斜井围岩为片麻岩，其普氏系数 $f=5\sim7$，中等稳固。斜井中需要通过的风量为 60 m^3/s，其涌水量为 20~30 m^3/h。斜井内架设 $\phi80$ mm 风管和 $\phi150$ mm 供水管各 1 条，试设计该斜井。

①斜井断面选择。斜井断面形状的选取可参照巷道的设计，考虑到是生产能力为 30 万 t/a 的有色金属矿山，副斜井服务年限应在 15 年以上，且穿过的岩层较软，$f=5\sim7$，故选用半圆拱断面。

②确定斜井净断面尺寸。确定斜井净宽度。矿山生产能力为 30 万 t/a，可选用 YGC1.2 固定矿车，外形尺寸为宽 $A=1050$ mm，高

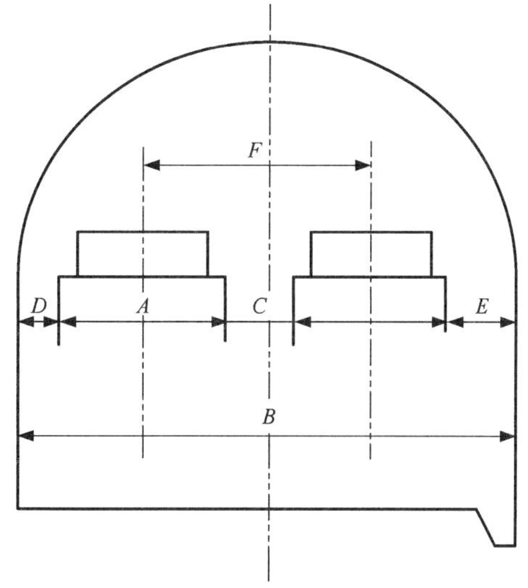

A—箕斗宽度；*B*—箕斗斜井宽度；
C—两个箕斗之间的距离；*D*—非人行道侧宽度；
E—人行道侧宽度；*F*—两箕斗中心线距离。

图 1-63 箕斗斜井井筒断面设计图

$h=1200$ mm。水沟和管路设在人行道一侧，取 $D=1400$ mm，运输设备与支架之间的间隙取 $C=300$ mm，则净宽度 B_0 为：

$$B_0 = C + A + D = 300 + 1050 + 1400 = 2750(\text{mm})$$

确定半圆拱参数。拱高 $f_0 = B_0/2 = 1375$ mm，取 $f_0 = 1375$ mm，则半圆拱半径 $R = f_0 = 1375$ mm。

道床参数选择。根据采用的运输设备，选用 18 kg/m 的钢轨，采用钢筋混凝土轨枕，轨面水平至底板水平 $h_6=350$ mm，道砟水平至底板水平 $h_5=200$ mm。

确定墙高 h_3。按行人要求确定巷道墙高：

$$h_3 = 1900 + h_5 - [R^2 - (B_0/2 - 100)^2]^{1/2} = 1900 + 200 - 530 = 1570(\text{mm})$$

按管路要求确定墙高，根据现场实际情况布置管路，只要满足安全规程即可。

确定巷道净断面面积 S_0：

$$S_0 = B_0(h_2 + 0.39B_0)$$

$$h_2 = h_3 - h_5 = 1370 \text{ mm}$$

$$S_0 = 2750 \times (1370 + 0.39 \times 2750) \approx 6.7(\text{m}^2)$$

确定巷道净周长 p：

$$p = 2.57B_0 + 2h_2 = 2.57 \times 2750 + 2 \times 1370 = 9807.5(\text{mm})$$

③水沟设计。根据涌水量 2~3 m^3/h，设计水沟上宽 200 mm，下宽 150 mm，深 200 mm，净断面面积为 0.035 m^2，设置在人行道的一侧，混凝土浇筑。

④巷道管线布置。管道布置在人行道的一侧，排水管下段距道砟面 400 mm，采用托架架设，供水管和风管位于排水管的上方。

动力电缆布置在非人行道的一侧，照明、通信电缆布置在人行道的一侧，距道砟面 1800 mm，电缆采用电缆架架设。

⑤支护方式选择。考虑喷锚支护的优越性，拟采用的支护方式为喷锚网联合支护。喷射混凝土厚度 $T=100$ mm，拱与墙同厚，采用 C20 混凝土。金属网选用丝距 40~100 mm 的铰接菱形孔网。锚杆支护采用树脂药卷端头锚固，锚杆材料为普通螺纹钢。通过工程类比法确定支护参数，锚杆长度 $l=2000$ mm，锚杆直径 $d=20$ mm，锚杆间距 a_1 及排距 a_2，$a_1=a_2=1000$ mm，锚杆材料密度 $\rho=7850$ kg/m^3。

⑥工程量计算。

掘进宽度 B：

$$B = B_0 + 2T = 2750 + 100 \times 2 = 2950(\text{mm})$$

掘进面积 S：

$$S = B(0.39B + h_3) = 2950 \times (0.39 \times 2950 + 1570) \approx 8.0(\text{m}^2)$$

每米巷道喷射混凝土消耗量 V：

$$V = 1.57(B - T)T + 2h_3T = 1.57 \times (2950 - 100) \times 100 + 2 \times 1570 \times 100 \approx 0.76(\text{m}^3)$$

杆消耗周长 p_c：

$$p_c = 1.57B + 2h_3 = 1.57 \times 2950 + 2 \times 1570 \approx 7.8(\text{m})$$

每米巷道锚杆消耗量 N：

$$N = (p_c - 0.5a_1)/a_1a_2 = 7.8 - 0.5 = 7.3(\text{m})$$

取 7 根。

每米巷道树脂药卷消耗量 M：每根锚杆孔放置两个药卷，则

$$M = 2N = 2 \times 7 = 14(个)$$

⑦人行道设计。在人行道一侧设钢管扶手，扶手距井帮 80 mm，距道砟面 900 mm。人行道台阶踏步高度为 160 mm，宽度为 340 mm，台阶横向长度为 600 mm。

⑧绘制断面图。根据上述计算结果，按规定的比例尺(1∶50)绘制斜井断面图(图 1-64)。

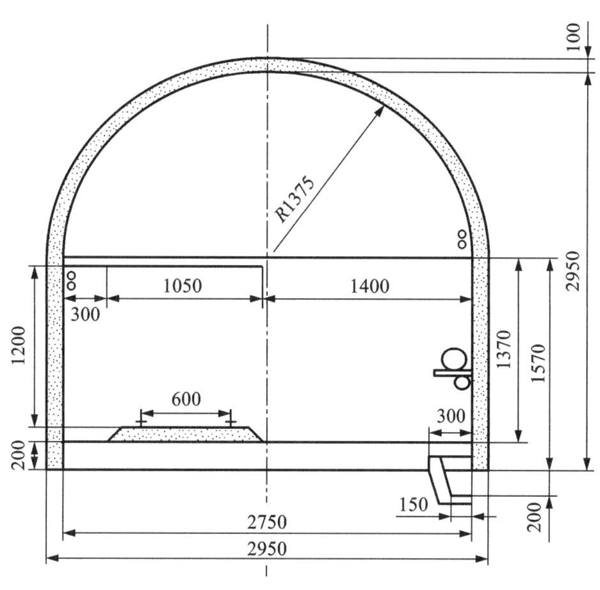

图 1-64　斜井断面图

3)斜井施工

斜井井筒是倾斜巷道，其施工方法，当倾角较小时与平巷掘砌基本相同，45°以上时又与竖井掘砌相类似。

(1)斜井井颈施工

斜井井颈是指地面出口处井壁需加厚一段井筒，由加厚井壁与壁座组成，如图 1-65 所示。

在表土(冲积层)中的斜井井颈，从井口至基岩层内 3~5 m 应采用耐火材料支护并露出地面，井口标高应高出当地最高历史洪水位 1.0~3.0 m。井颈内应设坚固的金属防火门或防爆门以及人员的安全出口通道。通常安全出口通道也兼作管路、电缆、通风道或暖风道。

在井口周围应修筑排水沟，防止地面水流入井筒。为使工作人员、机械设备不受气候影响，在井颈上可建井棚、走廊和井楼。通常井口建筑物与构筑物的基础不要与井颈相连。

井颈的施工方法根据斜井井筒的倾角、地形和岩层的赋存情况而定。

①在山岳地带施工

当斜井井口位于山岳地带的坚硬岩层中，井颈施工比较简单，井口露天工程量最小。在山岳地带开凿斜井(图 1-66)的入口必须用混凝土或坚硬石材砌筑，并需在入口顶部修筑排水沟，以防雨季和汛期山洪水涌入井筒内，影响施工，危害安全。

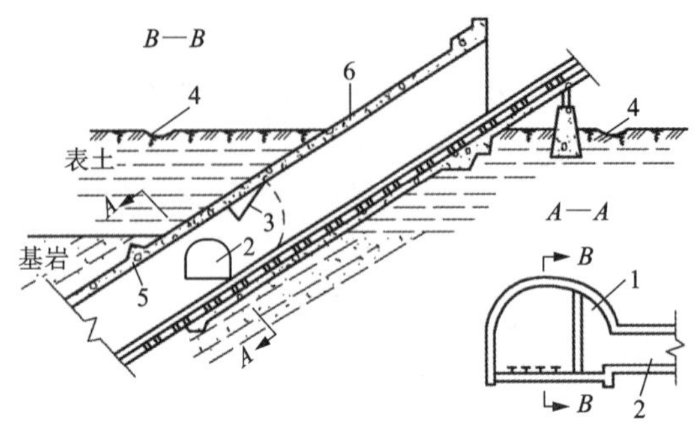

1—人行间；2—安全通道；3—防火门；
4—排水沟；5—壁座；6—井壁。

图 1-65　斜井井颈结构图

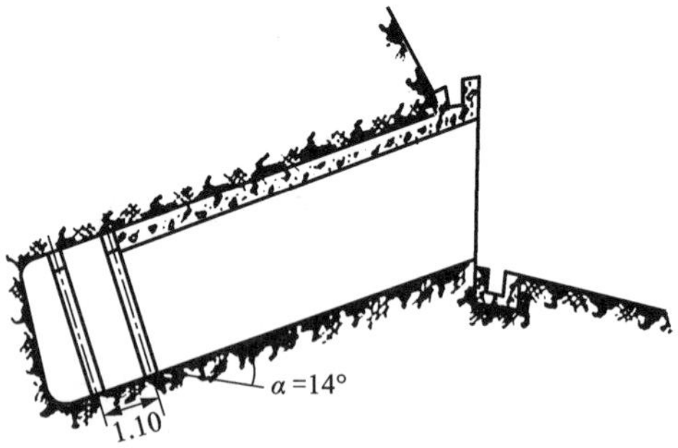

α=14°
1.10

图 1-66　山岳地带斜井井颈

②在较平坦地带施工

当斜井井口位于较平坦地带时，表土层较厚，稳定性较差，顶板不易维护，为了安全施工和保证掘砌质量，井颈施工时需要挖井口坑，待永久支护砌筑完成后再将表土回填夯实；若表土中含有薄层流砂，且距地表深度小于 10 m 时，为了确保施工安全，需将井口坑的范围扩大。井口坑形状和尺寸的选择合理与否，对保证施工安全及减少土方工程量有着直接的影响。

井口坑几何形状及尺寸主要取决于表土的稳定程度及斜井倾角。斜井倾角越小，井筒穿过表土段距离越大，则所需挖掘的土方量越多，反之越少。同时还要根据表土层的涌水量和地下水位及施工速度等因素综合确定。应以既能保证安全施工，又力求土方挖掘量最小为原则来确定井口坑的几何尺寸和边坡角。不同性质表土井口坑边坡的最大坡度可按表 1-27 选取。

表 1-27　不同性质表土井口坑边坡最大坡度

表土名称	人工挖土（将土抛于槽上边）	机械挖土	
		在槽底挖土	在槽上边挖土
砂土	45°(1∶1)	53°08′(1∶0.75)	45°(1∶1)
亚砂土	56°10′(1∶0.67)	63°26′(1∶0.50)	53°08′(1∶0.75)
亚黏土	63°26′(1∶0.50)	71°44′(1∶0.33)	53°08′(1∶0.75)
黏土	71°44′(1∶0.33)	75°58′(1∶0.25)	56°58′(1∶0.65)
含砾石、卵石土	56°10′(1∶0.67)	63°26′(1∶0.50)	53°08′(1∶0.75)
泥炭岩、白垩土	71°44′(1∶0.33)	75°58′(1∶0.25)	56°10′(1∶0.67)
干黄土	75°58′(1∶0.25)	84°17′(1∶0.10)	71°44′(1∶0.33)

直壁井口坑(图 1-67)用于表土层薄或表土层虽厚但土层稳定(如黄土)的情况；斜壁井口坑(图 1-68)用于表土层厚而不稳定的情况。

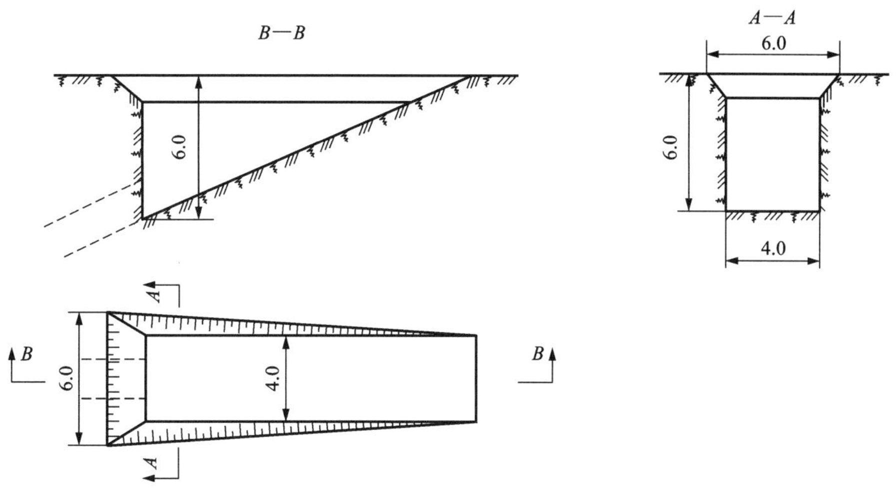

图 1-67　直壁井口坑开挖法

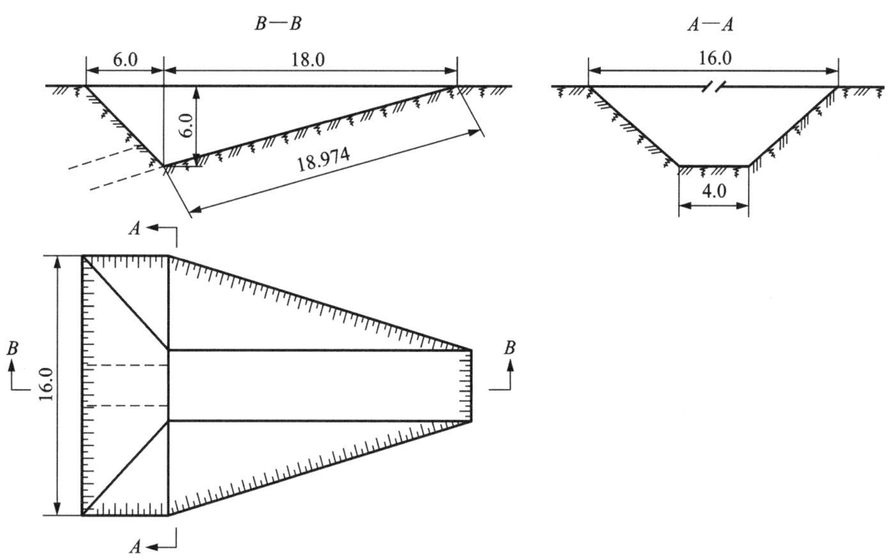

图 1-68　斜壁井口坑开挖法

井口坑的挖掘及维护时间应尽量短，以保证井口坑周围土层的稳定。为加快施工速度，在一定条件下可以增加井口坑壁的坡度，从而减少土方挖掘工程量。根据表土条件的不同，可以选择不同的施工方法。

③不稳定表土的施工方法

不稳定表土是指由含水的砾石、砂、粉砂组成的松散性表土和流砂或淤泥层。当表土为不稳定土层时，采用特殊施工法。

以往在不稳定表土中施工我国多采用板桩法。当涌水量较大时，需配合工作面超前小井降低水位或井点降低水位的综合施工法；当流砂埋藏深度不大于 20 m 时，可采用简易沉井法施工（如山东井亭煤矿斜井）；当涌水量大，流砂层厚，地质条件复杂（有卵石、粉砂、淤泥），一般流砂埋深为 30~50 m 时，可采用混凝土帷幕法。

在不稳定表土中施工也可以采用注浆法，注浆法除用于含水层封堵水外，对固定流砂、松散卵石、通过断层、加固井巷等均有成效。

(2)斜井基岩掘砌

斜井基岩施工方式、方法及施工工艺流程基本与平巷相同，但由于斜井具有一定的倾角，因此具有某些特点。如选择装岩机时，必须适应斜井的倾角；若采用轨道运输，必须设有提升设备以及提升设备运行过程中防止跑车的安全设施；因向下掘进，工作面常常积水，必须设有排水设备；等等。此外，当斜井(或下山)的倾角大于 45°时，其施工特点与竖井施工方法相似。

①凿岩工作

斜井工程的特点使得在斜井施工中凿岩、调车困难，使用钻装机不能实现凿岩和装岩平行作业；尽管新型液压凿岩机凿岩速度快，但其配备的工作车影响装岩工作。使用多台风动气腿式凿岩机(如 YT-28 型)作业能够实现快速施工。一般以每 0.5~0.7 m 放置 1 台为宜，工作凿岩机台数根据斜井井筒断面尺寸、支护形式、炮眼数目、技术水平和管理方式等确定。

②装岩工作

斜井施工中装岩工序占掘进循环时间的 60%~70%。如要提高斜井掘进速度，装载机械化势在必行。使用耙斗装岩机是实现斜井施工机械化的有效途径。耙斗装岩机在工作面的布置示意图见图 1-69。

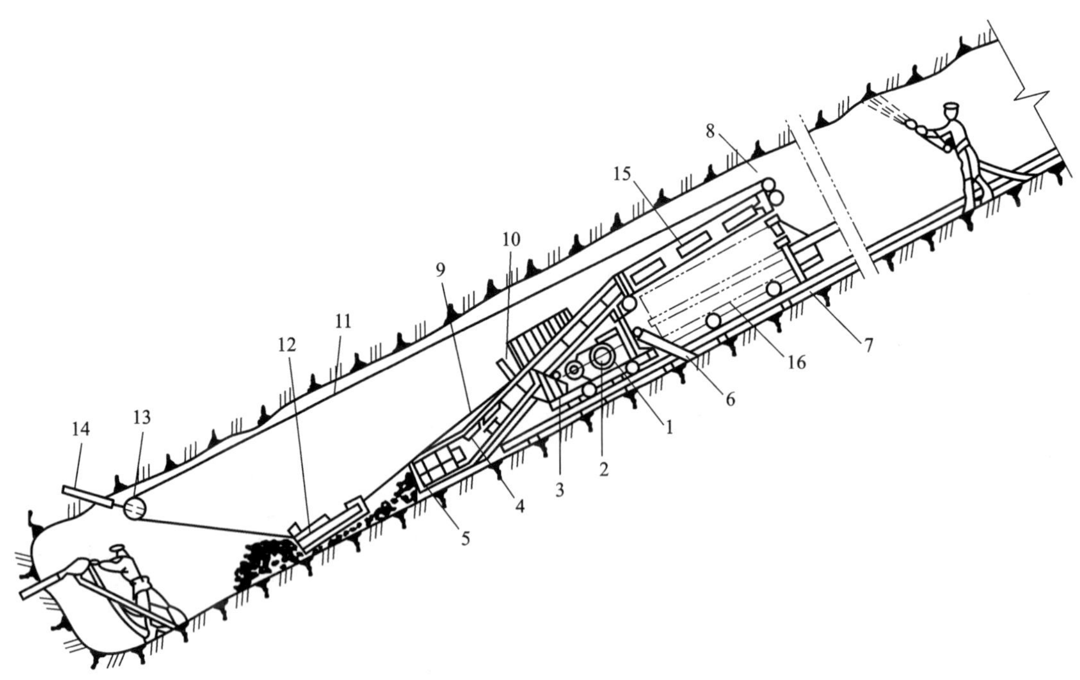

1—绞车绳筒；2—大轴轴承；3—操纵连杆；4—升降丝杆；5—进矸导向门；6—大卡道器；7—托梁支撑；8—后导绳轮；9—主绳(重载)；10—照明灯；11—副绳(轻载)；12—耙斗；13—导向轮；14—铁楔；15—溜槽；16—箕斗。

图 1-69 耙斗装岩机在斜井工作面布置示意图

我国斜井施工，通常只布置一台耙斗装岩机。当井筒断面很大，掘进宽度超过 4 m 时，可采用两台耙斗装岩机，其簸箕口应前后错开布置。为提高装岩效率，耙斗装岩机距工作面不要超过 15 m，耙斗刃口的插角以 65°左右为宜。

③提升工作

斜井掘进提升对斜井掘进速度有重要影响。根据井筒的斜长、断面面积和倾角选择提升容器。我国一般采用矿车或箕斗提升。

当井筒断面面积小于 12 m^2，长度小于 200 m，倾角不大于 15°时可采用矿车提升。斜井掘进采用矿车提升时，常为单车或双车提升。

箕斗与矿车比较，具有装载高度低、提升连接装置安全可靠、卸载方便等优点。尤其是使用大容量（如 4 t）箕斗，可有效增加提升量，配合机械装岩，更能提高出岩效率。

我国在斜井施工中常将耙斗机与箕斗提升配套使用。箕斗有 3 种类型：前卸式、无卸载轮前卸式、后卸式等。

④斜井中安全措施

斜井施工时，提升容器上下频繁运行，一旦发生跑车事故，不仅会损坏设备，影响正常施工，而且会发生人员安全事故。为此，应针对造成跑车的原因，采取有效防护措施，以确保安全施工。

井口预防跑车安全措施：

a. 提升钢丝绳不断磨损、锈蚀，使钢丝绳断面减少，在长期变荷载作用下，会产生疲劳破坏；操作或急刹车造成的冲击荷载，可能导致发生断绳跑车事故。为此，要严格按规定使用钢丝绳，经常上油防锈，地辊应安设齐全，建立定期检查制度。

b. 钢丝绳连接卡滑脱或轨道铺设质量差，串车之间插销不合格，运行中车辆颠簸等都可能发生脱钩跑车事故。为此，应该使用符合要求的插销，提高铺轨质量，采用绳套连接。

c. 井口挂钩工忘记挂钩或挂钩不合格可导致跑车事故。为此，斜井井口应设逆止阻车器或安全挡车板等挡车装置。

逆止阻车器加工简单，使用可靠，但需人工操作。阻车器设于井口，矿车只能单方向上提，只有用脚踩下踏板后才可向下行驶。

井内阻挡已跑车的安全措施：

井口应设与卷扬机联动的阻车器；井颈及掘进工作面上方应分别设保险杠，并有专人（信号工）看管，工作面上方的保险杠应随工作面的推进而经常移动。

a. 钢丝绳挡车帘

在斜井工作面上方 20~40 m 处设可移动式挡车器，它以两根直径为 150 mm 的钢管为立柱，用钢丝绳与直径为 25 mm 的圆钢编成帘形，手拉悬吊钢丝绳将帘上提，矿车可以通过；放松悬吊绳，帘子下落而起挡车作用。

b. 悬吊式自动挡车器

悬吊式自动挡车器常设置在斜井井筒中部如图 1-70 所示，在斜井断面上部安装一根横梁 7，其上有一个固定小框架 3，框架上设有摆动杆 1。摆动杆平时下垂到轨道中心位置，距巷道底板约 900 mm，提升容器通过时能与摆动杆相碰，碰撞长度为 100~200 mm。当提升容器正常运行时，碰撞摆动杆 1 后，摆动幅度不大，触不到框架上横杆 2；一旦发生跑车事故，脱钩的提升容器碰撞摆动杆后，可将通过牵引绳 4 和挡车钢轨 6 相连的横杆 2 打开，8 号铁丝失去拉力，挡车钢轨一端迅速落下，起到防止跑车的作用。

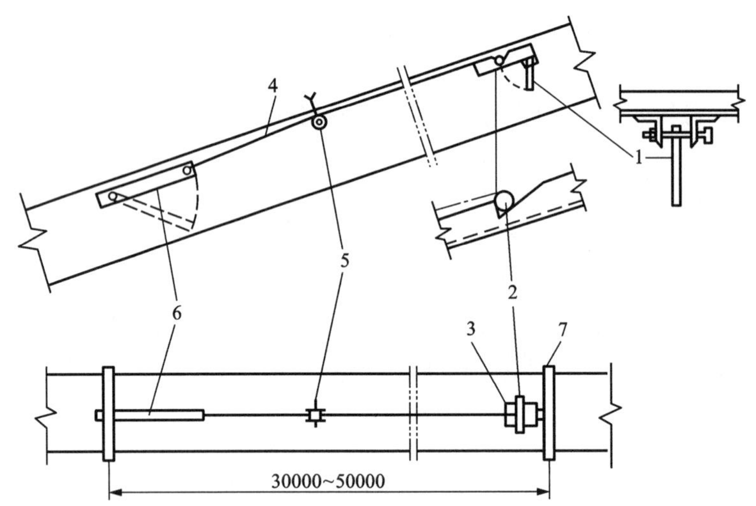

1—摆动杆；2—横杆；3—固定小框架；4—牵引绳(8号铁丝)；5—导向滑轮；6—挡车钢轨；7—横梁。

图1-70　悬吊式自动挡车器

无论哪种安全挡车器，平时都要经常检修、维护，定期试验是否有效。只有这样，一旦发生跑车现象才能确保发挥它们的保护作用。

上述几种安全挡车装置，按其作用来说，或为预防提升容器跑入井内，或为阻挡已跑入井内的提升容器继续闯入工作面，防止矿车或箕斗发生跑车事故。所以在组织斜井施工时，要严格遵守操作规程，加强对设备、钢丝绳及挂钩等连接装置的维护检修工作，避免跑车事故的发生，以确保斜井的安全施工。

⑤斜井排水

为了综合治水，施工前应详细了解含水层、破碎带、溶洞的位置、水压、渗透系数、涌水量以及地表河流、湖泊和古河道与井筒的相关位置和影响。必要时应打检查钻孔以获得水文地质资料。

排水方法主要有潜水泵排水、水力喷射泵排水、卧泵排水。

4)斜井支护

斜井支护施工在井筒倾角大于45°时，与竖井施工基本相同；当倾角小于45°时与平巷施工基本相同。但因斜井有一定的倾角，要注意支护结构的稳定性。目前我国斜井支护中喷锚支护、现浇混凝土支护仍有使用。

斜井维护时间长，采用喷锚支护和现浇混凝土支护，由于未形成机械化作业线，劳动强度大、工作效率低。但现浇混凝土支护具有整体性强、防水性好等优点，其发展方向是泵送混凝土配合滑动模板。

1.3.5　应用实例

1)玉石洼铁矿斜井施工

玉石洼铁矿矿体形态一般呈似层状，矿体走向长1800 m，倾角为15°~20°，厚度一般为

15～20 m。矿体全隐覆地表以下 10～290 m。矿石较稳固，$f=6\sim8$。矿体上盘一般为大理岩、泥质灰岩，下盘为蚀变闪长岩、矽卡岩等。除上盘灰岩部分地区较稳固外，大部分不稳固或极不稳固，$f=6\sim10$。

玉石洼铁矿原设计规模为年产原矿石 100 万 t，主井为钢绳带式输送机斜井。主斜井设于矿体北部外侧，斜井倾角 15°，井口标高 385 m，井内设有 1 条宽度为 1055 mm 的钢绳带式输送机运输矿石，另一侧设辅助提升道。

带式输送机给矿水平为 220 m，带长 810 m，运矿能力每年达 84.8 万 t。

矿石经采场溜井下放至主要运输水平后运至矿仓，经 600 mm×900 mm 颚式破碎机破碎后卸入放矿溜井，再用板式给矿机装入输送机运至地表。

副井为竖井，开凿在矿体南部，井口标高 405 m，净直径为 4.5 m，安装 1 台 2.25 m×4 的多绳摩擦轮提升机。

在矿体北端开凿有一条回风竖井，净直径为 3.5 m。

220 m 以下为二期工程，包括两条串车斜井，延深副井，并在矿体北侧新掘排水竖井，排水竖井净直径 5 m，安装 1 台直径为 3 m 的双筒提升机，兼作废石提升用，并与副井同作深部开采的进风井。

开拓系统见图 1-71。

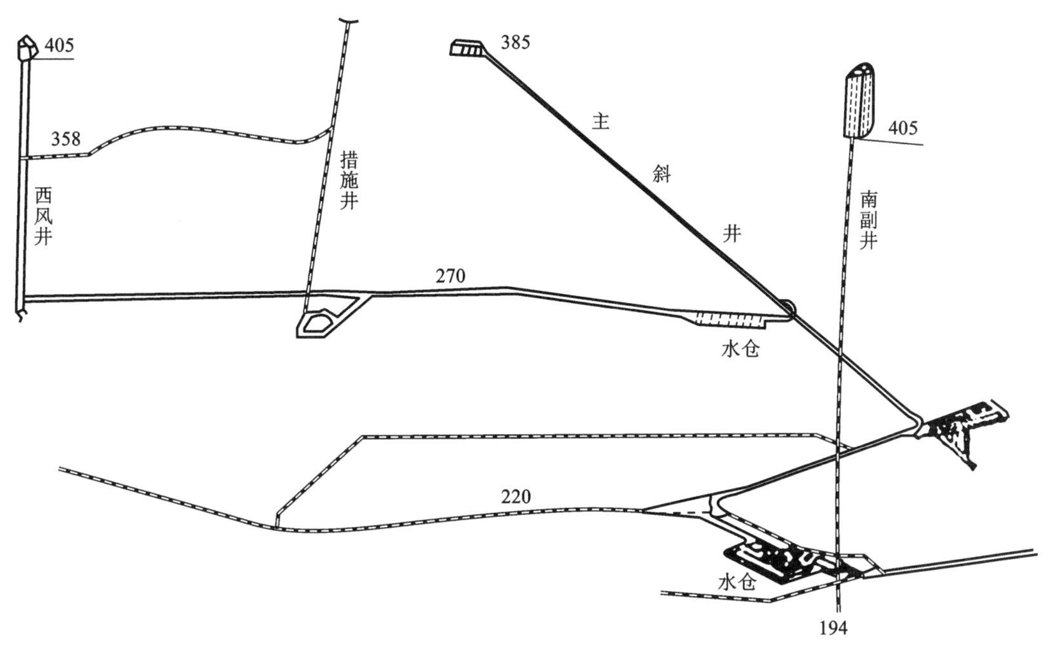

图 1-71　玉石洼铁矿开拓系统示意图

2）三山岛金矿西山矿区南翼斜井施工

三山岛金矿西山矿区南翼斜井工程位于三山岛金矿西山矿区-555 m 中段；由地表经斜坡道（断面尺寸：4.8 m×3.5 m）到达-555 m 中段，地表斜坡道入口标高+15 m，斜坡道运输距离约为 5.8 km；斜坡道联络巷至斜井井口平巷（断面尺寸：4.2 m×3.4 m）距离为 918 m。

斜井井口位于2360线、井口标高-562.769 m，斜井井底位于3180线、井底标高-984.854 m，最低服务中段标高-984.854 m，斜井倾角28°，井筒掘进断面面积根据支护厚度分为32.697 m^2（支护厚度为300 mm）和29.559 m^2（支护厚度100 mm），净断面面积均为28.2 m^2，井筒斜长958.853 m，包括从斜井井口至天轮硐室绳道、斜井井筒、卸矿硐室、躲避硐室等。

本工程是斜井工程，斜井倾角20°，因此装岩、提升运输、支护、排水及安全施工较困难。为确保施工安全、施工工期及施工质量，采用机械化配套设施，采用"两光、三斗、一泵、一喷"机械化作业线，即激光指向、光面爆破，扒渣机、箕斗、溜井，潜水泵(卧泵)排水，喷浆，实现快速装岩、提升和自动卸载，使用长距离管道输送喷浆材料，采用大风筒大功率风机混合式通风技术，应用激光指向仪、激光测距仪控制掘进方向、坡度和距离，采用工业电视监控和微机管理等技术。

斜井掘进与支护采用平行作业方式，掘进与支护工作面间隔60~100 m。

斜井井筒断面布置示意图见图1-72。

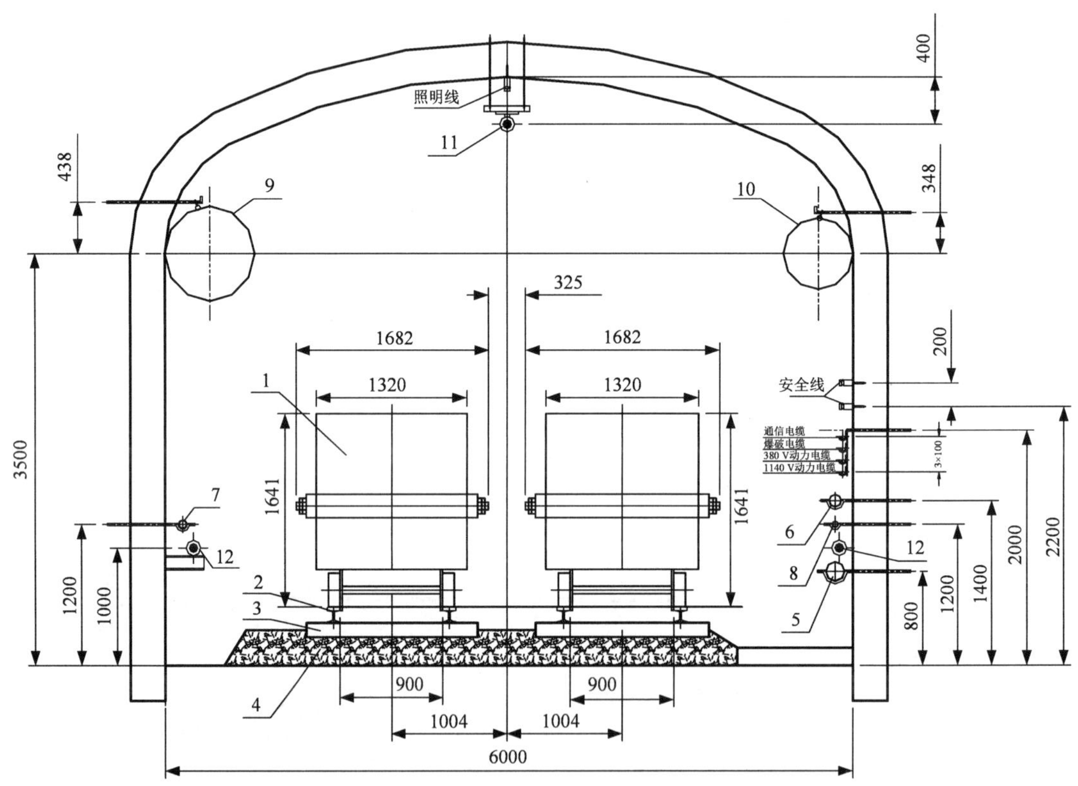

1—矿车；2—轨道；3—轨枕；4—道碴；5—压风管；6—压水管；7、8—监测点；9、10—风筒；11—照明电缆；12—电缆。

图1-72 三山岛金矿西岭矿区南翼斜井井筒断面设计图(单位：mm)

(1)提升设备选择

采用2×ϕ3.5 m提升机提升2套8 m^3前卸式箕斗，用于提升矸石、材料、设备，提升乘人车上下人员2×ϕ3.5 m提升机技术参数：滚筒2个，滚筒直径ϕ=3500 mm，滚筒宽度B=1700 mm，钢丝绳最大静张力$Q_{max力}$=17 t，钢丝绳最大静张力差$Q_{max力差}$=11.5 t，钢丝绳最大直径 43 mm，钢丝绳各钢丝破断力总和 118.5 t，减速器减速比 $i=22.18$。配用电机为 6000 V，1000 kW、591 r/min 的 10 级电机及配电系统。

(2)施工测量

井筒下行 30 m 进行陀螺定向，并且安装中心激光指向仪 1 台、腰线激光指向仪 2 台；斜井每施工 30 m，用全站仪进行复测，校准激光指向仪。斜井及平巷以中线指导施工，每 30~50 m 设置 1 组，每组 3 个点，导线点以支导线控制，150~200 m 设 1 导线点，以二等导线控制。斜井的水准点以三角高程控制，平巷的水准点以四等水准控制。竣工后，要检查巷道的断面，每隔 10~15 m 测量 1 组，每组不少于 8 个点，最后将检查结果编绘成图。

(3)斜井井筒基岩段施工

本工程斜井掘进断面面积为 32.7 m^2，岩石硬度系数 $f=10\sim12$，采用全断面光面爆破掘进，履带式掘进台车凿岩，履带式挖斗装岩机装矸，卷扬机提升，前卸式箕斗运输。

(4)凿岩爆破

选用履带式掘进台车凿岩，配柱齿型 45 mm 合金钻头，钻孔深度 3 m，每炮进尺 2.7 m 左右。采用双阶等深直线掏槽方式，为确保爆破成型效果，周边眼间距控制在 0.5~0.60 m 之间，最小抵抗线为 0.55~0.7 m，根据岩石硬度及以上施工经验数据，单位围岩耗药量(q)取 2.0 kg/m^3。

采用乳化炸药，ϕ38 mm×400 mm 药卷用于掏槽孔和辅助孔，ϕ28 mm×400 mm 药卷用于周边孔光爆。周边孔间距小，采用不耦合装药。光爆眼和底眼外倾角为 1°~2°，其外斜率不得大于 50 mm/m，眼底不超出开挖轮廓线 100 mm，最大不超过 150 mm。

爆破网路连接采用半秒非电雷管起爆法，导爆管爆破网路采用并联方式。采用孔内微差爆破，以雷管的不同段别实现微差爆破。雷管装在孔底，反向起爆。

(5)装岩和运输

斜井出碴选用 LWLX-150 履带挖斗装岩机，其适用于倾角小于 32°的斜井工程。出碴设备选用前卸式箕斗，LWLX-150 履带挖斗装岩机将石碴直接装入前卸式箕斗，由 2×ϕ3.5 m 卷扬机提升到临时卸载溜井，再由铲运机装自卸车运输到指定排碴场。

(6)斜井喷射混凝土支护

斜井喷射混凝土支护采用 TK-500 型湿喷机。砂石料、水泥、水经过搅拌站搅拌混合后进入沿敷设在拱顶的 ϕ76 mm×6 mm 输料管，将混合料输送至工作面，人工装入喷浆机进行混凝土喷射。一次喷射混凝土的厚度为 30~50 mm。

(7)坑内铺轨

曲线段设置轨距拉杆，以保证轨距尺寸。每根钢轨上设 3 根轨距拉杆，两端及中间各 1 根。此外，曲线段还应安装轨撑，每隔两根轨枕设置 1 个轨撑。整个运输线路铺设防腐木轨枕。

施工顺序为：

道床基底工程验收→道床工程→轨枕、岔枕工程→轨道工程→道岔工程。

(8)供风系统

斜井井口附近硐室安装 22 m^3、46 m^3 开山空压机各 1 台，通过风包进入 ϕ108 mm×4 mm 管路送风系统，凿岩时启动 2 台，喷浆、排水时启动 1 台。ϕ108 mm×4 mm 风管采用锚杆吊挂固定方式；距离工作面 25 m 内使用 ϕ50 mm 胶质风带供风。

(9)供水系统

根据该工程的实际情况，施工和生活用水、井筒供水主要是凿眼用水，及浇筑喷浆、支护用水，在井筒中布置了一条 ϕ51 mm×3.5 mm 无缝钢管用于施工用水。

(10)排水系统

当涌水量小于 20 m^3/h 时采用风泵将涌水排入 8 m^3 箕斗，提出斜井倒入矿仓，碴水分离后排入指定排水沟。当涌水量大于 20 m^3/h 时，采用卧泵排水至指定水沟，腰泵房设在斜井中间位置，管路遇有通道硐口时沿拱顶敷设。

工作面排水：将躲避硐室作临时水仓每个躲避硐容积(30 m^3/个)，工作面迎头水用风泵配 ϕ80 mm 消防带排到临时水仓(50 m^3)。

(11)通风系统

根据井筒断面和作业特点，为保证井筒施工时有足够的新鲜风量，减少井筒排烟时间，井筒施工时采用混合式通风。进风采用 2×37 kW 轴流式风机，ϕ800 mm 玻璃钢风筒供风，回风采用 2×30 kW 轴流式风机，ϕ600 mm 玻璃钢风筒通风。

1.4 平硐开拓

1.4.1 平硐开拓方案

侵蚀基准面以上的高山和丘陵地区矿床有相当数量的工业储量时用平硐开拓。

根据主平硐与矿床的相对位置不同，平硐可分为沿脉及穿脉两种。沿脉平硐可以布置在脉外，也可布置在脉内，脉外布置居多。穿脉平硐可以是垂直走向，也可与走向有一定交角；可以是下盘穿脉也可以是上盘穿脉，还可以偏向矿体的一翼。受地形、工业场地、外部运输和开采技术条件的限制，均有适用性，但下盘开拓最优。

(1)平硐开拓适用条件

根据出矿系统不同，平硐开拓可分为阶段平硐开拓和主平硐开拓。

阶段平硐开拓，矿石可经各阶段平硐用矿车、汽车、地面有轨斜坡道及简易索道等方式直接运至选矿厂。此开拓方式可不开凿副井及溜井，具有基建工程量小、投资少及投产快等优点。但坑口分散、运输距离长，运营费用高、产量小，多用于小型矿山开拓。

主平硐开拓，在主平硐以上的各阶段的矿石，可通过溜井下放至主平硐水平。经主平硐用电机车、带式输送机或汽车运至地表受矿仓。人员、设备、材料用副井、电梯井、斜井或无轨斜坡道送至工作面。也有在地面用有轨斜坡道或汽车联系各阶段平硐的。

平硐开拓应符合下列规定：

①当矿体或相当一部分矿体赋存在当地侵蚀基准面以上时，宜采用平硐开拓。

②采用平硐集中运输时，宜采用溜井下放矿石；当生产规模小、溜井设施等工程量大、矿石有黏结性或岩层不适宜设置溜井时，可采用竖井、斜井下放或无轨自行设备直接运出地表。

③当双轨运输主平硐较长，岩层不稳固，且无其他条件制约时，宜采用单轨双平硐开拓。

④确定主平硐断面时，应满足通过坑内设备材料最大件及有关安全间隙的要求。

平硐开拓法在我国高山地区得到广泛的应用，效果良好。

(2)下盘平硐开拓

当矿脉和山坡的倾斜方向相反时，由下盘掘进平硐穿过矿脉开拓矿床，称为下盘平硐开拓。图 1-73 为我国某矿下盘平硐开拓示意图。该矿在 598 m 水平开掘主平硐 1，各阶段采下的矿石通过主溜井 2 溜放到主平硐水平，再用电机车运出硐外。人员、设备、材料由辅助竖井 3 提升至上部各阶段。为改善通风、人行、运出废石的条件，在 758 m 和 678 m 水平设辅助平硐通达地表。

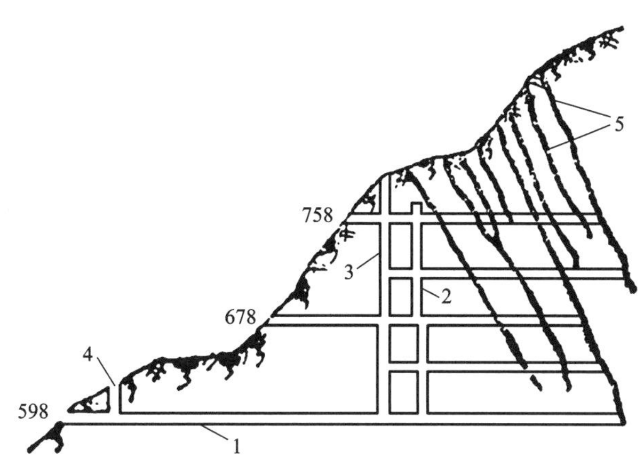

1—主平硐；2—主溜井；3—辅助竖井；4—进风井；5—矿脉。

图 1-73　下盘平硐开拓法示意图

(3)上盘平硐开拓

当矿脉与山坡的倾斜方向相同时，则由上盘掘进平硐穿过矿脉开拓矿床，称为上盘平硐开拓。图 1-74 为上盘平硐开拓示意图，图中 V_{24}、V_{26} 矿体为急倾斜矿脉。各阶段平硐穿过矿脉后，再沿矿脉掘沿脉巷道。各阶段采下的矿石经溜井 2 溜放至主平硐 3 水平，并经主平硐运出地表。人员、设备、材料等由辅助盲竖井 4 提升至各个阶段。

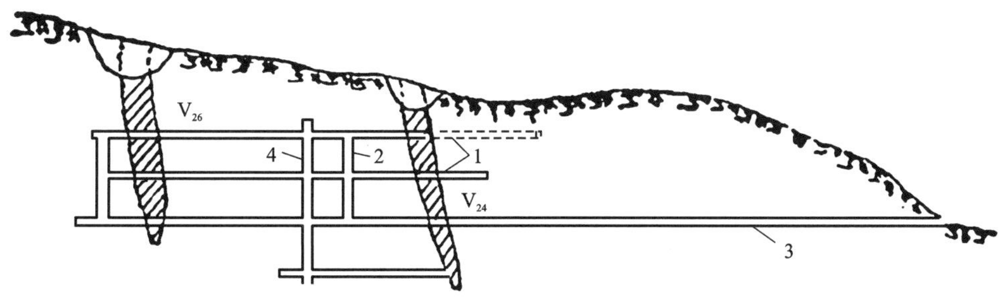

1—阶段平硐；2—溜井；3—主平硐；4—辅助盲竖井。

图 1-74　上盘平硐开拓法示意图

采用下盘平硐开拓和上盘平硐开拓时，平硐穿过矿脉，可对矿脉进行补充勘探。我国各中小型脉状矿床广泛采用这种开拓方法。

(4)脉内沿脉平硐开拓

当矿脉侧翼沿山坡露出，平硐可沿矿脉走向掘进，称为沿脉平硐开拓。平硐一般设在脉内，但在矿脉厚度大且矿石不够稳固时，平硐设于下盘岩石中。图 1-75 为脉内沿脉平硐开拓示意图。Ⅰ阶段采下的矿石经溜井 5 溜放至Ⅱ阶段，再由主溜井 3 或 4 溜放至主平硐 1 水平。Ⅱ、Ⅲ、Ⅳ阶段采下的矿石经主溜井 3 或 4 溜放至主平硐水平，并经主平硐运出地表，形成完整的运输系统。人员、设备、材料等由辅助盲竖井 2 提升至各阶段。

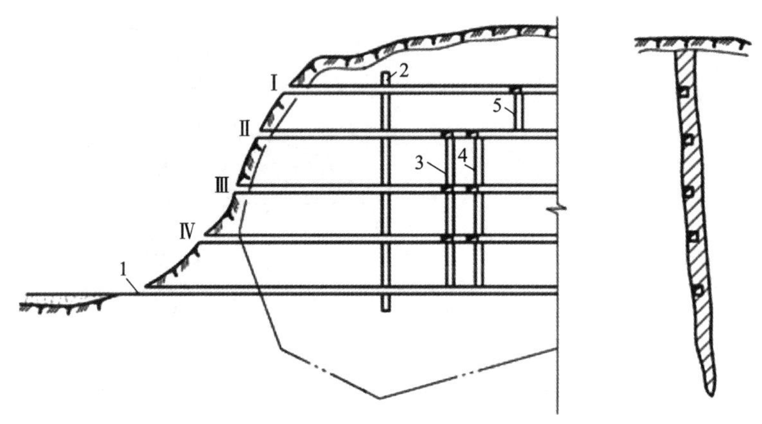

Ⅰ、Ⅱ、Ⅲ、Ⅳ—上部阶段平硐；
1—主平硐；2—辅助盲竖井；3、4—主溜井；5—溜井。

图 1-75 脉内沿脉平硐开拓法示意图

脉内沿脉平硐开拓优点是能在短期开始采矿。各阶段平硐设在脉内时，在基建开拓期间可顺便采出一部分矿石，以抵偿部分基建投资。平硐还可起到补充勘探的作用。缺点是平硐设在脉内时，必须从井田边界后退回采。

1.4.2 主平硐工程

1.4.2.1 主平硐布置

从矿床开拓的角度看，主平硐口的标高越低，用平硐开拓的储量就越多。但主平硐口标高必须与受矿口的标高相适应，还应注意平硐口标高必须高于当地历年最高洪水位 1 m 以上。

当矿石经平硐用电机车直接运至选矿厂受矿仓时，主平硐口的标高应以 3%~4%的下坡到达受矿仓的受矿口标高；若用汽车或带式输送机运输时，则根据地形和设备允许的运行坡度决定。有时矿石需要外运，受矿仓的受矿口标高与装车高度(设矿仓和不设矿仓)有关(装火车或装汽车)；若经架空索道外运时，受矿口的标高应能满足粗、中碎和索道站的配置高差的要求。当选厂的标高和主平硐口高差很大，矿石还需转运才能到达选厂，此时只按主平硐口自身合理的标高确定。

平硐位置还要避开山坡滚石、山崩和雪崩等自然灾害。

(1)平硐断面形状及其使用条件

平硐断面形状有梯形、三心拱形、圆弧拱形、半圆弧拱形、马蹄形、圆形和椭圆形等，其使用条件见表 1-28。

表 1-28　各平硐断面形状的适用条件

断面形状	适用条件
梯形	用于围岩稳固，服务年限短，跨度小于 3~4 m 的巷道
三心拱形	断面利用率较高，用于顶压较小、围岩坚固的开拓巷道
圆弧拱形	断面利用率高，用于顶压较小、无侧压或侧压小于顶压的平巷和硐室
半圆弧拱形	断面利用率低，用于顶压大、侧压较大、无底鼓、服务年限长的巷道
马蹄形	多用于围岩松软、有膨胀性，顶压和侧压很大，且有一定底压的巷道
圆形、椭圆形	用于围岩松软、有膨胀性，四周压力均很大的巷道

(2)平硐断面宽度确定

平硐(巷)净宽度 B_0 及其高度应根据运输设备及通过的大件尺寸，运输设备之间、运输设备与支护及管缆之间的安全间隙，人行道宽度，架线和管缆铺设方式及通风、施工等要求确定。计算后的平硐(巷)净宽度按 50 mm 的倍数向上选取。

①人行道宽度。人行道宽度的选择应符合表 1-29 规定。

表 1-29　人行道宽度选择表　　单位：mm

运输方式或地点	电机车运输		无轨运输	带式输送机	人力运输	人车停车处的巷道两侧	矿车摘挂钩处巷道两侧
	矿车载矿量 <10 m^3	矿车载矿量 ≥10 m^3					
人行道宽度	≥800	≥1000	≥1200	≥1000	≥700	≥1000	≥1000

②平硐弯道加宽。车辆在弯道上运行时，平硐(巷)宽度应加宽，加宽值应符合表 1-30 的规定。

表 1-30　平硐弯道加宽值表　　单位：mm

运输方式		内侧加宽	外侧加宽	线路中心距加宽
电机车运输	矿车载矿量<10 m^3	100	200	200
	矿车载矿量≥10 m^3	200	300	300
人力运输		50	100	100

弯道与直线段巷道相接部分应加宽，加宽段向直线段延伸的长度为：

$$L_1 \geqslant \frac{L + L_s}{2} \tag{1-26}$$

式中：L_1 为延伸长度，mm；L 为车辆长度，mm；L_s 为轴距，mm。

③线路中心距。线路中心距应保证两列对开列车最突出部分之间的间隙不小于 300 mm，并考虑设置渡线道岔的可能性。电机车、矿车的线路中心距见表 1-31。

表 1-31　电机车、矿车线路中心距　　单位：mm

运输设备		设备外形尺寸			轨距	中心距
		长	宽	高		
井下矿用架线式电机车	1.5 t	2420	920 1090 1220	1550	600 762 900	1250 1400 1550
	3 t	2980	980 1150 1280	1550	600 762 900	1300 1450 1600
	6 t	4500	1060 1230 1360	1600	600 762 900	1400 1550 1770
	10 t	4800	1060 1230 1360	1600	600 762 900	1400 1550 1700
	14 t	4900	1360	1600	600、762、900	1700
	20 t	7390	1600	1700	762、900	1900
固定车厢式矿车	YGC0.5(6)	1200	850	1000	600	1150
	YGC0.5($^{6}_{7}$)	1500	850	1050	600 762	1150
	YGC1.2($^{6}_{7}$)	1900	1050	1200	600 762	1350
	YGC2.0($^{6}_{7}$)	3000	1200	1200	600 762	1500
	YGC4.0	3700	1330	1550	762 900	1650
	YGC10.0	7200	1500	1550	762 900	1800
翻转车厢式矿车	YFC0.5	1500	850	1050	600	1150
	YFC0.7	1650	980	1050	600 762	1300
	YFC1.2				900	

续表1-31

运输设备		设备外形尺寸			轨距	中心距
		长	宽	高		
单侧曲轨侧卸式矿车	YCC0.7	1650	980	1050	600	1300
	YCC1.2	1900	1050	1200	600	1350
	YCC2.0	3000	1250	1300	600 762	1550
	YCC4.0	3900	1400	1650	762 900	1700
	YCC6.0	5000	1800	1700	762 900	2100
底卸式矿车	YDC4.0	3900	1600	1600	762	1900
	YDC6.0	5400	1750	1650	762 900	2050
	YDC				900	

注：电机车和矿车宽度决定的线路间距 s，取其中最大值。

(3)平硐高度确定

平硐高度应符合下列规定：

①当采用装配式支架时，平巷的高度应留有 100 mm 的下沉量。

②采用架线式电机车运输的平巷高度，应满足滑触线悬挂高度的要求，滑触线悬挂高度(从轨面算起)必须符合下列规定：

a. 运输平巷，电源电压低于 500 V 时，悬挂高度不低于 1.8 m；电源电压高于 500 V 时，悬挂高度不低于 2 m。

b. 井下调车场、架线式电机车道与人行道交岔点，当电源电压低于 500 V 时，架线高度不低于 2 m；当电源电压高于 500 V 时，悬挂高度不低于 2.2 m。

c. 从竖井的阶段马头门或斜井井底到运送人员车场处的架线高度不低于 2.2 m。

d. 电机车受电弓到巷道支护安全间隙应不小于 300 mm。

③用蓄电池电机车或用其他有轨运输方式时，轨面至巷道顶板(支护)的高度应不小于 1.9 m。

④采用无轨运输时，车辆顶部至巷道顶板(支护)的距离不应小于 0.6 m。

⑤平巷高度应满足人行道的净高不小于 1.9 m 的要求。

⑥拱形巷道的拱高，应根据岩石的稳固性，取巷道净宽的 1/2、1/3 或 1/4。

⑦拱形巷道的墙高，应按架线高度、人行道高度、安全间隙等因素计算确定。

⑧平巷底板至轨面高度，经计算后应以 10 mm 为模数取整。当采用钢筋混凝土轨枕时，平巷底板到轨面的高度可按表 1-32 选取。

表 1-32 平巷底板至轨面高度

轨型/(kg·m^{-1})	12	15	22、30	38、43	50
高度/mm	320	350	400	450	500

注：轨型 12 kg/m、15 kg/m、22 kg/m、30 kg/m 依据现行国家标准《热轧轻轨》(GB/T 11264)，轨型 38 kg/m、43 kg/m、50 kg/m 依据现行国家标准《铁路用热轧钢轨》(GB/T 2585)。

1.4.2.2 水沟设计

1)水沟一般规定

(1)水沟位置一般设在人行道一侧或空车线一侧。

(2)在下列情况下，水沟也可设在巷道的中间：在专用排水巷道中；在有仰拱的巷道中；铺设整体道床的巷道中。

(3)水沟的设置应尽量避免或少穿越线路。

(4)水沟坡度与平巷坡度相同，一般不小于 0.3%，巷道底板的横向排水坡度不小于 0.2%。

(5)水沟坡度应与线路坡度一致。

(6)地表水(路堑水)不准流入平硐和隧道内。

(7)对于短、小隧道，路堑水量较小，含泥砂量小，修筑反向侧水沟土方量大时，路堑水也可流经隧道，但应验算水沟断面积，并在高端硐口处设置沉淀池。

(8)水沟中的最大水流速度，混凝土支护时为 5~10 m/s；木支护时为 6.5 m/s；不支护时为 3~4.5 m/s。

(9)水沟中的最小水流速度应满足泥砂不沉淀的条件，且不应小于 0.5 m/s。

(10)将水沟设在巷道一侧时，应注意下列问题：在支护巷道中的水沟，在靠边墙一侧应加宽基础 100 mm，以便铺设水沟盖板，水沟的底板一般情况下高于结构基础面 50~100 mm；在梯形和不规则断面形状的巷道中，水沟不应沿棚脚窝开凿，水沟一侧的掘进面距棚脚不应小于 300 mm。

(11)水沟断面形状一般为等腰梯形、直角梯形和矩形，如图 1-76 所示。水沟侧帮坡度，当为混凝土或不支护时，一般为(1∶0.1)~(1∶0.25)。

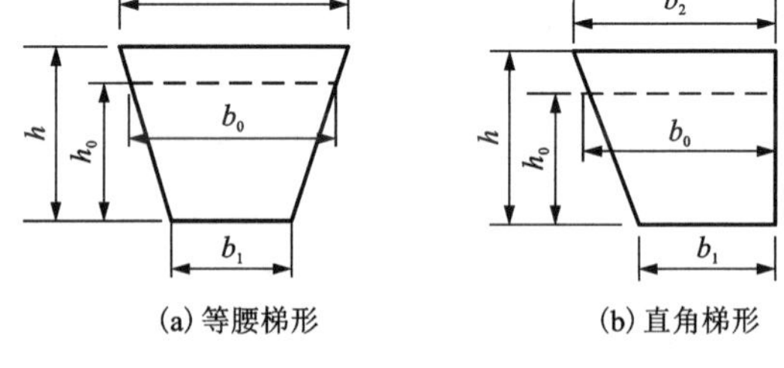

图 1-76 水沟断面形状

(12)平巷水沟盖板一般采用钢筋混凝土预制板，厚度为 50 mm，宽度为 600 mm。木制盖板厚度一般为 40 mm。

(13)井底车场、主要运输平巷水沟盖板与道碴面平齐，阶段运输平巷水沟盖板底面与巷道底板平齐。

(14)水沟充满度取 0.75。

(15)泄水孔每 3~6 m 设 1 个，其尺寸为 40 mm×40 mm。

2) 水沟断面面积计算

(1) 水沟净断面面积 S

$$S = \frac{1}{2}(b_1 + b_2)h \tag{1-27}$$

式中：S 为净断面面积，m^2；b_1 为净断面下宽，m；b_2 为净断面上宽，m；h 为净断面深度，m。

(2) 水沟的有效断面面积 S_0：

$$S_0 = 0.75S = \frac{0.75}{2}(b_1 + b_2)h = \frac{1}{2}(b_0 + b_1)h_0 \tag{1-28}$$

式中：b_0 为有效断面上宽，m；h_0 为有效断面深度，m。

3) 水沟断面选用

水沟断面按表 1-33 选用。

表 1-33　水沟断面选用参考表

水沟类型	最大排水量/($m^3 \cdot h^{-1}$)		水沟净尺寸/mm			水沟断面面积/m^2		每米水沟混凝土量/m^3
	$i=3‰$	$i=5‰$	上宽	下宽	深度	净	掘	
Ⅰ	100	120	310	280	230	0.07	0.11	0.05
	150	180	330	280	280	0.09	0.14	0.06
	200	260	350	310	330	0.11	0.17	0.07
	300	340	400	360	380	0.14	0.22	0.08
Ⅱ	100	120	310	280	200	0.06	0.15	0.09
	150	180	330	280	250	0.08	0.18	0.10
	200	260	350	310	300	0.10	0.20	0.10
	300	340	400	360	350	0.13	0.26	0.13
Ⅲ	100	120	310	280	200	0.06	0.15	0.12
	150	180	330	280	250	0.08	0.18	0.13
	200	260	350	310	300	0.10	0.20	0.13
	300	340	400	360	350	0.13	0.26	0.16

4) 平硐交岔点

(1) 交岔点平面尺寸应符合要求

①平巷交岔点应根据道岔型号、运输设备、线路布置、线路最小曲线半径、巷道断面规格、巷道的外侧加宽、安全间隙等因素确定。

②交岔点断面形状应与相连接的巷道相同。

③交岔点弯道转弯半径应按下式确定：

$$R_{min} = CL_B \tag{1-29}$$

式中：R_{min} 为线路允许最小曲线半径，m；L_B 为车辆轴距，m；C 为系数(当行车速度 $v \leqslant 1.5$ m/s 时，$C \geqslant 7$；当 3.5 m/s $> v > 1.5$ m/s 时，$C \geqslant 10$；当 $v \geqslant 3.5$ m/s 时，$C \geqslant 15$；当线路弯道

转角大于90°时，$C \geqslant 10$）；对于带转向架的大型车辆（如梭车、底卸式矿车等）不得小于车辆技术文件的要求。

④为了减少车轮对钢轨的冲击和磨损及保证线路有良好的运输条件，线路分岔、道岔与曲线线路连接时，应插入缓和直线段 d，其长度应大于通过车辆的轴距。

⑤交岔点弯道处巷道断面应加宽。

⑥交岔点墙高，在符合安全规程规定的各部位安全间隙的前提下，应随巷道宽度的增加而逐渐降低，降低值为200~500 mm。

⑦当采用混凝土支护时，其厚度宜按交岔点断面最宽处确定；当交岔点较长时，也可分段采用不同支护厚度。变岔点柱墩处，均应用混凝土或料石砌筑。

⑧人行道与水沟一般布置在交岔点的同一侧，尽量不穿越或少穿越线路。

⑨道岔轨型选取与线路轨型相同。道岔选用可参考表1-34，矿山生产中，实际选用时要比表中道岔提升一级，以便行车平稳。

表 1-34 道岔选用参考表

车型		矿车截矿量/m^3	轨距/mm		
			600	762	900
人推车		0.5、0.7	1/2、1/3		
电机车载重/t	≤3	0.5、0.7、1.2	1/3、1/4	1/3、1/4	
	6、10	1.2、2.0	1/4、1/3(对称)	1/4、1/3(对称)	
	10、4	4.0、6.0、1.0	1/5、1/6	1/5、1/6	1/5、1/6

(2)交岔点平面尺寸计算

交岔点平面尺寸计算图表如下。

①单线单开有转角，见图1-77和表1-35。

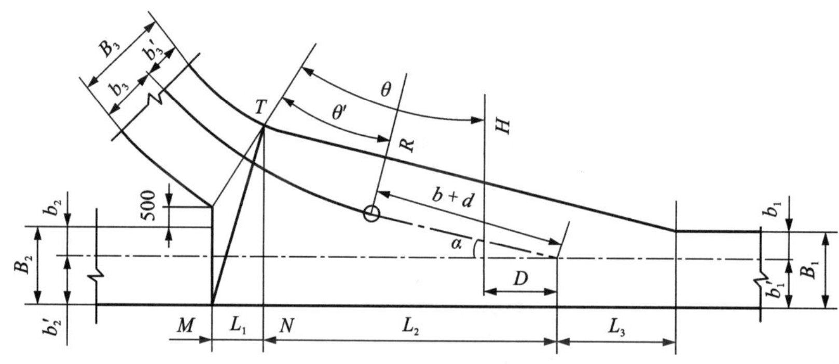

B_1—主巷分岔前主巷净宽；B_2—主巷分岔后主巷净宽；B_3—分岔后巷道净宽；b_1—轨道中心线距分岔侧宽度；b_1'—轨道中心线距非分岔侧宽度；b_2，b_3—轨道中心线距碹垛侧宽度；b_2'，b_3'—轨道中心线距非碹垛侧宽度；α—道岔的辙岔角；R—弯道曲率半径；b—道岔分岔后的斜长；d—道岔连接线的长度；H—纵轴长度；D—距离道岔心点的横轴长度；θ—交岔点转角；θ'—曲线转至柱墩面转角；TN—交岔点最大断面宽度；TM—交岔点最大断面跨度；MN—交岔点最大断面处长度；L_1—最大断面宽度至岔心点距离；L_2—柱墩断面距最大断面宽度距离；L_3—岔心点距巷道斜边起点距离。

图 1-77 单线单开有转角交岔点计算图

表 1-35　单线单开交岔点平面尺寸计算表

计算公式	计算公式
$H = R\cos\alpha + (b+d)\sin\alpha$	$TN = B_3\cos\theta + 500 + B_2$
$D = (b+d)\cos\alpha - R\sin\alpha$	$NM = B_3\sin\theta = L_1$
$\theta = \cos^{-1}\dfrac{H - b_2 - 500}{R + b_3}$	$TM = \sqrt{TN^2 + NM^2}$ $L_2 = (R + b'_3)\sin\theta + D$
$\theta' = \theta - \alpha$	

②单线单开无转角。见图 1-78 和表 1-36。

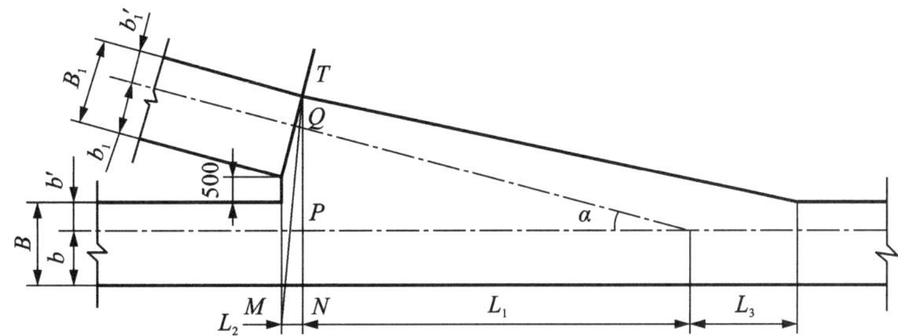

B—主巷分岔后主巷净宽；B_1—分岔后巷道净宽；b_1，b'—轨道中心线距碹垛侧宽度；b'_1，b—轨道中心线距非碹垛侧宽度；α—道岔的辙岔角；L_1—最大断面宽度至岔心点距离；L_2—柱墩断面距最大断面宽度距离；L_3—岔心点距巷道斜边起点距离；TN—交岔点最大断面宽度；TM—交岔点最大断面跨度；MN—交岔点最大断面处长度。

图 1-78　单线单开无转角交岔点

表 1-36　单线单开无转角交岔点平面尺寸计算

公式	公式
$TN = B_1\cos\alpha + 500 + B$	$QP = TN - TQ - b$
$NM = B_1\sin\alpha = L_2$	$L_1 = QP/\tan\alpha$
$TM = \sqrt{TN^2 + NM^2}$	$TQ = b'_1/\cos\alpha$

③双轨铺岔单分枝，见图 1-79 和表 1-37。

表 1-37　双轨铺岔单分枝交岔点平面尺寸计算表

计算公式	计算公式
$H = R\cos\alpha + (b+d)\sin\alpha$	$TN = B_3\cos\theta + 500 + B_2$
$D = (b+d)\cos\alpha - R\sin\alpha$	$NM = B_3\sin\theta = L_2$
$\theta = \cos^{-1}\dfrac{H - b_2 - 500}{R + b_3}$	$TM = \sqrt{TN^2 + NM^2}$ $L_2 = (R + b'_3)\sin\theta + D$
$\theta'' = \theta - \alpha$	

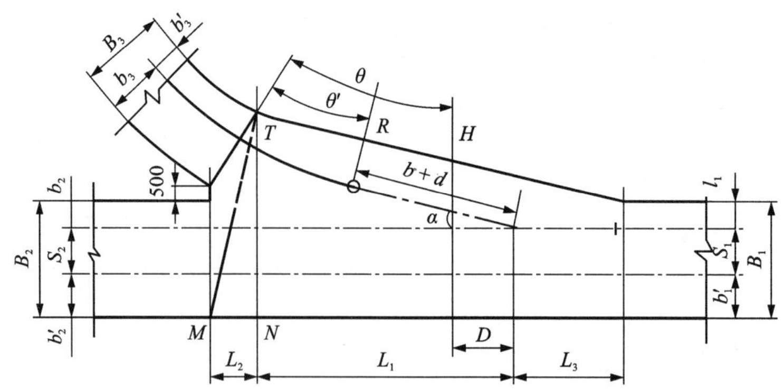

B_1—主巷分岔前主巷净宽；B_2—主巷分岔后主巷净宽；B_3—分岔后巷道净宽；b_1'—轨道中心线距非分岔侧宽度；b_2，b_3—轨道中心线距碹垛侧宽度；b_2'，b_3'—轨道中心线距非碹垛侧宽度；α—道岔的辙岔角；R—弯道曲率半径；b—道岔分岔后的斜长；d—道岔连接线的长度；H—纵轴长度；D—距离道岔心点的横轴长度；θ—交岔点转角；θ'—曲线转至柱墩面转角；TN—交岔点最大断面宽度；TM—交岔点最大断面跨度；MN—交岔点最大断面处长度；L_1—最大断面宽度至岔心点距离；L_2—柱墩断面距最大断面宽度距离；L_3—岔心点距巷道斜边起点距离；S_1—分岔前主巷双轨中心线距离；S_2—分岔后主巷双轨中心线距离。

图 1-79 双轨铺岔单分枝交岔点

④双轨无岔单分枝，见图 1-80 和表 1-38。

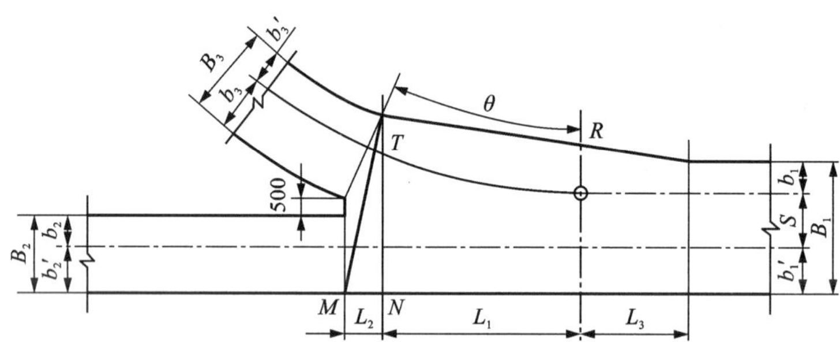

B_1—主巷分岔前主巷净宽；B_2—主巷分岔后主巷净宽；B_3—分岔后巷道净宽；b_1—轨道中心线距分岔侧宽度；b_1'—轨道中心线距非分岔侧宽度；b_2，b_3—轨道中心线距碹垛侧宽度；b_2'，b_3'—轨道中心线距非碹垛侧宽度；R—弯道曲率半径；θ—交岔点转角；TN—交岔点最大断面宽度；TM—交岔点最大断面跨度；MN—交岔点最大断面处长度；L_1—最大断面宽度至岔心点距离；L_2—柱墩断面距最大断面宽度距离；L_3—岔心点距巷道斜边起点距离；S—分岔前主巷双轨中心线距离。

图 1-80 双轨无岔单分枝交岔点

表 1-38 双轨无岔单分枝交岔点平面尺寸计算表

计算公式	计算公式
$\theta = \cos^{-1}\dfrac{H-b_2-500}{R+b_3}$	$NM = B_3\sin\theta = L_2$
	$TM = \sqrt{TN^2+NM^2}$
$TN = B_3\cos\theta + 500 + B_2$	$L_1 = (R+b_3')\sin\theta + D$

⑤双轨无岔双分枝，见图 1-81 和表 1-39。

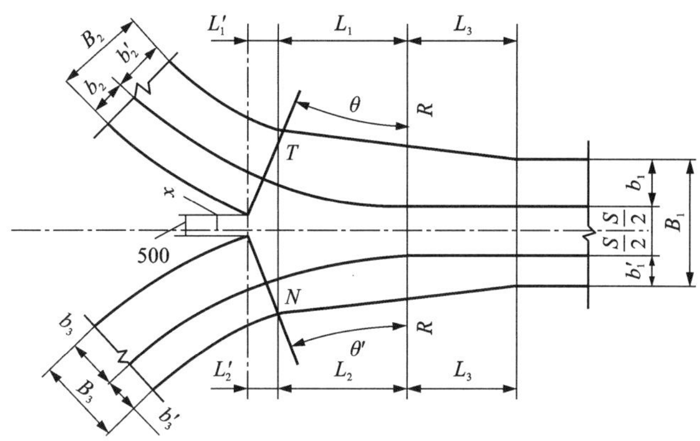

B_1—主巷分岔前主巷净宽；B_2，B_3—主巷分岔后巷道净宽；b_1，b_1'—轨道中心线距分岔侧宽度；b_2，b_3—轨道中心线距碹垛侧宽度；b_2'，b_3'—轨道中心线距非碹垛侧宽度；θ，θ'—交岔点转角；R—弯道曲率半径；S—分岔前主巷双轨中心线距离；TN—交岔点最大断面宽度；L_1'，L_2'—最大断面宽度至柱墩面距离；L_1，L_2—最大断面宽度至岔心点距离；L_3—岔心点距巷道斜边起点距离。

图 1-81　双轨无岔双分枝交岔点

表 1-39　双轨无岔双分枝交岔点平面尺寸计算表

计算公式	计算公式
$x=\dfrac{2Rb_3+b_3^2-2Rb_2-b_2^2+R+0.5S-250}{4R+2S-1000}$	$L_1'=B_2\sin\theta$
	$L_2'=B_3\sin\theta$
$\theta=\arccos^{-1}\dfrac{R+0.5S-x}{R+b_2}$	$L_1=(B+b_2')\sin\theta$
	$L_2=(B+b_3')\sin\theta$
$\theta'=\arccos^{-1}\dfrac{R+0.5S-500+x}{R+b_3}$	$TN=\sqrt{(L_2'-L_1')^2+(B_2\cos\theta+500+B_3\cos\theta')^2}$

注：x 由以下公式导出：$(R+b_3)^2-(R+0.5S+x-500)^2=(R+b_2)^2-(R+0.5S-x)^2$。

⑥对称道岔双分枝，见图 1-82 和表 1-40。

表 1-40　对称道岔双分枝交岔点平面尺寸计算表

计算公式	计算公式
$H=R\cos 9°27'45''+4500\sin 9°27'45''$	$L_1'=B_2\sin(\theta+9°27'45'')$
$D=4500\cos 9°27'45''-R\sin 9°27'45''$	$L_2'=B_3\sin(\theta'+9°27'45'')$
$x=\dfrac{2Rb_3+b_3^2-2Rb_2-b_2^2+H-250}{4H-1000}$	$L_1=(R+b_2')\sin(\theta+9°27'45'')+D$
	$L_2=(R+b_3')\sin(\theta+9°27'45'')+D$
$\theta=\arccos^{-1}\dfrac{H-x}{R+b_2}-9°27'45''$	$TN=$ $\sqrt{(L_1'-L_2')^2+[B_2\cos(\theta+9°27'45'')+B_3\cos(\theta'+9°27'45'')+500]^2}$
$\theta'=\arccos^{-1}\dfrac{H+x-500}{R+b_3}-9°27'45''$	

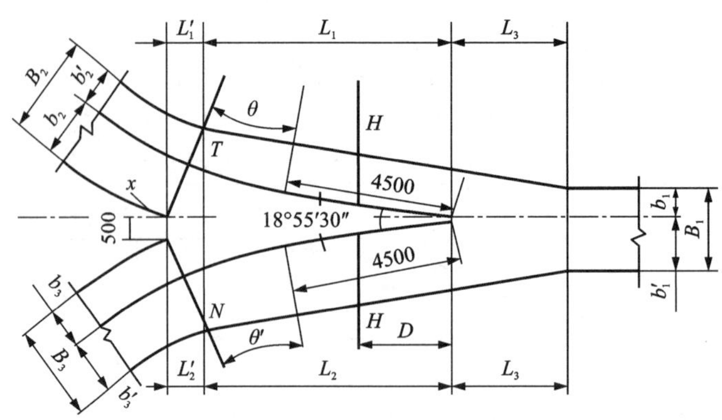

B_1—主巷分岔前主巷净宽；B_2，B_3—主巷分岔后巷道净宽；b_1，b_1'—轨道中心线距分岔侧宽度；b_2，b_3—轨道中心线距碹垛侧宽度；b_2'，b_3'—轨道中心线距非碹垛侧宽度；θ，θ'交岔点转角；H—纵轴长度；D—距离道岔中心的横轴长度；TN—交岔点最大断面宽度；L_1'，L_2'—最大断面宽度至柱墩面距离；L_1，L_2—最大断面宽度至岔心点距离；L_3—岔心点距巷道斜边起点距离。

图 1-82 对称道岔双分枝交岔点

1.4.3 平硐施工

1)硐口段施工注意事项

(1)场地清理做施工准备时，应先清理硐口上方及侧方有可能滑塌的表土、灌木及山坡危石等。平整硐顶地表，排除积水，整理平硐周围流水沟渠。之后修建硐口边、仰坡顶处的天沟。

(2)硐口施工宜避开雨季和融雪期。在进行硐口土石方工程时，不得采用深眼大爆破或集中药包爆破，以免影响边、仰坡的稳定。应按设计要求进行边、仰坡放线自上而下逐段开挖，不得掏底开挖或上下重叠开挖。

(3)硐口部分圬工基础必须置于稳固的地基上。须将虚碴杂物、泥化软层和积水清除干净。地基强度不够时，可结合具体条件采取扩大基础、桩基础，压浆加固地基等措施。

(4)硐门拱墙应与硐内相邻的拱墙衬砌同时施工连接成整体，确保拱墙连接良好。硐门端墙的砌筑与回填应两侧同时进行，防止对衬砌产生侧压。

(5)硐口段硐身施工时，应根据地质条件，地表沉陷控制以及施工安全保障等因素选择开挖方法和支护方式。硐口段硐身衬砌应根据工程地质、水文地质及地形条件，设置不小于 5 m 长的模筑混凝土加强段，以提高圬工的整体性。

(6)硐门完成后，应及时处理硐门以上仰坡脚受破坏处。如仰坡地层松软破碎，宜用浆砌片石或铺种草皮防护。

2)平硐开挖

根据地层岩体稳定性(BQ)情况(《工程岩体分级标准》GB/T 50218)，平硐开挖可分为以下几种施工方法：

(1)硐口段围岩为Ⅰ类以上，地层条件良好时，一般可采用全断面直接开挖进硐。

(2)硐口段围岩为Ⅱ~Ⅲ类，地层条件较好时，宜采用正台阶法进硐。

(3)硐口段围岩为Ⅲ~Ⅳ类，地层条件较差时，宜采用上半断面长台阶法进硐施工。

（4）硐口段围岩为Ⅳ类以下，地层条件差时，可采用分部开挖法和其他特殊方法进硐施工。具体方法有：①预留核心土环形开挖法；②插板法或管棚法；③侧壁导坑法；④下导坑先进再上挑扩大，由里向外施工法；⑤预切槽法等。

3）复杂地层施工方法

金属矿山的岩层地质条件一般是较好的。但是由于矿床的成因各有不同，有些巷道穿过的岩层比较复杂，常碰到一些断层破碎带、溶洞和含水流砂层等复杂的岩层地质条件，对巷道施工影响极大。在严重的情况下，可使掘进支护工作长期停滞不前，甚至无法进行。

（1）膨胀土围岩

膨胀土系指土中黏土矿物成分主要由亲水性矿物组成，同时具有吸水显著膨胀软化和失水收缩硬裂两种特性，且具有湿胀干缩反复变形的高塑性黏性土。决定膨胀性的亲水矿物主要是蒙脱石、蛭石、高岭土等矿物。

膨胀土围岩平硐施工要点：

①调查、量测围岩的压力和流变。

②合理选择施工方法。

宜采用无爆破掘进法。如采用掘进机、风镐、液压镐等开挖。及时衬砌减少围岩膨胀变形。开挖方法宜不分部或少分部，多采用正台阶法、侧壁导坑法。

③防止围岩湿度变化。

平硐开挖后应及时喷射混凝土，封闭和支护围岩。在有地下水渗流的平硐，应采取切断水源并加强洞壁与坑道防、排水措施，防止施工积水对围岩的浸湿等。如局部渗流，可采用注浆堵水阻止地下水进入坑道或浸湿围岩。

④合理进行围岩支护。

a. 喷锚支护，稳定围岩。必要时在喷射混凝土的同时，采用钢筋网。也可采用钢纤维混凝土提高喷层的抗拉和抗剪能力。当膨胀压力很大时，可用锚喷及钢架或格栅联合支护。在平硐底部打设锚杆，也可以在平硐顶部打入超前锚杆或小导管支护。支护尽可能使其在开挖面周壁上迅速闭合。

b. 衬砌结构及早闭合。在灌筑拱圈部分时，应在上部台阶的底部先设置临时混凝土仰拱或喷射混凝土作临时仰拱，以使拱圈在边墙、仰拱未完成前，自身形成临时封闭结构。然后在进行下部台阶施工时，再拆除临时仰拱，并尽快灌筑永久性仰拱。

（2）黄土

①黄土分类及其对平硐工程的影响

黄土是在干燥气候条件下形成的一种具有褐黄、灰黄或黄褐等颜色，并有针状大孔、垂直节理发育的特殊性土。

黄土按其形成的年代可分为：老黄土、新黄土、Q_4 最新堆积物。

根据塑性指数（I_P），可分为黄土质黏砂土（$1<I_P\leqslant 7$）、黄土质砂黏土（$7<I_P\leqslant 17$）及黄土质黏土（$17<I_P$）。

黄土地层对平硐工程的影响主要是：

a. 黄土节理：在平硐开挖时，土体容易顺着节理张松或剪断。如果这种地层位于坑道顶部，则极易产生“塌顶”。如果位于侧壁，则普遍出现侧壁掉土，若施工时处理不当，常会引起较大的坍塌。

b. 黄土冲沟地段：在黄土覆盖较薄或偏压很大的情况下，容易出现较大的坍塌或滑坡现象。

c. 黄土溶洞与陷穴：若平硐修建在其上方，则基础会下沉。若平硐修建在其下方，有发生冒顶的危险。若平硐修建在其邻侧，则有可能承受偏压。

d. 水对黄土平硐施工的影响：湿陷性。

②黄土平硐的施工方法

a. 黄土平硐施工，应做好黄土中构造节理的产状与分布状况的调查。对因构造节理切割而形成的不稳定部位，在施工时要加强支护措施，以防止坍塌。

b. 施工中应遵循“短开挖、少扰动、强支护、实回填、严治水、勤量测”的施工原则。

c. 开挖方法宜采用短台阶法或分步开挖法，初期支护应紧跟开挖面施工。

d. 宜采用复合式衬砌，开挖后以喷射混凝土、锚杆、钢筋网和钢支撑作初期支护，以形成完整支护体系。必要时可采用超前锚杆、管棚支护加固围岩。在初期支护基本稳定后，进行永久支护衬砌。衬砌背后回填要密实，尤其是拱顶回填。

e. 做好硐顶、硐门及硐口的防排水系统工程，处理好陷穴、裂缝，以免地面积水浸蚀硐体周围，造成土体坍塌。在含有地下水的黄土层中施工时，硐内应设良好的排水设施。水量大时，采用井点降水等方法将地下水位降至平硐衬砌底部以下，改善施工条件。在干燥无水的黄土层中施工，应管理好施工用水。

③黄土平硐施工注意事项

a. 施工中如发现工作面失稳，应及时用喷射混凝土封闭、加设锚杆、架立钢支撑等加强支护。试验表明，在黄土平硐中喷射混凝土和砂浆锚杆作为施工临时支护效果良好。

b. 施工时应特别注意拱脚与墙脚处的断面，如超挖过大，应用浆砌片石回填。如发现该处土体承载力不够，应立即采取相应措施进行加固。

c. 黄土平硐施工宜先做仰拱，如果不能先做仰拱，为防止边墙向内位移，可在开挖与灌筑仰拱前加设支撑。

d. 施工中如发现不安全因素，应暂停开挖，加强临时支护，以便采取适应性的工序安排。

(3)溶洞

溶洞是岩溶现象的一种，是以岩溶水的溶蚀作用为主，间有潜蚀和机械塌陷作用而造成的基本水平方向延伸的通道。

岩溶是指可溶性岩层，如石灰岩、白云岩、白云质灰岩、石膏、岩盐等，受水的化学和机械作用产生沟槽、裂缝和空洞以及空洞的顶部塌落使地表产生陷穴、洼地等现象。

①溶洞的类型及对平硐施工的影响

溶洞一般有死、活，干、湿，大、小几种。死、干、小的溶洞比较容易处理，而活、湿、大的溶洞，处理方法则较为复杂。

岩溶对平硐工程的影响主要表现在硐害、水害、洞穴充填物及坍塌、硐顶地表沉陷等4个方面。

②平硐遇到溶洞的处理措施

按岩溶对平硐的不同影响情况及施工条件，采取引流、跨越、加固、清除、注浆等不同措施进行综合治理。

a. 平硐通过岩溶区，应查明溶洞分布范围和类型、岩层的完整稳定程度、填充物和地下水情况，据此确定施工方法。如溶洞尚在发育或穿越暗河水囊等地质条件复杂的岩溶区，应查明情况审慎选定施工方案。

b. 平硐穿过岩溶区，如岩层比较完整、稳定，溶洞已停止发育，有比较坚实的填充，且地下水量小，可采用探孔或物探等方法，探明地质情况。如溶洞尚在发育或穿越暗河水囊等岩溶区，则必须探明地下水量大小、水流方向等，以超前钻探方法，向前掘进。当出现大量涌水、流石流泥、崩坍落石等情况时，平导可作为泄水通道。正洞堵塞时也可利用平导在前方开辟掘进工作面，以免正洞停工。

c. 岩溶地段平硐常用处理溶洞的方法有“引、堵、越、绕”4 种。

ⓐ引：用暗管、涵洞、小桥等设施宣泄水流或开凿泄水洞将水排出洞外(图 1-83)。当平硐设有平行导坑时，可将水引入平行导坑排出。

ⓑ堵：对已停止发育、跨径较小，无水的溶洞，可采用混凝土、浆砌片石或干砌片石予以回填封闭(图 1-84~图 1-85)。

ⓒ越：见图 1-86~图 1-89。

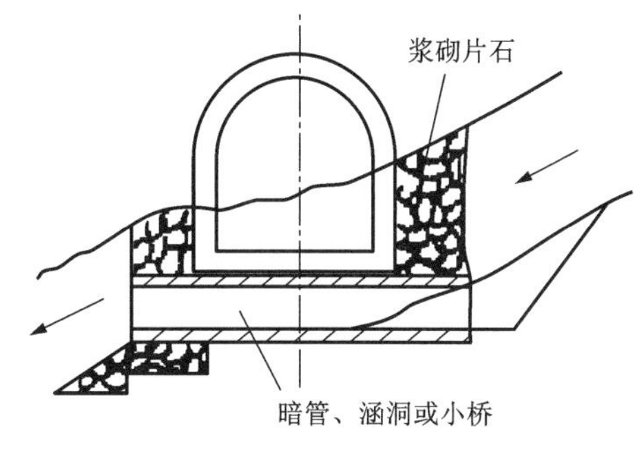

图 1-83　桥涵宣泄水流示意图

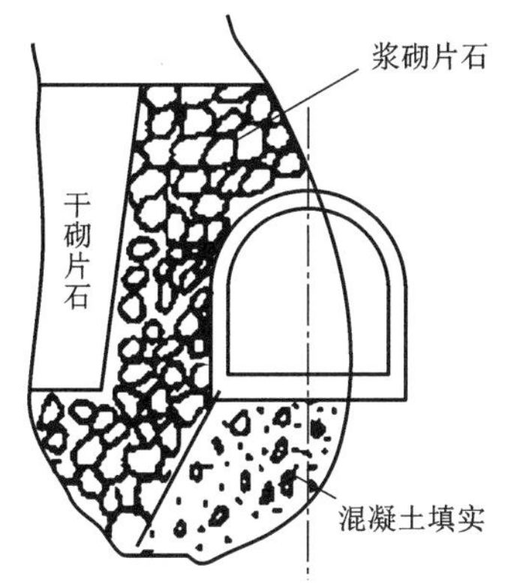

图 1-84　溶洞堵填示意图

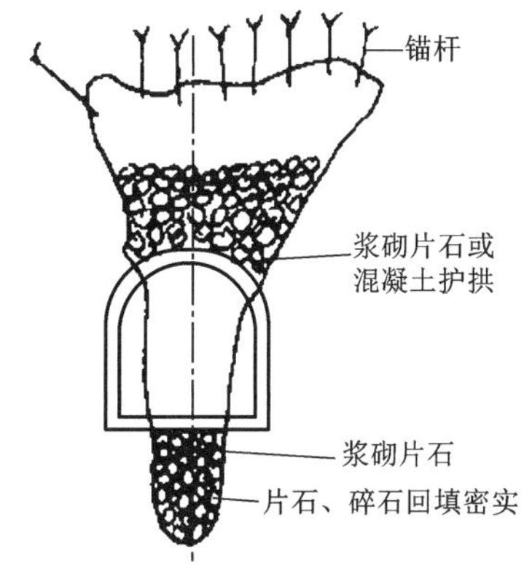

图 1-85　喷锚加固与护拱示意图

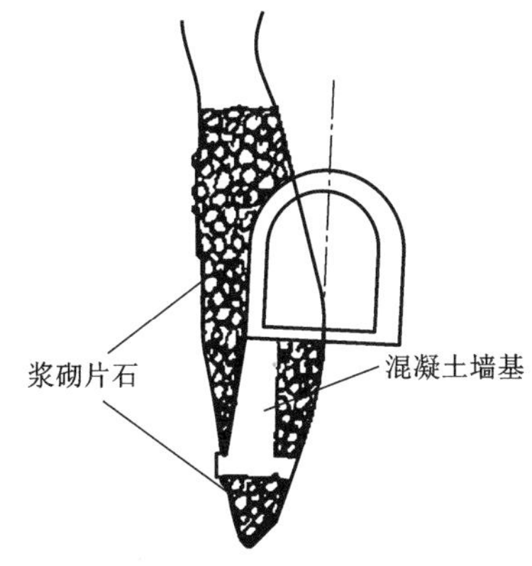

图 1-86　加深边墙基础示意图

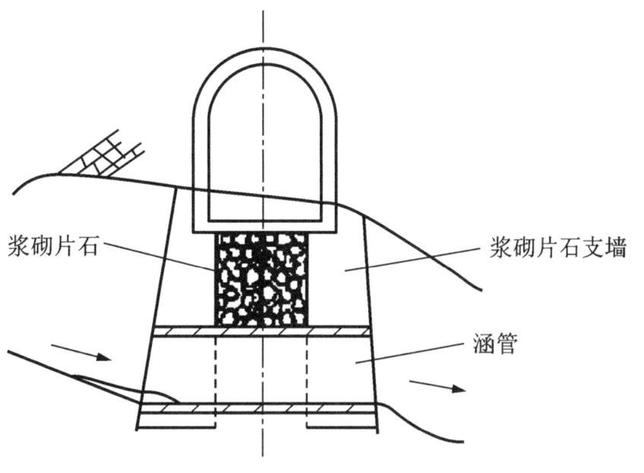

图 1-87　支墙内套设涵管示意图

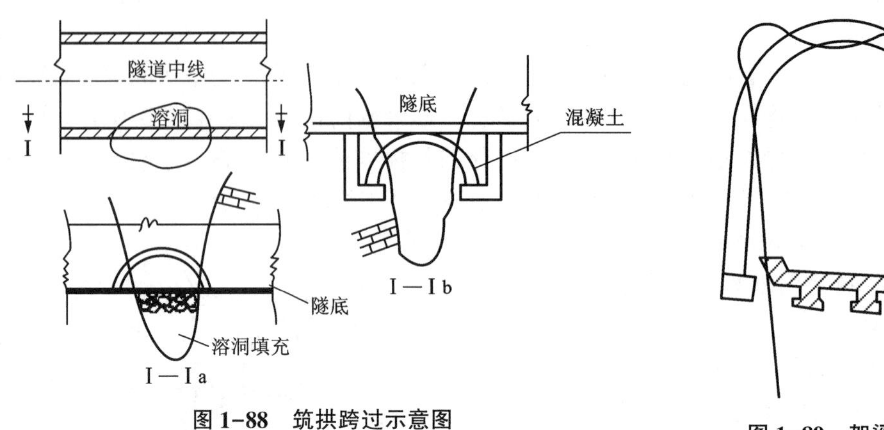

图 1-88 筑拱跨过示意图

图 1-89 架梁跨过示意图

ⓓ绕：个别溶洞处理耗时且困难时，可采用迂回导坑绕过溶洞，继续进行平硐前方施工，并同时处理溶洞，加快施工进度。

③溶洞地段平硐施工注意事项

a. 当施工到达溶洞边缘，各工序应紧密衔接，支护和衬砌赶前。同时应利用探孔或物探方法做超前预报，设法探明溶洞的形状、范围、大小、充填物及地下水等情况，据以制订施工处理方案及安全措施。

b. 施工中注意检查溶洞顶部，及时处理危石。当溶洞较大、较高且顶部破碎时，应先喷射混凝土加固，再在靠近溶洞顶部附近打入锚杆，并应设置施工防护架或钢筋防护网。

c. 在溶洞地段的爆破作业应尽量做到多打眼、打浅眼，并控制爆破用药量且减少对围岩的扰动。防止在一次爆破后溶洞内的填充物突然大量涌入平硐，或溶洞水突然袭击平硐，造成严重损失。

d. 在溶洞充填体中掘进，如充填物松软，可用超前支护施工。如充填物为极松散的砾石、块石堆积或流塑状黏土及砂黏土等可于开挖前采用地表注浆、洞内注浆或地表和洞内注浆相结合加固。如遇颗粒细、含水量大的流塑状土壤，可采用劈裂注浆技术，注入水泥浆或水泥水玻璃双液浆进行加固。

e. 溶洞处理方案未出前，不要将弃碴随意倾填于溶洞中。弃碴若覆盖了溶洞，不但不能了解其真实情况，反而会造成更多困难。

(4)松软岩层巷道施工

撞楔法也称为插板法，是一种通过松软破碎岩层常用的方法，也可用来处理严重塌冒，或被破碎岩石所充满的巷道。但在这些松散岩石中不能有较大的坚硬大块，以免影响打入撞楔。它是一种超前支护法，在超前支架的掩护下，可以使巷道顶板完全不暴露，如图 1-90 所示。

在即将接触松软破碎岩层时，首先紧贴工作面架设支架，然后从后一架支架顶梁下方向前一架支架顶梁上方由顶板一角开始打入撞楔。撞楔应以硬质木材制成，宽度不小于 100 mm，厚度为 40~50 mm，前端要削成扁平尖头，以减少打入的阻力。撞楔的长度一般为 2~2.5 m。撞楔要按顺序打入，不得露顶。打入撞楔要用木锤，以免把撞楔尾部打劈。打入撞楔时，每次将各撞楔依次打入 100~200 mm，直至最终的预定深度。在撞楔超前支护下，可以开始出

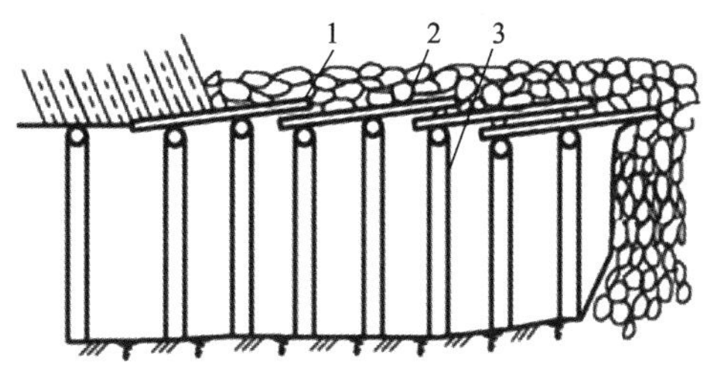

1—横梁；2—撞楔；3—支架。

图 1-90　撞楔法示意图

碴。当清到撞楔打入岩石深度的 2/3 时，便应停止清碴，架设支架开始打第二排撞楔，进行第二次循环，直至通过断层冒落破碎带为止。

如果巷道的顶底板、两帮都不允许暴露，则在巷道的四周都必须打入撞楔；施工时，打入工作面和底板的撞楔可以短些。

在缺乏特殊设备的情况下，撞楔法是通过断层破碎带、含水流砂层、软泥层等比较有效的办法，施工时也比较安全。这种方法的缺点是施工速度慢，耗费的人力、物力较多。

(5) 岩爆

在埋深较深的平硐中，高应力、脆性岩体由于受施工爆破扰动，岩体受到破坏，使掌子面附近的岩体突然释放出潜能，产生脆性破坏，这时围岩表面发出爆裂声，随之有大小不等的片状岩块弹射剥落，这种现象称为岩爆。岩爆有时频繁出现，有时甚至会延续一段时间后才逐渐消失。岩爆不仅直接威胁作业人员与施工设备的安全，而且严重影响施工进度，增加工程造价。

岩爆防治措施：一是强化围岩，二是弱化围岩。

强化围岩的措施很多，如喷射混凝土或喷钢纤维混凝土、锚杆加固、喷锚支护、锚喷网联合、钢支撑网喷联合，紧跟混凝土衬砌等。这些措施的出发点是给围岩一定的径向约束，使围岩的应力状态较快地从平面转向三维应力状态，以达到延缓或抑制岩爆发生的目的。

弱化围岩的主要措施是注水、超前预裂爆破法、排孔法、切缝法等。注水的目的是改变岩石的物理力学性质，降低岩石的脆性和储存能量的能力。后三者的目的是解除能量，使能量向有利的方向转化和释放。

岩爆地段平硐施工注意事项：

①如设有平行导坑，则平导应掘进超前正洞一定距离，以了解地质情况，分析可能发生岩爆的地段，为正洞施工到达相应地段时加强防治而采取必要措施。

②爆破应选用预先释放部分能量的方法，如超前预裂爆破法、切缝法和排孔法等，先期将岩层的原始应力释放一些，以减少岩爆的发生。爆破应严格控制用药量，以尽可能减少爆破对围岩的影响。

③根据岩爆发生的频率和规模情况，必要时应考虑缩短爆破循环进尺。初期支护和衬砌要紧跟开挖面，以尽可能减少岩层的暴露面和暴露时间，防止岩爆的发生。

④岩爆引起坍方时，应迅速将人员和机械设备撤到安全地段；采用摩擦型锚杆进行支护，增大初锚固力；采用钢纤维喷射混凝土，抑制开挖面围岩的剥落；采用挂钢筋网或用钢

支撑加固；充分做好岩爆现象观察记录；采用声波探测仪预报岩爆。

(6)坍方

①发生坍方的主要原因

a. 不良工程地质及水文地质条件。

b. 平硐设计考虑不周。

c. 施工方法和措施不当。

②预防坍方施工措施

a. 选择安全合理的施工方法和措施。

b. 加强坍方预测。

ⓐ观察法。

在掘进工作面采用探孔对地质情况或水文情况进行探查，同时对掘进工作面进行地质素描，分析判断掘进前方有无可能发生坍方。

定期和不定期地观察硐内围岩的受力及变形状态；检查支护结构是否发生了较大的变形；观察岩层的层理、节理裂隙是否变大，坑顶或坑壁是否松动掉块；察看喷射混凝土是否发生脱落以及地表是否下沉等。

ⓑ一般量测法。

按时量测观测点的位移、应力，并对测得数据进行分析研究，及时发现不正常的受力、位移状态等极有可能导致坍方的情况。

ⓒ微地震学测量法和声学测量法。

前者采用地震测量原理制成的灵敏的专用仪器；后者通过测量岩石的声波分析确定岩石的受力状态，并预测坍方。

通过上述预测坍方的方法，发现征兆应高度重视及时分析，采取有力措施处理隐患，防患于未然。

c. 加强初期支护，控制坍方。

③平硐坍方的处理措施

a. 平硐发生坍方，应及时迅速处理。

b. 处理坍方应先加固未坍塌地段，防止继续发展。并可按下列方法进行处理。

小坍方指纵向延伸不长坍穴不高。首先应加固坍体两端硐身，并抓紧喷射混凝土或采用锚喷联合支护封闭坍穴顶部和侧部，再进行清碴。在确保安全的前提下，也可在坍碴上架设临时支架，稳定顶部然后清碴。临时支架待灌筑衬砌混凝土到要求强度后方可拆除。

大坍方指坍穴高、坍碴数量大，坍碴体完全堵住洞身时，宜采取先护后挖的方法。在查清坍穴规模和穴顶位置后，可采用管棚法和注浆固结法稳固围岩体和碴体，待其基本稳定后，按先上部后下部的顺序清除碴体，依据短进尺、弱爆破、早封闭的原则挖坍体，并尽快完成衬砌(图 1-91)。

坍方冒顶，在清碴前应支护陷穴口，地层极差时，在陷穴口附近地面打设地面锚杆，洞内可采用管棚支护和钢架支撑。

硐口坍方，一般易坍至地表，可采取暗洞明作的办法。

c. 处理坍方的同时，应加强防排水工作。具体措施是：

地表沉陷和裂缝，用不透水土壤夯填紧密，开挖截水沟，防止地表水渗入坍体。

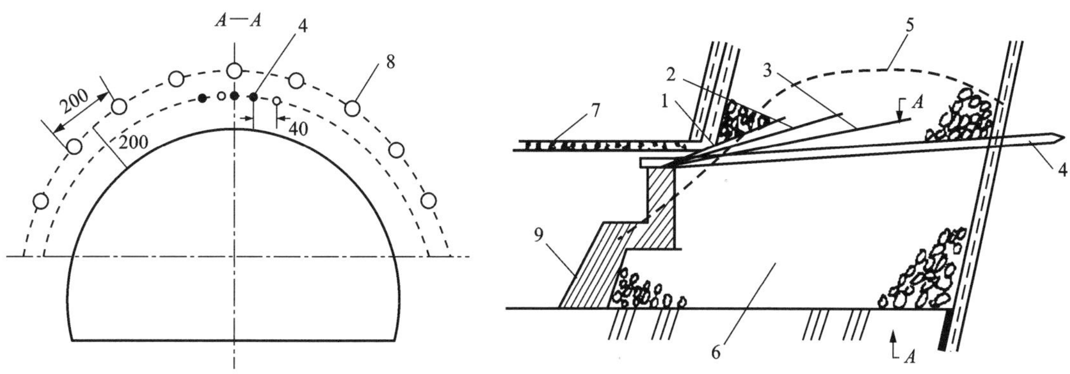

1—第一次注浆；2—第二次注浆；3—第三次注浆；4—管棚；5—坍线；
6—坍体；7—初期支护；8—注浆孔；9—混凝土封堵墙。

图 1-91　大规模坍方处理实例示意图

坍方通顶时，应在陷穴口地表四周挖沟排水，并设雨棚遮盖穴顶。陷穴口回填应高出地面并用黏土或圬工封口，做好排水工作。

坍体内有地下水活动时，应用管槽引至排水沟排出。防止塌方扩大。

坍方地段的衬砌，应视坍穴大小和地质情况予以加强。

采用新奥法施工的平硐或有条件的平硐，坍方后要加设量测点，增加量测频率，根据量测信息及时研究对策。浅埋平硐要进行地表下沉量测。

1.4.4　应用实例

我国某些平硐开拓的矿山实例参见表 1-41。

表 1-41　我国某些平硐开拓矿山实例

序号	矿山名称	矿山生产能力 /(t·d^{-1})	矿体赋存条件				采矿方法	平硐开拓方案	主平硐参数		
			延长 /m	延深 /m	倾角 /(°)	厚度 /m			净断面面积/m^2	长度/m	数量/条
1	瑶岭钨矿	350~500	300~350	350~850	55~85	0.2~0.3	浅孔留矿法	上盘双平硐开拓	2.4×2.54	2×4409	2
2	岿美山钨矿	1500~2000	280~320	400	75~85	0.1~1.6	浅孔留矿法	下盘平硐开拓	8.5~12.8	1300	1
3	西华山钨矿	2000	200	75	75~85	0.2~0.6	浅孔留矿法	下盘平硐开拓	12.8	1700	1
4	大吉山钨矿	2000	80~750		50~75	0.01~0.8	浅孔留矿法	上盘平硐开拓	9.7~13.6	3650	1
5	小寺沟铜钼矿	3000	1300		70	40	无底柱分段崩落法	下盘无轨平硐开拓	4.5~3.75	1036	1

续表1-41

序号	矿山名称	矿山生产能力/(t·d^{-1})	矿体赋存条件				采矿方法	平硐开拓方案	主平硐参数		
			延长/m	延深/m	倾角/(°)	厚度/m			净断面面积/m^2	长度/m	数量/条
6	落雪铜矿	6500	800		60~75	4~11	分段空场法，分段崩落法	下盘主平硐开拓	7.8~14	7600	1
7	因民铜矿	800~1000	400	300~500	60~70	5~15	浅孔留矿法	下盘平硐开拓		700	1

某钨矿主平硐开拓情况如下。

该矿床西北地势较低(标高 410 m)，与公路相接，其余三方都是连绵高山，最高峰海拔达 1043 m。全区分北、中、南 3 组矿脉。矿脉生于变质砂岩及闪长岩脉的许多平行裂纹中，南北横贯，各脉总宽 1600 m，东西长 1150 m，各矿脉走向长为 80~100 m 至 650~750 m，倾斜延深至+467 m 水平以下 150~200 m，各脉组之间的距离为 300~400 m，矿脉厚度为 0.01~0.8 m，倾角为 50°~75°。矿石稳固，除含有钨锰铁矿外尚含有辉铜矿、闪锌矿及某些稀有金属元素。为高温热液和部分中温热液矿床。

矿山采用平硐开拓，平硐长 3650 m，断面面积为 11 m^2，为了提升人员、材料、设备，在中组和南组之间掘有两条辅助盲竖井，两井相距 50 m，断面尺寸为 4.04 m×2.9 m。

矿石从工作面经漏斗装车后，用电机车沿主要运输平巷运至溜井，卸矿至溜井下部，在 467 m 水平主平硐装车后，再用电机车从平硐运至选厂。每组矿脉设有 1 个溜井，全矿共有 3 个溜井均设在围岩中，见图 1-92。

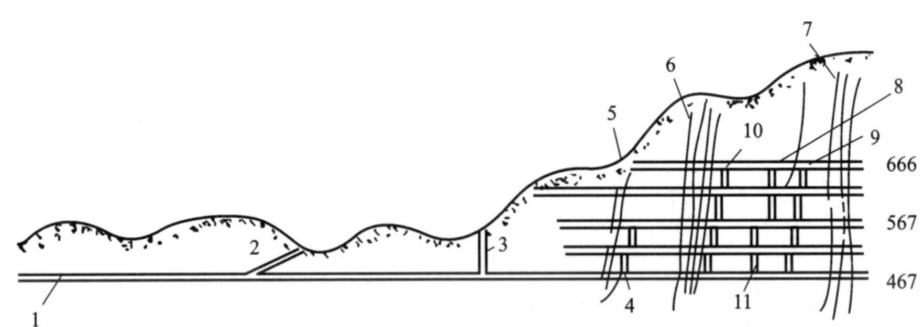

1—主平硐；2—斜井；3—风井；4—2#溜井；5—北组矿脉；6—中组矿脉；
7—南组矿脉；8—1#盲竖井；9—1#溜井；10—3#溜井；11—2#盲竖井。

图 1-92 某矿主平硐开拓系统图

在确定矿山开拓方案时，应对下列两个开拓方案进行比较。

第一方案：利用标高为 567 m 平硐与下部盲竖井联合开拓。

第二方案：主平硐标高为 467 m。

第一方案的主要优点是开拓工程量小，基建时间短，投产快。缺点是平硐地面狭窄，且供水困难，地表工业场地布置困难，尾砂堆存不好解决，地面以下的矿石用盲井提升，增加了矿石运输费及排水费。

第二种方案虽然要掘进长 3650 m 主平硐，但考虑矿山远景及节省的矿石提升与排水费比掘进平硐的费用大得多，故选择第二方案。

1.5　斜坡道开拓

用斜坡道作为主要巷道的开拓方法称为斜坡道开拓法。有的斜坡道既安装有带式运输机，又可通行无轨自行设备。

1.5.1　斜坡道开拓方案

采用无轨自行设备无须几经转载可将人员、材料和设备由斜坡道从地面直接送达井下作业点，可减少材料和设备的运送时间，提高作业效率。斜坡道开拓已在国内矿山逐步使用。

斜坡道开拓按线路的形式可分为直线式、折返式和螺旋式。

按用途不同，将用于运输矿石的斜坡道称为主斜坡道，用于运送人员、材料、设备的斜坡道称为辅助斜坡道，二者兼用的为混合斜坡道。

主斜坡道：为各个开采阶段共同使用的路段，是生产的主要干线。

分支斜坡道：由生产干线与一个开采阶段连接的路段，或由一个开采阶段不经过生产干线而与作业点直接连接的路段。

联络斜坡道：系支线与支线相联络的路段。

辅助斜坡道：通往分散布置的设施(变电所、机车库、检修站)之间的路段。

1)斜坡道开拓适用条件

斜坡道开拓适用于任何开采条件的矿体；或者与平硐、竖井等组合，形成联合开拓。

对于斜坡道开拓的选择影响因素有：岩石条件、开采深度和生产规模。

根据矿体赋存条件，斜坡道一般可以适用于以下 3 种情况：

①在已有提升运输系统下向深部开拓矿床，如三山岛金矿深部开采工程、加拿大科曼矿等，见图 1-94(a)。采用斜坡道开拓的主要优点有：与原有井巷进行联合开拓；不需要延深主、副井，不需新建破碎站，充分利用原有设施；基建过程中与已有提升运输系统相互影响小；可以实现生产中段不停产过渡。

②露天转地下矿床，如澳大利亚的 Kanowna Belle 金矿等，见图 1-94(b)。对于这类矿山，采用斜坡道开拓的主要优点有：从露天坑内掘进斜坡道可以节省基建工程量，降低基建投资，缩短基建时间；原有人员已经熟悉无轨设备，不需进行培训；原无轨设备、初级破碎站及维修设施可以得到充分利用，降低投资。

③埋深较浅的矿床，特别是对于勘探程度不高的矿床更加有利。如陕西煎茶岭金矿、河北蔡家营锌金矿等。

斜坡道开拓应符合下列规定：

①开拓深度小于 300 m 的中小型矿山，可采用斜坡道开拓，且斜坡道应位于岩石移动范围外；条件许可时，宜采用折返式布置。

②斜坡道的坡度，用于运输矿石时不宜大于 12%，用于运输设备材料时不宜大于 15%；

弯道坡度应适当降低。

③斜坡道长度每隔 300~400 m, 应设坡度不大于 3%、长度不小于 20 m 并能满足错车要求的缓坡段。

④大型无轨设备通行的斜坡道干线转弯半径不宜小于 20 m, 阶段斜坡道转弯半径不宜小于 15 m; 中小型无轨设备通行的斜坡道转弯半径不宜小于 10 m; 曲线段外侧应抬高, 变坡点连接曲线可采用平滑竖曲线。

⑤斜坡道应设人行道或躲避硐室; 人行道宽度不得小于 1.2 m, 人行道的有效净高不应小于 1.9 m; 躲避硐室的间距, 在曲线段不应超过 15 m, 在直线段不应超过 30 m。躲避硐室的高度不应小于 1.9 m, 深度和宽度均不应小于 1.0 m。

⑥无轨运输设备之间, 以及无轨运输设备与支护之间的间隙, 不应小于 0.6 m。

⑦斜坡道路面宜采用混凝土、沥青或级配合理的碎石路面。

2)斜坡道开拓法分类

(1)折返式斜坡道

图 1-93 为下盘沿走向折返式斜坡道开拓示意图, 它是由直线段和曲线段(折返段)联合组成的, 直线段变换高程, 曲线段变方向。直线段坡度一般不大于 15%, 曲线段近似水平。

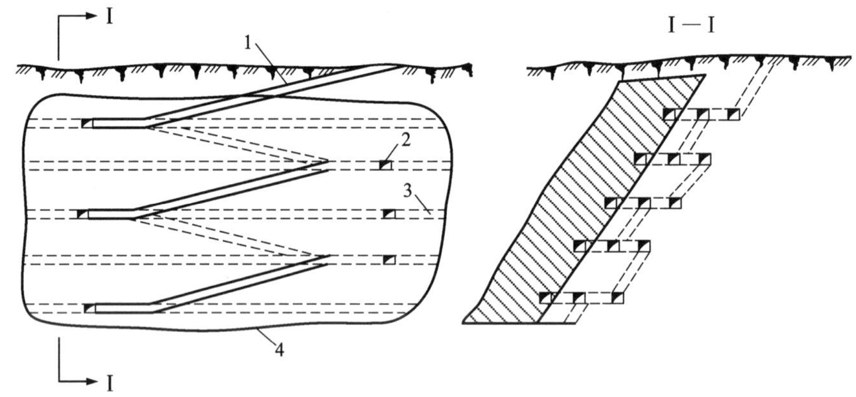

1—斜坡道; 2—石门; 3—阶段运输巷道; 4—矿体沿走向投影。

图 1-93 折返式斜坡道开拓法

(2)螺旋式斜坡道

图 1-94(a)、(b)为螺旋式斜坡道结构图, 它的几何图形是圆柱螺旋线或圆锥螺旋线。其优点是开拓工程量小, 但施工困难, 行车时司机视距小、安全性差。

(3)直线式斜坡道

线路呈直线布置直达矿体, 除倾角较小和不铺设轨道外, 其他与斜井基本相同。

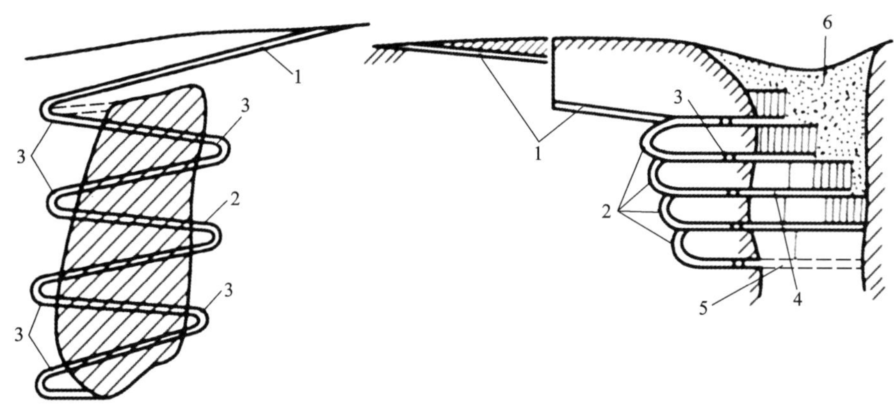

(a) 环绕柱状矿体螺旋式斜坡道开拓　　(b) 下盘螺旋式斜坡道开拓

1—斜坡道直线段；2—螺旋斜坡道；3—阶段石门；4—回采巷道；5—掘进中巷道；6—崩落覆岩。

图 1-94　螺旋式斜坡道开拓法

1.5.2　斜坡道设计

1.5.2.1　设计基本事项

(1)线路设计应根据运输要求、行车密度、线路坡度等因素确定。斜坡道形式宜采用直线式或折返式，不宜采用螺旋式；斜坡道的曲线段、连接处及安设风门处，应设指示标志。

(2)斜坡道的位置和出口通常取决于地面工业场地的总体布置、选厂位置、矿体围岩工程地质条件、矿体倾角、错动范围等，并需进行多方案比较确定。

(3)斜坡道与采场分段或分层巷道联系，必须考虑回采工艺的方便。

(4)折返式主斜坡道沿矿体走向布置时，应将联通矿体的阶段石门位置有意识地布置在靠近矿体中央部位，以减少运距。很少布置在矿体的侧翼，一般沿矿体走向布置。

(5)直线式主斜坡道通常沿矿体走向在脉外布置，若矿体倾角变缓时，也可沿矿体倾斜方向采取脉内布置。

(6)螺旋式主斜坡道的线路布置比较灵活，对通向矿体的阶段或石门，可把斜坡道设计成与阶段或石门大致位于同一垂直面上。

(7)用盲斜坡道开拓边缘零星矿体或开拓深部矿体时，其盲斜坡道入口位置尽量靠近坑内破碎站卸矿溜井，以缩短运距，减少矿石中转运输。

(8)根据矿体走向长短和矿量情况，需设计一些采准辅助斜坡道时，要考虑与主斜坡道联通方便，掘进工程量少。

(9)斜坡道长度每隔 300~400 m，应设坡度不大于 3%、长度不小于 20 m 并能满足错车要求的缓坡段。

(10)无轨运输斜坡道必须设人行道或躲避硐室。行人无轨运输水平巷道应设人行道。设人行道时，其有效净高应不小于 1.9 m，有效宽度不小于 1.2 m。设躲避硐室时，其间距在曲线段不超过 15 m，在直线段不超过 30 m。躲避硐室高度不小于 1.9 m，深度和宽度均不小于 1.0 m。躲避硐室应设明显标志。

1.5.2.2　断面设计

斜坡道断面尺寸根据运行最大设备外形尺寸和安全防护要求确定。在确定其宽度时要考虑排水沟、管缆布置及通风要求。确定高度应考虑行车速度、路面质量以及设备行走时的垂直波动，对于直通地表的主斜坡道，除考虑行车要求外，还需考虑运入井下大型设备如破碎机等最大外形尺寸。另外，灯具安装要避免使司机炫目的亮光，在转弯处与连接处、交岔点及风门处应设置各种标志。

1)工程类比法确定断面尺寸

斜坡道断面尺寸可根据所使用设备的尺寸及安全规程确定，设备每侧加宽不得小于1.0 m，设备最大高度距斜坡道顶部的距离不得小于0.6 m。据国内已投产使用斜坡道资料，不同类型无轨设备所需要的断面尺寸见表1-42，可供设计时类比参考。

表1-42　主要无轨运输设备所需要巷道宽度和高度

巷道种类	主要无轨设备	巷道宽度/m	巷道高度/m
主巷道	10 t以下汽车	3.6~4.2	3.2~3.6
运输矿石	10~20 t汽车	4.2~4.6	3.6~4
单线	20~50 t汽车	4.6~5.4	4~4.3
(主巷道)运输人员	0.76~1 m^3 铲运机和5~8 t汽车	3~3.4	2.7
材料设备	1.5 m^3 铲运机和10 t汽车	4~4.3	2.7~3
巷道(副井)	3~3.8 m^3 铲运机和16~20 t汽车 5 m^3 以上铲运机和20~50 t大型汽车	4.3~4.8 4.8~5.4	3 3.2~3.6
生产支线	0.76~1 m^3 铲运机	2.7~3	2.5~2.7
运输平巷	3~3.8 m^3 铲运机 10~20 t推卸式装载机	4~4.3 4~5.5	2.7~3 3~3.2
装矿横巷	Cat950、960型前端式装载机 3~3.8 m^3 铲运机 5~10 m^3 铲运机	4.2 4~4.3 4.3~5	4.2 2.7~3 3~3.2
孔凿岩巷道	各种扇形深孔凿岩台车	3.6~4	3~3.6

2)计算法确定断面尺寸

(1)斜坡道净宽度计算

按无轨设备运行的行车速度、设备外形尺寸及路面宽度等条件进行计算，以求出巷道宽度。如图1-95所示，巷道宽度B由三部分组成，行车部分路面宽度A，人行道宽度a，行车部分路面边缘至巷道壁的最小距离b，则：

①无轨设备和人员经常通行的斜坡道应设人行道，其宽度不应小于1.2 m。斜坡道内行车密度不大，可不设人行道而设避车硐室；

②有人行道时净宽

$$B = A + a + b \tag{1-30}$$

式中：A 为行车部分路面宽度，m，一般情况下，$A=d+(800\sim1000)$，推荐 $A=d+1.5\delta+12v$（δ 为无轨设备轮胎宽度；v 为设备运行速度，km/h）；a 为人行道宽度，取 1200 mm；b 为路边至道壁的最小距离，取 600 mm；d 为无轨设备外缘最大宽度，m。

③无人行道净宽

$$B=A+2b \tag{1-31}$$

无专门的人行道时，道路要加宽 1000~1200 mm；对很少有人行走的分段巷道，可不设专门的人行道。

行车部分路面边缘至巷道壁的最小距离 b，一般为 200~350 mm，在行车部分与巷道壁间设有水沟时，b 为 500~600 mm。

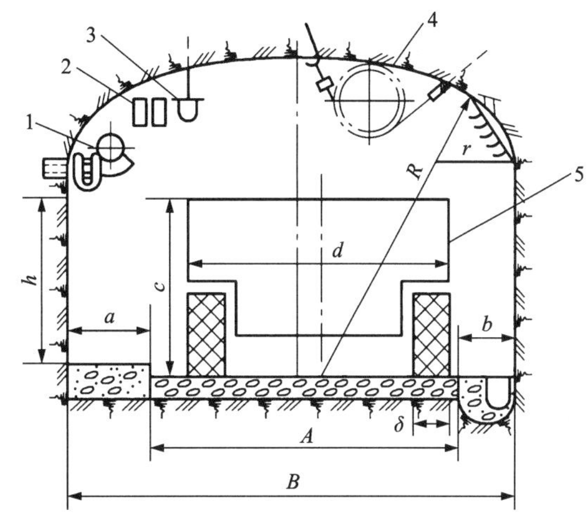

1—风水管；2—电缆；3—电灯；4—通风管；5—运输机械外形尺寸；r—拱顶小半径；R—拱顶大半径；h—人行道高度。

图 1-95　斜坡道宽度计算示意图

（2）斜坡道净高

斜坡道高度，应按下式计算：

$$H=c+e \tag{1-32}$$

式中：H 为斜坡道断面的净高，m；c 为无轨设备的总高度，m；e 为运输设备外形与拱部或悬挂物的最小间距，取 0.6 m。

人行道的有效净高应不小于 1.9 m，有效宽度不小于 1.2 m。

根据有效高度及拱形、悬吊物、悬吊高度等推算出由斜坡道底板至拱顶的最大净高度 H。

1.5.2.3　道路参数确定

线路设计要综合考虑运输要求、线路距离、设备规格、行车宽度、运行速度等因素。

斜坡道应尽量避免采用螺旋式，这种斜坡道形式施工复杂，车辆始终在弯道中行驶，司机视线受阻，安全性差，连续弯道中内外侧坡度不同而使车辆的差动轴不停地工作，磨损较大。因此，线路应尽可能布置成直线坡道，减少弯道，在转弯处弯道直径要大些，坡度应减小，车道应加宽和超高。

当需要开拓双车道时，应对一条双车道与两条单车道进行方案比较。

1）坡度

斜坡道坡度根据其服务年限、运输类型及运输量确定。一般认为运矿主斜坡道的合理坡度为 10%，为减少开挖工程量最大坡度可采用 15%，目前在生产矿山中，运矿（岩）的斜坡道一般为 10%~15%，不运矿（岩）的坡度不超过 20%，联络斜坡道坡度为 20%~25%，可按表 1-43 选取。

世界各国矿山由于设备性能及管理水平的差异，对于无轨斜坡道规定也不尽相同（表 1-44）。

表 1-43 斜坡道坡度

斜坡道(斜巷)用途	坡度
运输矿岩的斜坡道及大型矿山行车密度大，无轨车辆运距长的斜坡道	8%~10%
运送人员、材料和设备的斜坡道	10%~20%
辅助斜坡道(采准联络道)及服务年限短的斜巷	15%~25%
带式输送机和无轨设备共用的斜巷	20%~27%

表 1-44 国外无轨矿山坡度表

国家	长时间运输矿岩最大坡度/%	短时间运输矿岩最大坡度/%	长时间作设备出入通道的最大坡度/%	短时间作设备出入通道的最大坡度/%
苏联	10	20	15~17	30
瑞典	10	12~15	15	17.6~21
芬兰	10	20	15	30

2)弯道直径

弯道平面曲线半径与无轨运输设备类型及规格、行车速度、道路条件及路面结构质量有关，可由下式确定：

$$R = \frac{v}{127(\mu + i)} \tag{1-33}$$

式中：R 为斜坡道转弯处的平曲线半径，m；v 为行车速度，km/h；μ 为横向推力系数，$\mu \leqslant 0.15$；i 为弯道横向坡度，一般 $i = 2\% \sim 6\%$。

通常，大型无轨设备通行的斜坡道弯道半径 $R>20$ m，若通行的是阶段间的联络或盘区斜坡道，取 $R \geqslant 15$ m，采用中小型无轨设备通行的斜坡道可取 $R \geqslant 10$ m。国内已建成的斜坡道多数为 $R = 15$ m。

3)曲线段超高与加宽

在弯道处，行车道应加宽，车道外侧应超高。地下无轨设备运输线路的设计，其平曲线半径较小，应设置曲线超高段，超高横向坡度考虑计算行车速度，弯道半径小、路面条件较潮湿则取大值，个别的国外矿山的螺旋或斜坡道，横向坡度可达 10%~20%。

行车弯道处的加宽值一般取 400~700 mm，某些国外资料推荐加宽值为 1000 mm，曲线超高要将路面的横向坡度控制在 2%~6%，当行车速度大、弯道平曲线半径小、路面较潮湿时，应取大值，国外有的矿山曲线超高的横向坡度达 10%~20%。

在弯道超高加宽线段与正常行车线路之间应设 4~6 m 的超高缓和段。图 1-96 所示为三山岛金矿斜坡道及其弯道断面图。

曲线段无轨巷道加宽值一般取 0.4~0.7 m(推荐加宽值为 1 m)，见表 1-45，并按下式计算：

$$\Delta B = (R_0 - R_i) - B_i \tag{1-34}$$

当车速高时，

$$\Delta B' = \Delta B + 0.3 \tag{1-35}$$

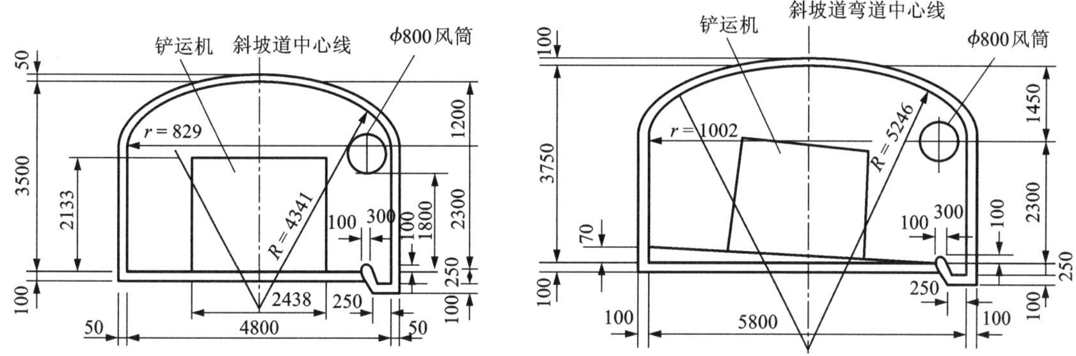

图 1-96　三山岛金矿斜坡道及弯道断面图

式中：ΔB 为弯道加宽值，m；R_0 为设备转弯外半径，m；R_i 为设备转弯内半径，m；B_i 为设备宽度，m。

表 1-45　各类型无轨铲运机巷道加宽表

序号	铲运机型号	设备转弯外半径/mm	设备转弯内半径/mm	设备宽度/mm	巷道加宽/mm
1	CT6000 型	6170	3020	2500	650
2	LF-4.1 型	4880	2650	1685	545
3	LK-1 型	6140	3210	2200	730
4	Toro100DH	4500	2250	1800	450

弯道超高及加宽部分与行车线路之间应设超高缓和段，一般可取 4~6 m，或按式(1-36)计算：

$$L_s = \frac{B_r i_3}{i_2} \qquad (1-36)$$

式中：L_s 为超高缓和切线长，m；i_3 为超高横向坡度，2%~6%；i_2 为路面外缘超高缓和长度纵坡度和线路设计纵坡度差，取 2%；B_r 为道路宽度，m。

4) 竖曲线半径

斜坡道较短而变坡点多行车速度较快时，由于离心力作用，车辆在转坡点产生颠簸，但在凸形转坡点时，司机视距受到影响，故采用平滑竖曲线作为变坡点的连接曲线。

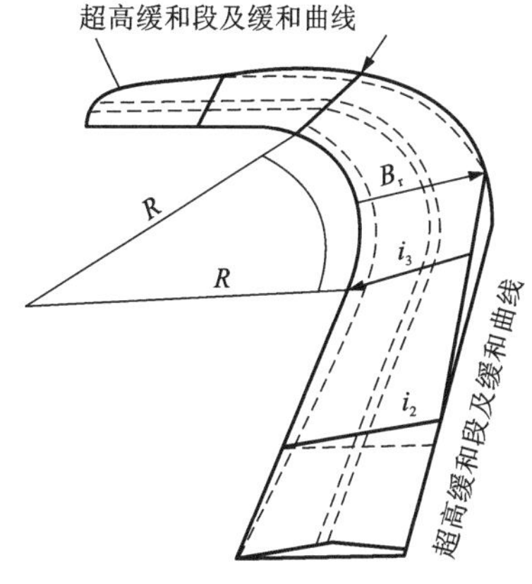

图 1-97　弯道曲线路线

由于无轨自行设备在井下行车速度较地面低，且制动能力强，制动距离短，斜坡道竖曲线一般可参考建议山区公路标准。竖曲线弧长≥20 m。表 1-46 为车速与竖曲线长度表。

表 1-46 无轨巷道行车速度与竖曲线弧长表

设计行车速度/($km \cdot h^{-1}$)	60	40	30	20	20 以下
竖曲线弧长/m	50	35	25	20	15

5)路面结构

目前，国外矿山常用的路面材料和路面结构形式多取决于运输设备的载重量、车辆运行速度和行车密度，其路面结构见表 1-47。

表 1-47 行车密度、路基、路面结构表

路面类型	每小时行车密度/辆	路基	路面	沥青水泥路面层厚/cm
Ⅰ	10 以下	块度 20~70 mm 碎石，厚度 200 mm	块度 10~20 mm 碎石，厚度 100 mm	3
Ⅱ	10~40	块度 20~70 mm 碎石，厚度 200 mm	块度 10~20 mm 碎石，厚度 100 mm	6
Ⅲ	>80	块度 20~70 mm 碎石，厚度 200 mm	块度 10~20 mm 碎石，厚度 100 mm	10

按斜坡道路面的结构和材料，可分为混凝土路面(包括沥青混凝土路面和沥青水泥黏合路面)、沥青路面(包括热铺和冷铺沥青路面)、碎石路面及自然平铺路面。

井下多采用施工简便的碎石路面，由于斜坡道建于岩层中，可用 75 mm 的碎石做路基，其上再铺 25 mm 或 16 mm 碎石做路面。最后用压路机压平压实。

在斜坡道的重要地段，特别是运输繁忙的主干线，应采用沥青路面，井下多采用冷铺沥青路面。当斜坡道运输量特大时，在拐弯处或无法保持路面干燥的运输线和地段，应采用混凝土路面。

6)躲避硐室

无轨运输斜坡道应设人行道或躲避硐室。行人的无轨运输水平巷道应设人行道。

躲避硐室的间距在曲线段不超过 15 m，在直线段不超过 30 m。躲避硐室的高度不小于 1.9 m，深度和宽度均不小于 1.0 m。躲避硐室应有标志，并保持干净、无障碍物。

7)会车道及水沟

①会车道及其断面

在长距离斜坡道施工时，每次爆破循环中均涉及卡车装载和临时卸载，铲运机和坑内卡车掉头等，通常需要设会车道或掉头处。两个会车道之间距离为 300~400 m，这些坑道一旦在主斜坡道建成后将作为永久性会车道在生产中长期使用。

会车道长度一般为 15 m，巷道按正常斜坡道断面加宽 1~2 m，具体应视无轨设备外形尺寸及无轨设备在井下错车时的最小间隙确定。

②斜坡道水沟

为了保持道路的良好条件，斜坡道要设置排水沟进行排水。水沟一般采用敞开式，并定期进行清理，以利水流畅通。

部分国内外矿山斜坡道设计参数见表 1-48、表 1-49。

表 1-48　国内金属矿山斜坡道线路参数统计表

序号	矿山名称	建设时间/年	斜坡道型式	斜坡道用途	坡度/%	曲线坡度/%	平曲线半径/m	竖曲线半径/m	曲线段加宽/m	曲线段超高/m	超高段缓坡长/m	斜坡道最大坡长/m	路面	断面/(m×m)	使用铲运机等设备型号
1	寿王坟铜矿	1980	折返	设备运行	14	3	15~20	未考虑	1	0.35	未考虑	126	自然基石	5×4.3	LK-1 型及吉普车
2	凡口铅锌矿 -160 盘区	1980	直线	联络道	25	0	12	未考虑	未考虑	未考虑	40	32	混凝土	3.4×3	LF-4.1
	凡口铅锌矿 -200 盘区	1982	直线	联络道	25	3~5	6~12	15	未考虑	未考虑	9	30	混凝土	3.4×3	LF-4.1
	凡口铅锌矿 上部斜坡道		折返	通地表设备	15	0	15	未考虑	未考虑	未考虑	10~20	580	混凝土	5.5×4	LF-4.1
3	大厂锡矿（铜坑）	1982	折返	通地表设备运行采区斜坡道	17.5	2	15	100	未考虑	未考虑	10~20	587	混凝土	5×5.87	CT6000 LF-4.1 及辅助车辆
4	柿竹园钨钼矿	1980	螺旋	通地表设备运行	15.8	未考虑	10	未考虑	未考虑	未考虑	10~20	100	混凝土	4×3.3	CT6000
5	三山岛金矿	1986	折返	通地表设备	17	5	15~20	50	0.5	0.4	10	300	混凝土	4.5×4	S7-5 及辅助车辆
6	红透山铜矿	1979	折返	联络道	20~25	未考虑			未考虑	未考虑	未考虑	40	自然基石	3×2.8	Toro100DH
7	中条山篦子沟铜矿	1980	折返	联络道	20~25			未考虑					混凝土	4×3	LK-1
8	金川二矿区主斜坡道	1985	螺旋	通地表设备	10~14		30					870	沥青混凝土	19.8~23	全部无轨设备
9	大冶尖林山铁矿	1982	螺旋	通地表设备	7~14		10~20					141.9	200 mm 混凝土	4×3	LK-1，2LD-40
10	符山铁矿			通地表设备	10		10						水泥路面	4.2×3.2	LK-1

表 1-49　国外部分斜坡道开拓矿山统计表

编号	国别	矿山名称	生产规模 /10^4 t/a	矿体产状				主斜坡道				卡车		开拓深度 /m
				长度 /m	宽度 /m	厚度 /m	倾角 /(°)	埋深 /m	长度 /m	坡度 /(°)	断面 /(m×m)	型号	吨位 /t	
1	美国	Bowers-Campbell 锌矿	20	210	30	40	90	120	1418	10%	4.2×4.8		10.5	142
2	美国	Black Plore 铜矿	7.2	1000		0.6~1.2	10~30		750			Eimco 980T	10	
3	美国	Brccker Hill 铅锌矿	64.5	160	240	1~6	40~50		4000	15	2.4×2.5	Eimco 911	9	
4	加拿大	New Foundland 锌矿	52.5	1800		4.5	3~4			3%~17%	5.7×4.8			
5	加拿大	Crighton 铜锌矿	10				35~90		1200	17%	5.5×3		20	201
6	加拿大	Pinchi 汞矿	27			12~36	65		369	9%	4.6×4.2		13	33
7	加拿大	加拿大钨矿	17.5	844		12	20	浅		22%			35	
8	芬兰	Hamaslakli 铜矿	42	1000	100~200	25~50	急	浅	2800	1:8.5	5×4.1	Kockams420	13.5	
9	芬兰	Virtasalmi 铜矿	27.8	500	2~3		急		2300	1:7	4×4.5	Kockams420		327~396
10	扎伊尔	Kamoto 铜矿	360	1500	3~20	12	25~90	<350		6	5×6.4	MTE	28	
11	法国	Peygnoc 铝矿	430	3000	1000	8~15				10	4.5×4.2		12	
12	南非	O'okiep 铜公司	30						6800	25%	4.9×2.7	ST-5B 铲运机		
13	澳大利亚	Gunpowder 铜矿	55						3000	1:9	4.25×4.25		18	3.31
14	澳大利亚	Agnew 镍铜矿	45			3.75	70			11%		CAT769	30	185
15	澳大利亚	Renison Bell 锡矿	80						2115	1:9	4.25×4.25			234

1.5.3 应用实例

下文介绍三山岛金矿斜坡道开拓。

三山岛金矿一期工程于 1984 年 8 月开工建设，1989 年 8 月建成投产。设计规模为 1500 t/d，是我国当时最大的现代化黄金矿山。一期工程采用上盘中央竖井、辅助斜坡道及两翼风井开拓系统，采用点柱式机械化水平分层充填采矿法，全液压无轨设备开采，提升设备采用箕斗罐笼互为平衡、直流拖动微机控制的多绳摩擦轮提升机的自动化提升系统。一期工程开采标高-70～-240 m 的矿体。一期工程的斜坡道全长约 1800 m，净断面为 4.8 m×3.5 m(宽×高)，坡度为 17%，采用厚为 150 mm 的碎石路面。

二期工程的设计规模仍同一期工程的规模，即矿石量为 1500 t/d。

二期工程开采-240 m 以下的矿体，矿石储量为 10811252 t，品位为 3.94 g/t，金含量 42541.9 kg。前期开采标高-240～-420 m 的矿体，矿石储量为 6375180 t，金含量 23517.65 kg。矿体走向长 900 m，倾角 40°。采矿方法除采用点柱式充填法外，还增加了机械化上向分层尾砂充填法和机械化盘区上向水平分层进路式胶结充填法。采用两个中段同时生产，形成 1500 t/d 的生产能力。

开拓方案经过多方案技术经济比较，采用了主斜坡道开拓电动卡车运输方案，原竖井不再延深。主斜坡道从-240 m 延深至-435 m，最大坡度 14%，个别处达到 16%，净断面为 4.7 m×4.1 m(宽×高)，全长 1877.1 m，加上-240 m 的水平巷道，合计共长 2222 m。引进了瑞典 ABB 公司和基律纳卡车公司合作生产的两台 K635E 电动卡车和 2300 m 的专用架线。K635E 电动卡车载重 35 t，供电电压 690 V。斜坡道中共设有 5 个错车道，2 个牵引变电所，1 个信号硐室和调度室。

矿石溜井布置在主斜坡道旁。采场矿石由柴油卡车运至分段集中溜井，然后由电动卡车沿主斜坡道运至-240 m 主溜井，再由箕斗提升至地表。废石采用载重 110 t 柴油卡车运输，通过主斜坡道和-285 m 分段巷道至主溜井，然后由箕斗提升至地表。

三山岛金矿主斜坡道布置如图 1-98 所示，主斜坡道断面图如图 1-99 所示。

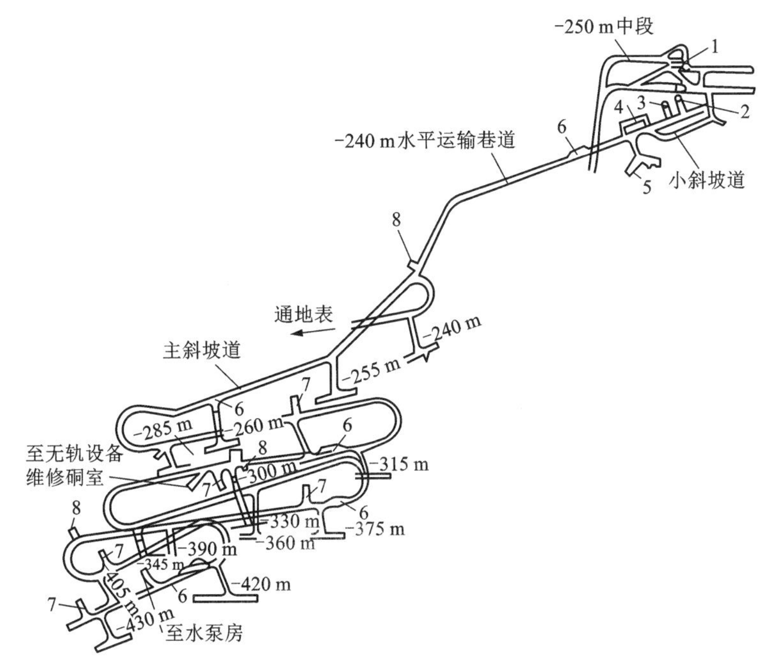

1—主井(混合井)；2—电动卡车卸矿站及溜井；3—预留电动卡车卸矿站及溜井；4—信号硐室和调度室；5—电动卡车维修硐室；6—错车道；7—装矿站；8—牵引变电所。

图 1-98 三山岛金矿主斜坡道布置

1.6　联合开拓

在某些条件下，采用单一开拓在技术上不可行，或经济上不合理，或矿床需分期建设或分区(段)开拓，以及改扩建时，需用两种或两种以上的主要开拓井巷共用，构成矿床统一的联合开拓系统才能正常生产。

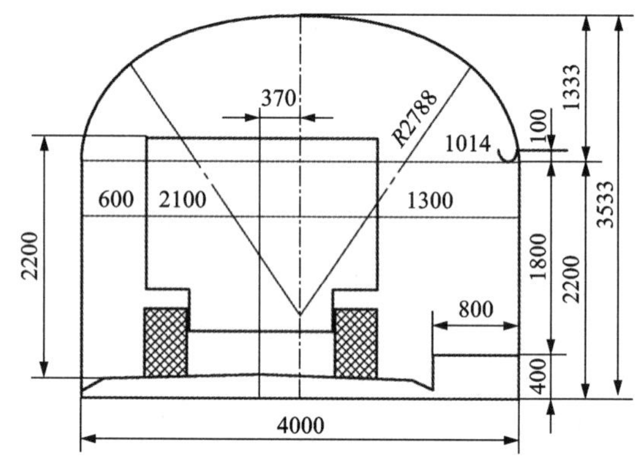

图 1-99　斜坡道断面图

联合开拓主要用于下列情况：

(1)受地形、矿体赋存条件及矿岩条件限制，需采用平硐与井筒或斜坡道联合开拓。

(2)矿床的浅部和深部为分期勘探、分期开采的，利用原有的井巷延深，或不可行或不经济，需在深部开掘新的主要井巷，因此形成两段或两段以上不同井巷提运方式。

(3)矿床上部和下部的空间位置、产状、矿产资源储量及生产能力有较大变化，上部和下部需采用不同的开拓方式。

(4)改扩建矿山，除了要保留或改造原有主要井巷外，又要新开掘不同的主要井巷，并构成统一的开拓系统。

(5)随着无轨设备或带式输送机在矿山的推广应用，需增加相应的井巷工程。

1.6.1　联合开拓主要类型

由两种或两种以上主要井巷开拓一个矿床的开拓方式称为联合开拓。联合开拓分类见表 1-50。

表 1-50　联合开拓分类

开拓方法	主要井巷形式	按矿石提升或运输设备划分典型开拓方案	矿山实例
明竖井与盲井联合开拓	明竖井或明斜井与盲竖井或盲斜井	明竖井与盲竖井开拓	云南会泽铅锌矿、铜绿山铜铁矿深部
		明竖井与盲斜井开拓	岭南金矿
		明斜井与盲竖井开拓	
		明斜井与盲斜井开拓	牟定铜矿
平硐与井筒联合开拓	平硐与井筒	平硐分别与竖井、斜井、盲竖井、盲斜井	铜矿峪矿一期、智利特尼恩特矿
井筒与斜坡道联合开拓	竖井、斜井与斜坡道	竖井与斜坡道联合开拓	金川二矿区、三矿区、龙首矿，安庆铜矿，凡口铅锌矿，大红山铁矿等
		斜井与斜坡道联合开拓	铜矿峪矿二期
平硐与斜坡道联合开拓	平硐与斜坡道	平硐与斜坡道联合开拓	红透山铜矿

1)明竖井与盲井联合开拓

(1)明竖井与盲竖井联合开拓

明竖井与盲竖井联合开拓主要适用于矿体走向长、厚度大、延深较深的倾斜急倾斜矿体。由于深部开采第一期竖井施工延深困难，或因石门过长而另凿一盲井与原竖井接力转载联运。

明竖井与盲竖井联合开拓，虽然可保证原有竖井在不停产的条件下进行施工，并可缩短石门长度，但仍存在下列缺点，选择时应做全面比较：

①每一井筒需要装备一套提升设施，盲井提升设备须安装在井下，硐室工程量较大，造价高；

②需要增加阶段矿石转载运输系统及其设施；

③人员、设备及材料运输提升时间较长，转载提升不方便；

④每套提升设施都要配备一套服务人员，故人员较多。

(2)明竖井与盲斜井联合开拓

明竖井与斜井联合开拓方式，一般上部用通地表的竖井，而深部用盲斜井。其适用条件是：

①主要井筒开凿在下盘，矿床开采深度很大，且深部矿体变缓；

②主要井筒开凿在上盘，而矿床的倾向方向在深部改变为反向倾斜；

③矿床上部用侧翼井筒开拓，矿床深部侧翼倾斜变缓，开采深度较大；

④竖井井筒部位的深部工程地质条件较差，而靠近矿体的上、下盘工程地质条件较好。

采用明竖井与盲斜井联合开拓法，其目的是尽量减少石门工程量及寻找良好的井巷工程部位，以便降低井巷造价及维护费。

采矿方法为房柱法，以不规则的自然矿柱和人工矿柱及金属锚杆支护护顶，全尾砂胴后充填。年产矿石 80000 t，采矿贫化率 20%，损失率 5%。矿山通风采用对角式，矿体南北两端设抽风井，在Ⅰ、Ⅱ两矿体间无矿带处设进风井。

(3)明斜井与盲竖井联合开拓

明斜井与盲竖井联合开拓是指地表用明斜井开拓，深部矿体用盲竖井开拓的联合开拓法。

适用条件：只在特殊条件下采用。矿床深部矿体变陡易于用竖井开拓而不易继续延伸通至地表的斜井；深部发现盲矿体而且倾角又陡，采用盲竖井开拓经济效益好；延深斜井可能遇到不良工程地质构造；斜井断面大，所受地应力作用较大。上述条件都可采用盲竖井进行深部矿床开拓。

(4)明斜井与盲斜井联合开拓

明斜井与盲斜井联合开拓适用于倾角不大，原为斜井开拓而矿体倾向延伸较长的矿体；直接延伸通至地表的斜井往往在技术上遇到困难。例如：遇有溶洞区富含水层，工程地质条件极为不良；延伸斜井将影响上部斜井生产；延伸斜井长度太大，单绳提升矿车有困难；由于矿床勘探不足，深部又发现新的缓倾斜矿体。以上情况都可采用盲斜井进行深部开拓。

2)平硐与井筒联合开拓

根据主平硐与主要井筒的位置，平硐与井筒联合开拓有下面三种不同形式：

(1)用竖井或斜井开拓的矿山，由于井口与矿仓标高不一致，需要开掘一段平硐与矿仓连接；

(2)平硐下部的矿石用竖井、斜井提运矿石；

(3)平硐上部的矿石有结块性、自燃性，或因矿石和围岩极不稳固，不宜用溜井放矿时，可用竖井、斜井等下放矿石。

上述三种条件适用平硐与井筒联合开拓。井筒可以是明井，也可以是盲井。

根据不同的情况可分为平硐与明竖井联合开拓、平硐与盲竖井联合开拓、平硐与明斜井联合开拓和平硐与盲斜井联合开拓。

平硐与盲竖井联合开拓是在山岭地区矿体的一部分赋存在地平面以上，其下部分延伸至地平面以下；此时上部用平硐开拓而下部则采用竖井开拓。图 1-100 表示平硐与盲竖井开拓方式。

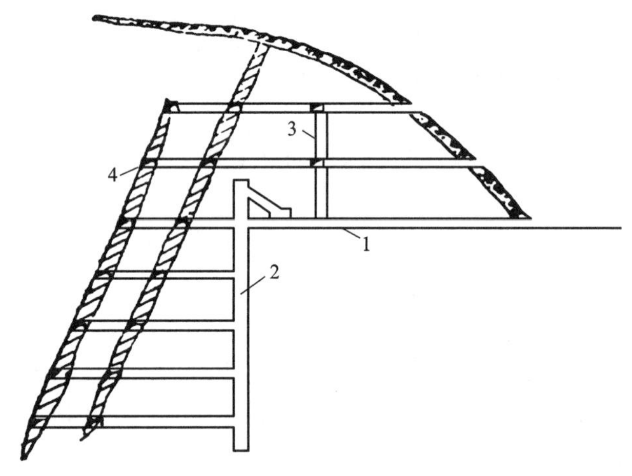

1—主平硐；2—盲竖井；3—溜井；4—岩脉巷道。

图 1-100　平硐与盲竖井联合开拓法

3)井硐与斜坡道联合开拓

(1)竖井与斜坡道联合开拓

适用条件：①埋藏较深的大、中、小型矿山；②竖井用于提升矿石，斜坡道用于辅助运输；③大中型矿山井下无轨设备较多，为了设备出入以提高机械作业效率和运输人员、材料等，斜坡道可直通地表；④对于某些深井矿山，其竖井井筒直径较大，提升能力有富余时，斜坡道可不必通地表，只在阶段运输巷道之间掘进一条起联络作用的斜坡道；⑤当下部矿体变小、变缓，储量又不大，或为了开采边缘零星矿体，且延深竖井在经济上不合理时，一些矿山采取上部为竖井下部为斜坡道的开拓方式。

目前，竖井与斜坡道联合开拓方式在国内外矿山应用广泛，见表 1-51。

表 1-51　部分竖井与斜坡道联合开拓矿山

序号	矿山名称	生产规模/($t \cdot d^{-1}$)	主要开拓井巷
1	金川二矿区二期工程	8000	西主井、副井、主斜坡道
2	金川龙首矿	4000	主井、副井、斜坡道

续表1-51

序号	矿山名称	生产规模/(t·d^{-1})	主要开拓井巷
3	金川三矿区	5000	主井、副井、斜坡道
4	凡口铅锌矿	4000	主井、副井(两条)、斜坡道
5	安庆铜矿	3500	主井、副井、斜坡道
6	三山岛金矿一期工程	1500	混合井、斜坡道
7	阿舍勒铜矿	4000	主井、副井、斜坡道
8	铜矿峪矿二期工程	6 Mt/a	盲混合井、胶带斜井、斜坡道
9	武山铜矿深部工程	5000	主井、南副井、北副井、斜坡道
10	大红山铁矿	4 Mt/a	胶带斜井、斜坡道、盲竖井
11	赞比亚谦比希铜矿	6500	混合井、斜坡道
12	瑞典基律纳铁矿	24.60 Mt/a	主井(11条)、主斜坡道
13	澳大利亚 NorthParkea 铜金矿(第一中段)	4 Mt/a	主井(1条)、斜坡道

(2)明斜井、盲斜井与斜坡道联合开拓

①明斜井与斜坡道联合开拓。这种开拓方法是指上部各阶段采用斜井开拓，用串车、箕斗提升或带式输送机运输，深部矿体或边缘矿体采用盲斜坡道开拓。深部各阶段和矿床边缘的矿石经斜坡道运到斜井井底破碎硐室，破碎后经斜井提升至地表。原为斜井开拓的有轨矿山进行无轨开采技术改造时，多数采用这种开拓形式。由于斜井提升环节多，管理不方便，这种开拓方法在逐步减少，或者正在被采用带式输送机运矿的斜井开拓所代替。

②竖井与盲斜坡道联合开拓。指矿床上部用竖井开拓，深部矿体和边缘矿体采用盲斜坡道开拓。采用这种开拓方式往往深部和边缘矿体地质储量不多，或距原有井筒较远，延深竖井或新建盲竖井投资多，经济上不合理，因而深部采用盲斜坡道开拓。

4)平硐与斜坡道联合开拓

平硐与斜坡道联合开拓方式是矿床上部采用平硐开拓，平硐标高以下采用无轨斜坡道开拓。上部各阶段的矿石经溜井、平硐运出地表，平硐若为无轨运输，下部各阶段矿岩利用坑内卡车经斜坡道、平硐运出地表。当矿石具有结块性、自燃性，不便于用溜井运输，或者矿体与围岩极不稳固，不便于溜井施工时，上部各阶段矿石也可采用坑内卡车沿上部斜坡道下运，再经平硐运出地表。

1.6.2　应用实例

(1)实例1　明竖井与盲竖井开拓实例

铜绿山铜铁矿为联合开拓。铜铁矿深部开采工程是开采-365 m阶段以下的矿体。设计矿石生产能力为2500 t/d，采用VCR法和上向分层充填法采矿。原有系统为明竖井(主井、副井)开拓。主井提升矿石和废石，井筒净直径4.5 m，井筒标高为+27~-500 m，-425 m水平布置破碎硐室，-452 m水平为装矿皮带道，开拓系统服务-365 m以上的矿体。副井井筒净直径5.5 m，内配一个大罐笼和一个小罐笼共两套提升系统，矿石经主井提升到地表后，经皮带直接送往选矿中碎圆锥破碎机。深部开采采用延深副井、新掘盲竖井方案，服务-725 m 以上的矿体开采。新盲竖井布置在原主井附近，采用塔式布置，提升机房位于-365 m 阶段，破碎硐室位于-785 m 水平，皮带道位于-812 m 水平，在-425 m 以上新设矿石转运矿仓并延长原有皮带道，盲竖井将矿石提升到-425 m 水平，卸至转运矿仓中，转运矿仓位于-425 m 皮带道上，矿石经原皮带送至明主井计量硐室并提升至地表。铜绿山铜铁矿深部开采联合开拓系统如图 1-101 所示。

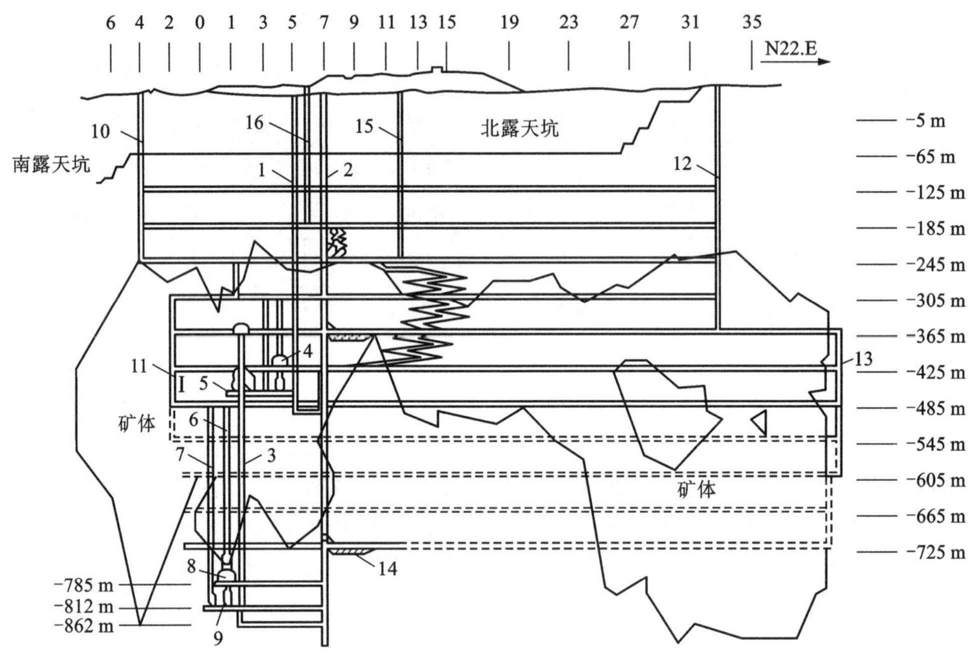

1—主井；2—副井；3—盲主井；4— -425 m 破碎硐室；5— -425 m 皮带硐室；6—矿石溜井；7—废石溜井；8— -785 m 破碎硐室；9— -812 m 皮带道；10—南风井；11—倒段南风井；12—北风井；13—倒段北风井；14—水泵房；15—原管缆井；16—充填井。

图 1-101　铜绿山铜铁矿深部开采联合开拓系统

(2)实例 2　平硐与明竖井联合开拓实例

711 矿为平硐与明竖井联合开拓。矿床赋存于二叠纪板状硅岩中，受地层、岩性、构造控矿。走向长 4 km，宽 500 m，埋藏深 710 m。矿体形态以不规则扁柱状、透镜状为主，规模不一；厚度 0.7~64 m，一般为 20~25 m；垂直连续高度最大 250 m，倾角 65°~70°。矿石稳固，围岩由稳固到不稳固，矿岩界限不明显。

矿床水文地质条件复杂，富含地下温热水。矿区为丘陵地形，海拔 129~439 m，最低侵蚀基准面 180 m。

沿含矿带走向分为四个井田，1 号井田是主要生产井田，设计生产能力 143 t/d，为平硐与竖井(罐笼)联合开拓。主平硐位于侵蚀面以上，下部竖井开拓，主、副井对角布置在矿体端部上盘。平硐断面 2.4 m×2.6 m~3.3 m×2.8 m(宽×高)。1 号主井直径 4.5 m，井深 240 m，木罐道、双罐笼单层提升，电动机功率 210 kW。1 号副井直径 3.6 m，井深 224 m。

竖井为混凝土和钢筋混凝土支护，平巷为混凝土、混凝土预制件、喷锚等支护。711 矿平硐与明竖井联合开拓系统如图 1-102 所示。

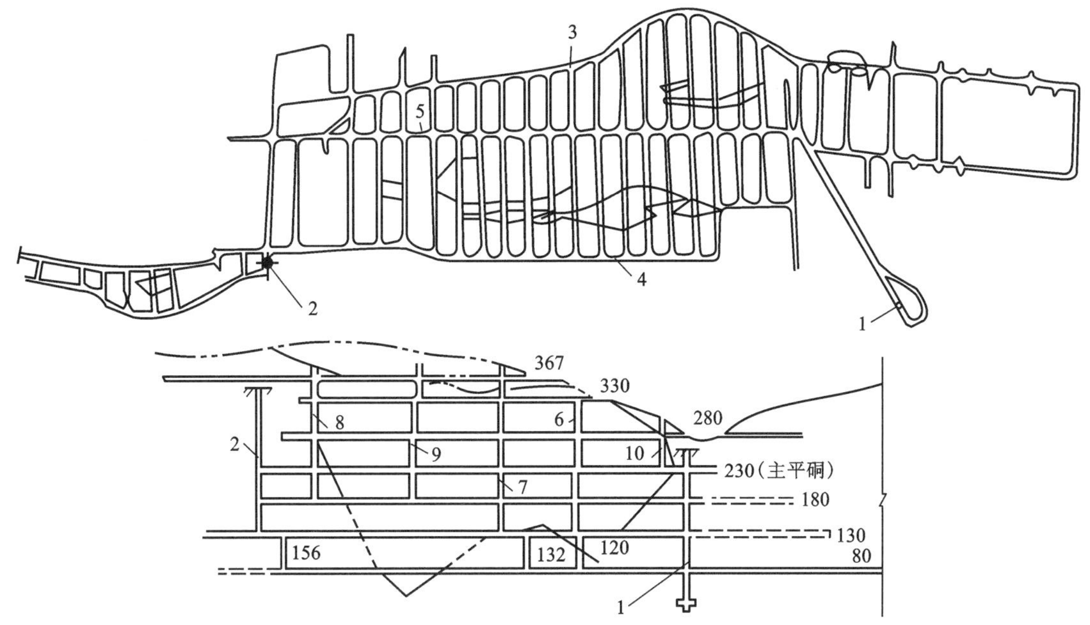

1—1 号主井；2—1 号副井；3—脉外运输巷道；4—回风巷道；5—脉内运输巷道；6—1 号充填井；7—5 号充填井；8—16 号充填井；9—25 号充填井；10—5 号通风井。

图 1-102　711 矿平硐与明竖井联合开拓系统

(3)实例 3　平硐与盲斜井联合开拓实例

庞家堡铁矿联合开拓实例矿区矿体走向长 12.5 km，设计范围 9.6 km。根据矿体的构造情况，自然划分为 5 个采区(坑口)。由于矿体延深较大，以 1080 m 平硐为界，分为上部及下部开拓系统。上部采完，下部系统为平硐与盲斜井联合开拓(图 1-103)。全矿用 1080 m 及 850 m 水平平硐贯穿各采区。1080 m 平硐主要作为人员、材料、设备和废石的出入口；850 m 平硐主要作为矿石运输至选矿厂的运输通道。两平硐之间设有 1 号盲斜井与之贯通。该斜井作为副斜井用于提升人员、材料、设备及将废石提升到 1080 m 水平，然后再运到排弃场。1 号盲斜井长 446 m，倾角 30°，上部断面为 8.2 m^2，下部为 5.8 m^2，混凝土支护。上部开拓用西部两个斜井延深到 850 m 平硐作为进风井，两井相距 300 m，各阶段采用 7~10 t 电机车牵引 2~4 m^3 矿车运输矿石。

(4)实例 4　平硐与斜坡道联合开拓实例

澳大利亚克利夫兰(Cleveland)锡矿为平硐与斜坡道联合开拓。该矿为硫化矿床，矿体走向长 367 m，平均厚度为 7.6 m，倾角为 80°~90°。矿石中锡的平均品位为 0.92%，铜的平均品位为 0.4%，上下盘围岩与矿石均十分稳固。

该矿采用平硐与斜坡道联合开拓，在 1125 m 水平以上采用平硐开拓，主平硐设在 1125 m 水平，主平硐断面为 4.2 m×4.2 m。在 1125 m 水平以下采用盲斜坡道开拓。矿石与废石均用坑内卡车经斜坡道运到主平硐，再从主平硐运出地表。盲斜坡道断面 4.8 m×4.8 m，曲线

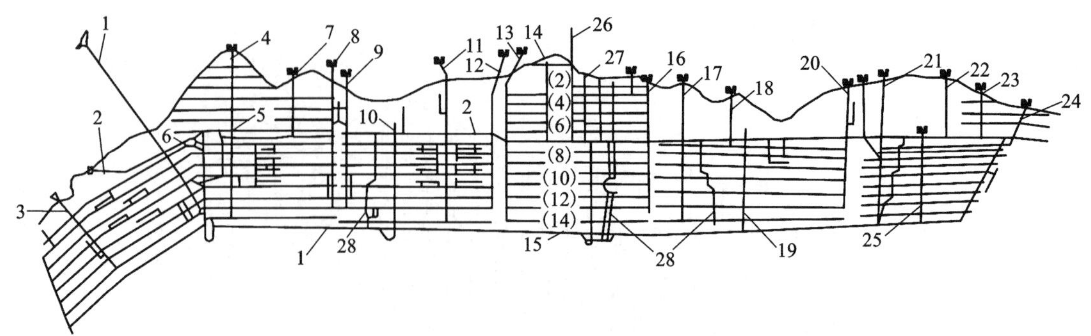

1—850 m 平硐；2—1080 m 平硐；3——区西部回风井；4—西二斜井；5——采区进风井；6—盲斜井；7—西一斜井；8—东部回风井；9—西部回风井；10—二盲斜井；11—东部进风井；12—东部回风井；13—三采区进风井；14—新一斜井；15—三盲斜井；16—三采区回风井；17—四采区进风井；18—东一斜井；19—四盲斜井；20—四采区回风井；21—五采区进风井；22—东三斜井；23—大斜井；24—回风井；25—盲斜井；26—上平硐；27—回风井；28—二区溜井。

图 1-103 庞家堡铁矿平硐与盲斜井开拓系统

段断面 5.5 m×4.8 m。盲斜坡道曲率半径为 16.7 m。盲斜坡道路面用细粒碎石、重介质选矿的尾矿和少量土铺设。盲斜坡道的坡度在第 7 与第 9 段之间为 1.1%。在第 9 分段以下增加到 14.3%，以减少盲斜坡道长度。

矿山年生产矿石能力为 25 万 t。克利夫兰锡矿平硐与斜坡道联合开拓系统如图 1-104 所示，该系统采用折返式斜坡道。

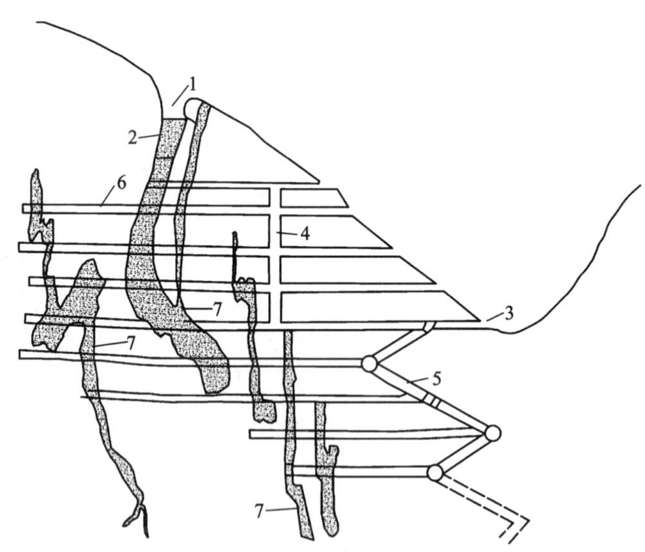

1—老露天坑；2—保安矿柱；3—1125 m 主平硐；4—主溜井；5—盲斜坡道；6—分段巷道；7—矿体。

图 1-104 克利夫兰锡矿平硐与斜坡道联合开拓系统

1.7　阶段开拓运输方案

1.7.1　阶段运输巷道

1) 阶段高度确定

一般上下两个相邻的阶段(也称中段)运输水平之间的垂直距离称为阶段(中段)高度。但由于使用无轨自行设备，段高的概念也发生了变化。有轨矿石运输水平的垂直距离趋于加大，作为集中运输水平，甚至不存在有轨运输水平；而无轨开采增加的许多人行和材料运输巷道之间的垂直距离亦被视为段高。

事实上，尽管矿石可能是集中运输，但将间隔一定的垂直区域作为运输材料、人员出入的巷道是需要的，因此阶段(中段)高度仍可定义为上下两个相邻运输水平的垂直距离。

阶段高度应根据矿体赋存条件、矿体厚度、矿岩稳固程度、采掘运设备、生产规模、采矿方法等因素，经综合分析比较确定，也可按下列规定选取：

①缓倾斜矿体，阶段高度可取 20~35 m；

②急倾斜矿体，阶段高度可取 40~60 m；

③开采技术条件好、采掘运装备水平高，采用崩落法、大直径深孔采矿法和分层充填法的矿山，阶段高度可取 80~150 m，特殊条件下，阶段高度可以更高。

(1) 影响阶段高度的主要因素

①地质因素。矿体的倾角和厚度，矿石和围岩的稳固性，矿床的勘探类型等。矿体的倾角小，一般阶段高度就小。分支复合越多，矿体形状复杂，阶段高度就小。

②技术因素。技术因素有采矿方法、采矿设备、天井掘进设备和掘进工艺、开采强度和新阶段的准备时间、矿体的赋存条件和岩石情况。如普通留矿法一般为 40~50 m，而自然崩落法可为几十米到 200 m 以上。

③经济因素。经济因素包括矿石的价值，井巷的掘进成本和维修费用，提升和运输成本等。

当地质条件允许时，增加阶段高度可减小阶段数目，使开拓、采准、切割工程量及其总费用相应减少，而且在一个阶段中备采储量较多，因而采出 1 t 矿石所需的开拓、采准和切割费用随之减少。

但是，增加阶段高度会使采矿准备和回采工作产生许多技术上的困难。如掘进很长的天井较为困难；在矿石和围岩不够足够稳固时，回采工作不安全，而且会使天井的掘进费用、材料和设备运送到采场的费用及运矿费用(自重溜放除外)等增加。

(2) 阶段的合理高度应符合的条件

①阶段高度的基建费和经营费摊到 1 t 备采储量的数额应最少；

②保证能及时准备阶段；

③保证工作安全。

然而，按经济计算方法求算阶段高度，其变化范围很大，很难得出确切的数值。在设计实践中，一般均按当前的实际技术水平选定阶段高度。

目前国内其他地采矿山的运输阶段高度多为 25~150 m，首钢矿业公司杏山铁矿达到

150 m，国内部分知名矿山运输阶段高度情况见表 1-52。

表 1-52 国内部分知名矿山运输阶段高度

矿山名称	生产规模/(万 t·a^{-1})	采矿方法	阶段高度/m
梅山铁矿	486	无底柱分段崩落法	120
李楼铁矿	750	阶段空场嗣后充填法	100
杏山铁矿	320	无底柱分段崩落法	150
张庄铁矿	500	阶段空场嗣后充填法	120
冬瓜山铜矿	430	阶段空场嗣后充填法	100
田兴铁矿	2000	阶段空场嗣后充填法	100
马城铁矿	2200	阶段空场嗣后充填法	180
普朗铜矿	1250	自然崩落法	85~325(崩落高度)

(3)马城铁矿 180 m 运输阶段高度

马城铁矿采矿规模 2200 万 t/a，阶段空场嗣后充填法开采，运输阶段高度 180 m，采矿阶段高度 60 m，运输水平服务于 3 个采矿阶段。马城铁矿通过采用该运输阶段优化研究成果，运输阶段高度由 120 m 调整为 180 m，运输水平由 6 个减少至 4 个，其中上部采区由-570 m、-450 m、-330 m 三个运输水平调整为-570 m、-390 m 两个运输水平，下部采区由-930 m、-810 m、-690 m 三个运输水平调整为-930 m、-750 m 两个运输水平。运输阶段服务年限 15 年，为实现运输水平铁轨使用寿命与运输水平转段同步，实施全寿命管理，根据矿山年运输量需求，经计算分析，选取轨重 60 kg/m 的铁轨，铁轨服务期限为 15 年，有效地与运输水平服务期限相结合，避免了运输水平铁轨费用的增加。

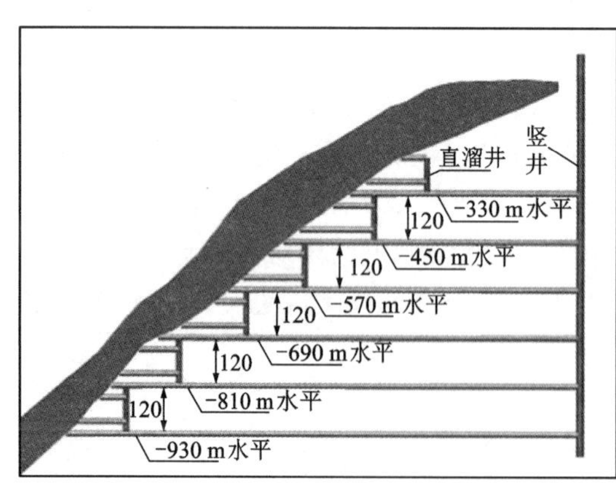

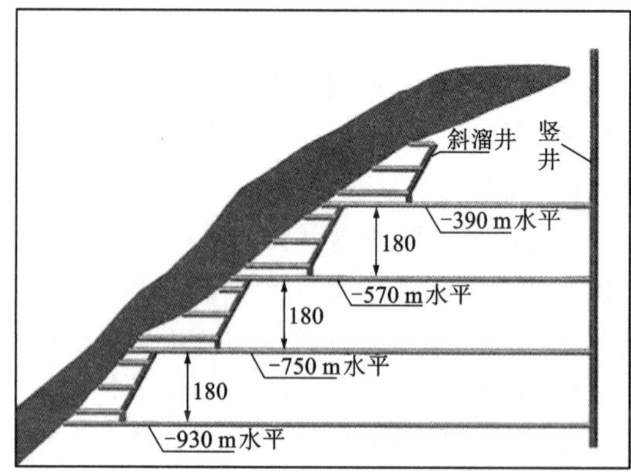

图 1-105 马城铁矿高阶段运输断面图

2)阶段运输巷道

阶段运输巷道设计应符合下列规定：

①运输巷道宜布置在稳固的岩层中，宜避开应力集中区和含水层、断层或受断层破坏的岩层、岩溶发育的地层和流砂层。

②运输巷道宜布置在矿体下盘，当下盘工程地质条件差，或因其他原因不能布置在下盘时，可布置在上盘。

③运输巷道应设人行道；人行道有效净高不应小于1.9 m，人力运输巷道的人行道有效宽度不应小于0.7 m；机车运输巷道的人行道有效宽度不应小于0.8 m；调车场及人员乘车场两侧人行道的有效宽度均不应小于1.0 m；井底车场矿车摘挂钩处，应设两条人行道，每条净宽不应小于1.0 m；带式输送机运输巷道的人行道有效宽度不应小于1.0 m；无轨运输巷道的人行道有效宽度不应小于1.2 m。

④有轨运输巷道运输设备之间以及运输设备与支护之间的间隙，不应小于0.3 m；带式输送机与其他设备突出部分之间的间隙，不应小于0.4 m；无轨运输巷道运输设备之间以及无轨运输设备与支护之间的间隙，不应小于0.6 m。

⑤有自然发火可能性的矿井，主要运输巷道应布置在岩层或者不易自然发火的矿层内，并应采取预防性灌浆或其他有效的预防自然发火的措施。

(1)阶段运输巷道布置的影响因素和基本要求

①中段运输能力

中段运输平巷的布置，首先要满足中段生产能力的要求，在矿山设计时，中段运输应留有余地，以满足生产情况多变的需要，同时也可使矿块(房)生产能力的发挥得到保证。

对于中小型矿山，因为中段运输能力不大，一般都采用单一沿脉运输平巷；如运输有些紧张，可采取在运输平巷内每隔一段距离加大巷道宽度，使局部单轨加宽为双轨的办法，以便提高中段运输能力。

②矿体厚度和矿石围岩的稳固程度

当矿体厚度小于6~8 m时，常采用单一沿脉巷道布置；矿体厚度在8 m以上，在中小型矿山多采用单一沿脉巷道加穿脉巷道布置；只有极厚矿体，才采用环形巷道布置。

中段运输平巷一般采用沿下盘脉外布置，下盘围岩的稳固程度也应予以考虑。实践中，由于下盘围岩不稳固而将中段运输巷道布置在脉内的情况很少，这是因为在脉内布置中段运输平巷可对同时工作的矿块分配风量，而且不须为保护运输巷道而留矿柱。

③采矿方法

如采矿方法为崩落法(或其他空场采矿法)，中段运输平巷一般布置在脉外，而且要布置在下中段的崩落界线以外，以保证开采下中段时作回风巷道。另外，中段运输平巷沿矿体走向或垂直走向的布置方式以及其底部结构形式等，都能影响矿块装车点位置、数目和装矿方式。

④通风系统

中段运输平巷的位置应有明确的进风和回风线路，尽量减少转弯，要避免大的拐弯和锐角(小于90°)拐弯，以减少通风阻力，并要在一定时期内保留中段回风道。

⑤其他技术要求

如果涌水量大，且矿石中含泥较多，则放矿溜井装矿口应尽量布置在穿脉内，以避免主要运输巷道被泥浆污染。

(2)阶段运输巷道的布置形式

①单一沿脉平巷布置

这种布置又可分为脉内布置和脉外布置，其轨道布置形式分为单轨会让式(加局部双轨会车段)和双轨过渡式两种。

在一个矿山，由于各中段情况不同，尤其是各中段矿石储量不同，各中段运输平巷的设计也应有所不同。如矿体厚度很薄(如细脉状矿体)，多采用脉内单轨会让式的布置，如图 1-106(a)所示。中段运输距离较短，生产能力很低时，采用脉外单轨[图 1-106(b)]；中段运输距离较长时，虽然生产能力不高，但为了给生产能力留有余地，多采用单轨会让式。

当中段生产能力增大，采用单轨会让式不能满足生产需要时，可采用双轨过渡式布置[图 1-106(c)]。

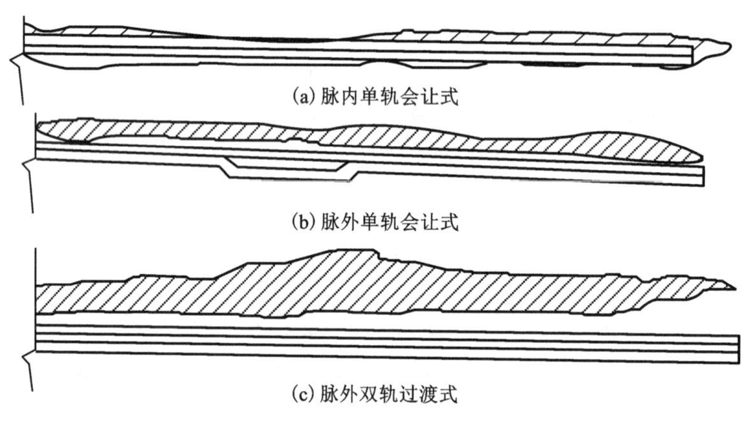

图 1-106 单一沿脉平巷布置

②沿脉平巷加穿脉布置

如图 1-107 所示，当矿体厚度大于 8 m 时，多采用这种布置方式，即沿脉平巷布置在下盘围岩内，每隔一定距离掘一穿脉与沿脉平巷配合；在线路布置上，沿脉和穿脉巷道均为单轨布置。

穿脉巷道间距的确定：一是根据采矿方法而定，因穿脉垂直于矿体走向布置，如矿房宽为 8 m，则间距以 15 m 为宜；二是取决于生产探矿需要，如探矿规定穿脉间距为 30 m。

③环形运输布置

环形运输布置如图 1-108 所示。从线路布置上讲设有重车线、空车线和环行线，环行线既是装车线，又是空、重车线的连接线。环形运输优点是生产能力大；穿脉装车安全方便，可起探矿作用。缺点是掘进量很大。常用在生产规模大的厚和极厚矿体中，也可用于几组互相平行的矿体中。

④下盘双巷加联络道布置

下盘双巷加联络道布置如图 1-109 所示，沿走向下盘布置两条平巷，一条为装车巷道，一条为行车巷道，每隔一定距离用联络道连接起来(环形连接或折返式连接)。这种布置是从双线渡线式演变来的，优点是行车巷道平直利于行车，装车巷道掘在矿体中或矿体下盘围岩中，巷道方向随矿体走向而变化，利于装车和探矿。装车线和行车线分别布置在两条巷道中，安全、方便，巷道断面小有利于维护。缺点是掘进量大。多用于中厚和厚矿体中。

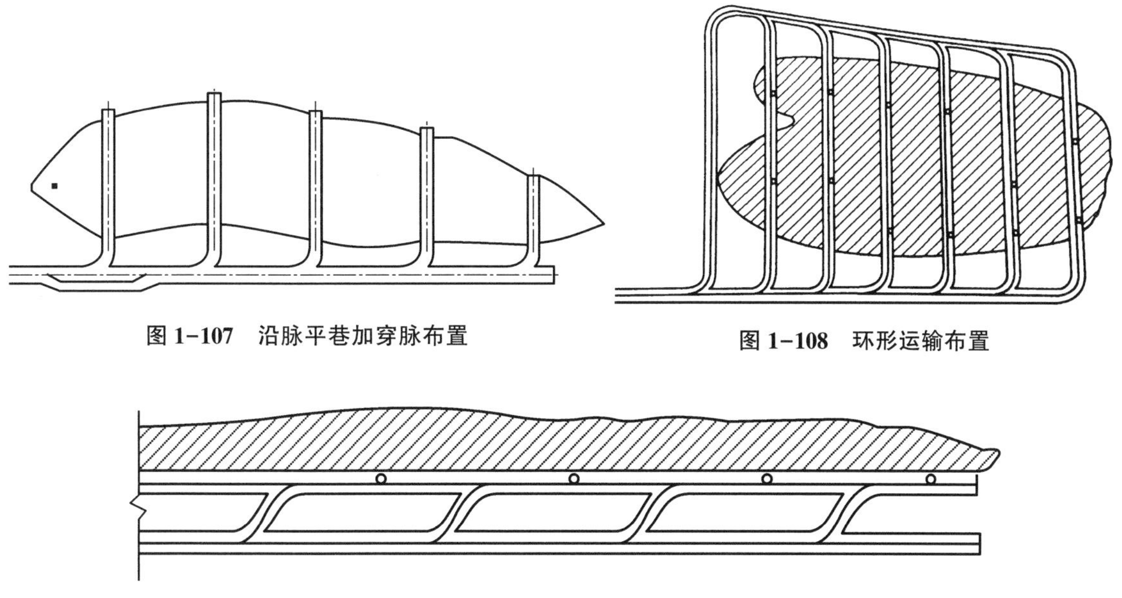

图 1-107　沿脉平巷加穿脉布置

图 1-108　环形运输布置

图 1-109　下盘沿脉双巷加联络道布置

⑤平底装车布置

平底装车布置是由于平底装车结构和无轨运输设备的出现而发展起来的。矿石装运一般有两种方式：一是由装岩机将矿石装入运输巷道的矿车中，再由电机车拉走；二是由铲运机在装运巷道中铲装矿石，运至附近的溜井卸载。

在确定巷道布置方式前，设计人员首先根据地质剖面图作出各中段的地质平面图，然后根据矿体厚度、采矿方法以及探矿要求等因素进行阶段（中段）平面设计。

（3）阶段开拓运输方案选择应注意的问题

①开拓巷道位置应避开地质构造区域等主要危险区。

②开拓巷道位置应避免布置在邻近矿体开采的应力集中区内。

③在布置巷道时，应尽量避免穿过地质构造带。实在不能避免时，应减少次数。在贯穿部位尽量正交而不采用斜交。

④工作面遇断层时，应在前工作面回采压力基本稳定后再施工。

⑤应贯彻探采结合的原则，中段运输巷道布置既要能满足探矿的要求，又能为今后采矿、运输所利用，这样可以不必另开探矿巷道，节省掘进费用。开拓巷道及采准巷道要起到探矿作用。

⑥系统简单，巷道工程量小，开拓时间短。这要求巷道平直，避免过多拐弯和转折，布置紧凑一巷多用。

1.7.2　井底车场

井底车场是井筒附近各种巷道、硐室的综合体，它由若干连接和环绕井筒的巷道及辅助硐室组成，是地下运输的枢纽站。它的作用就是将井筒与主要运输巷道连接起来，把由运输巷道运来的矿石和废石经此进入主(副)井提至地表，并将地表送下来的材料和设备经由此处进入运输巷道，送至各工作地点，它承担井下矿车卸货、调车、编组等任务，如图 1-110 所示。

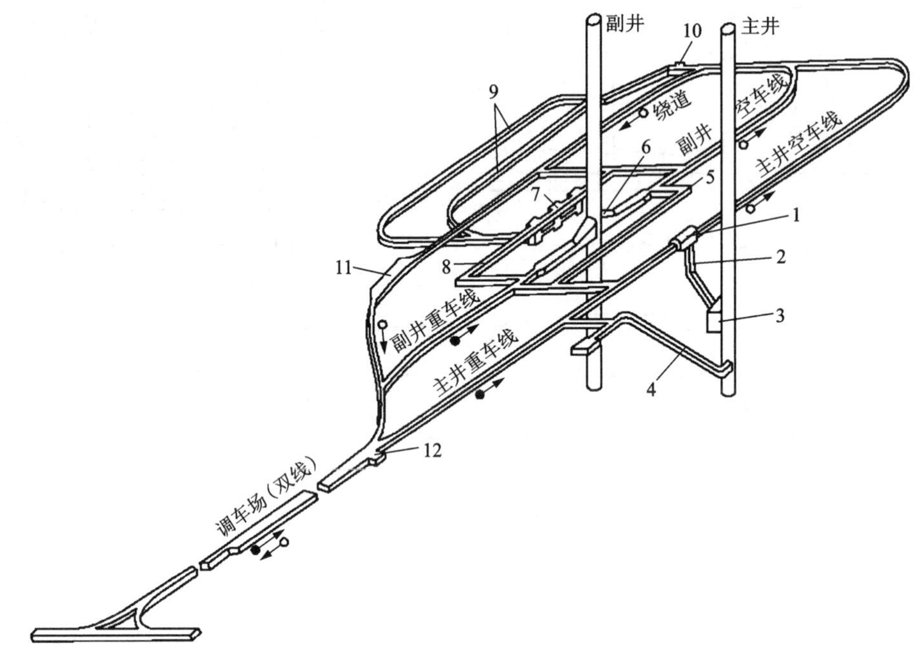

1—翻笼硐室；2—矿石溜井；3—箕斗装载硐室；4—回收撒落碎矿的小斜井；5—候罐硐室；6—马头门；7—水泵房；8—变电站；9—水仓；10—清淤绞车硐室；11—机车修理硐室；12—调度室。

图 1-110 井底车场结构示意图

1)竖井井底车场

(1)分类

竖井井底车场的基本形式按矿车运行系统可分为尽头式井底车场、折返式井底车场和环形井底车场 3 种，如图 1-110 所示。根据主、副井储车巷道垂直、平行或斜交主要运输巷道(或主要运输石门)，环形井底车场又可分为立式、卧式及斜式 3 种类型。井底车场按使用提升设备分为罐笼井底车场、箕斗井底车场和罐笼-箕斗混合井井底车场 3 种。

①尽头式井底车场。其用于罐笼提升，特点是井筒单侧进、出车，空、重车的储车线和调车厂均设在井筒的一侧，从罐笼拉出来空车后，再推进重车。通过能力小，故尽头式车场适用于小型矿井或副井。

②折返式井底车场。其在井筒或卸车设备(如翻车机)的两侧均敷设线路。一侧进重车，另一侧出空车，空车经过另外敷设的平行线路或从原线路变头(改变矿车首尾方向)返回。当岩石稳固时，可在同一条巷道中敷设平行的折返线路，否则，需另行开设平行巷道。

③环形井底车场。其由一侧进重车，另一侧出空车，但由井筒或卸车设备出来的空车经由出车线和绕道不变头(矿车车尾方向不变)返回。

生产能力大的选择通过能力大的形式。生产量为 30 万 t 以上的可采用环形或折返式车场；年产量为 10 万～80 万 t 的可采用折返式车场；年产量为 10 万 t 以下的可采用尽头式车场。

选择井底车场形式时，在满足生产能力要求的条件下，尽量使结构简单，减少工作量，管理方便，生产操作安全可靠，并且易于施工与维护。车厂通过能力要大于设计生产能力的 30%～50%。

(2)竖井井底车场实例

竖井井底车场实例见表 1-53。

表 1-53　竖井井底车场实例

序号	井底车场形式	井底车场简图	提升方式	运输设备		调车方式	优缺点	使用矿山
				电机车	矿车			
1	尽头式	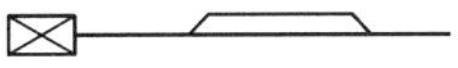	副井、单罐笼				提升量小时使用，工程量最小，结构最简单	河北铜矿
2	折返式		双罐笼	3 t	0.7 t	电机车顶车	结构最简单，工程量最小	
3	折返式		箕斗			电机车	结构最简单，工程量最小	铜山铜矿
4	环形	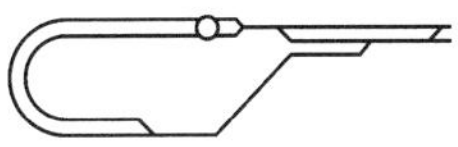	双罐笼	10 t	固定式 1.2 m^3	电机车	布置简单，矿车进出罐采用自溜坡，通过能力较大	黄沙坪铅锌矿
5	折返-尽头式	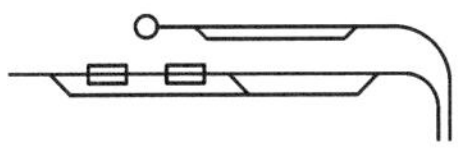	箕斗-罐笼混合井		固定式 2 m^3	电机车	布置简单，工程量小	河北铜矿
6	折返-环形	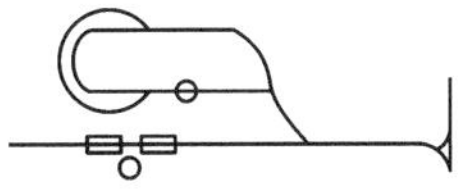	主井箕斗井 副井单罐笼		侧卸式 1.6 m^3	电机车		凡口铅锌矿
7	环形-折返式	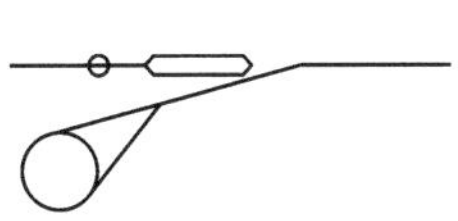	箕斗-单罐笼混合井	7 t 10 t	侧卸式 1.6 m^3 固定式 0.7 m^3	电机车	采用侧卸式矿车后，环形线路通过能力大大提高	红透山铜矿
8	双环形	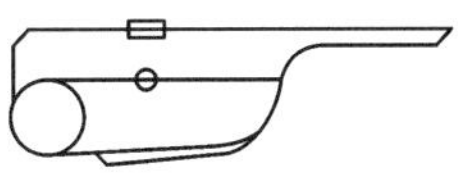	箕斗-单罐笼混合井	10 t	固定式 2 m^3	电机车	通过能力大，工程量大	杨家杖子铜矿
9	三个环形	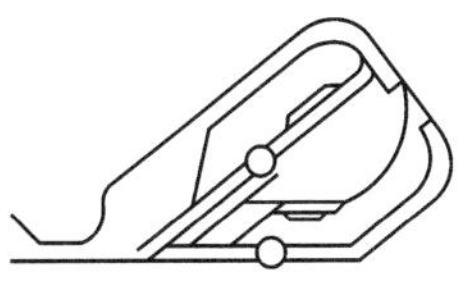	主井箕斗-双罐笼，副井双罐笼	10 t	固定式 2 m^3	电机车	工程量大，结构复杂，通过能力大	弓长岭铁矿

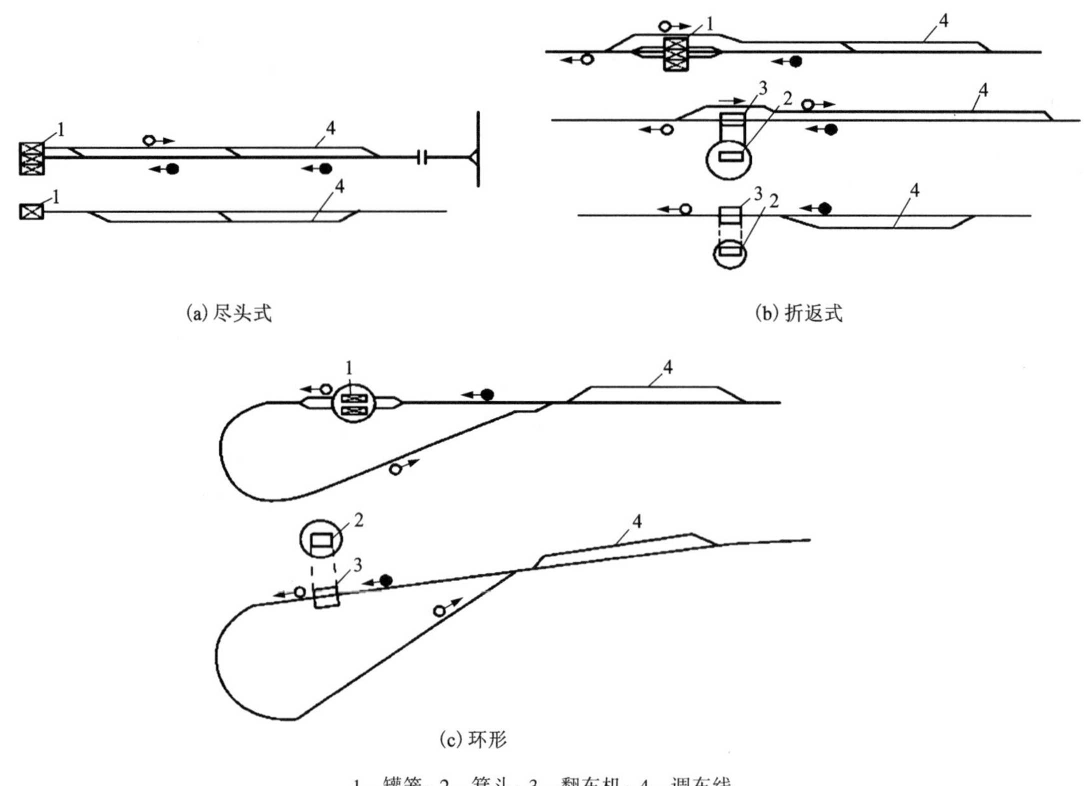

1—罐笼；2—箕斗；3—翻车机；4—调车线。

图 1-111　井底车场形式示意图

(3)竖井井底车场储车线长度的确定

主井提升的罐笼前(或卸载站前)重车储车线，一般不小于 2.0 倍列车长；罐笼后(或卸载站后)的空车储车线可取 1.5 倍列车长。副井提升的空、重车线，可分别取 1.0 或 1.5 倍列车长。材料储车线长度；对中心型矿井，一般可容纳 5~10 辆材料车；对于大型矿井，应按实际需要考虑。

①箕斗井重车储车线长度

$$L = m \times n \times l_1 + N \times l_2 + l_3 \tag{1-37}$$

式中：L 为重车储车线长度，m；m 为列车数；n 为每列列车的矿车数；l_1 为矿车长度，m；N 为牵引电机车台数；l_2 为电机车长度，m；l_3 为制动距离，m，一般取 $l_3 = 5 \sim 8$ m；一般 $L=$ 1.5~2.0 倍的列车长(包括车头在内)。

②箕斗井空车储车线长度，一般为 1.5~2.0 倍的列车长(包括车头在内)。

③采用曲轨卸载或矿车不摘钩的翻笼卸载时，箕斗井的空、重储车线，按 1.1~1.2 倍的列车长计算。

④采用罐笼兼作主、副井提升时，罐笼前储车线一般不应小于 1.5~2.0 列车长，罐笼后不小于 1.5 倍列车长。但矿井规模为年产矿石 30 万 t 以下时，储车线可以按 1~1.5 倍列车长设计。

⑤副井井底车场除考虑废石所需线路(1~1.5 倍列车长)外，还应考虑材料、设备等临时

占用的线路，其长度为 15 ~ 30 m(5 ~ 10 辆材料车)。用人车运送人员时，应设专用线(15 ~ 20 m)。

⑥副井提升车场的线路，还需满足主要硐室(如变电硐室、调度候车室等)、防水门以及风门布置的要求。

2)斜井井底车场

斜井井底车场包括以下几类：

斜井环形车场分卧式和立式两类，其结构特点及优缺点大致与竖井环形车场相同。

折返式车场分为折返式和甩车式两类。折返式车场的主井储车线多设置于运输平巷内；甩车式车场的主井储车线设于井筒的一侧。

金属矿山一般采用折返式车场。

表 1-54　串车斜井井底车场实例

井底车场形式及简图		矿井名称	运输设备			提升方式	调车方式	支架形式	巷道工程量		车场优缺点
			电机车	矿车	列车矿车数				长度/m	体积/m^3	
甩车场	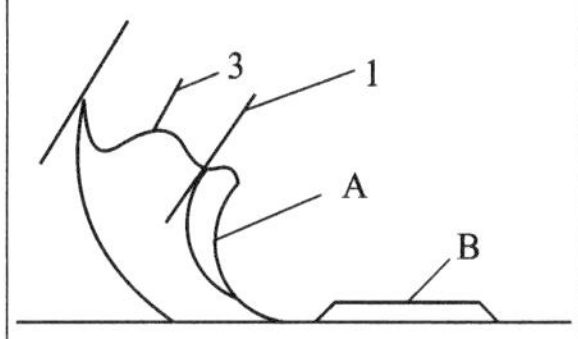	广东梅田余家寮矿井	8 t	1 t 铁矿车	35	主井双钩串车(6 个)	电机车顶车	料石三心拱	528	4600	硐室全布置在主、副井之间，布置紧凑，因此要求岩石条件好，副井双轨线路加长时，还可提高工作能力
甩车场	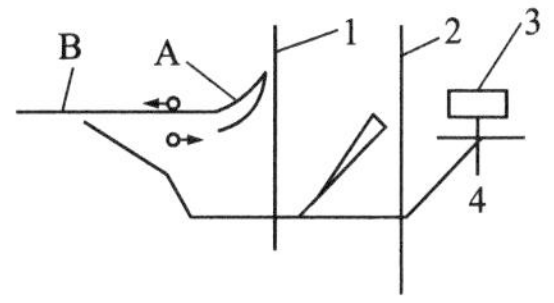	吉林通化八宝煤矿矿井	7 t	1 t 铁矿车	27	单钩串车	电机车顶车	混凝土支架	—	4862	井筒与运输巷道的相关位置影响不大，通过能力较大
甩车场	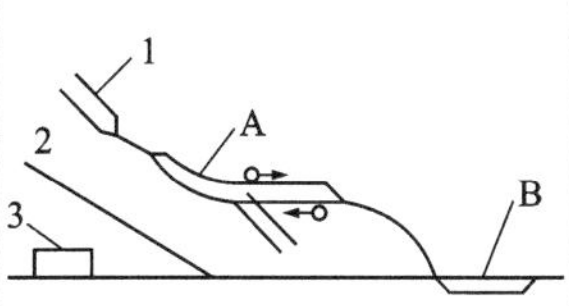	江西新华煤矿徐府岭一矿	人推车	1 t 铁矿车	—	双钩串车(6 个)	人推车	料石三心拱	—	—	形式简单，工程量小，施工容易。车道转角过大(40°)，钢丝绳磨损严重，车场宜改成自溜坡
平车场	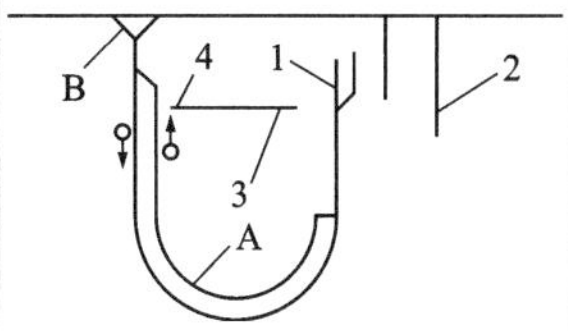	四川矿务局轮院矿井	7 t	1 t 铁矿车	20 ~ 25	主井双钩串车(6 个)	电机车顶车	料石三心拱	216	2267	电机车顶车调车时间长，可改用甩车调车。井筒内合轨道岔应改用对称道岔
平车场	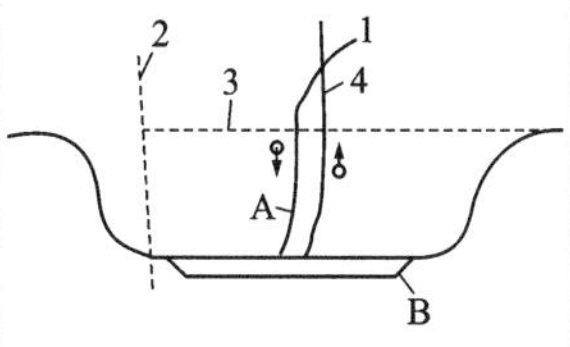	福建漳平煤矿大坑四号井	人推车	1 t 铁矿车	—	单钩串车	人推车	梯形木支架	74	760	形式简单，工程量小，布置紧凑，适于人推车。应增大坡度，改为自溜坡

1.7.3 溜坡系统

1)主溜井位置选择

在设计开拓运输系统时，如需采用溜井放矿，应确定溜井位置。在选择溜井位置时，应注意以下基本原则：

①根据矿体赋存条件使上下阶段运输距离最短，开拓工程量小，施工方便，安全可靠，避免矿石反向运输；

②溜井应布置在岩层坚硬稳固、整体性好、岩层节理不发育的地带，尽量避开断层、破碎带、流砂层、岩溶及涌水较大和构造发育的地带；

③溜井一般布置在矿体下盘围岩中，有时可利用矿块端部天井放矿；

④溜井装卸口位置，应尽量避免放在主要运输巷道内，以减少运输干扰和矿尘对空气的污染。

为保证矿山正常生产，在下列情况下要考虑设置备用溜井。

①大、中型矿山，一般均设备用溜井；

②当溜井穿过的岩层不好或溜井容易发生堵塞时，应考虑备用溜井；

③当矿山有可能在短期内扩大规模时，应考虑备用溜井及其设置位置。

备用溜井的数目应按矿山具体条件确定，一般备用数量为1~2条。

2)主溜井结构形式

国内金属矿山的主溜井，按外形特征与转运设备，有以下几种主要形式：

①垂直式溜井。从上至下呈垂直的溜井，如图1-112(a)所示。各阶段的矿石由分支斜溜道放入溜井。这种溜井具有结构简单、不易堵塞、使用方便、开掘比较容易等优点，国内金属矿山应用比较广泛。缺点是储矿高度受限制，放矿冲击力大，矿石容易粉碎，对井壁的冲击磨损较大。因此，使用这种溜井时，要求岩石坚硬、稳固、整体性好，矿石坚硬不易粉碎；同时溜井内应保留一定数量的矿石作为缓冲层。

②倾斜式溜井。从上到下呈倾斜的溜井，如图1-112(b)所示。这种溜井长度较大，可缓和矿石滚动速度，减小对溜井底部的冲击力。只要矿石坚硬不结块，也不易发生堵塞皆可使用。溜井一般沿岩层倾斜布置，可缩短运输巷道长度，减少巷道掘进工程量。但倾斜式溜井中的矿石对溜井底板、两帮和溜井储矿段顶板、两帮冲击磨损较严重。因此，其位置应选择在坚硬、稳固、整体性好的岩层或矿体内。为了有利于放矿，溜井倾角应大于60°。

③分段直溜井。当矿山多阶段同时生产，且溜井穿过的围岩不够稳固，为了降低矿石在溜井中的落差，减轻矿石对井壁的冲击磨损与夯实溜井中的矿石，而将各阶段的溜井的上下口错开一定的距离。其布置形式又分为瀑布式溜井和接力式溜井两种，见图1-112中(c)及(d)。瀑布式溜井的特点是上阶段溜井与下阶段溜井用斜溜道相连，从上阶段溜井溜下的矿石经其下部斜溜道转放到下阶段溜井，矿石如此逐段转放下落，形若瀑布。接力式溜井特点是上阶段溜井中的矿石经溜口闸门转放到下阶段溜井，用闸门控制各阶段矿石的溜放。因此当某一阶段溜井发生事故时不至于影响其他阶段的生产；但每段溜井下部均要设溜口闸门，因此生产管理、维护检修较复杂。

④阶梯式溜井。阶梯式溜井特点是上段溜井与下段溜井相互距离较大，故中间需要转运，如图1-112(e)所示。这种溜井仅用于岩层条件较复杂的矿山。例如为避开不稳固岩层

而将溜井布成阶梯式，或在缓倾斜矿体条件下，为缩短矿块底部出矿至溜井的运输距离时采用。

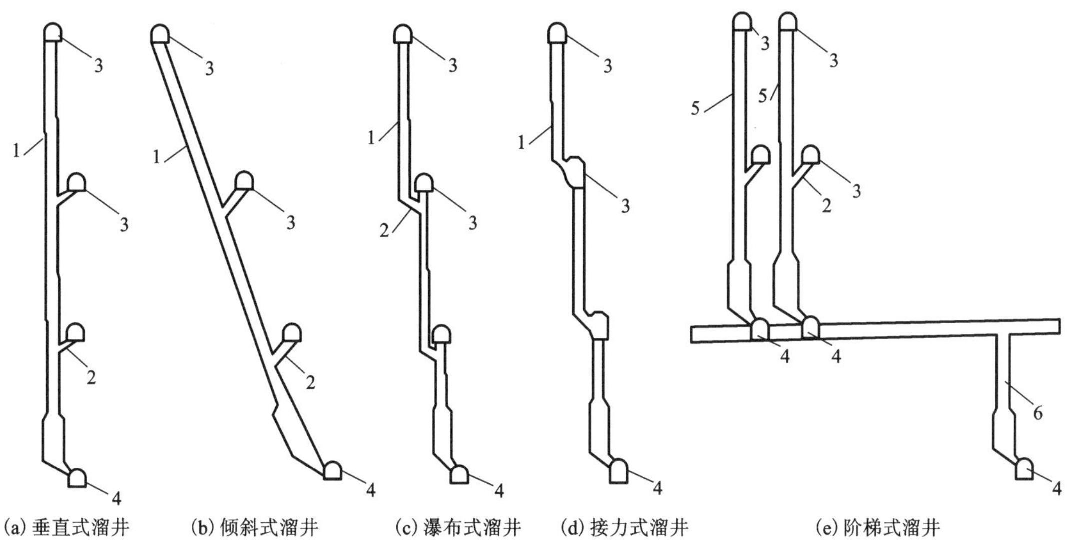

1—主溜井；2—斜溜道；3—卸矿硐室；4—放矿闸门硐室；5—上段溜井；6—下段转运溜井。

图 1-112　溜井布置形式图

3) 溜井设计规定

①主溜井通过的岩层工程地质、水文地质条件复杂或年通过量 100 万 t 以上的矿山，主溜井数量不宜少于两条。

②主溜井宜采用垂直式，单段垂高不宜大于 200 m，分支斜溜道的倾角应大于 60°；溜井直径不应小于矿石最大块度的 5 倍，但不得小于 3 m。

③主溜井矿硐室应设置专用安全通道。

④主溜井应设置专用的通风防尘设施，其污风应引入回风道。

⑤含泥量多、黏结性大或含硫高易氧化自燃的矿石，不宜采用主溜井。

4) 井下破碎系统

地下开采的非煤矿山，采用箕斗提升或带式输送机运送物料时，为将物料破碎至箕斗或带式输送机所需要的块度，须设置井下破碎系统。

(1) 井下破碎系统组成

①上部矿仓(上溜井)是连接卸矿硐室和破碎硐室的储矿仓。上部矿仓一般为圆形矿仓，直径不小于 4 m，矿仓高度一般为 10~15 m；有效容积应大于两列矿车的运矿量。若矿山生产规模大或矿石块度较大，可适当增加矿仓高度和直径。

②破碎硐室是井下破碎系统的主要生产车间，是连接上部矿仓和下部矿仓(下溜井)的井下硐室。破碎硐室主要设备由给料机、破碎机及检修起重机等设备组成。破碎硐室一般设置两个安全出口，一条为人行联络道，一条为运输大件设备的大件道。破碎硐室高度既要考虑井间施工要求，同时也应考虑检修设备空间及起重机安装时的空间。

③下部矿仓是连接破碎硐室和胶带巷道的储矿仓。下部圆形矿仓的直径一般不小于

4 m，总容量不小于箕斗 4 h 的提升量，高一般为 15~25 m。

④胶带巷道。下部矿仓的矿石通常由给料机给到胶带巷道带式输送机，由带式输送机将矿石运至计量硐室，通常胶带巷道与计量硐室在同一水平。

(2)井下破碎系统设计一般规定

①地下破碎系统必须有可靠的工程地质、水文地质资料，应尽量布置在坚硬稳固的岩层中。

②地下破碎系统的服务年限，有色金属矿山一般不得少于 5 年，黑色金属和非金属矿山一般不少于 10 年。

③地下破碎系统设计中，主溜井条数及破碎机形式、台数，根据矿石性质、年产量等因素确定。

④地下破碎硐室应设独立的通风、除尘系统。

⑤破碎硐室应装设起吊设施，以利于设备安装和检修。

⑥破碎硐室应设有两个安全出口，一条为人行联络道，一条为运输大件设备的大件道。大件道应与主、副井或地表相通。

(3)破碎系统平面布置原则

①破碎系统应靠近主井(或混合井)布置，辅助硐室应分散布置在破碎硐室周围。配电硐室、操作硐室应布置在进风侧，除尘硐室应布置在风流的下风向。

②大件道应将主井(或混合井)的提升间与破碎硐室直接相通。

③布置时应尽量使破碎硐室、皮带道与副井相通，以利于施工和生产，改善通风条件，确保有两个安全出口。必要时，可设电梯井连接破碎系统各个水平。

④破碎系统平面布置应优先选用单机端部或双机两端的平面布置形式。

⑤破碎硐室长轴与卸矿巷道中心线的关系，有相互垂直和平行两种形式，应优先采用相互垂直的形式，同时应满足破碎工艺要求。

⑥破碎硐室与皮带道中心线的关系，当设有 1 台破碎机时，应采用垂直布置形式，若设有 2 台破碎机，一般采用平行布置形式。

(4)破碎系统竖向布置原则

①破碎硐室地面至卸矿巷道底板的高程：由破碎机受矿口标高、给矿机硐室高度、上部矿仓(原矿仓)高度等因素确定，一般为一个采矿中段的高度。

②破碎硐室地面至皮带道底板的高程：由皮带给矿硐室高度、破碎机基础埋深、下部矿仓(成品矿仓)高度等因素确定，一般不小于 25 m。下部矿仓(或溜井)的直径不应小于 4 m，总容积不小于箕斗 4 h 的提升量，高度一般为 15~25 m。

③皮带道底板至主井(或混合井)粉矿回收巷道底板的高程由工艺专业确定。当矿井需要延深时，粉矿回收巷道应尽量布置在中段运输巷道标高上。

④破碎系统的总高程(即破碎站所服务的最低运输中段至装矿皮带道底板的高度)：一般为满足最低一个中段的卸矿要求和溜井贮存矿量的要求，最好为采矿中段高度的整数倍，即 1~2 个中段高度。破碎硐室、装矿皮带道等主要工程应尽量布置在中段水平，以利于施工、设备运输和生产。

5)破碎系统布置实例

破碎系统布置实例见表 1-55、图 1-113 和图 1-114。

表 1-55　我国设有井下破碎系统的部分铁矿

矿山名称	年产量/万 t	开拓方式	破碎机			给矿机规格/(mm×mm)	破碎机布置形式	给矿块度/mm	破碎硐室规格/(m×m×m)
			型式	规格/mm	数量/台				
程潮铁矿	150	混合竖井	颚式	900×1200	1	1500×4000	单机侧向	650	13.8×9.1×12.5
金山店铁矿	200	中央式主副井	颚式	900×1200	2	1500×4000	双机侧向	650	31×11.5×14
八台铁矿	150	中央式主副井	颚式	900×1200	1	1500×4000	单机侧向	650	
南芬铁矿(北)	750	平硐溜井	颚式	1500×2100	2	2400×4000	双机侧向	1000	25×16.5×15.1
小官庄铁矿	250	中央式主副井	颚式	1200×1500	2	1800×16000	双机两端	650	
梅山铁矿	250	分散式主副井	旋回	ϕ900	1	6 m^3 矿车侧卸	单机侧向	650	26.6×10.7×13.3
西石门铁矿	220	中央式主副井	颚式	900×1200	2		双机两端	650	
弓长岭铁矿	90	混合竖井	颚式	900×1200	1	1500×6000	单机侧向	650	14×9.9×13.2

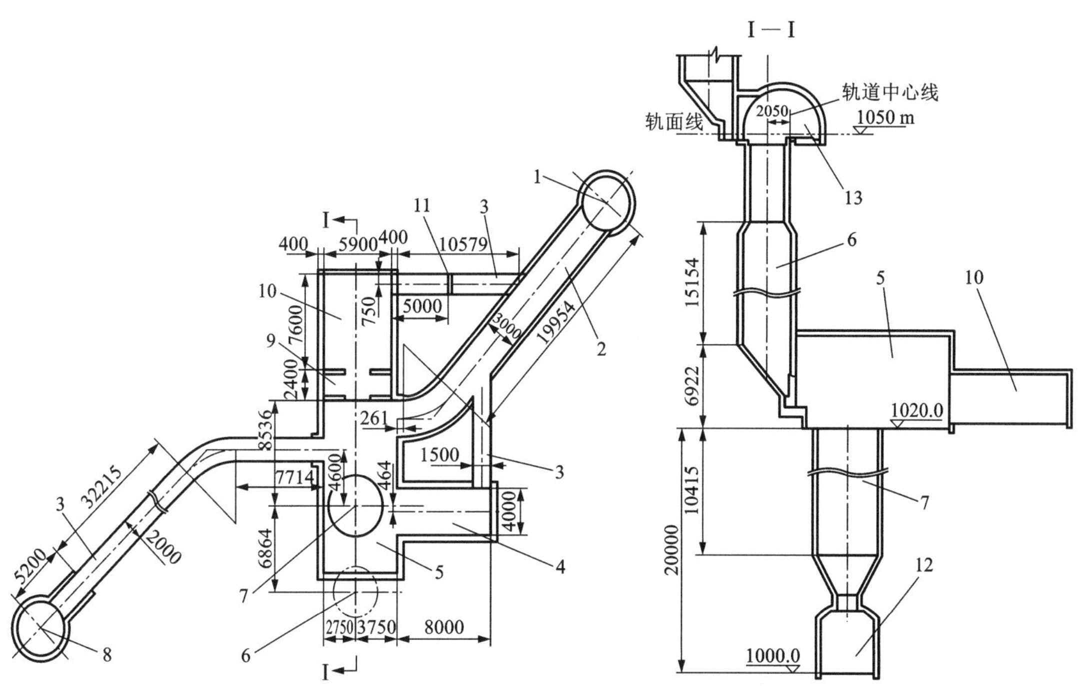

1—东主井；2—大件道；3—联络道；4—除尘硐室；5—破碎硐室；6—原矿仓；7—成品矿仓；8—粉矿回收井；9—操作硐室；10—配电硐室；11—栅栏门；12—皮带道；13—卸载站。

图 1-113　金川东主井深部破碎站(单位：mm)

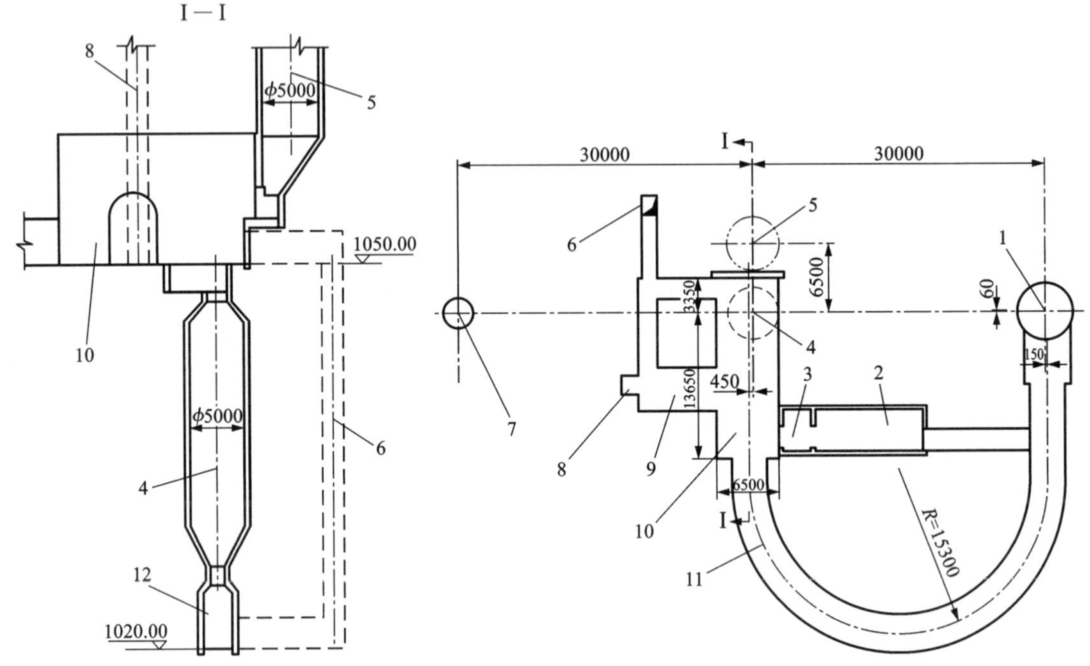

1—混合竖井；2—配电硐室；3—操作硐室；4—成品矿仓；5—原矿仓；6—回风天井(向下)；7—废石溜井；8—回风天井(向上)；9—除尘硐室；10—破碎硐室；11—大件道；12—皮带道。

图 1-114　黄岗梁铁矿破碎站(单位：mm)

1.8　井下硐室

井下主要硐室，一般多布置于井底车场附近，各种硐室的具体位置随井底车场布置形式的不同而变化。这些硐室除满足工艺要求外，应尽量布设在稳固的岩层中，使生产上方便，技术上可行，经济上合理并能保证工作安全。

地下硐室按其用途不同，有地下破碎及装载硐室、水泵房和水仓、地下变电所、地下炸药库及其他服务性硐室等。

1.8.1　破碎硐室

随着深孔崩矿高效率采矿方法的大量采用，回采强度大大提高。但是崩落矿石块度不均匀、不合格，大块产出率也增高，使二次破碎量显著增加，从而严重地影响劳动生产率和采场生产能力的提高。

减少二次破碎工作量，一般采用两种方法：一种是正确地选择崩矿的参数，使大块产出率降到最低。若适当加密爆破网度、多装炸药，则势必增加凿岩爆破工程量和费用。近年来采用垂直深孔球状药包落矿阶段矿房法，大大降低了大块的产出率，但迄今尚未完全避免大块的产生。另一种是允许有一定数量的大块产出率，但在地下设置破碎硐室，用破碎机进行二次破碎。这种方法在国外地下矿山已得到广泛应用，我国大型地下矿山也已相继采用。实践证明，这可以减少采场二次破碎量、提高采场生产能力。

1）破碎硐室设计原则

（1）破碎硐室应布置在坚硬、稳固的岩层中，避开断层、破碎带、溶洞及含水岩；

（2）根据产量大小，每套提升设备可设1套或2套破碎设施；

（3）破碎系统应有独立的通风系统和有效的除尘设施；

（4）破碎硐室、带式输送机道、给矿硐室应设有设备通道做安全出口，以便于检修和人员通行；

（5）大件通道应与主井的提升间和破碎室的检修场地直接相连，在条件许可时应尽量与副井相连通，以利于施工和生产；

（6）破碎室的服务年限一般在10年以上。

2）适用条件

（1）阶段储量较大的大型矿山适于设置地下破碎站，采矿下降速度快的中小型矿山不宜设置；

（2）采用大量落矿的采矿方法或岩石坚硬大块产出率高；

（3）井筒采用箕斗提升，地面用索道运输。

3）破碎硐室布置形式

井下破碎硐室按矿仓（溜井）和破碎机的数量分为单溜单破和双溜双破。按给矿方式的不同分为单机端部给矿、单机侧向给矿、单机双侧给矿、双机两端给矿和双机侧向给矿5种形式。

（1）单机端部给矿。给矿机、破碎机、检修场地均沿硐室的长轴方向布置，上部矿仓的溜口布置在硐室的一端。这种布置的优点是硐室布置紧凑，跨度小，吊车工作方便，有利于施工和生产。因此，在设计单机破碎硐室时，应优先采用。采用单机端部给矿布置的矿山有红透山铜矿、金川二矿区（图1-115）等。

（2）单机侧向给矿。给矿机、破碎机垂直于硐室的长轴方向布置，检修场地布置在硐室的一端，上部矿仓的溜口布置在硐室的一侧。这种布置的缺点是硐室的拱脚受到破坏，给矿机的电动机和减速箱不易于安全起吊。因此，一般应尽量不采用。采用单机侧向给矿布置的矿山有弓长岭铁矿、程潮铁矿、梅山铁矿、八台铁矿等。

（3）单机双侧给矿。2台给矿机垂直于硐室的长轴方向布置，破碎机沿硐室长轴方向布置，两个上部矿仓的溜口布置在硐室的两侧。当1台破碎机需要破碎2种以上品级矿石时，可采用此种布置形式。

（4）双机两端给矿。2台给矿机、2台破碎机分别布置在硐室的两端，检修场地布置在硐室的中间，两个上部矿仓的溜口分别布置在硐室的两端。这种布置的优点与单机端部给矿布置形式相同，故在设计双机破碎硐室时，应优先采用。采用此种布置形式的有大厂锡矿等。

（5）双机侧向给矿。2台给矿机、2台破碎机垂直于硐室长轴方向布置，检修场地布置在2台破碎机中间或两侧，上部矿仓的溜口布置在硐室的一侧。这种布置的缺点与单机侧向给矿布置形式相同，因此，一般尽量不用。采用双机侧向给矿布置的矿山有金山店铁矿（图1-116）、凡口铅锌矿等。

4）破碎硐室设计案例

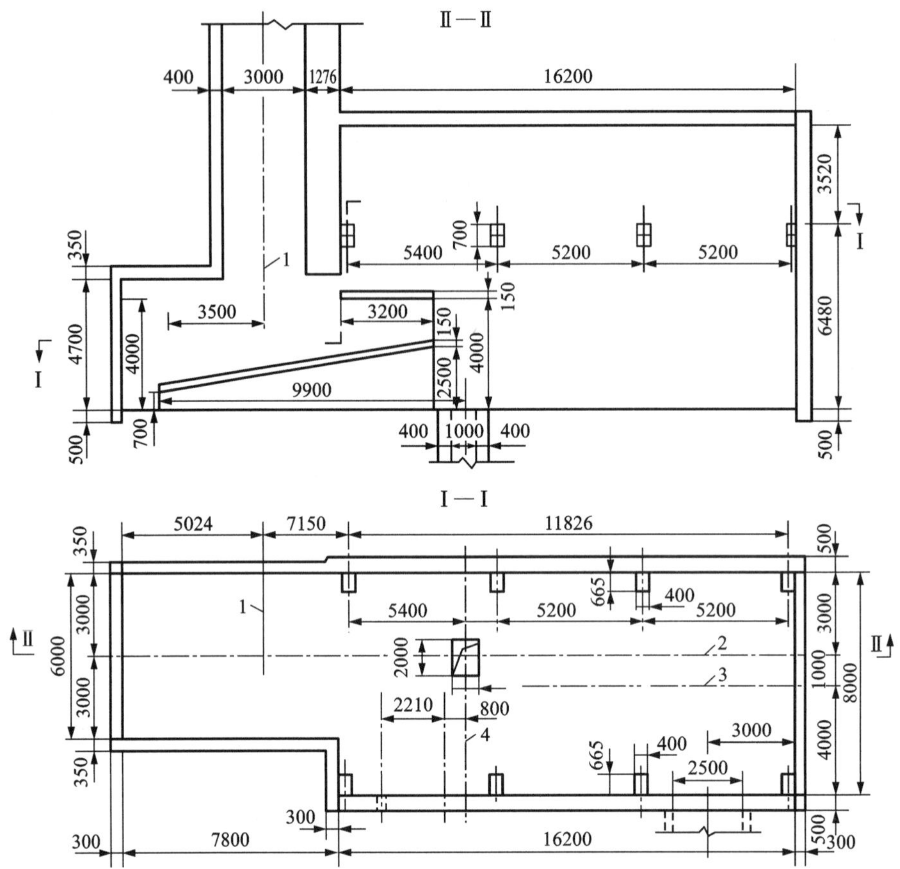

1—上部矿仓；2—破碎机中心线；3—破碎机硐室中心线；4—下部矿仓中心线。

图 1-115 金川金矿(二矿区)单机端部破碎机硐室布置(单位：mm)

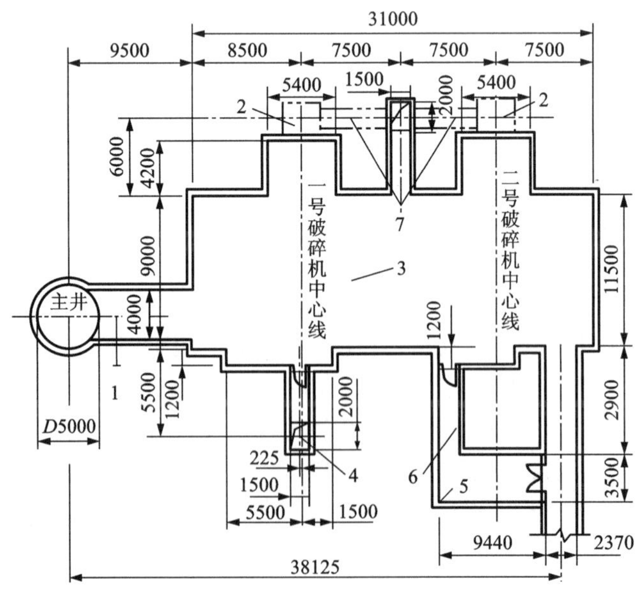

1—大件道；2—上部矿仓；3—破碎机硐室；4—人行天井；5—电磁站；6—电缆道；7—检查道。

图 1-116 金山店铁矿双机侧向破碎机硐室布置(单位：mm)

1.8.2　维修硐室

地下无轨自行设备由于采用了液压传动、柴油机驱动和胶轮行走系统，设备结构复杂，作业过程中还会产生废气污染等问题。因此，无轨设备需定期维修、管理。

1）地下无轨自行设备维修硐室设计原则

（1）地下无轨设备检修硐室应布置在坚硬、稳固的岩层中，并尽可能地利用已有的巷道。

（2）根据矿山生产规模及设备数量，矿山通常都在各主要生产阶段设置一个或多个适当规模的检修硐室。

（3）地下无轨设备检修硐室主要担负汽车、铲运机、钻车、凿岩机以及其他辅助车辆的小修。

（4）每个检修硐室都应设置一个贮存备品备件的小仓库，库内应有足够的备件。

（5）为了配合地下无轨设备的检修，在检修硐室外尚需设置地下油库。库内贮存柴油、机油等，硐室应考虑防火、防爆，并应符合有关安全规范要求，库内油的储存期应不超过三昼夜的需用量。

2）地下无轨检修硐室布置形式及一般要求

（1）根据无轨设备的数量分为双巷式及单巷式布置。双巷式其中一条用作检修巷，另一条为设备进出通道。检修巷内一般设置 2～3 个检修坑。单巷式工程量较省，但设备进出不便，一般设置 1～2 个检修坑，如图 1-117 所示。

（2）检修巷内应安装 5～8 t 桥式起重机 1 台，用于设备拆、装时的起吊。此外还应配备气焊机、电焊机以及铲斗、车架的矫正和弯曲装置，拆、装外胎的机架、钳工工作台等。

（3）硐室须有 2 个以上的出入口，便于设备进出和保证良好的通风。硐室内须设置灭火器械。

（4）硐室内应有足够的面积，并根据检修对象将其分成若干个工作区域，如清洗区，台车检修区，汽车、铲运机检修区等，以便于管理和设置专门的工具。

（5）硐室内地面应用混凝土浇筑，压平抹光，防止砂土污染零件。地面应设置排污水沟，以排除清洗时的污水、污油。

3）无轨设备中央维修硐室

（1）无轨化的大中型矿山，主要运输阶段应设中央维修硐室，其位置应设在井底车场附近主要巷道进出车方便、岩层稳固的地点。

（2）中央维修硐室应有车辆检修室、液压件检修室、电器仪表检修室、备件库、油脂室、轮胎室、蓄电池室、燃油室和维修值班室等，并设车辆冲洗场地和停车场地。

（3）车辆检修室应设检修坑，其数量可视井下车辆数量而定。检修坑的尺寸应根据车辆及机修要求设置。检修坑的底板必须用混凝土抹平并设 0.3%的坡度。在最低端应设 300 mm 深的集油坑。

（4）车辆检修室的宽度应满足最大车辆在检修时，另一台车辆可以从另一侧通过，并应符合安全间隙要求。硐室高度应根据起吊设备最大件及起吊设施的要求规定。

（5）车辆检修室应考虑压气、供水、供电等各种预埋管件的配置。

（6）车辆检修室的进出口应设铁皮安全门及信号标志。

（7）中央维修硐室底板应做混凝土地面。地面应高于出入口处阶段运输巷道路面

300 mm。

(8)油脂室、燃油室的位置宜设在维修硐室的下风向部位，室内设集油槽、集油坑，并应设明显的严禁烟火标志及防火门。

4)维修硐室设计相关案例

凡口铅锌矿一台位检修硐室见图1-117。

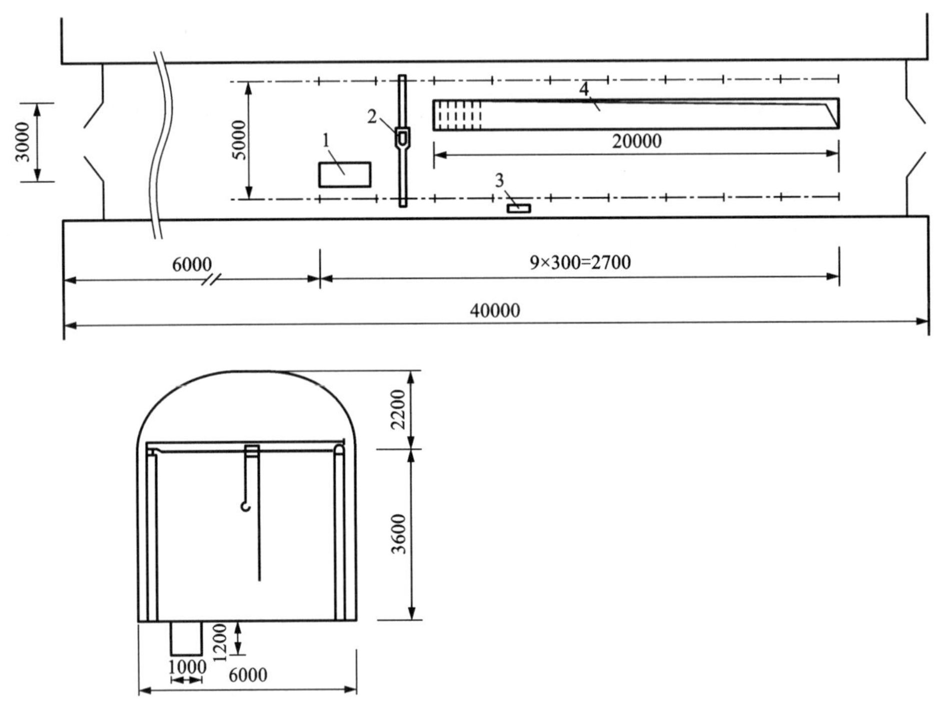

1—钳工台；2—单梁电动桥式起重机；3—电焊机；4—检修地坑。

图1-117 凡口铅锌矿一台位检修硐室

1.8.3 排水泵房

井下排水泵房通常布置在副井空车场侧附近，并与变电所同列布置，这样可使排水设备运输、排水管路引出及电缆引入均较方便，而且还创造了良好的硐室通风条件。排水泵房一般包括管子道、硐室、吸水小井、泵房通道等几个部分。

1)井下排水泵房布置形式

井下水泵房布置有两种形式：①泵房底板标高位于井下车场水平以上0.5 m，并高于水仓水平，使用非常广泛；②泵房主体硐室标高位于水仓底板，即水泵轴线在水仓底板下，称为潜没式水泵房，优点是水仓水自动灌泵，无气蚀现象，无配水井、井巷工程，可提高水泵寿命和效率，缺点是水泵房通风条件差，工程量较大，且只有在水文地质条件和围岩条件较好时，才考虑采用。

2)排水泵房主体硐室设计

(1)井下水泵硐室位置及布置原则

①水泵硐室一般布置在铺设有排水管和提升材料井筒的井底车场内。

②水泵硐室应该设两个出口，一个与井底车场相通，另一个经管子道与井筒相通。当水泵硐室与变电硐室相毗邻，硐室一端与井下中央变电所相连，并用防火门隔开。硐室的另一端与井底车场之间设有通道，供进出设备、行人和通风使用。为了防止水淹，在通道内应设置向外侧开启的防水门和栅栏门(其断面应满足设备通过及防水门的安设等要求)，但不应影响设备和人员通过。

③当矿井涌水量可能增大时，硐室应留有增加水泵的余地。当硐室内水泵数量较多时，应考虑室内降温问题。

④泵房与井筒之间的水平距离，应根据管子道的要求来确定。一般，管子斜道与竖井相连的高度，距水泵房底面的高度不小于 7 m，倾角通常为 25°~45°(一般在 30°左右)。其断面除了能铺排水管路外，还能通过水泵电机等机械设备。若矿井涌水量小，无涌水突增淹井的可能，管子道可以不按照水泵及电机等机械设备的要求来布置。

⑤泵房底面应比井底车场底面高出 0.5 m 以上，比水仓高出 5.5 m 左右。

⑥硐室地坪应向吸水井设 0.01%之下的坡度。

⑦井下主要排水设备至少应由同类型的 3 台泵组成。工作水泵应能在 20 h 内排出一昼夜的正常涌水量；除检修泵外，其他水泵应能在 20 h 内排出一昼夜的最大涌水量。井筒内应装设两条相同的排水管，其中一条工作，一条备用。

⑧矿井同时开采两个以上的水平时，主要的泵房要布置在下一个水平，涌水流至下一水平后集中排出。

⑨硐室内电缆铺设可用吊挂、埋铁管等方法。采用电缆沟时，应有一定的坡度以方便排水。

⑩大中型矿山的水泵硐室内一般铺设轨道，其轨面应与硐室地坪相一致。

⑪根据水质来选择水泵类型。

⑫水泵房应该以不燃性材料砌筑。

(2) 主体硐室长度

主体硐室长度 L 主要按选定的排水设备类型、数量以及安装、检修和安全操作所需空间来确定(图 1-118)，其长度按式(1-38)计算。

$$L = nA_1 + A(n-1) + A_2 + A_3 = nA_1 + A(n-1) + (5 \sim 6) \tag{1-38}$$

式中：n 为水泵数量，台；A_1 为每台泵及电机总长度，m；A 为水泵机组之间的净空距离，一般取 $A=1.5 \sim 2.0$ m；A_2，A_3 为泵房两端所需办公、运输、检修及安全间隙等，取 2.5~3 m。

(3) 主体硐室宽度

为减少主体硐室宽度，排水设备一般沿硐室轴线方向布置，并靠近吸水井一侧，另一侧铺设轨道，并在通道、管子道转弯处设转盘，以利运输设备，硐室宽度可按式(1-39)计算：

$$B = B_1 + B_2 + B_3 \tag{1-39}$$

式中：B_1 为水泵基础宽度，m；B_2 为水泵基础至吸水井侧墙的距离，一般 $B_2=0.8 \sim 1.2$ m；B_3 为水泵基础至有轨道侧墙的距离，一般 $B_3=1.5 \sim 2.0$ m。

(4) 主体硐室高度

主体硐室高度按水泵和基础高度、排水管线布置(逆止阀高)与悬吊高度、管径与排水管数量以及安装起重梁的要求来确定。通常主体硐室断面多为拱形，一般高度为 3.0~3.5 m。

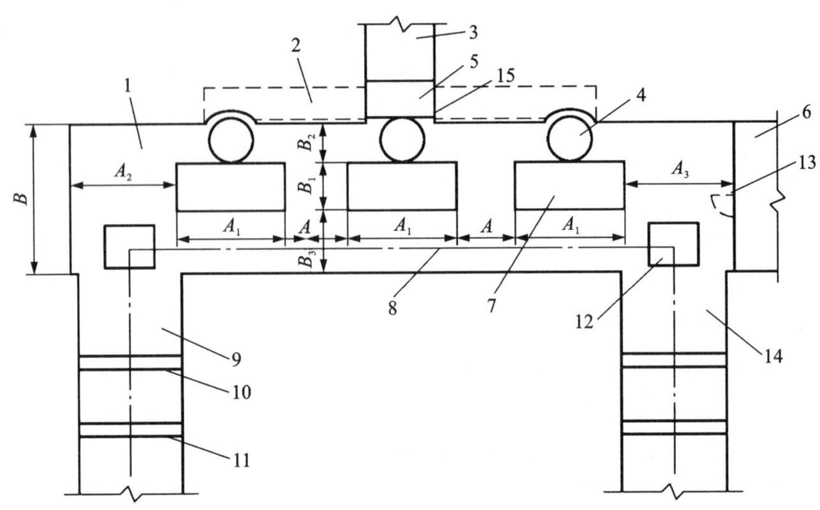

1—泵房；2—配水巷；3—水仓；4—吸水小井；5—配水井；6—变电所；7—泵及电机；8—轨道中心线；9—通道；10—栅栏；11—密闭门；12—转盘；13—防火门；14—管子道；15—闸阀。

图 1-118 排水泵房主体硐室尺寸设计

3）水泵硐室内配水井及吸水小井的设计

（1）配水井一般为矩形断面，断面尺寸为 2.7 m×3.0 m，配水井深一般为 5 m，并应该低于水仓底板 1~1.5 m。

（2）每台水泵应有独立的吸水小井，吸水小井一般为圆形断面，各个向吸水小井之间有联络巷连接，配水井内侧闸门与水仓相通。吸水小井直径一般为 1.2 m，小井壁龛可为拱形或平顶。其高度不低于 1.8 m，小井深度为 5 m。

当水泵数量较多时可用一个或两个矩形配水井代替吸水井，配水井与水仓联系仍由闸阀控制，这种情形可减少配水巷道的开凿量，但排水管路铺设复杂。

（3）排水管子道的设计

①排水管子道与井筒连接，管子道出口处一般比井底车场轨面高出 8 m 左右，管子道与井筒连接处有 2 m 长的平台。

②排水管子道倾角一般在 30°左右。

③管子道内除铺设排水管外，还应设人行台阶及考虑铺设轨道。管子断面应以能通过水泵和电动机等设备为原则。

排水泵房整体布置见图 1-119。

4）排水泵房设计案例

三山岛金矿西山矿区-780 m 中段水泵房设计如下。

三山岛金矿西山矿区深部已经开采至-780 m 中段，当前深部各中段出水量较大，主要由生产用水、充填废水、裂隙水、断层涌水等组成，现有排水系统只布置于-690 m 中段，-780 m 中段没有排水及清淤能力，如果-780 m 临时排水、排泥系统不及时建设，未来两年-690 m 中段至-780 m 中段间的排水、清淤问题将无法解决。

按照设计规范要求，必须有工作、备用和检修的水泵。工作水泵的能力，应能在 20 h 内

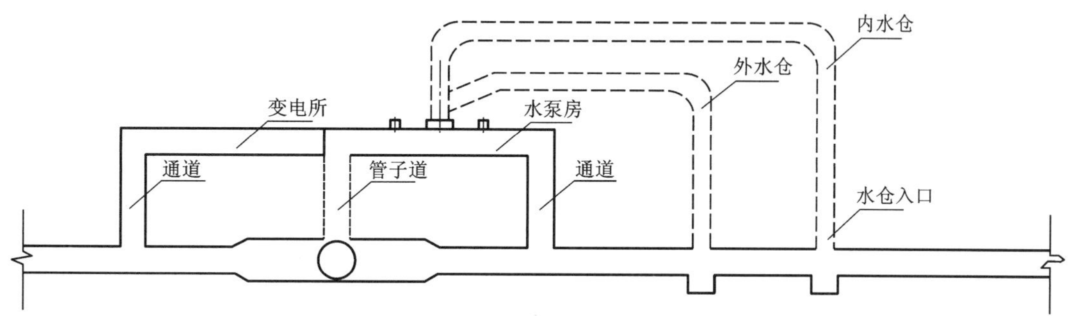

图 1-119　井下排水泵房整体布置图

排出矿井 21 h 的正常涌水量(包括充填水及其他用水)。泵房布置两台工作水泵，一台备用、一台检修。为满足水泵布置及检修的要求，参照三山岛金矿-435 m 中段、-600 m 中段、-690 m 中段现有水泵房布置形式，设计-780 m 水泵房断面为 6.0 m×6.0 m，长度为 30 m，泵房掘进量为 1023.84 m^3。配水巷断面设计为 2.5 m×3.0 m，吸水井断面设计为 2.0 m×2.0 m。水泵房设计见图 1-120。

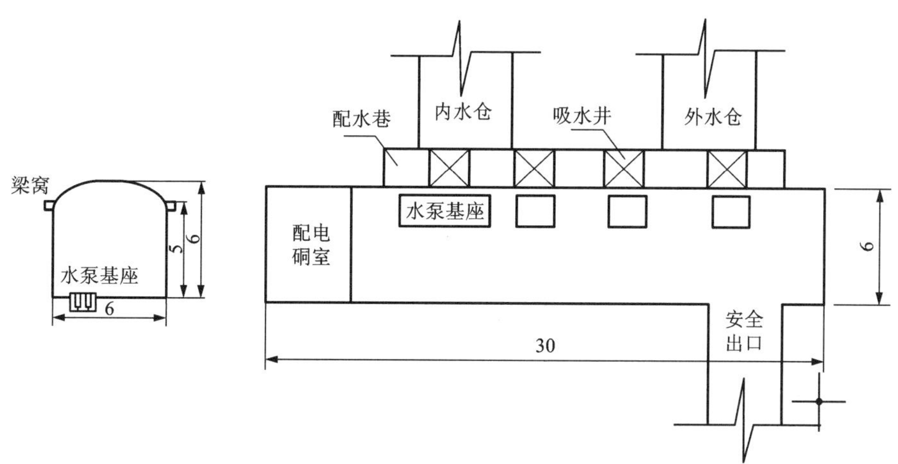

图 1-120　三山岛金矿西山矿区-780 m 水泵房设计图(单位：mm)

1.8.4　避灾硐室

如果井下灾害事故发生后，人员无法及时升井逃生，若在井下适当位置设置避灾硐室，用于遇险人员临时躲避灾难，就可以大大降低伤亡人数。而在国外采矿发达国家，避灾硐室的应用已经较为普遍，并有了多次成功营救的经验和例子。

避灾硐室是指在矿山井下发生火灾、透水、冒顶等灾害事故时，为无法及时撤离的遇险人员提供的一个安全避险的硐室，对外能够抵抗高温烟气、隔绝有毒有害气体，对内提供氧气、食物、水、有毒有害气体去除、通信、照明等基本功能，一般设置在井底车场、水平大巷、采区(水平)避灾路线上，服务于整个矿井、水平或采区。

1) 避灾硐室设置应遵循的原则及技术要求：

①避灾硐室位置的设置应遵循以下要求：①水文地质条件中等及复杂或有透水风险的地下矿山，应至少在最低生产中段设置；②生产中段在地面最低安全出口以下垂直距离超过 300 m 的矿山，应在最低生产中段设置；③距中段安全出口实际距离超过 2000 m 的生产中段，应设置避灾硐室。

②避灾硐室的额定防护时间应不低于 96 h。

③避灾硐室的设置应满足本中段最多同时作业人员避灾需要，单个避灾硐室的额定人员不大于 100 人。

④避灾硐室应设置在围岩稳固、支护良好、靠近人员相对集中的地方，高于巷道底板 0.5 m 以上，前后 20 m 范围内应采用非可燃性材料支护。

⑤避灾硐室外应有清晰、醒目的标志牌，标志牌中应明确标注避灾硐室的位置和规格。

⑥在井下通往避灾硐室的入口处，应设“避灾硐室”的反光显示标志。

⑦矿山井下压风自救系统、供水施救系统、通信联络系统、供电系统的管道、线缆以及监测监控系统的视频监控设备应接入避灾硐室内。各种管线在接入避灾硐室时应采取密封等防护措施。

⑧避灾硐室净高应不低于 2 m，长度、深度根据同时避灾最多人数以及避灾硐室内配置的各种装备来确定，每人应有不低于 1.0 m^2 的有效使用面积。

⑨避灾硐室进出口应有两道隔离门，隔离门应外向开启。

⑩避灾硐室应具备对有毒有害气体的处理能力，室内环境参数应满足人员生存需求。

2) 避灾硐室的位置及分类

避灾硐室应布置在稳定的岩层中，应远离各种地质构造区域和应力异常区，如断层、岩层断裂破碎带、岩脉等的分布区域。避灾硐室不宜设置在受地震活动或其他扰动影响的地方，以及变电所、火药库或燃油存储设施等存在火灾隐患的地方，也不宜设置在井下容易积水的地方，否则水患发生时可能对硐室内的人员构成威胁。避灾硐室的位置要位于井下避灾路线上，还要考虑工作面人员的需要，设置在工作面附近(图 1-121～图 1-122)。

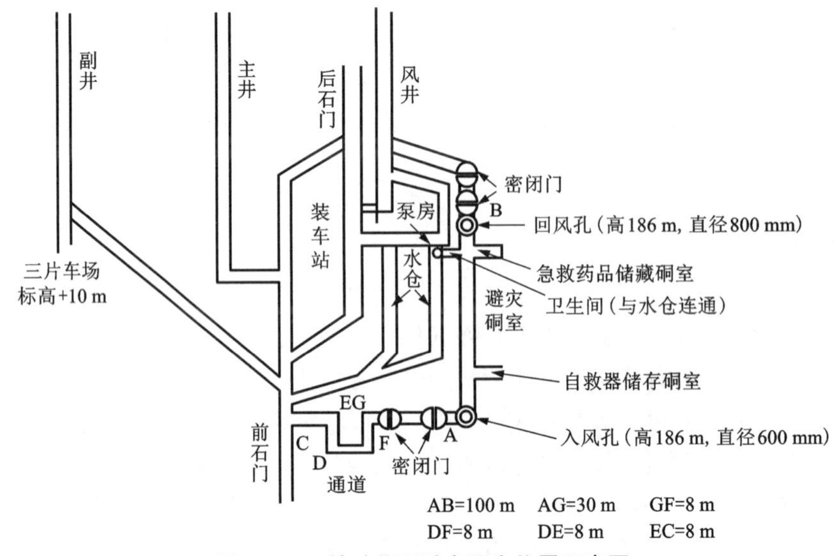

图 1-121 某矿井下避灾硐室位置示意图

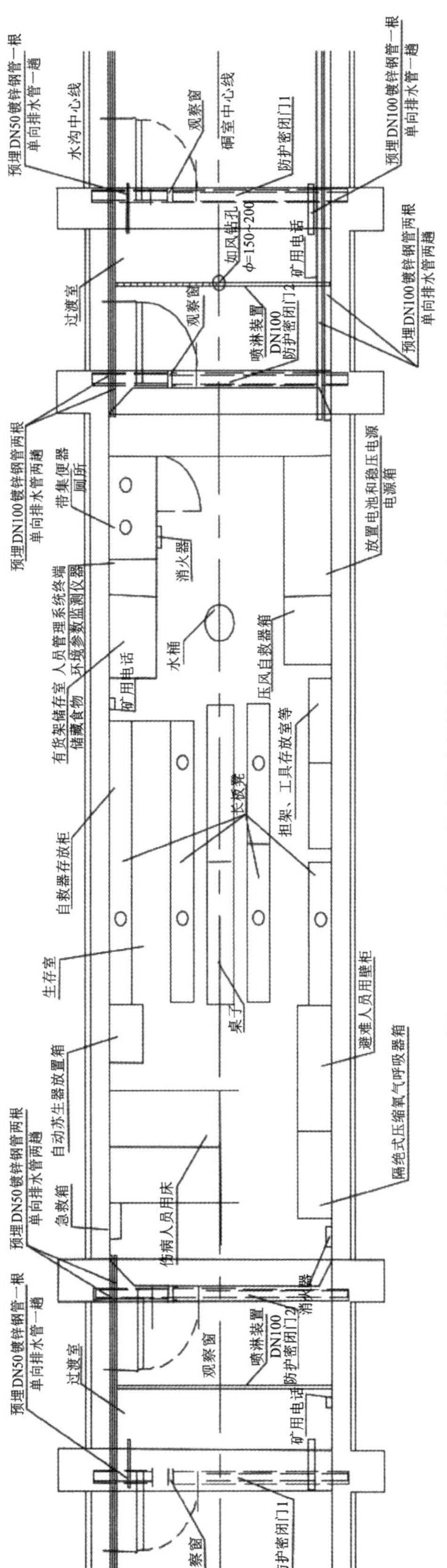

图1-122　某矿井下永久避灾硐室结构设计实例

(1)永久性避灾硐室通常位于主要运输巷道内，采用永久性的钻孔来提供呼吸用的空气和通信服务。

(2)临时性避灾硐室是事故出现前后因地制宜构筑临时性的避灾硐室，当采矿活动转移到其他区域时，安全硐室就要拆除，并用来建设其他的安全硐室。

(3)可移动避灾硐室，一般用于采矿活动区域，随着工作面推移，避灾硐室也不断前进。可移动安全硐室既可以作为永久性的硐室，放在开拓巷道和采区内，也可以作为随着工作面迁移的临时硐室。

3)避灾硐室形式及尺寸

避灾硐室由过渡室和生存室等构成，进出口采用两道隔离门，外侧为防水门，内侧为防火门，两道门均应向外开启。两道门之间为过渡室，过渡室的净面积以 5~6 m^2 为宜。第 2 道隔离门以内为生存室。根据避灾硐室的设计及建设经验，避灾硐室尺寸设计为 14 m×4 m×3 m，设 1 个进出口，安装 2 道隔离门，外侧为防水门，内侧为防火门，两道门均向外开启。

避灾硐室的形状采用半圆拱形，内部采用混凝土砌碹或钢筋混凝土支护，硐室应采取防水措施，不得有渗水现象。水泥铺底厚 0.1 m，并考虑 1%的排水坡度。硐室底板高出该中段运输巷道底板 0.5 m 以上，硐室前后 20 m 范围内应采用不燃性材料支护。

4)避灾硐室密闭性设计

为了使避灾硐室具有良好的密闭性，进出口的两道隔离门应满足一定条件。第一道隔离门采用有一定强度、能抵挡一定水压的防水密闭门，同时在上部设计有透明的观察窗，方便避险人员对外部情况进行判断，决定是否离开避灾硐室自行逃生。第二道隔离门采用能阻挡有毒有害气体的密闭门。隔离门周边墙体采用混凝土浇筑，保证避灾硐室的气密性。过渡室设置空气幕喷淋装置，与密闭门联动，使得在密闭门打开后，在门口处形成空气幕，能够在避险人员进入避灾硐室时阻隔有毒有害气体的进入。防水密闭门的设防高度最少也不得少于 1 个中段，并考虑一定的富余系数。

5)避灾硐室内部设备配置

避灾硐室内配备如下设施：自救器；CO、CO_2、O_2、温度、湿度和大气压的检测报警装置；额定使用时间不少于 96 h 的备用电源；生存不低于 96 h 所需要的食品和饮用水；逃生用矿灯；空气净化及制氧或供氧装置；急救箱、工具箱、人体排泄物收集处理装置等。

需引入避灾硐室内的其他系统包括：①压风自救系统、供水施救系统管路。②监测监控系统。各种传感器用于对避灾硐室内的空气质量进行监测，摄像头监控避灾硐室内的人员和设备情况。③通信联络系统。在避灾硐室内安装一部矿用电话，方便与地表调度室沟通。④人员定位系统。在避灾硐室内安装一台人员定位基站，对出入避灾硐室的人员进行定位。

1.8.5 硐室施工

由于硐室用途不同，其结构、形状和规格也相差很大。在考虑硐室施工时，应注意硐室结构特点，注意各工程之间的相互关系。硐室和平巷相比，围岩受力状况、施工条件都比较复杂。硐室常与井筒和其他巷道相连接，跨度较大。有些硐室，如炸药库和其他一些机电设备硐室应具有隔水、防潮性能，故在支护质量方面有较高的要求。硐室围岩稳定性既取决于自然因素(围岩应力、岩体结构、岩石强度、地下水等)，也与人为因素(硐室选定的位置、断面形状、尺寸、施工方法、支护方式等)有密切关系，在施工时，均应综合考虑其对硐室围岩稳定性的影响，应尽量采用光面爆破、喷锚支护等先进技术，特殊地质条件下要采用可靠的施工工艺。

1)硐室施工方法

根据硐室围岩稳定程度和断面尺寸，施工方法分为：全断面施工法、台阶工作面施工法、导硐施工法和留矿法等。

对围岩稳定及整体性好的岩层，硐室高度在 5 m 以下时，如水泵房变电所等，可采用全断面施工法施工。

在稳定和比较稳定的岩层中，当用全断面一次掘进围岩难以维护，或硐室高度很大，施工不方便时，可选择台阶工作面施工法施工。

地质条件复杂、岩层软弱或断面过大的硐室，为了保证施工安全，或解决出碴问题往往采用导硐施工法施工。

围岩整体性好，无较大裂隙和断层的大型硐室，可选择留矿法施工。

(1)全断面施工法

由于硐室的长度一般不长，进出口通道狭窄。不易采用大型设备，基本上用巷道掘进常用的施工设备，全断面一次掘进高度一般不超过 4~5 m。优点是利于一次成硐，工序简单，劳动效率高，施工速度快；缺点是顶板围岩暴露面积大，维护较难，浮石处理及装药不方便等。

(2)台阶工作面施工法

由于硐室高度较大不便于施工，可将硐室分层施工，形成台阶工作面。上分层工作面超前施工的，称为正台阶工作面施工法；下分层工作面超前施工的，称为倒台阶工作面施工法。

①正台阶工作面施工法

一般可将整个断面分为两个分层，每个分层都是一个工作面，分层高度以 1.8~2.5 m 为宜，最大不超过 3 m，上分层的超前距离一般为 2~3 m。

先掘上部工作面，使工作面超前而出现正台阶。爆破后先进行上分层工作面的出碴工作，然后上下分层同时打眼(图 1-123)。

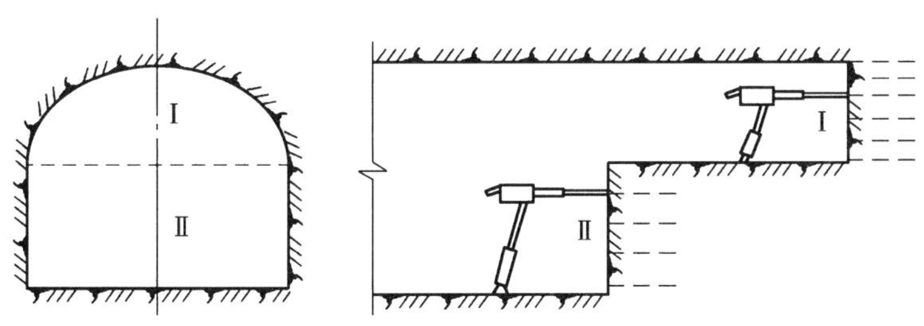

图 1-123　正台阶工作面开挖示意图

下分层开挖时，由于工作面具有两个自由面，因此炮眼布置成水平或垂直方向均可。拱部锚杆可随上分层的开挖及时安设，喷射混凝土可视具体情况，分段或一次按照先拱后墙的顺序完成。砌碹施工方法：一种是在距下分层工作面 1.5~2.5 m 处用先墙后拱法砌筑；另一种是先拱后墙，即随上分层掘进把拱帽先砌好，下分层随掘随砌墙，使墙紧跟迎头。

优点：断面呈台阶形布置，施工方便，有利于顶板维护，下台阶爆破效率高。缺点：使用铲斗装岩机时，上台阶要人工扒碴，劳动强度大，且上下台阶工序配合要好，否则易产生施工干扰。

②倒台阶工作面施工法

下部工作面超前于上部工作面(图 1-124)。施工时先开挖下分层，上分层的凿岩、装药、连线工作借助于临时台架。为了减少搭设台架的麻烦，一般采取先拉底后挑顶的方法施工。

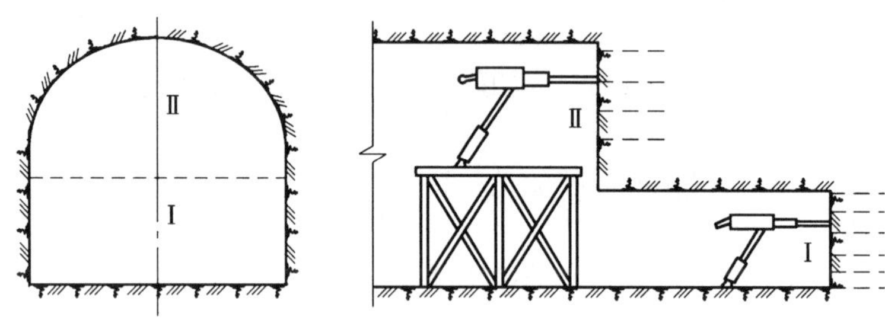

图 1-124 倒台阶工作面开挖示意图

采用喷锚支护时，支护工作可以与上分层的开挖同时进行，随后再进行墙部的喷锚支护。采用砌筑混凝土支护时，下分层工作面超前 4~6 m，高度为设计墙高，随着下分层的掘进先砌墙，上分层随挑顶随砌筑拱顶。下分层掘后的临时支护，视岩石情况可用锚喷或金属棚式支架等。

优点：不必人工扒岩，爆破条件好，施工效率高，砌碹时拱和墙接茬质量好。缺点：挑顶工作较困难。

这两种方法应用广泛，其中先拱后墙的正台阶工作面施工法在较松软的岩层中也能安全施工。

(3)导硐施工法

借助辅助巷道开挖大断面硐室的方法称为导坑法(导硐法)，是一种不受岩石条件限制的通用硐室掘进法。首先沿硐室轴线方向掘进 1~2 条小断面巷道，然后再行挑顶，扩帮或拉底，将硐室扩大到设计断面。其中首先掘进的小断面巷道，称为导硐，其断面面积为 4~8 m^2。除为挑顶、扩帮和拉底提供自由面外，还兼作通风、行人和运输之用。开挖导坑还可进一步查明硐室范围内的地质情况。

导硐施工法是在地质条件复杂时保持围岩稳定的有效措施。在大断面硐室施工时，为了保持围岩稳定，通常可采用两项措施：一是尽可能缩小围岩暴露面积；二是硐室暴露出的断面要及时进行支护。导硐施工法有利于保持硐室围岩的稳定。

优点：可根据地质条件、硐室断面大小和支护形式变换导硐的布置方式和开挖顺序，灵活性大，适用性广，应用广。

缺点：由于分步施工，故与全断面、台阶工作面施工法相比施工效率低。

根据导硐位置不同，导硐施工法有下列几种：

①中央下导硐施工法

导硐位于硐室的中部并沿底板掘进。通常导硐沿硐室的全长一次掘出。导硐断面的规格按单线巷道考虑并以满足机械装岩为准。当导硐掘至预定位置后，再行开帮、挑顶，并完成永久支护工作。

当硐室采用喷锚支护时，可用中央下导硐先挑顶后开帮的顺序施工(图1-125)。挑顶后随即安装拱部锚杆和喷射混凝土，然后开帮喷墙部混凝土。砌筑混凝土支护硐室，适用中央下导硐先开帮后挑顶顺序施工(图1-126)。在开帮同时完成砌墙工作，挑顶后砌拱。

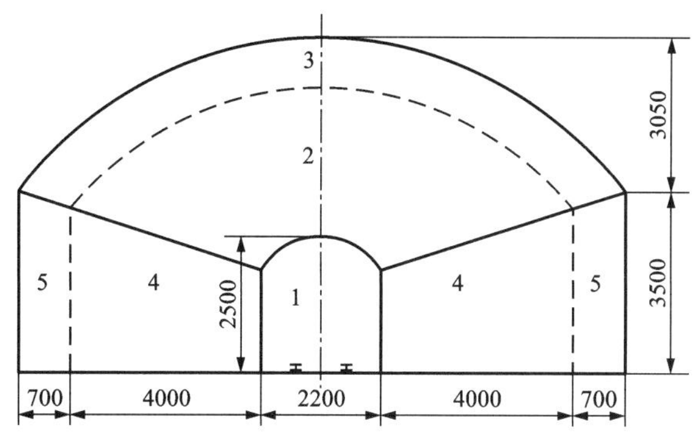

1—下导坑；2—挑顶；3—拱部光面层；4—扩帮；5—墙部光面层。

图1-125　某矿提升机硐室采用下导硐先拱后墙的开挖顺序图

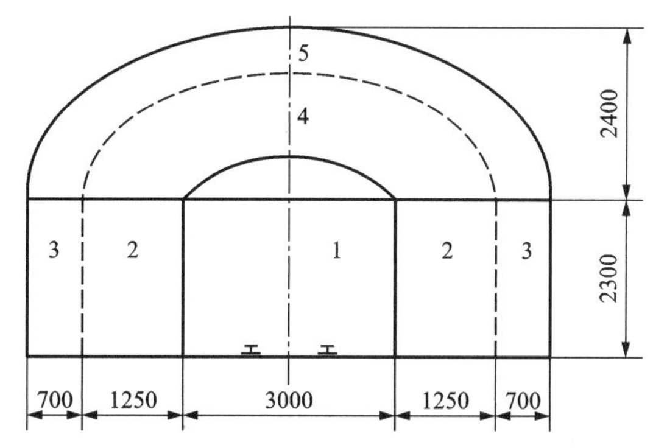

1—下导坑；2—扩帮；3—墙面光面层；4—拱部；5—拱部光面层。

图1-126　下导硐先墙后拱的开挖顺序图

中央下导硐施工方法适用于跨度为4~5 m，围岩稳定性较差硐室，但如果采用先拱后墙施工时，适用范围可以适当加大。优点：顶板易于维护，工作比较安全，易于保持围岩稳定；缺点：施工速度慢，效率低。

②两侧壁下导硐施工法

在松软、不稳定岩层中，当硐室跨度较大时，为了保证施工安全，一般都采用这种方法。在硐室两侧紧靠墙的位置沿底板开凿两条小导硐，一般宽为1.8~2.0 m，高为2 m。导硐随掘随砌，然后再掘上一层导坑并接墙，直至拱基线为止。当墙全部砌完后就开始挑顶砌拱。挑顶由两侧向中央前进，拱部爆破时可将大部分矸石直接崩落到两侧导硐中，利于机械出碴(图1-127)。

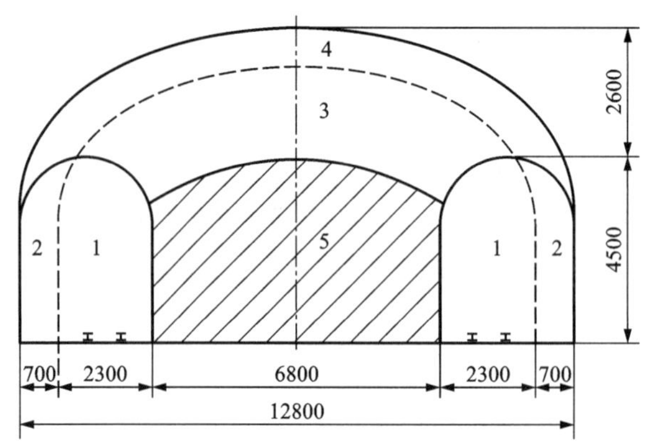

1—两侧下导硐；2—墙部光面层；3—挑顶；4—拱部光面层；5—中心岩柱。

图 1-127 侧壁下导硐施工法(单位：mm)

拱部可用喷锚支护或砌混凝土。拱部施工完后，再掘中间岩柱，此方法在软岩中应用较广。

③上下导硐施工法

上下导硐施工法原是开挖大断面隧道的施工方法，随着光爆喷锚技术的应用，扩大了它的使用范围，在金属矿山高大硐室的施工中得到推广使用。

金山店铁矿地下粗破碎硐室掘进断面尺寸为 31.4 m×14.15 m×11.8 m(长×宽×高)，断面面积为 154.9 m^2。该硐室在施工中采用了上下导硐施工法(图 1-128)。

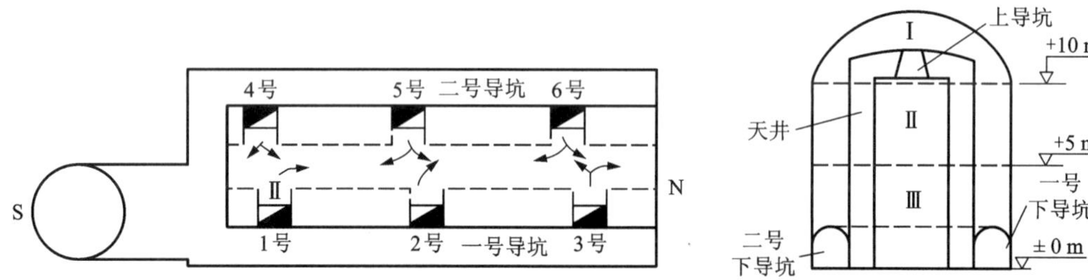

Ⅰ～Ⅲ—开挖顺序；1～6 号—天井编号。

图 1-128 硐室开挖顺序及天井导硐布置

适用于中等稳定和稳定性较差的岩层，围岩不允许暴露时间过长或暴露面积过大的开挖跨度大、墙很高的大硐室，如地下破碎机硐室、大型提升机硐室等。

(4)留矿法

留矿法是金属矿山采矿方法的一种。用留矿法采矿时，在采场中将矿石放出后剩下的矿房相当于一个大硐室。因此，在金属矿山，当岩体稳定，硬度在中等以上(f>8)，整体性好，无较大裂隙、断层的大断面硐室，可采用浅孔留矿法施工(图 1-129)。

使用留矿法开挖硐室的掘进顺序是自下而上，进行喷锚支护的顺序则是自上而下先拱后墙，凿岩和喷射工作均以碴堆为工作台。当硐室上掘到设计高度，符合设计规格后，用碴堆

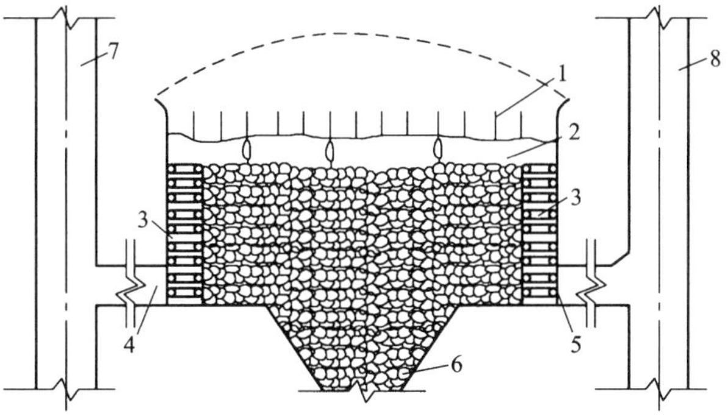

1—上向炮孔；2—作业空间；3—顺路天井；4—主井联络道；
5—副井联络道；6—下部出矿仓；7—主井；8—副井。

图 1-129　某铅锌矿粗碎硐室采用留矿法施工示意图

作工作台进行拱部的喷锚支护。在拱顶支护后，利用分层降低碴堆面的形式，自上而下逐层进行边墙的喷锚支护。

优点：工艺简单，辅助工程量小，作业面宽敞，可布置多台凿岩机同时作业，工效高。缺点：岩层不稳定时不宜使用，要求底部有漏斗装车条件，比如粗碎硐室的下部储矿仓。因此，此法应用不如导坑法广泛。

参考文献

[1] Howard L. SME Mining Engineering Handbook[M]. 2nd ed. Denver：Society for Mining，Metallurgy，and Exploration，1992.

[2] 中华人民共和国应急管理部. 超深竖井施工安全技术规范：AQ 2062—2018[M]. 北京：煤炭工业出版社，2018.

[3] De la Vergne J. Hard Rock Miners Handbook[M]. North Bay：McIntosh Engineering Ltd，2003.

[4] Gertsch R E，Bullock R L. Techniques in Underground Mining Selections from Underground Mining Methods Handbook[M]. Denver：Society for Mining，Metallurgy，and Exploration，1998.

[5] 赵兴东，李洋洋，刘岩岩，等. 思山岭铁矿 1500 m 深副井井壁结构稳定性分析[J]. 建井技术，2015，36(S2)：84-88.

[6] 李伟波. 大台沟铁矿超深地下开采的战略思考[J]. 中国矿业，2012，21(S1)：247-256，271.

[7] 周昌达. 井巷工程[M]. 北京：冶金工业出版社，1994.

[8] 中国矿业大学. 井巷工程[M]. 2 版. 北京：煤炭工业出版社，1991.

[9] 冶金工业部南昌有色冶金设计院. 冶金矿山井巷设计参考资料：上册[M]. 北京：冶金工业出版社，1979.

[10] 沈季良. 建井工程手册[M]. 北京：煤炭工业出版社，1985.

[11] 解世俊. 金属矿床地下开采[M]. 北京：冶金工业出版社，1986.

[12] 任飞，赵兴东，郝志贤. 采选概论[M]. 北京：地质出版社，2009.

[13] 李长权，杨建中. 井巷设计与施工[M]. 北京：冶金工业出版社，2008.

[14] 董方庭，姚玉煌，黄初，等. 井巷设计与施工[M]. 徐州：中国矿业大学出版社，1994.

[15] 中华人民共和国应急管理部，中华人民共和国国家市场监督管理总局．金属非金属矿山安全规程：GB 16423—2020[S]．北京：中国标准出版社，2020.
[16] 朱浮声．锚喷加固设计方法[M]．北京：冶金工业出版社，1993.
[17] 吴理云．井巷硐室工程[M]．北京：冶金工业出版社，1985.
[18] 李长权，戚文革．井巷施工技术[M]．北京：冶金工业出版社，2008.
[19] 崔云龙．简明建井工程手册[M]．北京：煤炭工业出版社，2003.
[20] 王青，史维祥．采矿学[M]．北京：冶金工业出版社，2001.
[21]《井巷掘进》编写组．井巷掘进[M]．北京：煤炭工业出版社，1975.
[22] 王运敏．现代采矿手册[M]．北京：冶金工业出版社，2011.
[23] 孙延宗，孙继业．岩巷工程施工：掘进工程[M]．北京：冶金工业出版社，2011.
[24] 郭章．新城金矿改扩建工程斜坡道设计与施工[J]．黄金，1995(5)：22-26.
[25] 赵兴东．井巷工程[M]．2 版．北京：冶金工业出版社，2014.
[26]《采矿手册》编辑委员会．采矿手册[M]．北京：冶金工业出版社，1990.
[27]《采矿设计手册》编写委员会．采矿设计手册[M]．北京：中国建筑工业出版社，1988.

第 2 章

空场采矿法

2.1 概述

空场采矿法在我国应用最早、应用最广泛，且在技术上也最成熟，早期使用人工落矿和浅眼落矿的回采工艺。20 世纪 40 年代起，随着深孔凿岩爆破技术的发展和无轨采掘设备的使用，出现了各种深孔高效率的空场采矿法。根据采矿方法结构和回采工艺特点，空场采矿法主要有全面采矿法(全面法)、房柱采矿法(房柱法)、留矿采矿法、分段矿房采矿法和阶段矿房采矿法等多类采矿法。

空场采矿法将回采单元划分为矿房和矿柱，回采矿房过程中形成的采空区是敞空的，主要依靠矿柱和围岩本身的稳固性来支撑采空区，或用其他人工支架(木柱、石垛等)或用采下的矿石作为辅助或临时支护支撑采空区。矿房回采后，要及时回采矿柱和处理采空区，一般情况下，矿柱回采与采空区处理同时进行。

空场采矿法的回采工艺简单，容易实现机械化和规模化开采，劳动生产率高，采矿成本低，适用于开采矿石和围岩均稳固的矿体；采空区在一定时间内，允许有较大的暴露面积，并应采取充填、隔离或强制崩落围岩的措施及时处理采空区；矿山开采条件安全，在地下矿山中得到广泛应用。但采用空场采矿法开采中厚以上矿体，需留大量矿柱、矿石支撑采空区，采矿回采率低，因此，开采高价值矿床时空场采矿法用得较少；由于地压随开采深度的增加而加大，其深部开采应用受到限制。

空场采矿法的基本特点：①除沿走向布置的薄和极薄的矿脉以及少量房柱外，矿块一般划分为矿房和矿柱，通常第一步骤回采矿房，第二步骤回采矿柱。②矿房回采过程中留下的空场暂不处理并利用空场进行回采和出矿等作业。③矿房开采结束后，如采空区保持敞空不处理，则留设的矿柱一般作为永久损失，不予回采。如果矿石价值较高，则可根据开采顺序的要求，在对空场进行处理的前提下进行矿柱回采。④根据所用采矿方法和矿岩特性，决定空场内是否留矿柱及其矿柱形式。

空场采矿法技术成熟，结构简单，易于操作。可考虑不进行充填，或低成本充填，故生产成本低、效益好。其缺点表现在：矿柱不回采或矿柱回采难度大，矿石损失大；由于暴露面积大，仅靠围岩或矿柱支撑，故存在一定的安全隐患，成为孕育灾害的客观因素；长期成为有毒废水、废气等集聚地，危及周边环境，同时增加二次处理难度。

随着采矿装备的不断发展，采掘设备日臻完善以及岩层支护技术的不断革新，空场采矿法呈现以下发展趋势：①传统采矿设备逐渐被大型液压凿岩台车所替代，采矿进路断面和分层高度随之加大，厚度为6~8 m的矿体一般都不分层开采，采矿强度和效率显著提高。②广泛使用各种锚杆支护和锚杆台车，采场控顶高度和跨度相应提高；使用长锚索对顶底盘矿岩不甚稳固的围岩和顶柱进行预加固，实现采矿作业条件本质化安全；遥控出矿设备的应用日渐增多，保障了工人的安全，有效地降低了矿石的贫化和损失，从而扩大了分段空场法和阶段空场法的应用范围。③低矮式液压凿岩台车和遥控铲运机的出现，使无轨采矿的最低采幅从2 m减为0.8~1.2 m，实现了缓倾斜薄矿体采矿机械化；天井爬罐和天井深孔凿岩设备不断改进，天井深孔采矿法广泛用于急倾斜矿体，而且出现了适用于缓倾斜薄矿体的深孔留矿全面采矿法。④为使房柱采矿法应用于倾斜中厚矿体，创造了分段房柱法和沿走向“之”形推进的斜巷运输房柱法；在无轨采矿的基础上，创造了新的组合式采矿方法，既适用于倾斜中厚矿体的底盘漏斗分段空场法和适用于急倾斜薄至中厚矿体的无底柱分段空场法。⑤大直径深孔凿岩爆破技术日益完善，VCR采矿法、阶段空场采矿法以及这两种方法的组合方案得到了日益广泛的应用，采矿成本大幅度降低，劳动生产率显著提高。

空场采矿法在我国有色金属矿山中的应用占比在20世纪60年代曾为70%左右。但由于该方法需留设大量的矿柱(顶柱、底柱、间柱)，且一般不进行回采，故损失率较大。随着各矿山保有资源储量的日益减少和矿产品价格的不断攀升，空场采矿法的短板效应越来越显著，故其应用占比逐渐降低，20世纪80年代有色金属矿山中该方法的应用占比降为50%左右。然而，随着智能矿山建设和绿色采矿技术的发展，空场采矿嗣后充填的采矿技术与工艺将成为金属矿山采矿方法变革与创新的主要方向。

2.2 房柱法和全面法

2.2.1 主要特点

1)房柱法

房柱法的特点是在回采单元中划分矿房、矿柱并相互交替排列，回采矿房时留下规则的矿柱维护采空区顶板。所留矿柱可以是连续的也可以是间断的，间断矿柱一般不进行回采。图2-1为房柱法的示意图。其优点：采切工作量小；回采工序与工作组织简单；适于采用无轨设备，可实现机械化开采；工作面通风良好，作业安全；木材消耗少，采矿直接成本较低；矿房生产能力和劳动生产率都比较高；采用无轨自行设备作业时，效率为30~50 t/工班。缺点：矿柱的矿量占比较大，矿柱一般不予回采(单个矿柱占15%~20%，连续矿柱占40%)。

适用条件：房柱法适用于开采矿石和围岩稳固的水平矿体或缓倾斜矿体，矿石为低价矿石，且矿石不结块、不自燃，对矿体厚度适应范围广。

2)全面法

全面法与房柱法特点类似，但如果仅将夹石或低品位矿体留作矿柱，致使矿柱排列不规则，则称为全面法，其主要回采工艺与房柱法基本相同。主要特点是工作面沿矿体走向或沿倾斜方向全面推进，在回采过程中将矿体中的夹石或贫矿(有时也将矿石)留下，形成不规则排列的矿柱，用以维护采空区，这些矿柱一般作永久损失，不进行回采。个别情况下，用这

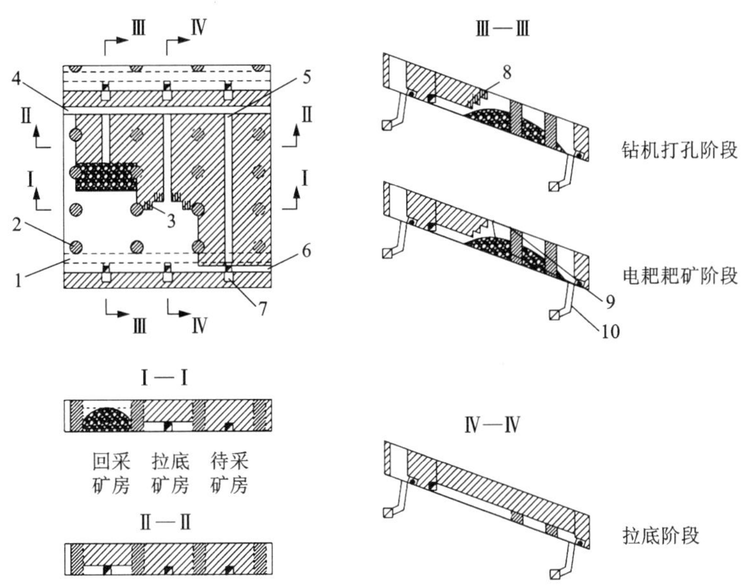

1—阶段运输平巷；2—矿柱；3—拉底炮孔；4—联络平巷；5—切割天井(上山)；
6—切割平巷；7—电耙绞车硐室；8—回采炮孔；9—电耙绞车；10—溜井。

图 2-1　房柱法示意图

种采矿法回采贵重矿石，也可不留矿柱而用人工矿柱支撑顶板。图 2-2 为全面法的示意图。全面法工艺简单，采切工程量小，生产效率高，成本低。但是遗留的矿石造成 10%～15%的矿石损失率，顶板管理及通风管理要求严格。

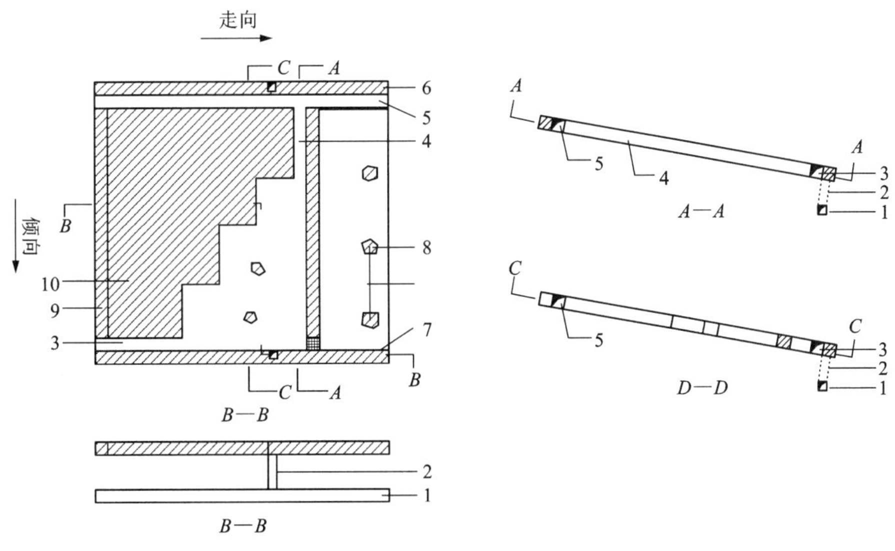

1—阶段运输平巷；2—溜井；3—切割平巷；4—切割上山；5—回风巷道；
6—顶柱；7—底柱；8—不规则矿柱；9—间柱；10—待采矿体。

图 2-2　全面法示意图

适用条件：全面法主要适用于开采水平或缓倾斜矿体，矿体倾角小于30°；矿体厚度在3~4 m以下，一般多用于1.5~3.0 m厚的矿体；矿体稳固性比房柱法要求更高，矿体要稳固；矿石价值不高。

2.2.2 采场结构

1)采场布置

我国采用房柱法的矿山，大多采用电耙搬运矿石，矿房的长轴方向沿矿体倾斜方向布置。如果矿体倾角较小，且使用无轨设备，采场长轴方向也可沿矿体走向布置。

当矿体走向较长时，为提高回采作业安全性，控制地压规模，一般沿走向划分采区，每个采区内包括5~7个矿块。采区之间留设连续的永久矿柱。

2)采场构成要素

①阶段高度。房柱法适用于水平和缓倾斜矿体，故阶段高度一般不高。阶段高度为15~25 m时，阶段内一般不再划分分段；但当阶段高度为30~50 m时，一般将阶段划分为2~3个分段，分段高度按出矿设备有效运距确定。

②矿块长度。电耙出矿时，矿块长度主要根据电耙的有效耙运距离确定，一般为40~60 m；矿块沿走向布置，采用无轨设备出矿时，矿块长度可适当加大。

③矿房宽度。矿房的宽度根据矿体的厚度和顶板岩石的稳固性而定，一般为8~20 m。

④房间矿柱留设。房间内矿柱横截面多为圆形，直径为3~7 m，当采用方形矿柱时，规格多为(3~4)m×(3~4)m。矿柱间距视矿岩稳固性而定，一般为5~8 m，矿岩稳固性较好时，可加大到8~12 m。当矿体厚度较大时，应留连续(条带状)矿柱，宽度为5 m左右。

⑤顶底柱。顶柱高度一般为1~3 m，底柱高度一般为3~7 m。

⑥采区间永久矿柱宽度。沿走向留设永久矿柱时，宽度一般为4~6 m。

国内部分矿山房柱法结构参数见表2-1。

表2-1 国内部分矿山房柱法结构参数

矿山名称	中段高度/m	矿块斜长/m	采区长度/m	采区内矿块数/个	矿块宽度/m	矿房宽度/m	间柱宽度/m	顶柱高度/m	底柱高度/m
锡矿山锑矿	30~60	40~60		5~7	15~20	12~15	ϕ4~5	3~6	3~6
贵州汞矿		30				6~15	ϕ3~5		
刘冲磷矿	50	分段 20~30	30~40	2		8~16	2~4	1~1.5	
泗顶铅锌矿		25	25				ϕ4~5		
湘西金矿	25	55~60	40~80			5	3×4		5~7
白石潭铁矿	15~25	40~60			80~120	8~12	(5~7)×(3~4)	3.0	
杨家杖子钼矿	18~50	40~60							
松树脚锡矿	25~30	50~70					6~8	2~3	2~3
通化铜矿	30	30~80					2	2	3

2.2.3　采准与切割

在矿体的底板岩石中掘进脉外阶段运输平巷(矿山生产能力小时，阶段平巷也可布置在矿体中，称脉内平巷)，在每个矿房的中心线处，自阶段运输平巷掘进矿石溜井。在矿房下部的矿柱中，掘进电耙绞车硐室。在溜井上部沿矿体走向掘进切割平巷，将切割平巷往矿体两侧扩展，形成拉底空间。沿矿房中心线，在矿体中，从矿石溜井紧贴矿体底板，掘进切割天井(上山)，作为行人、通风、运送设备和材料的通道及回采时的爆破自由面。

2.2.4　回采工艺

当矿体厚度小于 2.5~3.0 m 时，可按矿体全厚沿逆倾斜方向推进；当矿体厚度大于 3.0~3.5 m 时，则先在矿体底部拉底，形成 2.5~3.0 m 高的拉底空间。拉底炮孔排距为 0.6~0.8 m，间距为 1~1.2 m，孔深为 2~3 m。整个矿房拉底结束后，用 YSP-45 凿岩机或凿岩台车挑顶，回采上部矿石，炮孔排距为 0.8~1.0 m，间距为 1.2~1.4 m，孔深为 2~3 m。矿体厚度小于 5 m 时，挑顶一次完成；厚度超过 5 m 时，则采用上向阶梯工作面分层挑顶，并局部留矿，以便站在矿堆上进行凿岩爆破作业。当矿体厚度超过 5~6 m 时，采用服务台车，进行顶板加固作业，以保证采场回采作业安全。

在拉底和回采的同时按设计位置留下矿柱。每次爆破后，先经过足够的通风时间(不少于 45 min)排除炮烟，然后人员进入采场，首先检查顶板，处理松石，待确认安全后，安装绞车滑轮。由安装在绞车硐室内的电耙绞车牵引耙斗将崩落下的矿石耙至溜矿井，通过振动出矿机向停在阶段运输平巷中的矿车放矿，由电机车牵引矿车组至主井矿仓卸载，通过提升设备提升至地表。

传统矿石搬运设备一般采用 2DPJ-28、30 型绞车，配容量为 0.3~0.4 m^3 耙斗，台班效率为 100 t；较小矿房则常用 2PK-13、14 型绞车，配 0.2 m^3 耙斗，效率为 60~70 t/(台・班)。

矿房的通风线路：新鲜风流自阶段运输平巷，经未采矿房的矿石溜井进入切割平巷至矿房中，清洗工作面后，污风经切割上山，进入上阶段的运输平巷(本阶段的回风平巷)，经回风井排出地面。

房柱法的矿柱一般占采场储量的 20%~30%。在矿房敞空的条件下，一般不进行回采。如果矿石价值较高，也可以根据具体情况局部回采，对于连续矿柱，局部回采分割成间断矿柱；对于间断矿柱，可将大断面缩采成小断面。

矿柱回采时，工人直接在顶板岩石暴露面积不断增大的条件下工作，安全性差，应加强安全管理，并根据顶板岩石的不同稳固程度，在矿柱周围架设临时支架。

房柱法和全面法的优点：采准切割工作量小，工作组织简单，通风良好。主要缺点：矿柱矿量占比大，而且一般不进行回采，因此，矿石损失较大。

国内部分矿山全面法技术经济指标见表 2-2。

表 2-2 国内部分矿山全面法技术经济指标

矿山名称	矿块生产能力/(t·d^{-1})	采切比/(m·kt^{-1})	损失率/%	贫化率/%	掌子面工效/(t·工班$^{-1}$)	每吨矿石材料消耗		
						炸药/kg	雷管/个	钎子钢/kg
锡矿山锑矿	60~100	5~15	20~30	5~10	10~14			
福山铜矿	90~120	33	13	15	10	0.35	0.50	0.03
湘西金矿	70	13.5	14~17	5~10	7~8	0.275	0.280	0.015
刘冲磷矿	110~150	12	19	7.8	9~11	0.226	0.280	0.032
泗顶铅锌矿	136	6.5	11.5	17.2	14.25	0.396	0.416	0.016
白石潭铁矿	40~48	16	22.7	6.7	7.3	0.29	0.32	0.03
松树脚锡矿	50~90	8~18	14~20	8~17	3.5~7.0	0.47	0.32~0.67	0.02
车江铜矿	60~80	13	4~6	18~20	9~10	0.29~0.54	0.59~0.83	0.09

国外广泛采用无轨设备房柱法，如联邦德国瓦耳韦尔瓦特铁矿开采 3~6 m 厚、倾角为 16°~18°的贫铁矿床，原先用气腿凿岩机凿岩和电耙搬运，逆倾斜方向分梯段回采，工作面劳动生产率仅为 26 t/工班。后来根据自行设备的爬坡能力，在采场内布置相应的伪倾斜运输巷道，在矿体内布置坡度为 10%的折返式斜坡道，工作面以 3%的坡度向上推进，矿房宽 9 m，矿柱尺寸为 4 m×4 m。折返式斜坡道由 3 条平行巷道组成，彼此用 4 m 宽的矿柱隔开。中间一条巷道用于维修和供应材料，外边两条巷道用于运输矿石，分别行驶重车和空车。采下的矿石用汽车或铲运机通过斜巷运到主要运输水平。采矿工作沿矿体走向推进，凿岩使用双机台车，配液压凿岩机，炮孔深度为 4.8 m。装载采用斗容为 2.3 m^3 的液压铲和 35 t 自卸汽车。辅助设备包括 1000 L 的铵油炸药装药车、撬毛机等。矿山年产矿石 45 万 t，地下劳动生产率为 90~100 t/工班，是以前的近 4 倍。部分矿山也引进了凿岩台车、铲运机等无轨设备，使房柱法生产面貌发生了根本改变。随着国内采矿技术的不断发展，相信会有越来越多的矿山采用无轨设备以提高矿山生产能力和资源回收率。

凿岩台车钻凿中深孔，如果矿体厚度较大(超过 6~8 m)时，可以分层开采，上部分层超前下部分层。首先在顶板下方切顶，根据顶板稳固情况，进行加固处理(锚杆支护、喷浆支护、喷锚支护或喷锚网支护)，然后在矿房的一端开掘切割槽，以形成下向正台阶工作面，凿岩设备在切顶空间内以矿房端部切割槽为自由面，钻凿下向平行孔进行爆破。爆破、通风、安全检查后，铲运机进入采场，铲装矿石往自卸汽车装矿，由自卸汽车运至主矿石溜井或直接运出地表。也可以由铲运机铲装矿石送至采场溜井，为减少掘进工程量，无轨开采时一般几个采场共用 1 个溜井。

2.2.5 应用实例

1)房柱法

(1)开采技术条件

大新锰矿是典型沉积型矿床。f 系数：矿岩为 8~15；未风化岩石为 10；风化岩石为 6。自然安息角为 42°~50°。经多年探索与改良形成实用性较强的矩形矿柱房柱法，如图 2-3 所示。

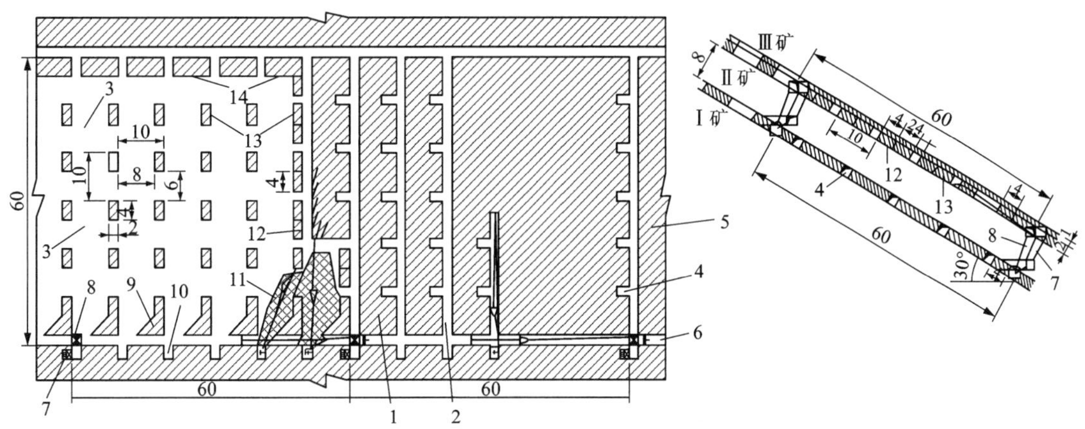

1—高级备采；2—上山；3—采空区；4—联络道；5—备采矿体；6—拉底电耙道；7—人行井；8—溜井；9—临时底柱；10—电耙硐室；11—崩落矿石；12—临时间柱；13—永久间柱；14—永久顶柱。

图 2-3　缓倾斜薄矿脉矩形矿柱房柱法示意图

(2)采场结构

采场垂直走向布置，宽度、斜长均为 60 m 左右；每 10 m 掘进 1 条上山，利用两侧和中间上山作为安全通道和切割巷道，两侧上山每隔 4 m 掘进双侧联络道，联络道深 3 m；中间布置 5 个小矿房，每个矿房采幅 8 m；矿房间留点柱支撑顶板，点柱规格为 3 m×4 m，间距 6 m；顶柱连续布置，宽 3 m；每个矿房下部设置 1 个电耙硐室，采场运搬矿石通过先纵后横两道电耙耙至溜井；从中间切割上山开始，沿走向向两侧回采，直至两侧人行上山。保留 0.5 m 护顶不回采；对不稳固的地方安装锚杆护顶。单个矿房回采完毕，回采下个矿房。

(3)采准与切割

从下盘运输巷道沿矿房两端掘进人行井与溜井，从溜井沿底盘拉开，沿底盘各回采单元向上掘上山，借着上山掘进联络道，完成采切工作。

(4)回采

浅孔凿岩，电耙漏斗出矿。自下而上回采，先保留矿柱及底柱的受矿结构，单个回采单元回采结束，回采部分矿柱后进行下个单元的回采作业。

主要技术参数：矿房参数 60 m×60 m、采幅 8 m、矿柱尺寸为 2 m×4 m，回采率 83.3%，采切比 19.67 m/kt，采场生产能力为 80~100 t/(台・班)。

2)全面法

(1)开采技术条件

锡矿山锡矿南矿为百年老矿，厚度一般为 1.5~3.5 m，倾角上部一般为 10°~25°，下部一般为 35°~45°，最陡处为 60°，品位为 3%~4%，矿体坚硬稳固，f 系数为 14~18，顶板为页岩不稳固。

(2)采场结构

选用全面(水压支柱护顶)法，如图 2-4 所示。矿房垂直矿体走向布置，每隔 5~6 m 划分 1 个回采单元，长度视矿体斜长而定，一般为 30~60 m。连续回采时，一般 3~4 个回采单元构成密闭隔离支撑墙。

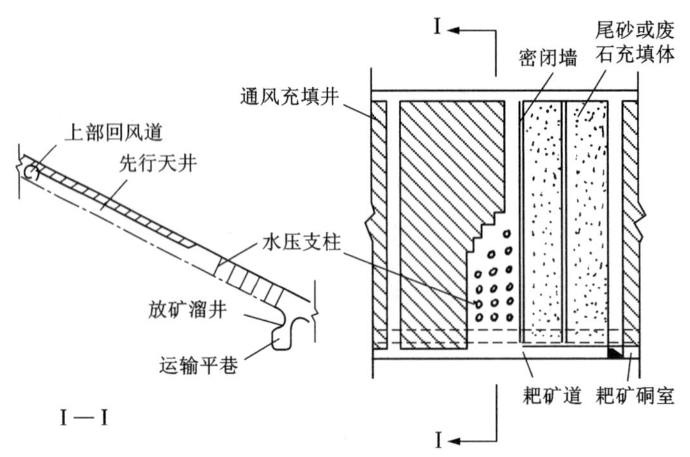

图 2-4 全面采矿法示意图

(3)采准与切割

下盘运输巷道上掘溜井通达矿房下端，并沿矿体下部拉开形成拉底兼做耙矿道，沿矿体两端上掘上山贯通上阶段联络巷，沿矿体一侧掘进切割上山，并在末端掘进通风充填巷与上部中段连通，完成采切工程。

(4)回采工艺

浅孔崩矿，电耙出矿，通过切割上山进行水平孔落矿。应用 YT-27 凿岩机与 15~30 kW 电耙出矿。一个单元回采结束后用水压支柱进行 2 m×2.2 m 网度的支撑，3~4 个单元以后用料石或毛石砌筑密闭墙，并进行尾砂或废石充填。

技术参数：矿石损失率为 9.7%，贫化率为 2.0%，采准比 137 m/万 t，工效 40 t/台班，采场生产能力为 330 t/d。

3)薄矿体机械化空场采矿法

(1)开采技术条件

云锡卡房大白岩Ⅰ-9#矿群主体为缓倾斜薄矿体，虽然局部也有厚度超过 10 m 的矿段，但矿体的平均厚度仅为 2~3 m，埋深比较大，品位较低，属于典型的难采矿体。经济合理的生产能力应为 80 万 t/a 到 100 万 t/a，而要达到这一产能目标，传统采矿方法因其生产效率低、成本高难以适应大规模开采，必须寻求新的采矿技术与工艺来适应矿山生产的要求。

(2)技术思想

大白岩Ⅰ-9#矿群的矿体赋存产状以缓倾斜为主，但大部分属于倾角为 15°~25°的缓倾斜薄矿体。众所周知，铲运机的爬坡能力和有效运距有限，一般爬坡角度小于或等于 12°、运距在 150 m 以内，铲运机的矿石运搬效率才能真正体现。根据铲运机的特点，矿体倾角为 15°~25°时，沿倾向布置铲运机运输巷道是不合适的。

利用空间几何和三角函数的关系，当铲运机运输巷道不是沿着倾向布置，而是与倾向有一个夹角时，能够有效降低铲运机爬运的倾角，从而有效解决无轨设备进采场的问题。伪倾斜布置在空间上的角度关系如图 2-5 所示。

在数学上，α、β、γ 三者存在如下关系：

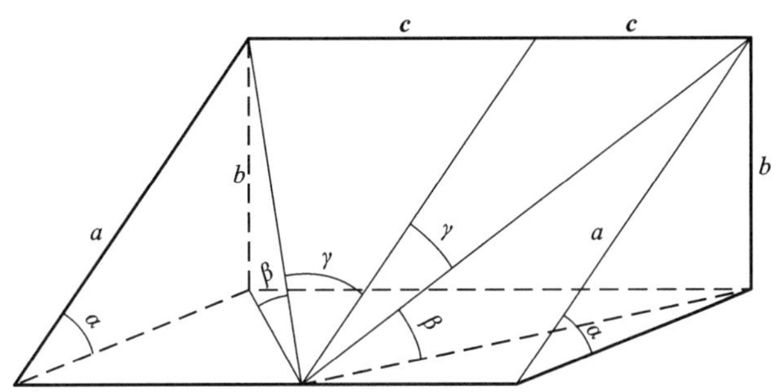

a—采场沿倾向的长度；b—分段高度；c—采场沿走向的长度；
α—矿体的实际倾角；β—矿体的伪倾角；γ—矿体伪倾斜布置方向与矿体倾向的夹角。

图 2-5　矿体倾角、伪倾角、伪倾斜布置方向的空间关系

$$\cos\gamma = \frac{\sin\beta}{\sin\alpha}$$

由上式可知，可以根据矿体的实际倾角、要达到的伪倾角，来确定铲运机运输巷道和倾向之间的夹角。

又考虑到铲运机的有效运距，结合共用溜井的采场数，可得到不等式

$$a \leqslant (L - c \times n) \times \cos\gamma(n = 2N,\ N\text{是自然数}) \tag{2-1}$$

式中：a 为采场沿倾向的长度；c 为采场沿走向的长度；γ 为矿体伪倾斜布置方向与矿体倾向的夹角；n 为共用 1 个溜井的采场数；L 为铲运机有效运距，一般取 100 m。

根据式(2-1)，可以进行采场参数优化，使采场在铲运机的有效运距范围内，让采场沿走向和沿倾向的长度、共用 1 个溜井的采场数、矿体伪倾斜布置方向与矿体倾向的夹角等多个参数达到最优，以指导生产实践。

(3)薄矿体机械化空场采矿法

为了解决传统采矿方法开采缓倾斜薄矿体存在的不足，尤其是为解决斜薄矿体开采出矿难、机械化程度不高的难题，对传统的矿房布置方式进行变革，将矿块朝伪倾斜向布置，降低巷道的倾角，以便于铲运机出矿，如图 2-6 所示。在矿房角落布置回风井，连通上水平回风巷道；每个矿房布置 1 条溜井，负责 1 个矿房矿石溜运；矿房上下沿走向各掘进 1 条巷道，上部巷道供通风联络用，下部巷道供出矿联络用，采准工作无须拉底工程，实行全厚度连续开采。

沿矿体走向每 120 m 布置 1 条上山主开拓巷道，将矿体划分为 120 m 宽的矿块，矿房沿倾斜方向布置，矿房长度为 120 m，宽 56 m，矿房间留 9 m 宽的连续矿柱，待上部矿房回采完毕且放顶处理采空区后即可进行矿柱回采；将矿房沿走向和倾向 41.8°的夹角方向划分为 3 个采场，每个采场宽 30 m，采场之间留 3 m 宽的间柱，顶底柱高 3 m。凿岩巷道斜向布置，这样可减小巷道倾角，降低铲运机出矿负担；矿房角落布置回风井，连通上水平回风巷道；每个矿房布置 1 条溜井，负责 1 个矿房矿石溜运；矿房上下沿走向各掘进 1 条巷道，上部巷道供通风联络用，下部巷道供出矿联络用。

在围岩条件不好的情况下，采用后退式回采，铲运机在间柱支撑下出矿，安全系数高。同时通过有条理的步距回采，可以较好地控制顶板，保证作业安全。在围岩条件好且允许暴

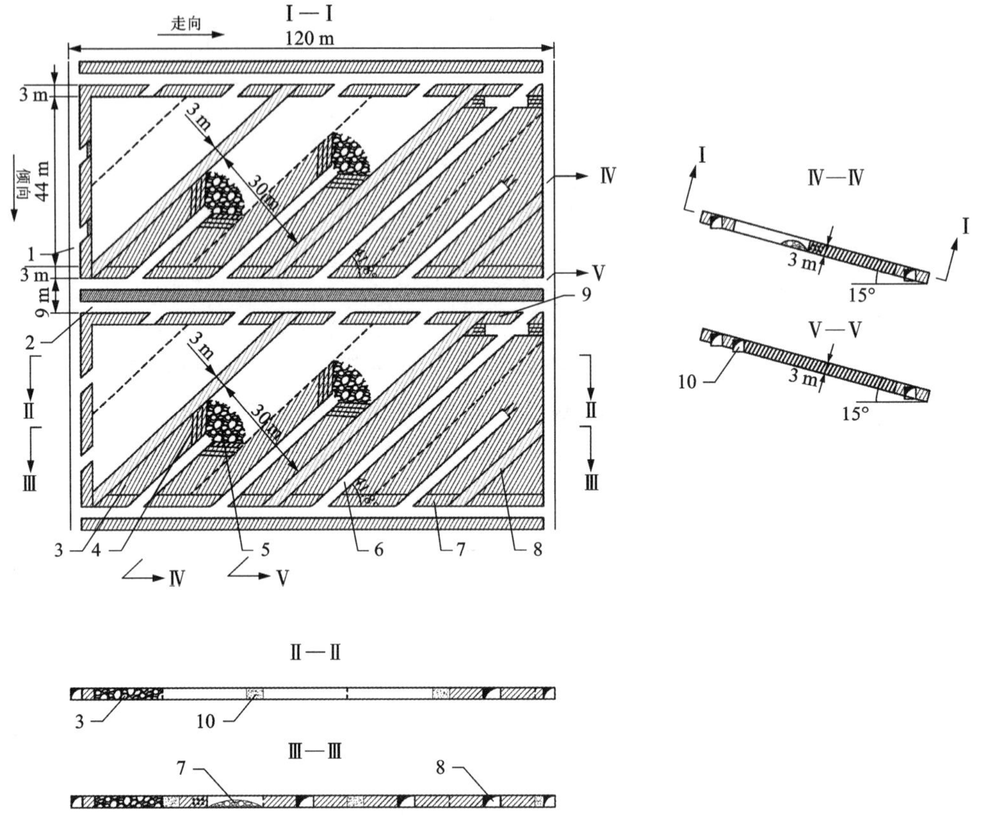

1—切割回风巷道；2—阶段运输巷道；3—待采矿体；4—炮孔；5—崩落矿石；
6—上山；7—底柱；8—间柱；9—顶柱；10—切割平巷道。

图 2-6 薄矿体机械化空场采矿法示意图

露面积大的情况下，采用前进式回采，能够解决铲运机出矿留死角的难题，为后续凿岩工作提供便利，并能提高资源回收率。

凿岩设备为 Boomer K41X 单臂凿岩台车、山特维克 DD210L 凿岩台车，出矿设备为 TCY-2A 柴油铲运机，运矿卡车为 JZC-12 卡车。薄矿体机械化开采主要技术经济指标见表 2-3。

表 2-3 薄矿体机械化开采主要技术经济指标

序号	技术经济指标	高效采矿方法	传统方法	增减值	增减百分比/%
1	采出矿量/t	583092	532840	50252	9.4
2	出矿品位(Cu)/%	0.592	0.603	-0.011	-1.8
3	采出金属(Cu)质量/t	3452	3213	239	7.4
4	采矿贫化率/%	11.2	9.6	1.6	16.7
5	采矿损失率/%	8.2	14.6	-6.4	-43.8
6	采切比/($m \cdot kt^{-1}$)	9.2	20.6	-11.4	-55.3

续表2-3

序号	技术经济指标	高效采矿方法	传统方法	增减值	增减百分比/%
7	采切工程量/m	5364.4	10976.5	-5612.1	-51.1
8	采矿工效/(t·工班$^{-1}$)	20.6	7.5	13.1	174.7
9	掘进工效/(m·工班$^{-1}$)	0.32(3×3)	0.36(2×2)	—	—
10	凿岩工效/(m·台$^{-1}$·班$^{-1}$)	162	—	—	—
11	采场生产周期/d	120	390	-270	-69.2
12	采场生产能力/(t·d^{-1})	400	100	300	300

2.3　留矿法

2.3.1　主要特点

该方法的主要特点是将矿块划分为矿房和矿柱，先采矿房，后采矿柱；在矿房中用浅眼自下而上逐层回采，每次采下的矿石靠自重暂时放出 1/3 左右(称局部放矿)；其余的存留于采场中，作为继续上采的工作平台，待矿房回采作业全部结束后，再全部放出(称为集中放矿，又称为最终放矿或大量放矿)。图 2-7 为浅孔留矿法方案图，矿块结构的主要参数包括阶段高度、矿块长度、矿柱尺寸及底部结构等。该方法的优点：结构简单，管理方便，采准切割工作量小，生产技术易于掌握。缺点：矿房内留下约 2/3 的矿石不能及时放出；矿房回采

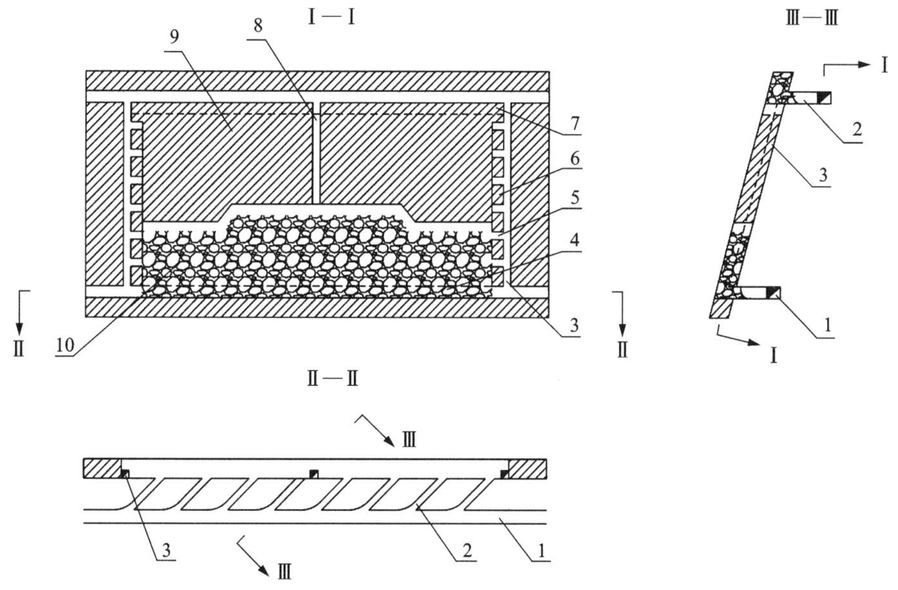

1—阶段运输平巷；2—装矿进路；3—天井；4—拉底巷道；5—联络道；6—间柱；7—顶柱；8—顺路天井；9—未采矿石；10—崩落矿石。

图 2-7　浅孔留矿法方案图

完毕后，留下大量采空区需要处理等。因矿柱矿量占比大，而且一般不进行回采，故矿石损失较大。由于回采过程中，暂存在采场中的矿石经常移动，因此不能将其用于地压管理。如果围岩稳固性不好，在大量放矿阶段，随着围岩暴露面积的逐渐增加，可能造成围岩突然片落而增大矿石贫化率，而且片落的大块岩石会堵塞漏斗造成放矿困难。

适用条件：①矿岩稳固性好。由于人员在空场下作业，如果矿岩稳固性较差，容易产生冒顶和片帮，影响作业安全。且片帮不仅会造成矿石贫化，而且片落的大块岩石会堵塞放矿口，造成放矿困难。因此，浅孔留矿法一般用于回采矿岩稳固性好的矿体。②矿体厚度以极薄至薄矿体为宜。中厚以上矿体采用留矿法，因顶板暴露面积过大，回采安全性较差，且撬顶、平场工作量大，经济效益不佳。③矿体倾角以急倾斜为宜。根据试验，倾角为60°~65°的矿脉，如果采高超过25~30 m，即会出现顶板存留。如果倾角小于60°，则应考虑采取辅助放矿措施，如某些矿山在矿房底部安装振动放矿机进行辅助放矿。④矿石无结块、自燃倾向。矿石中不应含有胶结性强的泥质，含硫量也不应过高，以防止矿石结块和自燃。

2.3.2 采场结构

由于留矿法主要用于回采急倾斜薄矿体(脉)，因此，采场一般沿走向布置。阶段高度应根据矿床的勘探程度、围岩稳固情况、矿体倾角等确定，采场长度主要取决于工作面的顶板及上盘围岩所允许的暴露面积。一般情况下，在阶段高度为40~50 m时，采场长度一般为40~60 m。如果围岩特别稳固，则采场长度为80~120 m。

为保护上部运输平巷和对围岩起暂时支撑作用，一般留有一定高度的顶柱。薄矿脉开采时，顶柱厚度一般为2~3 m，中厚以上矿体为3~6 m。

为了保护下部运输平巷、承托矿房中存留的矿石、施工放矿漏斗等，需要留设一定高度的底柱。底柱高度根据底部结构确定，薄矿脉一般为4~6 m，而中厚以上矿体有时为8~10 m。

如果需要施工人行天井，还应在矿房两侧留设间柱。间柱宽度薄矿脉一般为2~6 m，而中厚以上矿体有时为8~12 m。对于极薄矿脉或高品位薄矿脉，也可不留间柱，人工天井可以采用顺路架设方法形成。

开采极薄矿脉时，由于矿房宽度很小，一般不留间柱，只留顶柱和底柱，矿块之间靠天井的横撑支柱隔开。横撑对围岩还起支护作用。可根据现场需求，设置中央先进天井、两侧顺路天井或一侧先进溜井另一侧顺路天井。

2.3.3 采准与切割

采准工作包括掘进阶段运输平巷、天井和联络道以及拉底巷道和漏斗颈等。对于薄和极薄矿脉，为便于探矿，阶段平巷和天井均沿矿脉掘进。联络道一般沿天井每隔4~5 m掘进1条，其主要作用是使天井与矿房连通，以便人员、设备、材料、风水管和新鲜风流进入矿房。为防止崩落矿石将联络道堵死，两侧联络道宜交错布置。在矿房中每隔5~7 m设1个漏斗。为了减少平场工作量，漏斗应尽量靠近下盘。由于采用浅孔落矿，一般不设二次破碎水平，少量大块岩石直接在采场工作面进行破碎。

切割工作包括掘进放矿漏斗与拉底。在薄和极薄矿脉中，漏斗间距一般为4~5 m；在中厚以上矿体中根据每个漏斗合理负担面积(一般为25~36 m^2，最大不应超过50 m^2，因为漏斗负担面积过大，不仅增大回采时平场工作量，而且降低放矿效率）确定。拉底可以先从底部联络道开始掘进拉底平巷，然后向矿体两侧扩展。切割工作以拉底巷道为自由面，形成拉底空间并完成辟漏，其作用是为回采工作开辟自由面，并为爆破创造有利条件。

拉底高度一般为2~2.5 m；拉底宽度等于矿体厚度，但在薄和极薄矿脉中，为保证放矿顺利，其宽度不应小于1.2 m。拉底和辟漏的施工，按矿体厚度不同，采用下列3种方法。

(1)不留底柱的切割方法

矿房底部直接拉开，上掘创造作业空间，并架设人工假底，构筑人工漏斗与假巷，完成拉底与辟漏工作。

(2)有底柱拉底和辟漏同步进行的切割方法

设定好漏斗间距，从底部运输巷道一侧向上打孔，达到设定规格后上掘较高高度的斗颈，并扩大与相邻漏斗贯通，同步完成拉底与辟漏工作。

(3)有底柱掘进拉底巷道的切割方法

设定好漏斗间距，从底部运输巷道一侧向上打孔，完成一定高度的斗颈，从矿房一侧沿斗颈上端掘进拉底巷道，与漏斗贯通，之后进行漏斗扩口，完成拉底与辟漏工作。

2.3.4　回采工艺

留矿法回采工作自下而上分层进行，分层高度一般为2~3 m。在开采极薄矿脉时，为了作业方便和取得较好的经济效益，采场的最小工作宽度应为0.9~1 m。当回采工作面达到设计的顶柱边界时，进行集中放矿（或称大量放矿）。

矿岩稳固性较好时，可钻凿上向炮孔，采用梯段工作面或不分梯段一次钻完。梯段工作面长度一般为10~15 m。为减少撬顶和平场工作量，尽量采用长梯段或不分梯段一次打完。爆破后如果顶板极度不平整，可采用水平炮孔局部修整。如果矿岩稳固性较差，为保持顶板平整，应采用水平炮孔。炮孔排列形式根据矿脉厚度等可选择一字形、之字形、平行或交错布置方式。

留矿法爆破通风系统相对简单，通风后进行控制放矿。局部放矿时，放矿应与平场工作协同进行，各漏斗按计划均衡放矿，以减少平场工作量，防止在矿堆中形成空硐。为提高放矿效率，漏斗一般安装振动放矿机，借助振动力，改善矿石流动性能，提高放矿口通过能力，减少二次破碎量。如果出现空硐，空硐处理方法如下。

①爆破消除法。在空硐上部用较大药包爆破，悬空矿石失去平衡而垮落。放置药包时，作业人员应注意自身安全，防止空硐突然垮塌。

②高压水冲洗法。用高压水自漏斗向上或自上部矿堆向下冲刷。

③采用土火箭消除空硐。

④从空硐两侧漏斗放矿，消除空硐根脚使悬空矿石垮落。

为了便于工人在留矿堆上进行凿岩爆破作业，局部放矿后应将留矿堆表面整平，完成平场并处理崩矿和撬顶落下的大块矿石。矿房回采完毕后，应及时组织最终放矿，将残留在矿房内的全部矿石放出。

由于矿房底板粗糙不平，常在底板积存部分矿石和粉矿，从而造成矿石损失。当矿体倾角较缓时，残留矿石损失更为严重。为降低崩落矿石损失率，应在最终放矿结束后，尽可能采取措施将残留矿石采出。常用的残留矿石采出方法包括用高压水射流冲运残矿，或借助遥控铲装设备。

用留矿法开采薄和极薄矿脉时，有些矿山不留间柱，底柱也用水泥砌片石等人工底柱代替。此外，对于储量较大的矿柱，可以在集中放矿开始前，设置受矿结构爆破底柱与间柱。矿柱的崩落矿石与矿房存留矿石一起从矿块底部漏斗中放出。

国内部分采用留矿法的矿山矿块结构参数见表 2-4，主要技术经济指标见表 2-5。

表 2-4 国内部分采用留矿法的矿山矿块结构参数

矿山名称	阶段高度/m	矿体厚度/m	矿体倾角/(°)	矿块长度/m	间柱宽度/m	顶柱高度/m	底柱高度/m	漏斗间距/m
月山铜矿	50	5~8	70~85	40~60	6~8	3~5	3~6	5~6
广西河三铅锌矿	50	8~10	60~70	30~40	6~8	6	6~8	4~5
冯家山铜矿	40	1~31	81~88	30~50	6	4	5	4~5
西华山钨矿	38~56	0.2~0.5	75~86	60~80	不留	1~1.5	2.5~3	4.5~5
清水塘铅锌矿	40~50	1	75~85	50~60	不留	4	5	4.5~5.5

表 2-5 国内部分留矿法矿山主要经济技术指标

矿山名称	矿块生产能力/($t \cdot d^{-1}$)	采切比/($m \cdot kt^{-1}$)	损失率/%	贫化率/%	掌子面工效/(t·工班$^{-1}$)	每吨矿石材料消耗		
						炸药/kg	雷管/个	钎子钢/kg
月山铜矿	44~55		7~10	20~27	7~10			
盘古山钨矿	42		4.7	66~76	12.4	0.76	0.73	0.05
银山铅锌矿	55~75	12~16	12.6	12~14	5.3	0.6	0.68	0.045
西华山钨矿	50~60		6.1	78	12.5	0.62	0.82	0.027

2.3.5 应用实例

奥尔托喀讷什三区锰矿Ⅲ号矿体的开采情况如下。

1)开采技术条件

奥尔托喀讷什三区锰矿Ⅲ号矿体呈似层状，矿体长度约 800 m，矿体埋深 46.36~228.11 m，平均厚度为 2.76 m，平均品位为 35.97%。矿体的围岩由泥质、泥晶灰岩组成，近地表矿岩体稳定性稍差。

2)采场结构

综合考虑选用留矿法较为适宜，见图 2-8。矿块沿矿体走向布置，阶段高度为 50 m，长度为 40 m 左右，宽度为矿体厚度。矿块间柱宽度 6 m，底柱高度 5 m，顶柱高度 3 m。

3)采准与切割

采切工程包括采准天井、联络道、拉底巷道、漏斗等。设计在中段运输巷道内每 40 m 左右向上掘进脉内天井与上中段运输巷道(或地表)贯通，在天井内每隔 5 m 掘进联络道，与矿房贯通，采场采准工艺如图 2-8 所示。

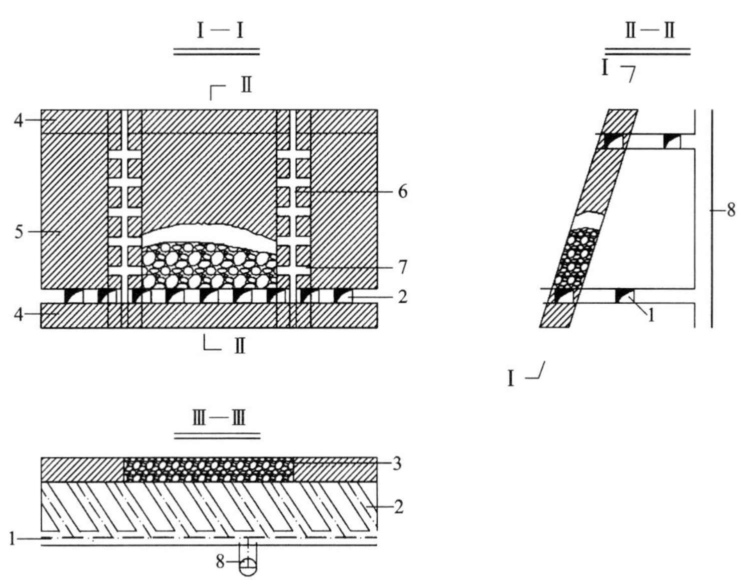

1—中段脉外巷道；2—出矿联络道；3—崩落矿体；4—顶底柱；5—间柱；6—人行井；7—天井联络道；8—矿石溜井。

图 2-8　奥尔托喀讷什三区锰矿留矿法方案图

在距中段运输巷道垂高约 5 m 处脉内掘进拉底巷道，与矿块两侧天井贯通；在中段运输巷道内每隔 5 m 靠近矿体下盘向矿房拉底水平掘进漏斗颈，然后扩帮成为漏斗，同时将矿房一侧漏斗设为顺路溜矿井出矿口，顺路溜矿井随矿房回采高度增加用圆木顺路加高，与回采高度保持一致。

4)回采工艺

矿房回采从拉底巷道自下而上分层进行，采用 7655 风动凿岩机凿岩，打水平或倾斜孔。用膨化硝铵炸药爆破，起爆器起爆，导爆管传爆。矿房回采自拉底巷道开始，回采宽度即为矿体厚度，每次爆破后 1/3 的矿石由电耙耙入顺路溜矿井放出，保持回采工作面高度为 2.0 m 左右，其余矿石留在矿房中，以支撑矿体顶、底板，待矿房回采结束后，再经漏斗放矿。回采时矿房内采用电耙耙矿，回采结束后须漏斗放矿。回采一半间柱，集中一次崩矿，顶柱可回采，底柱暂不回采。

技术参数：矿块生产能力为 80 t/d，采切比为 385 m/万 t，矿石回采率为 85%，矿石损失率为 10%。

2.4　分段矿房法

2.4.1　主要特点

分段矿房法是指在垂直方向上将中段划分为分段，在每个分段水平上布置矿房和矿柱，各分段采下的矿石分别从各分段的出矿巷道运出。各分段矿房回采完毕后，一般应立即回采本分段的矿柱并同时处理采空区。分段矿房法的特点是以分段为独立的回采单元，因而灵活性大，同时由于围岩暴露面积小，回采时间短，相应地可适当降低对围岩稳固性的要求。矿房横断面形状接近菱形，故也会给人留以菱形矿房的印象。优点：由于分段回采，可使用高效率的无轨装运设备，应用时灵活性大，回采强度高。同时，分段矿房回采完后，允许立即回采矿柱和处理采空区，既提高了矿柱的矿石回采率，又处理了采空区，为下分段回采创造了良好条件。缺点：由于每个分段都要掘进分段运输平巷、切割巷道、凿岩平巷等，因此该方法采准工作量大。

适用条件：适用于矿石和围岩中等以上稳固的倾斜和急倾斜矿体。

2.4.2 采场结构

分段矿房法一般沿走向布置采场。阶段高度一般为 40~60 m，分段高度为 10~20 m。矿房沿走向长度为 35~40 m(取决于矿岩稳固性)，间柱宽度为 6~8 m，各分段间留设斜顶柱，其厚度为 5~6 m。

2.4.3 采准与切割

采场采准工艺如图 2-9 所示。采用下盘脉外采准方式，上下阶段由采准斜坡道(坡度为 15%~20%)连通，自采准斜坡道掘进分段运输平巷和充填回风平巷。阶段内间隔一定距离(根据铲运机有效运距而定，电动铲运机为 80~100 m，柴油铲运机为 100~150 m)设置一个溜井，底端布设振动出矿机，溜井与分段运输平巷之间用卸矿横巷连通。在矿体中沿矿体走向布置凿岩平巷，凿岩平巷与充填回风平巷之间用切割横巷连通；在矿体下盘边界处沿矿体走向布置“V”形堑沟拉底平巷，“V”形堑沟拉底平巷与分段运输平巷之间用出矿进路连通。

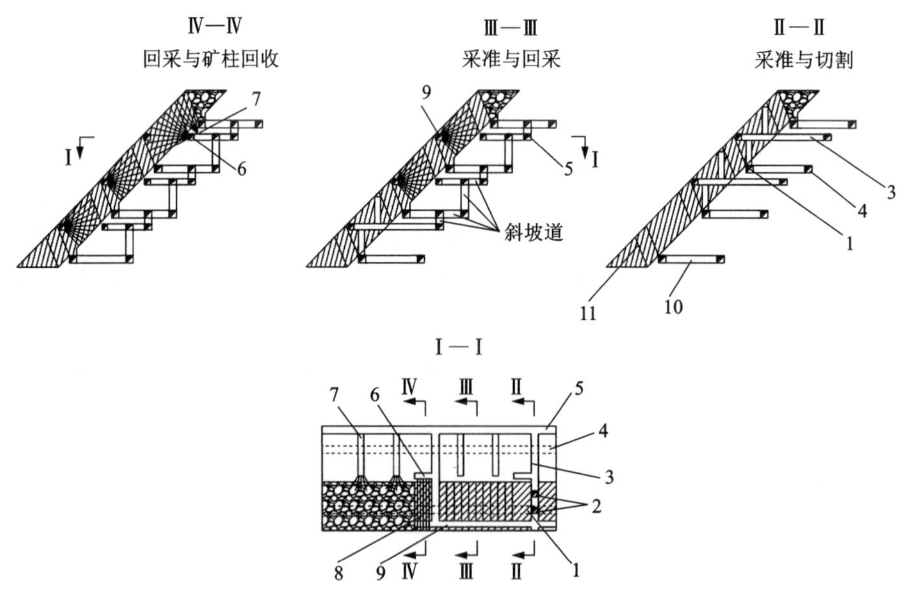

1—堑沟平巷；2—切割天井；3—切割横巷；4—分段运输平巷；5—矿柱回采平巷；6—间柱凿岩硐室；7—斜顶柱凿岩巷道；8—间柱；9—凿岩平巷；10—装运平巷；11—斜顶柱。

图 2-9 分段矿房法方案图

切割工作主要包括堑沟拉底平巷、切割天井、切割横巷、切割立槽及“V”形堑沟的形成。

采用垂直中深孔拉槽法形成切割槽，即由“V”形堑沟拉底平巷在靠近间柱位置向上掘进切割天井连通切割横巷。再由切割横巷继续向上掘进另一条切割天井至矿体上盘边界，在拉底平巷和切割横巷内分别钻凿上向扇形和平行中深孔，以切割天井为自由面进行多次逐排同次爆破形成切槽。

“V”形受矿堑沟由堑沟拉底平巷掘进上向扇形中深孔爆破形成，即由堑沟拉底平巷掘进上向扇形中深孔。边孔应少装药，角度控制在 30°左右，以形成平整的堑沟斜面。“V”形受矿堑沟形成爆破与回采同时进行，超前于回采立面钻凿数排炮孔即可。

2.4.4　回采工艺

矿房的回采自切割槽向矿房的另一侧推进，在“V”形堑沟拉底平巷、分段凿岩平巷中采用 YGZ-90 钻机或其他中深孔钻机(凿岩台车)钻凿上向扇形中深孔。炮孔一次打完，侧向崩矿，崩矿孔与堑沟孔同次爆破，每次起爆 3～4 排炮孔。每次爆破后至少通风 40 min，待工作面炮烟排净后，采用铲运机将崩落的矿石卸入溜井。

分段矿房法主要优点是作业在小断面巷道中进行，安全性好；使用无轨设备出矿，回采强度比较大，采场生产能力大，同时工作采场数目少，管理简单。主要缺点是每个分段都要掘进分段运输巷道、切割巷道、凿岩平巷等，采准工程量大。另外矿柱所占比例高，采用中深孔落矿，矿石损失率、贫化率高，矿石大块率高，二次破碎量大。部分矿山技术参数见表 2-6。

表 2-6　国内部分采用分段矿房法的矿山矿块结构参数及贫化损失率

矿山名称	阶段高度/m	分段高度/m	矿块宽度/m	矿块倾角/(°)	顶柱高度/m	底柱高度/m	间柱宽度/m	损失率/%	贫化率/%
锡铁山铅锌矿	60	8～12	25～30	55	7	14	8～12	21	21
三道沟铁矿	50	10～12	20	41	3～5	无	6～8	13.4	18.4
马坑铁矿	100	12.5	50	30～40	5	5	10	24.24	23.75
茇岭铁矿	30	10	11.6	33	2.5	5	5	19～22	17～20
龙江亭铜矿	30～36	10～12	15	20～30	5	5	15	13	10
赛什塘铜矿	50	10	50	30～40	6～7	6～7	5.5		

2.4.5　应用实例

张马屯铁矿的开采情况如下。

1)开采技术条件

张马屯铁矿床为矽卡岩型磁铁矿，总体为倾斜厚矿体，磁铁矿致密，中等硬度，f=6～8，地质品位 TFe(全铁)为 54%，下盘闪长岩致密稳固，f=8～10，上盘中厚层为结晶灰岩、大理岩 f=6，较为稳固。裂隙发育，水量充沛，进行过两次帷幕注浆，治水效果较好。

2)采场结构

结合现场客观现状，应用改良分段矿房法，如图 2-10 所示。阶段高度为 60 m，分段高度为 12 m，斜顶柱厚度为 6~7 m。矿房宽度为 16 m，间柱宽度为 15 m。

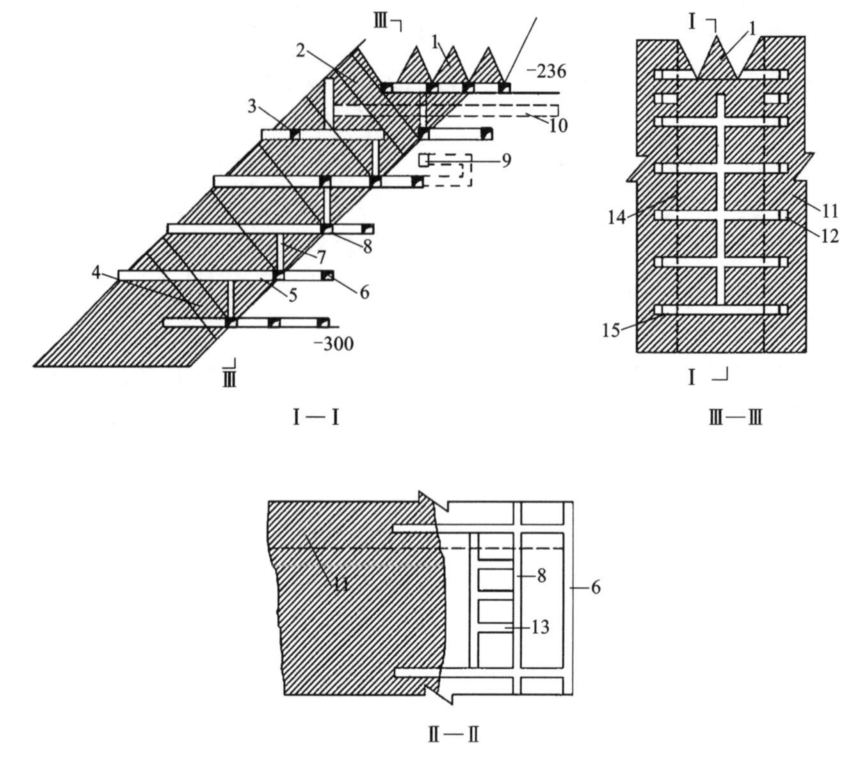

1—上阶段底柱；2—本阶段斜顶柱；3—回采凿岩横巷；4—下阶段斜顶柱；5—切割横巷；6—分段运输平巷；7—切割天井；8—堑沟平巷；9—顶柱凿岩平巷；10—充填穿脉巷道；11—间柱；12—间柱穿脉横巷；13—装矿横巷；14—充填横巷；15—堑沟平巷。

图 2-10 改良分段矿房法示意图

3) 采准与切割

由阶段运输巷道及斜坡道等连通各分段联络平巷。从分段运输平巷沿间柱掘进联络横巷至矿体上盘，从间柱联络平巷，向矿房底部拉开堑沟平巷，靠上盘掘进凿岩平巷，从矿房中部掘进切割天井，扇形炮孔拉开形成切割立槽。

4) 回采工艺

沿两侧间柱各掘 1 条穿脉巷道至矿体上盘，作为回采进路，布置 1~3 条回采平巷，回采时先从切割天井开始爆破形成切割槽，再向矿房两侧同时回采。中深孔落矿，各分段担负一定的出矿量。回采后进行胶结充填。

主要技术参数：矿房综合生产能力为 350~450 t/d，采切比为 66.8 m/万 t，矿房回采率为 94.5%，间柱回采率为 70.5%，矿石贫化率为 11%。

2.5 阶段矿房法

阶段矿房采矿法的特点是将采区划分为矿房与矿柱，用深孔回采矿房，矿房采完后形成敞空的空场，用不同方法回采间柱、顶柱和上阶段的底柱，同时处理采空区。

阶段矿房法是用深孔回采矿房的空场采矿法。根据落矿方式的不同，阶段矿房法可分为水平深孔落矿阶段矿房法和垂直深孔落矿阶段矿房法。前者要求矿房底部进行拉底，后者除拉底外，尚需在矿房的全高开出垂直切割槽。

该方法的优点：水平深孔落矿阶段矿房法和垂直深孔落矿阶段矿房法回采强度大，劳动生产率高，采矿成本低，回采作业安全等。垂直深孔球状药包落矿阶段矿房法具有如下优点：①矿块结构简单，不用切割天井，大大减少了矿块的采切工作量；②生产能力高；③采矿成本低，经济效益好；④球状药包爆破对矿石破碎效果好，矿石大块产出率低，有利于铲运机出矿；⑤工艺简单，易于实现机械化；⑥凿岩工在凿岩硐室打孔，爆破工在凿岩硐室向下装药，因此作业安全可靠。

缺点：矿柱矿量占比较大，回采矿柱的贫化损失大；水平深孔落矿阶段矿房法崩矿时对底部结构具有一定的破坏性；垂直深孔落矿阶段矿房法采准工作量大。垂直深孔球状药包落矿阶段矿房法具有如下缺点：①凿岩技术要求较高，必须采用高风压的潜孔钻机钻大直径深孔，并需结合其他技术措施，才能控制钻孔的偏斜；②矿层中如遇矿石破碎带，穿过破碎带的深孔容易堵塞，处理较为困难，有时需要钻机透孔或补打炮孔；③矿体形态变化较大时，矿石贫化损失较大；④要求使用高密度、高爆速和高威力炸药，爆破成本较高。

适用条件：水平深孔落矿阶段矿房法和垂直深孔落矿阶段矿房法广泛应用于开采矿岩稳固的厚或极厚急倾斜矿体，以及由急倾斜、平行极薄矿脉组成的细脉带矿体。垂直深孔落矿阶段矿房法适用于急倾斜厚大或中厚矿体，矿体与围岩接触面规整，矿体无分层现象，无互相交错的节理或穿插破碎带，围岩中等稳固或稳固，矿石中等稳固以上。

2.5.1　水平深孔落矿阶段矿房法

水平深孔落矿阶段矿房法是指在凿岩硐室中钻水平扇形深孔，向矿房底部拉底空间崩矿。

1)采场结构

阶段高度一般为40~60 m，如果沿矿体走向布置矿房，宽度一般为20~40 m，如果沿垂直矿体走向布置矿房，宽度一般为10~30 m。间柱宽度为10~15 m，顶柱厚度为6~8 m，采用漏斗底部结构，底柱高度一般为8~13 m，采用平底结构，高度一般为5~8 m。

2)采准与切割

采场采准工艺如图2-11所示，阶段运输巷道一般布置在脉外，在厚矿体中布置上、下盘脉外运输巷道，构成环形运输系统。在脉外运输巷道中心线位置开凿穿脉巷道(采用环形运输系统时，穿脉巷道与上、下盘脉外运输巷道贯通)，在阶段运输水平之上4~5 m掘进电耙巷道。由于应用深孔落矿，二次破碎工作量较大，一般电耙巷道应该设专用回风系统。在穿脉巷道一侧(间柱中心位置)掘进凿岩天井，先在天井垂向按水平深孔排距(一般为3 m)掘进凿岩联络平巷通达矿房，然后再将其前端扩大为凿岩硐室(平行直径为3.5~4 m，高约3 m)。

切割工作主要是开凿拉底空间和辟漏，一般采用中深孔或深孔方法形成拉底空间。如图2-12所示，先在矿房底部一侧用留矿法采出切割槽，然后在凿岩巷道中，钻上向扇形中深孔或深孔，爆破后形成拉底空间。随着扇形孔逐排爆破，超前向下辟漏，以便矿石溜入电耙巷道，由电耙耙运至溜井。深孔拉底方法具有效率高、作业安全等优点；但对底柱的破坏性较大，矿石和围岩很稳固时可以采用。中深孔拉底对底柱的影响较小，一般应用较多。

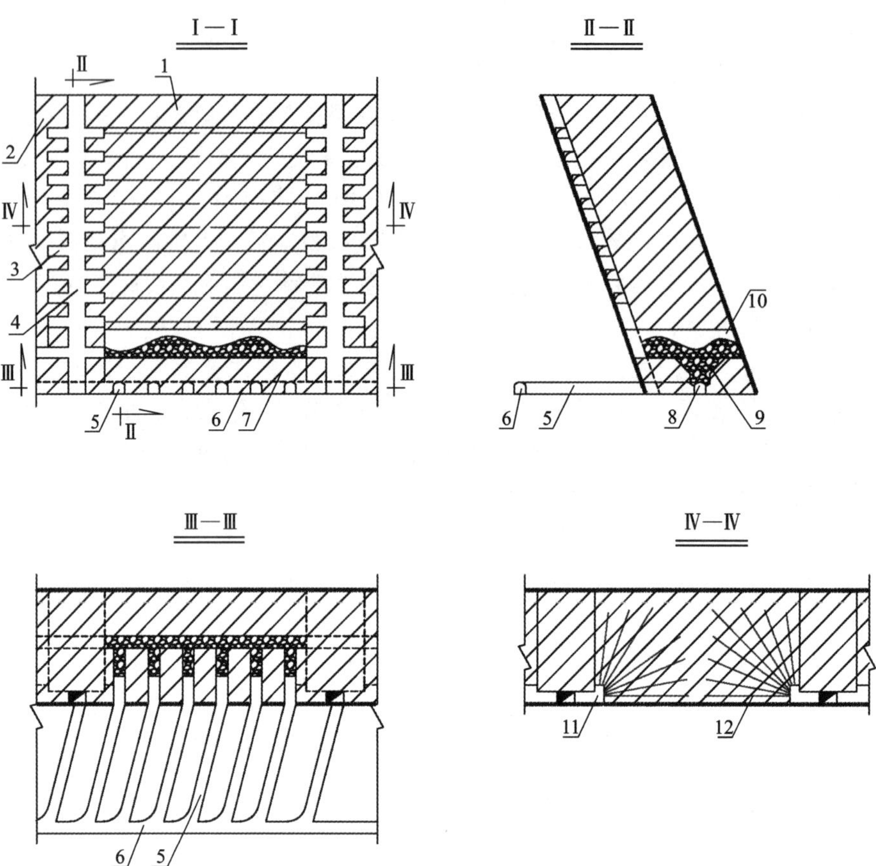

1—顶柱；2—间柱；3—凿岩联络平巷；4—通风人行天井；5—装矿联络巷道；6—阶段运输巷道；7—底柱；8—堑沟；9—放矿漏斗；10—拉底空间；11—凿岩硐室；12—水平扇形炮孔。

图 2-11　水平深孔落矿阶段矿房法示意图

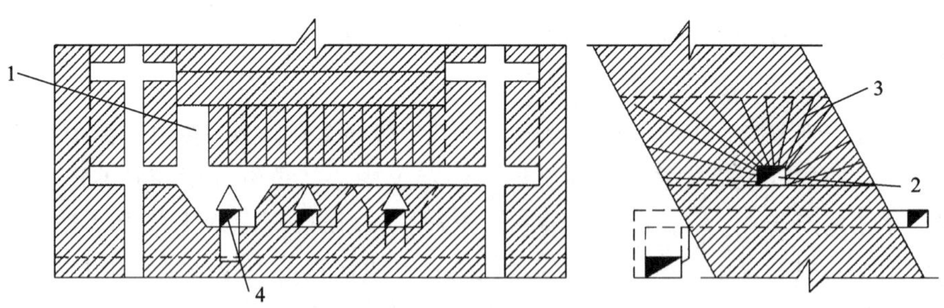

1—切割槽；2—凿岩巷道；3—扇形炮孔；4—电耙巷道。

图 2-12　中深孔(深孔)拉底方法示意图

3)回采工艺

切割工作完成以后，在凿岩硐室中钻水平扇形深孔，最小抵抗线 2.5~3 m。一般先爆 1~2 排(层)深孔，以后逐渐增加爆破排数。每次崩下的矿石，可全部放出，亦可暂留一部分在矿房中，但不能起维护围岩的作用，只起调节出矿作用。

深孔落矿的大块率较高，为 20%～30%，因此，必须在二次破碎巷道中进行二次破碎，再由溜井放出。二次破碎水平中，应设有专用回风道，保证二次破碎后，能很快排出炮烟，并带走粉尘。

2.5.2　垂直深孔落矿阶段矿房法

该方法根据所选取的凿岩设备可分为分段凿岩阶段矿房法和阶段凿岩阶段矿房法，目前国内外地下金属矿山多采用分段凿岩阶段矿房法。

1) 采场结构

根据矿体厚度，矿房长轴可沿矿体走向或垂直矿体走向布置。一般当矿体厚度小于 15 m 时，矿房沿走向布置。阶段高度取决于围岩允许的暴露面积，因为该方法回采矿房的采空区是逐渐暴露出来的，可采取较大的数值，一般为 50～70 m。国外一些矿山采用该采矿方法时，其阶段高度有增加的趋势。增加阶段高度，可增加矿房矿量占比和减少采准工作量。分段高度取决于凿岩设备能力，用中深孔时为 8～10 m，用深孔时为 10～15 m。

矿房长度根据围岩的稳固性和矿石允许暴露面积确定，一般为 40～60 m。矿房宽度，沿矿体走向布置时，即为矿体的水平厚度，沿垂直走向布置时，应根据矿岩的稳固性确定，一般为 15～20 m。

间柱宽度，沿走向布置时为 8～12 m，垂直走向布置时为 10～14 m。顶柱厚度根据矿石稳固性确定，一般为 6～10 m；底柱高度(采用电耙底部结构时)为 7～13 m。

2) 采准与切割

如图 2-13 所示，采准巷道有：阶段运输巷道、通风人行天井、分段凿岩巷道、电耙巷道、溜井、漏斗颈和拉底巷道等。

阶段运输巷道一般沿矿体下盘布置，通风人行天井多布置在间柱中，从天井掘进分段凿岩巷道和电耙巷道。对于倾斜矿体，分段凿岩巷道靠近下盘，以使炮孔深度相差不大，从而提高凿岩效率；对于急倾斜矿体，分段凿岩巷道则布置在矿体中间。

切割工作包括拉底、辟漏及切割槽等。切割槽可布置在矿房中央或其一侧。由于回采工作是垂直的，矿房下部的拉底和辟漏工程，不需要在回采之前全部完成，可随工作面推进逐次进行。一般拉底和辟漏超前工作面 1～2 排漏斗的距离。拉底方法一般采用浅孔从拉底巷向两侧扩帮。辟漏可从拉底空间向下或从斗颈中向上开掘。开掘的切割槽质量，直接影响矿房落矿效果和矿石损失、贫化的大小。开掘切割槽的方法如下。

(1) 浅孔拉槽法

在拉槽部位用留矿法上采，切割天井作为通风人行天井，采下矿石从漏斗溜到电耙巷道，大量放矿后便形成切割槽。切割槽宽度为 2.5～3 m。此法易于保证切割槽的规格，但效率低、劳动强度大。

(2) 垂直深孔拉槽法

如图 2-14 所示，拉槽时先掘切割巷道，在切割巷道中打上向平行中深孔，以切割天井为自由面，爆破后形成立槽。切割槽炮孔，可以逐排爆破、多排同次爆破或全部炮孔一次爆破。为简化拉槽工序，目前多采用多排同次起爆。

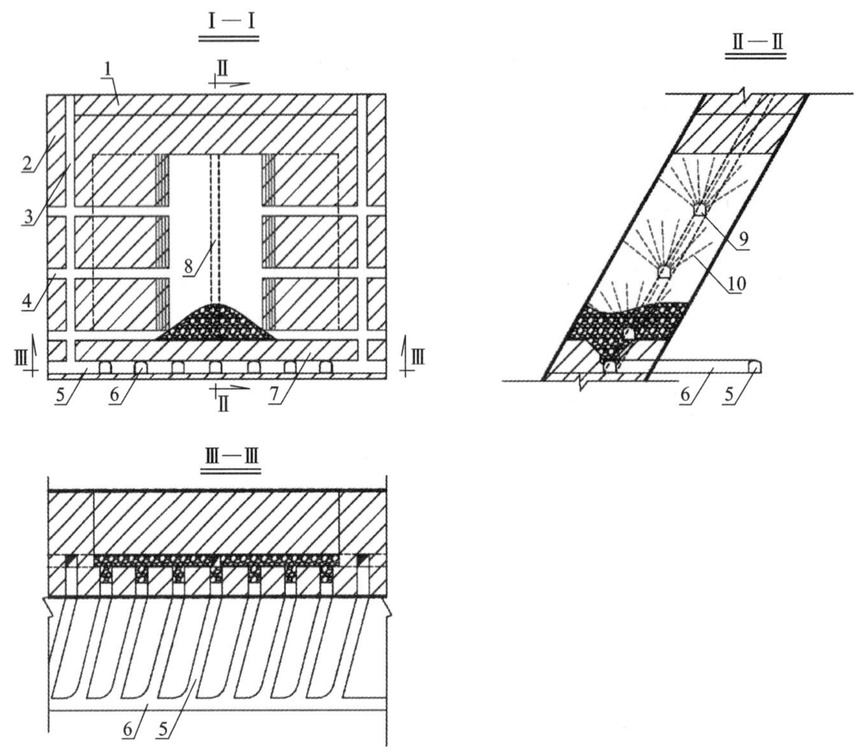

1—顶柱；2—间柱；3—通风人行天井；4—凿岩联络巷道；5—阶段运输巷道；6—装矿联络巷道；7—底柱；8—切割天井；9—分段凿岩巷道；10—垂直扇形炮孔。

图 2-13 垂直深孔落矿阶段矿房法示意图

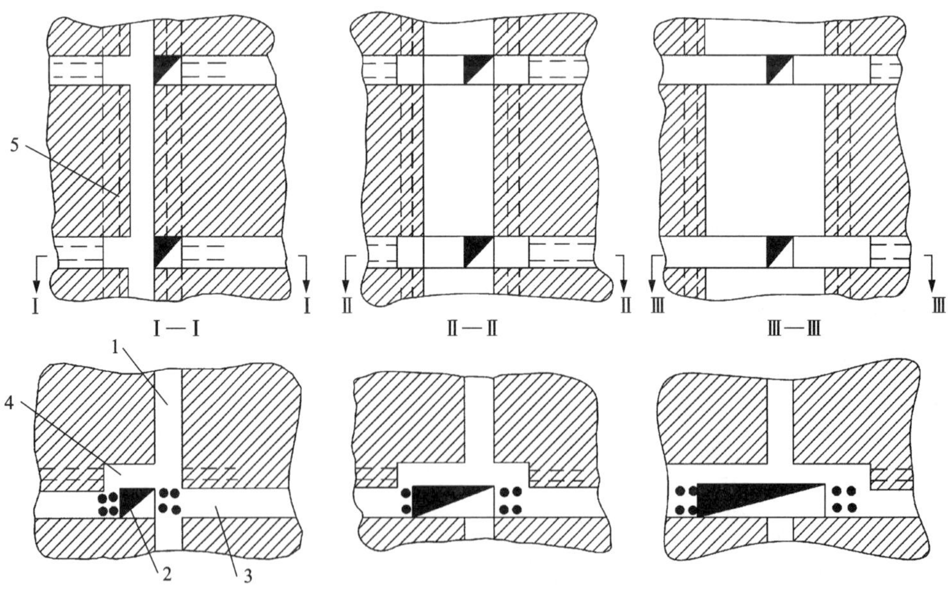

1—分段巷道；2—切割天井；3—切割巷道；4—环形进路；5—中深孔。

图 2-14 垂直深孔拉槽法

(3)水平深孔拉槽法

如图 2-15 所示，拉底后在切割天井中打水平扇形中深孔(或深孔)，分层爆破后形成切割槽，其宽度为 5~8 m。由于水平深孔拉槽法拉槽宽度较大，爆破夹制性较小，因此容易保证拉槽质量。此外，用深孔落矿效率高，作业条件较好。

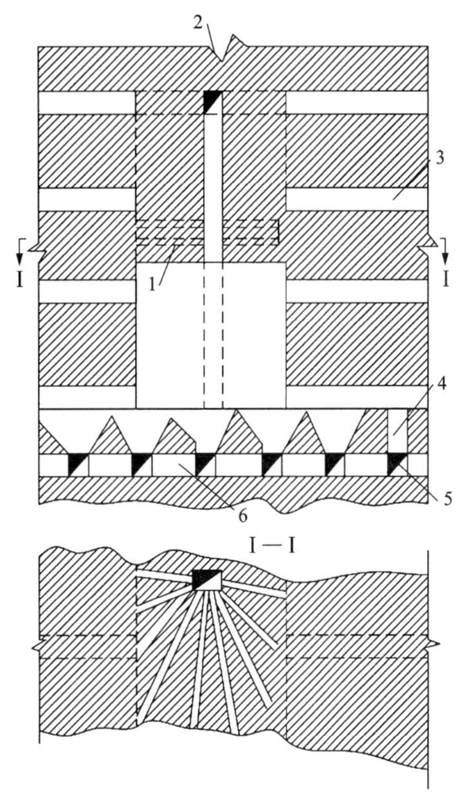

1—中深孔(或深孔)；2—切割天井；3—分段凿岩巷道；4—漏斗颈；5—斗穿；6—电耙巷道。

图 2-15　水平深孔拉槽法

3)回采工艺

在分段凿岩巷道中打上向扇形中深孔(最小抵抗线为 1.5~1.8 m)或深孔(最小抵抗线 3 m)。全部炮孔打完后，每次爆破 3~5 排，用秒差或微差雷管或导爆管分段起爆，上分段保持在垂直工作面超前下分段一排炮孔，以保证上分段爆破作业的安全。崩落的矿石借助重力落到矿房底部，经斗穿(斗颈)溜到电耙道。

矿房回采时的通风必须保证分段凿岩巷道和电耙道的风流畅通。当切割槽位于矿房一侧时，矿房通风系统如图 2-16(a)所示；当工作面从矿房中央向两翼推进时，通风系统如图 2-16(b)所示。为了避免上下风流混淆，多采用分段集中凿岩(打完全部炮孔)，分次爆破方式，使出矿时的污风不致影响凿岩工作。

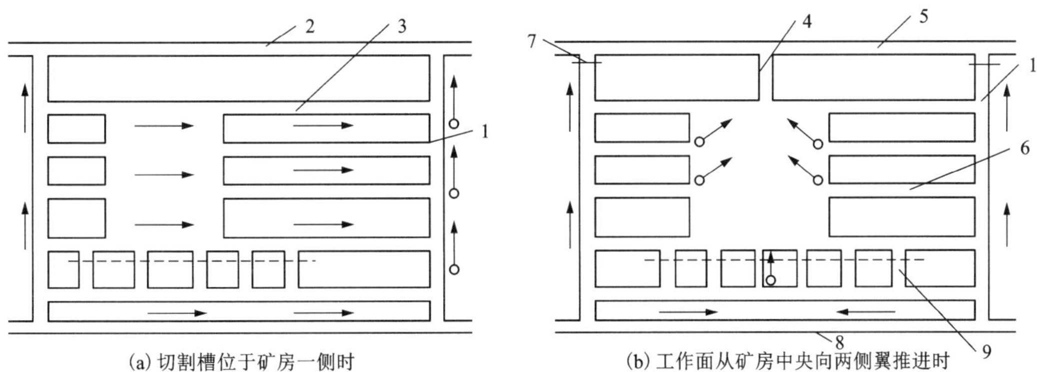

(a) 切割槽位于矿房一侧时　　(b) 工作面从矿房中央向两侧翼推进时

1—天井；2，5—回风巷道；3—检查巷道；4—回风小井；6—分段凿岩巷道；7—风门；8—阶段运输巷道；9—漏斗颈。

图 2-16　垂直深孔落矿阶段矿房法通风系统

4)实例

新疆蒙库铁矿的开采情况如下。

(1)开采技术条件

新疆蒙库铁矿位于阿尔泰山脉中部西南边缘山前地带，地形变化大。矿区主矿体为Ⅱ矿体，产状为不规则似层状、透镜状，南西倾向。矿体倾角为50°~85°(多数为65°~75°)，平均厚度8.4~11.34 m，原矿品位在25%至35%之间，多在30%以下，属中厚至厚的急倾斜低品位矿体。矿岩多为块状结构，风化程度不高，稳定性好。干燥状态下新鲜岩石抗压强度为45.0~196.0 MPa，饱和状态下抗压强度为27.3~107 MPa。矿石平均密度为3.998 t/m³，岩石平均密度为2.92 t/m³，矿岩松散系数为1.6~1.9。矿区构造破碎带虽较多，但规模小，构造破碎带一般厚度为0.6~3.5 m，3.5 m以上的构造破碎带较少，多为块状及碎块状，少数为碎屑状，极少数为粉末状。自地表到矿体深部，岩体完整程度逐渐增大，除部分构造破碎带外，岩体完整程度较高，工程地质条件良好。由于矿体品位较低，结合现场客观情况综合考量，选用垂直深孔落矿阶段矿房法。

(2)采场结构参数

如图2-17所示，阶段高度为50 m，分段高12~15 m，顶柱高5~8 m。矿体厚度小于25 m，矿块沿走向布置时，矿房长50 m，间柱长8 m；矿块宽为矿体水平厚度。矿体厚度大于25 m时，矿块沿垂直走向布置，矿块长即为矿体水平厚度，矿块宽25 m，其中矿房、矿柱宽均为12.5 m。根据矿块尺寸，一个矿块可布置3个分段。

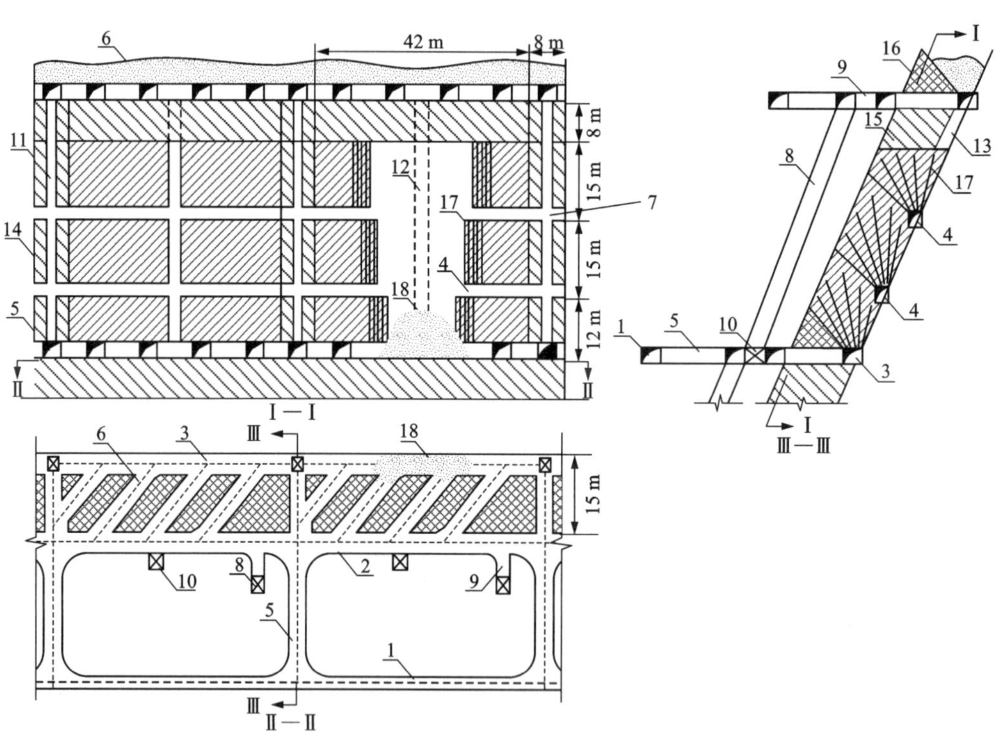

1—阶段运输平巷；2—沿脉运输平巷；3—装矿拉底巷道；4—分段凿岩平巷；5—穿脉运输平巷；6—装矿进路；7—人行天井联络道；8—采场溜井；9—溜井联络巷道；10—振动给矿机硐室；11—人行天井；12—切割天井；13—回风小井；14—矿块间柱；15—顶柱；16—底柱；17—扇形炮孔；18—崩落矿石。

图2-17 垂直深孔落矿阶段矿房法采场结构

(3)采准与切割

采准工程主要有穿脉运输巷、沿脉出矿运输平巷、装矿进路、人行天井、分段凿岩平巷。

每隔 50 m 布置 1 条穿脉运输巷，沿脉出矿运输平巷沿矿体上盘接触线布置，并与穿脉运输巷连通。人行天井布置在间柱中央，在每个分段高度上掘进分段凿岩平巷，构成人行及通风的主要通道。在沿脉出矿运输平巷内每隔 12 m 以 45°角向矿体下盘方向掘进装矿进路，装矿进路与矿房最下分段凿岩平巷连通。

切割工程有拉底、切割天井。切割天井布置于矿房中央，切割天井上端(矿块顶柱内)作为回风小井，与上中段沿脉运输平巷连通。在矿房最下分段凿岩平巷中向上钻凿扇形炮孔，爆破出矿后形成“V”形堑沟。根据采切工程布置及各采切巷道、硐室的断面规格，计算标准矿块综合采切比为 4.24 m/kt。

(4)回采工艺

在分段凿岩平巷中用钻机钻凿孔径为 70 mm 的上向扇形中深孔。回采前，将切割天井沿矿体全断面拉开，为回采提供足够的自由面。拉槽工序完成后开始钻凿回采中深孔，其排面参数为：孔径 80 mm，排距 1.6 m，孔底距 1.8~20 m，孔口距 0.6~0.9 m，炮孔排面角 85°，崩矿步距 3.2 m。将炮孔全部凿完后开始崩矿，用 2 台 BQF-100 装药器充装粒状铵油炸药。按线装药密度 5.01 kg/m 来计算装药量。

爆破采用非电毫秒导爆管孔底起爆，同排同段，各排分段加导爆管并联网络一次性起爆。自矿房中央向两侧自上而下后退式回采，崩矿步距为 3.2 m。根据崩矿面积计算单次崩矿量为 2506 t，炮孔崩矿量为 8 t/m。

崩落矿石用斗容为 2.0 m^3 的 JCCY-2 柴油铲运机运至采场溜井，下放至下一中段振动给矿机硐室，再由矿用卡车运输至中段主溜井卸矿。根据矿山 5000 t/d 开采规模的需求，需 JCCY-2 柴油铲运机 14 台，其中 11 台工作，3 台备用。

在回采矿房过程中，利用顶、底柱和间柱支撑采空区。矿房回采完毕后，在回采矿柱的同时崩落围岩充填采空区。矿柱回采分两步。首先，在不影响矿房回采的同时，回采相邻已采矿房的顶柱及上中段底柱；待矿房回采结束时，在其间柱及上中段底柱中凿上向扇形炮孔和顶柱中凿水平扇形炮孔，采用微差爆破，先爆矿房顶柱，后爆矿房间柱及上中段矿房底柱，崩落矿石由采场底部集中出矿。

2.5.3　垂直深孔球状药包落矿阶段矿房法

垂直深孔球状药包落矿阶段矿房法(VCR 法)，以球状装药爆破落矿为主要特点，是地下采矿方法中高效、安全、经济的方法之一，受到采矿界的普遍关注。生产实践证明，该方法具有矿石破碎质量好，效率高，成本低，工艺简单，作业条件安全，切割工程量小等优点。在围岩稳固矿石中稳至稳固，倾斜至急倾斜的中厚和厚矿体中均可应用。采矿方法如图 2-18 所示。

2.5.3.1　采场结构

根据矿体厚度，矿房可沿矿体走向或垂直矿体走向布置：当开采中厚矿体时，矿房沿走向布置；当开采厚矿体时，矿房垂直走向布置。

阶段高度取决于围岩和矿石的稳固性及钻孔深度，若钻孔过深，则难以控制钻孔的偏斜度。按照国外生产实践，阶段高度一般以 40~80 m 为宜。矿房长度根据围岩的稳固性和矿石允许的暴露面积确定，一般为 30~40 m。沿走向布置时，矿房宽度等于矿体厚度；垂直矿体走向布置时，应根据矿岩的稳固性确定，一般为 8~14 m。

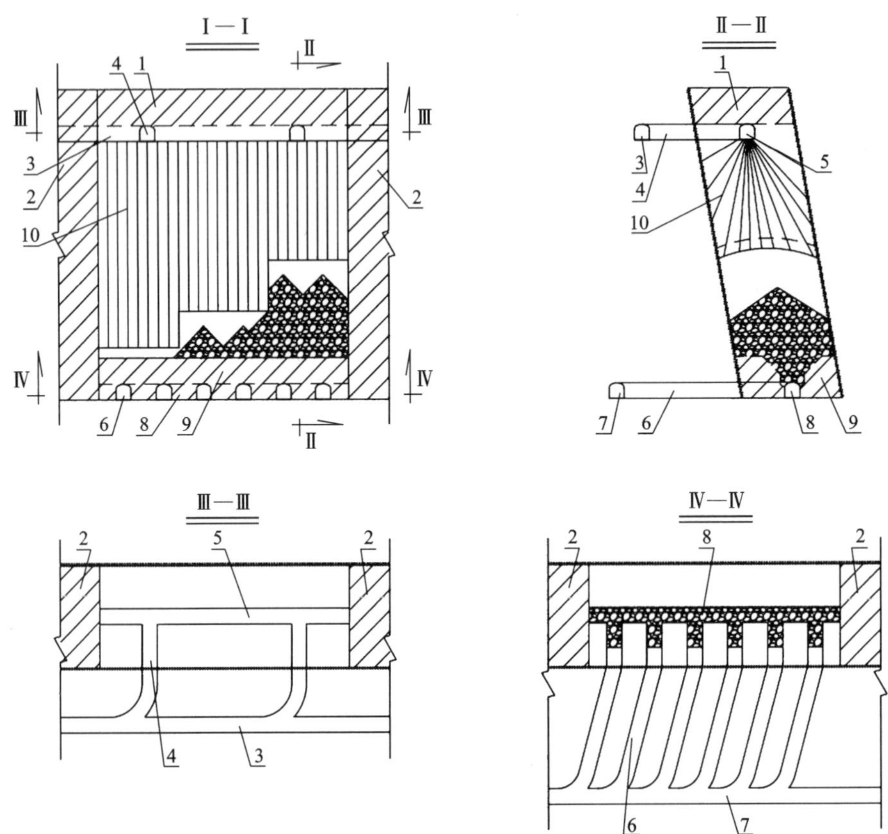

1—顶柱；2—间柱；3—进路平巷；4—进路横巷；5—凿岩平巷；6—装运平巷；
7—阶段运输巷道；8—堑沟；9—放矿漏斗；10—扇形炮孔（ϕ=165 mm）。

图 2-18 垂直深孔球状药包落矿阶段矿房法

沿走向布置时，间柱宽度一般为 8～12 m。垂直矿体走向布置且先采间柱时，其宽度一般为 8 m。顶柱厚度根据矿石稳固性确定，一般为 6～8 m。底柱高度按出矿设备确定，当采用铲运机出矿时，一般为 6～7.5 m。也可不留底柱，即先将底柱采完形成拉底空间，然后分层向下崩矿。整个采场采完和铲运机在装运巷道出矿结束后，再采用遥控铲运机进入采场底部将留存在采场平底上的矿石铲运出去。

2.5.3.2 采准与切割

当采用垂直平行深孔时，在顶柱下面掘凿岩硐室（图 2-19），硐室长度比矿房长度长 2 m，硐室宽度比矿房宽 1 m，以便钻凿矿房边孔时留有便于安置钻机的空间，并使周边孔与上、下盘围岩和间柱垂直保持一定的距离，以控制矿石贫化和保持间柱垂面的平直稳定。钻机工作高度一般为 3.8 m。为充分利用硐室自身的稳固性，一般硐室墙高 4 m，拱顶处全高为 4.5 m，形成拱形断面。

当采用垂直扇形深孔时，在顶柱下面挖掘凿岩平巷，便可向下钻垂直扇形深孔（如图 2-20 所示）。当采用铲运机出矿时，由下盘运输巷道挖掘装运巷道通达矿房底部的拉底层，与拉底巷道贯通。装运巷道的间距一般为 8 m，曲率半径为 6～8 m。为保证铲运机在直道状态下铲装，装运巷道长度不小于 8 m。

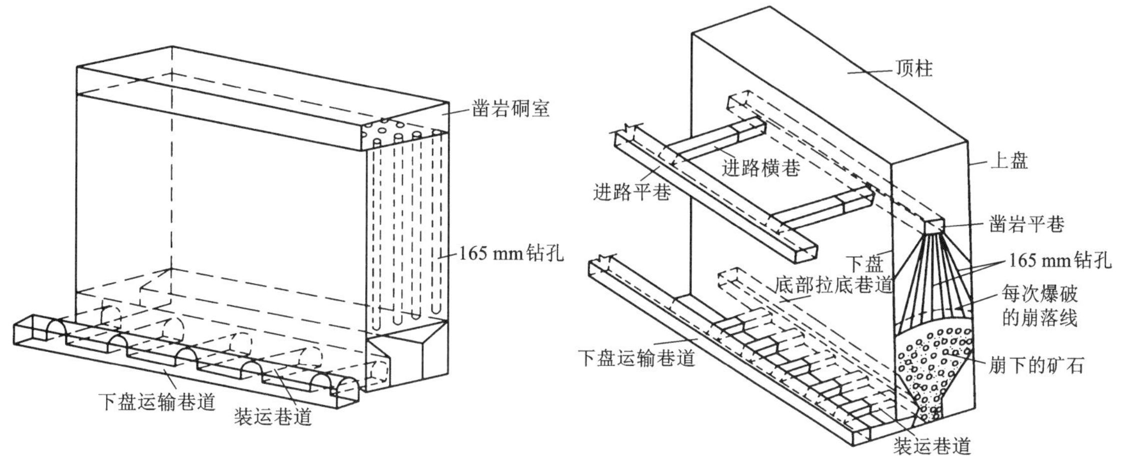

图 2-19　垂直平行深孔球状药包落矿阶段矿房法　　**图 2-20　垂直扇形深孔球状药包落矿阶段矿房法**

切割工作主要是拉底，拉底高度一般为 6~8 m，可留底柱、混凝土假底柱或平底结构。留底柱时，先在拉底巷道矿房中央向上挖掘 6 m 高，2~2.5 m 宽的上向扇形切割槽，然后自拉底巷道向上打扇形中深孔，沿切割槽逐排爆破。矿石运出后，形成堑沟式拉底空间(见图 2-19 或图 2-20)。采用混凝土假底柱时，先自拉底巷道向两侧扩帮达上、下盘接触面(指矿房沿走向布置时)。然后再打上向平行孔，将底柱采出，再用混凝土造堑沟式人工假底柱。若不设人工假底柱，则成为平底结构。

2.5.3.3　回采工艺

1)钻孔

现今多采用大直径深孔，炮孔直径多为 165 mm(少数矿山炮孔直径为 150 mm)，但未全面论证这是最优孔径，仅凭现场试验获得。

炮孔排列有垂直平行深孔和扇形孔两种。在矿房中采用垂直平行深孔有下列优点：能使两侧间柱立面保持垂直平整，为下部回采间柱创造良好条件；容易控制钻孔的偏斜率；炮孔利用率高，矿石破碎较均匀。但凿岩硐室工程量大；而扇形孔所需的凿岩巷道工程量显著减少，一般在回采间柱时可考虑采用。采用垂直平行深孔的孔网规格一般为 3 m×3 m，按矿石的爆破性确定。各排平行深孔交错布置或呈梅花形布置，周边孔的孔距适当加密。

钻孔设备采用深孔大直径钻机。现今使用的潜孔钻机有阿特拉斯·科普柯 ROC-306 型履带式潜孔钻机(配 COP-6 潜孔冲击器)、TRWMission 钻机、英格索兰 CMM-DHD-16 型潜孔钻机等。国产钻机有长沙矿山研究院有限责任公司与嘉兴冶金机械厂按 ROC-306 型仿制的 DQ-1501 型潜孔钻机等。

为提高钻孔速度，防止钻孔偏斜，必须将供风网路风压由 490.5~686.7 kPa 增加到 981.0~1471.5 kPa，高风压可使钻头高速穿过非均质矿石而炮孔不易偏斜。现今多在靠近钻孔地点的供风网路上连上增压机，与潜孔钻机配套使用。国外使用的增压机有阿特拉斯·科普柯 AG-1 型增压机(可向 2 台 ROC-306 型潜孔钻机供风)、英格索兰 Hipac300 型空压机等。我国目前生产的增压机有无锡压缩机厂试制的 LG16-20/5~15 型螺杆增压机(排风量为 20 m^3/min，能将 392.4~686.7 kPa 网路风压增至 981.0~1471.5 kPa)、广西柳州空气压缩机总厂生产的 VYF-22.5/5-15 型增压机(排风量为 22 m^3/min，能将 392.4~686.7 kPa 的网路风压增至 981.0~1471.5 kPa)。

2)爆破

(1)球状药包所用炸药

爆破必须采用高密度(1.35~1.55 g/cm^3)、高爆速(4500~5000 m/s)、高威力(若铵油炸药为 100 时，应为 150~200)的炸药。国外 20 世纪 70 年代主要采用 TNT 含量高的浆状炸药，我国现已广泛推广使用乳化炸药。

(2)分层爆破参数确定

①选定药包质量。根据球状药包的概念，药包长度不应大于药包直径的 6 倍。如采用耦合装药，则药包直径应与孔径相同，故当药包直径为 165 mm，长 990 mm 时，经计算每个药包重 30 kg。当采用不耦合装药时，钻孔直径为 165 mm，药包直径应小于钻孔直径，取药包直径为 150 mm，长 900 mm，经计算每个药包重 25 kg。

②药包最优埋置深度。指药包中心距自由面的最佳距离。根据漏斗试验的应变能系数 E 和最佳埋深比 Δ_0，按公式(2-2)计算出最优埋置深度 d_0。

例如凡口铅锌矿所作的小型漏斗试验，一个 $Q=4.5$ kg 的球状药包，其最佳埋置深度 $d_0=1.4$ m，临界埋置深度 $d=2.98$ m，则应变能系数为：

$$E = d/Q^{\frac{1}{3}} = 2.98/\sqrt[3]{4.5} \approx 1.805$$

$$\Delta_0 = \frac{d_0}{d} = \frac{1.4}{2.98} \approx 0.47 \tag{2-2}$$

当 $Q=30$ kg 时，$d_0=\Delta_0 EQ^{\frac{1}{3}}=0.47\times1.805\times\sqrt[3]{30}=2.64$(m)

当 $Q=25$ kg 时，$d_0=\Delta_0 EQ^{\frac{1}{3}}=0.47\times1.805\times\sqrt[3]{25}=2.48$(m)

③布孔参数。合理的炮孔间距应考虑矿石的可爆性，并使爆破后形成的顶板平整。炮孔间距可采用下列公式计算：

$a=md_0$(即炮孔间距为药包最优埋置深度的 m 倍)

式中：a 为孔间距；m 为临近系数，其值为 1.1~1.8，按矿石的爆破性选取。

(3)装药结构及施工顺序

单分层装药结构及施工顺序如下。

①测孔。在进行爆破设计前要测定孔深，测出矿房下部补偿空间高度。全部孔深测完后，即可绘出分层崩落线并据此进行爆破设计。常用的测孔方法有两种：一是在 1 根长 0.5 m、直径为 25 mm 的金属杆的中部和一端各钻 1 个直径 12 mm 的孔，将有读数标记的测绳穿过杆端孔并系牢。测孔时将测绳弯转至杆中部孔处刚好在测绳“零”读数位置用一易断的细线绑着，将杆放入孔内先降落到下部矿石爆堆面再往上提使金属杆横亘在孔底口，可测出炮孔深度和补偿空间高度。测完后用力拉断细线，使金属杆直立，便可收回。二是用 1 根长 0.6 m 的直径为 1 英寸的胶管代替金属杆，测绳绑在胶管中部进行测孔(见图 2-21)，此法简便省时。

②堵孔底。一种方法是将系吊在尼龙绳尾端的预制圆锥形水泥塞下放至孔内预定位置，

再下放未装满河沙的塑料包堵住水泥塞与孔壁间隙，然后向孔内堵装散砂至预定高度为止。另一堵孔方法是采用碗形胶皮堵孔塞。如图 2-22 所示，用 1 根直径为 6~8 mm 的塑料绳将堵孔塞吊放入孔内，直至下落到顶板孔口之外，然后上提将堵孔塞拉入孔内 30~50 cm，此时由于胶皮圈向下翻转呈倒置碗形，紧贴炮孔岩壁，有一定承载能力。堵孔后，按设计要求填入适量河砂。

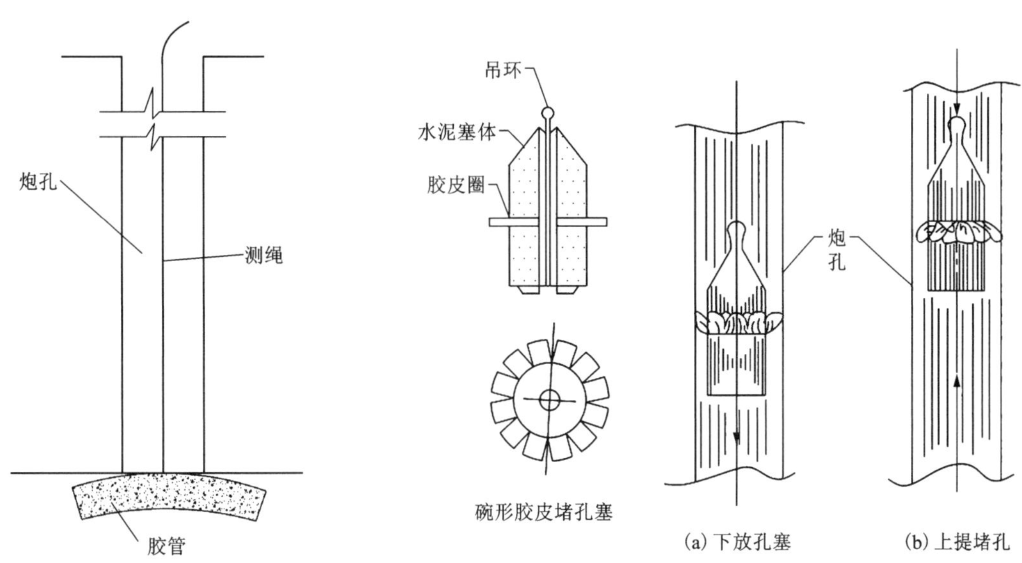

图 2-21　用胶管测孔深

图 2-22　碗形胶皮堵孔塞堵孔方法

③装药。图 2-23 为单分层爆破装药结构图，孔径为 165 mm，耦合装药，球状药包重 30 kg。装药时用系结在尼龙绳尾端的铁钩钩住预系在塑料药袋口的绑结铁环，药袋借自重下落。先向孔内投入 1 个 10 kg 的药袋，然后将装有起爆弹的 5 kg 药袋用导爆线直接投入孔内，再投一个 5 kg 药袋，上部再投入 1 个 10 kg 药袋。

④填塞。药包上面填入河砂，填塞高度以 2~2. 5 m 为宜。

(4)起爆网络

采用起爆弹—导爆线—导爆管—导爆线起爆系统，起爆网络如图 2-24 所示。

球状药包采用 250 g 50/50TNT—黑索金铸装起爆弹，中心起爆。

孔内导爆线与外部网络的导爆线之间采用导爆管连接，这样可减少拒爆的可能性，同时便于选取孔段。生产实践证明，该起爆系统安全可靠，施工方便，无拒爆现象，可保证爆破质量。

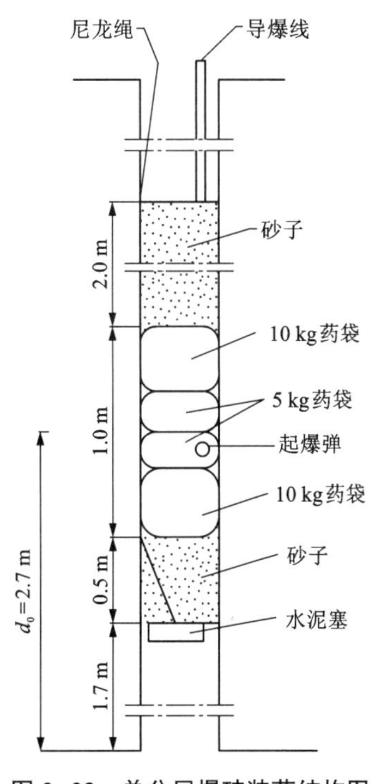

图 2-23　单分层爆破装药结构图

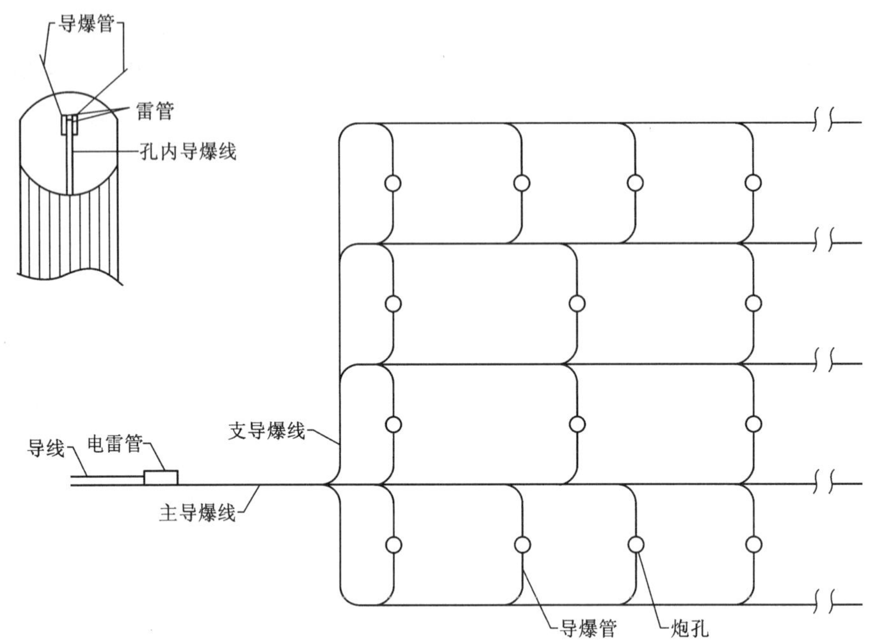

图 2-24 起爆网络示意图

(5)爆破实施

采用单分层爆破时，每分层推进高度为 3~4 m。爆破后顶板平整，一般无浮石和孔间脊部。现今国内外试验多层同次爆破已获得成功，一般一次可崩落 3~5 层。可根据矿石的可爆性、矿房顶板暴露面积和总崩矿量、底部补偿空间及安全技术要求等因素加以周密设计，再确定爆破方式。

3)出矿

(1)出矿设备

现今国内外多采用铲运机出矿。凡口铅锌矿使用 LF-4.1 型铲运机出矿，斗容为 2 m^3，平均每班生产能力为 274 t，最高为 587 t，平均日生产能力为 740 t，最高为 1500 t。使用法国 CT-1500 型铲运机出矿，斗容为 0.83 m^3，平均每班生产能力为 223 t，平均日生产能力为 581 t，最高达 977 t。

(2)出矿方式

一般每爆破一分层，出矿约 40%，其余暂留矿房内，待全部崩矿结束后，再大量出矿。若矿石含硫较高则产生二氧化硫，易于结块。为减少崩下矿石在矿房的存留时间，应使矿石经常处于流动状态，减少矿石结块机会，当矿岩稳固允许暴露较大的空间和较长的时间时，可进行强采、强出、不限量出矿。

铲运机在装运巷道铲装，再转运至溜井，运输距离一般为 30~50 m。

4)安全技术

(1)爆破效应观测

采用大直径球状药包爆破，炸药集中，一次爆破的药量较大。为防止矿房及地下工程设施遭受地震波的破坏，必须测定其振动速度，研究其传播规律，以确定一段延时的允许药量、合理的炮孔填塞高度和合理的起爆方案。

(2) 顶层安全厚度的检测

随着爆破分层向上推进，凿岩硐室下面的矿层厚度也逐渐减小，最后留下的顶层呈板梁状态。在经受多次爆破后，顶层受爆破冲击、两侧挤压与矿层自重等交错应力作用，易于冒落。因此顶层应保留一定的安全厚度，使其能承受上述载荷而不致自行冒落。根据国内外矿山经验，顶层的安全厚度约为 10 m。

(3) 爆破后气体爆燃机二次硫尘爆炸的预防措施

使用大直径球状药包崩矿，国外几个矿山曾出现了两个潜在的安全问题：一是炮孔爆后气体的爆燃，二是二次硫尘爆炸。因此在工作中须予以高度重视。

为防止二次硫尘爆炸，国内外高硫矿山，大都采取了下列技术措施：

①班末在地表控制地下爆破，保证爆破时无人在地下作业；

②起爆时的总延续时间保持在 200 μs 以下；

③用石灰粉填塞炮孔或爆破前向矿房空间吹进石灰粉，爆破时石灰粉同高温次生硫尘接触，吸收热量发生分解与转化，使得硫尘温度降低，从而可抑制二次硫尘的爆炸，同时也有利于抑制矿堆自热氧化的速度；

④经常清洗井巷帮壁，消除硫尘的积聚，出矿时勤洒水。

2.5.3.4　工程实例

惠山铜矿的开采情况如下。

1) 开采技术条件

惠山铜矿床为斑岩沉积型矿床，其矿石主要为黄铜矿矿石。惠山铜矿矿体平均厚度为 12.2 m，矿体 27 号、28 号回采厚 30~40 m。矿体走向长平均为 1000 m，倾角为 65°~70°，矿石普氏硬度系数 f 为 7~8，平均地质品位为 1.21%~1.47%。围岩为花岗斑岩、长石板岩灰岩等中等稳固以上的岩体。

2) 采场结构

经综合评比选用 VCR 法较为适宜，选定试验采场开展回采试验，如图 2-25 所示。矿房沿垂直矿体走向均匀布置，间隔回采。阶段高度为 55 m，宽度为 15 m，长为矿体厚度。底部结构为 9~12 m。

3) 采准切割

由联络巷道连通上部布置阶段凿岩硐室，潜孔钻机钻下向深孔。由阶段运输巷道经联络道沿底部矿房中央掘进拉底巷道，拉底后上扩形成“V”形堑沟。由阶段运输巷道掘进出矿通道连通受矿堑沟，VCR 掏槽孔切割。

4) 回采工艺

采场凿岩采用 T-150 型凿岩机在凿岩硐室内钻凿下向深孔，孔深 45~52 m，钻孔直径为 165 mm。孔网间距采用理论公式计算，同时参照类似矿山确定孔距为 3.0 m，炮孔排距为 2.8 m。VCR 掏槽高 6~15 m，即可进行小梯段侧向崩矿。采用单分层侧向爆破，爆破高度 3 m。顶层厚度为 8~14 m，可一次爆破回采。技术参数：采场生产能力为 520 t/d，采矿损失率为 12.3%，矿石贫化率为 14.8%，采切比为 35.2 m/kt。

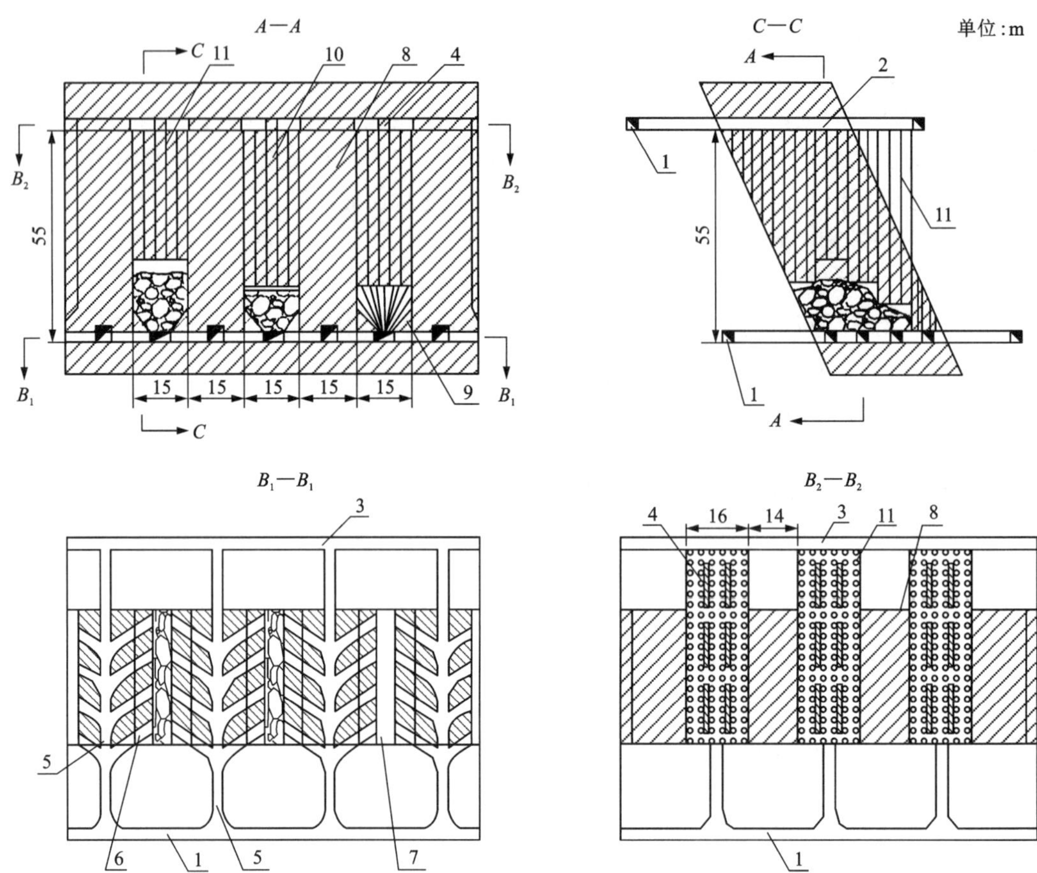

1—阶段运输平巷；2—凿岩硐室；3—上盘回风巷；4—切顶矿柱；5—出矿平巷；6—出矿进路；
7—底部受矿平巷；8—间柱；9—底柱；10—矿房；11—炮孔。

图 2-25 小梯段侧向崩矿阶段空场法示意图

2.6 采空区治理和矿柱回采

2.6.1 概述

矿山地下开采留下了大量的采空区，矿区原岩应力场的平衡状态被打破，并逐渐形成新的应力平衡，而且随着采矿的持续扰动这种不平衡不断加剧，为了减小地下开采导致的岩体应力集中程度，转移应力集中部位，控制和管理矿山地压，保障矿山安全，须对采空区进行处置。随着采矿事业的飞速发展，采空区的处理技术和方法也越来越多样化，但消除矿山安全隐患的目的不会发生变化。随着一些新技术在采空区处理中的应用，对采空区的处理会更加高效，能更加有效地控制地压活动来预防灾害的发生。

我国金属矿山由于受当时的矿业开发政策和开采技术的影响，遗留了大量的采空区，受采空区影响的金属矿产资源量巨大，占到矿山资源总量的 30%~35%。矿柱成群存在，地下空区形态错综复杂，内部情况不明，且多层重叠、相互关联，形成了一种复杂的三维网状结构。采空区处理的目的是控制空区引起的地压显现的强度。采矿生产实践表明，当空区的范围超过一定界限之后，常常引发强烈的地压显现，其后果是相当严重的。地压显现主要表现有：空区、采场和巷道发生大量的岩石冒落，岩体错动现象，并伴有响声、气浪冲击与地震，甚至引起地表开裂、下沉，设备人员掉入井下。地下矿山采用空场法(如房柱法、全面法、留矿法等)采矿时，产生了大量的空区，存在采空区处理问题。地下采空区除在特定条件下可以支撑并永久保留外，通常都应当进行处理，其目的在于消除空区，避免冲击地压隐患，防止地表塌陷。空区处理的目的是，缓和岩体应力集中的程度，转移应力集中的部位，或使应力达到新的相对平衡，以达到控制和管理地压，保证矿山安全生产，获得较好的综合经济效益的目的。

采空区处理是一项技术难度大、工艺复杂、作业条件差、安全风险大的工作。由于矿山开采现状不同、空区赋存条件不同、地表环境要求不同、采矿工艺不同，采空区治理方法也不尽相同。选择采空区处理方法的原则是，基于空区的开采现状、赋存条件及相应的安全要求，结合各种采空区处理方法的优缺点和适用条件，选择相对应的采空区处理方法。传统工艺回采矿体，将空区处理与矿柱回采按两道相对独立的工序实施，第一步处理空区，第二步回采矿柱。常规的矿柱回采工艺均为小规模作业，需要进行多次爆破作业才能完成矿柱回采。由于受一次开采和二次应力集中的影响，导致遗留矿体破碎不稳定，容易垮塌。在处理空区和多次回采作业过程中矿柱稳定性进一步变差，因而在矿柱回采过程中频繁地发生塌陷事故，危及人员与设备安全；并且回采工艺复杂、成本高、开采效率低、规模小。近年来，采矿科研工作者将协同理论引入采矿实践中，创造性地发明了矿柱回采与采空区协同处理的矿业开发新技术。该技术将矿柱回采与采空区处理协同定义为两者在矿山整体回采过程中的合作、协同和同步，既实现矿柱的安全高效开采，又处理了空区隐患，可谓一举两得，为矿柱回采与采空区处理开辟了一条新思路。以下将结合具体案例对矿柱回采、采空区处理和矿柱回采与采空区协同处理进行详细阐述。

2.6.2　矿柱回采

2.6.2.1　矿柱回采基本要求

矿柱回采基本要求如下。

①矿柱回采是矿块回采的一个组成部分，应与矿房一并考虑采准、切割工程，即矿房回采设计时就应考虑未来矿柱的回采问题。

②回采方案设计应尽量利用原有的通风、运输、充填系统，降低回采成本。

③在矿岩已发生移动或者破坏的范围内，由于巷道的掘进和维护比较困难，一般宜采用采准切割工程量较小、人不进空场及回采强度较高的采矿方法。

④如矿柱残留，废弃时间较长，而且后期其邻近空区又被充填处理过，考虑到可能存在老窿水，因此在采掘过程中一定要注意探水和防水，保证安全。

⑤矿柱回采安全性较差，尤其是矿柱崩落后的出矿作业安全隐患更大，如有条件，应尽量采用遥控设备，如遥控铲运机进行出矿作业。

⑥矿柱赋存条件比较复杂，应根据采空区分布状况及稳定性、矿柱本身稳固性，灵活确定回采方案和回采比例，应以安全为重，不宜过分强调矿柱回采率。

2.6.2.2 顶底柱回采

一般情况下，在充满崩落矿石的已采矿房内，顶、底、间柱可同时或分次进行回采；在未充填的已采矿房内，顶、底、间柱一般是同时进行回采；在缓倾斜的矿房内一般先采间柱，后采顶、底柱。

顶、底柱一般是一并进行回采，即上阶段的底柱和本阶段对应的顶柱，在同时间内进行回采，其回采方式有如下两种。

(1)上阶段的底柱和本阶段的顶柱，一并纳入矿房回采或同时回采。纳入矿房回采一般用于缓倾斜采场和伪倾斜回采的倾斜采场；同时回采用于急倾斜中厚(或厚)矿体的充满崩落矿石或放空矿石的采场内。

(2)上阶段底柱，利用上阶段运输平巷进行回采；而本阶段的顶柱，利用矿房进行回采。先利用沿脉平巷回采底柱，向上、下盘扩大成拉底层，然后采用浅孔压顶或挑顶回采，或用中深孔钻凿，采透上部采场的拉底层，并采用后退式回采矿柱。对急倾斜矿体的底柱一般全部回采；对缓倾斜矿体的底柱可全部或间隔回采。如为间隔回采，间隔的分段长度为 8~10 m，或为两个漏斗颈之间的距离。采下的矿石用装岩机(装运机)从平巷中运出。底柱回采后，开始本阶段顶柱的回采。对于缓倾斜矿体，充满崩落矿石矿房的急倾斜薄矿体和急倾斜中厚、厚矿体可直接在空场内钻凿浅孔或中深孔。

急倾斜薄矿脉采用留矿法开采的矿山回采顶柱的方法如下。

①在充满崩落矿石的矿房内进行顶柱的回采，矿房在大量放矿前，为贯通上阶段沿脉平巷，在顶柱中选择一两处掘进小井。然后在崩落矿石上对顶柱钻凿浅孔或中深孔。放炮后矿房和矿柱的崩落矿石一起放出。并视放矿过程中围岩的片落程度来确定矿石的贫化、损失，一般只回采 50%~60%的矿石。

②在放空矿石的矿房内进行顶柱回采，回采顶柱时，由于矿脉厚度较薄，直接在顶柱下架设工作台，用压顶或挑顶方法来回采。

例如急倾斜中等以上厚度的矿体采用阶段矿房法、分段空场法和深孔留矿法的采场，顶、底柱的回采方法有：

①顶、底柱同时回采，即大量崩矿法；

②顶、底柱分别回采即分段崩矿法和分层崩矿法。

顶、底柱回采一般多采用中深孔和深孔崩矿，回采顶柱时，可用上向垂直中深孔和水平扇形深孔。一般在凿岩天井、凿岩平巷或凿岩硐室内钻凿炮孔。回采底柱，一般在原有的运输平巷和电耙道中钻凿上向扇形和上向平行中深孔，利用漏斗和运输巷道作补偿空间。

2.6.2.3 间柱回采

(1)矿块的一侧不设有天井(或上山)的间柱，一般出现在薄矿体的采场内。间柱宽度一般为 1.5~2.0 m。

缓倾斜矿体采场内，一般沿走向推进至矿块边界时，一并把间柱回采。而急倾斜薄矿脉采场内，为了不使采空区过早陷落，一般对间柱不予回采。

(2)矿块的一侧有采准天井(或切割上山)和联络巷道的间柱

缓倾斜矿体的采场间柱，一般利用切割上山，在倾角较缓的地段，钻凿浅孔；在倾角较陡的地段，钻凿中深孔来回采间柱。根据采场的具体条件，有如下的回采方式：

①回采半边，留下半边；

②回采上(或下)半部，留下下(或上)半部；

③间隔回采，留下间隔矿柱；

④全部回采。

一般把全斜长分成 3~4 个分段；分段间自上而下逐次回采，而分段内自下而上回采。

急倾斜薄矿脉一般利用间柱中的天井和联络道，钻凿中深孔，待矿房中的崩落矿石放空后，与顶、底柱一起爆破和放矿。

急倾斜中厚(或厚)矿体的间柱回采，根据空场内的条件和顶、底柱的回采顺序来选择回采方式。一般回采方式有：大量崩矿法、分段崩矿法和分层崩矿法。

大量崩矿法适用于矿房和相邻矿房为放空矿房。一般采用顶、底柱和间柱同时爆破出矿方式；崩落矿石经受矿巷道借自重放出。

分段崩矿法适用于顶、底柱已用大量崩落法回采；间柱宽度大于 6~7 m 的矿体。分段崩矿法回采率比大量崩矿法高。

分层崩落法一般用于矿石稳固性较差，品位较高或价值较大的矿石。

2.6.2.4　应用实例

1)矿山概况

首云矿业股份有限公司密云铁矿由露天开采转入地下开采过程中露天边坡内的挂帮矿体由于先期采用空场法开采，在+56~+164 m 水平后形成了数十个高 50 m、宽 25 m、长 42 m 的采空区，空场群的总体积已达 52500 m^3。尽管各采空区之间都留有宽 8 m、长 20~25 m 的间柱和走向长为 380 多米、宽为 20~25 m、厚度为 10 m 的连续顶柱，但已有部分空场发生塌落破坏，遗留矿柱也出现片帮，随开采深度和范围的加大，矿柱的稳定性越来越差，随时有产生冲击地压的可能，严重威胁安全生产。而且空场内遗留间柱和顶柱矿量为 40 多万 t。这部分矿量也需及时安全地采出。结合空区处理，对遗留矿柱的回采方法开展了研究，矿柱回采按照安全、简单、矿石回采率高的原则开展方案设计和施工，通过全面的分析论证和精心的设计施工，遗留的矿柱矿量得到回采，空区隐患得到消除。

2)矿柱回采方案确定

矿柱回采包括顶柱和间柱回采两个部分，采场纵投影如图 2-26 所示。从安全角度和施工方便出发，顶柱回采采用了放顶硐室方案，间柱回采则采用中深孔集中爆破的方式。回采顺序为：先回采顶柱，再回采间柱。采用多排同段和同排多段微差爆破技术，其矿柱回采具体爆破方案为：先爆破矿体间柱，后爆破矿体的顶柱，多排分层，毫秒微差一次点火起爆。间柱采用多排同段爆破技术，以东西两侧采空区为自由面实施微差爆破。顶柱采用同排多段爆破技术，以下方的采空区为自由面实施微差爆破。

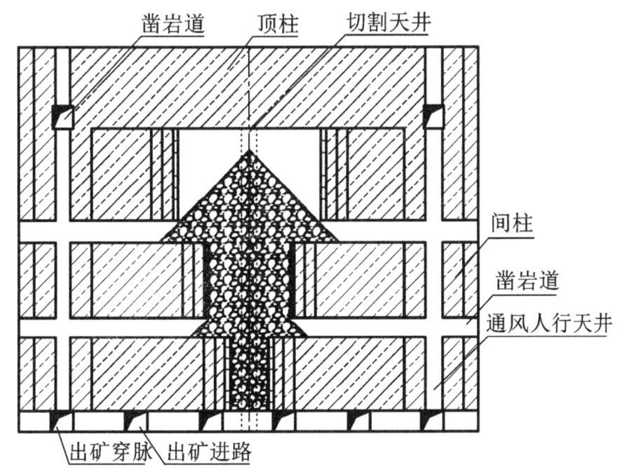

图 2-26　采场纵投影图

3）爆破参数设计

深孔布置方式采用上向扇形中深孔，即顶、间柱均采用上向的扇形中深孔，在顶柱及间柱中的凿岩巷道打扇形中深孔。顶柱炮孔布置与阶段矿房法相同，即上向扇形中深孔排面，炮孔直径为55 mm，孔底距不大于2.5 m，排距为1.6 m，边孔角为0°~1°；间柱孔底距不大于1.9 m，排距不大于1.4 m，边孔角为15°；炮孔底部距离采空区、巷道或硐室，应留0.5 m不透穿；顶柱最小抵抗线为1.2~1.6 m，间柱最小抵抗线为1.4 m，炸药消耗量为0.5~0.6 kg/t。深孔的布置方式如图2-27和图2-28所示。

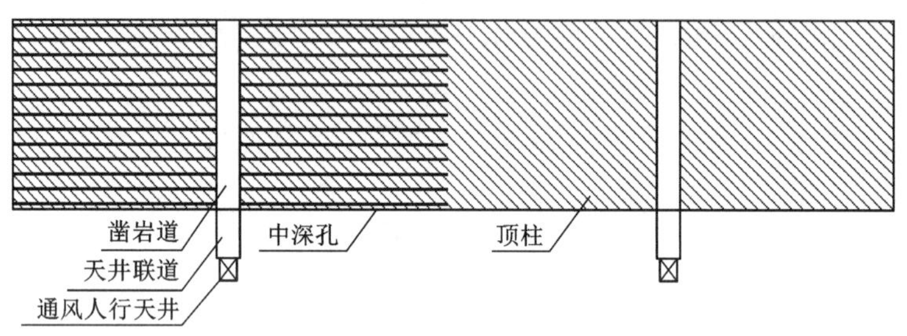

图2-27 顶柱中深孔布置图

为了充分利用自由面，间柱爆破采用多排同段微差爆破技术，顶柱采用同排多段微差爆破技术。顶柱分南北两区，同时爆破。间柱分东西两区同时爆破。间柱同段爆破层厚度为1.2~1.4 m，顶柱同段爆破层厚度为1.2~2.4 m。间柱段数为1~5，顶柱段数为6~15。矿柱回采起爆顺序如图2-29所示。

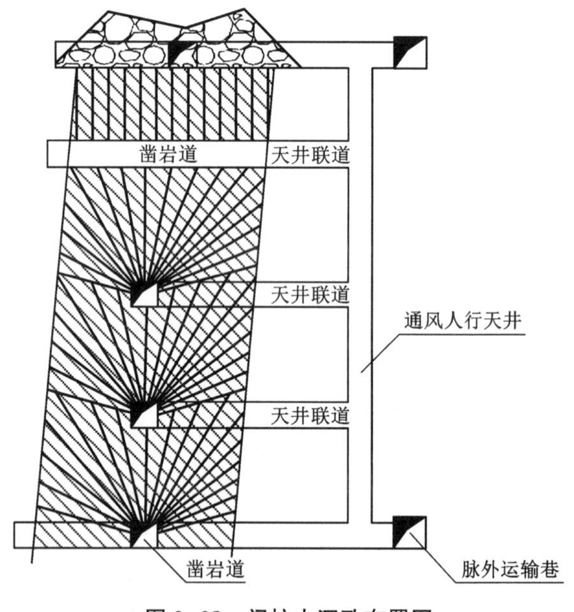

图2-28 间柱中深孔布置图

4）矿柱回采效果

为了观察爆破效果，特在上一个中段对应出矿进路中的废石上喷上自喷漆做标记，待爆破结束炮烟散尽以后，进入上一个中段观察，发现做标记的废石已经消失，说明顶柱已顺利崩下。经过精心设计和施工，密云铁矿20多个采场顶柱和间柱都通过安全爆破回采，并对其爆破回采效果进行了标定与测试。表2-7为所测定的矿柱回采指标统计数据。

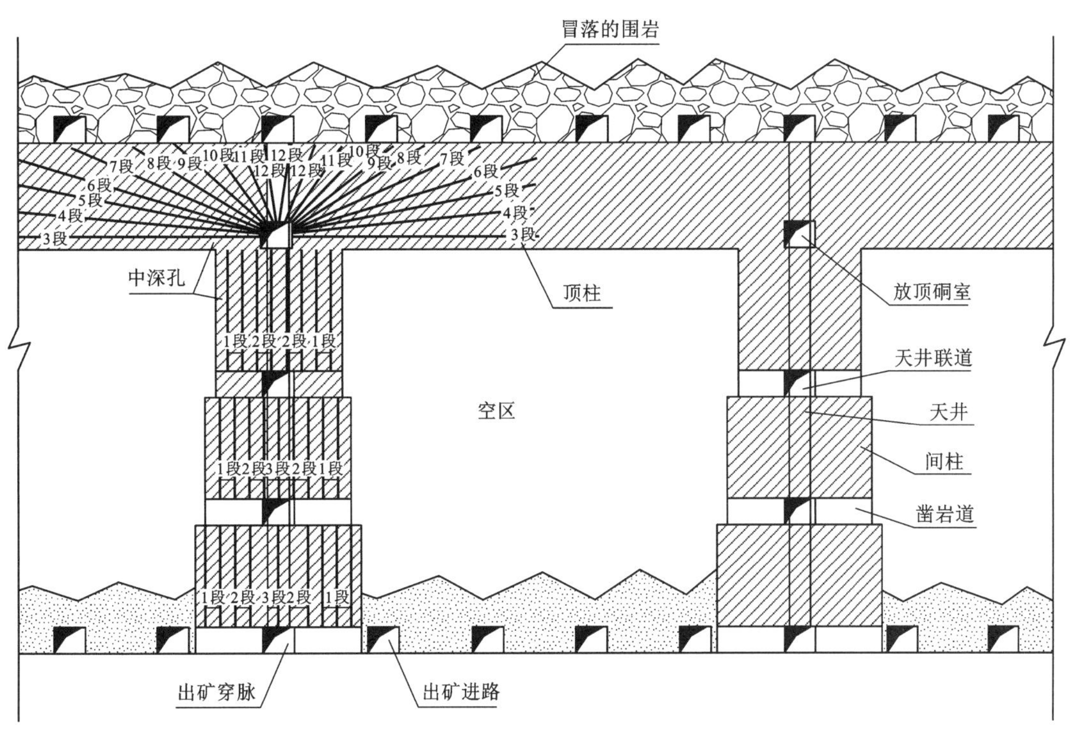

图 2-29　矿柱回采起爆顺序示意图

表 2-7　矿柱回采主要技术经济指标

爆破矿石量/t	炸药单耗/(kg·t^{-1})	矿柱回采出矿能力/(t·d^{-1})	矿石损失率/%	矿石贫化率/%	凿岩台效/(m·台$^{-1}$·班$^{-1}$)		回采直接成本/(元·t^{-1})
					顶柱	间柱	
68000	0.50	700	60	20	45	54	24.83

2.6.3　采空区处理

采空区单独处理方法大致可分为4种：崩落处理采空区、充填处理采空区、封闭处理采空区和联合法处理采空区。

(1)崩落处理采空区成本相对较低，一次崩落法处理的采空区体积大、效率高，空区顶板和围岩崩落后，空区内矿石难以出矿，损失大；该方法一般应用于采空区体积大，空区情况复杂，空区内安全条件差，地表允许塌陷的采空区处理。

(2)充填处理采空区是一种安全、有效的采空区治理方法，根据充填料的成分，可分为胶结充填和非胶结充填法，采空区处理成本相对较高。通过充填体管理采空区地压，消除安全隐患，同时，可以为空区内的残矿回采创造安全条件和开采平台，能够实现空区处理与残矿回采的双重目的。该方法一般用于残矿资源经济价值高的采空区，在采空区处理的同时回采采空区内的残矿。

(3)封闭处理采空区是一种简单的采空区处理方法，通过隔离采空区来避免冒落的危险，达到不影响正常生产作业的目的。一般在采空区稳定性较差，采空区内矿石经济价值较小的情况下使用，顶板冒落对其他中段采场开采影响不大，通过封闭采空区，人员和设备不进入采空区内，采空区顶板冒落不会影响到生产作业。

(4)联合法处理采空区是指同时采用两种或两种以上方法达到处理采空区的目的。由于矿体赋存条件各异，生产状况不一，有些采空区采用一种处理方法满足不了生产的需要，从而产生了联合处理采空区的方法。目前，处理采空区的联合方法有矿柱支撑与充填法联合、封闭隔离与崩落围岩联合等。

2.6.3.1 崩落处理采空区

崩落围岩处理采空区的特点是指用崩落围岩充填采空区并形成缓冲保护垫层，以防止采空区内大量岩石突然冒落所造成的危害。崩落围岩处理采空区的适用条件：①地表允许崩落，地表崩落后对矿区及周边生产无危害；②采空区上方预计在崩落区的范围内，其矿柱已回采完毕，井巷设施等已不再使用；③适用于大面积连续空区的处理。崩落围岩处理采空区的方法可分为自然崩落围岩法和强制崩落围岩法 2 种。

1)自然崩落围岩法处理采空区

矿房采空后，矿柱一般是应力集中的部位。通过有计划地回采或崩掉矿柱(或在适当部位辅以局部强制崩落围岩)，扩大空层暴露面积，使岩体中的应力重新分布，某些部位的集中应力超过其极限强度而自然冒落，以至诱发空区顶自然崩落。在缓倾斜空区采用自然崩落围岩法时，为促使顶板自然崩落，在第一步放顶时，有时需要采用强制放顶来破坏岩体的压力拱基，在远离回采工作面的一端，切断它与原岩的联系。

对于每种岩石，当它达到极限暴露面积时，均会自然崩落，但并非都能用于处理空区。因有些整体性好的塑性岩石，当它的暴露面积不断扩大而尚未达到极限时，在相邻采场便出现应力集中现象，使采场冒顶、片帮、炮孔变形、巷道开裂。这种岩石即使没有达到极限暴露面积，也可能发生岩石整体突然冒落现象，并伴随强烈的气浪和机械冲击，这与空区处理的目的相违背的。掌握顶板自然崩落规律是顺利地运用自然崩落法处理空区的前提。应该弄清各顶板的岩层性质、地质弱面的分布、顶板允许暴露面积和时间、崩落的发展过程和高度等，采用相应诱导崩落措施。理想的情况应当是顶板能及时、逐渐地自然冒落并达到所要求的高度。为使放顶区和作业区隔离，必要时应留临时矿柱或局部强制崩落顶板形成隔离岩带。高度较高的空区应加强封闭措施。

和强制崩落围岩法比较，自然崩落围岩法处理采空区具有工艺简单、处理费用低等优点，在合适条件下可以代替强制崩落围岩处理采空区。在自然崩落围岩处理采空区的过程中，围岩自然崩落的难易程度与岩性有密切的关系，岩体稳固不易落，会形成大空区；围岩往往沿构造弱面冒落，空区顶点达到构造弱面；当岩移发展到地表，地表崩落范围将受构造的影响。自然崩落围岩处理采空区方法的缺点是顶板自然冒落规律难于掌握，崩落的进程和范围不易控制，如果上部没有足够的岩石垫层和严格的封闭措施，会给生产区安全带来威胁。国内外采用该方法处理采空区的矿山有：澳大利亚芒特艾萨铜铅锌 5 号矿体、云南东川因民铜矿、寿王坟铜矿、大吉山钨矿等，通过利用自然崩落围岩法并陷落地表充填了大量的连续空区，消除了空区隐患，达到了控制地压的目的。

2)强制崩落围岩法处理采空区

当岩体稳固性较好，不能通过自然崩落法处理采空区时，需在围岩中布置爆破放顶工程，采取强制崩落围岩的方法处理采空区。崩落围岩的部位，一般在上盘、夹壁或上部覆盖岩。强制崩落围岩处理采空区的方法简单易行、成本低，在国内有色矿山应用较广，采取这种方法处理采空区的有：铜官山铜矿、寿王坟铜矿和柿竹园多金属矿等。

在强制崩落围岩处理空区的同时，还应有以下相应措施确保下部回采作业区的安全：①隔绝各中段通向崩落区的通道，以防止突然大量崩落时诱发的冲击波；②为了缓冲崩落围岩，在崩落区与下部回采作业区之间设隔离垫层，垫层厚度在 20 m 以上；③为了掌握崩落区的情况，应建立监测系统。

柿竹园多金属矿床自 1987 年开始开采以来，主要开采$Ⅲ_{1-1}$富矿段，平面范围为横 16～24 线，纵Ⅶ～Ⅺ线，开采范围标高为 490～558 m，平面尺寸为 315 m×313 m 的富矿部分。矿体回采采用分段中深孔凿岩，阶段落矿，有底柱电耙或铲运机出矿的空场采矿法。在开采范围内分盘区回采，由西向东划分为 4 个盘区，每个盘区由北到南分成 9 个矿块，共 36 个矿块。矿房长 64 m，宽 20 m，高 68 m，分段高 11 m，矿房之间和盘区之间均留 15 m 的连续矿柱。开采初期，由于受原矿品位低、企业经济效益不好等多种因素的影响，没有按原设计对矿房采后空区作充填处理，矿石回采率仅 41%。经过近 20 年的地下采矿，至 2002 年 490 m 中段矿房已基本采完。井下已形成 360 多万 m^3 的采空区，顶板累计暴露面积达 4.0 万 m^2。采空区由于空场时间长，矿柱在不断垮塌，顶板最大连续暴露面积已达 8100 m^2，15 m 厚的连续条带矿柱共有 5 处垮落，大量集中未处理的采空区给生产构成重大安全威胁。大量采空区如何安全有效地进行处理，矿柱如何安全有效地进行回采等问题，是矿山持续发展面对的技术瓶颈。为了实现矿山的持续采矿生产，有效处理采空区和回采矿柱，矿山确定采用“连续阶段崩落法”回采矿柱和顶板富矿，并处理采空区。

为了避免一处爆破对其他矿柱产生破坏和带来安全隐患，应尽量减小爆破规模以便安全顺利地回采该区矿柱和处理采空区，可分为三步进行回采。

(1)步骤Ⅰ爆破回采区为 610 m 以上 C4 以北的 K1-3、K2-3，P3 以西的 K2-2、K2-3、Z2-1/2 富矿体，该区按无底柱方式回采，或者以空区和切割槽为自由面分次爆破；在 558 m 以下 P2 盘间柱北端，Z1-2/3、Z2-2/3 矿柱，该段布置上向孔以采空区或切割井回采。爆破设计炸药总消耗量 231426 kg，雷管 18464 发，崩矿量 62.92 万 t。

(2)步骤Ⅱ爆破回采区为 558 m 以上、610 m 以下的 11#、12#、17#、10#天井所控制的矿体，C4 以北的 P2 矿柱。前者采用水平孔以采空区为自由面爆破，后者采用上向孔以采空区和切割槽为自由面爆破。爆破设计炸药总消耗量 206349 kg，雷管 3962 发，崩矿量 49.11 万 t。

(3)步骤Ⅲ爆破回采区为 558 m 以上、610 m 以下的 5#天井、K3-1 顶柱，514 m 水平以上 Z2-1/2 房间柱、K2-1 和 K3-1 之间的盘间柱。前者采用水平孔以采空区为自由面爆破、后者采用上向孔以采空区和切割槽为自由面爆破。爆破设计炸药总消耗量 248451 kg，雷管 8140 发，崩矿量 59.16 万 t。

图 2-30 为爆破方案典型剖面图。

按照预计方案实施以来，2008 年度共开展矿柱回采大爆破 3 次，实际崩落矿量达 177.2 万 t；2009 年 1 月至 8 月共开展单次装药量 200 t 以上的大规模爆破 3 次，实际崩落矿量达 226.3 万 t，并处理了相对应的采空区。根据柿竹园多金属矿开采设计进度安排，后续的矿柱回采与空区处理仍采用地下中深孔大规模爆破技术，在 8 年内完成所有的矿柱回采与空区处理工作，累计崩落回采矿量 1363.33 万 t，处理空区 258 万 m^3。

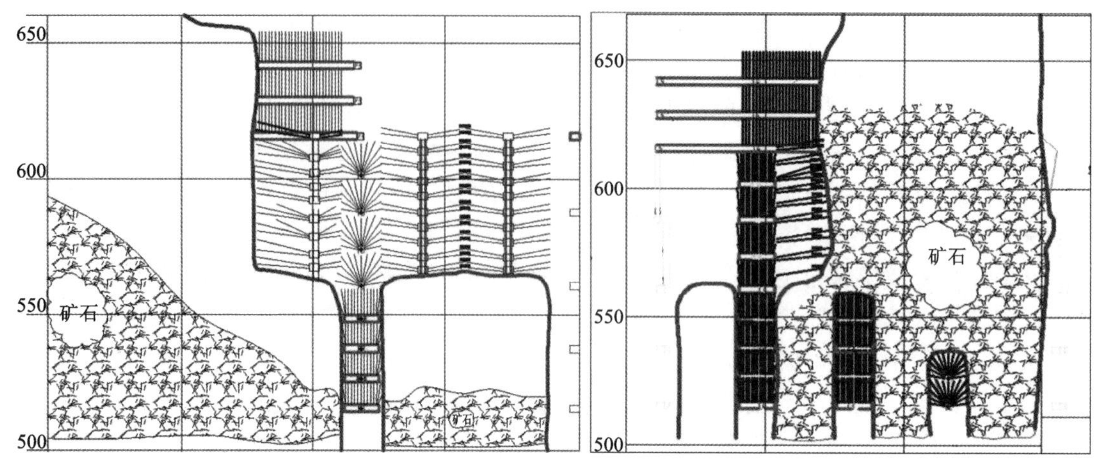

图 2-30 爆破方案典型剖面图

2.6.3.2 充填处理采空区

充填料充填处理采空区是指从坑内外通过车辆运输或管道输送方式将废石或尾砂等湿式充填材料送入采空区，充填采空区以消除空区隐患的一种方法。充填料充入空区后可以支撑空区，控制地压活动，减缓矿体上部地表下沉。充填法处理空区的适用条件：上覆岩层或地表不允许崩落；开采贵重金属或高品位的富矿，要求提高回采率；深部开采地压显现。

在采用充填法处理采空区时，一方面要求对采空区或采空区群的位置、大小及通道了解清楚，以便对采空区进行封闭，架设隔离墙，进行充填脱水或防止充填料流失；另一方面，采空区中必须能有钻孔、巷道或天井相连通，以便充填料能直接进入采空区，达到充填采空区的目的。充填处理采空区可分干式充填和湿式充填 2 种。

(1) 干式充填处理采空区

在我国有色金属矿山中，干式充填处理采空区的方法大多用于矿体规模不大的中小矿山及老矿山。这种方法劳动强度大，作业条件差，充填效率低，但该法简单易行而且投资少。干式充填要有完整的充填系统，可利用矿山井巷、空区以及矿山现有设备完善充填系统。充填料有井下废石、选厂废石和地面废石堆，充填时要注意充填接顶工作。采用这种方法的矿山有：澳大利亚芒特艾萨铜铅锌矿、漂塘钨矿和龙潭村铁矿等。

龙潭村铁矿于 1985 年建矿，采用露天开采方式，2002 年开始转为地下开采。如图 2-31 所示，矿山开采了 950 m、940 m、920 m、913 m 和 890 m 共计 5 个水平，采用空场法开采，采空区一直未处理，空区总体积达 5.01 万 m^3。目前已有部分空区冒落，地表冒落面积约为 1023 m^2，已冒落至 890 m 水平。2006 年矿山又转为露天开采，废弃了原来的竖井，2011 年露天坑底标高 964.8~978 m。为保证安全开采，需对地下采空区进行处理。

根据空区的赋存情况、矿区开采现状及矿区当前处理空区的能力，采用水砂或干砂充填法处理地下 1~4 层采空区，对于比较小而孤立且对上部充采无影响的第 5 层采空区采取封闭隔离的方法处理。

从地面岩石塌落范围之外钻倾斜钻孔到采空区顶部最高标高，将水砂充填和干砂充填相结合，倾角为 65°，不影响充填料的自重输送。当有条件按尾砂干式充填最大间距布孔计算

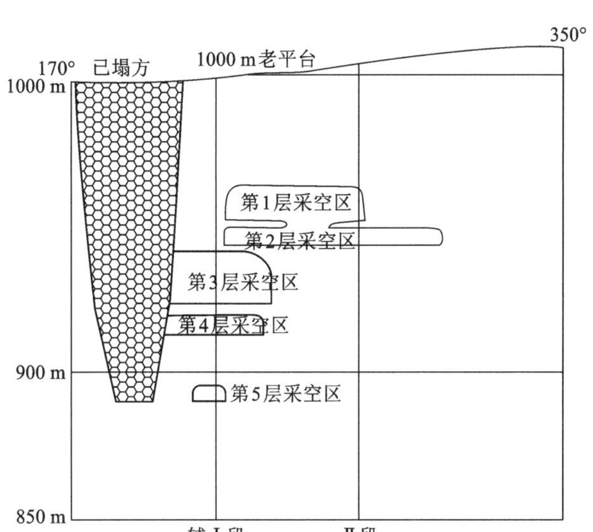

图 2-31　矿山开采纵投影图

值时，选择尾砂干式充填。尾砂干式充填与水砂充填相比，不仅不需要水，还减少了充填量和将来的开挖量，虽然增加了钻孔成本，但大大降低了充填成本。如图 2-32 所示，在地表钻充填孔直接充填，尾砂干式充填布孔网度按照公式(2-3)计算：

$$L = h\cot 37° \tag{2-3}$$

式中：L 为布孔最大间距；h 为采空区高度。

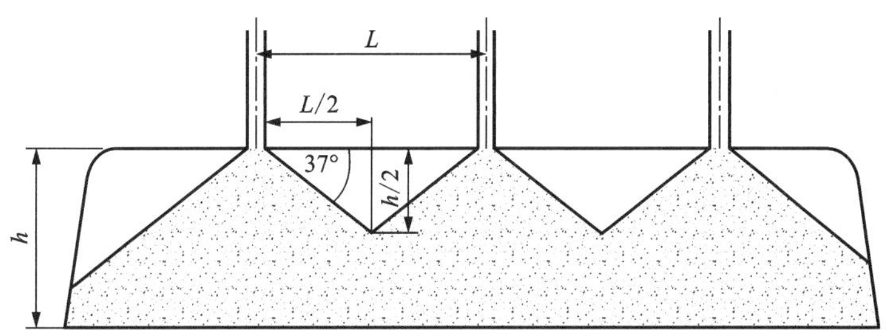

图 2-32　尾砂干式充填布孔网度计算结果

(2)湿式充填处理采空区

湿式充填处理采空区的方法，目前应用得比较广泛，根据充填料的不同，又可分为混凝土胶结充填、尾砂胶结充填、水砂充填等。湿式充填法流动性好，充填速度快，效率高，但需要一整套充填输送系统和设施，充填成本高、投资大。

香炉山钨矿为大型白钨矿床，具有储量大，品位高，矿体厚度大，倾角缓，矿体及顶底板围岩稳固，分布范围广，连续性好，矿体及围岩含水率低，工程地质和水文地质条件简单，开采技术条件好等特点。矿山为地下开采，地表有不允许破坏的建构筑物，井下 0~16 号勘探线为东部采区，16~24 号勘探线为西部采区。东部采区原使用的采矿方法为留不规则点柱、条柱的全面法，类似于房柱法，采场跨度 10~30 m 不等，采场高度 10~30 m，井下矿柱分布不均。经过多年开采，形成了大量的采空区，由于采空区高度较大，相互贯通，可能出现大面积坍塌而诱发安全事故，因此，有必要对采空区进行及时处理。

针对矿山实际情况，提出了采用袋装尾砂结合相应的固定成形构架共同砌筑充填挡墙的方案，完成采空区的分区隔离充填，确保充填后采场点柱有一个面不在充填封闭区内，为后续矿柱回采创造回采作业面。采空区充填详细工艺如下：先搭建固定成形构架，之后铺设充填袋，同时进行充填，再充填采空区，如此反复。构筑的充填挡墙与采空区均为分层搭建、分层充填，逐层上升直至充填接顶。在需架设挡墙的底板、两端岩壁上施工多排钻孔，插入螺纹钢，将钢管套在螺纹钢外，并在关键点进行焊接，之后铺设充填袋并充填。待充填袋内充填体养护至要求强度后，再进行空区充填。充填效果如图 2-33 所示。

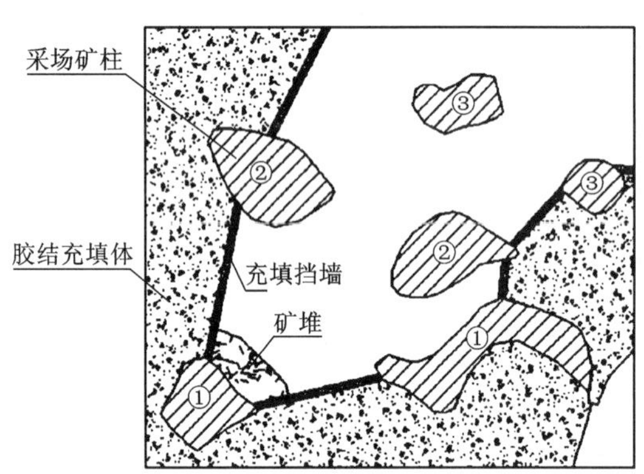

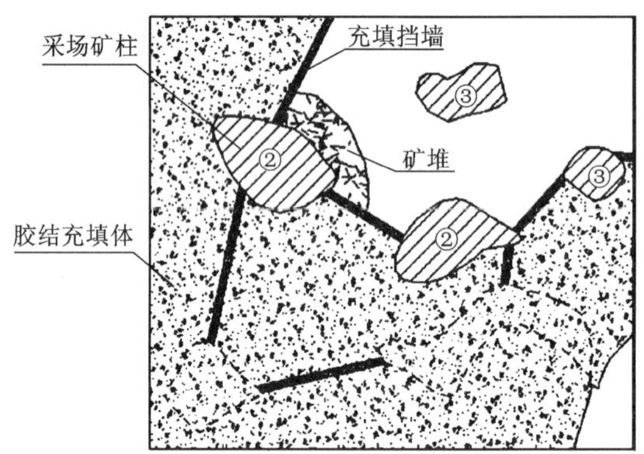

图 2-33　充填效果图

2.6.3.3　封闭处理采空区

封闭处理采空区是一种经济、简便的方法，适用条件为：①一些孤立的旧小矿体开采后形成的空区围岩稳固，空区冒落也不会影响周围矿体的开采；②大矿体开采后形成连续的采空区，空区下部仍需继续回采。

封堵采空区时，采空区附近通往生产区的巷道处要构筑一定厚度的隔墙，以避免采空区大面积冒落产生的冲击气浪带来的危害。因此，确定缓冲层厚度或通往采空区的通道封堵长度是采用封闭法处理采空区的关键。

青阳来龙山矿区为一巨大方解石矿体，矿体总体走向为北东向，南东倾向，走向长度达到 2300 m，平均厚度为 120 m 左右，矿体倾角为 70°左右，矿体赋存标高为+100~+500 m，出露地表，地表标高+180 m。该矿区最初由 19 家矿山开采，后整合为 6 家矿山开采。矿山前期由于各种原因，开采了+180~+300 m 的矿体，3~4 个中段，中段高度约 30 m，开采高度约 18 m，矿区主要采用平硐+斜坡道开拓方式，采用房柱法和全面法进行开采。

矿区经过数十年的开采，采空区规模已经达到了 350 万 m^3，形成了规模巨大、连通性良好、空间位置复杂的采空区群。由于方解石属于低价值矿种，该类矿石的开采投资回报率较低，因此解决采空区治理费用是很大的难题。经过研究和实践，治理该矿区采空区可行和可靠的方法为铁栅栏和齿形阻波墙联合封闭治理采空区，并辅以多点位移计和钻孔应力计在线监测。

采空区封闭的主要目的是防止人员进入采空区和减轻采空区突然冒落时产生的冲击灾害，同时要考虑工作人员能够对监测系统定期进行维护等诸多因素，齿形阻波墙能够实现预期的效果(见图 2-34)。铁栅栏可有效防止人员误入采空区，齿形阻波墙采用 6 道钢筋墙交错布置，能够实现人员通过并有效降低采空区冒落产生的冲击气浪和地震波灾害。

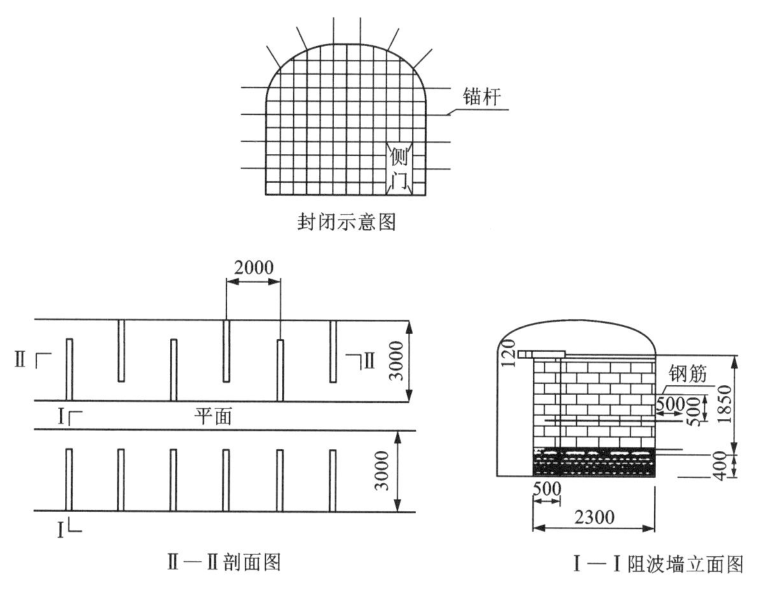

图 2-34　采空区阻波墙联合栅栏封闭示意图

2.6.3.4　联合法处理采空区

同时采用两种以上方法处理采空区称联合法处理采空区。由于矿体赋存条件各异，生产状况不一，有些采空区采用一种处理方法满足不了生产的需要，因此必须采用联合法处理采空区。联合法处理采空区的方式主要有：矿柱支撑与充填法联合、封闭隔离与崩落围岩联合、充填与封闭联合等。

福建某铁矿一直采用浅孔留矿法开采，矿体总体倾向为西向，倾角为 60°~75°，近地表局部直立，已控制延深最大达 160 m。采用主井提升、斜坡道辅助运输的开拓方式，掘进脉内、脉外平巷。已形成+690 m、+650 m 中段的采空区。根据矿山提供的井下中段测量图，其+690 m 中段井下采空区长约 170 m、宽 10~30 m，采高 20~40 m，中间由不同形式的矿柱支撑着，面积已达到 8500 m^2，采空区体积约 14 万 m^3。根据现场情况，其顶板不稳定，部分已崩塌至+690 m 采空区；+650 m 中段井下采空区长约 140 m、宽 10~20 m，采高 30~40 m，采空区面积约为 3000 m^2，中间由不同形式的矿柱支撑着，+650 m 采空区顶板相对稳定；随着开采深度的增加，地压增大，冲击地压发生的频率增加，若个别矿柱失稳，采场顶板实际跨度过大可导致冒顶；同时上部覆岩压力转移到其他相邻矿柱上，可能触发相邻矿柱破坏，引起连锁反应，引发大规模的冒顶事故，其影响是灾难性的。

针对本矿区情况，主井附近设置充填站，在+690 m、+650 m 中段大采空区采用“充填+封闭”处理工程，即大采空区进行尾砂胶结充填，端部小采空区进行封堵隔离。

大采空区“充填+封闭”处理工程：在主井附近设置充填站，将选矿厂排放的尾砂作为充填骨料，水泥、胶固粉等作为胶凝材料，灰砂比为(1∶4)~(1∶15)，同时设置絮凝剂聚丙烯酰胺溶液添加器，保证粗尾砂充分沉降。用内径100 mm的钢管运输，最大输送浓度为78.6%，配制浓度为63%~72%的料浆。各原料在搅拌筒内搅拌均匀完成充填料浆的制备，砂仓尾砂流量控制在70 m^3/h，胶固粉流量控制在15 m^3/h，充分搅拌后形成均质性、流动性较好的充填料浆。采用“隔一充一”充填方式，采空区间隔充填。充填之前，有必要对已采矿房间柱联络巷封堵，封堵方式有空心砖封堵和木封堵两种。考虑到木封堵材料可回收，成本较低、劳动强度小，采用木封堵。根据现场的充填经验，一般矿房充填工序分3次充填，即一次试充、预接顶充填、接顶充填，注意接顶充填工序必须在上次充填24 h以后进行，以保证胶结料全面接顶。

小采空区“封闭”处理工程措施：+680 m、+650 m中段两端采空区均较小，对矿山安全生产威胁不大，采取的封闭措施以达到防止漏风和防止人员进入的目的即可。采取在巷道设置钢筋混凝土墙的密闭方法，具体方案如下。

①在封闭巷道底部挖槽，槽深30 cm。

②在封闭巷道周边的壁上凿孔，装锚杆，深30 cm。

③布置钢筋，钢筋网度为20 cm×20 cm，钢筋与锚杆焊接，钢筋网为双层。

④浇筑混凝土墙，厚度为1.2 m。

密闭材料：混凝土C25、ϕ20螺纹钢。

密闭巷道规格：2.3 m×2.3 m(三心拱)。

混凝土墙底部及中间留有1个尺寸为30 cm×30 cm的泄水孔，同时在排水管口部开挖截水沟，通过水沟把水引出矿井外。

2.6.4 矿柱回采与采空区协同治理

采空区协同利用是指将现有采空区直接或通过某种技术手段进行环境改造后纳入整个矿山的开采布局之中，作为开采系统的部分井巷工程、切割工程、自由爆破空间、硐室空间等加以利用，使矿山取得较好的协同效果和较高的协同效应。新方法区别于“充”“崩”“撑”“封”等常规采空区处理方法，如用一个字来表示这种采空区处理理念，那就是“用”。这种“用”区别于矿山闭坑后的“用”，是资源开采过程中的“用”，是从系统的内部出发，积极、主动和能动地“用”。

2.6.4.1 采空区协同利用基本原则

(1)安全第一性

采空区协同利用，不能以牺牲工程稳定性为代价。在保证工程稳定的前提下，变被动为主动，变不利为有利，充分合理地开发利用采空区。工程安全性应包含宏观上工程整体稳定性与微观上的施工安全性。

(2)工艺合理性

采空区协同利用的本质是使采空区所在的空间位置能够在最大限度上内嵌开采布局中。采空区协同利用对采矿方法的选择提出了要求，因此，在选择采矿方法时就应同步考虑到采空区的协同利用。

(3)经济节约性

采空区协同利用需要考虑经济性，如果仅考虑工艺方便，而花费代价太高则利用价值大打折扣。如果能够直接利用，不进行采空区物理环境的改造，则成本最低。

2.6.4.2　采空区协同利用基本模式

按利用过程中采空区所起的作用不同，将采空区协同利用分为以下 3 大基本模式。

(1)作为开采空间利用

结合选用的采矿工艺，调整开采布局，将采空区调整为开采布局的一部分，充分利用采空区，节省工程量，为施工提供方便。对于复杂的空区群，可能有多套调整利用方案，需进行综合比较以确定最佳方案。按改造的程度不同，开采空间利用模式又可分为 4 亚类。

直接调整利用：根据采空区空间形状、规模、方位，将其调整为开采系统中的部分井巷工程、切割工程、自由爆破空间和硐室空间等直接利用，该模式适用于中小规模的独立采空区。

崩落部分围岩后利用：基于采矿方法的开采工程布置如果不能直接利用采空区，可以在崩落部分围岩后将采空区调整为部分井巷工程、切割工程、自由爆破空间进行利用，该模式适用于中小规模的独立采空区。

部分充填后利用：采矿方法的开采布局如不能直接利用采空区，也可以借鉴采矿环境再造技术，先进行部分充填再将其调整为部分井巷工程、切割工程、自由爆破空间加以利用，适用于大中型采空区。图 2-35 为水平分层充填与条柱式充填示意图，图 2-36 为人工矿柱水平投影图。

联合处理后利用：对于复杂形状的大中型采空区或者复杂空区群体，经多种常规采空区治理方法或采矿环境再造方式处理后再进行利用。

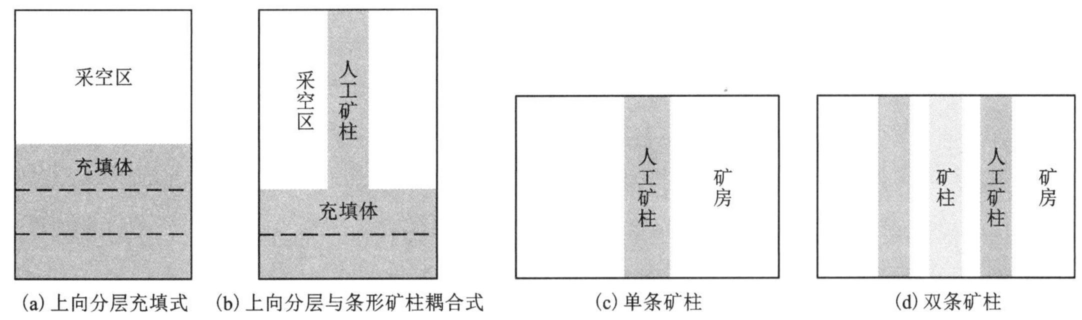

(a) 上向分层充填式　(b) 上向分层与条形矿柱耦合式　(c) 单条矿柱　(d) 双条矿柱

图 2-35　水平分层充填与条柱式充填示意图

(2)作为转换空间利用

绿色、无废开采是 21 世纪采矿技术的重要发展方向。将采空区看作转换空间进行利用，是指将废石、尾矿等矿山固体废料直接充填至井下采空区，实现少废或无废排放。采空区作为转换空间利用不仅解决了这些废料的排放堆积问题，而且强化了工程稳定性。采空区周边资源回采也可与转换空间的利用协同进行，具有较高的协同效应。

(3)作为卸荷空间利用

深部资源不利的开采条件主要表现为“三高一扰动”的特点，即“高地应力、高地温、高岩溶水压和强烈的开采扰动”。近年来，深部资源卸压开采技术取得了较大进展，其卸荷原理是通过合理的回采顺序，使开采区域的适当部位应力局部弱化，以合理调整围岩应力分布

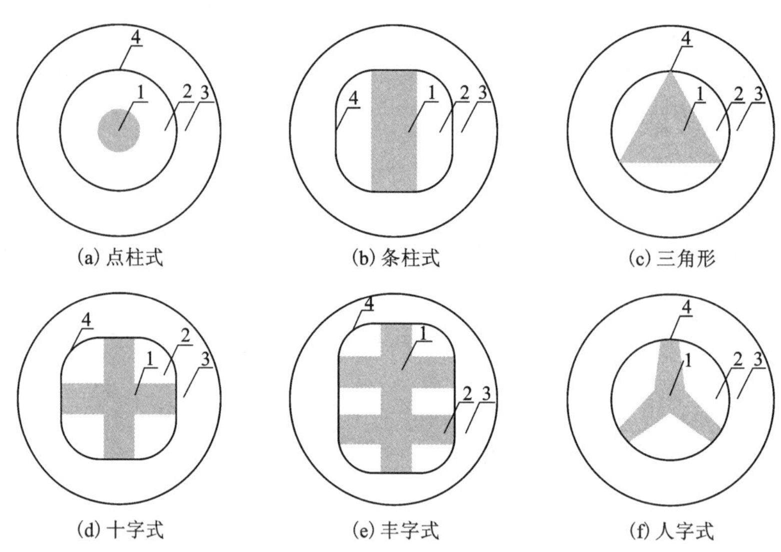

图 2-36　人工矿柱水平投影图

状态，在开挖结构的近表层形成低应力卸荷圈，使应力集中部位向深部转移，在围岩深部形成应力集中的自承载圈。通过调整开采布局，可将部分现有空区调整为卸荷槽的一部分加以利用。图 2-37 为采空区作为部分卸荷空间的利用模式。

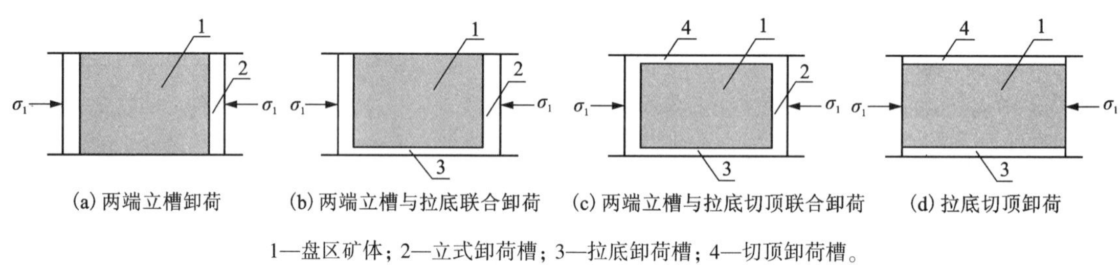

1—盘区矿体；2—立式卸荷槽；3—拉底卸荷槽；4—切顶卸荷槽。

图 2-37　采空区作为卸荷空间的利用模式

2.6.4.3　采空区协同利用机制

采空区协同利用机制如下。

①开采布局可依据现有采空区的赋存特征进行适当调整，采空区微环境可通过技术手段进行再造或改造，因此，将采空区嵌入开采布局具有客观可行性。

②采空区协同利用适宜的采矿方法主要有空场法、空场嗣后充填法和采矿环境再造系列采矿法。

③工艺调整必须以岩体力学性质的计算分析结果为指导，如：阶段(分段)高度的调整、采矿环境再造方式的确定、施工顺序的决策等。

④中小规模采空区可直接内嵌入矿山开采布局中，作为开采系统中的部分井巷工程、切割工程、自由爆破空间、硐室空间等加以利用。

⑤较大规模采空区或复杂空区首先通过采矿环境再造的方式，将大空区改造为小空区或将连续空区再造为孤立空区，然后将小空区或孤立空区内嵌入矿山开采布局中加以利用。

2.6.4.4　应用实例

(1)工程背景

广西高峰矿区 105 号矿体为埋藏较深的大型特富矿体，属于高硫和高铁的锡石-硫化矿床，价值巨大，矿石中含锡、锌、铅和锑等多种金属元素，综合品位在 20%以上，且硫和铁含量均在 28%以上。矿体位于 100 号矿体的下部，在-79 m 标高处与 100 号矿体相连，向下延伸至-300 m 标高。矿体为南北走向，呈弧形弯曲，沿走向长 300 m 左右，已揭露的矿体水平厚度为 8~40 m。矿体在-114 m 至-145 m 之间为碎裂矿段，碎块大小约为 10 cm，未胶结，易脱落；因其品位高，受民采干扰，形成了多个形态不一的采空区。碎裂矿段矿石品位较高，价值高，决定了矿段回采需采用回采率高、贫化率低的采矿方法。同时矿体埋藏较深，矿体碎裂，基本可以排除单纯的崩落法和空场法。由于矿石含硫较高，有自燃的可能性，充填法中应排除与留矿法有关的采矿方法；矿体节理裂隙异常发育，工作面稳定性和坚固性差，如采用常规的分层充填法，则存在开采安全性差，生产效率低，地质灾害隐患多等。此外，赋存在其中的采空区也对资源开采提出了更高的要求，如针对预先充填空区，用分层充填法开采时充填体自身存在较大隐患，如不充填，不能保证对周边碎裂资源安全回采。综上所述，对空区条件下碎裂资源如何开采的问题，迫切需要引入新观点、新方法、新思维加以解决。

(2)多空区协同利用方案

多空区条件下的隐患资源开采，如继续沿用单空区采矿方法将无法保证矿山安全生产，本着采空区协同利用及在最大限度上规避风险的原则，发明了采矿环境再造分层分条中深孔落矿采矿法(图 2-38)。首先将-110~-140 m 主体资源划分为 10 m 厚的 3 个分层。分层内按照设计的条柱式连续采矿方法进行开采，条柱断面尺寸为 10 m×10 m，条柱长度按矿体具体条件确定。第 1 循环采取整体上“隔一采一”的方式，然后进行较高配比的水泥砂浆胶结充填(水泥与砂浆质量比为 1∶4)。第 2 循环，在已经“隔一采一”嗣后充填的条件下，对该循环内矿体进行“隔一采一”，然后回采矿房，先进行 3 m 的高配比水泥砂浆胶结充填，然后进行低配比的水泥砂浆充填(水泥与砂浆质量比为 1∶6 或 1∶10)。第 1 循环和第 2 循环的回采工艺大致相同，拉槽布置在条柱的端部，然后进行后退式回采，从凿岩道平底结构用铲运机出矿。充填均通过上一分层的外围平巷，经出矿进路、充填通风联络道下放充填管路进行。在形成 3 m 厚的人工底柱时，要确保人工底柱的整体性和充填质量。

以第 4 分层为例介绍采空区协同利用方案。第 4 分层 17 号和 15 号空区在矿段开采前已全部充填。为给周边矿体回采提供协同空间(爆破补偿空间)，18 号空区仅充填至-130 m 水平。分层内划分 22 个条柱，由 2 条穿脉巷道把第 4 分层矿脉分为 A、B 和 C 3 个区段，如图 2-39 所示。

需要特别说明的是，如 A 区和 B 区资源采用单个条柱式开采，则条柱过长，不利于工程的安全性与产能的搭配；如在 A 区和 B 区之间留设一宽 4~6 m 斜条柱，则上述开采难题迎刃而解。斜条柱矿产资源开采后形成的采空区，不仅解决了 A 区和 B 区资源开采条柱过长与安全性差的问题，与此同时，连同 A 区资源开采后部分盈余空间也为 B 区资源的开采提供了协同空间(通风与充填巷道)，其自身也可与其他条柱在产能上进行合理搭配。斜条柱设计体现了采空区协同利用技术的精髓。

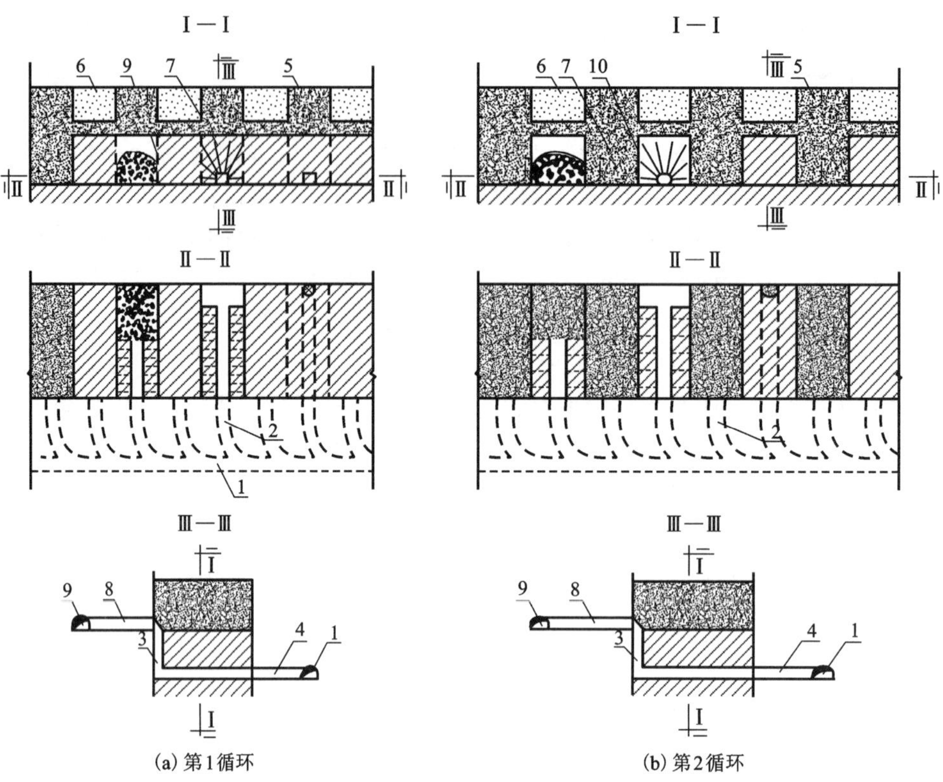

1—运输巷道；2—出矿进路；3—切割通风天井；4—凿岩道；5—部分高度胶结充填；6—低配比尾砂充填或块石充填；7—炮孔；8—充填道(通风道)；9—充填通风联络道；10—矿块边界。

图 2-38 采矿环境再造分层分条中深孔落矿采矿法

(3)应用效果评价

采空区协同利用作为一种采空区处理的新方法新机制，从提出历经怀疑、接受、肯定、应用多个阶段。广西高峰锡矿应用该技术已成功处理了多个采空区，积累了一些先进经验，并将采空区协同利用写入企业采空区处理技术规程中。应用效果表明：新机制不仅成功处理了空区隐患，实现了空区隐患资源的安全开采，同时还大大降低了空区处理成本，甚至是零成本；单空区条件下采用的空场类采矿法能够灵活调节开采布局，实现采矿工艺与采空区的协同利用的效应；复杂多空区条件下采空区协同利用方案仍有较多技术问题需要深入研究，如时空协同次序优化问题。可以预见，采空区协同利用、采矿环境再造、常规采空区处理技术等耦合形成的联合处理技术对于复杂空区群的处理具有广阔的应用前景。

2.6.5　采空区探测

随着金属矿床开采工作的持续推进，在采矿深度和范围上的持续扩大，不可避免地会导致越来越多的金属矿采空区的形成。采空区探测方法根据赋存环境的不同可采用不同方法，主要有瞬变电磁法、高密度电阻率法、地质雷达法、可控源音频大地电磁法、地震勘探法和三维激光探测法。前 5 种方法是从采空区围岩表面进行探测，三维激光探测法能够实现可视化三维探测，可从不同角度多次探测以避免产生盲区，从而提高采空区的探测精度和效率。

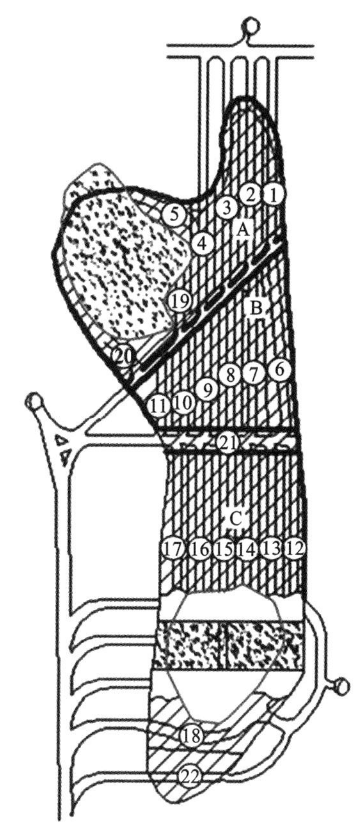

图 2-39　第 4 分层采空区协同利用方案

2.6.5.1　瞬变电磁法(TEM)

瞬变电磁法可根据探测区与周边地层的明显电性差异来推断采空区位置。采用瞬变电磁法探测时采空区表现为高视电阻率，如果视电阻率等值断面图中出现高阻异常区，则可以认为存在未完全充填的采空区。

瞬变电磁法野外数据采集的装置类型、线框大小、发射基频、叠加次数、测点的布置等应综合考虑探测区地层物性、电性指标，采空区的埋深，场地电磁干扰等因素。瞬变电磁仪主要由硬件系统和软件系统组成。硬件系统包括发送机、发送机电源、接收机、发送回线/接收回线装置几部分；软件系统主要有数据采集软件、数据处理软件和 Surfer 软件。图 2-40 为某矿山测线布置示意图，图 2-41 为视电阻率等值线断面图。

2.6.5.2　高密度电阻率法

高密度电阻率法探测采空区是基于矿体与采空区电阻率差异的物理特性来确定某一区域矿体内的异常区域。当人工向地下 A、B 电极加载直流电场 I 时，通过测量预先布置的 M、N 极间的电位差 ΔU，可求出此预先布置点间的视电阻率。通过研究地下一定范围内大量丰富的空间电阻率变化，查明和研究探测矿岩体内的异常区域。高密度电阻率法实现了野外测量数据的快速、自动和智能化采集。采空区与岩体电阻率差异明显，易于辨认，高密度电阻率法用于采空区探测效果较好。

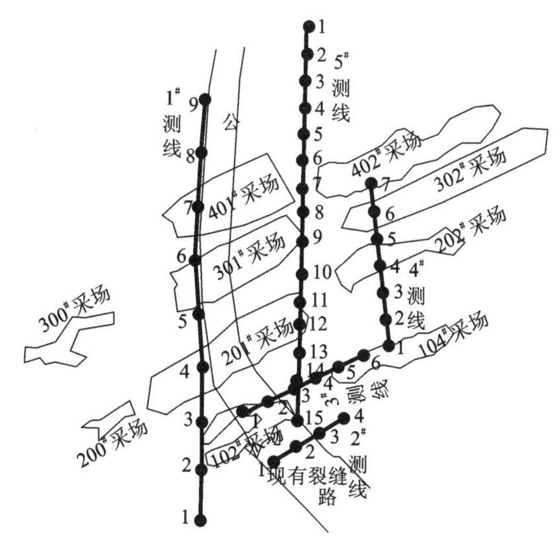

图 2-40　测线布置示意图

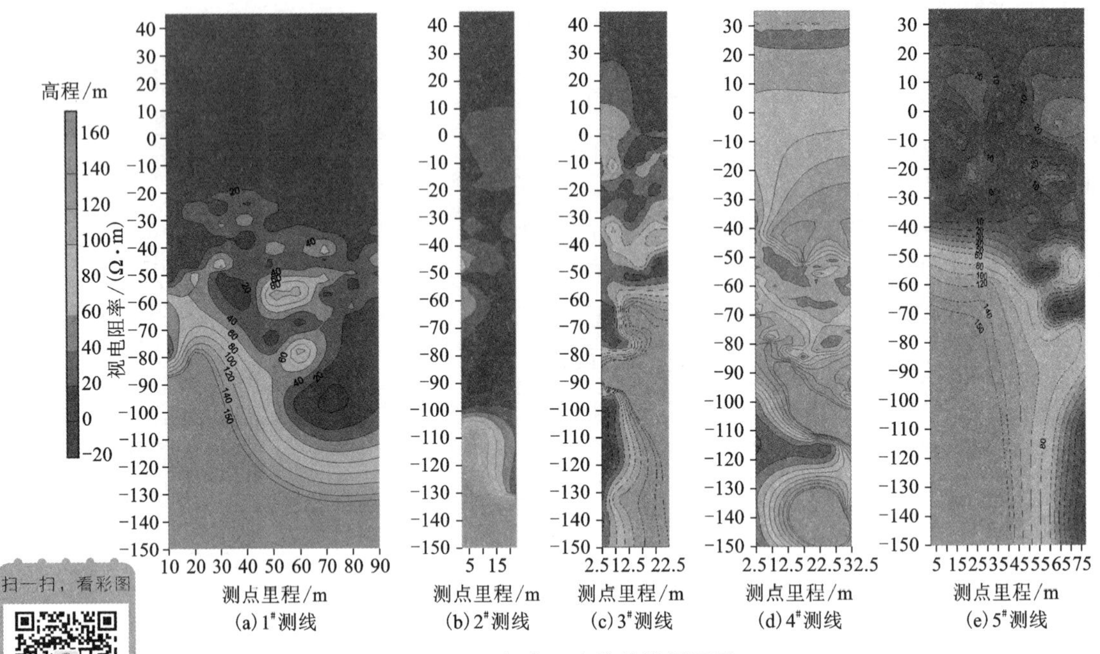

扫一扫，看彩图

图 2-41 视电阻率等值线断面图

高密度电阻率法采用的仪器设备有重庆奔腾数控技术研究所研制的 WDJD-3 型多功能数字直流激电仪和配套的 WDZJ-3 型多路电极转换器及相应的配件。野外数据采集设备及参数：采用温纳 α 装置，点距为 5 m，采集道数为 120，单排列长度为 595 m，采集层数为 39，供电电压为 180 V。先利用 BTRC2004 进行格式转换，将转换后的数据通过瑞典高密度处理软件进行相应的编辑，主要包括排列数据合并、排列信息确认、飞点删除、反演参数设定。然后采用最小二乘法对编辑完的数据反演。最后评定理论计算数值和实测视电阻率的拟合程度，即通过反复修改地电模型参数，计算拟合差来判定拟合程度，直到拟合差达到事先给定的精度。图 2-42 为某矿山测线高密度视电阻率反演断面图。

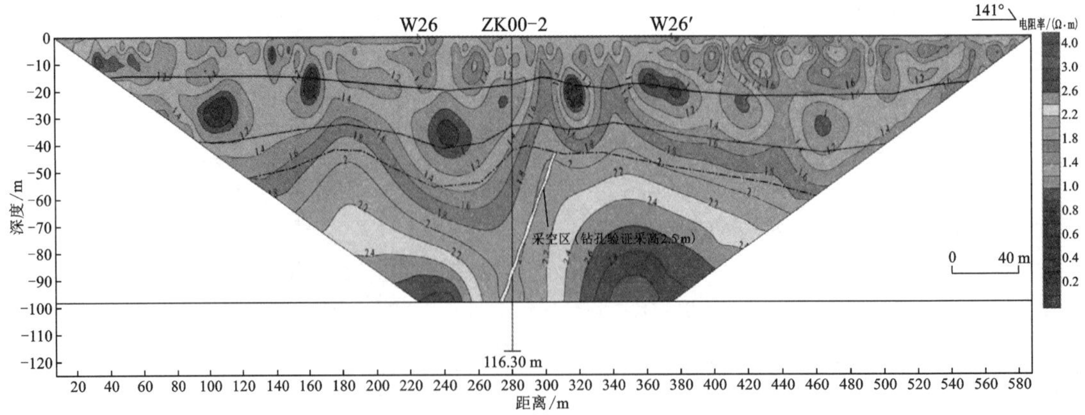

图 2-42 某矿山测线高密度视电阻率反演断面图

2.6.5.3　地质雷达法(GPR)

地质雷达由发射部分和接收部分组成，地质雷达法是利用高频电磁波以宽频带脉冲形式在地面通过发射天线送入地下，电磁波在地下传播过程中，当遇到目标体如采空区等时，会发生反射并返回地面，被接收天线接收。研究表明地质雷达法能较为准确地探测出采空区的位置、规模等，探测效果较好。

如图 2-43 所示，由发射天线向地下介质发射一定中心频率的电磁脉冲波，电磁脉冲波在地下介质中传播时，遇到介质中的电磁性(即岩土介质的导电性、介电性及磁性)差异分界面会发生反射和透射；反射电磁波传回地表，被接收天线接收；电脑与仪器控制台相连接，通过电脑进行操作和控制；接收天线所接收的地下反射回波信号经由光纤传输到仪器控制台，并经过离散采样转换成时间序列信号；这种时序数字化信号构成每一测点上的地质雷达波形记录道，它包含在该测点接收到的来自地下空间的雷达回波的幅度、相位及旅行时间等信息。由电脑收集并存储每一测点上的雷达波形序列，即可形成一个由若干记录道构成的地质雷达剖面(见图 2-43，图中 x 为道间距，n 为测点个数)。通过对地质雷达剖面进行适当的处理与解译，便可获得剖面下方的有关地质信息(或地下目标体的内部结构特征)。

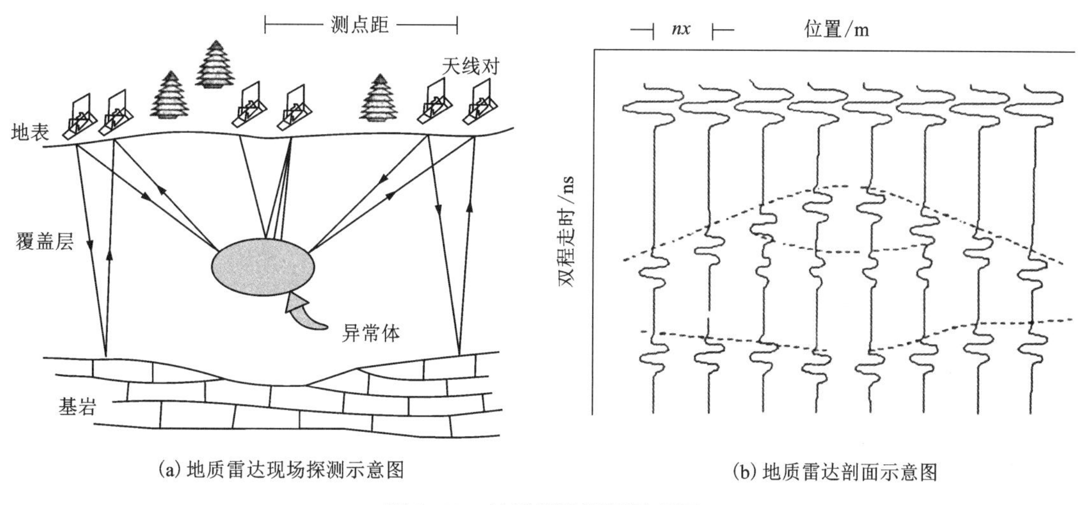

(a) 地质雷达现场探测示意图　　(b) 地质雷达剖面示意图

图 2-43　地质雷达探测原理图

图 2-44 为某矿山测线所探测的地质雷达剖面图及其推断解释的地质断面图。从图 2-44 中可以看出该雷达剖面所显示的有效探测深度接近 40 m；雷达剖面清晰反映了地下采空区，分辨率很高。根据地质雷达剖面上反射波同相轴特征以及反射回波波组特征，可以确定该剖面下方共有 7 个采空区存在。采空区可分为两类：一类为已回填(或部分回填)采空区，一类为未回填采空区，7 个采空区的编号分别为 A1-1～A1-7。

2.6.5.4　可控源音频大地电磁法(CSAMT)

可控源音频大地电磁法是在大地电磁法(MT)和音频大地电磁法(AMT)的基础上发展起来的。针对大地电磁法音频频段信号微弱和信号不稳定的缺点，CSAMT 采用人工可以控制的场源最大限度地避免了工程恶劣环境的干扰。相比于传统的电磁方法，CSAMT 测量卡尼亚视电阻率，而不是测量单分量视电阻率，通过改变频率进行测深，是地下深部结构无损探

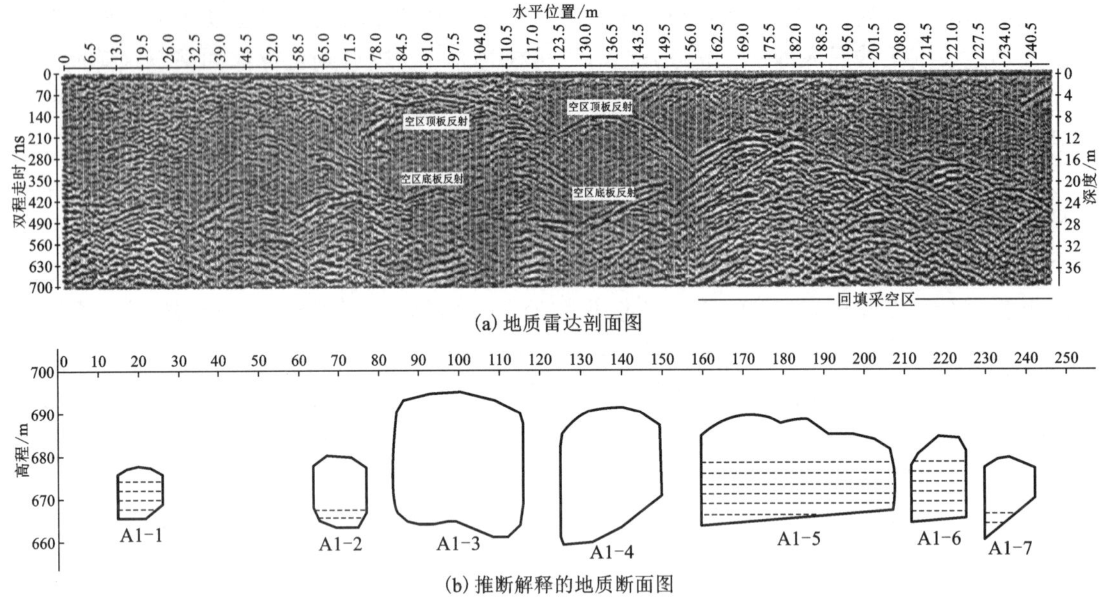

图 2-44 某矿山测线地质雷达剖面图及其推断解释的地质断面图

测的一种有效方法。CSAMT 基于电场在大地电磁场传播过程中正常电磁波的传导规律，即趋肤效应，高频电流主要集中在近地表流动，随着频率的减小，电流趋于往深处流动。

当地表电阻率固定时，电磁波传播深度与频率成反比，高频时，探测深度浅；低频时，探测深度深。因此，可以通过改变发射频率来改变探测深度，达到频率测深的目的，通常向下穿透深度可为 2～3 km。在探测采空区时大多采用标量测量装置。如图 2-45 所示，首先通过人工源发射信号，然后在勘探线上采用 1 组与供电电场平行的电极 E_x 接收电信号，与电场正交磁极 H_y 接收磁信号，发射极与接收极之间的距离一般为 5～10 km。

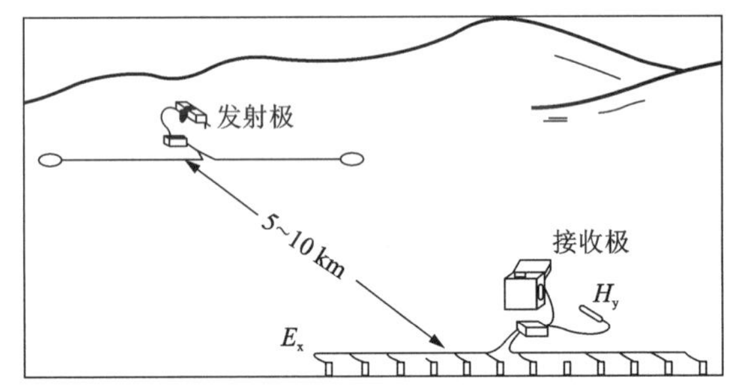

图 2-45 CSAMT 法勘测布置示意图

CSAMT 探测可使用美国 Zonge 公司生产的新型 GDP-32 Ⅱ 多功能电法接收机和 GGT-10 发射机系统，其最小电压检测能力为 0.03 μV，相位准确度为±0.1 mrad。图 2-46 为某铁矿采空区设计的 7 条 CSAMT 测线即 L1～L7。在每条测线上设计物理测点 40 个，点间距为 20 m，收发距为 5 km。测量采用多道排列方式，每列为 6 个电道(E_x)，1 个磁道(H_y)，频率分布范围为 10～10000 Hz。

采用 CSAMT 法采集到的原始数据对应一系列频率且没有考虑装置特性的平均视电阻率值。对偏离大、明显畸变的数据进行平滑处理，采用多点圆滑滤波对有近场附加效应的曲线进行近场校正。结合收发距、偶极、采样间距等详细数据进行反演计算，得到对应地下不同

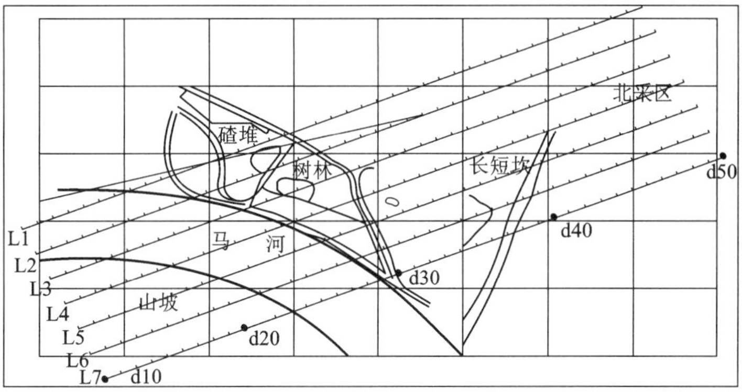

图 2-46　某铁矿采空区设计的 CSAMT 测线布置示意图

深度的电性分布剖面图，进而准确反映地层的真实电性特征。卡尼亚视电阻率是由观测的电场振幅被同时获得的磁场振幅归一生成的，通过该数据绘制的卡尼亚视电阻率断面图由两部分组成：电阻率断面图(图 2-47)和电阻率反演图(图 2-48)。

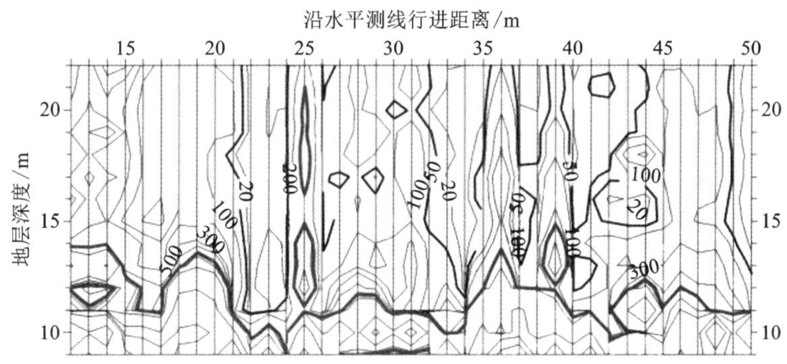

图 2-47　某测线卡尼亚视电阻率断面图

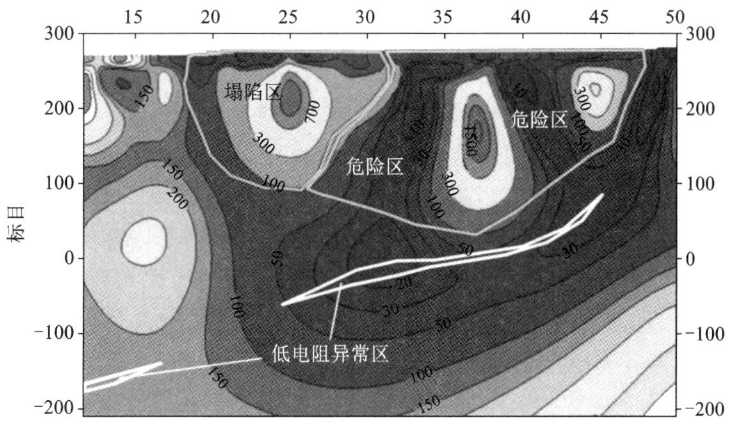

图 2-48　测线电阻率反演图及测线解析结果

2.6.5.5 地震勘探法

地震勘探法是利用地层的弹性差异来探测地质构造的重要物探方法。在采空区探测中，浅层地震反射波法、瑞雷波法及弹性波 CT 法等方法得到了广泛的应用。

(1)浅层地震反射波法

浅层地震反射波法是指利用人工激发的地震波在弹性介质传播的规律，人工在地面激发弹性波，当点源激发的地震波入射到地下介质分界面时，由于不同介质间存在波阻抗差异，地震波会在地下不同介质界面处产生反射；沿测线的不同位置用检波器接收其反射波信号，地震波在介质中传播时，其路径、振动强度和波形将随介质的弹性性质及几何形态的不同而变化。对仪器接收到的地震波形资料，利用专门的地震资料处理软件进行全面分析、处理和计算，得到地震时间剖面图形。当地层连续时，地震时间剖面表现为反射波连续；当地震波遇到采空区、溶洞及破碎带等异常地质体时，地震时间剖面表现为反射波紊乱。

(2)瑞雷波法

瑞雷波法是一种面波勘探方法，根据激振方式的不同，瑞雷波法分为稳态法和瞬态法两种。但经常使用的瑞雷波法是瞬态法。瞬态瑞雷波法是通过锤击、落重乃至炸药震源，产生一定频率范围的瑞雷波，再通过振幅谱分析和相位谱分析，把记录的不同频率的瑞雷波分离出来，从而得到频散曲线。若采空区未发生塌陷，瑞雷波传播到这些位置时将突然消失或发生散射，在采空区顶板处频散曲线表现为“之”字形拐点，而且瑞雷波速度迅速下降，从而可以在纵向上确定未塌采空区的范围；若采空区发生塌陷，则矿层上部地层结构疏松，瑞雷波速度降低，在频散曲线上，受影响地段瑞雷波速度显著降低，据此可以在横向上确定塌陷区及其影响的范围。瑞雷波探测采空区在实际应用过程中探测效果较好，瑞雷波法是探测采空区的有效方法。

(3)弹性波 CT 法

弹性波 CT 法是近几十年发展起来的物探方法，即地震波层析成像技术。这种技术通过边界对弹性波信号的差异反应，获取地下岩土体物性参数的分布信息。弹性波信号一般指波在地下介质中的传播速度，由速度的差异进一步解译其他所需信息。根据地质条件、测试条件和探测精度要求，将两钻孔之间的区域离散成若干个规则的网格单元，并将两钻孔处的网格节点分别作为弹性波测试时的发射点和接收点。实际工作中根据目标体的大概分布规律合理布设钻孔和观测系统，采用一发多收的扇形透射，即在任一节点发射信号时，所有接收点都能接收到该发射点产生的信号。逐点激发将在被测区域形成致密的射线交叉网络。正常状态下，每条射线弹性波旅行时间将被唯一确定，而射线通过异常体时，将产生旅行时间差，当多条致密交叉射线通过异常体时，就会对异常体的空位置进行唯一确定，然后再根据射线的疏密程度及成像精度的要求在施测范围内划分若干规则的成像单元。通过对诸多成像单元波速的数学物理反演计算，可获得异常体的空间展布形态，采空洞穴相对围岩而言，波速较低。地震波穿透这些低速介质时，则旅行时间增加，采用相互交叉的致密射线构成的网络，可根据洞穴及其内部充填物等低速介质在空间上的位置进行确定。在地震波 CT 剖面图中，一般主要根据低速异常区的位置和大小来识别采空洞穴。弹性波 CT 观测系统示意图如图 2-49 所示。

某矿区开采前期为个体民采，主要采用地下开采方式，留下了大量的地下不明采空区。在对矿山整合之后逐步转化为露天开采方式，为典型的地下转露天开采矿山。由于大规模采空区群存在于当前生产的露天境界内，且前期个体民采资料缺失，因此无法掌握采空区的分布位置和分布形态，严重影响了矿山的正常生产，给矿山施工的人员和设备带来了极大的安全隐患。为此，采用不同尺寸比对该矿 692 m 平台下方采空区进行弹性波 CT 探测试验。692 m 平台下方采空区赋存标高为 640~658 m，在采空区侧边布置了 4 个探测钻孔，孔深均为 55 m。利用两个钻孔做一组试验，一个钻孔发射信号，另一个钻孔接收信号，共试验了 3 个断面(1-2、1-3 和 1-4 断面)，3 个断面钻孔间水平距离分别为 55 m、59 m 和 88 m，采空区与钻孔位置见图 2-50。选择钻孔 1 作为弹性波接收钻孔，接收钻孔内布置 24 通道接收传感器，每个传感器间隔 1 m，钻孔 2、3 和 4 作为电火花震源发射钻孔。震源间隔 1 m 发射 1 次弹性波进行数据采集，直至将信号全部采集完毕。图 2-51 为现场采集到的典型波形数据。

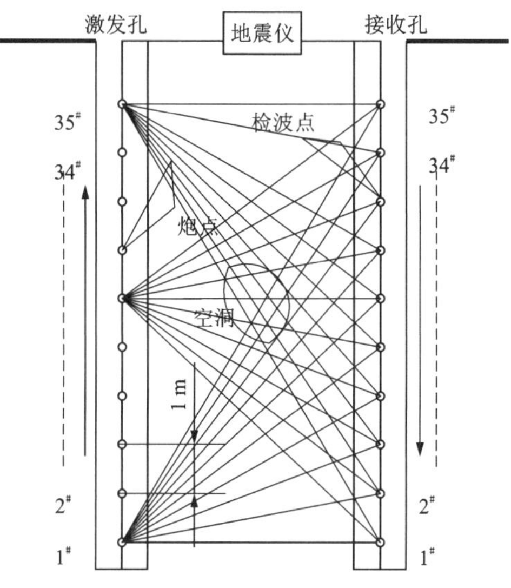

图 2-49　弹性波 CT 观测系统示意图

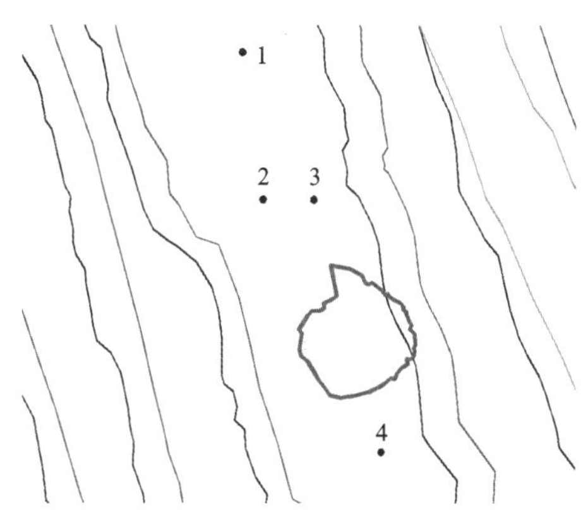

图 2-50　采空区与钻孔位置图

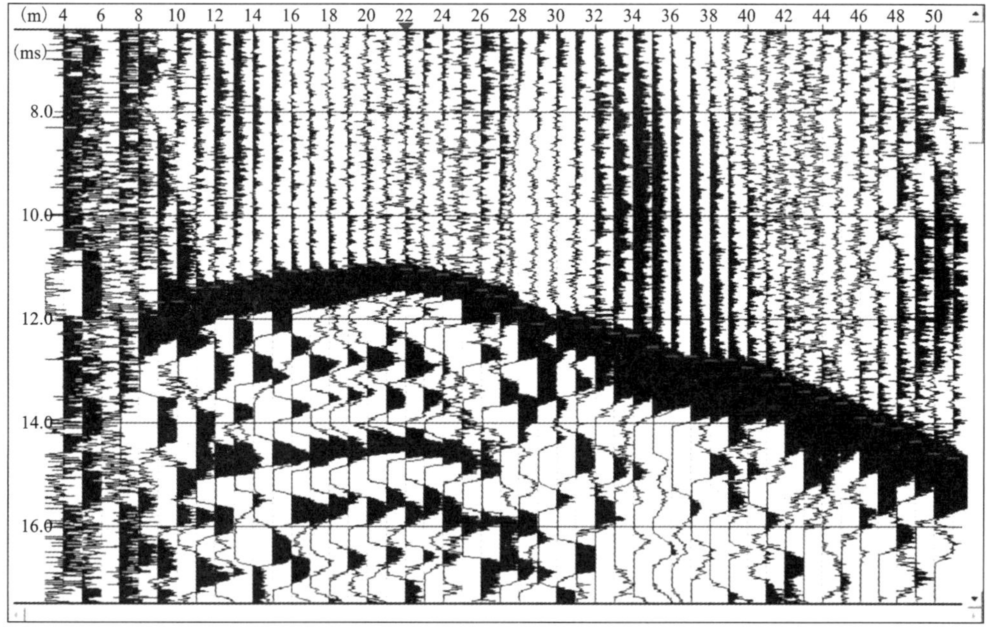

图 2-51　现场采集的典型波形数据

2.6.5.6 三维激光探测法

三维激光扫描技术是一门新兴的测绘技术，是测绘领域继 GPS 技术之后的又一次技术革命，又称“实景复制技术”。三维激光扫描仪采用非接触式高速激光的测量方式，在复杂的现场和空间对被测物体进行快速扫描测量，获得点云数据。海量点云数据经过三维重构可以再现矿山开采现状。测量结果可导入三维矿业软件，为生产计划的调整和储量动态管理提供高精度原始数据，提高了矿山技术管理水平。

(1)三维激光扫描系统工作原理

如图 2-52 所示，其基本原理是利用发射和接收激光脉冲信号的时间差来实现对被测目标的距离测量。通过数据采集获得测距观测值 s，精密时钟控制编码器同步测量每个激光脉冲横向扫描角度观测值 α 和纵向扫描角度观测值 ω。激光扫描三维测距采用仪器内部坐标系统，x 轴在横向扫描面内，y 轴在横向扫描面内与 x 轴垂直，z 轴与横向扫描面垂直。在矿业领域，海量点云数据经过三维重构，可以再现矿山开采现状，例如露天采场、采空区、巷道、溜井等。测量成果可快速生成矿山所需要的地形地貌、等高线、坡顶底线、填挖方量、采空区、巷道、溜井模型等数据，这些数据还可以导入三维矿业软件，结合矿山资源模型，可实现矿山生产精细化管理，为矿山安全生产提供保障。

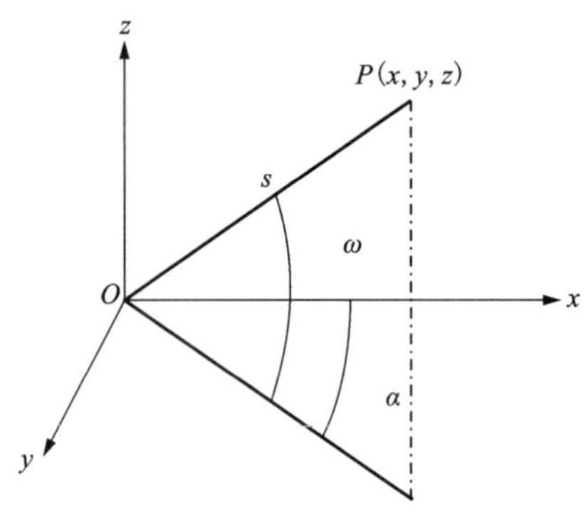

图 2-52 三维激光扫描系统工作原理

由此可获得三维激光扫描点坐标的计算公式：

$$
\begin{aligned}
s &= \frac{1}{2}c\Delta t \\
x &= s\cos\omega\cos\alpha \\
y &= s\cos\omega\sin\alpha \\
z &= s\cos\omega
\end{aligned}
\tag{2-4}
$$

式中：c 为激光在大气中的传播速度；Δt 为激光在待测距离上的往返传播时间；α 为横向扫描角度观测值；ω 为纵向扫描角度观测值。

(2)三维激光扫描仪的优势

地下矿山传统应用的采空区测量仪器主要有全站仪和 RTK，该类仪器的测量方式为单点测量。三维激光扫描仪与传统测量仪器比较见表 2-8。

表 2-8 三维激光扫描仪与传统测量仪器比较

序号	对比项目	传统测量仪器	三维激光扫描仪
1	安全性	接触式测量，测量人员需要到边坡边界、爆堆上、采空区内、尾矿库内等被测点位置现场，安全性差	非接触式测量，测量人员与被测对象可保持几千米距离进行远程测量，安全性高

续表2-8

序号	对比项目	传统测量仪器	三维激光扫描仪
2	操作便利性	测量人员必须暴露在极端环境下，如在高海拔恶劣环境下，包括低氧、高寒、大风和雨雪等，工作难度大，劳动强度高	可将扫描仪架在车外，测量人员在车内通过电脑控制扫描仪完成扫描工作，工作环境舒适
3	测量成果	离散单点，后期数据处理工作量大	用三维点云后期专用软件进行数据处理
4	测量环境	在夜间的露天地表或光线不好的井下空间，全站仪无法测量	主动激光光源，无须自然光即可测量
5	测量效率	1点/min	1200万点/min
6	测量精度	点精度为毫米级，但是点间距为米级，点间距太大，会导致体积测量误差大，开挖验收可信度低，难以进行支护质量验收工作	点精度为毫米级，点间距可达厘米级，点间距太大，会导致体积测量误差大，在工程量验收、施工质量验收方面，可信度低
7	测量方式	只能使用三脚架，测量局限性大	可使用三脚架、延伸杆或车载、机载三维激光扫描仪，能适应各种环境测量
8	影像信息	设备无法采集影像信息，技术人员无法借助影像与测量点叠加信息，对现场进行定量与定性判断，现场需要爬边坡、拿罗盘皮尺去测量记录，工作强度极大，可靠程度低	影像信息与点云同步采集，技术人员可以借助影像与点云叠加的信息，对现场进行定量与定性判断，并在内业完成矿岩边界、节理裂隙等大量数据的编录
9	设备操作	无法遥控操作	可以遥控操作
10	扩展性	无法实现	可以进行边坡变形监测、施工质量验收、岩土工程分析等，可保障矿山安全生产，实时了解边坡稳定性，实现矿山精细化和标准化管理

(3)采空区测量三维激光扫描仪的选择

三维激光扫描是一门新兴的测绘技术，但不同的三维激光扫描仪应用领域却有很大区别，考虑到矿山环境以及用途的特殊性，在选择三维激光扫描仪时需要考虑以下几点。

①最大测量距离：测量距离越远，则架站越少，外业时间越短；

②最小测量距离：最小测量距离越小，设备周围的测量盲区越小；

③精度：精度越高，细节表现得越好；

④角度范围：必须能360°水平自动测量，并且顶部必须无盲区，以保障井下应用时能采集更完整的数据；

⑤工作温度：保障在各种温度下都能正常工作，防止影响矿山生产；

⑥防护等级(防尘防水等级)：在地下矿山这种环境下，需要较高的防护等级，以保障设备的正常工作；

⑦设备能远程控制，并能连接延伸杆，以便进行空区测量；

⑧内置 GPS 和罗盘可辅助进行数据拼接，可提高数据拼接效率和数据拼接精度。

根据国内外采空区探测技术发展趋势，常用的空区测量三维激光扫描仪主要包括架站式三维激光扫描仪(例如：加拿大 Optech 公司的 CMS 三维激光扫描仪、英国 MDL 公司的 VS150 三维激光扫描仪和澳大利亚 Maptek 公司的 Maptek SR3 三维激光扫描仪)和无人机搭载式三维激光扫描仪(例如：Emesent 公司的无人机搭载式翼目神 HVM100 三维激光扫描仪)。

(4)空区三维激光扫描系统探测方法

井下许多空区中积留有大量矿石，既不可能将矿出尽，又不能把探测头伸入矿房的中上部范围内。根据空区探测现场具体情况，综合考虑安全、便于设备架设和便于测定支架上两个点坐标等多方面因素，针对每一个空区，采用不同的探测方法。如果空区探测条件良好(出矿比较完全，矿堆较矮，空区形态比较规整)，此时一个空区只探测一次；如果空区探测条件复杂(矿堆很高，空区形态复杂)，此时采用单空区、多测点的方案，即在一个空区内进行多次设站、多次扫描探测，以期达到良好的探测结果。下面具体介绍澳大利亚 Maptek 公司研发的 Maptek SR3 架站式三维激光扫描仪的探测方法。

①设备参数(见表 2-9)

表 2-9 三维激光扫描系统设备参数

基本参数		扫描仪参数	
尺寸/(mm×mm×mm)	390(长)×192(宽)×318(高)	最大扫描范围/m	600
质量/kg	9.6	最小扫描距离/m	1
内置电池续航时间/h	可充电电池，续航时间 2.5×2	距离精度/mm	4
内置倾斜补偿器	20″	重复精度/mm	±3
操作温度/℃	-40~50	激光发散角/mrad	0.25
国际标准认证	ISO 9022	扫描频率/kHz	100、200、400
防护级别	IP65(IEC 60529)	激光波长/nm	1545(近红外线)
数据储存	坚固的工业平板电脑(带以太网口)	步距角可选角度/(°)	0.05~0.2
支架	标准三脚架基座	扫描视场角/(°)	垂直 260 水平 360
GPS 支架	5/8 英寸标准 GPS 安装接口	激光后视定向	650 nm 红色激光(1 级)
便携箱	坚固防水运载箱(可用于暴风雨天气)		

②设备架设

a. 对于人员可以进入的空区，可将 Maptek SR3 架站式三维激光扫描仪架设到空区内部完成数据采集工作。

b. 对于人员不可进入空区，且空区较小的，可通过延伸杆将 Maptek SR3 架站式三维激光扫描仪延伸至空区内部采集数据；还可以通过无人机搭载翼目神 HVM100 三维激光扫描仪进入空区进行自主飞行扫描采集空区数据，这样人员可在安全区域远程操作仪器完成数据采集工作。

③辅助工作

辅助工作包括：架设脚架和连接延伸杆。

④采空区数据探测

设置好扫描速度、挡位、扫描区域等。

⑤控制点测量

将扫描仪放置在控制点下面(对中控制点)，并用激光指示器瞄准后视点，采用类似全站仪的操作模式，实现真坐标测量，只需要一站有控制点即可，其他站可以实现公共区域应用ICP算法进行坐标校准。

⑥数据处理

数据处理软件主要为Maptek点云数据处理软件PointStudio。对于SR3采集的数据，将数据文件(.r3s)从控制手簿上传输到电脑上，再导入Maptek SR3自带的处理软件PointStudio，应用PointStudio将数据进行坐标校正，删除噪声点，抽稀数据，并建立相关模型。

(5)应用实例

①空区现场探测及测站分布

采用Maptek SR3三维激光扫描仪，对云南某铁矿710 m至850 m中段部分采空群进行扫描探测(共计采集了21个采空区数据)。考虑到空区内有未出完的矿石和顶板垮落的围岩形成的存窿矿废石以及为保证空区安全而留下的矿柱较多，同时结合采区巷道分布、探测安全性等因素，进行探测点布设。

②空区探测数据处理

利用Maptek SR3空区探测系统对人员可进入空区进行探测，将三维激光扫描仪架设在空区内部，如图2-53所示。通过手簿控制扫描仪，设置好扫描名称、扫描速度、扫描挡位(点密度)，点击扫描，扫描仪可自动完成360°数据采集工作(SR3垂直扫描角度为260°，顶部无盲区)，控制手簿可实时三维查看扫描数据，了解数据质量；对于人员不可进入的空区，可应用无人机搭载翼目神HVM100进入空区(图2-54)，探测人员在安全区域控制无人机，并可通过平板电脑或手机实时查看数据，了解数据盲区，为无人机飞行提供路线。

图2-53 Maptek SR3扫描仪现场探测图

图2-54 无人机搭载HVM100扫描仪现场探测图

控制点测量：对于 Maptek SR3 可以将扫描仪放置在控制点下面(对中控制点)，并用激光指示器瞄准后视点，实现类似全站仪的操作模式，实现真坐标测量，只需要有一站有控制点即可，其他站可以实现公共区域应用 ICP 算法进行坐标校准；对于翼目神 HVM100，可以先通过测量指杆控制点，用扫描仪采集到测量杆数据，然后在软件中提取控制点数据，再在软件中进行坐标校正。

将 Maptek SR3 采集的数据(.r3s)从控制手簿上传输到电脑上，再导入 Maptek SR3 自带的处理软件 PointStudio 中，应用 PointStudio 将数据进行坐标校正，删除噪声点，抽稀数据，并建立相关模型；翼目神 HVM100 的扫描原始数据需要通过解算软件 Emesent 将原始数据解算成一个整体点云数据，再将解算出的数据导入 PointStudio 中进行数据坐标校正、噪声点删除，数据抽稀，并建立相关模型，结果如图 2-55 所示。模型导出的结果为 DXF 格式，可以实现与其他三维软件的对接(DIMINE、3DMine)。

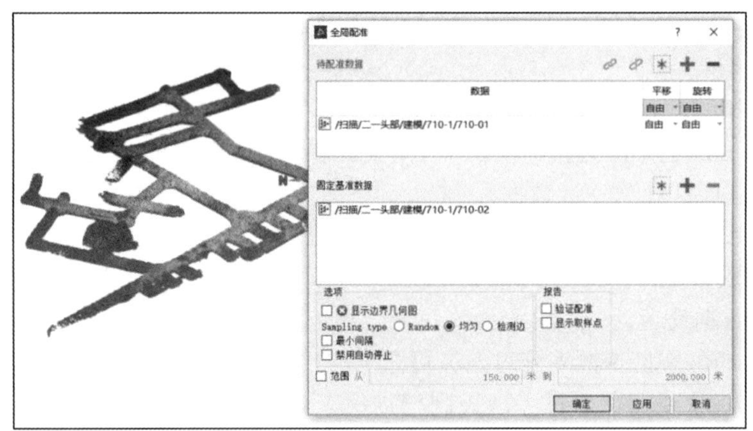

图 2-55 点云数据处理界面图

依据探测条件的不同以及现场探测的结果，可以将探测数据分为以下 3 类。

第一类空区数据：如图 2-56 所示，该类空区探测条件良好，人员可进入，使用 SR3 采集的现场数据，可以形成完整模型。

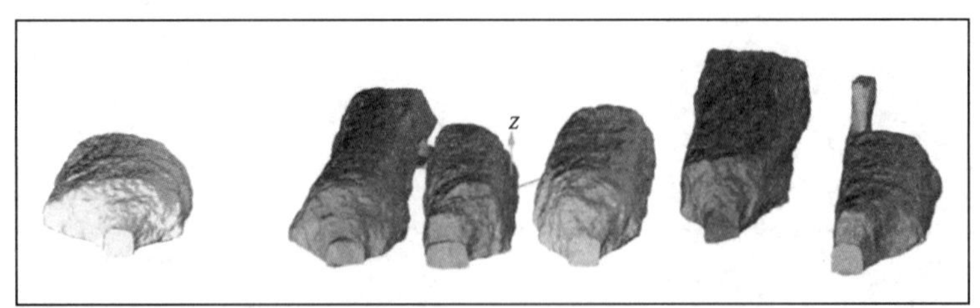

图 2-56 第一类空区扫描结果

第二类空区数据：如图 2-57 所示，该类空区探测条件良好，但人员不可进入，且空区较小，此时采用延伸杆方式将翼目神 HVM100 扫描仪伸入空区内部采集数据。

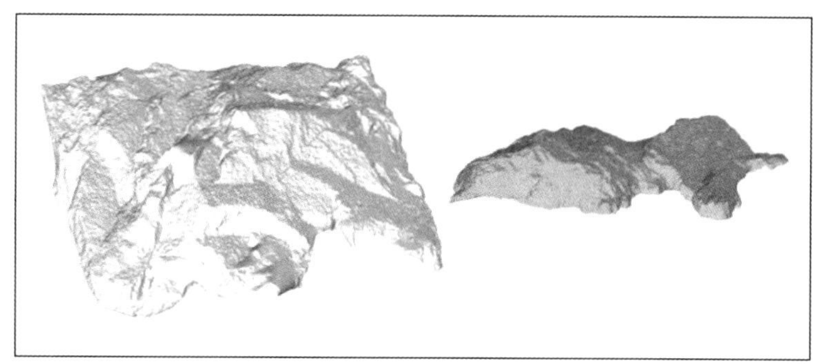

图 2-57　第二类空区扫描结果

第三类空区数据：空区形态较复杂，且人员不可进入，此时采用无人机搭载 HVM100 进入空区内部采集完整空区数据。图 2-58 显示了架站式或延伸杆式三维激光扫描仪采集的点云数据与无人机搭载三维激光扫描仪采集的点云数据的对比图，由图 2-58 可知，无人机搭载三维激光扫描仪采集的点云数据更加丰富，更能反映空区实际形态，弥补了架站式或延伸杆式三维激光扫描仪不能对现形态较复杂且人员不可进入的采空区进行精准探测的不足。

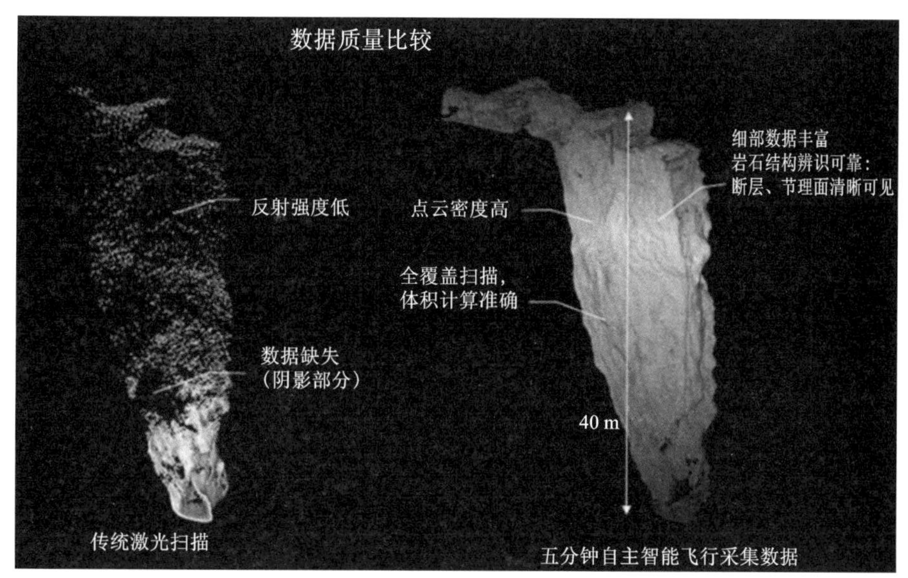

图 2-58　部分第三类空区原始数据

根据云南某铁矿的空区赋存环境，综合应用上述 3 种探测方式，完成了对该矿空区三维模型的详细探测，探测结果如图 2-59 所示。

该矿山地下空区数量极多，其探测和后处理的工作量很大。因此按照铁矿采矿剖面图的空区范围线，通过 3DMine 软件在室内进行处理，分别建立 II_1 头部部分的空区整体分布图，进而与矿体模型进行布尔运算，以此掌握 II_1 部分二步资源赋存状态，为后续二步资源战略性回采提供详细的矿体资料。将 II_1 头部部分矿体分布的三维数字模型与空区三维数字模型进行布尔运算，即可获得矿区的二步资源整体分布状况，结果如图 2-60 所示。

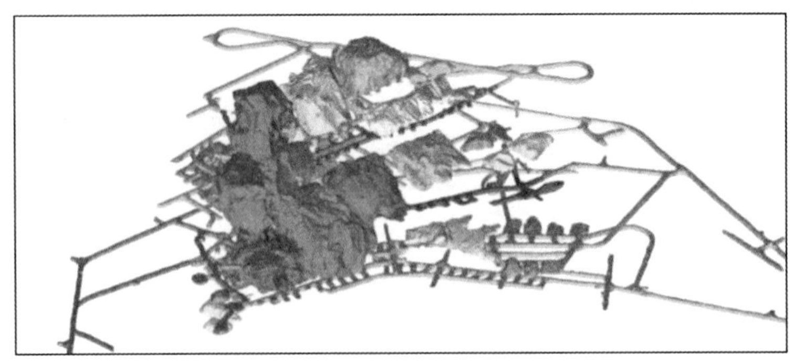

图 2-59　云南某铁矿空区扫描三维模型

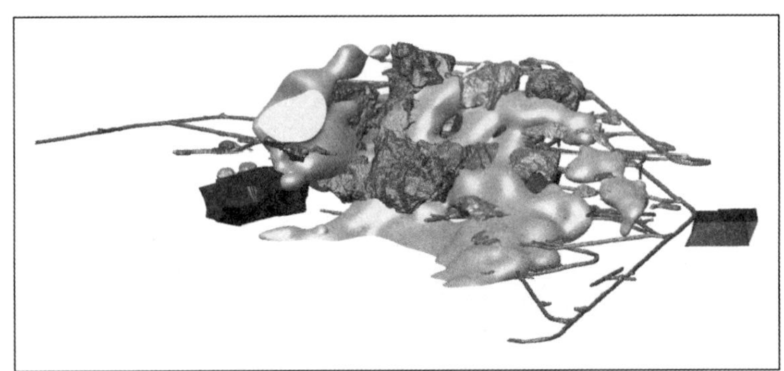

图 2-60　采空区-矿体-巷道复合模型

参考文献

[1] 解世俊. 金属矿床地下开采[M]. 2 版. 北京：冶金工业出版社，2006.

[2] 田胜科，陈保林. 全面采矿法在白牛厂银多金属矿的应用[J]. 云南冶金，2013(4)：4-6，29.

[3] 邱崇栋. 急倾斜矿体房柱采矿法[J]. 昆钢科技，2009(3)：1-4，16.

[4] 张富民. 采矿设计手册[M]. 北京：中国建筑工业出版社，1987.

[5] 王家齐，施永禄. 空场采矿法[M]. 北京：冶金工业出版社，1988.

[6] 蒋深竹. 广西大新锰矿缓倾斜薄矿体房柱法采矿探实[J]. 中国锰业，2018，36(5)：151-154.

[7] 陈琼，欧洪宁. 全面房柱法在锡矿山薄矿体开采中的实践[J]. 采矿技术，2008，8(5)：7-8.

[8] 郭永斌. 留矿法与分层法在重叠矿体中的综合使用[J]. 中国锰业，2017，35(2)：85-87.

[9] 刘明许，陆玉根. 房柱法与留矿法联合采矿法在大红山铁矿的应用[J]. 现代矿业，2015，31(8)：29-30，94.

[10] 曾凡珍，吕明伟，张树标，等. 静态留矿法在漂塘矿区的应用研究[J]. 矿业工程，2017，15(1)：16-17.

[11] 李群，李占金，任贺旭，等. 静态留矿法在不稳固薄矿脉开采中的应用研究[J]. 矿业研究与开发，2015，35(4)：1-3.

[12] 李振振. 静态浅孔留矿法在喀讷什三区锰矿应用研究[J]. 新疆有色金属，2018，41(1)：14-15.

[13] 姜东泉. 分段矿房法在济南钢城矿业公司的应用[J]. 中国矿山工程，2005，34(2)：21-23.

[14] 杨通录. 分段空场法在锡铁山铅锌矿的应用[J]. 采矿技术, 2014, 14(2): 3-4.
[15] 蔡泽山. 中深孔分段空场法在赛什塘铜矿的应用[J]. 现代矿业, 2011, 27(3): 69-71.
[16] 魏学松, 乔登攀. 分段空场法分区回采在茇岭铁矿的应用[J]. 金属矿山, 2010(3): 32-35, 79.
[17] 谷中元. 分段空场法在三道沟铁矿中的应用[J]. 有色金属(矿山部分), 2012, 64(3): 26-29.
[18] 黄明发. 分段空场嗣后充填采矿法在龙江亭铜矿的应用[J]. 采矿技术, 2015(4): 5-6, 12.
[19] 陈庆坤. 分段凿岩阶段矿房采矿法在蒙库铁矿中的应用[J]. 采矿技术, 2014(4): 1-3, 9.
[20] 祁焕斌. VCR 采矿法在五龙沟金矿的应用[J]. 黄金, 2017, 38(3): 32-36.
[21] 李智, 潘冬, 汤永平. 大直径深孔阶段空场嗣后充填法侧向崩矿新方法的应用研究[J]. 化工矿物与加工, 2014, 43(12): 35-38.
[22] 李进. 阶段深孔侧向崩矿采矿法在惠山铜矿的应用[J]. 黄金, 2018, 39(2): 31-34.
[23] 祁焕斌, 张海栋, 申宁, 等. 五龙沟金矿采空区探测及处理方案[J]. 有色金属(矿山部分), 2017, 69(4): 20-25.
[24] 杨首亚, 惠明星. 全充填式注浆法在铜陵某采空区治理中的应用[J]. 资源环境与工程, 2014, 28(3): 297-299, 321.
[25] 郭生茂, 刘涛, 陈小平, 等. 白山泉铁矿残留矿柱回收技术及空区处理[J]. 有色金属(矿山部分), 2014, 66(6): 18-20, 29.
[26] 陈庆发, 周科平, 古德生, 等. 采空区协同利用机制[J]. 中南大学学报(自然科学版), 2012, 43(3): 1080-1086.
[27] 郑志龙, 车琪, 宋书志. 国内外采空区勘察与探测方法综述[J]. 水电站设计, 2018, 34(2): 42-46.
[28] 宋嘉栋, 甯瑜琳, 詹进, 等. 袋装尾砂充填及围空区采矿柱技术研究[J]. 矿业研究与开发, 2014, 34(5): 1-2, 35.
[29] 陈彬, 郭广贤, 严成涛. 空场采矿法间柱与顶柱回收方法应用[J]. 现代矿业, 2011, 27(6): 33-36.
[30] 张伟, 张云鹏, 徐炎明, 等. 龙潭村铁矿地下转露天开采采空区处理方案研究[J]. 现代矿业, 2012, 28(3): 93-94.
[31] 刘海林, 张成舟, 王星. 低价值矿体复杂采空区群治理技术研究[J]. 金属矿山, 2016(8): 134-137.
[32] 夏朝科. 某铁矿浅孔留矿法采空区治理措施研究[J]. 中国金属通报, 2019(11): 278-280.
[33] 刘帅, 肖益盖, 刘海林, 等. 采空区探测的瞬变电磁法[J]. 现代矿业, 2019, 35(11): 90-93.
[34] 刘文强. 高密度电法探测技术在山东杨王铁矿采空区勘查中的应用[J]. 矿产勘查, 2018, 9(6): 1233-1236.
[35] 邓世坤, 梅宝, 胡朝彬. 紫金山金-铜矿露天采矿场地下不明空区的地质雷达探测[J]. 矿产与地质, 2008, 22(3): 255-260.
[36] 韩浩亮, 高永涛, 胡乃联, 等. 可控源音频大地电磁法在金属矿山采空区探测中的应用研究[J]. 矿业研究与开发, 2011, 31(6): 18-21, 74.
[37] 彭府华. 隐伏采空区弹性波 CT 探测精度影响研究[J]. 中国钨业, 2021, 36(2): 18-24.

第 3 章

崩落采矿法

3.1 概述

崩落采矿法是以崩落围岩来实现地压管理的采矿方法，即以崩落矿石，强制(或自然)崩落围岩来充填采空区，以控制和管理地压。

地表允许崩落是使用崩落采矿法的一个基本前提条件，地面有河流通过或者有重要的建筑物、构筑物，以及在上覆岩层中有流砂、未疏干的砂层、厚层亚黏土、充满水的溶洞时，不宜采用这类采矿方法，有自燃性的矿床也不适宜采用这类采矿方法。

崩落采矿法可分为以下几类。

(1)分层崩落采矿法

分层崩落采矿法分为壁式分层崩落法和进路式分层崩落法。

(2)分段崩落采矿法

分段崩落采矿法分为无底柱分段崩落采矿法和有底柱分段崩落采矿法。

(3)阶段崩落采矿法

阶段崩落采矿法分为阶段强制崩落法和阶段自然崩落法。

分层崩落采矿法用浅孔落矿，一次崩落的矿量小，在矿石回采期间，工作空间需要支护。随着回采工作面的推进，以崩落顶板或覆盖岩层来充填回采空间，工艺过程较复杂，生产能力较低，机械化程度低，但矿石损失、贫化较小。

无底柱和有底柱分段崩落采矿法，以及阶段强制崩落采矿法用中深孔、深孔或药室落矿。阶段自然崩落采矿法是指通过矿体拉底(或辅以割帮与预裂)引起岩体应力变化，使矿石在采动应力作用下自然崩落。这几种采矿方法一次崩落矿量大，生产能力较高，故有大量崩落法之称。上覆岩层在矿石崩落的同时或滞后崩落下来，并在崩落岩石覆盖下放出矿石，矿石贫化率较大。

应用崩落采矿法时，开采顺序(就一个井田而言)一般是由上而下逐个阶段开采。当井田内有数个矿体时，应根据围岩崩落角确定相邻矿体回采的顺序，保持一定的超前(或滞后)关系，使其回采工作相互不受地压活动影响。就一个矿体开采而言，有集中在一个分段(或阶段)和几个分段(或阶段)同时开采的；沿矿体走向方向有单翼开采、两翼向中央开采、中央向两翼开采、多翼开采等；垂直矿体走向方向有由上盘向下盘、由下盘向上盘、由上下盘向矿体中间、由矿体中间向上下盘开采等。确定合理的开采顺序，不仅是技术问题，还涉及矿山的地压、产量等，直接影响资源的充分回收、基建工程量的大小，以及矿山经济效益。因此，在确定开采顺序时需要进行多方案技术经济比较。

确定开采顺序时，应注意以下几点。

(1)沿矿体走向方向，尽可能先采矿体的厚大部位(或高应力区)，由厚大部位向厚度较小的部位推进。当由中央向两翼或多翼开采时，两翼会合的地点不应选在矿体的厚大部位或高应力区，以免导致高应力区的应力集中，引起强烈的地压活动。应选在矿体厚度较小，矿岩稳固，品位较低或无矿的部位。

(2)垂直矿体走向方向，上盘岩石不稳固，而下盘岩石稳固时，一般应采取由上盘向下盘的开采顺序。如果上盘岩石比下盘岩石稳固，则应采取由下盘向上盘的开采顺序。

(3)原则上应先采矿体的不稳固部位，再由不稳固地段向稳固地段开采。

(4)从时间和空间的关系来制订采掘计划，减少采场和周围崩落区的接触面积和时间，避免采场周围崩落后，在中间形成孤立的支撑区。

崩落采矿法属于成本低、效率高的大规模采矿方法，在国内外矿山开采中得到了广泛的应用。其中壁式崩落法是借鉴壁式采煤法的经验逐步发展起来的，适用于开采顶板不稳固，厚度不大的缓倾斜层状矿床。分层崩落法最早于 19 世纪 90 年代用于美国上湖区一些矿山，由于效率低，成本高，木材消耗量大等原因，现已很少使用。瑞典首先在 20 世纪 50 年代推广应用了无底柱分段崩落法，随着大型自行无轨设备的出现和覆岩下端部放矿理论的发展，20 世纪 60 年代初开始推广使用菱形布置的现代无底柱分段崩落法，此法在中国、加拿大、赞比亚、美国和苏联等国迅速得到推广。阶段自然崩落法首先于 1895 年在美国成功应用，经过 100 余年的不断发展，已经在美国、加拿大、智利、印尼、南非等 20 多个国家的 50 多座矿山得到广泛使用。苏联于 20 世纪 40 年代开始应用深孔落矿的有底柱分段崩落法，随着深孔凿岩设备、爆破技术的不断改进和覆岩下放矿理论的不断完善，分段不断增高，一次崩矿面积不断扩大，逐步形成了现代有底柱分段崩落法的一些主要方案。与此同时，还成功地使用了阶段强制崩落法。中国于 20 世纪 60 年代初期开始试验深孔落矿的有底柱分段崩落法和阶段强制崩落法。1978 年，有色金属地下矿山用这两种方法采出的矿量占总量的 27.3%；20 世纪 60 年代后期开始试验无底柱分段崩落法，目前用此法采出的铁矿石，占地下铁矿生产总量的 60%以上。

3.2　分层崩落采矿法

3.2.1　主要特点

(1)应用条件

分层崩落法主要应用条件如下。

矿石松软破碎，矿体顶部覆盖岩石或上盘围岩稳固性差，易自然崩落；矿体厚度大时，矿体倾角不限，但以急倾斜为宜；缓倾斜矿体厚度不小于 5~6 m，急倾斜矿体厚度不小于 2 m，一般矿体厚度以 5~6 m 以上为宜；矿石品位高，价值大；对于倾角不大于 30°~35°，厚度小于 3 m 矿体可以采用单层崩落法，地表允许崩落。

(2)方案特点

将矿体划分成矿块，矿块自上而下分层进行回采。每一分层随着回采工作的进行，在底板上先铺设假底，然后进行人工放顶，把上部假顶及覆盖层放下来，作为下一分层回采时的假顶。单层崩落采矿法主要应用于开采顶板不稳固的缓倾斜薄矿体。采幅高度一般等于矿体的厚度，但很少超过 3 m；采矿时，工作面附近暴露的顶板需要人工支护，回采向前推进到一定距离时，要进行放顶，崩落的顶板岩石充填采空区。

(3)主要方案

分层崩落法按回采工作面布置形式可分为进路式和壁式两种。

①进路式分层崩落法

进路式分层崩落法应用最广泛，适应性强，可以用于各种产状的矿石松软和围岩不稳固的矿体。在该方案中分层回采以进路方式进行，进路从下盘向上盘推进。整个分层回采顺序是从矿块边界向中央放矿溜井后退式回采。进路式分层崩落法方案如图 3-1 所示。

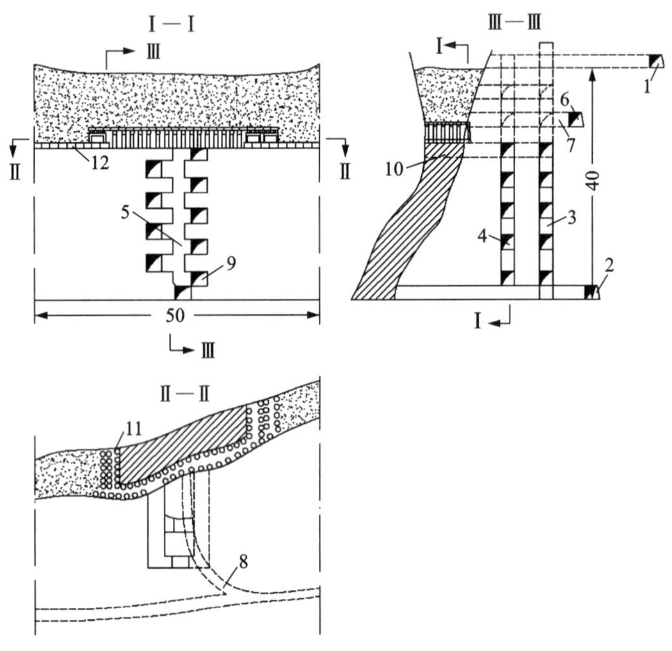

1—回风巷道；2—阶段运输巷道；3—人行设备材料天井；4—放矿溜井联络巷道；5—放矿溜井；6—回风联络巷道；7—分层回风巷道；8—穿脉运输巷道；9—分层联络巷道；10—回采进路；11—分层切割巷道；12—假底。

图 3-1 进路式分层崩落法方案

②壁式分层崩落法

壁式分层崩落法是指使用连续的长工作面从矿块边界向中央后退式回采。它的优点是比进路式方案的生产能力大，工人劳动生产率高，通风条件好，但顶板管理困难。因此，在地压大的矿区一般不使用。壁式分层崩落法方案如图 3-2 所示。

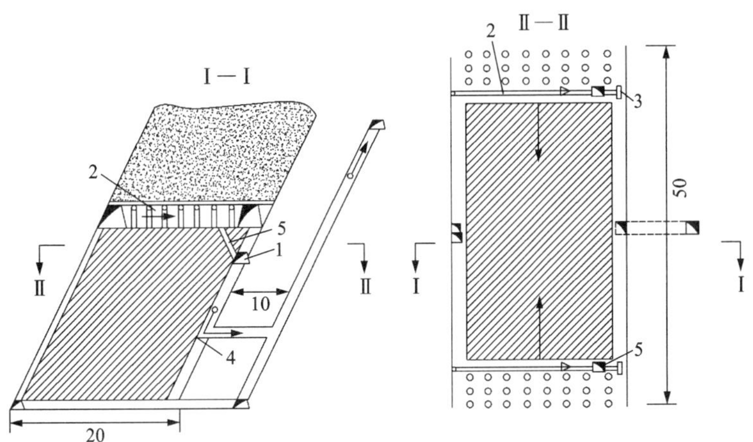

1—储矿巷道；2—壁式工作面；3—电耙；4—风门；5—放矿溜井。

图 3-2　壁式分层崩落法方案

3.2.2　采场结构

(1)采场布置

矿块尺寸一般取决于矿体产状、矿岩条件、矿石运搬方法和有无储矿系统、分层回采顺序(单翼或双翼回采)以及所要求的开采强度。当矿体厚度小于 20~25 m 时，一般沿矿体走向布置矿块，当矿体厚度大于 20~25 m 时，矿块垂直走向布置。阶段高度根据矿体倾角大小和脉内或是脉外采准布置而定，一般不大于 50~60 m 为宜。倾斜矿体阶段高度取 20~25 m，急倾斜矿体使用脉内采准布置时，取 30~40 m，而使用脉外采准布置时，则可以加大到 50~60 m。矿块长度一般以 50 m 为宜。在进路式回采方案中，用电耙和储矿系统，或用小型无轨设备出矿，双翼回采时矿块长度以 50 m 为宜，单翼回采时以 25~30 m 为宜。

分层高度是影响该采矿方法经济效益的一个重要参数。分层高可以提高矿块生产能力和采矿工劳动生产率，同时也可以降低采准比。但是，分层过高会给支护工作带来困难，尤其在使用木棚支护时，降低了支柱工人的劳动生产率。因此，采用进路式方案时，分层高度一般以 2.5~3 m 为宜，在壁式回采方案中，取 2.2~2.5 m。回采进路宽度取决于假顶结构、支护形式、可以获得的坑木规格或金属支架规格、采场地压、分层开采强度以及分层高度，一般为 2~3.5 m。

回采进路长度一般不宜过长，以 20~25 m 为限。在壁式回采方案中，矿块沿走向布置时，工作面垂直走向布置，其长度等于矿体厚度，在垂直走向布置矿块时，工作面长度等于矿块沿走向长度，一般从 7~12 m 至 30~40 m，取决于地压和运搬方法。

采用分层崩落法的矿山的矿块结构参数见表 3-1。

表 3-1 采用分层崩落法的矿块结构参数

矿山名称	采矿方法方案	矿块布置形式	矿块结构参数/m				运搬方法	假顶结构
			阶段高度	矿块长度	矿块宽度	分层高度		
云南某铅锌矿	进路回采	沿走向	30	50	矿体水平厚度	3.0	WJD 0.75 m^3 电动装运机	钢筋混凝土
东乡铜矿	进路回采	沿走向	30	50	矿体水平厚度	2.5~2.7	ZYQ-12G 气动装运机	钢筋混凝土
武山铜矿	进路回采	沿走向	40	50	矿体水平厚度	2.7	ZYQ-12G 气动装运机	钢筋混凝土
苏州高岭土矿	进路回采	沿走向	33 和 40	30~40		3.0~3.5	人工装运	竹笆
马拉格锡矿	进路回采		25~30	50~150	6~20	2.0~2.5	电耙运转	柔性金属网
云锡老厂锡矿胜利坑	进路回采	垂直走向	25	20~35 36~45	7.5~10.5 11~12.5	2.5~3.0	14~28 kW 电耙	长地梁加金属网
七一五矿	进路回采	沿走向	26	25	矿体厚度	2.4	人工装运	竹笆

(2)构成要素

分层崩落法主要由阶段运输巷道、回风巷道、分层运输巷道、回采巷道、垫板及假顶等组成。在分层中以回采巷道(进路)为单元进行回采。首先在回采巷道的正面或侧面钻凿浅孔，爆破后将矿石用电耙或铲运机运至矿石溜井，在溜井下口装车运走。在人工假顶下面架设支柱，维护采场工作空间。待整条回采巷道的矿石回采完毕，放顶前在回采巷道底板铺设垫板(木材)，毁掉或撤出(金属支柱)立柱进行放顶，上分层假顶与崩落覆岩充填采空区。如此以回采巷道(进路)为单元回采整个分层，下分层又以上分层垫板及垫板上面积聚的木材(破坏的立柱和垫板等)为人工假顶进行回采。

3.2.3 采准与切割

(1)采准布置

采准布置有脉内、脉外和联合布置 3 种形式。

矿体厚度为 2~3 m 时，一般采用单一的脉内布置。用分层巷道一次回采矿体全厚。矿体厚度不小于 20 m 时，一般采用脉外采准布置。在矿体下盘围岩中掘进脉外运输巷道和矿块中央天井(分为出矿、人行和通风、材料运送 3 个格间)以及分别在阶段和分层水平掘进运输巷道至天井和天井至矿体的联络巷道，上下分层的分层联络巷道互相错开布置。矿体厚度大于 20 m 时，采用脉内和脉外联合采准布置(图 3-3)。在进路回采方案中，在阶段运输水平分别在矿体下盘边界外和在围岩中掘进脉内和脉外运输巷道以及脉内和脉外天井；在壁式回采方案中，下盘边界的脉内沿脉运输巷道移至矿体上盘边界。在脉内和脉外沿脉运输巷道之间掘进穿脉巷道，1 个矿块内布置 3 条天井，1 条布置在下盘脉外，其余两条分别布置在矿体上下盘边界上。下盘脉内天井和脉外天井每隔一定垂直距离用联络巷道连通，以利于通风。

脉内采准布置的采准工程量小，但通风条件差。脉外采准布置改善了通风条件，但增加了采准工程量。在下盘岩石比较稳固的条件下，一般宜采用脉外布置；在矿体厚度大时，宜

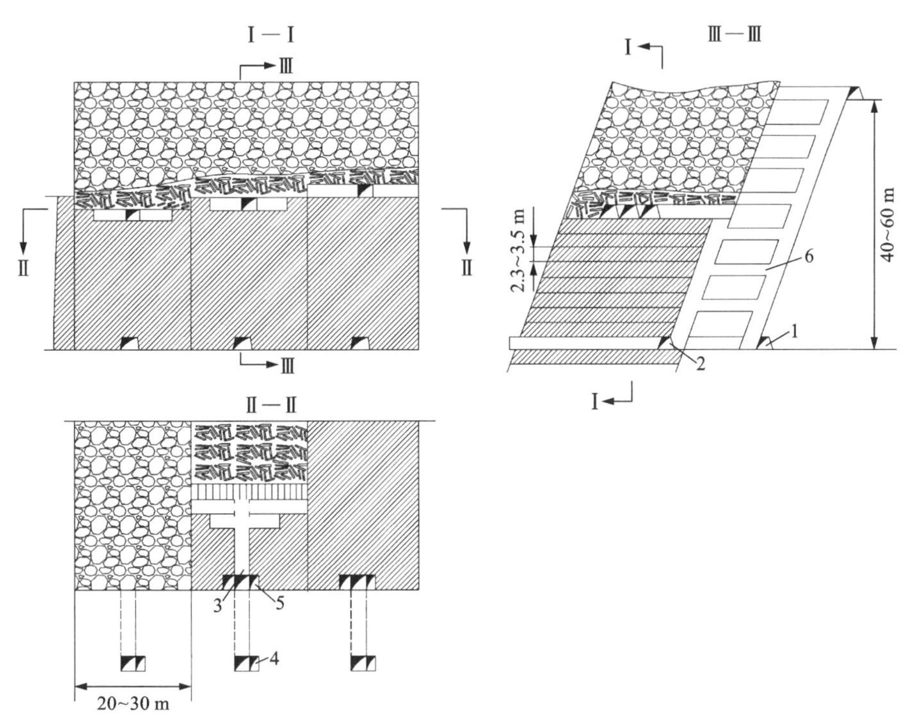

1—下盘脉外沿脉运输巷道；2—下盘脉内沿脉运输巷道；3—分层联络巷道；
4—脉外天井；5—脉内天井；6—回风联络巷道。

图 3-3　脉内脉外联合采准布置

采用联合布置。

(2)切割工程布置

在进路式回采方案中，切割巷道包括在分层中沿矿体下盘边界掘进分层沿脉巷道或穿脉巷道；在壁式回采方案中，先沿矿体上下盘边界分别掘进分层沿脉巷道，然后在其两端掘进切割进路，从矿块两翼向中央后退回采。在有储矿系统的方案中，还包括掘进储矿巷道。

3.2.4　回采

(1)回采顺序

分层回采可从矿块天井的一侧或两侧开始，后者的矿块生产能力大。为了避免破坏假顶，邻接的矿块回采分层高差不宜大于两个分层高度。可以同时在几个分层上进行回采，分层间回采工作的滞后距离，根据假顶与覆岩正常下降要求进行确定，一般不小于 10 m。

(2)凿岩爆破方法

一般用轻型气腿式凿岩机凿岩，硝铵炸药爆破，矿石松软(如高岭土)时也可用风镐落矿。采用进路式回采时，由于具有 3 个自由面(正面、侧面和顶部)，而且矿石一般都比较松软破碎，因此，落矿所需的炮孔数目较少，一般为 7~9 个。炮孔深度取决于假顶结构和地压大小，一般为 1.5~2.0 m，假顶承载能力大且整体性好，可以适当加大炮孔深度，但应以不破坏假顶为原则。采用壁式回采方案时，可以在工作面全长，也可以分段进行凿岩爆破，孔深一般 1~1.5 m。一次爆破的长度主要取决于顶板压力。

(3)采场地压管理

分层崩落法的采场地压一般通过支护回采工作面、铺设人工假顶和放顶来进行管理。

回采工作面的支护方式主要取决于假顶结构及其承载能力和连续性以及地压大小。竹木假顶和金属网假顶一般都用木棚支护。采用竹木假顶，木棚宽度为 2.0~2.4 m，木棚间距为 0.6~0.8 m。用长梁结构的木质假顶时，不用木棚支护，而用木立柱直接支在长地梁下面，地梁成为本分层的横顶梁，木立柱与长地梁的接头采用鸭嘴式结构。采用金属网假顶，木棚宽同前，木棚间距可加大到 1.0~1.5 m。采用整体钢筋混凝土假顶时，采用戴帽立柱支护，排距为 2.5 m，柱间距为 0.6~0.8 m。为了节省坑木，也可以用 HZWA 型增阻式金属摩擦支柱代替木支柱。

假顶须满足以下 3 个要求：有足够的承载能力和一定的连续性，允许工作面顶板有一定的暴露面积以保证回采工作安全；能有效隔离废石，防止矿石贫化；在第一个阶段回采第一个分层时要形成有一定厚度(不小于 5~6 m)的废石垫层以保护假顶免受大块岩石冒落的冲击破坏。

竹木假顶的铺设：先沿长工作面每隔 0.5~1.5 m，或者在进路两侧浮放或挖地沟埋放直径为 20~25 cm、长为 4~6 m 的地梁，然后在上面横竖铺两层竹笆或钉一层 3~5 cm 厚的木板。竹笆是由宽 3~4 cm 的竹片(或小圆竹)用铁丝编扎而成，其规格根据进路大小和长工作面的放顶距离确定。这种假顶整体性差，且木材消耗大，在高硫矿床中使用，存在发火危险。

金属网假顶的铺设：在地梁上铺一层金属网，金属网可用 12 号或 14 号铁丝编织，也可以将废旧钢丝绳截断。网片规格一般按进路宽度和长度确定，网孔尺寸一般为 4 cm×4 cm，网片用铁丝扎结连成整体。这种假顶整体性好、强度大、有柔性、放顶时缓慢陷落，有利于回收坑木。

钢筋混凝土假顶的铺设：要整体浇注，根据强度要求，有单层或双层钢筋，混凝土层厚 20~30 cm，配直径为 10~14 mm 的钢筋，网度为 200 mm×250 mm×300 mm，混凝土标号为 150 号，底层钢筋在铺设时应垫高 2~3 cm，以免露筋。相邻进路在铺设时，钢筋要留一定搭接长度，以便连成整体。这种假顶整体性好，承载能力大，允许的暴露面积大，有利于提高循环进尺，且防火、防腐蚀。

放顶是分层崩落法中顶板管理的重要环节。目前有爆破放顶和回柱放顶两种方法。放顶前，所有已采完的进路底板或放顶区底板都必须铺上假底。爆破放顶时，在放顶区内的所有棚腿中用电钻钻孔，装入半个炸药卷，按顺序分区或一次分段微差爆破，炸毁木棚，降落顶板。这种放顶方法的缺点是不能回收坑木；假顶大面积瞬间陷落产生冲击气浪，容易对相邻进路的支架产生破坏；此外，个别没有炸断的柱子会造成下分层顶板的局部应力集中。

回柱放顶是用回柱绞车由远至近逐根拆除假顶下的柱子，使假顶依次缓慢地均匀陷落。使用金属支柱时，先用木柱子替换，然后回柱放顶。在钢筋混凝土假顶中，为了便于回柱放顶，可以将木柱立在直径为 260 mm、高为 300 mm 的混凝土墩子上，后者同钢筋混凝土假顶浇筑成整体。这种放顶方法可以回收 60%以上的坑木。

当覆盖岩石比较稳固，不易自然冒落时，为保证安全生产，在采完第一分层以后，必须强制崩落 5~7 m 高的覆盖岩石，以形成 8~10 m 厚的岩石垫层。

（4）采场出矿

电耙是应用分层崩落法的矿山普遍采用的一种运搬方法，一般使用功率为 15～30 kW 的电耙。目前我国一些矿山使用小型无轨设备出矿，如 WJD-0.75 型电动铲运机，其台班效率可达 50～70 t。

我国应用分层崩落法的矿山的矿体开采技术条件与技术经济指标分别见表 3-2 和表 3-3。

表 3-2　我国采用分层崩落法的矿山的矿体开采技术条件

矿山名称	采矿方法方案	矿体形态	矿体厚度/m	矿体倾角/(°)	稳固性和普氏坚固性系数(f)		
					矿石	围岩	
						上盘	下盘
东乡铜矿	进路回采	扁豆状铜硫铁钨矿床	2～10	35～40	2～8 稳固性差	3～8 稳固性差	3～10 稳固性差
武山铜矿	进路回采	似层状含铜黄铁矿床	平均 6.3	60～65	8～10 不稳固	4～8 不稳固	比较稳固
苏州高岭土矿	进路回采	阳西矿：似层状、脉状或透镜状 阳东矿：巢矿体	6～20 长 100～350 宽 100～200	27～60	1～3 不稳固	不稳固	不稳固
马拉格锡矿	进路回采	脉状矿体平面上呈矿节	2～6	40～80	2～3	7～8	7～8
云锡老厂锡矿	进路回采	脉状、柱状、透镜状和似层状	>20	变化	0.5～6 不稳～比较稳固		
七一五矿	进路回采	似层状	中厚	60～70			

表 3-3　我国采用分层崩落法的矿山的技术经济指标

矿山名称	矿山生产能力/(t·d^{-1})	矿块生产能力/(t·d^{-1})	采准比/(m·kt^{-1})	木坑消耗/(m^3·kt^{-1})	矿石损失率/%	矿石贫化率/%	采矿工劳动生产率/(t·工班$^{-1}$)
东乡铜矿	600	60	19	18	14	7	4.2
武山铜矿	800	36	19.1	17	4.0	12.88	4.88
苏州高岭土矿	600	58.2	—	8	22.0～24.4	—	2.41～3.08
马拉格锡矿	—	50	35	23	5.0	12	3.5
云锡老厂锡矿	1900	50	35	17	5.8	4.0	3.5～3.8
七一五矿	—	28	—	39	8.8	17.5	1.7

3.2.5 应用实例

1) 苏州高岭土矿——竹笆假顶分层崩落采矿法

苏州高岭土矿有阳东、阳西和观山 3 个矿区，矿床为典型的松软厚矿体，岩石坚固性系数 $f=1\sim3$，黏结性大，遇水膨胀和崩解。围岩蚀变强烈，上下盘围岩均不稳固，开采条件复杂。

阳西矿区矿体赋存在逆掩断层带和石灰岩溶洞之中，走向长 1.5 km，呈似层状、脉状或透镜状。产状变化大，厚度一般为 6~20 m，最厚达 62 m，倾角为 27°~60°，上盘岩石为破碎的石英砂岩，下盘岩石为石灰岩，浅部溶洞发育，含承压水。阳东矿区矿体赋存在石灰岩溶洞之中，有 5 个孤立的巢状矿体，宽 100~200 m，长 100~350 m，其中以白塔岭矿体最大，位于孤峰组砂页岩之下，栖霞组大理岩侵蚀面之上，纵向呈倒马鞍形。

阳西矿和阳东矿分别用下盘竖井和平硐-盲斜井开拓，阶段高度分别为 33 m 和 40 m。该矿采用窄进路回采方案，矿块沿矿体走向布置，一般长 30~40 m，宽度为矿体厚度。当矿体厚且压力大时，适当缩短矿块长度，原则上矿块的回采面积控制在 800~1000 m^2 内。每个分层开采时间以 3~4 个月为宜。

分层高度取 3~3.5 m，分层巷道和回采进路掘进高度为 2 m，在其上部留 1~1.5 m 厚的顶柱，进路中心距 3.5~4.0 m，掘进断面为梯形，上宽 1.7 m，下宽 2.4 m，进路间留 1.2~1.4 m 宽的矿柱。采用 G-10 型(03-11)风镐落矿，人工装运矿石。分层巷道和进路用木棚支护，支架净断面尺寸：高 1.8 m，上宽 1.4 m，下宽 2 m，棚距 0.6~0.7 m。矿块采准切割布置示意图如图 3-4 所示。

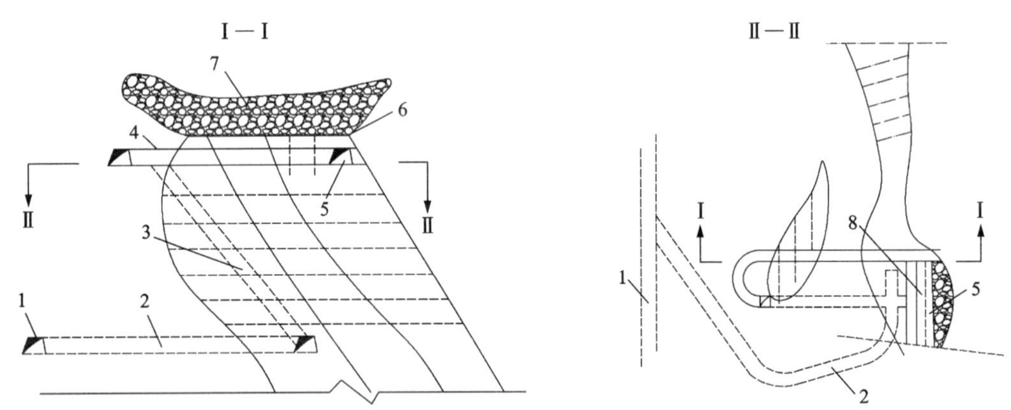

1—下盘沿脉运输巷道；2—穿脉运输巷道；3—天井；4—分层巷道；5—回采进路；6—竹笆假顶；7—顶柱；8—间柱。

图 3-4 矿块采准切割布置示意图

回采进路掘进到矿体边界，先在其底板上铺竹笆，然后开始后退回采。先回收靠采空区一侧的矿柱，随即人工回收支架。顶柱自然冒落，从支架下出矿。最大放矿步距为 2.1 m。整个分层回采完后，一般要停 1~2 个月方可开采下一分层，以利于形成再生顶板。

主要技术经济指标见表 3-3。

2)湘潭锰矿——进路式单层崩落采矿法

(1)开采技术条件

矿体系浅海沉积原生锰矿床，呈层状或似层状，平均厚度为2 m，倾角从水平到急倾斜，埋藏深度为300 m。矿体的直接顶板为叶片状黑色页岩，极不稳固，厚度为0.5~8 m，其上为贝壳状黑色页岩，厚度为2.5~6 m。矿体直接底板为松软的线理状黑色页岩，厚度0~4 m，其下为石英砂岩，厚度不大于20 m。矿体的顶底板黑色页岩含碳和星散状黄铁矿，顶板冒落后，易自燃。湘潭锰矿矿岩物理力学性质参数见表3-4。

表3-4 湘潭锰矿矿岩物理力学性质参数

参数	贝壳状黑色页岩	叶片状黑色页岩	碳酸锰矿	线理状黑色页岩	石英砂岩
普氏坚固性系数(f)	7~2	2~5	4~6	5~8	8
密度/($t \cdot m^{-3}$)	2.8~3.0	1.7~1.8	2.3	3.05	2.62
碎胀系数	1.5	1.4	1.5	1.5	1.43

(2)矿块结构参数

矿块沿走向长60~150 m，划分为10~20 m的采场。矿块倾斜长度的确定，一般要考虑到采空区的岩石自燃期(一般为40天)以及矿块生产能力的大小。根据矿山开采实践经验和测算，矿块斜长约37 m较为合适。

(3)采准、切割

在每个采场中部，由运输巷道向上掘一天井到矿体，作放矿和行人通风之用；正对天井口处，沿矿体倾斜掘切割上山，在上山内每隔10~15 m向两侧掘进分段巷道，作为通风和人行出口。上山和分段巷道均需用木棚支护，木棚间距为0.7~0.8 m。矿块采准切割布置示意图如图3-5所示。

(4)回采顺序

在上山内沿倾斜由上向下回采。沿走向的回采方向是，在每个矿块中间上山处，向一侧或两侧以进路方式进行采矿，至矿块边界。

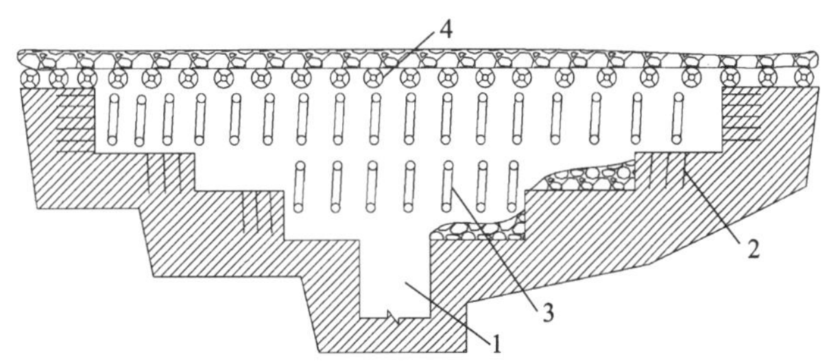

1—上山；2—炮孔；3—木棚；4—密集支柱。

图3-5 矿块采准切割布置示意图

(5)回采

落矿用轻型凿岩机凿岩，浅孔爆破。在上山内进行第一次爆破回采之前，要先将上山中原有的木棚棚梁从下面托住，取掉原来木棚的棚腿，再进行凿岩爆破工作。上边第一条进路宽2.4~2.6 m，炮孔深0.8~1.0 m(一个班完成凿岩、出矿和支护工作)。第一条进路推进2~3 m后，可开始回采第二条进路的矿石，凿岩由上向下，以防止崩倒第一条进路的木棚。

采用电耙运搬，电耙绞车为14 kW，箱式耙斗，斗容为0.1~0.2 m^3。

顶板支护用一梁三柱的不完全棚子，棚子间距0.7~0.8 m。

放顶时不保留控顶距离，放顶距一般为4.8~5.2 m。顶板切断线位于未来开采的矿体边缘。沿顶板切断密集支柱，以防止下一条进路回采时顶板冒落的岩石挤压到采矿工作面内。密集支柱可采用直径较小的圆木，木柱间隔0.2~0.3 m，并在靠放顶区一侧木柱上加挂竹排，以防碎石进入工作面，用人工或机械回柱放顶。

由于采场上部没有回风通路，通风条件差。一般采用局部扇风机，向采矿工作面送风。局部扇风机可以安装在分段巷道内，必要时在阶段运输巷道内再安装局部扇风机抽风。污风到达运输巷道后，由采区主要扇风机排出井外。

采场地压活动情况：根据实测，当矿体倾角为15°，厚度为1.6 m，采场距地表20 m左右时，顶板冒落后，1~3天地表开始沉陷，其后几天内沉陷速度急剧加快，在3~4个月内沉陷量逐渐减少而终止。开采跨度为4.8 m时，支柱最大荷重为7.84×10^4 N，当跨度增大至7.2 m时，支柱最大荷重为1.96×10^5 N。从陷落顶板后的防火钻孔中，测得采高平均为1.5~2 m时，顶板陷落高度为6~9.5 m。

(6)内因火灾的预防

该矿的黑色页岩中含碳和细粒黄铁矿，顶板冒落后，因氧化聚热可使黑色页岩自燃，形成坑内火灾。内因火灾的预防，主要采取以下措施：预防性黄泥灌浆，防止黑色页岩与空气接触氧化，黄泥浆是由黄泥和水按质量比为1∶3的比例搅拌而成，泥浆用量为采空区的10%~15%，从地表或坑下钻孔灌浆；封闭采空区，将采空区的放矿溜井、切割巷道、回风井等用红砖或木板抹上黄泥砌墙封闭；加快回采速度，提高坑木回收率等。

(7)劳动组织

采用班内凿岩爆破、顶板支护和出矿平行作业的综合工作队形式。每个采矿队人员为30~33人。

3.3 无底柱分段崩落采矿法

3.3.1 主要特点

(1)应用条件

无底柱分段崩落法是在无轨设备的基础上发展起来的一种高效率采矿方法，在我国金属矿山广泛应用，铁矿山采用得最多。该采矿法应用条件为地表与围岩允许崩落；矿石稳固性为中等及以上，回采巷道不需要大量支护。随着喷锚支护技术的发展，该采矿法对矿石稳固性要求有所降低，但必须保证回采巷道的稳固性，否则，若回采巷道被破坏，将造成大量矿石损失。下盘围岩应在中稳以上，以利于在其中开掘各种采准巷道；上盘岩石稳固性不限，当上盘岩石不稳固时，与其他大量崩落法方案比较，使用该方法更为有利。矿体垂直厚度越大，矿石回采率越高。该采矿法多用于急倾斜厚矿体或缓倾斜厚至极厚矿体。该法可剔除矿石中夹石或分级出矿，但出矿过程中岩石的混入率较大。矿石可选性好或围岩有品位，采用该采矿法较为有利。

(2)方案特点

将矿块划分为分段，在分段回采进路中进行落矿、出矿等回采作业，不需要额外开掘出矿底部结构，可采用大型的无轨铲装和凿岩设备，崩落矿石在崩落围岩覆盖下从回采巷道的端部口放出。

(3)主要方案

无底柱分段崩落法方案示意图如图 3-6 所示，常用的分段高度为 10~15 m，随着采矿技术及设备的不断发展，分段高度也在不断增加，新建矿山分段高度一般为 18~20 m，有的取 30 m。可通过斜坡道、设备井、电梯井等将各分段联络巷道连通，多采用斜坡道的连接方式。分段联络巷道一般位于下盘，由此掘进回采进路。常用回采进路的间距为 10~20 m，分段高度大、矿体稳定性差、放出体宽度大时取较大值。分段之间回采进路采用菱形交错布置。在进路的端部开切割槽，以切割槽为自由面采用中深孔或深孔挤压爆破后退回采，每次爆破 1~2 排炮孔，崩落的矿石在崩落岩石覆盖下从进路的端部由铲运机运装至放矿溜井。当上一分段退采到一定距离后，便可开始下一分段的回采。采用此采矿法时，掘进回采进路、钻凿炮孔、出矿可以在同一矿块的不同分段同时进行。

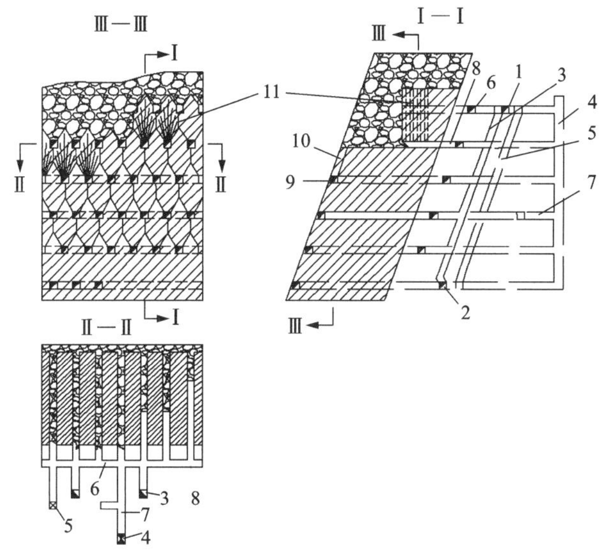

1，2—上、下阶段沿脉运输巷道；3—放矿溜井；4—设备井；5—行人通风天井；6—分段运输平巷；7—设备井联络道；8—回采巷道；9—分段切割平巷；10—切割天井；11—上向扇形炮孔。

图 3-6　无底柱分段崩落法方案示意图

3.3.2　矿块结构

(1)矿块布置

无底柱分段崩落法的矿块布置方式主要根据矿体厚度和出矿设备的有效运距确定，一般情况下，矿体厚度小于 20~30 m 时，矿块沿走向布置；厚度大于 20~30 m 时，矿块垂直走向布置。

(2)构成要素

①阶段高度。当开采矿石为中等稳定以上的急倾斜厚矿体时，阶段高度为 100~120 m。当矿体倾角较缓，赋存形态不规整、矿岩不稳固时，阶段高度常取 50~60 m。

阶段高度愈大，开拓和采准的工程量愈小，但设备井、溜井和通风井等的高度随之增高，因此增加了掘进的难度；当这些井筒穿过不稳固的矿岩时，还要增加维护费用；当矿体倾角较缓时，下部各分段与放矿溜井和设备井的联络巷道相应增长，运距增加；对于易碎矿石，溜井过高将增加粉矿量。因此，在开采条件不利时，阶段高度应取低些。随着天井掘进技术的不断发展和开采强度的增大，在矿岩稳固性较好的情况下，有增大阶段高度的趋势。国内有的矿山将阶段高度增大到 180 m。国外矿山有的高 200~270 m。

②分段高度。分段高度主要受设备能力的限制，国内的分段高度一般为 10~20 m，为了减少采准工程量，在凿岩设备能力允许的条件下，可适当加大分段高度。瑞典玛姆贝尔格特铁矿采用潜孔钻机凿岩，将分段高度增大至 30 m。分段高度大，可减少采准工程量，但分段高度的增加受凿岩技术、矿体赋存条件以及矿石损失贫化等因素的限制。分段高度增加，炮孔深度亦随之增大，当炮孔超过一定深度时，凿岩速度显著下降。同时炮孔的偏斜度也随炮孔深度的增加而增大，夹钎和断钎事故也增多。这不仅降低了凿岩速度，而且使炮孔的质量变差，影响爆破效果。

当矿体不规则时，若分段过高，在矿体边部，上下分段难以按菱形布置，放矿时，损失贫化率增大。此外，如需分级出矿或剔除夹石，分段也不宜过高。中厚矿体的回采巷道沿走向布置时，分段高度受矿体倾角的限制，特别是当矿体倾角小于 65°~70°时，增大分段高度会使下盘损失增大，这部分损失在下分段也不能回收。在这种情况下要适当地降低分段高度。

③进路间距。当分段高度确定后，便可根据放矿理论，按其损失贫化指标最佳的原则来确定进路间距。

回采进路的规格和形状对出矿工作有很大的影响，在保证巷道顶板和眉线稳固的条件下，进路宽度应尽可能大，以增大放出体的宽度，提高矿石回收率和便于设备运行。进路的高度在满足凿岩设备及通风管道布置的要求时，应尽可能低，以减少残留在进路正面的矿石损失。进路的顶板以平顶为好，以便矿石能均匀地在全宽上放出，若顶板呈拱形，矿石将集中在拱顶部位放出，容易造成废石提前流出。国内常用的进路宽度为 4.2~4.5 m，高度为 3.8~4.2 m。

国内部分矿山使用无底柱分段崩落法的结构参数见表 3-5。

表 3-5 国内部分矿山使用无底柱分段崩落法的结构参数

矿山名称	阶段高度 /m	分段高度 /m	进路间距 /m	进路规格 (宽×高)/(m×m)	最小抵抗线 /m	放矿溜井间距 /m	备注
镜铁山铁矿	60	15	18	4.2×3.8	2.2	80~100	
弓长岭铁矿	60	12~15	12	3.3×3.2 3.8×3.8	1.5~2.0	90~100	
杏山铁矿	60	18.5	20	4.8×3.8	1.6~2.2	80~100	
梅山铁矿	180	15~18	15~20	4.5×3.8	1.5	80~90	
海南铁矿	120	15	18	4.2×3.8	2	90	
密云铁矿	60	15	15	4.2×3.8	1.8	60	
北洺河铁矿	120	15	18	4.5×3.8	1.5	90	
毛公铁矿	60	20	20	4.5×4.2	1.6	72	

3.3.3 采准与切割

3.3.3.1 采准方法

无底柱分段崩落法的采准分为脉内和脉外两种方式。在脉内布置采准工程时，可分为沿矿体走向与垂直矿体走向两种布置形式。无底柱分段崩落法采用了大量无轨设备，通常用斜坡道联通各分段，由分段下盘掘进脉外运输巷道，随后掘进脉内采准巷道，采准巷道完成后，由矿体的上盘侧开掘切割井，爆破形成切割槽，以此作为自由面进行回采。

3.3.3.2 采切工程布置

1）采准工程布置

（1）矿块的划分及放矿溜井布置

一般以一个放矿溜井所服务的范围划分为一个矿块。放矿溜井的间距根据设备的性能而定，当回采巷道垂直走向布置时，溜井间距一般为 60～90 m；沿走向布置时，一般为 80～100 m。当采用斗容超过 6.0 m^3 的大型铲运机时，溜井间距可增大到 150～200 m。在决定溜井间距时，还应当考虑溜井的通过矿量，以免因溜井磨损过大提前报废而影响生产。回采时如果放矿溜井有可能与崩落区相通，则在降段前要将放矿溜井口封闭好，以防废石由放矿溜井灌入。放矿溜井与分段联络巷道应保持一定的间距，为了防止放矿溜井内的矿石冲入巷道，两者可通过分支溜井连接。放矿溜井不应作为泄水井，以防止恶化放矿条件。矿石溜井一般布置在脉外，这样生产上灵活、方便。溜井口的位置与最近的装矿点应保留一定距离，以保证装运设备有效运行。

（2）分段联络道的布置

分段联络道用于联络回采巷道、溜井、通风天井和设备井，以形成该分段的运输、行人和通风等系统。其断面形状和规格与回采巷道大体相同，但与风井和设备井连接部分可根据需要决定断面规格。一般设备井联络巷道规格为 2.5 m×2.7 m，风井联络道规格为 2 m×2 m。

当矿体厚度不大，回采巷道沿矿体走向布置时，分段运输联络道在靠溜井处垂直矿体走向布置并与溜井联通，而各溜井联络道彼此是独立的。为了缩短分段运输联络道的维护时间，两条回采巷道应同时进行回采。

当矿体厚度较大，回采巷道垂直矿体走向布置时，分段运输联络道可布置在矿体内，也可布置在围岩中。布置在矿体内的优点是掘进时有副产矿石、减少回采巷道长度，以及在没有废石溜井的情况下可以减少废石混入量。缺点是各回采巷道回采到分段运输联络道附近时，为了保护联络道，常留有 2～3 排炮孔距离的矿石层作为矿柱暂时不采。此矿柱留待最后，以运输联络道作为回采巷道再加以回采。采至回采巷道与运输联络道交叉处时，由于暴露面积大，矿体稳固性变差，易出现冒顶。为了保证安全，难以按正常落矿步距爆破，只能以大步距进行落矿（一次爆破一条回采巷道所控制的宽度），故矿石损失很大。此外，运输联络道一般也是通过主风流的风道，分段回采后期，运输联络道因回采崩落堵死，使通风条件更加恶化。因此，一般采用脉外布置。又由于溜井和设备井多布置在下盘围岩中，故多采用下盘脉外布置方式。

矿体倾斜与急倾斜，如条件允许，可将运输联络道布置在上盘脉内，采用自下盘向上盘回采顺序。靠下盘开掘切割立槽，可减少下盘矿石损失，且上盘脉内运输联络巷道与回采巷道交叉口处损失的矿石还可在下分段回收。

(3)回采巷道布置

回采巷道布置是否合理，将直接影响损失率与贫化率。上下分段回采巷道应严格交错布置，使回采分段间成菱形，以便将上分段回采巷道间的脊部残留矿石尽量回收。如果上下分段的回采巷道正对布置，纯矿石放出体的高度变小，则纯矿石的回采率大大降低。在同一分段内，回采巷道之间应相互平行。

当矿体厚度大于 20~30 m，回采巷道一般垂直走向布置。垂直走向布置回采巷道，对控制矿体边界、探采结合、多工作面作业、提高回采强度等均为有利。

当矿体厚度小于 20~30 m 时，回采巷道一般沿走向布置，根据放矿理论可知，放出漏斗的边壁倾角一般都大于 70°，因此，回采巷道两侧小于 70°范围的崩落矿石在本分段不能放出而形成脊部残留。当回采巷道沿走向布置时，靠下盘侧的残留，在下分段无法回收，成为永久损失。为减少下盘矿石损失，可适当降低分段高度，或者使回采巷道紧靠下盘，有时甚至可以直接布置在下盘围岩中。

无底柱分段崩落法采准系数一般为 2~3 m/kt，由于进路断面大，采准副产矿石占比为 6%~10%。当矿石不够稳固时，使用锚杆和喷射混凝土维护进路，木材及金属支架不仅支护效果差，而且支护的背板以及巷道表面岩石的位移将影响凿岩和装药工作。光面爆破对提高巷道稳固性有着十分明显的作用，应推广使用。无底柱分段崩落法回采时是按崩矿步距逐次爆破的，爆破工作比较频繁，如果进路维护质量不高或爆破时孔口装药不当，将造成眉线坍塌导致废石混入、孔口破坏、炮孔埋没等问题而增大矿石损失和贫化。

2)切割工程布置

在回采前必须在回采巷道末端开掘切割槽，作为最初的崩矿自由面及补偿空间。回采巷道沿走向布置时，爆破往往受上下盘围岩的夹制作用。为了保证爆破效果，常采取增大切割槽面积或每隔一定距离重开切割槽的办法。切割槽开掘方法如下。

(1)切割平巷与切割天井联合拉槽法

切割平巷与切割天井联合拉槽法：沿矿体边界掘进 1 条切割平巷贯通各回采巷道端部，根据爆破需要，在适当位置掘切割天井；在切割天井两侧，自切割平巷钻凿若干排平行或扇形炮孔，每排 4~6 个炮孔；以切割天井为自由面，在一侧或两侧逐排爆破形成切割槽。该拉槽法比较简单，切割槽质量容易保证，在实际中应用广泛。切割平巷与切割天井联合拉槽法示意图如图 3-7 所示。

(2)切割天井拉槽法

切割天井拉槽法不需要掘进切割平巷，只在回采巷道端部掘进断面尺寸为 1.5 m×2.5 m 的切割天井，天井短边距回采巷道端部留有 1~2 m 的距离，有利于台车凿岩，天井长边平行回采巷道中心线。在切割天井两侧各打 3 排炮孔，采用微差爆破，一次成槽。切割天井拉槽法如图 3-8 所示。

该拉槽法灵活性较大，适应性强并且不受相邻回采巷道切割槽质量的影响。沿矿体走向布置巷道时多用该法开掘切割槽。垂直矿体走向布置回采巷道时由于开掘天井太多，在实际中使用不如前种方法广泛。

(3)炮孔爆破拉槽法

炮孔爆破拉槽法的特点是不开掘切割天井，故有“无切割井拉槽法”之称。此法仅在回采巷道或切割巷道中，开凿若干排角度不同的扇形炮孔，一次或分次爆破形成切割槽。

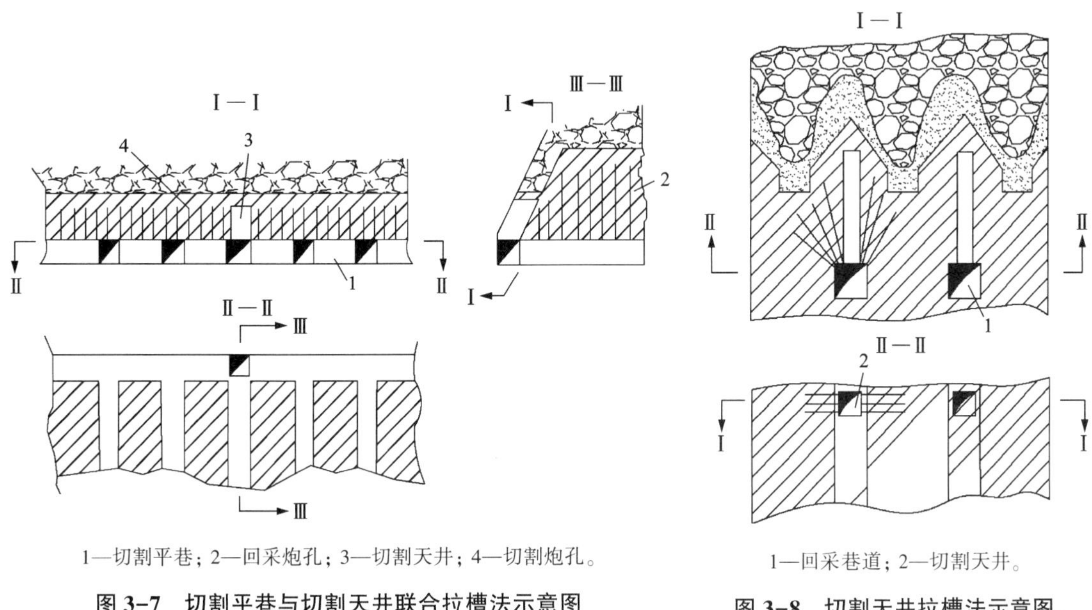

1—切割平巷；2—回采炮孔；3—切割天井；4—切割炮孔。

图 3-7　切割平巷与切割天井联合拉槽法示意图

1—回采巷道；2—切割天井。

图 3-8　切割天井拉槽法示意图

①楔形掏槽一次爆破拉槽法。该拉槽法是在切割平巷中，钻凿 4 排角度逐渐增大的扇形炮孔，然后用微差爆破一次形成切割槽。该拉槽法主要适用于矿石不稳固或不便于掘进切割天井的矿山。楔形掏槽一次爆破拉槽法示意图如图 3-9(a)所示。

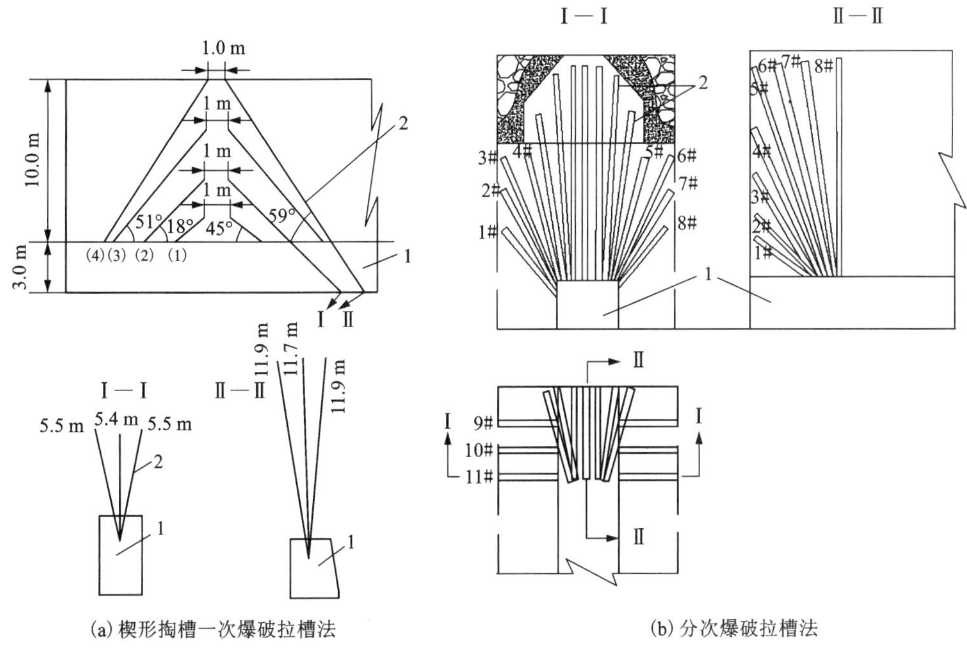

(a) 楔形掏槽一次爆破拉槽法　　(b) 分次爆破拉槽法

(a)1—切割巷道；2—炮孔；(b)1—回采巷道；2—炮孔。

图 3-9　炮孔爆破拉槽法示意图

②分次爆破拉槽法。该拉槽法示意图如图3-9(b)所示，在回采巷道端部4~5 m处，凿8排由前倾至逐渐直立的扇形炮孔，每排7个孔，按排分次爆破，这相当于形成切割天井。此外，为了保证切割槽的面积和形状，还布置了9#、10#、11# 3排切割孔，每排左右两边各4个孔，其布置方式相当于切割天井拉槽法。该拉槽法适用于矿石比较破碎的条件，在实际中用得不多。

3.3.4 回采

1. 回采顺序

无底柱分段崩落法上下分段之间和同一分段内的回采顺序是否合理，对矿石的损失和贫化、回采强度和地压等均有很大影响。

同一分段沿走向方向，可以采取从中央向两翼回采或从两翼向中央回采；也可以从一翼向另一翼回采。走向长度很大时也可沿走向划分成若干回采区段，多翼回采。分区愈多，翼数也愈多，同时回采工作面也愈多，有利于提高开采强度，但通风系统、上下分段的衔接和生产管理复杂。

当回采巷道垂直走向布置和运输联络道在脉外时，回采方向不受设备井位置限制。当回采巷道垂直走向布置和运输联络道在脉内时，回采方向应向设备井后退。

当地压大或矿石不够稳固时，应尽量避免采用由两翼向中央的回采顺序，防止最后回采的1~2条回采巷道承受较大的采动压力。最后的回采巷道压力增高示意图如图3-10所示。

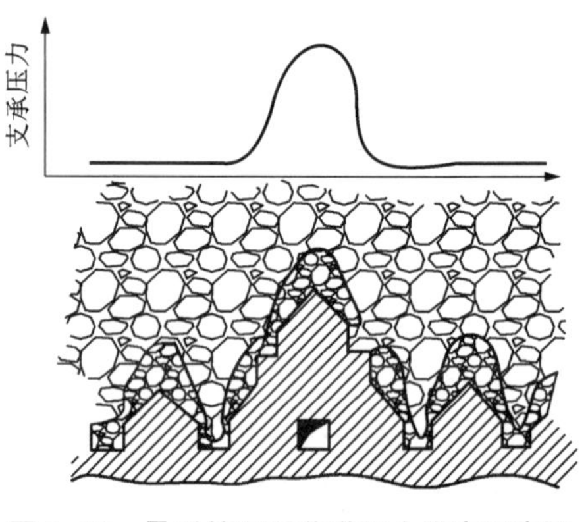

图3-10 最后的回采巷道压力增高示意图

在垂直走向上，回采顺序主要取决于运输联络道、设备井和溜井的位置。当只有1条运输联络道时，各回采巷道必须向联络道后退。当开采极厚矿体时，可能有几条运输联络道，这时应根据设备井位置，决定回采顺序，原则上必须向设备井后退。

当回采巷道沿走向布置时，必须向设备井后退。

分段之间的回采顺序是自上而下，上分段的回采必定超前于下分段。超前距离应保证下分段回采出矿时，矿岩的移动范围不影响上分段的回采工作；同时要求上面覆岩落实后再回采下分段。

2. 凿岩爆破落矿方法

矿山普遍采用国产单机或双机采矿钻车钻凿中深孔及潜孔钻机，我国大部分矿山的中深孔凿岩效率为30~50 mm/(台·班)。要提高炮孔钻凿质量，应控制炮孔深度，防止炮孔偏斜。孔深误差应小于±0.5 m，炮孔偏斜角误差应小于±2°，孔底距误差不超过±0.5 m。要建立和健全炮孔验收制度，不合格的炮孔应及时补孔，补孔后仍然需要再次进行验收。

炮孔一般采用扇形布置方式，分段高度为10~15 m时，扇形孔的深度一般为12~18 m。孔深与分段高度和进路间距有关，二者数值越大，孔深越大。边孔角一般为50°~60°，边孔角过小时，部分崩落矿岩因不能流动而不能松散，影响以后步距的爆破效果。孔径 50~65 mm 时，最小抵抗线为 1.4~2 m；孔径为 80~105 mm 时，最小抵抗线为 2~3 m。每次爆破 1~2 排炮孔，合理的崩矿步距应当是使损失贫化指标最佳。炮孔密集系数 m 值偏小时，炮孔之间容易贯通，形成预裂面而使爆破能量过早释放。加大 m 值可使爆破作用时间加长，充分利用爆破能量提高破碎质量。寿王坟铜矿将 m 值加大到 2~3，并适当减小最小抵抗线后，大块产出率降低了 31%。

炸药消耗量根据矿石性质而定，一次炸药消耗量为 0.3~0.4 kg/t，二次炸药消耗量为 0.02~0.15 kg/t。装药工作普遍采用气动装药器。应控制好孔口部分的装药量，这对保护眉线有重要作用。炮孔容易发生变形的地段，可采用预先装药的方法。程潮铁矿、镜铁山铁矿在矿石松软部位都曾采用预装药的方法，效果良好。

爆破后出现立槽、悬顶及隔墙等现象是无底柱分段崩落法常见的爆破事故。要根据具体的条件选择合理的凿岩爆破参数，在排间、孔间采用微差爆破，严格执行炮孔验收及补孔管理制度，提高凿岩和装药质量。

3. 采场地压管理

采场地压是指作用在采场顶板、矿壁（矿柱）、围岩上的压力与围岩因位移或冒落岩块作用在支护结构上的压力的总称。地压显现的基本原理是在矿床开采过程中，由于形成空间（采场和巷道），破坏了原岩应力平衡，在采场周围形成二次应力场，应力重新分布，产生应力集中的结果。一般在顶板内出现应力降低区及由最小主应力引起的拉应力区。两帮及矿柱中应力升高，形成应力集中区。同时在二次应力场中由于采动影响，还可能发生应力叠加。采场围岩内部应力有时大大超过原岩应力。二次应力场与采场或巷道的尺寸、断面形状有关，并随采掘工作进行在时间上、空间上不断变化。采场地压活动与二次应力场有直接关系。

当围岩内部应力超过脆性岩石的强度极限或者塑性岩石的屈服极限时，首先在回采空间的周边或巷道周边发生变形、位移和破坏，或者被结构面切割的岩块脱落，顶板冒落，两帮折断，底板起鼓，矿壁或矿柱劈裂。如果支护结构强度不够或者支护形式不合理，便发生钢棚压弯，钢筋混凝土墙、拱开裂，喷网悬挂，锚杆脱落等现象。这些矿岩与支护结构变形与破坏统称为地压显现。可见地压显现是矿岩内部应力作用的结果及其外部表现。一旦出现较严重的地压显现，就会影响到生产与安全。

无底柱分段崩落法的凿岩、落矿、出矿都在回采进路中进行，矿岩经过分段运输联络巷道倒入溜井运出。采场地压主要通过回采进路、分段运输联络道、溜井及中深孔变形与破坏显现。其采场地压管理方法主要有以下几种。

(1)集中作业，强化开采。集中作业是指缩短回采工作线长度，强掘、强采和强出，从而缩短进路回采周期，争取在地压到来之前结束回采工作。

(2)合理调整作业顺序。作业顺序指作业的空间位置、推进方向，以及各分层的合理配合。对掘进，要先掘先用，后用后掘，尤其是在高应力区段或矿岩不稳固地段，在保证生产衔接的情况下，应尽可能缩短巷道存在期，强掘强采。回采时，应先回采矿体不稳固部位，由不稳固部位向稳固地段开采。应使回采所造成的应力集中最小，要先回采高应力区或从高应力区向低应力区方向回采。原则上，无论在同一分段水平内还是上下分段之间，相邻回采单元都要保持一定距离的超前关系，防止出现局部滞后而形成应力集中带。

(3)改变围岩应力状态，实现卸压开采。不遗留矿岩实体。当上分段残留矿岩实体时，必须及时爆破处理，消除垂直方向的应力集中，实现卸压开采。调整回采进路的工作线，使其呈阶梯状，除了可以切断水平应力的作用外，还可以使每条进路退采工作面的移动支承压力，依次到达某一位置，特别是移动接近联络巷道时，由于进路与交叉口处已有应力二次叠加，如果各条进路的支承压力同时到达联络道，势必发生大范围应力集中，使联络道遭到破坏。

(4)及时支护，提高围岩强度。在圆形巷道中，围岩的周边位移，在工作面向前掘进大约1倍洞径时，就基本接近最大位移。据玉石洼铁矿实测，进路掘进掌子面2~3 m距离内，非弹性变形区的应力重新分布尚未完成，如在这一距离内及时支护，就能有效地保持岩体的固有强度，进而充分发挥其自承载能力。可及时采用喷、锚、网联合支护形成加固拱，以充分发挥岩体自承载能力。在变形较大的巷道中，使用拱形或环形可缩性金属支架作为二次支护，可取得很好的支护效果。

(5)对地压进行监测，监测法主要是依据需要监测的对象特点及所处的工程地质环境进行确定，地压监测包括对巷道表面的收敛监测、巷道周边内部的位移监测(多点位移监测)、巷道周边岩体应力监测(压力盒或钢筋计监测)等。通过观测形成相关数据，通过对所得数据进行分析找出所受应力、变形规律，实现地压管理。

4. 采场通风管理

无底柱分段崩落法回采工作面为独头巷道，无法形成贯穿风流；因工作地点多，巷道纵横交错很容易形成复杂的角联网路，风量调节困难；溜井多而且溜井与各分段相通，卸矿时，扬出大量粉尘，严重污染风源。总之，这种采矿方法的通风管理是比较复杂和困难的。如果管理不善，必然造成井下粉尘浓度高，污风串联，妨害工人的身体健康。因此，无底柱分段崩落法采场通风与管理是一项极为重要的工作。

在设计通风系统和风量时，应尽量使每个矿块都有独立的新鲜风流，并要求每条回采巷道的最小风速在有设备工作时不低于0.3 m/s；其他情况下，不低于0.25 m/s。条件允许时，应尽可能采用分区通风方式。

回采工作面只能用局扇通风。局扇安装在上部回风水平，新鲜风流由本阶段的脉外运输平巷经通风井，进入分段运输联络道和回采巷道。清洗工作面后，污风由铺设在回采巷道及回风天井的风筒引至上部水平回风巷道，并利用安装在上部水平回风巷道内的两台局扇并联抽风。回采工作面局部通风系统示意图如图3-11所示。

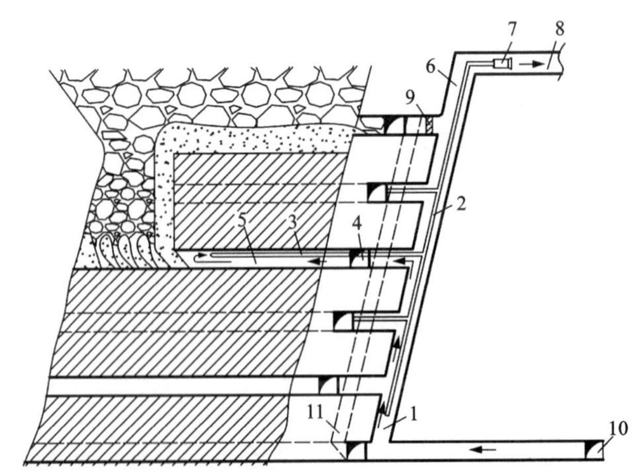

1—通风天井；2—主风筒；3—分支风筒；4—分段联络巷道；5—回采巷道；6—隔风板；7—局扇；8—回风巷道；9—密闭墙；10—运输巷道；11—溜矿井。

图3-11　回采工作面局部通风系统示意图

这种通风方式的缺点是风筒的安装拆卸和维护工作量很大，对装运工作也有一定影响。靠全矿主风流和扩散通风，解决不了工作面通风问题。

为了避免在天井内设风筒，应利用局扇将矿块内的污风抽至密闭墙内，如图3-12所示，污风再由回风天井的主风流流至上部回风水平。

在无底柱分段崩落法高端壁方案中，采用一种爆堆通风法。如图3-13所示，新鲜风流经加压风机加压后由下面回采巷道进入，清洗工作面之后，穿过端部的矿岩堆体(爆堆)，流到上面的回采巷道中，再顺此路流到回风巷道被排出。这是一种较好的爆堆通风方式，但目前还不能完全满足0.3 m/s的风速要求，有待改进。总之，在无底柱分段崩落法中工作面通风，是一个重大的技术课题，亟待研究解决。

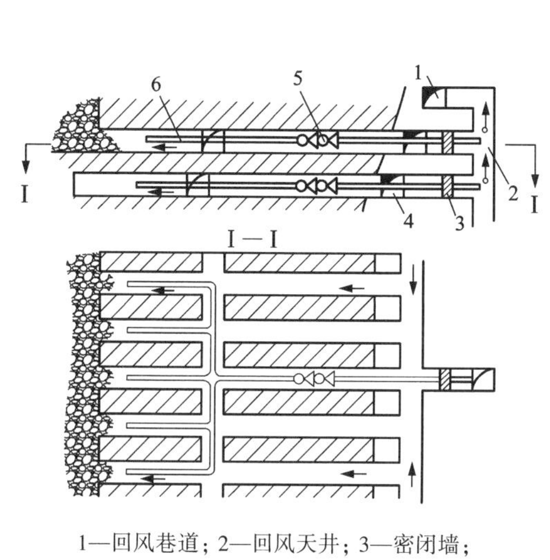

1—回风巷道；2—回风天井；3—密闭墙；
4—运输联络道；5—局扇；6—风筒。

图3-12　带密闭墙的局部通风系统

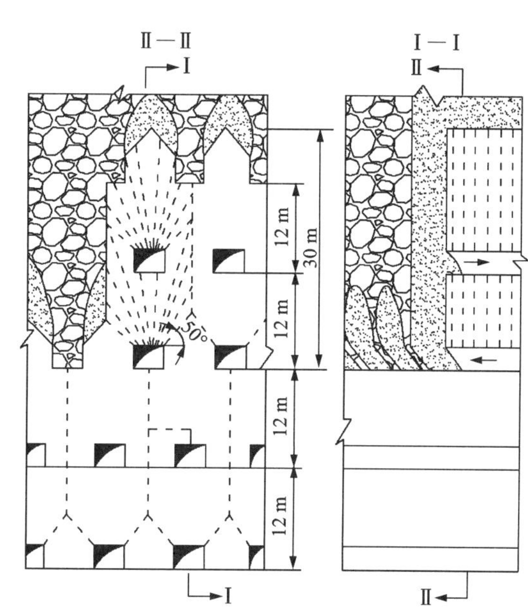

图3-13　无底柱分段崩落法高端壁方案通风系统

3.3.5　采场放矿控制

(1)出矿品位优化

无底柱分段崩落采矿法在覆岩下放矿的过程中，当降低采场的出矿品位时，毛矿石的产量会增加，单位成本将下降；虽然选矿加工费可能会增加，但是由于毛矿石数量的增加，总效益可能会增加(也许减少)。因而，可找出一个各种影响成本的因素在动态变化中的最优组合，也就是找出一个经济合理的出矿品位。所谓经济合理的出矿品位，就是指在充分利用地质资料的条件下，出矿品位对经济效益的最优化。

在覆盖岩层下出矿的过程中，矿石平均的损失率与岩石混入率是相互依存的，增加矿石的岩石混入率，则矿石损失率减少，但出矿品位降低；反之，矿石损失率加大，出矿品位提高。因此合理的出矿品位与矿石的损失率和岩石混入率密切相关。同时，合理的出矿品位还与采矿成本、选矿加工费用、原矿及精矿的品位与精矿粉的销售价格等因素息息相关，需综合分析上述因素以确定最优的出矿品位。

(2)放矿截止品位确定

无论是何种崩落法及其放矿方式，对某一个漏孔放矿来讲都可分为两个阶段(图3-14)。

首先是纯矿石回收段，纯矿石放出一定数量后，便开始有岩石混入，采出矿石品位下降；然后进入贫化矿石回收段，随着放出矿石量的增加，在放出单位矿石量中混入的岩石量(矿石贫化)急剧增大，放出矿石品位也随之急剧下降。

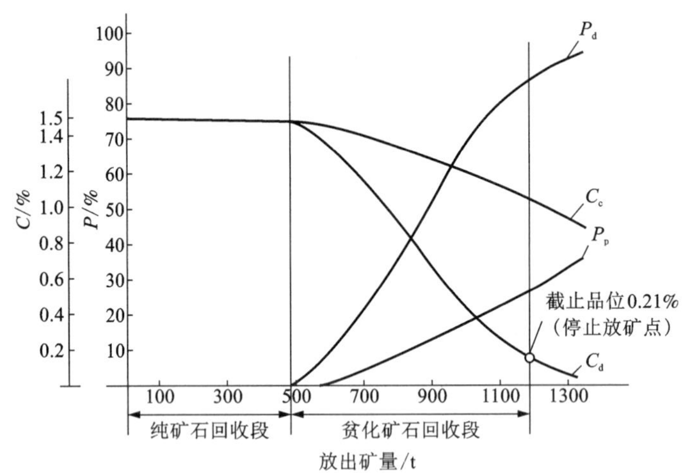

C_c—放出矿石平均品位；C_d—当次放出矿石品位；P_p—平均贫化率；P_d—当次贫化率。

图 3-14 一个放出漏孔的放出矿石品位与矿石贫化曲线

在放矿统计与计算中，按放出矿石总量平均品位所计算的贫化率称为总(或平均)贫化率，按当次放出矿石量品位所计算的贫化率称为当次(或瞬时)贫化率。

在当次放出矿石品位下降到一定数值时便应截止放矿，封闭放矿漏孔。这个截止放矿时的矿石品位称为放矿截止品位。截止品位是一个重要技术经济指标，若是过高，即在有利可得的情况下停止放矿，则总的盈利额减少，矿石损失增大；反之，截止品位过低，在一部分放出矿石中混入的岩石量过多，增大了这部分矿石的加工(选矿)费用，从而导致这部分矿石产生经济亏损。就总的情况来讲，从已经获得的总盈利中又亏损掉一部分(以盈补亏)，因而此时总盈利额也不是最大的。

放矿截止品位应按总盈利额最大原则确定，并根据该原则建立计算式：

$$C_d = \frac{FC_J}{H_X L_J} \tag{3-1}$$

式中：C_d 为放矿截止品位，%；F 为每吨采出矿石的放矿、运输、提升和选矿等项费用，元；H_X 为选矿金属实收率，%；L_J 为每吨精矿卖价，元；C_J 为精矿品位，%。

(3)放矿品位控制

使用无底柱分段崩落法的矿山，现行放矿品位控制方法主要为截止品位控制。这种放矿方式的出矿过程可分为两个阶段，第一阶段放出的矿石为纯矿石，放到一定数量后，出矿口出现废石，进入第二阶段。第二阶段纯矿石掺杂着废石放出，称为贫化矿放出。在贫化矿放出期间，随着放矿的进行，放出矿石中废石含量不断增大，矿石品位(矿、岩混合物综合品位)不断降低，从而每吨矿石的盈利额不断减小。放到截止品位的瞬间，当次放矿所得盈利降为零。此后若再继续放出，则从当次放出量中提取精矿的销售价格，将不足以支付其放矿、运输、提升、破碎与选矿等费用，由此将产生经济亏损。因此，当矿石品位降低到截止品位时，应立刻停止放矿，而转入下一步距回采。这就是截止品位放矿方式。

采用截止品位放矿方式，在经济合理范围内，对矿、岩堆体形态已经确定的单个步距来说，放出的矿石量最多；对矿岩接触面形态已经确定的单一分段来说，残留于采场内的矿石量最少。但这种放矿方式每一步距都放出一些废石，整个矿块废石混入次数多、混入总量大，造成矿石贫化率大。

截止品位放矿方式以允许较大的废石混入为代价，来追求单个步距矿石放出量暂时的最大，这对于其下没有接收条件的进路来说，自然是有益的。但对于矿石移动空间条件好的矿体且有良好的接收条件的进路来说，实际上等于将那些本可以在下分段得到较好回收的残留矿量以较大的贫化率为代价提前回收，其结果是放出的矿石中混入大量的废石。废石的大量混入对开采经济效益造成的损失是巨大的，不仅增加了放矿、运输、提升、选矿加工等处理费用，而且尾矿造成精矿粉损失，此外还增大了尾矿量污染环境。因此，应用无底柱分段崩落法的矿山不分条件地一概实行截止品位放矿是不适宜的。

我国部分矿山应用无底柱分段崩落法的主要技术经济指标见表3-6。

表3-6　国内部分矿山应用无底柱分段崩落法的主要技术经济指标

矿山名称	采用的设备及效率				技术经济指标			
	凿岩设备		出矿设备		采掘比/(m·kt⁻¹)	采矿工效/[t·(工·班)⁻¹]	回收率/%	贫化率/%
	型号	效率/[m·(台·班)⁻¹]	型号	效率/[t·(台·班)⁻¹]				
梅山铁矿	Simba1354	255	TORO-1400E	500	2.0	150	88.0	12.0
镜铁山铁矿	Simba1354	255	HL-409E	430	2.5	143	82.08	8.8
杏山铁矿	Simba-M4C Simba-H1354	74.88	TORO-1400E 电动铲运机 LH514柴油铲运机	525.6	2.0	108	83.13	19.98
	Boomer281	74.8	R1300G	94.35				
北洺河铁矿	Simba-H1354	100	TORO-400E	415	1.83	69.16	81.74	13.36
小汪沟铁矿	Simba-H1254	125	Sandvik LH409E	450	3.7	57	83	18
海南铁矿	Simba1254/1354	100~120	ST1030/EST1030	500	4		82	18
密云铁矿	Simba1354	100	ST1030、EST1030	350	6		83	23
毛公铁矿	YGZ-90	35	50装载机	1260	6.5	38.6	95	15

3.3.6 应用实例

1) 梅山铁矿的无底柱分段崩落采矿法

(1) 地质概况

梅山铁矿为一大型陆相火山岩型复合成因的盲矿体，赋存于辉石闪长玢岩和安山岩侵入接触带中，埋藏在-34 m 至-542 m 水平之间，其中富矿在-50 m 至-350 m 水平之间，距地表最浅处为 105.5 m。矿体平面投影为椭圆形，剖面呈透镜状。矿体长轴方向为北东向 20°，长 1370 m。延深 400 多米；平均厚度为 147 m，中间部位最大厚度为 292.5 m，倾角为 20°，局部为 60°。主要矿物有磁铁矿、半假象赤铁矿、假象赤铁矿、菱铁矿和黄铁矿，主要开采的是块状磁铁矿。矿石致密坚硬，$f=9\sim15$。矿体稳固，巷道一般不需要支护，局部地段裂隙和溶洞较为发育，富矿石密度 4.24 t/m^3；含铁品位富矿 49.24%，贫矿 32.93%，硫磷含量较高，硫平均含量为 2.15%，磷平均含量为 0.34%。矿体上盘由高岭土化安山岩、安山岩和次生石英岩组成，$f=2\sim11$。其中高岭土化安山岩遇水易风化崩解，稳固性差，其他岩石属中等稳固，能自行崩落。下盘为辉石闪长玢岩，近矿体处岩石有不同程度的矽卡岩化、绿泥石化和碳酸盐化，节理不发育，$f=8\sim9$，属中等稳固。

(2) 矿块结构参数及采准切割

梅山铁矿的矿体厚大，从 1965 年应用无底柱分段崩落法以来，经历小结构参数开采与大结构参数开采两个阶段。在小结构参数开采阶段，矿块沿长轴方向 60 m，垂直长轴方向 50 m，每个矿块布置放矿溜井和通风天井各 1 条。分段高 12 m，进路间距 10 m。进路垂直矿体长轴方向并在空间呈菱形交错布置。运输联络巷道沿矿体长轴方向布置，间距 50 m。各分段的运输联络巷道，在放矿溜井两侧呈等距离交错布置，以减少回采至联络巷道时造成的矿石损失。进路与联络巷道规格为 4.2 m×3.2 m，矿石溜井直径为 2.5 m。根据矿体厚大的特点，该矿自-100 m 水平开始实行分区开采。从矿体中央沿矿体长轴方向划分为东西两个采区，每个采区设有独立的运输、通风系统。东西采区分别布置电梯井两条，设备井和通风井各 1 条。电梯井规格 2.7 m×2.5 m，设备井直径为 3.5 m。开采时，从矿体中央拉槽，分别向东西边界退采。切割工作采用平巷天井联合拉槽法或利用构造裂缝进行。采用这一措施后，同时回采的矿块数和采矿强度分别增加了近 1 倍(图 3-15)。

2000 年开始实施大结构参数开采，分段高度为 15 m，进路间距为 20 m，经过生产优化，现用分段高度 18 m，进路间距 20 m。

(3) 回采

小结构参数开采时，用 CTC-141 型采矿钻车配 YGZ90 型外回转重型凿岩机钻凿上向扇形中深孔，炮孔直径 58 mm，边孔角 50°，排面倾角 90°，每排 12 个孔，总孔长 100~120 m，排距(最小抵抗线)1.6~1.8 m，孔底距 1.5 m。采用铵松蜡炸药爆破，用 FZY-100 型气动装药器装药，炮孔装药系数 85%，每次爆破一排炮孔，用导爆索、导爆管和火雷管起爆，每次崩矿量 720 t 左右，一次炸药单耗 0.35 kg/t。采用 ZYQ-14 型气动装运机及 LK-l 型、ZL-40 型和 WZ2 型内燃驱动铲运机出矿，铲运机斗容皆为 2 m^3。改用大结构参数开采后，采用 Simba1354 和 M4C 液压凿岩机上向扇形中深孔凿岩，炮孔直径 89 mm，边孔角 60°，排面倾角 90°，每排 9 个孔，总孔长 170~180 m，排距(最小抵抗线)2.0~2.2 m，孔底距 2.6~2.9 m，采用乳化铵油炸药爆破，用 Normet Charmec MC605DA 装药台车装药，炮孔装药系数 80%，每

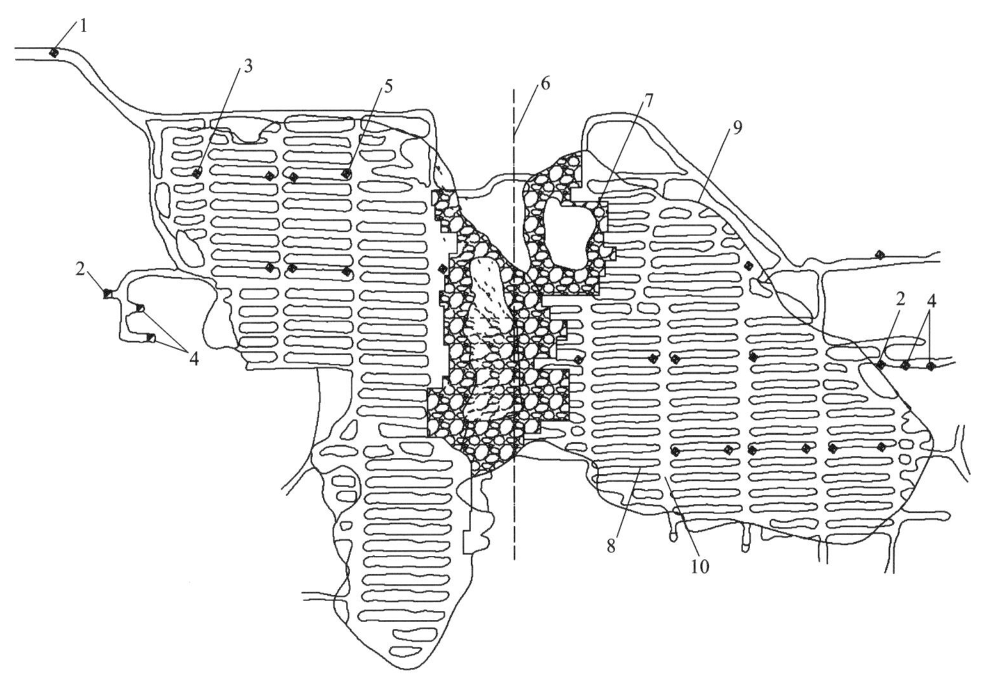

1—总回风井；2—设备井；3—放矿溜井；4—电梯井；5—通风天井；6—东西区分界线；7—回采工作线；8—回采进路；9—矿体边界；10—运输联络巷道。

图 3-15　梅山铁矿采区划分及采准布置

次爆破一排炮孔，用导爆索和导爆管起爆，每次崩矿量 3000 t 左右。采用斗容 4.0 m^3 的 TORO-400E 电动铲运机、斗容 3.0 m^3 的 TORO-301D 柴油铲运机及斗容 6.0 m^3 的 TORO-1400E 电动铲运机出矿。

放矿截止点主要根据目测、品位分析和出矿量统计等手段确定。该矿的矿岩性质和颜色差别较大，易于用肉眼鉴别。当矿堆上混入的废石占 60%~70%时，即可停止出矿。目测的办法虽简便迅速，但精度差，为此还辅以品位分析法。该矿在地下设有快速分析站，装备有荧光快速分析仪，当矿石的采出品位降至 20%~25%时，一般即停止放矿，该矿的截止出矿品位是经过综合经济分析后确定的。一般每崩矿步距取 5 个样，每个样重 2.5 kg。矿样从采场取出后 3 小时即可得出分析结果。与化学分析结果相比偏差小于±1.5%，合格率为 90%以上。为避免因放矿异常现象过早停止出矿，还采用了累计出矿量与崩矿量的比值来确定截止出矿点的方法。一般当该比值等于或稍大于 100%时即停止出矿。管理人员根据上述方法得出的结果，通过综合分析最后确定停止出矿的时间。

采场通风采用单进路压入式局部通风方法。每条进路配备 1 台 JBT-62 型功率为 28 kW 的局扇和直径为 500 mm、长 100 m 的胶皮风筒，风筒出口风量可达 5.13 m^3/s，排尘风速可达 0.4 m/s。风筒口距工作面的距离一般为 15 m 左右。

该矿采用矿石混凝土胶结充填法封闭放矿溜井，效果良好。当回采进路退采至放矿溜井附近时，先把需要封闭的溜井中的矿石放至下分段水平，然后在其上浇注 0.5~1 m 厚的 200# 混凝土，固结后再用矿石和混凝土将该段空井充填满，从而使其与矿体重新胶结成为一个整体。这种溜井封闭方法不仅质量可靠，而且可避免过溜井时造成的矿石损失。

(4)初期废石覆盖层的形成

该矿为一大型盲矿体，上覆岩石厚100多米，并在近矿体处有一层厚20 m左右的“铁帽”。为此该矿在开采初期采取了强制崩落上盘岩石的措施，以形成厚20 m左右的废石覆盖层，其放顶工程布置图见图3-16。采用的方案有“集中放顶”和“边采边放”两种。

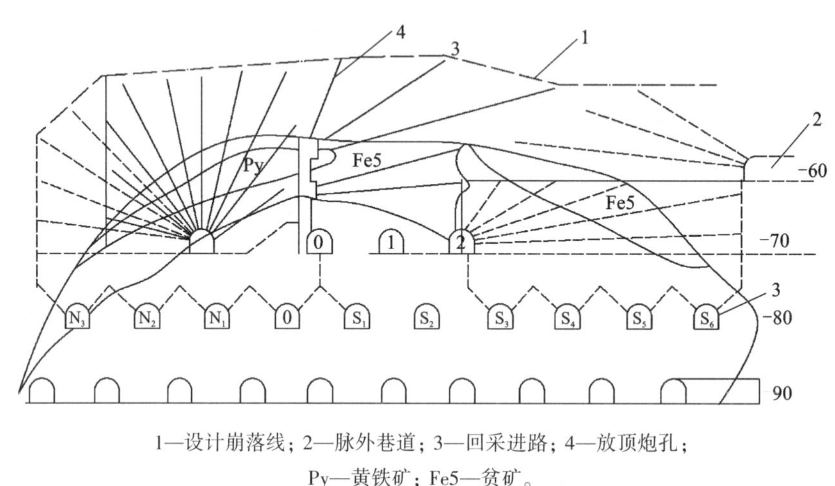

1—设计崩落线；2—脉外巷道；3—回采进路；4—放顶炮孔；
Py—黄铁矿；Fe5—贫矿。

图3-16 放顶工程布置图

“集中放顶”就是在回采矿块的上覆围岩中布置凿岩硐室或平巷，并钻凿放顶深孔，待下部矿石采出后形成足够的补偿空间时，即一次爆破放顶炮孔，将围岩崩落形成开采初期的废石覆盖层。该方案简单易行，放顶与生产互不干扰，效果易保证，但暴露面积较大。其炮孔与工程布置图见图3-17。

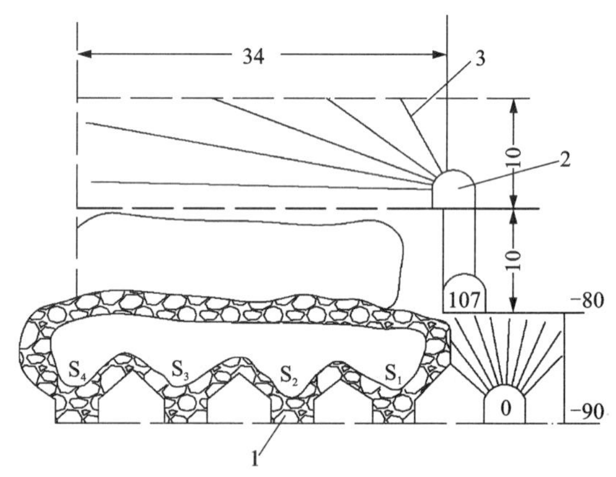

1—回采进路；2—凿岩巷道；3—放顶深孔。

图3-17 -80 m水平“集中放顶”工程布置图

“边采边放”是在一个矿块内一边回采一边放顶，回采超前放顶，并互相交替进行。回采前先在矿块上覆围岩中掘进凿岩巷道，或利用上分段回采进路向放顶区钻凿扇形孔。放顶孔与采矿炮孔一样为逐排分次爆破，每次爆破1~2排。一般回采工作面超前放顶面1~2排炮孔。矿块内各进路应保持齐头并退。这种放顶方法的优点是，一次爆破工作量少，顶板暴露面积小，有利于安全生产；缺点是，爆破工作频繁，后排孔易出现带孔和堵孔，放顶与回采工作易互相干扰(图3-18)。

强制崩落部分上盘岩石的目的，一是形成初期废石覆盖层，二是诱导整个上盘岩石连续自行崩落，直至地表陷落。如果强制放顶后，上盘岩石仍不能连续崩落，则采区上部的采空区必将日益增大，这就有可能导致上盘岩石突然崩落，给矿山安全生产带来严重后果。为了了解上盘岩石的冒落情况，该矿进行了一系列的观测工作，包括地表水准测量、深孔多点位移测量和钻孔深度测量。地表水准测量主要是观测地表下沉和移动情况。深孔多点位移和钻孔深度测量，主要是观测顶板围岩的移动及冒落情况。观测表明，强制崩落一层“铁帽”后，顶板上的安山岩能自行崩落，并随回采面积和开采深度的增加而逐步扩大，不会发生大面积顶板突然崩落现象。技术经济指标见表 3-6。

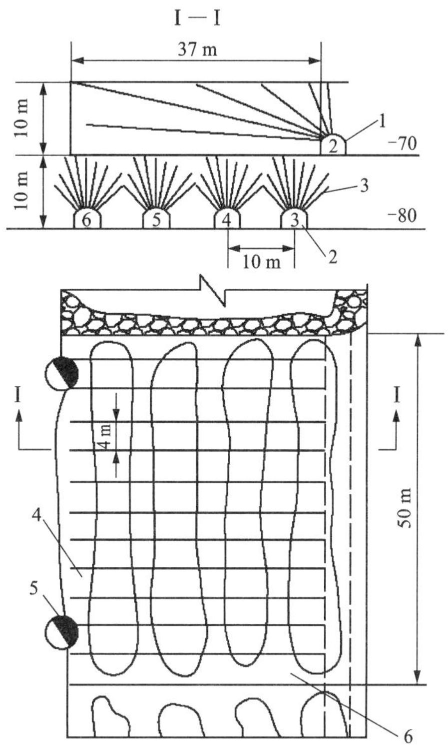

1—放顶巷道；2—回采进路；3—中深孔；4—放顶深孔；5—放矿溜井；6—联络巷道。

图 3-18　“边采边放”工程布置图

2)北洺河铁矿的无底柱分段崩落采矿法

(1)地质概况

北洺河铁矿为五矿邯邢矿业有限公司下属矿山，位于河北省武安市上团城乡东北约 1 km 处的北洺河河床下，矿区面积为 2.0 km^2。全矿床地质储量为 7909.71 万 t，矿区共有 8 个矿体，Fe7 为主矿体，Fe6 次之。本区铁矿均为盲矿体，埋藏深度为 136～679 m，赋存标高为 142～403 m，矿体形态在平面上向南突出为新月形，在剖面上则为大小不等的透镜体，总的走向为近 NW 向，矿体长度为 1620 m，宽度为 92～376 m，最大厚度为 193.7 m，平均厚度 12.2 m。主要开采矿体 Fe7 赋存于 O_2^{2-2} 花斑状石灰岩与闪长岩的接触带中，矿体下部有一层厚 5～10 m 的矽卡岩蚀变带，顶板为花斑状石灰岩，底板为闪长玢岩。矿体产状及规模受接触带控制，走向 1～9 号勘探线间为 N280°，9～16 号勘探线渐变为 N35°。倾向：北翼为 NE 倾向，倾角为 3°～45°，南翼为 SW 倾向，倾角 6°～60°，矿体西北端埋藏较浅，向 SE 及 E 向倾伏；东部埋藏较深，在-403 m 标高以下。矿体长 1620 m，宽 92～376 m，最大厚度 160 m，平均厚 45 m，埋深为 265.76～679 m，标高 17～403 m。矿体全部埋藏于地下水位以下，矿体上有第四系砂砾石含水层，并有河流通过，下有火成岩托底，为水文地质条件较为复杂的岩溶充水矿床。矿床勘探类型为 2～3 类，鞍山冶金设计研究院对生产勘探网度的建立在初步设计中建议：①9～13 线间主要为 B 级矿石储量，不需要进行生产探矿的储量升级工作，采矿工程施工完，经地质编录 B 级储量即可升级为 A 级储量。②13 线以西采用 25 m×25 m 生产勘探网度。③9 线以东采用 40 m×40 m 生产勘探网度。矿体形态：剖面上为大的复杂的透镜体，纵剖面上呈一长蠕虫状。矿床成因类型：属接触交代矽卡岩型磁铁矿床。

(2)矿块结构参数及采准切割

北洺河铁矿采用大结构参数强制崩落与诱导冒落相结合的无底柱高效率采矿方法开采，如图 3-19 所示。分段高度为 15 m，进路间距为 18 m，中段高 120 m 不设放顶层。首采分段位于矿体中，随着空场暴露面积扩大，顶板自动冒落。本分段矿体厚度小于 13 m 的不回采转下分段。进路及切巷、联巷净断面尺寸为 4.2 m×3.9 m，切井断面尺寸为 4.2 m×2.0 m。采用中高压潜孔钻凿岩，钻头直径为 76 mm，孔径为 80 mm，垂直炮孔，扇形边孔角 57°。采用大小排布置方式，大排 2.0 m，小排 1.7 m，后统一改为 1.7 m，每次爆破 1 排。探矿过程中发现的小盲矿体分支或二次圈定过程中的零星薄矿体采用房柱法开采。

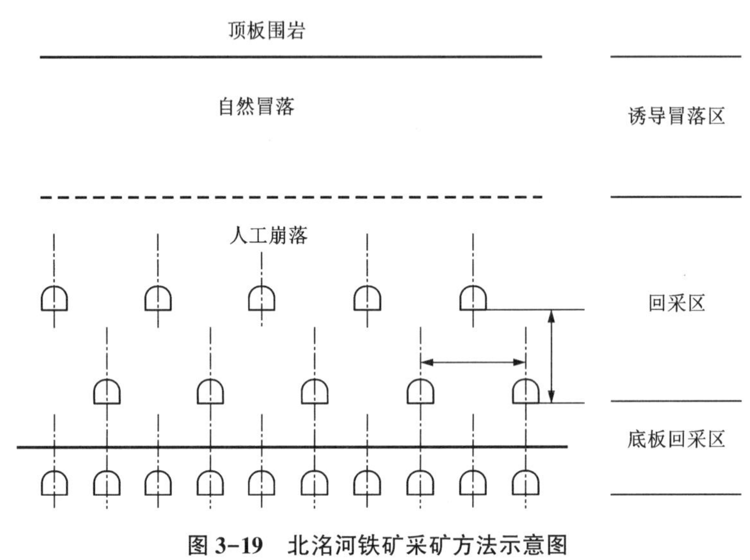

图 3-19 北洛河铁矿采矿方法示意图

(3)回采

首采分段设置在-20 m 水平，进路联巷与切割巷均布置在矿体内，原则上与矿体顶板的最小距离不小于 13 m。首采分段(-20 m 分段)的剖面、平面布置如图 3-20(a)、图 3-20(b)所示。

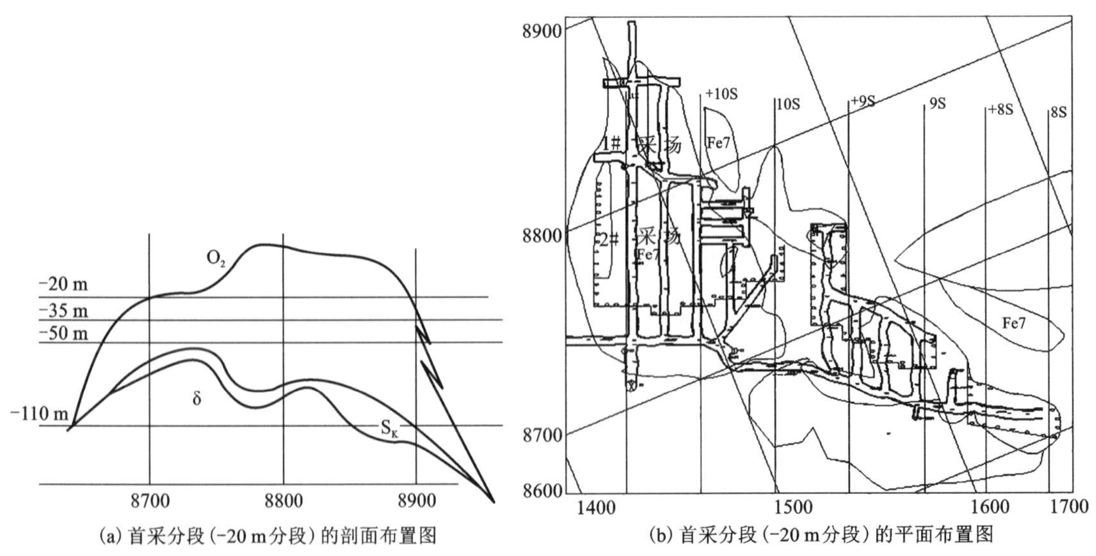

图 3-20 北洛河铁矿首采分段采准工程布置图

由于二次圈定时发现矿体变薄，20 m 分段处 1#采场 2#进路改为房柱法开采，仅 1#进路用中深孔落矿。中深孔排距为 1.8 m，炮孔布置形式如图 3-21 所示。该进路从 2001 年 11 月 8 日开始回采，至 2002 年 5 月底回采结束，其中后 5 排炮孔在回采中，不时听到上部矿石冒落块体砸击矿石堆体的响声，表明上部矿岩随着下部矿石的回采发生了自然冒落。后 5 排炮孔采出的矿石量，为崩矿量的 91.2%，平均矿石贫化率 5%。表明已经有部分冒落矿石被放出。

回采中测得矿石放出角为 50°~54°，按这一放出角由作图法得出，在进路间距为 18 m 的条件下，空场下出矿的炮孔边孔角可取 45°。因此，从-20 m 分段 2#采场开始，第一分段进路边孔角改为 45°，炮孔布置形式如图 3-22 所示。

-20 m 分段 2#采场从 2002 年 6 月开始回采，于 2003 年 4 月回采结束。用 CY-2 型铲运机出矿，一直出到进路端部口轻微敞空或端部口出现冒落废石为止。2#采场共崩落矿石 17.9 万 t，采出矿石 16.5 万 t，采出矿量为崩矿量的 85.26%，矿石贫化率 7.5%。出矿过程中，经常听到冒落块体砸击矿石堆体的响声，表明上部矿岩随着下部矿石的回采而快速自然冒落。

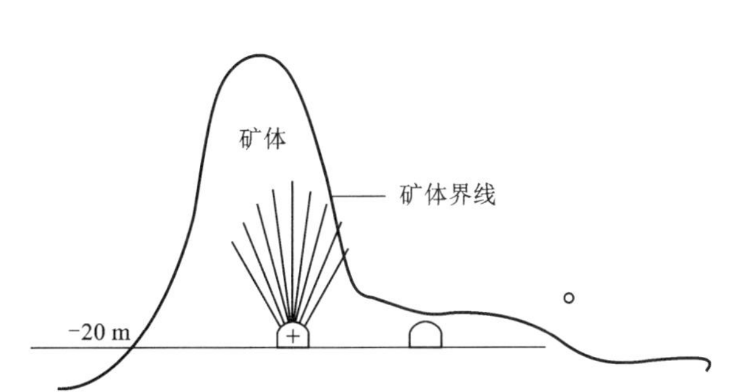

图 3-21　北洺河铁矿-20 m 分段 1#采场 1#进路炮孔布置形式

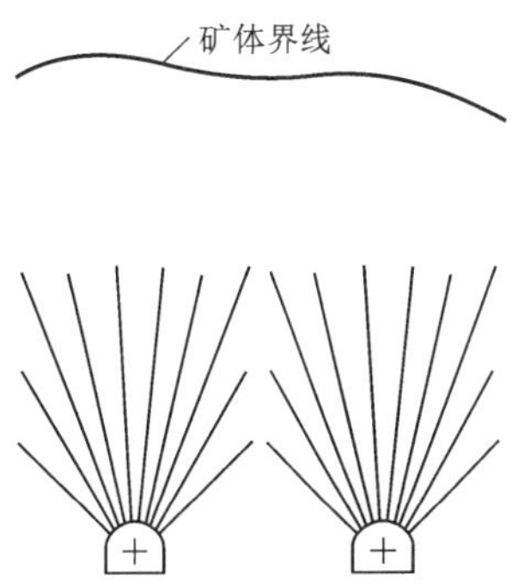

图 3-22　北洺河铁矿第一分段优化后进路炮孔布置形式

从 2002 年 7 月开始回采-35 m 分段 1#采场。1#采场的 3#进路与 4#进路，位于-20 m 分段采空区之下，为第二分段进路(图 3-23)。这两条进路回采出矿到废石出露为止，个别步

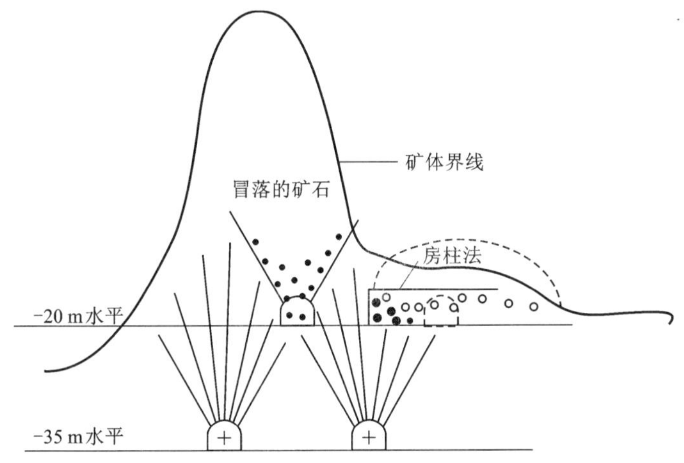

图 3-23　北洺河铁矿-35 m 分段第二分段进路的相对位置

距出矿到截止品位。2#进路与3#进路的平均回采率为112%，矿石贫化率为18.26%。在大量放矿过程中，第二分段进路的出矿口始终不能被放空，在整个出矿过程中，始终没听到冒落块体的落地声，表明冒落矿岩已经堆积成较厚的散体堆。北洺河铁矿采用诱导冒落技术，同时，应用大结构参数无底柱分段崩落法，由此形成了高效率的开采工艺，在矿山投产后1年零7个月即达到15万t/m的生产能力，比设计提前1年达产，刷新了国内大型地下金属矿山快速达产的历史纪录。

3.4 有底柱分段崩落采矿法

3.4.1 主要特点

(1)应用条件

①地表允许崩落。若地表表土随岩层崩落后遇水可能形成大量泥浆涌入井下时，需要采取预防措施。

②适用的矿体厚度与矿体倾角。急倾斜矿体厚度不小于5 m，倾斜矿体厚度不小于10 m；当矿体厚度超过20 m时，倾角不限。最好的应用条件是厚度为15~20 m的急倾斜矿体。

③上盘岩石稳固性不限，岩石破碎不稳固时采用分段崩落法比其他采矿法更为合适。由于采准工程常布置在下盘岩石中，所以下盘岩石稳固性以不低于中稳较好。

④矿石稳固性应能满足在矿体中布置采准和切割工程的需要，出矿巷道经过适当支护后应能保持出矿期间不遭破坏，故矿石稳固性应不低于中稳。

⑤如果不是在特别有利条件下(倾角大于75°~78°、厚度大于15~20 m、矿体形状比较规整)，此法的矿石损失贫化较大，故仅适于开采矿石价值不高的矿体。

⑥由于该法不能分采分出，以矿体中不含较厚的岩石夹层为好。在矿体倾角大，回采分段高的情况下，矿石必须无自燃性和黏结性。

(2)方案特点

将矿块划分为分段，主要特征：第一，按分段逐个进行回采；第二，在每个分段下部设出矿专用的底部结构(底柱)。分段的回采由上向下逐段依次进行，用深孔或中深孔落矿，在崩落围岩覆盖下放矿。

(3)主要方案

依照落矿方式可分为垂直深孔落矿方案与水平深孔落矿方案两种。

采用垂直深孔落矿有底柱分段崩落法，一般钻凿垂直深孔，采用挤压爆破技术，进行连续回采，矿块没有明显的界限；应用这种方法开采中厚矿体的典型方案如图3-24所示。

水平深孔落矿有底柱分段崩落法示意图如图3-25所示，该方案具有比较明显的矿块结构，每个矿块一般都有独立完整的出矿、通风、行人和运送材料设备等系统，在崩落层的下部一般都需要开掘补偿空间，进行自由空间爆破。和垂直深孔落矿有所区别的是，崩矿前需要在崩落矿石层下部拉底和开掘补偿空间。若矿石稳固性较差或拉底面积较大，可留临时矿柱，临时矿柱与上部矿石一齐崩落。补偿空间开掘之后，一次爆破上面的水平深孔，形成20~30 m高的崩落矿石层，并在覆岩下放矿。

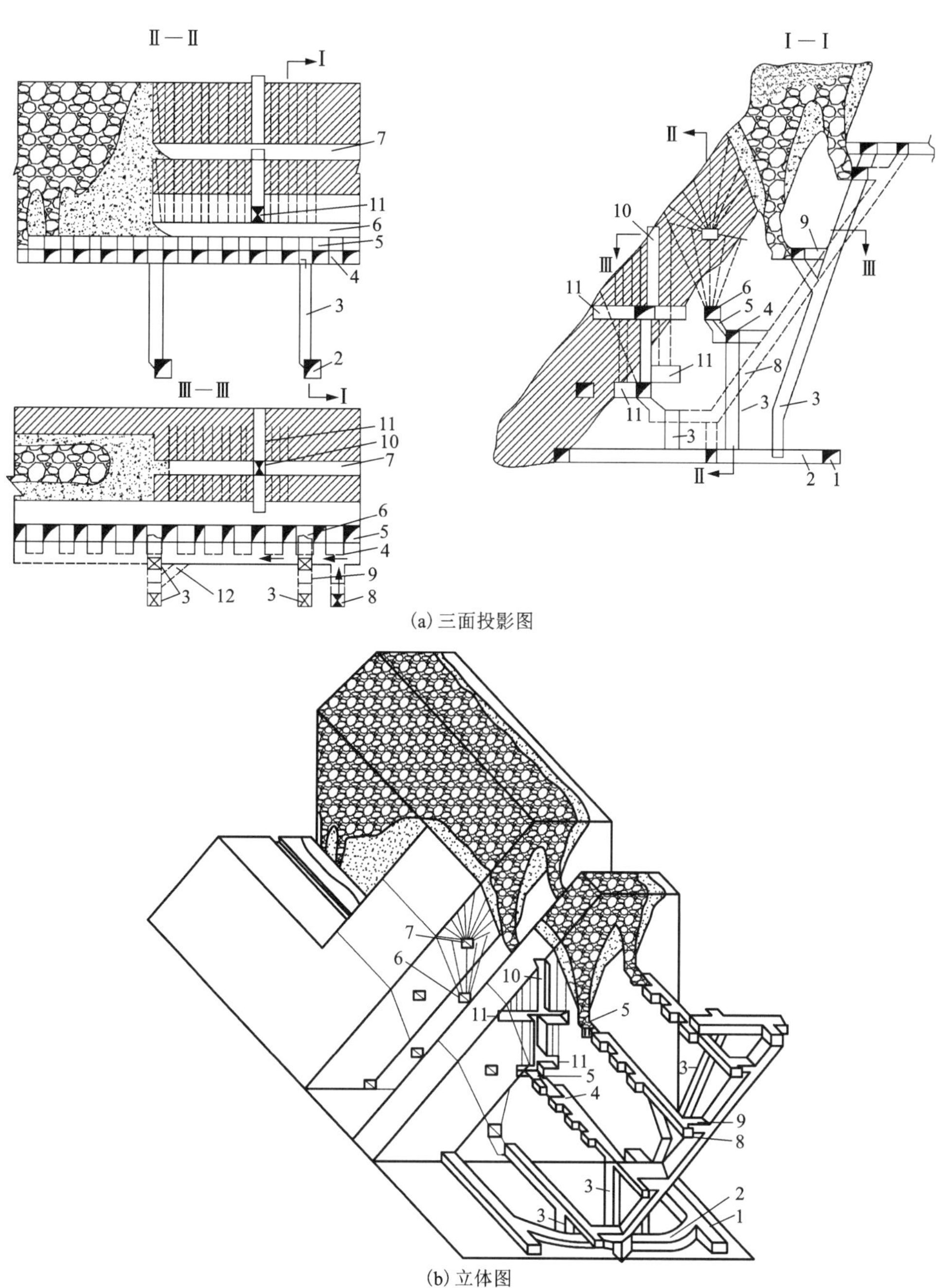

(a) 三面投影图

(b) 立体图

1—阶段沿脉运输巷道；2—阶段穿脉运输巷道；3—放矿溜井；4—耙矿巷道；5—斗颈；6—堑沟巷道；7—凿岩巷道；8—行人通风天井；9—联络道；10—切割井；11—切割巷道；12—电耙巷道与高溜井的联络道(回风用)。

图 3-24　垂直深孔落矿有底柱分段崩落法示意图

3.4.2 矿块结构

(1)矿块布置

垂直深孔落矿有底柱分段崩落法的矿块尺寸常以电耙道为单元进行划分，矿块长 25~30 m，宽 10~15 m。底柱高度主要取决于矿石稳固性和受矿巷道形式。采用漏斗时，分段底柱高常为 6~8 m；阶段底柱宜设储矿小井，以消除耙矿和阶段运输间的相互牵制。此时底柱高度为 11~13 m。分段高度是一个重要参数，直接关系着采准切割工程量和矿石损失率、贫化率等。当矿体不是很陡时，下盘矿石损失数量随着分段高度的增大而增大。此外，分段高度也要与上盘岩石稳固性相适应，最好在崩落矿石放出之前上盘岩石不发生大量崩落，否则矿石被岩石截断，将造成较大的矿石损失贫化；还有分段高度要与电耙巷道的稳固性相适应，保证电耙巷道在出矿期间不被破坏。在生产实际中常用的分段高度为 10~25 m。

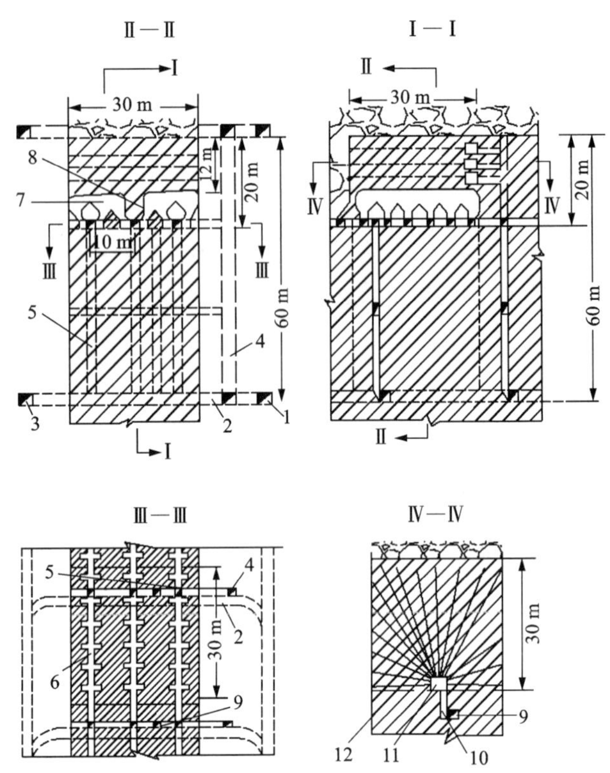

1—下盘脉外运输巷道；2—穿脉运输巷道；3—上盘脉外运输巷道；4—行人通风天井；5—放矿溜井；6—耙矿巷道；7—补偿空间；8—临时矿柱；9—凿岩天井；10—联络道；11—凿岩硐室；12—深孔。

图 3-25 水平深孔落矿有底柱分段崩落法示意图

水平深孔落矿有底柱分段崩落法的矿块结构参数与垂直深孔落矿有底柱分段崩落法基本相同，在保证底部结构稳固性的前提下应缩小耙道间距，以提高矿石回采率。耙运距离一般为 30~50 m，加大耙运距离时，电耙效率显著降低。

水平深孔落矿的矿块尺寸主要取决于矿体厚度、矿石稳固性(允许拉底面积)、凿岩设备(钻凿炮孔深度)以及电耙出矿的合适耙运距离和耙道间距等。例如当矿体厚度小于 15 m，沿走向布置矿块时，矿块长度常按耙运距离确定。矿体厚度大并且矿体形状比较规整，厚度与下盘倾角又变化不大时，可沿走向布置耙道，穿脉巷道装车，穿脉巷道间距可取 30 m。反之，则采用垂直走向布置耙道，沿脉巷道装车。此时可根据矿体厚度等条件取 2~4 条耙道为 1 个矿块。

(2)构成要素

①阶段高度。阶段高度主要取决于矿体倾角、厚度和形状规整程度，一般为 40~60 m。有的矿山将阶段高度增加至 80~120 m。

②分段高度。分段高度直接关系着采准工程量和矿石损失贫化等。当矿体的倾角小于 70°时，下盘矿石损失数量随着分段高度的增大而增大；采准比则随着分段高度的增大而减

小；分段高度还要与电耙巷道的稳固性相适应，保证电耙巷道在出矿期间不被破坏。在实际生产中常用的分段高度为15~30 m。

③分段的水平断面尺寸。其尺寸主要取决于矿体厚度、矿石稳固性(允许拉底面积)、凿岩设备(钻凿炮孔深度)以及电耙出矿合理的耙运距离和电耙巷道间距等。例如当矿体厚度小于15 m时，一般沿矿体走向布置电耙巷道，矿块的长度常按耙运距离确定。厚大矿体适于垂直矿体走向布置电耙巷道，采用这种布置形式时，矿块划分不明显，一般根据落矿工程布置若干条电耙巷道形成1个矿块。

④底柱高度。底柱高度主要取决于矿石稳固性和受矿巷道形式。采用漏斗底部结构时，每个阶段上分段的底柱高度一般为5~7 m，下分段底柱因设有储矿的放矿溜井，为消除耙矿和阶段运输间的互相牵制，底柱高度一般为11~13 m。

⑤电耙巷道间距和耙运距离。在保证矿块底柱稳固性的前提下应缩小电耙巷道的间距，以提高矿石回收率，间距一般为10~15 m。耙运距离一般以30 m为宜，加大耙运距离会显著降低耙矿效率。

⑥漏斗间距。漏斗间距一般为5~7.5 m，其规格为(1.8~2.0)m×(1.8~2.0)m，有的矿山为了提高矿石流通性，减少堵塞次数和降低堵塞位置，将漏斗颈尺寸增大到2.5 m×2.5 m。受矿漏斗的布置根据矿体形态和矿块尺寸分为单侧和双侧两种布置形式，双侧布置又可分为对称布置和交错布置两种形式。

3.4.3　采准与切割

1)采准方法

从图3-24可知，垂直深孔落矿有底柱分段崩落法方案的采准布置特点是下盘脉外采准布置，即出矿、行人、通风和运送材料等采准工程都布置于下盘脉外。阶段运输为穿脉装车的环形运输系统。

采场溜井主要有两种布置形式，第一种是各分段耙道都有独立的放矿溜井；第二种是上、下各分段耙道通过分支溜井与放矿溜井相连。前种形式出矿强度大，便于掘进和出矿计量管理，但掘进工程量大；后种形式工程量小，但施工比较复杂，不便于出矿计量。设计时应结合具体条件根据放矿管理、工程量和生产能力等要求选取。溜井断面尺寸一般为1.5 m×2 m或2 m×2 m。溜井的上口应偏向电耙道的一侧，使另一侧有不小于1 m宽的人行通道。溜井多用垂直溜井，便于施工。倾斜溜井上部分段(长溜井)倾角不小于60°，最下分段(短溜井)倾角不小于55°。在图3-24所示的方案中，下部两个分段采用独立垂直放矿溜井，上部两个分段用的是倾斜分支放矿溜井。

电耙巷道的布置，常常取决于矿体厚度：当矿体厚度小于15 m时，多用沿脉布置耙道；当矿体厚度大于15 m时，一般多垂直矿体走向布置耙道；当矿体厚度变化不大形状比较规整时，也可沿矿体走向布置耙道。此时放矿溜井等都布置在矿体内，可减少岩石工程量。

在水平深孔落矿有底柱分段崩落法的采准工作中，为提高矿块生产能力和适应这种采矿方法溜井多的特点，在阶段运输水平多用环形运输系统。在环形运输系统中，有穿脉装车和沿脉装车两种形式，如图3-26所示。穿脉装车的优点是，由于溜井布置在穿脉巷道内，运输很少受装载的干扰，故阶段运输能力较大；此外，可利用穿脉巷道进行探矿。它的缺点是采准工程量大。确定穿脉巷道长度时要考虑溜井装车时整个列车都停留在穿脉巷道上，不阻挡沿脉巷道的通行。穿脉巷道间距要与耙道的布置形式、长度和间距相适应，一般为 25~30 m。

从图 3-25 可见，这个方案采准布置的特点是，凿岩和出矿等采准工程布置在矿体内，行人、通风天井以及联络道等采准工程布置在脉外。阶段运输为穿脉装车的环形运输系统。电耙道沿矿体走向布置，为双侧漏斗式底部结构。

凿岩天井的位置和数量主要取决于矿块尺寸、凿岩设备性能和矿石可凿性等。采用深孔爆破时，自天井每隔一定距离交错布置凿岩硐室，凿岩硐室规格为 3.5 m×3.5 m×3.0 m。采用中深孔爆破时，炮孔可自天井直接钻凿。

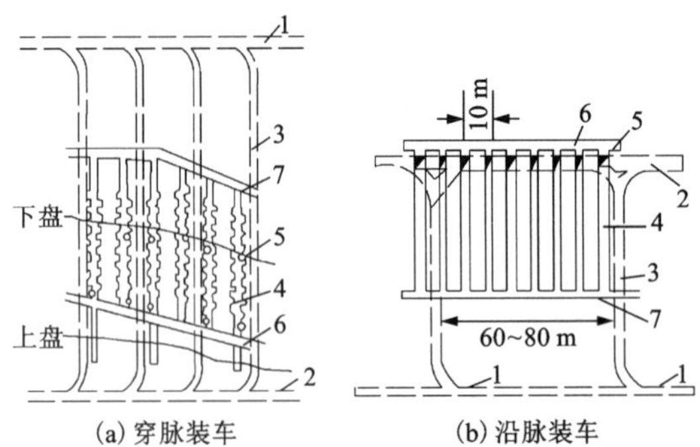

(a) 穿脉装车　　(b) 沿脉装车

1—下盘阶段运输巷道；2—上盘阶段运输巷道；3—穿脉运输巷道；4—电耙道；5—放矿溜井；6—联络道；7—回风道。

图 3-26　环形运输系统

2) 底部结构类型

垂直深孔落矿有底柱分段崩落法的底部结构由电耙道、放矿口(斗穿)、漏斗颈和受矿巷道(漏斗或堑沟)等组成。我国部分矿山使用的底部结构尺寸见表 3-7。有的矿山为了增加矿石流通性、减少堵塞次数和降低堵塞位置，增大了出矿巷道尺寸，例如把漏斗颈和放矿口尺寸增大到 2.5 m×2.5 m。由于在覆岩下放矿，因此漏斗间距在底柱稳固性允许的前提下以小一点为好，一般取 5~6 m，电耙道布置于下盘脉外，漏斗为单侧堑沟式漏斗。

采准天井用来行人、通风和运送材料设备等。采准天井有两种布置形式，一种按矿块布置，即每个矿块都有独立的矿块天井；另一种按采区布置，几个矿块组成 1 个采区，每个采区布置 1 套天井。趋向采用采区天井以减少采准工程量，同时还可在采区天井中安装固定的提升设备，改善劳动条件。在图 3-25 所示方案中，每 2~3 个矿块设置 1 个行人通风天井，用联络道将各分段电耙道贯通。每个矿块的高溜井都与上阶段脉外运输巷道相通，且以联络道将各分段电耙道相连，作为各分段电耙道的回风井。

3) 采切工程布置

垂直深孔落矿有底柱分段崩落法的切割工作是开掘堑沟和切割立槽。

矿石从矿体崩落下来并破成碎块，其体积有所增大，这就是碎胀。当采用有自由空间(即有足够补偿空间)的深孔或中深孔爆破时，碎胀体积约为崩矿前原体积的 30%。所以当采用自由松散爆破时，补偿空间体积就是根据这个数量关系确定的。

补偿空间的大小用补偿空间系数(或补偿比)表示：

$$K = \frac{V_1}{V} \tag{3-2}$$

式中：V_1 为补偿空间体积，m^3；V 为矿石爆破前体积，m^3。

当补偿空间为 V_1 时，爆破后的体积为 V_1+V，所以爆破后矿石的碎胀(松散)系数为：

$$K_s = \frac{V_1 + V}{V} \tag{3-3}$$

表 3-7 国内采用有底柱分段崩落法的矿山的主要结构参数

单位：m

矿山名称		采场布置形式	阶段高度	分段高度	阶段底柱高度	分段底柱高度	电耙道		漏斗		耙运距离	放矿口（斗穿）规格（宽×高）	斗颈规格（长×宽）
							间距	规格（宽×高）	布置形式	间距			
中条山有色金属集团有限公司	篦子沟铜矿	垂直走向布置	45	15~22.5	10~12	10~11	15	2.4×2.5	堑沟式漏斗交错布置	6	25~30	2.4×2.5	2.4×（2.0~2.4）
	胡家峪铜矿	沿走向布置	50	10~13	12	6	15	2.5×2.5	堑沟式漏斗交错布置	5	25~40	2.5×2.5	2.5×2.5
易门铜矿	狮子山坑	垂直走向布置	50	25	9~13	5~6	10	2.0×1.8	普通漏斗对称布置	5	30~50	1.8×1.2	1.8×1.8
	凤山坑	垂直走向布置	50	25	7~9	6	10~12	2.0×2.0	普通漏斗	5	30~50	2.0×2.0	2.0×2.0
铜官山铜矿松树山区		分条垂直走向布置	30	—	5~6	—	10	1.8×1.8	普通漏斗交错布置	5	40~70	1.8×1.8	ϕ1.6（直径）
东川因民铜矿大劈槽区		沿走向布置	60	10	7~7.5	5~5.5	12	2.0×2.0	普通漏斗单侧或双侧交错布置	5	45~55	2.0×（1.8~2.0）	2.0×2.0
云南锡业松树脚锡矿		分条垂直走向布置	25	—	11	—	12	2.0×2.0	普通漏斗交错布置	6	30~55	1.8×1.8	1.8×1.8
莱芜矿业马庄铁矿		垂直走向布置	50	15~22	6~7	6~7	9~10	支护（1.5~2.1）×1.8 不支护 2.0×2.0	普通漏斗对称布置	4.5~5	20~50	2.0×2.0	1.8×1.8

由此得出：

$$K_s = K + 1 \qquad (3-4)$$

而当采用挤压爆破时，补偿空间系数要小于松散系数，一般为12%～20%。堑沟是在堑沟巷道内钻凿垂直上向扇形中深孔（如图3-27所示）时，与落矿同次分段爆破而成。堑沟炮孔爆破的夹制性较大，所以常常把扇形两侧的炮孔适当地加密。靠电耙道一侧边孔倾角通常不小于55°。为了减少堵塞次数和降低堵塞高度，在耙道的另一侧钻凿1～2个短炮孔，短炮孔倾角控制在20°左右。

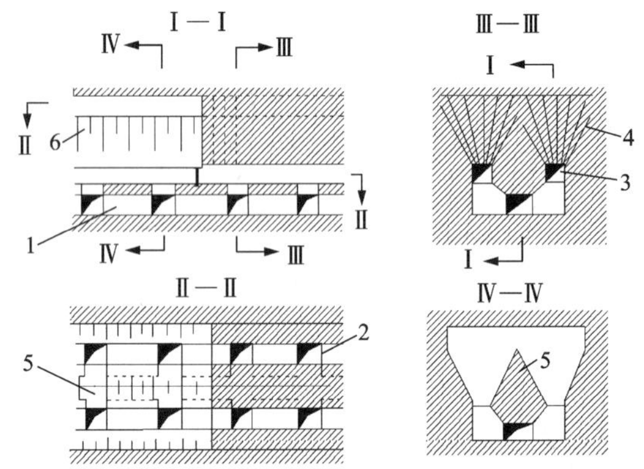

1—电耙道；2—放矿口；3—堑沟巷道；4—中深孔；5—桃形矿柱；6—堑沟坡面。

图3-27　堑沟底柱结构形式

堑沟切割有工艺简单、工作安全、效率高且容易保证质量等优点，所以使用得比较普遍。但堑沟对底柱切割较大，堑沟爆破的作用强，故底部结构稳固性受到一定影响。

开凿切割立槽是为了给落矿和堑沟开掘自由面和提供补偿空间。根据切割井和切割巷道的相互位置，切割立槽的开掘方法可分为：“八”字形拉槽法、“丁”字形拉槽法两种。

（1）“八”字形拉槽法，如图3-28(a)所示，多用于中厚以上的倾斜矿体。按预定的切割槽轮廓，从堑沟掘进两条方向相反的倾斜天井，两井组成一个倒“八”字形。紧靠下盘的天井用作凿岩，另一条天井则作为爆破的自由面和补偿空间。自凿岩天井钻凿平行于另一条天井的中深孔，爆破这些炮孔后便形成切割槽。

这种切割方法具有工程量小，炮孔利用率高，废石切割量小等优点，但凿岩工作条件不好，工效较低。

（2）“丁”字形拉槽法，如图3-28(b)所示，掘进切割横巷和切割井，切割横巷和切割井组成一个倒“丁”字形。自切割横巷钻凿平行于切割井的上向垂直平行中深孔。以切割井为自由面和补偿空间，爆破这些炮孔则形成切割立槽。

切割巷道的断面通常取决于所使用的凿岩设备，长度取决于切割槽的范围。切割井位置通常根据矿石的稳固性、出矿条件、天井两侧炮孔排数等因素确定。“丁”字形拉槽法可应用于各种厚度和各种倾角的矿体中。对比前种方法，该法凿岩条件好，操作方便，在实际中应用得较多。

切割槽的形成方式有两种：

①形成切割槽之后进行落矿。优点是能直接观察切割槽的形成质量，并能及时弥补其缺陷。缺点是对矿岩稳固性要求高，也容易造成因补偿空间过于集中，不能很好地发挥挤压爆破作用，在实践中使用不多。

②形成切割槽与落矿同次分段爆破。优缺点恰与上述方式的优缺点相反，为当前大多数矿山所应用。切割槽垂直于矿体走向布置在爆破区段的适中位置，补偿空间应尽量分布均匀，此外切割槽宜布置在矿体肥大或转折和稳固性较好的部位。

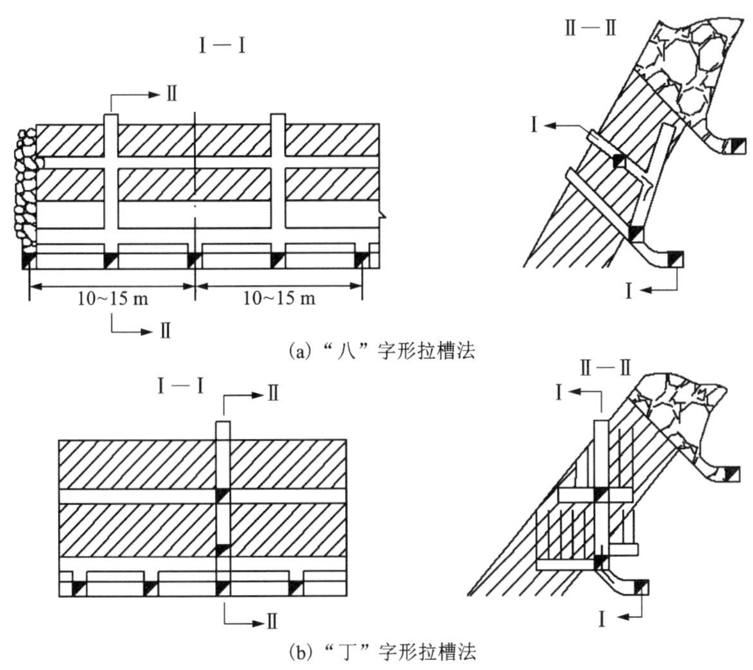

(a)“八”字形拉槽法

(b)“丁”字形拉槽法

图 3-28　切割立槽的开掘方法

水平深孔落矿有底柱分段崩落法的切割工作是指开掘补偿空间和扩漏斗(或掘堑沟)两项工作。

开掘补偿空间方法与矿石稳固性有关。

①矿石稳固时首先用中深孔拉底。如图 3-29 所示，在拉底水平开掘横巷和平巷，钻凿水平中深孔，最小抵抗线为 1.2~1.5 m，每排布置 3 个炮孔，以拉底平巷或横巷为自由面。每次爆破 3~5 排炮孔，形成拉底空间。

拉底后爆破上面的水平炮孔，放出崩落的矿石，形成足够的补偿空间后，再进行大爆破，崩落上面全部矿石。

在稳固矿石中亦可采用中深孔爆破，一次完成开掘补偿空间工作。在拉底水平根据矿块尺寸开掘数条平巷，自平巷钻凿立面扇形炮孔，炮孔深度根据补偿空间高度和平巷间距确定。在一端开掘立槽作为自由面，逐次爆破并放出矿石形成补偿空间。

当补偿空间高度不大于 4 m 时，亦可用浅孔拉底并挑顶形成补偿空间。

在邻接采空区的一侧要留有隔离矿柱。此外，当拉底面积大或矿石不够稳固时，亦可以在拉底范围内留临时矿柱，此矿柱可与上面矿石一起爆破。

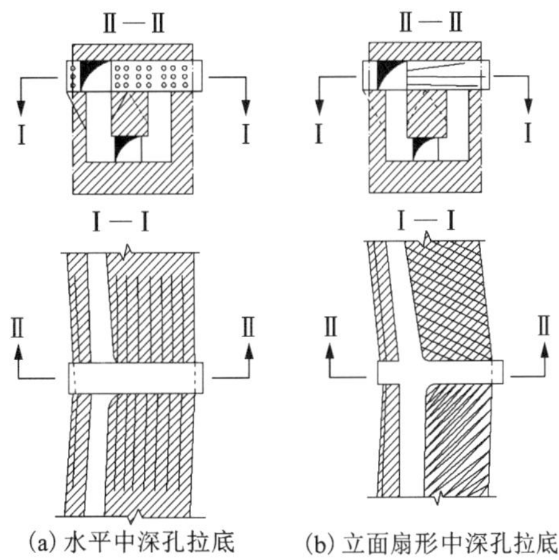

(a) 水平中深孔拉底　(b) 立面扇形中深孔拉底

图 3-29　中深孔拉底炮孔布置方式

②在不稳固的矿石中，因不允许在落矿前形成较大的水平补偿空间，所以常常用拉底巷道的空间来作补偿空间。具体方法是在拉底水平上掘进成组的平巷和横巷，并在平巷和横巷间的矿柱中钻凿深孔。这些深孔与落矿深孔同次超前爆破，从而形成缓冲垫层和补偿空间。

扩漏斗一般用中深孔爆破法，边孔倾角应不小于55°，也可以用浅孔扩漏斗。矿岩稳固时，扩漏斗可在回采爆破前进行；矿岩不稳固时，扩漏斗的中深孔应与回采落矿同次超前爆破。

掘堑沟可将拉底和扩漏斗两道工序合而为一。堑沟是由堑沟巷道内钻凿垂直上向扇形中深孔与回采落矿同次分段爆破而成，因作业效率高、施工质量好得到普遍应用，但对底柱的稳固性有一定影响。

3.4.4 回采

1)回采顺序

有底柱分段崩落法的回采顺序同无底柱分段崩落法类似。即同一分段沿走向方向，可以从中央向两翼回采或从两翼向中央回采；也可以从一翼向另一翼回采。走向长度很大时也可沿走向划分成若干回采分段，多翼回采。分区愈多，翼数也愈多，同时回采工作面也愈多，有利于提高开采强度，但通风系统、上下分段的衔接和生产管理复杂。

当回采巷道垂直矿体走向布置和运输联络道在脉外时，回采方向不受设备井位置限制。当回采巷道垂直走向布置和运输联络道在脉内时，回采方向应向设备井后退。在垂直走向上，回采顺序主要取决于运输联络道、设备井和溜井的位置。当只有1条运输联络道时，各回采巷道必须向联络道后退。当开采极厚矿体时，可能有几条运输联络道，这时应根据设备井位置，决定回采顺序，原则上必须向设备井后退。

分段之间的回采顺序是自上而下，当矿体倾角小于或等于围岩移动角时，应采取从上盘向下盘推进的开采顺序。

2)凿岩爆破方法

垂直深孔落矿有底柱分段崩落法的回采工作主要指落矿与出矿。落矿一般用于排面垂直的扇形中深孔或深孔挤压爆破方式。中深孔常用YG-80型和YGZ-90型凿岩机配FJY-24型圆环雪橇式台架钻凿；深孔常用YQ-100型潜孔钻机钻凿。在实际生产中，中深孔落矿使用广泛。由于受底部结构空间的影响，大功率无轨液压凿岩设备难以应用。

为了减少采准工程量，可把凿岩巷道与堑沟巷道合为1条，如图3-30所示。把前面方案的菱形崩矿分间改为矩形崩矿分间，崩下的矿石很大一部分暂留，并由下分段放出。

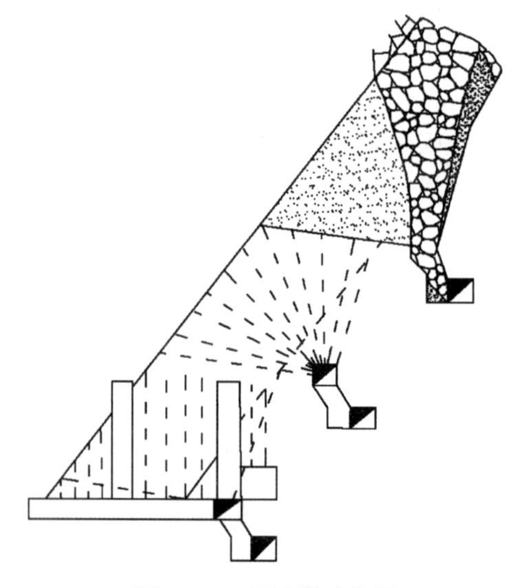

图3-30 矩形崩矿分间

在上向垂直扇形深孔落矿有底柱分段崩落法中，广泛使用挤压爆破方式。按崩落矿石获得补偿空间的条件，爆破又可分为小补偿空间挤压爆破和向崩落矿岩方向挤压爆破两种回采方案。

(1)小补偿空间挤压爆破方案

如图 3-31 所示，崩落矿石所需要的补偿空间由崩落矿体中的井巷空间所提供。常用的补偿空间系数为 15%~20%。系数过大，不但增加了采准工程量，而且还可能降低挤压爆破的效果；过小，容易出现过挤压甚至“呛炮”现象。在设计时可参考下列情况选取补偿空间系数的数值。

①矿石较坚硬、桃形矿柱稳固性差或补偿空间分布不均匀，落矿边界不整齐等，可取较大的数值。

②矿石破碎或有较大的构造破坏、相邻矿块都已崩落或电耙巷道稳固，补偿空间分布均匀，落矿边界整齐等，可取较小的数值。

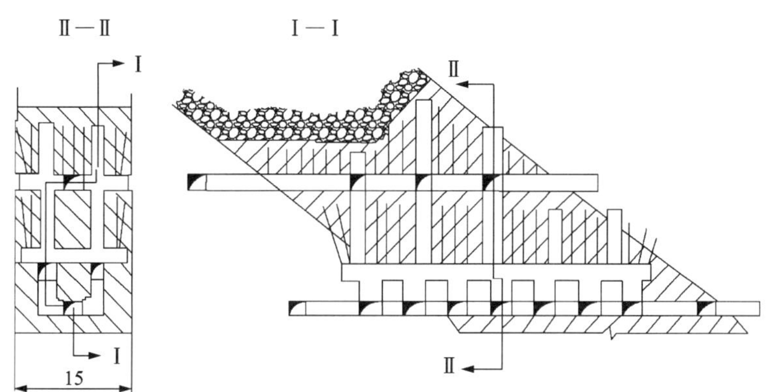

图 3-31　小补偿空间挤压爆破方案

矿块的补偿空间系数确定后，可进行矿块采准切割工程的具体布置，布置形式应使分布于落矿范围内的堑沟巷道、分段凿岩巷道、切割巷道、切割天井等工程的体积与落矿体积之比符合要求。当出现补偿空间与要求不一致时，常采用变动切割槽的宽度、增加切割天井的数目、调整切割槽间距等办法求得一致。

一般过宽的切割槽施工比较困难，且因其空间集中，也影响挤压爆破效果；增减切割天井数目，可调范围也不大，所以常常采取调整切割槽的间距，即用增减切割槽的数目的方法来适应确定的补偿空间系数。

小补偿空间挤压爆破回采方案的优缺点和适用条件如下。

优点：

①灵活性大，适应性强，一般不受矿体形态变化、相邻崩落矿岩的状态、一次爆破范围的大小、矿岩稳固性等条件的限制。

②对相邻矿块的工程和炮孔等破坏较小。

③补偿空间分布比较均匀，且能按空间分布情况调整矿量，故落矿质量一般都比较可靠。

缺点：

①采准切割工程量大，一般都为 15~22 m/kt，比向崩落矿岩方向挤压爆破的工程量大 3~5 m/kt。

②采场结构复杂，施工机械化程度低，施工条件差。

③落矿的边界不甚整齐。

适用条件：

①各分段的第一个矿块或相邻部位无崩落矿岩。

②矿石较破碎或需降低对相邻矿块的破坏影响。

③为满足生产或衔接的需要，要求一次崩落较大范围。

(2)向崩落矿岩方向挤压爆破方案

如图 3-32 所示，矿块的下部是小补偿空间挤压爆破形成的堑沟切割，上部为向相邻崩落矿岩挤压爆破。

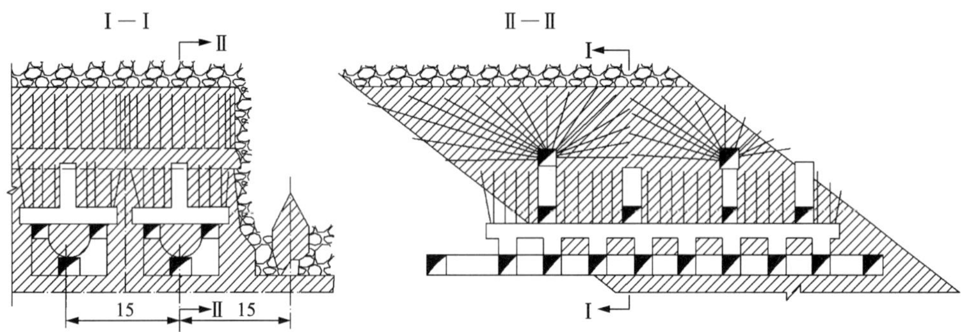

图 3-32 向崩落矿岩方向挤压爆破回采方案

实施向相邻崩落矿岩挤压爆破(有的称为侧向挤压爆破)时，在爆破前，对前次崩落的矿石需进行松动放矿，其目的是将爆破后压实的矿石松散到正常状态，以便本次爆破时借助爆破冲击力挤压已松散的矿石来获得补偿空间，如此逐次进行，直至崩落全部矿石。

该方法不需要开掘专用的补偿空间，但邻接崩落矿岩的数量及其松散状态对爆破矿石数量及破碎情况具有决定性的影响，所以不如小补偿空间挤压爆破灵活和适应性强。此外采用该种挤压爆破方法时，大量矿石被抛入巷道中，需人工清理，劳动繁重并且劳动条件也不好。

出矿作业通常包括放矿、二次破碎和运矿等 3 项内容。崩落的矿石有 70%~80%是在岩石覆盖下放出来的。随着矿石的放出，覆盖岩石也随之下降，崩落矿石与覆盖岩石的直接接触引起了矿石的损失与贫化。因此，在出矿中必须编制放矿计划，按放矿计划实施放矿，控制矿岩接触面形状及其在空间位置的变化，对降低放矿过程中的矿石的损失和贫化极为重要。

垂直深孔落矿有底柱分段崩落法的出矿，大都使用电耙，绞车功率多为 30 kW，耙斗容量 0.25~0.3 m^3，耙运距离 30~50 m。有的矿山使用功率为 55 kW 的电耙绞车，耙斗容量为 0.5 m^3。

水平深孔落矿有底柱分段崩落法落矿常用水平扇形深孔自由空间爆破方式。深孔常用 YQ-100 型潜孔钻机钻凿，一般最小抵抗线为 3~3.5 m，炮孔密集系数 1~1.2，孔径为 105~110 mm，孔深一般为 15~20 m。中深孔用 YG-80 型和 YGZ-90 型凿岩机钻凿。出矿作业和垂直深孔有底柱分段崩落法类似。

水平深孔落矿有底柱分段崩落法用来开采矿石稳固、形状规整、急倾斜中厚以上的矿体较为合适。该法每次爆破矿量较大，一般不受相邻采场的牵制，有利于生产衔接。该法的缺点是，在天井与硐室中凿岩，凿岩工作条件不好；矿体条件要求(厚度、倾角、形状规整程度)较高，适应范围小，灵活性较差。该法在我国使用得不多。

3)采场通风管理

图 3-33 是易门铜矿狮子山坑的通风系统，它有如下特点。

①主扇压入的新风不是首先进入阶段运输水平，而是送至阶段运输水平与耙运层水平之间的进风平巷，经分风井进到耙运层顶盘联络道，再分别进入各电耙道。这样，不但增加了各电耙道的有效风量，也避免了沿走向的串联。

②各采区底盘联络道不连通，这就形成了中央进风分区回风的并联通风系统，且其两翼还装有辅扇，以便调节风量。

③阶段运输水平的通风是靠局扇或用风门将主风流分风，而污风经下盘脉外天井回到上部的回风平巷中。

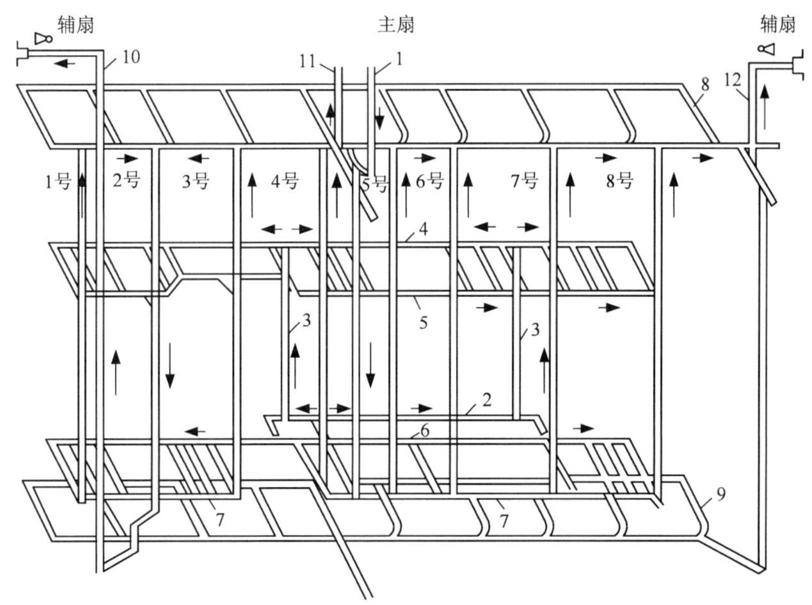

1—进风井；2—进风平巷；3—分风井；4—分段电耙层顶盘联络道；5—分段电耙层底盘联络道；6—二分段电耙层顶盘联络道；7—二分段电耙层底盘联络道；8—五阶段运输水平；9—六阶段运输水平；10—南部回风井；11—中部回风井；12—北部回风井；1~8 号—采区回风井。

图 3-33　易门铜矿狮子山坑的通风系统

由于采空区崩落和采场结构复杂，采场通风条件比较差，因此，要正确选择通风方式和通风系统，合理布置通风工程。对通风的具体要求如下。

①原则上宜采用压入式通风，以减少漏风。当井下负压不大时，采用单一压入式通风即可；当负压很大时，则应采用以压入式为主的抽压混合式通风。

②把通风的重点放在电耙层，把电耙层的通风系统和全矿总通风系统直接联系起来，使新鲜风流直接进入电耙层。

③电耙道上的风向应与耙运的方向相反，风速要满足0.5 m/s的要求，以迅速排除炮烟、粉尘和其他有害气体，并达到降温的目的。凿岩井巷和硐室也应尽可能有新鲜风流贯通，使凿岩和装药条件得到改善。

④尽可能避免全部使用脉内采准，因这很难构成完备的通风系统。

垂直扇形深孔落矿有底柱分段崩落法在我国有色金属地下矿山使用比较普遍，其主要优点如下。

①大部分采准切割工程比较集中，掘进时出碴方便，有利于强掘。

②所用的出矿设备(电耙)结构简单，运转可靠，操作和维修方便。

③应用挤压爆破落矿，破碎质量好，出矿效率高。

它的缺点如下。

①向相邻崩落矿岩方向挤压爆破，受相邻矿块的牵制较大，灵活性差。

②在小补偿空间挤压爆破方案中，部分切割工程施工条件差，机械化程度低，劳动强度大。

随着高效中深孔凿岩设备的不断改进，该方法将会得到更大的发展。

4)采场放矿管理

在采矿方法和结构参数既定的条件下，矿石崩落后，在覆岩下放矿时需要对放矿进行有效管理，其直接关系着矿石损失贫化指标。当前在我国矿山加强放矿管理，是降低矿石损失贫化的一项重要措施。

放矿管理包括选择放矿方案、编制放矿计划以及放矿控制与调整。下文主要介绍编制放矿计划和控制放矿。

(1)编制放矿计划

放矿方案确定后，根据崩落矿岩堆体和出矿巷道的布置，编制放矿计划。下面以平面放矿方案为例，简述放矿计划的编制方法。

①每个漏孔应放出总量等于每个漏孔负担平面之上的矿石柱体积减去脊部残留体积。靠下盘漏孔的矿石柱体积还要减去下盘损失数量。

②每个漏孔在每轮的放出矿石量，按该孔在该高度上的负担面积乘以下降高度计算。每轮矿岩界面下降高度一般可取2 m左右。

③编绘放矿图表。根据上面所得数据编绘出放矿计划表，在表中列出各漏孔每次放矿量和矿岩界面相应的下降高度。

④有的矿山分段编制放矿计划。

第一段为松动放矿，使全部漏孔之上的矿石松散，在挤压爆矿条件下放出的矿石为崩落矿量的15%左右。第二段为削高峰，放出崩落矿石堆超高部分。第三段为均匀放矿，按平面下降要求确定各孔每次的放矿量，每个漏孔一直放到开始有岩石混入(贫化)时为止。第四段为依次全量放矿，各漏孔可以一直放到截止品位时，关闭漏孔。

(2)控制放矿

控制放矿就是控制每个漏孔放出矿石的数量和质量。如果按放矿计划控制放矿量，而在生产中出现实际放矿量与计划量不一致时，要在下次放矿时进行调整。有的矿山为此在整个放矿高度上规定出2~3个调整线，要求在到达调整线时各漏孔的放出量符合计划要求。

控制质量是指按规定的截止品位来控制截止放矿点，防止过早与过晚封闭漏孔。

控制放矿是放矿管理中的基本工作。准确控制和计量各孔放出量以及及时化验矿石品位是放矿管理工作改进的关键。

在井下设矿石品位化验站，使用X射线荧光分析仪测定品位，可以满足及时化验矿石品位的要求，而放矿量的控制和计量的准确性还有待改进。

放矿方案选择、放矿计划编制和调整等工作，最好用的方法是计算机模拟，根据具体条件可以用数值模拟或随机模拟法。

用计算机可模拟多种放矿计划，并预测每个计划实施后的矿石损失与贫化值，根据矿石损失贫化值可从中选出最优计划。放矿与计划有较大出入时，也可以使用计算机按最小的矿石损失贫化要求重新调整放矿计划，再按新计划放出。同时，计算机可以给出放矿过程中采场内当前矿岩移动情况，以及给出从各漏孔放出的矿石原来的空间位置，这对分析矿石损失贫化很有好处。

3.4.5　应用实例

下文介绍易门铜矿的有底柱分段崩落采矿法。

(1)地质概况

易门铜矿属中温热液浸染型矿床。三家厂分矿开采的主矿体赋存于黑色泥质白云岩和灰白色、紫色白云岩中，呈似层状产出。该矿体沿走向长度为600~900 m，矿体倾角70°，矿体水平厚度5~50 m，平均厚20 m。因受成矿前后地质构造影响，断层纵横交错，矿岩节理裂隙发育，松散破碎。含矿岩石为黑色泥质白云岩和灰白色白云岩，密度为2.69 t/m^3，f=4~6，岩石不稳固。上盘岩石为青灰色白云岩，f=6~8，中等稳固。下盘岩石为紫色泥质白云岩和板岩互层，f=4~6，不稳固。矿体与围岩的接触界线不明显，上下盘岩石均有矿化现象。矿岩均无黏结性和自燃性。

(2)矿块结构参数与采准切割

阶段高度为50 m。各阶段水平在矿体上下盘岩石中分别布置1条沿脉运输巷道，垂直矿体走向间隔60~80 m掘进1条穿脉运输巷道构成环形运输系统。下盘沿脉运输巷道兼作下一阶段的回风巷道，所以该运输巷道应布置在下一阶段回采时崩落线之外较稳固的岩层中，免遭破坏。

采准天井及联络巷道，以划分的采区为单元统一布置。一般沿矿体走向分为3个采区，实行多翼回采。回采工作将两条电耙巷道负担的面积作为一个矿块统一布置落矿工程。在分段(或阶段)底柱中开掘受矿漏斗、斗穿、电耙巷道和放矿溜井等工程，构成矿块矿石的出矿巷道系统。电耙巷道一般垂直矿体走向布置，长度等于矿体水平厚度。当矿体厚度小于15 m时，沿走向布置，长度30~40 m。矿块结构参数：分段高度25 m，阶段底柱高度13 m，分段底柱高度5 m，电耙巷道间距10 m，漏斗呈对称式布置，间距5 m，电耙巷道用密集木棚支护。斗穿也用两架木棚支护，但靠里一架较靠外一架木棚高10~15 cm。为了确保电耙巷道顶部桃形矿柱的稳固性，常用密集井框木支护2.0 m高的斗颈，采用浅孔扩漏和深孔拉底的方法。

(3)回采

回采方案因落矿方式不同而不同，曾用过垂直深孔侧向挤压爆破方案、束状深孔落矿方案和水平深孔落矿方案。垂直深孔侧向挤压爆破方案在20世纪70年代初使用较多，自1974年起已停止使用，主要原因是该方案对矿体厚度变化的适应性差。水平深孔落矿方案因回采深孔爆破时对底柱的稳固性破坏较大，各层深孔凿岩硐室的高差小，要求矿岩必须在中等稳固以上时才能使用，而三家厂分矿的矿岩破碎，不稳固，因此未推广使用。自 1974 年起，已全部使用束状深孔落矿方案，如图 3-34 所示。用 YQ-100 型潜孔钻机钻凿深孔，孔径为 105~110 mm，最小抵抗线 3.0~3.5 m，深孔密集系数为 1.0~1.2，深孔倾角为 30°~45°，孔深 15~20 m。使用人工组合炮棍装药爆破。回采深孔和深孔拉底、浅孔扩斗都在同次分段进行爆破。爆破前电耙巷道必须进行临时支护加固，如图 3-35 所示。

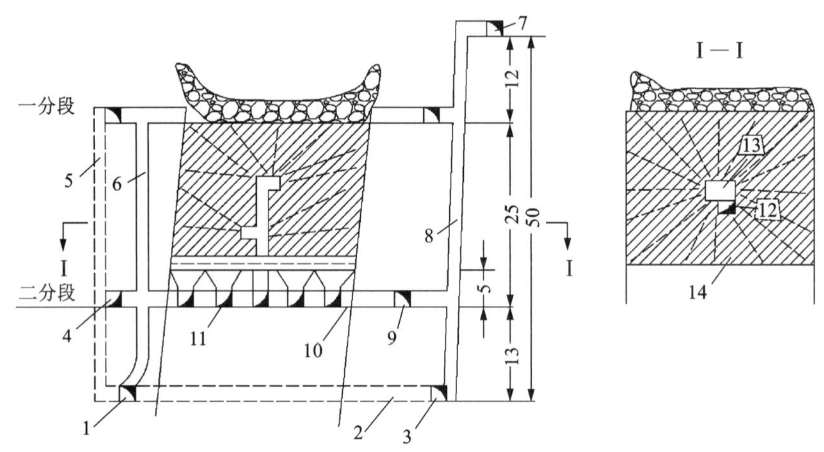

1—上盘沿脉运输巷道；2—穿脉运输巷道；3—下盘沿脉运输巷道；4—上盘联络巷道；5—人行、材料井；6—放矿溜井；7—上阶段下盘沿脉运输巷道；8—回风天井；9—下盘联络巷道；10—电耙巷道；11—斗穿；12—深孔天井；13—深孔硐室；14—深孔。

图 3-34 束状深孔落矿有底柱分段崩落采矿法

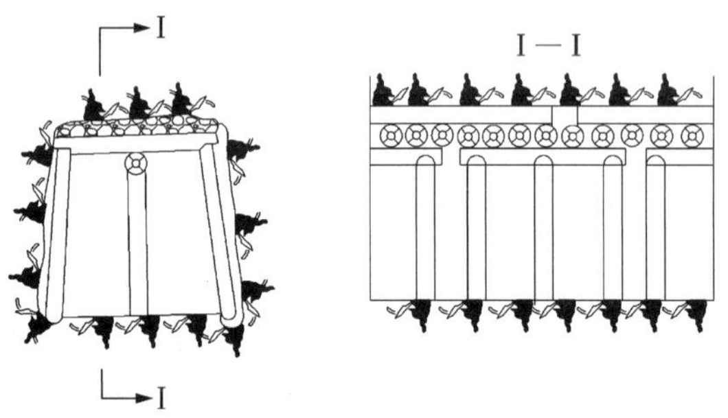

图 3-35 电耙巷道临时支护加固方法

出矿用功率为 28~30 kW 的电耙绞车，耙斗斗容为 0.15~0.3 m^3。按平面放矿方案进行等量均匀放矿，分为 3 个阶段进行，即松动放矿阶段、纯矿石回收阶段和收尾阶段。

主要技术经济指标见表 3-8。

(4)应用有底柱分段崩落法实行强化开采的经验

该矿山以矿块为回采单元，强化掘进、落矿和出矿工作，即“三强”的经验简述如下。

①生产组织方面：集中作业；编制网络计划，安排平行交叉和连续作业；劳动组织上实行综合工区，矿块生产从采准到出矿结束一包到底。

表 3-8　国内应用有底柱分段崩落法的矿山的主要技术经济指标

矿山名称	采准比/(m·kt^{-1})	矿块生产能力/(t·d^{-1})	设备型号	凿岩效率/(m·台$^{-1}$·班$^{-1}$)	电耙功率/kW	出矿效率/(m·台$^{-1}$·班$^{-1}$)	劳动生产率/(t·台$^{-1}$·班$^{-1}$)	损失率/%	贫化率/%	主要材料消耗			成本	
										水泥/(kg·t^{-1})	木材/(m^3·kt^{-1})	炸药/(kg·t^{-1})	直接/(元·t^{-1})	原矿/(元·t^{-1})
云南锡业松树脚锡矿	—	169~250	YG-40	—	28/30	56~100	7.4	22.19	22.96	—	1.6	0.56	—	25.03
东川因民铜矿	22.9	160~200	01-38	7.4	28	—	16.57	15	33.3	—		0.56	—	13.36
黑山沟铁矿	19.8	150~180	YGZ-90	18	30	50~60	6.0	32.51	19.6	—		0.46~0.55	11.7	32.67
金河岭矿	15~18	250~350	YG-80	35	28	80~120	12~15	20~25	15~18	1.94	1.4	—	9.74	23.8
马甲瑙铁矿	15~17	165	YGZ-90	24	28/30	60~100	11.36	26.79	17.35	—	1.2	0.485	—	21.40
锦屏磷矿	17	200~250	YQ-100	14	17/28	67~110	—	20.02	22.5	—	1.8	0.46	3.33	11.12
莱芜矿业马庄铁矿	22.5~36.7	200~250	01-38	15~20	30	70~90	6.85	25~30	8~9	—	1.75~3.14	0.23~0.53	—	18.06
柴河铅锌矿	31	200~240	YQ-100	12~15	28/55	100~150	—	1.5~2.0	20~30	—	0.7~2.1	0.24~0.31	—	14.6~16.7
易门铜矿	25.5	238	YQ-100	—	28/30	119	92	11.3	27.25	0.00115	10.74	0.32~0.37	—	21.48
胡家峪铜矿	16.4	283	—		—	91	27.12	10.34	23.07	3.15	0.23	0.479	—	17.77
篦子沟铜矿	14	246	YG-80	20	28/30	82	32.9	17.9	35.6	2.955	0.45	0.613	—	15.29
青城子铅锌矿	15.9	180	YGZ-90	10~15	28/30	60~80	14	10	4.56	—	0.32	0.28	—	—
武钢金山店铁矿	10.2	124.7	YGZ-90	13.7/7.0	28/30	93.5	—	30.36	8.69	5.58	0.58	0.26~0.375	—	—

②生产管理方面：调整三级矿量的保有期，将采准矿量保有期减为 3.5~4.0 个月，备采矿量保有期减为 1.0~1.5 个月。储存矿量起衔接生产的作用，不列为三级矿量，其保有期为 2~3 个月；加强技术管理，服务到队组；做好放矿管理，保证强出；做好材料供应，及时满足生产要求。

③工艺技术方面：探采结合，以钻探代坑探。为了获得较准确的地质资料，过去采用加密坑探网度，一次提出高级储量的办法，但探矿工程做得过早过密，使地压增大，巷道坍塌，破坏了矿体，对采矿不利。后改为生产探矿与开拓、采准和切割相结合，坑探与钻探结合的方法，逐步加密探矿，分次提出探矿资料，分次设计。这样，探矿巷道可大部分(70%~80%)为采矿所利用，降低了采准比，节约了成本。

此外，还有以下措施。

多翼回采，分区通风。过去分段的回采是由两翼向中央推进。为满足产量的要求，回采工作至少要在 3 个分段上同时作业。推广“三强”后，改为多翼回采，即将 1 个 600~900 m 长的分段分为 3 个采区，每个采区由中央向两翼推进，形成多翼回采顺序。如图 3-36 所示。这样，只要一个分段进行回采就能满足产量要求，大大提高了阶段开采下降速度，减少了巷道维护时间，缩短了作业线，利于集中管理。为适应多翼回采，将原来的对角式通风系统改为将新鲜风流直接压入电耙巷道的分区并联通风系统。

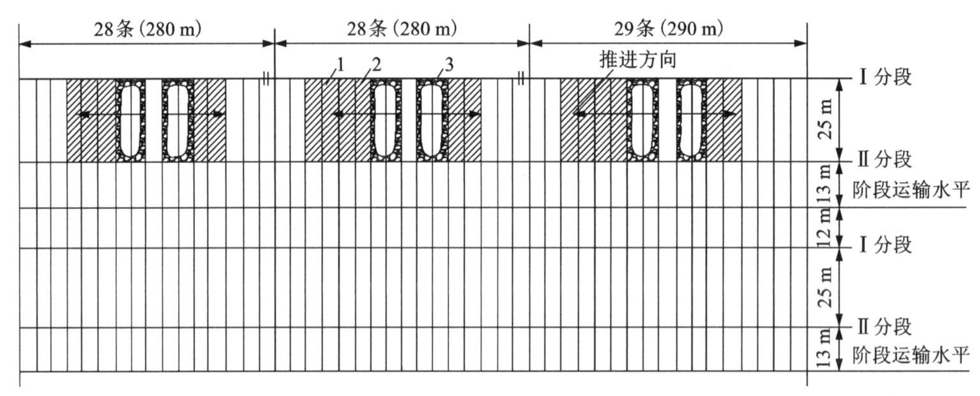

1—采准矿石；2—备采矿石；3—储存矿石。

图 3-36 多翼回采顺序示意图

改进运输系统。为了满足矿块出矿强度的要求，提高阶段的运输能力，将原来的尽头式穿脉运输系统改为环形运输系统。

改进采准工程布置方式。充分利用上盘岩石比下盘岩石稳固这一特点，将原来布置在下盘岩石中的采准工程改到上盘，既可减少井、巷工程的维修量，又可避免停产检修，有利于提高出矿强度，缩短生产周期。

改进落矿方案，简化工艺。采取限制空间的挤压爆破方案。减少了采准工程量，增强了矿体的稳固性，提高了落矿质量，提高了矿块的出矿强度。

1982 年，矿山的全部产量都是用有底柱分段崩落法采出的。当年的矿山井下工人劳动生产率为 454.3 t/(人·a)，采矿全员劳动生产率为 300 t/(人·a)，原矿直接成本为 15.29 元/t。

3.5　阶段强制崩落采矿法

3.5.1　主要特点

(1)应用条件

阶段强制崩落采矿法的适用条件与有底柱分段崩落采矿法基本相同，特别适于开采矿体厚度大、形状规整、倾角陡、围岩不太稳固、矿石价值不高、围岩品位的矿体。

①矿体厚度大，使用阶段强制崩落法较为合适。矿体倾角大时厚度一般以不小于 20 m 为宜；倾斜与缓倾斜矿体的厚度应更大些，此时放矿漏斗多设在下盘岩石中。由于放矿的矿石层高度大，下盘倾角小于 70°时，就应该考虑设间隔式下盘漏斗；当下盘倾角小于 50°时，应设密集式下盘漏斗，否则下盘矿石损失过大。

②开采急倾斜矿体时，上盘岩石稳固性最好能保证矿石在没有放完之前不崩落，以免放矿时产生较大的损失贫化，这一点有时是使用阶段崩落法与分段崩落法的分界线。倾斜、缓倾斜矿体的上盘最好能随放矿自然崩落下来，否则还需人工强制崩落。下盘稳固性根据脉外采准工程要求确定，一般中等稳固即可；如果稳固性稍差采准工程需支护。

③设有补偿空间的方案对矿石稳固性要求高些，矿石需中等稳固；连续回采由于采用挤压爆破，可以用于不太稳固的矿石中。

④矿石价值不高，也不需要分采，且不含较大的岩石夹层。

⑤矿石没有结块、氧化，矿石不自燃。

⑥地表允许崩落。

矿体厚大、形状规整、倾角陡、围岩不够稳固、矿石价值不高、围岩有品位，是采用阶段强制崩落法的最优条件。

国内部分矿山应用阶段强制崩落法的开采技术条件见表 3-9。

表 3-9　国内部分矿山应用阶段强制崩落法的开采技术条件

矿山名称	采矿方法	矿体形态	矿体厚度/m	矿体倾角/(°)	普氏坚固性系数和岩石稳定性			备注
					矿石	围岩		
						上盘	下盘	
德兴铜矿	水平深孔落矿阶段强制崩落法	脉状	30~300	<10	f=6~8 中等稳固	f=6~8 不稳固	f=6~8 不稳固	
桃林铅锌矿	水平中深孔落矿阶段强制崩落法	脉状	20(平均)	30~50	f=8~10 稳固	f=3~5 不稳固	f=10~12 稳固	上塘冲区矿体条件
易门铜矿凤山坑	水平深孔落矿阶段强制崩落法	脉状及透镜状	15~50	60~80	f=8~12 中等稳固	f=10~12 稳固	f=10~12 稳固	23#矿体条件
杨家杖子岭前锡矿	药室落矿阶段强制崩落法	脉状	30~50	30~60	f=5~8 不稳固	f=4 不稳固	f=6~8 不稳固	

(2)主要特点

阶段强制崩落法的主要特点：一步骤回采，用中深孔、深孔或全高一次崩落，回采高度等于阶段全高的矿块。崩落矿石是在崩落覆岩下放出的。

同分段崩落法比较，阶段强制崩落法具有采准工程量小、劳动生产率高、采矿成本低与作业安全等优点；但还具有生产技术与放矿管理要求严格、大块产出率高以及矿石损失常大于分段崩落法等缺点。此外，使用条件远不如分段崩落法灵活。

(3)主要方案

按落矿方式可分为以下几种。

①水平深孔落矿阶段强制崩落法。如图3-37所示，在凿岩硐室中钻凿水平扇形深孔。在堑沟巷道钻凿上向扇形中深孔，形成补偿空间后，水平深孔一次落矿。在耙矿水平处用电耙出矿。

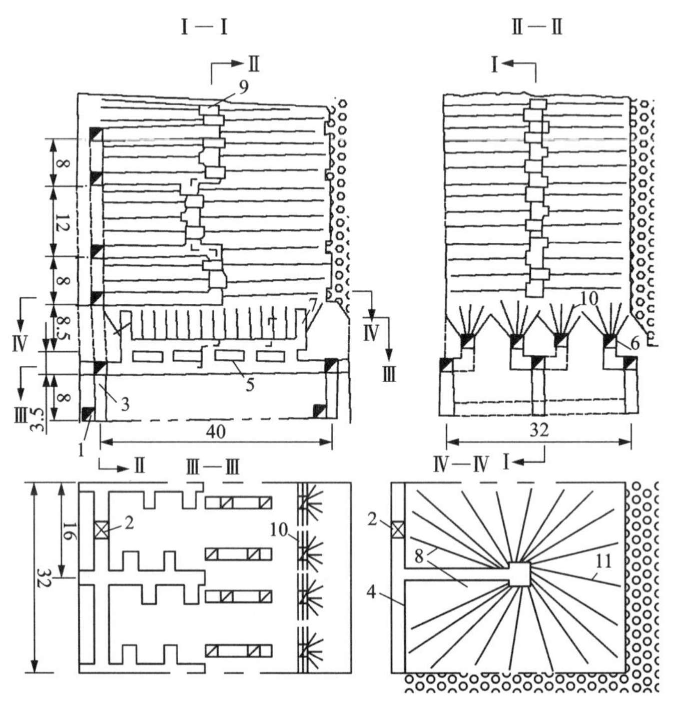

1—运输巷道；2—人行通风巷道；3—放矿溜井；4—联络巷道；5—电耙巷道；6—堑沟巷道；7—堑沟切割天井；8—凿岩天井联络巷道；9—凿岩天井和硐室；10—切割中深孔；11—水平深孔。

图3-37 水平深孔落矿阶段强制崩落采矿法

②垂直深孔落矿阶段强制崩落法。如图3-38所示。

在靠近上盘矿体内适当位置开挖切割立槽，以立槽为爆破自由面(补偿空间)逐段爆破中深孔，崩落矿石在矿块底部的装矿巷道中用铲运机出矿。

③药室落矿阶段强制崩落法。如图3-39所示，矿块底部补偿空间的切割槽是用浅孔留矿法形成的。以切割槽为自由面爆破深孔形成补偿空间后，一次崩落上部药室矿量，崩落的矿石在覆岩下用电耙出矿，经放矿溜井下放至阶段运输巷道运出。

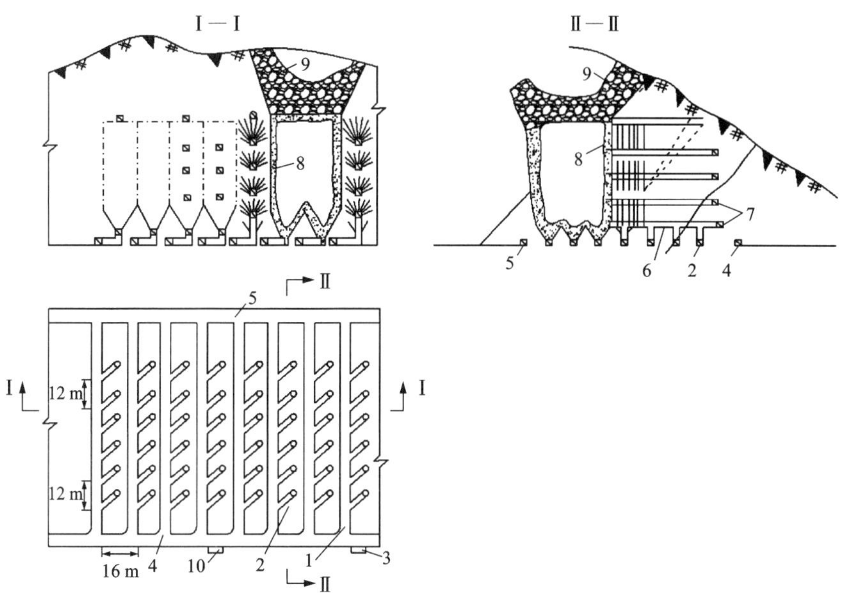

1—穿脉运输巷道；2—装矿巷道；3—人行通风天井；4—沿脉运输巷道；5—回风巷道；6—凿岩巷道；7—联络巷道；8—崩落矿石；9—崩落岩石；10—放矿溜井。

图 3-38　垂直深孔落矿阶段强制崩落采矿法

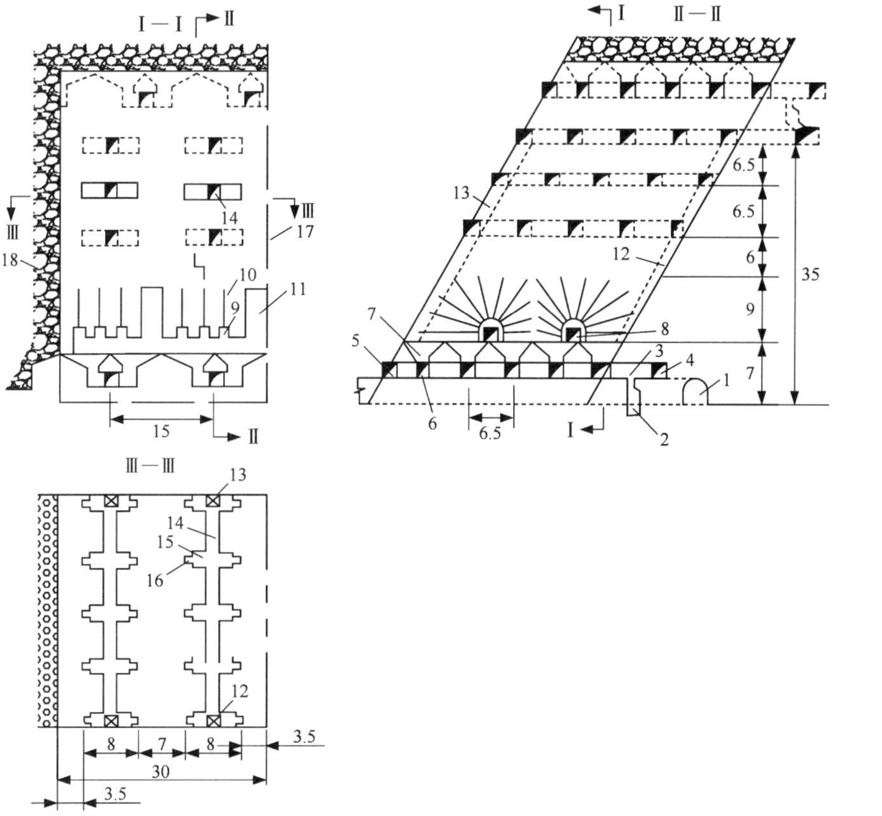

1—沿脉运输巷道；2—放矿溜井；3—电耙巷道；4—进风联络巷道；5—回风联络巷道；6—斗穿；7—漏斗；8—凿岩巷道；9—凿岩硐室；10—深孔；11—切割槽；12—下盘进风天井；13—上盘回风天井；14—药室联络巷道；15—药室进路；16—药室；17—矿块边界；18—崩落矿岩。

图 3-39　药室落矿阶段强制崩落采矿法

阶段强制崩落法方案可分为两种：一种为设有补偿空间的阶段强制崩落法，另一种为连续回采的阶段强制崩落法。

设有补偿空间的方案如图 3-40 所示。该方案采用水平深孔爆破，补偿空间设在崩落矿块的下面。当采用垂直扇形深孔(或中深孔)爆破时，可将补偿空间开掘成立槽形式。

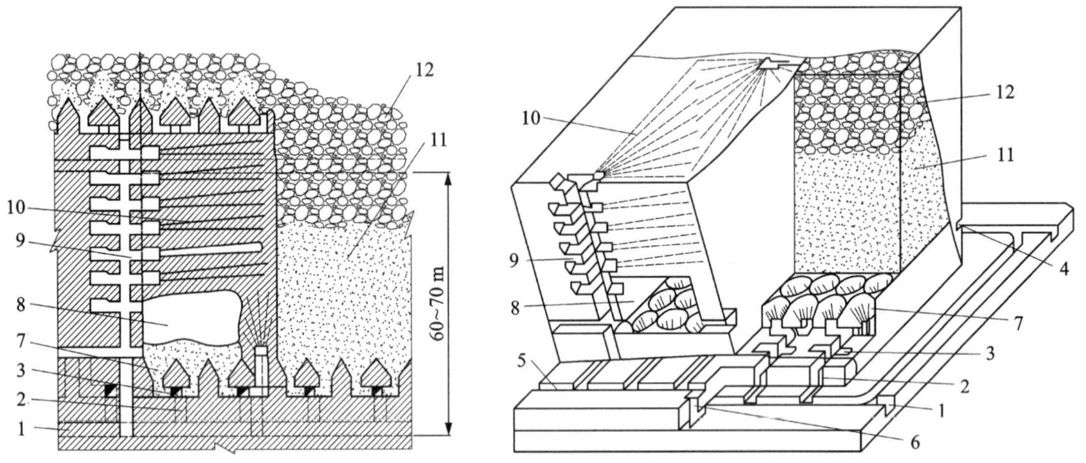

1—阶段运输巷道；2—放矿溜井；3—电耙巷道；4—回风巷道；5—联络道；6—行人通风天井；7—漏斗；8—补偿空间；9—天井和凿岩硐室；10—深孔；11—矿石；12—岩石。

图 3-40 设有补偿空间的阶段强制崩落法

设有补偿空间的方案为自由空间爆破，补偿空间体积约为同时爆破矿石体积的 20%～30%。该种方案多以矿块为单元进行回采，出矿时采用平面放矿方案，力求矿岩界面匀缓下降。

连续回采的阶段强制崩落法如图 3-41 所示。该方案可以沿阶段或分区连续进行回采，常常没有明显的矿块结构，一般都采用垂直深孔挤压爆破方法崩矿，采场下部一般都设有底部结构，在苏联还有端部出矿方案。

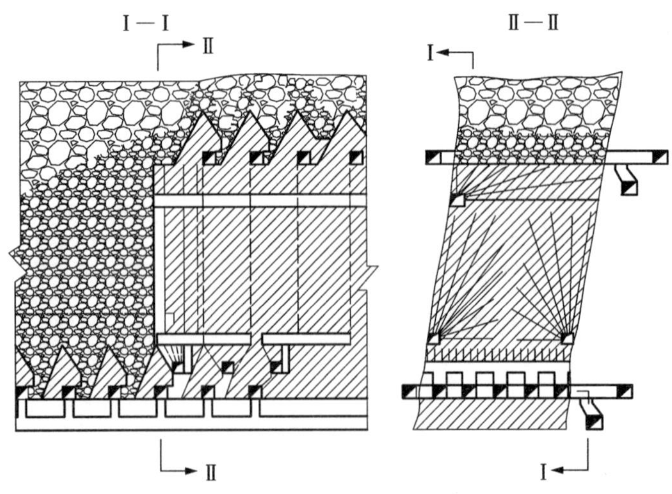

图 3-41 连续回采的阶段强制崩落法

3.5.2　矿块结构

(1)矿块布置

阶段高度一般为 50 m，矿体倾角较缓时为 40~50 m，矿体倾角较陡时为 60~70 m。矿块水平尺寸根据矿体的厚度不同有两种布置方式。第一种是矿体厚度小于或等于 30 m 时，矿块沿矿体走向布置，矿块长度为 30~45 m，矿块宽度等于矿体厚度；第二种是矿体厚度大于 30 m 时，矿块垂直矿体走向布置，矿块长度及宽度均为 30~50 m。底柱高度与采用的底柱结构形式、出矿设备和矿岩的稳固性有关，一般为 12~14 m。电耙巷道和漏斗(或装矿巷道)间距主要根据放矿过程矿石损失贫化最佳值确定。

我国部分矿山应用阶段强制崩落法的结构参数见表 3-10。

表 3-10　我国部分矿山采用阶段强制崩落法的结构参数　　单位：m

矿山名称	采矿法	出矿设备	出矿巷道方向	阶段高度	矿块宽度	矿块长度	底柱高度	漏斗间距	漏斗或装矿巷道间距	备注
德兴铜矿	水平深孔落矿阶段强制崩落法	电耙	垂直盘区走向	60	32	40	16~18	7	16	
桃林铅锌矿	水平中深孔落矿阶段强制崩落法	电耙	沿矿体走向	40	20(平均)	50	12	5	10	
易门铜矿凤山坑	水平深孔落矿阶段强制崩落法	振动出矿机	垂直矿体走向	50	15~30	30~50	8	7~8	15	用斗容为 2.0 m^3 的矿车直接装车
德兴铜矿	垂直上向中深孔落矿阶段强制崩落法	电耙	垂直盘区走向	60	15.2	40	16	5~6	15.2	
杨家杖子岭前锡矿	药室落矿阶段强制崩落法	电耙	垂直矿体走向	35	30	>30	7	6.5	15	放矿溜井由下阶段上掘与电耙巷道连接

(2)构成要素

水平深孔落矿阶段强制崩落法主要由运输巷道、人行通风巷道、放矿溜井、联络巷道、电耙巷道、堑沟巷道、凿岩天井联络巷道、凿岩天井和硐室等要素构成；垂直上向扇形中深孔落矿阶段强制崩落采矿法主要由穿脉运输巷道、装矿巷道、通风人行天井、沿脉运输巷道、回风巷道、凿岩巷道、联络巷道与放矿溜井等要素构成；药室落矿阶段强制崩落采矿法主要由沿脉运输巷道、放矿溜井、电耙巷道、进风联络巷道、回风联络巷道、斗穿、漏斗、凿岩巷道、凿岩硐室、切割槽、下盘进风天井、上盘回风天井、药室联络巷道、药室进路等要素构成。

3.5.3　采准与切割

(1)采准方法

阶段强制崩落法的采准切割工程布置方式与有底柱分段崩落法基本相同。主要区别在于阶段强制崩落法只有阶段底柱，采准工程量比分段崩落法小得多。在该方法的几个方案中，以深孔落矿方案采准工程量最小，中深孔落矿方案次之，药室落矿方案采准工程量最高。

(2)切割方法

切割工作包括开凿补偿空间和辟漏。当采用自由空间爆破时补偿空间为崩落矿石体积的20%~30%；当采用挤压爆破和矿石不稳固时，为15%~20%。补偿空间形成的方法，有浅孔和深孔两种。采用水平深孔落矿方案时，拉底高度不大，可用浅孔挑顶的方法形成补偿空间。采用垂直深孔挤压爆破方案时，用切割槽形成小补偿空间。即首先在切割槽位置开掘切割横巷，从切割横巷中上掘切割天井，并在切割横巷中布置垂直平行中深孔；切割中深孔爆破后放出矿石，即形成切割槽。切割槽中深孔也可以与回采崩矿同次分段爆破。

补偿空间的水平暴露面积大于矿石允许暴露面积时，则沿矿体走向或垂直矿体走向留临时矿柱(图3-42)。临时矿柱宽3~5 m，其下面的漏斗颈可事先开好，并在临时矿柱中，钻凿中深孔或深孔。临时矿柱的炮孔和其下的扩漏斗炮孔，一般与回采落矿深孔同次不同段超前爆破。

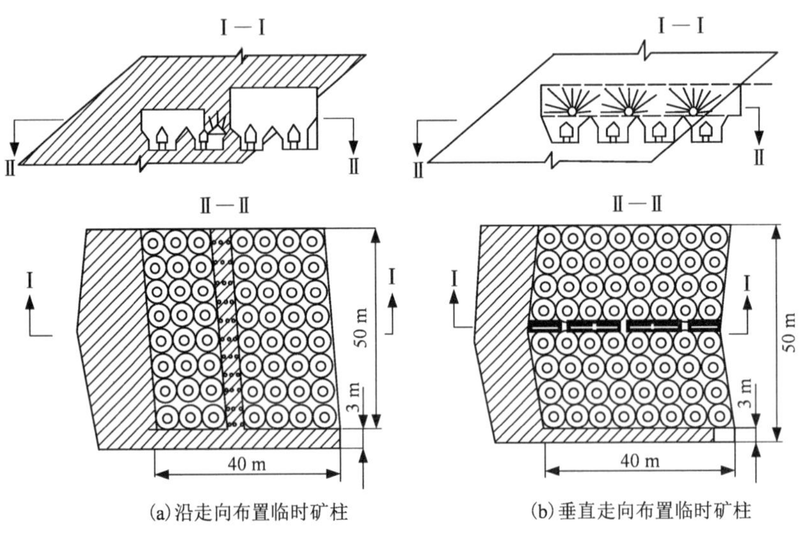

(a)沿走向布置临时矿柱 (b)垂直走向布置临时矿柱

图3-42 补偿空间中的临时矿柱

平行电耙道布置的临时矿柱，比垂直电耙道布置的要好，因为临时矿柱里的凿岩巷道，不与补偿空间相通。此时在临时矿柱里掘进凿岩巷道和进行中深孔(深孔)凿岩，与开凿补偿空间及其下部辟漏互不干扰，且作业安全。

如果相邻几个矿块同时开凿补偿空间，在矿块间应留不小于2 m宽的临时矿柱，以防止矿块崩矿时矿石挤进相邻矿块，或爆破冲击波破坏相邻矿块。这个临时矿柱与相邻矿块回采落矿时一起崩落。

(3)底部结构类型

阶段强制崩落法的底部结构形式主要为漏斗和堑沟两种。能够顺利地放出矿石、减少二次爆破次数，在放出全部矿石前保持稳定，是底部结构的主要作用。

漏斗底部结构在浅孔落矿的采矿方法中应用是比较合适的，而在矿体厚度为中厚及中厚以上的矿体中应用阶段强制崩落法时，其出矿巷道、斗穿、斗颈的掘进及漏斗的劈开，都是用浅孔完成的。为了保证劈漏的质量，还要在矿房的底部用浅孔拉底，形成2~3 m高的拉底空间，这些工作繁重、效率低且安全性差。现场施工中，斗穿、斗颈都是独头掘进的，通风困难，劈漏的难度和危险性都较大。且由于管理和技术等方面的因素，漏斗斜面不容易达到设计要求，给出矿工作造成困难。

阶段强制崩落法在放矿过程中发生的堵塞，多发生于斗穿与斗颈的交接处，受矿巷道下部出现机会较少。其原因是矿石大块卡在整体矿岩壁间引起的堵塞，处理起来危险。目前主要处理方法是采用药包爆破法，而当块度较大、堵塞位置较高、炮杆不易够着时，工人往往进行违章处理，造成事故隐患。

漏斗底部结构对底柱的切割量比较小，有利于底部结构的稳定。但是由于在放矿过程中经常发生堵塞，加大了爆破处理次数，因此破坏了底柱稳定性。当采场炮孔质量低劣、落矿大块率高及二次爆破中放药量和放药位置不合理时，将进一步加快底部结构的破坏。因而，尽管漏斗底部结构切割底柱工程量小，但其出矿效率低，频繁的二次爆破又严重地破坏了电耙出矿巷道，反而使其稳定性降低。堑沟底部结构对底柱的切割量比较大，降低了底柱的稳定性，但堑沟是中深孔爆破形成的，安全性好、质量好，省去了浅孔拉底工序。堑沟底部结构放矿口参数比较大，堵塞次数少，因而出矿效率高。二次爆破工作量少，又减少了对底部结构的破坏，有利于底部结构的稳固。因此，在矿岩稳固程度为中稳以上的矿块中，采用堑沟底部结构，加以必要的支护，要优于漏斗底部结构。为了降低堵塞高度，可减小斗颈尺寸，降低堑沟巷道位置。

3.5.4 回采

1) 回采顺序

水平深孔落矿阶段强制崩落法是在凿岩硐室中钻凿水平扇形深孔，在堑沟巷道钻凿上向扇形中深孔，形成补偿空间后，水平深孔一次落矿，在耙矿水平用电耙出矿；垂直深孔落矿阶段强制崩落法属于向相邻松散的矿岩体挤压爆破的方法，也是连续回采的阶段强制崩落方法。在靠近上盘矿体内适当位置开挖切割立槽，以立槽为爆破自由面(补偿空间)逐段爆破中深孔，将崩落矿石在矿块底部的装矿巷道中用铲运机出矿。

矿石爆破后，上部覆盖的岩层，一般情况下即可自然崩落，并随矿石的放出逐渐下降充填采空区。但也有稳固围岩不能自然崩落的，此时必须在回采落矿的同时，有计划地崩落围岩。为保证回采工作安全，根据矿体厚度与空区条件等因素，在回采阶段上部应设有20~40 m厚的崩落岩石垫层。

2) 凿岩爆破方法

崩矿方案有深孔(中深孔)爆破和药室爆破。深孔(中深孔)爆破又分为水平深孔和垂直深孔崩矿两种。我国目前多采用水平深孔(中深孔)崩矿，少数矿山采用药室崩矿。

用YG-40型、YGZ-90型凿岩机和YQ-100型潜孔钻机凿岩。YG-40型凿岩机用在天井中钻潜水平扇形中深孔，YGZ-90型凿岩机主要用于在分段凿岩巷道和堑沟巷道中钻凿上向扇形中深孔，而YQ-100型潜孔钻机用于在凿岩硐室中钻凿水平扇形深孔。在水平中深孔和深孔落矿的阶段强制崩落法和在药室落矿的阶段强制崩落法中的水平补偿空间补偿比是20%~30%，属自由空间爆破；而上向中深孔落矿的阶段强制崩落法中的爆破属于向崩落矿岩挤压爆破。这种爆破能使崩落矿石块度比较均匀，且对矿块底柱的稳固性破坏较小。

目前使用电耙出矿较多，个别矿山开始使用铲运机或振动出矿机出矿。铲运机出矿具有矿块生产能力大，劳动生产率高等优点，但出矿费用较高。使用振动出矿机出矿费用最低，矿块生产能力和劳动生产率都较高，在阶段强制崩落法中是一种使用前景很好的出矿设备。

3）采场通风管理

阶段强制崩落法在采场通风管理方面应从以下几个方面入手。

（1）建立完善的通风系统管理体系

井下作业需要建立完善的通风系统，并配置专业的通风技术人员，加强通风系统的管理。建立完善的通风系统管理体系，在实际的通风安全管理中，要严格遵照安全管理体系中的内容进行操作，保证通风系统可以有章可循。

（2）加强井下作业各个环节的通风安全管理

井下作业环境复杂、空间小、潮湿等，形成了特殊的井下作业环境，为降低通风事故的发生，需要加强采场作业各个环节的通风安全管理。在掘进工作面需要安装局部通风设备，应加强日常维护，作业人员在没有开始作业前应使用检测仪器，对井下作业环境中的风量、风质、风速等进行检测，确保达到标准后方可进行作业。在爆破作业中，需要保证作业人员的撤离线路安全、通畅，完成爆破后，必须要有良好的通风。定期对通风系统中风量、风质、风速等进行检测，并制订相应的事故应急处理方案。

（3）建立通风事故应急体系

在井下生产时如果发生通风事故，需要尽快实施救援，为了保证救援工作的顺利进行，需要制订通风事故的应急救援预案，绘制救援路线，建立井下通信联络系统，并定期进行事故救援演练，提高作业人员的应急处理能力。同时还需加强井下通风系统的安全检查，对作业人员进行定期职业培训，掌握逃生方法以及事故应急处理方法等。

（4）加强安全监督

加强对采场通风的安全监督，井下采场通风管理人员需要加强井下通风系统安全管理知识的学习，并加大采场通风安全的宣传力度，严格进行采场通风检查。

4）采场放矿管理

阶段强制崩落法的采场放矿管理与有底柱分段崩落法类似，主要包括放矿方案选择、放矿制度确定、放矿计划编制以及放矿检查与监督等几项工作。

（1）放矿方案选择

阶段强制崩落法为覆岩下放矿，针对放矿过程中崩落矿石与上部废石直接接触的特点，确定放矿方案的基本原则是，最大限度地保持上部矿岩接触面按一定形状均匀下降和尽量减少侧面废石的混入机会。

对于厚大矿体，多采用倾斜下降放矿方案。此种结构采场在放矿过程中，矿岩接触面的下降状态有两种：①矿岩接触面呈水平下降或近似水平下降；②矿岩接触面保持倾斜下降。后者保持倾斜接触面下降的具体控制方法是，第一个采场爆破后，在保持各漏斗均匀出矿条件下，使左切各漏斗放矿速度慢于右切各漏斗的放矿速度，使崩落矿石在采场中形成一个倾角大于30°的坡面。右切各漏斗在贫化矿未放出之前，相邻的第二个采场就要爆破。之后，第一、第二采场同时出矿，而且第二个采场也是左切各漏斗放矿速度慢于右切各漏斗的放矿速度，尽量使两个采场形成一个坡面角度约30°的矿岩接触面。其后采场的爆破顺序与放矿方式照此类推。

对于薄矿体及中厚矿体，耙道沿脉布置的采场，一般选择依次放矿方案。

(2)放矿制度确定

放矿制度是实现放矿方案的手段，按照出矿的基本规律和不同的放矿方案，一般分为如下3种：

①不等量顺次放矿制度。受矿体倾角的影响，厚大矿体穿脉耙道采场各漏斗的受矿量、受矿高度不均等，往往是底盘漏斗受矿高、矿量大，顶盘漏斗受矿低、矿量小。这样，应先从底盘开始放矿，并按一定的比例逐个向顶盘推移，每个漏斗按比例放到一定量时沿推进方向逐个及时封斗。第二阶段放矿时，再由远而近按一定比例依次开启漏斗。此阶段放矿时，出矿漏斗的封闭采用大块自然卡斗方式，但个别漏斗仍需人工强制封斗。各斗的放矿情况用矿车计量和取样品位来控制，直到封斗品位为止。

②依次放矿制度。依次放矿就是按照出矿漏斗的顺序，将每个漏斗担负的矿量一次性放完，先放第一斗，再放第二、第三斗，等等。

③简易放矿制度。其实质是利用各层大块自然卡斗代替人工封斗，采用往复多次循环放矿方式来达到均衡放矿目的。这种放矿制度主要适用于中厚矿体，单侧或双侧漏斗，耙道沿脉布置的采场。其特点是，采场大爆破后，采场出矿从溜井起，由近而远，先是疏通耙道和放出漏斗中少量的碎矿。当有大块卡住漏斗时，就暂停这个漏斗的出矿。当耙道全部疏通后，再由远而近进行二次放矿和三次放矿。反复循环几次将矿放完。整个过程要做好计量和取样工作。上次循环的出矿计量和漏斗取样品位要作为下次循环放矿的控制依据。

(3)放矿计划编制

放矿图表是放矿方案和放矿制度的具体化，是进行放矿控制与管理的基本依据。根据采矿的回采设计和地质的二次圈定资料，以采场为单元进行编制。第一步，在垂直放矿口中心上沿耙道方向作纵向实测剖面图，划分出受矿高度、各漏斗及采场的受矿界线，在纵向剖面图的正下方作出相应的电耙道平面图，并标清漏斗和溜井的编号、耙矿方向等。第二步，根据采场各漏斗的受矿面积和受矿高度，计算出各漏斗及各分层的矿量、品位、金属量，还应预算出采场出矿的二次损失贫化指标和各出矿阶段的应出品位。第三步，填写放矿图表说明书，其内容包括：采场地质概况、采场结构、采准和中深孔施工质量、耙道支护质量、采场爆破情况、放矿方案和放矿制度确定的依据、放矿的极限高度和贫化前的高度以及放矿过程中应注意的事项等。

出矿点量计划是在放矿图表的基础上，结合当月出矿作业计划和采场各漏斗的矿量剩余情况、出矿条件编制而成的。它较为准确地将当月出矿作业任务按质量直接分解到各采场的单个出矿漏斗上，便于出矿管理人员和出矿作业工人掌握与执行，可实现对采场出矿漏斗的有效控制。

(4)放矿检查与监督

覆岩下放矿要做到均匀出矿，必然要通过对采场各漏斗的有效控制与管理来实现。所以，矿山出矿管理部门必须认真地对出矿采场每个漏斗的开启、封闭和放出的数量、质量进行现场检查与监督。爆破采场在出矿投产前，出矿管理人员应详尽地向出矿单位负责人和出矿作业工人反复交底，使他们明确采场及漏斗的基本状况。放矿指令实行现场挂牌制度，出矿管理人员跟班检查。如在放矿过程中发现异常，不能按正常指令出矿，应及时报告进行调整。对于违反放矿指令者，要坚决制止，并严厉处罚。封斗问题是出矿管理中的一个难点，要采取强制性措施，确保封斗及时。

采场出矿结束，要坚持采场验收制度，履行申报审批手续。采场结束应具备的条件为最终累计出矿量、金属量达到设计要求，各漏斗最终停止出矿品位符合经济封斗品位，耙道工程满足后续工序要求。

3.5.5 应用实例

1)桃林铅锌矿的水平中深孔落矿阶段强制崩落采矿法

(1)开采技术条件

上塘冲区矿体是桃林铅锌矿主要开采的两矿体之一。走向长 900 m，延深 500 m，倾角 30°~45°，平均水平厚度为 20 m，最大厚度为 50 m。矿石是角砾状石英岩、石英片岩系，矿石品位：铅 1.13%，锌 2.31%，萤石 16.14%。岩石 f= 8~11，稳固。上盘岩石是千枚岩，f=3~5，不稳固。下盘岩石是矽化带和花岗岩，f= 10~20，稳固。千枚岩和矿体间有一个成矿后大断层，其中充满断层泥。矿体与下盘围岩的界限不明显。矿体呈脉状，矿体内有似层状和透镜状夹石。

(2)采准切割布置

该矿使用水平中深孔落矿阶段强制崩落采矿法，如图 3-43 所示。矿块结构参数见表 3-10。

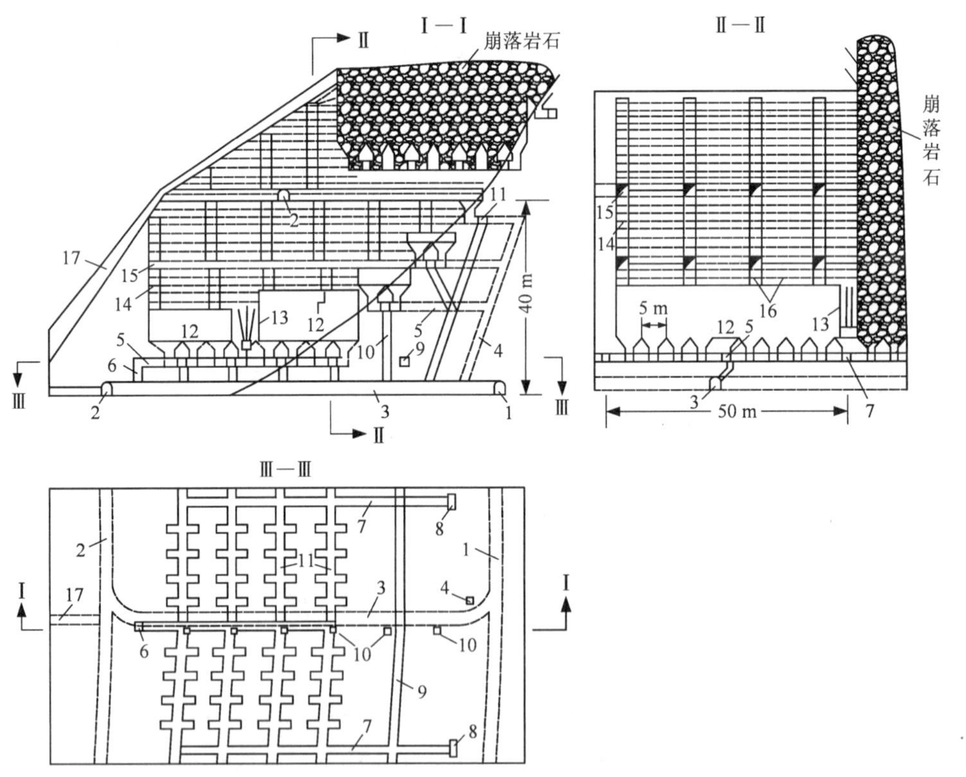

1—下盘沿脉运输巷道；2—矿体内沿脉运输巷道；3—穿脉运输巷道；4—人行、进风、提升天井；5—进风联络巷道；6—人行、进风短天井；7—回风联络巷道；8—回风天井；9—专用回风巷道；10—放矿溜井；11—电耙巷道；12—补偿空间；13—临时矿柱；14—凿岩天井；15—凿岩联络巷道；16—中深孔；17—断层泥。

图 3-43 上塘冲区矿体水平中深孔落矿阶段强制崩落采矿法

阶段运输布置成环形运输系统。电耙巷道沿矿体走向布置。根据矿体水平厚度，在第一层耙矿水平掘进 2~5 条电耙巷道。根据矿体倾角大小，在下盘岩石中掘进 2~4 层电耙巷道。放矿溜井位于电耙巷道长度中间，与穿脉运输巷道相通。凿岩天井一般是垂直的，断面尺寸为 2.5 m×2.5 m，高 10~20 m。凿岩天井间的距离按每个凿岩天井分摊的落矿面积不超过 250 m^2 确定。在矿块长度中间的下盘岩石中掘进倾角为 70°的人行、进风、提升天井(断面尺寸为 2.5 m×1.5 m)。用进风联络巷道(断面尺寸为 1.8 m×1.8 m)把该天井与第二层以上的各层电耙巷道和凿岩天井连通。在第一层耙矿水平的下盘岩石中掘进专用回风平巷。自该平巷在矿块长度的两端掘进下盘岩石回风天井。用回风联络巷道(断面尺寸为 1.5 m×1.8 m)把该天井与第二层以上的各层电耙巷道连通。为了对第一层电耙巷道进行通风，自穿脉运输巷道靠近上盘岩石处掘进人行、进风短天井，在矿块长度的中间和两端分别掘进进风联络巷道和回风联络巷道。该回风联络巷道也与专用回风平巷相通。由于该矿的矿石，尤其是下盘岩石的稳固性好，因此电耙巷道只在施工中削弱了巷道围岩的情况下才进行支护，通常采用浇灌混凝土支护，个别情况下采用喷锚支护。在拉底水平的拉底范围内掘进拉底巷道(断面尺寸为 2 m×2 m)。

采用浅孔扩斗的方法。设计时取水平补偿空间体积等于待崩落矿石体积的 18%~20%，形成水平补偿空间的方法是，当该空间的高度小于 4 m 时，在拉底巷道中用浅孔进行扩帮和压顶形成补偿空间；当补偿空间高度大于 4 m 时，先用浅孔或水平中深孔对拉底巷道扩帮，然后在凿岩天井中按补偿空间高度钻凿水平扇形中深孔。在补偿空间与相邻已崩落矿块的边界处留临时矿柱。

(3)回采

中深孔凿岩设备为 YG-40 型凿岩机。炮孔直径 65 mm，深度一般为 5~12 m，台班效率为 20 m 左右，最小抵抗线取 1.3 m，密集系数为 1.4~1.5。起爆方法一般用电起爆法。采用 1~15 段毫秒电雷管。先起爆临时矿柱中的上向中深孔，后起爆凿岩天井中的水平中深孔。由于水平中深孔的排数一般多于 15 排，因此可用同一段电雷管起爆几排中深孔。崩落矿石的合格块度尺寸是 400 mm 以下。不合格大块率约 10%。

耙矿设备为 2DPJ-30 型电耙绞车和容积为 0.3 m^3 的铸齿形固定式耙斗。每条耙矿巷道，在一般情况下每天只有一个班出矿。漏斗中出现高位堵塞时用自制土火箭消除。使用几种自制的振动出矿机自放矿溜井向穿脉运输巷道的矿车放矿。截止放矿品位为：铅 0.2%~0.25%，锌 0.3%~0.35%，萤石 5%~6%。如果化验结果表明，斗穿中矿石的 3 个有用成分中的每一个都低于上述截止放矿品位便停止放矿。贫化损失管理人员除了进行取样和记录出矿量的日常工作外，还负责下述工作：①对富产矿岩的分别运出进行管理；②对放矿井巷的规格按设计要求验收；③编制放矿计划图表。贫化损失管理人员根据自各个漏斗已放出的矿石数量和品位等具体情况及时下达封闭漏斗和改变耙矿方向的通知单。

矿块的通风系统：采准切割和落矿时对进入各条电耙巷道的风量不进行控制、分配。在出矿期间，则用密闭、风帘和风窗等对进入各条电耙巷道的风量进行控制、分配。

国内部分矿山应用阶段强制崩落法的主要技术经济指标见表 3-11。

表 3-11　国内部分矿山应用阶段强制崩落法的主要技术经济指标

矿山名称	采矿方法名称	采准比/(m·kt^{-1})	落矿		出矿		回采工人劳动生产率/(t·人·班$^{-1}$)	炸药消耗/(kg·t^{-1})		坑木消耗/(m^3·kt^{-1})	矿石回收率/%	矿石贫化率/%	原矿成本/(元·t^{-1})	备注
			设备及型号	台效/(m·班$^{-1}$)	设备及型号	台效/(t·d^{-1})		落矿	二次破碎					
德兴铜矿	水平深孔落矿阶段强制崩落法	7.1	YQ-100	20~22	2DPJ-28型电耙	378~431	8.64	0.306~0.37	0.14	1.2	65~80.2	16.8~18.4		
桃林铅锌矿	水平深孔落矿阶段强制崩落法	14~17	YQ-40	20	2DPJ-30型电耙	315~360	27	0.38	0.16	1.9	73	32	15(1987年)	1985—1987年资料
易门铜矿凤山分矿	水平深孔落矿阶段强制崩落法	10~12	YQ-100	9~11	自制的振动出矿机	400~500	18.5	0.35~0.38	0.01~0.02	0.56~0.9	89~93.45	13~25	16.59~17.726	1984—1986年资料
德兴铜矿	垂直上向中深孔落矿阶段强制崩落法	14.7	01-38	25~30.1	2DPJ-28型电耙	350~450	8.61	0.31~0.40	0.12	1.2	71~82	18.4~36		
杨家杖子岭前锡矿	药室落矿阶段强制崩落法	15~20			2DPJ-30型电耙	400~500	15~25	0.5	0.2~0.3	0.2~0.3	80~85	20~30	26	1987年资料

2)易门铜矿凤山分矿水平深孔落矿、振动出矿机出矿的阶段强制崩落采矿法

该矿主要采用有底柱分段崩落法。为了进一步提高矿山经济效益，于 1983 年 8 月试验了用水平深孔落矿、振动出矿机出矿的阶段强制崩落法。使用的振动出矿机是带振动电动机的颠振型振动出矿机。

试验该法的两个矿块分别在 21 号和 29 号矿体中，这些矿体都属于裂隙充填交代型。试验矿块的结构如图 3-44 所示。

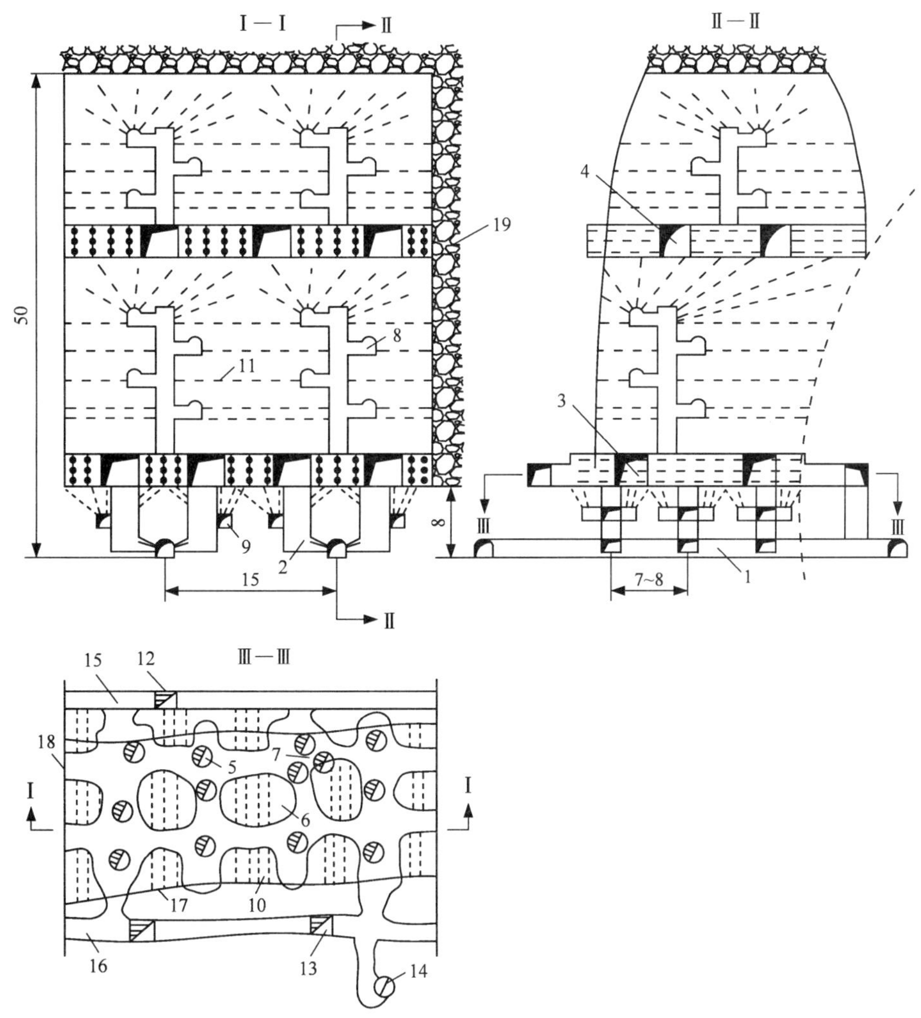

1—穿脉运输巷道；2—振动出矿机；3—拉底巷道；4—水平补偿空间切割巷道；5—斗颈；6—临时矿柱；7—凿岩天井；8—凿岩硐室；9—扩斗巷道；10—用于爆破临时矿柱的深孔；11—回采深孔；12—人行通风天井；13—回风天井；14—总回风井；15—上盘联络巷道；16—下盘联络巷道；17—断层；18—矿块界线；19—崩落矿岩。

图 3-44　水平深孔落矿、振动出矿机出矿的阶段强制崩落采矿法

以穿脉运输巷道为装矿巷道。自装矿巷道掘进振动出矿机硐室和斗颈，并安装振动出矿机。与此同时，掘进人行进风和回风天井。自斗颈在振动出矿机台板后端上方 0.4 m 处掘进“T”字形扩斗凿岩巷道。在拉底水平掘进纵横布置的拉底巷道，并钻凿爆破临时矿柱中的深

孔以及凿岩天井。当凿岩天井掘进到水平补偿空间标高时，在该水平处掘进纵横布置的切割巷道，并继续向上掘进凿岩天井。最后沿凿岩天井自上而下依次掘进交错布置的凿岩硐室。运输巷道采用挂金属网锚喷联合支护。矿岩稳固性差的部分采准巷道用木棚支护。

在扩斗凿岩巷道中钻凿上向扇形浅孔。将拉底巷道和补偿空间水平的切割巷道断面尺寸扩大为 3.5 m×3.5 m 或 4.0 m×4.0 m，使补偿空间体积等于待崩落矿石体积的 18%。

在各个凿岩硐室中用 YQ-100 型潜孔钻机钻凿深孔，深孔布置以水平扇形为主，只在凿岩天井顶部矿体凸出时，在最高一层凿岩硐室中钻凿束状深孔。在拉底水平和补偿空间水平钻凿爆破临时矿柱的深孔尽量平行布置。深孔的凿岩爆破参数见表 3-12。拉底水平和补偿空间水平用于爆破临时矿柱的深孔以及回采深孔一次分段爆破。

表 3-12 深孔的凿岩爆破参数

炮孔名称	炮孔布置形式	炮孔深度 /m	炮孔直径 /mm	允许偏差 /(°)	最小抵抗线 /m	最大孔底距 /m
形成补偿空间的深孔	平行或扇形	≤15	105~110	±3	1.5~2.0	2.0~2.5
回采深孔	水平扇形	≤15	105~110	±3	2.5~2.8	2.8~3.2

为了保持崩落矿岩接触面在放矿过程中呈水平下降，制订了放矿计划图表，组织专人分三班按放矿计划图表管理放矿。按漏斗编号根据所装矿车分斗数统计放出矿石量。落在振动出矿机振动台板上的大块矿石，用裸露药包或浅孔爆破法破碎，但应控制每次炸药用量为 0.4~0.6 kg，并在台板上留 0.4 m 左右厚的矿石垫层以保护台板。

在采准切割和深孔凿岩过程中，新鲜风流经人行进风天井进入拉底和补偿空间水平，污风经凿岩天井排至上阶段回风巷道。在放矿过程中，新鲜风流从上盘沿脉运输巷道进入装矿巷道，污风从下盘回风天井排出。

用阶段强制崩落法开采了两个矿块。阶段强制崩落法与有底柱分段崩落法两种采矿法的技术经济指标对比见表 3-13。前者的各项指标均比后者好。

表 3-13 阶段强制崩落法与有底柱分段崩落法的技术经济指标(平均值)对比

指标	单位	阶段强制崩落法	有底柱分段崩落法
矿块出矿强度	t/d	400~500	112~300
采准比	m/kt	10~12	24~29
矿石回采率	%	89~93.46	85~88
矿石贫化率	%	13~25	26~35
落矿炸药消耗	kg/t	0.35~0.38	0.36~0.38
二次破碎炸药消耗	kg/t	0.01~0.022	0.06~0.065
木材消耗	m^3/万 t	5.6~9.01	16~30.2
出矿电能消耗	kW·h/t	0.0133	0.798
原矿成本	元/t	16.59~17.726	19.85

3) 苏联塔什塔戈尔铁矿的阶段强制崩落采矿法

塔什塔戈尔铁矿矿体厚 10~70 m，倾角 80°~90°。1984 年开采深度为 550~620 m。已采矿块的上部已经崩落到地表。矿石为磁铁矿，f= 13 ~ 16；围岩为正长岩和含石英、方解石、绿帘石的矽卡岩，f= 10 ~ 12。1975 年前该矿用下向、上向和水平束状深孔向垂直补偿空间一次落矿的阶段强制崩落法，其采矿方法示意图如图 3-45(a) 所示。随着开采工作向深部转移，补偿空间的允许尺寸急剧减小。而且由于形成补偿空间成本比较昂贵，因此向补偿空间崩矿在经济上也不合理。所以，从 1975 年起试用了下向和上向束状深孔分次落矿的阶段强制崩落法，其采矿方法示意图如图 3-45(b) 所示。

矿块的阶段高度为 70 m，矿块长度约 27 m，宽度为矿体水平厚度。自本阶段的装矿横巷掘进振动出矿机硐室、二次破碎巷道和拉底巷道等。在上阶段的运输水平掘进凿岩巷道和凿岩硐室等。当一次崩落矿石层的厚度小于 13 m，而且采用漏斗底柱结构形式时，取拉底空间高度为 2. 5 ~ 3 m。当采用堑沟底柱结构形式时不专门拉底。

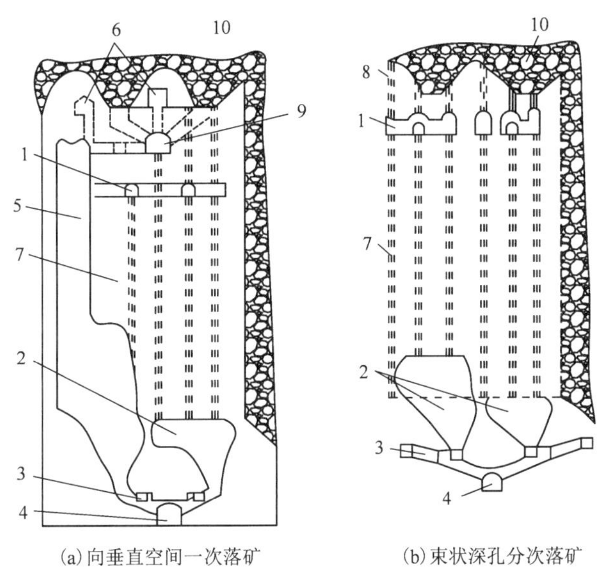

(a) 向垂直空间一次落矿　　(b) 束状深孔分次落矿

1—凿岩巷道；2—拉底空间；3—二次破碎巷道；4—装矿巷道；5—补偿空间；6—水平束状孔；7—下向束状孔；8—上向束状孔；9—上阶段装矿巷道；10—崩落岩石。

图 3-45　束状深孔落矿的阶段强制崩落采矿法示意

在凿岩硐室中用 HKP-100M 型潜孔钻机钻凿与拉底空间相通的下向束状深孔，并在上阶段的底柱中钻凿上向束状深孔。一组束状深孔包括 6 ~ 10 个直径为 105 mm 的深孔，这 6 ~ 10 个深孔布置在直径为 600 ~ 900 mm 的圆周上。在每个待崩落矿石分层中成排布置各组束状深孔。同一排的各组束状深孔分两次起爆，迟爆时间为 25 μs，第一次起爆单号束状深孔，第二次起爆双号束状深孔。前一排的双号束状深孔与后一排的单号束状深孔的迟爆时间亦为 25 μs，各排深孔间的距离为 3. 5 ~ 6 m，束状深孔的密集系数为 1 ~ 1. 3。向束状深孔装药前，相邻已崩落矿石分层必须放出约 30%的崩落矿石，以保证挤压爆破所需空间。放矿设备为 By-4TM 型振动出矿机。

与垂直补偿空间一次落矿的方案比较，向松散矿岩分次挤压爆破使用的炸药消耗量由 0. 568 kg/t 增加到 0. 648 kg/t，但不合格大块（直径大于 1 m 的）的产出率由 3. 16%减小到 2. 35%，二次破碎炸药消耗量由 0. 054 kg/t 减少到 0. 0404 kg/t，采准比由 2. 72 m/kt 减小到 2. 24 m/kt。但是在许多矿块中也出现了矿石被抛入凿岩巷道，崩落矿石被压实以及巷道因受爆破振动而破坏等现象。向松散矿岩分次挤压爆破的阶段强制崩落法和向垂直补偿空间一次落矿的阶段强制崩落法的矿块出矿强度分别为 1882 t/d 和 1645 t/d，贫化率分别为 27. 1% 和 28. 9%，矿石回收率分别为 88. 1%和 88%。

3.6 自然崩落采矿法

3.6.1 主要特点

(1)主要特点

自然崩落采矿法是指借助拉底、拉槽或辅以割帮和预裂等工程手段，使矿体在自重和构造应力作用下产生应力集中，促使矿体中的节理裂隙延伸、扩展和产生新的裂隙，进而形成贯通的裂隙网，在自重的作用下矿体发生冒落，并碎裂至一定块度，最终经底部出矿系统放出。

自然崩落采矿法自 1895 年在美国应用成功后已有 100 多年的发展历史，是一种高技术含量的地下采矿方法。随着采矿技术及相关科学技术的进步，自然崩落采矿法具有开采成本低、生产能力大、生产效率高的优势。但相比其他采矿方法，自然崩落采矿法的前期工作量大，需开展可崩性、块度分布、放矿控制等方面的研究工作。

(2)应用条件

自然崩落采矿法理想的适用条件如下。

①矿体厚大：矿体的水平尺寸必须保证拉底和拉槽后能使矿石借助重力自然崩落。薄矿脉原则上不适于采用此方法，因为窄小的水平尺寸将形成稳定拱而无法使矿体持续崩落。

②矿体有适当的节理强度：节理的强度和分布方位是确定矿体是否易于崩落的主要因素。在崩落法应用初期，这曾是确定矿石可崩性的唯一地质特征。

③裂隙的分布方式：矿体中裂隙应至少由两个相互交叉而又近似垂直的节理组和至少一组水平节理组构成；裂隙不应重新黏结，通过重力对裂隙产生作用能使岩块分裂，导致矿体崩落并形成较为合理的崩落块度。

④良好的废石崩落特性：废石必须在矿体持续崩落过程中跟随崩落并随着矿石下降，否则将形成具有潜在危险的大空洞；同时，崩落废石的块度应比矿石的块度大，以减少矿石的贫化率。

⑤矿石品位分布均匀、矿体轮廓规整：自然崩落法的选别回采性差，分支矿体不易回收，矿体内的夹层和低品位矿石也无法在坑内实现分采、分出，增加了矿石的贫化和损失，影响其经济效果。

⑥矿石没有结块性和自燃性：避免矿石在崩落后在采场内重新压实黏结和与空气接触后产生自燃。

⑦地表允许陷落、矿床水文地质简单：地表允许下陷，土地使用价值较低，地面径流水小。

(3)主要方案类型

按照采场结构形式，主要有矿块自然崩落法和盘区连续自然崩落法两种主体方案类型；根据电耙出矿和铲运机出矿两种出矿方式进行组合分类。

早期主要是采用矿块自然崩落法，漏斗电耙出矿。矿块崩落法泛指各种类型的自然崩落采矿法。20 世纪 70 年代以后，盘区连续自然崩落法类型的应用得到快速发展，并以无轨铲运机出矿为主。

(4)发展简况

1895年在美国密歇根州苏必利尔湖铁矿区皮瓦贝克(Pewabic)铁矿首次成功应用自然崩落法，之后相继在亚利桑那州莫利(Mowry)铜矿、雷伊(Ray)铜矿、迈阿密因斯皮雷申铜矿和鲁思铜矿等矿山推广应用。这些矿山都属于软弱破碎矿床，且矿块规模较小，大多划分成尺寸约为50 m×60 m的矿块回采，阶段高度为50 m左右，大多数采用格筛重力放矿。

1927—1930年，美国加州克雷斯特莫尔(Crestmore)石灰石矿成功应用了自然崩落法。该矿由于矿岩力学强度高，仅仅依靠拉底难以有效控制崩落，因此拉底前在矿块四周采用留矿法回采方式进行拉槽，以形成矿岩破碎所必需的集中应力。在20世纪40年代以后，自然崩落法在美国的应用范围扩大到中等稳固到稳固、节理裂隙中等发育的硬岩矿床。随之，自然崩落法从矿块回采形式发展到盘区连续自然崩落回采形式，出矿方式也随着大型设备的应用形成了大功率电耙出矿和大型铲运机出矿方式。

20世纪80年代至90年代，我国长沙矿山研究院在金山店铁矿、丰山铜矿和漓渚铁矿小规模成功试验应用了矿块自然崩落采矿法；90年代在中条山铜矿峪(铜)矿大规模应用了自然崩落法，年生产能力已达400万t/a，这是我国应用自然崩落采矿法回采的典型矿山。自然崩落法已先后在美国、加拿大、智利、南非、赞比亚、菲律宾、印尼等国用于开采不适合露天开采的大型、低品位矿床，效果良好。国内外采用自然崩落采矿法的典型矿山见表3-14。

表3-14　国内外采用自然崩落采矿法的典型矿山

矿山名称	国家	矿石类型	生产能力/(万 $t \cdot a^{-1}$)
圣曼纽尔(San Manuel)铜矿	美国	铜	
亨德森(Henderson)钼矿	美国	钼	600
Northparkes E26 Lift 1	澳大利亚	铜、金	400
Freeport IOZ	印尼	铜、金	700
Palabora	南非	铜	1000
埃尔特尼恩特(EI Teniente)铜矿	智利	铜	3500
Andina division	智利	铜	1600
Salvador	智利	铜	250
Premier mines	南非	钻石	300
Philex	菲律宾	铜	
Shabanie	津巴布韦	石棉	
北方铜业铜矿峪矿	中国	铜	600
普朗铜矿	中国	铜	1250

3.6.2　矿岩可崩性

矿岩可崩性是应用自然崩落采矿法的前提。矿岩可崩性是指矿体和围岩能否适合于自然崩落采矿法的一个综合特性。它反映了矿岩在崩落过程中表现出来的综合力学特性。

在应用自然崩落采矿法开采过程中，矿岩体的自然崩落是在复杂的应力场作用下遭受破坏的动力学过程。矿岩的可崩性包含了两个方面的含义：①矿岩体在拉底、削帮等人工破坏之后，在矿岩自重和构造应力场作用下发生破坏崩落的难易程度以及崩落继续向上稳定发展的可能性；②在现有技术水平条件下，矿体自然崩落的块度能否满足出矿设备和出矿工艺的要求。

对于应用自然崩落采矿法的矿山，通过对矿岩的可崩性分析和块度分布规律研究，确定矿体崩落的难易程度、评价崩落矿石的块度是一项非常关键的工作。它对于矿山应用自然崩落法的可行性、适用性起着决定性的作用，是采场底部结构设计、出矿设备选择、矿山生产管理的重要依据。

3.6.2.1 可崩性因素

(1)矿岩体结构面条件

矿岩体结构面条件主要包括结构面间距、结构面组数及其产状(倾向和倾角)、结构面粗糙度以及结构面胶结强度或充填物性质。这些特性对矿岩的可崩性有重要影响。

矿岩的初始崩落几乎都是通过应力作用在弱面上引起的。若没有弱面，任何矿岩的崩落都将难以进行。这些弱面在岩体中表现为节理、层理、裂隙等各种形式的结构面。理想状态是至少有两组近似正交的陡结构面和 1 组近似水平的结构面，并且结构面分布较密(每米 10 条以上)，这样可确保矿体顺利崩落。

结构面平整光滑，且有黏土、绿泥石或绢云母等低强度充填物的矿岩容易崩落，其可崩性较好。国外部分应用自然崩落法矿山的矿岩块度分布情况见表 3-15。当结构面密度增大，大块率随之降低。

表 3-15 国外部分应用自然崩落法矿山的矿岩块度分布情况

矿山名称	矿石块度百分比/%				结构面密度/(条·m^{-1})
	矿石块度/m				
	+1.5	0.6~0.9	0.3~0.6	-0.3	
克莱顿(Creigton)镍矿	30	30	40	—	
赛特福石棉矿	20	25	25	30	
马瑟(Mather)铁矿	5	10	15	70	35.1
莱克肖尔铜矿(1100 m 水平)	—	2	32	66	25.6
因斯皮雷申铜矿	4	15	51	30	27.5
埃尔萨尔瓦多铜矿	变化不定				
埃尔特尼恩特(EI Teniente)铜矿	变化不定				次生矿 15~90，电耙出矿 原生矿 0.5~8，铲运机出矿
圣曼纽尔(San Manuel)铜矿(2315 m 水平)	细块矿石				13.1
克莱马克斯(Climax)钼矿	7	24	23	46	8.2~11.1
格雷斯(Grace)铁矿	50	20	20	10	
康沃尔锂矿	10	20	20	50	
尤拉德(Urad)钼矿	40	15	15	30	3
亨德森(Henderson)钼矿	—	—	—	—	6.6

(2)岩块及结构面力学强度

不管岩石类型如何，在岩体无加固或约束的情况下，岩体在断裂时总是首先沿原有裂缝产生破坏。但是，由于结构面持续的影响，对没有完全贯穿的结构面来说，岩体的破坏有时必须穿过不连续结构面之间的岩桥。因此，完整岩块和岩体以及结构面的抗压、抗拉和抗剪等力学强度，对岩体的可崩性具有重要的影响。

(3)原岩应力场

自然崩落法依靠岩体中的自然力破岩，即在一定原岩应力条件下，通过矿块底部的拉底创造自由空间，促使岩体中的原岩应力状态发生改变，最终造成岩体的破坏。因此，原岩应力状态是影响可崩性的重要因素。

原岩应力场包括自重应力场和构造应力场。以自重应力为主的原岩应力场有利于矿岩的自然崩落。在深井矿山，随深度增加矿岩自重应力不断加大，有利于矿岩崩落。通常，构造应力尤其以水平构造应力为主的原岩应力场不利于矿岩的自然崩落。并且，原岩应力的最大主应力方向与矿体中优势结构面的产状之间的关系也影响矿岩的可崩性，如果最大主应力方向与优势结构面的走向垂直或呈大角度相交，会在结构面形成较大的法向应力作用，妨碍裂隙的扩展和延伸，不利于岩体崩落。

(4)地下水状况

崩落区内或其上部存在大量地下水时，岩体崩落后大量的地下水将进入崩落区，当水量足以将崩落的粉矿变为泥浆时，则无法对放矿作业进行可靠的控制，并且有可能形成泥石流，危及矿山安全。因此，要求崩落矿区必须较为干燥，或者在拉底和崩落前先疏干。在崩落后产生粉矿较少的矿山，适量的地下水不会损害放矿控制的可靠性，且可在放矿作业期间将粉尘量保持在最低水平，有利于改善作业环境。生产实践表明，在崩落矿石中含有4%~7%的水分较为合适。

(5)采矿工艺因素

自然条件和工程因素之间的相互作用使矿体的崩落特性具有较大的变化。因此，矿体的可崩性还受开采工艺技术的影响。这些影响因素包括：放矿点间距、矿块高度、拉底工程、出矿系统及放矿控制技术等。

放矿点间距受崩落矿石块度的制约。为了减少矿石的损失贫化，崩落块度愈小，放矿点的间距愈密，反之亦然。放矿点间距不当，损失贫化增加。

拉底引发矿岩在垂直方向的破坏，对矿体可崩性的影响极为重要。如果拉底不当，则可能产生成管作用，留下矿石的包体或半包体，并产生稳定性问题，促使大块的产生或者根本不发生崩落。

放矿控制或者放矿方法与放矿速率严重地影响矿体的崩落特性。不合理的放矿方法可能透过软弱和高度裂隙化的矿岩区域产生成管作用，导致大块增多甚至停止崩落；或者废石向放出矿石量大的区域穿插，在放矿量较小的区域内留下矿石包体。

3.6.2.2　可崩性评价方法

矿岩可崩性评价方法包含了以岩体质量为基础的十几种方法，常用的矿岩可崩性评价方法及参评因素见表3-16。岩体工程的地质特征决定了多因素的复合影响，因此必须充分考虑各种因素的影响和相互作用，通常采用多因素多指标综合分类法。

表 3-16 常用矿岩可崩性评价方法及参评因素

可崩性评价方法	岩体结构	RQD	节理状态				节理面状况	岩石强度	原岩应力	地下水	体积结构面模数	大块率	比能衰减系数 S_f	完整性系数 K_v	拉底方向	级数
			组数	间距	产状	性质										
RQD 法		√	√													V
可崩性指数法			√													
声波法														√		V
比能衰减系数法													√			V
RMR 法		√	√		√		√	√		√					√	V
RMQ 法		√	√	√					√	√						V
Lacy 法			√		√		√	√		√						V
改进地质力学法		√	√		√			√		√						V
现场直观破碎度法	√		√	√	√		√	√	√	√						V
模糊数学分级			√		√			√	√					√		V
聚类分析分级			√	√	√		√	√	√	√	√	√				V
神经网络分级			√		√			√		√		√				V
数值模拟				√	√		√	√	√	√					√	
物理模拟				√	√		√	√	√						√	

注：节理面状况指节理面形状、粗糙度、蚀变程度、充填状况、隙壁状况等特征。节理状态指节理组数、间距、产状、性质(张、压、扭性)、连续性等。现场直观破碎度法是根据金山店铁矿自然崩落法试验地段工程地质条件发展起来的一种方法，参评因素还包括岩性等。

(1) RQD 指标评价方法

美国 B. K. McMahon 和 Kendrick 在克莱马克斯钼矿和龙拉德钼矿的自然崩落法实践中，发现岩石质量指标(RQD)与可崩性之间存在明显的线性关系，RQD 与可崩性的关系如图 3-46 所示，其回归关系式为 RQD=-29.14+11.2CI，在此基础上提出了可崩性指数(CI)评价方法。该方法用可崩性指数表示矿石崩落的难易程度和块度，针对不同分区将矿岩分成 1~10 类，其中 1 类表示崩落特性极好，而 10 类表示崩落特性极差。应用这种方法，可

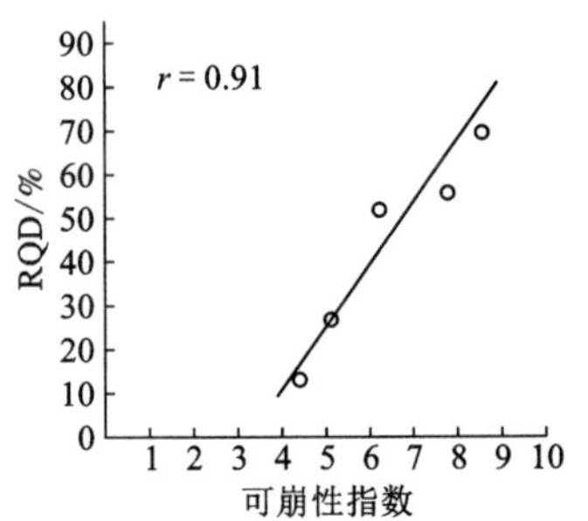

图 3-46 RQD 与可崩性的关系

以在进行开采设计时，根据钻孔岩芯调查统计或巷道帮壁基准线测量统计数据得到 RQD 平均值，用以初步评价矿岩的可崩性。

其后博尔克斯(Borquez)发现某些不太坚固的岩体虽可崩性较好，但由于其具有较好的抗钻进性，常常可得到较高的 RQD，采用 RQD 指标评价可崩性会得出可崩性较差的结果，不符合实际。因而采用节理面强度系数对 RQD 进行修正后评价可崩性。RQD 的节理面强度修正系数见表 3-17，RQD 与可崩性的对应关系见表 3-18。

矿山的应用实践表明，采用这种方法评价的可崩性结果通常偏于保守。

表 3-17　RQD 的节理面强度修正系数

节理面强度	强	中等	弱	很弱
修正系数	1.00	0.90	0.80	0.70

表 3-18　RQD 与可崩性的对应关系

序次	RQD(0~100)/%	可崩性
1	<25	极易崩
2	25.01~50	易崩
3	50.01~70	中等可崩
4	70.01~90	难崩
5	90.01~100	极难崩

(2)多指标综合评价方法

可崩性的影响因素较多，单指标评价方法难以客观反映出矿岩的可崩性。因此，先后采用了 Q 系统、RMR、MRMR 等多种岩体分级评价方法。这些方法除考虑 RQD 指标外，还考虑了结构面特性等多种因素，使评价结果更趋于合理。基于 Q 系统与 RMR 评价方法的矿岩可崩性的评价分级见表 3-19。

表 3-19　基于 Q 系统与 RMR 评价方法的矿岩可崩性评价分级

序次	Q 系统 (0.01~1000)	RMR (0~100)	可崩性	破碎特征
1	<0.09	<25	极易崩	极破碎
2	0.1~0.99	25.01~50	易崩	破碎
3	1.0~3.99	50.01~70	中等可崩	中等破碎
4	4.0~39.99	70.01~90	难崩	大块较多
5	>40	90.01~100	极难崩	大块多

劳布施尔(Laubscher)根据比尼亚夫斯基(Bieniawski)的 RMR 地质力学方法和矿山生产

实践，提出了 MRMR 地质力学分类法，用于评价矿岩体的质量分区和崩落特性。这一方法根据 RQD、岩石强度、节理间距、节理状态和地下水 5 个参数(图 3-47)，把节理岩体在 0~100 分值范围内按 20 分值为一级划分为 5 个等级，每一级又按 10 分差划分成 A、B 两个副级，然后分别赋予每级各个参数不同分值。岩体地质力学分类表(Laubscher, 1977)见表 3-20。再根据岩体暴露面或钻孔岩芯进行岩体调查，按 5 个参数给岩体评分，把每种岩体的 5 个参数的分值进行累加，然后根据节理状态评定表的修正系数(Laubscher 1977, 1994, 表 3-21)进行修正，根据修正后的总分把岩体划分为不同等级，从而确定岩体的质量分级及其崩落特性(图 3-22)。

表 3-20　岩体地质力学分类(Laubscher, 1977)

分级		1	2	3	4	5
指标值		100~81	80~61	60~41	40~21	20~0
描述		极好	好	一般	差	极差
子级		A　B	A　B	A　B	A　B	A　B
RQD/%		100~91 90~76	75~66 65~56	55~46 45~36	35~26 25~16	15~6 5~0
指标值		20　18	15　13	11　9	7　5	2　0
岩石强度/MPa		141~136 135~126	125~111 110~96	95~81 80~66	65~51 50~36	35~21 20~6 5~0
指标值		10　9	8　7	6　5	4　3	2　1　0
节理间距/m		参见图 3-47				
指标值		35………	…………	…………	…………	………0
节理状态		45°………	…………	摩擦角	…………	………5°
指标值		40………	…………	参考表 3-19	…………	………0
地下水	每 10 m 隧道涌水量/(L·min^{-1})	0	0	25	25~125	125
	节理水压力与最大主应力之比	0	0	0.0~0.2	0.2~0.5	0.5
描述		完全干燥	完全干燥	潮湿	中等压力水	地下水问题严重
指标值		10	10	7	4	0

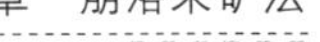

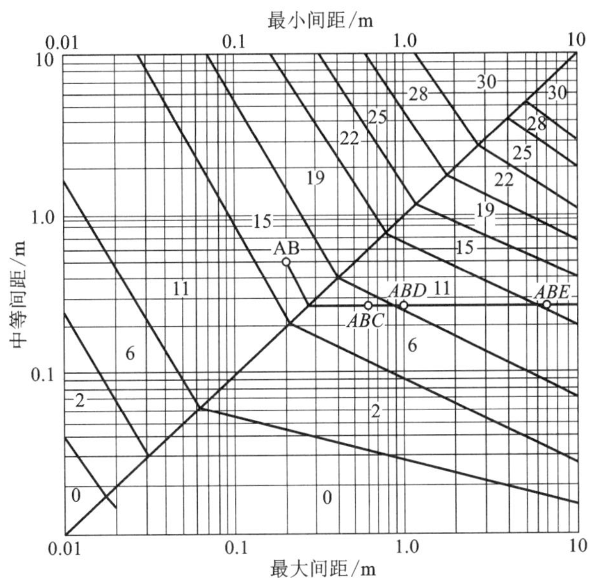

节理间距 A、B、C、D、E 分别为 0.2 m、0.5 m、0.6 m、1.0 m 和 7.0 m；AB、ABC、ABD 和 ABE 的组合指标分别为 16、6、11 和 15(据 Laubscher，1977)。

图 3-47　多组节理系的节理间距指标

表 3-21　节理状态评定表的修正系数(Laubscher 1977，1994)

类比	节理状态			干的	潮湿的	中等水 25～125 L/min	大水 >125 L/min
A	大范围节理面形状	多向波纹状		100	100	95	90
		单向波纹状		95	90	85	80
		弯曲的		85	80	75	70
		微波状的		80	75	70	65
		平直的		75	70	65	60
B	小范围节理面形状	台阶状	粗糙的	95	90	85	80
			光滑的	90	85	80	75
			擦痕状的	85	80	75	70
		波浪状	粗糙的	80	75	70	65
			光滑的	75	70	65	60
			擦痕状的	70	65	60	55
		平面状	粗糙的	65	60	55	0
			光滑的	60	55	50	45
			擦痕状的	55	50	45	40

续表3-21

类比	节理状态			干的	潮湿的	中等水 25~125 L/min	大水 >125 L/min
C	节理面蚀变			75	70	65	60
D	节理充填情况	非软化、耐剪物质	粗颗粒	90	85	80	75
			中等颗粒	85	80	75	70
			细颗粒	80	75	70	65
		软化、不耐剪物质（如滑石）	粗颗粒	70	65	60	55
			中等颗粒	60	55	50	45
			细颗粒	50	45	40	35
		断层泥厚度小于起伏度		45	40	35	30
		断层泥厚度大于起伏度		30	20	15	10

注：节理面状况指标 $J_C=40\times A\times B\times C\times D$，若无相应部分则不计入式中。

表 3-22　节理岩体质量分级（MRMR）及其崩落特性

岩体分级	1	2	3	4	5
岩体分值	100~81	80~61	60~41	40~21	20~0
可崩性	不可崩	差	较好	好	很好
破碎块度	—	大	中	小	很小
二次爆破量	—	高	不定	低	很低
初始拉底面积/m （用水力半径表示）	—	>30	20~30	8~20	8

（3）Laubscher 可崩性图法

Bartlett 根据新增矿山资料对 Laubscher 分类方法进行修正，形成了 Laubscher 崩落特性图，如图 3-48 所示。该特征图包括形状因子或水力半径（HR）和矿山岩体指标（MRMR）。在该图中划分了稳定区、过渡区和崩落区。过渡区表示崩落开始，顶板产生破坏与大破坏，但未发生连续崩落；崩落区表示产生连续崩落。但应用该方法对强度较高且受侧向约束较大的岩体进行可崩性评价时，应力的变化调整较难确定，其结果不是很可靠。

（4）Mathews 稳定图法

Mathews 稳定图法在岩体质量、开采深度、采场尺寸和稳定性之间建立一种经验关系。采用对数坐标系使不同的区带可用平行的直线表示，并将其应用于评价岩体可崩性。Mathews 稳定图法示意图见图 3-49。

稳定图涉及稳定数 N 和水力半径 R 两个因子，其中稳定数 N 表示岩体在给定应力条件下维持自稳的能力，与前面的 Laubscher 可崩性图法中的 MRMR-2000 指标类似。

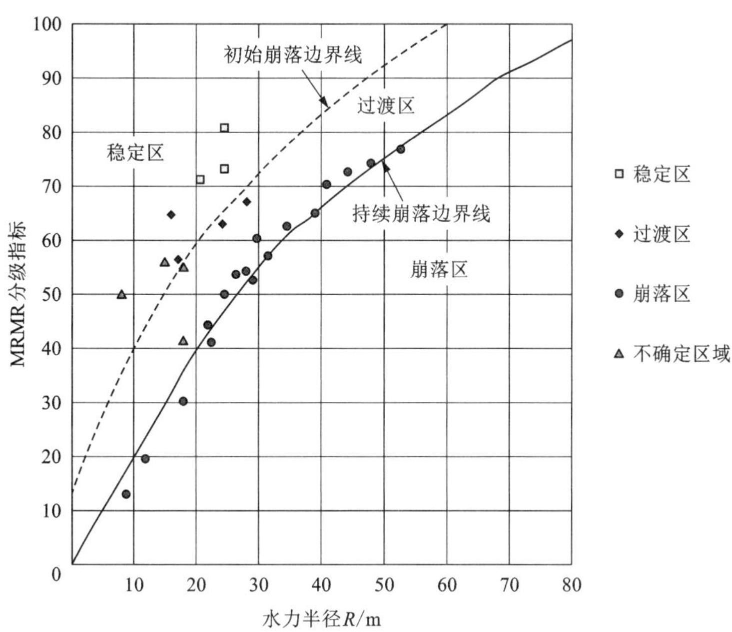

图 3-48　Laubscher 崩落特性图

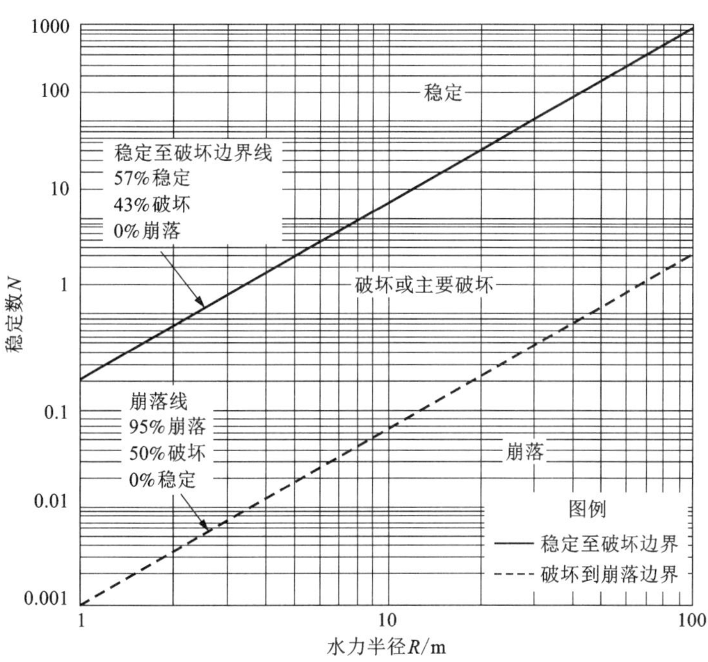

图 3-49　Mathews 稳定图法示意图

稳定数 N 按公式 $N=Q' \cdot A \cdot B \cdot C$ 计算，式中 A、B、C 3 个参数根据图 3-50 计算，Q'根据岩体质量分级中的 RMR 值换算得到近似取值。

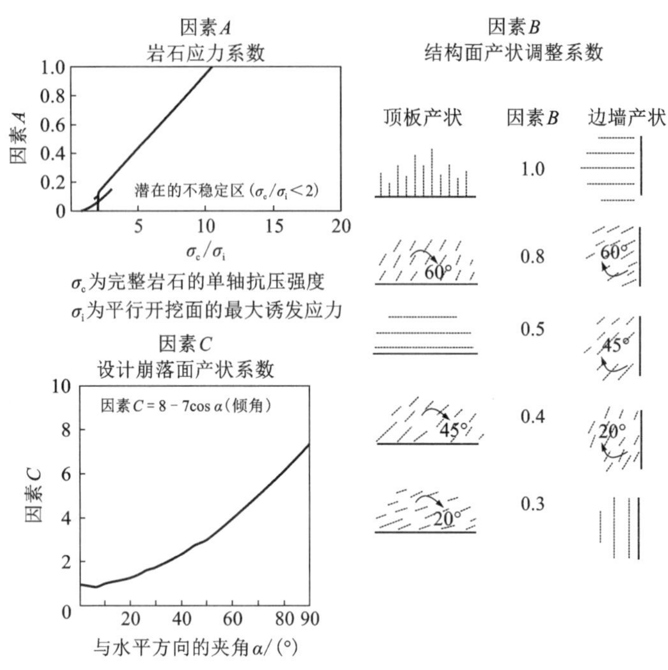

图 3-50 Mathews 稳定图中 *A*、*B*、*C* 系数确定

3.6.2.3 块度评价方法

矿岩体是一个复杂的结构体，矿岩的崩落和运搬是一个复杂的动力学过程。在矿块崩落法回采的不同阶段，矿岩的块度大小和分布均不同，通常分为原始块度、崩落块度和放出块度3种矿岩块度。原始块度是指受结构面切割所形成的矿岩体自然块度，主要取决于节理间距和节理产状(倾向和倾角)，不能人为干预，是崩落块度和出矿块度大小、形状及其分布的基础。崩落块度是在二次应力作用下，矿岩发生崩落所形成的块度。它的组成受原始块度、原地应力场、拉底及崩落过程中产生的二次应力状态、应力作用时间、完整岩石及弱面力学性质、矿岩块体中所含未破碎微小裂隙面数量及扩展、应力作用下新产生的裂隙面数量及扩展、崩落空区高度等因素控制。放出块度是指崩落矿石在放矿过程中由于矿岩间的相互挤压、摩擦、碰撞而进一步破碎后到达放矿口的矿岩块度。这种破碎程度与矿岩放出体高度、崩落矿岩的力学性质(岩石本身的强度、硬度等)、崩落矿岩块度和形状以及应力状况有关。

影响矿岩块度的因素众多，一些因素处于动态变化之中。预测矿岩块度及其分布是一项复杂的工作。目前，矿岩块度的评价预测方法主要分为3类：单指标评价法、摄影测量法与数字成像法、随机模拟法。

(1)单指标评价法

单指标评价法有RQD指标法、节理间距指标 I_f 法、岩体体积节理数 J_v 法等。这些方法主要考虑节理间距对岩块尺寸分布的影响，可以对岩块的平均尺寸进行评价。

RQD指标法根据RQD的大小，将岩石分为5类，RQD值越大，块度越大。

节理间距指标 I_f 法是选取有代表性的岩芯或暴露面块体计算其平均尺寸，以获得典型块体的平均直径 I_f。这一方法是半定量的块度预测方法，在实际应用中有诸多局限性。

岩体体积节理数 J_v 法是指假设岩体内包含几组(一般3组)已知平均间距的节理组，由平均节理间距，通过式(3-5)确定块体的形状和大小。用这种方法预测块度不能反映块度尺寸的范围和分布。

$$V=\frac{1}{J_v}\left(\frac{1}{\lambda_1\lambda_2}+\frac{1}{\lambda_1\lambda_3}+\frac{1}{\lambda_2\lambda_3}\right) \tag{3-5}$$

式中：J_v 为单位体积节理数；λ_i 为单位长度内第 i 组节理的条数，即节理频率。

这类方法对矿岩块度的评价预测均以经验和工程类比为主，主要根据岩体特性参数，静态岩体工程分类法与工程类比法相结合进行评价。该方法简单方便，但评价结果对实际工程的指导作用有限。

(2)摄影测量法与数字成像法

摄影测量法主要通过对岩石爆堆的二维平面图像进行分析与处理来确定岩石块度的尺寸分布。这种方法在将二维平面图像转换为三维的岩石块度体积尺寸时，需要进行一些假设，在实际应用时还需要进行测量校正。

数字成像法分为取样、图像获取、图像分析三部分。较成功的分析系统有Fragscan系统，这种方法也需进行校正。

这类方法是一种事后分析方法，难以用来作为自然崩落法工程设计的基础、依据。

(3)随机模拟法

随机模拟法采用Monte Carlo技术模拟节理面在垂直平面内的切割状况，进而得出其块度分布规律。其方法步骤是，首先采用Monte Carlo技术获得随机的裂隙方位，根据所选择的垂直剖面的方位，把所有节理的倾向和间距换算成视在倾向和间距，并绘制在岩体剖面上，形成一个二维的岩面模型；然后测量每个由裂隙面相互切割所形成的多边形尺寸；最后假定每个多边形代表一个体积等于它的最大可见尺寸的立方体，求得矿岩块体体积的累计组成。

采用BCF软件进行矿岩块度的预测，也属于一种随机模拟方法。该软件可对矿岩的初始崩落块度、放出块度和卡斗进行预测分析，在南非、澳大利亚、美国、加拿大等国家广泛使用，分析结果得到了矿山生产实践的验证。

3.6.3 崩落规律

应用自然崩落法的矿山，开采规模一般较大，对生产组织、计划管理、贫化损失指标控制等诸多方面有更严格的要求。由于自然崩落法的特点决定了其未知、不可控因素较多，在对其内在发展变化规律缺乏了解的情况下，诸多的生产管理方法、手段和措施常常没有针对性，无法实现既定的目标。因此，有必要掌握矿体的崩落规律，为自然崩落法的矿块设计、采掘计划编制和放矿管理提供科学依据，使自然崩落法的应用从经验走向科学。

研究与实践表明，自然崩落法开采过程中的矿岩崩落大致经历以下过程。

在矿块底部开始拉底以后，当拉底范围达到一定面积时，应力集中导致矿岩破坏，矿体发生初始崩落。初始崩落的矿量较小，如不继续拉底，矿岩的崩落会停止。发生初始崩落时，拉底面积反映了矿岩崩落的难易程度。

发生初始崩落后继续拉底，当拉底面积达到一定值时，即使不再扩大拉底面积，只要存在空间矿岩崩落仍能继续向上发展，矿岩崩落进入持续崩落阶段。当以矿块为崩落单元时，持续崩落面积是决定最小矿块尺寸的依据。同时，也意味着矿块已达到一定的生产能力，有比较可靠的产量。

初始崩落和持续崩落发生以后，随着崩落区的进一步发展，崩落范围向矿岩交界面推进，并进而发展到上覆岩层甚至地表。此时需要通过控制拉底和放矿速度来控制崩落区的发展，以避免出现空硐和过多大块，降低矿石的损失贫化指标。

影响矿岩崩落的因素主要是地质因素和工程因素两个方面。地质因素包括原岩应力场、岩石强度、岩石中不连续面的几何形态及不连续面的剪切强度，其中不仅需要重视不连续面的组数和产状，而且要重视不连续面的状态及力学性质；工程因素主要为拉底宽度、边界削弱工程或边界预裂工程等。

在应用自然崩落法的初期阶段，一般应用自然平衡拱理论来解释拉底后岩石的自然崩落机理。认为矿岩自然崩落与矿岩所承受的应力、矿岩的抗压强度和抗剪强度有关，矿岩体的崩落是拉应力和(或)剪(压)应力的作用的结果。但由于没有原岩应力测试手段，缺乏数值模拟分析方法，对矿岩所承受的力缺乏了解，只能假定原岩应力场为重力场，假定拉底形状为理想化的椭圆形，采用弹性平面应变问题的解析方法进行分析，但结果与实际出入相当大。之后采用弹塑性理论进行分析，也不能达到理想的效果，不能作为设计和生产的依据。因此，这一时期主要采用经验类比法来指导设计和生产。

通常采用数值分析方法和弹性有限元方法分析矿体的拉底割帮的应力状态及其对矿体崩落的影响。一般认为缓倾斜裂隙对剪切带分布的影响敏感，水平裂隙的剪切带最大，但其存在单向水平构造应力不利于自然崩落。在加拿大的 Kidd Mine 曾应用 FLAC3D 对崩落进行数值模拟，利用连续性方法模拟矿体在崩落过程中的非连续介质力学问题，每一个块体表示一个单元，如果这个单元符合一定的准则，就会崩落下来。采用了 4 个判断准则，即单元的应变、单元的垂直位移、单元的最小主应力以及是否存在滑落的途径，以此来判断单元是否会崩落。

在开展数值模拟分析的同时，物理模拟方法在崩落规律研究中也发挥了重要作用。在科罗拉多矿业学院曾建造了 4 个物理模型以模拟矿块崩落法的开采过程，其模型架高 4.6 m、宽 6.1 m、厚 0.9 m。长沙矿山研究院针对铜矿峪矿自然崩落法研究进行了两个立体物理模型试验、两个平面物理模型试验和一个光弹性模拟试验。所得结果经生产实践验证符合实际，对理论分析和设计施工起到了重要的指导作用。相比数值模拟，物理模拟方法的模型建模成本较高、试验时间较长，但其更直观，在已知条件和假设相同的情况下，物理模拟更符合实际，其结果可为修改完善数值模拟提供依据。

到目前为止，对矿岩崩落规律和崩落机理的认识尚不充分。

3.6.4 采场结构

3.6.4.1 采场布置

根据自然崩落采矿法的主体方案类型，采场布置主要分为矿块布置方式和盘区布置方式。

矿块布置方式一般沿矿体走向划分矿块，每个矿块均为独立作业的采场。采场长度根据矿体厚度可垂直矿体走向和沿矿体走向。由于自然崩落采矿法较多地应用于厚大矿体，一般是垂直矿体走向布置采场。自然崩落采矿法矿块布置示意图如图 3-51 所示。

盘区布置方式主要应用于特别厚大的矿体。在矿体的水平面上将矿体划分为一个或多个沿矿体走向布置的盘区，采场为盘区内的部分区域，随着盘区内矿体的连续崩落按一定规律移动，自然崩落采矿法盘区布置示意图如图3-52所示。

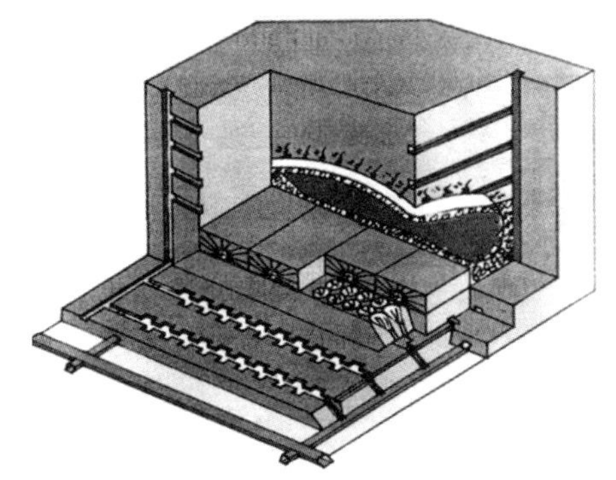

图3-51 自然崩落采矿法矿块布置示意图

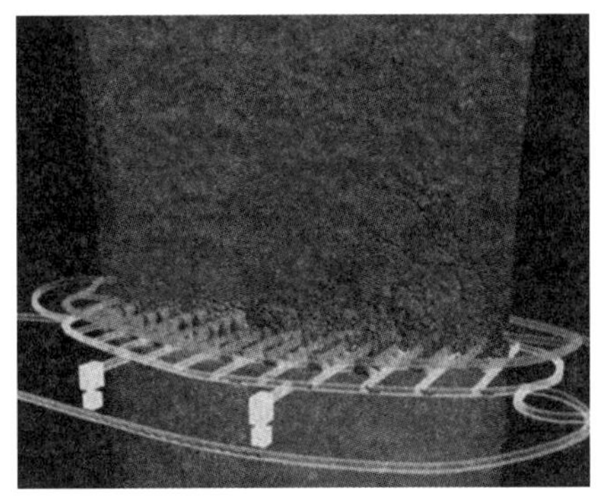

图3-52 自然崩落采矿法盘区布置示意图

3.6.4.2 构成要素

采场构成要素主要包括：阶段高度、底部结构高度、拉底高度、矿块长度、矿块宽度或盘区长度、盘区宽度、放矿点间距及其数量。

阶段高度应在45 m以上，通常为90~120 m。同时，拉底层上面必须有足够的矿石高度，使每一个放矿点都有合理的放出矿量，以保证较高的生产效率和较低的生产成本。但太高的矿块高度在放矿过程中对废石混入不易控制。

放矿点间距与矿石块度有关。为了减少矿石的损失贫化，块度愈小，放矿点间距愈小，反之亦然。放矿点间距不当，会造成贫化损失增加。

3.6.4.3 底部结构

自然崩落法的底部结构是矿块内从拉底水平到运输水平之间的工程总称。矿块中所有采下的矿石都经过底部结构由装运设备运出采场。不同的底部结构形式在很大程度上决定了采场的生产能力、劳动生产率和矿石贫化损失指标，决定了采准工程量以及放矿工作的安全程度。底部结构的工程较多，应力状态复杂，并且还承受拉底、出矿、放矿过程中应力集中的影响以及矿石冲击和二次破碎的爆破震动冲击，容易崩塌破坏，常常成为采矿过程中的薄弱环节。显然，底部结构属采场的关键工程，在自然崩落采矿方法中占有举足轻重的地位。

早期的自然崩落法往往应用于开采软破矿岩矿床，一般采用格筛加指状天井的重力放矿底部结构以保证底部结构的稳定性。这种重力放矿系统的采准工程量大，放矿作业劳动强度高，因而应用范围逐渐缩小。之后，电耙出矿的电耙道底部结构开始应用于自然崩落法开采，并在很多矿山得到推广应用，我国在铜矿峪铜矿自然崩落法工程中也曾采用电耙道底部结构。由于其设备简易，操作简单方便，维修容易，现仍有不少矿山采用这一底部结构。铲运机及配套的无轨设备在自然崩落采矿法中被大量推广应用，无轨出矿的底部结构已成为主流。

(1)底部结构的主要影响因素

①工程地质条件。工程地质条件是影响底部结构形式的首要因素。矿岩的结构面特性、岩体和岩石的强度、原岩应力等都是底部结构形式选择必须重点考虑的因素，直接影响选用的底部结构形式和断面规格以及底部结构的支护方式。

②崩落矿岩块度。崩落矿岩块度影响底部结构的选择。在矿岩块度较小的条件下才可采

用重力放矿底部结构，矿岩块度较大时，宜采用铲运机出矿的底部结构。同时，矿岩块度对底部结构尺寸也有重要影响，在一定程度上决定了出矿点间距、出矿口高度、出矿口形状等。

③出矿条件。底部结构形式应有利于崩落矿石的放出、大块矿石的处理和运输。

④避灾降险。底部结构要有利于避免大量岩石冒落、岩爆、泥石流等灾害事故造成危害和重大影响；有利于减缓拉底过程中次生应力对底部结构稳定性的危害。

(2)底部结构主要形式

自然崩落法底部结构的类型较多。按照矿石的运搬形式，一般可分为重力放矿闸门装车底部结构、电耙耙矿底部结构、装载设备出矿底部结构以及自行设备出矿底部结构。重力放矿闸门装车底部结构其受矿巷道形式一般为漏斗式，电耙耙矿和装载设备出矿底部结构的受矿巷道形式则包括漏斗式、堑沟式以及平底式，自行设备出矿底部结构的受矿巷道形式则一般是堑沟式和平底式。绝大部分矿山均采用无轨铲运机自行设备出矿的底部结构。

①铲运机出矿底部结构形式。无轨铲运机出矿的底部结构形式主要有漏斗式(图 3-53)、堑沟式(图 3-54、图 3-55)和平底式。在自然崩落法中以堑沟式和漏斗式为主。

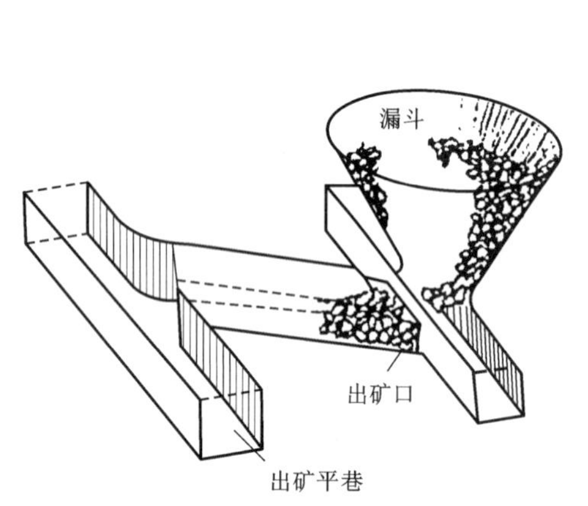

图 3-53 漏斗式底部结构

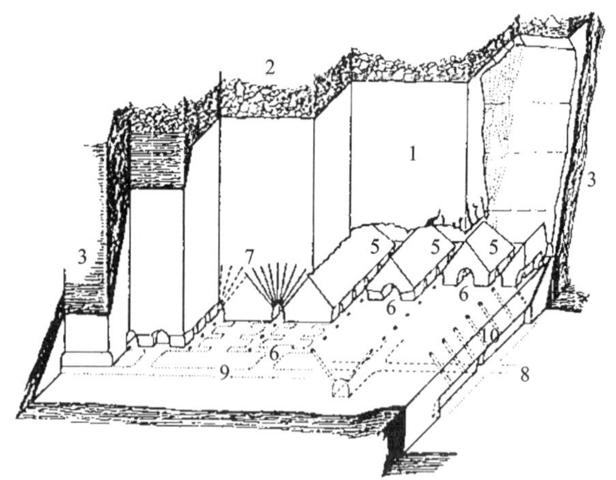

1—矿体；2—崩落带；3—围岩；4—主切割槽；5—堑沟；6—出矿平巷；7—扇形炮孔；8—运输平巷；9—沿脉平巷；10—排水孔。

图 3-54 堑沟式底部结构

两种底部结构形式各有优缺点，主要表现如下。

漏斗式底部结构与堑沟式底部结构比较，漏斗式底部结构较高，中间存在三角矿柱，结构稳固性较好；另外可在一定程度上减少相邻放矿点之间的互相影响，有利于放矿控制。主要缺点是劈漏工作较麻烦，影响拉底切割的施工进度。

堑沟式底部结构相当于将漏斗从纵向贯通，形成一个 V 形槽，可将拉底和劈漏两项施工作业结合起来，采用上向扇形孔一次完成。

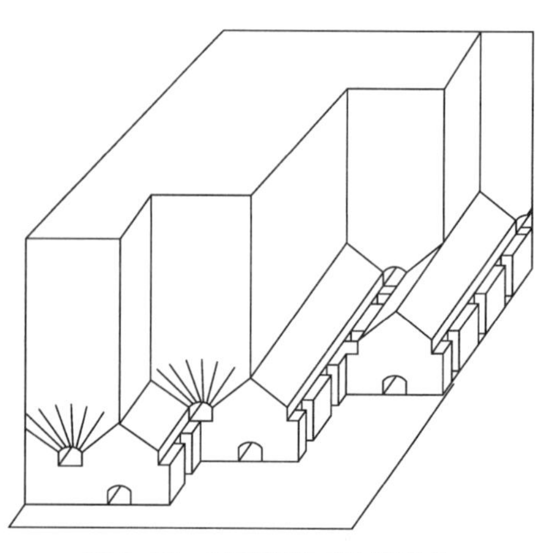

图 3-55 长颈堑沟式底部结构

这样不仅简化了底部结构，并且施工方便，可提高拉底切割工作效率。主要缺点是过多切割底柱，对底部结构稳定性造成不利影响。

②铲运机出矿底部结构平面布置。自然崩落法采用铲运机出矿的底部结构的平面布置形式有 10 多种，但有些是基本形式的局部变形。主要有以下几种布置形式：人字形、错开人字形、Z 字形和平行四边形。

人字形布置形式的出矿进路对称布置，出矿口成一直线，并与出矿联络巷道成直角排列。人字形布置形式示意图如图 3-56 所示。

错开人字形布置形式的出矿联络道两侧的出矿进路呈错开或交错布置，出矿进路与出矿口的相对位置不变。错开人字形布置形式如图 3-57 所示。

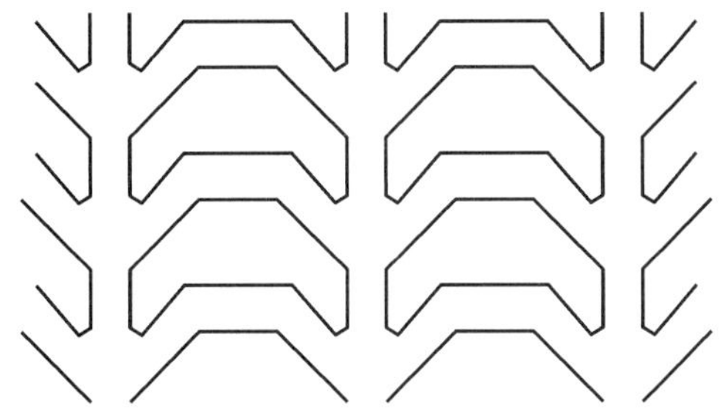

图 3-56　人字形布置形式示意图

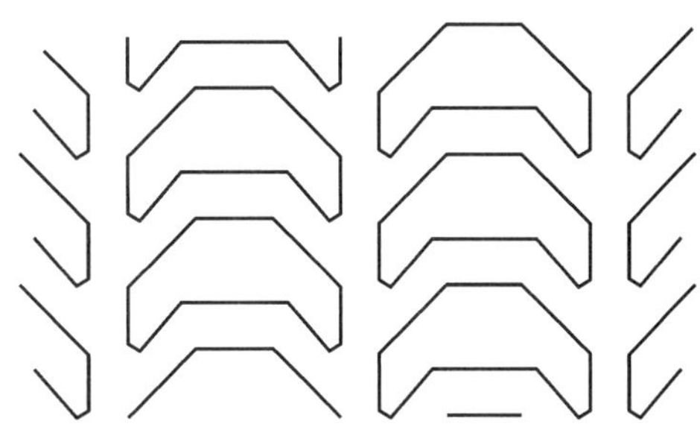

图 3-57　错开人字形布置形式示意图

Z 字形布置形式的出矿进路有序排列成行，并与出矿联络道斜交，但出矿口与出矿联络道均呈直角排列。Z 字形布置形式示意图如图 3-58 所示。

平行四边形布置形式的出矿进路与出矿联络道呈 60°夹角排列。平行四边形布置形式示意图如图 3-59 所示。

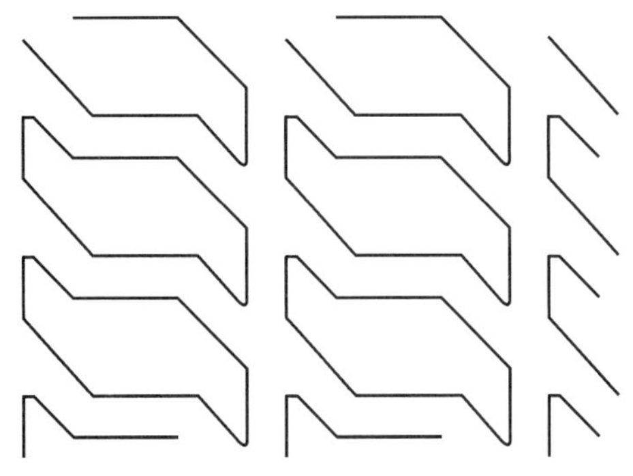

图 3-58　Z 字形布置形式示意图

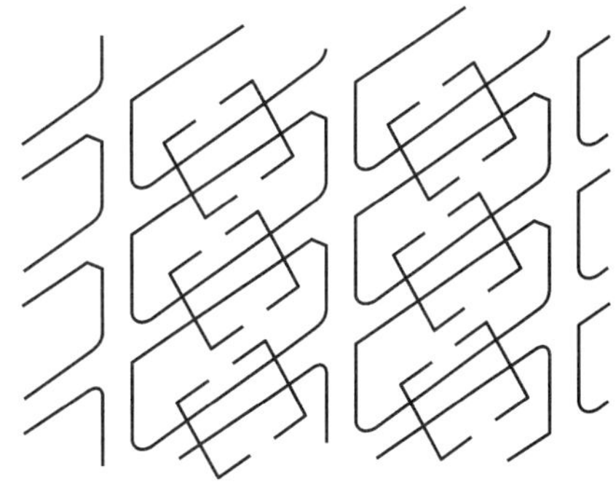

图 3-59　平行四边形布置形式示意图

上述 4 种布置形式中，人字形与其他几种形式相比，在对称的两个装矿巷道处跨度较大，顶板暴露面积较大，不利于底部结构的稳定。在有泥石流隐患的矿山，装矿巷道对称布置的人字形布置形式可能会造成安全隐患。

错开人字形布置形式则改善了稳定性条件，成为采用矿块崩落法和盘区崩落法的矿山应用最普遍的底部结构布置形式。

Z 字形布置形式首先在美国亨德森钼矿开始应用，但在该矿并未大范围推广，其他矿山也较少采用。

平行四边形布置形式与其他几种形式相比，其稳定性更好一些，并且铲运机可利用直线巷道很方便地转向。

3.6.5 放矿控制

国内外的生产实践表明，应用自然崩落法具有两个关键性的技术环节，即可崩性评价和放矿控制。前者评价矿体是否具备应用自然崩落法的必要先决条件，后者则是应用自然崩落法获得成功的充分保障条件。

自然崩落采矿法放矿的特点是一部分矿石在矿体的自然崩落面下放出，一部分矿石在与覆盖岩石的直接接触下从采场放出。因此，自然崩落法的放矿控制存在两个阶段：崩落面下放矿控制阶段和覆盖岩下放矿控制阶段。前者的主要目的是通过放矿控制获得最好的崩落效果，使矿体获得适当的自然崩落速度和崩落块度，避免出现空硐造成废石穿入和大量冒落现象；后者则旨在放矿过程中尽量减少废石的混入，减少矿石的损失与贫化。当然，第一阶段的效果将直接影响第二阶段的指标。因此，不仅要加强覆盖岩石下的放矿控制，而且更要重视崩落面下的放矿控制。

自然崩落法的放矿控制可分为长期控制和短期控制。短期控制一般以一周为控制周期，通过放矿指令实施；长期控制则一般以月、季或年作为周期，通过放矿排产计划来实现。

3.6.5.1 基本原理

(1)放矿速度与崩落速度的关系

通过拉底给矿体提供一个初始的暴露面后，表层矿石由于自重和应力集中作用而发生冒落，形成崩落面。只要冒落下来的矿石不断地从采场放出，崩落面就将不断地发展，直至应力分布达到新的平衡。崩落面的发展速度和崩落块度，除了受到岩体结构与构造以及矿岩自身的物理力学性质制约外，还取决于暴露面积的大小和暴露时间。放矿速度则决定了崩落面的暴露时间。一般情况下，当放矿速度较小时，崩落矿石可能与崩落面接触，对崩落面有支撑作用。适当的支撑和合适的暴露时间可以使矿体中的隐裂隙得到发展。而暴露面的急速扩大会使矿体中的隐裂隙得不到充分发育而呈大块冒落。因此，通过崩落面下的放矿控制，应使崩落面获得最佳崩落效果。

(2)放矿速度与采矿综合效果的关系

一般情况下，放矿速度较小，崩落效果较好。但是放矿速度太小，不但不能充分发挥采场的生产能力，而且使底部结构的服务年限延长，容易使底部结构受压破坏，增加巷道维护费用，影响放矿效果。而若放矿速度较大，则崩落效果欠佳，并且容易使崩落面与崩落矿堆之间形成较大的空硐而产生隐患。隐患之一是突然的大面积崩落，对底部结构造成冲击破坏甚至产生冲击波灾难；二是废石流入空硐隔断矿石，造成超前贫化甚至不能出矿。放矿速度过快导致废石阻隔矿石示意图如图 3-60 所示。因此，合适的放矿速度才能获得好的采矿综合效果。

(3)覆盖岩下放矿与贫化损失的关系

覆盖岩下放矿是指在矿体自然崩落达到矿块顶点时的放矿过程。上覆废石与矿石直接接触，放矿过程中废石容易混入矿石，造成矿石的贫化和损失。

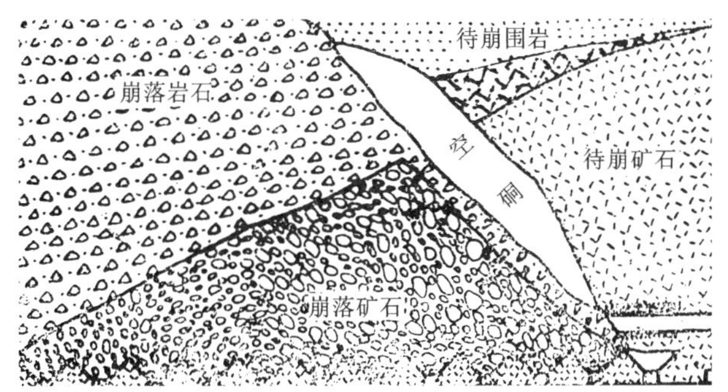

图 3-60　放矿速度过快导致废石阻隔矿石示意图

研究表明，废石的混入发生在矿岩接触面上，其混入量主要取决于两个因素：其一是矿岩的物理力学性质，如矿岩颗粒的块度特征及流动特性等，废石的块度越细，流动性越好，则废石越容易混入；其二是矿岩接触面，接触面积愈大、愈不平整，废石混入的机会就愈多。一般情况下，对于特定的自然崩落法采场，其崩落矿岩的物理力学性质通过放矿发生改变的差异较小。但是，可以在放矿过程控制对废石混入有较大影响的矿岩接触面，因此，覆岩下放矿往往以矿岩接触面作为控制目标。

(4) 不同形式崩落面的放矿控制原则

自然崩落法有水平崩落面和倾斜崩落面两种形式。前者的崩落面积较小，按矿块控制崩落范围，一般在矿块范围内全部拉底后才能开始自然崩落，这时的崩落面基本上是以水平面形式向上发展。后者则在较大的范围内要求崩落面以倾斜面的形式连续推进，一般按盘区控制崩落范围，如亨德森钼矿和铜矿峪铜矿的盘区连续崩落法。由于连续崩落法的放矿点较多，并且放矿点不断改变，因而其放矿控制管理更加复杂。

水平崩落面下放矿控制的基本原则是保持各放矿点所担负的存窿矿量基本均等。因此，按等量、均匀、顺序的放矿制度进行控制。各放矿点每次放出的等量矿石量，将根据矿体崩落速度、出矿设备的生产能力和矿石性质确定。为了实现均匀放矿，每个放矿点的放矿作业时间必须按放矿点的矿石柱状下降高度进行控制。

倾斜崩落面是盘区连续自然崩落法的典型崩落面形式，其矿岩接触面为一斜面。自然崩落法崩落矿岩接触面示意图如图 3-61 所示。针对这种倾斜崩落面进行放矿控制的基本原则是使崩落面下不出现空硐、矿岩接触面尽量保持平整，一般要求同一排放矿点所担负的矿量基本上同时放矿完毕。据此原则编制排产计划和放矿计划、放矿指令，以确定各放矿点的放矿量。放矿点的最大允许放矿量受到矿体崩落速度的制约，由放矿点担负矿量与允许放矿指数决定。各放矿点的允许放矿指数由拉底作业面向已崩落区方向逐步递增 100%。一般地，放矿点的季度排产矿量按最大允许放矿量的 50%进行控制，而采场内的保有允许放矿量应在停止崩落后仍能维持 6~7 个月的产量。

3.6.5.2　盘区崩落法放矿排产

(1) 放矿排产基本模型

①排产矿量模型。排产矿量是指在一个排产周期内各个放矿点的计划放矿量，由式 (3-6) 确定。

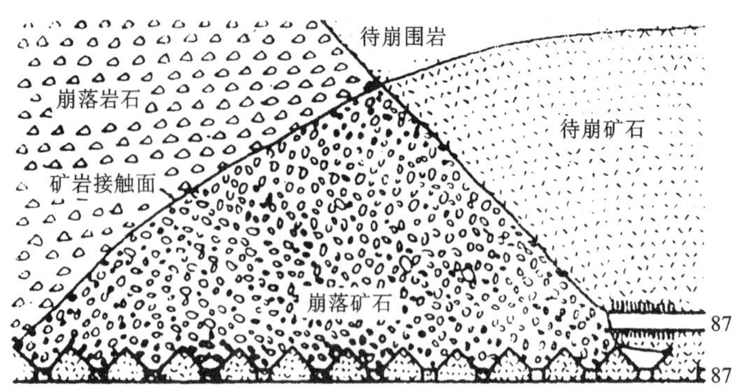

图 3-61 自然崩落法崩落矿岩接触面示意图

$$Q_{f_i} = \frac{(\alpha_i Q_{c_i} - Q_{p_i}) Q_g}{\sum_{j=1}^{n} (\alpha_j Q_{c_j} - Q_{p_j})} \qquad i = 1, 2, \cdots, n \tag{3-6}$$

式中：Q_{f_i} 为排产矿量，t；Q_c 为担负矿量，t；α 为崩落指数，表征自然崩落法采场内不同放矿点的崩落特征；Q_p 为已放矿量，t；Q_g 为排产期采场产量，t；n 为放矿点数量。

②排产品位模型。在放矿过程中，接触面上废石的混入将造成矿石贫化。排产品位为混入废石后的矿石贫化品位，由式(3-7)确定。

$$C_i = g_i(1 - p\beta_i) + g' p\beta_i \qquad i = 1, 2, \cdots, n \tag{3-7}$$

式中：C_i 为排产品位，%；β_i 为贫化指数，%；p 为采场平均废石混入率，%；g_i 为矿体地质品位，%；g' 为废石含矿品位，%。

③崩落指数模型。崩落指数是指一个放矿点的崩落矿石量占其所担负矿量的百分数。随着放矿作业的进行，每个放矿点的崩落指数 α 是一个上界为 1 的单增序列。影响崩落指数的因素首先是矿体的自由崩落速度，其次是产量要求、出矿设备生产能力、生产组织管理等因素。

崩落面在没有任何支撑作用的条件下，矿体的崩落速度为自由崩落速度。自由崩落速度只与矿体的可崩性和拉底面积有关。当崩落面受到崩落矿石的支撑作用时，矿体的崩落受到约束，其崩落速度称为约束崩落速度，它小于自由崩落速度。合理的崩落指数应使放矿速度、实际的矿体崩落速度和自由崩落速度三者同步。当放矿速度大于自由崩落速度时，实际崩落速度等于自由崩落速度。崩落面与崩落矿堆之间会形成越来越大的空硐而造成各种隐患。因此，进行排产时不允许放矿速度大于自由崩落速度。但可以使放矿速度小于自由崩落速度，此时的实际崩落速度为约束崩落速度。

确定崩落指数 α 的公式为：

$$\alpha_i = Tv\eta k / H \tag{3-8}$$

式中：T 为放矿点拉底后至排产时的累计时间，月；v 为矿体自由崩落速度，m/月；H 为放矿点担负放矿量矿层高度，m；k 为修正系数，$k \leqslant 1$；η 为放矿不均匀系数，$\eta = \dfrac{nQ_c}{\sum_{j=1}^{n} Q_{c_j}}$。

对于盘区连续自然崩落法，崩落面为一倾斜面，则从待崩区向已崩区放矿点的崩落指数是逐步递增的。按式(3-8)确定崩落指数时，其崩落面的倾斜角度取决于拉底推进速度和采场达产前的产量增长速度。

在没有获得矿体的自由崩落速度参数的条件下，较坚硬的矿体可应用亨德森经验公式(3-9)确定崩落指数。

$$\begin{cases}\alpha_{n+1} = \alpha_n + \delta \\ \alpha_0 = 0.1 \sim 0.15\end{cases} \tag{3-9}$$

式中：n 为放矿控制线序号，由待崩区向已崩区递增；δ 为崩落指数增量，取 0.1~0.15。

④贫化指数模型。贫化指数 β 是指废石混入系数 γ 与放出矿石量系数 ω 之比。即：

$$\beta = \gamma/\omega \tag{3-10}$$

废石混入系数 γ 为排产周期内废石混入量与总废石混入量之比。放出矿石量系数 ω 为排产周期内放矿量的百分比。

$$\omega_i = Q_{f_i}/Q_c \tag{3-11}$$

$$\gamma_i = P_i/(\rho Q_{f_i}) \tag{3-12}$$

式中：ρ 为平均废石混入率，%；P_i 为排产周期内的废石混入量，t。

(2)排产方法

根据上述模型，按如下排产方法实现排产。

第一步：计算放矿点担负矿量

$$\boldsymbol{Q}_c = \begin{bmatrix} Q_{c1} & 0 & \cdots & 0 \\ 0 & Q_{c2} & \cdots & 0 \\ \vdots & \vdots & & \vdots \\ 0 & 0 & \cdots & Q_{c_n} \end{bmatrix}$$

第二步：计算崩落指数

$$\boldsymbol{\alpha} = (\alpha_1 \quad \alpha_2 \quad \cdots \quad \alpha_n)^{\mathrm{T}}$$

第三步：计算存窿崩落矿量

$$\{Q_\alpha\} = \{Q_c\}\{\alpha\} - \{Q_p\}$$

其中：$\boldsymbol{Q}_p = \{Q_{p_1} \quad Q_{p_2} \quad \cdots \quad Q_{p_n}\}^{\mathrm{T}}$ 为累计已放矿量。

第四步：计算排产矿量

$$\{Q_f\} = (Q_g/A)\{Q_\alpha\}$$

其中：$A = (Q_\alpha)^{\mathrm{T}}\{I\}$；$\{I\} = (1 \quad 1 \quad \cdots \quad 1)^{\mathrm{T}}$；$Q_g$ 为排产期产量，预先确定或由式 $Q_g = KA$ 确定；K 为产量系数，为经验数据，取 0.4~0.5。

第五步：计算排产总量

$$Q_F = Q_f^{\mathrm{T}}\{I\}$$

第六步：计算地质品位和贫化指数

$$\boldsymbol{g} = (g_1 \quad g_2 \quad \cdots \quad g_n)^{\mathrm{T}}$$

$$\{\beta\} = \begin{bmatrix} \beta_1 & 0 & \cdots & 0 \\ 0 & \beta_2 & \cdots & 0 \\ \vdots & & \ddots & \\ 0 & 0 & \cdots & \beta_n \end{bmatrix}$$

第七步：计算排产品位

$$\boldsymbol{R} = g - P\beta[\boldsymbol{g} - \boldsymbol{g}']$$

其中：$\{g'\} = (g'_1 \quad g'_2 \quad \cdots \quad g'_n)^{\mathrm{T}}$ 为废石含矿品位。

第八步：计算排产金属总量

$$M_{\mathrm{T}} = Q_{\mathrm{f}}^{\mathrm{T}} R$$

按照上述算法，崩落指数是唯一在每次排产过程中均需改变其数值的原始数据。实现自动地生成崩落指数$\{\alpha\}$非常重要。确定 α 与拉底、崩落和放矿组织等各个生产环节相关。并且，对于每个排产周期，其 α 在采场中的分布规律均不一样。因此，排产速度和排产优化能力将取决于生成$\{\alpha\}$的速度。

3.6.6 应用实例

1）北方铜业铜矿峪铜矿自然崩落法

铜矿峪铜矿是中国应用自然崩落采矿法的典型矿山，其生产规模为 600 万 t/a。该矿第一期开采设计规模为 400 万 t/a，是 20 世纪中国矿石年产量规模最大的地下金属矿山。20 世纪 80 年代中美联合设计组相继完成了 5#矿体自然崩落法的初步设计和详细设计。为了使矿山技改工程能达到预期目标，在矿山工程设计、基建和试生产期间，针对矿山的开采技术条件，由长沙矿山研究院、北京矿冶研究总院、北京有色冶金设计研究总院和中南工业大学等单位的有关专家，开展了自然崩落法工艺和技术的试验研究。所取得的研究成果均在设计和生产中被采用，并获得很好的应用效果。

（1）开采技术条件

①矿体赋存条件。铜矿峪矿区地层属于下元古界绛县群铜矿峪变质火山岩组的中下部，出露的变质火山岩组由老到新为变富钾流纹岩层、变钾质基性火山岩层和变凝灰质半泥质岩层。铜矿峪矿床位于变质半泥质岩层内，且属于多次地质作用和多种成因的复杂铜矿床。矿床由 113 个矿体组成，具有开采规模的矿体有 6 个，其中 5#矿体规模最大，其次为 4#矿体。

5#矿体是主要的开采对象。该矿体主要含矿岩石是变石英晶屑凝灰岩，其次是变石英斑岩和变石英二长斑岩。矿体上盘围岩为绢云母石英岩，下盘围岩为绢云母石英岩和绿泥石石英片岩。矿体形态为似层状、透镜状，倾角 30°~50°，走向长 980 m，其延伸大于走向长。矿体平均厚度 110 m、最大厚度达 200 m，上部与下部的厚度变化较均匀。

②矿岩构造特征。矿区内断裂构造发育，多为区域变质晚期及以后的断裂，且有多次活动。主要断裂有两条，次级断裂较发育。存在两组几乎正交的优势节理：第一组占总节理数的 40%，平均倾向 320°，平均倾角为 59.1°；第二组占总节理数的 38.5%，平均倾向 134.7°，平均倾角为 49.8°。其他方位的节理分布较零散，占总节理数的 21.5%。含矿岩体的 RQD 均值为 73%。

第一组节理的间距为 0.42 m，第二组节理的间距为 0.73 m，其他节理组间距为 0.47 m。以闭合节理为主，占总节理数的 77.3%。这些节理壁面接触紧密，且大部分无充填物，在应力作用下，这些闭合节理容易张开。张开节理约占 21.4%。愈合节理较少，仅占 1.3%。节理面的持续性较好，大于统计长度 2 m 的节理数占 49.2%。节理面大都为平面型，约占 84.4%，其中大部分节理属于平面较粗糙类型。

③矿区应力与矿岩力学性质。矿区以构造应力为主，属于中等偏低的应力区。最大主应

力方位为60°~80°，倾角±10°，应力为10~14 MPa，平均水平应力与垂直应力之比为1.05~2.5。用ϕ50 mm的标准试件测定的岩体物理力学性质参数见表3-23。

表3-23 用ϕ50 mm的标准试件测定的岩体物理力学性质参数

岩石类型	抗压强度/MPa	抗拉强度/MPa	弹性模量/GPa	泊松比	容重/(g·cm^{-3})
变石英晶屑凝灰岩	60~130	4~13	54.4	0.244	2.720
变石英斑岩	120~150	6~16	70.8	0.230	2.848
变石英二长斑岩	120~160		62.9	0.257	2.687
变质基性侵入体	60~100	2~10	50.8	0.295	2.987
绿泥石石英片岩	80~130	4~9	52.4	0.280	2.884
绢云母石英岩	90~150	5~11	58.3	0.215	2.775
绢云母石英片岩	100~155		50.5	0.270	2.742
辉绿岩	150~220	5~9	73.5	0.260	2.900

在抗压强度试验中大部分试样呈脆性破坏，呈锥体和劈裂状，部分试样呈剪切状；通常以剥皮、掉渣、裂缝和压碎等形式出现。在抗拉强度试验中多数试样则沿中心劈裂，少数沿微节理破坏。

(2)自然崩落特性

①矿岩可崩性。针对铜矿峪铜矿具有硬岩节理发育型矿体的特点，采用了岩体质量综合评判方法评价矿岩的可崩性，其中应用了综合节理间距、RQD指标、综合摩擦角和等效节理组数等4个参数作为可崩性分级评价指标。按照采集原始资料、处理数据、形成评判指标样本库、建立岩体质量分级模型和综合评判分类等5个步骤将铜矿峪5#矿体2~13勘探线之间、800 m水平以上到930 m水平的岩体可崩性由低到高划分为Ⅱ、Ⅲ、Ⅳ3个类型，其中Ⅱ类占32.38%、Ⅲ类占58.33%、Ⅳ类占9.29%，相应的RQD值分别为83.86%、58.73%和26.38%。可见，铜矿峪5#矿体Ⅲ类加Ⅳ类矿岩超过了60%，其可崩性属中等偏易。

②块度评价。在铜矿峪铜矿的设计中，对矿体的原始矿石块度、崩落矿石块度和放出矿石块度进行了评价。评价原始矿石块度考虑了节理的倾向、倾角、间距和持续长度等因素。评价崩落矿石块度则在原始矿石块度的基础上考虑了矿体及其弱面的力学性质、二次应力状态及其作用时间、原始矿石块体的大小形状和崩落空区高度等因素。评价放出矿石块度时，又在崩落矿石块度的基础上增加了放矿高度、崩落矿石块度的大小形状和放矿过程等因素。另外，三级矿石块度的评价均借助了Monte Carlo技术和三维矿石块度模型。

评价预测的铜矿峪5#矿体的崩落矿石块度和放出矿石块度的组成见图3-62，其中块度大于0.8 m的崩落块度和放出块度分别占58.69%和47.2%；块度大于1 m的分别占44.42%和23.5%；大于1.2 m的分别为35.18%和5.9%。这一评价结果与其后生产过程中的实测结果大致吻合。

③崩落规律。根据铜矿峪5#矿体的开采技术条件和工程地质特点所开展的自然崩落规律的研究内容包括：物理模型模拟试验、三维有限元法数值模拟和崩落状态实际监测。其中

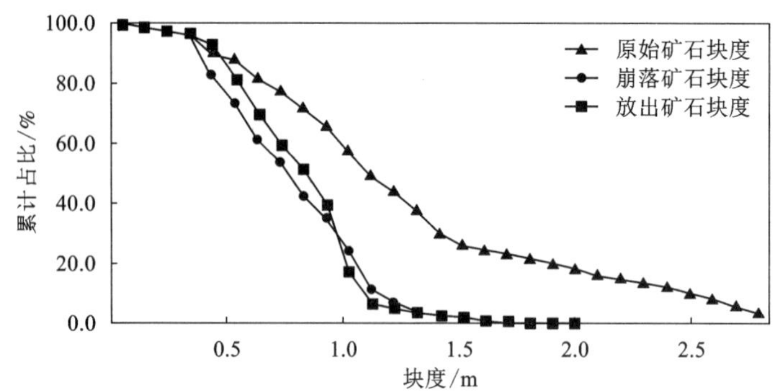

图 3-62 铜矿峪 5#矿体的崩落矿石块度和放出矿石块度组成

物理模型试验包括两个尺寸为 3 m×2 m×1.45 m 的立体物理模型试验和两个 2.5 m×0.2 m×1.35 m 的平面物理模型试验；崩落状态监测则采用专门设计的触须探测仪和断路电缆进行钻孔监测。研究对象包括矿岩崩落机理及其崩落形式、拉底与崩落的关系、削帮工程对矿体崩落状态的影响以及放矿与矿体崩落的关系等。

经研究表明，铜矿峪铜矿这种节理发育的坚硬类矿体的自然崩落机理可归结为：矿体的崩落主要取决于岩体中节理的分布特点和力学性状；可将岩体中的无充填断续节理视为裂纹；裂纹从发生亚临界扩展开始到高速扩展所需的时间是一个与作用在裂纹上的应力有关的量；受岩体中裂纹扩展过程的影响，矿体的崩落呈周期性。

研究结果还表明，矿体的自然崩落可分为拉底崩落和持续崩落两个阶段。

拉底崩落：铜矿峪 5#矿体的拉底崩落特征面积为 3200~5100 m^2。

持续崩落：铜矿峪铜矿的持续崩落速度为 0.375 m/d。

(3)采矿工程布置

铜矿峪 5#矿体采用自然崩落法开采，设计采用沿矿体走向连续崩落的回采方式，漏斗电耙出矿底部结构，机车运输。运输水平设为 810 m 水平，出矿水平直接位于 810 m 运输巷道顶板上的 813.5 m 水平，铜矿峪铜矿自然崩落法出矿系统结构如图 3-63 所示。

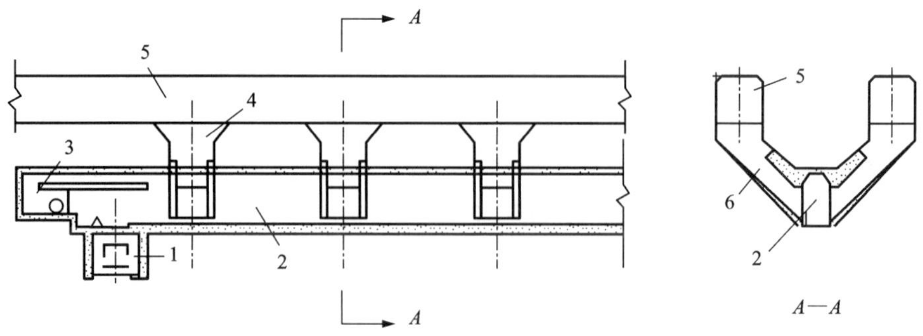

1—运输巷道；2—电耙巷道；3—电耙硐室；4—受矿漏斗；5—拉底巷道；6—放矿斗颈。

图 3-63 铜矿峪铜矿自然崩落法出矿系统结构

①运输系统。运输系统设计为环形运输，其环形运输轨道总长约 2200 m，每条运输穿脉巷道长 350~500 m，运输车辆由架线式电机车拖运。各种用途的列车有：矿石运输车、废石运输车、混凝土罐车、炸药运输车、材料运输维修车等，计 15~20 辆。

由于运输列车的种类和数量多，行车密度大，且矿车在溜井口直接受矿，因此要求矿车与出矿密切配合。混凝土罐车和炸药运输车应优先通过，并允许逆向行驶。针对 810 m 运输系统采用了自动调度系统，通过自动控制信号机和电动转辙机将列车导向预定的目的地。

②出矿系统。矿山一期工程受资金的制约，选用了电耙出矿而未选用铲运机出矿。电耙巷道沿矿体走向布置，每条耙道上呈双向对称设置 6 个出矿漏斗，每个漏斗担负的出矿面积尺寸为 10 m×10 m。由于矿体倾角为 45°左右，因此在 833 m、853 m 和 870 m 水平还分别设置了副层电耙巷道。

电耙巷道与漏斗口均采用混凝土进行加强支护，其支护厚度为 310 mm，混凝土标号达到 350 号。

③拉底与削弱工程。主要拉底工程有拉底巷道，主要削弱工程有位于首采区段矿体端部的 50 m 高的割帮槽和边角上的削弱天井。

考虑到拉底巷道和电耙巷道均沿矿体走向布置的工程特点，以及矿体中密集成组的小断层的走向与矿体走向大体一致，节理密度从下盘向上盘由密变稀等岩体结构特点，采用了自下盘向上盘的对角式拉底顺序，呈台阶状沿走向推进。每次拉底的形状为长方形，其长度方向垂直于矿体走向。每次拉底的面积为(3.4~3.6)m×20 m。在每条拉底巷道上同时进行拉底爆破的炮孔不超过 3 排，但一次同时在 2 到 3 条拉底巷道上进行爆破。这种拉底顺序的优点是避免了断层整体滑动而产生大块矿石，便于检查和保证拉底质量，减小了拉底巷道和电耙巷道的应力集中并缩短了应力作用时间。

(4)放矿排产计划

铜矿峪铜矿正常生产期间的放矿点数量约 200 个。按照不等量均匀放矿原则，实行排产计划加放矿指令的控制放矿制度。

排产计划包括 3~5 年的中长期计划和年度计划。中长期计划均按季度给出产量，年计划则按月给出产量。按式(3-13)、式(3-14)制订排产计划。

$$Q = \sum_{i=1}^{n} \eta(\alpha_i \cdot Q_{\mathrm{d}_i} - Q_{\mathrm{p}_i}) \quad \eta = \begin{cases} \dfrac{m}{7} & \text{当 } \alpha_i \cdot Q_{\mathrm{d}_i} - Q_{\mathrm{p}_i} > 1000 \\ 1 & \text{当 } \alpha_i \cdot Q_{\mathrm{d}_i} - Q_{\mathrm{p}_i} < 1000 \cap \alpha \geqslant 1 \end{cases} \tag{3-13}$$

$$Q_{\mathrm{f}_i} = \frac{\alpha_i \cdot Q_{\mathrm{d}_i} - Q_{\mathrm{p}_i}}{\sum_{j=1}^{n}(\alpha_j \cdot Q_{\mathrm{d}_j} - Q_{\mathrm{p}_j})} \cdot Q \qquad i = 1,\ 2,\ \cdots,\ n \tag{3-14}$$

$$\text{s.t.}\ Q_{\mathrm{f}_i} \begin{cases} \leqslant 30 \\ \leqslant 50 \\ \leqslant 60 \\ \leqslant 70 \\ \leqslant 80 \\ = 100 \end{cases} \quad \text{当 } \frac{Q_{\mathrm{p}_i}}{Q_{\mathrm{d}_i}} \begin{cases} \leqslant 5 \\ \leqslant 10 \\ \leqslant 20 \\ \leqslant 30 \\ \leqslant 40 \\ > 50 \end{cases}$$

式中：Q 为排产期内的总产量，t；Q_{f_i} 为第 i 号放矿点在排产期内的计划放矿量；Q_{d_i} 为第 i 号放矿点的担负矿量；Q_{P_i} 为第 i 号放矿点已经放出的矿量；α_i 为第 i 号放矿点的排产指数，在拉底线上的放矿点设为 0，自第二排起按 10%递增，当超过 100%后均计为 1；η 为采场排产系数；n 为采场放矿点总数量；m 为排产单元的月数，即中长期排产取 3、年度排产取 1。

2）普朗铜矿自然崩落采矿法

普朗铜矿为一特大型低品位斑岩铜矿床，矿体厚大，埋藏浅，适合露天开采。但矿区生态脆弱，为了降低矿床开采对环境的影响，经综合考虑，选择了安全、高效、低成本的自然崩落采矿法进行地下开采，设计规模为 1250 万 t/a。矿山于 2017 年建成投产，于 2019 年达到设计规模。

（1）开采技术条件

①矿体赋存条件。普朗铜矿区位于普朗—红山多金属矿亚带南缘，地层为三叠系上统图姆沟组，主要出露印支期普朗复式中酸性斑（玢）岩体，构造裂隙发育，岩石蚀变强烈，具典型的“斑岩型”蚀变分带。矿床成矿作用发生在复式斑岩体内，岩体中心形成由细脉浸染状矿石组成的筒状矿体，岩体边部产出脉状矿体。矿化带长大于 2300 m，宽 600～800 m，面积约 1.09 km^2。圈出主矿体 KT1，另有 5 个小矿体，KT2～KT6 分布在 KT1 周边。

KT1 矿体为主要开采对象，产于普朗Ⅰ号斑岩体中心的钾化硅化-绢英岩化带内，受岩体和构造裂隙、围岩蚀变控制。其表面有第四系冰碛物掩盖，厚 15～70 m，其中 0～4 线矿体在地表出露，矿体出露标高 3868～4023 m。矿体总长大于 1400 m，其中首采区 7～16 线控制矿体长 960 m，垂深 17.0～750 m。矿体呈筒状，呈北北西向展布，南部较宽，为 360～600 m，北部变窄，宽为 120～300 m。东侧倾向北东，倾角为 25°～57°，西侧倾向南西，倾角 35°～83°。矿体中心部位矿化连续，向四周出现分支。

②矿岩构造特征。矿区内构造活动强烈，发育断层、次级褶皱以及节理（裂隙）。岩体内裂隙构造发育，尤其是在矿化体内。从产出形态看，各种方向均有，以陡倾角者（67°～85°）居多，裂隙宽一般均小于 2 mm，少数在 5 mm 以上，个别可达 10 mm，多数延伸至 0.1～2.0 m，少数大于 2 m。裂隙多呈相互交错、穿插的网脉状产出，尤其是含矿裂隙。构造裂隙主要集中在含矿斑岩体中心部位，反映其密集程度的裂隙分布图（裂隙频率等值线）在平面上呈“Y”字形，中心部位之裂隙频率多数大于 10 条/m，最高达 50 条/m 以上，由岩体中心向外，裂隙逐渐减少。

③矿岩力学性质与工程地质分类。矿区主要岩石类型有石英闪长玢岩、石英二长斑岩、花岗闪长斑岩等，次有二长闪长玢岩等。矿岩物理力学性质参数见表 3-24。

表 3-24 矿岩物理力学性质参数

序号	岩性	容重 /($kN \cdot m^{-3}$)	单轴抗压强度 /MPa	抗拉强度 /MPa	弹性模量 /($\times10^4$ MPa)	泊松比	岩块纵波波速 /($m \cdot s^{-1}$)	抗剪强度	
								φ/(°)	C/MPa
1	石英二长斑岩	27.0	127.96	7.07	54.58	0.27	5551	47.31	22.06
2	石英闪长玢岩	27.6	185.67	12.29	58.68	0.25	5541	41.18	22.70
3	大理岩	26.6	126.38	8.65	47.17	0.26	5375	44.51	27.17
4	角岩	27.7	192.51	14.72	57.31	0.17	5397	40.03	32.49

根据普朗铜矿勘探报告提供的部分岩石力学试验数据及节理裂隙的初步统计结果，采用工程岩体的 RMR 分类方法对矿区主要矿岩进行了初步分类。普朗铜矿主要矿岩稳定性初步分类见表 3-25。

表 3-25 普朗铜矿主要矿岩稳定性初步分类

岩性	单轴抗压强度/MPa	岩石质量指标 RQD/%	RMR 值	岩体级别	岩体质量描述
石英二长斑岩(含矿)	127.96	59.09	57.3	Ⅲ	一般岩体
石英闪长玢岩	185.67	72.54	53.94	Ⅲ	一般岩体
Hs 角岩	192.51	76	54.02	Ⅲ	一般岩体

④原岩应力。矿区的地应力以水平构造应力为主，方位大致呈东西向，与矿区的以南北向为主的褶皱等地质构造特征相符；最大主应力值介于 11.60 MPa 和 17.69 MPa 之间，属于中等地压范围。

(2)矿体可崩性与崩落矿石块度预测

①矿体可崩性预测。在对钻孔岩芯和坑道调查获得的岩石原始数据的基础上，经计算得到完整岩石强度、RQD 值、节理间距、摩擦角等评价指标。在三维模型中应用地质统计学和块段模型方法先对每个块段的评价指标进行估值，然后根据每个块段的 RMR 评价指标值，运用劳布施尔评价标准，估计整个区域的可崩性级别。普朗铜矿首采区矿体可崩性等级分类统计结果见表 3-26。

表 3-26 普朗铜矿首采区矿体可崩性等级分类统计结果

可崩性等级	RMR 值范围	体积/m^3	所占百分比/%	RMR 均值	Cu 品位/%
Ⅰ级	81~100	0	0	—	—
Ⅱ级	61~80	2381000	0.88	62.96	0.43
Ⅲ级	41~60	195591000	72.23	44.30	0.40
Ⅳ级	21~40	72444000	26.75	33.68	0.44
Ⅴ级	0~20	379000	0.14	18.44	0.32
小计	—	270795000	—	41.59	0.39

崩落区内以Ⅲ级、Ⅳ级可崩性矿体为主，品位都在 0.4%以上，但局部存在Ⅱ级稳固区域，且 Cu 品位较高，存在少量的Ⅴ类不稳固区，且品位较低。综合来看，普朗铜矿首采区可崩性评价区域内的矿岩可崩性处于中等偏上水平(主要为Ⅲ级可崩性矿体)，可崩性较好。

②矿石块度预测。

在对普朗铜矿首采区矿岩构造分布特征分析的基础上，运用矿石块度预测程序，按矿区整体、矿体、上下盘分区、不同岩性分区、可崩性分区和相邻勘探线间分区对普朗铜矿首采区的矿岩进行原始块度预测，取得如下主要研究成果。

a. 普朗铜矿首采区原始块度等效尺寸大于 1.65 m 的块体筛上累积百分比为 40%，大于

1.26 m 的块体筛上累积百分比为 59.85%。

b. 矿体、上盘和下盘 3 个区域的块度相比，下盘块度要明显小于上盘和矿体的块度。

c. 对不同岩石块度预测发现，石英闪长玢岩的块度最大，石英二长斑岩的块度次之，花岗闪长斑岩和角岩化带的块度最小，而且两者的块度比较接近，块体形状以细长体和细长-扁平体居多。在较小的体积区间上，4 种岩性的块度形状变化不大，但随着体积增大，4 种岩性的形状类型变化较大。

d. 对不同可崩性分区块度预测发现，随着可崩性级别的降低，矿岩块度逐渐增大，普朗铜矿首采区矿岩大块率(按块度大于 1.26 m 计)如下：Ⅳ类区为 55.94%、Ⅲ类区为 63.94%，Ⅱ类区为 67.64%。

e. 普朗铜矿首采区矿岩块体形状以细长体、细长-扁平体和扁平-立方体块体为主，不同区域的块体形状区别不大，这主要是采用同一组节理产状参数进行预测的缘故。

(3)放矿研究

采用 PFC2D 模拟软件分别对单漏斗放矿和多漏斗放矿进行了模拟。单漏斗放矿模拟主要是为了分析放出体形态变化规律，分别模拟放矿高度为 20 m、40 m、60 m、80 m、100 m、150 m 时的放出体变化规律。通过分析计算发现，在放矿高度较低时，尤其在 60 m 之下时，放出体基本呈现“椭球”形态，椭球体的长轴与短轴比值随着放矿高度增加逐渐加大。当放矿高度超过 60 m 时，放出体呈现“柱形”，矿岩下降速度均匀。

多漏斗放矿模拟是为了计算出合理的放矿点间距，分别模拟漏斗间距为 12 m、15 m 和 18 m 时的矿岩流动规律特性以及多个放矿漏斗同时放矿时之间的相互影响。研究结果表明在漏斗间距为 15 m 时，两漏斗在放矿过程中很快相互影响，没有形成明显的脊部损失和过早贫化现象，且有利于底部结构的稳定性。漏斗间距过小，底部结构稳定性差；而漏斗间距过大，会引起桃形柱脊部损失，导致上部应力转移至桃形柱上，不利于底部结构的稳定。因此，推荐采用 15 m 的漏斗间距。

(4)底部结构稳定性和支护技术研究

采用有限差分程序 FLAC3D，分别对Ⅱ类岩体巷道、Ⅲ类岩体巷道以及Ⅳ类岩体巷道进行支护方案及参数模拟分析。通过分析，分别按Ⅱ、Ⅲ和Ⅳ类岩体对出矿穿脉巷道、脉外沿脉巷道、出矿进路、拉底巷道以及相关硐室等工程制订支护方案。主要对喷射混凝土厚度、喷射混凝土强度等级、锚杆规格、金属网规格以及锚索规格等支护参数进行优化设计。具体研究成果如下。

①针对Ⅱ类稳定岩体，主要采用单层喷射混凝土、砂浆锚杆和金属网联合支护方式，局部重要地段增加中长锚索补强加固。

②Ⅲ类岩体是普朗矿区的主要岩石类型，针对这类岩石，主要采用两次支护方式(部分服务年限短的巷道为单次)，每次均采用喷射混凝土、砂浆锚杆和金属网联合支护方式，局部跨度大、受力大的地段采用中长锚索补强加固。考虑到装矿进路的重要性，采用两次支护方式，第一次为钢纤维喷射混凝土、砂浆锚杆、金属网联合支护；第二次为钢纤维喷锚网、中长锚索支护。

③Ⅳ类岩体的支护主要采用两次支护方式，两次支护主要为喷射混凝土、砂浆锚杆和金属网的联合支护，必要时增加中长锚索补强加固；对于部分很破碎的岩体采用两次支护需要加密锚杆和锚索。

(5)采矿工程布置

普朗铜矿一期开采 3720 m 水平以上矿体，采用单中段回采连续崩落方案，平均崩矿高度为 280 m。下设有 4 个主要水平，从下至上分别为 3660 m 有轨运输水平、3700 m 回风水平、3720 m 出矿水平、3736 m 拉底水平，各水平有辅助斜坡道和电梯井相通。普朗铜矿一期工程纵投影图如图 3-64 所示。

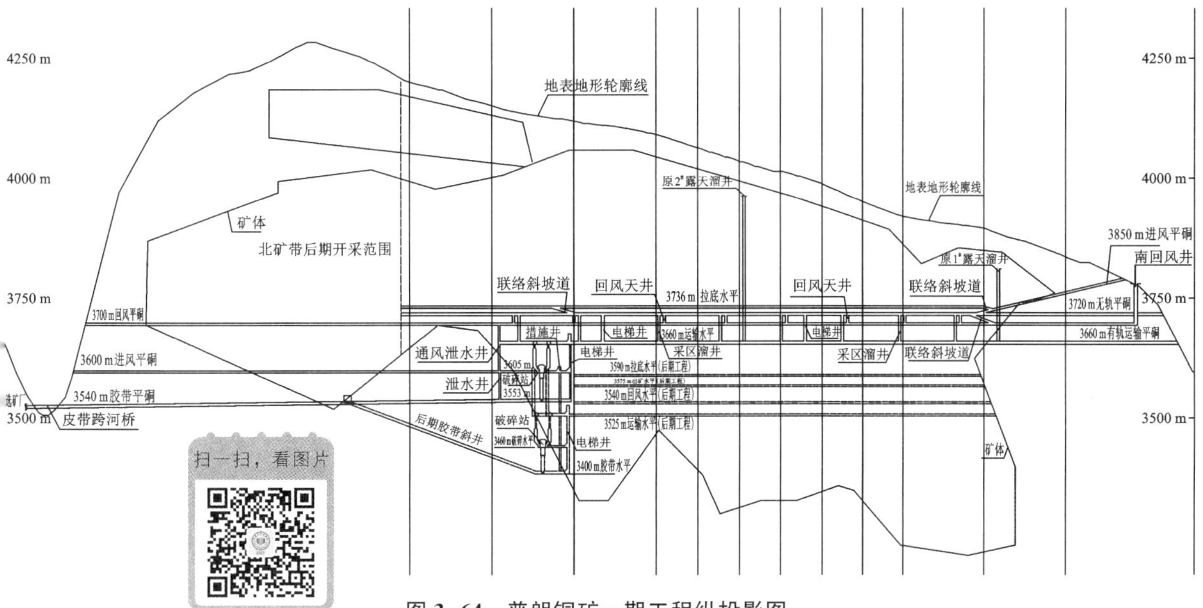

图 3-64　普朗铜矿一期工程纵投影图

①开采顺序。矿体初始拉底位置选择位于品位较高的 1 至 4 号勘探线之间。为有效控制拉底推进线长度，减少应力集中对井下巷道的破坏，以菱形方式从中心向 4 个方向连续推进。

②采矿工艺及采场结构尺寸。出矿穿脉垂直矿体走向布置(图 3-65)，间距 30 m，出矿进路间距 15 m，装矿进路与出矿穿脉成 55°角相交。在矿体的上、下盘分别布置脉外沿矿体走向的铲运机运输巷道。

采场溜井布置在出矿穿脉内，回风天井布置在每条出矿穿脉的溜井附近，在出矿水平下面设专用回风水平，污风通过回风天井汇集到 3700 m 回风水平的回风道，然后汇入总回风道排出地表。

拉底水平位于出矿水平之上 16 m 处，垂直矿体走向布置。采用前进式拉底，即拉底爆破，释放应力后，再爆破形成聚矿槽。拉底和聚矿槽采用中深孔凿岩台车打扇形中深孔。采用装药车装填粒状铵油炸药，非电导爆雷管起爆。

出矿设备选择载重为 14 t 的电动铲运机。放矿口的悬顶选用药包爆破和悬顶处理台车处理。二次破碎采用打眼爆破和移动式液压破碎锤相结合的方式。

(6)综合在线监测系统

普朗铜矿建立了集三维激光扫描、微震监测系统、TDR(时域反射计)、空孔电视和应力、应变、钻孔电视等多种手段为一体的综合在线监测系统(图 3-66)，以预测和掌握矿体实际崩落规律、地表沉降状况和底部结构受力情况，为采矿生产服务。

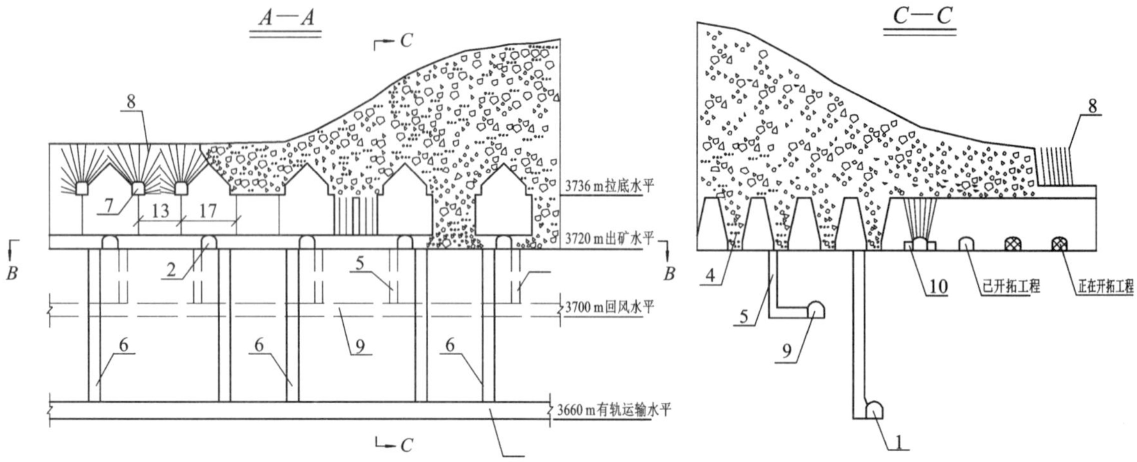

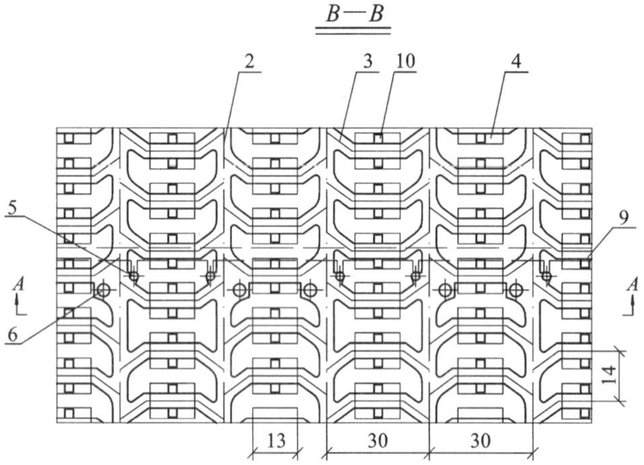

A—A

C—C

3736 m拉底水平

3720 m出矿水平

3700 m回风水平

3660 m有轨运输水平

已开拓工程

正在开拓工程

B—B

图例

1—有轨运输巷道
2—出矿穿脉巷道
3—出矿进路
4—聚矿槽
5—回风天井
6—矿井溜井
7—拉底穿脉巷道
8—中深孔炮孔
9—回风巷道
10—切割硐室

说明

图中单位均以m为单位。

主要技术经济指标

序号	项目	单位	数量	备注
1	生产能力	t/d	37879	
2	凿岩设备效率	m/(台·班)	90	Simba1254
3	铲运机出矿效率	t/(台·班)	900	LH514E
4	矿石损失率	%	8	
5	矿石贫化率	%	6	
6	采准比	m^3/万t	60	浅孔掘进
7	切割比	m^3/万t	230	中深孔拉底

图 3-65 普朗铜矿自然崩落采矿法示意图

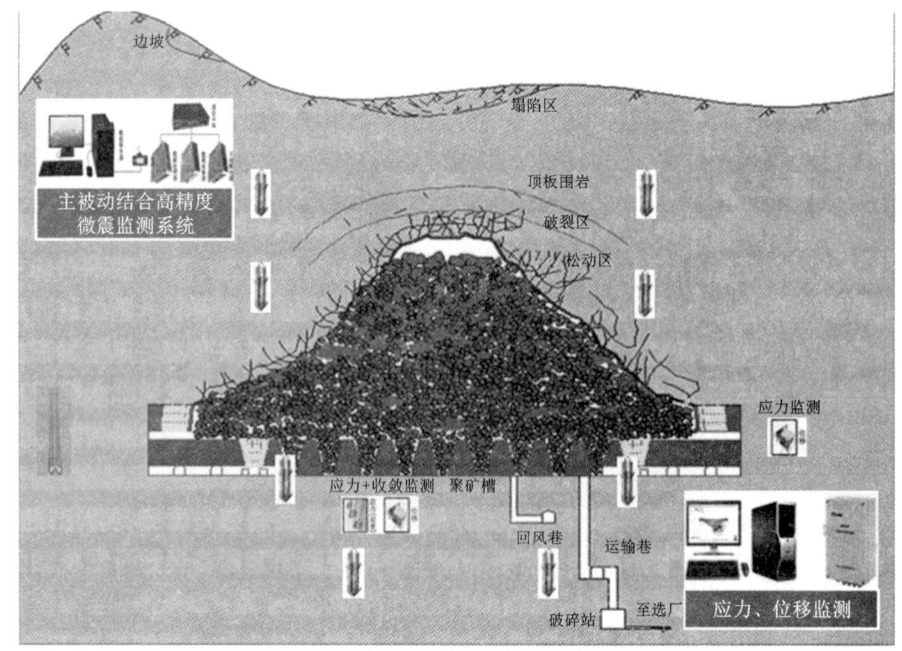

图 3-66 综合在线监测系统示意图

①地表三维激光扫描仪。在地表视线较好的东边山头安装三维激光扫描仪，实时扫描采矿区域地表形状，分析地表形状变化和计算地表沉降速度，发现沉降速度突然增大时，可及时发送信息到相关管理人员手机上预警。

②微震监测系统。在首采矿块 3900 m 标高处和 3720 m 水平沿脉巷道的监测钻孔内布置 30 个传感器，包括 6 个三向传感器和 24 个单向传感器；设置地表监测集中控制中心和坑内监测控制站；矿体崩落信息通过地震仪(QS)采集后传输至坑内控制室，再由光纤传输至地表监测控制中心，进行数据处理和分析，研究岩体应力和应变随采矿作业的时空变化，掌握矿区岩爆和崩落活动规律，为控制矿岩崩落进展、调整放矿速度提供指导和保障。

③ TDR 监测系统。TDR 采用电脉冲测试技术，从地表打钻孔至生产水平，将同轴电缆埋设在钻孔中，并用砂浆填充电缆和钻孔之间的缝隙，以保证同轴电缆与岩体同步移动。随着井下生产的进行，矿岩持续崩落，岩体发生变形和破坏，使同轴电缆局部产生剪切和拉伸破坏，从而导致其特性阻抗发生变化。普朗铜矿在首采矿块内布置了 4 个垂直钻孔，在钻孔内埋设同轴电缆，并采用砂浆浇筑填充；每个钻孔的同轴电缆接入总控制室内。周期性地采用 TDR 测试仪对每个钻孔发射电脉冲信号，通过发射和返回信号的时间确定各钻孔崩落破坏位置，进而掌握整个井下自然崩落的发展规律。

④钻孔电视。普朗铜矿首采矿块中心有一通到地表的竖井(2 号溜井)。设计时考虑利用该井及另外两个钻孔下放摄像头到崩落空区，观测崩落情况。在实际监测过程中，因钻孔孔径小，开始崩落后很快垮塌变形，未能完成监测任务。之后 2 号溜井通过远程遥控下放摄像头到崩落空区，一直使用到崩通地表。通过 2 号溜井钻孔电视直观观测，真实掌握了首采矿块的崩落速度、崩落位置、崩落顶板与崩落矿石之间的距离，为控制放矿速度提供了很好的指导。

⑤底部结构稳定性监测系统。普朗铜矿首采矿块采用钻孔电视、应力和应变仪 3 种手段对底部结构稳定性进行监测。在 3720 m 出矿水平处布置了 12 套应力计和位移计，实时监测底部结构应力变化情况；同时在矿柱上打孔，用推杆将摄像头送入孔内，观测钻孔内的节理裂隙发展变化情况，直观判断底部结构受力情况。对变化较大矿柱及时进行支护，并合理改变拉底及放矿等生产计划，进而提前做到地压的控制管理，防止底部结构突然失稳。

(7)放矿控制系统

放矿控制是自然崩落法生产管理的重要内容之一。普朗铜矿建立了一套包括三维放矿管理软件在内的具有铲运机智能定位、铲装矿石计量、数据传输等功能的放矿控制系统。

① iOreDraw 放矿管理软件。放矿管理软件以三维实体模型和品位模型为基础，采矿结构参数为约束，矿山利润和资源回收率最大为目标，确定最优放矿方案。主要功能有：放矿设计方案对比与优选；年计划、月计划、日计划的编制以及计划调整；自动生成日报表、月报表，实际生产与计划生产偏差分析。

②铲运机智能定位、计量与数据传输系统。该系统实时采集铲运机的运行轨迹，定位装、卸位置，铲装矿石量等基础信息，并通过数据传输系统下载放矿指令、上传生产信息。该系统在减少现场放矿管理人员的同时，可避免因现场数据失真而使放矿管理失控。

(8)智能运输系统

普朗铜矿一期工程采用平硐-溜井联合开拓方式。矿石由载重为 65 t 的电机车牵引 11 节斗容为 20 m^3 的矿车无人驾驶运输，在井下破碎后，再由胶带运输机运到选矿厂。

3660 m 水平采用无人驾驶运输系统。系统主要包括：溜井料位监测系统、电机车调度系统、网络通信系统、装矿控制系统、视频监控系统、运输自动化控制系统、计量系统。目前，除装矿需要操作人员远程遥控外，运输和卸矿实现了无人干涉的智能运输。采用 6 用 1 备的列车配置，达到了 38000 t/d 的设计运输能力。

3.7 覆盖岩层的形成

崩落采矿法是一种安全、高效、工艺简单的采矿方法，在我国各大地下金属矿山得到了广泛的应用。该方法的特点是在覆盖岩层下放矿，覆盖岩层的形成对崩落法开采具有重要的作用。

3.7.1 覆盖岩层功能

1）采矿工艺要求

应用崩落采矿法开采的矿山，在崩落矿石的顶部需形成一定厚度的覆盖岩层。从采矿工艺角度考虑，随着地下崩落法采矿的进行，如果没有覆盖岩层，便不会形成挤压爆破条件，导致崩落下来的矿石都崩落到空区，在本分段中大部分不能放出来，造成矿石的损失与贫化。同时，覆盖层可有效地将地下采场和地面隔离开，减缓雨季地表径流的渗入速度，起到一定的削峰和延时作用，并能减小井下排水压力，为以下各分段的开采提供所必需的覆盖层，对于防止漏风有重要作用，保障井下生产工序的顺利进行。另外，在挤压爆破条件下，可形成完整的放矿椭球体，使矿量尽可能多地得到回收利用，实现安全高效开采。

2）采场生产安全要求

从采场安全生产角度考虑，覆盖层的作用主要体现在：可作为散体安全垫层，防止顶板围岩大面积塌落引起的冲击气浪危害，避免造成严重的安全生产事故。当采用无底柱分段崩落法开采时，在出矿作业中，严禁进入空场出矿，以防落块伤人事故发生；首采分段的端部口不应出空，确保矿石散体垫层留有一定的安全厚度，当有大块矿、岩高位卡口时，要考虑卡口大块滚落伤人的可能性。总之，要从根本上确保安全生产。

3）安全厚度确定

覆盖层的状态是形成崩落矿石形态的外部约束条件，直接影响崩落矿石形态的形成，而放矿工艺关系到覆盖层松动体的形成。放矿理论认为，松动体为一椭球体，而在这一松动椭球体内的松散介质孔隙度较它以外的压缩体大得多。这使得被爆矿体在爆破和矿石碎胀作用下，崩落矿石对其周围覆盖层的推移与压缩变形是非均匀的。一般来说，其结构变形主要发生在体内，是矿体爆破的主要补偿空间，松动体的形态是决定崩落矿石形态的主要影响因素。

放矿工艺（如铲取方式、铲取深度、放矿制度等）影响放出体和松动体的形成，进而影响崩落矿石的形态。这说明上次放矿所形成的松动体的形态对崩落矿石形态有着很大影响，而崩落矿石形态又影响放出体的形成与发育。如果崩落矿石形态不合理，势必影响放出体和松动体的形成，进而又影响后续的崩落矿石形态。总之，放矿工艺影响放出体和松动体的形成，爆破和松动体影响崩落体的形成，崩落体又影响放出体和松动体的形成。因此，放出体、松动体、崩落体三者是相互联系的一个整体。

国内应用崩落法的矿山广泛使用中深孔落矿，爆破矿石的方式大体上有两种：一种是采场内设置切割槽小补偿空间自由爆破；另一种是向侧面的散体挤压爆破，相比之下，侧向挤压爆破方式对覆盖层的要求较为严格。如果覆盖层厚度不足，将产生以下几个方面的影响。

(1) 未形成覆盖层时，进路端部为采空区，矿石侧向崩入采空区内，绝大部分不能在本分段放出。

(2) 覆盖层厚度不足以埋住待崩落的矿石时，端壁面的下半部为废石覆盖，而上半部是空场，随之上半部的矿石崩落在覆盖层废石之上，造成崩落过程中的矿、岩混杂，引起崩落矿石大量贫化。

(3) 覆盖层厚度不足以在出矿后期堵住出矿口，或埋住出矿口的厚度不足时，一旦发生顶板围岩的大规模冒落，进路内的作业人员和设备将受到动压与气浪的冲击。

随着采矿的进行，因顶板围岩滞后冒落形成的采空区达到一定的规模后，顶板围岩一旦失稳且发生大规模的突然冒落，冒落的岩体对其下采场将产生巨大的动力冲击，并形成可摧毁井下设施和伤害作业人员的气浪。采空区的体积越大，顶板的落差越大，气浪的危害程度越大。覆盖层防治空区冒落危害的功能主要表现在它作为散体垫层对冒落载荷的滤波、消波作用。在垂直气流方向的岩块上，气体的质点速度为零；在岩块之间，气体流动产生摩擦。在岩块后面产生旋涡，这样气体在通过散体过程中产生了驻点内能和旋转动能，消耗了气体的能量，从而在其通过散体垫层后气浪的压力与速度得以降低。

《金属非金属矿山安全规程》规定：无底柱分段崩落法回采工作面上方应有大于分段高度的覆盖岩层，以保证回采工作的安全；若上盘不能自行冒落或冒落的岩石量达不到规定的厚度，必须及时进行强制放顶，使覆盖层厚度达到分段高度的 2 倍左右。

4) 覆盖岩的质量要求

覆盖岩的质量对崩落法开采矿石的贫化有较大影响，当覆盖岩石块度较小时，随着井下放矿的进行，在矿岩接触面上，较小的岩石块度将会随着覆盖层的下移不断混入崩落的矿石堆体，使矿石贫化率增大；如果覆盖岩层的块度过大，覆盖岩块间将会形成较大的间隙，随着采矿的进行，导致覆盖岩上方的破碎小块岩石不断通过岩块间的空隙经矿岩接触面混入崩落的矿石堆体中，同样矿石贫化率较大。因此，需针对具体矿山的矿岩稳定性条件来确定合理的崩落矿岩质量，使其能够较大限度地发挥作用，将矿石的贫化减小到最低程度。

3.7.2　覆盖岩层形成方法

在崩落采矿法开采中覆盖层的形成主要有强制崩落放顶、诱导围岩自然冒落、废石回填、崩落矿石代替等方法。

在应用崩落采矿法正常采矿时，需在崩落矿石的上面预先形成岩石覆盖层，简称覆盖层。覆盖层的形成方法取决于矿体顶板(或上盘)围岩的稳定性。顶板围岩不稳固或稳固性较差时，可用矿石回采形成的空间诱导顶板围岩自然冒落形成覆盖层，覆盖层由自然冒落的废石组成，几乎不花费任何费用；对于稳固性较好的围岩，往往需要采取人工强制崩落围岩放顶的方式来形成覆盖层，覆盖层需花费较大的人力、物力。针对露天转地下开采的矿山，进入地下开采后，可以利用采出的废石充填地表塌陷坑形成覆盖层；同时，也可以利用崩落法开采中崩落的矿石作为覆盖层。

1)强制崩落放顶

在采用崩落法开采过程中，当顶板围岩比较稳固时，为了形成崩落法正常回采条件和防止围岩大量崩落造成的安全事故，需要人工强制崩落顶板围岩进行放顶。按形成覆盖岩层与回采工作先后不同，强制崩落放顶可分为集中放顶、边回采边放顶和先放顶后回采3种方式。

(1)集中放顶形成覆盖岩层

这种方法是利用首采分段的采空区做补偿空间，在放顶区侧部布置凿岩巷道，在巷道中钻凿扇形中深孔，当几条回采巷道回采完毕后，爆破放顶中深孔形成覆盖岩层。这种方法的放顶工作集中，放顶工艺简单，不需要运出部分废石，也不需要切割。但由于需在暴露大面积岩层之后才能放顶，故放顶工作的可靠性和安全性较差。集中放顶形成覆盖岩层示意图如图3-67所示。

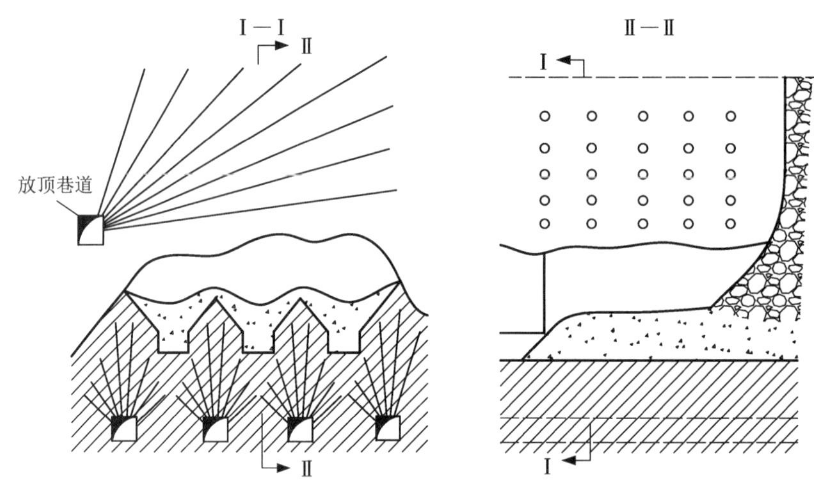

图3-67 集中放顶形成覆盖岩层方案示意图

(2)边回采边放顶形成覆盖岩层

在首采分段上部掘进放顶巷道，在其中钻凿与回采炮孔排面大体相一致的扇形中深孔，并与回采一样形成切割槽，以矿块作为放顶单元，边回采边放顶，逐步形成覆盖岩层。这种方法工作安全可靠，但放顶工艺复杂，回采和放顶必须严格配合，协同采放。边回采边放顶形成覆盖岩层示意图如图3-68所示。

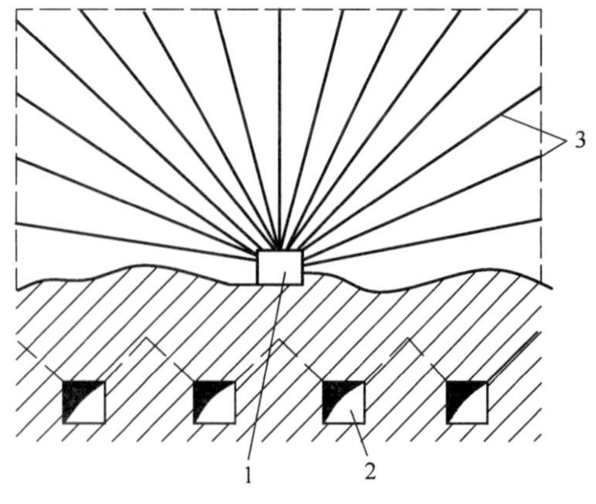

1—放顶凿岩巷道；2—回采巷道；3—放顶炮孔。

图3-68 边回采边放顶形成覆盖岩层方案示意图

此外，还有一种将放顶和回采合为一道工序的方案。如图3-69所示，在回采巷道中钻凿相间排列的深孔和中深孔，用深孔控制放顶高度(可达20 m)，用中深孔控制崩矿的块度和高度，放顶和回采共用一条巷道形成覆盖岩层。

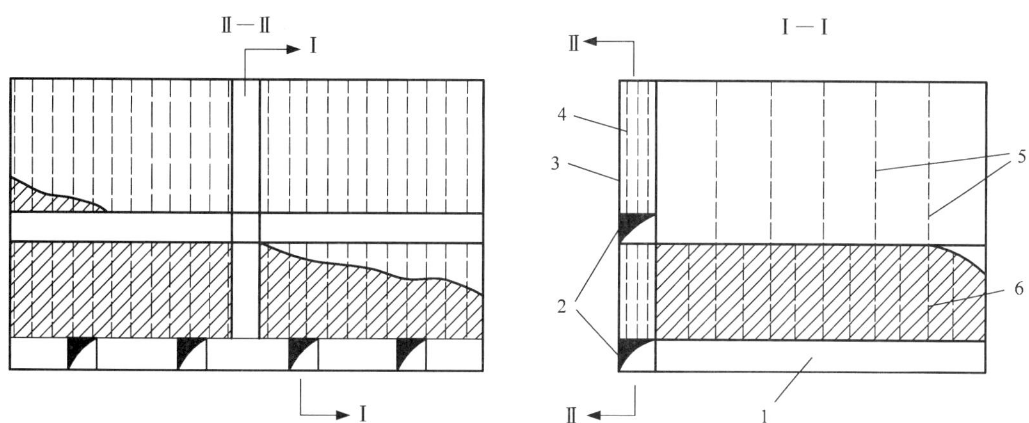

1—回采巷道；2—切割平巷；3—切割天井；4—切割炮孔；5—深孔；6—中深孔。

图 3-69　放顶和回采共用一条巷道形成覆盖岩层方案示意图

(3)先放顶后回采形成覆盖岩层

回采之前，在矿体顶板围岩中，掘进一层或两层凿岩巷道，并在其中钻凿扇形炮孔(最小抵抗线可比回采时大些)，用崩落矿石的方法崩落围岩，形成覆盖层。这种放顶方法首分段的回采就在覆盖岩下进行，回采工作安全可靠，但放顶工程量大，而且要运出部分废石。先放顶后回采形成覆盖岩层方案示意图如图 3-70 所示。

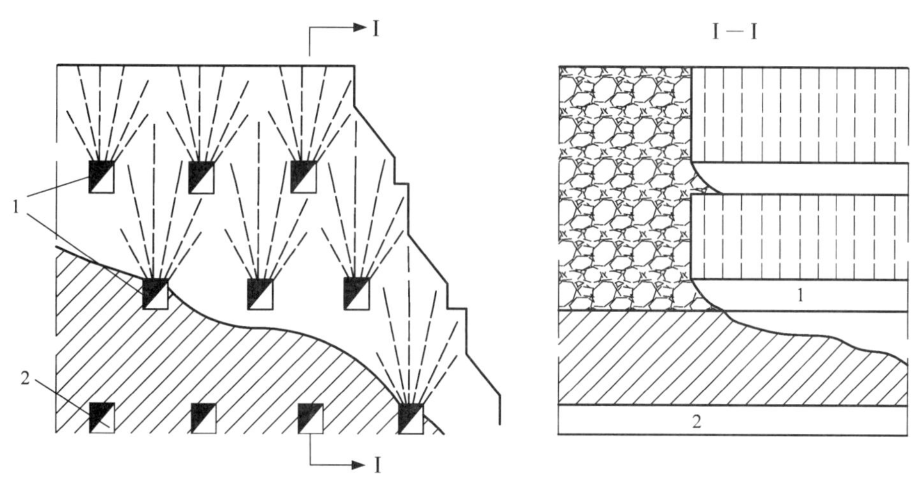

1—放顶巷道；2—回采巷道。

图 3-70　先放顶后回采形成覆盖岩层方案示意图

上述 3 种放顶方法中，先放顶后回采，工作安全可靠，但放顶工程量大，并需要运出废石；集中放顶，工作可靠性较差，但工作简单不需要运出废石；边回采边放顶兼有前两者的优点，因此采用强制崩落进行放顶时需综合考虑矿岩条件，以选择适宜的放顶方法。

2)诱导围岩自然冒落

当顶板围岩的稳固性满足诱导冒落开采条件时，可以采用诱导围岩自然冒落的方法形成覆盖层。随着崩落法开采的进行，采空区面积不断增大，当采空区面积超过临界冒落面积，且采空区的宽度超过临界冒落跨度时，采空区顶板围岩便会发生冒落。因此可通过合理增大采空区的面积和跨度的方法，诱导顶板围岩自然冒落形成覆盖层，达到在作业人员不知不觉中形成覆盖层的理想效果。实践研究表明，尤其针对露天转地下开采的矿山，诱导冒落法形成覆盖岩层的工艺方法可有效扩展露天、地下同时开采的空间，在减产或停产过渡的矿体条件下，实现露天转地下过渡期的大幅度增产衔接。

3)废石回填

废石回填形成覆盖层主要针对露天转地下过渡期开采，在井下崩落法开采之前，利用露天排岩场的废石回填地表露天坑，形成厚度不小于 40 m 的覆盖层。

废石回填形成散体覆盖层可有效保障井下生产作业安全，但与其他方法形成的覆盖层相比，容易引起地下开采的较大的矿石损失贫化。特别当回填的废石含有较多的表土或细碎砂料时，往往造成长时间巨大的损失贫化，直至所回填的表土或细砂被混着矿石放出为止。

4)崩落矿石代替

崩落法的一个显著特点是上覆围岩及地表允许崩落，采矿在一定厚度的矿岩覆盖层保护下进行，而形成覆盖层的目的则主要是通过充填采空区实现辅助管理采场地压，并为采场提供挤压爆破条件。同时，覆盖层也为地下采矿活动提供了安全保护层，可防止落石、泥石流等对地下采矿造成危害。

针对不同的矿山实际生产条件，可以采用崩落顶部分段矿石代替岩石的方式来形成矿石覆盖层，以确保地下采矿的安全性。需注意的是，随着围岩不断发生自然冒落以及露天边坡围岩被强制崩落，岩石覆盖层厚度逐渐增加，当岩石覆盖层厚度也能独立满足矿山的正常安全生产时，矿山需对这部分拥有可观的经济价值的矿石覆盖层进行回收。为了经济、有效地回收矿石覆盖层，需弄清现有覆盖层的形成过程、最终形态及厚度，为后期回收提供依据。

3.7.3 覆盖岩层滞后的处理措施

1)大爆破强制崩落围岩

随着崩落法采矿的持续会形成一定规模的采空区，为保障下分段采场作业安全，当首采分段回采结束后，一般采用大爆破强制崩落顶板围岩的方法处理采空区。利用采空区上方预先钻凿的中深孔或大孔，采用垂直倒漏斗爆破技术，将采空区上方的岩石崩落，用崩落围岩充填空区并形成覆盖层，以防止空区内大量岩石突然冒落所造成的危害。大爆破强制崩落围岩处理空区的适用条件如下。

(1)地表允许崩落，地表崩落后对矿区及农业生产无害；

(2)在采空区上方预计崩落的范围内，矿柱已回采完毕，井巷设施等已不再使用并已撤除；

(3)围岩稳定性较差；

(4)适用于大体积连续空区的处理；

(5)适用于品位低，价值不高的矿体空区的处理。

采用大爆破强制崩落围岩处理空区的方法能及时消除空场，防止应力过分集中和大规模的地压活动，并且可以简化处理工艺，提高劳动生产率。从国内外金属矿山处理采空区经验看，该方法被广泛用于处理开采深度不大，走向长度大的矿体形成的空区。当应用此法处理埋深大的空区时，因上覆岩体厚度大，爆破后易形成稳定的应力平衡拱，甚至空区暴露面积远大于极限尺寸时，也不会形成贯通地表的崩落塌陷坑，反而给生产留下安全隐患。因此，应用大爆破强制崩落围岩法处理采空区时，应考虑实际的矿岩稳定性及赋存条件。

2）设置泄压通道

崩落法开采后形成的采空区使顶板覆盖岩层产生应力集中，随着矿井开采向深部延伸，围岩应力与构造应力不断升高，可能超过围岩的极限强度，致巷顶板围岩发生破坏失稳，产生大规模冒落，给矿井安全生产带来严重威胁。降低围岩应力、提高围岩强度是控制空区顶板覆盖围岩冒落的主要技术途径。

控制围岩变形主要从提高围岩强度和合理支护技术考虑，通过软岩峰后蠕变试验发现，在高应力作用下，在软岩峰后变形过程中，应力的微小变化会使围岩变形速度发生数量级的变化。因此，保持高应力围岩的稳定可通过降低围岩应力和改变围岩应力分布的技术途径来实现。从控制围岩应力的角度出发，通过在上覆围岩中布置泄压通道，将顶板围岩大变形的应力转移，使围岩的变形得以缓解，并可通过数值计算方法分析应力转移效果和控制围岩变形的影响，据此确定合理的泄压通道布置位置及方式。

3）空区通道封堵

崩落法开采形成的采空区，除了可以将其顶板围岩崩落形成散体覆盖层外，还可以对通往空区的所有生产区的通道进行封堵隔离，包括回采巷道及联络道，运输巷道，等等。主要目的是防止空区围岩突然冒落时发生的空区冲击波对生产区域的危害。该方法是一种经济、简便的处理方法，主要适用于处理孤立小矿体开采后形成的采空区，端部矿体开采后形成的采空区和需继续回采的大矿体上部的采空区。封堵空区通道的方法主要采用岩石阻波墙、混凝土阻波墙、齿状阻波墙和缓冲型阻波墙等。实践证明，仅用该方法处理厚大的矿体所形成的大规模采空场，很难保障完全有效。应用封堵隔离法处理分散、采幅不宽而又不连续的采空区，在国内外很早就有报道。

配合其他处理方法应用该方法处理采空场的矿山比较多，一般采用留隔离矿壁、修钢硅等人工隔离墙的方法。对于大型空场，为了便于人员进入，一般每中段铺设牢固密闭门。为了防止顶板冲击地压，一般采用在空场顶板开“天窗”等技术。封堵空区通道可起到如下作用：①空区顶板一旦冒落，可保证作业人员、设备的安全及井巷完好；②可以预防作业人员误入空区发生意外；③有利于矿井通风。

4）出矿口矿岩封闭厚度

崩落法形成的采空区在开采中随着暴露时间的增加可能发生顶板大规模冒落，形成的冲击气浪，严重威胁井下的作业安全。为消除冲击气浪的威胁，同时保障下部采区生产安全，可采用留设矿岩散体层封堵出矿口的方法。散体层的作用主要是防止空区冒落气浪的冲击，有效降低冲击气浪对出矿口工作人员、设备的危害，而散体层的封闭厚度成为降低冲击气浪速度至安全范围的关键。采空区冒落产生的气流向出矿口奔突，直至在出口排出多余的空气体积量为止。一定厚度的散体垫层将对冒落引起的空气冲击波起滤波、消波作用，尤其对气浪起到阻隔与减速作用。当气浪通过散体垫层后，其冲击力与速度均降低。

散体层封闭厚度的确定可以参照中钢集团马鞍山矿山研究院的研究成果，相关实验得出的气浪通过垫层后的风速 v 与垫层厚度 δ 的函数关系为：

$$v = 20.1 - 1.9\delta + 0.087\delta^2 \tag{3-15}$$

可针对具体矿山安全规程中所规定的人员可以承受的极限风速来计算确定合理的矿岩散体封闭层厚度，根据计算结果制定安全防护措施。

3.8 崩落采矿法放矿规律

3.8.1 放矿理论

崩落采矿法的主要特点是，崩落的矿石与废石直接接触，在废石覆盖下从出矿口放出，如果采场结构参数与放矿方式选择不当，在放矿过程中，容易发生较大的矿石损失贫化。放矿理论是研究崩落矿岩放出规律的理论，比较系统的放矿理论有：椭球体放矿理论、类椭球体放矿理论、随机介质放矿理论。

3.8.1.1 椭球体放矿理论

椭球体放矿理论认为，放出体(从漏斗放出的矿石在原采场崩落矿岩堆中占据的空间位置所构成的形体)为一近似椭球体，称之为放出椭球体；放矿过程中崩落矿岩产生松动的范围所构成的形体也是一近似椭球体，称之为松动椭球体；放出椭球体与松动椭球体，都可简化为椭球体；放出椭球体的表面颗粒点同时到达出矿口；崩落矿岩的移动与被放出过程可视为放出椭球体由大到小最终从出矿口一次性被放出的过程；将放出椭球体简化为椭球体，根据放出体从大到小的过渡关系，建立崩落矿岩的移动方程，可用于分析放矿期间采场崩落矿岩的移动过程，包括矿岩接触面的变化过程、矿石残留体形态等。

1)崩落矿岩的移动

如图 3-71 所示，设从漏孔放出矿石 Q 时，矿石 Q 在采场崩落矿岩堆中原来占有的位置所构成的形体称为放出体。在无边界条件限制的情况下，根据实验得出放出体为一近似椭球体，故称之为放出椭球体(Q_f)。在矿岩堆中产生移动(松动)的部分称为松动体，它的形状也是一近似椭球体，故称之为松动椭球体(Q_s)。在松动范围内各水平层呈漏斗状凹下，称之为放出漏斗。设放出体高度为 H_f，大于 H_f 的水平层面形成的放出漏斗称为移动漏斗；等于 H_f 的水平层面形成的放出漏斗称为降落漏斗；小于 H_f 的水平层面形成的放出漏斗称为破裂漏斗。

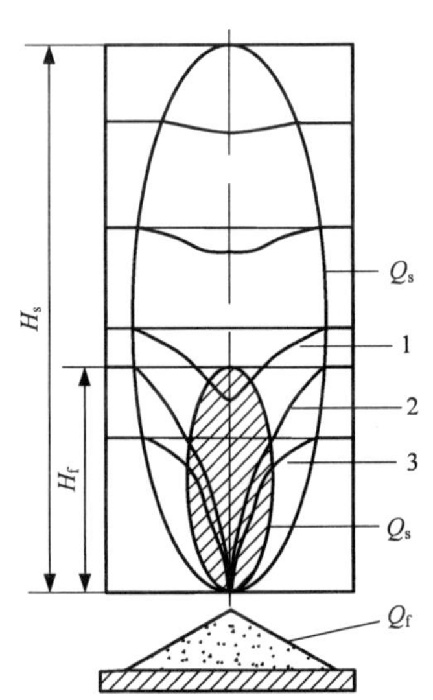

1—移动漏斗；2—降落漏斗；3—破裂漏斗；Q_f—放出椭球体；Q_s—松动椭球体。

图 3-71 单孔放出时崩落矿岩的移动(过漏孔中心线剖面)

2)放出体的基本性质

放出体(抽象后的放出体)的基本性质如下。

(1)放出体形状为一近似椭球体。放出体表面方程为：

$$r^2 = K_f^{-n}(H_f - X)X \tag{3-16}$$

式中：X 为放出体表面上一点的坐标值；r 为放出体表

面上该点的径向坐标值；H_f 为该点相应的放出体的高；K_f，n 为与放矿条件及放出物料性质有关的实验常数，n 为移动迹线指数，一般为 $0 \leqslant n \leqslant 1$，$K_f$ 为移动边界系数。

Q_f 计算式为：

$$Q_f = \frac{\pi}{6} H_f (1 - \varepsilon^2) \tag{3-17}$$

式中：Q_f 为放出体体积；H_f 为放出体高度；ε 为放出椭球体偏心率。

计算式(3-17)中的 $1-\varepsilon^2$(或 $1-\varepsilon_J^2$)可以写成指数型的回归方程式：

$$1 - \varepsilon^2 = KH_f^{-n} \quad 或 \quad \varepsilon = \sqrt{1 - KH_f^{-n}}$$

据此得出放出椭球体体积计算式：

$$Q = \frac{\pi}{6} KH_f^{3-n} \tag{3-18}$$

(2)放出椭球体在被放出过程中，其表面仍保持近似椭球状，称此为移动椭球体。随着放出矿石，移动椭球体表面颗粒点同时被放出(图 3-72)。

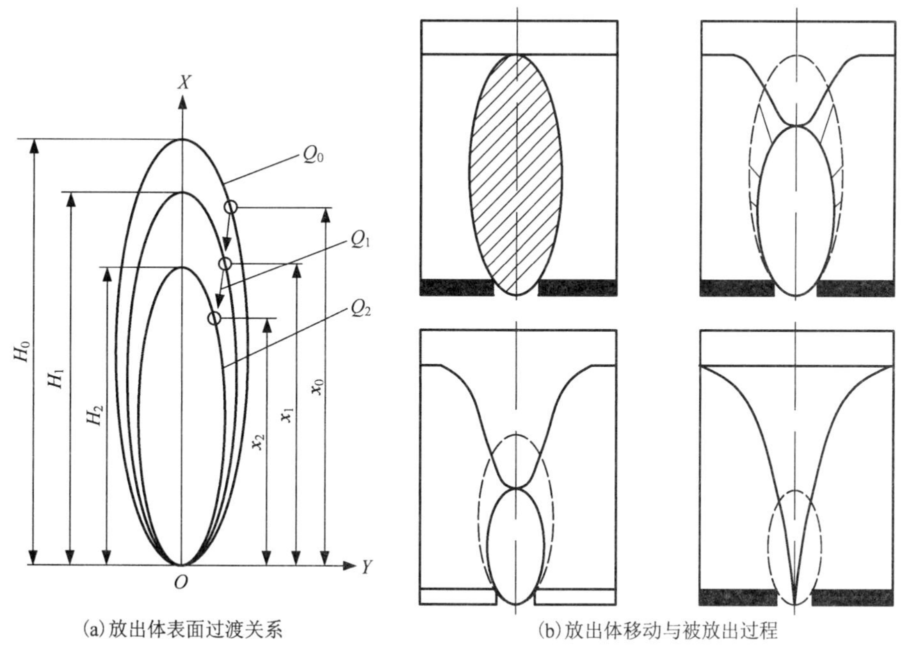

(a)放出体表面过渡关系　　(b)放出体移动与被放出过程

图 3-72　放出体的基本性质

(3)移动椭球体表面上各颗粒点的高度相关系数(x/H)在移动椭球体的移动过程中保持不变。

$$高度相关系数 = \frac{x_0}{H_0} = \frac{x_1}{H_1} = \frac{x_2}{H_2} = \cdots = \frac{x_n}{H_n}$$

3)放出漏斗表达式

根据放出体的 3 条基本性质推导出放出漏斗曲面方程

$$Y^2+Z^2=K\frac{\sqrt[3-n]{\frac{\eta H_{\mathrm{f}}^{3-n}}{\eta x_0^{3-n}-x^{3-n}}-1}}{\left(\frac{\eta H_{\mathrm{f}}^{3-n}}{\eta x_0^{3-n}-x^{3-n}}\right)^{\frac{n}{3-n}}}x^{2-n} \tag{3-19}$$

式中：η 为二次松散系数，其他符号意义同前。

当 $x_0>H_{\mathrm{f}}$ 时，式(3-19)为移动漏斗的表达式；当 $x_0=H_{\mathrm{f}}$ 时，式(3-19)为降落漏斗表达式；当 $x_0<H_{\mathrm{f}}$ 时，式(3-19)为破裂漏斗的表达式。用该式可以求算放出漏斗半径、凹进深度和体积等。

4)岩石混入过程

矿石放出过程中岩石混入情况取决于矿岩接触面条件。如图 3-73 所示，以矿岩接触面为一水平面为例，当放出体高度小于矿石层高度时，放出的矿石为纯矿石，最大纯矿石量等于矿石层高度的放出体体积。放出体大于矿石层高度时，岩石开始混入，混入岩石量等于进入岩石中的椭球冠体积(Q_y)。

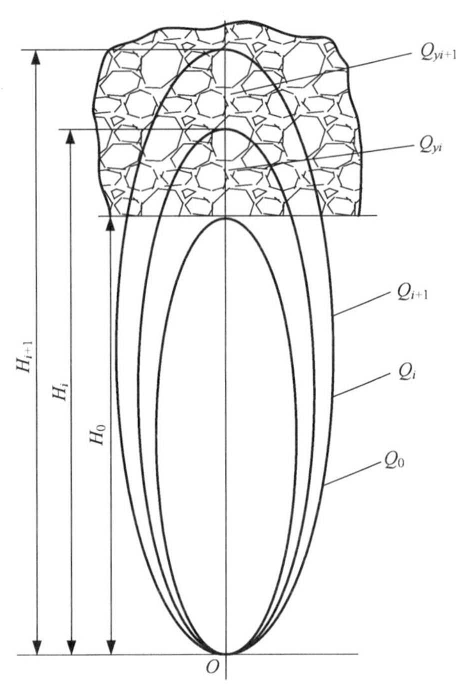

图 3-73 单孔放出时岩石混入过程

椭球冠体积与整个放出体体积的比率(%)，等于体积岩石混入率。若继续放出，使放出体由 Q_i 增大至 Q_{i+1} 时，此段时间放出量为 $Q_{i+1}-Q_i$。设此量等于一个当次放出矿量，其中岩石量为 $Q_{yi+1}-Q_{yi}$，岩石所占的比率为$(Q_{yi+1}-Q_{yi})/(Q_{i+1}-Q_i)$，称为当次体积岩石混入率；当放出矿量很小时，可称为瞬时体积岩石混入率。当矿石层高度足够大时，体积岩石混入率为：

$$y=\frac{Q_{yi}}{Q_i}=\left(1+\frac{2}{K}-\frac{3}{K^{\frac{2}{3}}}\right)\times 100\% \tag{3-20}$$

式中：$K=Q_i/Q_0$；Q_0 为高度等于矿石层高度 H_0 的放出体体积。

当侧面再有岩石接触面时，也是用类似方法求算岩石混入量。

椭球体放矿理论来源于实验，也依赖于实验发展其精华。经实验证明放出椭球体的偏心率随放出高度的增大而增大，任凤玉等人将这一关系的回归式纳入放矿理论方程，使计算精度得到较大提高。此外，基于实验室实验与现场试验结果，椭球体放矿理论给出了许多行之有效的降低矿石损失贫化的技术措施，这些技术措施有效地指导了矿山生产，为我国采用崩落法的矿山降低矿石的损失贫化做出了重要贡献。

实验表明，放出体形态随散体的流动性质、承压条件、放出条件与采场边界条件而变化，将放出体形态简化为椭球体是一种不精确的表达，因此椭球体理论的计算精度较低，而且放出体形态离椭球体越远，计算精度就越低。随着理论研究与生产实际的结合越来越密切，对生产中实际条件下放矿问题的研究越来越多，得出的放出体实验形态多种多样，有的近似椭球体，有的近似水滴，有的近似倒水滴，还有的不能用一种形状表达，是由几种简单形状复合构成。椭球体放矿理论不能适应放出体形态的这种多态变化，因此有被功能更强大的随机介质放矿理论取代的趋势。

3.8.1.2　类椭球体放矿理论

李荣福教授在椭球体放矿理论和实验研究的基础上，在实验观察、回归分析和理论研究的基础上创立了类椭球体放矿理论，其包含椭球体放矿理论的部分合理内核(如移动迹线方程、移动过渡方程、相关关系方程)，解决了椭球体放矿理论存在的问题和不足，拓展和发展了椭球体放矿理论。

类椭球体放矿理论认为放出体形状为旋转的截头的近似椭球体，且体形随放出条件和散体性质的变化而变化，呈现为上大下小、上小下大或上下接近等。

$$r^2 = KX^n\left[1 - \left(\frac{X}{H}\right)^{\frac{n+1}{m}}\right] \tag{3-21}$$

式中：m 为速度分布指数，其他符号意义同前。

类椭球体放矿理论将椭球体放矿理论大大推进了一步：①放出体表面方程能适应放出体形态的变化；②速度场与类椭球体的基本假设不矛盾；③对散体移动密度场做了有益的探讨。但是与椭球体放矿理论一样，类椭球体放矿理论对“类椭球体”的形成原因没有做出科学的解释，仅对轴对称条件下的室内单孔模拟放矿规律进行了研究，没有对端壁放矿和其他复杂边界条件下的放矿做进一步研究，而实际放矿中采场边界受矿体开采技术条件限制比较复杂，正是放矿理论研究和实际放矿控制的难点所在。

3.8.1.3　随机介质放矿理论

以概率论为工具研究散体移动过程的方法，最早始于 20 世纪 60 年代。波兰 J. Litwiniszyn 教授认为，松散介质运动过程是随机过程。他于 1956 年给出的随机介质模型如图 3-74(a)所示，设想每个方箱内包含一个重球，当第Ⅰ层 a_1 球移出，其空位由第Ⅱ层 a_2 或 b_2 重球下移占据，此时第Ⅱ层又形成一个空位，比如是 a_2，它将由第Ⅲ层 a_3 或 b_3 球进行填补。这样从第Ⅰ层放出一个球体就引起上部各层下移一个球体。如果从 a_1 连续放出球体，那么上部层中就有很多方箱被放空，空箱的边界区域形成台阶线。令第 N 层任意空位由第 $N+1$ 层相邻两球递补，每球的递补概率为 1/2，则当层数与放出的球体相当多时，该台阶线逼近正态分布曲线[图 3-74(b)]。

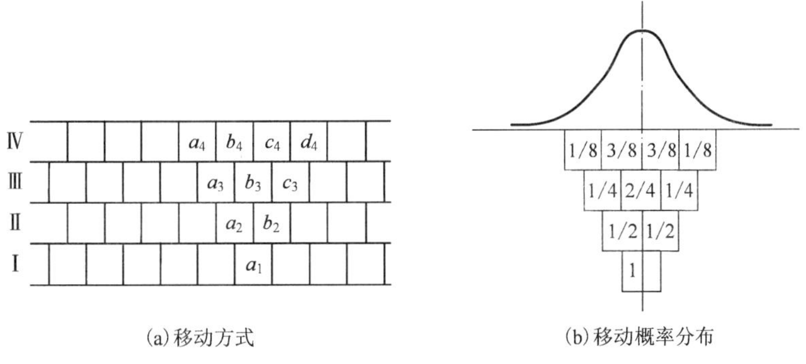

图 3-74　Litwiniszyn 移动模型

J. Litwiniszyn 从模型描述的现象引出推论——散体介质移动的随机性，即当从 z_0 水平放出一定的单元体时，引起原来 $z_1(z_1>z_0)$ 水平的单元体以一定的概率下移。J. Litwiniszyn 将散体抽象为随机移动的连续介质，建立了移动漏斗深度函数 ω 的微分方程式：

$$\frac{\partial\omega(z,\ x)}{\partial z}=\frac{\partial\alpha}{\partial z}\times\omega(z,\ x)-B(z)\left[\frac{\partial^2\omega(z,\ x)}{\partial x_1^2}+\frac{\partial^2\omega(z,\ x)}{\partial x_2^2}\right] \tag{3-22}$$

式中：$\frac{\partial\alpha}{\partial z}$为下移过程中的散体体积增量，当$\frac{\partial\alpha}{\partial z}=0$，流动散体为不可压缩介质。式(3-22)形式上为爱因斯坦—柯尔莫哥洛夫类型的方程，同热传导、分子扩散是同一类型的方程。J. Litwiniszyn 给出了离散岩体随机移动状态的构思和一般性描述的微分方程，但并未给出微分方程的解，因此未能给出散体移动过程的计算方程。

1962 年王泳嘉教授发表《放矿理论研究的新方向——随机介质理论》一文，提出散体移动的球体递补模型(图 3-75)，基于两相邻球体递补其下部空位的等可能性建立了球体移动概率场，计算了第一层面的每一小球的移动概率，将球体介质连续化处理后，给出了散体介质移动概率密度方程：

$$\varphi_z(x)=\frac{1}{2\sqrt{\pi Bz}}\exp\left(-\frac{x^2}{4Bz}\right) \tag{3-23}$$

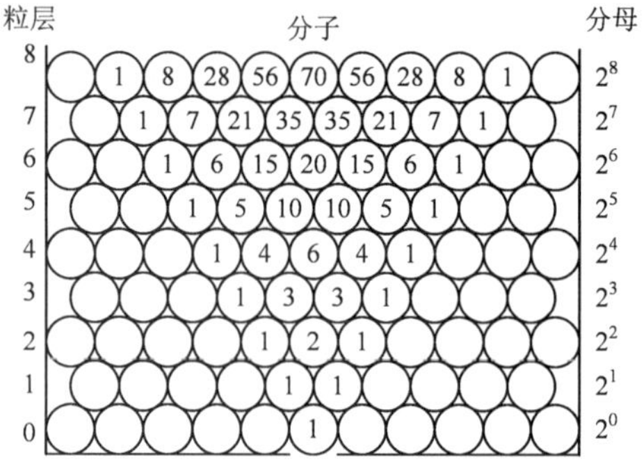

图 3-75 球体递补模型

式中：B 为散体统计常数。以式(3-23)为基础，推导出散体移动速度与迹线方程、放出漏斗方程、放出体方程等，建立了随机介质放矿理论体系。

苏联学者 B. B. Куликов 基于球体移动模型研究了放矿的平面问题与空间问题，于 1972 年给出三维移动概率密度方程：

$$P(x,\ y,\ z)=\frac{2b}{\pi kz}\exp\left[-\frac{2b(x^2+y^2)}{a^2kz}\right] \tag{3-24}$$

式中：k 为移动不均匀系数(修正项)；a，b 为球体颗粒中心的水平及垂直间距。

式(3-23)与式(3-24)均为正态分布函数，其均值为零，方差与高度 z 的一次方成正比。该类移动概率密度方程对应的放出体形态，下部粗大上部细小，与常规实验放出体形态不符。为解决这一问题，任凤玉教授将随机介质方法与散体流动的实际物理过程相结合，设计了测定散体沉降曲线拐点变化关系的实验，基于实验结果，提出了散体移动概率密度方程

$$p(x,\ y,\ z)=\frac{1}{\pi\beta z^{\alpha}}\exp\left(-\frac{x^2+y^2}{\beta z^{\alpha}}\right) \tag{3-25}$$

式中：α，β 为散体流动参数。由式(3-25)得出的放出体，能够较好地适应因散体流动性质与放出条件不同而产生的放出体形态的多态变化，因此可与实验放出体高度吻合。

在生产实际中，放出体形态还受到采场边界条件的影响。按崩落矿岩移动的空间条件，可将崩落法放矿分为 3 类：第一类为无限边界条件，即在放矿时崩落矿岩的移动不受采场边壁的限制，如厚大矿体中部矿块或缓倾斜矿体底板漏斗方案的采场放矿条件等；第二类为半无限(端壁)边界条件，其壁面与散体颗粒固有移动迹线重合，如无底柱分段崩落法端部放矿；第 3 类为倾斜壁边界条件，即崩落矿岩移动时受上、下盘实体壁影响的采场放矿条件。以移动概率密度方程为基础，可推导出不同边壁条件下的放出漏斗方程和放出体方程。

无限边壁条件放出漏斗方程和放出体方程分别为:

$$r^2=\beta z^\alpha \ln\frac{(\alpha+1)Q_f}{\pi\beta(z_0^{\alpha+1}-z^{\alpha+1})} \tag{3-26}$$

$$r^2=(\alpha+1)\beta z^\alpha \ln\frac{H}{z} \tag{3-27}$$

式中: Q_f 为放出体体积; z_0 为放出漏斗层面高度。

半无限边壁条件下放出体形态如图3-76所示,在此条件下的放出漏斗方程和放出体方程分别为:

$$\frac{y^2}{\beta_1 z^{\alpha_1}}+\frac{[x-g(z)]^2}{\beta z^\alpha}=\ln\frac{(\omega+1)Q}{\sqrt{\beta\beta_1}A\pi[z_0^{\omega+1}-z^{\omega+1}]} \tag{3-28}$$

$$\frac{y^2}{\beta_1 z^{\alpha_1}}+\frac{[x-g(z)]^2}{\beta z^\alpha}=(\omega+1)\ln\frac{z_H}{z} \tag{3-29}$$

式中: $g(z)=Kz^{\frac{\alpha}{2}}$; K 为壁面影响系数,其值取决于壁面对散体的阻尼程度,一般 $K=0.1\sim0.15$; A 为端壁切余系数, $A=\frac{1}{2}+\frac{1}{\sqrt{\pi}}\int_0^{\frac{k}{\sqrt{\beta}}}\exp(-u^2)\mathrm{d}u$; α, β 为沿进路方向散体流动参数; α_1, β_1 为垂直进路方向散体流动参数; $\omega=\frac{\alpha+\alpha_1}{2}$; z 为放出体高度的 z 轴坐标值。

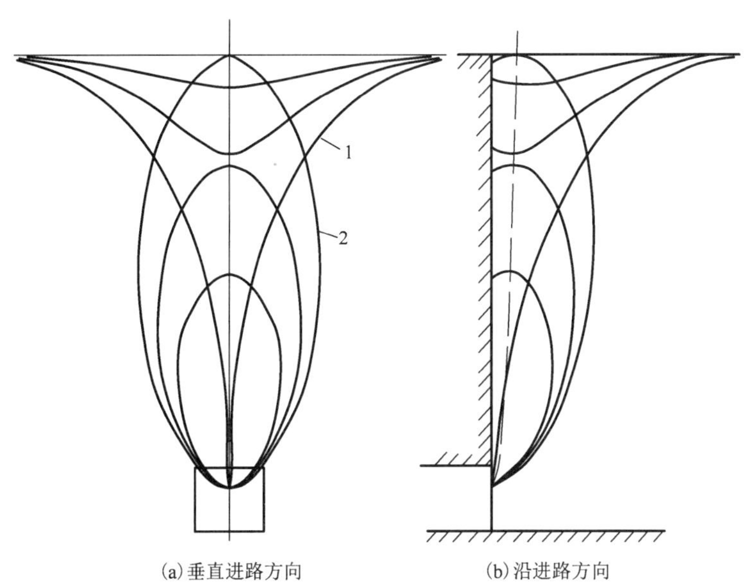

(a)垂直进路方向　　(b)沿进路方向

1—放出漏斗; 2—放出体。

图3-76　半无限边壁放矿放出体与放出漏斗

倾斜壁边界条件在生产中经常遇到,其理论研究历来是放矿研究的重要组成部分,但由于此时的放出体与放出漏斗形态受边壁控制不是对称形体,而且不属于同一类型几何形体,给传统的以放出体为基础的研究方法带来困难,成为放矿理论研究的难点。

实际上，斜壁对散体移动过程的影响主要是阻隔一部分物料补给源，使相邻部位补给源增添指向斜壁方向的体积流分量，从而改变了颗粒的移动方向，使颗粒到达漏口所需时间的相对关系发生根本性变化，由此造成放出体形态的巨大变异。

根据实验获得的速度分布曲线的形态及其最低点与放出口轴线的相对位置关系，可将整个移动区域在高度方向上分为 3 个区段。第一区段，曲线形态同无限边界条件时一致，可视为完整的正态曲线；对应斜壁位置在移动带之外。第二区段，曲线逐渐受斜壁切割，切割的比例随层面高度增大而增大；曲线形态可视为正态曲线的一部分，其最低点的相对位置随斜壁倾角而变化，倾角大时略向斜壁侧偏移，倾角小时则相反。第三区段，曲线被斜壁切割的比例不再增大，最低点与斜壁保持近似不变的距离（或重合）。根据斜壁对下降速度分布曲线的切割程度，将 3 个区段分别称为无影响区、过渡区与受斜壁控制区（图 3–77）。

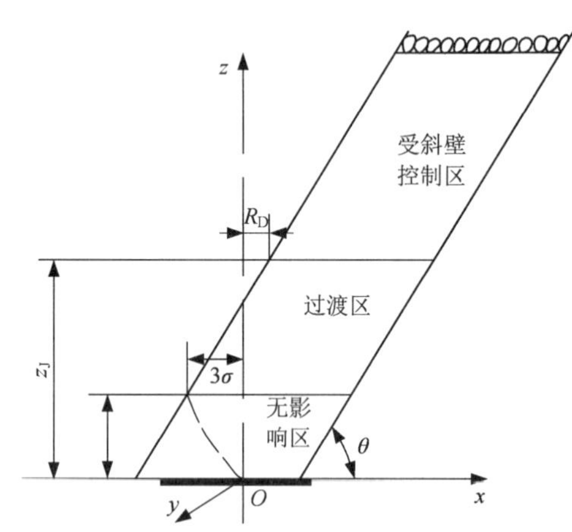

图 3–77 斜壁放矿条件移动区域划分

此外，立体模型实验得出，放出体沿斜壁方向的剖面形态如图 3–78 所示。

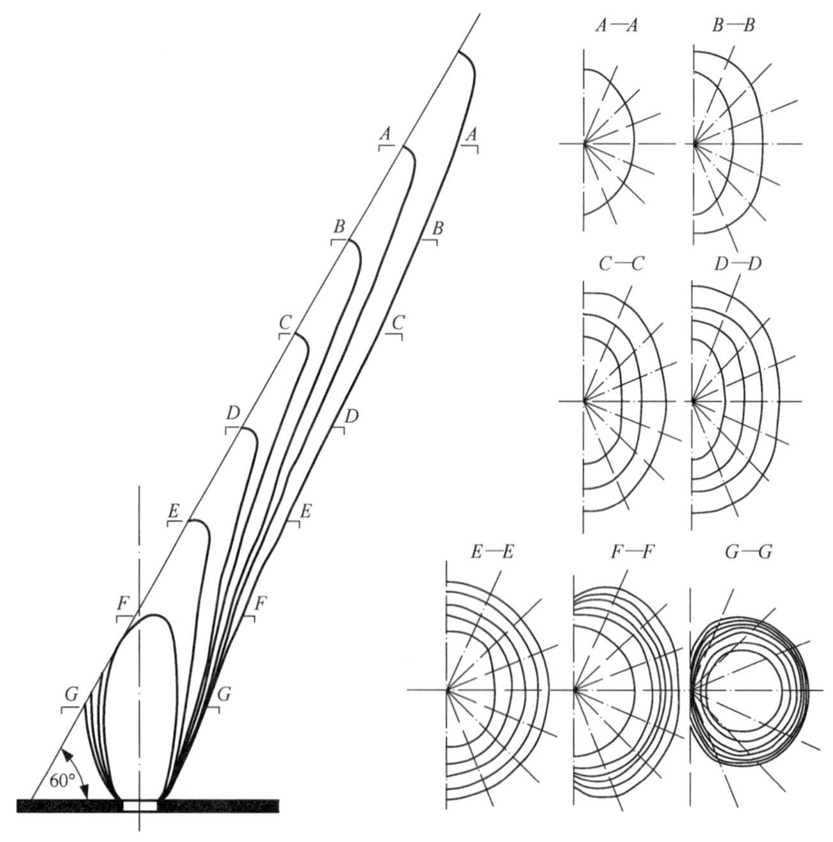

图 3–78 斜壁边界实验放出体形态

无限边壁条件放出漏斗方程和放出体方程分别为：

$$
\left.\begin{aligned}
&x^2+y^2=\beta z^{\alpha}\ln\frac{(\alpha+1)Q_{\mathrm{f}}}{\pi\beta z^{\alpha+1}} && z\leqslant z_{\mathrm{L}}\\
&\int_{z_{\mathrm{L}}}^{z}A_1z^{\omega_1}\exp\left[\frac{(x-g)^2}{\beta_1 z^{\alpha_1}}\right]\mathrm{d}z=(Q_{\mathrm{f}}-Q_{\mathrm{L}})\frac{1}{\pi\sqrt{\beta\beta_1}}\exp\left(-\frac{y_{\mathrm{L}}^2}{\beta z_{\mathrm{L}}^{\alpha}}\right) && z_{\mathrm{L}}<z\leqslant z_{\mathrm{J}}\\
&\left(x=x_{\mathrm{L}}+\int_{z_{\mathrm{L}}}^{z}\Omega_x\mathrm{d}z\right)\\
&\int_{z_{\mathrm{J}}}^{z}A_2z^{\omega_2}\exp\left[\frac{(x-u)^2}{\beta_2 z^{\alpha_2}}\right]\mathrm{d}z=(Q_{\mathrm{f}}-Q_{\mathrm{J}})\frac{1}{\pi\sqrt{\beta\beta_2}}\exp\left(-\frac{y_{\mathrm{J}}^2}{\beta z_{\mathrm{J}}^{\alpha}}\right) && z>z_{\mathrm{J}}\\
&\left(x=x_{\mathrm{J}}+\int_{z_{\mathrm{J}}}^{z}\Omega_x\mathrm{d}z\right)
\end{aligned}\right\}\tag{3-30}
$$

3.8.2　端部放矿规律

无底柱分段崩落法为典型端部放矿，进路在矿块中的布置形式如图 3-79 所示，以步距为回采单元，步距崩矿与步距放矿交替进行。正常回采时，每个步距崩落的矿石至少有两个面(顶面与正面)接触废石，一般都是 3 个面(顶面、正面与侧面)接触废石，这样矿岩动态接触面积比其他崩落采矿法大，废石混入源多。因此该法对放矿方式与采场结构合理性的要求比较严格。

3.8.2.1　采场结构参数对放矿的影响

无底柱分段崩落法影响放矿的采场结构参数的主要因素是分段高度(H)、进路间距(S)与崩矿步距(L)。

分段高度的确定是无底柱分段崩落法各参数中相对独立和简单的，目前分段高度主要采用类比法确定。随着液压凿岩台车在国内矿山的推广应用，高分段是国内无底柱分段崩落法矿山的一个发展方向，如大红山铁矿分段高度为 30 m，首钢杏山铁矿进入地下开采后使用 15 m 的分段高度，进入-105 m 后则增大到 18.75 m。从有利于改善矿石移动空间条件来讲，对一定的分段高度，在确定进路间距时应考虑如下两点：其一，保证分段放矿结束后，所形成的矿石脊部残留体(进路之间残留矿石构成的形体)只有一个峰值，而且峰值点位于两条进路的中间；其二，该峰值点在下分段出矿时率先到达出矿口。前一条原则限制进路间距不能过大，后一条原则限制进路间距不能过小。近似计算时，可按散体有效流动区域确定进路间距的合理性。进路间距确定方法示意图如图 3-79 所示。

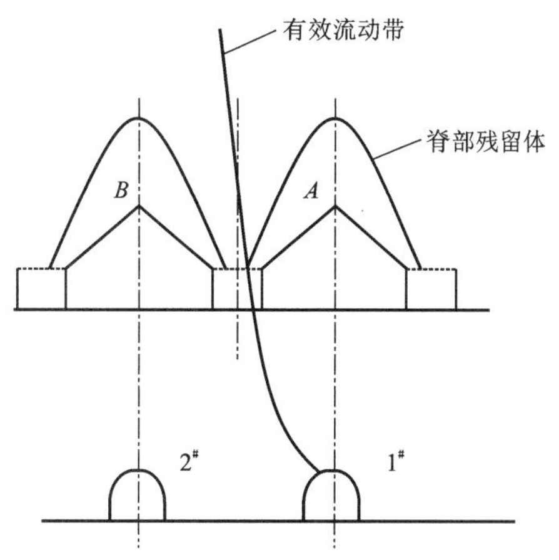

图 3-79　进路间距确定方法示意图

在菱形布置进路的采场结构中，每一条进路负担回收一个脊部残留体，如图 3-79 中 1# 进路负担回收脊部残留体 A，2# 进路负担回收

脊部残留体 B。而且为了取得最佳的回收效果，每一出矿进路，应能够完整地回收所负担的脊部残留体，又不扰动相邻脊部残留体。因此，出矿时的有效流动带的边界，应完整地包围所负担的脊部残留体，同时不与相邻脊部残留体相交。

实验研究得出，由图 3-79 所示关系确定的进路间距的经验公式为：

$$S = 5\sqrt{\frac{1}{2}\beta H^{\alpha}} + \mu b \tag{3-31}$$

式中：S 为进路间距；H 为分段高度；b 为进路宽度；μ 为与废石漏斗在进路顶板的出露宽度有关的系数。采用截止品位放矿方式时，$\mu \approx 0.75$；采用低贫化放矿方式时，μ 为 0.1~0.6。

在实际生产中，可从废石漏斗在出矿口最先出露的部位来判断进路间距是否过小，如果废石总是在端部出矿口的一个上顶角(或两个上顶角)出现，表明不满足前述的第二条准则，进路间距过小。

对生产矿山来说，最有意义的是崩矿步距优化，即在分段高度与进路间距已经确定的条件下，采用多大的崩矿步距使放矿指标最好。如果崩矿步距过小，正面废石率先到达出矿口；如果崩矿步距过大，顶部废石率先到达出矿口。当崩矿步距过小时，矿岩接触面的移动过程如图 3-80(a)所示，矿岩接触面到达出矿口时离开进路顶板眉线一段距离，废石流四周被矿石流包围，俗称“包馅”现象；当崩矿步距过大时，矿岩接触面移动状态见图 3-80(b)，废石最先在端部出矿口眉线部位呈薄层流出，由于流轴偏离端壁一段距离，加之在端壁上方原来残留的矿石投入流动，使顶面废石到达出矿口时不是紧贴出矿口眉线，而是隔着一层很薄的矿石层废石混入矿石流出。但此时废石流出的速率较慢，废石在端部口出露的部位较高，且当废石块度较大时，常常在出现废石不久，出矿口就被大块废石或废石形成的结构卡住。崩碎大块废石或崩开卡口结构后，若再继续放出，还能放出数量不少的贫化矿石。

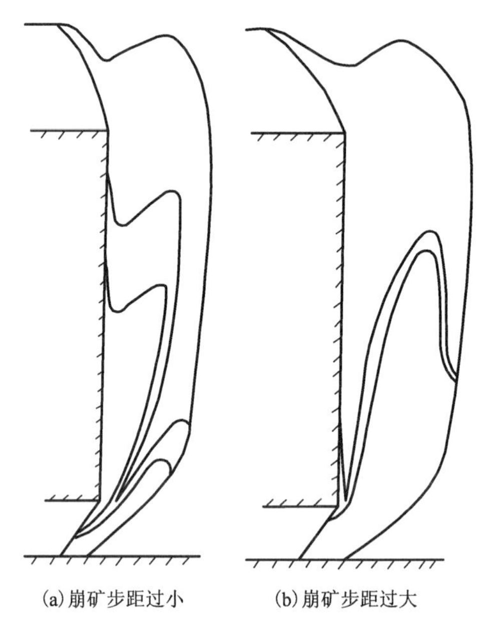

(a)崩矿步距过小　　(b)崩矿步距过大

图 3-80　崩矿步距过大、过小时矿岩接触面移动过程及废石漏斗在端部出矿口出露的位置

对于正常回采进路，实行低贫化放矿时，采场结构参数优化的准则可归结为：残留体与崩落步距分段形态与放出体相互吻合，生产实践中表现为顶部废石和正面废石同时到达出矿口。

3.8.2.2　放矿方式的影响

(1)截止品位放矿

放矿截止品位应按总盈利额最大原则确定，并根据该原则建立计算式：

$$C_{\mathrm{d}} = \frac{FC_{\mathrm{J}}}{H_{\mathrm{X}}L_{\mathrm{J}}}$$

式中：C_d 为放矿截止品位；F 为每吨采出矿石的放矿、运输、提升和选矿等项费用；H_X 为选矿金属实收率；L_J 为每吨精矿卖价；C_J 为精矿品位。

截止品位放矿实际上等于将那些本可以在下分段得到较好回收的残留矿量以较大的贫化率为代价提前回收，其结果是放出的矿石中混入大量的废石。因此，应用无底柱分段崩落法的矿山不分条件地一概实行截止品位放矿是不适宜的。

(2)低贫化放矿

无底柱分段崩落法废石混入的根本原因是废石漏斗的破裂，因此，可利用其“转段回收”特点，废石漏斗一旦破裂就停止放矿，将遗留于采场内的矿石转移到下一分段回收，则可大大减少废石的混入量，从而大幅度降低矿石贫化率。这种放到见废石漏斗为止的放矿方式称为低贫化放矿方式。低贫化放矿原理示意图如图 3-81 所示，在废石漏斗到达出矿口之后，如果继续放矿到截止品位，多放出的矿石量等价于图 3-81 中 1 至 4 之间阴影部位的矿石量，这部分矿石若转移到下分段回收，则可摆脱废石的掺杂，绝大部分可以纯矿石的形式放出，由此可大大降低矿石的贫化率。

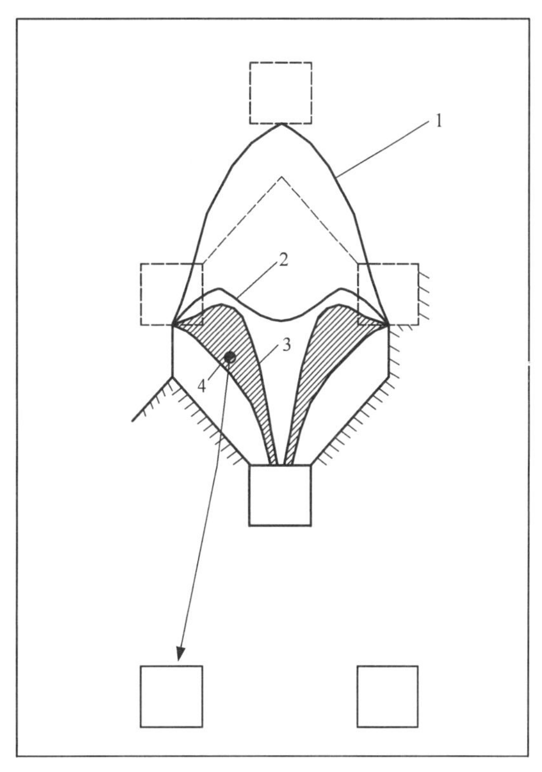

1、2、3、4—矿岩界面移动过程。

图 3-81　低贫化放矿原理示意图

低贫化放矿的理论基础，除了消除废石漏斗的扩展外，主要是矿石流动空间的连续性，即存留于采场内的崩落矿石不会被覆盖岩石阻隔、可于下面分段回收的性质。这种连续性允许人们有计划地出矿，避免以大量废石混入为代价去放出矿石，而将那些必须混着岩石才能放出的矿石，暂时留于采场，转到下分段摆脱废石掺杂，以纯矿石形式或少量混岩形式放出。从放矿管理角度来说，低贫化放矿的核心是扩大纯矿石放出量，减少贫化矿放出量。它将贫化矿的放出局限于辨认废石漏斗的过程，一旦发现废石漏斗正常到达出矿口，便停止放出(仅放出漏斗尖部断续流出的废石)。

低贫化放矿方式限制了废石漏斗的破裂，从而消除了废石的大量混入源，与目前实行的截止品位放矿方式相比，可大幅度降低无底柱分段崩落法矿石贫化率。而且一旦辨认出废石漏斗已到达出矿口便可停止放出，出矿管理简单，适应目前出矿工作人工管理水平，是应当提倡和大力推广的一种较好的放矿方式。

3.8.2.3　进路尺寸和铲装深度的影响

在凿岩参数一定的条件下，进路宽度决定放矿口的宽度，较大的放矿口宽度有利于放矿椭球体的发育，有利于放矿。不同放矿口宽度放出漏斗及放出体形态如图 3-82 所示。

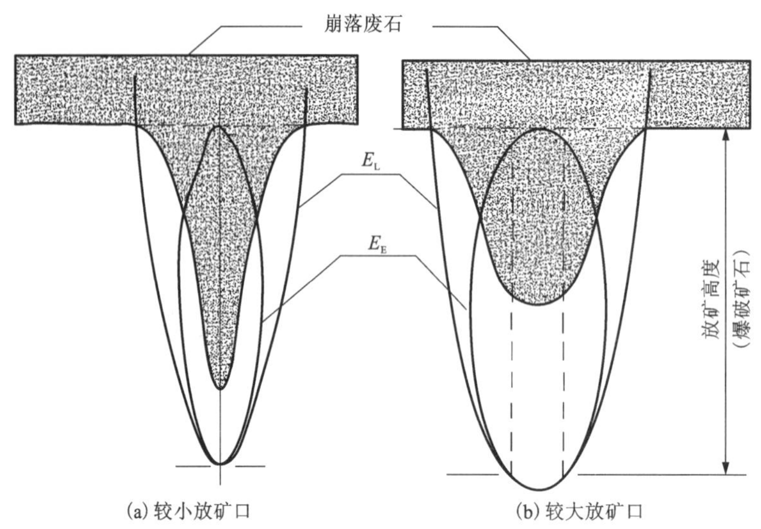

图 3-82 不同放矿口宽度放出漏斗及放出体形态

必须指出，放矿口的有效宽度还受进路顶板形状影响，当顶板为拱形时，放矿口的有效宽度较小，不利于放矿贫损指标控制。如果顶板水平，放矿口的有效宽度大，有利于放矿贫损指标控制。不同回采进路顶板形式放出漏斗形态如图 3-83 所示。具体来说，无底柱分段崩落法进路的宽度主要取决于出矿设备的功率，国内矿山利用小型设备(如 ZC-26 型装岩机、ZYQ-14 型装运机等)出矿时，进路宽度一般为 2.5~3.0 m；利用大型设备(如斗容 2~4 m^3 的铲运机等)出矿时，一般为 3.5~4.5 m；国外出矿进路宽度最大的已达 6.5 m。

要取得良好的放矿指标，不仅要求放矿宽度大，而且也要求放出区的厚度和深度与采场结构参数相匹配。该深度取决于铲装设备能插入工作面的深度。插入深度小，放出区域的深度也小，只能利用回采进路高度的一小部分来放矿。铲运机的插入深度一般为 1~1.3 m，这意味着仅利用回采巷道的上面部分 e 来放矿(图 3-84)。余下的部分虽然未利用来放矿，但也有它的用途，即能放出尺寸超过回采巷道平顶区放出深度的大块矿石。

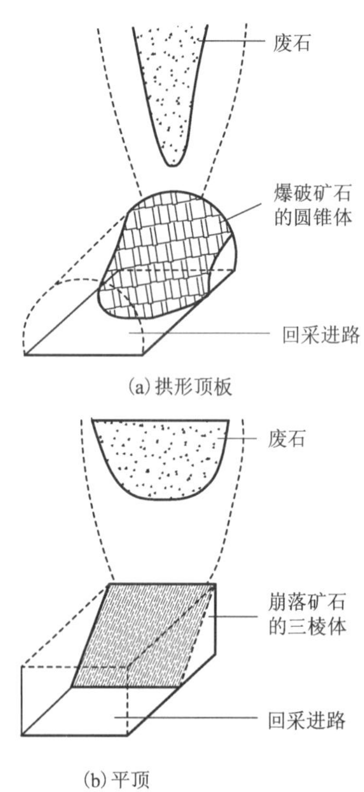

图 3-83 不同回采进路顶板形式放出漏斗形态

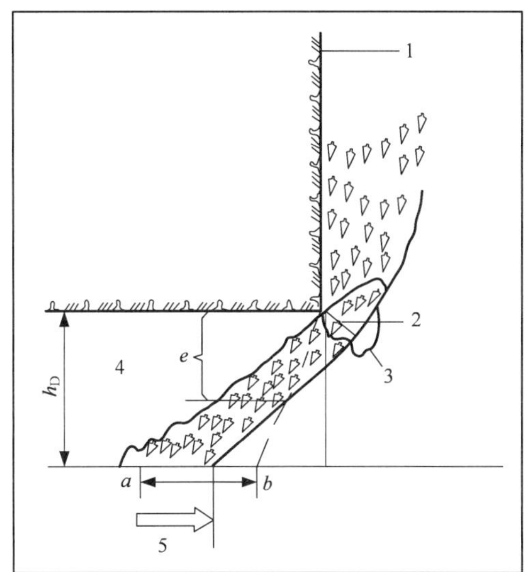

1—垂直端面；2—放出的宽度；3—大块矿石；4—回采进路；5—插入深度。

图 3-84　插入矿堆的放出深度

3.8.3　多点放矿规律

在图 3-85 中，首先从 No. 1 漏孔放出矿石 Q_1 后，矿岩接触面形成漏斗状凹进 L_1，再从相邻 No. 2 漏孔放出矿石 Q_2。假设 No. 1 漏孔未放出时 No. 2 漏孔上方也形成漏斗状凹进 L_2，可是实际上 No. 2 漏孔是在 No. 1 漏孔放矿完毕并已形成移动漏斗 L_1 后放出的，所以矿岩界面 *cb* 部分的移动产生叠加，使两漏孔间一段的矿岩界面平缓下降。

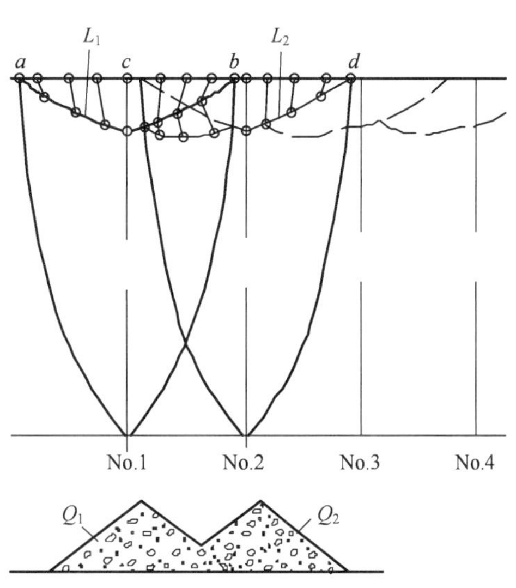

图 3-85　接漏孔放矿时矿岩界面移动示意图

依此类推，多漏孔放矿时，放矿初期矿岩界面平缓下移；下移到某一高度(H_g)后，开始出现凹凸不平。随着矿岩界面下降，凹凸不平现象愈来愈明显。当矿岩界面到达漏孔水平时，在漏孔间形成脊部残留(图 3-86)，此时脊部残留高度为岩石开始混入高度(H_p)。此后放出贫化矿石，一直放到截止品位(或截止体积岩石混入率)时停止放矿。停止放矿时的脊部残留高度(H_c)小于岩石开始混入高度。脊部残留高度应以 4 孔之间的高度为准[图 3-86(b)]。

通过分析矿石损失贫化过程可知，在多漏孔放矿规律研究中有如下 3 个基本问题。

(1)矿岩界面移动过程包括岩石混入过程。

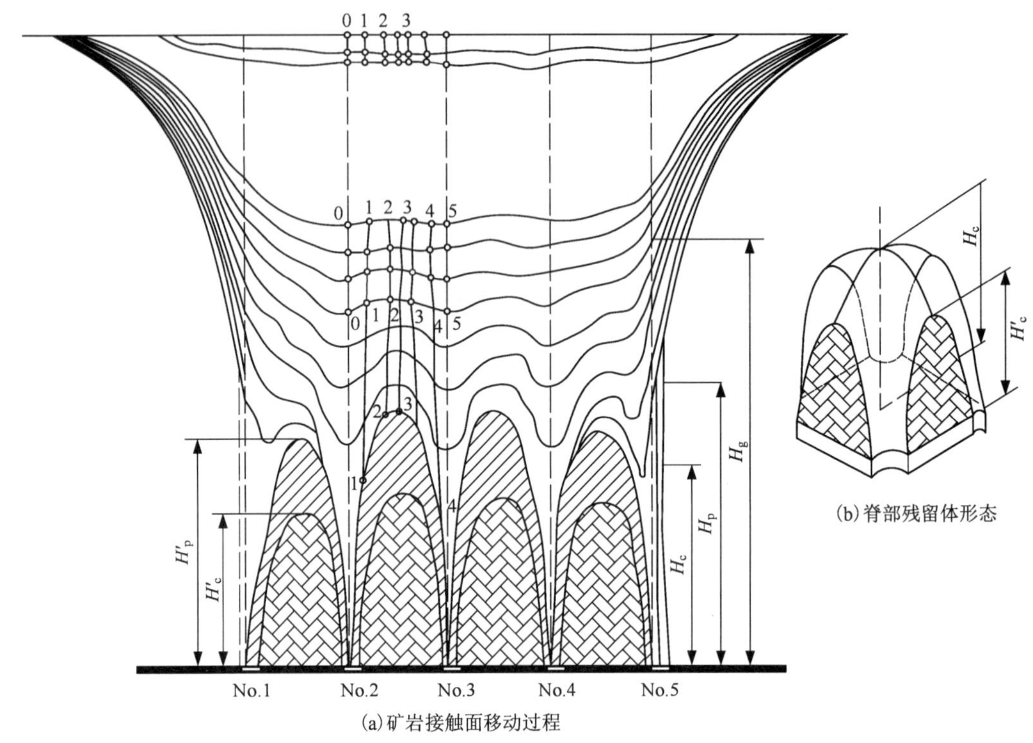

图 3-86 多漏孔放出时矿岩界面移动示意图

(2)矿石残留体，即圈定出漏孔间矿石残留体的空间位置、形态和数量。

(3)矿石放出体，即从各漏孔放出的矿石在原采场矿石堆中所占的空间位置和形状。

在矿石损失控制方面，椭球体放矿理论认为，放矿结束后残留于采场内的矿石主要包括下盘残留与底部出矿口之间的脊部残留两部分。其中下盘残留为永久损失，脊部残留可在下部矿体开采中再次回收，最终也会转为下盘残留损失于地下。因此，降低矿石损失的方法主要是把住下盘损失关。

多漏孔放矿时的矿岩界面移动及矿石残留体情况主要与漏孔采取的放矿方式、放矿顺序有关，具体分为平面放矿、立面放矿和斜面放矿 3 种。

3.8.3.1 平面放矿

平面放矿亦称等量均匀放矿，也就是说，放矿时每个漏孔按顺序或同时均匀放出等量的矿石。由于实行等量均匀放矿，放矿时相邻漏孔间的相互影响基本相同，矿岩界面首先是近似平面状的平缓下降，在下降到一定高度极限后出现凹凸不平现象。随着矿石的不断放出，矿岩界面的凹凸不平现象愈加明显，直至矿岩界面到达漏孔，在漏孔间形成最初也是最大的脊部矿石残留体。矿岩界面到达漏孔后的放矿称为贫化放矿，当漏孔放出矿石品位到达截止品位时，放矿结束，矿岩界面的形态以及矿石残留体的大小也就最后固定下来。平面放矿时矿岩界面的移动以及矿石残留体情况如图 3-87 所示。

平面放矿的矿岩接触面最小，正常情况下放矿产生的矿石损失贫化也最小。因此，有条件的崩落法放矿都应尽可能采用平面放矿方式。

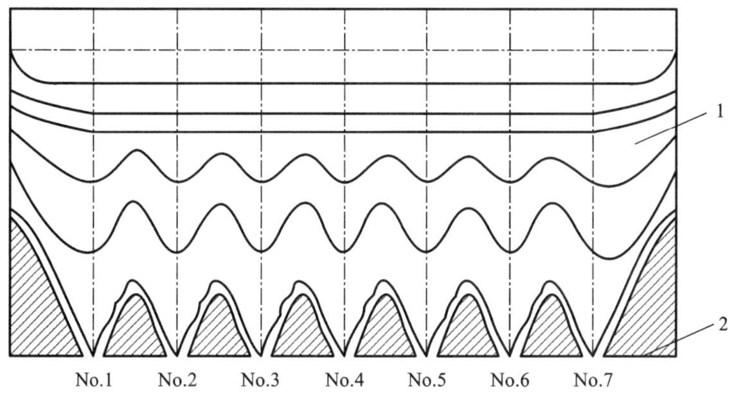

1—矿岩移动界面；2—矿石残留体；No. 1 ~ No. 7—漏孔编号。

图 3-87　平面放矿的矿岩界面移动示意图

3.8.3.2　立面放矿

立面放矿亦称顺次全量放矿，每个漏孔一次性地放出全部负担的漏孔矿量。立面放矿的矿岩界面在下降过程中出现凹凸不平现象早，矿岩接触面积大，产生的矿石贫化也大。立面放矿通常用在相邻漏孔放矿没有影响或影响不大、平面放矿的后期以及矿石只有一次回收机会等情况下。立面放矿时矿岩界面移动及矿石残留体情况如图 3-88 所示。

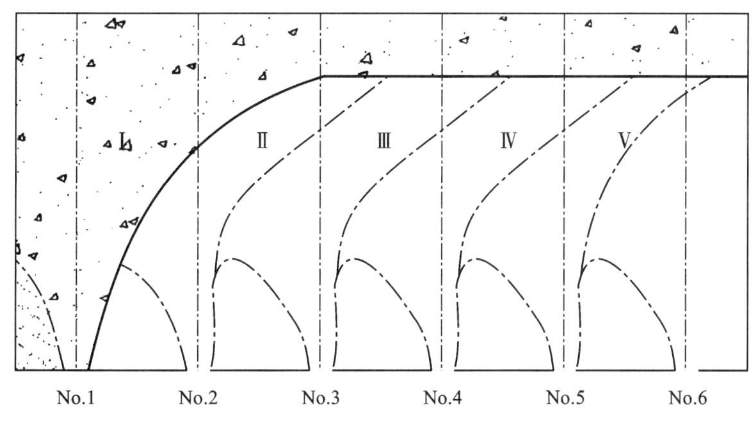

图 3-88　立面放矿的矿岩界面移动及矿石残留体情况

3.8.3.3　斜面放矿

斜面放矿介于前面两种放矿方式之间。采用这种放矿方式的主要目的是减少矿岩接触面积，将水平与垂直的两个矿岩接触面变为一个倾斜的接触面。斜面放矿一般用于连续推进的崩落采矿法。斜面放矿的矿岩界面移动及矿石残留体情况如图 3-89 所示。

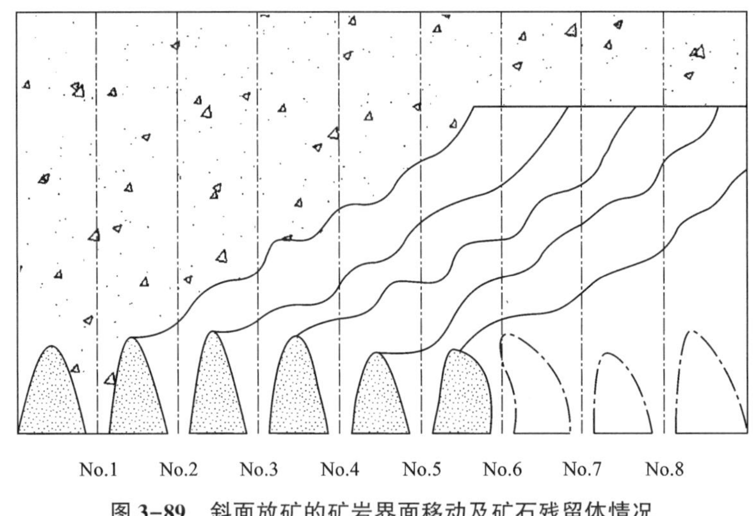

图 3-89 斜面放矿的矿岩界面移动及矿石残留体情况

3.8.4 矿岩移动规律的其他研究方法

3.8.4.1 物理模型放矿实验

物理模型放矿实验可以人为地控制和改变实验条件，发现单因素或多因素对放矿中矿石损失率、贫化率的影响规律，而且周期短、成效大、结果显现直观。物理模型放矿实验是目前放矿研究的重要手段之一。

物理模型放矿实验过程是，按一定比例制作与采场几何相似的实物模型，选配与现场矿岩块度组成相似的实验物料，在实验室中进行放矿实验。按研究内容的不同，可将物理模型放矿实验分为展示实验、参数测定实验与指标预测实验 3 类。展示实验主要为平面实验，模型的一个平面由透明的有机玻璃或钢化玻璃构成，内装不同颜色的物料，通常选用小粒径的磁铁矿与白云岩分别代表崩落矿石与覆盖层废石。放出时，由透明面展示散体矿岩的移动与被放出过程，包括矿岩混杂过程、矿石残留体位置与形态、采场实体边壁的影响等；参数测定实验模型为一箱体式模型，在填装物料时，规则地放置带有标号的标志颗粒，根据这些标志颗粒的放出情况，圈定放出体形态，再根据放出体方程，统计回归出散体流动参数；指标预测实验为立体实验，主要用于模拟采场放矿，预测不同参数下的矿石回收率、贫化率指标等，为采场的结构参数优化提供依据。

物理模型放矿实验可用于展示崩落矿岩移动与被放出过程，测定矿岩散体流动参数与预测采场矿石回采指标，由此可用于指导采场结构参数的优化设计以及采场放矿的生产管理等。此外，由于能够客观地展示崩落矿岩的移动与被放出过程，可用于放矿理论研究，并可较好地验证理论分析结果的正确性。

3.8.4.2 数值模拟放矿方法

利用计算机技术研究崩落矿岩的移动过程主要有两种方法，一种是利用崩落矿岩移动方程计算矿岩接触面的位置变化，根据放出量与放矿结束后矿岩接触面的移至位置，计算出放出的矿石与废石的数量，确定出残留体的位置、形态与数量。另一种是将采场内崩落矿岩模块化，给出不同位置模块的移动概率，计算模块下移过程与被放出的矿岩模块数量，得出矿岩移动过程与放矿回采指标等。

数值模拟放矿的基本计算模型如图 3-90 所示，设从漏孔放出矿石 Q_f 时，颗粒点 $A_0(x_0, y_0, z_0)$ 移动到 $A(x, y, z)$ 处。根据前述的放出体的 3 个基本性质，可推导出颗粒点的移动方程：

$$\left.\begin{aligned} x &= \left[\eta\left(1-\frac{Q_f}{Q_0}\right)\right]^{\frac{1}{3-n}} x_0 \\ y &= \left[\eta\left(1-\frac{Q_f}{Q_0}\right)\right]^{\frac{2-n}{6-2n}} y_0 \\ z &= \left[\eta\left(1-\frac{Q_f}{Q_0}\right)\right]^{\frac{2-n}{6-2n}} z_0 \end{aligned}\right\} \qquad (3-32)$$

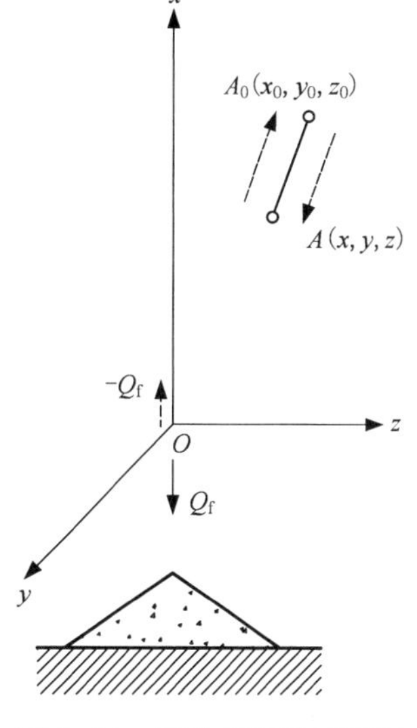

图 3-90 颗粒点移动示意图

式中：Q_f 为放出矿石量，即放出椭球体积；Q_0 为计算点 A_0 的达孔量，即计算点移动到坐标原点（漏孔）时的放出量，$Q_0=\dfrac{\pi}{6}KH_0^{3-n}$，式中 H_0 的计算公式为：

$$y_0^2 + z_0^2 = KH_0^{-n}(H_0 - x_0)x_0$$

式中：η 为矿岩散体的二次松散系数；其他符号意义同前。

在已知移动场内某点当次放矿前的原始位置 $A_0(x_0, y_0, z_0)$ 以及当次放出矿石量 Q_f 时，用方程组（3-32）便可计算出移动后的位置 $A(x, y, z)$。

数值模拟放矿的具体方法是，在矿岩接触面上设有许多计算点（犹如模型实验时摆布许多个标志颗粒一样），根据每个漏孔的各次放出矿石量，用移动方程组计算出移动范围内各点移动后的新位置，从而可以根据各点的新位置圈绘出矿岩界面在当次放出后的移动情况。如此，可以绘出矿岩界面在放矿过程的整个移动过程以及漏孔之间矿岩接触界面的最终形态（脊部残留体形态）。数值模拟放矿可以用来解决多孔放矿中的各种问题。

利用概率方法模拟放矿过程的基本模型如图 3-91 所示。将采场矿岩划分为规则的模块，每从漏斗放出一个模块，就形成一个“空位”，该“空位”上层的相邻模块，按一定的概率下移填补，使“空位”移到上一层，再由更上层模块来填补，依此类推。“空位”从下向上随机传递，引起各层模块发生一次下移递补运动，由此模拟放矿时崩落矿岩的移动过程。

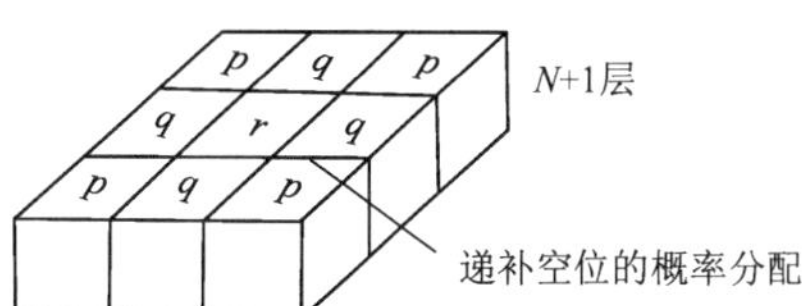

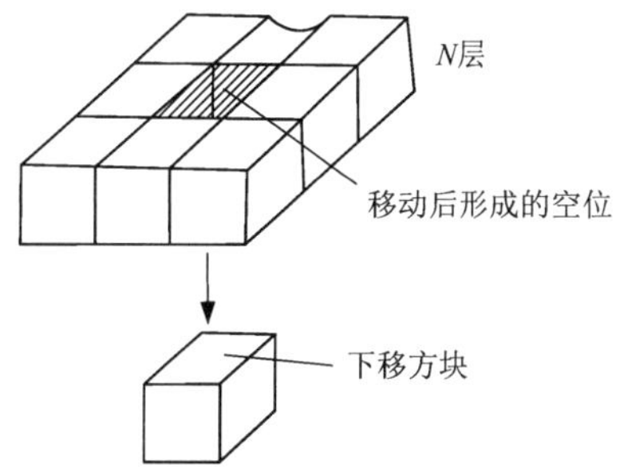

图 3-91 D. Jolley 仿真模型

此外，数值模拟放矿方法还有离散单元模拟方法，也称为颗粒流法，比较成熟的工程软件有 PFC（particle follow code）。该法利用离散单元来模拟圆形或球形颗粒介质的运动情况及其相互作用关系。其利用显式差分算法和离散元理论对微观力学进行分析，从介质的基本粒子结构角度考虑介质的基本力学特性，并认为给定介质在不同应力条件下的基本特性主要取决于粒子间接触状态的变化。应用该软件可对粒状集合体的破裂及运动问题以及颗粒的流动问题进行岩土材料和颗粒系统的二维和三维微观力学分析。

PFC 软件可以直接模拟圆形、球形颗粒的运动和相互作用，也可通过将任一颗粒与其相邻颗粒连接形成任意形状的组合体来模拟块体结构。用 PFC 软件对散体颗粒运动过程进行模拟，得出的颗粒移动规律符合放矿学相关理论，颗粒运动具有随机性，散体颗粒整体流动显示出对称性，能较好地模拟崩落矿岩的移动过程。

参考文献

[1] 解世俊. 金属矿床地下开采[M]. 北京：冶金工业出版社，2011.

[2] 王青，史维祥. 采矿学[M]. 北京：冶金工业出版社，2001.

[3] Jerzy Litwiniszyn. Application of the equation of stochastic processes to mechanics of loose bodies[J]. Arch. Mech. Stos，1956(8)：393-411.

[4] Peele R Robert. Mining Engineers Handbook[M]. New York：Wiley，1956.

[5] Brady B H G，Brown E T. Rock Mechanics for Underground Mining[M]. London：Georgeallen & Unwin，1985.

[6] Stewart D E. Design and Operation of Caving and Sublevel Stoping Mines[M]. New York：SME-AIME，1981.

[7] Kendrick R. Induction caving of the urad mine[J]. Mining Congress Journal，1970，56(10)：39-44.

[8] Panek L A. Geotechnical factors in undercut-cave mining[M]. New York：Underground Mining Methods Handbook，1982.

[9] 王涛，盛谦，熊将. 基于颗粒流方法自然崩落法数值模拟研究[J]. 岩石力学与工程学报，2007，26(增2)：4202-4207.

[10] 赵兴东. 井巷工程[M]. 北京：冶金工业出版社，2010.

[11] 熊国华，赵怀遥. 无底柱分段崩落法[M]. 北京：冶金工业出版社，1988.

[12] 朱卫东，原丕业. 无底柱分段崩落法结构参数优化主要途径[J]. 金属矿山，2000(9)：12-16.

[13] 刘兴国，张国联. 无底柱分段崩落法矿石损失贫化分析[J]. 金属矿山，2006(9)：53-60.

[14] 郑永学. 矿山岩体力学[M]. 北京：冶金工业出版社，1995.

[15] 蔡美峰. 岩石力学与工程[M]. 北京：科学出版社，2002.

[16] 赖伟，吴英杰. 有底柱分段崩落法的应用研究[J]. 采矿技术，2012，12(1)：13-16.

[17] 编写组. 有底部结构强制崩落采矿法[M]. 北京：冶金工业出版社，1975.

[18] 卢宏建，甘德清. 杏山铁矿露天转地下覆盖层形成方法[J]. 金属矿山，2014(1)：25-28.

[19] 李楠，任凤玉. 小汪沟铁矿露天转地下覆盖层形成方法研究[J]. 金属矿山，2010(12)：9-11.

[20] 周爱民. 难采矿床地下开采理论与技术[M]. 北京：冶金工业出版社，2015.

[21] Zhou A M. Optimization and method of drawing control in block caving at Tongkuangyu Mine[J]. Trans. Nonferrous Me. Soc. China，1997，7(2)：9-13.

[22] Wang L G. Simulation-based ore fragments model and its applications[J]. Nonferrous Metals，1998(2)：6-10.

[23] 周爱民. 覆盖岩下放矿控制基本原理与方法[C]. 第四次全国采矿学术会议，1993.

[24] Victor D，东宝林. 享德森矿的放矿控制原理与实践[J]. 有色矿山，1987(12)：29-34.

[25] Mukherjee A，Mahtab A. Size distribution of ore fragments in block caving[C]. The 13th World Mining Congress Thesis，Stockhoum Sweden，1987.

[26] Pan C L. Rock caving characteristics and caving rules block caving[J]. Journal of the Central South Institute of

Mining and Metallurgy, 1994, 25(4): 441-445.

[27] Tan G W. A study on the block caving rules of the No. 5 orebody in Tongkuangyu Copper Mine[J]. Nonferrous Metals, 1997(5): 8-12.

[28] Zhang F. Monitoring the orebody caving state in a blocking caving mine[J]. Ferrous Mines, 1997(9): 9-12.

[29] 任凤玉. 随机介质放矿理论及其应用[M]. 北京: 冶金工业出版社, 1994.

[30] 刘兴国. 放矿理论基础[M]. 北京: 冶金工业出版社, 1995.

[31] 王昌汉. 放矿学[M]. 北京: 冶金工业出版社, 1981.

[32] 李荣福. 放矿基本规律的统一数学方程[J]. 有色金属(矿山部分), 1983(1): 1-8.

[33] 任凤玉. 放矿仿真模型进展及其在矿山的实际应用[J]. 有色矿冶, 1995(6): 5-8.

[34] 李元辉. 矿体下盘岩石最佳开掘高度的确定[J]. 东北大学学报, 2004, 25(12): 1187-1190.

[35] 王述红, 任凤玉, 魏永军, 等. 矿岩散体流动参数物理模拟实验[J]. 东北大学学报, 2003, 24(7): 699-702.

[36] 张世雄, 连岳泉, 徐腊明. 岩体崩落机理的数值模拟研究[J]. 金属矿山, 1997(9): 13-18.

[37] 李连崇, 唐春安. 自然崩落法采矿矿岩崩落过程数值模拟研究[J]. 金属矿山, 2011(12): 13-12.

第 4 章

充填采矿法

4.1 概述

充填采矿法是在矿体回采过程中随着回采作业的推进，用充填料回填采空区，通过充填体与矿岩体的共同作用维持采场稳定和管理地压，并在充填体创造的开采环境下进行回采作业的采矿方法。

早期的充填采矿法主要是干式充填采矿法和普通分层充填采矿法，充填材料多为掘进废石、地表采石或分级尾砂等，工艺复杂、劳动强度大、生产效率低、成本高。因此，应用的初期阶段，主要用于开采高品位、高价值矿床或特殊开采环境的矿床。但随着采矿技术的进步，高效采矿设备、高效低成本的充填技术等取得突破并获得推广应用，充填材料来源也更加广泛，利用大宗采、选、冶固体废弃物进行充填的技术日益成熟，这对消除采矿生产的安全隐患、提高资源利用率发挥了重要作用。同时，对矿山固体废弃物的充分利用也较好地解决了矿产资源开采过程中造成的环境问题，可满足绿色开采的要求，有效拓展了充填采矿法的应用范围。因此，充填采矿法已逐渐发展成为安全、高效率、高产能和高回采率的现代采矿方法。随着矿山开采深度增加、开采环境不断恶化、开采难度持续增加，充填采矿法将获得更加广泛的应用。

原则上，充填采矿法可用于开采几乎所有类型的固体矿床，但对下述矿床具有独特优势：

①稀有、贵重金属矿床；

②高品位、高价值矿床；

③矿体形态不规则，矿体厚度、倾角变化大，分支复合现象严重的矿床；

④围岩破碎不稳固，或者矿体、围岩均破碎不稳固的矿床；

⑤高地应力矿床、深部矿床；

⑥地表有河流、湖泊、农田、村庄、重要道路等需保护的矿床；

⑦有内因火灾或有放射性危害的矿床；

⑧矿体延深很大，需在垂直方向上分多区段同时开采的矿床。

当然，矿山是否采用充填采矿法，不能只根据上述条件简单定性分析，或采用传统技术经济对比判断，还应该开展基于工业生态学的经济模型分析评价，即用节省的废弃物料治理费用和降低贫损指标带来的效益等来平衡矿山充填成本支出，分析应用充填采矿法开采的矿山企业全生命周期的费用支出、经济效益、社会效益和环境效益，以评判采用充填采矿法开采的科学合理性。

充填采矿法的主要优点有：

①实现绿色采矿。可大宗量利用尾砂和其他可用于充填的固体废料，减少地表废渣排放；有效减少和消除采空区，控制岩移和地表沉降，封闭暴露的岩面，减少地热影响，提高通风效率，实现绿色安全采矿。

②充填采矿法可减少或消除因留设永久矿柱而造成的矿石损失，大多数情况下，贫化率也能得到有效控制。可充分利用矿床资源。

③充填采矿法可根据矿床产状条件、稳固程度等采用与之相适应的工艺方法，实现选择性开采，灵活性强，适用性广。

充填采矿法的主要缺点有：采矿作业增加了充填工艺环节，每一循环作业时间延长，生产效率受到一定影响。

根据采场布置、采场结构参数、回采顺序及采矿工艺特点等，将充填采矿法划分为：上向分层充填采矿法、分层进路充填采矿法、削壁充填采矿法、分段充填采矿法、阶段充填采矿法等。

4.2　上向分层充填采矿法

4.2.1　主要特点

上向分层充填采矿法是自下而上实行分层回采和充填的采矿方法。包括普通上向分层充填采矿法和机械化上向分层充填采矿法。机械化上向分层充填采矿法是在普通上向分层充填采矿法基础上发展起来的一种高效率的充填采矿方法，与普通上向分层充填采矿法的主要区别在于其主要工艺采用无轨自行设备并配套与之相适应的采准系统。

上向分层充填采矿法需控制每一分层的回采高度，确保人员和设备可在采场内安全作业。该法可精确控制回采边界，对不稳固围岩进行及时支护。该法适于各种形态复杂的矿体以及不稳固的围岩条件。但因人员设备在较大的采场顶板下作业，要求矿体稳固性较好。

机械化上向分层充填采矿法以无轨采矿装备为支撑，大幅提高了采场综合生产能力和劳动生产率，是普通上向分层充填法的 4~10 倍，有效降低采矿成本，尤其是在发达国家人工成本在采矿成本中占比较高时，降低采矿成本的幅度为 50%以上。但目前国内大多数应用机械化上向分层充填采矿法矿山的机械化主要体现在采用铲运机出矿，设备配套作业程度还较低。因此，应用成套采矿设备，尤其是成套无轨采矿设备、成套遥控采矿设备、成套智能化采矿系统等，是提高劳动生产率、减轻劳动强度、降低采矿成本和提高市场竞争能力的有效途径。

主要适用条件：矿体形态分支复合严重、矿体倾斜中厚、矿体中等稳固或稳固、围岩稳固性较差或矿区环境复杂的难采矿床类型。

4.2.2 典型方案

现代化矿山所采用的上向分层充填采矿法主要是机械化上向分层充填采矿法，该法将逐步取代普通上向分层充填采矿法。机械化上向分层充填采矿法的应用方案主要有机械化上向分层充填采矿法、机械化盘区上向分层充填采矿法、脉内采准机械化盘区上向分层充填采矿法、机械化点柱上向分层充填采矿法等。

(1)机械化上向分层充填采矿法

机械化上向分层充填采矿法是指沿矿体走向布置采场，采用无轨机械化设备进行采矿作业的分层充填采矿方法。一般用于矿体厚度小于 15 m、最大厚度不大于 20 m 的矿体开采。图 4-1、图 4-2 所示为机械化上向分层充填采矿法的典型方案。

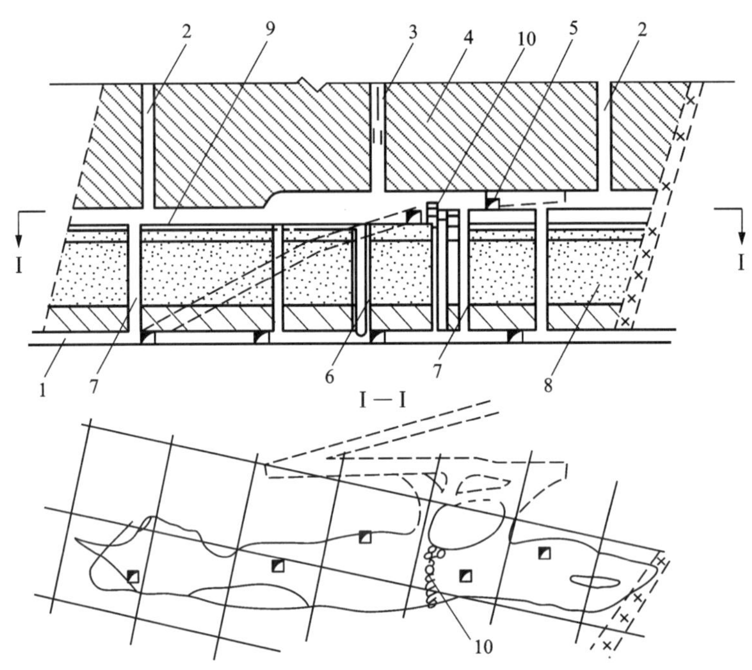

1—阶段运输巷道；2—通风井；3—设备材料井；4—斜坡道；5—分层联络巷道；6—溜矿井；7—行人滤水井；8—充填体；9—尾砂胶结层；10—充填挡墙。

图 4-1 红透山铜矿机械化上向水平分层充填采矿法

沿矿体走向布置的分层采场长度一般为 100~300 m，采场宽度一般为矿体厚度，采场面积一般为 1000~2000 m^2。如中国红透山铜矿采场面积为 1600~1800 m^2，加拿大国际镍公司的汤普森(Thompson)镍矿采场平均面积为 1200 m^2，澳大利亚芒特艾萨(Mount Isa)铜矿采场平均面积为 1100~2100 m^2、科巴(Cobar)铜矿采场平均面积为 1400~3800 m^2。

但随着无轨自行设备的大型化以及锚杆、长锚索等多种支护方式的广泛应用，采场规模有逐渐扩大的趋势，部分矿山的采场面积已高达 4000 m^2，尤其是瑞典波立登公司的乌登(Udden)铅锌矿，将整个矿体作为一个采场进行开采，不留矿柱，采场最大面积为 4000 m^2 以上，也被称为全面上向水平分层充填采矿法。

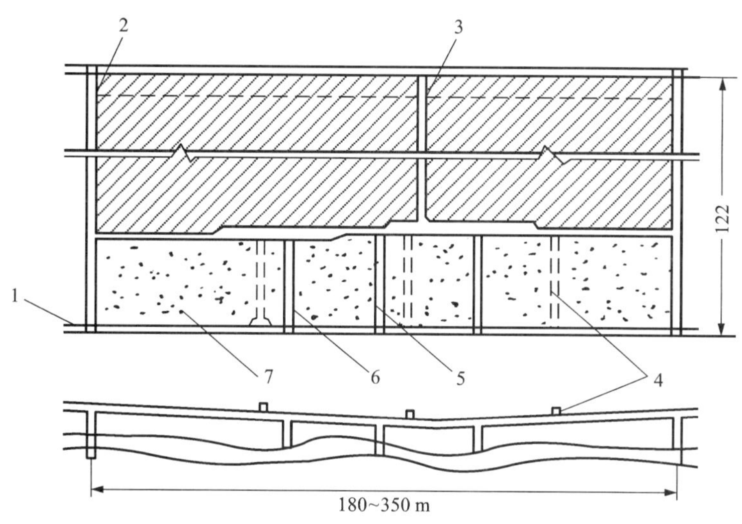

1—阶段运输巷道；2—人行通风天井；3—充填井；4—溜矿井；
5—设备材料井；6—滤水井；7—尾砂充填体。

图4-2　汤普森镍矿机械化上向水平分层充填采矿法

采场结构参数扩大使采矿设备的效率得到充分发挥，如上向孔凿岩工作线长，可实现集中凿岩，从而提高了凿岩台车的效率，采矿生产能力大大提高；采场结构参数扩大简化了采准系统，可减少采准工程量；另外，随着采场生产能力提高和采准工程量减少，满足矿山生产能力所需的采场数、作业阶段数和新中段准备时间也相应减少，从而减少了开拓工程的投入，提高了采矿的集约化程度。

(2)机械化盘区上向分层充填采矿法

机械化盘区上向分层充填采矿法由多个分层采场组成一个作业盘区，每个盘区使用一套无轨采矿设备，按凿岩、爆破、出矿、充填等工序在盘区内顺序作业，是一种可以充分发挥无轨自行高效采矿设备效率的上向分层充填采矿法。该采矿方法一般垂直走向布置采场，采场长度为矿体厚度，分为两步骤(一期采场和二期采场)回采。主要用于开采倾斜中厚、分支复合频繁、产状复杂多变矿体，或矿体稳固、围岩不稳固的急倾斜矿床。

20世纪80年代，长沙矿山研究院与凡口铅锌矿合作在我国成功研究开发了该方法，并在许多矿山获得推广应用，图4-3为该方法的典型方案。该方案由5~7个采场组成一个作业盘区，一期采场和二期采场的宽度均为8 m。澳大利亚布罗肯希尔(Broken Hill)铅锌矿应用的机械化盘区上向分层充填采矿法由3个采场组成一个作业盘区，一期采场宽为10.1 m，二期采场宽为6.4 m；加拿大汤普森镍矿由5个采场组成一个作业盘区，一期采场宽度为10 m，二期采场宽度为6~7 m。

(3)脉内采准机械化盘区上向分层充填采矿法

该法一般应用于较薄的矿体，以解决无轨机械化采矿方法采准比大的问题，其主要特点是在脉内布置采准系统，美国Dravo公司采用这种方式，在采场充填体上构筑斜坡道成功回采了急倾斜薄矿脉。

我国金厂沟梁金矿也采用脉内斜坡道采准机械化盘区上向分层充填采矿法回采急倾斜薄

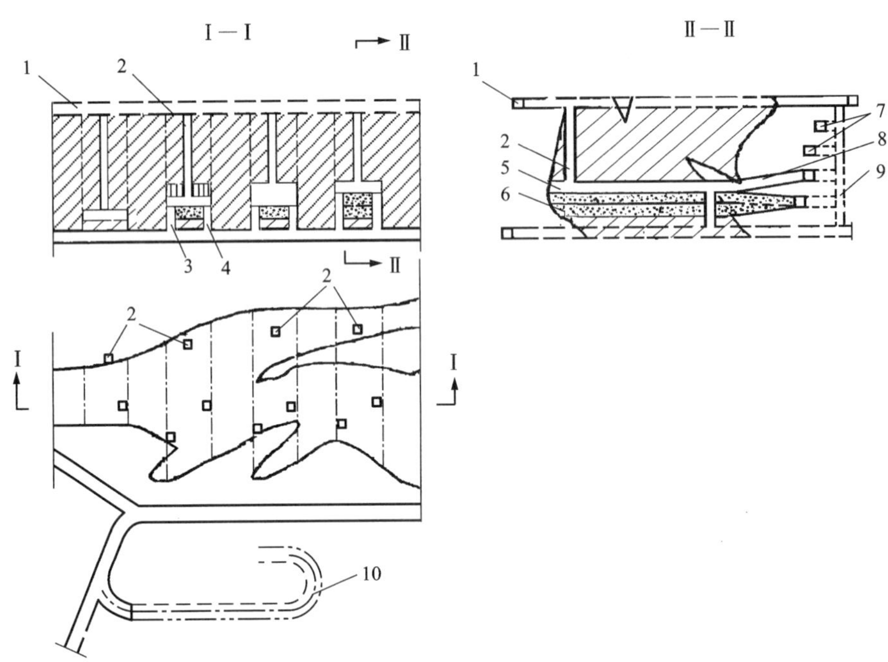

1—阶段回风平巷；2—采场充填井；3—滤水井；4—顺路溜矿井；5—分层采场；6—充填体；7—分段巷道；8—分层联络巷道；9—脉外溜井；10—阶段斜坡道。

图 4-3 凡口铅锌矿机械化盘区上向水平分层充填采矿法

矿脉。其典型方案见图 4-4。一般在沿矿体走向布置采场方式时应用脉内采准系统，按照机械化盘区上向分层充填采矿法的工艺要求，以分层采场为单元自下而上实施回采与充填作业；随着分层回采作业向上推进，顺路架设溜矿井和人行泄水井。也可以将 3~5 个分层采场组成一个作业盘区布置脉内采准系统，按机械化盘区上向分层充填采矿法的工艺要求，采用一套无轨设备，按凿岩、爆破、出矿和充填工序交替平行作业。

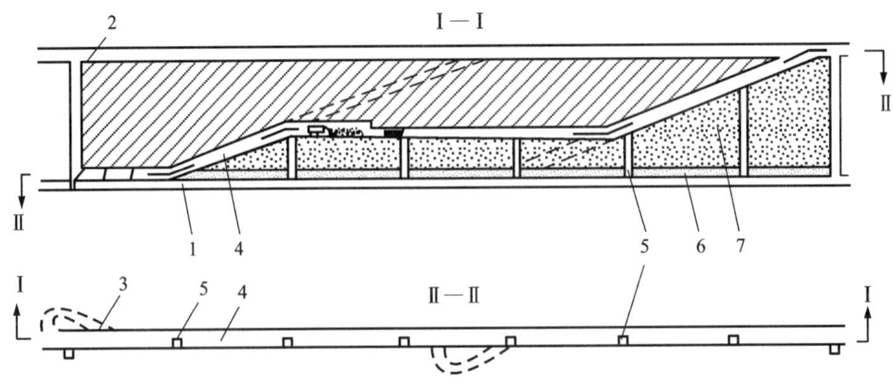

1—阶段沿脉运输巷道；2—天井；3—斜坡道联络巷道；4—采场内斜坡道；5—溜矿井；6—人工假底；7—充填体。

图 4-4 金厂沟梁金矿脉内斜坡道采准机械化盘区上向分层充填采矿法

图 4-5 所示为长沙矿山研究院与鸡笼山金铜矿合作研发的脉内采准机械化盘区上向分层充填采矿法，该法在不开掘中段斜坡道的条件下，成功实施了机械化盘区分层充填采矿法，取得很好的应用效果。

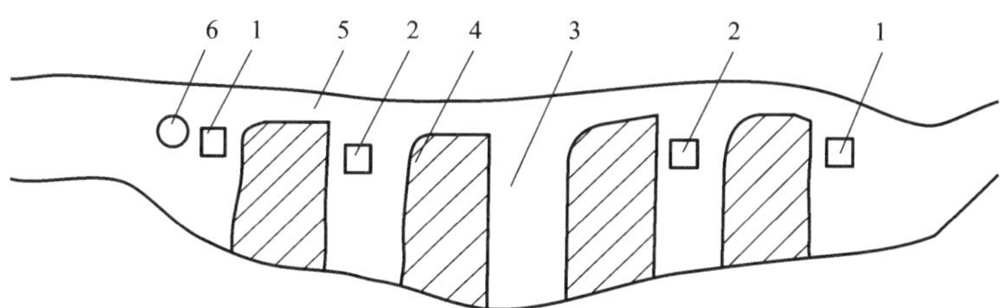

1—人行天井；2—溜矿井；3—矿房；4—矿柱；5—采场联络巷道；6—设备井。

图 4-5　鸡笼山金铜矿脉内采准机械化盘区上向分层充填采矿法

(4)机械化点柱上向分层充填采矿法

机械化点柱上向分层充填采矿法是在采场中有规律地留设方形或圆形矿柱，以支撑顶板和上盘围岩，并采用无轨采矿设备作业的分层充填采矿方法，这些矿柱不予回收，作为永久损失。图 4-6 所示为三山岛金矿机械化点柱上向分层充填采矿法。本质上该方法是机械化

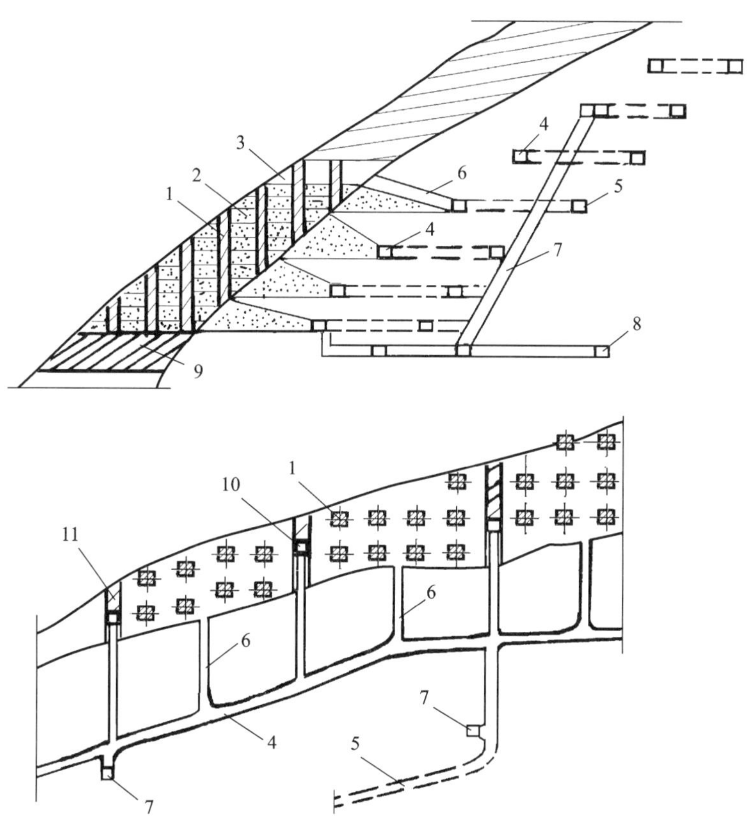

1—点柱；2—充填体；3—分层采场；4—分段巷道；5—斜坡道；6—分层联络巷道；7—溜矿井；8—阶段运输巷道；9—顶柱；10—通风滤水井；11—间柱。

图 4-6　三山岛金矿机械化点柱上向分层充填采矿法

上向水平分层充填采矿法的变形方案，两者的采准系统、回采工艺和充填工艺基本相同，不同之处在于本方案留有点柱作为永久支护。一般应用于矿石价值相对较低、围岩不稳固或水文条件复杂的难采矿床。机械化点柱上向分层充填采矿法的采场布置可不受矿体厚度的制约，但须考虑矿房中点柱的合理布置。矿体厚度小于 30 m 时，一般沿走向布置采场，采场长度一般为 50~100 m。矿体厚度大于 30 m 时，一般垂直走向布置采场，或由 2~3 个采场组成一个盘区，但也可沿走向布置采场。

机械化点柱上向分层充填采矿法自 1965 年在澳大利亚芒特恰洛特金矿首次使用以来，相继在加拿大鹰桥镍矿公司的斯特拉思科纳(Strathcona)镍矿和国际镍公司的科尔曼镍铜矿、澳大利亚国王岛多尔芬(Dolphin)白钨矿、印度达里巴(Dariba)铅锌矿和莫萨尔尼矿山集团的苏达铜矿、赞比亚的木富利腊(Mufulira)铜矿，以及我国三山岛金矿等矿山采用。由于矿房中点柱和采场之间的间柱(盘间矿柱或壁柱)不再回采，故可采用非胶结或低标号胶结材料充填，使充填成本大幅度降低。但是由于点柱不回收，因而矿石损失率高，一般在 20%以上。

4.2.3 采准系统

采准系统主要根据矿岩稳固程度、矿体形态及所采用的开采装备等来确定和布置。普通分层充填采矿法的采准系统主要由中段联络巷道、人行通风天井、充填井、分层联络巷道、溜矿井、滤水井等构成。

机械化点柱上向水平分层充填采矿法的主体装备是无轨采矿设备，其采准系统的代表性工程主要包括满足无轨设备作业要求的斜坡道、分段沿脉巷道、分段联络巷道、分层联络巷道等工程。除脉内采准外，斜坡道、分段沿脉巷道、分段联络巷道、分层联络巷道等工程一般布置在脉外，通风天井、充填井、滤水井布置在脉内，溜矿井有布置在采场充填体内和脉外围岩中两种方式。

溜矿井布设的位置，以及溜矿井的间距和数量，需根据所采用的铲运机的最佳运距和溜矿井的最大通过量综合比较确定。采用铲运机出矿时，从回采工作面至溜矿井的运距一般不大于 150 m，否则应采用井下自卸卡车配合出矿。

采场内顺路溜矿井具有运距短、铲运机效率高、出矿成本低的特点，但需大量的构筑材料，在回采过程中增加了架设溜矿井的工序，并且每一溜矿井的通过量一般只有 10 万 t 左右。对于面积大、阶段高的高大采场，顺路溜矿井常在采场回采结束之前就已损坏。因此，这类大采场采用脉外溜矿井具有明显的优势。加拿大汤普森镍矿阶段高度为 122 m，采场长度为 305 m，在距矿体 7.6~12.2 m 的下盘围岩中布置 3 个溜矿井，这些溜矿井随着向上回采逐步上掘而成；澳大利亚芒特艾萨铜矿，阶段高度为 116 m，溜矿井曾设在充填体内，尽管采用耐磨的厚锰钢板，溜矿井亦不能服务到采场回采结束，后改为布置在距矿体约 6 m 的下盘围岩中。采场内顺路溜矿井主要有钢溜井(钢筒溜矿井)、混凝土和钢筋混凝土现场浇注或钢筋混凝土预制件构筑的溜矿井几种形式。钢溜井因放矿效果较好，且制作简单、安装方便、架设速度快、效率高，被国内外矿山广泛采用，尤其国外几乎全部采用钢溜井。脉内顺路溜矿井一般采用钢筒现场拼装焊接的方式，具有简单、高效和快速的优点，广为矿山采用。钢筒溜矿井的材质一般为高强度耐磨锰钢板，钢筒厚度，根据放矿量、矿石性质、矿石块度和溜矿井倾角确定一般为 6~14 mm。斯特拉思科纳镍矿对不同厚度的钢筒溜矿井的放矿量进行实测表明：钢筒壁厚为 4.5 mm，溜矿井倾角为 90°时放矿量为 15 万 t，倾角为 60°时放矿量仅 4 万 t；钢筒壁厚为 12.7 mm，溜矿井倾角为 90°时放矿量达 30 万 t。混凝土浇注加高各种顺路溜矿井，虽有较多缺点，但仍在部分矿山应用。

无轨采准系统有利于充分发挥无轨自行设备的效率，便于人员、材料和各类无轨自行设备直接进入各回采工作面，有效提高劳动生产率。斜坡道是无轨采准系统的主干工程，其形式有折返式和螺旋式两种，如图 4-7、图 4-8 所示。前者倾斜升高部分是直线段，转弯部分一般为水平或缓坡段；后者在整个线路上没有直线段，这是两者的主要区别。

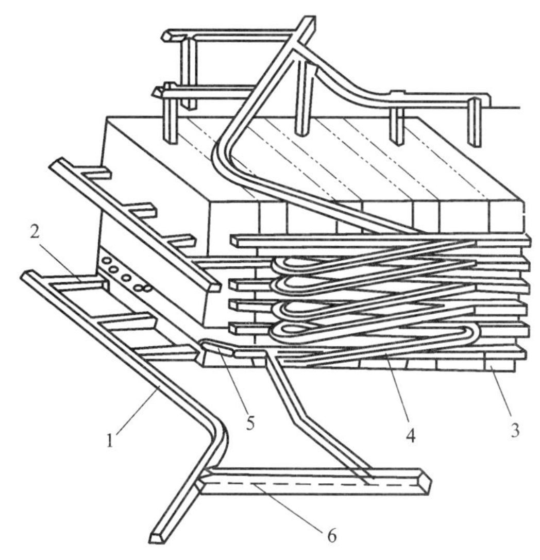

1—阶段运输巷道；2—穿脉巷道；3—分段巷道；4—折返式斜坡道；5—分层联络巷道；6—机修硐室。

图 4-7　凡口铅锌矿折返式斜坡道

国内外各矿山的生产实践表明，折返式斜坡道的优点突出，应用较广。其主要优点包括：斜坡道线路便于与矿体保持固定距离；比较容易施工，使质量达到设计要求；司机视野较好，在水平或缓坡段时，可快速安全行驶；无轨设备行驶平稳，轮胎磨损较小，废气排出量相对较少；路面易于维护。其缺点是工程量较大。螺旋式斜坡道的优缺点正好与其相反。

阶段分支斜坡道是各类无轨自行设备和辅助车辆进入回采工作面的通道。即使采用脉外溜矿井，溜矿井一般布置在分段巷道或联络巷道附近，采场矿石运输一般不通过斜坡道或通过的路线很短。因此，分支斜坡道的坡度可较大，一般为 14%～20%。

采用脉内采准方式时，不设分段巷道和分段联络巷道，斜坡道和分层联络巷道均设在脉内，溜矿井设在脉内或紧靠矿体。美国 Dravo 公司采用的脉内采准系统只在矿体内开掘斜坡道起始段和结束段，斜坡道的主体部分构筑在采场充填体上，即斜坡道从阶段沿脉运输巷道进入下盘(或上盘)围岩，以上坡绕道到底柱的顶部进入矿脉；随着回采向上推进，回采与充填工作面到达顶柱时，斜坡道又一次进入下盘或上盘，绕道上行进入上阶段运输巷道；从斜坡道两端掘进天井形成采场拉底切割巷道。长沙矿山研究院针对鸡笼山金铜矿设计的脉内盘区无轨采准系统为：在一个采场内布设一条斜坡道，从上中段的运输水平贯穿到回采中段的拉底水平；由拉底水平开掘沿矿体下盘或上盘的脉内分层联络巷道，连通盘区内各个采场及脉内斜坡道和溜矿井；随着分层采场的回采与充填，在充填体内将消失的脉内斜坡道构筑成

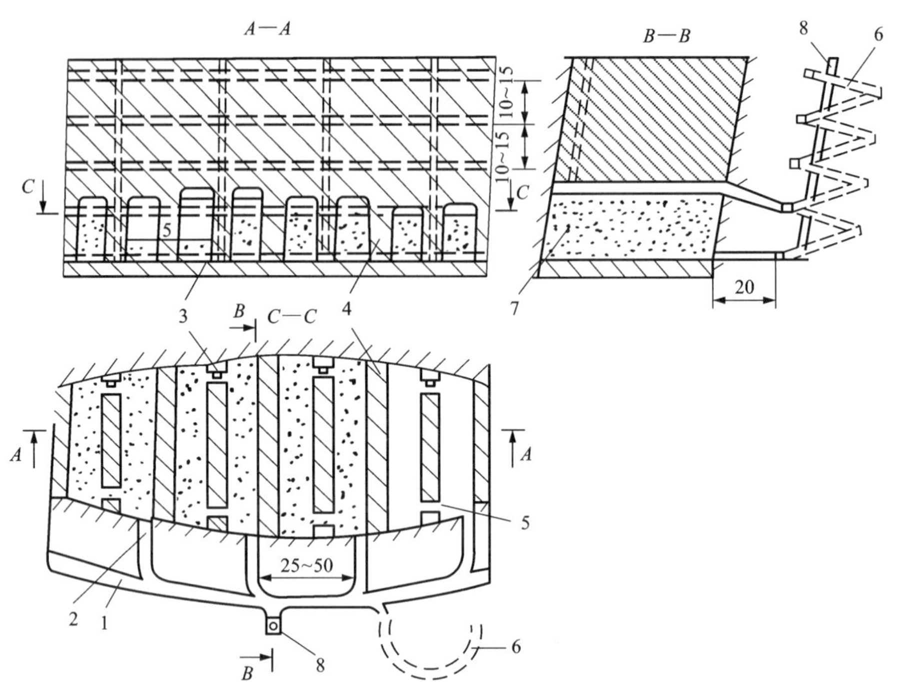

1—分段巷道；2—分层联络巷道；3—充填井；4—间柱；5—联络巷道；6—螺旋式斜坡道；7—充填体；8—溜矿井。

图 4-8 加拿大莱瓦克镍矿螺旋式斜坡道

顺路斜坡道；进行两步骤回采时，其沿脉联络巷道穿过一步骤充填体，与一步骤联络巷道对应布置。采用这种方式在不开掘中段斜坡道的条件下，在沿矿体走向的部分矿段内成功地实施了机械化盘区上向分层充填采矿法。

4.2.4 回采工艺

上向水平分层充填采矿法的回采工艺包括凿岩、爆破、通风、撬毛与支护、出矿、充填等。

上向水平分层充填采矿法有水平孔凿岩下向爆破和上向孔凿岩侧向爆破两种落矿方式。我国很多中小型矿较多地使用 YSP-45 型、YT-27/28 型等气腿式凿岩机凿岩，采场生产能力和劳动生产率难以提高。采用自动化、智能化台车凿岩是解决这一问题的主要手段，是今后的发展方向。凡口铅锌矿采用上向自动接杆凿岩台车，配液压凿岩机钻凿上向炮孔，平均台效为 96 m/(台·班)，炮孔崩矿量达 7.45 t/m；瑞典乌登铅锌矿采用液压凿岩台车配液压凿岩机，可满足年产 36 万~45 万 t 矿石量的凿岩任务，实际凿岩能力甚至可超过 45 万 t/a。

上向分层充填采矿法的炮孔直径一般为 38~55 mm；炮孔排列方式以梅花形为主，以利于提高炸药能量利用率和提高爆破质量，最小抵抗线一般取 25~30 倍炮孔直径；炮孔间距一般取 1~1.5 倍最小抵抗线。

标准配置的机械化上向分层充填采矿法采用台车进行装药，国内有不少矿山采用装药车，但多数上向水平分层充填采矿法矿山仍为人工装药，效率低，劳动强度大。国内外部分矿山的凿岩爆破参数见表 4-1。

表 4-1　国内外部分矿山的凿岩爆破参数

矿山	分层高度/m	炮孔深度/m	炮孔间距/m	炮孔直径/mm	炮孔倾角/(°)
凡口铅锌矿	4.0	4.0~4.5	1.2~1.5	50	85~87
红透山铜矿	3.0	3.6	1.4~1.5	38	75~80
黄沙坪铅锌矿	2.0	2.0	0.8~1.2	38	80~85
金川龙首矿	2.0	2.0~2.5	1.4~1.6	40	水平孔
瑞典乌登铅锌矿	4.7	5.0	3.0	43	65
加拿大汤普森镍矿	3.6	4.0		35	65
加拿大莱瓦克镍矿	3.0	3.6	1.5	50	65
澳大利亚芒特艾萨铜矿	3.7	4.4	1.36	48	65
澳大利亚科巴铜矿	4.5	5.4	1.5	51	65

采场爆破有小循环爆破和分区大爆破。水平孔均为小循环爆破，即沿采场钻凿一排水平炮孔后就实施一次爆破，然后进行顶板管理和出矿，依次循环直到分层采场回采结束。上向孔可以采用小循环爆破方式或分区大爆破方式，并以分区大爆破方式为主。上向孔小循环爆破方式以一到两排炮孔作为一个循环单元依次凿岩爆破，直到分层回采结束。上向孔分区大爆破也被称为分区控制爆破，往往是将分层采场的炮孔一次钻凿完成，然后按两排以上的炮孔作为一个控制爆破分区，依序起爆直到分层回采结束，或将一个分层作为一个爆破区，一次控制爆破落矿。

机械化上向水平分层充填采矿法采用铲运机出矿，运输距离一般不大于 150 m。当运输距离太大时，通常用铲运机将矿石装入井下自卸卡车再运出采场。

我国采用的铲运机斗容为 0.5~6 m^3，多数矿山的铲运机斗容为 1.5~3.0 m^3，柴油铲运机占 70 %以上。柴油铲运机存在废气多、噪声大和温度高等问题，致使矿山通风风量和通风消耗的能源急速增加。瑞典波立登公司乌登铅锌矿对柴油铲运机出矿条件下矿山通风电耗的分析表明，为了达到良好的采场通风效果，其通风电耗占到全矿用电总量的 47%，而人员、矿石与废石提升的电耗仅占 7%，凿岩占 9%，井下破碎占 1%。因此，电动铲运机在国内外采用充填法矿山中的使用量逐年增加，其占有量为 25%~30%。其使用使作业环境得到较大改善，通风费用显著降低。但电动铲运机拖带电缆，机动性受到限制。通用电气(GE)、阿特拉斯·科普柯、加拿大 RDH 公司等先后推出了电池动力的铲运机，国内也有厂家开展了这方面的工作，今后的应用会越来越广。

铲运机出矿效率受到采场规格、一次爆破量、矿石块度、运距、设备维护检修和配件供应情况等因素的影响，其差别较大，表 4-2 为国内外部分充填法矿山铲运机出矿效率。

表 4-2　国内外部分充填法矿山铲运机出矿效率

矿山名称	型号	斗容/m^3	运输距离/m	出矿效率/(t·台$^{-1}$·班$^{-1}$)
凡口铅锌矿	ST-3.5	2.7	25~30	388
康家湾铅锌矿	WJD-1.5	1.5	15~20	133
三山岛金矿	ST-3.5	2.7	<150	161
加拿大莱瓦克镍矿	ST-4A	3.0	150~200	300
澳大利亚芒特艾萨铜矿	ST-5	3.8	52	500
澳大利亚科巴铜矿	ST-5	3.8	76	680
瑞典乌登铅锌矿	ST-8	6.1	150~175	100(t/h)

4.2.5　采场顶板管理

机械化上向分层充填采矿法之所以能大幅度提高采场生产能力和劳动生产率，是因为采用了高效率的无轨自行设备，同时为充分发挥这些设备的效率，采用了较大的采场规格。回采分层高一般为 3 m 左右，在矿岩较稳固条件下，分层高度可提高到 4~5 m，控顶高度达 7~8 m。但较大的采场规格对采场安全不利，因此，必须加强顶板管理和进行预防性支护，并配有检查和处理顶板的服务车辆，以确保作业人员和设备的安全。

采场支护通常采用锚杆、长锚索支护方式，或锚杆、长锚索、挂网、喷浆、注浆等不同工艺组合的联合支护方式(表 4-3)。锚杆与长锚索的直径、长度和网度，需根据采场的地质条件确定。锚杆长度为 2.0~3.5 m，直径为 16~20 mm，布置网度为 1.2 m×1.5 m 或 1.5 m×1.5 m；长锚索直径一般为 15~25 mm，布置网度为 3 m×3 m 或 4 m×4 m，有效长度为 3~5 个分层高度，长锚索在孔内的剩余长度应不小于 3 m。

表 4-3　国内外部分矿山上向水平分层充填法采场支护概况

矿山名称	采场支护概况
凡口铅锌矿	锚杆支护或锚杆钢丝网联合支护；锚杆直径 25~38 mm，锚杆网度 1.4 m×1.5 m，钢丝网网度 25 mm×25 mm
铜绿山铜矿	长锚索锚杆联合支护；长锚索直径 24.5 mm，长度可服务 3~4 个分层回采，网度 4 m×4 m；锚杆为管缝式，直径 45~46 mm，长度 1.6~1.8 m，网度 0.9 m×0.9 m
凤凰山铜矿	长锚索锚杆联合支护；长锚索直径 15~25 mm，孔径 60~70 mm，孔深 8~10 m，网度 4 m×4 m；锚杆为胀管式和管缝式，孔径 35 mm，孔深 2 m，锚杆网度 1.5 m×1.5 m
云锡老厂锡矿	长锚索锚杆联合支护；长锚索直径 22.5 mm，长度 12~15 m，锚固 3~4 个分层；锚杆直径 33 mm，长度 1.5~1.9 m
澳大利亚 芒特艾萨铜矿	锚杆钢丝网或长锚索锚杆联合支护；锚杆直径 16~19.5 mm，长度 2.3~3.0 m，网度 1.2 m×1.2 m 或 2.4 m×2.4 m；钢丝网网度 102 mm×102 mm；长锚索由 7 股 7 mm 高拉力钢丝组成，长度 18 m，孔径 50 mm，孔距 2.4 m，呈菱形布置

续表4-3

矿山名称	采场支护概况
加拿大汤普森镍矿	锚杆钢丝网联合支护；锚杆长度为 2.4 m，间距为 1.0 m，呈棋盘式布置；钢丝网网度 102 mm×102 mm
加拿大 斯特拉思科纳镍矿	锚杆钢丝网联合支护；锚杆长度 1.8 m，直径 19.5 mm；钢丝网网度 102 mm×102 mm

对于点柱式上向分层充填采矿法，留设矿柱是顶板管理的一个重要手段，需要重点考虑。分层采场处于不同回采高度时，矿柱的实际承载状况为：采场拉底，矿柱高度小于等于矿柱宽度，矿柱承载强度超过其承载负荷，安全系数大于 1；继续向上回采，矿柱高度大于其宽度，矿柱承载强度随之降低，安全系数逐渐接近于 1；再继续向上回采，矿柱表层开始破裂，这时应力将重新分配，矿柱的大部分外加载荷转移到采场周边矿柱和围岩上，使矿柱强度与载荷之间保持平衡。一般地，矿柱出露在充填体外的最大高度小于 8 m，其余部分均被充填体包裹，对矿柱施加横向侧压力，且浇面胶结料的水泥浆能渗入被破坏的矿柱裂隙起到加固作用，提高了矿柱的承载能力，使之维持到回采结束。国内外部分矿山点柱规格见表 4-4 所示，一般为 6 m×6 m；间柱宽一般为 4～6 m；顶底柱高度应根据矿体的厚度确定，一般为 8～12 m，极厚矿体为 20 m。

表 4-4　国内外部分矿山点柱上向分层充填点柱尺寸及其中心距

矿山名称	矿柱尺寸/(m×m)	矿柱中心距/m	
		沿走向	垂直走向
三山岛金矿	6×6	20	18
凤凰山铜矿	5×5	15	
铜绿山铜矿	5×5	18	15
加拿大斯特拉思科纳镍矿	6×6	18	15
加拿大科尔曼镍铜矿	6×6	18	15
澳大利亚国王岛多尔芬白钨矿	6×6	14	14
赞比亚木富利腊铜矿	8×8	18	16
印度苏达铜矿	(4～6)×(4～7)	17	13
印度达里巴铅锌矿	6×6	20	
印度摩沙巴尼铜矿	4×4	24	14
西班牙索特鲁矿	8.3×5	19.3	16
日本小坂铜矿	5×5	10～12.5	10～12.5
塞尔维亚紫金铜业 JM 矿	8×8	18	18

4.2.6 采场充填

机械化上向水平分层充填法的充填以管道水力输送充填工艺为主。通过管道水力输送工艺的高效、高能以及高度自动化与回采工艺的高度机械化相匹配，实现采矿方法的综合效率最高。充填集料包括分级尾砂、全尾砂、磨砂、废石、戈壁集料和天然砂等。2000 年以前以分级尾砂为主，全尾砂的应用随着全尾砂浓密脱水、粒级制备、高浓度输送等技术的快速发展及针对细粒级物料的新型胶结材料的进步越来越多；磨砂趋于淘汰；废石集料一般与细砂集料配合使用，且所占比例较小，主要是利用井下采掘废石；戈壁集料只在有条件的矿山选取应用。

根据回采方式的不同，一般选用如下几种采场充填方式：

(1)采用一步骤回采时，通常采用非胶结加胶结浇面充填。胶结浇面的目的是降低矿石损失率和贫化率，且有利于铲运机作业，其浇面层厚度为 0.4~0.5 m，单轴抗压强度一般不低于 4 MPa。我国红透山铜矿、澳大利亚芒特艾萨铜矿、瑞典乌登铅锌矿和加拿大汤普森镍矿等矿山均采用这种充填方式。

(2)采用两步骤回采时，一步骤采场一般采用胶结充填，二步骤采场采用非胶结加胶结浇面充填。我国凡口铅锌矿、康家湾铅锌矿和红透山铜矿深部矿体、加拿大汤普森镍矿厚大矿体、澳大利亚布罗肯希尔铅锌矿等矿山均采用这种充填方式。当一步骤采场采用非胶结充填时，应在一、二步骤采场之间构筑混凝土或细砂胶结隔离墙，并进行胶结浇面充填。

考虑到回采顶底柱的安全，采场下部充填体单轴抗压强度一般不低于 5 MPa，充填体的厚度一般不小于 5 m。

采场充填前，要做好准备工作。比较重要的准备工作包括采场挡墙的架设、采场脱水设施的安装。只有在准备工作完毕后，才可进行正式的采场充填工作。

1)采场充填挡墙

充填挡墙的安全可靠，对采场作业人员及设备的安全极其重要。常见的充填挡墙有木质挡墙、砖砌挡墙、混凝土挡墙及柔性挡墙。目前，木质挡墙应用范围逐渐缩小。混凝土挡墙虽然成本较高，但因强度大，在大型采场中仍广泛应用。柔性挡墙架设速度快、可重复利用，在适当范围内优势突出。

(1)木质挡墙

木质挡墙通常用原木或方木架设立柱和横撑，内铺木板，同时内衬滤布进行封口、封边，并需要外加斜撑。其结构如图 4-9 所示。

木质挡墙因存在以下问题，应用量正在逐渐减少：

a. 成本高，木材消耗量大。

b. 安全可靠性差。由于两帮接触面小，在砂浆压力下，木板易变形开裂，造成跑浆漏浆，甚至发生倒墙事故。

(2)砖砌挡墙

根据矿山的实际情况砖砌挡墙可采用实心砖、空心砖或其他砌块，其结构见图 4-10。充填挡墙的砌筑位置应尽量处于进路开口处，并在超过一定距离的充填进路中间砌筑充填挡墙。砌墙时，先将墙基清理干净，用高标号混凝土砂浆构筑基础，然后再砌筑挡墙，注意必须将砖块上下层交错砌筑，墙体和巷道帮壁之间密实坚固。必要时可在内壁抹面或喷浆。

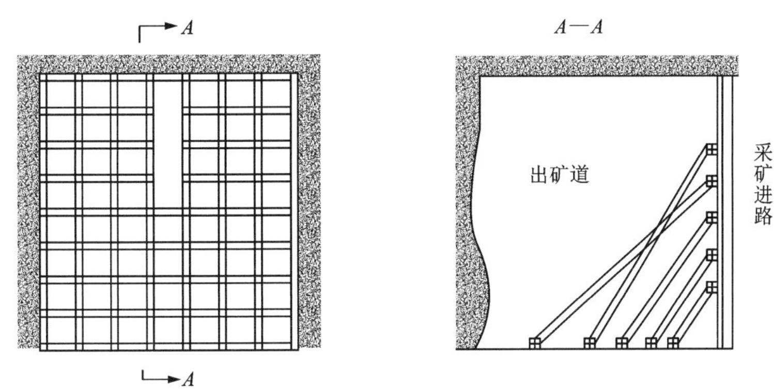

图 4-9　木质充填挡墙结构示意图

砖砌挡墙墙体坚固可靠，不易跑漏料浆，尤其采用炉渣空心砖砌筑时其成本较木质挡墙可大大降低，封口工效提高1/3左右，并且可节省大量木材。

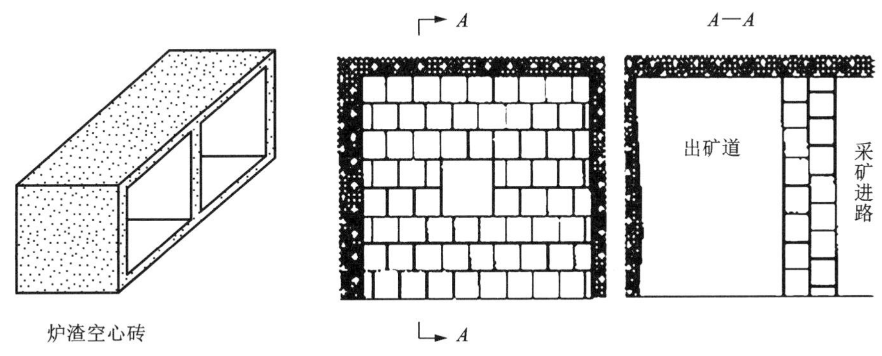

图 4-10　炉渣空心砖挡墙结构示意图

(3)混凝土挡墙

混凝土挡墙由混凝土浇筑而成，通常组合脱水笼等脱水设备，其结构见图4-11，该挡墙最初主要用于水砂充填采矿法中，目前应用范围较广，具有抗压强度高、成型速度快、效果好等优点。

(4)柔性挡墙

柔性挡墙主要由钢丝绳、金属网、楔形锚杆、立柱、底梁、滤水材料等组成(图4-12)。它是由木质挡墙改造和发展演变而成的一种新的轻型挡墙形式，其克服了木质挡墙的一些缺点，可减轻工人劳动强度，增加作业安全性，缩短采充循环时间，减少木材使用，回收利用废旧材料，降低成本，对提升采场生产能力，提高矿山的经济效益有明显的效果。

2)采场脱水方式

水力充填后的脱水非常关键，脱水的速度和质量，直接影响着充填效率和质量。采场脱水的方法有两种：一种是溢流脱水，另一种是渗滤脱水。

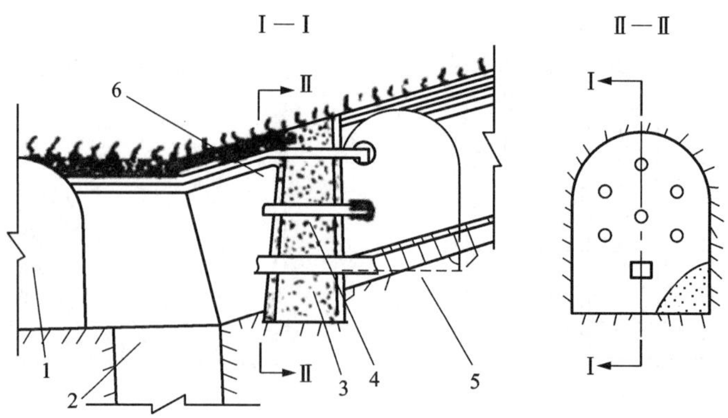

1—电耙硐室；2—溜矿井；3—隔墙；4—滤水管；5—滤水筒；6—电耙道。

图 4-11 混凝土挡墙结构示意图

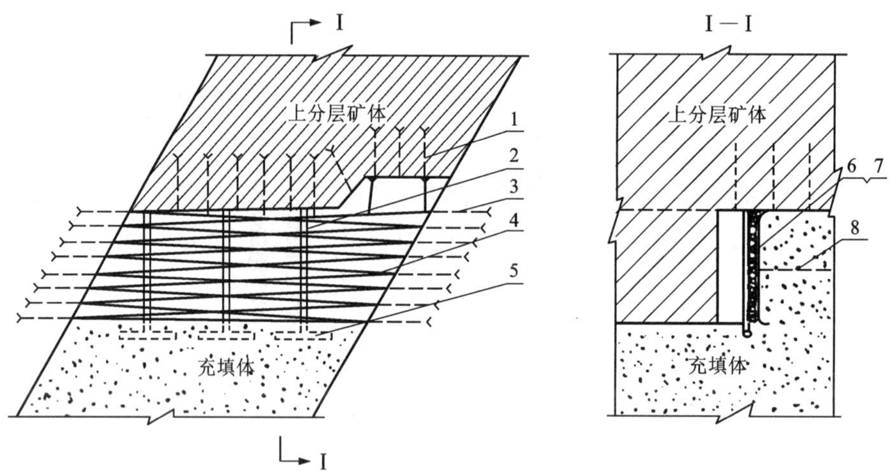

1—顶板锚杆；2—立柱；3—楔形锚杆；4—钢丝绳；5—底梁；6—金属网；7—滤水材料；8—反拉钢绳。

图 4-12 柔性挡墙结构示意图

(1)溢流脱水

溢流脱水是待充填料自然沉降后，上部澄清的水经溢流管或溢流孔排出采场。图 4-13 为充填盘区溢流脱水示意图。

溢流管可采用塑料管，也可以采用废钢管。管径一般可以采用 $\phi 2''$ * ~3″，在溢流管上每隔 1~1.5 m，钻一个溢流口。为了便于整个采场顺利脱水，溢流管应沿采空区的倾斜方向进行铺设。

由于溢流管的溢流口数目及其直径限制，脱水速度较慢；特别是小采空区的充填作业，充填和溢流不能平行进行，从而延长了采空区充填的时间，限制了回采速度。

* 1″=2.54 cm。

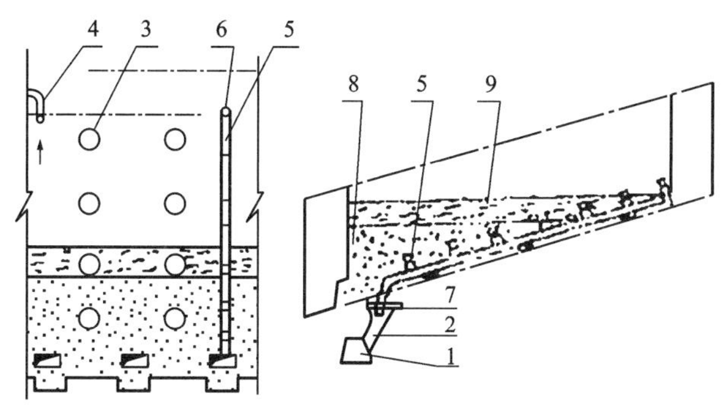

1—脉外中段平巷；2—放矿漏斗；3—矿柱；4—充填管口；5—溢流管；6—溢流口；7—密闭墙；8—沉积尾砂；9—澄清水。

图 4-13　充填盘区溢流脱水示意图

此方法只能排出上部澄清水，不能对充填体起疏干作用。为提高脱水效果，一般与渗滤脱水配合使用。

(2)渗滤脱水

渗滤脱水是利用滤水构筑物将水渗滤出采场的办法。渗滤脱水的构筑物有滤水窗、滤水筒(管)、滤水墙和滤水井等。滤水材料有稻草帘、荆条、芦苇、竹席、麻布等，现在常用土工布。

①滤水窗脱水

滤水窗一般都安设在充填挡墙内。其结构如图 4-14 所示，滤水窗高度一般为 500 mm，宽为 1000 mm；滤水窗的固定木架安设在充填挡墙的下端，其滤水层用钢丝网加麻袋或其他滤水材料制成。滤水窗规格及其数目，直接关系着脱水的速度及其效果。如果密闭墙内的滤水窗数目少，规格又小时，脱水速度较慢，脱水效果较差；反之，脱水速度快，脱水效果较好。但是，密闭墙内的滤水窗数目太多和规格过大时，往往会影响密闭墙的强度，为此，必须相应地增大密闭墙的厚度或加设支撑。

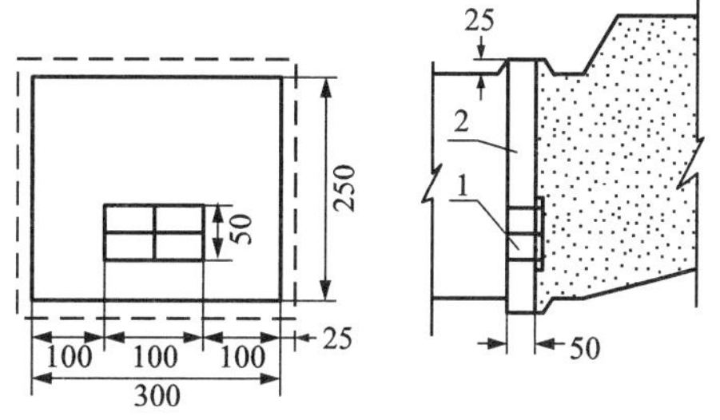

1—滤水窗；2—密闭墙。

图 4-14　滤水窗的安设和结构示意图

②滤水筒(管)脱水

其滤水原理和滤水窗相似。在尾砂充填过程中，充填料浆中的水渗透过滤流进滤水筒，然后由密闭墙内的短管排出。为了使整个充填采场顺利脱水，滤水筒一般沿充填采场的倾斜方向进行铺设(图 4-15)。根据尾砂的渗透系数不同，滤水筒的间距一般为 10~20 m。如果充填采场的倾角和高度较小时，滤水筒可以垂直安装，此时，与后面的滤水井相同。采用这种垂直滤水筒时，最上部的澄清水易于从不同高度透入滤水筒而流出充填采场，所以，脱水速度较快、效果较好。

滤水筒的结构和所用材料各矿都有不同。有竹编的滤水筒，也有木质滤水筒。因为竹编滤水筒不耐高压，在充填过程中往往受压而变形或破坏，所以，没有得到广泛应用。木质滤水筒应用较广(图 4-16)。例如滇中铜矿曾试验采用 ϕ250 mm 水力旋流器，选用+37 μm 粒

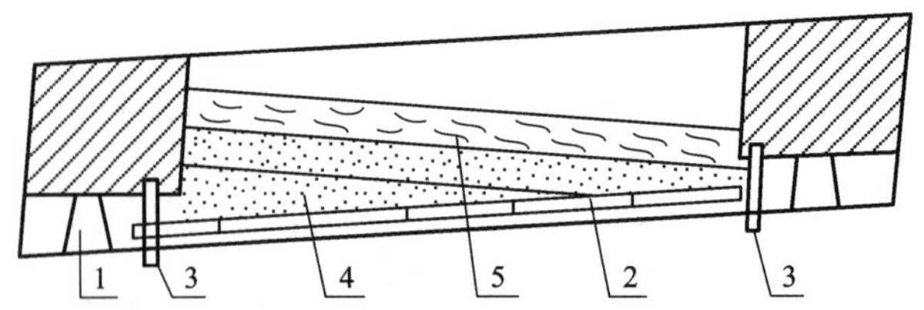

1—脉内中段平巷；2—滤水筒；3—密闭墙；4—沉积尾砂；5—尾水。

图 4-15 滤水筒铺设示意图

级的尾砂进行充填，采用木质滤水筒并附设滤水窗进行脱水。试验表明，脱水速度很快，边充填边脱水；充填后，未发现有积水现象；充填后 8 h，即可行人。但是，-20 μm 粒级容易透过过滤层而流出采场，淤积在井下巷道中。因此，这种滤水筒只能用于分级尾砂充填。

滤水筒外敷的过滤层所用材料及其层数直接关系脱水速度及其效果。在分级尾砂充填中，一般在滤水筒的框架上面包扎一层草席和麻袋。为了节约木材消耗，可以采用小方木(60 mm×60 mm)制成框架，外面包扎一层铁丝网(10 mm×10 mm)后，再包土工布。

国外某些矿山曾采用滤水箱脱水，滤水原理与滤水筒相同。但滤水设施是矩形滤水箱，箱内放置砾石、砂子等滤水物，其周边钻凿 ϕ10 mm 的小孔，并包扎滤水层。透进滤水箱内的尾水，也是通过密闭墙内的短管流出充填采场(图 4-17)。根据尾砂的渗透性和对脱水速度及其效果的不同要求，一般在一个密闭墙内设置 2~4 个滤水箱。

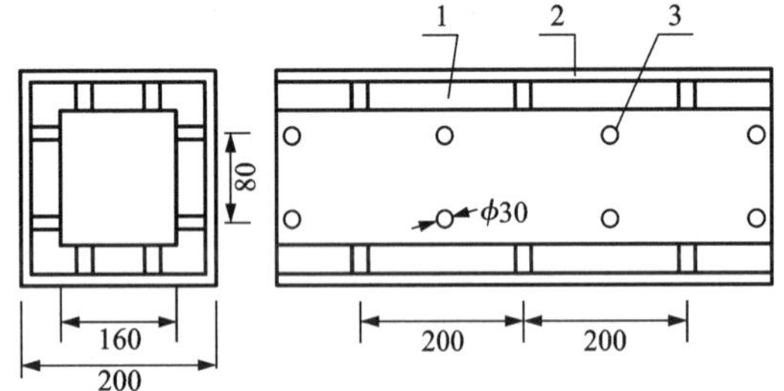

1—木质框架；2—过滤层；3—滤水孔。

图 4-16 木质滤水筒结构示意图

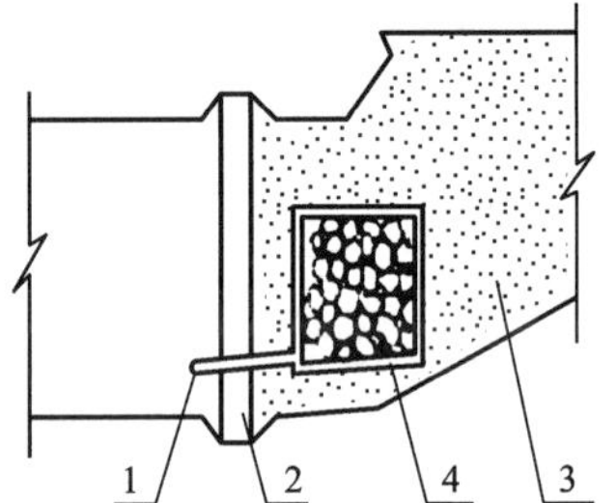

1—短管；2—密闭墙；3—沉积尾砂；4—滤水箱。

图 4-17 滤水箱与短管的连接方式

③滤水井脱水

在缓倾斜中厚矿体的充填法采场中，也可以采用滤水井进行采场脱水(图 4-18)。

采用水平分层充填法时，滤水井应随着分层回采逐层架设，其架设方法与木垛支护相同。采后一次充填时，可以一次架成。在缓倾斜中厚矿体的空场充填中，滤水井安设在上下两端，其脱水原理与前述相同。为了将透进滤水井内的尾水引出充填采场，也可以使其通过预埋在密闭墙内的短管流出。

因为滤水井的断面较大，所以脱水速度较快，效果较好。在一个充填采场内(宽为 10~14 m，斜长为 50~60 m)，在其上下两端各设 1 个滤水井，即可达到预期的脱水效果。在可能条件下，也可以利用探井作滤水井。图 4-19 为混凝土预制构件的滤水井结构示意图。图 4-20 为木质滤水井结构示意图。

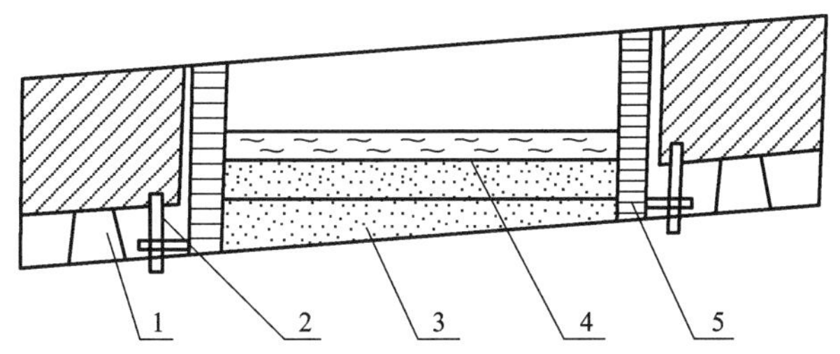

1—脉内中段平巷；2—密闭墙；3—沉积尾砂；4—尾水；5—滤水井。

图 4-18　滤水井的架设方式

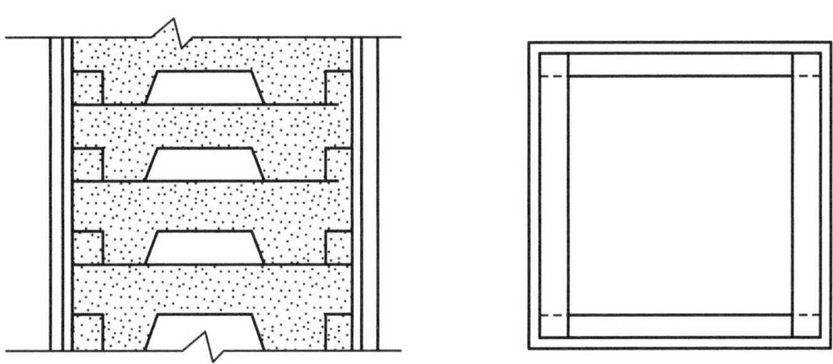

图 4-19　混凝土预制构件的滤水井结构示意图

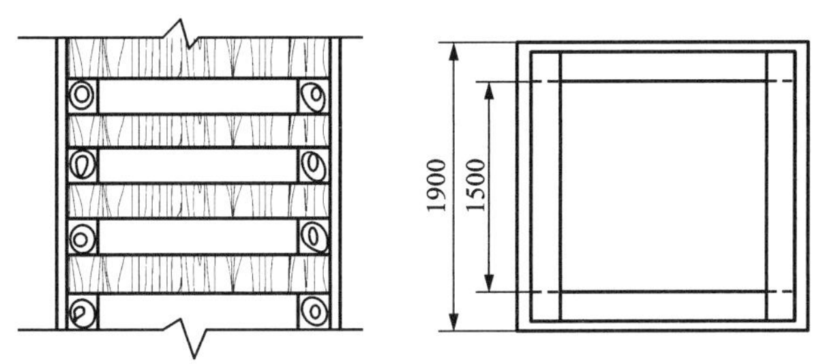

图 4-20　木质滤水井结构示意图

滤水井一般设置在密闭墙的内侧。木质滤水井是用 150 mm×150 mm 的方木按 1500 mm×1500 mm 的内孔垒高至充填采场的顶板；方木间留 50 mm 的间隙，以作尾水的渗透通路。然后从里到外第一层包扎有菱形孔的 2 mm 厚的金属网，以加强滤水层的强度。第二层包扎普通绿漆钢丝纱窗，第三层包扎亚麻布，第四层包扎草席，最外面用木条或板皮间隔钉牢。

这种滤水井也有一般过滤脱水的缺点，只宜用于分级尾砂充填。滤水井架设困难，要求人员能够进入采场进行架设。

④滤水墙脱水

滤水墙一般有两种设置方法，一种是和密闭墙设置在一起，另一种是单独设置。图 4-21 为滤水墙和密闭墙同时设置。其特点是两者平行砌筑，滤水墙设置在里面，与充填采场内的充填料直接接触作为滤水层。外面设置密闭墙，起密封和排水的作用。在充填过程中，尾水透过滤水墙的滤水层流出，然后通过密闭墙内的排水管排出充填采场。

滤水墙由承压支撑结构和滤水结构构成。承压支撑结构常用木材或钢结构构建。采用木材时先架设木材支架，后将隔板以 50 mm 间距钉在支架上，最后用木条或板皮钉在滤水层上固定。根据脱水要求和所承压头不同，采用不同的滤水层。但是，为了保证滤水层的强度，可以采用金属网、普通钢丝的纱网、麻布和草席等四层滤水层。

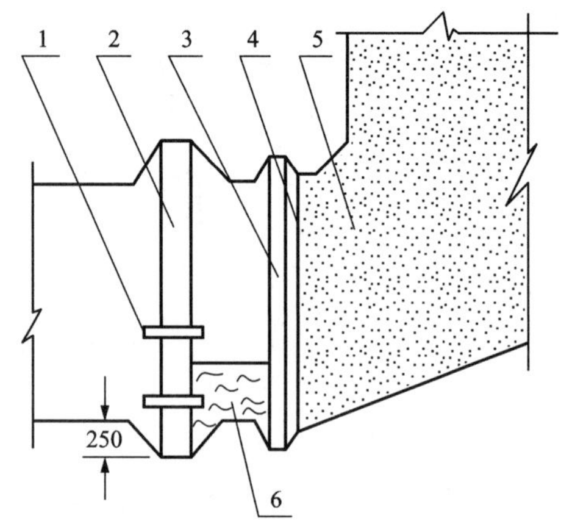

1—排水管；2—密闭墙；3—滤水墙；4—滤水层；5—沉积尾砂；6—尾水。

图 4-21　滤水墙和密闭墙同时设置结构示意图

这种滤水墙的过滤面积较大，渗透速度快，脱水效果较好，而且安全性好；但是，设置滤水墙所需材料较多，特别是在其外侧又要设置密闭墙，工程量更大。因而，一般只宜用于大空场的充填和充填后的压头较高的特殊情况。

当采用膏体充填时，由于充填料中细粒级含量相对较高，与水砂、分级尾砂胶结充填料等相比，挡墙的作用机理和架设既有相同之处，也有不同之处：①膏体料浆浓度高，所含重力水少，加之细粒级影响脱水效果，因此进入采场后一般不用脱水；②膏体料浆配比合理，稳定性、和易性较好，进入采场后不分层不离析，凝结时间快，挡墙所受压力小，因此挡墙构筑相对简单。

采场内的充填管道通常采用轻便的增强聚乙烯管。为确保充填质量和充填面平整，在采场内每隔一定距离应设一下料点，以减少料浆离析和保证充填料浆的流平。此外，充填过程中的引流水和洗管水应排到采场之外。

4.2.7　应用实例

1）石湖金矿机械化上向水平分层充填采矿法

石湖金矿位于河北省石家庄市灵寿县西北约 50 km 处，矿区南部有 207 国道通过，有简易公路与矿区相通，交通便利。该矿属岩浆后热液石英脉-断裂构造蚀变岩型矿床，以金为主，伴生银、铅、锌等。含金矿物主要为银金矿，金平均品位为 8.5 g/t。矿区内主要构造为向南东倾伏的背斜构造，叠加在背斜构造之上的近南北向、北西向断裂构造较为发育。其中，南北向断裂为主要控矿构造，北西向断裂次之。101 采区为矿山主采区，区内主矿体赋存在 19~31 勘探线之间，走向长约 315 m，属中厚矿体，走向约 180°，倾角 73°。矿体岩性为硅化岩、绿泥石化硅化岩，中等硬度，较稳固。下盘围岩为黑云斜长片麻岩，硬度较高，稳固。上盘围岩为脉岩，硬度较高，较稳固，上盘局部有糜棱岩化和高岭土化现象，当暴露高度和暴露面积大时则容易冒落。矿体体重 2.85 t/m^3，围岩体重 2.65 t/m^3，矿岩松散系数 1.54。矿石无结块现象，矿岩无自燃现象。2010 年，石湖金矿和长沙矿山研究院有限公司合作研发建设全尾砂胶结充填系统，通过现场工业试验确定了无矿柱上向水平分层充填采矿法的工艺参数和主要技术经济指标。

(1)采场布置及结构参数

采场沿矿体走向布置，长度为 50~60 m，中段高度为 40~50 m，各采场结构要素基本相同，且不留顶底柱和间柱。根据矿体产状和所在区段矿岩的稳固性，3~5 个采场组成一个盘区，中间采场超前两边相邻采场开采。

(2)采准工程

在矿体下盘距矿体 8~15 m 处布置斜坡道，坡度为 20%。每隔 10 m 高度布置分段平巷，分段平巷之间通过斜坡道连接。每个采场布置 1 条脉外溜矿井，溜矿井与分段平巷之间用溜井联络巷道连接。每个采场布置 1 条脉内充填回风天井，每个采场布置两条采场联络巷道，其距离采场端部 10~15 m。

石湖金矿上向水平分层充填采矿法示意图见图 4-22。

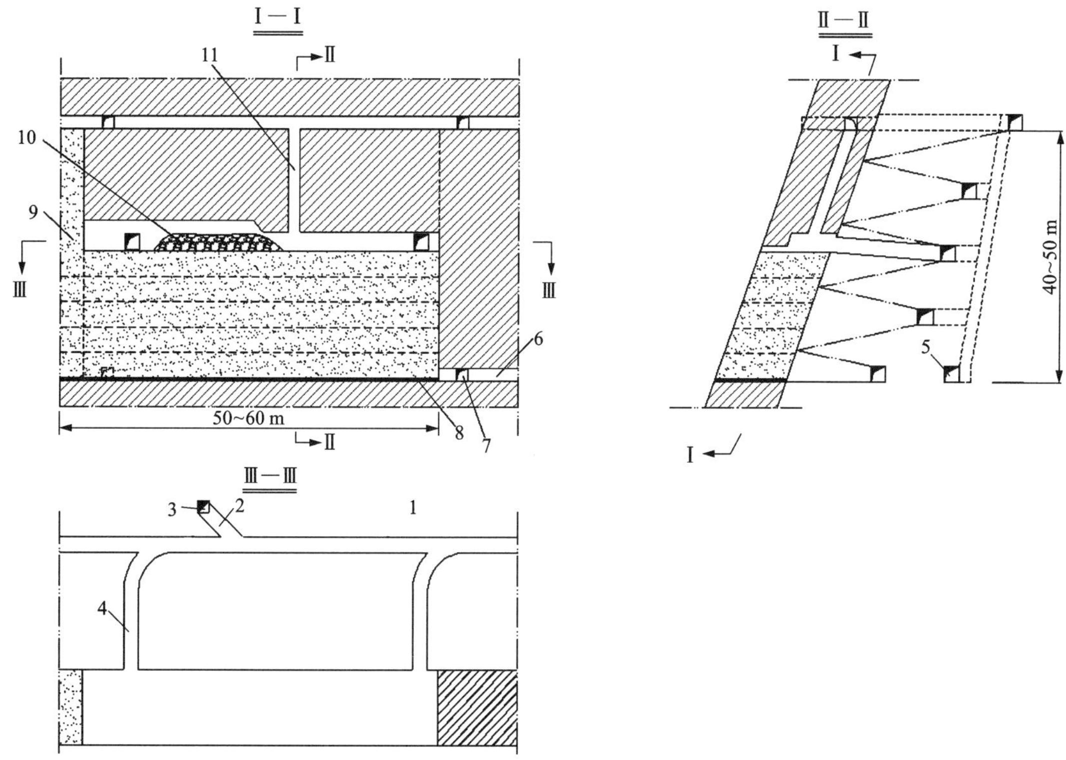

1—分段平巷；2—溜井联络平巷；3—溜矿井；4—出矿联络巷；5—中段运输平巷；6—拉底巷；7—穿脉；8—人工假底；9—充填体；10—崩下矿石；11—充填回风天井。

图 4-22　石湖金矿上向水平分层充填采矿法示意图

(3)回采工艺

回采可分为两部分：拉底回采和分层回采。拉底回采在中段出矿水平，从各采场穿脉巷道进入采场拉底层，以脉内沿脉探矿平巷为爆破自由面进行扩帮拉底回采，拉底至矿体边界。拉底高度为 4~4.5 m，然后对其进行高配比(1∶4)全尾砂胶结充填，形成人工假底，并保留 2 m 高继续向上回采空间。分层回采是当拉底层回采完毕后，在 2 m 高的回采空间内依次进行其余分层回采作业。

①凿岩爆破

采用气腿式凿岩机钻凿浅孔，2#岩石炸药微差爆破落矿。凿岩钻头直径 32~38 mm，炮孔平行布置，孔距 1~1.2 m，排距 0.8~1 m，孔深 2~2.5 m，矩形布孔或梅花形布孔均可。孔内装入 2#岩石炸药和分段导爆管雷管，孔外用电雷管起爆或起爆器起爆。

②通风

采场爆破产生的污风经充填回风天井排出。通风路线分以下两种情况：

拉底回采采场通风路线：中段运输平巷→穿脉→采场→充填回风天井→上中段穿脉→上中段回风巷。其余分层回采采场通风路线：中段运输平巷→斜坡道→分段平巷→采场联络巷道→采场→充填回风天井→上中段穿脉→上中段回风巷。

③出矿

采场通风结束后，用 1.0 m^3 的电动铲运机出矿。在铲运机出矿过程中，不断处理顶板浮石。铲装矿石经由采场联络巷道、分段巷道、溜矿井联络巷道，倒入溜矿井。

④充填

石湖金矿充填系统为全尾砂胶结充填系统。充填站位于矿山 2#竖井附近的地表。充填料浆通过钻孔下到 260 m 中段，再由充填管道输送至各充填采场。分层充填采用以普通硅酸盐水泥为胶结剂的全尾砂料浆，以此控制深部地压，提高采场作业环境安全稳定性。其中，拉底层底部 2 m 空间采用高配比(1∶4)全尾砂胶结充填；其余分层 0.5 m 厚浇面采用 1∶4 高配比全尾砂充填，其余采用低配比(1∶8~1∶10)全尾砂胶结充填。分层落矿并出矿后采场的最大控顶高度为 4~4.5 m，每层充填高度为 2~2.5 m，充填后留 2 m 高度作为继续回采下一分层的作业空间。

(4)主要技术经济指标

采场综合生产能力：200 t/d；

凿岩效率：40 m/(台・班)；

出矿效率：100 t/(台・班)；

损失率：5%；

贫化率：5%；

采切比：10.5 m/kt。

2)红透山铜矿机械化上向水平分层充填采矿法

红透山铜矿为一高中温热液充填铜锌硫化物矿床。矿体赋存于前震旦纪片麻岩中，一般呈层状和脉状产出。矿区有工业矿体 10 个，其中 1#矿体规模最大，矿石储量占矿山总储量的 90%。矿体走向长度为 180~600 m，延深达 800~1000 m。矿体厚度为 1~40 m，平均厚度为 25 m，倾角 40°~83°，上部大都在 70°以上，矿体上盘围岩主要为矽线石黑云斜长片麻岩，下盘为注入黑云片麻岩。矿石中主要有用矿物为黄铜矿、磁黄铁矿，并伴生有金、银等。矿石 $f=8\sim10$，围岩 $f=12\sim14$，矿岩皆稳固，节理不发育，界限比较明显，矿区内有长 300 m 的大断层，与主矿体成锐角相交。矿石有氧化结块现象，但未发生氧化升温和自燃。矿区水文地质条件简单，井下进入深部开采后，采场地压大。

红透山铜矿属于高中温热液充填矿床。上下盘稳固，但随着开采深度的增加，地表崩落面积扩展到了 3 万 m^2。为了提高矿石回收率，降低贫化率，以及解决高硫矿石的氧化自燃问题，矿山采用上向分层尾砂充填采矿法。该方法回采的矿石量占到了总采矿量的80%。

(1)采场布置与结构参数

矿山主要采用沿矿体走向布置的上向水平分层充填采矿法开采。一个矿体作为一个回采采场，长度为80～180 m，采场水平面积控制在2000 m^2 内。

(2)采准工程

阶段高度为60 m，底柱高为6 m，采场水平面积为1000～1800 m^2。应用脉外下盘采准斜坡道+脉内溜矿井采准系统，在距矿体下盘5～10 m处布置采准斜坡道，坡度20%，断面3.5 m×3.0 m，路面浇筑混凝土。每一分层高度上有联络巷道与采场相通，采场内布置斜溜井、充填人行滤水井2个。当采场长度超过100 m时，设置4个溜矿井。滤水井采用木井框向上叠垛，外包麻袋片和钢丝网制成。溜矿井紧贴下盘，提升井的规格为3 m×3 m，上面安装慢速卷扬机，可以用于人员、设备和材料提升。

(3)回采工艺

①回采

分层回采高度为3 m，用YSP-45型凿岩机凿上向接杆炮孔，孔深为3.5～4.0 m，炮孔倾角为75°，钎头直径为38 mm，炮孔交错布置；采用非电导爆管微差分段爆破，一次爆破100～150个炮孔，每次落矿量1000～2000 t，用LK-1型或LF4.1型铲运机出矿，平均运距为40～60 m，台班出矿效率为150～180 t。尺寸大于600 mm×800 mm的大块产出率为5%左右。

一个采场分两个梯段工作面，其中一个进行落矿和出矿，另一个进行充填准备和充填，这样两个工作面工序平行交替作业，有利于提高采场回采效率；两个工作面之间用尾砂草袋构筑隔墙。

②充填

在一翼出矿结束后即可进行充填作业。充填采用尾砂，尾砂面上浇筑0.5 m厚的混凝土胶结面。该胶结面水泥用量为250～300 kg，充填后养护8～12 d即可开始下一步分层的回采工作。采场两翼交替作业以提高效率。充填由地面尾砂充填制备站通过管路以23～45 m^3/h 进行。当尾砂充填到距顶板2.6～3.0 m时，开始尾砂胶结充填铺面，其厚度为0.3～0.5 m，每立方米胶结面400号水泥用量为200～400 kg，单轴抗压强度为1.1～4.9 MPa。

(4)主要技术经济指标

采场综合生产能力：330 t/d。

凿岩效率：27.4～39.2 t/(工·班)。

出矿效率：227 t/(台·班)。

损失率：12%。

贫化率：19.5%。

采切比：8～10 m^3/kt。

3)大尹格庄金矿机械化上向水平分层充填采矿法

大尹格庄金矿位于山东省招远市大尹格庄，是山东招金矿业股份有限公司的主要矿山。矿山综合采选能力达3300 t/d，为国内矿石生产能力较大、机械化程度较高的现代化地下黄金矿山。

大尹格庄金矿为蚀变岩型大型金矿床，主矿体为Ⅱ号矿体，保有金属储量占全矿总储量的70%以上。矿体产于黄铁绢英岩中，上盘以主裂面为界，主裂面之上主要由碳酸盐化的胶东群老地层组成，主裂面之下围岩岩性、结构、构造、蚀变与矿体无差异，仅金属硫化物及金含量较矿体低，与矿体无明显界线；矿体下盘围岩主要由黄铁绢英岩化花岗岩组成，与围岩呈渐变过渡关系。矿石及上下盘岩石较稳固。局部破碎，节理裂隙发育。该矿体呈不规则脉状和透镜状产出，以平行多层矿形式产出，一般由3~4层矿组成。矿层间夹石厚度为几米至几十米，倾向SE，倾角为16°~56°，厚大矿体部分平均厚度17.4 m，金平均品位2.99 g/t，矿岩界线不明显，靠取样分析确定。矿岩中均无含水层，局部有少量淋帮水，水文地质条件简单。该矿段地表不允许陷落。采用机械化上向水平分层充填采矿法开采。

(1)采场布置及结构参数

盘区和采场均垂直于矿体走向布置，每个盘区布置两个采场。盘区宽60 m，采场宽30 m，长为水平厚度(40~100 m)。中段高度为90 m，分段高度为14 m，分层落矿高度3 m，采场不留顶柱，留8 m底柱。两相邻回采盘区间留2 m的连续矿壁。

(2)采准工程

采用“下盘脉外斜坡道+脉内+脉外溜井”联合采准方案。由下盘脉外斜坡道每隔14 m垂高掘脉外分段平巷联络道和分段平巷，然后自分段平巷沿盘区中心线布置分层联络道。分层的第一分层联络道由分段平巷向采场以9°左右角度下坡掘进60 m至矿体下盘，其余分层的联络道则采用挑顶、垫底方式。联络道最大上坡角度仍为9°，斜长40 m。自分段平巷向下盘掘进出矿联络道与溜矿井连通。采场中央布置充填通风天井，分别与上下中段相通。

大尹格庄金矿机械化上向水平分层充填采矿法见图4-23。

(3)回采工艺

分层回采从分层联络道开始，首先沿采场中央自下盘向上盘方向压顶落矿，形成6~8 m宽度的切割槽至采场上盘边界，然后再从切割槽向两侧连续压顶落矿。当矿体为多层矿时，先采上盘矿体，后采下盘矿体，直至本分层采完为止。采用凿岩台车凿岩，碎石机破碎，电动、柴油铲运机及坑内卡车联合出矿，每天3班，每班作业8 h。采场回采作业人员：凿岩爆破工3人，铲运机工3人，运输工、维修工、电工各班统一安排。凿岩爆破工负责采场的凿岩爆破及大块破碎工作；铲运机工负责采场的排险、洒水降尘、出矿、平场工作。

①凿岩爆破

采场凿岩主要采用芬兰汤姆洛克公司生产的MERCURY 1F D4-E50全液压凿岩台车施工水平浅孔，以气腿式凿岩机辅助作业。炮孔直径40 mm，孔深3.8 m。采场爆破孔距1.1 m，排距0.8 m，装药系数0.8；光面爆破参数：孔距0.6 m，光面层厚0.7 m，装药线密度0.2 kg/m。采用2#岩石炸药、多段毫秒雷管起爆落矿工艺。采场最大控顶高度为4.5 m。

②通风

爆破结束后，靠主扇通风，新鲜风从斜坡道依次进入分段联络道、分段平巷、分层联络道、采场，污风由充填通风天井排至上水平回风巷，15 min左右可达安全生产标准。在进行采场出矿前，工人应先在工作面洒水除尘、排险。

③顶板管理

采场顶板管理主要包括以下几项措施：

落矿边界采用光面爆破技术：在回采落矿过程中，为了尽可能减少爆破对采场顶板岩体的破坏，在落矿边界采用光面爆破技术。光面爆破孔径为40 mm，孔距为0.6 m，光面层厚为0.7 m，与落矿孔同次滞后起爆。光面平整光滑，既减少了爆破对顶板表面的破坏，又大大避

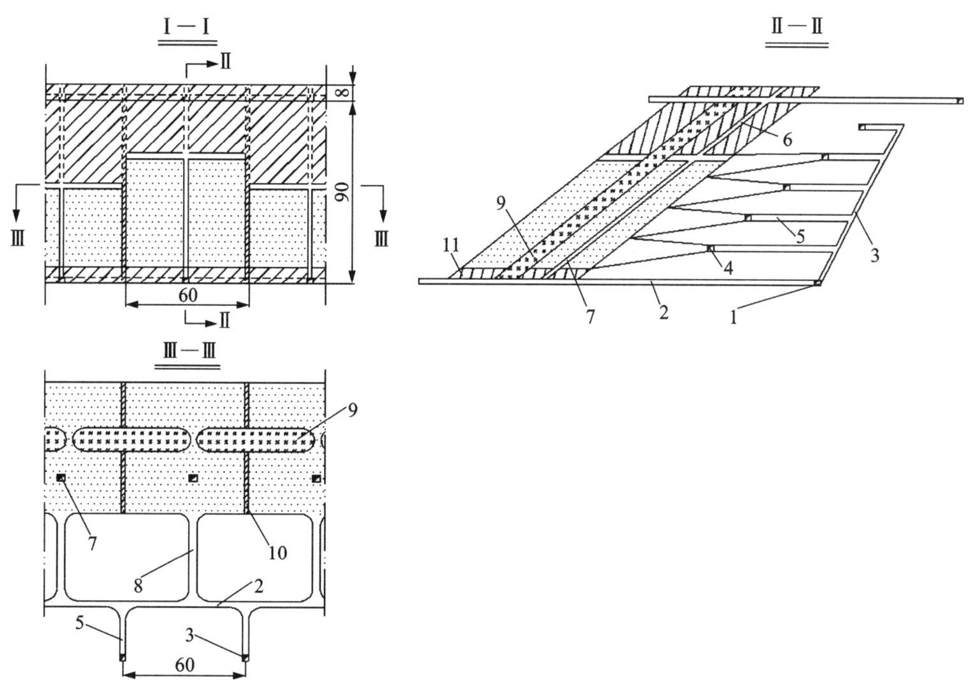

1—运输巷(3.6 m×3.7 m)；2—穿脉(3.6 m×3.7 m)；3—溜矿井(2.5 m×2.5 m)；4—分段平巷(3.6 m×3.0 m)；5—溜矿井联络道(3.2 m×3.0 m)；6—充填通风天井(2 m×2 m)；7—通风泄水井(2 m×2 m)；8—分层联络道(3.2 m×3.0 m)；9—夹石；10—矿壁；11—底柱。

图 4-23　大尹格庄金矿机械化上向水平分层充填采矿法

免了局部边界的应力集中；严格控制采场的结构尺寸，尽量保证采场顶板的最大暴露面积不大于极限暴露面积 1200 m^2。

预留采场点柱：在矿体水平厚度大于 20 m 的矿段，在采场中布置 4 m×4 m 的不规则点柱支撑顶板，柱与柱之间一般为 12 m，并将点柱尽量位于矿石品位较低的部位，若有低品位矿层和夹石一定要保护好，并留作矿柱，可适当增加富矿段矿柱间距。必要时采用长锚索+锚杆+钢丝网联合支护：对于暴露顶板节理裂隙发育的地段，特别是由于不同方向的裂隙彼此交叉切割而形成“倒三角”楔体的部位，采用长锚索+锚杆+钢丝网联合支护。采用长锚索支护时，孔径 60 mm，孔深 10~16 m，内置螺纹钢筋，砂浆灌注孔全长；锚杆安装采用锚杆台车作业，锚杆为涨壳式锚杆，或者在矿堆上用 7655 凿岩机打眼和安装管缝式锚杆，锚杆长度一般为 1.8 m，安装网度为 1.0 m×1.0 m，钢丝网用 ϕ3 mm 铁丝点焊而成，网度尺寸为 100 mm×100 mm，安装锚杆时一同安装。

采场顶板位移观测：采场在分层回采过程中，在中央切割槽形成后在顶板布置观测点，并在分段巷道顶板上布置观测基准点，用水准测量仪每周测量一次观测点的调和变化，计算出观测点处顶板的绝对下沉位移量，并和岩体的最大允许位移量相对照，定性判断采场顶板的安全状态。

声发射监测预报：在采场布置声发射系统监测分析地压变化。

④出矿

采场出矿采用地下卡车和铲运机联合作业方式将矿石搬运至盘区脉外溜矿井中，或由铲运机直接将矿石搬至脉外溜井和采场顺路溜井。矿石经5.5 kW振动放矿机放入4 m^3底卸式矿车，由10 t电机车双机牵引至卸载站卸入原矿仓。铲运机在出矿过程中将矿堆中的大块(一般为2%左右)集中堆放在采场工作面，由移动式液压碎石机进行破碎后，再由铲运机铲运。

⑤充填

分层回采验收合格后，立即进行采场充填的准备工作。准备工作包括加高顺路钢质溜矿井、安设充填泄水口、压顶垫高分层联络道和脉间联络道、架设充填管道等。采场充填料浆由地表充填站供应，管道自流输送至采场，充填料为选厂+200目分级尾砂。掘进的废石则就近用铲运机运到采场充填。每次充填高度为3 m，保留1~1.5 m的作业空间。溢流水经波纹滤水管流出或泄水井流出。

充填体中的水分别经预先埋设的波纹滤水管或经顺路钢质溜井上的滤水口泄入溜井流出，充填结束后30 min左右可从分层联络道用导虹吸法或用泵强行将水排出，以减少泄水时间，减小渗透水对相邻采场造成的不良影响，快速提高充填体的强度。充填完成经过2~3 d滤水后开始新分层的回采。

(4)主要技术经济指标

盘区综合生产能力：496 t/d；

凿岩效率：496 t/(台·班)；

出矿效率：124 t/(台·班)；

损失率：5.68%；

贫化率：7.15%；

采切比：84.63 m^3/kt。

4)凡口铅锌矿机械化盘区上向分层充填采矿法

凡口铅锌矿矿体集中产于走向长约1800 m、宽约300 m、深约900 m的范围内，形成一个与两断层及其延伸方向重合的北东向主矿带。矿区按成矿地段分为金星岭(东区)、狮岭(西区)和狮岭南3个矿化段，3个矿化段自北向南，由高到低呈阶梯状排列，其中狮岭南和狮岭深部矿段属于深部开采对象。矿体走向长1300 m，倾角为25°~70°，一般为45°，厚度为6~86 m，平均厚度为23 m。主要矿石类型为黄铁矿石、黄铁铅锌矿石，矿石含硫高达32%，单一黄铁矿石含硫最高达42%，具氧化发热或自燃特性。深部矿体变缓变薄，呈缓倾斜至倾斜似层状产出。矿体围岩为中等裂隙状的较完整岩体，稳固性较好，围岩f一般为8~10，矿石f为4~17。上部矿床水文地质条件复杂，属于以溶洞充水为主、顶板直接层进水的复杂类型；深部矿床水文地质条件相对上部简单，属于以裂隙充水为主、含水层直接进水的中等类型。深部矿体赋存于深层含水层，含矿层位的顶底板围岩均为隔水层，要求采空区及时充填以保护顶板导水裂隙带不触动上部含水层的水力联系。

长沙矿山研究院对深部地压的实测表明，凡口铅锌矿深部的应力场分布具有如下特点：

①深部的应力场具有典型构造应力场的特点，3个主应力均为压应力，最大主应力方向接近水平，最大主应力与垂直应力之比为1.0~1.7；

②垂直应力接近于单位面积上覆岩的自重；

③通过对凡口铅锌矿矿岩力学参数的测试，采用脆性系数法、冲击能量指标、应变能储存指数、岩爆能量比、动态法和应力法等多种方法进行了岩爆倾向性评价，结果表明凡口铅锌矿矿岩均具有不同程度岩爆的倾向；随着开采深度的增加，井下采掘过程可能会出现片帮、冒顶等地压问题。

矿山针对倾斜矿体采用的采矿方法为机械化盘区上向水平分层胶结充填采矿法。该方法由长沙矿山研究院与凡口铅锌矿于 20 世纪 80 年代后期结合矿山条件开展试验研究，并在矿山成功推广应用。2002 年双方针对深部矿床的开采条件开展机械化盘区上向高分层充填采矿法试验研究取得成功，并应用于深部矿床开采，在高地应力条件下实现高分层充填采矿。

凡口铅锌矿机械化盘区上向分层充填采矿法示意图见图 4-24。

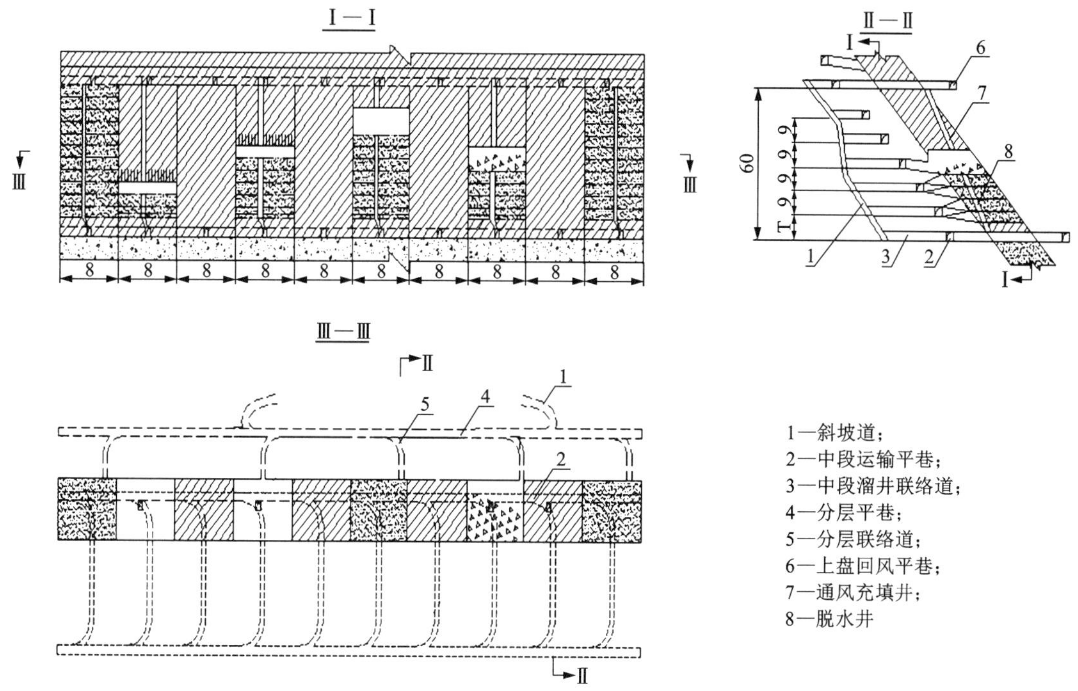

图 4-24　凡口铅锌矿机械化盘区上向分层充填采矿法

(1)采矿方法结构参数

阶段高度 40 m，分段高度 8~9 m，分层高度 4~5 m，底柱高 7 m。采场垂直矿体走向布置，采场和间柱宽度均为 8 m，长度为矿体厚度，由 3~5 个采场组成一个盘区(图 4-24)。考虑最大空顶距对出矿作业安全性的影响，最大空顶距控制在 8 m 以内。

(2)采准

采用无轨采准系统。采准工程包括斜坡道、脉外溜矿井、分段平巷、分层联络道和采场内通风、充填天井和脱水井等。

斜坡道布置在脉外下盘，分段平巷根据矿体倾角不同距矿体边界 25~30 m，每个采场均须布置分层联络道，将采场与分段平巷连通。为了减少采准工程量，两个采场共用一条分层联络道；上下两条分层联络道须在平面上错开布置，以防止挑顶时上下联络道相互贯通。

每个采场均设置通风、充填天井，并兼作切割井。针对倾角较缓的倾斜矿体，在拉底层布置于矿体中部的天井，随高度增加逐渐进入上盘围岩中，因此，从第三分段起一般另布置1个天井贯通上中段。

每个采场布置1个脱水井。在中段水平至拉底水平之间，从中段川脉中上掘脱水井，回采后，随着回采工作向上推进，架设顺路脱水井。

(3)凿岩爆破

采用上向平行孔，炮孔直径50 mm，孔深4~5 mm。凿岩作业空间高度3 m左右，爆破出矿后顶高不大于8 m。

其他凿岩爆破参数：最小爆破抵抗线1.2 m，孔间距1.4 m，装药系数0.8。拉槽炮孔孔网排列视矿石的可爆性可加密到0.8 m，采场边孔距采场边界0.35 m。炮孔向采场前方或掏槽天井倾斜，倾角85°~87°。

上向平行孔集中凿岩、大量落矿，即分层采场的炮孔一次钻凿完成，采用微差控制爆破方式将分层采场的所有炮孔(包括拉槽炮孔)实行一次性大爆破。采用MRB乳化炸药爆破、导爆索与导爆管微差起爆系统起爆(图4-25)。使用装药车装药，专业服务车运送炸药和起爆器材。

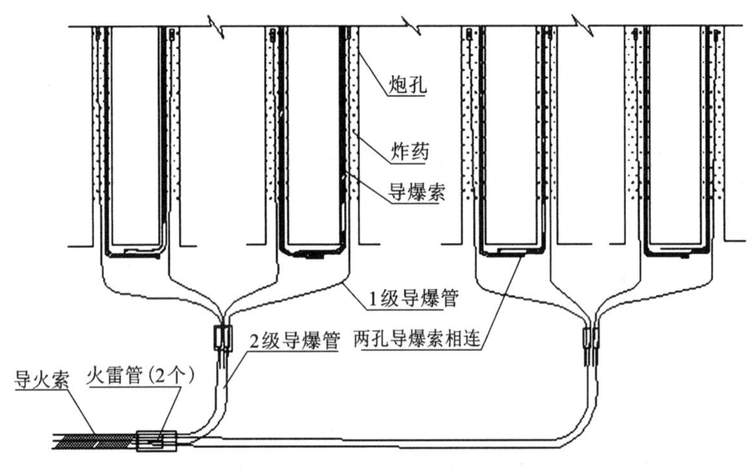

图4-25 爆破网络连接示意图

采场大爆破起爆时以切割天井为中心逐步向外围扩开，通过毫秒延时导爆管实施侧向爆破。为了减少采场两帮受爆炸应力波的破坏，控制好采场两帮边界，爆破时边孔比同排炮孔延后一段爆破，即将边帮孔与后一排炮孔一起爆破。最大尺寸超过0.5 m的大块产出率为1.3%，爆破后采场两帮超欠挖量少，采场顶板平整。

(4)出矿运输

采用3 m^3铲运机进行采场出矿。铲运机将采场矿石铲运至盘区溜矿井，盘区溜矿井布置于分段平巷一侧，底部安装有振动放矿机。采用7 t电机车牵引1.6 m^3侧卸式矿车由穿脉巷道经中段主运输巷道运至主溜井。

(5)采场支护

采场直接顶板为灰岩，稳固性较好，一般不需支护。但局部地段节理发育，稳固性较差，易发生成片冒落。针对不太稳固的采场局部范围，采用楔管式锚杆或管缝式锚杆支护。楔管式锚杆具有深部顶端点锚与浅部表层全长挤压加固岩层的联合支护效果，其表层加固能力强，能抗爆、抗震，对岩层的适用性较好。

根据顶板岩层条件，按组合梁作用原理设计锚杆支护参数：

$$t = 0.612B\sqrt{\frac{n_1P}{\varphi\sigma\eta}} = 1.64\ \text{m} \tag{4-1}$$

式中：t 为组合梁有效组合厚度，m；B 为采场支护宽度，$B=8$ m；P 为组合梁所受垂直载荷，$P=0.0273\ \text{MN/m}^2$；φ 为组合岩层层数系数，取 0.70；n_1 为安全系数，取 5；η 为抗拉强度折减系数，取 0.6；σ 为顶板岩层抗拉强度，为 2.1 MPa。

则锚杆所需长度 $L \geqslant L_1+t+L_2=1.94$ m，设计取锚杆长度 2.0 m。

式中：L_1 为锚杆外露长度，取 0；L_2 为顶端点锚长度，为 0.3 m。

锚杆支护网度按组合梁抗剪强度计算：

$$S \leqslant \frac{4h_c\left[k_2\tau_r S_{\min} + \frac{\pi}{4}(d_1^2 - d_2^2)\tau_p\right]}{3n \cdot \gamma_k \cdot h_{\max} \cdot L_r} = 1.04\ \text{m}^2 \tag{4-2}$$

式中：S 为单根锚杆支护面积，m^2；h_c 为锚杆有效长度；k_2 为抗剪强度折减系数；τ_r 为顶板岩层抗剪强度；$S_{\min}$ 为单根锚杆支护范围内完整岩体最小面积；d_1 为锚杆外径；d_2 为锚杆内径；τ_p 为锚杆抗剪强度；n 为安全系数；γ_k 为顶板岩体容重；$h_{\max}$ 为顶板岩体离层高度；L_r 为顶板最大暴露跨度。

根据计算，设计锚杆支护网度为 1.0 m×1.0 m。

则对锚杆锚固力的要求为：

$$Q \geqslant PLD^2 = 0.049$$

式中：Q 为锚杆锚固力，MN；D 为锚杆间距，为 1.0 m；P、L 同前。

选用的楔管式锚杆顶锚的锚固力可达 0.12 MN，管缝段锚固力可达 0.05 MN。锚杆孔孔深超过锚杆长度 5 cm，孔径小于锚杆管缝段外径 2 mm。

在采场出矿过程中，为确保采场出矿安全，每班顶板服务台车对出空的两帮进行安全检查、撬顶和处理两帮松石。

(6)采场充填

采用管道自流尾砂胶结充填或尾砂充填。当进入深部开采后，充填管道垂直高差增大，充填倍线小于 1。为了防止充填料浆压力过大，引起爆管和充填料浆进入采场时难以控制，在管路中设置了充填减压站，将深部充填倍线调整为 1~2。

采场充填准备包括架设顺路脱水井、敷设脱水滤布和构筑充填挡墙。充填料浆通过软管从采场充填天井排入采场，实行多点下料。采场充填需保留 3.5 m 高的凿岩作业空间。

一步骤采场胶结充填，二步骤矿柱采场非胶结充填。进行非胶结充填时，需要对充填体进行胶结浇面处理，以满足铲运机和各种自行设备的运行要求，并减少铲运机出矿时造成的充填料的混入。满足无轨设备运行要求的浇面充填体强度与大型无轨设备自重、载重及运行方式有关(表 4-5)。凡口铅锌矿 1∶4 灰砂比的尾砂胶结料，3 d 抗压强度可达到凿岩台车的作业要求。

表 4-5 满足无轨设备运行要求的充填体表面强度计算值

设备类别	接触压应力/MPa	接触剪应力/MPa	备注
凿岩台车	1.7	0.2	自重 10 t
铲运机	3.0	0.66	自重 15 t，载重 6 t

(7)主要技术经济指标

盘区生产能力为 840 t/d，采场生产能力为 280 t/d；HS105X 型上向自动接杆凿岩台车效率为 36 m/h，装药台车台效为 850 t/h，铲运机平均出矿能力为 115 t/h，平均出矿效率为 400 t/(台·班)。

5)三山岛金矿机械化点柱上向分层充填采矿法

三山岛金矿位于山东省莱州市三山岛镇，南距莱州市 27 km，东距龙口市 65 km，交通方便。矿床赋存于三山岛断裂带内的蚀变花岗岩中，为滨海裂隙富含水型难采矿床。矿体倾角 40°，走向长 900~1000 m，倾斜延深已超过 900 m。矿体平均厚度 16 m，中部最厚达 35 m，两端变薄。矿体埋藏于海平面以下，西端延伸入海。

矿床开采技术条件较复杂，矿体上盘有断层，并有 50~200 mm 厚的断层泥，断层与矿体之间为一厚 3~5 m 的较破碎的围岩夹层。矿床水文地质条件属中等复杂，以裂隙充水为主。坑内涌水主要受裂隙含水带和断裂带的控制，其涌水量分别占坑内总涌水量的 82%和 16%。矿区大部分由第四系海砂层覆盖，与海水联系密切。海砂层底部为一稳定的隔水层，因而只要有效保护好该隔水层，则海水对井下的影响较小。

采用混合井、辅助斜坡道开拓系统，斜坡道同时作为进风井。

因为矿床的开采技术条件和水文地质条件较复杂，矿石品位不高，以及为防止地表移动和海水渗入坑内等，设计采用机械化点柱上向分层充填采矿方法。

(1)采场构成和采准工程

采场沿矿体走向布置，长度为 100 m，其中间柱 6 m，采场宽度为矿体的厚度(图 4-6)。阶段高度为 90 m，顶底柱高 8~10 m。采场内点柱规格为 6 m×6 m，点柱间沿走向的中心距为 20 m，垂直走向的中心距为 18 m。

采用脉外下盘溜矿井和斜坡道采准系统。斜坡道坡度为 17%，分段平巷一般距矿体 40 m，分段高度 15 m。从分段平巷每隔 50 m 设联络道与采场连通。脉外溜矿井间距 200 m，倾角 60°。采场回风井兼滤水井设于间柱内。

(2)回采与充填

分层回采高度 3 m，空顶高度 4.5 m，回采工作面(高×宽)为 3 m×12 m 或 3 m×14 m；采用全断面推进方式进行回采，平均每班推进 2.97 m。采用长锚索和锚杆对采场顶板进行联合支护。

采用双臂或单臂凿岩台车钻凿水平回采炮孔。炮孔直径 45 mm，平均孔深 3.5 m。炮孔利用率为 85%，一次崩矿量约 300 t。

根据不同的运输距离采用如下两种方式进行采场出矿：当运距小于 150 m 时，用铲运机直接将矿石铲装运至脉外溜矿井；当运距大于 150 m 时，则在采场内由铲运机将矿石铲装卸入井下卡车，然后运至脉外溜矿井。合格矿石块度为 600 mm，实际大块产出率一般为 10%。

当采下矿石的大块块度相对较小时，采用 TM-15HD 型液压碎石机对大块进行二次破碎，一台碎石机能满足不同采场 2~3 台铲运机出矿，可使铲运机的出矿效率提高 20%~30%。当大块块度较大时，将其集中于一处进行钻孔爆破。

采用+74 μm 的分级尾砂非胶结采场充填，在尾砂充填面上敷设厚度为 0.4 m 的尾砂胶结层，其灰砂比为 1∶4，料浆浓度大于 70%。由于采场面积大，平均为 1579 m^2，最大达 3500 m^2，故划分为若干个区进行充填，分区之间用废石构筑拦砂坝。

(3) 主要技术经济指标

凿岩、出矿作业技术经济指标见表 4-6。

表 4-6　凿岩、出矿作业技术经济指标

设备名称及型号		台班效率/(t·台$^{-1}$·班$^{-1}$)	工班效率/(t·台$^{-1}$·班$^{-1}$)	纯作业时间/(h·班$^{-1}$)
凿岩台车	M-14 单臂	174.51	9(1)11	3.29
	P-17 双臂	186.51	104.44	3.11
铲运机	ST-3.5	161	150	4.52
	ST-2D	113	109	4.17
	WJ-2.7	111	103	4.52
井下卡车	MT-413-30	130	119	3.91
	1248-13	111	96	4.22

4.3　分层进路充填采矿法

4.3.1　主要特点

分层进路充填采矿法是随着地下无轨采矿装备的发展，针对复杂难采矿床开采发展起来的采矿方法。该采矿方法将矿体划分为作业盘区，在盘区内按分层布置采矿进路，以进路为采场单元进行回采和充填，完成分层内全部进路采场的回采与充填作业后，再转入下一分层进行采、充作业。进路采场单元的作业空间小，能够有效进行采场管理，资源回采率高。可以在阶段内实行下向或上向采矿，其中下向采矿在充填体顶板下作业，对于矿体形态与矿岩稳固性的适应性很强，能够很好地解决形态复杂多变的难采矿体和矿岩不稳固的难采矿体的采矿问题。

这种采矿方法通过大规格的进路断面，采用大型无轨采矿设备配套作业，能够实现高效率采矿。盘区生产能力可达 800~1000 t/d，矿山生产能力可达 400 万~500 万 t/a。但回采作业面为进路工作面，凿岩、爆破成本较高；采用下行式回采必须实行全胶结充填，并且要求充填体强度高，因而充填成本高。可见，机械化分层进路充填采矿法是一种能够很好地适应矿体形态与矿岩稳固性难采条件的采矿方法，但采矿成本相对较高。

瑞典较早地应用分层进路充填采矿法，最早在波立登公司加彭贝里(Garpenbery)铅锌矿、克里斯汀贝格铜锌矿和伦斯吐姆多金属矿等矿山应用。我国应用分层进路充填采矿法起步较晚，但发展快，目前应用的矿山较多，如金川龙首矿、武山铜矿、铜绿山铜矿、焦家金矿、河西金矿、新城金矿和矾山磷矿等矿山均采用机械化分层进路充填采矿法。法国马林锌矿、德国梅根(Meggen)铅锌矿和拉梅尔斯贝格铅锌矿、塞尔维亚紫金铜业 JM 矿以及加拿大、日本和美国等矿山也采用这一采矿方法。这些矿山均较好地解决了难采矿体的开采问题。

4.3.2 典型方案

机械化进路充填采矿法的典型方案有机械化下向进路充填采矿法和机械化上向进路充填采矿法。

1)机械化下向进路充填采矿法

主要应用条件：矿体极不稳固或不稳固的难采矿床。

机械化下向进路充填采矿法沿矿体走向布置采矿盘区，在盘区的每个作业分层布置采矿进路，以进路为采场单元，按间隔进路顺序进行回采和充填。在阶段内按分层由上而下逐层采矿，当完成分层内全部进路采场的回采、充填作业后，转入下一分层进行采充作业。自第二分层以下均在胶结充填体假顶下进行采充作业。因绝大部分的采、充作业均在胶结充填体顶板下进行，且进路采场对矿体形态及其稳固性条件的适应性强，因而对矿体极不稳固、地压大、形态复杂、产状变化大的难采矿体，能有效地进行安全回采。

进路采场的布置方式主要根据矿体的厚度确定，一般不受矿体形态的限制。当矿体厚度小于 20 m 时，进路采场沿矿体走向布置；矿体厚度大于 20 m 时，进路采场垂直或斜交矿体布置，以利于进路的稳定和作业安全。沿矿体走向布置的采场长度一般为 50~100 m；垂直矿体走向布置时，进路采场长度为矿体厚度。作业盘区一般覆盖矿体的厚度，需要考虑的盘区规格参数主要是沿矿体走向的控制长度，这与矿山产能规模及矿体的可布盘区数量有关。当垂直矿体走向布置进路时，盘区内的可布进路数量不能少于采、出、充、养及备用采场数量，以充分发挥采矿设备的效率。进路采场的断面规格与采矿效率和采矿能力有重大关系，必须重点考虑。国内外矿山采用的进路断面的宽和高一般为 3~5 m。这种规格的进路采场，能够适应大型采矿装备作业，有效提高采场的生产能力和采矿效率。

按盘区布置进路的充填采矿法可在多条进路内进行回采作业，实现凿岩、爆破、出矿、充填和养护等工序平行交替作业，能有效发挥无轨自行设备的效率和采场生产能力。需要在充填体顶板下进行采充作业时，要求充填体的抗压强度为 5 MPa 以上，并且还应在充填体内加设钢筋网以提高其抗拉强度。一般上、下分层的进路相互交错布置或垂直布置，在下分层进路回采时，能使上分层进路的充填体不至于全部暴露，在相互垂直布置时能像横梁一样架在进路之上，使之处于十分稳固的状态。进路采场为独头巷道型通风，通风效果相对较差。采矿损失率一般为 5%左右，采矿贫化率一般为 4%~7%。

2)机械化上向进路充填采矿法

主要应用条件：矿体分支复合频繁或矿体不太稳固的难采矿床。

机械化上向进路充填采矿法沿矿体走向布置采矿盘区，在盘区的每个作业分层布置采矿进路，以进路为采场单元，按间隔或逐条进路顺序进行回采和充填。在阶段内按分层由下而上逐层回采、充填，当完成分层内全部进路采场的回采、充填作业后，转入上一分层进行采充作业。

采场布置方式主要根据矿体的厚度确定，中厚以下矿体有一般沿走向布置进路，厚矿体以上矿体根据矿岩稳固性垂直或斜交矿体布置进路，以利于进路的维护和作业安全。沿矿体走向布置的进路长度一般为 50~100 m，最大不超过 150 m。作业盘区一般覆盖矿体的厚度，需要考虑的盘区规格参数主要是沿矿体走向的控制长度，这与矿山产能规模及矿体的可布盘区数量有关。当垂直矿体走向布置进路时，盘区内的可布进路数量不能少于采、出、充、养及备用采场数量，以充分发挥采矿设备的效率。进路采场的断面规格对采矿效率与采矿能力有重大关系，必须重点考虑。国内外矿山采用的进路断面规格宽×高一般为(3~6) m×(3~4) m。这种规格的进路采场能够适应大型采矿装备作业，有效提高采场生产能力和采矿效率。在作业盘区内采用无轨采矿设备配套作业，可在多条进路内实现凿岩、爆破、支护、出矿和充填等工序平行交替作业，有效发挥无轨自行设备的效率和采场生产能力。进路采场为独头巷道型通风，通风效果相对较差。采矿损失率和贫化率指标一般为 5%左右，最大不超过 10%。

该采矿方法是在一个盘区分层范围内的进路全部回采完后转入上分层进行回采，在盘区范围内没有连续矿柱支撑盘区的上部待采矿体，只有充填体作为支撑。但充填体具有让压效应，即使是充填接顶很好，也难以通过充填体提供有效支撑，需要依靠矿体的自承载作用承受盘区内的二次应力。由于盘区面积较大，矿体容易失稳。因此，宜在矿体稳固性相对较好的条件下应用这一方法，并要求对进路充分接顶。

4.3.3　采准系统

无轨采准系统是机械化进路充填采矿法的代表性工程，主要包括满足无轨设备通行要求的斜坡道、分段巷道、分段联络巷道、分层联络巷道以及溜矿井、通风天井、充填井等。斜坡道、分段巷道、分段联络巷道、分层联络巷道等工程一般布置在脉外，通风天井、充填井布置在脉内，溜矿井有布置在脉内和脉外围岩中两种方式。

溜矿井布置在脉内或脉外以及溜矿井的间距和数量，需根据所采用的铲运机的最佳运距和溜矿井的最大通过量综合比较确定。采用铲运机出矿时，从回采工作面至溜矿井的最大运距不应大于 150 m，否则需要采用井下自卸卡车。

4.3.4　回采工艺

以进路为采场单元，按凿岩、爆破、出矿、充填顺序循环组织回采作业。进路沿矿体走向布置时，一般从上盘向下盘逐条或间隔回采；进路垂直矿体走向布置时，从盘区两端向中央间隔回采，有利于提高无轨自行设备的效率和盘区生产能力，减少分层巷道的维护费用。

进路采场内每一个作业循环的进尺取决于凿岩深度及其爆破效率。采用单机或双机凿岩台车钻凿水平平行炮孔，炮孔深度一般为 3~4 m，炮孔直径为 38~43 mm。为使矿岩和充填体受爆破的破坏程度较小，以保持其自身的支承能力，形成较规整的断面形状，一般采用光面爆破。进路采场的顶板或底板，或两侧帮为充填体时，为降低矿石损失与贫化率，应合理选取炮孔与充填体的间距，一般为 0.3~0.5 m。

采用局扇压入式进行采场通风时，所需风量按排除炮烟和出矿设备的柴油发动机功率计算；采用电动铲运机出矿时，回采进路的风速一般不小于 0.25 m/s。通风用风筒通常采用橡胶、人造革和塑料柔性风筒。

采用斗容为1.5~6.0 m^3 的铲运机进行采场出矿。为了创造良好的作业环境，减少污染，降低通风费用，国内外多数矿山采用电动铲运机。

4.3.5 采场充填

分层进路充填采矿法的采场充填工艺十分重要，具有相对严格的要求。其中下向进路充填采矿法的关键环节是敷设钢筋网，包括吊筋敷设确保充填体能形成一个整体；上向进路充填采矿法采场充填的关键环节是充填接顶。

下向进路充填采矿法要求充填体具有较高的强度，能形成稳固的人工顶板，以确保作业安全。在进路回采过程中，一般不再要求进行支护。进路充填分1~3次进行。多数矿山分两次充填，第一次充填高度为1~2 m，充填体作为人工假顶，28 d充填体单轴抗压强度不小于5 MPa，并构筑钢筋网；第二次、第三次充填的抗压强度可降低，其充填的灰砂比通常为(1∶6)~(1∶10)。充填前的准备作业十分重要，包括在采场底板铺设约300 mm厚的碎矿石垫层，以防止下分层回采对人工假顶的破坏；在矿石垫层上敷设塑料薄膜以减少垫层矿石的损失；在塑料薄膜上敷设钢筋网，钢筋直径为10~19 mm，网格尺寸为300~400 mm(图4-26)；采用滤水性能好的炉渣或粉煤灰空心砖在进路口构筑充填滤水挡墙。当进路长度大于30 m时，应采用分区后退式充填方式，以防止砂浆产生离析现象。

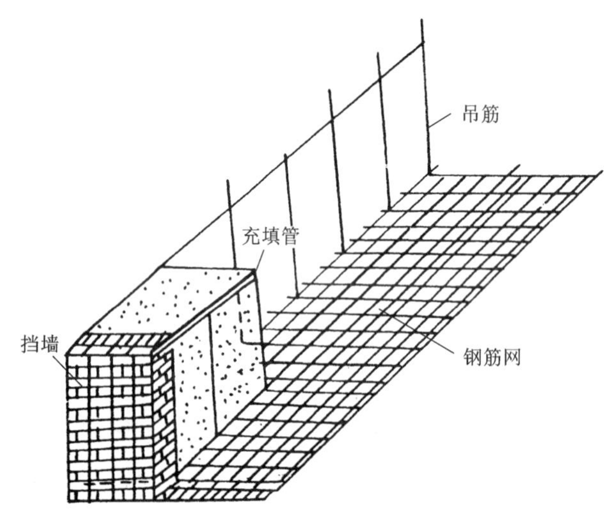

图4-26　下向进路充填挡墙及钢筋敷设示意图

上向进路充填采矿法的一期进路采用尾砂或细砂胶结充填时，其灰砂比一般为(1∶7)~(1∶10)；二期进路和分层巷道一般采用非胶结的尾砂或细砂充填。所有进路和分层巷道顶部0.4~0.5 m的空间采用灰砂比为(1∶4)~(1∶6)的胶结充填料进行充填并接顶，以便在上分层回采时能充分承受上部待采矿体的压力，并保证无轨设备的运行和降低矿石损失与贫化。第一分层的进路和底柱上的其他巷道，均需采用灰砂比为(1∶4)~(1∶6)的胶结料进行充填，为底柱的回采创造有利条件。充填体质量和充填接顶程度关系到回采作业安全，目前国内矿山充填接顶率一般为70%~80%，为确保回采作业安全，充填接顶率应大于80%。

4.3.6　应用实例

1)焦家金矿机械化上向进路充填采矿法

焦家金矿矿体属破碎带中温热液蚀变花岗岩型金矿床，赋存于蚀变带中。矿体走向长约1200 m，厚度为 1~45 m，倾斜延深 850 m，倾角为 25°~40°。矿体形态复杂多变，存在分支复合、膨胀收缩和尖灭再现现象。矿体中常有岩脉穿插，使其形态发生突变。矿石品位高，但分布不匀，矿岩界线不明显，需根据取样化验确定。矿区内断层与节理裂隙发育，两组断层分别与矿体走向基本平行和接近垂交。矿体直接顶盘为主断层破碎带，极易冒落，矿岩均不稳固。地表为高产良田，不允许塌陷。

1988 年焦家金矿联合长沙矿山研究院开展机械化上向进路充填采矿法试验研究，获得良好的技术经济指标，改善了生产安全条件，其矿石产量占矿山总产量的 80%以上。

(1)采场构成与采准工程

进路采场的布置方式根据矿体的厚度确定，薄至中厚矿体沿走向布置进路，厚矿体垂直矿体走向布置进路(图 4-27)。当矿体中有较厚的岩脉穿插时，进路采场亦沿矿体走向布置。进路最大长度为 50 m，其断面尺寸根据矿岩的稳固性确定，采用宽×高为 3.0 m×(3.0~3.5)m 和 4.0 m×3.5 m 两种规格。阶段高度为 40 m，分段高度为 9.0~10.5 m，底柱高度为 7~10 m。

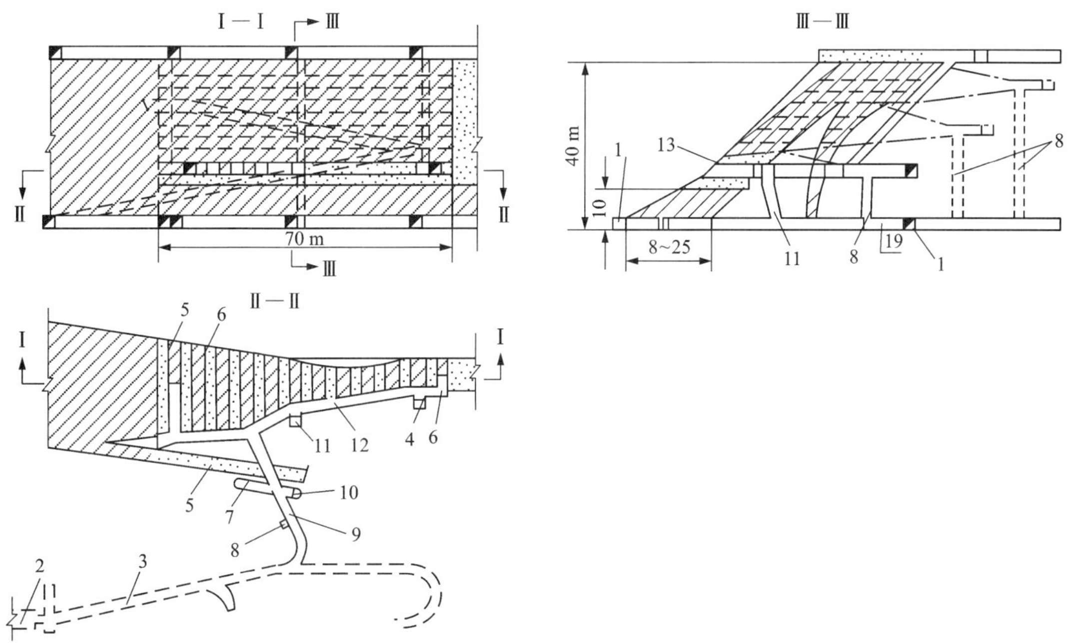

1—110 m 阶段运输巷道(环形)；2—铲运机维修硐室；3—斜坡道；4—通风天井；5—已充填进路；6—回采进路；7—铲运机插销硐室；8—溜矿井；9—分段联络巷道；10—充填井；11—泄水井；12—分层巷道；13—锚杆。

图 4-27　垂直矿体走向布置的上向进路充填采矿法采准和回采示意图

采用脉外下盘斜坡道采准系统。采准工程包括斜坡道、分段巷道、分段联络巷道、分层联络巷道、溜矿井、通风充填井和泄水井等。除通风充填井外，其他采准工程均布置在较稳固的下盘围岩中。斜坡道为折返式，直线段坡度为20%。

(2)回采工艺

阶段内的回采顺序为自下而上。分层内的回采顺序为：进路沿矿体走向布置时，从上盘至下盘顺序间隔回采；进路垂直矿体走向布置时，从采区两端向中央间隔回采，以减少分层巷道的维护费和充填挡墙费用。

采用全液压凿岩台车进行回采凿岩，炮孔孔深2.5~2.7 m，孔径38 mm。进路两侧和底板为充填体时，炮孔与充填体的间距为0.3~0.5 m，避免充填体受破坏和减少矿石贫化。采用2#岩石炸药爆破，非电导爆管毫秒雷管起爆，采用光面爆破。一般采用管缝式锚杆或锚杆钢丝网对采场进行支护，锚杆长度为1.8~2.0 m，网度为(0.8~1.2)m×(0.8~1.2)m，钢丝网网格为50 mm×50 mm。在上盘主断层破碎带直接顶板，除采用锚杆钢丝网支护外，还采用长锚索进行预先加固。锚索孔深度为8~15 m，排距为2.8 m，孔底距为1.5 m。

采用斗容为1.5 m^3 的铲运机进行采场出矿。采场最大运距为130 m，实际平均运距为90 m。

(3)采场充填

一期进路采用分级尾砂胶结充填，其灰砂比为1∶10；二期进路和分层巷道采用分级尾砂非胶结充填。所有进路和分层巷道顶部0.3~0.4 m的空间用灰砂比为(1∶5)~(1∶6)的胶结充填料进行充填接顶，以利于分层无轨设备的运行和降低矿石损失与贫化。对于第一分层的进路和底柱上的其他巷道，均采用灰砂比为1∶4的尾砂胶结充填料充填1.2 m的高度，以利于底柱回收。为提高充填接顶率，采取了如下措施。

进路分3次充填，首先充填进路高度的50%~60%；待脱水初凝后，进行第二次充填，其充填面高度达到进路高度的90%；第二次充填料初凝后，进行充填接顶。

进行回采凿岩爆破时应保持进路采场的平直，横向断面稍呈拱形，并在顶板中央形成一条高0.3~0.4 m的纵向小槽，以利于进路充填接顶。

提高和稳定充填料的质量浓度大于70%；在充填管道上安装放水阀，将清洗管道水排于进路采场之外。

增加充填挡墙的脱水面积，当进路较长或顶板里高外低时，增设脱水管，并将其末端悬吊于进路顶板的最高处，既可改善脱水效果，又可在接顶充填时起到排气和排出溢流水的作用，当溢流水中含有较多泥沙时，表示充填基本接顶。

(4)主要技术经济指标

台车凿岩效率：75~90 t/(台・班)；

铲运机出矿效率：75~90 t/(台・班)；

采矿损失率：7.51%；

采矿贫化率：8.64%。

2)金川二矿机械化下向进路充填采矿法

金川二矿区为一超基性岩型岩浆熔离硫化镍矿床，矿体赋存于辉橄榄岩、纯橄榄岩和二辉橄榄岩中，呈似层状产出。矿体走向长度为1600 m，平均厚度为98 m；其中富矿走向长度1300 m，厚度64 m。富矿体除个别地段外，均被贫矿环抱。矿体倾角为60°~75°。矿区构造地应力大，矿岩节理裂隙发育，裂隙面光滑，且有滑石和蛇纹石等多种充填料。矿体的部分地段有多种后期岩脉穿插，以辉绿岩脉为主，其次为煌斑岩脉等，且分布无规律，岩脉0.5~

5.0 m 不等，致使矿体的整体稳定性差。矿体上、下盘围岩均为二辉橄榄岩，不稳固。矿体与围岩接触带有一层蛇纹石、透闪石、绿泥石片岩带，特别破碎，遇水泥化，稳固性极差。

该矿自投产以来，先后进行了多种采矿方法的试验研究，最后采用机械化下向进路胶结充填采矿法。多年的生产实践表明：该采矿方法适应矿石品位高、构造地应力大和矿岩不稳固的开采技术条件，在金川二矿区达到了安全、可靠和有效地控制矿山地压的效果，实现了安全高效和大规模胶结充填采矿。

(1)采场构成和采准工程

采矿盘区沿矿体走向长度为 100 m，宽度为矿体厚度，阶段高度为 50 m，分段高度一般为 12 m，进路高 4 m、宽 4.5~5 m。上、下分层的进路采场相互垂直交错布置，即上分层进路沿矿体走向布置，下分层进路垂直矿体走向布置。这种布置方式对充填体的稳定性较好，使下分层的开采安全状况得以改善，但分层联络巷道的布置较复杂。

采用脉外和脉内外联合斜坡道采准系统。采准工程包括阶段分支斜坡道、分段联络巷道、分段巷道、分层联络巷道、溜矿井和回风充填井等。为减少铲运机的运距，有时在脉内也布置溜矿井，脉外溜矿井则作为辅助溜矿井或废石井。随着回采分层的下降，预留回风充填井。阶段分支斜坡道坡度为 16.1%~19.4%。斜坡道和其他采准巷道断面宽×高为 4.4 m×4.0 m，溜矿井直径为 3.0 m。采准巷道采用喷锚网联合支护，水泥锚杆长度为 1.8~2.5 m，直径为 16 mm；钢筋网钢筋直径为 6 mm，网格为 150 mm×150 mm。

(2)回采作业

盘区划分为 2~4 个作业区，采用由上盘向下盘、两翼向中间的后退回采顺序。进路间隔回采，盘区内同时回采进路为 2~3 条。转层区段的进路首先回采，有利于正常转层，缩短转层时间。采用双臂电动液压凿岩台车，进行采场凿岩。炮孔深度为 3.4~4 m，直径为 32 mm，炮孔直径为 38 mm。采用光面爆破，中心孔掏槽，孔径为 76 mm。通常布置 40~45 个炮孔。光面层厚度：距进路侧帮充填体 400 mm，距进路侧帮矿体 700 mm，距顶部碎矿石垫层 500 mm。凿岩台车效率为 250~400 t/(台·班)，凿岩工效为 125~200 t/(台·班)。采用半秒差起爆。炮孔爆破效率一般为 85%~90%，单位炸药消耗量为 0.3~0.35 kg/t。

在盘区采用抽出式通风系统，新鲜风流经斜坡道、分段联络巷道、分段巷道、分层联络巷道、分层巷道进入采场，进路采场内的污风依靠扩散作用先扩散到分层巷道，然后经分层巷道回风充填井抽至上阶段沿脉巷道进入主回风巷道。进路较长和距回风充填井较远的作业区，则安设局扇进行通风。

采用斗容为 6 m^3 的铲运机出矿，铲运机将矿石运至脉外溜矿井，平均运距为 200 m，铲运机出矿效率为 60~120 t/h，250~400 t/(台·班)。盘区年生产能力为 25 万 t。

(3)采场充填

采用高浓度棒磨砂浆管道自流输送工艺进行采场充填，砂浆浓度为 75%~78%。棒磨砂粒径小于 3 mm，采用 PO42.5 水泥作为胶凝材料，掺入适量粉煤灰。根据不同充填部位的要求，灰砂比有 1∶4、1∶6 和 1∶8 三种，水泥用量为 200~300 kg/m^3，充填体强度为 4.5~5.0 MPa。每条进路分 3 次充填，第 1 次充高为 2 m，灰砂比为 1∶4；第 2 次充高 1.5 m；第 3 次充填接顶。第 2、第 3 次充填料的灰砂比为：一期进路 1∶6，二期进路 1∶8。

进路回采结束后，立即进行充填。充填之前准备作业包括：撤除回采的管线，架设充填管道、敷设钢筋网和构筑充填滤水挡墙等。充填滤水挡墙构筑在进路开口处，当进路长度大于 30 m 时，还须在其中间加砌 1 条 2 m 高的挡墙，以防止充填砂浆产生离析。挡墙采用炉渣或粉煤灰空心砖砌筑，厚度不小于 500 mm。采用空心砖代替木材构筑挡墙，不仅节省大量木材，而且施工方便，劳动效率高，墙体坚固，具有一定的滤水性。挡墙砌筑之前，须清除墙基的浮石，采用高标号水泥砂浆构筑厚度为 150～200 mm 的基础，并铺设底层钢筋网。敷设钢筋网之前，在进路底板铺 300 mm 厚的碎矿石，以防止下分层爆破时破坏充填体。纵横主钢筋直径为 10 mm，间距为 1.2 m；在主筋之间设有副筋，副筋直径为 6 mm，间距为 400 mm，副筋须弯钩。用吊挂钢筋(ϕ10 mm)钩住纵横钢筋的交叉处，其上部吊挂在上层钢筋网预设的吊筋挂钩上(图 4-28)。

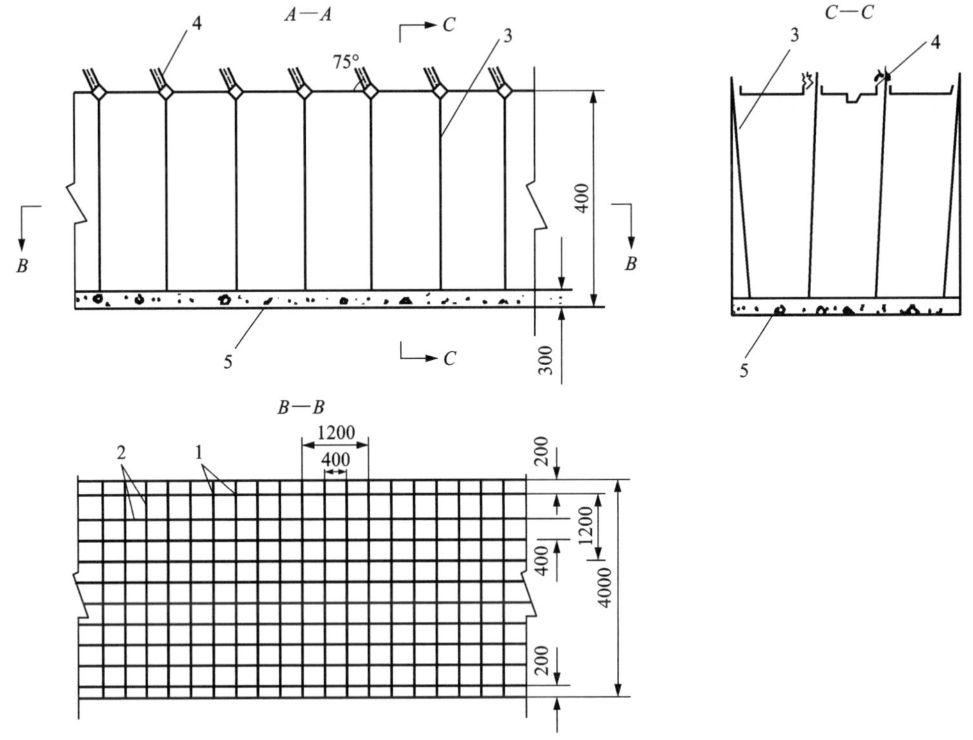

1—ϕ10 mm 钢筋；2—ϕ6 mm 钢筋；3—ϕ10 mm 吊挂钢筋；4—吊筋挂钩；5—碎矿石垫层。

图 4-28　下向进路充填钢筋布置示意图

(4) 主要技术经济指标

主要技术经济指标见表 4-7。

表 4-7　下向进路充填采矿法主要技术经济指标

指标名称	单位	数量	备注
盘区生产能力	t/d	800	
凿岩台车效率	t/(台・班)	250～400	双臂电动液压凿岩台车
凿岩工班效率	t/(工・班)	125～200	

续表4-7

指标名称	单位	数量	备注
铲运机出矿效率	t/(台·班)	250~400	6 m^3 斗容
爆破效率	%	85~90	
炸药单位消耗量	kg/t	0.30~0.35	铵松蜡炸药或乳化油炸药
矿石损失率	%	4.20	
矿石贫化率	%	3.15	
全员劳动生产率	t/a	4684.17	

3)金川龙首矿下向六边形进路充填采矿法

金川龙首矿为一超基性岩型岩浆熔离硫化镍矿床。矿体主要赋存于纯橄榄岩和二辉橄榄岩中，呈似层状、透镜状产出。矿体走向长度为 1300 m，厚度为 15~110 m。矿体倾角一般为 70°~80°。矿区构造地应力大，矿岩节理发育，且时有表外矿和极破碎的斑岩岩脉穿插，矿体的整体稳定性差；海绵状富矿的稳固性相对较好。矿体上盘围岩为二辉橄榄岩、橄榄辉石岩，节理发育，较破碎；下盘为二辉橄榄岩、含辉橄榄岩、大理岩和片麻岩，极破碎。矿体与上、下盘围岩接触带有一层绿泥石化和蛇纹石化破碎带，稳固性极差。矿区水文地质简单，仅有少量裂隙水。

该矿自采用下向进路充填采矿法以来，在多次改进和完善后更适应矿床开采技术条件，提高了采场生产能力和劳动生产率。主要的改进方面有：由普通的低进路改为高进路；将高进路正方形断面改为六角形断面；由电耙出矿改为无轨铲运机出矿。

六角形断面进路回采充填后，采区充填体呈蜂窝状镶嵌结构，从而改变了其受力状况，提高了充填体的稳定性，有效地控制了采场地压活动。

(1)采场构成和采准工程

采矿盘区沿矿体走向长度为 50 m，宽为矿体的厚度；阶段高度为 60 m，分段高度为 12 m。进路采场为双翼布置，长度为 25 m。进路断面为六边形，顶宽和底宽均为 3 m，腰宽为 6 m，高为 5 m。上层与下层进路交错半层，即高 2.5 m(图 4-29)。

采用脉内外联合斜坡道采准系统。采准工程包括阶段分支斜坡道、分段联络巷道、分段巷道、分层联络巷道、分层巷道、脉内溜矿井和脉外废石井。斜坡道布置在上盘围岩中，呈折返式，坡度为 14.3%。分层巷道布置在采场中央，在其一侧布置两个溜矿井，当矿体厚度小于 40 m 时，只布置 1 个溜矿井。采场两端布置穿脉充填巷道，垂直间距为 10 m。

(2)回采作业

采用“隔一采一”的顺序回采进路，每回采 1 个分层下降 2.5 m。进路回采凿岩采用双臂全液压凿岩台车，炮孔孔深 1.8~2.4 m，采用光面爆破，炮孔爆破率约为 95%。

进路采场出矿采用斗容为 2 m^3 的铲运机，最大载重量为 3.8 t。铲运机将矿石装运至脉内溜矿井，平均运距为 25 m 左右，两个采场交替作业，出矿效率为 126 t/(台·班)。

采用抽出式通风系统进行采场通风。新鲜风流从斜坡道经分段联络巷道、分段巷道、分层联络巷道进入采场，污风从采场预留的顺路回风井或进路充填小井排至上阶段回风巷道。

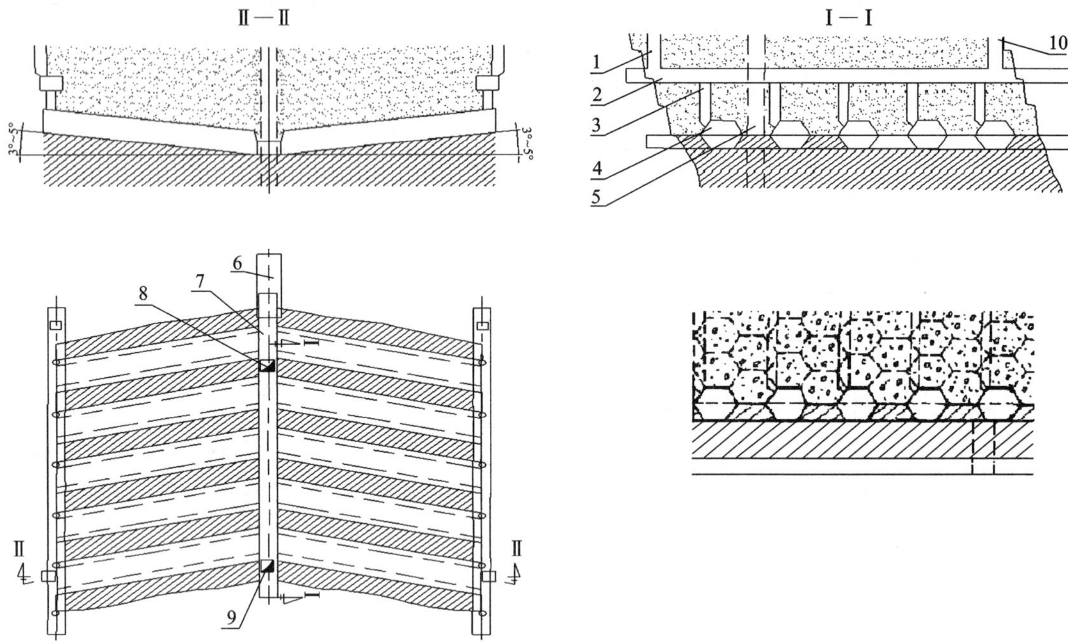

1—下料井；2—充填巷道；3—充填小井；4—进路采场；5—采场行人井；6—设备硐室；7—分层巷道；8—溜矿井；9—通风井；10—充填巷道人行井。

图 4-29 金川龙首矿下向六边形进路充填采矿法

(3)采场充填

进路采场回采结束后，应及时进行充填。在充填之前，须做好各项准备工作，首先是撤除管线，在进路和分层巷道底板分别回填 100~200 mm、300 mm 厚的碎矿石垫层，以防止下分层爆破时破坏充填体。在垫层上敷设底梁和钢筋网，并将 ϕ100 mm 的钢筋吊挂在上分层底板吊环上。底梁为直径 150~200 mm 的圆木，长度为 3.4 m，间距为 1.5 m。两底梁之间敷设 1 根长度为 3 m、直径为 8 mm 的钢筋；进路纵向敷设 4 根直径为 8 mm 的钢筋。底梁两端各套 1 个吊环，吊环直径为 220 mm，用 ϕ10 mm 钢筋焊成。在进路两帮的吊挂钢筋上，按 1 m 的间距绑设 2 根 ϕ6.5 mm 的护帮纵向钢筋。分层巷道的底梁和钢筋敷设与进路基本相同，只是底梁间距为 1.2 m，长度为 4 m，套 3 个吊环；纵向钢筋是 5 根。采完 2~4 条进路后，在分层巷道内构筑木材充填挡墙。

(4)主要技术经济指标

主要技术经济指标见表 4-8。

表 4-8 下向六边形进路充填采矿法主要技术经济指标

指标名称	单位	数量	备注
盘区生产能力	t/d	378	
凿岩台车效率	t/(台·班)	126	双臂全液压凿岩台车，在 2 个采场交替作业

续表4-8

指标名称	单位	数量	备注
铲运机出矿效率	t/(台·班)	126	斗容为 2 m^3 的铲运机，平均运距为 25 m 左右，在 2 个采场交替作业
单位炸药消耗量	kg/t	0.33	铵松蜡炸药或乳化油炸药
矿石损失率	%	5.17	
矿石贫化率	%	6.17	
工人劳动生产率	t/(工·班)	11.95	

4.4　削壁充填采矿法

削壁充填采矿法为上向分层充填采矿法的一种。在回采过程中分别崩落矿石和围岩，采下的矿石经溜井放出，通过崩落下盘或上盘围岩来获得充填料，利用岩石的碎胀性对采空区进行充填，以控制地压，减少围岩崩落大量废石混入造成的矿石贫化，并形成继续向上开采的作业空间和平台。该方法主要用于开采高价值极薄矿体。

4.4.1　主要特点

削壁充填采矿法主要应用于以下矿体。

①矿石与围岩界线明显、贵重金属或价值高的极薄矿床；

②产状复杂，形态不规则，分支复合变化大的矿体；

③矿体或围岩有黏结性的极薄矿体；

④需要进行分采的矿体。

削壁充填采矿法的主要特点如下。

①回采作业易于调整，对产状变化大的矿脉适应性较好；

②通过崩落围岩就地获取充填料的方式充填采空区；

③采幅小，采场作业条件安全可靠，利于地压管理和防止地表陷落。

该方法为分层循环作业，凿岩、爆破、出矿、削壁充填和平场等构成作业循环，每一分层完成一个或多个作业循环后才可进入下一分层工作面的作业循环，其工艺复杂，材料消耗大，劳动强度大，采场生产能力较低，采矿成本高。

由于开采空间小，采用传统小型设备，劳动强度大、生产效率低，需引进微型无轨自行设备来提高采场生产能力，以降低工作面劳动强度，提高开采强度和采场生产能力。

为满足采矿空间要求或减少高品位矿石的损失，会连同矿石一起崩落部分围岩，造成矿石贫化，矿体越薄贫化率越大，一般为 10%~25%。

为避免矿石和粉矿混入废石充填料造成矿石损失，常在废石充填料面上铺设垫层，垫层一般采用胶垫、塑料布或水泥砂浆胶面。

4.4.2 典型方案

开采急倾斜矿脉时，按采场内矿石运搬方法不同，削壁充填法分为人工普通削壁充填法和机械化削壁充填法两种方案。国内当前使用这类采矿方法的多数矿山仍采用普通方案，只在个别矿山采用了小型电耙及小型铲运机运搬矿石。典型方案示意图见图 4-30。

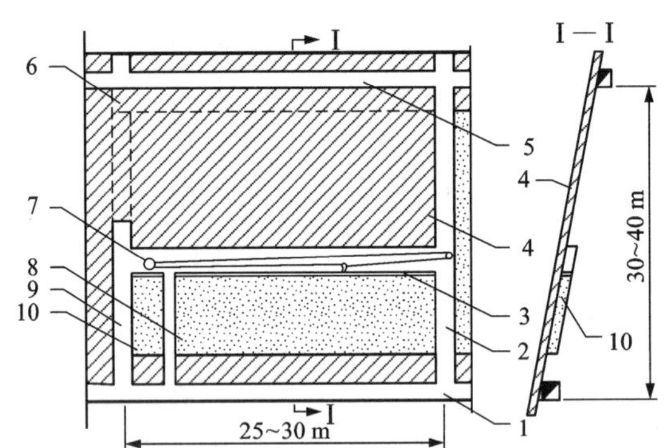

1—运输巷道；2—天井；3—垫层；4—矿脉；5—回风巷道；6—顶柱；
7—电耙绞车；8—溜矿井；9—顺路天井；10—充填体。

图 4-30 开采急倾斜矿体的削壁充填采矿法示意图

开采缓倾斜矿脉时，按工作面形式不同削壁充填法可分为：倾斜工作面削壁充填法和沿走向壁式削壁充填法。

缓倾斜削壁充填法的典型方案如图 4-31 所示。

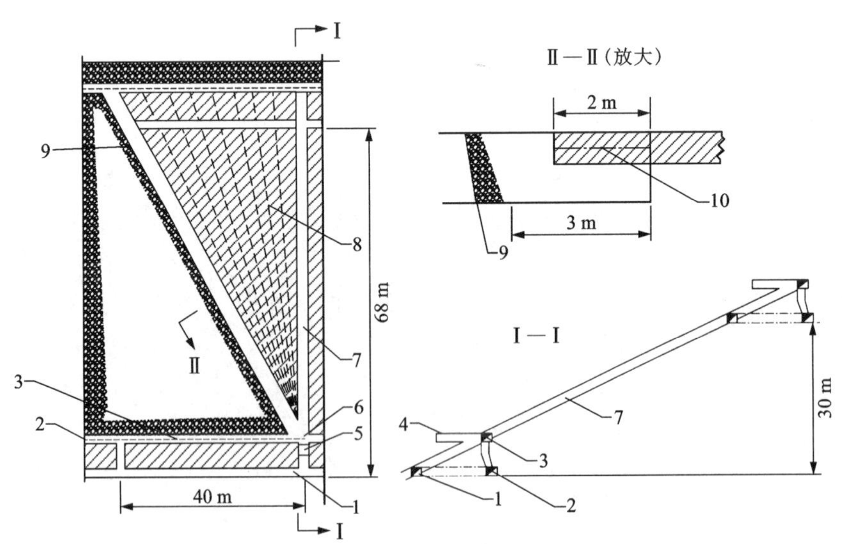

1—探矿巷道；2—运输巷道；3—拉底巷道；4—电耙硐室；5—电耙绞车；6—溜矿井；
7—上山；8—扇形界面；9—废石挡墙；10—炮孔。

图 4-31 开采缓倾斜、倾斜矿体的削壁充填法

4.4.3　采准系统

(1)采场布置

采场沿矿体走向布置，采场长 3~100 m，高 40~50 m。当采用脉内运输时，留 3 m 高底柱(或施工人工假底)；当采用脉外运输时，留 3 m 高顶柱，可不留间柱。

(2)构成要素

开采急倾斜矿脉时，矿块下部的运输巷道可用沿脉探矿巷道，天井可布置在矿块一侧或中央，拉底巷道的宽度不宜过大，只要达到采场宽度并便于掘进即可；溜矿井的数量和位置根据采场矿石的运搬方式而定；在回采过程中如有废石放出，还应设置废石溜井。按矿石中段运输巷道布置方式有脉内运输和脉外运输两种。有条件时，天井和溜井可采用顺路方式架设。

开采缓倾斜矿脉时，运输巷道应在下盘岩石中掘进，以满足放矿要求；在矿房下部掘进拉底巷道，当采用壁式工作面回采方案时，利用矿块上山作为切割上山或专门掘进切割上山；放矿溜井依采场结构而定。

由于极薄矿脉赋存条件变化大，开采技术条件复杂，阶段高度不宜过大，一般为 30~40 m；矿块长度取决于采场内的矿石运搬方法，采用机械运搬时，按设备的有效运输距离确定：电耙运搬矿石时，单向耙运距为 25~30 m，双向耙运距为 50~60 m，铲运机运矿时可取 75~150 m，一般不留间柱，底柱高度为 2~4 m；当矿石为品位高的高价矿石时，往往用人工砌筑的钢筋混凝土底柱或木棚底柱代替矿石底柱，顶柱厚度取决于矿岩稳定程度和回采方法，一般为 2~4 m；分层高度取决于矿岩的分采条件，为 0.5~1.5 m；溜矿井间距当采用人工运搬方式时，运距以不超过 7~8 m 为宜，采用手推车运搬时可增加 30 m。

国内外部分削壁充填采矿法开采技术条件及采场结构参数见表 4-9。

表 4-9　国内外削壁充填采矿法采场结构参数

矿山名称	矿体赋存条件		矿岩稳固性特征			采场结构参数/m		漏斗间距/m
	厚度/m	倾角/(°)	矿体	上盘	下盘	长度	高度	
红花沟金矿	0.2~1.0	60~85	不稳	不稳	不稳	40	40	
二道沟金矿	0.25	70~80	中等稳固	中等稳固	不稳	60	40	
金厂沟梁金矿	0.3	80	稳固	稳固	稳固	100	40	40
牟平金矿	0.97	70~82	稳固	不稳	中等稳固	45	40	22.5
撰山子金矿	0.1~0.5	60~80	中等稳固	中等稳固	中等稳固	50	40	30
夹皮沟金矿	0.1~2.7	65~80	稳固	稳固	稳固	76	40	20
桃江锰矿	0.3~0.7	38~50	稳固	中等稳固	不稳	50	50	30
沙沟银铅锌矿	0.4	60~85	中等稳固	中等稳固	中等稳固	50	40	16
铁炉坪银铅锌矿	0.6	60~80	中等稳固	稳固	中等稳固	50	40	16
塔尔沟钨矿	0.1~0.3	70~80	不稳	中等稳固	中等稳固	50	40	25

续表4-9

矿山名称	矿体赋存条件		矿岩稳固性特征			采场结构参数/m		漏斗间距/m
	厚度/m	倾角/(°)	矿体	上盘	下盘	长度	高度	
岿美山钨矿	0.4	60	中等稳固	中等稳固	中等稳固	30	20	30
石人嶂钨矿	0.51	59	中等稳固	不稳	稳固	49.4	40	25
克孜克增南铜矿	0.15~0.35	60~85	中等稳固	中等稳固	中等稳固	50	40	10
湘西金矿	0.5	20~28	稳固	中等稳固	中等稳固	40	25	40
瓦房子锰矿	0.4	10~25	稳固	中等稳固	中等稳固	100	60(斜高)	20
苏联英吉奇金斯克钨矿	0.7	10~35	稳固	中等稳固	中等稳固	100	60(斜高)	20

削壁充填法的采准工作一般在脉内进行，采用沿脉采准系统。采准工程包括：沿脉巷、人行通风天井、拉底巷道、出矿巷道和放矿漏斗工程。普通削壁充填法人行通风天井一般每隔 30~100 m 布置 1 条；机械化削壁充填法人行通风天井一般每隔 100~400 m 布置 1 条。采用人工出矿时，溜矿井间距为 10~16 m；当采用功率为 7.5 kW 的小型电耙运搬矿石时，溜矿井间距为 30~50 m；当采用微型电动铲运机运搬矿石时，溜矿井间距也为 50 m。漏斗上顺路架设钢溜井，采用厚度为 2.5~3.5 mm 的钢板加工为 ϕ0.7~1.0 m，靠近下盘围岩架设。

4.4.4 回采工艺

采场回采从拉底水平开始自下而上分层回采。每个分层采矿、出矿、削壁充填作业完毕后进入下一个分层循环作业。按矿岩稳固性和矿体倾角确定矿石和围岩崩落的先后凿岩爆破顺序，急倾斜矿体大部分为先采矿后削壁，缓倾斜矿体和围岩稳固性较差的急倾斜矿体，采用先崩落围岩后削矿顺序。削壁充填法回采工艺过程主要包括落矿、出矿、铺设垫层等。

(1)落矿

在铺设好垫层的废石充填体(料)上凿岩。炮孔呈“一”或“之”字形布置，严格执行“浅打眼，密布炮，少装药”的规定，控制好炮眼的深度和角度，尽量不破坏上下盘围岩。矿岩稳固性好时，落矿高度可以控制在 1.5~1.6 m；矿岩稳固性较差时，落矿高度一般为 0.8~1.0 m。炮孔间距为 0.3~0.4 m。挖顶高度不宜超过 3.5 m。先崩落围岩时，落矿参数可适当加大，围岩的崩矿必须满足最小回采空间的要求。一般开采急倾斜矿体，采用人工、电耙等运搬矿石时，采场宽度不小于 0.8 m，采用微型、小型铲运机等运搬矿石时，采场宽度不小于 1.1 m。开采缓倾斜矿体时，采幅高度不小于 1.8 m。确定崩落围岩量时，还应满足充填采空区的要求，力争做到既不外取充填料，也不放出多余的废石。

采场顶板围岩节理发育时，需对顶板进行维护管理。若顶板围岩特别破碎或架设支柱不便时，可采用锚杆+金属网支护，使用金属网可以避免锚杆间的破碎岩块松脱而造成锚杆“失脚”，提高围岩的整体性。支护工作要随着回采工作面的推进，紧跟工作面进行，以防止岩块移动、冒落。

(2)出矿

爆破通风后，采用人工或小型电耙或微型电动铲运机将矿石运搬至采场溜矿井。采场内大于0.25 m的大块运搬前要进行二次破碎。人工运搬矿石时，由于工作面狭窄作业条件差，劳动强度大，效率低。为实现窄工作面矿石运搬机械化，目前已成功地使用小型电耙和微型或小型电动铲运机运搬矿石。开采缓倾斜矿脉时，多采用电耙运搬。

(3)铺设垫层

为避免高品位的碎块矿石或粉矿混入充填料中，在充填体面上必须铺设垫层。垫层的材料可以是木板、铁板、胶带、水泥砂浆或混凝土等。实践表明，木板或铁板在崩落矿石时易被砸断或变形，从而造成大量粉矿损失。利用半旧胶带铺设垫层时，为防止胶带在爆破时被砸坏，应在胶带下铺设一层缓冲材料。为回收从胶带搭接处漏掉的粉矿，在胶带与缓冲层间铺一层帆布或彩条布。用混凝土垫层有利于机械化运搬，也能最大限度地回收粉矿。

(4)架设顺路井

采场中的顺路矿石溜井要随分层的向上推进而不断加高。顺路天井通常布置成双格，以便于行人和运料。为给回采创造条件，顺路天井应超前回采分层一定距离，顺路矿石溜井最好用3 mm厚钢板围成的倒锥形圆筒架设，每节高为0.5~1.0 m，直径为0.6~0.8 m。

(5)充填

开采急倾斜矿脉时，充填料用人工、电耙或铲运机倒运、平整充填料堆面。

开采缓倾斜矿脉时，充填工作是一项较繁重的体力劳动，随回采工作面的掘进，每隔1.5~2.0 m用崩落下来的大块废石砌筑一道石墙，为使其具有良好的承压性能和不至于在爆破时被击倒，应使墙面与水平面间成70°~80°的夹角，石墙间用碎石填满。堆筑石墙和充填废石都要做到严密接顶。当开采局部矿脉较厚、崩落围岩量不够充填时，也可采用间隔充填方式，这时为增加充填体稳定性还应当在适当位置架设一些由钢筋混凝土预制件垛成的挡墙。

4.4.5　应用实例

1)二道沟金矿普通削壁充填法

二道沟金矿位于辽宁省北票市龙潭乡境内，矿脉赋存于华北地台北缘的努鲁儿虎隆断裂带内，中生代火山断陷盆地边缘，努鲁儿虎金矿带上，是典型的火山中、低温热液充填型极薄急倾斜金矿脉，走向长数百米至上千米。围岩主要为流纹岩、花岗岩及少量闪长岩。矿体平均厚度为0.25 m，倾角平均为70°~80°，连续性好，中等稳固。顶底板为蚀变流纹岩，属中等稳固。矿岩界线比较清晰。矿石密度为3.15 t/m^3；围岩密度为2.7 t/m^3。矿山采用平硐-竖井-盲竖井联合开拓方式，明竖井中段高度为40 m，14中段以下采用盲竖井开拓，中段高45 m。矿山已开拓至30中段，开拓深度1320 m。当矿体厚度小于0.4 m，采用普通削壁充填法开采。

(1)采场结构

采场沿矿体走向布置，长60~90 m，高45 m，底柱高3 m，间柱高3 m。采场中间布置人行通风天井，两侧顺路架设人行和顺路木溜井，采场中部溜矿井间距为10 m。二道沟金矿普通削壁充填法见图4-32。

(2)采准与切割

采准切割工程主要包括：人行通风天井、拉底巷道和放矿漏斗等工程。首先在采场中间施工一条人行通风天井，连通上下中段沿脉巷。然后，自沿脉运输巷每隔10 m施工放矿漏斗至拉底水平。最后，自放矿漏斗施工拉底巷道。

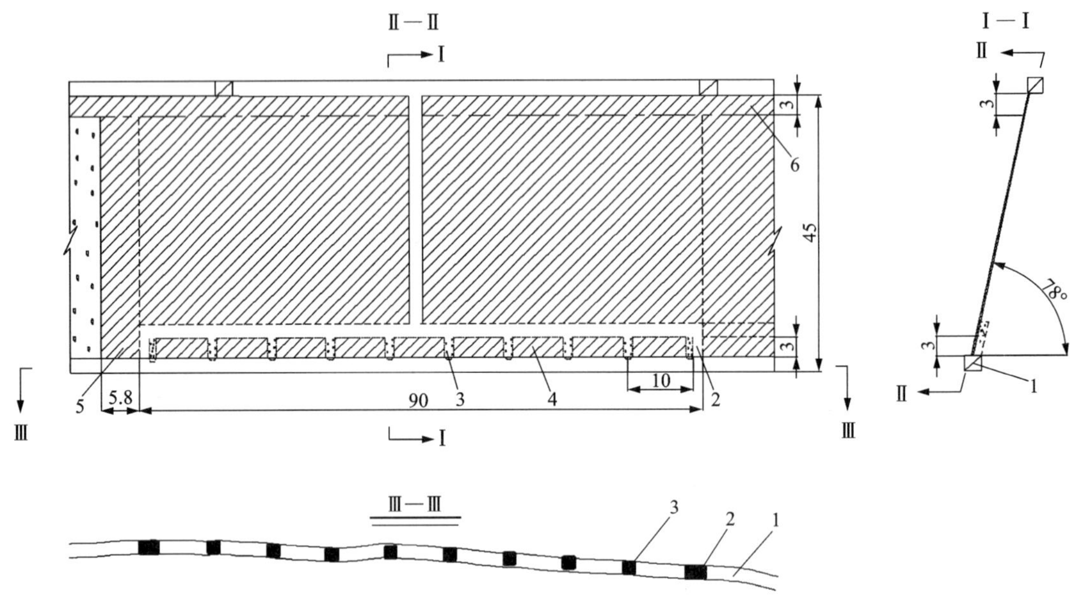

1—中段运输巷道；2—顺路人行井；3—溜井；4—底柱；5—间柱；6—顶柱。

图 4-32　二道沟金矿普通削壁充填法

(3)回采

回采工作从拉底巷道开始自下而上分层进行，每个分层按"先采矿后削壁"顺序进行，主要工艺包括：凿岩爆破、顶板管理、出矿。

分层回采实行"一采一削"的作业循环，落矿宽度为 0.4 m。铺设好了胶垫后，采用气腿式凿岩机凿岩，"之"字形布眼。炮孔孔深 0.8~1 m，炮眼倾角为 60°，孔间距为 0.3~0.4 m。装药采用连续装药结构，每孔装药 2~3 卷，各孔之间分段起爆。采场控顶高度为 2.8 m。采场通风 8 h 后，出矿工人下一班开始出矿。

(4)削壁充填

削壁充填前，加高顺路井，然后削下盘围岩充填采空区，削壁高度为采矿高度。削壁的宽度根据矿体宽度而定，一般为落矿宽度的 2 倍。削壁采用"一"字形单孔布眼方式。炮孔孔深为 0.8~1 m，炮眼倾角为 60°，孔间距约 1 m。采用连续装药结构，平均每孔装药 2~3 卷。削壁充填后，进行平场作业，平场后采场空间高度为 2 m。为减少矿石损失，在平整好的废石充填体上铺上塑料布，然后把长 1.5~2.0 m 的胶垫铺设在上面，要求胶垫之间有 20 cm 以上的搭接。

(5)技术经济指标

该矿普通削壁充填法主要技术经济指标如下：

凿岩效率：50 t/(台·班)；

出矿效率：5 t/(工·班)；

损失率：18%；

贫化率：25%；

采切比：35.6 m^3/kt。

2)沙沟银铅锌矿普通削壁充填法

沙沟银铅锌矿位于洛阳市洛宁县，地处华北地台南缘熊耳山变质核杂岩构造西端，含矿构造发育，成矿环境有利。主要地层有太古界太华群草沟组、石板沟组的黑云(角闪)斜长片麻岩、混合岩化黑云(角闪)斜长片麻岩及中元古界熊耳群的流纹斑岩、鞍山玢岩、火山角砾岩等。构造极为发育，主要为北东走向或北北东走向，个别近南北向及东西向，延展规模最大为 3000 余米；北东，北北东向断裂带蚀变强烈，银铅锌矿化明显，局部存在富矿段。矿区矿化类型为构造蚀变岩银铅锌矿，矿体严格受构造蚀变破碎带控制，形态呈板状或透镜状或囊状产于其内部，产状与控矿构造完全一致。矿体倾角在 57°至 90°之间，倾角平均为 70°。矿体连续性好，顶底板一般比较破碎，属中等稳固，矿体厚度一般为 0.1~1.3 m，平均厚度为 0.4 m 左右。矿石密度为 3 t/m^3；围岩密度为 2.6~2.7 t/m^3。沙沟银铅锌矿普通削壁充填法如图 4-33 所示。

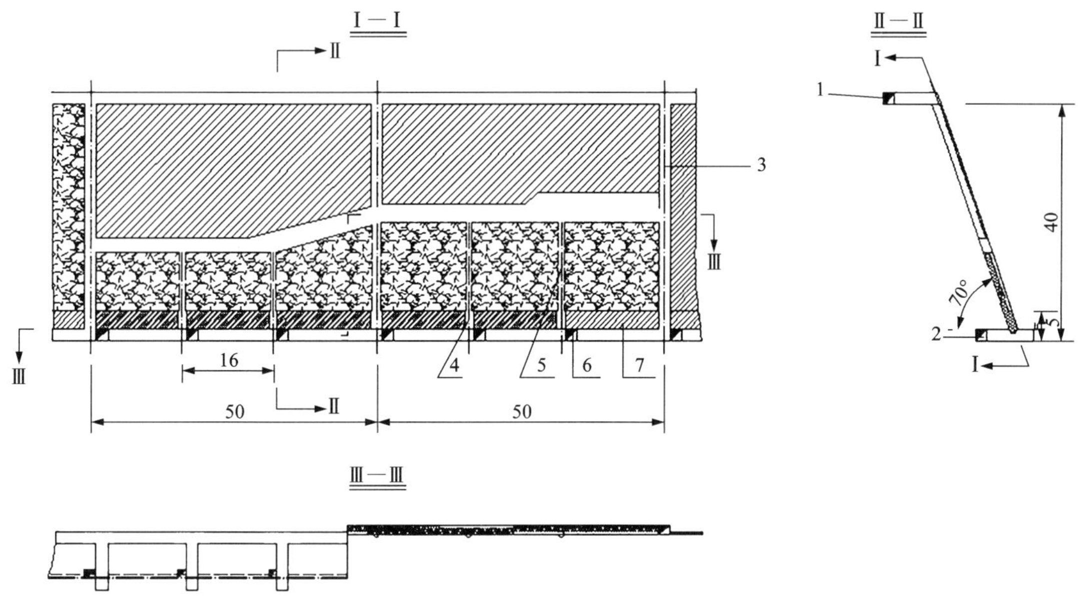

1—上中段运输巷道(2 m×2.2 m)；2—下中段运输巷(2 m×2.2 m)；3—人行通风天井(2 m×1.5 m)；4—溜矿井(2 m×1.5 m)；5—顺路铁溜井(ϕ0.8 m)；6—联络道；7—底柱。

图 4-33　沙沟银铅锌矿普通削壁充填法

(1)采场结构

采场沿矿体走向布置，长 50~150 m，高 40 m，底柱高 3 m，不留间柱和顶柱。当矿石品位较高时，可用人工假底代替矿石底柱。每隔 50 m 布置 1 个人行通风天井，溜矿井间距为 16 m。

(2)采准与切割

采准切割工程主要包括：人行通风天井、拉底巷道、出矿巷和放矿漏斗等工程。首先在采场中间施工一条人行通风天井。然后，自下盘脉外运输巷每隔 16 m 施工 1 条出矿穿脉与沿脉巷贯通。最后，在贯通处施工放矿漏斗至拉底水平。放矿溜井为顺路铁溜井(用厚度

2.5~3.5 mm 的铁板加工成 ϕ0.8 m 的铁溜井)。

(3)回采

回采工作从拉底巷道开始自下而上分层进行。每个分层，按“先采矿后削壁”的顺序进行，主要工艺包括：凿岩爆破、顶板管理、出矿管理。

①凿岩爆破

铺设好胶垫后，采用气腿式凿岩机凿岩，采用“之”字形布眼方式。炮孔孔深 1.6~1.8 m，炮眼倾角 60°，孔间距 0.3~0.4 m。装药采用连续装药结构，每孔装药 4~6 卷，各孔之间分段起爆。采场内允许矿石最大块度为 0.25 m。

②顶板管理

采场顶板采用圆木支柱(ϕ15 cm 左右)横撑支护。

③出矿管理

出矿时先在铁溜井上口架设 300 mm×300 mm 的格筛，防止人和大块矿石掉入溜井中。两壁未爆下而能撬下的薄层矿必须撬下；垫板及两壁的粉矿要清扫干净以免发生二次损失；落入废石中的块状矿石必须拣干净，适宜手选的废石留在采场充填。

(4)削壁充填

进行削壁充填前，加高顺路井，削下盘围岩充填采空区，削壁高度为采矿高度。削壁的宽度是实际落矿宽度的 2 倍。削壁充填后的空间高度为 2.0 m 左右，并控制采充平衡。削壁采用“一”字形单孔布眼方式。炮孔孔深 1.6~1.8 m，炮眼倾角 60°，孔间距约 1 m。装药采用连续装药结构，平均每孔装药 4~6 卷。削壁充填后人工进行平场，然后进行下一个作业循环。为减少矿石损失，在平整好的废石充填体上铺上塑料布，然后把长 1.5~2.0 m 的胶垫铺设在上面，要求胶垫之间有 20 cm 以上宽的搭接。

(5)主要技术经济指标

该矿普通削壁充填法主要技术经济指标如下：

采场综合生产能力：20 t/d；

凿岩效率：50 t/(台·班)；

出矿效率：5 t/(工·班)；

损失率：8%；

贫化率：20%；

采切比：61.3 m^3/kt。

3)金厂沟梁金矿机械化削壁充填法

金厂沟梁金矿位于华北地台北缘内蒙古地轴东段，赋存于古老基底的变质岩中。矿体和围岩界线清楚，围岩以斜长角闪片麻岩及斜长角闪岩为主。矿床由急倾斜极薄矿脉群组成，严格受构造控制，矿化连续性好。矿体倾角为 45°~90°，倾角平均为 80°，矿体厚度变化大，以 0.08~0.86 m 厚的极薄矿脉为主，各矿体的平均厚度为 0.13~0.54 m，最大厚度为 1.26~2.95 m。矿体稳固，矿石抗压强度为 40~140 MPa，松散系数为 1.5。矿体密度为 3.25 t/m^3，围岩密度 2.7 t/m^3。顶底板围岩较稳固，但在构造破碎及蚀变地段容易片帮冒落。矿山水文地质条件简单。为了保护农田及地表建筑物，地表不允许陷落。

建矿初期，采用浅孔留矿采矿法开采。但由于矿脉极薄，贫化率特别大，且部分破碎带蚀变岩矿体含高岭土泥化严重，开采后不能放空，损失较大，因此改为削壁充填采矿法进行开采，采场生产能力不能满足矿山需要。为解决削壁充填采矿法在急倾斜极薄矿脉群开采中出矿和充填效率低的问题，引进了 H102 型小型液压凿岩台车和 CT500HE 微型电动铲运机。

通过采用大矿块长斜面的脉内斜坡道采准和铲运机出矿系统，降低了采准比，优化了采场结构，采场结构可依多矿脉的交叉发展灵活设置。CT500HE 微型铲运机外形小，铲取力大，行驶平稳，机动灵活，在极薄矿脉开采过程中，既出矿又整平，采场生产能力达到薄矿脉留矿采矿法采场生产能力的水平，矿石损失、贫化率达到削壁充填采矿法水平。极薄矿体机械化连续高效削壁充填采矿法应用效果良好。

(1)采场结构

沿矿体走向布置长采场，应用脉内采准系统，设计金属钢溜矿井放矿、顺路斜坡道回采的形式，相邻采场为两条斜坡道之间的平行四边形，其间距为相邻矿块采场工作线长度。采场长度约 100 m，高度为 40 m，每隔 40 m 为相对独立的回采单元，采用人工假底，不留底柱、间柱和顶柱(图 4-34)。

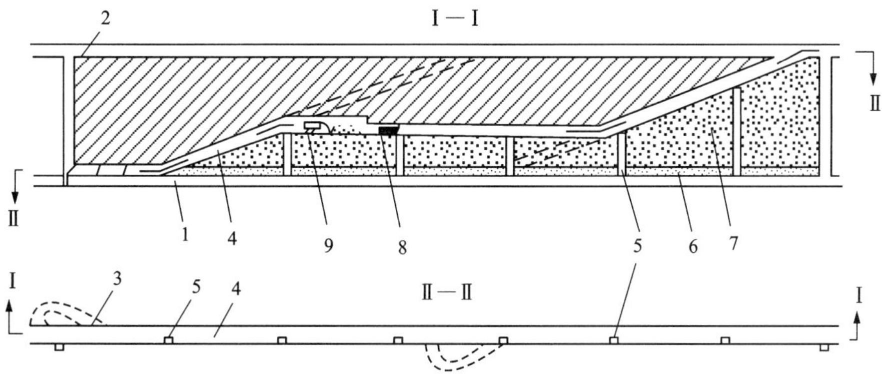

1—沿脉运输巷道；2—人行通风天井(2.5 m×1.5 m)；3—斜坡道联络道(2.5 m×2 m)；4—脉内顺路斜坡道(2.5 m×2 m)；5—顺路溜矿井(ϕ1.5 m)；6—人工假底(2.5 m×0.5 m)；7—废石充填体；8—凿岩台车；9—铲运机。

图 4-34 金厂沟梁金矿机械化削壁充填法

(2)采准与切割

采准切割工程包括：脉内斜坡道、采准斜坡道联络道、放矿漏斗、人工混凝土假底及人行通风天井。其中，斜坡道布置在脉内，其倾角由凿岩台车爬坡能力(16°)与铲运机爬坡能力(14°)综合考虑，设计为 12°~13°。相邻两条采准斜坡道间距为 100 m 左右。随着首采矿块的逐层回采，在脉内顺路形成斜坡道，首采矿块采至上一中段后，形成一条完整的脉内斜坡道。斜坡联络弯道其曲率半径为 3 m。

首先在首采采场施工一条人行通风天井，随着分层回采改造成为顺路天井。然后，自沿脉运输巷道每隔 40 m 施工放矿溜井和斜坡道联络道。放矿溜井随着回采过程顺路架设形成。为了减少损失，在沿脉巷道顶板施工人工假底。

(3)回采

按照削壁充填采矿法的工艺要求，以分层为单元自下而上回采。主要回采工艺包括：凿岩爆破、顶板管理、出矿。

①凿岩爆破

为了使爆破后的矿石形成一定规模的爆堆，满足铲矿需要，采用 H102 型液压浅孔凿岩台车，实行“一采一出一充”的作业方式。炮孔呈“一”字或“之”字形布置，炮孔孔深 1.6~1.8 m，倾角 60°~80°，孔间距 0.3~0.4 m。采用连续装药结构，每孔装药 4~6 卷，各孔之间分段起爆。采场内允许矿石最大块度为 0.4 m，采场二次落矿后空顶高度不超过 3.5 m。

②顶板管理

采场顶板采用圆木支柱(ϕ16 cm 左右)横撑支护。

③出矿

通风后，采用 CT500HE 型微型电动铲运机出矿，采场内直径大于 0.4 m 的大块装运前要进行二次破碎。溜井下部使用混凝土漏斗放矿，溜井放矿深度不超过 2 m。

(4)削壁充填

出矿完毕后，安装顺路钢溜井，然后削下盘围岩充填采空区，削壁高度为回采矿体高度。削壁的宽度是实际落矿宽度的 2 倍。削壁充填后的空间高度为 2.5 m 左右，并控制采充平衡。削壁采用“一”字形单孔布眼方式。炮孔孔深 1.6~1.8 m，炮眼倾角 60~80°，孔间距约 1 m。装药采用连续装药结构，平均每孔装药 4~6 卷。削壁后采用铲运机进行平场等处理，形成脉内斜坡道，局部采取人工平场并铺设垫层，进行下一个作业循环。

(5)主要技术经济指标

该矿机械化削壁充填法主要技术经济指标如下：

采场综合生产能力：50 t/d；

凿岩效率：70 t/(台・班)；

出矿效率：60 t/(台・班)；

损失率：7%；

贫化率：40%；

采切比：10.8 m^3/kt。

4.5 分段充填采矿法

随着井下无轨设备与充填新工艺的发展和推广应用，20 世纪 80 年代研发了分段充填采矿法并逐步推广应用。该方法在阶段内划分分段，在各分段内按一定的采宽和回采步距回采矿石，分段高一般取决于矿岩稳固程度。凿岩、爆破、出矿和充填各工序以回采步距为单位循环。由于充填及时，可以在稳定的采矿环境中进行立体作业，凿岩、爆破、出矿和充填各工序互不干扰。

综观分段充填法的发展历程可见，分段充填法大部分由无底柱分段崩落法改造而来，其占比已超过分段充填采矿法矿山总数的 50%。如巴德-格隆德(Bad Grund)铅锌矿、沙赫拉本矿业公司的 3 个重晶石矿、乌拉尔铜矿、小铁山铜铅锌多金属矿和丰山铜矿等，都是由于矿岩不稳固、无底柱分段崩落法的矿石损失贫化率过高，采场地压问题突出。而由无底柱分段崩落法改造为分段充填法这些改造大多效果明显。其中，布莱贝格(Bleiberg)铅锌矿不但解决了地压问题，同时提高了生产能力和生产效率，改善了回收指标，而采矿成本并未增加；巴德-格隆德铅锌矿大大改善了作业条件，提高了矿石回收率，采矿贫化率降低 60%；德莱斯勒重晶石矿的回采损失率由 25%下降至 5%；丰山铜矿的损失率与贫化率降低了 60%。

相较上向水平分层充填法较大的采场顶板暴露面，分段充填采矿法改为采场侧帮暴露面较大，相对而言使采场具有更好的稳定性，并且可通过采场长度或采场的采、充步距调控采场暴露空间，因而对矿岩的稳固性的要求比上向水平分层充填采矿法低，尤其是对矿体稳固性多变的矿体具有很好的适应性。针对下向进路胶结充填采矿法，该方法可以提供更大规格的作业空间，可充分发挥其采矿效率和降低采矿作业成本，并且可以采用较低力学强度的充填体从而降低充填成本。该采矿方法可以充分发挥井下无轨装备的优势，实现高效机械化充填采矿，其胶结充填可给开采技术条件复杂的金属矿床带来显著的矿山经济效益。

4.5.1　主要特点

(1)应用条件

分段充填采矿法须满足一般充填采矿法的适用条件，主要应用于以下矿体。

①矿岩不稳固至中等稳固的有色、稀有和贵重金属矿床以及较富的铁矿和价值较高的非金属矿床；

②倾角大于 45°的中厚矿体以及缓倾斜厚矿体；

③贵重金属或价值高的极薄矿床；

④产状复杂，分支复合变化大以及需要进行分采的矿体。

(2)方案特点

分段充填采矿法的主要特点如下。

①对矿床开采技术条件的适应性强，可随矿体形态变化和分支、复合情况，灵活地布置回采巷道和改变采场宽度；

②开采中厚矿体时，采场不需要留任何矿柱，可实现一步骤回采，开采厚矿体时，也只需按梯级回采顺序即可实现不留任何矿柱的连续开采；

③将采场划分为若干分段，各项作业在分段巷道中进行，作业安全，采准工作量较分层充填法多；

④凿岩、出矿和充填等作业可全面实现机械化、无轨化，劳动生产效率高于分层充填法；

⑤凿岩、爆破、出矿和充填等工序可同时在多分段梯级交替进行，多工作面作业互不影响，利于采场生产能力的提高和发挥无轨自行设备的效率；

⑥各项作业均在分段巷道中进行，作业安全；

⑦矿石是在空场状态下铲出的，贫化、损失率比无底柱分段崩落法低，比分层充填法高，采场通风效果比无底柱分段崩落法好。

(3)矿块与盘区结构

分段充填法矿块布置形式与盘区结构根据矿体厚度和出矿设备的有效运距而确定，分为沿矿体走向布置和垂直矿体走向布置。一般情况下，当矿体厚度小于 12~15 m 时，采场沿矿体走向布置，采场长度为 100~200 m，个别矿山将矿体全长 400 m 作为一个采场，如爱尔兰阿沃卡铜矿；当矿体厚度大于 12~15 m 时，垂直矿体走向布置，采场长度为矿体厚度，采场宽度依矿岩稳固性而定，一般为 6~8 m，最大可达 12.5 m，如纳文(Navan)铅锌矿。阶段高度为 50~100 m。分段高度应根据矿岩的稳固程度确定，一般为 7~15 m。7~10 m 为低分段，10~15 m 为高分段，少数矿山超过 20 m，如埃尔茨贝格(Erzberg)铁矿分段高度达 22 m。

合理的采场长度因各矿采用的出矿设备不同和矿岩的稳固程度各异而不同，因此，需进行技术经济比较分析。当采用铲运机出矿，且从采场一端后退式回采时，采场长度最大为

100 m；从两端后退式回采时，亦不应超过 200 m；采用坑内卡车出矿时，可加大采场长度。必须指出，采场长度过大，在技术和经济上会产生诸多问题：出矿设备效率降低，成本提高；采场生产能力低；分段巷道的维护工作量加大等。

国内外部分采用分段充填法的矿山其开采技术条件、采场布置形式及构成要素详见表 4-10。

表 4-10 国内外采用分段充填采矿法的矿山采场布置形式及构成要素

矿山名称	矿体赋存条件			采场布置形式	采场构成要素				
	矿体长度/m	矿体厚度/m	矿体倾角/(°)		高度/m	长度/m	宽度/m	分段高度/m	分段巷道规格/(m×m)
丰山铜矿	800	35~40	50~70	垂直矿体走向	50	矿体厚度	6.7	10	3.8×3.0
小铁山铜铅锌多金属矿		5.5	70~90	沿矿体走向	60	100	2.5~4.0	8~12	(2.5~4)×2.5
鸡冠嘴金矿	100~670	1.3~27.2	13~83	垂直矿体走向	60	矿体厚度	6	10	3.0×3.0
新城金矿	160~220	57	40	垂直矿体走向	50	矿体厚度	7~8	10	3.2×3.1
德国格隆德铅锌矿	6000	<1~30	70~90	沿矿体走向	50	100	3~矿体厚度	7	4×(3~3.5)
德国德莱斯勒重晶石矿	500	4~7	45	沿矿体走向	48.5	150~200	矿体厚度	12	4.0×3.5
爱尔兰阿沃卡铅锌矿	400	9	55	沿矿体走向	>60	400	矿体厚度	15	
爱尔兰纳漫斯顿铅锌矿	720	45~75	15~45	垂直矿体走向	150	矿体厚度	12.5	15	5.5×3.5
俄罗斯诺德斯基铁矿		5~15	>55	沿矿体走向	50	180~200	矿体厚度	12.5	
奥地利埃尔茨贝格铁矿		100	>55	垂直矿体走向		100	9	24	4.0~3.0
奥地利布莱贝格铅锌矿		>30		垂直矿体走向	50~60	矿体厚度	4	10	4.0~2.5
日本栃桐铅锌银矿		>15	60~80	沿矿体走向	68		矿体厚度	8~13	4.3×3.0

4.5.2 典型方案

随着井下无轨设备技术的发展和广泛应用，借助新的充填工艺和充填料特性研究成果在地下采矿中的应用经验，分段充填法进入机械化分段充填采矿新阶段。机械化分段充填采矿法在巷道内进行分段中深孔凿岩和爆破、无轨铲运机出矿和分段充填，实现高效率的无轨机械化采矿。其不但具有分层胶结充填采矿法作业安全、生产可靠、回采率高和贫化率低的优点，还具有分段采矿法机械化程度高、回采强度大、生产能力大、施工简单和使用灵活的特点。相对于分层充填采矿法，机械化分段充填采矿法充填工艺简单、充填质量高和充填成本较低。

根据矿体回采顺序，机械化分段充填采矿法的典型方案可分为机械化上向分段充填采矿法和机械化下向分段充填采矿法。机械化分段充填采矿法采场生产能力主要取决于矿体的开采技术条件、采场分段高度和宽度、崩矿(或充填)步距、出矿和充填运输设备等。由于这些因素在各矿山之间有较大的差异，因而，采场生产能力最低的只有150 t/d，最高的达到1250 t/d。如纳文铅锌矿，矿山生产规模为10000 t/d，8个采场同时生产就能满足要求。

(1)机械化上向分段充填采矿法

机械化上向分段充填采矿法多采用无轨斜坡道采准，在阶段内划分分段，按分段上行式进行回采，以采矿步距为单元组织采、出、充采矿作业工序。在分段巷道内采用凿岩台车进行中深孔凿岩爆破、铲运机出矿，在胶结充填体上进行充填作业。矿体较厚大时，分段采场垂直矿体走向布置，中厚以下矿体，分段采场沿矿体走向布置。一般采用胶结充填。当矿体厚度不大，沿矿体走向布置一个采场能将矿体全厚度一次回采时，可以采用非胶结充填。

机械化上向分段充填采矿法适于开采矿岩中等稳固或矿体形态变化较大以及矿石价值中等的矿床，自20世纪70年代初在爱尔兰阿沃卡(Avoca)铜矿和奥地利布莱贝格(Bleiberg)铅锌矿使用以来，由于效果显著，相继在德国格隆德(Bad Grund)铅锌矿和沙赫拉本(Sachtleben)矿业公司所属的3个重晶石矿山——沃尔法赫(Wolfach)矿、沃肯休格尔(Wolkenhugel)矿和德莱斯勒(Dreislar)矿，奥地利埃尔茨贝格(Erzberg)铁矿，日本枥桐铅锌银矿，俄罗斯乌拉尔铜矿和诺德斯基铁矿，爱尔兰塔拉(Tara)矿业有限公司纳文(Navan)铅锌矿，我国湖北大冶有色金属公司丰山铜矿(图4-35)和鸡冠嘴金矿等矿山使用，均获得了较好的技术经济指标。

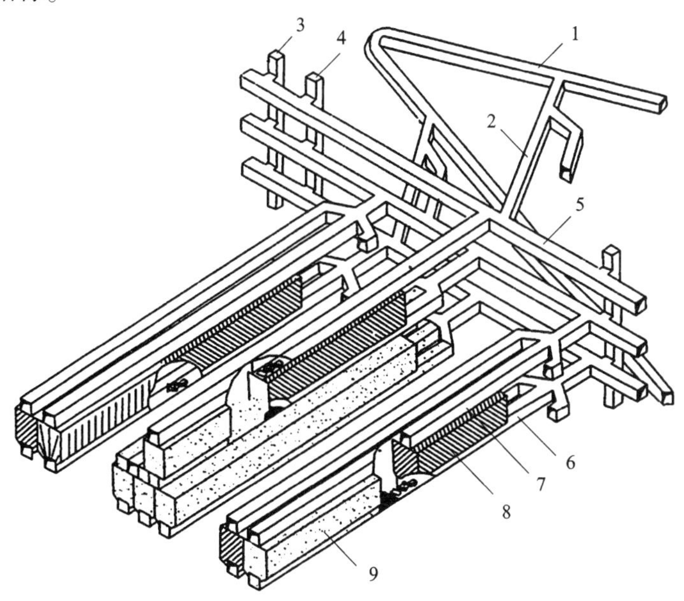

1—主斜坡道；2—分支斜坡道；3—溜矿井；4—充填井；5—分段沿脉巷道；
6—回采进路；7—充填进路；8—矿体；9—充填体。

图4-35 丰山铜矿机械化上向分段充填采矿法

(2)机械化下向分段充填采矿法

机械化下向分段充填采矿法主要适用于矿岩中等稳固的开采条件，采用无轨斜坡道采准系统，在阶段内划分分段采场，并且按分段下行式进行回采，以分段采场为单元组织采、出、充采矿作业工序；在分段巷道内采用凿岩台车进行中深孔凿岩爆破，采用铲运机出矿，在胶结充填体顶板下进行充填作业。一般将分段采场垂直矿体走向布置，在截面图上呈倒梯形，上下采场相互嵌布，成蜂窝状结构，回采采场的充填进路嵌布于上分段已采采场回采进路的充填体之间。该方案在奥地利(20 世纪 80 年代)的布莱贝格铅锌矿取得了较好的应用效果(图 4-36)。

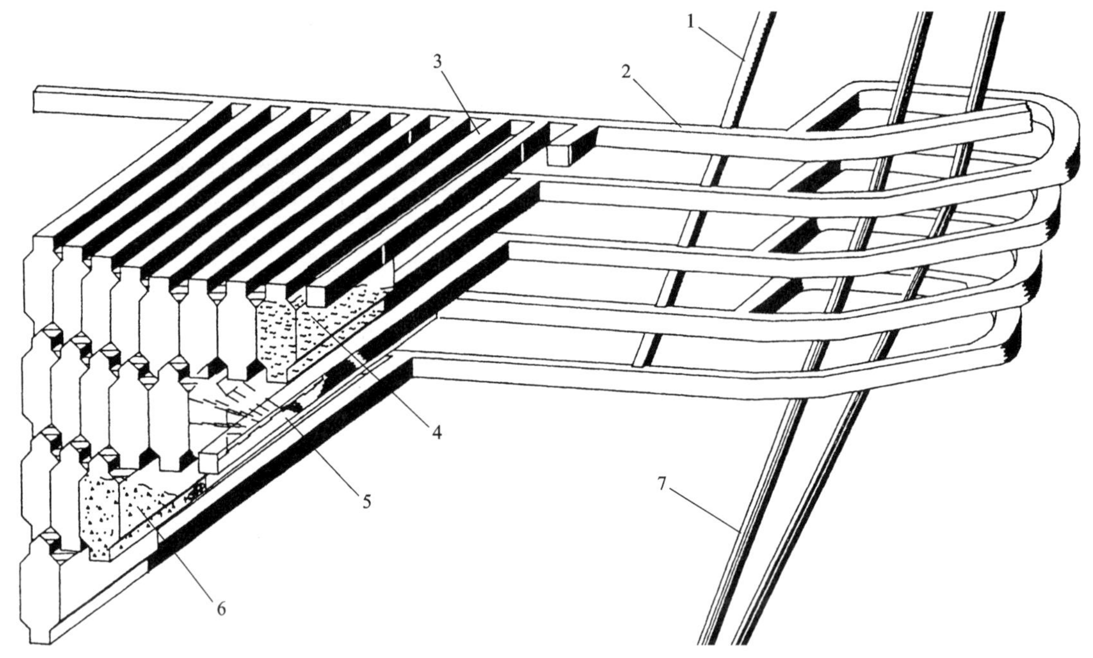

1—充填井；2—分段沿脉巷道；3—充填进路；4—充填体；5—回采进路；6—崩落矿石；7—溜矿井。

图 4-36 布莱贝格铅锌矿机械化下向分段充填采矿法

4.5.3 采准与切割

(1)采准方法

向下分段充填采矿法的采准切割工作与无底柱分段崩落采矿法的采准切割工作基本一致。首先在盘区施工斜坡道连通各分段水平，并施工分段凿岩出矿巷；然后施工充填回风井及放矿溜井；最后在采场端部施工切割井及切割横巷，形成切割槽。

(2)采切工程布置

采准工程主要包括斜坡道、分段联络巷道、溜井、回风充填井、分段凿岩出矿巷、切割井和切割横巷。采准工程一般布置在矿体下盘，但当围岩不稳固时，亦可预留临时矿柱布置在矿体内。采准巷道的规格应根据采场出矿和充填设备工作时的最大尺寸确定。当矿体规模较大时，可布置环形采准运输系统，以提高采矿作业效率。

4.5.4 回采工艺

分段充填采矿法在分段内凿岩、爆破和出矿。凿岩通常采用单臂或双臂凿岩台车钻凿上向扇形孔。分段高度较大时，采用上向和下向联合炮孔，如奥地利埃尔茨贝格铁矿。装药采用装药器完成。出矿一般采用铲运机，必要时配备井下自卸卡车。机械化作业水平的提高，使得劳动生产率大幅提高，采场综合生产能力高于分层充填法。分段充填法各项作业在分段巷道中进行，作业安全性高。

(1)回采顺序

分段充填法有自下而上的上向分段回采顺序和自上而下的下向分段回采顺序两种。分段内采矿为后退式采矿，出矿完毕后，充填在采场的另一端进行。如果矿岩的稳固程度都很好，可以在两个以上的分段内同时回采，也可以在一个分段全部回采结束后，再对其进行充填。

(2)凿岩爆破方法

回采凿岩通常采用单臂或双臂中深孔凿岩台车钻凿上向扇形中深孔，也可采用上向和下向联合炮孔，如埃尔茨贝格铁矿。炮孔直径主要为ϕ57 mm、ϕ60 mm和ϕ65 mm，炮孔排距为1.2~1.5 m，孔底距为1.5~2.0 m，步距一般为6~10 m，采用分段微差爆破。分段高度较大时，可以在矿体的端部开凿切割槽为自由面，一次可以爆破一排或多排炮孔。一般与矿体爆破端部保持一定的距离，以留出足够的补偿空间；如果不留分段端部补偿空间，可采用拉底方式挤压爆破。为减少采充循环，提高采场生产能力，在矿岩较稳固的条件下可加大采矿步距。如小铁山铜锌铅多金属矿在矿岩稳固性好的矿段将充填步距加大至25 m；爱尔兰纳漫斯顿铅锌矿由于矿石稳固，在各分段全部回采完之后，一次充填，从而大大地减少了回采作业循环。

(3)采场通风

新鲜风流通过斜坡道进入分段巷道，清洗工作面后经分段充填回风井(或溜矿井上段)排至井下总回风井。

(4)采场出矿

采场出矿一般采用铲运机，当运距大于150~200 m时，则配套采用井下自卸卡车，将矿石卸入溜矿井。在崩矿步距较大的条件下，铲运机须全部进入采空区铲装矿石，通常采用遥控铲运机出矿。

4.5.5 采场充填

出矿完毕后，进行充填准备及充填工作。充填工作随采矿工作而推进，采用逐步后退式采矿作业时，在出矿结束后，从分段的另一端随即进行充填，并为下一步分段爆破留出足够的补偿空间；若不留补偿空间，则采用拉底切割方式回采爆破，该方式充填次数多，作业效率低，采矿生产能力较小。

采用分段全部采矿完毕再进行整体充填时，充填工作是对整个分段一次性充填。该方式一般需要采用遥控铲运机，集中出矿，作业效率高，因而采矿生产能力大。

(1)采场充填方式

分段充填采矿法常用的采场充填方式有废石胶结充填、尾砂胶结充填、废石或尾砂非胶结充填等。

废石非胶结充填主要用于矿体厚度不大沿矿体走向布置的采场的分段采矿方式，由于容易混入下一爆破循环的矿石，一般要求在废石充填面上铺设废石胶结料或尾砂胶结料垫层，该方式应用较少。尾砂充填主要用于采场之间的间柱采矿充填，其充填面上需铺设尾砂胶结垫层。废石胶结充填的工艺正是针对分段充填采矿法开发的充填新技术，由于采用无轨装备进行采场充填作业，具有工艺与系统简单、应用灵活、机械化程度高和可以充分利用井下掘进废石等优点。因此，采用分段充填法的矿山，尤其是中小型矿山多采用废石胶结充填。

采场充填是从上分段充填水平将充填料排入采空区的。充填料输送方式主要有井下无轨设备输送和管道输送。

采用废石胶结和废石非胶结充填工艺，运距较短时通常采用铲运机输送，当运距大于150~200 m时，则采用井下自卸汽车输送。进行分段采场充填时，一般采用前排式充填采空区(图4-37)。在充填过程中，开始充填时，废石混合料以自由落体的方式下落到采空区底部，充填到一定量后，充填料以滑落方式整体向下滑动。充填集料的粗颗粒明显偏多时，充入采场后有粗颗粒滚动现象，这对充填体质量有不利影响。粒级配比合理的充填混合料在卸入采场后，无颗粒滚动现象，只在其自重作用下产生滑动，形成相对均质的充填体。

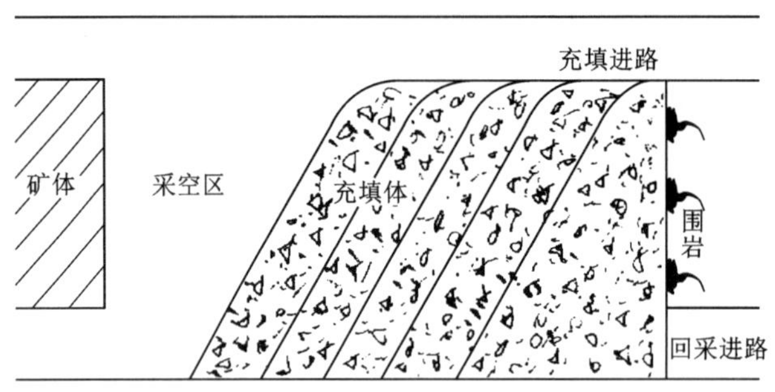

图4-37 分段采场前排式充填

采用尾砂或其他细砂胶结充填或非胶结充填时，首先要构筑充填挡墙，通过管道水力输送充填料充入采空区(图4-38)。

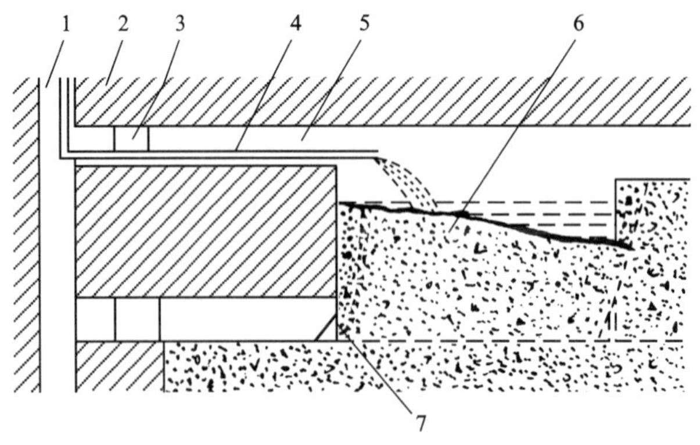

1—充填井；2—矿体；3—沿脉巷道；4—充填管道；5—充填进路；6—充填体；7—充填挡墙。

图4-38 分段采场水力输送充填

分段胶结充填法采场充填工艺的主要特点是从上分段水平直接将充填料充入采空区。不但可以通过管道输送，将充填料直接送入采空区，而且可通过铲运机、自卸卡车等高效无轨设备在采空区附近转运充填混合料进行采空区充填，从而可以将充填集料和胶凝材料从地表分流输送到井下，直到充填工作面附近再将其混合，避免了管道输送容易堵管、对充填料粒度要求高、输送浓度难以达到最佳要求等充填工艺和充填质量问题。因而，分段胶结充填法可以最大限度地利用矿山廉价充填原料，如尾砂、掘进废石等，并大大降低了充填料的加工要求，容易实现粒级最佳配比和水灰比。由于分段胶结充填法容易实现粒级最佳配比和最优水灰比，因此，其胶凝材料用量达到 50 kg/m³ 时，充填体强度可至 2~4 MPa(表 4-11)。若采用其他充填工艺，达到相同强度时，水泥耗量往往为 15%~20%。水泥耗量一般占胶结充填费用的主要部分，因而可大大降低充填成本。

表 4-11 采用典型分段胶结充填法的矿山采场充填一览表

矿山名称	充填料	充填料粒度/mm	胶凝材料	胶凝材料量/(kg·m⁻³)	充填体强度/MPa	充填方式
丰山铜矿	废石	≤40	水泥	103.3	3.3	铲运机充填
鸡冠嘴金矿	分级尾砂		水泥			管道充填
小铁山铜铅锌多金属矿	尾砂		水泥	1：(4~8)	1~3	管道充填
新城金矿	分级尾砂			1：10		管道充填
格隆德铅锌矿	重选尾砂	<30	水泥	60	2~3	井下自卸汽车
梅根铅锌矿	废石和重选尾砂	<50	水泥	50	1.5~3.5	铲运机充填、抛掷充填
沃尔法赫重晶石矿	废石		水泥	50		铲运机充填
沃肯休格尔重晶石矿	废石		水泥	50	2~4	铲运机充填
德莱斯勒重晶石矿	废石和重选尾砂	<400	水泥	40	2~4	铲运机充填
纳文铅锌矿	尾砂		水泥	5%		管道充填
枥桐铅锌银矿	废石	<400	无			铲运机充填
布莱贝格铅锌矿	重选尾砂和废石	<60	水泥	55	2~4	铲运机、井下自卸汽车充填

(2)充填挡墙

采空区充填之前均需在出矿水平构筑挡墙，以防止充填料外泄或充填料坍入回采进路内给下一循环的回采与装药作业带来不便。

废石胶结充填混合料的浓度高，废石所占比例高，因而比砂浆充填方式构筑挡墙简单。一般可以采用砖料砌筑或散体料堆筑，当然也可采用木料构筑。堆筑方式可满足充填隔墙的要求。堆筑隔墙的基本工艺与方法是，初始充填时不需构筑隔墙，当废石胶结充填料坍入出矿巷道 1.5 m 左右时，利用废石胶结充填料构筑墙基，然后通过堆填废石或矿石堆构筑隔墙。在下一循环回采爆破前则将废石或矿石铲出。当遇到夹石需要剔除时，一般应在夹石边界堆筑隔墙；当采场边界距离上、下盘沿脉巷道较近时，均应预先构筑隔墙，然后再开始充填。

采用尾砂充填采空区时，在回采出矿巷道与采空区之间架设充填挡墙，挡墙外侧与巷道矿岩接触的四周用水泥浆堵塞缝隙，防止充填料外漏。充填挡墙设有排水管，并与采场内的滤水管相通，其可分为滤水挡墙和不滤水挡墙。其中，滤水挡墙采用木框架、钢丝绳、钢筋网和土工布构筑；不滤水挡墙常采用红砖或混凝土预制块构筑。为了保证充填挡墙稳定，采空区充填可分多次完成。

(3)充填接顶

上向分段胶结充填采矿法一般要求充填接顶。由于每分段需要进行一次接顶，其接顶工作量相对较大，充填作业面较多，接顶次数较频繁。当矿山建设有砂浆充填系统时，一般可采用砂浆进行充填接顶。当采用废石水泥浆充填工艺时，若采用水泥砂浆充填接顶，则需要建造一套砂浆充填系统。因此，一般不采用砂浆接顶方式，而往往采用无轨铲运机、无轨推卸式铲运机或抛掷充填车进行接顶。

采用无轨铲运机进行充填进路接顶的接顶率较低，最大接顶率约为60%，辅助接顶作业量较大。长沙矿山研究院研制的TCY-2型推卸式铲运机用于充填接顶时，推卸式铲斗内的充填物料可在不同铲斗举升水平高度进行推卸，大大提高了铲斗的卸载高度，在分段充填进路内的接顶率为85%以上。推卸式铲运机可以提高充填接顶率，比采用泵送充填或砂浆自流充填接顶工艺的投资少，工艺更简单和方便，并且可在矿山原有的铲运机的工作机构及铲斗上增设推卸机构，即可将铲运机改装成推卸铲运机，事半功倍。将推卸铲运机的上、下推板向前推进到极限位置，可以将推卸铲运机当成推土机使用，可将废石胶结料推送到被充填空间的边缘角落，保证了充填质量。推卸铲运机推卸物料可一次推卸出斗，卸料效率是普通铲运机卸料时多次翻斗循环卸料的2~3倍。

抛掷充填是由梅根(Meggen)铅锌矿开发成功的一种充填方式(图4-39)，并研制了关键设备——抛掷充填车。采用抛掷充填接顶取得了很好的接顶效果。抛掷充填车由行走机构、容积为4.5~7.5 m^3 的充填料箱和抛掷机等部分组成。抛掷胶带宽度为500 mm，线速度为20 m/s，抛掷角可根据需要调整，抛掷距离大于14 m，最大抛掷高度为8 m。在运距为200~250 m时，抛掷充填能力为60~75 m^3/(台·班)。20世纪90年代长沙矿山研究院研制的PC-1型抛掷机，由雪橇式底座、抛掷头和受料斗3部分组成。整机结构简单，无独立的行走机构，在采场由铲运机拖拉移位，规格尺寸和技术参数较小，但可以满足分段采矿法的抛掷充填接顶要求。

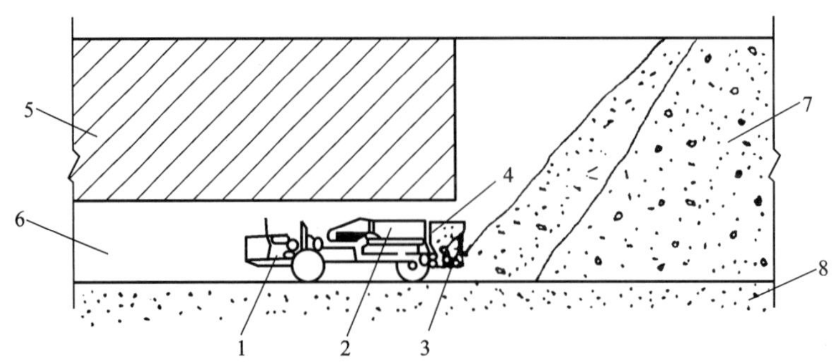

1—行走机构；2—充填料箱；3—抛掷胶带；4—推板；5—矿体；6—分段巷道；7—抛掷充填体；8—下分段充填体。

图4-39 抛掷充填车充填接顶

4.5.6　应用实例

1)丰山铜矿上向分段充填法

丰山铜矿属大型矽卡岩型矿床，赋存于花岗岩与嘉陵江灰岩接触蚀变带中，分为南缘和北缘两个矿带。矿体走向长800 m，平均厚度为35~40 m，夹石平均厚度10~15 m，南西倾向，倾角一般为50°~70°。矿石类型主要为矽卡岩型铜矿石，中等稳固。矿体上盘为中薄型大理岩，有两组节理常与层面构成“三角节理”，且在矿化和蚀变强烈地段，这些结构面常充填有绿泥石或蛇纹石等泥质物，易沿三角节理掉块。下盘为蚀变花岗闪长岩，近矿体蚀变强烈，节理裂隙发育，并常有充填物，易风化成100 mm的均匀块度冒落，稳固性差。

该矿原采用无底柱分段崩落法开采，由于巷道经常发生垮落，安全条件差，炮孔变形、堵塞严重，因此矿石损失与贫化大。在雨水季节，地表水经崩落区渗入井下，不仅影响生产，而且给防洪工作造成很大困难。随着开采深度的增大，问题越来越严重，后改用分段碎石胶结充填法。

(1)采场结构

矿块垂直矿体走向布置，阶段高度50 m，矿块宽度6~7 m，长度为矿体厚度，即35~40 m，分段高度10~12.5 m。采场回采不留间柱(图4-40)。

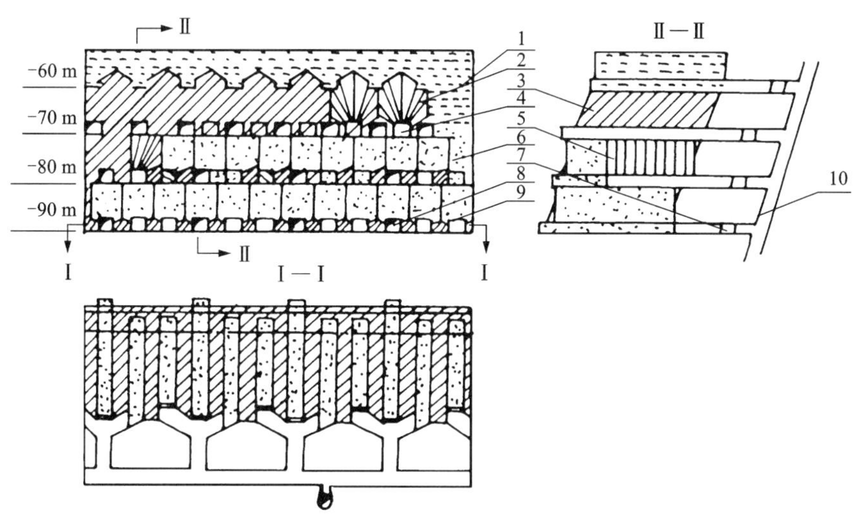

1—崩落废石；2—崩落法炮孔；3—矿体；4—崩落法回采进路；5—充填法炮孔；6—碎石胶结充填体；7—下盘沿脉巷道；8—充填法采准巷道；9—充填法回采进路；10—溜矿井。

图4-40　丰山铜矿上向分段充填法

(2)采准与切割

采用下盘脉外采准斜坡道，通过斜坡道联络道与主斜坡道连通，主斜坡道直通地表。主要采切工程有分段斜坡道、分段平巷、溜矿井、充填井和切割井等工程，分段平巷与采准斜坡道连接。从下盘分段沿脉巷道每隔20 m开掘一条垂直矿体的联络巷道。沿矿体走向布置溜矿井、充填井和排水井，其间距分别为50 m、100 m和150 m。采准和回采巷道支护以采用喷锚网联合支护为主，以浇注混凝土支护为辅。

在切割井钻凿 ϕ80 mm 的上向平行炮孔，采用一次成井爆破，成井断面尺寸为 2 m×2 m；扩槽炮孔 ϕ65 mm，呈两排分布于成井孔两侧，与成井孔同次起爆。

(3)回采

采用凿岩台车钻凿上向扇形中深孔，装药器装药，挤压胶结充填料爆破，无轨铲运机出矿和充填。按 6~10 m 的回采步距组织采、出、充采矿作业循环。

凿岩机为 CZZ-700 型凿岩台车，配 YGZ-90 型导轨式独回转凿岩机，在分段进路内进行凿岩。钻凿上向扇形中深孔，孔径 65 mm，孔深 7 m，炮孔排距 1.5 m，孔底距 1.6~2 m，凿岩效率为 40~50 m/(台·班)。采用挤压充填体爆破工艺，即在充填结束 24 h 内，利用充填料未凝固时的压缩性向充填体挤压爆破。靠近充填体的前两排炮孔进行同段爆破，其后各排炮孔采用排间微差爆破。步距一般不大于 6 m。爆破采用粉状 2#岩石炸药，用 FZY-100 型风动装药器装药，非电导管孔底起爆。

出矿采用 LK-1 型或 LK-2 型柴油铲运机(斗容 2 m^3)，将矿石装运至脉外矿石溜井。当采场步距大于 6 m 时，则采用遥控铲运机或从相邻分段回采开掘辅助出矿横巷出矿。

(4)采场充填

采场充填采用自然级配的碎石胶结充填技术，废石来自露天排土场，由大理岩和花岗闪长斑岩组成，废石经破碎后的粒度小于 40 mm。

充填料采用自淋混合工艺，经破碎的废石按自然级配堆存于分段充填井；地表制备的水泥浆(浓度为 55%)由管道自流输送至各充填水平，经塑料软管直接喷淋于废石堆上，如图 4-41 所示。喷淋水泥浆的混合充填料用铲运机铲装运往采空区充填。

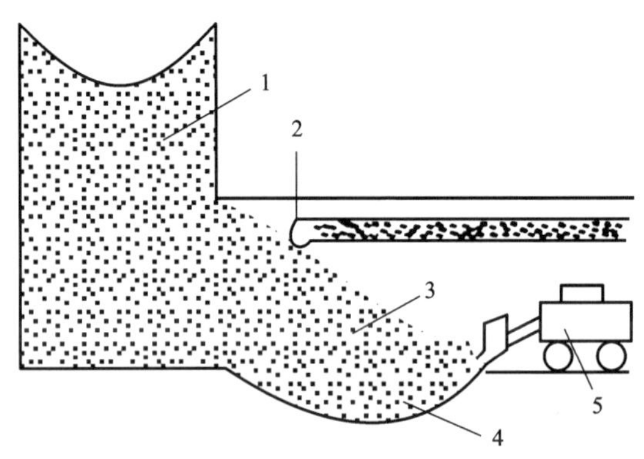

1—充填废石；2—水泥浆管道；3—混合充填料；4—蓄浆地槽；5—铲运机。

图 4-41 充填料自淋混合工艺示意图

充填料的自然混合除上述自淋混合外，在铲运机铲装、运输和卸入采空区充填的过程中均在进行混合，充填料一般无明显混合不均匀的现象。自然混合的胶结充填料完全能满足要求。充填碎石经水泥浆自淋混合，在采场不需脱水。

在分段回采巷道与采空区之间需构筑隔离墙。隔离墙的构筑：首先向采空区充填一定量的胶结充填料，用其堆筑高 1.0~1.5 m 的斜墙基，随着充填工作的进行，不断堆填矿石或废石，直至距顶板约 1.0 m，然后在其上构筑木挡墙或用块石堆砌挡墙。在回采装药爆破之前，需将用于堆填隔离墙的矿石或废石铲出，以形成爆破补偿空间。采场空区充填采用排土方式进行，铲运机平均运距为 70 m 时的充填效率为 142 m^3/(台·班)，充填料水泥单位耗量为 103.3 kg/m^3，充填作业成本为 53.45 元/m^3，充填体单轴抗压强度为 3.3 MPa。

(5)主要技术经济指标

该矿分段充填法的主要技术经济指标如下：

采场生产能力：204 t/d；

凿岩台车效率：40～50 m/(台・班)；

出矿设备效率：93～101 t/(台・班)；

充填台班效率：142 m^3/(台・班)；

损失率：14.13%；

贫化率：9.65%。

2)新城金矿上向分段充填法

新城金矿矿体赋存于焦家断裂带下盘黄铁绢英岩质碎裂岩中，断裂走向长约 20 km，宽 100～200 km，平均走向 NE400，倾向 NW，倾角 26°～30°，主要由碎裂岩、花岗岩碎裂岩等组成，沿断裂面发育有 10～20 cm 厚断层泥。其Ⅴ#矿体形态呈似层状，两翼明显具有分支、复合特点。矿体埋藏深，主要矿体分布在距地表 500～900 m 以下。矿体倾角较缓，平均为 40°，矿体存在分支复合现象，且矿岩界限不清。矿体上盘为焦家断裂带，有局部地段紧贴矿体，断裂带岩层破碎，很不稳固，揭露后极易垮落和失稳。矿体及下盘围岩稳固性差，稳定系数 f 为 6～8，顶板与侧帮允许暴露面积小。矿体厚度大，最大水平厚度为 120 m 以上，但矿体走向长度短，仅为 160～220 m。要满足 3700 t/d 的综合生产能力，要求生产能力大。地表不允许塌陷或发生较大的位移、形变。矿区水文地质条件简单。该矿有矿岩不够稳固的多条邻近的矿脉和中厚以上的矿体，采用分段充填采矿法开采。

(1)采场结构

盘区沿矿体走向划分，盘区长 60 m，高为 50 m，分段高度为 10 m。一个盘区由 4 个Ⅰ步采场、3 个Ⅱ步采场和 1 个临时矿柱(1 个Ⅱ步采场支撑 2 个Ⅰ步回采的工作面，矿柱用上向进路法回采)组成，采场垂直矿体走向布置。不留底柱，回采后在底板上构筑钢筋混凝土假底，上部留 3.0 m 的顶柱，待中段各采场回采结束后统一回采。新城金矿分段充填采矿法见图 4-42。

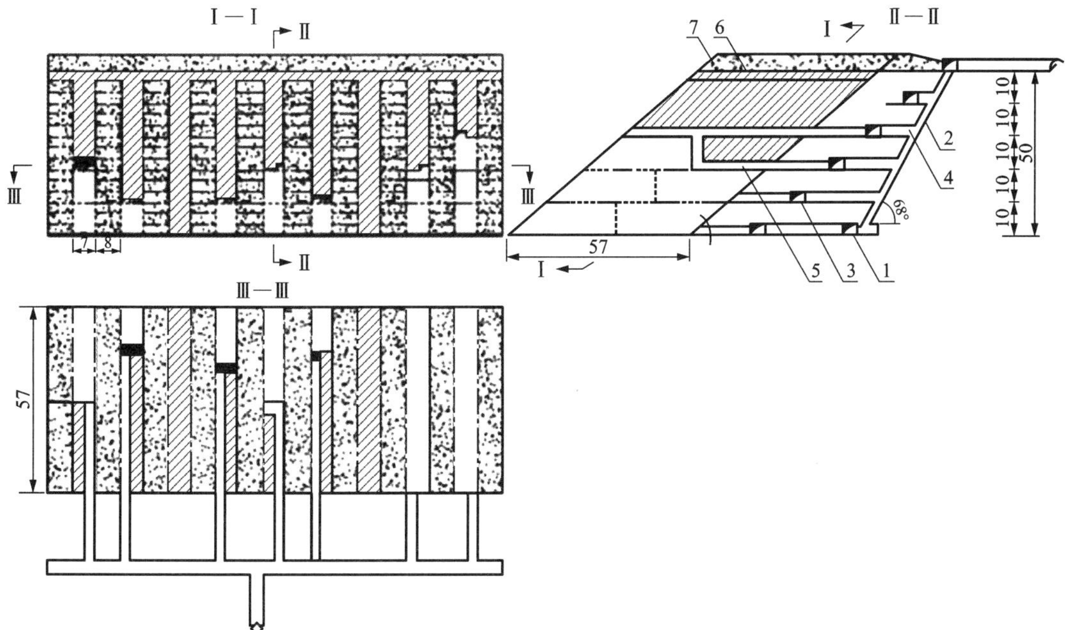

1—阶段运输巷道；2—溜矿井；3—分段运输平巷；4—溜井联络道；5—分段凿岩平巷；6—顶柱；7—人工假底。

图 4-42　新城金矿分段充填采矿法

(2)采准与切割

盘区采用下盘脉外分段平巷和集中出矿溜井的无轨采准系统。平行矿体下盘边界布置分段运输平巷，各分段运输平巷通过联络道与主斜坡道相通。采场分段联络道将分段运输平巷与采场相连，溜井联络道与中段集中出矿溜井相连，从而构成盘区下盘脉外无轨采准系统。

(3)回采

采场采用由矿体上盘向下盘后退的回采方式，盘区内采用“隔一采一”两步骤回采，临时矿柱则待两步骤采场回采充填完毕并且充填体养护达到设计强度后采用上向进路法开采。

凿岩采用 YGZ-90 型钻机，在分段凿岩平巷中钻凿上向扇形中深孔，孔径为 60~65 mm。拉槽中深孔凿岩参数为：排距 1.0~1.2 m，孔底距 2.0 m。回采中深孔凿岩参数为：排距 1.4 m，孔底距 2.2~2.4 m。使用粉状铵梯炸药，非电毫秒差导爆管起爆，每次爆破 3~4 排，采用后退式开采。

爆破后进行通风，新鲜风流由主斜坡道进入分段运输平巷，再从分段运输平巷通过分段凿岩巷道进入采场，清洗工作面后，污风经拉槽排到上分段凿岩巷道，再经回风斜井排至地表。采场爆破后，在爆堆上处理顶板松石，并进行喷锚支护。矿体顶板预控顶采用树脂锚杆+钢带+喷射混凝土+立柱的联合支护方式，采场上盘围岩采用树脂锚杆+悬挂钢丝网+喷射混凝土联合支护。采用芬兰 TamRock 公司的 Toro-250BD 柴油铲运机出矿。为充分发挥铲运机出矿效率，使用坑内运矿卡车，1 台铲运机配 3 台卡车。

(4)采场充填

充填之前，在分段回采巷道构筑充填挡墙，在上分段回采巷道进行充填，充填采用分级尾砂或河砂充填。充填料由地表制备站经管道自流直接输送至采空区。Ⅰ步采场采用胶结充填，Ⅱ步采场采用非胶结充填或低强度胶结充填。

(5)主要技术经济指标

新城金矿分段充填法主要技术经济指标如下：

采场生产能力：200~250 t/d；

凿岩台车效率：45 m/(台・班)；

出矿设备效率：266.6 t/(台・班)；

充填效率：90~110 m^3/h；

损失率：2%~5%；

贫化率：5%~8%。

3)布莱贝格铅锌矿分段充填法

该矿属于碳酸盐成矿作用产生的铅锌矿床，赋存于厚约 300 m 的三叠纪岩层中，分别有岩层接触带含矿、断层含矿、喀斯特类矿石和在沉积过程中形成的大型网状矿床矿石。矿化极为不均，品位高低不定。铅锌平均品位一般为 6%~8%。以方铅矿和闪锌矿的形式构成矿体。矿体赋存于由一种夹有泥质页岩自然分层的风化白云岩与卡尔迪塔白云石角砾岩构成的卡尔克岩块中。矿床在大范围内承受着强烈的地压，并存在多个断层。矿体的东北面边界和南面边界均由断层控制。脉石主要为碳酸盐类的方解石与白云石，局部有重晶石、萤石和石英。矿区构造地压大。矿岩均不稳固。矿体垂直延伸 270 m，平均水平面积约 5000 m^2。成矿类型多种多样，有层状矿体、管状矿体、角砾岩囊状矿体和多裂隙脉状矿体。矿岩稳定性条件也变化多样。

布莱贝格铅锌矿初期采用上向进路水砂充填采矿法回采，但顶板下沉较大，采场冒顶片帮严重，影响矿石回收指标和正常生产。因此，于20世纪70年代采用上向分段胶结充填采矿法，20世纪80年代采用下向分段胶结充填采矿法。较早实现了无轨机械化采矿和部分工序自动化作业，实现了无轨机械化运料胶结充填和最佳水灰比充填，大大改善了井下作业环境和作业条件，提高了生产效率和采矿强度，降低了充填成本和运输等成本，提高了回采质量和矿山经济效益。分段胶结充填法成为机械化程度高、生产能力大、作业安全可靠、充填质量高和采矿成本合理的一种高效率现代化采矿方法。

(1)上向分段胶结充填采矿法

①采场结构

采场垂直矿体走向布置，阶段高60 m，分段高10 m。沿矿体走向将矿体分成矿块，垂直走向的矿块边界由脉内平巷或矿体边界确定。在矿块内，进一步将矿体划分为宽4 m，最大长度30 m(即矿块宽度)，高10 m(即分段高度)的垂直分条作为独立的回采单元(图4-43)。

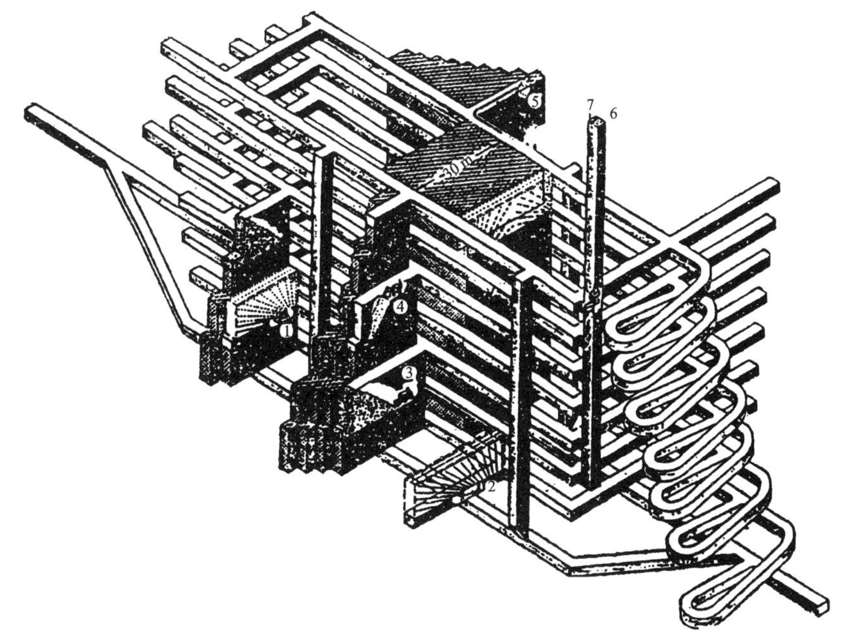

1—台车凿岩；2—台车装药；3—铲运机出矿；4—无轨运料充填；5—充填接顶；6—充填井；7—水泥浆输送管。

图4-43　布莱贝格铅锌矿上向分段胶结充填采矿法

②采准与切割

在矿体东端开掘一斜坡道，坡度20%，与各分段水平连通。斜坡道附近设一充填井和一废石井，在矿体中央各分段水平设一矿石溜井，沿矿体走向开掘两条相互平行、相距30 m的脉内平巷。

③回采工艺

回采单元在纵剖面图上呈梯状布置，并且工作单元之间至少相隔一个分段。从阶段的最下一个分段开始进行回采。每个中段只在最下一个分段水平拉底。拉底宽4 m，高2.5 m。

其上各分段中相应分条的回采将在充填采空区时预留的空间作为回采自由面。在应用分段充填法的初期，在一个分条内按4~6 m的回采步距退采。该分段充填采矿工艺成熟后，可在长30 m的分条内一次落矿、出矿和充填。

凿岩采用Bohler GTC-110Z双臂风动采矿钻车或AlimakBT121采矿台架。炮孔布置方式有平行孔和扇形孔两种，在拉底空间内钻凿平行孔。炮孔深度达到上分段顶板水平，孔径42 mm。采用铵油炸药爆破，导爆索和半秒雷管起爆，风力装药器装药。一次爆破量通常限制在5~6排孔内。炸药单耗一般为0.25 kg/t。

采场出矿用斗容为1.5 m^3的柴油铲运机。矿石运至矿体中央的矿石溜井内。出矿效率为150~200 t/(台·班)。为了保证出矿作业安全，不允许铲运机进入采空区超过5 m，以免矿岩冒落发生危险，余下约30%的矿岩量用遥控铲运机出矿。

④采场充填

在各分段顶部水平用3 m^2铲运机从充填井铲运碎石胶结充填混合料。经充填预留空间以前进式倾入采空区进行充填。一个分条采空区一次充完，在新鲜的碎石胶结充填体上面能行走载重铲机。

⑤主要技术经济指标

该矿上向分段充填法主要技术经济指标如下：

采矿强度：30万t/(7000 m^2·a)；

出矿设备效率：150~200 t/(台·班)；

充填效率：300 m^3/(台·班)；

损失率：<5%；

贫化率：<5%。

(2)下向分段胶结充填采矿法

为了提高采场生产能力和采场作业的安全性，考虑到矿岩不稳固但不存在构造地压的开采条件，在上向分段胶结充填采矿的基础上发展了下向分段胶结充填采矿法。该方法在胶结体顶板下作业，因而在原上向分段充填法的基础上加大了采场尺寸，减少了开拓工程量和提高了生产能力，同时也加大了巷道断面规格，因而可采用较大型的高效率采矿设备。

①采场结构

采场垂直矿体走向布置，阶段高60 m，分段高11 m，分段采场长30 m，宽6.6 m。分段采场垂直矿体布置，在截面图上呈倒梯形，上下采场相互嵌布，呈蜂窝状结构，即回采采场的充填进路嵌布于上分段已采采场回采进路的充填体之间，这种矿块结构比原上向分段充填法矿块结构的稳定性更好。

②采准与切割

在矿体东端开掘一斜坡道，坡度为20%，连通各分段沿脉平巷。斜坡道附近设一充填井和一废石井，矿体中央设一矿石溜井，沿矿体走向开掘两条相互平行，相距30 m的脉内平巷。采用Tamrock Monomatic HS 105c电液掘进台车开掘分段采场底部的回采进路和顶部的充填进路。

③回采

上分段的回采速度至少超前下分段一个采场，在一个分段内最多允许两个采场同时进行出矿或充填作业。而两个同时进行出矿或充填作业的采场至少相隔两个分段。

凿岩采用 Tamrock Mono H606S 电液采矿钻车或 Alimak BT121 风动采矿台架钻凿扇形炮孔。采用 ANFO 炸药崩矿，并尽可能地将矿石和夹石分开崩落。

采场出矿用 Schopf L72 铲运机，其出矿要求与原上向分段充填法的要求一样，铲运机不进采空区，余下矿石则由 912B 或 GHH-LF4 遥控铲运机运出。

④充填

出矿结束后，用铲运机运送贫混凝土从顶部充填巷道和采空区。充填巷道时由铲运机用贫混凝土以堆填方式充填一部分，最好用水砂充填接顶，由于采场呈蜂窝状结构，因此接顶要求并不严格。

20 世纪 90 年代采用高浓度全尾泵送胶结充填法作为主要充填方式。

⑤主要技术经济指标

该矿下向分段充填法主要技术经济指标如下：

采矿强度：4 万~5 万 t/(km^2·a)；

出矿效率：150~200 t/(台·班)；

充填效率：40 m^3/h；

损失率：<1%；

贫化率：<3%。

4.6　阶段充填采矿法

阶段充填采矿法是指用空场法回采矿房或间柱后及时用充填料一次充填采空区，以此支撑上下盘围岩或周围的充填体，为间柱或周围采场的回采创造条件的采矿方法。其回采工艺与相应空场法或留矿法基本一致，因此在许多文献中也称为阶段空场嗣后充填法。

关于该采矿法是否划入充填采矿法范畴的问题，国内外采矿界存有争议。通常认为从充填目的考虑，若充填是为处理采空区或外置固体废弃物，则为空场法，若为下一步骤相邻矿块或采场的回采则为充填法。

阶段充填采矿法具有空场采矿法采场生产能力大、劳动生产率高和其他充填采矿法损失贫化率低、能保护地表等特点，在国内外矿山得到较为广泛的应用，经济效益和社会效益显著。

4.6.1　主要特点

(1)应用条件

①矿岩中等以上稳固，能用空场法回采的厚大矿体。

②矿石价值高要求矿柱回采率高或需保护地表的矿床。

③矿房充填体自立性较好的间柱回采。

④多用于急倾斜中厚到极厚矿体和缓倾斜中厚以上矿体。

(2)方案特点

①兼有空场法生产能力大和充填法回收率高及保护地表的优点，克服了分层充填法繁杂的采充作业循环的缺点。

②多使用中深孔或深孔凿岩爆破，铲运机出矿，装备水平高，生产能力大。

③一次充填量大，有利于使用低标号岩石混凝土充填，成本低。

④回采与充填工作互不干扰，制约关系较分层、分段充填法少。

⑤矿石的损失、贫化率较分层、分段充填法高。

4.6.2 典型方案

阶段充填采矿法按照回采工艺不同，主要方案有：分段凿岩阶段空场嗣后充填法、大直径深孔阶段空场嗣后充填法、VCR 嗣后充填法、留矿采矿嗣后充填法、房柱采矿嗣后充填法等。

阶段充填采矿法的矿块或盘区结构主要是根据矿体赋存条件来确定，基本方案有沿矿体走向布置采场和垂直走向布置采场两种。

因矿体的厚度、倾角和采用的凿岩、出矿设备不同，阶段充填法各方案采场的构成要素相差较大。留矿采矿嗣后充填法和房柱采矿嗣后充填法与留矿法和房柱法无特殊差异，可参考相关章节。其他阶段充填法方案一般当矿体厚度小于 15 m 时，沿矿体走向布置采场；当矿体厚度大于 15 m 时，垂直矿体走向布置采场。

采场长度一般为 50 m 左右，采场高度则相差较大，VCR 嗣后充填法一般为 40~50 m，分段凿岩阶段空场嗣后充填法和大直径深孔阶段空场嗣后充填法，一般为 40~100 m，有的矿山矿体垂高就是采场的高度，最高的达 240 m。国内外采用阶段充填采矿法的部分矿山的采场构成要素见表 4-12。

表 4-12 国内外采用阶段充填采矿法部分矿山的采场构成要素

序号	矿山名称	回采方案	构成要素			布置方式
			高/m	长/m	宽/m	
1	(澳)Mount Isa 铜矿	分段凿岩阶段空场嗣后充填法	45~245	49	40	垂直走向布置
2	加拿大 Kidd Creek 1 号矿	分段凿岩阶段空场嗣后充填法	90	30	24	沿走向布置
5	龙桥铁矿	分段凿岩阶段空场嗣后充填法	50	85	40	沿走向布置
6	加拿大百年矿	VCR 嗣后充填法	50	35	18	沿走向布置
7	美国 Homcstake 金矿	VCR 嗣后充填法	46	61	31	沿走向布置
8	安庆铜矿	大直径深孔阶段空场嗣后充填法	120	28	30	垂直走向布置
9	图拉尔根铜镍矿	大直径深孔阶段空场嗣后充填法	50	矿体厚	30	垂直走向布置
10	红透山铜矿	大直径深孔阶段空场嗣后充填法	26	40	21	垂直走向布置
11	凡口铅锌矿	VCR 嗣后充填法	40	50	矿体厚	沿走向布置

4.6.3 采准与切割

1)采准方法

阶段充填法采准工程和阶段矿房法基本一致。分段凿岩阶段空场嗣后充填法的采准工程主要包括斜坡道、充填井、溜井、阶段运输巷、分段联络道、分段凿岩巷等。切割工程有拉底巷、切割天井、切割横巷等。大直径深孔阶段空场嗣后充填采矿法和 VCR 嗣后充填法的采准工程主要包括凿岩硐室、阶段运输巷、出矿进路、溜矿井等。

2) 底部结构

阶段充填采矿法出矿一般都使用铲运机，在此主要论述铲运机出矿采场底部结构，采场底部结构由集矿堑沟、出矿巷道、装矿进路、运输平巷、出矿溜井等构成。

(1) 集矿堑沟为连接装矿进路与上部采场的受矿结构，且平行于出矿巷道。

集矿堑沟在采场中的条数根据采场宽度确定，当采场宽度小于 20 m 时，采用单堑沟；当采场宽度大于 20 m 时，采用双堑沟。集矿堑沟的斜面倾角一般为 45°~55°。

(2) 出矿巷道为平行于连接集矿堑沟与装矿进路的巷道。当采场垂直矿体走向布置时，该巷道为穿脉巷道，且位于间柱中；当采场沿矿体走向布置时，该巷道沿矿体走向布置于矿体下盘或上盘围岩中。

(3) 装矿进路是连接出矿巷道与集矿堑沟的巷道。该巷道的布置与采场尺寸、铲运机的外形尺寸、矿岩的稳固程度和运输巷道的布置有关。装矿进路与出矿巷道的连接，可斜交，交角一般为 45°~50°。

装矿进路间距一般为 10~15 m。间距过小，不能保证出矿结构的稳定性；间距过大，进路间难于装运出的三角矿堆损失过大。因此，装矿进路支护后进路间距以采场底部总暴露面积不超过采场水平面积的 40%为宜。

铲运机在直线位置上铲装效率高，机械磨损小，因此，该巷道长度一般不小于设备长度与矿堆占用长度之和。

装矿进路布置形式与采场宽度有关，当采场宽度小于 12 m 时，采用单堑沟单侧装矿进路的布置形式；当采场宽度为 12~20 m 时，采用单堑沟双侧装矿进路的布置形式，一般两侧进路错开布置；当采场宽度大于 20 m 时，采用双堑沟双侧装矿进路的布置形式，两侧进路可对称布置，亦可错开布置。

(4) 运输平巷为与出矿巷道连接的巷道。当采场垂直矿体走向布置时，该巷道沿矿体走向布置于上、下盘围岩或矿体中；当采场沿矿体走向布置时，该巷道与出矿巷道合而为一。

(5) 出矿溜井可沿运输平巷或出矿巷道布置。当沿出矿巷道布置时，1 个采场设置 1 条；当沿运输平巷布置时，几个采场设置 1 条。其间距根据铲运机经济合理单程运距确定。

随着遥控铲运机的出现，发展了一种平底结构遥控铲运机出矿方式，它与出矿结构相似，装矿进路可单侧布置，也可双侧布置。但采场底部不开堑沟，而是按采场全宽拉底。一般在采场出矿到最后阶段，遥控铲运机从装矿进路进入采场空区中进行三角矿堆的装运，这种方式不仅简化了底部结构而且可减小损失。

3) 采切工程布置

留矿采矿和房柱采矿的嗣后充填法的采准切割工程与留矿法和房柱法基本相同。

分段凿岩阶段空场嗣后充填法、大直径深孔阶段空场嗣后充填法和 VCR 嗣后充填法的采准切割工作主要包括出矿系统、凿岩硐室(或分段巷道)、拉底巷道和切割天井(VCR 法没有)。

出矿一般使用铲运机，其底部结构基本相似，主要包括采区斜坡道、联络道、出矿巷道、装矿进路、拉底平巷等。根据采场大小不同，可布置成单侧或双侧装矿形式。

也有使用电耙出矿的底部结构，其工程参照空场法有关章节。

凿岩硐室的位置因采矿方案、凿岩设备、炮孔大小及布置形式不同而不同。分段凿岩阶段空场嗣后充填法的凿岩是在分段巷道内。大直径深孔阶段空场嗣后充填法和VCR嗣后充填法的凿岩硐室一般布置在采场的顶部，根据采场的尺寸和矿石稳固程度可布置成单巷、双巷、多巷或上下交错等多种形式。

分段巷道和凿岩硐室的规格一般视凿岩设备的型号不同而异。若用潜孔钻机凿岩，一般炮孔距硐室边不得小于0.7 m。凿岩硐室一般用锚杆金属网或喷浆加固。

拉底巷道完成后，一般用上向扇形中深孔拉底，拉底空间不小于一次崩矿量的35%。

4.6.4 回采

1)回采顺序

阶段充填法回采顺序通常为“隔一采一”两步骤、“隔二采一”三步骤或多步骤回采。

(1)“隔一采一”两步骤

两个采场为一组，一个采场回采充填结束后，再回采另一个采场。其主要特点如下。

①一步骤采场的回采是在二步骤采场支撑顶板压力下作业，安全性好。

②矿块布置多，生产能力较大。

③初期积压间柱矿量多，准备矿量增加，基建投资大。

④二步骤采场回采时，压力集中，地压管理相对复杂，损失贫化率增加。

该方案适用于矿山地压较小的厚矿体，如凡口铅锌矿、黄沙坪铅锌矿、柏坊铜矿、铜官山铜矿、加拿大伯伦斯威克(Brunswick)铅矿等矿山。

(2)“隔二采一”三步骤回采

3个采场为一组，一步骤回采完毕或超前一定距离后，可回采二步骤采场，三步骤采场需等相邻采场充填结束，充填体养护达到设计强度后回采。此方案的主要特点如下：同时回采的矿块数多，生产能力大；回采顺序较灵活；对厚大矿体回采时，地压管理和生产管理均较困难。

(3)多步骤回采

4个或多个采场为一组，每一步回采一个采场，每一采场回采时都有3个以上采场(包括达到强度要求的已充填采场)支撑顶板压力。此方案的主要特点如下：矿房、间柱作业条件相差不大，对间柱回采有利；能支撑较大的矿山压力；同时作业的矿块数少，生产能力受影响；准备矿量增加，基建投资大。

该方案适合于矿山压力大、矿岩稳固性稍差的厚大富矿床的回采，如哈萨克斯坦捷克利铅锌矿、Mount Isa矿100号铜矿体、Kidd Creek矿。

2)凿岩方式

凿岩工作是在分段巷道或凿岩硐室内钻凿垂直、倾斜或扇形(环形)炮孔。目前多用ROC306、promec M177和CKQ150等潜孔钻机，考虑钻孔偏斜率和凿岩效率，一般孔径为115~165 mm，孔深小于70 m，钻机偏斜率可控制在1%以内。使用牙轮钻的矿山一般采用美国的11D、11MD和12MD型牙轮钻，钻凿ϕ200 mm、深120 m的炮孔。

VCR嗣后充填法一般采用垂直平行大孔，有时也采用倾斜平行、扇形孔。大直径深孔与中深孔相比具有如下优点：凿岩深度大，能量消耗小；炮孔质量好，不易受岩层移动的影响而报废；凿岩成本低；采准工程量少；装药效率高，爆破质量好。

3)爆破方法

VCR 嗣后充填法采场一般采用密度为 1.3～1.5 g/cm^3，爆速为 4000～5000 m/s 的高威力、低感度有足够稠度的球状特制炸药(长径比<7)爆破，在高硫矿床中不使用铝敏化炸药。

VCR 嗣后充填法采场的爆破程序如下。

①测孔，主要测孔深、偏斜和补偿空间高度。

②堵孔，根据炮孔倾角和类似岩石中的小型漏斗爆破试验结果，确定堵孔深度。通常有圆盘式木塞堵孔法、木楔堵孔法、方木块堵孔法、泥烧塞子与胶皮垫堵孔法、混凝土塞子和碗形胶皮垫堵孔法。国内均使用胶皮垫混凝土塞子堵孔法。

③装药，采用人工卷装球状药包，一般每个药包炸药量介于 20 kg 至 35 kg 之间。装填 3 个药包。超爆药包布置在中间，用导爆索起爆。

④堵塞，是减少炮孔堵塞和后冲的一种重要方法。通常用细砂，也有用水袋、岩粉袋、岩粉、碎石等。

VCR 法单层爆破起爆原则一般为：先起爆靠近采场中心的炮孔；先起爆较低顶板区的炮孔；先起爆靠近地质构造破坏的炮孔；最后起爆边孔，还应根据放矿空间位置改变起爆顺序。

VCR 嗣后充填法采场有时为了降低采矿成本，采用球状药包开切割槽，柱状药包崩矿的球-柱药包联合爆破方案。切割槽的形成通常有 VCR 法提前拉切割槽方案、上(下)盘微差超前爆破切割槽方案及中央微差超前爆破切割槽方案 3 种。

中深孔爆破、浅孔爆破参照相关章节。

分段凿岩阶段空场嗣后充填法和大直径深孔阶段空场嗣后充填法一般采用成本低廉的铵油炸药，以柱状药包形式进行侧向爆破，药包长度一般为 12～17 m，每段炸药量不超过 300 kg。

4)采场通风

分段凿岩阶段空场嗣后充填法主要通风方式为：新鲜风流→中段运输平巷→穿脉运输巷→各分段凿岩巷→采场工作面→上中段回风巷。

大直径深孔阶段空场嗣后充填法、VCR 嗣后充填法主要通风方式为：新鲜风流→中段运输平巷→穿脉运输巷→出矿进路→采场工作面→上中段回风巷。

5)采场出矿

出矿一般都使用铲运机。VCR 法的出矿步骤类似留矿法，即每分层(分条)爆破后，放出一次崩矿量的 30%～40%，以形成下分层(分条)爆破的补偿空间，最后一分层(条)爆破后，整个采场一次出矿完毕。其他阶段充填法的出矿方式与相对应空场法基本一致。出矿效率受铲运机规格影响较大，凡口铅锌矿使用 LF4.1 型(斗容为 2 m^3)铲运机出矿，大量出矿时出矿效率平均为 500～700 t/d，减少了大量出矿后的残矿损失。目前多使用遥控铲运机清底，效果较好。

使用电耙出矿时，参照空场法有关章节。

4.6.5　采场充填

1)采场充填方式

阶段充填法充填的特点是一次充填量大，有条件采用高效率的充填方式；为相邻采场提供支撑或开采环境的充填体必须具有足够的强度和自立高度，以保证间柱回采的安全和回采过程中不因充填体的塌落造成损失贫化率增大。

采场充填前需做充填准备工作，主要包括构筑充填挡墙、架设密闭挡墙、设置滤水设施等，要做好采场的密闭工作，使整个采场在充填高度内与外界一切井巷隔开，以防止充填料的流失污染。

一般在采场挡墙内安装滤水设施进行脱水，没有安全门的挡墙，一般预留(埋)滤水管，滤水管采用波纹管或钢管，其上钻有小孔，包上麻布或滤布进行过滤脱水；设有安全门的挡墙，滤水管安在安全门上；有条件的矿山，还可利用钻孔作溢流脱水。

密闭隔墙及滤水设施检查合格后，即可开始充填。首先进行试充，未发现密闭工程有泄漏时，方可正式充填。

采场充填为分期充填，为防止发生跑浆事故，减少充填体对隔墙的压力，一般先充5～7 m胶结料，或相应的非胶结料，待初凝或脱水以后，再依次充填，直至采场充满为止。

为了提高充填的质量，要考虑采场的几何形状，充填料的入口位置。采场长度不长时，一般来说把充填井(钻孔)布置在采场中间。

采用废石胶结充填时，往往采用定点式充填采空区。一般地，从采场上部开掘采场充填井，将充填水平与采空区连通，充填料通过充填井定点充入采场。充填料的充入方式则取决于充填井的倾角，有采用垂直充填井和斜充填井的两种充入方式。采用垂直充填井时，充填料垂直落入采空区，浆料与废石料分布均匀，不会在充填料下落到采场的过程中造成很明显的充填料分级。当采用斜充填井进行采场充填时，充填井倾角一般应大于55°，尤其要考虑斜充填井的抛物作用造成的粗细物料的分级效应。采场中充填料下料点的位置与数量，对采场充填体质量，尤其是充填接顶质量影响较大，在进行充填井设计时应重点考虑该影响因素。为了获得满意的废石胶结充填体质量，要求对每道工序均严格把关。在工业应用中累积的保障措施有：选用含泥量低的废石原料；控制充填混合料的含水率，根据废石集料的含水率调节水泥浆的实际浓度，使充填混合料的含水率满足设计要求；工业生产期间要求每个季度取样检测废石集料级配，每个工作班均应测定废石集料的含水率，每半个小时进行一次水泥浆浓度检测，当取样检验结果与规定指标不符时及时调整有关参数；定期测定充填混合料试块的单轴抗压强度，发现不符合设计要求时，及时分析原因；及时观测废石胶结充填料的混合质量。

2)充填挡墙构筑

充填挡墙用于密闭采场，使整个采场与外界一切井巷隔开，以防止充填料的流失污染。挡墙构筑主要考虑以下3个方面：构筑位置、挡墙种类、挡墙制作方法。

选择挡墙位置时，主要考虑以下因素：岩石稳固的地方；挡墙承受充填体压力最小的地方；以数量最少的挡墙达到预期目的。

一般当采场底部采用电耙时，挡墙筑在电耙道内；采用放矿漏斗出矿而底柱岩石较好时，挡墙可筑在每一个放矿漏斗的颈部。当放矿漏斗的底柱已破坏时，挡墙可筑在放矿漏斗和运输平巷的连接处。采用铲运机出矿的底部结构时，挡墙设在每条装矿进路内，采用分段凿岩阶段空场嗣后充填法的分段巷道内也需设挡墙，挡墙距采场边界的距离至少为3 m。

当充填料为流体时，挡墙所受的压力与充填高度成正比关系，但当充填料达到一定高度时，砂水分离或下面的胶结料已初凝，则挡墙所受压力变化不大。锡矿山的实测表明，砂柱高小于 6 m 时，压力值增加甚微；Mount Isa 铜矿的经验是，若某些采场底部面积较窄，充填水平上升较快，也许要安装双倍厚度的挡墙。故各矿山按自己的经验，采用了各种不同形式的挡墙，主要有：砖或混凝土块砌筑的挡墙；两侧为混凝土预制块，中间为尾砂胶结料的挡墙；现浇混凝土挡墙；钢筋混凝土挡墙。

制作挡墙应注意的事项有：把底板吹净见到硬底，砌砖挡墙需浇灌混凝土基础，安装销钉（固定墙的锚杆）；现浇混凝土挡墙需架设模板；砌筑或者浇灌挡墙，有的需留安全通风口；砖挡墙两侧及与巷道接触周边抹水泥砂浆，防止跑浆；安装滤水设施；为防止充填料从间柱或围岩裂缝中泄漏，有时需要向挡墙附近破碎严重的岩层喷射混凝土。

4.6.6　应用实例

1）图拉尔根铜镍矿大直径深孔阶段空场嗣后充填法

图拉尔根铜镍矿矿体位于基性-超基性杂岩体内，赋矿岩石为角闪橄榄岩，矿床属于与基性-超基性岩浆有关的岩浆熔离型、贯入型的 Cu、Ni 矿床，岩控特征明显。矿体产于一号基性-超基性杂岩体内，矿体产状 124°∠68°~74°，厚度为 5~40 m。矿体沿倾向及走向总体表现为品位变富，厚度变大。沿走向矿体总体表现出以下特点：在埋藏深度上，东浅西深；在矿体厚度上，东薄（甚至尖灭）西厚；矿体倾角东缓西陡。矿体、围岩为稳固到中等稳固，地表允许崩落。

该方法把矿块规则地划分为一步骤采场与二步骤采场，采用大直径深孔侧向崩矿技术回采一步骤采场，充填一步骤采场后回采二步骤采场，采用分段凿岩阶段嗣后充填法回采二步骤采场。该方案的标准方案图如图 4-44 所示。

（1）采场结构参数

当矿体厚度大于 20 m 时，矿块垂直矿体走向布置，每隔 35 m 划分一矿块，每隔 20 m、15 m 划分第一、二步骤采场。第一步骤采场采用大直径深孔回采，第二步骤采场采用分段凿岩中深孔回采。一步骤回采完毕后，充填采空区，然后开始二步骤采场回采，回采完毕充填采空区。当矿体厚度小于 20 m 时，根据矿体变化情况，可沿走向布置。

（2）采准切割工艺

采准工程主要包括分段巷道、出矿穿脉、装矿进路、出矿溜井、凿岩硐室、联络道。中段出矿巷道布置在矿体脉外，从中段出矿巷道向矿体内掘进出矿穿脉，装矿进路在出矿穿脉中每隔 10 m 以 45°角掘到采场拉底巷道，采用堑沟底部结构。

（3）回采工艺

①凿岩工艺

中深孔采用 YGZ-90 钻机施工。在拉底巷道内施工上向扇形中深孔，孔深约 12 m。深孔采用国产 T-150 潜孔钻机凿岩。在硐室内钻凿下向平行炮孔，钻孔直径为 120 mm，孔深约 50 m。炮孔排距 2.7~3.0 m，孔距 3.5~5.0 m，边孔距 0.5 m。

②爆破工艺

采场爆破采用全孔侧向崩矿工艺，其主要工艺过程为：切割横巷、切割井布置在矿体下盘，切割横巷由拉底巷道至采场边界拉开，切割井从拉底巷道与凿岩巷道贯通。切割槽布置在矿体下盘边界，分上下两部分分别形成，上部的大直径回采切割槽采用平行大直径深孔分段侧向爆破形成，而下部的拉底堑沟切割槽则通过布置于切割横巷的上向平行中深孔爆破形

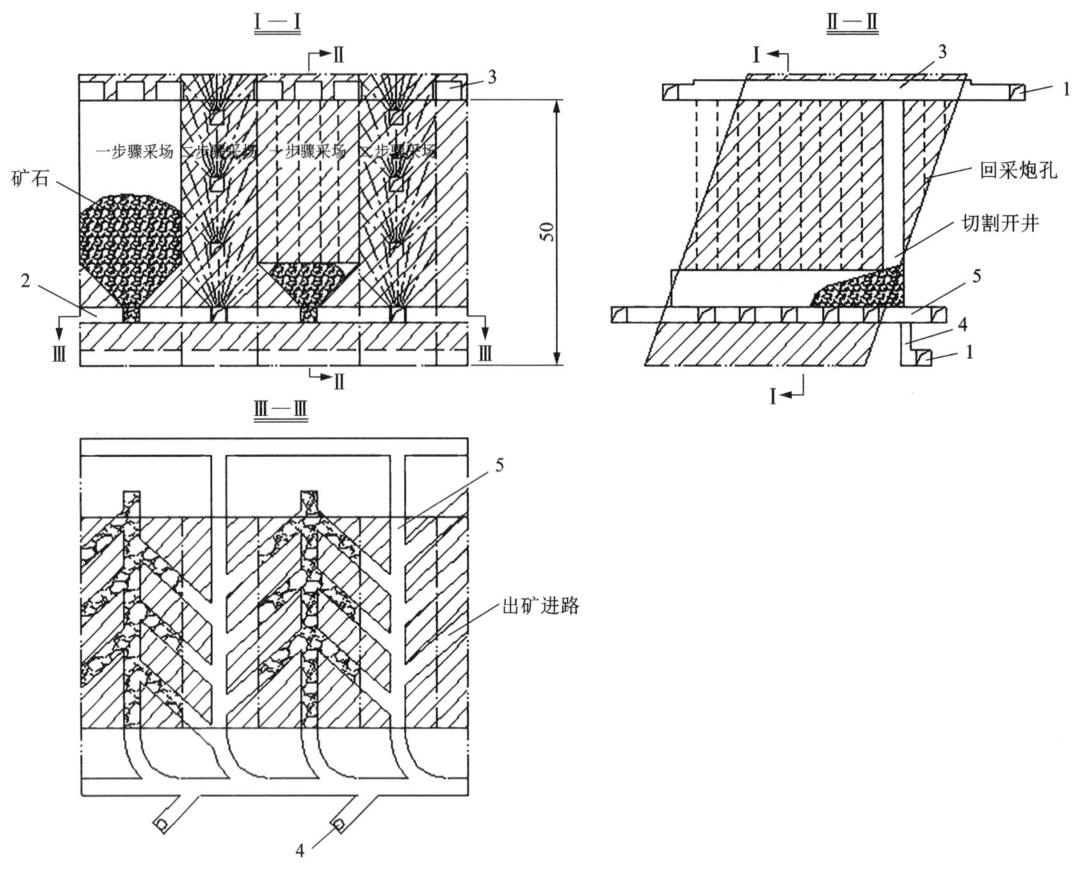

1—中段运输巷；2—装矿进路；3—凿岩硐室；4—出矿溜井；5—出矿穿脉。

图 4-44 大直径深孔阶段空场嗣后充填法方案图

成，可利用该切割槽通过布置在拉底巷的上向扇形中深孔侧向崩矿形成堑沟拉底。

③采场出矿

回采崩落下来的矿石，通过采场底部的集矿堑沟溜到装矿进路，用斗容为 2.0 m^3 的柴油铲运机将矿石运出。

(4)采场充填

采场出矿完毕，在该采场装矿进路、穿脉巷、凿岩硐室联络巷内砌筑充填挡墙，挡墙采用混凝土空心砖砌筑。充填料浆由管道输送至凿岩硐室联络巷进入采空区，充填采场。充填工艺为全尾砂胶结充填，充填骨料为全尾砂，胶凝剂为 P. O 42.5 水泥，料浆在地表制备后自流输送至采场。一步骤采场底部 10 m 灰砂比为 1∶6，10 m 以上上部灰砂比为 1∶10，二步骤采场灰砂比为 1∶15，充填浓度为 70%~74%。

(5)主要技术经济指标

单个矿块总矿量 Q：251742 t；

采切比：6.8 m/kt；

损失率：20%；

贫化率：10%；

矿块综合生产能力：500 t/d。

2) Mount Isa 铜矿大直径深孔阶段空场嗣后充填法

该矿床走向南北长约 4 km，垂直延伸 1700 余米。北部主要为铅锌矿体，南部为铜矿体。1100 号铜矿体为一特大型矿体。矿体顶部距地表约 600 m，走向长近 2500 m，延深约 300 m，厚度一般为 300 m，最大达 370 m，铜品位大于 3%，矿石储量近 1 亿吨。矿石围岩边界清楚，成矿岩石主要为硅化白云岩所组成的 Urguhart 层状页岩。其直接顶底盘亦为此种岩石所组成。其抗压强度为 150~250 MPa，但在断层附近比较弱。

Mount Isa 铜矿一般矿房采用分段凿岩阶段空场嗣后充填法回采，间柱采用阶段空场嗣后充填法回采，见图 4-45。

(1) 采场结构参数

因 1100 号铜矿体十分厚大，采用沿矿体走向和垂直走向方向划分网格状矿房和间柱的布置方案。矿房南北宽为 38~40 m，东西长为 49 m，垂直高度为 45~245 m。东西方向间柱宽为 37~40 m。条带状矿柱，南北宽 27~40 m。

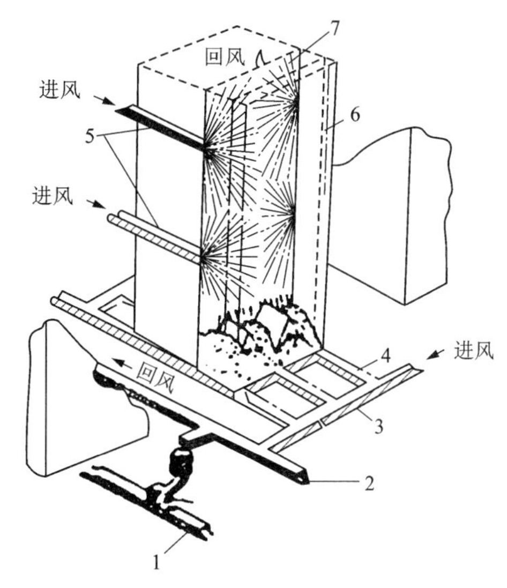

1—阶段运输巷；2—联络道；3—出矿巷；4—装矿进路；5—分段巷道；6—切割天井；7—炮孔。

图 4-45　Mount Isa 铜矿大直径深孔阶段空场嗣后充填法

(2) 采准切割工程

采准切割工作主要包括放矿巷道、出矿进路、联络道、溜矿井、凿岩巷道、切割拉底巷道、切割天井等。切割天井一般先采用 Robbins61R 天井钻机钻凿，其直径为 1.8 m。然后用深孔爆破扩至采场全宽。拉底采用 ϕ70 mm 的扇形炮孔爆破形成。

(3) 回采工艺

凿岩一般用 PR 123 型和 DH123 型钻机钻凿 ϕ57 mm 上向扇形炮孔和 ϕ114 mm 的下向扇形炮孔。炮孔最小抵抗线为 1.8~2.4 m。也可用潜孔钻机凿 ϕ100~165 mm、深 70 m 的炮孔和用牙轮钻凿 ϕ200 mm、深 120 m 的大孔等。

炸药一般使用铵油炸药，也可使用浆状炸药或铝铵油炸药。柱状药包长 12~17 m，分段装药量控制在 300 kg 以内。出矿采用斗容为 3.8 m^3 或 6 m^3 的铲运机。溜矿井距装矿点的距离一般为 15~120 m。

(4) 采场充填

充填之前，砌筑 460 mm 厚的挡墙。再用含水泥 3%、含炉渣 6%(相当于 6%~8%的水泥)的废石胶结充填，充填料在充填水平由皮带运输；水泥砂浆通过钻孔、管道在采场下料口与废石自行混合。

(5) 主要技术经济指标

由于采、出、充实现了高度机械化，生产能力相当大，1100 号铜矿体产量为 400 万~

500 万 t/a。采场综合生产能力：小采场约 1200 t/d，大采场约 3000 t/d。

参考文献

[1] 采矿手册编辑委员会. 采矿手册 第 2 卷[M]. 北京：冶金工业出版社，1990.
[2] 于润仓. 采矿工程师手册：下册[M]. 北京：冶金工业出版社，2009.
[3] 周爱民. 难采矿床地下开采理论与技术[M]. 北京：冶金工业出版社，2015.
[4] 李强，李向东. 阶段全孔落矿高效回采技术研究[J]. 矿业研究与开发，2016，36(10)：1-5.
[5] 李向东，周益龙. 深井卸荷开采技术研究[J]. 矿业研究与开发，2006(S1)：19-22.
[6] 江飞飞，李向东，张融江，等. 基于 3DEC 的两步骤空场嗣后充填采场结构参数优化[J]. 地下空间与工程学报，2016，12(S2)：805-810.
[7] 张宝，刘涛，李向东，等. 上向水平分层充填法试验盘区回采顺序数值模拟研究[J]. 矿业研究与开发，2016，36(10)：11-15.
[8] 江飞飞，李向东，万兵，等. 盘区二步骤采场嗣后胶结充填对岩层移动影响分析[J]. 矿业研究与开发，2016，36(10)：94-98.
[9] 邓高岭，郑伯坤，李向东. 井下充填挡墙构筑技术研究[J]. 采矿技术，2018，18(1)：26-30.
[10] 郑伯坤，李强，李向东. 图拉尔根铜镍矿充填工艺研究[J]. 矿业研究与开发，2013，33(1)：1-4，37.
[11] 郑伯坤，邓高岭，李向东. 大店沟金矿充填工艺方案论证[J]. 采矿技术，2018，18(1)：13-16.
[12] 李强，邓代强，李向东. 深井充填材料力学特性影响因素分析[J]. 现代矿业，2015，31(7)：47-48.
[13] 李学锋，李向东，周爱民. 凡口铅锌矿深部矿体开采顺序研究[J]. 金属矿山，2004(12)：12-14，18.
[14] 钟杰，盛佳，王亚军，等. 二步骤采场机械化上向高分层充填采矿法研究[J]. 矿业研究与开发，2018，38(12)：1-5.
[15] 郭析兴，李向东. 上向进路胶结充填法的工艺改进[J]. 矿业研究与开发，2000(6)：3-5.
[16] 柳小胜. 中国铁矿床充填采矿实践[J]. 矿业研究与开发，2012，32(6)：7-9.
[17] 李芹涛，盛佳，褚洪涛. 两步骤分段空场胶结充填采场结构参数优化[J]. 黄金，2017，38(11)：38-42.
[18] 顾生春，李永辉. 全尾砂上向水平分层胶结充填采矿法在哈图金矿的生产及应用[J]. 湖南有色金属，2018，34(2)：1-3.
[19] 卢霞，周益龙，江飞飞，等. 凡口铅锌矿机械化分段凿岩分段充填法试验研究[J]. 采矿技术，2016，16(2)：10-13.
[20] 魏晓明，李长洪，张立新，等. 高阶段嗣后胶结充填体配比参数设计及工程优化[J]. 采矿与安全工程学报，2017，34(3)：580-586，593.
[21] 徐文彬，宋卫东，谭玉叶，等. 金属矿山阶段嗣后充填采场空区破坏机理[J]. 煤炭学报，2012，37(S1)：53-58.
[22] 汪海萍，宋卫东，张兴才，等. 大冶铁矿浅孔留矿嗣后胶结充填挡墙设计[J]. 有色金属(矿山部分)，2014，66(5)：14-18，26.
[23] 赵长政，王贻明，徐恒，等. 某锡矿缓倾斜中厚矿体的分段空场嗣后充填采矿法[J]. 金属矿山，2017(1)：20-24.
[24] 汪海萍，宋卫东，张兴才，等. 大冶铁矿分段凿岩阶段空场嗣后胶结充填法工程实践[J]. 矿业研究与开发，2015，35(5)：26-29.
[25] 杨志强，高谦，蔡美峰，等. 我国大型贫铁矿充填法开采关键技术与发展方向[J]. 矿业工程研究，2015，30(1)：38-45.
[26] 徐恒，王贻明，艾纯明，等. 顶板破碎富水矿山的机械化上向水平分层充填采矿法[J]. 金属矿山，2015

(3)：32-35.
[27] 蔡美峰，薛鼎龙，任奋华. 金属矿深部开采现状与发展战略[J]. 工程科学学报，2019，41(4)：417-426.
[28] 韩斌，吴建勋，王鹏，等. 大直径深孔崩矿嗣后充填采矿法应用研究[J]. 金属矿山，2014(6)：16-20.
[29] 戚伟，曹帅，宋卫东. 中深孔嗣后废石充填采矿法在急倾斜薄矿脉开采中的试验应用[J]. 黄金，2017，38(2)：30-33.
[30] 王小宁，蔡嗣经，覃星朗. 新疆某金矿分段充填法采场结构参数优化[J]. 矿业研究与开发，2018，38(3)：1-5.
[31] 董璐，高谦，李茂辉，等. 阶段嗣后充填采矿设计优化研究[J]. 矿业研究与开发，2014，34(3)：4-7.
[32] 李夕兵，刘冰. 硬岩矿山充填开采现状评述与探索[J]. 黄金科学技术，2018，26(4)：492-502.
[33] 王贤来，姚维信，王虎，等. 矿山废石全尾砂充填研究现状与发展趋势[J]. 中国矿业，2011，20(9)：76-79.
[34] 原广武，李杰林，张兴生. 分段空场嗣后充填采矿法安全高效开采工艺实践[J]. 有色金属(矿山部分)，2015，67(1)：15-18.
[35] 唐礼忠，邓丽凡，蒯英骅. 分段空场嗣后充填采矿法采场结构参数优化研究[J]. 黄金科学技术，2016，24(2)：8-13.
[36] 王新民，鄢德波，柯愈贤，等. 人工砼柱置换残留矿柱采场结构参数优化[J]. 广西大学学报(自然科学版)，2012，37(5)：985-989.
[37] 王建，贾明涛，陈忠强. 大型机械化水平分层充填采矿法在某金矿的应用[J]. 有色金属(矿山部分)，2013，65(5)：7-10.
[38] 杨坚，尹土兵，刘科伟，等. 全尾砂胶结充填体强度影响因素响应面法研究[J]. 中国安全科学学报，2017，27(12)：103-109.
[39] 胡勇，江飞飞，帅金山，等. 堑沟底部结构超前回采及其重构技术研究[J]. 矿业研究与开发，2017，37(1)：1-5.
[40] 陈五九，刘发平，张钦礼，等. 预控顶上向进路充填法在白象山铁矿的应用[J]. 现代矿业，2016，32(9)：59-62.
[41] 邓良. 凤凰山银矿急倾斜破碎不稳固薄矿体开采技术研究[D]. 长沙：中南大学，2011.
[42] 袁勇，李威，卢俊华. 三山岛金矿深部采场的充填与支护技术[J]. 矿业研究与开发，2012，32(2)：12-14，54.
[43] 刘殿华，吴贤振. 全尾砂充填技术的应用与发展[J]. 世界有色金属，2012(8)：44-45.
[44] 饶运章，张中亚，邵亚建. 菱形矿块分段空场嗣后充填法在某矿的应用[J]. 矿业研究与开发，2016，36(9)：4-6.
[45] 邱宇. 碎石充填注浆法回采底柱试验研究[D]. 赣州：江西理工大学，2011.
[46] 杨小聪，杨志强，解联库，等. 地下金属矿山新型无矿柱连续开采方法试验研究[J]. 金属矿山，2013(7)：35-37.
[47] 周磊，王湖鑫，蔡桂生，等. 兴隆磷矿两步骤回采嗣后充填采矿方法应用实践[J]. 中国矿业，2014，23(S2)：182-184.
[48] 郑磊. 难采铁矿全尾砂充填采矿技术研究与应用[J]. 中国矿业，2012，21(S1)：278-280.
[49] 刘保平，郑磊，余斌，等. 赵案庄难采矿体全尾砂充填采矿技术研究及应用[J]. 有色金属(矿山部分)，2012，64(1)：17-19，58.
[50] 董凯程，解联库，冯盼学，等. 地下残矿高效回采技术研究[J]. 有色金属工程，2015，5(S1)：5-7，12.
[51] 姚维信. 矿山粗骨料高浓度充填理论研究与应用[D]. 昆明：昆明理工大学，2011.
[52] 陈偶，乔登攀，张国龙，等. 现代矿山充填采矿法浅析[J]. 矿冶，2013，22(3)：30-32，35.

[53] 龚新华，侯克鹏，孙健. 人工假底在金属矿山的应用现状及展望[J]. 中国钨业，2014，29(1)：21-24.
[54] 周高明，李克钢，玉拾昭，等. 毛坪铅锌矿下向分层进路胶结充填采场结构参数优化[J]. 金属矿山，2015(1)：39-42.
[55] 王俊，乔登攀，韩润生，等. 阶段空场嗣后充填胶结体强度模型及应用[J]. 岩土力学，2019，40(3)：1105-1112.
[56] 贾海波，任凤玉，丁航行，等. 内蒙古某矿山采空区充填隔离挡墙设计[J]. 中国矿业，2018，27(1)：115-118.
[57] 徐帅，张月侠，李元辉，等. 矿山快捷组合式充填挡墙装置的研发[J]. 金属矿山，2015(1)：1-5.
[58] 岳润芳. 特大型地下充填采矿示范矿山的建设[J]. 金属矿山，2014(4)：1-5.
[59] 贾海波，任凤玉，丁航行，等. 某银多金属矿采空区综合治理方法[J]. 金属矿山，2018(2)：41-45.
[60] 邱景平，辛国帅，张世玉，等. 特大型地下矿山胶结充填采场结构参数优化[J]. 金属矿山，2013(4)：1-3，28.
[61] 邱景平，郭镇邦，陈聪，等. 上向进路充填采矿法充填体强度设计[J]. 中国矿业，2018，27(11)：104-108.
[62] 刘育明，马俊生，郭雷，等. 国外深井充填法矿山开采技术综述[J]. 中国矿山工程，2018，47(6)：1-6.
[63] 段文权，夏长念. 深井强化开采空场嗣后充填采矿技术探讨[J]. 有色金属设计，2017，44(4)：7-9.
[64] 王志远，朱瑞军. 深井大规模充填采矿法选择[J]. 中国矿山工程，2015，44(2)：65-67.

第 5 章 矿山充填

5.1 概述

矿山充填是在矿床开采过程中，以满足采矿工艺、地压管理和绿色开采要求为目标，实现采空区充填的一道作业工序。

早期的矿山充填只是作为采矿工艺或采空区处理的一道工序，主要是为了达到工艺目标或经济目标，如在复杂难采条件下能有效地回采矿产资源，在高品质矿床条件下使矿山获得更好的经济效益。当前的矿山充填，不仅要充分利用矿山固体废物用于矿山充填，还要满足绿色开采要求。并以矿山充填作为保护矿区环境、消除安全隐患、提高资源利用率、实现固体废物资源化的有效手段，促进采矿工业与资源、环境的协调发展。

5.1.1 矿山充填的功能与特点

1）矿山充填的功能

矿山充填的主要功能可归纳为 5 个方面：管理矿山地压、构筑采场结构、充分回采资源、保护矿区生态、保障矿山安全。

（1）管理矿山地压

管理矿山地压包括：

①管理采场地压：充填体为矿柱、围岩提供围压，提高矿柱与采场围岩的支撑能力；胶结充填体作为人工矿柱承载采场应力。

②管理区域地压：通过充填体的整体作用，承载开采区域的地应力。

③抑制上覆岩层移动：采空区充填体有效地抑制了上覆岩层的移动与变形，避免矿区地表发生塌陷。

（2）构筑采场结构

构筑采场结构包括：

①构筑采场底板提供采矿作业平台，主要在上向充填采矿法中体现。

②构筑采场顶板创造采矿作业条件，主要在下向充填采矿法中体现。

③构筑采场帮壁维护采场稳定，在各种充填采矿方法中均得到体现。

(3)充分回采资源

充分回采资源包括：

①矿岩不稳固的难采矿床必须采用充填采矿法方可实现安全回采。

②环境难采矿床，如高应力矿床、高温矿床、富含水矿床、水下矿床或开采区内有重要建筑物、生态资源需要保护的开采环境，需通过矿山充填管理地压和重构采矿环境才能进行正常开采。

③矿体形态难采矿床，如形态变化大或产状复杂的矿体，需要充填体构建采场结构才能充分回采矿石。

(4)保护矿区生态

采矿活动往往向环境排放废弃物，污染环境和破坏生态，易造成上覆岩层错动乃至地表塌陷，导致地下水系和地表植被受到破坏。矿山充填一方面采用矿山尾砂、废石和其他矿山尾废作为充填材料，大宗量资源化利用矿山固体废物，达到大量减少废物排放量的目标；另一方面通过充填体有效控制上覆岩层移动，最大限度地减少矿区环境的破坏。

(5)保障矿山安全

采空区被充填后，可消除大面积地压灾害隐患源。大宗量利用尾矿和废石作为充填集料，能显著减少尾矿库库容和废石堆场容量，甚至可取消尾矿库和废石堆场。因而，可减少乃至消除地下采空区、地表尾矿库和废石场引发的大面积地压、尾矿库溃坝和废石堆泥石流等重大灾害。

2)矿山充填的特点

矿山充填的特点如下。

(1)不同的采矿方法对充填体的作用均有不同要求，因而对充填体力学性能的要求随着采矿方法的不同而不一样。

(2)充填料制造成本与矿山效益的相关性很大，一般会因地制宜地选取廉价充填集料，因而集料的种类和配比呈现多样性。

(3)充填集料的多样性导致制备与输送工艺的可选范围大，需要结合制造成本、充填体强度指标以及集料性能等多因素综合确定。

(4)充填体的水泥用量不饱和，且集料级配、充填体强度要求、充填料混合与输送工艺呈多样性，因而水泥的单耗量往往不是一个标准量，必须根据这些条件综合确定。

5.1.2 矿山充填的发展

1)最新发展

近期来，国内外均致力于研究开发高效低耗的充填技术，在充填材料、充填工艺和充填体力学性能研究等方面取得了长足进步。

最新的充填材料成果为可完全取代水泥胶凝材料的替代材料，主要包括矿渣胶凝材料、赤泥胶凝材料以及胶凝辅助材料等。

充填工艺的主要成果包括结构流全尾砂胶结充填工艺及装备、膏体泵送充填工艺与装备、废石胶结充填工艺与装备以及其他固废胶结充填技术等。

充填体力学性能研究方面的成果主要体现在揭示充填体作用机理、确定胶结充填体强度的方法等方面。

2)矿山充填新理念

当代矿山充填已不只是采出矿石的一道工序，而是绿色开采的必要工序。通过矿山固体废物充填采空区，以最小的废物排放量和上覆岩层塌陷对环境的破坏量，获取最大资源量和企业经济效益，在开采过程中最大限度地保持矿区的原生态，或通过最小的末端治理使矿山工程与生态环境融为一体，促进矿产资源开发与生态环境协调发展。

3)矿山充填发展前景

矿山充填符合可持续发展的要求，是绿色开采不可或缺的支撑工艺，因而具有广阔而持久的应用前景。

大流量充填技术：通过大规模开采提高矿产品产能和行业集中度，已成为金属矿山的重要发展趋势。大规模充填开采将推动大流量充填工艺与装备的发展。重点技术方向为：大流量充填工艺系统、大产能的全尾砂脱水工艺与装备、大流量输送工艺与装备。

胶结充填新技术：重点解决细尾砂充填利用的技术瓶颈，开发充填新材料，降低充填成本。重点技术方向为：细尾砂固结技术与材料、矿业废物胶凝材料、充填料改性材料、全尾砂脱水无害化辅助材料。

深矿井充填技术：深部矿体已成为矿产资源开采主要趋势。矿山充填在深部开采过程的优势与作用更显著，不但能有效控制深部地压，还能发挥吸热降温的作用，已成为主要发展趋势。重点技术方向为：针对深部充填存在高压头导致爆管和喷管的不安全因素，开发深部充填系统卸压工艺与装备技术揭示深部充填体的作用机制。

充填方案优化：实现充填方式与矿山条件优化匹配，充填工艺与采矿方法优化匹配，充填装备与充填工艺优化匹配，使矿山充填效果最优。重点发展方向为：充填方式优化选择、充填方案优化设计、充填材料优化配合。

5.1.3 矿山充填方式

(1)充填方式分类

矿山充填按固结程度分为胶结充填和非胶结充填。前者包括添加胶凝材料和充填料自固结两种方式；后者包括散体充填和压实充填。

按充填集料粒度分为：①细砂充填，采用浮选全尾砂、浮选分级尾砂、河砂、海砂、5 mm粒径以下的人造砂作为集料的充填方式；②粗砂充填，采用粒径大于5 mm的人造砂或天然砂作为集料的充填方式；③废石充填，采用井下采掘废石、露天剥离废石和采石场石料作为集料的充填方式；④混合料充填，采用细物料加粗物料或细物料加废石作为集料的充填方式。

按充填料流态特征及输送方式分为：①结构流管道输送充填，是充填料浆在输送管道内呈类似“柱塞”形式输送到采场的充填方式；②两相流管道输送充填，是采用水作为输送载体通过管道以足够大的流速携带充填料输送到采场的充填方式；③机械输送充填，是采用机械装备将散体废石或废石胶结料输送到采场的充填方式。

(2)主要应用类型

分级尾砂充填、全尾砂胶结充填、膏体泵送充填、废石胶结充填是当前国内外主要的应用类型。少数矿山应用人造砂或天然砂胶结充填和非胶结充填。

①分级尾砂充填：采用浮选尾砂脱去细泥部分的粗尾砂作为充填集料，通过管道以两相

流输送到采场的充填方式，包括非胶结充填和胶结充填。管道输送分级尾砂充填料的流速较快，输送效率高。在采场需要脱除料浆中的水分，给井下环境和井下水仓带来较严重的不利影响；对充填管道的磨损大。

②全尾砂胶结充填：以未经分级脱泥的浮选尾砂作为充填集料，采用结构流或似结构流进行输送。结构流全尾砂充填料浆在管道和采场中不产生明显的分级离析现象，在采场无明显渗透脱水现象。

③膏体泵送充填：料浆浓度高，呈膏状，属典型的结构流态，具有良好的料浆稳定特性。充填料浆的稳定性受控于细物料的流变特性，细泥部分及其矿物组成对其流变特性具有决定性影响。采用泵压输送。

④废石胶结充填：是以废石作为充填集料，以水泥浆或水泥砂浆作为胶结介质的一种在采场不脱水并形成刚性充填体的充填方式。一般通过集料与料浆分流输送方式将充填料送至井下，在采场或采场附近进行重力混合。

⑤固废自胶结充填：利用矿山固体废物自身潜在的活性，通过添加活化材料激化其活性形成胶结充填体的充填方式。

5.1.4 充填体力学特性

充填体的主要力学作用：对矿柱和采场帮壁产生围压，增强矿柱和采场帮壁的支撑强度；形成大体积充填体平衡围岩变形，抑制大范围岩层移动；作为人造支柱承载采场应力，控制岩体变形；作为采场构件，重构开采环境。

非胶结充填体只具有前两方面的力学作用，其作用机制较单一。

胶结充填体具有上述全部力学作用，但根据采矿工艺的不同，其力学作用和受力状态均不同。在两步骤采矿方法中作为支柱管理采场顶板，处于单向或多向受力状态。如在上向采矿方法中，处于侧面临空的多向受力状态。在下向采矿方法中作为采场直接顶板，处于下方临空的多向受力状态。

充填体整体或包裹矿柱后形成的整体，一般均处于三向受力状态。

(1)胶结充填体应力应变特性

胶结充填体在三向受压条件下的变形破坏分为 4 个阶段：弹性阶段、屈服阶段、塑性阶段、破坏阶段。

①弹性阶段：应力-应变曲线呈直线；试体中孔隙被压实，原有裂缝的性质基本不变，变形基本可以恢复。

②屈服阶段：应力-应变曲线偏离直线，进入屈服阶段；试体中的黏结层呈现变形趋势。

③塑性阶段：应力-应变曲线趋向平缓，进入塑性变形阶段；试体的变形速度加快，应力和变形趋于不稳定。

④破坏阶段：应力-应变曲线往往上翘，呈现应变硬化的塑性破坏。

(2)胶结充填体的力学作用

胶结充填体的力学作用机理是指胶结充填体在地下采场中的力学机制。它包括胶结充填体自身的受力特点、变形性质、破坏机理、充填体对矿柱的作用、充填体对采场围岩的作用及相互关系、充填体对顶板覆盖岩层的作用及其相互关系等诸多方面。一般认为，胶结充填体在采场内属于被动性支护结构。它不能对围岩或矿柱施加主动支撑力，而是因围岩或矿柱的变形而被动受力，以被动反作用的形式作用于围岩或矿柱，从而达到控制地下采场地压的目的。

胶结充填体对围岩的力学作用包括充填体对采场顶板岩层、上盘岩层和下盘岩层的作用。由于不同的矿床赋存条件以及采场围岩性质、充填材料种类和采矿方法等方面的差异，其作用机理存在差别。因此在理论上对胶结充填体与围岩的力学作用机理进行定量分析比较困难。但可以认为，在胶结充填体的体积被压缩到较小的情况下，可承受较大的压力，即抵抗采场围岩变形的能力较大。

当采场开挖后，由于应力重新分布，在围岩表层一定范围内产生了弱化区。充填体的充入则可以使这部分岩体的开挖表面处的残余强度得到提高，从而改善围岩特性。这种作用机理与对矿柱的作用机理一致。

胶结充填体对围岩的作用主要是支撑、阻止围岩的变形(或位移)，对围岩表层残余强度的改变则是次要的。对于大面积充填体而言，它还可以起到控制大面积地压活动的作用。可以认为，胶结充填体对围岩的作用过程是一个让压支撑过程(图 5-1)。

当采场开挖结束后，围岩即产生瞬时弹性变形(ε_e)和塑性变形(ε_p)，由于充填工艺在时间上的滞后性，围岩还会产生流变现象(ε_R)。因此，围岩的总应变量(ε_t)由以下几部分组成：

$$\varepsilon_t = \varepsilon_e + \varepsilon_p + \varepsilon_R \tag{5-1}$$

其中 ε_R 是一个随时间 t 而增大的量，其变形特点与围岩的岩性有关。考虑到采场充填一般在其开采后一段时间才进行，可以认为围岩弹塑性变形已经完成。

假设充填接顶之前的总应变为 ε_0，相应地，充填前的围岩位移为 U_0，充填后的充填体与围岩协调产生的位移为 U_1(图 5-1)。当围岩的变形量达到 U_0 时，在采空区周围一定范围的岩体内形成了一个应力降低区，即卸荷区，其应力降低值为 P_0-P_1。这时充填体与围岩接触并对围岩产生作用。由于充填体的支撑作用，围岩的位移曲线的发展趋势有了变化。虽然围岩进一步变形和卸压，但变形量与卸压值减小。在充填体对围岩产生作用后，围岩卸压所减少的值为 ΔP，这也是充填体承受的力 F，也是充填体提供的支撑力。可见，这时围岩作用于充填体上的力只是很小的一部分。根据充填体的支撑特性，对于不同的充填体，F 的大小与作用效果不同。

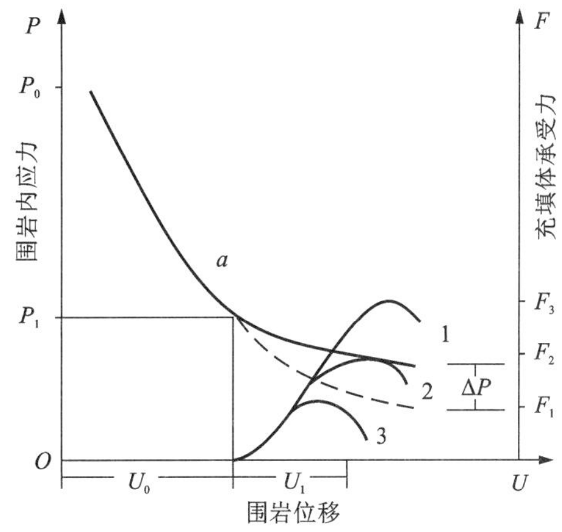

a—采场顶板围岩卸压变形曲线；
1—$\sigma<\Delta P$ 时充填体的受力变形曲线；
2—$\sigma=\Delta P$ 时充填体的受力变形曲线；
3—$\sigma>\Delta P$ 时充填体的受力变形曲线。

图 5-1　胶结充填体与围岩相互作用关系

当充填体的单轴抗压强度 $\sigma>\Delta P$ 时，充填体的受力变形关系曲线为图 5-1 中的曲线 1。这种情况下充填体能提供足够的被动支撑力来支撑围岩，并能形成共同作用点，ΔP 的值也相对较大。若这种情况下开挖相邻的矿柱，充填体被揭露后，其受力从三维状态转化为二维或单轴状态，充填体仍有足够的强度而处于稳定状态。

当充填体的单轴强度 $\sigma<\Delta P$ 时，充填体的受力变形曲线为图 5-1 中的曲线 3。这是由于

充填体的强度较小，难以给围岩提供有效的支撑作用，充填体受压破坏，ΔP 也相对较小。如果这种情况下开挖相邻的矿体，被揭露的充填体将会因破坏而垮落。因此，对于分步开采的矿体，一步骤回采后的充填体不能用这种质量的充填体进行充填，否则将无法保证其揭露后的自立稳定性。

当充填体的单轴抗压强度 $\sigma = \Delta P$ 时，充填体的强度正好等于围岩达到应力平衡施加给充填体的作用力。充填体处于极限平衡状态。但这种平衡为不稳定平衡，微小的扰动都将使其失去平衡。因此，在采矿工程中，也不能让充填体处于这种受力状态。

在生产实践中，由于矿山充填工艺或充填管理等方面的原因，采场充填不接顶的现象较为普遍。关于充填体不接顶的危害性以及此时充填体所产生的作用，一直是采矿工程师们所关注的问题。下面就不接顶充填体的作用效果作简单的探讨。

当充填体与采场顶板岩层之间的空顶高度较小，上覆岩层由于 ε_R 特性其位移值达到 U_0 之后，能与充填体接触并形成相互作用的关系，则充填体能提供支撑力，阻滞岩层的持续位移。当岩层与充填体相互作用产生位移量 U_1，使岩层达到平衡状态之后，岩层将不会产生松脱地压。那么，可以认为这种不接顶空区不会造成地压危害。

当充填体不接顶空间高度较大，上覆岩层在卸压变形过程中长时间得不到充填体的有效支撑时，岩层产生松脱地压。或者即使上覆岩层在经过一段时间之后能与充填体有效接触，得到充填体的支撑，但在达到共同作用的平衡状态之前，岩层已产生了松脱地压。在这两种情况下岩层实际上已发生了破坏。若不接顶空间条件导致上述两种松脱地压情况产生，将会造成较大的危害。

当上覆岩层经过 U_0 位移之后与充填体接触并得到支撑，但位移值继续增大到 U_1 时正好处在产生松脱地压的临界状态，则这种不接顶高度为最大安全不接顶高度。

(3)胶结充填体破坏特征

关于一步骤胶结充填体的应力状态有两个明显特征：其一是沿胶结充填体的宽度方向，应力呈非均匀分布(图 5-2)；其二是在垂直胶结充填体长轴的平面上，为平面应变状态。由于胶结充填体的强度较低，当一步骤胶结充填体暴露后，其表面即可能出现裂隙或破坏，并且随着开采的进行而扩展。因此，胶结充填体的破坏由外层向中心部位发展，形成塑性区包裹屈服区与弹性区的工作状态(图 5-2)。

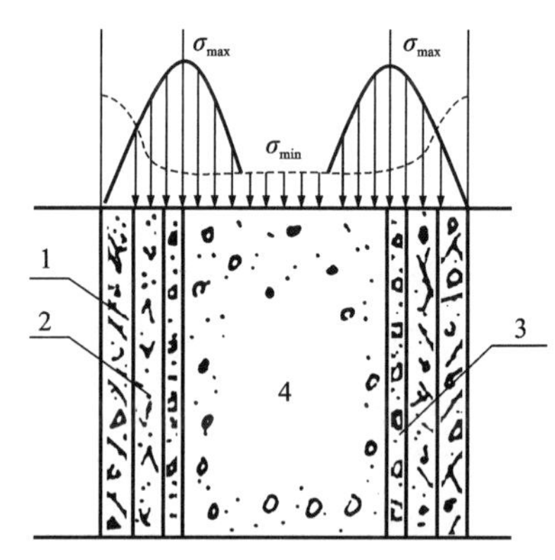

1—破坏区；2—塑性区；3—屈服区；4—弹性区。

图 5-2 一步骤胶结充填体的应力与工作状态分布

当胶结充填体两侧刚刚拉开后，沿胶结充填体的宽度方向，表面应力最大，深部逐渐减小(图 5-2 虚线所示)。由于胶结充填体的单轴抗压强度小，表面层迅速破坏，应力峰值(σ_{max})向胶结充填体内部转移，形成如图 5-2 实线所示应力分布状态。胶结充填体静力试验获得的变形破坏特征表明，胶结充填体从弹性状态转化为破坏的过程，要经过屈服变形和塑性变形。因此，对于胶结充填体的平衡状态，其性态也必然呈现出破坏区、塑性区、屈服区和弹性区的应力分布特性。显然，胶结充填体失去弹性支撑能力的极限状态，即弹性中心区全部消失，在胶结充填体的全宽度上进入外部区域破坏和中部区域塑性变形状态(图5-3)。

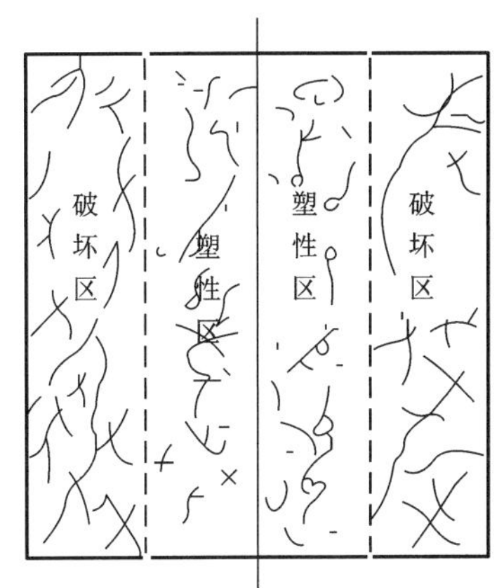

图5-3 全宽度转入塑性变形的胶结充填体的应力分布

5.2 充填材料

充填体是由充填材料在采空区形成的实体。充填材料是构成充填体的原料，主要有充填集料、胶凝材料和水3种主要组分，以及改善充填集料性能的辅料。

5.2.1 充填集料

充填集料是矿山充填料组分中占比最大的物料，主要有矿山废石、选矿尾砂、赤泥、磷石膏等矿山固体废物，以及机制砂、天然砂石等。前者充分地利用了矿山固体废物，可以大宗量减少矿山废物的排放，并且能大幅度降低充填成本、提高充填效率，符合绿色矿山发展方向，属于重点利用的充填材料。

1)废石集料

矿山废石是矿床开采过程中排放的主要固体废物源之一，主要有井下掘进废石、回采过程中剔除的废石以及露天采场剥离废石。根据开采工艺不同，废石的产出率差别很大。露天开采的剥离废石产出率高，地下开采的采掘废石产出率较低。故井下采掘废石只能作为充填料来源之一，一般不能完全满足采空区充填料需要量。这也表明，井下采掘废石可以通过矿山充填全部消耗，不需要外排地表。

每座矿山的岩石类型存在差异，产生的废石的性质也就不一样。废石料的粒级组成、物理化学特性和力学特性等，对充填料的工作特性和强度性能有较大影响。

(1)粒级组成

废石粒度组成反映了废石集料的级配特性。掘进废石的自然级配取决于岩体构造特性与凿岩爆破工艺及其爆破参数；破碎废石的自然级配主要取决于岩石的力学特性与破碎工艺流程。废石集料的级配特性对胶结充填体的强度指标、工作特性和工艺过程的影响很大。一般情况下，废石的粒级组成对胶结充填体的影响比废石的矿物组分、物理性能和力学性能等因素更为显著。

废石集料的粒级组成可采用四分法取样进行筛分测定。一般将试样拌匀后按四分法取50 kg，在105~119 ℃条件下烘干至恒重，将其冷却至室温后进行筛分。直径为5 mm以上的集料采用ϕ500 mm的金属筛，5 mm以下的集料采用ϕ200 mm的振动筛。然后对不同粒径段的筛余量或筛下量按质量进行分计和累计。

(2)物理化学性质

废石的化学性质主要指岩石的矿物组分及化学成分，为岩石自身固有，可以采用矿物分析与元素分析的常用方法进行测定。

废石的物理性质包括密度、堆积密度、孔隙率和吸水率等。废石密度为固有属性，其他物理性质与其产生工艺有关。

废石密度：废石密度是指单位体积废石的质量，可采用容器法测定。测定废石密度时，将被测废石破碎至直径为0.25 mm大小，置于105~110 ℃烘干至恒重，取一定量的干试样置于一定容积的容器中进行测试。根据相关测试值按式(5-2)计算密度，取3次测试结果的平均值作为测定值。

$$\rho = \frac{m_1}{m_1 + m_2 - m_3} \cdot \rho_0 \tag{5-2}$$

式中：ρ 为废石密度，g/cm^3；m_1 为废石试样质量，g；m_2 为容器注满水的总质量，g；m_3 为在容器中装入废石试样后注满水的总质量，g；ρ_0 为水的密度，g/cm^3。

堆积密度：堆积密度是指废石集料包括颗粒内外孔隙及颗粒间空隙的松散集料堆积体的平均密度，由废石总质量除以处于自然堆积状态的废石集料总体积求得。测定废石堆积密度时，将烘干的废石一次装满容器，按式(5-3)计算出废石净重与容器容积之比即为堆积密度。若分3次往容器中装入废石集料，并按规定振动直至装满，所测得的堆积密度称为实堆积密度。取3次试验结果的平均值作为测定值。

$$\rho_v(\rho_s) = \frac{m_4 - m_5}{V} \tag{5-3}$$

式中：$\rho_v(\rho_s)$ 为废石堆积密度(实堆积密度)，g/cm^3；m_4 为容器与干试样质量，g；m_5 为容器质量，g；V 为容器容积，cm^3。

孔隙率：可根据测得的密度和堆积密度按式(5-4)计算。

$$q = \left(1 - \frac{\rho_v}{\rho}\right) \times 100\% \tag{5-4}$$

式中：q 为废石孔隙率，%。

吸水率：废石吸水率是试样自由吸入水的质量与干废石质量之比，由式(5-5)计算。

$$K_w = \frac{m_6 - m_7}{m_7} \times 100\% \tag{5-5}$$

式中：K_w 为废石吸水率，%；m_6 为试样浸泡12 h后在空气中的质量，g；m_7 为试样在105~119 ℃下烘干至恒重的质量，g。

(3)力学性质

废石的力学性质包括废石试块的单轴抗压强度、抗拉强度、弹性模量、泊松比、内摩擦角、内聚力等(表5-1)。不同岩石类型具有不同的性能指标。由于岩石成因和相关影响条件的不同，同种岩石类型，其力学性质仍有较大的变化区间。因此，每个矿床的岩石均需要进行取样试验，尤其是单轴抗压强度指标对充填体的质量影响较大，必须获得实际的试验参数。

表5-1 几种岩石试块的力学性质

岩石类型	抗压强度 /MPa	抗拉强度 /MPa	弹性模量 /(×10^3 MPa)	泊松比	内摩擦角 /(°)	内聚力 /MPa
花岗岩	98~245	7~25	50~100	0.2~0.3	45~60	15~16
石英岩	150~340	10~30	60~200	0.1~0.25	50~60	20~60

续表5-1

岩石类型	抗压强度/MPa	抗拉强度/MPa	弹性模量/(×10³ MPa)	泊松比	内摩擦角/(°)	内聚力/MPa
大理岩	100~250	10~30	10~90	0.2~0.35	35~50	15~30
砂岩	20~200	4~25	10~100	0.2~0.3	15~30	3~20
石灰岩	50~200	5~20	50~100	0.2~0.35	35~50	20~50
白云岩	80~250	15~25	40~80	0.2~0.35	15~30	3~20
页岩	10~100	2~10	20~76	0.2~0.4	15~30	3~20

2)尾砂集料

矿山尾砂为矿石选矿过程中的排弃废物，又称为尾矿，是矿产资源开发利用过程中排放的主要固体废物。一般来说，应用尾砂作为矿山充填料，对充填体产生影响的主要因素是其粒度组成及其矿物组分的化学性质。对于不同的矿山，这些性能指标都有所不同。尤其是对于不同的矿石类型，其差别相当大。因此，在具体应用过程中需要进行测试和分析。

(1)尾砂粒度

尾砂粒度对矿山充填的影响十分显著，其不仅与脱水工艺相关，更与胶结充填体的胶结性能和胶结剂消耗量相关。尾砂粒径，尤其是尾砂的细粒级含量将会影响充填料的孔隙率、孔径分布及其排水能力。不仅充填体总的孔隙率影响充填体的强度，而且其孔径分布在胶结充填体强度的发展过程中也发挥着重要作用；充填料的需水量也会随尾砂细度的增加而增大。因此，采用尾砂作为充填料时，对尾砂的粒度分析是不可缺少的。

矿山尾砂一般按粒度分为粗、中、细 3 类，按岩石生成方法分为脉矿尾砂和砂矿尾砂两类(表 5-2)。一般采用筛分法对较粗的尾砂进行粒度分析，采用激光测定仪或水析法分析细尾砂的粒度。通过平均粒径和粒度分布参数描述粒度的特性。

表 5-2　矿山常用的尾砂分类方法

分类方法	粗		中		细	
粒级筛分法	>0.074 mm	<0.019 mm	>0.074 mm	<0.019 mm	>0.074 mm	<0.019 mm
	>40%	<20%	20%~40%	20%~55%	<20%	>50%
平均粒径法	极粗/mm	粗/mm	中粗/mm	中细/mm	细/mm	极细/mm
	>0.25	>0.074	0.074~0.037	0.037~0.03	0.03~0.019	<0.019
岩石生成法	脉矿(原生矿)			砂矿(次生矿)		
	含泥量少，<0.005 mm 的细泥占比小于 10%			含泥量大，<0.005 mm 的细泥大于 30%~50%		

(2)尾砂物理化学性质

尾砂的物理化学性质对充填工艺与胶结充填体性能均有较大的影响，同类矿山的相关性质一般只可作类比参考。每座矿山的尾砂性质各异，在利用尾砂作为胶结充填材料时，均应测定其物理化学性质。

尾砂的矿物成分对充填料的物态特性和胶结性能均有影响，需要采用矿物分析方法进行测定。尾砂中的硫化物含量对胶结充填体性能的影响最为显著。较高的硫化物含量会增加尾砂的黏稠度，也会因其自胶结作用而使胶结充填体获得较大的强度。但由于硫化矿物的氧化会产生硫酸盐，硫酸盐的侵蚀可导致胶结充填体长期强度的损失。因此，硫化物含量较高的尾砂充填料，在采用水泥作为胶凝材料时，对充填体强度的负面影响很大。含有火山灰质的矿渣胶凝材料可以解决硫酸盐侵蚀而使充填体强度降低的问题。试验表明，采用含有火山灰质的矿渣水泥制成的高含硫尾砂胶结充填体的强度比用普通水泥和高含硫尾砂制成的充填体的强度高 40%。

影响充填体性能的尾砂物理特性主要包括：密度、堆密度、孔隙率、粒级组成和渗透系数等。尾砂密度等物理性质的测定方法同废石测定方法。尾砂渗透系数可采用常水头渗透仪测定，由式(5-6)计算。

$$k_T = \frac{QL}{AHt} \tag{5-6}$$

式中：k_T 为水温 T ℃时尾砂试样的渗透系数，cm/s；Q 为时间 t 内的渗透水量，cm^3；L 为测压孔中心距，为 10 cm；A 为试样断面积，cm^2；H 为平均水位差，cm；t 为管中水位下降所耗时间，s。

(3)全尾砂料浆沉缩

全尾砂料浆沉缩特性包括最大沉缩浓度、临界沉降浓度和沉降速度等。

最大沉缩浓度：全尾砂料浆在静置时能达到的最大浓度称为最大沉缩浓度。最大沉缩浓度及其沉降速度是尾砂脱水工艺的重要参数。

临界沉降浓度：临界沉降浓度是料浆中固体颗粒由沉降转为压缩时的浓度，是尾砂料浆性态变化的临界点。

一般用直径为 200 mm、高 1000 mm 的有机玻璃沉降筒进行沉缩试验，测定全尾砂料浆的最大沉缩浓度。将搅拌均匀的全尾砂料浆注入沉降筒内，记录某一个面下降的高度和时间。沉缩停止时所能达到的浓度为最大沉缩浓度(表 5-3)。

表 5-3 凡口铅锌矿全尾砂试样物理化学性质

尾砂试样	尾砂密度 /($g \cdot cm^{-3}$)	中值粒径 d_{50}/μm	平均粒径 d_w/μm	初始质量分数 w/%	最大沉缩浓度	
					质量分数/%	体积分数/%
F2	3.07	73	92	68.36	77.48	51.66
F3	3.20	52	75	65.77	72.92	45.70
F4	3.20	53	84	66.37	77.68	52.43

全尾砂料浆在浓度相对较低的情况下，首先发生固体颗粒在水中的沉降过程；当尾砂料浆达到一定浓度后，进入固体颗粒逐渐密实的压缩过程。对于大于临界沉降浓度的高浓度料浆，则只有压缩过程而没有沉降过程(图 5-4)。压缩过程的特点是没有粗、细颗粒的分级沉降，只是颗粒间隙减小和体积收缩，水被逐渐析出。因此，为防止胶结充填料浆发生离析，

其输送浓度应大于临界沉降浓度。

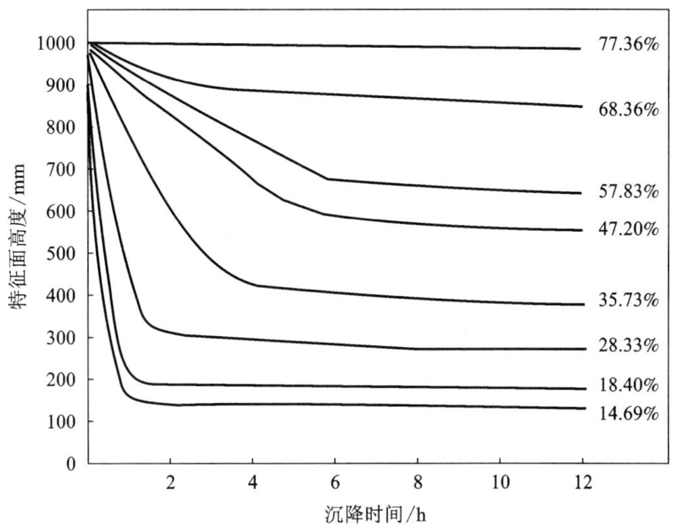

图 5-4　凡口铅锌矿 F2 全尾砂料浆不同浓度试样沉降曲线

5.2.2　胶凝材料

在矿山充填中应用的胶凝材料主要有水泥和矿渣胶凝材料，以及可自固结的赤泥和作为辅助胶凝材料的粉煤灰等。

1) 水泥

水泥是矿山充填常用的胶凝材料。水泥与水混合形成浆体，通过水化反应硬化后能达到一定的胶结强度。当充填集料与水泥、水配合成混合料后，由于水泥浆体硬化，将分散系集料固结成为具有一定力学性能的胶结充填体。

(1) 胶凝原理

水泥浆体是由凝聚的水泥水化产物，如凝胶和氢氧化钙结晶，以及一些次要组分、未水化的水泥颗粒核芯、孔隙以及填充在孔隙间的水分所组成。因此，水泥浆体是由固相、液相、气相共同组成的矿物胶。它能把分散的集料胶结起来，经过凝结和硬化过程形成坚固的混凝体。而水泥浆体中水泥的水化程度、凝胶成分数量、孔隙的分布和数量对胶结体的结合强度有决定性的影响。

(2) 浆体结构

水泥浆体结构的形成过程，若简单描述，可按物质的变化分为 3 个阶段，即潜化期、凝结期和硬化期。潜化期是指在正常条件下水泥和水接触以后很快发生化学反应的过程，一般在 1 h 之内。潜化期的反应表观无法察觉，水泥浆体保持可塑性，处于潜伏的低活动状态。凝结期为 1~24 h，水化的水泥颗粒之间开始粘连。这期间的水泥水化产物交织成初期的网状结构，塑性逐渐降低。硬化期为 24 h 以后，该时期进一步形成刚性整体凝胶结构，力学强度随时间延长而不断增加。当达到一定龄期后，其力学强度的增长量很小，浆体结构趋于稳定。

(3)浆体基本性态

潜化期的水泥浆体是不稳定结构，会有泌水现象，到凝结期形成了基本结构，到硬化期成为稳定结构。在这3种结构之间还存在两种过渡结构形态，即不稳定结构向基本结构的过渡结构，基本结构向稳定结构的过渡结构。

在充分水化的硅酸盐水泥浆体中，主要物质是水化硅酸钙凝胶(C-S-H)，约占70%，另有氢氧化钙结晶，约占20%，钙矾石、低硫铝酸钙约占7%，其余则是未水化的水泥和次要组分。

新拌水泥浆的水泥颗粒堆聚成团，呈絮凝状态。这时，水泥粒子相互接触，但是粒子之间由一层很薄(厚度小于1 nm)的水膜相隔。这种网状絮凝结构的形成主要是电势和分子聚合力的复合作用，已具有一定的抗剪、抗拉强度和黏结强度。按照流变学概念，新拌水泥浆体接近宾汉姆体。

硬化后的水泥浆体中存在大量孔隙，而孔隙中又含有水分。孔隙包括较为粗大的毛细孔和较细的凝胶孔。毛细孔的孔径为0.1~1.27 pm，遍布于水泥浆体之中。毛细孔中的水分是游离水。水灰比越大，毛细孔越多，导致胶结强度降低。这就是用水量偏大使胶结充填体强度降低的主要原因。较细的凝胶孔的计算孔径为1.4~2.8 nm，平均为1.8 nm。水化的纯硅酸盐水泥凝胶孔约占凝胶总体积的28%，基本上是一个常数。

凝胶孔中的水分是吸附水。水泥水化产物中的化学结合水，则是固体的一部分。水泥的水化程度随时间延长加深，凝胶的数量和结构也发生变化，总的趋势是凝胶增多，搭接增强，浆体变硬。凝胶体积约为原来的未水化体积的2.2倍，填塞浆体中毛细孔隙，又使凝胶网状骨架增加。这就是水泥浆体随时间增长，水化程度加深，致使强度提高、孔隙率和渗透比下降的简单解释。

2)矿渣胶凝材料

高炉矿渣又称矿渣或水淬渣，是炼铁过程中排放的固体废物。高炉炼铁时，除铁矿石及焦炭外，还需加入相当数量的石灰石或白云石作为熔剂。在高温下石灰石或白云石分解所得的CaO或MgO与铁矿石中的杂质成分(主要是SiO_2)及焦炭中的灰分相互熔化在一起，生成的主要矿物为硅酸钙(或硅酸镁)、硅铝酸钙(或硅铝酸镁)的熔融体。其密度为2.3~2.8 g/cm^3，远较铁水轻，因而浮在铁水上面，并从炼铁炉排渣口排出。经水急冷处理而形成松散的颗粒，称为粒化高炉矿渣，简称矿渣，又称水淬渣或水渣。

慢冷的矿渣结晶良好，基本上不具备水硬活性。而急冷的矿渣(水渣)则主要由玻璃体组成，其中有硅酸二钙(C_2S)、硅铝酸钙(C_2AS)等潜在水硬性矿物。

在矿渣中添加硅酸盐水泥熟料、石灰、石膏等活性激化剂，可提高其水硬活性，从而可加工成矿渣胶凝材料。

矿渣胶凝材料的水化过程可简化描述为：矿渣胶凝材料调水后，首先是熟料矿物发生水化反应而生成水化硅酸钙、水化铝酸钙、氢氧化钙等。其中氢氧化钙又是矿渣中潜在水硬活性矿物β-C_2S等的碱性激化剂，它可解离矿渣玻璃体的结构，使玻璃体中的各类离子进入溶液，从而生成新的水化物。如水化硅酸钙、水化铝酸钙、水化硅铝酸钙及水化石榴子石等。在有石膏存在的条件下，还可生成钙矾石。这些水化产物的生成，使矿渣亦参与水化反应，共同使凝胶结构物产生凝结硬化。

以高炉水淬渣(简称矿渣)为主要基料，通过石灰激化，可使矿渣获得良好的胶凝性能

(表 5-4)。矿渣的磨矿细度要求：+200 目(+0.074 mm)颗粒所占比例不超过 12%，石灰中 CaO 质量分数约为 75%。

表 5-4　R1 矿渣胶结料单轴抗压强度

矿渣：石灰	试块容重 /($g \cdot cm^{-3}$)	水灰比	单轴抗压强度/MPa			
			3 d	7 d	28 d	60 d
0.85：0.15	1.71	0.6	2.06	11.01	20.47	26.91
0.825：0.175	1.71	0.65	2.56	11.98	21.30	26.42
0.80：0.20	1.69	0.68	2.47	11.10	20.53	25.33
0.725：0.215	1.65	0.75	2.01	10.10	18.40	18.89
0.75：0.25	1.67	0.76	1.97	9.95	15.31	17.74

添加剂对矿渣胶结料强度有正面影响和负面影响，其中絮凝剂的加入对矿渣胶结料强度的负面影响较大，强度下降 20%~30%；石膏对矿渣胶结料早期强度影响较大，强度可提高 16%~33%，但后期强度有较小幅度下降；早强剂与速凝剂能使早期强度大幅度提高，而后期强度则大幅度下降。

3)赤泥胶凝材料

赤泥属铝土矿生产氧化铝过程中排放的固体废物。氧化铝的生产原料和生产工艺可使赤泥具有潜在活性，因而赤泥可以被加工成矿山胶结充填材料。

(1)赤泥的潜在活性

赤泥的潜在活性来自氧化铝生产流程中的烧结过程。铝土矿、石灰石及碱粉在回转窑中加温至 1200~1300 ℃时，生成 $Na_2O \cdot Al_2O_3$、$Na_2O \cdot Fe_2O_3$、$2CaO \cdot SiO_2$。这些矿物在熟料磨细浸出过程中，$Na_2O \cdot Al_2O_3$ 及 $Na_2O \cdot Fe_2O_3$ 均溶于溶液。而 $2CaO \cdot SiO_2$(C_2S，即硅酸二钙)则以 β 相进入赤泥，成为赤泥中最重要的水硬性矿物。与硅酸盐水泥相同，硅酸二钙(C_2S)、铝酸三钙(C_3A)、铁铝酸四钙(C_4AF)均属于水硬性胶凝矿物。

赤泥具有潜在水硬活性，可通过加热活化、添加活性激化剂活化等方法，使赤泥的活性得到激化和提高。最常用的赤泥活性激化剂有碱性激化剂石灰(CaO)和酸性激化剂石膏($CaSO_4 \cdot 2H_2O$)，均对赤泥的活性激化具有显著作用。在赤泥中加入 CaO 和 $CaSO_4 \cdot 2H_2O$ 后，β-C_2S 晶粒吸附 Ca^{2+}形成饱和溶液，且 Ca^{2+}侵蚀破坏已生成的水化膜，直接和 β-C_2S 未水化的活性表面接触而生成新的 C-S-H 凝胶。与此同时，赤泥中的其他矿物和 C_4AF 也在 CaO、$CaSO_4 \cdot 2H_2O$ 作用下生成大量水硬性硅酸盐、铝酸盐胶凝体，从而使赤泥产生水化活性。赤泥的水化铝酸三钙 C_3AH_6 等原有水化矿物，亦可在活化剂作用下生成早期强度较高的三硫型硫铝酸钙 $C_3A \cdot 3CaSO_4 \cdot 32H_2O$(钙矾石)及其他水化物。

(2)赤泥的粒级组成

赤泥粒级组成最大的特点是颗粒细小，粒径为-42 μm 的颗粒占比高达 70.5%，粒径为 -10 μm 的颗粒占比亦高达 35.38%(表 5-5)。其主要物理性能见表 5-6。可见，其比表面积较大，为普通硅酸盐水泥的 2 倍左右。

表 5-5 赤泥的粒级组成

粒径/mm	0.091	0.056	0.042	0.030	0.010	0.005	0.001	-0.001
产率/%	22.93	3.98	2.59	5.76	29.36	14.88	12.94	7.56
累计占比/%	100	77.07	73.09	70.50	64.74	35.38	20.50	7.56

表 5-6 样品赤泥物理性能

参数	密度/($g \cdot cm^{-3}$)	孔隙率/%	比表面积/($cm^2 \cdot g^{-1}$)	液限含水率/%	塑限含水率/%
指标	2.5~2.7	65~70	5000~7000	62	45.5

赤泥的另外两个重要物理性质是液限、塑限含水率大。这使得赤泥的水分蒸发困难，烘干热耗大、成本高、效率低。这种特性的形成原理，主要是由于在浸出过程中 $Na_2O \cdot Al_2O_3$ 溶解后，在赤泥颗粒内部产生了网孔状毛细结构。

5.2.3 充填料浆性能测试

(1)坍落度及扩展度测试

坍落度在一定程度上反映了充填料浆体的流动性能。一般认为，坍落度为 15~22 cm 的膏体为小坍落度膏体，对脱水设备和泵送设备要求较高，尤其是当坍落度小于 20 cm 时，工业应用相对较为困难。采用坍落度筒进行坍落度测定。如图 5-5 所示，坍落度筒高 300 mm，上口直径 100 mm，下口直径 200 mm，上、下口要保持平整光滑，以防止漏浆。实验时，将坍落度筒放置在平整平面上，用力压紧，将搅拌好的拌和物浆体倒入筒中。灌满后将坍落度筒小心平稳地垂直向上提起，不得歪斜，提离过程为 5~10 s。量出塌落后拌和物最高点与筒的高度差(以 mm 为单位，读数精确至 1 mm)，即为该拌和物浆体的坍落度。

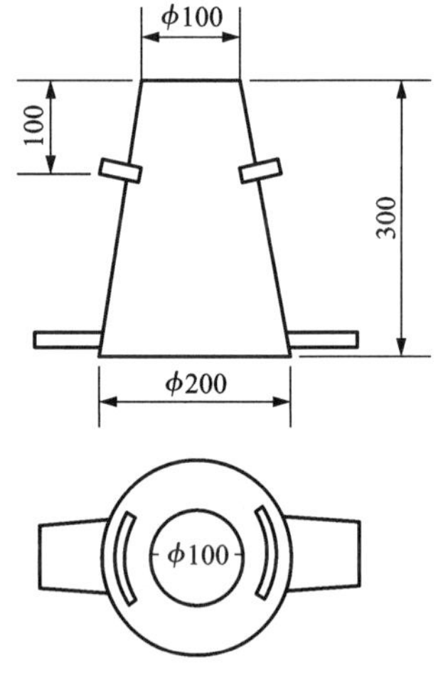

图 5-5 坍落度筒(单位：mm)

扩展度实验是为了适应高流动性拌和物浆体的应用而出现的，是一种能够同时反映拌和物变形能力和变形速度的实验方法。扩展度的测试方法与坍落度一致，是指在提升坍落度筒后，浆体在自重状态下，最终摊开面积的算术平均直径。一般情况下，只有当浆体坍落度大于 22 cm 时，测定其扩展度才有意义，同时，摊开面积的最大直径与最小直径之差不能超过 5 cm，否则实验无效。

(2)稠度测试

稠度是指充填料浆体在自重力或外力作用下是否易于流动的性能。其大小用沉入量(cm)表示，即稠度测定仪的圆锥体沉入浆体深度的厘米数。

稠度仪由试锥、容器和支座 3 部分组成(图 5-6)。试锥由钢材或铜材制成，试锥高度为 145 mm，锥底直径为 75 mm，试锥连同滑杆的质量为(300±2)g。盛浆容器由钢板制成，筒高为 180 mm，锥底内径为 150 mm。支座应包括底座、支架和刻度显示 3 部分，由铸铁、钢或其他金属制成。辅助部件是钢制捣棒，直径为 10 mm，长度为 350 mm，端部磨圆。使用秒表进行时间计量。

(3)流变性能测试

浆体流变性能的常用测试方法有直接法和间接法两种。直接法是利用黏度计或流变仪直接测量料浆的剪切应力、剪切速率、黏度等参数，其测试仪器有同轴圆筒式流变仪、锥板式流变仪以及平行板式流变仪等。间接法是基于料浆在水平管道内压力梯度与流速的测试数据，通过换算确定其剪切应力与剪切速率的关系，测试仪器有毛细管流变仪、环管及 L 管装置。相对而言，直接法的测试结果更加精确。

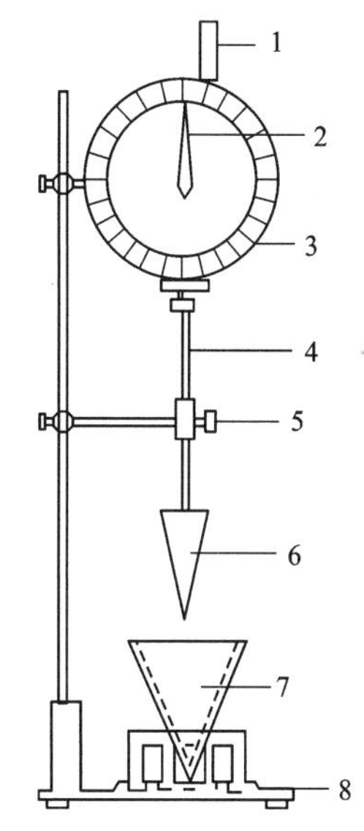

1—齿条测杆；2—指针；3—刻度盘；4—滑杆；5—制动螺丝；6—试锥；7—盛浆容器；8—底座。

图 5-6　稠度仪

(4)凝结性能测定

凝结时间为充填物料加水拌和起至料浆体完全失去塑性并开始产生强度所需的时间。由于充填浆体的性能与砂浆极为相似，常采用砂浆凝结时间测定仪来测定其凝结时间，如图 5-7 所示。其原理是，由手柄施加压力使试针垂直向下运动，试针插入试模内样品。由于样品随着时间延长而凝结，使试针受到不同的贯入阻力，从而在压力显示器上显示不同的压力值。

浆体的凝结时间以贯入阻力达到 0.5 MPa 为评定的依据。当贯入阻力达到该值时所经历的时间为浆体凝结时间。标准水泥浆不宜超过 8 h，水泥混合砂浆不宜超过 10 h。考虑到管道输送以及事故处理要求，根据相关工程经验，浆体物料的凝结时间不低于 8 h。

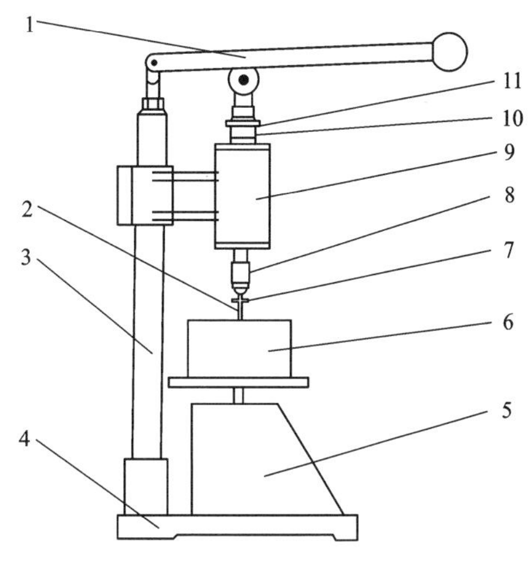

1—手柄；2—试针；3—立柱；4—底座；5—压力显示器；6—试模；7—接触片；8—钻夹头；9—支架；10—主轴；11—限位螺母。

图 5-7　凝结时间测试仪结构图

5.2.4　废石胶结体强度

1)废石胶结体强度机理

废石胶结充填体的主要组分为废石、胶凝材料和水。

(1)水泥浆体效应

水泥与水混合形成浆体，通过水化反应硬化后，才能发挥胶结作用，达到一定的强度(见 5.2.2 节)。

(2)集料构架效应

充填集料是废石胶结充填体的主要组分，其质量分数为 90%左右。集料将构成充填体的骨架，最大粒级的颗粒将构成充填体的基本骨架。这种刚性骨架的网络作用直接影响到充填体的强度、弹性模量、变形性能、整体性和均匀性。显然，若完全由最大级粒径的集料构成这种基本骨架，则可产生较好的构架效应。过多的颗粒楔塞在这种基本骨架之间，将减弱这种构架效应。

(3)集料密集效应

充填体的空隙率越小和体积密度越大，充填体的力学性能越好。矿山充填体属于非饱和水泥用量，其空隙率主要取决于集料的密集效果，而不能依靠水泥浆体填实集料中的空隙以提高体积密度。能按照几何学的原理，使充填体中的小颗粒刚好填满大颗粒间的空隙，使各级分散的集料能相互嵌布形成密实的充填体内部骨架结构。最佳的效果是小颗粒既不过多，以产生楔塞和支撑作用为宜，又不过少，且能避免大颗粒之间的空隙不能被充满而形成较多的孔隙。理想的集料级配应使充填体获得最大的体积密度和最小的空隙率。

(4)集料界面效应

集料的表面特性，特别是集料的表面糙度和集料的总表面积可显著地影响集料和水泥浆体的黏结强度，这就是集料的界面效应。当集料的总表面积增大时，消耗的水泥将增多，同时也可增加水泥浆体和集料界面的黏结力。但若水泥耗量不增加，则表面积增大，其黏结力减小，强度降低。因充填体属低标号混凝土类型，水泥用量很少，选用较大平均粒径的集料可以获得较高的力学强度。其最大粒径一般大于 35 mm，尤其是大采场充填体所要求的主要是其整体承载性能，这种情况下的废石胶结充填集料的最大粒径为 300 mm 以上。

(5)充填料混合效应

废石胶结充填工艺往往采用重力混合技术制备胶结充填混合料，因而集料的级配对混合效果具有重大的影响。当集料中细粒级含量太多时，不利于浆料(水泥浆或砂浆)的渗入；当集料中细粒级含量太少，则不利于保留浆料。这两种情况均对混合效果不利。有利于混合的集料级配应该是允许浆料有一定的渗入深度，但又不至于使浆料流失。一般地，采用废石水泥浆充填工艺，因水泥浆的流动性好，渗透力强，故集料的孔隙度可相应小一些；采用废石砂浆充填工艺，则要求集料的孔隙度较大，以使砂浆能有效地混入集料中。

2)水泥用量的强度关系

确定水泥用量需要解决的问题是使充填体获得采矿工艺所要求的力学强度。由于各矿山充填体组分配合的多样化特点，难以采用统一的强度模型确定水泥用量，通常需要针对矿山的充填材料进行试验，建立抗压强度与相关因素之间的关系，为配合设计提供计算水泥用量的依据。

3)用水量的强度关系

用水量对充填体的强度影响非常显著，并且水的材料成本相当低。因此合适的用水量可以实现低成本、高质量充填，在充填料配合时往往进行重点控制。

矿山胶结充填料的水泥用量远远未达到饱和，在水灰比不变的情况下增加水泥用量时，其力学强度会显著提高。因而用水灰比指标已不能很好地表征矿山充填料力学强度与水量之间的相关关系。因此，采用每立方米充填料用水量指标来表征水量对充填体强度的相关影响更为科学合理。一般来说，充填料用水量愈大，胶结充填体的最终强度将会愈低。但用水量也不能太少，否则会使水泥的水化反应不完全，降低其胶结强度。当然，充填料用水量还受到充填料输送工艺和采场充填工艺制约，要求充填料具有合理的输送性能。只有当输送工艺对充填料的可输性没有流动性要求时，如采用运输车辆输送废石胶结充填料，才能从充填料的力学强度出发实现最佳用水量配合。

废石胶结充填一般采用集料与浆料分流输送工艺，对输送性能无特殊要求，确认用水量的唯一目标是获得最大的胶结强度。因此，对废石胶结充填工艺来说，最重要的是需要确定可使充填体获得最大力学强度的最佳用水量。

在一定的废石料条件下，对应一个水泥用量水平，随着用水量由小到大的变化，充填体试块单轴抗压强度将有一个先增大再降低的变化过程（图 5-8）。最佳用水量随水泥用量的增大，在不考虑废石用量的改变引起吸水量的微弱变化时，二者关系曲线是一条斜直线。不同的废石的吸水能力不一样。显然，以强度为唯一目标的最佳用水量由水泥水化水量和集料吸水量两部分组成，其计算公式为：

$$W = K_c C + K_g G \tag{5-7}$$

式中：W 为使充填体获得最高强度值的单方用水量，kg/m^3；K_c 为水泥水化系数；C 为水泥用量，kg/m^3；K_g 为集料在全干状态下的饱和吸附水系数；G 为集料用量，kg/m^3。

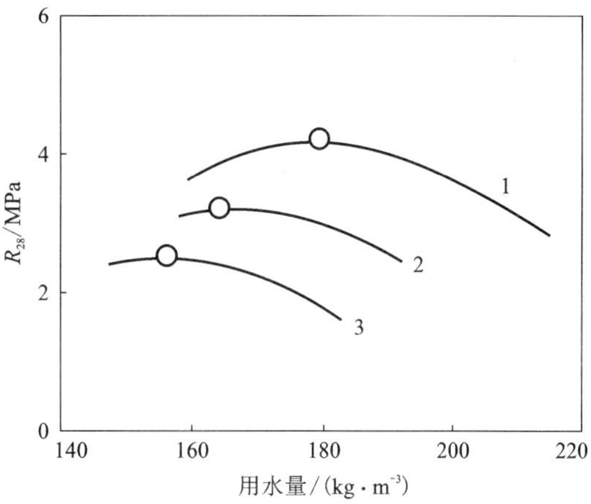

1—水泥耗量为 100 kg/m^3；2—水泥耗量为 75 kg/m^3；3—水泥耗量为 50 kg/m^3。

图 5-8　废石胶结充填体强度与用水量关系

在工业应用中，确定最优用水量最可靠的方法是针对确定的充填集料，按不同的水泥用量进行不同用水量的充填料试块强度试验，作出如图 5-8 所示的用水量曲线。但这种方法的试验工作量大，按式（5-7）计算的最佳用水量可作为一种重要参考。式（5-7）中的系数 K_c 对于各类水泥均有标准可循，也可实验测定。集料的饱和吸附水系数 K_g 与集料的物理性质相关。集料的比表面积越大，其吸附水量越大，需要通过试验才能确定。

上述用水量均是在集料为全干状态下的用水量，即 K_g 是集料为全干状态下的吸水系数。所以，在实际应用时应考虑到集料自身已有的含水量。

4）充填料级配的强度关系

基于最大密度的混凝土级配模型，可以作为充填集料级配的理论分析依据，但进行精细配料不适合矿山大规模充填和低标号充填体的成本控制。

在矿山充填过程中往往会因地制宜地采用一些价廉但级配效果相对较差的集料，如自然级配的掘进废石或经破碎后的自然级配废石，以达到经济适用的目的。当然，在集料加工成本不增加或增幅不大的条件下，调整破碎流程或经简单筛分，以改善集料级配效果，仍然是有效的。在加工集料使成本增加与改善集料级配效果减少水泥耗量所节省的费用之间存在最佳平衡点，此外还需综合考虑工艺的简易性等因素。

5.2.5　尾砂胶结体强度

影响尾砂胶结充填体强度的因素包括胶凝材料用量、料浆浓度、尾砂粒级组成和添加剂等。

1)胶凝材料用量

尾砂胶结充填料中的胶凝材料用量远未饱和，其用量越高，强度越高(图5-9)。

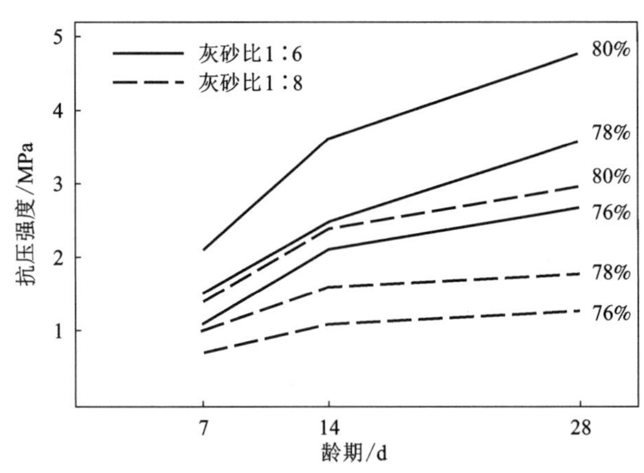

图5-9 铜绿山铜矿全尾砂胶结料试块抗压强度曲线

2)料浆浓度

全尾砂胶结充填料浆需要通过管道进行输送，因此要求有较好的可输送性。同时为了确保充填料浆在充填到采场后不出现分级、离析现象，在确保有良好的流动特性的前提下，又要求尽量提高充填料浆浓度。一般地，提高全尾砂胶结料浆的浓度，可以较大幅度地提高其力学强度(表5-7)。原则上在管道输送工艺可行的情况下，全尾砂胶结充填料浆的浓度越高，对提高充填体的力学强度越有利。在工业应用中一般以满足充填系统的输送要求为前提尽量提高料浆浓度。

表5-7 南京银茂铅锌矿全尾砂胶结充填料试块强度

试块编号	质量分数/%	坍落度/cm	灰砂比	试块体积密度/(g·cm^{-3})	单轴抗压强度/MPa		
					3 d	7 d	28 d
1	78.28	15.5	1∶8	2.03	0.59	1.11	3.89
2	77.20	20.5	1∶8	1.99	0.52	1.18	3.77
3	75.56	22.8	1∶8	1.97	0.44	0.83	2.85
4	75.91	21	1∶12	2.05	0.20	0.45	1.67
5	73.6	23	1∶12	1.97	0.19	0.39	1.23
6	71.49	24.5	1∶12	1.93	0.19	0.35	0.78
7	74.62	21	1∶12	2.01	0.18	0.37	0.99
8①	74.62	23.5	1∶12	2.02	0.18	0.41	0.99

注：①配方中添加木钙减水剂。

3)尾砂粒级的强度关系

(1)全尾砂的细泥影响

全尾砂中的细泥含量较高，与分级粗尾砂相比，在相同高浓度条件下，达到同一强度所需的水泥耗量增加30%~40%。如采用金川尾砂库的自然分级粗尾砂作为充填集料，当充填料质量分数为70%时，水泥耗量为180 kg/m^3，28 d的抗压强度为2.3 MPa；而采用全尾砂作为集料，在相同浓度下达到相同强度的水泥耗量为250 kg/m^3。若使全尾砂胶结料28 d强度达到2.3 MPa，水泥耗量降低到180 kg/m^3，则全尾砂胶结料的质量分数为75%~76%；若使全尾砂胶结料的抗压强度为 4 MPa 以上，则水泥耗量需要在 300 kg/m^3 以上。

(2)添加粗集料的影响

在全尾砂中加入部分粗集料，粗细颗粒相搭配，细粒料填充粗粒料的孔隙，能明显提高充填料密实度，从而可提高充填体的力学强度，或在相同强度要求下降低水泥耗量。添加粗集料的类型与比例，与强度指标有较明显的相关度。在铜绿山铜矿全尾砂水淬渣胶结充填料中，水淬渣占 40%的充填料试块强度比水淬渣占 30%的试块强度有所提高(表 5-8)。

表 5-8　铜绿山铜矿全尾砂水淬渣胶结料试块单轴抗压强度

养护期/d	质量分数/%	不同全尾砂与水淬渣质量比下的试块强度/MPa	
		7 : 3	6 : 4
14	82	1.7	—
	83	2.1	2.5
	84	2.3	2.8
	85	—	3.0
28	82	2.4	—
	83	2.8	3.3
	84	3.2	3.6
	85	—	4.3

注：灰砂比为 1 : 10。

在金川镍矿的全尾砂中加入 50%的-25 mm 的碎石后，灰砂比为 1 : 8 的试块抗压强度可达到 4 MPa，其水泥耗量可以控制到 150~180 kg/m^3；加入 40%的碎石充填料，其抗压强度明显低于加入 50%碎石的充填料(图 5-10)。

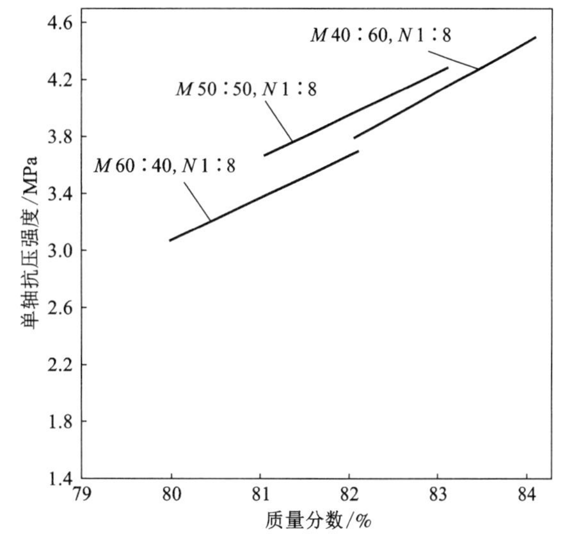

M—全尾砂与碎石质量比；*N*—灰砂比。

图 5-10　金川镍矿全尾砂碎石胶结料试块强度曲线

5.3　两相流水力充填

两相流水力充填是指用水作为充填料的输送载体，通过管道以两相流态输送到充填工作面，经过脱水后形成充填体的充填方式。根据充填料粒径，水力充填主要有粗粒级水砂充填、细砂水力充填、分级尾砂水力充填 3 种类型。根据是否添加胶凝材料，可分为胶结充填和非胶结充填。

水力充填存在料浆浓度低、耗水量大、井下排水费用高等问题。分级尾砂充填是应用最为广泛的水砂充填工艺，大部分矿山均建有分级尾砂充填系统，其工艺和技术成熟度高，输送浓度为65%~70%。分级尾砂的利用粒径一般为+37 μm，利用率一般在50%左右。

5.3.1 主要特点

(1)水力充填基本要求

水力充填采用管道输送充填料浆，工艺成熟，设备简便，并且能够进行连续输送，易于实现机械化和自动化，能够大大提高充填能力和效率，并且有利于降低成本。水力充填的基本要求如下。

①充填料的粒径范围较宽，粒级组成均匀，能够形成比较密实的充填体。

②充填料粒径不能太细。因为太细的充填料渗透系数小，渗透性能差，脱水、排水效果不理想。

(2)分级尾砂的渗透性

尾砂的渗透系数表征了水从充填料中渗透出来的难易程度。分级尾砂的渗透性与颗粒矿物成分、孔隙形状、级配等密切相关。

一般地，国内外要求分级尾砂的渗透系数在20 ℃条件下达到10 cm/h。按照分级尾砂渗透性能的要求，我国矿山常用的尾砂分级界线为粒径37 μm。当尾矿不足时也适当降低分级界限，如凡口铅锌矿采用的分级界限为20 μm。国外矿山多采用44 μm作为分级界限。

(3)采场脱水

浮选尾砂含有大量的细颗粒，脱水性能差，但水力充填后的脱水非常关键。脱水的速度和质量，直接影响着充填效率和质量。脱水方法有两种，一种是溢流脱水，另一种是渗滤脱水。

溢流脱水是充填料自然沉积后，上部澄清的水经溢流管或溢流孔排出采场。此方法只能使澄清水流出，而不能对充填体内部起到疏干作用。澄清水流出，往往在充填体上形成一层稀泥，不易干涸。因此，在随采随充的采场中，溢流脱水一般与渗滤法配合起来使用。渗滤脱水是利用滤水构筑物将水渗滤出采场的方法。渗滤脱水的构筑物有滤水窗、滤水筒、滤水墙和滤水天井等。

5.3.2 充填料制备

1)充填料制备

水力充填料的制备主要是分级尾砂与粗骨料制备、造浆等。分级尾砂制备主要是采用水力旋流器对全尾砂进行脱泥分级，将粗尾砂用于充填。

(1)水力旋流器

水力旋流器结构见图5-11。影响水力旋流器工作性能的主要因素是其结构参数、进料口压强和进料浓度。

①水力旋流器直径 D

旋流器的处理能力随直径 D 的增加而急剧增加，直径小时，有利于降低分级粒度。

②进料口压强

压强稳定则分级效果好，最好以0.1~0.2 MPa的静压给料。

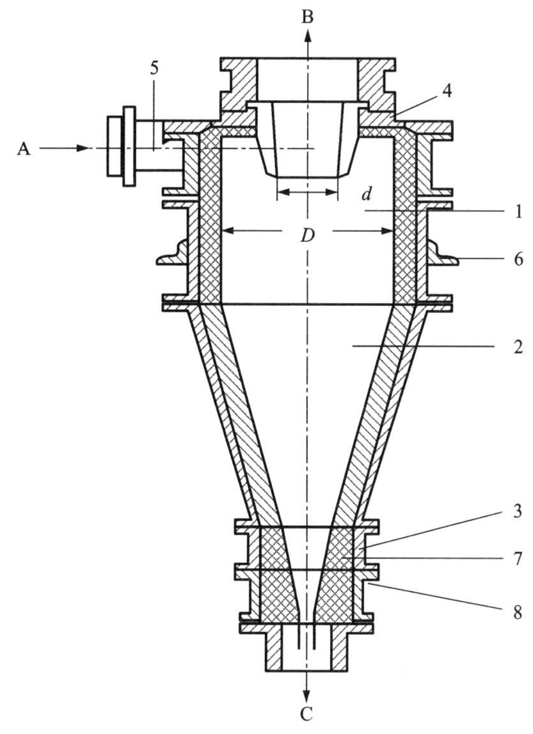

A—进料；B—溢流；C—沉砂；D—水力旋流器直径；d—溢流管直径；1—圆柱体；2—圆锥体；3—排砂口；4—溢流管；5—进料管；6—耐磨橡胶内衬；7—金属加强环；8—压气入口。

图 5-11　衬胶水力旋流器结构示意图

③进料浓度

进料浓度低则分级效果较好，浓度高则溢流粒度大。由于各矿的尾砂的条件差别很大，旋流器的各项结构参数和操作参数最终要以试验数据为准。

用于尾砂分级的旋流器直径一般为 20～50 cm，内衬橡胶或辉绿岩铸石构件。分级压力一般为 0.07～0.15 MPa。当旋流器锥角为 20°，进料口压力为 0.1 MPa 时分级粒径见表 5-9。

表 5-9　水力旋流器的分级粒径

旋流器直径/cm	20	25	30	35	50
生产能力/($m^3 \cdot h^{-1}$)	5～8	7.5～14	13～18	16～25	25～50
溢流最大粒径/μm	26～124	32～124	36～150	44～180	52～240
进料管直径/cm	2.5～10	5～10	7.5～15	7.5～15	15～20

(2)水力旋流器组

水力旋流器的分离效率和生产能力对旋流器的尺寸要求是相互矛盾的。在同样操作压力条件下，尺寸较小的旋流器具有较高的分离效率和较小的分离粒度，但相应的生产能力也较小。因此在既要满足分离要求又要保证生产能力的同时，采用多台旋流器并联方式是最合适的。旋流器并联布置时，还具有维修方便不影响整个工艺系统连续操作的优点。

采用多台小直径旋流器并联布置时，根据不同的生产能力要求，并联旋流器的数量可以从数台至数百台。并联多台旋流器时，要保证每台旋流器进口条件基本一致，如进口压力、进料流速和进料浓度等。因此，采用合理的结构布置，对保证分离要求和节能都有很大影响。旋流器的排列方式有 4 种，即水平线形布置、垂直线形布置、圆周排列布置和辐射布置，如图 5-12 所示。

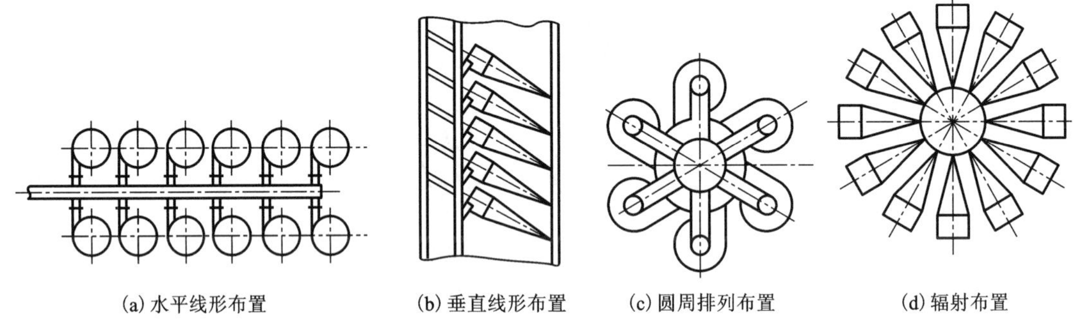

(a) 水平线形布置　(b) 垂直线形布置　(c) 圆周排列布置　(d) 辐射布置

图 5-12　水力旋流器排列方式

水平线形布置方式具有连接简单、弯道少的优点，但随着并联旋流器台数的增加，结构的紧凑性变差，见图 5-12(a)。所以这种布置方式的旋流器组的台数不宜太多。图 5-12(b)是另一种旋流器线形布置方式。旋流器接近水平倾斜安装而成垂直排列，装置十分紧凑，减少了占地面积，有效利用了空间。相比之下，图 5-12(c)中的圆周排列方式，在保证各台旋流器进口条件相同方面更为有利。因为按圆周中心对称布置，每台旋流器与中心进料管间的管路长度和直径完全相等，保证了进料分布均匀一致。图 5-12(d)是多台并联旋流器最常用的布置形式——辐射布置。旋流器的安装一般采用垂直安装或成一定倾角的倾斜安装，各台旋流器的底流汇集于环绕中心进料管的共用底流槽内集中排出。当并联的旋流器台数较多时，可将旋流器排列在数层不同直径的同心圆周上形成多层结构。在处理大流量且固相粒度细的物料时，趋于采用多台多列方式，以使每个旋流器组的台数不至于太多，避免分布器和出口流集液箱等结构过于复杂。

2)充填物料储存

充填物料的储存设施主要包括水泥仓、砂仓等，输送系统可按物料类型分为浆体物料、粉料、粗颗粒物料等几种输送系统。

(1)水泥仓

水泥是目前胶结充填中应用最为广泛的胶凝材料。在大规模工业应用中通常采用散装水泥。散装水泥的优点是劳动生产率高、便于实现机械化作业；水泥的装卸均可在密闭系统中进行，作业条件大为改善；袋装水泥的包装费占水泥生产成本的 20%，因而散装水泥的成本便有所降低；减少了水泥在倒运过程中的耗损；延长了水泥使用的有效期。

散装水泥的储存仓有圆柱形和棱柱形两种(图 5-13)，以圆柱形仓居多。水泥仓应满足下列要求：密闭性好并防潮，水泥进仓及出仓的机械化程度高，飞灰和污染少，仓内黏结现象少，出仓的流动性好等。筒式水泥仓的高径比一般取 1.5~2.5。确定水泥仓的高度时，应考虑与输送水泥入仓设备的提升高度相匹配。圆柱形水泥仓的仓底常做成圆锥形，用钢板焊制而成[图5-13(a)]；四棱柱形水泥仓的仓底则多为四棱锥形，并用钢筋混凝土浇筑而成[图5-13(b)]。前者锥体倾角不大于60°，后者锥体倾角不大于65°。

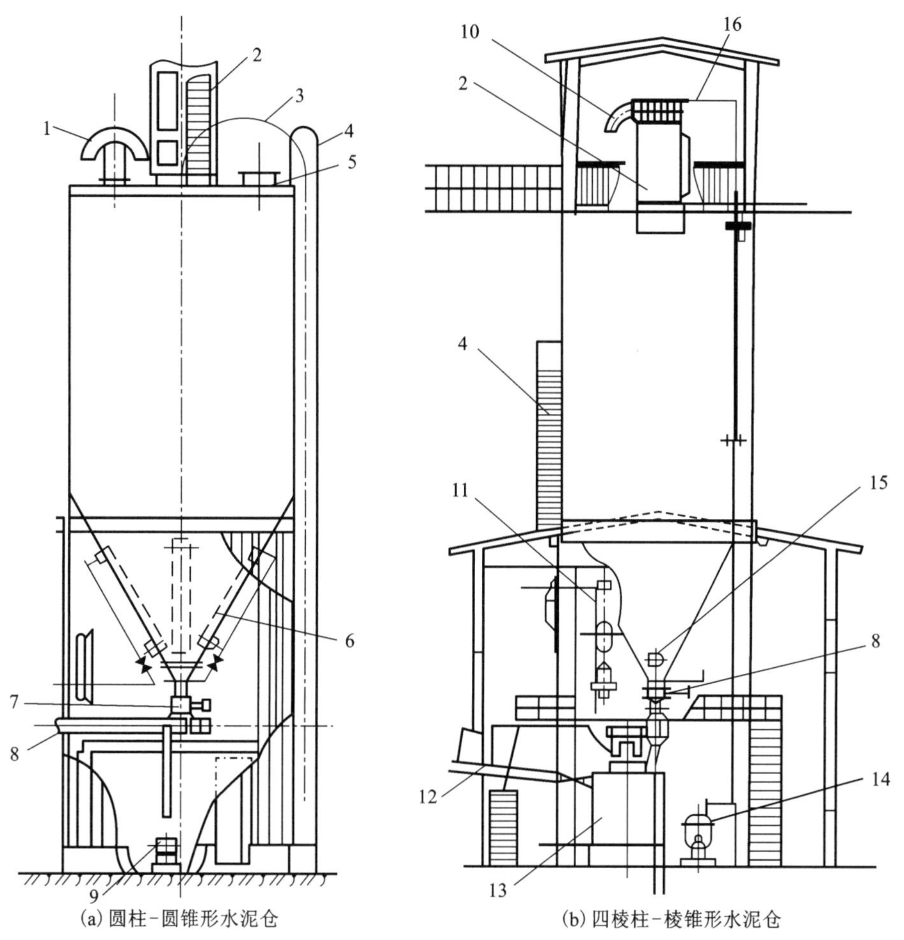

1—仓顶排气口；2—收尘器；3—水泥气力输送管；4—爬梯；5—人孔；6—助流破拱气碟；7—叶轮式给料机；8—螺旋输送机；9—空压机；10—收尘器排风管；11—手拉葫芦；12—尾砂浆管；13—搅拌桶；14—气水分离器；15—仓壁振打器；16—法兰。

图5-13 散装水泥储存仓结构示意图

(2)砂仓

砂仓是水砂充填系统中的主要构筑物之一。常用的砂仓有立式砂仓和卧式砂仓。立式砂仓占地面积小，基建投资大，综合生产能力高，经营费用较低，适用于大、中型矿山充填。卧式砂仓所需工业场地较大，基建投资少，系统综合生产能力受砂仓有效容积和砂料补给能力的限制，经营费用较高，适用于中、小型矿山充填。

①立式尾砂仓

立式尾砂仓是储存尾砂的一种筒仓，其几何形状为圆柱形仓体圆锥底(图5-14)。立式砂仓一般由仓顶、溢流槽管、仓底、仓内造浆管件以及仓座5部分组成。

仓顶结构包括仓顶房、进砂管、水力旋流器(有的仓顶不设置)、料位测定仪和人行栈桥等。溢流环槽位于仓顶内壁,槽底有朝向溢流管接口处汇集的坡度。溢流环槽的作用是降低溢流的速度,并减少粗尾砂的流失。仓底主要包括造浆管件及放砂口,是砂仓的关键部位。

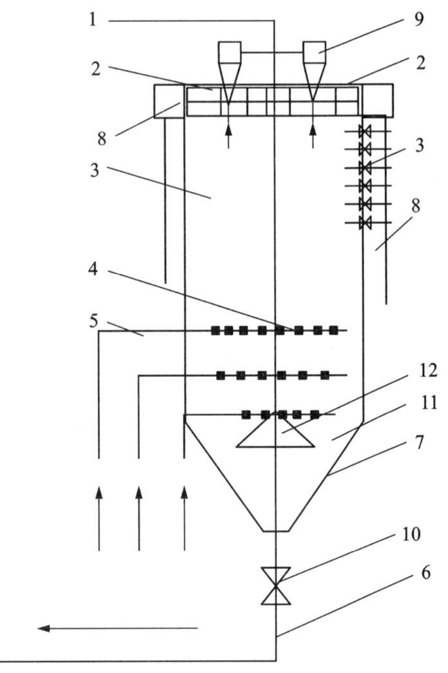

1—进砂管;2—仓顶;3—仓体;4—气水喷嘴;5—供气(水)管;6—出砂管;7—锥形底;8—溢流管;9—水力旋流器;10—放砂阀门;11—环形放砂圈;12—锥形帽。

图 5-14 立式尾砂仓结构示意图

②卧式砂仓

根据砂仓的出料设备不同,卧式砂仓可分为电耙出料、抓斗出料、水枪出料 3 种砂仓形式。

a. 电耙出料的卧式砂仓

电耙出料的卧式砂仓如图 5-15 所示。粗尾砂在平底砂仓中脱水后,经电耙耙入螺旋输送机(或者皮带输送机),再进入搅拌桶。这种砂仓结构施工容易、基建投资小。但生产能力低,计量控制也不甚理想。

b. 抓斗出料的卧式砂仓

抓斗出料的卧式沙仓如图 5-16 所示。抓斗必须与皮带输送机、圆盘给料机配合使用。包括两段控制设备、两段运输设备、一套计量设备。由于是间断供料,需要较大的中间料仓以存储物料,最终实现连续供料。

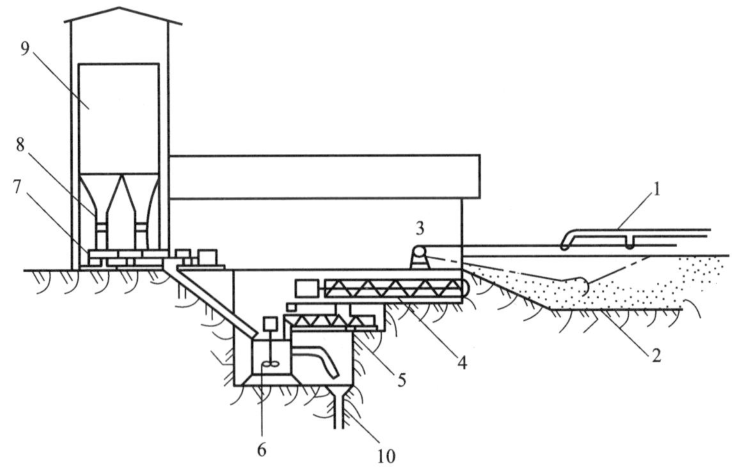

1—尾砂管道;2—电耙;3—绞车;4—尾砂输送螺旋;5—计量螺旋;6—搅拌桶;7—水泥螺旋输送机;8—叶轮给料机;9—水泥库;10—钻孔。

图 5-15 电耙出料的卧式砂仓

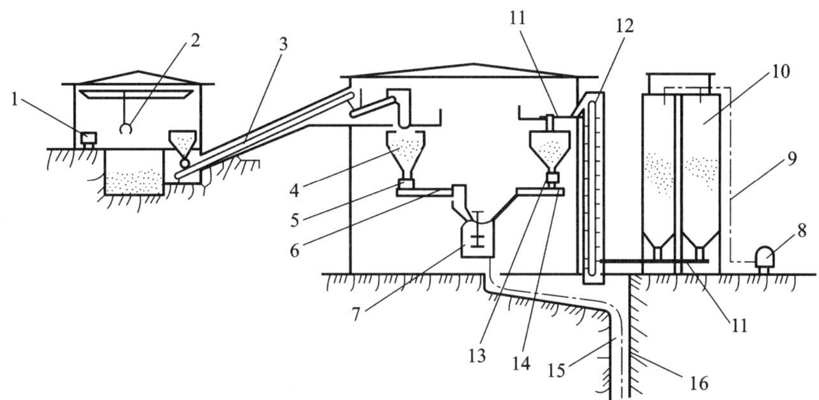

1—载重 60 t 准轨自卸车厢；2—载重 15 t 抓斗 2 台；3—B1000 mm 皮带；4—40 t 砂仓 5 个；5—圆盘给料机；6—B500 mm 给砂皮带；7—搅拌桶；8—水泥罐车；9—吹灰管；10—水泥仓；11—空气送灰斜槽；12—斗式提升机；13—叶轮给料机；14—螺旋输送机；15—充填管；16—充填天井。

图 5-16　抓斗出料的卧式砂仓

c. 水枪出料的卧式砂仓

水枪出料系统如图 5-17 所示。来自选厂的尾矿浆，经水力旋流器分级脱泥后的沉砂进入矩形卧式砂仓。仓底两侧面和一个端面均以 15%的坡度指向出砂口，用水枪将分级尾砂冲入搅拌桶，在搅拌桶制备好的砂浆，其流量和浓度的检测均采用搅拌桶下的流量计和浓度计。

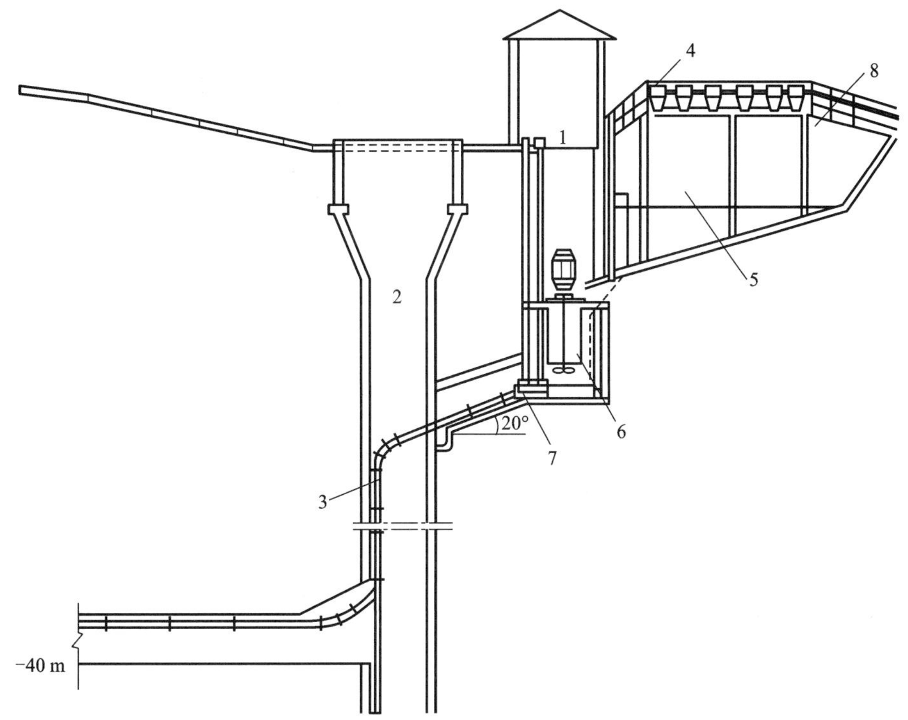

1—砂浆；2—副井；3—尾砂充填管(2 条)；4—水力旋流器；5—贮砂池；6—搅拌机；7—砂浆；8—水枪。

图 5-17　水枪出料系统

3) 水泥的添加

水泥添加方式的选取不仅关系到成本问题，而且还关系到环境保护和劳动条件改善问题。水泥添加工艺流程如图 5-18 所示。散装水泥车将水泥运送至充填站，然后将散装水泥罐车的输送管路与水泥仓的进料管路相接，通过散装水泥罐车的气体压力将罐内水泥输送到水泥仓内。当需要充填时，打开水泥仓锥体底部的闸板，水泥通过螺旋输送机进行输送，同时采用计量装置进行计量，根据计量情况自动调节螺旋输送机输送量，从而实现水泥的精确计量与控制。通过料位计可以观察到仓满和缺料情况。在放料的过程中，如果出现“起拱”现象，需及时破拱，保证水泥供应顺畅。

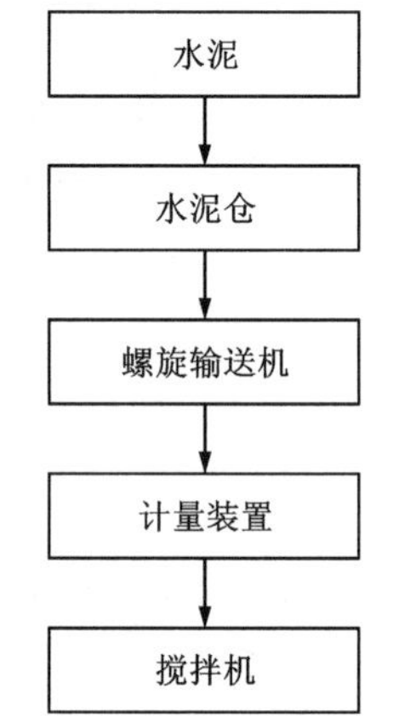

图 5-18　水泥添加工艺流程示意图

4) 料浆搅拌

进行胶结充填时一般采用搅拌器制备混合料浆。搅拌器多数是中心式垂直安置的，国外也有斜置在槽内的搅拌器。图 5-19 为国内常见的充填料浆搅拌桶。

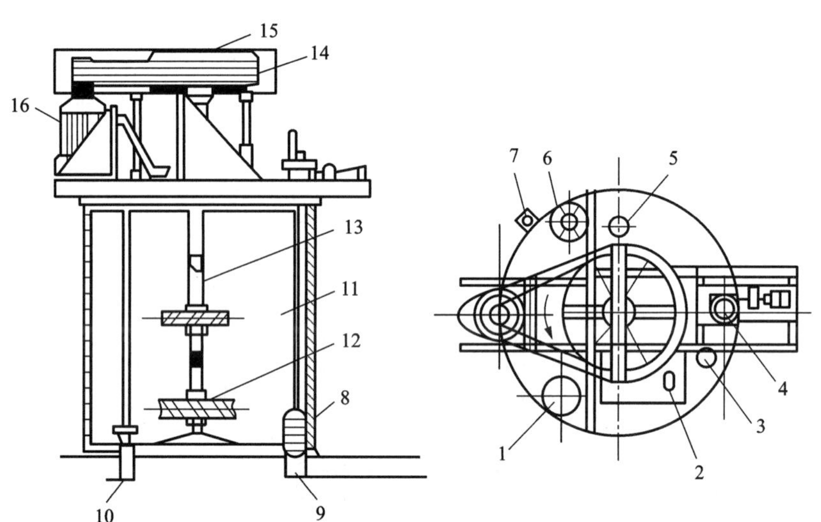

1—砂浆给料口；2—有密封盖的观察口；3—收尘口；4—电动排浆阀；5—水泥给料口；6—事故排浆阀；7—溢流管；8—滤网；9—排浆口；10—事故排浆口；11—搅拌桶；12—双叶轮；13—中心轴；14—传动皮带；15—皮带轮；16—电动机。

图 5-19　国内常见的充填料浆搅拌桶

搅拌桶多用推进器式搅拌器，有单轮和双轮两种。电机的功率取决于浆体浓度、搅拌器的转速和直径，以及搅拌器的结构。搅拌桶的容积可按式(5-8)和式(5-9)确定。

$$V_E = \frac{Q_j}{60}t \tag{5-8}$$

$$V = \left(\frac{1}{0.66} \sim \frac{1}{0.6}\right) V_E \tag{5-9}$$

式中：V 为搅拌桶容积，m^3；V_E 为搅拌桶有效容积，m^3；Q_j 为搅拌槽需要制备混合料浆的能力，m^3/h；t 为搅拌时间，一般取 2~5 min。

搅拌桶的容积不宜过大，否则设备能耗过大。国内常见的充填料浆搅拌桶型号及参数见表 5-10。为了提高制备能力，并保持料浆的停留时间不变，需要研制大型搅拌槽，其参数见表 5-11。

表 5-10　搅拌桶型号及参数

搅拌桶尺寸		有效容积 $/m^3$	搅拌器		电动机		外形尺寸		质量 /kg
直径/mm	高度/mm		直径/mm	转速 $/(r \cdot min^{-1})$	型号	功率/kW	总高/mm	最大长度/mm	
1000	1000	0.58	240	530	Y100L-6	1.5	1665	1300	685
1500	1500	2.2	400	320	Y132S-6	3	2386	1690	861
2000	2000	5.6	550	230	Y132ml-6	4	3046	2381	1240
2500	2500	11.2	625	230	Y160M-6	7.5	3546	2881	3462
3000	3000	19.1	700	210	$Y200L_2$-8	22	4325	3266	4296

表 5-11　大型高浓度搅拌槽参数

搅拌桶尺寸		有效容积 $/m^3$	搅拌器			电动机		质量 /kg
直径/mm	高度/mm		叶轮类型	转速$/(r \cdot min^{-1})$	数量/个	型号	功率/kW	
10000	10400	788	船舶推进式	38.1~43.2	2	JS116-6	95	78358
8500	8500	488	船舶推进式	25.8~43.5	1	JS115-6	75	52928

5.3.3　两相流管道输送

1）两相流管道输送参数

两相流管道输送的主要参数有料浆浓度、粒级组成、临界流速与经济流速及充填倍线等。

（1）料浆浓度

料浆浓度由质量分数和体积分数表征。充填料浆的质量分数用公式（5-10）表示为：

$$C_w = \frac{\gamma_s}{\gamma_s - 1} \times \left(\frac{\gamma_m - 1}{\gamma_m}\right) \times 100\% \tag{5-10}$$

式中：C_w 为料浆质量分数，%；γ_s 为固体物料密度，t/m^3；γ_m 为浆体密度，t/m^3。

充填料浆的体积分数用公式（5-11）表示为：

$$C_V = \frac{\gamma_m - 1}{\gamma_s - 1} \tag{5-11}$$

式中：C_V 为料浆体积分数，%。

料浆质量分数与体积分数的关系用公式(5-12)表示为：

$$C_w = \frac{C_V \cdot \gamma_s}{1 + C_V(\gamma_s - 1)} \tag{5-12}$$

(2)粒级组成

固体物料的粒级组成是指粒状物料中不同粒径颗粒的百分含量。工程中常用不均匀系数与平均粒径来表示粒状物料的级配情况。粒状物料的不均匀系数是指粒级组成均匀程度的系数，工程上通常以 d_{90}/d_{10}、d_{95}/d_{cp}、d_{60}/d_{10} 来表示。其中 d_{95}、d_{90}、d_{60}、d_{10} 是粒级组成中粒径累计曲线上 95%、90%、60%、10%处各自对应的粒径，d_{cp} 表示平均粒径，是水力输送计算中常用的参数；d_{95}、d_{90}、d_{60} 反映了粒状物料中较大颗粒的粒径，d_{10} 反映小颗粒的粒径；不均匀系数愈大，则表示粒状物料中大小颗粒的含量相差愈大，粒级组成愈不均匀。塔博研究认为，d_{60}/d_{10}=4~5 时，粒状物料的密实度最好，充填料级配比较合理。

(3)临界流速与经济流速

临界流速是指输送非均质充填料浆时，固体颗粒不发生沉积的最小流速。在此流体状态中所有固体颗粒处于悬浮状态，是阻力损失最小的流速，也是输送充填料浆的下限流速。比临界流速更低的流速将导致在管底形成固体颗粒的沉淀床。临界流速随着颗粒粒度、颗粒密度的增加而增加。临界流速初始阶段是随浓度增加而增大的，但当浓度继续增加到一个限值时，临界流速反而随着浓度的继续增加而减小，这是由于浓度高时细颗粒始终在水中悬浮，而较大的颗粒在流体中更易于悬浮。

临界流速除通过试验确定外，也可用下列经验公式近似计算。计算临界流速的经验公式很多，都有其局限性，因而计算结果出入很大。

尾矿粒级较细，可采用如式(5-13)所示的 B. C. 克诺罗兹公式计算。

$$v_k = 0.20(1 + 3.43\sqrt[4]{C'_w D_k^{0.75}})\beta \tag{5-13}$$

式中：v_k 为临界流速，m/s；C'_w为料浆的质量稠度；D_k 为输送管道的管径；β 为流速校正系数，按式(5-14)计算。

$$\beta = \frac{\frac{\gamma_s}{\gamma} - 1}{1.7} \tag{5-14}$$

式中：γ，γ_s 分别为清水和固体的密度，当 $\beta \leqslant 1$ 时，不乘此系数。

经济流速是指在充填生产时使充填料浆输送的总成本最低的流速，与管径、料浆性质等多种因素有关，也是正常生产时的最优工作流速。在重力自流输送前提下，实际输送速度为临界流速的 1.2~2 倍。一般认为，对于-60 mm 的山沙，$v_{min} \geqslant 4.0$ m/s，$v_{max} \leqslant 7.0$ m/s；对于-5 mm 的河沙，$v_{min} \geqslant 2.5$ m/s，$v_{max} \leqslant 4.0$ m/s；通常分级尾砂输送速度则为 1.5~4 m/s。

(4)充填倍线(N)

利用自然压头进行水力充填时，常用“充填倍线”来表征水力充填系统的特征。在实际生产与设计中，若不考虑局部损失、无压头和负压区影响，简易计算方法可用式(5-15)表示：

$$N = \frac{L}{H} \tag{5-15}$$

式中：L 为充填管道的总长度，m；H 为充填管入口与出口间的垂直高差，m。

对于一个既定的充填系统，充填倍线反映了系统所能达到的输送能力。但是充填倍线实际上受很多经常变化的因素的影响，如满水点的位置、料浆浓度、负压区段的范围、水头损失等，并受开拓系统、作业方式、充填地点的变动及输送能力的影响。实际生产中的充填倍线是个经常变化的值。

2)管道输送水力计算

两相流输送理论是在紊流理论的基础上发展起来的，还不完善，尚缺乏足够说明两相流本质的完整理论。有下述比较流行的 3 种理论，即扩散理论、重力理论以及能量理论。

(1)扩散理论

两相流中的固体颗粒与流体质点一样，一起参加扩散，视水与固体颗粒没有什么相对运动，而是以同一速度一起向流动方向运动，而且紊流程度愈大，扩散的程度愈充分。计算两相流水头损失的基本公式为：

$$i_j = i_0 \gamma_j \tag{5-16}$$

式(5-16)说明，砂浆的水力坡度(i_j)等于清水流动时的水力坡度(i_0)与两相流的密度(γ_j)的乘积。水力坡度代表着导管(或槽、渠等)单位长度上所损失的水头(米水柱高)。

由体积分数 $C_V = \dfrac{\gamma_j - 1}{\gamma_k - 1}$ 可换算出 $\gamma_j = C_V(\gamma_k - 1) + 1$，代入式(5-16)得：

$$i_j = [C_V(\gamma_k - 1) + 1] i_0 \tag{5-17}$$

式(5-17)适用于平均粒径 $d_p < 0.15$ mm，细粒含量多的尾砂，尤其对泥浆输送适用。一般砂浆体积分数在 30%~40%以下，其计算值比实测值小 30%以上。

(2)重力理论

该理论从能量观点出发，认为两相流比纯水流动消耗能量多。根据能量守恒定律，多消耗的能量就是维持固体颗粒悬浮所做的功，其阻力计算公式为：

$$i_m = i_0 + \Delta_i \tag{5-18}$$

式中：i_m 为浆体的水力坡度，Pa/m；i_0 为清水的水力坡度，Pa/m；Δ_i 为固体存在的附加水力坡度，Pa/m。

重力理论认为固体颗粒的加入不会改变水在流动过程中的力学性质，即黏性和密度都不发生改变，固体颗粒的悬浮是由水的紊流产生脉冲引起的。与扩散理论相比，该理论考虑了固体颗粒与水之间的相互作用，不足之处是只考虑了固体颗粒悬浮所消耗的能量，而没有考虑颗粒运动所消耗的能量。因此，重力理论近似于粗颗粒低浓度水力输送的情况，对于含有大量细颗粒、高浓度的浆体计算误差较大。基于该理论的管流阻力公式有卡杜里斯基公式、Durand 公式、金川公式等。

①卡杜里斯基公式

$$i_m = i_0 + \alpha \cdot \frac{\rho_s - \rho_w}{\rho_s} \cdot C_w \cdot \frac{\omega}{v} \tag{5-19}$$

$$i_0 = \lambda \frac{v^2}{2gD} \tag{5-20}$$

$$\lambda = \frac{K_1 \cdot K_2}{\left(2\lg \dfrac{D}{2\Delta} + 1.74\right)^2} \tag{5-21}$$

式(5-19)、式(5-20)、式(5-21)中：i_m、i_0 分别为相同管径和流速下浆体与清水的水力坡度，×9.8 kPa/m；λ 为清水阻力系数；K_1 为管道敷设质量系数，取 1~1.15；K_2 为管道接头系数，取 1~1.18；Δ 为管道粗糙度，m；D 为管道内径，m；v 为料浆平均流速，m/s；g 为重力加速度，9.8 m/s^2；ρ_s、ρ_w 分别为尾砂与水的容重，t/m^3；C_w 为料浆质量浓度，%；ω 为颗粒在静水中的加权沉降速度，cm/s，由式(5-22)计算：

$$\omega = \sum \omega_i P_i \delta \tag{5-22}$$

其中：ω_i 为某一粒级的颗粒沉降速度，cm/s；P_i 为某一粒级所占比例；δ 为颗粒形状系数，对于磨细的物料，取 $\delta=0.8$。

颗粒沉降速度与颗粒直径相关，不同直径的颗粒，其沉降速度计算公式分别为：

当 $d_i<0.3a$ 时，

$$\omega_i = 5450 \cdot d_i^2 \cdot (\rho_s - 1) \tag{5-23}$$

当 $0.3a \leqslant d_i<a$ 时，

$$\omega_i = 123.04 \cdot d_i^{1.1} \cdot (\rho_s - 1)^{0.7} \tag{5-24}$$

当 $a \leqslant d_i<4.5a$ 时，

$$\omega_i = 107.71 \cdot d_i \cdot (\rho_s - 1)^{0.7} \tag{5-25}$$

当 $d_i \geqslant 4.5a$ 时，

$$\omega_i = 5.11 \cdot \sqrt{d_i \cdot (\rho_s - 1)} \tag{5-26}$$

式中：$a=\sqrt[3]{\dfrac{0.0001}{\rho_s-1}}$。

②Durand 公式

Durand 对粒状物料的圆管水力输送进行了系统的试验研究。试验管径为 19.1 mm 到 584.2 mm，粒径为 0.1 mm 到 25.4 mm，流速为 0.61 m/s 到 6.1 m/s。在试验结果的基础上，获得了管流阻力的经验计算公式：

$$i_m = i_0 \left\{ 1 + K \cdot C_V \cdot \left[\frac{gD(\rho_s - 1)}{v^2 \sqrt{C_d}} \right]^{1.5} \right\} \tag{5-27}$$

式中：v 为料浆平均流速，m/s；C_V 为料浆体积分数，%；ρ_s 为尾砂密度，t/m^3；K 为常数，取 82；C_d 为沉降系数，可由式(5-28)进行计算：

$$C_d = \frac{4}{3} \cdot \frac{(\rho_s - 1) \cdot d_p \cdot g}{\omega^2} \tag{5-28}$$

式中：ω 为颗粒静水加权沉降速度，其计算公式与式(5-22)一致；d_p 为颗粒的平均粒径，mm。

Durand 公式的基础是重力理论，认为固体颗粒的加入，要消耗比输送清水更多的能量来维持固体颗粒悬浮。但当料浆流速较小时，大多数固体粗颗粒已经处于非悬浮状态，因此，应用 Durand 公式的计算值一般偏大。同时，该公式认为压力梯度的增量与体积分数成正比，这在后来的研究中被证明是不正确的。我国冶金矿山设计部门提出其适用条件是相对密度、粒径不限，一般用于砂、石的管道水力输送计算。

③金川公式

金川集团为了解决胶结充填料的输送问题，用-3 mm 棒磨砂($d_p=0.615$ mm，$\rho_s=2.67$ t/m^3)和水泥制成不同浓度和灰砂比的砂浆，进行了大量的管道输送试验，得出了和

Durand 公式类似的阻力计算公式，如式(5-29)所示：

$$i_m = i_0\left\{1 + 108C_V^{3.95}\left[\frac{gD(\rho_s - 1)}{v^2\sqrt{C_d}}\right]^{1.12}\right\} \tag{5-29}$$

式中各符号与前述一致，但计算结果通常要乘以 1.2 的安全系数。金川公式在试验数据的处理过程中采纳了 Durand 公式，但摒弃了压力梯度增量与料浆体积分数成正比的错误观点，采用更为合理的幂律关系，使计算值与实测值更加吻合。该公式适用于低浓度情况下细砂胶结充填料的管道输送计算。

(3)能量理论

鉴于扩散理论和重力理论在固体物料水力输送中的不完整性和片面性，苏联煤炭科学研究院提出了能量理论，该理论综合考虑了扩散理论和重力理论的不足，涉及料浆容重的变化和被输送颗粒的附加阻力损失，计算公式为：

$$i_m = i_0 \cdot \rho_m + \Delta_i \tag{5-30}$$

式中：ρ_m 为料浆密度，t/m^3。属于这种理论体系的有苏联煤炭科学研究院公式、鞍山黑色冶金矿山设计研究院公式等。

①苏联煤炭科学研究院公式

$$i_m = i_0\frac{\rho_m}{\rho_w} + \frac{\sqrt{gD}(\rho_m - \rho_w)}{K\psi v\rho_w} \tag{5-31}$$

式中：i_m、i_0 同前；ρ_w 为水的密度，t/m^3；ρ_m 为料浆密度，t/m^3；K 为系数，$K=1.5\sim3.0$；v 为料浆平均流速，m/s；ψ 为固体颗粒沉降阻力系数，$\psi=C_d\cdot\pi/8$。

根据试验条件，式(5-31)一般适用于 $d_p>5$ mm 的料浆，且 v 须满足式(5-32)。

$$v \leqslant \frac{(gD)^{1/2}}{(\lambda K\psi)^{1/3}} \tag{5-32}$$

式中：λ 为清水阻力系数，其计算公式见式(5-21)。

②鞍山黑色冶金矿山设计研究院公式

$$i_m = \left[i_0 + \frac{\rho_m - 1}{\rho_m}\left(\frac{\rho_s - \rho_m}{\rho_s - 1}\right)^n \frac{\omega}{100v}\right]\rho_m \tag{5-33}$$

式中：ρ_m 为料浆密度，t/m^3；n 为干扰指数，可由式(5-34)进行计算。

$$n = 5\left(1 - 0.2\lg\frac{\omega\cdot d}{\mu}\right) \tag{5-34}$$

其中：μ 为料浆的黏度，Pa · s。该公式适用于任何浓度、粒度及管径，尤其适用于高浓度尾矿输送。

3)管道输送系统参数

管道水力输送需要确定的其他相关参数有管路摩擦阻力系数、流速、局部阻力、总水头和输送泵电机功率等。

(1)管路摩擦阻力系数(λ)

摩擦阻力系数 λ，可根据表 5-12 查出绝对粗糙度(ε)，然后按表 5-13 来选择，或可先计算相对粗糙度($\frac{\varepsilon}{D}$)，再按紊流查图 5-20 选取。图中 f 为范宁摩擦阻力系数，按 $\varepsilon=4f$ 计算。

表 5-12 各种管道的绝对粗糙度 ε 单位：mm

管道种类	ε
新的无缝钢管，镀锌管	0.05~0.2
稍有侵蚀的钢管和无缝钢管	0.2~0.3
新生铁管	0.3~0.5
旧钢管，侵蚀显著的无缝钢管	0.5 以上
旧生铁管	0.86~1.0

表 5-13 按尼古拉兹公式计算的 λ

ε/mm	管径/mm									
	0.075	0.1	0.125	0.150	0.175	0.20	0.25	0.30	0.40	0.50
0.2	0.0253	0.0234	0.0221	0.0211	0.0202	0.0196	0.0136	0.0178	0.0167	0.0150
0.5	0.0332	0.0304	0.0284	0.0270	0.0258	0.0249	0.0234	0.0207	0.0207	0.019
1.0	0.0418	0.0380	0.0352	0.0332	0.0316	0.0304	0.0284	0.0249	0.0249	0.023

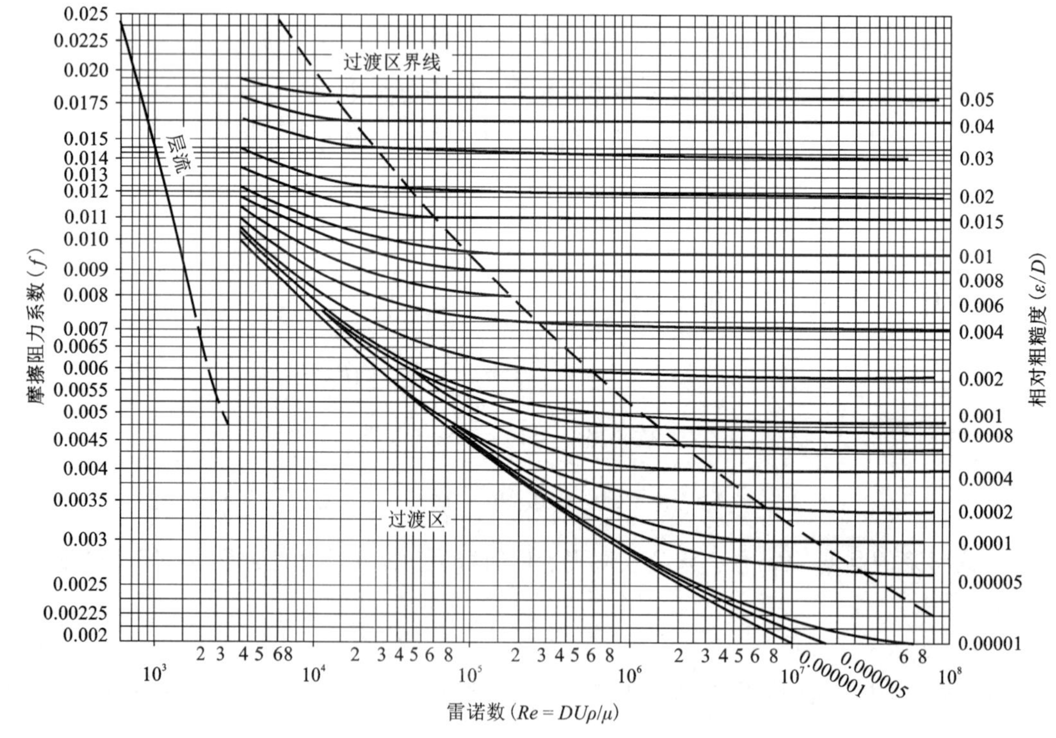

图 5-20 管道紊流的摩擦阻力系数

(2)流速(v)。按公式 $Q_j=\frac{\pi}{4}D^2v$，求 v 值。

(3)局部阻力(h_j)：可按式(5-35)计算，或按表 5-16 的折算长度，计入总长度。

$$h_j = \xi \frac{v^2}{2g} \tag{5-35}$$

式中：ξ 为局部阻力系数，可查表 5-14 及表 5-15。

表 5-14　缓慢转弯阻力系数

R/d	N	θ							
		15°	30°	45°	60°	90°	120°	160°	180°
1.0	1.0	0.256	0.440	0.560	0.650	0.800	0.904	0.992	1.064
	1.5	0.384	0.660	0.840	0.984	1.200	1.360	1.488	1.596
1.5	1.0	0.192	0.330	0.420	0.492	0.600	0.678	0.744	0.798
	1.5	0.288	0.495	0.630	0.738	0.900	1.017	1.116	1.197
2.0	1.0	0.154	0.264	0.336	0.394	0.480	0.542	0.595	0.638
	1.5	0.230	0.396	0.504	0.590	0.720	0.812	0.893	0.958
3.0	1.0	0.115	0.198	0.252	0.295	0.360	0.407	0.416	0.479
	1.5	0.173	0.297	0.378	0.443	0.54	0.610	0.670	0.718
注		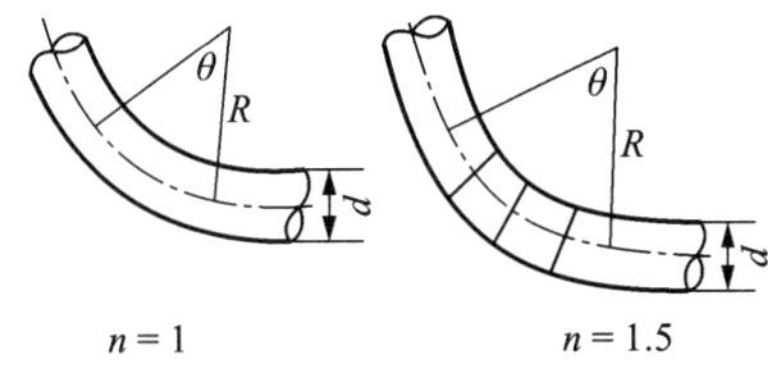							

表 5-15　急转弯阻力系数

θ/(°)	30	40	50	60	70	80	90
ξ	0.2	0.3	0.4	0.55	0.7	0.9	1.1

表 5-16　各种管件折合长度　　单位：m

名称	50	63	76	100	125	150	200	250
弯头(90°)	3.3	4.0	5.0	6.5	8.5	11.0	15.0	19.0
管通接头	1.5	2.0	2.5	3.5	4.5	5.5	7.5	9.5
全开阀门	0.5	0.7	0.8	1.1	1.4	1.8	2.5	3.2
三通	4.5	5.5	6.5	8.0	10.0	12.0	15.0	18.0
逆止阀	4.0	5.5	6.5	8.0	10.0	12.5	16.0	20.0

(4)总水头(H)

可按公式(5-36)求总水头。

$$H = \frac{\gamma_j}{\gamma_0}(Z_2 - Z_1) + i_j L + \sum h_j \tag{5-36}$$

式中: H 为总水头, ×9.8 kPa; γ_j 为浆体的容重, kg/m^3; γ_0 为水的容重, kg/m^3; Z_1、Z_2 分别为输送管路起止点标高, m; i_j 为浆体水力坡度, ×9.8 kPa/m; L 为管路总长, m。

(5)输送泵电机功率

输送泵电机功率按流量及总压头求出。

$$N = \frac{\gamma_0 Q_j H}{\eta} \times 10^{-3} \tag{5-37}$$

式中: N 为电机功率, kW; Q_j 为流量, m^3/s; H 同前; η 为综合效率。

4)料浆输送方式

充填料的水力输送, 按其特征可分为明槽(管)自流输送、依靠自然压差的管道自流输送、砂泵加压输送和联合输送等。在确定管道输送方式时, 一般应注意以下几个方面:

①利用自然压差的管道自流输送系统比砂泵加压输送简易可靠, 有条件时应尽量采用。

②布置输送管路时, 管道不应超出有压流动的有效水坡线, 以避免在负压区可能出现的堵管事故。同时, 一般情况下, 不得布置成逆坡; 在必须布置成逆坡时, 可考虑在管道最低点安装事故放砂闸门, 并设有能容纳一次放出水砂量的硐室。

③工程中充填倍线值过小时, 不但管道磨损极其严重, 而且井下管道因受冲击力过大摆动严重, 影响安全输送。一般的解决方案有, 一是井下管道垂直段采用两段或多段阶梯法布置[图 5-21(a)], 二是利用井下废旧巷道架设盘管增加水平管长度[图 5-21(b)], 三是钻孔分段施工的减压方式[图 5-21(c)]。

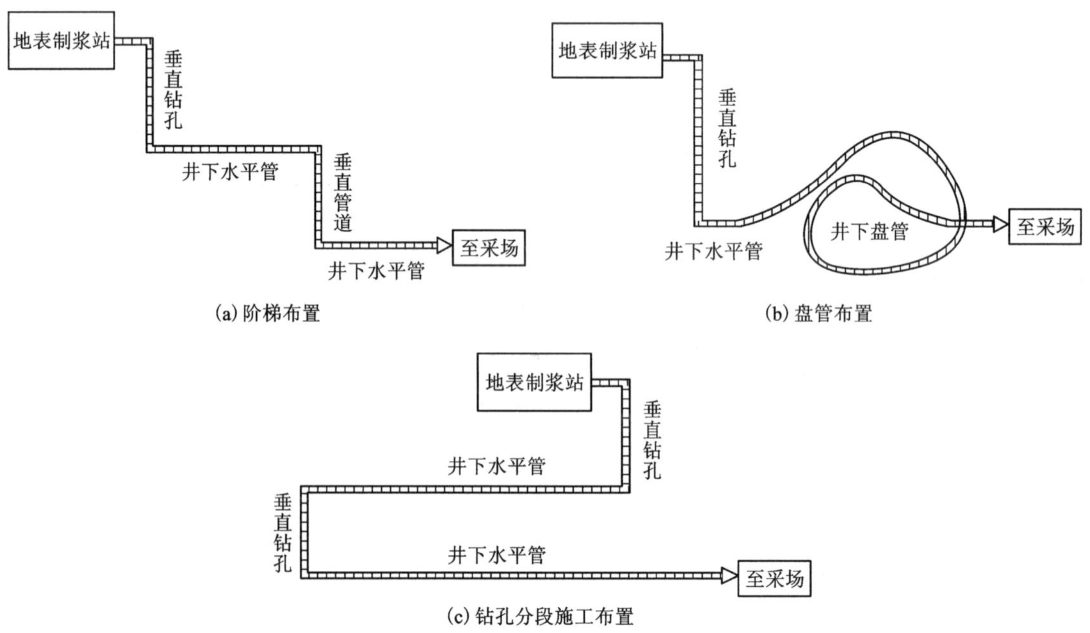

图 5-21 解决充填倍线过小的管道布置形式

5.3.4 水力充填系统

充填料浆一般在地面充填站制备，然后通过输送系统输送到待充地点。

1)充填管道系统的布置

管道系统包括充填钻孔、管道与充填巷道。充填钻孔与管道是专用设施，需要特殊设计。充填巷道可在有条件时借用通风或者出矿巷道，否则必须设计专用充填巷道。

(1)充填钻孔的结构与安装

垂直充填钻孔是充填料浆管道输送的“咽喉”工程，所以施工技术要求严格，以延长其使用寿命。根据钻孔所穿过的岩层稳定程度，充填钻孔的横断面结构有4种形式。成本由高到低排序为：套管内装充填管、套管作充填管、钻孔内装充填管、钻孔作充填管。当钻孔穿过的岩层完整，弱结构面较少时，可以直接将裸露的钻孔作为充填管。钻孔穿过地表第四系表土层或者岩层破碎时，必须加入套管护壁。为了延长钻孔寿命，在套管内安装充填管，需要时可以即时更换充填管。

(2)管道系统

管道系统包括管道、阀门、管接头。

①管道。尾砂充填输送料浆粒径小、流速较低，可选用价格低、来源广泛的水煤气焊缝钢管或铸铁管。主干管可选用厚壁无缝钢管或采用耐磨型低合金无缝管。

②阀门。阀门是浆体输送管道的主要部件，它的寿命和可靠性直接影响整个输送系统运行。使用较多的阀门有球阀、旋塞阀、对夹胶阀、胶管阀、颗粒泥浆阀和三片式矿浆阀等。

③管接头。充填管道连接的方式有以下4种：管箍接头，适用于充填钻孔套管的连接；法兰盘接头，适用于不需经常拆卸且不经常发生堵管的管段的连接；焊接接头，适用于中段间充填钻孔深度不超过100 m套管的连接；柔性管接头，适用于浆体充填水平管道的连接。

管道一般铺设在巷道壁，巷道的底板或者顶板。铺设在巷道壁，巷道底板有利于管道日常巡检与更换，但往往干扰其他作业，从而减小了巷道的断面。管道铺设在巷道底板时，经常出现忽高忽低的情况，不利于管道的清洗，并且容易堵塞管道。因此，将管道敷设在巷道壁或顶板上，可避免上述缺陷。

(3)充填管径与壁厚计算

①临界管径

浆体输送临界管径可按式(5-38)计算：

$$D_l = 0.384\sqrt{\frac{A}{C_w \rho_j v b}} \tag{5-38}$$

式中：D_l 为最小输送管径或临界管径，mm；A 为年输送总量，万 t/a；C_w 为料浆质量分数，%；ρ_j 为料浆密度，t/m^3；v 为浆体输送速度，m/s；b 为每年工作天数，d。

②通用管径

浆体输送通用的管径计算公式适用条件：0.5 mm$<d_{cp}<$10 mm，100 mm$\leqslant D \leqslant$400 mm。

当 $\delta \leqslant 3$ 时：

$$D_t = \left[\frac{0.13Q_k}{\mu^{0.25}(\gamma_j - 0.4)}\right]^{0.43} \tag{5-39}$$

当 $\delta > 3$ 时：

$$D_t = \left[\frac{0.1132Q_k\delta^{0.125}}{\mu^{0.25}(\gamma_j - 0.4)}\right]^{0.43} \tag{5-40}$$

式中：D_t 为通用管径，m；δ 为固体颗粒的不均匀系数，$\delta = d_{90}/d_{10}$；Q_k 为浆体流量，m^3/s；μ 为 d_{cp} 颗粒的静水沉降速度，m/s。

如果计算的管径值与标准管径值不符，可适当放大或缩小，使用接近于计算管径的标准管径，但确定的标准管径必须小于计算的临界管径。

③充填管壁厚

充填管壁厚可按式(5-41)计算：

$$\delta = \frac{p \cdot \varphi}{2[\delta]} + K \tag{5-41}$$

式中：δ 为管材壁厚公称厚度，mm；p 为管道所承受的最大工作压力，MPa；φ 为管道的外径，mm；$[\delta]$ 为管道材质的抗拉许用应力，MPa（焊接钢管，取 60～80 MPa；无缝钢管，取 80～100 MPa；铸铁钢管，取 20～40 MPa）；K 为磨蚀量，mm（钢管，取 2～3 mm；铸铁管，取 7～10 mm）。

在确定管径的同时，要确定管材及内衬。这可从磨损及造价两个方面综合考虑。管材磨损情况可参考表 5-17。

表 5-17　部分金属矿山充填管材磨损情况

矿山名称	充填材料			充填用管材			换管时通过的总充填量($\times10^4$ m^3)			
	名称	体重 /($t \cdot m^{-3}$)	最大粒径 /mm	材质	管径 /mm	壁厚 /mm	水平管	倾斜管	垂直管	弯管
锡矿山锑矿	尾砂		<0.3	无缝钢管	180	6~7	15~20			
	干碎石	2.45	<60	铸铁管	124，151	12		10		
	碎石	2.65	<60	无缝钢管	219	8~10		45	3	1.15~0.5
	胶结			无缝钢管	159~180	5~12	1~2			<0.1
红透山铜矿	尾砂胶结料		0.4	焊接钢管	75	4	5		1~1.5	
				橡胶管	76					0.5~0.7
				岩石钻孔	100	10	>10		>5~7	
凤凰山铜矿	尾砂	3.1~3.3	<0.3	无缝钢管	114	7	9~18			
				无缝钢管	108	4	3~4			
				铸铁管	110	10	>25			
铜绿山铜矿	水淬炉渣	3.3	<40	无缝钢管	150	5				
				无缝钢管	100	4	<1		1.5~2	0.02
				铸铁管	100	10~15	>2			0.15
霍姆斯特克金矿	尾砂	3.04	<0.3	衬胶钢管	150		160			
				衬胶管	125		230			
				碳素钢管	100		37.3			

2) 系统参数设计

(1) 日平均充填量计算：

$$Q_d = ZK_1K_2P_d/\gamma_k \tag{5-42}$$

式中：Q_d 为日平均充填量，m^3/d；P_d 为日采出矿石量，t/d；γ_k 为矿石密度，t/m^3；Z 为采充比，m^3/m^3，一般 $Z=0.8\sim1$；K_1 为沉缩比，$K_1=1.05\sim1.15$，一般情况下，干式、胶结充填取小值，水力充填取大值；K_2 为流失系数，一般情况下，水力充填 $K_2=1.05$，胶结充填 $K_2=1.02\sim1.05$，其中尾砂胶结取较大值。

(2) 年平均充填量计算：

$$Q_a = bQ_d \tag{5-43}$$

式中：Q_a 为年平均充填量，m^3；b 为年工作天数，d。

(3) 日充填能力计算公式：

$$Q_r = KQ_d \tag{5-44}$$

式中：Q_r 为日充填能力，m^3/d；K 为充填作业不均衡系数，一般 $K=2\sim3$。

对采空区进行连续充填取较小值，进行分层充填时取较大值。井下掘进废石作充填料占比显著时取较大值。

(4) 小时充填能力计算：

$$Q_h = Q_r/T \tag{5-45}$$

式中：T 为日充填时间，h。

(5) 单位体积充填料浆组分计算：

干物料密度（t/m^3）：

$$\delta_s = \frac{\gamma_c \cdot \gamma_s(1+n)}{\gamma_s + n\gamma_c} \tag{5-46}$$

料浆密度（t/m^3）：

$$\delta_m = \frac{\delta_s}{C_w + \delta_s(1-C_w)} \tag{5-47}$$

1 m^3 料浆中水泥质量（t）：

$$q_c = \delta_m \frac{C_w}{1-n} \tag{5-48}$$

1 m^3 料浆中砂的质量（t）：

$$q_s = \delta_m \frac{C_w \cdot n}{1+n} \tag{5-49}$$

1 m^3 料浆中水的质量（t）：

$$q_w = \delta_m(1-C_w) \tag{5-50}$$

式中：γ_c 为水泥密度，t/m^3；γ_s 为砂的密度，t/m^3；C_w 为料浆质量分数，%；n 为灰砂比。

3) 自动控制仪表

(1) 充填的仪器仪表

充填的仪器仪表可分为两类，即物料控制设备及检测仪器仪表。

①物料控制设备

充填物料一般分为固体与液体，固体物料又分为粉状与块状。物料控制设备包括：

a. 粉状物料的流量控制设备。对于粉状物料，常采用叶轮给料机、螺旋输送机或二者配套使用。这两种给料机均通过减速器与电磁调速电动机相连。

b. 块状物料的流量控制设备。干的粗尾砂、河砂、棒磨砂的控制可采用由变速电机驱动的圆盘给料机或电振给料机。圆盘给料机由于结构简单、维修调节方便而广泛应用。

c. 液体物料的流量控制设备。采用管夹阀，它是控制浆体流量的理想设备。管夹阀为铝合金外壳，用夹紧装置夹扁耐磨橡胶软管来切断或调节料浆的流量。在立式砂仓的放砂口一般先装一个球阀，其下再装管夹阀，球阀常开，仅在检修或更换管夹阀时关闭。管夹阀的执行机构有手动、电动、气动和气-液动 4 种方式。

②检测仪器仪表

充填站的主要检测仪器仪表包括物位仪表、流量仪表、浓度仪表、压力仪表以及显示仪表。

a. 物位仪表。在水泥仓、尾砂仓、其他添加料仓均设有物位计，可进行连续料位指示、高低料位报警。可选物位计有超声波物位计、微波式物位计、重锤式物位计。

b. 流量仪表。对于水泥采用冲板流量计、微粉秤，对于水、尾砂浆、水泥浆、料浆等采用电磁流量计，对于砂石等物料采用电子皮带秤。

c. 浓度仪表。尾砂浆、充填料浆浓度检测采用核辐射式浓度计。

d. 压力仪表。料浆压力测量采用隔膜式压力变送器，充填管路压力检测采用耐磨的环状压力传感器。

e. 显示仪表。仪表盘、箱上的显示仪表选用智能数字仪表，在必要的部位可设工业摄像监视系统。

为使充填作业正常运行和对偶发事故及时处理，应保证充填系统的通信通畅。充填站要与矿山调度通信系统连接，与计算机网络及综合布线相连。充填站通过通信系统与井下工作人员保持密切联系。充填站还必须建立小型程控数字交换机的独立通信系统，满足点多面广、具备单工及双工及时独立通话的要求。

(2) 自动控制系统

充填生产过程是在一段时间内连续进行的，自动控制系统是一个实时控制系统，包括硬件和软件两部分。

①硬件

自动控制系统的硬件应包括中央处理器(CPU)、内存储器(ROM、RAM)、输入/输出通道(I/O)及人机联系设备、运行操作台等几部分。它们通过中央处理器的系统总线(地址总线、数据总线和控制总线)构成一个完整的系统，其组成框图如图 5-22 所示。

②软件

软件通常分为两大类，一类是系统软件，另一类是应用软件。

每个控制对象或控制任务都需要配有相应的控制程序。用这些控制程序来完成对各个控制对象的不同要求。这种为控制目的而编制的程序，通常称为应用程序。

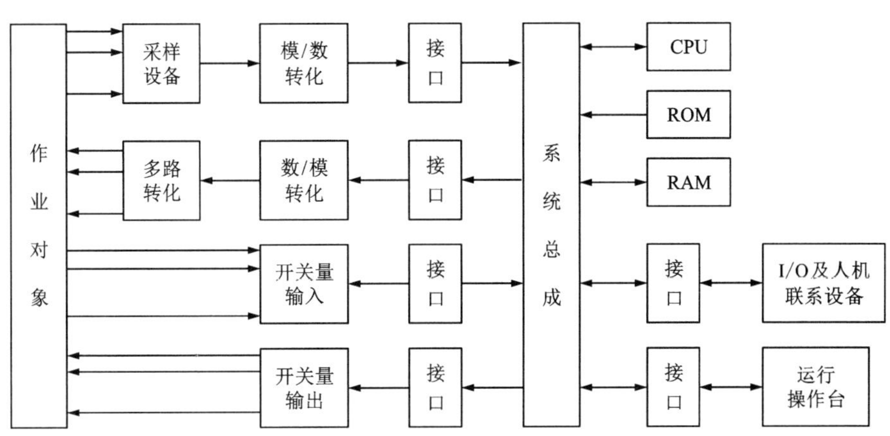

图 5-22　充填控制系统硬件组成框图

5.3.5　应用实例

1)安庆铜矿分级尾砂充填

安庆铜矿是一个大型采选联合矿山，采场实行嗣后一次充填。充填系统主要由地表制浆站和井下输送管道组成。充填制浆站包括 ϕ9 m、容积为 1179 m^3 立式砂仓及放砂系统，160 t 水泥仓及给料系统，988 m^3 卧式砂池及江砂给料系统，ϕ2000 mm×2100 mm 搅拌槽制浆系统与配套的自控系统。3 套独立制浆能力为 100 m^3/h 的装置分别由 3 个钻孔与井下充填主管相连。在搅拌站制备好的料浆经充填钻孔下放到-280 m 中段管道自流输送进入采场充填。钻孔深度为 334.5 m，水平主管路直径为 100 mm，钢管长为 1038 m，采场充填采用聚乙烯塑料管。

(1)充填材料

充填材料设计采用分级尾砂、棒磨砂和水泥，工业试验选用江砂代替棒磨砂，缓建了磨砂车间。

以散装 325#硅酸盐水泥为胶结剂。

分级尾砂工业试验粒级组成见表 5-18。

江砂用汽车装卸，粒级组成见表 5-19。

表 5-18　分级尾砂粒级组成

粒级/μm	分计/%	累计/%
-0.027~+0.019	0.53	0.53
-0.037~+0.027	0.26	0.79
-0.053~+0.037	10.06	10.85
-0.074~+0.053	17.07	27.92
0.15~0.074	37.94	65.86
+0.15	34.14	100

表 5-19 江砂粒级组成

粒级/μm	分计/%	累计/%
-0.074	2.8	2.8
-0.15~+0.074	1.8	4.6
-0.3~+0.15	7.5	12.1
+0.3	87.9	100

(2)充填工艺流程

采用管道自流输送工艺，其工艺流程见图 5-23。分级尾砂由立式砂仓放入搅拌桶，水泥由水泥仓经弹性叶轮给料机进入搅拌桶，干砂通过抓斗、皮带机输送到干砂仓，然后再经螺旋输送机进入搅拌桶，用于提高充填浓度和弥补尾砂量的不足。物料在搅拌桶内充分搅拌混合，充填料浆经充填钻孔和输送管道充填到采场。

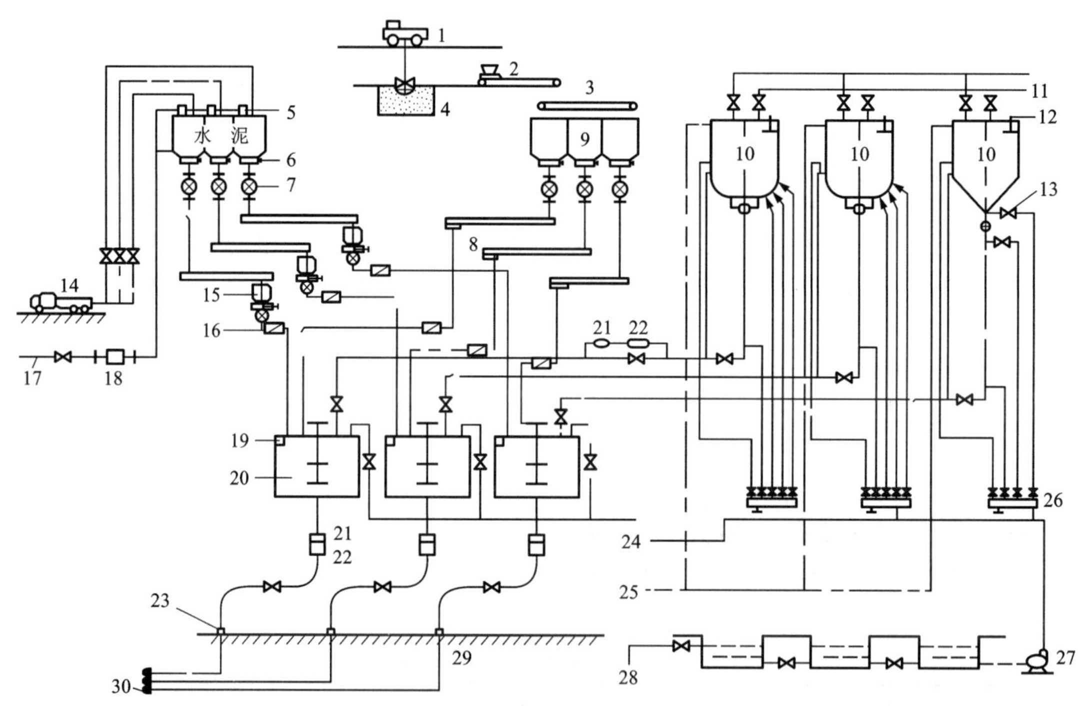

1—抓斗式起重机；2—圆盘给料机；3—皮带机；4—干砂池；5—仓顶收尘器；6—单向螺旋闸板；7—弹性叶轮给料机；8—螺旋输送机；9—干砂仓；10—尾砂仓；11—尾砂管；12—砂面显示器；13—阀门；14—水泥车；15—料位显示；16—冲板流量计；17—高压风管；18—气水分离器；19—料位计；20—高浓度搅拌桶；21—流量计；22—浓度计；23—下料漏斗；24—接充填管；25—溢流水；26—分水器；27—水泵；28—给水管道；29—充填钻孔；30—充填采场。

图 5-23 安庆铜矿充填工艺流程图

(3)应用效果

安庆铜矿高浓度充填工艺实验的充填料浆浓度如下。

尾砂胶结充填，当灰砂比为 1：4~1：6 时，C_w=73%~75%；

尾砂胶结充填，当灰砂比为 1：8~1：12 时，C_w=71%~73%；

尾砂加河砂胶结充填时，C_w=70%~72%。

充填体灰砂比有 1：4、1：8、1：10、1：12 几种，根据生产的需要按规定的配比进行采场充填，其具体情况见图 5-24。从图 5-24 中可以看出，为在增强充填体整体稳定性的同时减少水泥的使用量，充填体主要以灰砂比 1：12 为主，在接近顶底部依次将灰砂比调整为 1：10(或 1：8)和 1：4。

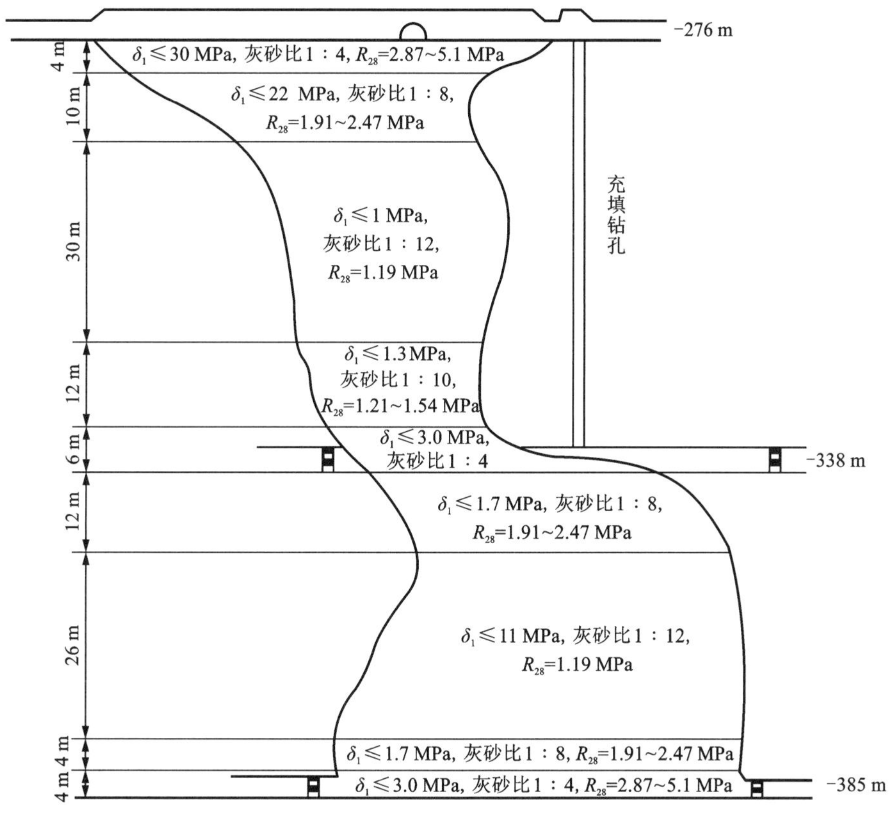

图 5-24　安庆铜矿采场内尾矿胶结充填配比设计图

安庆铜矿的充填能力为 120~130 m^3/h，其中充填料浆质量分数为 71%~72%。高大采场充填要求矿房胶结充填体自立高度达 112 m，在灰砂配比为 1：4 的充填体中，ϕ70 mm 钻孔芯样抗压强度 R_{160} 为 4.42~9.6 MPa。

2）焦家金矿分级尾砂充填

焦家金矿是中国大型金矿之一，采用上向进路充填采矿法开采，原采用分级粗尾砂胶结充填。在国内较早采用立式砂仓充填系统，由立式砂仓、水泥仓、搅拌桶、砂泵及管路等辅助设施 5 部分组成。砂仓直径为 7 m，高为 13 m，容积为 455 m^3。砂仓底部布置 3 层喷嘴，采用水和压气混合造浆，砂浆浓度为 65%左右，输送流量为 40~50 m^3/h，砂仓有效容积利用率为 70%~80%。系统建有两个立式砂仓，交替使用。

(1)充填料

充填料主要为粒级-100 目脱泥分级尾砂、胶凝材料(矿山研制的矿用胶凝材料)、水等。焦家金矿分级尾砂的 d_{50} 一般为 150 μm，尾砂中含量最高的颗粒直径为 100~450 μm；溢流尾砂的 d_{50} 一般为 5~20 μm，其中含量最高的颗粒直径为 2~40 μm。

(2)充填工艺流程

选厂中浓度为 25%~35%的全尾砂浆，由 0#砂泵站输送到充填搅拌站的砂池，然后通过 3 个布置于砂仓仓顶的 ϕ250 mm 水力旋流器组进行一段分级脱泥。脱泥后的粗粒尾砂落入立式砂仓中，形成饱和尾砂，溢流至 ϕ24 m 浓密池，浓缩后尾砂浆用 ZPNJ 型衬胶砂泵打至马尔斯泵站，泵送至尾矿库。立式砂仓中的分级尾砂经造浆后放入 ϕ1500 mm×1500 mm 的搅拌桶搅拌，与来自水泥仓的胶凝材料按灰砂比(1∶10)~(1∶20)混合，加水搅拌形成质量分数为 70%左右的充填料浆，料浆沿管道进入待充采场(图 5-25)。

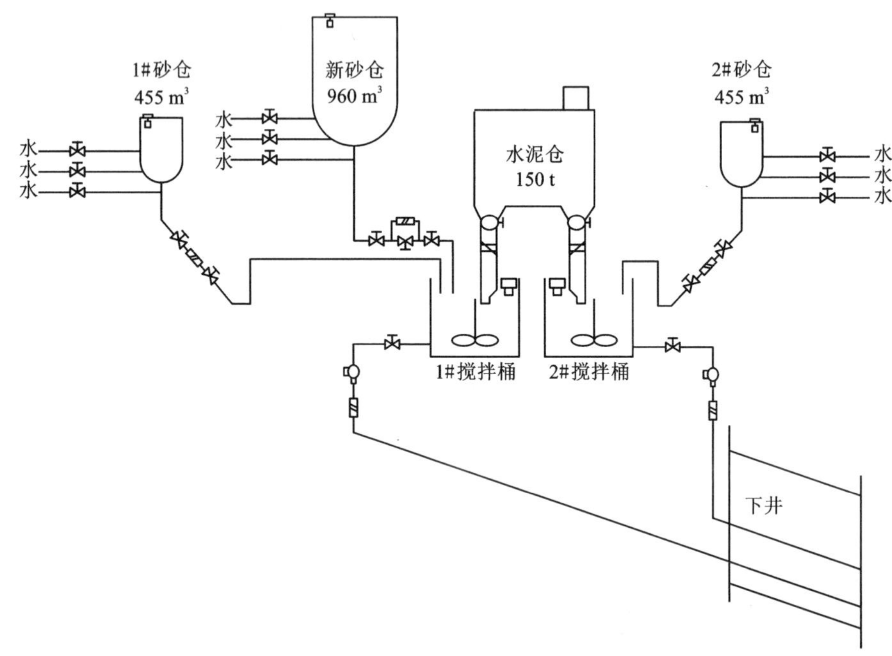

图 5-25 焦家金矿充填制备系统制备示意图

(3)应用效果

充填料灰砂比为：一步采进路或顺采进路空区先用低灰砂比 1∶20 充填(相当于普通水泥 1∶10)，二步采进路空区先用分级尾砂充填，最后顶部留 0.4~0.5 m 高空顶用高配比 1∶10 充填(相当于普通水泥 1∶4)，有利于铲运机的运行。不同配比的充填体的主要技术指标见表 5-20。尾砂胶结充填的充填能力为 30~40 m³/h。

表 5-20 不同灰砂比的充填体主要技术指标

灰砂比	质量分数/%	7 d 抗压强度/MPa	28 d 抗压强度/MPa	28 d 抗拉强度/MPa	泌水率/%	浆体密度/(t·m^{-3})	黏结力/MPa	内摩擦角/(°)
1∶10	70~73	1.73~2.0	2.02~2.61	0.26~0.30	5.2~3.5	1.74~1.82	0.72~0.88	50.5~52.5
1∶20	70~73	0.46~0.59	0.53~0.73	0.10~0.11	3.7~3.1	1.71~1.88	0.23~0.28	43~47.6

3)金川镍矿粗骨料胶结充填

图 5-26 为金川二矿二期棒磨砂自流胶结充填系统图。以尾砂和棒磨砂作为骨料，其配比参数为尾砂∶棒磨砂∶水泥∶粉煤灰=1∶1∶0.37∶0.22，充填能力为 80 m^3/h，质量分数为 75%，充填体强度 R_7>1.5 MPa、R_{14}>2.5 MPa、R_{28}>5 MPa。

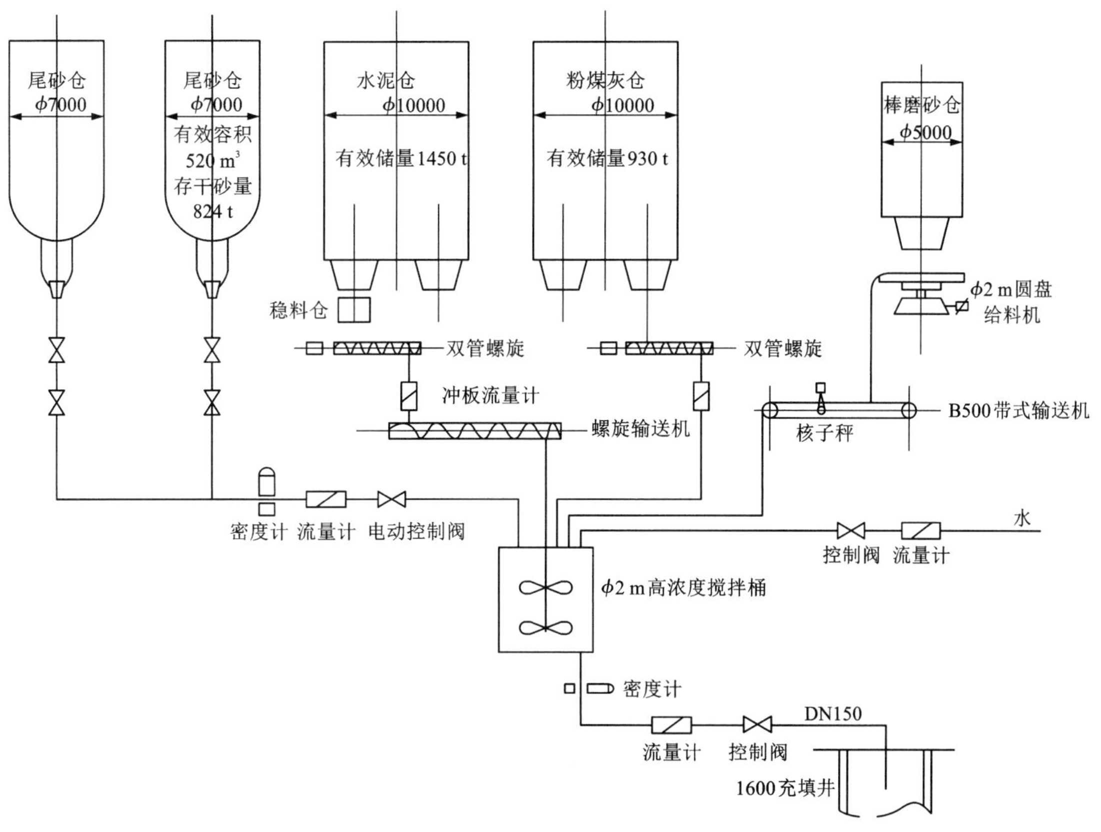

图 5-26 金川二矿二期棒磨砂充填系统工艺流程图

在选厂对尾砂分级，将分级后的粗尾砂用油隔离泵输送到 6 个 ϕ7 m、有效储砂量为 824 t 的立式尾砂仓，经造浆后自流放砂供给自流和泵送充填系统。二期充填系统设有 1 个 ϕ10 m 的水泥仓(有效储存量 1450 t)和 1 个 ϕ10 m 的粉煤灰仓(有效储存量 930 t)。自流充填的棒磨砂供料系统：由 1 台起重量为 15 t 的抓斗起重机抓料，1 台 ϕ3 m 的圆盘给料机给料，砂料经 B=650 mm 的 2 条皮带(1#和 5#)接力输送到 2 个缓冲砂仓，在每个缓冲砂仓下设有 1 台 $\phi 2$ m 的圆盘给料机和 1 条 $B=500$ mm 的皮带(6#和 7#)，分别将棒磨砂供给到制备系统的搅拌槽。

多年的生产应用表明，该工艺存在尾砂放砂浓度波动较大、尾砂和棒磨砂的添加比例难于准确控制、充填料浆在进路中分层离析明显以及整体性较差等问题。金川公司进行了粗骨料胶结充填技术改造，主要为废石破碎集料+细砂、破碎戈壁集料+细砂高浓度自流充填。主要涉及连续级配的粗粒级破碎集料(−8～−12 mm)与细砂的高浓度混合浆体的配合与自流充填技术。

粗骨料充填技术在金川镍矿的推广应用，不仅为充填骨料的平稳过渡以及大规模的推广应用奠定了基础，而且还获得了显著的经济效益和社会效益。金川镍矿几种胶结充填工艺成本见表 5-21。由表 5-21 可知，废石破碎集料高浓度自流充填工艺成本约为 101.6 元/m^3，是棒磨砂自流充填工艺成本的 64.4%，是膏体充填工艺成本的 81.2%；戈壁破碎集料高浓度自流充填工艺成本约为 108.49 元/m^3，是棒磨砂自流充填成本的 68.7%，是膏体充填成本的 86.7%。显然，粗骨料高浓度充填技术的充填成本优势非常明显，经济效益特别显著。

表 5-21 金川镍矿几种充填工艺成本对比

成本项目	单价	棒磨砂高浓度自流充填		分级尾砂膏体泵压充填		废石破碎集料加细砂高浓度自流充填		戈壁破碎集料加细砂高浓度自流充填	
		单耗/m^3	成本/(元·m^{-3})	单耗/m^3	成本/(元·m^{-3})	单耗/m^3	成本/(元·m^{-3})	单耗/m^3	成本/(元·m^{-3})
1. 材料费	—	—	146.22	—	109.65	—	88.2	—	99.12
水泥	280 元/t	0.31	86.8	0.295	82.6	0.26	72.8	0.25	70
粉煤灰	元/t	—	—	—	—	—	—	—	—
棒磨砂	48 元/t	1.238	59.42	0.5	24	—	—	—	—
全尾砂	6.1 元/t	—	—	—	—	0.528	3.22		—
分级尾砂	6.1 元/t	—	—	0.5	3.05	—	—	—	—
破碎废石	15.38 元/t	—	—	—	—	0.792	12.18	—	—
戈壁破碎料	19.44 元/t	—	—	—	—	—	—	1.498	29.12
2. 动力费	—	—	2.25	—	2.13	—	2.13	—	2.25
水	2.5 元/m^3	0.5	1.25	0.25	0.63	0.25	0.63	0.5	1.25
电	0.5 元/(kW·h)	2	1	3	1.5	3	1.5	2	1
3. 备件	—	—	1.46	—	1.51	—	1.51	—	1.46
4. 工资	—	—	5	—	9	—	9	—	5
5. 工资附加	—	—	0.66	—	0.76	—	0.76	—	0.66
6. 合计	元/m^3	—	155.59	—	123.05	—	101.6	—	108.49

5.4　结构流全尾砂充填

全尾砂充填是以没有进行分级脱泥的全粒级尾砂作为充填集料的一种充填方式。结构流全尾砂充填则是以高浓度的结构流态或似结构流态输送到采场进行充填的全尾砂充填方式。

5.4.1　主要特点

1) 全尾砂充填基本要求

浮选全尾砂具有物料颗粒很细的明显特点，其比表面积大、颗粒黏着力强、渗透率低，低浓度条件下离析的超细颗粒长期悬浮，因而，对全尾砂充填提出了两项基本要求。

(1) 要求在不产生离析分级和大量脱水的高浓度条件下进行全尾砂充填，以避免水泥等胶凝材料与超细尾泥悬浮状态长期不能固结。一般应在结构流态或似结构流态的高浓度条件下进行全尾砂充填(图 5-27)。

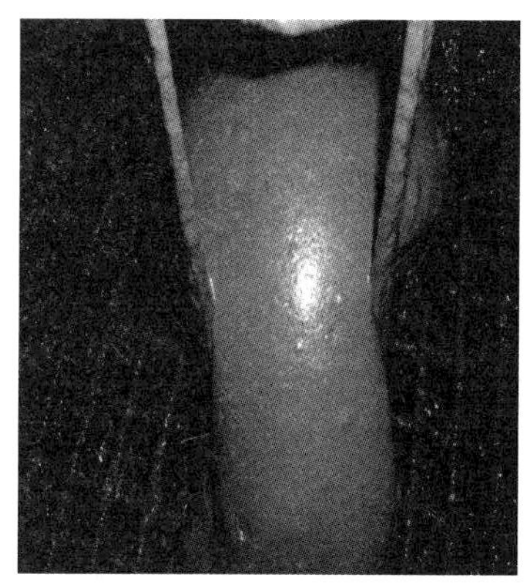

(a) 管道口结构流全尾砂胶结充填料

(b) 采场结构流全尾砂胶结充填料

图 5-27　结构流全尾砂胶结充填

(2) 要求全尾砂充入采场后能固结，以避免全尾砂料浆因粒度细难以脱水，形成具有触变性质的分散系。一般通过加入适量的胶凝材料形成胶结体。

2) 全尾砂胶结体特性

全尾砂胶结充填料的凝结包括沉缩、泌水密实、水泥水化胶凝等 3 个主要过程。

(1) 沉缩：由于充填料颗粒细、浓度高、料浆稳定性好，充入采场后没有粗细颗粒的相对运动，只有颗粒的沉降和浓缩。

(2) 泌水密实：在缓慢的泌水过程中，部分水逐渐被析出后，充填料颗粒间的密实度提高。

(3) 水泥水化胶凝：水泥颗粒均化分散在全尾砂充填集料中，与水发生反应起到胶凝作用。

全尾砂胶结充填体的凝结过程具有以下 3 个重要特点。

(1) 充填体内粒级分布较均匀，水泥分布也均匀，没有粗、细颗粒的分层现象，因而充填体的整体性好、稳定性好。

(2)胶结充填料在固结硬化过程中具有泌水性，多余的水分被析出，不会存在于充填料中使充填料长时间处于流体状态。

(3)多余的水是逐渐析出的，所以不存在水泥流失问题。

3)结构流状态特征

结构流料浆的状态特征表现为流动过程中具有良好的稳定性，在输送和充入采场后不会产生明显的离析分级现象。结构流充填料的形成需满足两个条件。其一是组成物料中需要有一定量的粒径为-20 μm 的超细物料，在压力作用下这种物料被挤压到输送管的管壁处形成一个润滑层，使高浓度的料浆柱塞能够沿管道输送，一般要求该超细物料量达到15%以上；其二是料浆浓度高，足以阻止固体颗粒产生离析分级。管道内的结构流料浆在压力作用下以类似“柱塞”的形式做整体移动(图 5-28)。“柱塞”由一层连续水膜分隔的物料润滑颗粒组成，“柱塞”与管壁之间则由超细物料浆形成润滑层。

理想的结构流浆体在垂直方向没有可量测的固体浓度梯度，表现为非沉降性态。结构流在管道横断面上的速度分布如图 5-28(b)所示，“柱塞”全宽的横断面上的速度为常数。这是因为集料颗粒间不发生相对移动，只有润滑层的速度有变化。自柱塞边界至管壁，速度急剧下降而趋于零。这种料浆体在管道中与管道的摩擦力若大于等于浆体的重力，在没有外加压力的推动时，料浆不能利用自重压头自行流动。当管道中存在着足以克服管道阻力的压力差，物料才可沿管道流动。

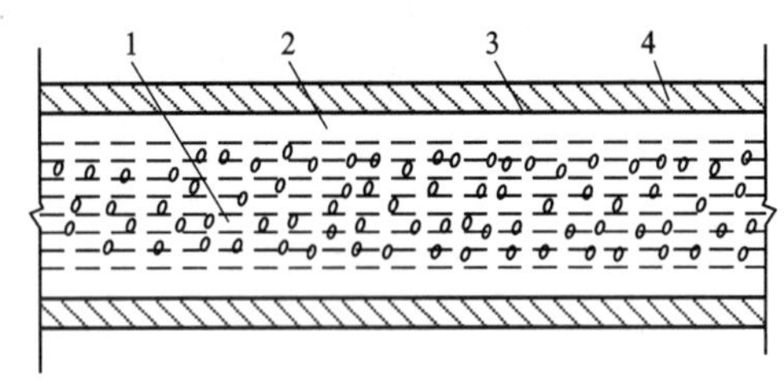

(a) 流动状态及结构

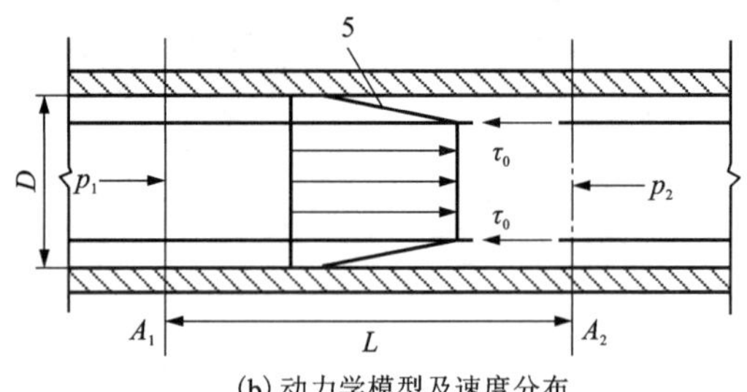

(b) 动力学模型及速度分布

1—柱塞浆体；2—泥浆润滑层；3—水膜层；4—管道壁；5—速度分布线；D—管道内径；L—单位管道长；τ_0—初始切应力；A_1、A_2—管道两断面；p_1，p_2—A_1、A_2 断面的压力。

图 5-28 结构流在管道中的运动状态

4)结构流体流变特性

对同时具备黏、弹、塑性的结构流充填料来说，可按照流变学基本原理，以充填料浆的屈服剪切应力 τ_0 和塑性黏度 μ 等流变参数作为可测定参数，来描述充填料的流变特性。

管道内流体的切应力 τ 的方向为由管壁处指向管芯方向，其间将经过一层切应力等于屈服应力 τ_0 的流层。在从该层到管芯的范围内，流体的切应力 τ 小于屈服应力(初始切应力) τ_0。故这一范围内的浆体不发生剪切变形，因而不存在层间的相对移动，即切变率为零。结构流只要克服屈服应力 τ_0 即可开始流动。随着流速的增加，管道阻力相应增大，因而阻碍了接近管道的物料的运动，使此层物料首先减速。由于摩擦阻力的存在，近壁层存在层流层。层流层中的速度一层比一层大，直至等于“柱塞”运动的速度。随着速度的进一步提高，润滑层中产生紊流运动。管道中充填料浆的流变模型按非牛顿流体理论表达为：

$$\tau = \tau_0 + K\left(\frac{\mathrm{d}u}{\mathrm{d}y}\right)^n \tag{5-51}$$

式中：τ 为流体切应力，Pa；τ_0 为流体屈服应力，Pa；K 为表征黏滞性的试验常数，表示流体状态特性；n 为流变特性指数，结构流和层流状态时，$n=1$；$\frac{\mathrm{d}u}{\mathrm{d}y}$为切变率，$s^{-1}$。

试验表明，结构流全尾砂充填料浆的切应力随切变率的变化接近线性关系。因而，在工业应用中，可以将结构流全尾砂料浆视为宾汉流体，可以用宾汉流体的流变方程(5-52)来描述结构流充填料浆的流变特性。

$$\tau = \tau_0 + \mu_B\left(\frac{\mathrm{d}u}{\mathrm{d}y}\right) \tag{5-52}$$

式中：μ_B 为宾汉流体的塑性黏度，Pa·s；其他符号意义同前。

影响结构流体流变参数的主要因素包括物料的组成、粗细物料的配比和料浆浓度。其中充填料的浓度对流变参数 τ_0 和 μ 的影响最为敏感，τ_0、μ 随料浆浓度的增加而迅速增大，而且当料浆浓度超过某一值时，τ_0、μ 将急剧增大。但充填料的组成不同，这一浓度值也不同(表5-22)。

表5-22 流变参数急剧增加时的料浆浓度值

物料组成	灰砂比	粗细物料比	体积临界浓度/%
全尾砂	—	—	51
全尾砂、水泥	灰砂比1∶4	—	54
全尾砂、磨砂、水泥、粉煤灰	灰砂比1∶8 水泥粉煤灰比1∶0.5	全尾砂磨砂比6∶4	59
		全尾砂磨砂比5∶5	59.5
		全尾砂磨砂比4∶6	61
全尾砂、碎石、水泥、粉煤灰	灰砂比1∶8 水泥粉煤灰比1∶0.5	全尾砂碎石比6∶4	61
		全尾砂碎石比5∶5	63

浮选全尾砂由细物料和超细物料组成全级配，具有构成结构流的良好粒度组成。当料浆浓度由低向高转化时其黏度相应增大，一旦料浆浓度经过一个临界点后即转化成为结构流。浆料的输送特性将由非均质流转为伪均质结构流。很难简单地确定某个浓度值为形成结构流的临界值。每种料浆的临界点将随着物料粒度的组成而发生变化，一般是组成的物料粒度越细，其临界点越低。因此，对于每种不同充填料浆，需要通过试验才能找出其临界浓度值。

结构流全尾砂料浆的粒度组成对流变参数影响很大。在全尾砂料浆中添加粗粒径惰性材料(一般粒径为-30 mm)，其屈服应力和黏度都下降。但从可泵性角度来看，应当以更高的浓度输送，才能保证料浆的稳定性。在固体物料配比不变的情况下，加粗粒径惰性材料的结构流全尾砂料浆的屈服应力和塑性黏度均随浓度的增加而增大。

若以体现粒度分布的中值粒径 d_{50} 的变化进行分析，只要 d_{50} 稍有变化，则 τ_0、μ 便有较大变化。在输送范围内总的趋势是 τ_0、μ 随 d_{50} 的增加而减小。因而可以指导选择充填材料的级配及添加粗集料的条件，这对于充填料的管道输送参数的确定很重要。

金川试验中充填料浆的流变参数随组成材料配比的变化范围为：结构流全尾砂胶结充填料的灰砂比为 1∶4~1∶10 时，τ_0 的变化范围为 82~345 Pa，μ 的变化范围为 2.8~5.0 Pa·s。全尾砂和碎石按 1∶1 配制的结构流胶结充填料的灰砂比在 1∶8 至 1∶1 之间变化时，τ_0 的变化范围为 42~215 Pa，μ 的变化范围为 0.9~4.0 Pa·s。

5) 全尾砂充填方案

全尾砂充填料不同的输送方式形成不同的充填方案。国内外采用的全尾砂充填料输送工艺有自流输送、泵压输送和联合输送 3 种输送方式。因而也就构成了自流充填、泵压充填和联合输送充填 3 种主要充填方案，矿山可根据具体条件选用。

结构流充填料的自流输送倍线相对较小，一般只能在合适的高差条件下采用自流充填方案。

泵压充填的输送倍线可通过调整输送泵的输送压力进行匹配，其变化区间较大。从技术方面看，泵压充填方案可以适应各种矿山条件，在具体选用时主要是分析其经济因素。

联合输送充填是指自流输送与泵压输送相结合的充填方案。一种是开路联合，由两种以上相对独立的自流、泵压输送系统联合构成。另一种是闭路联合，也称井下增压输送充填。这是在自流充填系统的井下输送管线上安装增压装置以提高输送倍线的工艺。这一方式根据矿山充填的高差特点，充分利用充填系统中料浆的自然压头，在井下充填管线的适当位置安装增压装置对充填料浆进行增压。增压装置采用无阀结构，主要由三通管、输送缸、活塞和动力执行部分组成，借助料浆的自然压头实现无阀配料。这种增压装置可在自流输送系统的基础上，对高浓度的充填料浆实行远距离输送。

5.4.2 全尾砂脱水

选厂排出的浮选尾砂浆的含水量很大，需要脱除大量的水才能满足制备高浓度充填料的要求。但全尾砂的含泥量大，渗透性差，并且在脱水过程中要避免大量排出细泥物料。因此，高效低成本的全尾砂脱水工艺与技术成为全尾砂充填料制备工艺的关键。

1) 脱水流程

目前在工业上应用的全尾砂脱水流程有：浓密、沉降、过滤三段脱水流程；浓密、过滤两段脱水流程；浓密、沉缩两段脱水流程；沉缩一段脱水流程；浓密一段脱水流程。

沉缩或浓密一段脱水流程是当前应用广泛的低能耗和高效率脱水流程。

2) 全尾砂沉缩脱水

全尾砂沉缩脱水的基本原理是利用尾砂固体物料的重力作用以及泌水密实效应，将尾砂料浆中的大部分水分离。

沉缩基本规律：全尾砂在开始沉缩后的一段时间内，粗重颗粒快速落淤，较细颗粒缓慢下移、相互接触后逐渐渗出颗粒之间的水分而进入密实状态，更细的颗粒在上部形成悬浮态；全尾砂在仓内沉缩一段时间后，料浆介质进入静止状态，达到最大沉缩浓度。

全尾砂料浆经自然沉缩脱水后所达到的最大浓度以及具体特性与全尾砂料浆的物理化学特性相关。对于特定矿山的尾砂，需要通过沉缩实验以掌握其特性。

全尾砂沉缩仓可分为立式和卧式(图 5-29)。沉缩仓结构简单，整套脱水设施无运动部件，相对于浓密或过滤脱水，可大大降低基建投资，缩短基建周期；也可大大节省能耗，使脱水成本大大降低；此外还具有操作简单、维修方便的优点。

(a) 卧式　　(b) 立式

图 5-29　全尾砂浓缩仓

长沙矿山研究院有限责任公司结合南京银茂铅锌矿研究开发的砂仓沉缩一段脱水工艺流程，在砂仓内进行沉缩脱水、本仓储存和流态化造浆，实行短流程集中制备，完全取消机械脱水，该脱水工艺能耗低、工艺可靠、效率高。自然沉缩试验结果表明，-20 μm 粒级颗粒占 45%、-74 μm 的粒级颗粒占 72%~75%的细粒径全尾砂经自然沉缩后的最大沉缩浓度为 71%，其中沉缩 1 h、1.5 h 和 4 h 的沉缩浓度分别达到最大沉缩浓度的 96.56%、98.25%和 99.41%。

3) 浓密机脱水

浮选厂尾砂浆的质量分数一般为 20%~35%，经过浓密机处理，尾砂的浓度为 40%~75%。由于高效浓密机能充分发挥絮凝剂对固体颗粒的絮凝作用，借助底部给料和絮凝作用形成动态沉泥层，其处理效率高、能力大，单位面积处理能力是普通浓密机的 43~55 倍。因此，国内矿山充填主要配备高效浓密机进行全尾砂浓密脱水。

国内外高效浓密机的可选品种较多，其共同之处是使用絮凝剂以加速细粒级颗粒的沉淀，不同之处是传动机构、耙架形式各异。高密度浓密机的底流可以达到或超过尾砂浆的最大沉降浓度，并且产能大，溢流水固体物料含量可低于 200×10^{-6}。这一工艺已应用于工业生产，将是全尾砂脱水工艺的一个重要发展方向。从产能和底流浓度要求出发，一段浓密机可以满足充填需要。但从矿山充填与采选流程的作业平衡出发，往往设置缓存仓，以保证生产流程稳定。

(1) 絮凝剂配剂制度

絮凝剂制备直接影响高效浓密机的效能和絮凝剂的消耗量。絮凝剂的品种较多，应根据尾砂浆料特性，通过试验来选择合适的絮凝剂以及配剂制度。如凡口铅锌矿通过试验选用的絮凝剂及其配剂制度，使全尾砂的沉降速度由 0.204 cm/min 提高到 6.18 cm/min。

一般情况下，在针对不同絮凝剂进行对比试验基础上，还对五个因素进行试验：絮凝剂配制浓度试验；絮凝剂添加量试验；絮凝剂与尾砂浆料作用时间试验；尾砂浆料的 pH 对沉降影响试验；尾砂浆料的浓度对沉降影响试验。

(2)高效浓密质量控制

为了保证料浆良好絮凝所需的絮凝剂量，应对絮凝剂添加量实行自动控制。控制装置通过测定给料浓度、给料流量，使固体量与絮凝剂添加量的比例保持恒定。絮凝剂添加量的控制则通过改变絮凝剂输送泵的转速自动实现。

将料浆界面高度控制在适当位置十分重要，所以需将界面信号引入控制环节。界面控制与底流浓度控制组成串级调节系统，通过调节底流泵排量，保证界面高度与底流浓度的稳定。

底流浓度是目标参数，对底流浓度的控制可通过浓度信号自动调节底流泵转速实现。当底流浓度高时，泵的转速加快，排出量加大，料浆由稠密变稀；反之，泵的转速减慢，料浆变稠。

(3)高效浓密机选型

选择的高效浓密机既要满足全尾砂充填料制备的下段工序对料浆浓度的要求，又要满足充填能力的需要。

一般来说，在选择高效浓密机时，需要重点考虑影响沉降速度的因素，如给料及排料的液固比、给料的粒度组成、料浆及泡沫的黏度、浮选药剂和絮凝剂的类型、料浆温度等。

高效浓密机的排料浓度取决于被浓缩物料的容重、粒度、物料组成、絮凝程度及其在高效浓密机中停留的时间等。

底流质量分数接近或高于最大自然沉缩浓度的大产能、高密度浓密机将逐步成为主要选型对象。

4)过滤机脱水

针对细粒级浮选全尾砂物料的过滤设备主要有压滤机、离心脱水机和真空过滤机。较常用的设备为真空过滤机。其特点是借助真空泵所产生的真空度在滤布(或滤带)两侧形成压力差。固体颗粒在真空度的作用下被吸附在滤布上形成具有一定厚度的滤饼，而水分透过滤布作为滤液而排出。在卸料端，鼓风机产生的压力差或刮刀，将滤饼从滤布上压出或刮下。

(1)盘式真空过滤机

盘式真空过滤机由于其占地面积小、处理能力大而成为金属矿山选矿厂精矿脱水广泛使用的设备，GPY 系列最大规格的过滤机单台过滤面积达 300 m^2。

(2)外滤式圆筒真空过滤机

常用的外滤式圆筒真空过滤机有两种，一种是普通圆筒真空过滤机；另一种是圆筒带式真空过滤机。

在相同占地面积下，普通圆筒真空过滤机处理能力不及盘式过滤机，但操作维护简单，在物料很细的条件下，其卸料情况要比盘式真空过滤机好，适于在中小型矿山使用。

圆筒带式真空过滤机比普通圆筒真空过滤机更换滤布更方便，卸料不用吹风，故无反水现象，可降低滤饼水分 1~2 个百分点，且卸料率高，有逐渐取代普通圆筒真空过滤机的趋势。

(3)水平带式真空过滤机

水平带式真空过滤机是以循环移动环形滤带作为过滤介质，利用真空设备提供的负压和重力作用，使固液快速分离的一种连续式过滤机，适合处理粒级较粗的全尾砂料浆。目前有 4 种机型可供选用：移动室型、固定室型、滤带间隙运动型和连续移动盘型。

带式过滤机的主要优点包括以下 5 个方面。

①过滤效率高。采用水平过滤面和上部加料方式，在重力作用下，大颗粒物料会先沉降在底部形成一个过滤层，这样滤饼结构合理，避免了滤布堵塞。所以过滤阻力小，过滤效率高。

②洗涤效果好。采用多级逆流洗涤方式能获得最佳洗涤效果，以最少的洗涤液获得高质量滤饼。洗涤回收率一般可达 99.8%。

③滤饼厚度可调节、含水量小、卸料方便。滤饼厚度可根据工艺需要调节，小到 3 mm，大到 120 mm。由于滤饼中颗粒排列合理，加上滤饼厚度均匀，因此与圆筒真空过滤机相比，滤饼含水量大幅降低。并且滤饼卸料方便，设备生产能力得到提高。

④滤布可正反两面同时清洗。在滤布(滤带)的正反两面都设有喷水清洗装置，清洗效果好，避免了滤布堵塞，延长了滤布寿命。

⑤操作灵活、维护费用低。在生产过程中，滤饼厚度、真空度、洗水量、滤带运行速度和循环时间等都可调节，可取得最佳过滤效果。由于滤带寿命长，维护费用低，生产成本降低。

(4)过滤设备选型

一般来说，全尾砂粒径愈小、相对密度愈小，则脱水愈加困难。过滤机的选型则应根据全尾砂的粒径和处理量而定。原则上，粒径较大、处理量较大，应采用水平带式真空过滤机；粒径较小，处理量较小，可考虑采用鼓式真空过滤机；粒径中等，处理量较大，可考虑采用盘式真空过滤机。

凡口铅锌矿的全尾砂胶结充填制备站采用 ϕ9 m 高效浓密机配过滤面积为 68 m^2 盘式真空过滤机，当给料浓度为 45%～55%时，滤饼水分平均为 20%，单位面积生产能力为 0.29 t/(m^2·h)，日处理全尾砂 1700 t，全尾砂的利用率达 97%。

德国格隆德铅锌矿原设计全尾砂的来料用水力旋流器分级，沉砂送过滤机，溢流经倾斜浓密箱处理，浓密底流再经过滤机、溢流排放。由于尾砂颗粒较粗，带式过滤机的效率较高，在生产中取消了水力旋流器和倾斜浓密箱，直接将质量分数为 20%的全尾砂浆料送入水平带式真空过滤机过滤，形成不经浓密而直接采用水平带式真空过滤机对全尾砂进行过滤的脱水工艺。带式真空过滤机滤带宽为 2.4 m，真空段长为 14.5 m，过滤面积为 32.5 m^2，滤饼厚度为 5～10 mm，滤饼含水 18%～20%。

5.4.3　胶结料浆制备

1)全尾砂造浆

经过脱水工序获得的高浓度全尾砂料浆产品，用于制备胶结料浆时需要进行造浆。全尾砂造浆的作用主要体现在两个方面：其一是使全尾砂料浆获得均匀的浓度和很好的流动性，能以稳定的流态与胶凝材料配合；其二是使全尾砂料浆的粒级分布均匀，能形成均质浆体。

过滤脱水获得的全尾砂滤饼，由于其含水量少，几乎没有流动性，故需要再次加水后采用机械搅拌方式进行造浆。这种造浆方式可以获得浓度稳定、粒级分布均匀的料浆，但能耗较高，尤其是过滤脱水后又再次加水搅拌造浆，造成无用能耗。

采用沉缩脱水获得的高浓度全尾砂料浆产品，其含水量较高，造浆时一般不需再次专门加水。并且通过砂仓脱水后往往不再转运，直接在仓内进行流态化造浆。这种造浆方式工序简单、能耗低。但仓内全尾砂在沉降过程中存在明显的分级现象，需要合理布设造浆系统才能使全尾砂料浆充分液化，形成粒级分布均匀与流动性良好的浆料。

国内矿山常用的流态化造浆方式有压气造浆、水射流造浆和气水联合造浆。根据砂仓结构与造浆区位的不同，可以分为锥底立仓全面造浆、锥底立仓局部造浆和缓坡底卧仓全面造浆。

全面造浆方式可以保持料浆浓度稳定，粒级分布均匀，但需要将进料、沉缩与造浆排料分步实施。局部造浆方式可以在一个作业时段内，在低浓度全尾砂料浆向立仓内供料的过程中，同时对沉砂进行造浆排料，形成进料、沉降和造浆排料的连续流程，但造浆浓度较难控制。这两种造浆方式可以根据作业制度与料浆性态选择。

采用立仓局部造浆方式的造浆系统，只在立仓下部一定范围内设置压气造浆喷嘴。通过合理布置压气造浆系统，可以使立仓底部的局部尾砂实现流态化造浆。但尾砂沉降后容易在较短的时间内压缩密实，使尾砂颗粒之间相互支撑。因此，在立仓局部造浆排料过程中，容易发生立仓上部尾砂相互支撑而固结成拱不能连续下降，或破拱后大量结块尾砂进入造浆区，造成全尾砂料浆浓度不稳定的情况。

立仓全面造浆方式的造浆系统在全仓范围设置了压气造浆喷嘴，可以使仓内料浆全部流态化，因而可避免发生固结成拱不能连续下料或结块下料难以充分液化的现象。

缓坡底卧仓全面造浆方式的造浆系统，在仓底全部范围内设置压气造浆喷嘴(图 5-30)。底部向上高速喷射的气流带动尾砂颗粒向上全面运动，受到向上高速气流的引导，底部沉砂具有趋于喷嘴中心轴方向的速度，使得喷嘴四周的尾砂向喷嘴汇合；气流对尾砂的作用全部转化为尾砂向上的初速度，卧仓底部尾砂获得的能量使其可以向上运动到卧仓的上部。因而，通过合理设计压气造浆系统，可以使卧仓中的全部尾砂充分液化，使全仓尾砂料浆的浓度和粒级分布均匀。

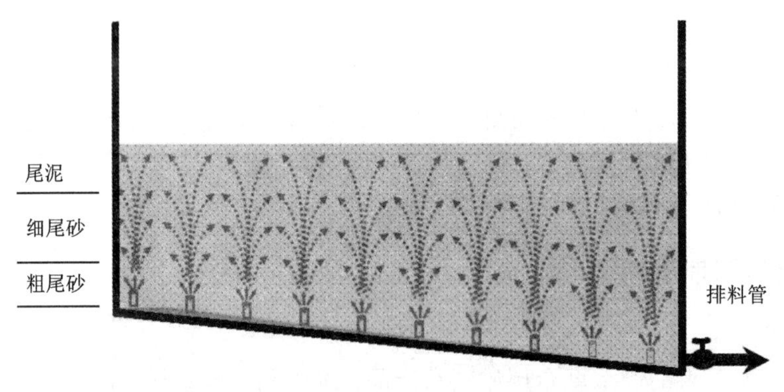

图 5-30 缓坡底卧仓全尾砂造浆示意图

2)胶结料活化搅拌

高浓度的结构流全尾砂料浆是一种似均质流体，在输送过程中没有混合作用，必须依赖制备站内的搅拌设备实现全尾砂和水泥的均匀混合。

全尾砂与水泥等固体材料组成的混合物料，是一种具有触变性质的分散系，即搅拌时液化，放置后又重新呈凝固状。

活化搅拌的目的是通过强力搅拌等机械作用，破坏全尾砂和水泥混合料颗粒赖以组成整体介质的水膜和分子之间的黏结力，使颗粒间的内聚力急剧减小，将混合料浆的固体分散体系稀释成具有流动性的溶胶状态，使胶结料微粒均匀分布在混合料中；迫使水泥微粒互相碰撞，从表面逐层脱落水合产物和再结晶产物，从而暴露出新的表面层又继续产生水合作用，加速水泥颗粒的分散与水化。

搅拌机转速高于 600 r/min 时可以发挥活化搅拌的作用。全尾砂充填料抗压强度及流动性与活化搅拌存在明显的关系。全尾砂胶结料浆活化搅拌试验表明，28 d 龄期充填料的单轴抗压强度可提高 10%~24%，流动性可增加 4%~7.5%。对于粒度极细的尾砂，经活化搅拌制备的充填料混合均匀、流动性好，其抗压强度变化率小于 30%，可视为均质流体；充填到采场的充填料不需平场，而且表面光滑平整；充填体单位体积的水泥耗量可降低 20%~30%。

3）活化搅拌设备

在活化搅拌工艺中，高速搅拌机常与双轴搅拌机配套使用。全尾砂胶结料浆经双轴搅拌机进行初步搅拌后，再送入强力活化搅拌机进行活化搅拌。实践表明，从双轴叶片式搅拌槽出来的全尾砂胶结料浆，仍然存在一些全尾砂的团块。经过高速活化搅拌后，这些团块消失。更为重要的是，高速搅拌使固体颗粒之间互相碰撞，水化的水泥颗粒不断暴露出新的表面，加强水泥水化的效果，使充填料的胶结强度有较大提高。

（1）双轴叶片式搅拌槽

双轴叶片式搅拌槽由卧式槽体、搅拌机构、机座、传动装置和电控装置组成（图 5-31）。搅拌叶片通过螺栓与叶柄相连，叶柄又由螺栓固定在两根平行的中空转轴上。这样，叶片和叶柄磨耗后可及时更换。交流变速电机由变频器控制，电动机可直接或经链轮、链条（或皮带轮、皮带）驱动减速机，通过减速机带动两根平行空心轴同步反向旋转，叶片向外翻转以搅拌物料，并从入料端排向出料端。

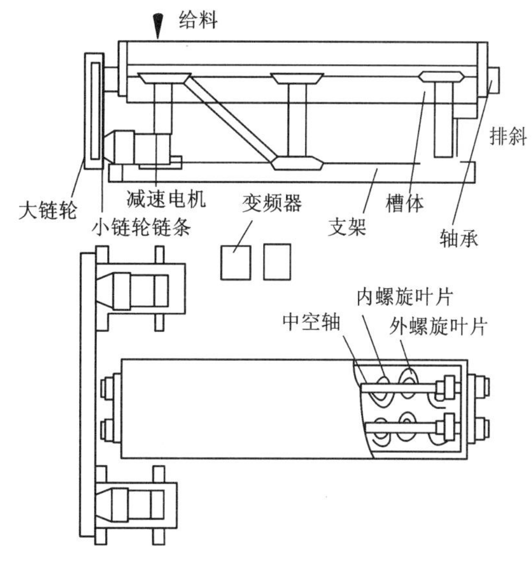

图 5-31　双轴叶片式搅拌槽

（2）高速活化搅拌机

高速活化搅拌机（图 5-32）由半圆柱形的上、下机壳，搅拌转子，机座和传动电机 4 大部件组成。搅拌转子的两端分别有一个转子盘固定于轴上。在转子盘上呈同心圆周形布置了两圈转子杆，而且内外两层转子杆错开布置。上、下机壳分别装有进料管和出料管。经由双轴搅拌机初步混合的充填料浆进入高速旋转的转子杆上，由于转子杆以不同的线速度转动，与转子杆相互作用的充填料颗粒也具有不同的速度和运动方向。在高速旋转转子的强力作用下，成团颗粒被分裂，水与固体颗粒的分离性减弱，不仅减小了颗粒之间的黏着力，而且使水泥颗粒破裂，强化了水泥的水化作用，从而改善了充填料的强度特性和流动性，达到活化搅拌的目的。

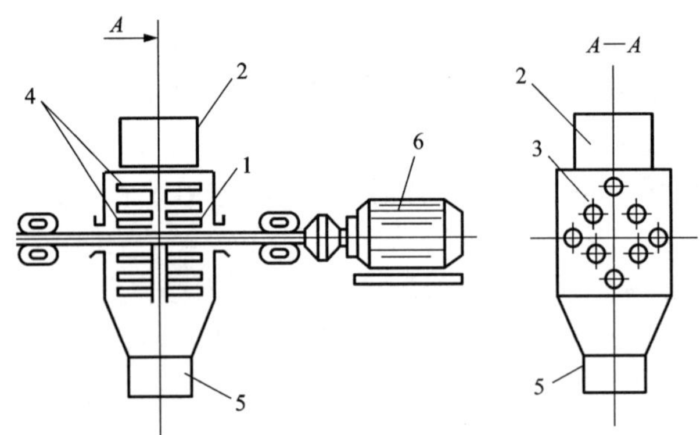

1—机壳；2—进料口；3—搅拌转子；4—转子杆；5—出料口；6—传动电机。

图 5-32 高速活化搅拌机原理图

5.4.4 结构流管道输送

1) 充填料管道输送特性

充填料管道输送特性是一个综合特性，反映了料浆在管道输送过程中的流动状态，主要用料浆流动性、料浆稳定性和料浆输送阻力等参数进行描述。

(1) 料浆流动性

料浆流动性主要取决于固、液相的比率，也就是料浆的浓度和粒度组成。流动性常用坍落度来表征。坍落度的力学含义是指料浆因自重而坍落，又因内部阻力而停止的最终形态量，它直接反映了料浆的流动性特征与流动阻力。通常采用料浆坍落度指标综合描述全尾砂胶结充填料浆的流动性。

一般来说，全尾砂胶结充填料浆的坍落度大于 22 cm 时，流动性好，可实现较理想的自流输送，但坍落度下降到 20 cm 时仍能自流输送。

料浆坍落度随着浓度的增加而降低，当浓度增加到一定值后，坍落度急剧降低(图 5-33)。不同粒度组成及不同物理力学特性的料浆，可实现自流输送的浓度不同。如凡口铅锌矿的 F3 全尾砂试样的可自流输送的料浆质量分数为 70%；而 F4 全尾砂试样的可自流输送的料浆质量分数可达 77%。

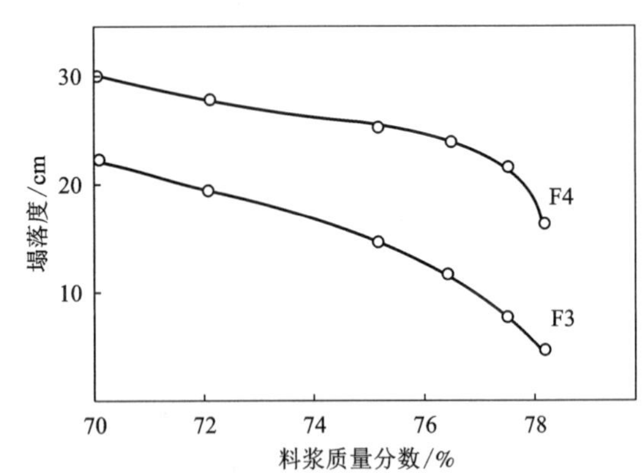

图 5-33 全尾砂胶结料浆坍落度与料浆质量分数关系

(2) 料浆稳定性

料浆稳定性是指抗离析、抗沉淀的能力，还反映了充填料浆通过管路系统中弯管、锥形管、管接头等管件的能力。当充填料浆，特别是含粗集料的充填料在输送中发生离析时，则粗集料会相互接触，因而产生很大的摩擦阻力，若集料聚集在弯管处，容易堵塞管道。输送过程中因集料吸水或泌水使充填料浆的坍落度减小，也会堵塞管道。稳定性能好的充填料浆首先表现为不产生离析现象，其次是料浆的流动性态稳定。

(3)料浆输送阻力

结构流充填料浆沿管道流动必然受到阻力，包括料浆与管壁之间的摩擦力和料浆产生湍流时的层间阻力，统称流体阻力，也称输送阻力。

①管道输送阻力

假定充填料连续稳定地在管道内流经截面 A_1 及 A_2，将流体的外力投影到流体轴线上，则料浆的输送阻力为：

$$F = \frac{D}{4} \cdot \frac{p_1 - p_2}{L} \tag{5-53}$$

式中：F 为流经管段的输送阻力，MPa；D 为输送管内径，m；p_1、p_2 分别为管段起点及终点压力，MPa，用压力计在输送试验管道上测定；L 为管段长度，m。

单位管道长度内的流体阻力即为阻力损失或水力坡度。为了使充填系统的自重势能或泵压能将充填物料连续地沿管道输送到采场，流体阻力要小于充填料的自重或输送泵所能达到的最大压力。输送阻力较大时，输送距离以及输送流量会受到限制，不能满足工业应用要求。

一般来说，矿山充填物料容易达到饱和水状态，润滑层起着如同液体一样的作用，管壁不会对集料颗粒产生干扰作用。此时，单位管道中的流体阻力可视为常数，水平管道中流动着的结构流体的压力降沿管道呈线性关系。

②流体阻力影响因素

一般来说，流体阻力取决于管径、输送速度、输送压力、料浆的浓度及其流变参数等多种因素。

a. 输送管径对流体阻力的影响

假设任一流体在圆管中以某一固定速度流动，作用于该流体某一单元上的所有力可表示为：

$$F = \frac{D}{4} \cdot \frac{\mathrm{d}p}{\mathrm{d}x} \tag{5-54}$$

式中：F 为流体阻力(相当于 τ)，指作用于管内壁单位面积上的力；$\frac{\mathrm{d}p}{\mathrm{d}x}$为沿流动方向的压力变化率；$D$ 为管道内径；$\frac{D}{4}$为圆管水力半径。

可见，流体阻力 F 可用各种不同直径水平直管单位长度所需压强表示(图 5-34)。当流体阻力相同时，管径越小，每米管道长度所需压力越大。随流体阻力的增大，管径越小，管道单位长度所需的压力急剧增加。因此，应根据生产能力的要求，选择合理的管径。

b. 输送速度对流体阻力的影响

充填料浆进入结构流运动状态，即料浆浓度达到形成结构流的临界浓度以上时，其输送阻力与输送速度的关系由一般的水力输送下凹曲线变化到近似线性关系。浓度进一步提高后，则成为向上凸的曲线(图 5-35)。这种上凸曲线，意味着高速输送时，随流速的增加流体阻力的增加趋势变缓。在低流速区段，则随着输送速度的增大，浆体的阻力损失快速增加。

由于结构流体的黏度大，流体阻力也大，因而料浆均在低流速下输送。因此，输送高浓度或膏体充填料时，流速增大，则阻力损失将快速增大。

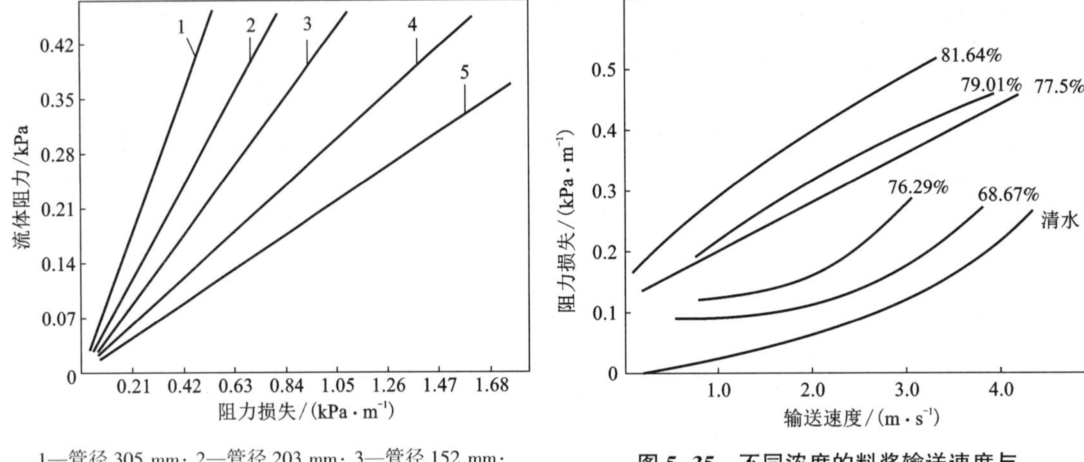

1—管径 305 mm；2—管径 203 mm；3—管径 152 mm；4—管径 102 mm；5—管径 76 mm。

图 5-34 不同管径流体阻力与阻力损失关系

图 5-35 不同浓度的料浆输送速度与阻力损失的关系

c. 粒级与浓度对流体阻力的影响

物料的粒级组成是构成结构流体的决定因素，其中足够量的超细物料能够形成悬浮状，是组成结构流体不可缺少的组分。由于结构流料浆的超细物料含量较高，因而浆体的黏度大、压力损失大。在结构流体中增加尾泥和水泥等超细物料的含量，有利于在压力作用下于管壁形成润滑层，可减少沿管道的摩擦阻力。

浓度对输送阻力的影响更加明显。一般来说，流体的阻力损失随着浓度的增大而增大。浓度的增大也意味着固体物料的增加，为了使所有固体物料悬浮，克服固体物料的重力所需消耗的能量也相应增加，因而压力损失也就增大。料浆浓度增大后，其黏度也增大，摩擦阻力也就相应增加。

2) 流变参数测定

料浆屈服应力 τ_0、黏度 μ_B 是表征高浓度全尾砂胶结充填料浆流变特性的重要参数，也是计算压力损失的依据。常用的测定流变参数的方法有水平环管测定法和倾斜管道测定法。

(1) 水平环管测定法

①测定装置

测定装置主要由环管输送系统、测试系统和调速系统组成。

②测定原理

结构流体管壁处切应力 τ_ω 和 $\frac{8v}{D}$ 之间的关系可以用如式(5-55)所示的白金汉(Buckingham)方程表示：

$$\frac{8v}{D}=\frac{\tau_\omega}{\mu_B}\left[1-\frac{4}{3}\frac{\tau_0}{\tau_\omega}+\frac{1}{3}\left(\frac{\tau_0}{\tau_\omega}\right)^4\right] \tag{5-55}$$

式中：τ_ω 为管壁处切应力，Pa；τ_0 为料浆屈服应力，Pa；μ_B 为宾汉流体的塑性黏度，Pa・s；v 为平均流速，m/s；D 为管道内径，m。

结构流充填料浆管壁处的 τ_ω 远大于屈服应力 τ_0，略去式(5-55)的 4 次方项，式(5-55)简化为线性方程式：

$$\tau_\omega = \frac{4}{3}\tau_0 + \frac{8v}{D}\mu_B \tag{5-56}$$

可见，式(5-56)的斜率为结构流体的塑性黏度 μ_B，与 τ_ω 轴相交于$\left(\frac{4}{3}\tau_0, 0\right)$。

③测定方法

在环管输送系统中选取两个断面安设压力仪，在不同的输送速度下测定两个受测断面之间的压力损失 Δp，根据式(5-57)即可绘制出管壁处切应力 τ_ω 与$\frac{8v}{D}$关系的虚剪切线(图 5-36)，根据式(5-56)即可以求得 τ_ω 和 μ_B 的值。

$$\tau_\omega = \frac{\Delta pD}{4L} \tag{5-57}$$

式中：Δp 为两个受测断面之间的压力损失，Pa；L 为两个受测断面间的管道长，m；D 为管道内径，m。

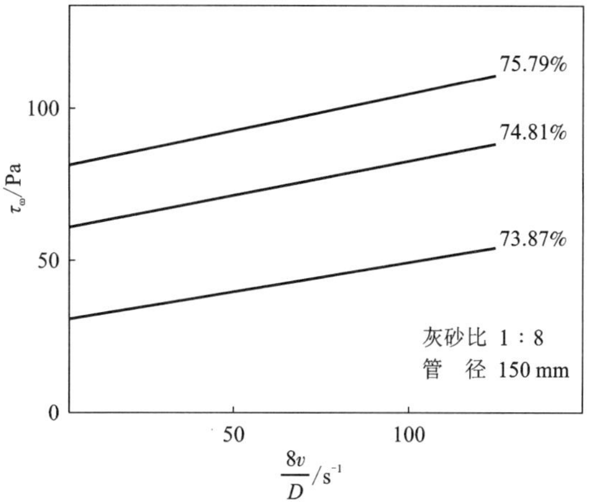

图 5-36　凡口铅锌矿 F1 全尾砂胶结料浆 τ_ω-$\frac{8v}{D}$关系曲线

(2)倾斜管道测定法

倾斜管道测定高浓度全尾砂料浆流变参数的方法，是一种更加简便的实用方法。

测定装置：倾斜管道测试料浆流变参数的装置如图 5-37 所示。直径和长度一定的倾斜管道通过两个定位套筒固定在长方形框架上。松开定位套筒上的锁紧螺帽，一个定位套筒可

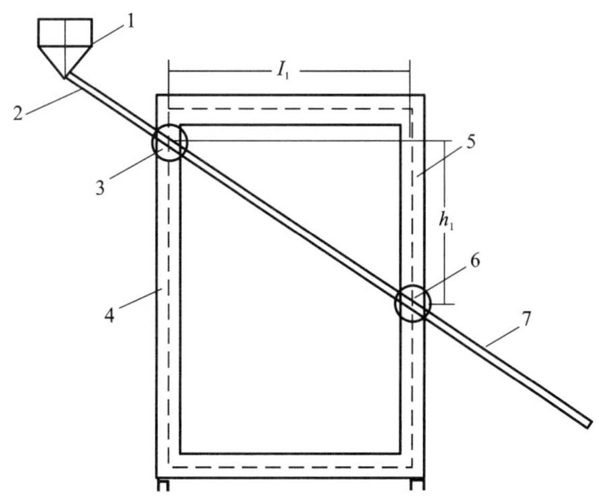

1—受料漏斗；2—连接杆；3—固定盘；4—槽钢架；5—滑动槽；6—定位套筒；7—输送管。

图 5-37　浆体流变参数倾斜管道测试法装置

绕固定点旋转，另一个则可沿滑动槽上下移动并旋转。这样可以根据需要调整管道的倾斜角度。测试时，将制备好的高浓度料浆倒入受料漏斗，不断添料使漏斗内料浆面保持在同一高度。测定管道的倾角和管道全断面浆体平均流速，即可计算出浆体的流变参数。

倾斜管道内浆体的流速关系为：

$$\mu_B \frac{8v}{D} + \frac{4}{3}\tau_0 = \rho \frac{D}{4L}\left(gh - \frac{v^2}{2}\right) + \frac{D}{4}\gamma \sin\alpha \tag{5-58}$$

对于确定的实验系统，D、L、h 可以固定不变，事先测定为已知值。对于某一配合比和一定浓度的料浆，其物理力学性质固定不变，容重 γ(kg/m^3)、密度 ρ(N/m^3)可以事先测定为已知值。因此，测定两个不同管道倾角 α_1、α_2 下的浆体平均流速 v_1、v_2，即可求得 μ_B 和 τ_0。

5.4.5 全尾砂自流充填系统

全尾砂自流充填是借助矿山充填系统的高差造成的料浆压差来输送充填料的充填方式。其输送动力为充填料的自重，因而不需要加压装备和能量，系统投资与输送成本低。但由于输送动力受系统高差的制约，输送的水平距离有限。在高浓度条件下输送阻力较大，自流输送倍线较小。当开采深度较小，或要求的充填料浓度较高时，其水平输送距离会很短。因此，自流输送一般在充填系统服务范围较小或开采深度较大的条件下采用。在自流输送全尾砂充填料条件下，为了提高充填料浆的输送浓度或增大自流输送的水平距离，在充填工艺中可通过添加减水剂实现。

1)系统配置

高浓度全尾砂胶结充填系统由脱水子系统、搅拌子系统和输送管路子系统 3 部分组成。脱水子系统将选矿厂排出的低浓度浮选尾矿浆中的大部分水脱出，获得含水量满足结构流输送要求的高浓度产品，并要求脱水过程中溢流排出的尾砂量小。搅拌子系统需要将全尾砂胶结充填料浆充分活化和流态化，一般采用两段搅拌方式，并通过高速强力搅拌有效提高全尾砂充填料的活性与流动性。输送子系统包括地面管道系统与井下管道系统，在深井高压头低倍线充填条件下还包括卸压管网。

图 5-38 为采用砂仓沉缩一段脱水工艺流程的自流充填系统的基本配置。脱水子系统包括两个尾砂仓，搅拌子系统由水泥仓、供水线、双螺旋搅拌槽和活化搅拌机组成。输送子系统由下料钻孔与输送管道组成。

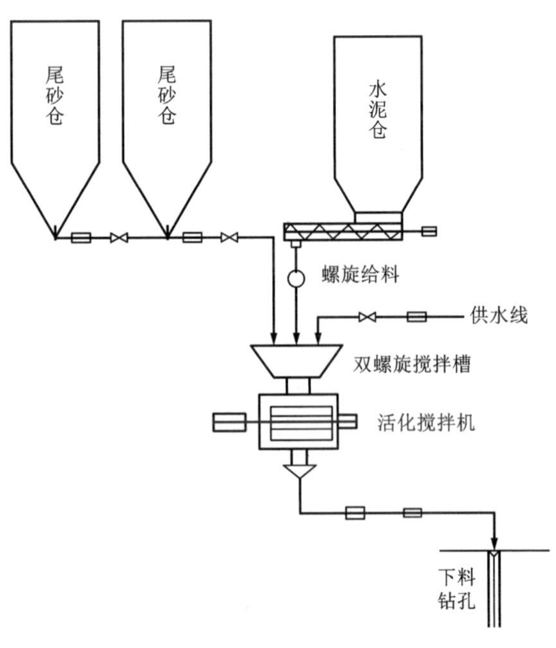

图 5-38 全尾砂胶结充填系统配置与流程

2)系统参数确定

(1)输送浓度

一般希望胶结充填料以高浓度满足高强度的要求，以实现最少水泥消耗量的目标。但充填料浓度越高，其流动性越差，特别是当采用自流输送方式时，充填料浓度受到限制。因此，全尾砂充填料的浓度主要取决于充填料的输送工艺。充填料浆的特性试验研究的首要目的就是确定全尾砂充填料浆在输送工艺条件下能达到的最大输送浓度。

因此，一般根据采矿工艺对胶结充填体强度的要求，通过强度试验确定充填料浆的下限浓度，通过料浆特性试验确定最大输送浓度。如根据凡口铅锌矿全尾砂胶结充填料试块强度试验研究，确定全尾砂胶结充填料达到 2 MPa 的下限浓度为 70%；根据最大沉降浓度和坍落度试验，确定全尾砂胶结充填料的最大输送浓度为 72%~77%。

(2)管径

高浓度全尾砂胶结充填料输送管径，主要根据所要求的输送能力和所选定的料浆输送流速确定，可按式(5-59)计算输送管径。

$$D = \sqrt{\frac{4Q}{3600\pi v}} \tag{5-59}$$

式中：D 为管道内径，m；Q 为输送能力，m^3/h；v 为输送流速，m/s，自流方式输送充填料时根据输送能力和实际输送倍线确定。

(3)输送流速

对于结构流全尾砂胶结料，由于其颗粒细而且浓度高，呈伪均质流，料浆稳定性好，即使在低速条件下也不沉淀，可以选择低流速下输送，以降低输送阻力。对于自流输送的充填料浆，输送流速取决于充填能力和所选用的管径，可按式(5-60)计算。

$$v = \frac{4Q}{3600\pi D^2} \tag{5-60}$$

(4)压力损失

结构流全尾砂充填料浆通过管道输送的压力损失，可通过环管试验测定。在工业应用中也可按照宾汉流体的流变特征参数，根据式(5-61)确定料浆的压力损失。

$$i = \frac{4}{D}\left(\frac{4}{3}\tau_0 + \frac{8v}{D}\mu_B\right) \tag{5-61}$$

式中各参数意义同前。

根据不同料浆浓度条件下测得的 τ_0 和 μ_B 值，利用式(5-61)可计算相应料浆浓度下不同管径和流速的压力损失 i。这时，对于确定的管径，压力损失 i 就与流速 v 有了线性对应关系。

凡口铅锌矿 F4 全尾砂料浆按式(5-61)计算的压力损失与环管试验的实测结果比较表明，在低流速范围内其计算值偏低。流速为 1. 8 m/s 时，计算值与实测值相吻合。流速为 1. 1~1. 8 m/s 时，计算值偏差小于+6. 23%。

应用式(5-61)计算的压力损失可供设计使用。当然，计算压力损失也需要通过试验获得流变参数，在具有环管试验的条件下，直接测定压力损失更为合适。

(5)自流输送条件

自流输送条件是指料浆所产生的势能能够克服管道系统中料浆的阻力。在工程设计和工业应用中，若输送管路弯管少，可不考虑局部损失和负压影响，则系统自流输送的条件可简化为：

$$N < \frac{\gamma}{i} \tag{5-62}$$

式中：N 为系统输送倍线；γ 为料浆的容重，kg/m^3；i 为料浆的压力损失，m 水柱/m。

式(5-62)中的$\frac{\gamma}{i}$为充填料浆的固有属性，由料浆的特性参数确定。对于输送特性一定的料浆，$\frac{\gamma}{i}$也是充填系统实现自流输送的极限输送倍线，只有当系统的输送倍线小于该值时才可实现自流输送。

当管道系统较复杂，存在较多弯管时，其局部损失不可忽略，应在管道阻力损失中考虑弯管的局部损失。因此，系统实际的可输送倍线比$\frac{\gamma}{i}$要小得多，设计时必须考虑到这一因素。

5.4.6　应用实例

1)南京银茂铅锌矿全尾砂充填

南京银茂铅锌矿业有限公司委托长沙矿山研究院有限公司开展全尾砂胶结充填技术的试验研究，于 2004 年建成了结构流全尾砂自流胶结充填系统并投入工业应用(图 5-39)。全尾砂胶结充填料浆的质量分数为 70%~72%，呈结构流态，不脱水、不离析，充填体整体性好，充填体强度满足采矿方法要求。结构流全尾砂充填工艺在矿山的成功应用，为实现尾砂零排放提供了技术支撑，在环境保护规定十分严格的开采条件下保证了正常开采，避免了矿山停产；并且有效地解决了矿山产量低和采选指标差的难题，成为“三废”零排放示范矿山。该矿山地表不建尾砂库和废石堆场，在矿产资源开发过程中有效保护了生态环境，取消了末端治理工程及费用，消除了尾砂库溃坝及废石场泥石流等安全隐患，实现了矿业开发与资源、环境、经济的和谐发展，取得了显著的经济效益和社会环境效益。

(1)充填材料

充填材料包括全尾砂、水泥和水。通过试验获得了全尾砂充填料的相关特性及其变化规律。

全尾砂粒径极细，其中粒径为-20 μm 的颗粒占比达到 47%。全尾砂料浆试样的最大自由沉降质量分数为 71.01%，沉降 4 h 后料浆接近最大沉降浓度，达到最大沉降浓度所需的时间约为 6 h(表 5-23)。

表 5-23　全尾砂自由沉降试验

沉降时间	料浆容积/cm^3	料浆质量分数/%	料浆密度/($g \cdot cm^{-3}$)	状态特征
0 min	775	50.00	1.55	初始状态
5 min	670	54.79	1.63	全尾分级
20 min	530	62.83	1.80	粗粒沉降
1 h	450	68.57	1.94	细粒浓缩
4 h	425	70.59	2.00	沉缩密实
6 h	420	71.01	2.01	最大浓度

全尾砂充填料浆坍落度与质量浓度的关系见表 5-24。全尾砂充填料浆质量分数从 76%降至 72%时，料浆的屈服剪切应力及黏性系数发生突变(表 5-25)。

表 5-24　全尾砂充填料浆坍落度与质量浓度的关系

质量分数/%	80	78	76	74	72	70	68	66
坍落度/cm	11	18	21	23	25.5	27	28	28

表 5-25　全尾砂料浆的流变参数随质量分数的变化

质量分数/%	76	74	72	70
屈服剪切应力 τ_0/Pa	42.04	25.01	14.61	7.95
黏性系数 μ/(Pa·s)	24.792	17.413	0.524	0.227

(2)充填系统设计参数

充填系统制备与输送能力为 60 m^3/h，最大充填能力为 800 m^3/d，年充填能力为 10 万 m^3。

全尾砂胶结充填料浆制备与输送的质量分数为 70%～72%，坍落度为 23～26 cm。

设计灰砂比为(1∶4)～(1∶12)。其中灰砂比 1∶4 的充填体 28 d 单轴抗压强度大于 2.5 MPa；灰砂比 1∶6 的充填体 3 d 单轴抗压强度大于 0.2 MPa；灰砂比 1∶8 的充填体 28 d 单轴抗压强度大于 0.8 MPa。

(3)充填工艺流程

充填系统包括充填料浆制备及输送两大系统。通过大量的试验，研究采用了卧式仓沉缩脱水、分层排水、本仓储存、平行气流造浆及活化搅拌制备全尾砂胶结充填料的短流程工艺，将全尾砂脱水、造浆和储存各工序集中在一个装置内完成；经研究采用结构流全尾砂自流输送工艺(图 5-39)。

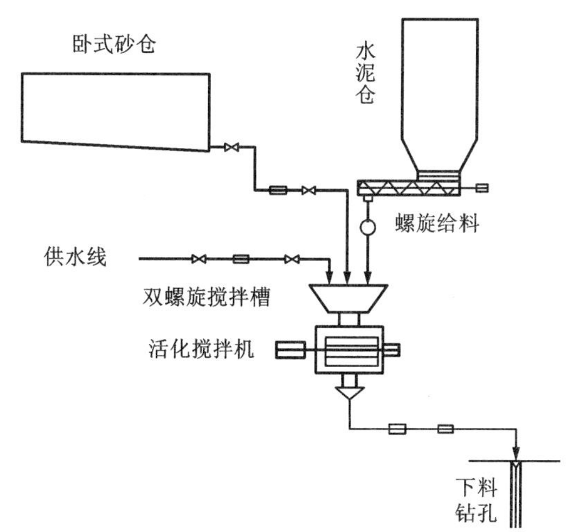

图 5-39　结构流全尾砂自流胶结充填流程

全尾砂充填料制备短流程为：低浓度全尾砂料浆通过多个放砂阀送入卧式砂仓；砂仓中的全尾砂颗粒在自重和絮凝作用下沉缩，沉砂质量分数为 70%左右；砂仓上部的静置水经适度净化后供选厂循环利用；高浓度沉缩尾砂不再转运，本仓储存备用；砂仓内沉缩尾砂通过平行气流进行流态化造浆(图 5-40)，料浆充分混合均匀后排入搅拌设备；通过活化搅拌使全尾砂与水泥充分混合与活化，形成结构流体胶结充填料。

该流程将传统的多段全尾砂脱水、转运与滤饼再次造浆的长流程转变为集中在一个装置内完成的短流程，取消了滤饼转运和再次加水造浆工序，不仅大幅度减少了设备、能耗和占地，更重要的是还保证了流程的可靠性和全部尾砂的快速利用。

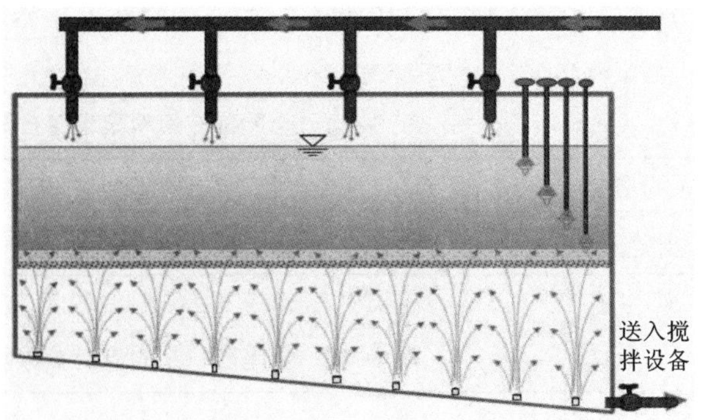

图 5-40　全尾砂沉缩脱水与流态化造浆示意图

(4)应用效果

在充填料浆质量分数为 70%~72%、充填倍线为 4.2 时可实现理想的自流输送，其中质量分数为 71.5%的料浆流量为 50~80 m^3/h；在充填倍线为 3.2 时，料浆质量分数达到 73.6%时仍可实现理想的自流输送。

质量分数为 70%的全尾砂胶结充填料浆充入采场空区后，呈结构流状态流动。在采场充填过程中，充填料浆表面无积水，料浆粗细颗粒不产生分离，从根本上消除了充填料浆脱水离析、分层所带来的一系列难题。充填料浆自身屈服剪切应力较小，无法自然堆积，料浆在采场中流平性好。

为了研究充填料浆是否在采场中产生粗细颗粒分离及离析现象，在采场的充填体中的不同位置取样进行全粒级分布测定。多个样品的粒级分布测定结果表明，不同取样点样品的粒级分布结果相当接近、差别不大。可见结构流全尾砂充填料浆在采场中不存在离析分级现象。

矿山长期生产实践表明，结构流全尾砂胶结充填料充入采场后不脱水，少量泌水可通过围岩和充填体自身吸收。灰砂比为 1∶6 时，充填结束 16 h 后观察充填体表面无积水现象，充填料已凝结，人员可在充填体上行走并进行架模与移动充填管道等作业，3 d 后可进行凿岩等回采作业。

2)李楼铁矿全尾砂充填

李楼铁矿为采矿规模 750 万 t/a 的地下金属矿山，是当时国内地下开采规模最大的金属矿山。矿山采用阶段空场嗣后全尾砂胶结充填采矿方法。

长沙矿山研究院有限责任公司结合李楼铁矿开展了结构流全尾砂胶结充填技术的试验研究，在该地区率先实现了全尾砂胶结充填，并建成多套结构流全尾砂自流胶结充填系统。其中于 2009 年建成的 2 套产能为 100 m^3/h 的系统投入工业生产(图 5-41)，到 2014 年相继建成 4 套国内外全尾砂充填产能最大(180 m^3/h)的系统投入工业生产。

图 5-41　李楼铁矿结构流全尾砂自流胶结充填站

(1)充填材料

充填材料包括铁矿全尾砂集料、水泥胶凝材料和水。铁矿全尾砂细粒级颗粒含量相对较少，更有利于作为矿山充填集料(表 5-26)。

表 5-26　李楼铁矿全尾砂粒级组成

粒径/μm	-5	-10	-20	-50	-75	-100	-150	-180	+180
累计占比/%	9.10	14.65	24.31	52.50	70.18	82.81	93.71	96.29	100

注：d_{10}=5.71 μm，d_{50}=46.82 μm，d_{90}=125.87 μm，d_{cp}=59.68 μm。

(2)充填工艺流程

矿山的充填系统由全尾砂沉降造浆、水泥供料、充填料浆搅拌制备以及自流输送、自动控制等子系统组成。

选厂全尾砂直接输送至充填站立式砂仓，进行沉缩脱水，排除全尾砂料面上的澄清水后采用压气造浆，造浆均匀的全尾砂料浆供给搅拌机。散装水泥运至充填站后卸入水泥仓。仓内水泥经双管螺旋喂料机给料及电子秤计量后向搅拌机供料。采用双卧轴搅拌机加高速活化搅拌机两段连续搅拌制备全尾砂料浆流程。全尾砂料浆与水泥通过两段搅拌后，制备成具有结构流特性的全尾砂胶结充填料浆。

呈结构流态的全尾砂胶结充填料浆通过测量管及下料漏斗进入充填钻孔，通过井下输送管道自流输送至采空区充填。

充填系统检测的参数包括全尾砂放砂流量、水泥给料量、调浓水量、充填料浆流量及浓度、水泥仓料位等。系统调节的参数包括放砂流量、水泥给料量、调浓水量等。

(3)应用效果

对已充填采场进行钻孔取样，显示其充填体岩芯较完整(图 5-42)。原位充填体岩芯试样单轴抗压强度为 1.5~2.56 MPa，达到了设计强度要求。

3)沙坝磷矿磷石膏充填

用沙坝矿为贵州开磷有限责任公司矿业总公司的磷矿山。采用中深孔房柱采矿法开采。开磷有限责任公司所属的重钙厂每年生产的磷酸产生的工业废弃物磷石膏达 50 万 t，不仅占用了大量的耕地，而且对矿区的环境造成了严重的污染。2006 年，长沙矿山研究院有限责任公司在中南大学开展的磷石膏充填材料试验的基础上，研究开发了磷石膏胶结充填工艺，并与化工部长沙设计研究院有限责任公司共同设计建成了磷石膏自流胶结充填系统，于 2007 年投入工业应用。

图 5-42　全尾砂胶结充填体原位取样岩芯

(1)充填材料

充填材料为重钙厂的磷石膏，胶凝材料采用 42.5 级普通硅酸盐水泥，添加料为粉煤灰。

磷石膏的密度为 2.87 g/cm³，渗透系数为 1.06 cm/h，其粒度极细(表 5-27)。粉煤灰的密度为 2.32 g/cm³，渗透系数为 2.33 cm/h，其粒级组成见表 5-28。磷石膏和粉煤灰的主要化学成分见表 5-29。

表 5-27 磷石膏粒级组成

粒径/μm		-30	-45	-75	-106	-300	+300
产率/%	分计	34.5	14.5	32.0	10.5	6.0	2.5
	累计	34.5	49.0	81.0	91.5	97.5	100

表 5-28 粉煤灰粒级组成

粒径/μm		30	45	75	106	300	300
产率/%	分计	5.5	17.5	30.5	20.5	22.0	4.0
	累计	5.5	23.0	53.5	74.0	96.0	100

表 5-29 磷石膏和粉煤灰主要化学成分(质量分数) 单位：%

材料	CaO	Fe_2O_3	MgO	SiO_2	Al_2O_3	K_2O	Na_2O	TiO_2	P_2O_5
磷石膏	30.0	0.88	—	5.40	0.37	0.05	0.61	0.26	0.44
粉煤灰	4.81	16.99	0.29	43.7	20.52	1.98	0.83	—	0.08

充填材料配比质量比为水泥：粉煤灰：磷石膏=(1：1：4)~(1：1：10)，充填料浆质量分数为 55%~58%。

(2)充填系统设计参数

充填料浆制备能力为 50~70 m³/h，平均为 60 m³/h。

充填能力为 30~50 m³/h，平均为 40 m³/h。

日平均充填量为 246 m³，日充填能力为 369 m³。

正常供水流量为 24~36 m³/h，冲洗管道的最大供水流量为 90 m³/h。

(3)充填工艺流程

经试验与对比分析研究，选用了由振动放料机放料、两段活化搅拌的充填料制备工艺以及结构流自流输送方式(图 5-43)。料仓内的磷石膏通过带破拱架的振动放料机放料，经皮带输送机送入打散破碎机，被打散破碎后的磷石膏送入中间料仓，然后由皮带输送机送入双轴搅拌机。料仓内粉煤灰通过带破拱架的振动放料机放料，经皮带输送机送入双轴搅拌机。磷石膏与粉煤灰都由皮带电子秤自动计量。通过调节振动放料机变频调速器以调控磷石膏给料量。水泥仓中的水泥由双管螺旋喂料机给料，经螺旋电子秤计量后输送到双轴搅拌机，并通过调节双管螺旋喂料机的变频调速器频率调控水泥给料量。充填用水由水泵加压输送，经电磁流量计计量，由电动阀调节给水量。磷石膏、粉煤灰、水泥和水先经双轴搅拌机进行一段搅拌，再经高速活化搅拌机进行二段活化搅拌。搅拌均匀的充填料浆通过充填管道自流输送到井下充填采场。充填料浆流速为 2.12 m/s，充填系统的最大自流充填倍线为 5.7。

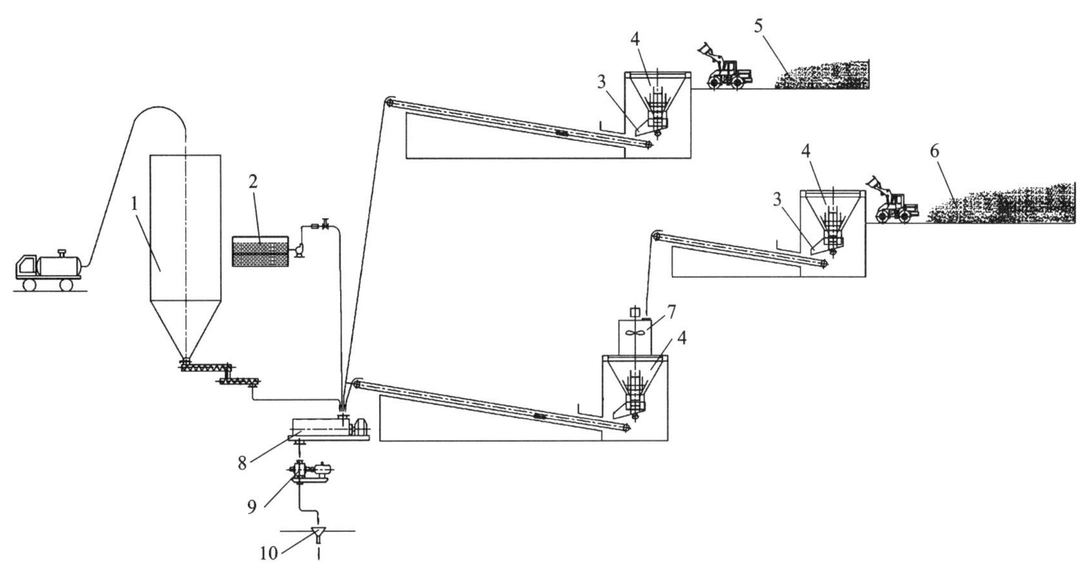

1—水泥仓；2—水池；3—振动放料机；4—料仓；5—粉煤灰堆场；6—磷石膏堆场；
7—打散破碎机；8—双轴搅拌机；9—高速活化搅拌机；10—充填钻孔。

图5-43　磷石膏自流胶结充填工艺流程

(4)主要充填设施

磷石膏堆料高度1.5~2.0 m，容积900~1200 m^3，能满足4~5个班的充填量。粉煤灰堆料高度1.5~2.0 m，容积540~720 m^3，能满足6~9 d的充填量。水泥仓为钢结构，容量为100 t，能满足3个班的充填量。水泥仓配备有除尘设备。水池容积大于400 m^3。

(5)工艺技术特点

①在磷石膏供料系统中，首次采用打散破碎技术解决了磷石膏料中大块处理难的问题，使磷石膏的利用率从90%提高到100%。

②采用了带破拱架的振动放料技术，解决了磷石膏和粉煤灰在放料过程中的结拱问题，确保磷石膏和粉煤灰能连续均匀地供料。

③采用了双轴搅拌和高速活化搅拌技术，解决了磷石膏胶结充填料细、搅拌困难等技术难题，使制备的胶结充填料浆呈似结构流态，并且混合均匀、流动性好、采场脱水量少。

5.5　膏体泵送充填

膏体充填料不离析、不脱水，充填体质量好、胶凝材料单耗低。高效率的尾矿浓密脱水技术和高扬程工业柱塞泵压输送技术，以及充填自动控制技术的不断发展，提高了膏体充填工艺流程的可靠性与稳定性，使得膏体充填技术得到广泛应用。

5.5.1　膏体充填特点

膏体充填是指将充填材料制备成具有良好稳定性、流动性和可塑性的膏状稠料，在压力作用下经过管道输送至井下空区的充填作业过程。

1)膏体料浆特点

膏体料浆是一种高浓度非牛顿流体，流变模型近似于宾汉姆流体，流动状态为结构流。其流变参数通过实测或经验公式计算获得。膏体料浆具有以下3个特点。

(1)稳定性：充填物料具有抵抗分层、离析的能力，膏体在输送管道中停留数小时不沉淀、不分层、不离析，能顺利输送。

(2)流动性：膏体能在外力或重力作用下在输送管道中或采空区顺利流动。

(3)可塑性：膏体能够在克服屈服应力后产生非可逆变形的能力，也就是膏体在通过输送管道弯道部位、变形锥形管、管接头等管件时，形状发生变化而内部结构不变。

2)膏体输送特点

膏体的塑性黏度与屈服应力均较大时，往往采用正压力活塞泵压送。在充填倍线较小的条件下，若充填系统垂直管段的料浆自重势能足以克服管道阻力，膏体充填料浆也可以采用自流输送工艺。若自流输送系统存在地表水平管段，这一水平段需克服屈服切应力向垂直管道给料，可采用泵压-自流联合输送工艺。

3)采场充填膏体的特点

采场充填膏体具有不分层、不离析、不脱水的特点，因此当料浆输送至井下采场后，不需要构筑脱水设施。

5.5.2 膏体性能影响因素

膏体主要性能有可输性、流变性、凝结性等。可输性是膏体充填料浆的三大特性(稳定性、可塑性和流动性)的综合指标，是指膏体在管道中可以顺利输送。

膏体充填料性能的主要影响因素有物料级配、膏体浓度、水泥添加量、固结时间、辅助添加料。

(1)物料级配

物料级配对膏体的流动性、流变性以及强度有影响，是最重要的性能影响因素。

①流动性

物料级配是影响膏体流动性能的重要因素。在实际工程中，颗粒级配主要与矿山的磨矿工艺相关，同时也会因为粗颗粒的掺入而发生改变，控制粗颗粒的添加量是调节物料级配的主要方式。物料级配可通过物料的最大堆积率进行综合表征。堆积率是指物料的松散密度与真实密度的比值，最大堆积率是物料在紧密堆积时的密度与其真实密度的比值。物料颗粒分布越不均匀、孔隙率越小，则堆积越密实，最大堆积率也相应越大。以下通过调节某金矿分级尾砂及溢流尾砂的含量来制备不同级配组成的膏体来探讨坍落度与其最大堆积率的关系。

不同浓度条件下，充填料最大堆积率与坍落度的关系如图5-44所示。可见，在充填料浓度等其他条件不变的情况下，充填料最大堆积率越大，膏体坍落度越大，即流动性越好。根据最大密实度理论，充填料必然存在一个使其流动性最佳的级配范围，此时其堆积率最大。

②流变性

颗粒级配对膏体流变性能的影响也很大。在水泥等胶结剂及浓度相同的条件下，加入的粗骨料越多，屈服应力和塑性黏度值下降得就越多。同时，加入的粗骨料的颗粒越大，屈服

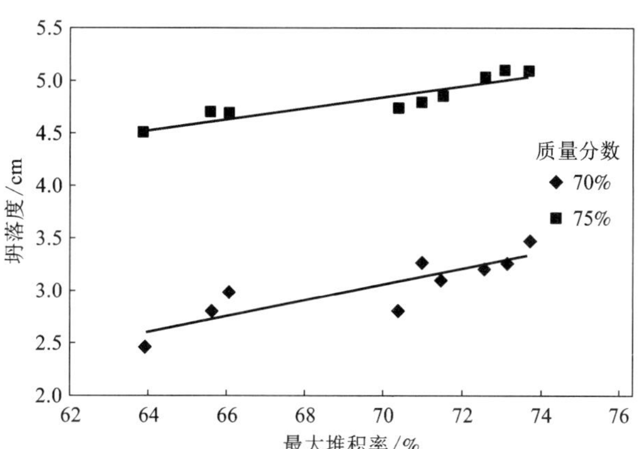

图 5-44　某金矿充填料最大堆积率和坍落度的关系

应力和塑性黏度下降越明显。在某铜矿的全尾砂中分别添加相同比例的人工碎石和戈壁集料，混合制备成不同浓度的膏体。其中，废石的平均粒径为 3.89 mm，戈壁集料的平均粒径为 1.94 mm。即戈壁集料中含有的细颗粒比人工碎石多。在 m(全尾砂)：m(粗颗粒)(废石或戈壁集料)= 7：1，灰砂比为 1：8，质量分数为 75%条件下，对膏体进行流变性能测试，结果如图 5-45 所示。

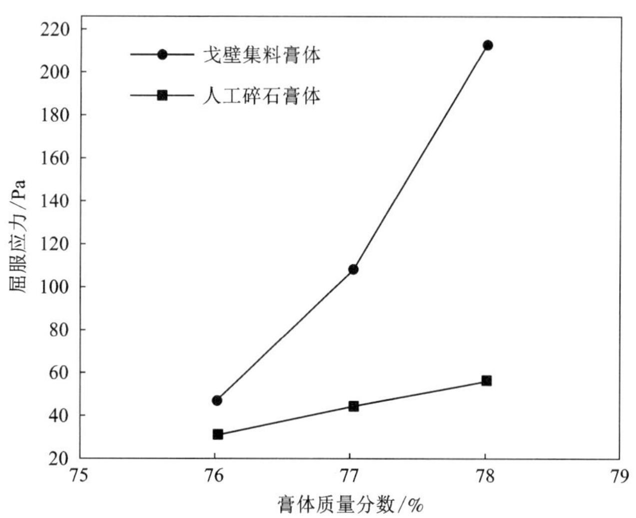

图 5-45　戈壁集料膏体和人工碎石膏体屈服应力对比图

由图 5-45 可知，掺有戈壁集料的膏体比人工碎石制成的膏体细颗粒含量多，其屈服应力也大于人工碎石膏体。且随着膏体浓度的增加，屈服应力增加的幅度也比人工碎石膏体物料大。这是由于粗骨料加得越多则混合料的比表面积越小，从而导致屈服应力及黏度下降。除了粗骨料对级配改变造成屈服应力不同之外，还应该注意细颗粒含量对膏体流变性能的影响。相关学者认为膏体物料中粒径为 20 μm 以下的细颗粒的含量对其流变性能影响较大。

③强度

在充填物料中，其细骨料与粗骨料之间存在最优配比。一般而言，充填骨料粒度越细，在相同条件下，充填体强度越小；在一定范围内，充填骨料中粗颗粒含量越大，充填体强度越高。通过在分级尾砂(粗颗粒)中掺入不同含量的溢流尾砂(细颗粒)，研究试块的单轴抗压强度，考察物料级配对充填体强度的影响。实验膏体的质量分数分别为68%、70%、72%，添加的胶凝剂的质量分数为10%、15%。不同溢流尾砂含量下，28 d的试块抗压强度测试结果见表5-30。

表5-30 28 d试块抗压强度测试结果

单位：MPa

胶凝剂质量分数/%	膏体质量分数/%	溢流尾砂质量分数/%						
		0	5	10	15	20	25	30
10	68	3.26	3.42	3.54	3.75	3.74	3.42	3.12
	70	3.52	3.71	4.1	4.34	4.34	4.21	3.31
	72	4.12	4.23	4.45	4.85	4.84	4.56	4.30
15	68	3.76	3.90	4.51	4.53	4.12	3.76	3.45
	70	4.34	4.56	4.9	4.94	4.53	4.32	4.00
	72	5.45	5.78	6.02	6.23	5.88	5.54	5.32

从试验结果可以看出，在胶凝剂质量分数为10%，溢流尾砂质量分数为15%~20%时试块强度最大；在胶凝剂质量分数为15%，溢流尾砂含量为10%~15%时试块强度最大。

(2)膏体浓度

①流动性影响

膏体浓度对其流动性影响大。某铅锌矿全尾砂膏体的灰砂比为1∶8，不同浓度条件下坍落度实测值如图5-46所示。由图5-46可知，膏体的坍落度随浓度的增大而减小，浓度为77%~80%时坍落度变化较为显著，即在该浓度范围内，膏体流动性随着浓度的增加而迅速变差。

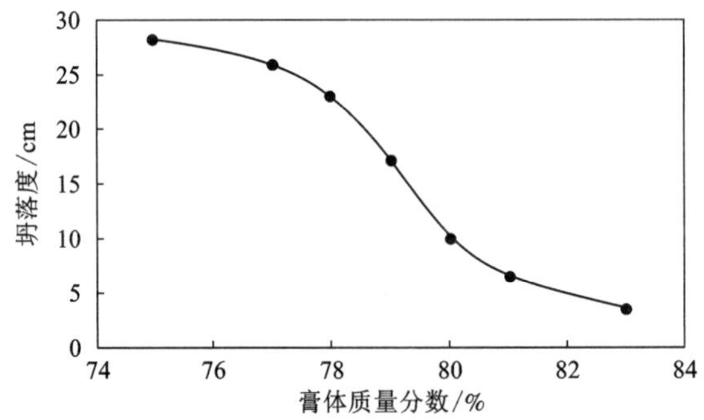

图5-46 某铅锌矿膏体坍落度随膏体浓度变化曲线

②流变性影响

膏体浓度对屈服应力有显著影响。随着浓度增加，其屈服应力逐渐增大，且成指数函数关系增加。浓度对膏体塑性黏度的影响与屈服应力相似，浓度越大，膏体塑性黏度也越大。某铅锌矿山膏体由全尾砂、水泥、碎石混合制备，其中全尾砂平均粒径为 75.59 μm，粒径为 -20 μm 的颗粒累计质量分数为 37.20%，碎石粒径为-10 mm。不同集料的配比为 m(全尾砂) : m(水泥) : m(碎石) = 8 : 1 : 1，质量分数约为 80%，通过试验获得其流变参数与浓度的关系曲线，如图 5-47、图 5-48 所示。

从图 5-47 中可以看出，膏体浓度对膏体充填料浆的屈服应力有较大影响。随着膏体浓度的增加，屈服应力逐渐增大，且膏体浓度越大，屈服应力的增幅越大。

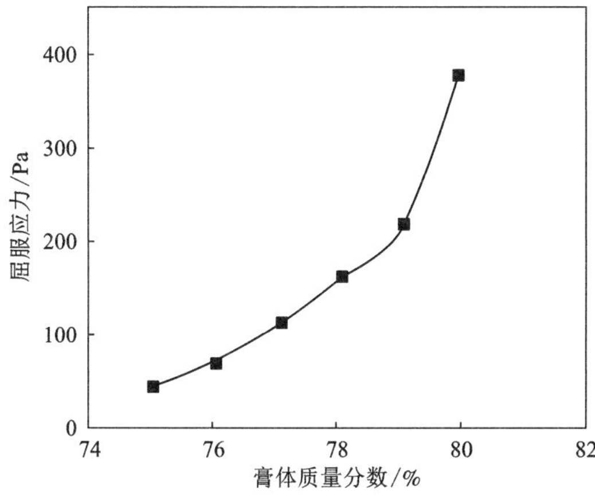

图 5-47　屈服应力随膏体浓度变化曲线

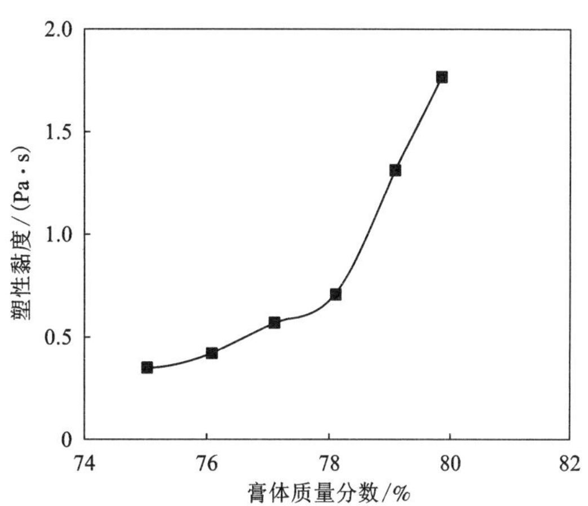

图 5-48　塑性黏度随膏体浓度变化曲线

③强度影响

膏体浓度对其强度具有重要影响，由图 5-49 可知，不同浓度下某膏体固化后充填体 3 d、7 d、28 d 单轴抗压强度均随浓度增大而增加。尽管膏体浓度越大，相应的充填体强度越大，但膏体的可泵性会随之减小。因此，在增加膏体浓度的同时，需要综合考虑膏体的管道输送难易程度。

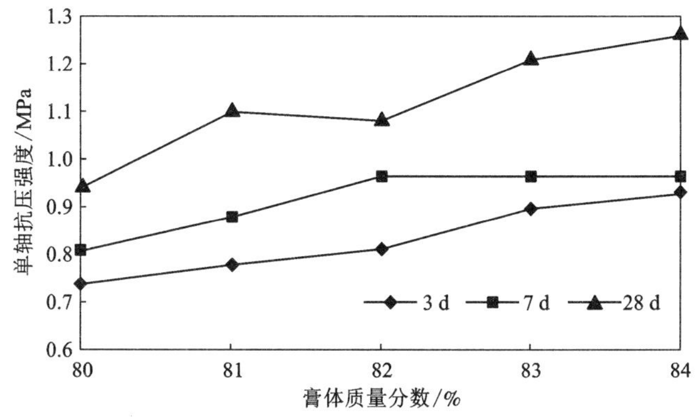

图 5-49　浓度和充填体强度的关系曲线

(3) 水泥添加量

①流变性的影响

水泥在与水接触后，由于异性电荷相吸引、热运动、相互碰撞吸附、范德华引力等原因发生絮凝，浆体内部的各种颗粒之间形成了连续的结构，使膏体流动性变差。由图 5-50 可以看出，随着水泥含量的增加，膏体流变特性发生明显变化，流变曲线由宾汉姆体逐渐转变为膨胀体。

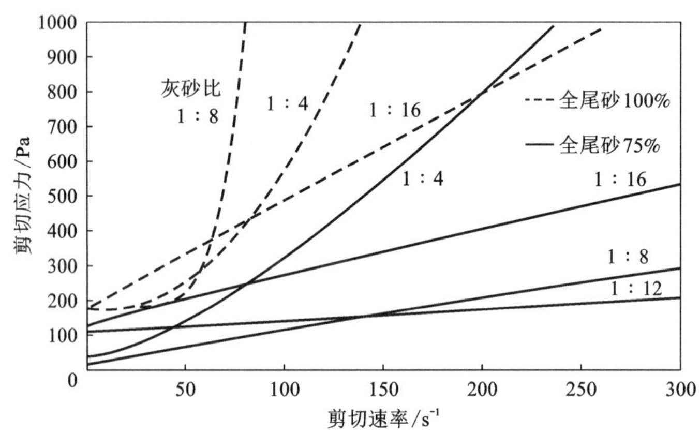

图 5-50 某铅锌矿质量分数 80%时不同灰砂比的膏体剪切应力与剪切速率关系曲线

②强度影响

膏体充填的目的是控制采场地压，其强度必须满足设计值。水泥消耗量大，其强度必然高，但水泥成本是充填成本的主要构成因素。因此，工程中必须通过试验来确定水泥的最佳添加量，以保证既满足生产需要又能使充填成本最低。图 5-51 为某铅锌尾矿膏体水泥耗量与试块抗压强度之间的关系图。从图 5-51 中可以看出，随着水泥耗量的增加，试块的抗压强度不断增大，即膏体的抗压强度与灰砂比成正相关。

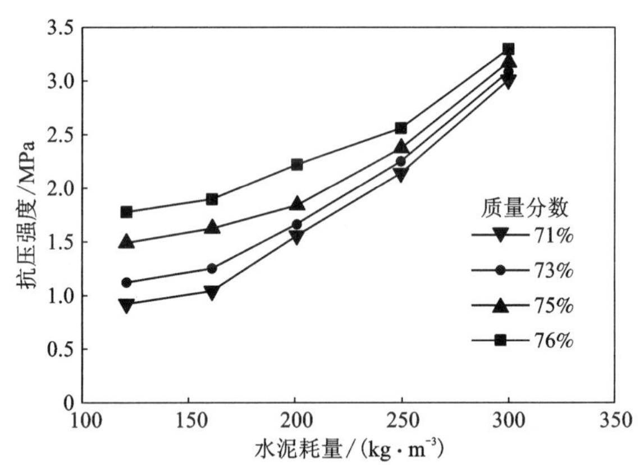

图 5-51 膏体水泥耗量与抗压强度关系曲线

③固结时间

一般而言，膏体的强度随时间的增加而逐渐增大。图 5-52 为某铜矿膏体在灰砂比为 1∶9，尾砂废石比为 4∶1 时，不同浓度下，充填体单轴抗压强度与养护时间的关系曲线。由图 5-52 可知，抗压强度受养护时间影响较大，且随着养护时间的增加而增大。每个浓度水平下，7 d 单轴抗压强度均达到了 28 d 单轴抗压强度的 50%以上；当质量分数由 77%增加至 78%时，单轴抗压强度提高幅度远比由 76%增加至 77%的幅度大。当质量分数为 78%时，14 d 较 7 d 单轴抗压强度提高幅度大。这说明增加充填浓度对充填体早期强度发展较为有利，还有利于缩短采充循环周期，提高采场综合生产能力。

(4)辅助添加料

①泵送剂降低沿程阻力

添加泵送剂改善浆体流动性，是膏体管道输送减阻的重要手段。金川公司开展的充填膏体水平环形试验管路流动阻力试验表明，当膏体基准坍落度为 18 cm，泵送减阻剂掺量为 0.5%(1 kg/m^3)和 1%(2 kg/m^3)时，可分别将膏体坍落度提高到 21 cm 和 25 cm，即坍落度提高 16%和 39%。泵压降幅较大，说明泵送减阻剂在降低膏体泵送阻力方面的作用十分明显，可以在膏体浓度较大、输送困难时使用。

图 5-53 为某铜矿膏体塌落度、扩展度与泵送剂添加量的关系曲线，各组充填材料的坍落度随着添加剂添加量的增加而呈现增大的趋势。当添加量由 1%增至 1.5%时，坍落度增加幅度较大，说明当添加量大于等于 1.5%时，添加剂对膏体的流动性能改善效果明显。当添加量达到 2%时，图 5-53 中坍落度变化曲线趋于水平。当添加量由 2%增至 2.5%时，坍落度没有增加，只是扩展度略有增大，但是增加幅度有限，对流动性改善效果不明显。同时，继续增加添加剂会造成成本增加，所以没有必要再继续增大添加量进行试验。综上所述，泵送剂的最佳添加量为 2%，推荐添加量为 1.5%~2%。

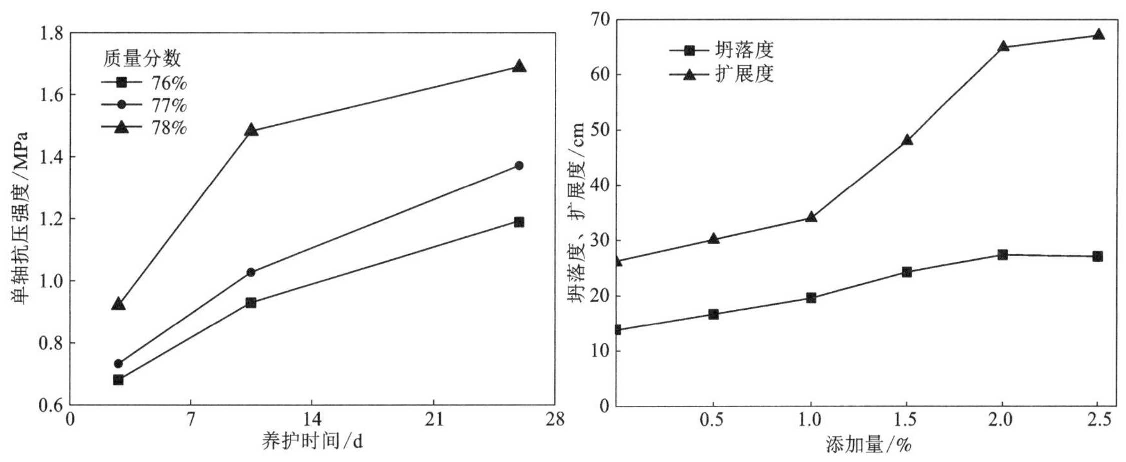

图 5-52　充填体单轴抗压强度与养护时间关系曲线

图 5-53　某铜矿膏体塌落度、扩展度与泵送剂添加量的关系曲线

②絮凝剂改善沉降效果

絮凝剂是指促进浆体中细粒聚集变成较大团粒的药剂。絮凝剂在尾矿处理中已经得到广泛应用。将干粉状的絮凝剂配制成一定浓度的溶液，并合理地添加到浓密机中，一方面可以降低溢流水的浊度，另一方面可以加速矿浆的沉降速度，提高生产效率。

某矿山不同絮凝剂用量条件下尾矿沉降速度变化曲线见图 5-54。室内试验结果表明，与不添加絮凝剂相比，添加絮凝剂后全尾砂浆沉降速度大幅增加，最大增幅约为之前的 5 倍。絮凝沉降在试验开始的最初 1 min 内效果显著，沉降速度变化较大，呈先升后降的趋势。在之后的大部分时间内沉降速度较小，呈现压密现象。

③早强剂改善强度

为了提高充填体的早期强度，工业中经常使用早强剂。早强剂与絮凝剂有一定关联，一

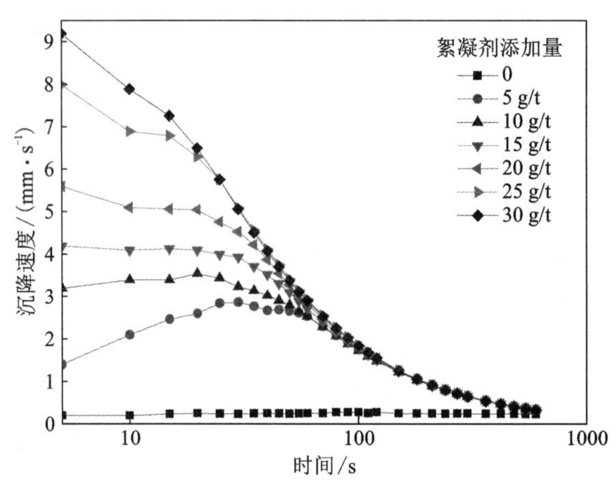

图 5-54 某矿山不同絮凝剂用量条件下尾矿沉降速度变化曲线

般来说，凝结时间短，充填体早期强度相对较大。水玻璃可以增加充填体的早期强度，是常用的一种早强剂。某矿分别添加 5%、10%和 15%的水玻璃(早强剂)后充填体在 7 d、14 d 和 28 d 时的强度值见图 5-55。

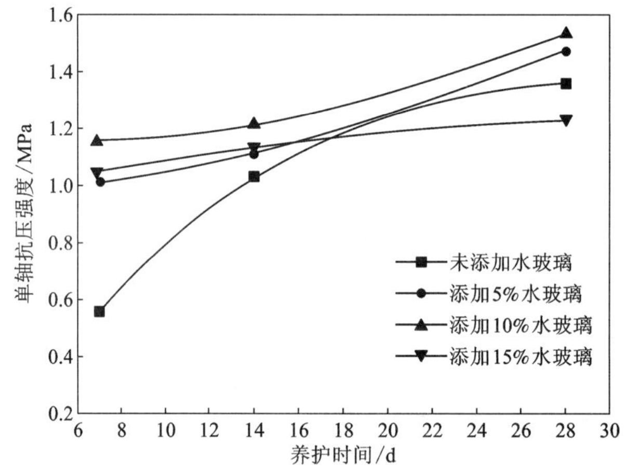

图 5-55 水玻璃添加量对充填体强度的影响

从图 5-55 可知，在一定添加量范围内，水玻璃能明显提高充填体的早期单轴抗压强度，在水玻璃添加量为 10%时，充填体的 7 d 单轴抗压强度由 0.56 MPa 提高到 1.14 MPa，增幅达 103.5%，而 14 d 和 28 d 后的单轴抗压强度没有明显的变化。说明作为早强剂使用的水玻璃，其主要作用是促进膏体早期强度的快速提高。

(5)其他影响因素

①温度的影响

温度对膏体流变性影响的机理在于其对水泥水化速率及水化过程的影响。提高温度能够加快各种膏体的水化速率，有利于膏体内絮网结构的形成，从而使膏体流变参数发生变化。

但流变参数随温度的变化并不会像温度对水化速率的影响那样敏感，而有可能在特定的温度范围段出现不同的变化规律。图 5-56 为将膏体视为伪塑性流体（H-B 模型）时，相关流变参数随温度的变化情况。

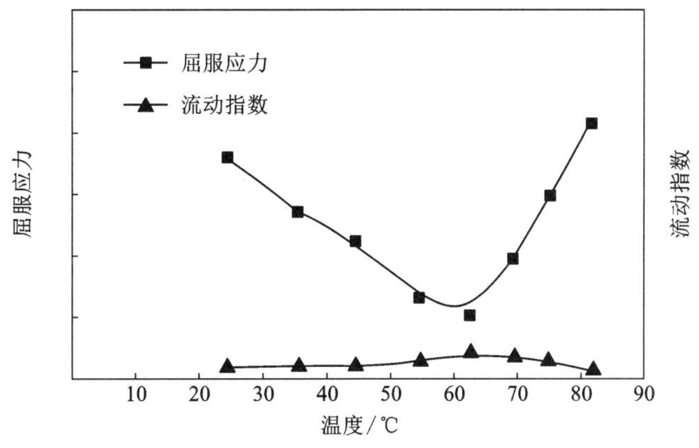

图 5-56　流变参数随温度的变化情况

由图 5-56 可知，温度对流变参数的影响呈较明显的阶段性变化，变化趋势转变点对应的温度大约为 63 ℃。当低于该温度时，随着温度的升高，屈服应力降低，而流动指数增大。表明在该温度段内随温度升高膏体非牛顿性质减弱；当高于 63 ℃时，随着温度的升高，屈服应力增大，而流动指数降低，表明在该温度段内随温度升高膏体非牛顿性质增强。

②pH 的影响

膏体的流变性能会受到料浆 pH 的影响。某矿山膏体在不同 pH 下的屈服应力的变化情况见图 5-57。由图 5-57 可知，膏体的屈服应力随 pH 的增加而增大，且当 pH = 10 时屈服应力增加速率变大。

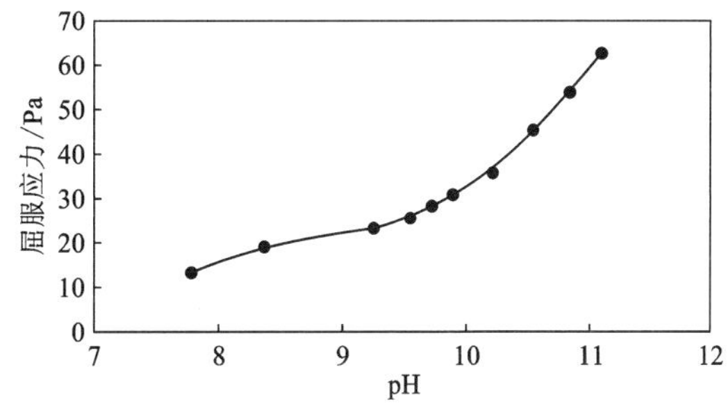

图 5-57　膏体屈服应力随 pH 变化曲线

5.5.3　膏体制备

1）膏体制备流程

在膏体充填过程中，利用浓密、搅拌、输送等设备根据充填配比将充填物料进行充分混合，并通过充填管道将合格膏体输送到指定的采场，如图 5-58 所示。

根据膏体充填工艺，又可以将膏体充填过程划分为以下几个子流程。

（1）全尾砂脱水

以深锥浓密机为代表的一段脱水工艺是膏体充填的主流工艺，见图 5-59。选厂低浓度尾砂（质量分数为 10%~30%）通过管道进入深锥浓密机，在此过程中，通过流量计与核密度计来计量尾砂流量；絮凝剂在专用溶解槽溶解，经计量泵定量输送到深锥浓密机，由流量计、

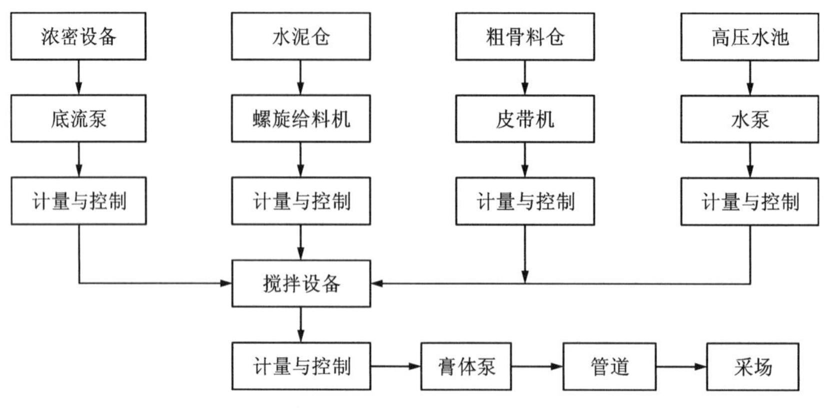

图 5-58 典型膏体充填工艺流程

调节阀门控制絮凝剂的用量；全尾砂浆与絮凝剂充分混合后在深锥内进行絮凝沉降，实现固液分离；溢流水从深锥浓密机顶部排出，高浓度尾砂底流从底部放出进入下一工序。

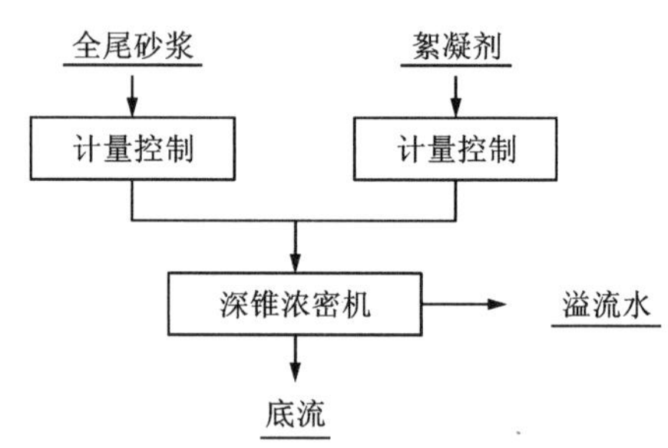

图 5-59 深锥浓密工艺流程示意图

(2)水泥存储及添加

按水泥添加地点不同，添加方式分为地表添加和井下添加两种；根据添加种类不同，分为干式添加与湿式添加。将添加地点及添加种类排列组合，常用的添加方式共有 4 种，即地表添加干水泥、地表添加水泥浆、井下添加干水泥和井下添加水泥浆。

①地表添加干水泥

地表添加干水泥方式一般在水泥仓底部安装有叶轮给料机或螺旋给料机，往往和冲板流量计配合使用，将给料调节和准确计量结合起来，按要求定量向搅拌槽供给干水泥，与其他充填料一起搅拌。这种添加干水泥方式工艺简单可靠，但对高固体浓度的充填物料，由于其水分少，连续搅拌时间短，混拌不充分将影响充填质量。地表添加干水泥方式如采用圆盘式强力间断搅拌机混拌会获得良好的效果。

②地表添加水泥浆

地表添加水泥浆是将水泥仓定量给出的水泥与清水在搅拌槽中先行混合，制成一定浓度的水泥浆之后，再送入膏体搅拌槽与全尾砂等充填骨料混合制备膏体。金川全尾砂膏体泵送充填工业试验利用生产系统的高浓度搅拌槽制备水泥浆，水泥浆流入双轴叶片式搅拌机，与全尾砂、细石集料混合制成膏体。水泥与充填骨料混拌比较充分，膏体质量得到保证。

③井下添加干水泥

从地表水泥仓底部给料装置开始布置一条单独的、与膏体输送并行的管路来向井下小型水泥仓风力输送干水泥，再由井下水泥仓将干水泥风力输送到喷射装置，与膏体混合后喷入采空区，此喷射装置距膏体充填管排出口大约 30 m，并装在膏体充填管上。

德国格隆德铅锌矿加粗骨料的全尾砂膏体充填系统采用了上述井下添加干水泥方式。由于长距离膏体管路中未加水泥，充填作业结束后不必清洗管道，充填料可暂时滞留在管道中长达 48 h 而不影响下一循环的充填作业。

④井下添加水泥浆

德国格隆德铅锌矿既有井下添加干水泥的工艺，也有坑内添加水泥浆(坑内制浆)的工艺。坑内制浆方法是风力输送到井下小型水泥仓的干水泥，再经风力转送到井下接力泵站内的 1 台 CMK-139 水泥制浆机，制备好的水泥浆直接用软管添加到搅拌槽中与地面输送来的膏体混合。这种水泥添加方式会使膏体浓度降低 1%~2%，但水泥搅拌混合均匀。

井下添加水泥干粉或水泥浆的方式较少应用。较为常用的方式是地表添加水泥干粉。

(3)膏体制备

膏体制备分为间歇式与连续式两种。

①间歇式膏体制备工艺

间歇式膏体制备工艺又称周期式制备，其装料、拌和、卸料等工序皆为周期性循环作业。将已拌制好的料浆卸空后，方可将新料倒入筒内，进行下批次的拌制作业。与连续搅拌比较，其特点如下：构造简单，体积小，制造容易，成本低；在拌和过程中，容易精确地量配材料、改变材料的成分和调整工作循环的时间，易于控制配比和保证拌和质量。

膏体料浆第一段搅拌工艺可采用建筑工程中通用的卧式搅拌机进行间断搅拌。作业时干物料分别储存、计量，按配比加入搅拌机。在一般情况下，采用 2~3 台卧式搅拌机依次运行，几台间断搅拌机的总生产能力与第二段连续搅拌机的生产能力相匹配(图 5-60)。可将第一段搅拌的间断作业与第二段搅拌的连续作业衔接起来，将第二段连续搅拌好的膏体料浆不间断地给入膏体输送泵的受料斗。

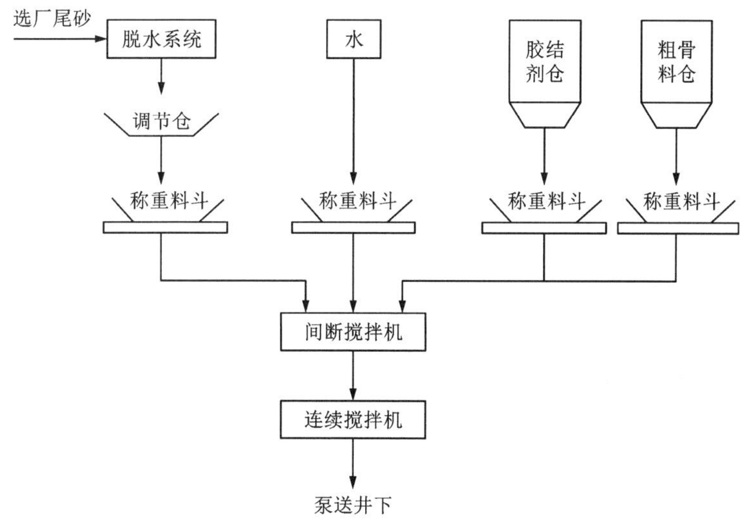

图 5-60　间断搅拌作业流程示意图

间断搅拌机搅拌物料计量准确、可靠，搅拌质量好。可通过搅拌器的受力及能量消耗，与事先进行了黏度标定的膏体进行比较，一旦发现不符合黏度要求，可通过添加不同粒级的物料或者清水来调整。因此，间歇式膏体制备可阻止不合格的膏体进入井下管路，这一点连续搅拌机难以做到。

②连续式膏体制备工艺

连续式膏体制备工艺是指装料、拌和、卸料等工序连续不断地进行。即从一端加入各混合料，经过机械内部拌和，再从另一端送出膏体，无须中途停顿。这种工艺的特点如下：搅拌机开动以后，装料、拌和、卸料可以不间断地进行，能够连续不断地生产膏体，因而生产效率高；拌和时间短，膏体的配比和拌和质量难以控制，材料拌和的均匀性较差；构造较复杂，制造困难，成本较高。

连续搅拌作业要求按设计的各种物料定量，同时、连续地给入搅拌机，并连续定量加入清水。经过连续搅拌机不间断地混合、搅拌、排料，将膏体充填物料送入二段搅拌机或膏体输送泵的受料斗(图 5-61)。

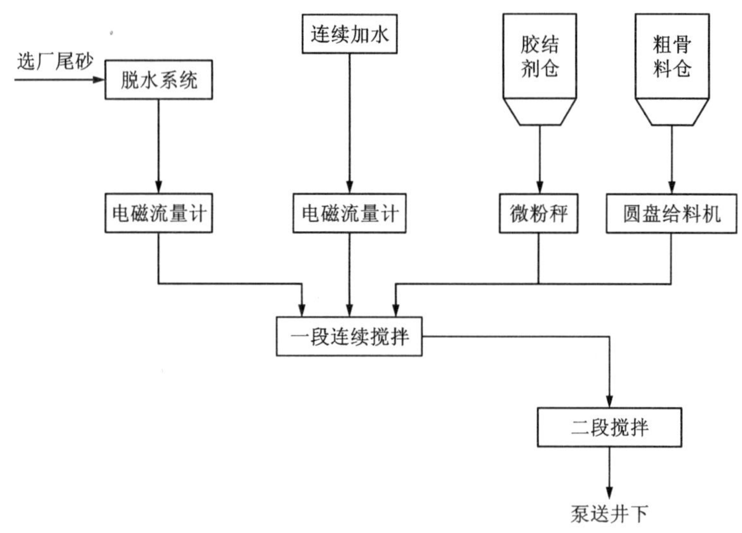

图 5-61 连续搅拌作业流程示意图

自 20 世纪 90 年代以来，为膏体泵送充填工艺专门配置的 ATD 型连续混合搅拌机，已形成 ATDⅢ系列型号。

2)膏体制备影响因素

无论采用哪种搅拌工艺，生产中关注更多的是膏体制备的质量、效率和成本。搅拌质量就是生产出满足充填工艺要求的合格膏体；搅拌效率就是在满足搅拌质量的前提下，搅拌时间要尽量短，以提高设备的生产率和利用率，降低生产成本。从膏体搅拌机械应用实例来看，影响膏体搅拌制备质量的关键因素除了机械设备本身外，主要还包括搅拌速度和搅拌时间。

(1)搅拌速度

搅拌轴带动其上安装的搅拌臂和叶片旋转，实现混合料的搅拌。$v=R\omega_0$(m/s)是叶片的线速度，R 是轴心到叶片端部的距离，ω_0 是搅拌机的轴转速。叶片的线速度在各点是不一样的，存在速度梯度，如图 5-62 所示。因此，严格来说，搅拌机转速是指搅拌叶片端部的最大线速度 v_{max}。叶片的线速度是搅拌工艺的重要技术参数，不仅影响膏体的搅拌质量和工作过程中的能耗，而且还制约着整套设备的生产能力。

图 5-63 为强制式混凝土搅拌机叶片线速度与相对抗压强度及离差系数的关系曲线，图 5-63 中以最低转速下搅拌 60 s 的强度为 100%。由图 5-63 可知，搅拌速度慢时，离差系数虽然小，但搅拌时间相对较长，势必降低生产率。但搅拌速度过快时，强度较低，离差系数也较大，效果也不好。这是由于离心力较大，物料易发生离析造成的。此外，当提高叶片线速度，在搅拌机衬板和叶片端部的间隙中会发生过多的碎石楔住现象，从而增大功率消耗、加剧叶片和衬板磨损。因此，搅拌叶片的线速度应有一个合理的取值范围。确定合理的叶片线速度，对于充分发挥搅拌机的作用具有重要意义。

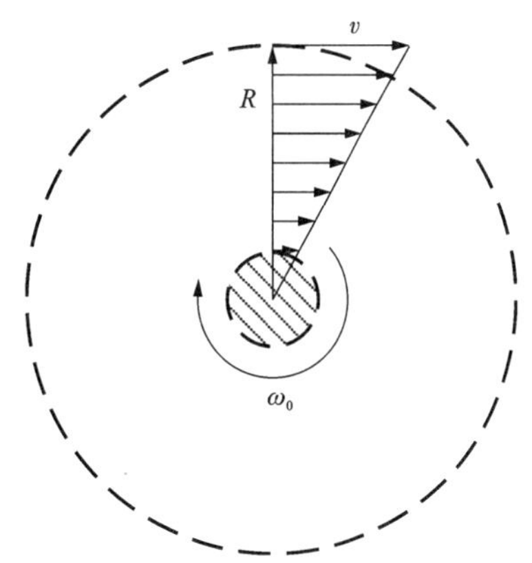

图 5-62　搅拌速度分布示意图

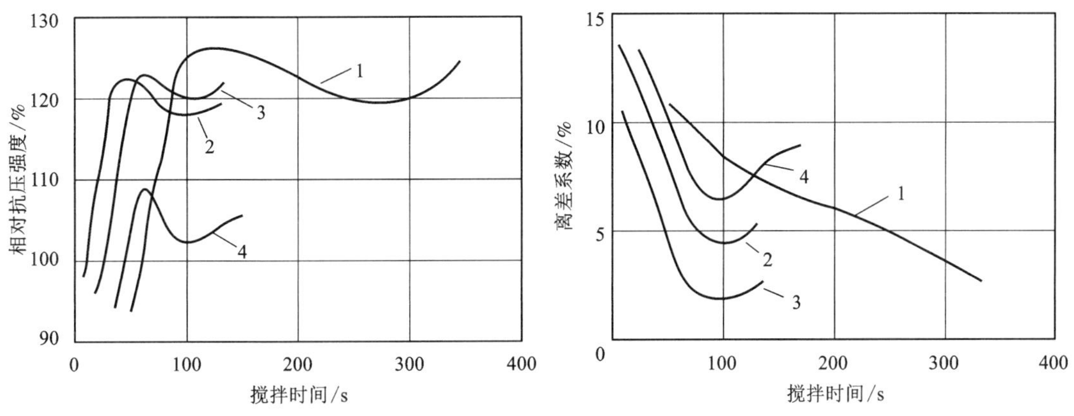

1—0.6 m/s；2—1.3 m/s；3—1.8 m/s；4—2.3 m/s。

图 5-63　强制式混凝土搅拌机叶片线速度与相对抗压强度及离差系数的关系曲线

目前，国内确定普通双卧轴搅拌机叶片线速度的方法主要有两种。一是根据国外经验数据和实际使用经验，将搅拌叶片线速度范围控制为 1.4~1.6 m/s；二是以搅拌机工作时的物料的离心力不大于它与搅拌叶片间的摩擦力为条件，推导出转速。

以上两种设计方法在实际中均有所应用。混合料的搅拌过程是混合料与搅拌装置相互作用的过程，材料不同，搅拌速度必然不同。当全尾砂膏体搅拌时，不添加粗骨料，搅拌线速度应该大于粗骨料膏体搅拌，具体值还要依据膏体屈服应力、级配等参数综合而定。这是因为一方面这些尾砂粒径较均匀，不存在严重的离析现象；另一方面高速搅拌可明显消除水泥聚团现象，并提高生产率。由于搅拌过程中材料性质的变化，同一种混合料在整个搅拌过程中的速度也不同。间歇式搅拌刚开始时，由于阻力大、磨损大，速度就不可能太高；在快结束搅拌时，由于料浆的均匀分布，混合料各相间的摩擦力减小，材料离析的趋势增加，搅拌速度也应适当降低。目前各国的搅拌设备都没有对外界材料状况的感知能力，也不能自动调速，因此搅拌速度是相对固定的。

(2)搅拌时间

搅拌时间是指从膏体物料进入搅拌机时起到膏体混合料离开搅拌机为止的时间，如图5-64所示。但是对于连续式搅拌，很难用图来描述其停留过程。搅拌时间是影响搅拌质量的一个重要因素。不同类型的搅拌机、不同的搅拌工艺和不同坍落度的膏体最佳搅拌时间不同。搅拌时间首先应保证混合料被完全拌和成符合质量要求的膏体拌和物，保证膏体拌和物达到要求的坍落度、均匀度，保证充填硬化后达到规定的强度，同时满足生产率和经济性的要求。所以，搅拌时间应在保证搅拌质量的前提下，尽可能短。随着搅拌时间的不断增加，膏体料的拌和度越来越大、屈服应力越来越小，相应地，离析程度越来越高。当搅拌时间达到某一值时，拌和与离析效果达到动态平衡。图5-65为搅拌时间与膏体搅拌特性的关系曲线，该曲线综合考虑了搅拌效率，认为膏体的搅拌存在最佳搅拌时间。

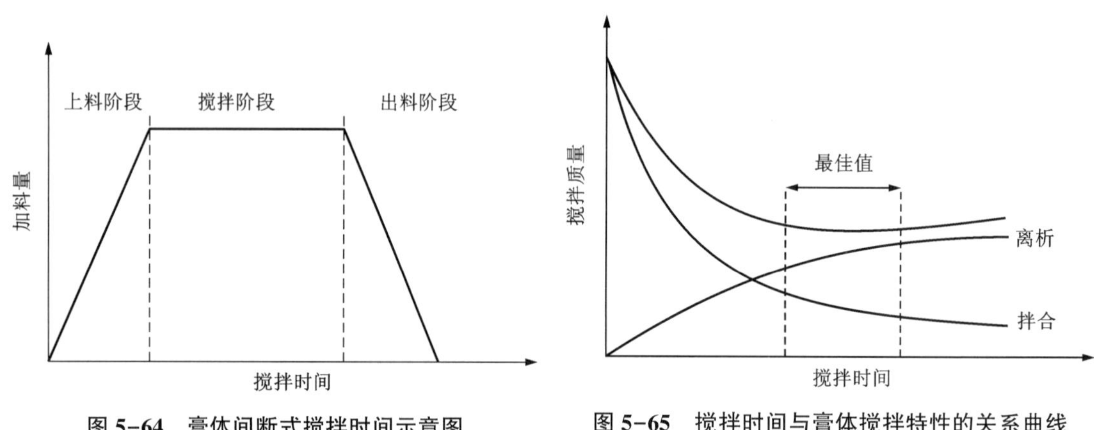

图5-64 膏体间断式搅拌时间示意图

图5-65 搅拌时间与膏体搅拌特性的关系曲线

5.5.4 膏体输送泵

泵压输送是膏体管道输送的主要方式，而输送泵是该工艺的关键设备，是泵送充填系统的核心。泵送设备的技术参数、性能选择、匹配使用及运行状况是否稳定直接关系到膏体泵送充填工艺的成败。目前，国内外主要应用的是往复式柱塞泵，根据活塞与输送介质的接触方式可分为往复式活塞泵与往复式隔膜泵两种。

1)往复式活塞泵

(1)往复式活塞泵结构及原理

往复式活塞泵由两大部分组成，即双缸活塞泵和液压站。双缸活塞泵由料斗、液压缸及活塞、输送缸(膏体缸)、换向阀(分配阀)、冷却槽以及搅拌器等组成。液压站主要有电动机、多组液压泵及液压管路系统(与缸体各动作部件用高压油管相连)、液压油箱及冷却系统、动力及电控操作系统等。

当泵工作时，料斗内的膏体充填料在重力和液压活塞回拉吸力作用下进入第一个输送缸(图5-66)；第二个输送缸的液压活塞推挤膏体使其流入充填管道；通过液压驱动换向阀换向后，第二个输送缸中的液压活塞开始后退并吸入膏体充填料；而第一个输送缸中的液压活塞推挤膏体使其流入充填管道。输送泵运转过程中总有一个输送缸与换向阀相连通，阀的另一端则始终保持与泵送管道相连接。当一个活塞行程结束后，换向电磁阀得电，控制对应的液压回路，推动换向阀快速动作，实现两个输送缸与充填管道间通道的切换。输送缸的活塞在液压活塞的推动下向前推进，将缸内的膏体充填料通过换向阀向外排出。与此同时另一个缸的活塞向后退回吸入膏体料浆。如此反复动作，使膏体充填料源源不断地流入输送管道并继续向前运动。

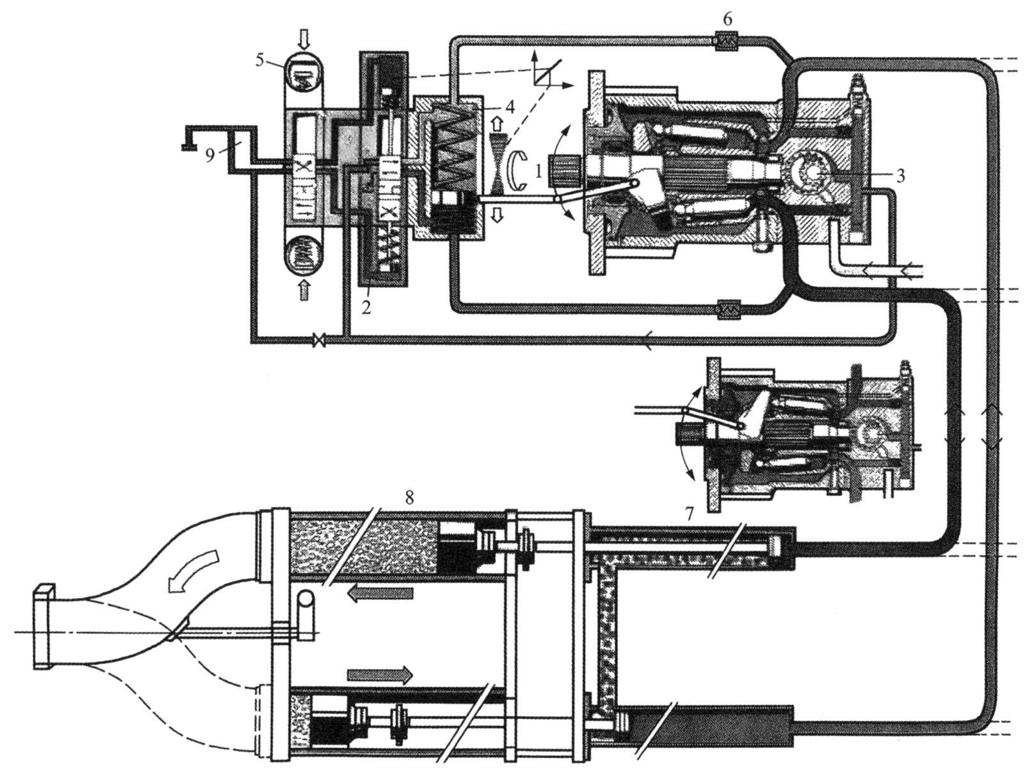

1—可反转液压泵；2—平稳流量调节器；3—吸油泵；4—伺服油缸；5—转换/关闭阀；6—调节阀；7—驱动缸；8—输送缸；9—输送控制阀。

图 5-66　双活塞泵液压控制原理

膏体充填料在管道中的流速取决于液压活塞往复运动的频率。当活塞推动膏体流动时，一个行程期间的膏体流速是一定的(图 5-67)。设活塞行程时间为 t_1，换向阀换向时间为 t_2，膏体全行程平均流速为 v_p，活塞推压膏体流动的流速为 v，则流速 v 可以用式(5-63)表示：

$$v = \left(1 + \frac{t_2}{t_1}\right) v_p \tag{5-63}$$

式中：t_2/t_1 随泵的缸体长度、换向阀结构、膏体充填料的配比等条件而变化。一般来说，建筑工程用混凝土泵的 t_2/t_1 为 0.2～0.3，金川公司二矿区充填采用的 PM 泵 t_2/t_1 为 0.1～0.15，铜绿山铜矿充填采用的 KSP 泵的 t_2/t_1 更小。

输送泵的泵出流量可按式(5-64)测算：

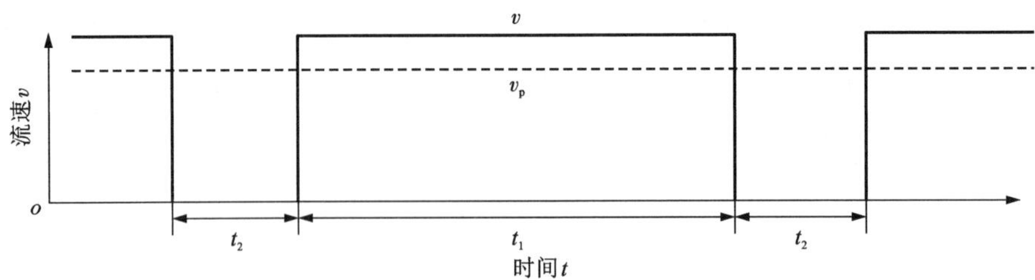

图 5-67 泵送过程中膏体流速的变化

$$Q = \frac{0.06q\left(\frac{D}{d}\right)^2 K}{1 + \frac{t_1}{t_2}} \tag{5-64}$$

式中：Q 为泵的排出量，m^3/h；q 为油泵的排油量，L/min；D 为输送缸内径，m；d 为油缸内径，m；K 为输送缸充盈系数，与活塞行程、膏体坍落度有关，一般为 0.8~0.9；t_2/t_1 为换向阀换向时间与活塞行程时间之比。

在泵送膏体流量一定的条件下，液压油泵排油量与其转速有关，故油泵排油量可由式(5-65)求得：

$$q = q_0 n K_0 \tag{5-65}$$

式中：q_0 为油泵每转的排油量，L/min；n 为油泵转速，r/min；K_0 为油泵的容积系数，可取 0.9。

(2)往复式活塞泵关键部件

以德国普斯迈斯特(Putzmeister)公司生产的 PM 活塞泵为例，对其关键部件进行介绍。PM 泵的工作部分如图 5-68 所示。料斗可储存一部分物料，以便泵送工作能够连续进行。在给料斗上还可以选装给料装置，如螺旋给料器等。PM 活塞泵装有一个搅拌装置，搅拌装置采用液压马达驱动，通过液压调节阀减速后带动输出轴上的搅拌叶片在给料斗中搅拌。

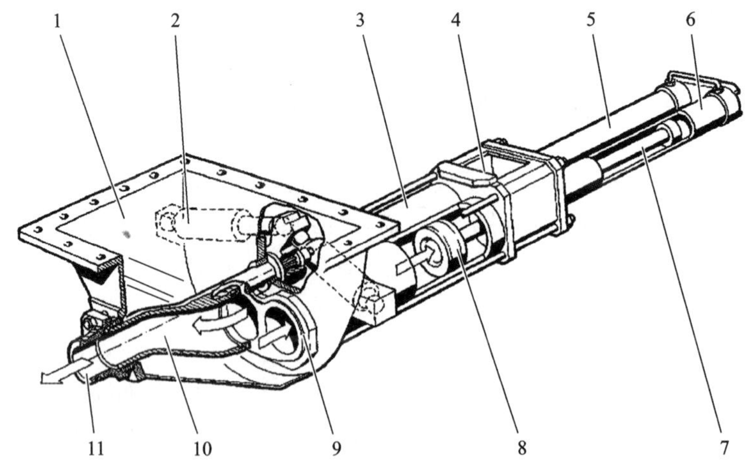

1—料斗；2—转换缸；3—输送缸；4—水箱；5—驱动缸Ⅱ；6—驱动缸Ⅰ；7—活塞杆；8—输送活塞；9—耐磨撑杆；10—S 形输送管；11—卸料口。

图 5-68 PM 活塞泵结构

S 形输送管在输送物料时与两个输送缸输送活塞的交替运动相配合，起到物料进出分配、连续出料的作用。当一个输送活塞完成进料，准备向前运动时，S 形输送管绕其固定轴转动，使其管口与该输送缸体中心对齐，之后该输送活塞向前运动，被输送活塞推送的物料经由 S 形输送管输送到后续输送管中；与此同时，另一个输送缸的缸口与进料斗相通，该输送活塞与前一输送活塞反向运动，即向后运动，此时物料被吸入(或在带压状态时压入)该输送缸内。当第一个输送活塞前行到终止点时，外置驱动液压缸将 S 形输送管固定轴反向转动，此时其管口对准另一个输送缸口中心，该输送活塞开始向前运动；同时，前一个输送活塞向后运动，完成了两个输送缸活塞运动的一个交替运动。由于活塞在换向的同时转动改变位置，保证了 S 形输送管输送物料的方向不变，可一直向输送管道中输出，从而实现连续出料。在实际运行维护中，可通过手动或电动改变 S 形输送管与输送活塞之间的配合关系，即当 S 形输送管的管口与向后退的输送活塞的缸口对齐时，物料会从输送管道中吸入至输送缸。这时物料输送方向发生了改变，称为反向泵送。这一改变由一个液压阀来控制，无须改变任何管道接口，因此十分方便。

S 形输送管的转动阀配作用是 PM 活塞泵的核心，其与输送缸端面之间的密封是该泵成功的关键。S 形输送管为了完成阀配动作，必须在两个输送缸口之间交替地摆动。PM 活塞泵所输送的物料主要是一些带固体粒料的浆体，固体粒料对设备的磨损比较严重，PM 活塞泵不仅要承受很高的输送压力，而且还需要有很好的密封性能，这对设备的设计来说是相当困难的。活塞泵在这部分采用了一些特殊的结构。为了增加设备的使用寿命，S 形输送管的管口部分采用了一个耐磨环，在两个输送缸的缸口采用了一块整体带两个孔的耐磨板来提高设备的耐磨性能。耐磨环与 S 形输送管本体是分离的，中间添加了一个具有弹性且耐高压的止推环，一方面它起到了高压密封的作用，另一方面利用其弹性将耐磨环紧紧地贴在耐磨板上使 S 形输送管与输送缸口之间既可运动又起到密封的作用。止推环外面的受压圈起到固定和加固的作用。调节螺栓可以调整 S 形输送管的轴向位置，即调整耐磨环与耐磨板之间的压力，这可以避免使用后两者磨损形成的间隙，提高了密封的可靠性。该设计移动(磨损)部件少、使用寿命长、更换便捷、成本低。

2)往复式隔膜泵

(1)往复式隔膜泵结构及原理

往复式隔膜泵是在柱塞泵原理基础上，利用隔膜将柱塞与料浆分离，柱塞在液压油中运行，保证了柱塞和缸套的长寿命，保障设备连续稳定地运行。

往复式隔膜泵的动力端可抽象为一曲柄滑块机构，电动机通过减速机驱动曲柄滑块机构，带动活塞往复运动。活塞借助油介质使橡胶隔膜凹凸运动，隔膜室腔内容积周期变化，完成料浆的输送。由于隔膜将料浆与油介质分隔，活塞、缸套、活塞杆等运动部件不与料浆直接接触，避免了料浆中磨砺性很高的固体颗粒对它的磨损，保证了这些运动部件的使用寿命，如图 5-69 所示。同

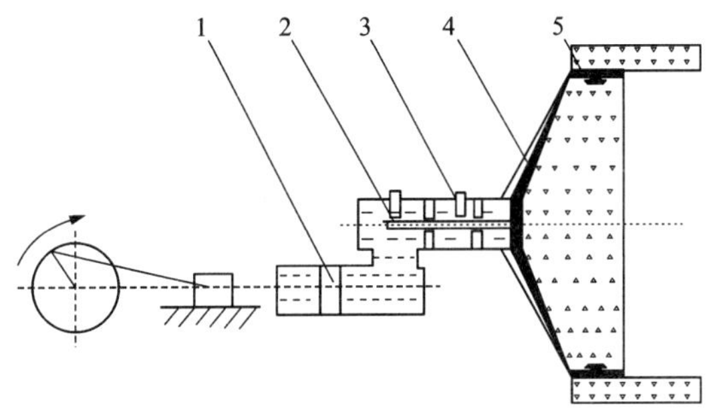

1—活塞缸；2—导杆；3—探头；4—隔膜；5—进出料阀。

图 5-69　隔膜泵工作原理

时，可以保持隔膜泵较高的连续运转率和较低的运行成本。

(2)往复式隔膜泵性能

国外隔膜泵的制造商为数不多，有荷兰的 GEHO 公司，德国的 WITHER、EMMERICH、FELUMA 公司，加拿大的 WILSON、SNYDER 公司。近年来，沈阳冶金机械有限公司推出了 SGMB、DGMB 系列隔膜泵，其市场份额呈上升趋势，竞争力明显增强。隔膜泵的结构形式分为双缸双作用(SGMB)、三缸单作用(DGMB)卧式结构。

三缸单作用系列泵的流量为 15~650 m^3/h，压强为 7~25 MPa；双缸双作用系列泵的流量为 25~700 m^3/h，压强为 1.5~7 MPa。这两种系列隔膜泵均可通过机械、电子耦合及用多台泵来扩大流量范围，并可按用户要求选配隔振、消振装置，同步相角耦合装置，其主要性能参数见表 5-31、表 5-32。

该系列隔膜泵主要特点如下：排量高、油耗低、吸入性能好、使用寿命长；自动化水平高，操作简单方便；设有隔膜保护系统和隔膜破损报警系统；采用集中微机控制和变频无级调速等先进技术。

表 5-31 隔膜泵主要性能参数

参数	SGMB 系列隔膜泵	DGMB 系列隔膜泵
隔膜寿命/h	约 8000	约 8000
阀座寿命/h	600~6000	600~4000
阀橡胶寿命/h	600~2000	600~2000
阀锥/阀球寿命/h	600~6000	600~2000
噪声/dB	≤85	≤85
连续运转率/%	约 95	约 95
操作、监控系统	人机交互	人机交互

中铝山东分公司二铝厂于 2011 年引进 3 台沈阳冶金机械厂生产的 DGMB 130/8 单作用隔膜泵用于氧化铝赤泥浆液的输送，系统设计输送量为 130 m^3/h，泵的最大排出压强为 8 MPa，输送浓度为 45%，输送管线总长度约为 12 km，在赤泥综合利用中发挥了重要作用，为企业带来了巨大的经济与社会效益，应用至今运行效果稳定。2008 年，中国黄金集团内蒙古矿业有限公司在其尾矿干堆项目中，使用了沈阳泵业有限公司生产的 DGMB450/8 隔膜泵，该泵流量为 450 m^3/h，压强为 8 MPa，尾矿物料密度为 2.678 g/cm^3，料浆质量分数为 70%~72%。

表 5-32 SGMB140-7 隔膜泵主要技术参数

输送能力 /($m^3 \cdot h^{-1}$)	排出压强 /MPa	吸入压强 /MPa	安全减压阀设定值 /MPa	活塞直径 /mm	行程 /mm	最高冲次 /($r \cdot min^{-1}$)	电机功率 /kW	电机同步转数 /($r \cdot min^{-1}$)	电机型号
140	2~7	0.095~0.15	7.6	230	450	39	400	980	1LA1450-6

5.5.5 膏体充填系统

1) 膏体充填系统设计

膏体充填系统设计中的计算项目：首先是充填能力、物料平衡的计算，其次是管道压力的计算。前者与水力充填系统是一致的，此处不再赘述。膏体管道输送压力计算还没有统一的公式，主要是通过测试膏体的流变参数，再由管道沿程阻力计算公式来测算。

2) 输送泵选型

选择充填泵要考虑的主要因素是充填工艺所要求的输送能力和膏体料浆的输送特性参数。对于某一型泵，输送料浆的能力由料浆输送特性确定，实际输送能力一般比理论值小5%~10%。简单地说，充填泵的选型目的就是在满足矿山充填能力的条件下，让充填料浆的输送特性与输送泵的各项技术参数指标达到最优匹配。

对充填泵选型起决定性作用的料浆输送参数是料浆的压力损失。由于充填料浆流变特性的不同，泵送时的管道压力损失相差很大，选择充填泵时应获得较可靠的管道压力损失参数。

在获得料浆的相关参数后，可参考经验公式(5-66)确定充填系统所需最小压强，作为选择泵压的依据。

$$p = \lambda_1 + \lambda_2(L + B) + 0.1\rho(H - G) \tag{5-66}$$

式中：p 为泵所需压强，MPa；λ_1 为泵启动所需压强，MPa；λ_2 为水平管道压力损失，MPa/m；L 为系统管线总长度，m；B 为全部弯管及管件折合水平管线长度，m；ρ 为膏体密度，g/cm^3；H 为向上泵送的高度，m；G 为向下泵送的高度，m。

在工业应用中选择泵的压强时应留有一定的余地，以适应充填系统和物料特性的波动。确定泵的输送能力时，应将理论输送量乘以0.8~0.85的系数，同时还应注意这是所要求的工作压力下的输送量，而不能选取最小压力下的输送量。

在矿山生产过程中当充填站服务范围变化较大，充填系统原有泵压不能满足矿山充填要求时，可以在原有系统基础上在井下增加泵站实现增压，不需要重建系统。

3) 质量控制

随着计算机控制技术和测量技术的迅速发展，膏体充填系统中计量与控制技术也得到了很大的发展。在一个先进的膏体充填系统中，物料的计量与控制系统已涵盖了现代电子称重计量、现代控制系统工程理论等多学科理论和交叉知识。

在膏体充填系统中，充填物料及添加剂的精确计量与控制对充填料的制备、输送、充填效果起至关重要的作用，在膏体充填系统中物料的精确计量与控制是密不可分的。因此如何保证充填物料在计量控制过程中的稳定性、响应能力和精度，是每个充填矿山必须面对和解决的问题。

(1) 计量设备

计量设备是指对充填系统中散体物料、粉状物料、浆体流量、浆体浓度等工艺参数进行计量、监测的设备。在膏体充填系统中计量设备主要包括核子皮带秤、电子皮带秤、冲板流量计、转子秤、微粉秤、电磁流量计、工业密度计等。

(2) 控制设备

以计量监测数据为基础，对物料流量、浆体浓度等参数进行调节控制的设备称为控制设备。控制设备主要包括圆盘给料机、皮带运输机(定量给料机)、螺旋输送机、电(气)动执行器、电磁阀、胶管阀等。

(3)监测仪表

为了获取膏体充填系统实时工作参数，需要安装监测仪表，包括物位计、管道压力计、浓度计等。

物位测量通常指对封闭式或敞开容器中物料(固体或液体)的高度进行检测，完成这种测量任务的仪表称为物位计。如果是对物料高度进行连续检测，称为连续测量；如果只对物料高度是否到达某一位置进行检测称为限位测量。充填系统中物位计主要用于立式筒仓物料、搅拌机浆体、浓密机中的料位显示。物位计种类繁多，主要分为3D物位扫描仪、电容式物位计、射频式物位计(电容原理)、静压式物位计(严格来讲不算物位仪表)、浮子式物位计、超声波物位计、磁致伸缩式物位计、雷达(微波)物位计、射频导纳物位计等。在充填系统中较为常用的物位计为雷达物位计和超声波物位计。

为了解充填料浆沿程阻力分布特征与变化规律，必须测定不同物料配比、不同浓度、不同管径、不同流速时浆体压力损失。为此，需要在管道上安装压力传感器，两个相邻压力传感器的压力差就是该管段的压力损失。传统的压力检测方法主要是介入式或非介入式两种。介入式测量方法如机械式、压敏元件式等；非介入式测量方法如超声波法或检测管道变形法。在充填系统中通常采用介入式测量元件。核子工业密度计是目前充填生产中实时测量料浆浓度的主要选择。

充填料浆由多种物料配制而成，要提高充填工艺质量，必须严格控制各种物料配比，有效控制系统中各种设备的运行。而人工操作无法满足膏体充填系统物料配比精度高、各种操作须准确迅速等特殊要求，因此，必须引入工业控制系统来实现充填系统安全稳定、经济、高效的运行。

5.5.6 应用实例

1)金川镍矿膏体泵送充填

金川二矿区充填输送距离较长，到深部的输送距离为2000 m以上，其膏体充填系统采用井下添加水泥浆和两段接力加压泵送方式。

二矿区膏体泵送充填系统如图5-70所示。充填尾砂通过油隔离泵输送到搅拌站并储存于立式砂仓中，以60%~65%的质量分数由砂仓底部放出，经两台真空水平带式过滤机脱水，尾砂含水量减少到15%~25%。通过皮带机与细石和粉煤灰同时进入第一段双轴叶片搅拌机中进行初步混合，制成质量分数为80%~82%的膏状非胶结充填料；再经双轴螺旋搅拌机均匀搅拌，然后由液压双缸活塞泵通过充填管泵压输送到坑内搅拌站；并与水泥浆(68%~70%)混合，再经两段搅拌制成膏体胶结充填料，最后由坑内泵站的液压活塞泵经管道泵送到充填采场。整个充填过程通过美国霍尼韦尔公司的MICRO TDC 3000集散控制系统实现工业化自动控制。

金川公司二矿膏体泵送充填系统按功能可以分为以下几个子系统。

(1)尾砂滤饼制备及输送子系统：该系统的主要设备包括尾砂仓、搅拌筒、尾砂泵、DZG30/1800型水平胶带式真空过滤机及皮带运输机等。该子系统的主要功能为将尾砂浆作为原料，制备出浓度为75%左右的滤饼，并通过皮带输送至搅拌系统。

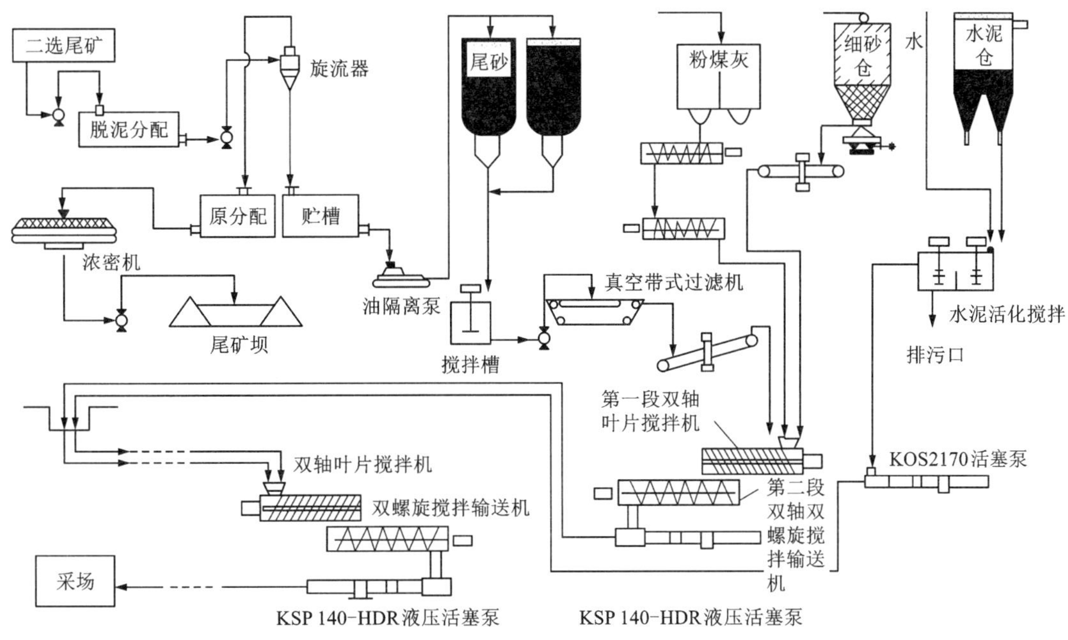

图 5-70　金川公司二矿区膏体泵送充填系统

(2)粉煤灰子系统：粉煤灰子系统的主要设备有粉煤灰仓、双螺旋给料机、螺旋输送机等。其主要功能是把粉煤灰按照膏体的配比要求保质保量地输送至搅拌系统。

(3)棒磨砂子系统：棒磨砂子系统包括细砂仓、圆盘给料机和核子秤等设备，其主要任务是按照膏体的规定配比，将棒磨砂通过皮带输送到搅拌系统。

(4)地面搅拌子系统：地面搅拌子系统采用两段搅拌，一段搅拌采用双轴叶片搅拌机，二段搅拌选用双轴螺旋搅拌机。为了解决搅拌过程中的“死角”问题，在双轴螺旋搅拌机的下料口处添加了一台立式搅拌机。地面搅拌子系统的主要功能就是将尾砂滤饼、粉煤灰和棒磨砂进行充分、均匀地搅拌，而形成初步的非胶结尾砂膏体。

(5)地面泵送子系统：地面泵送子系统指位于地面的德国 SCHWING 公司的 KSP 双缸液压活塞泵。其功能是将搅拌系统输出的尾砂膏体泵送至 1250 搅拌站。

(6)管道输送子系统：管路输送分两段，第一段从地面搅拌站到坑内搅拌站，输送长度为 1130 m；第二段从坑内搅拌站到充填采场。第一段敷设了 3 条充填管线，其中 1 条为水泥浆管，另两条为膏体充填管(1 条使用，1 条备用)；第二段泵送只敷设 1 条充填管。膏体充填管采用外径 168 mm、壁厚 9 mm 的无缝钢管，水泥浆管采用外径为 114 mm、壁厚 6 mm 的无缝钢。管道输送子系统能确保地表的全尾砂非胶结膏体顺利到达井下搅拌站，同时保证井下搅拌站输出的胶结膏体顺利输送至采场。

(7)水泥浆制备与输送子系统：水泥浆制备与输送子系统包括水泥仓、星形给料机、冲板流量计、水泥活化搅拌机、活塞泵(KOS2170)、流量计、密度计等；其功能是将水泥活化制备成一定浓度的水泥浆(68%)，然后通过管道输送至井下 1250 搅拌站。

(8)地下搅拌与泵送子系统：地下搅拌与泵送子系统包括地下搅拌机和 PM 泵(与地面搅拌机和 PM 泵相同)，它的主要功能是将地面输送的尾砂膏体与水泥浆进一步搅拌成充填膏体，并经由 PM 泵、管道输送至采场。

经过实践，发现该系统也存在较多的问题。矿山对系统进行了一系列改造，将全尾砂全部由真空水平带式过滤机过滤改为部分过滤、部分从砂仓直接放砂，在搅拌机中混合；将坑内加水泥浆改为地表加干水泥；两级充填泵站改为地表一级泵站，改造后的系统已经成功运行。

2）会泽铅锌矿膏体充填

会泽铅锌矿隶属云南驰宏锌锗股份有限公司，位于云南省曲靖市会泽县。矿山采用下向进路胶结充填法和上向进路胶结充填法采矿，生产规模为 2000 t/d，平均充填量为 550 m^3/d。

采用两段搅拌制浆和膏体泵送充填系统，膏体料浆质量分数为 78%～80%，膏体料浆坍落度为 20～26 cm，充填能力为 60 m^3/h。充填材料为全尾砂、水淬渣和水泥。全尾砂与水淬渣比为 75∶25，灰砂比（水泥与全尾砂+水淬渣）为 1∶4～1∶16。一步骤回采采场，充填体顶部的灰砂比为 1∶4 或 1∶6，底部的灰砂比为 1∶10 或 1∶16。二步骤回采采场，充填体顶部的灰砂比为 1∶4 或 1∶6，底部的灰砂比为 1∶12 或 1∶16。

会泽铅锌矿膏体泵送充填系统如图 5-71 所示，工艺流程如下。

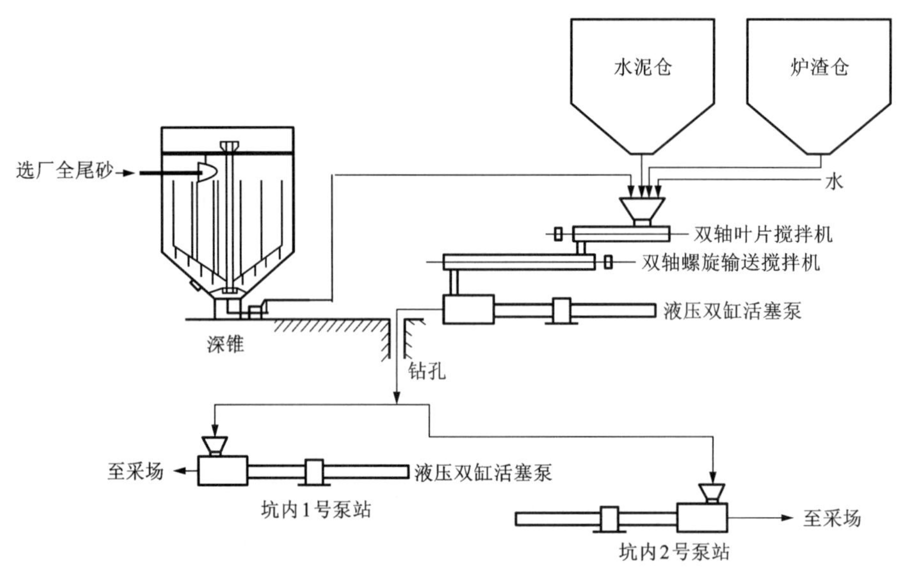

图 5-71 会泽铅锌矿膏体泵送充填系统

（1）全尾砂一段浓密脱水

全尾砂脱水采用深锥浓密机和 DHC21180-8E 型泵送设备。深锥浓密机为美国 EMICO 公司生产，其给料质量分数为 71%～75%。

（2）膏体料浆制备

膏体搅拌制浆采用 ATDⅢ型连续双轴搅拌机。一段搅拌为 ATDⅢ-600 双轴叶片式搅拌机，采用间断非等螺距交叉组合叶片搅拌器；二段搅拌为 ATDⅢ-700 双螺旋搅拌输送机，采用内外反向螺旋搅拌器。水泥添加采用地面干加方式，由冲板流量计与叶轮喂料机联合监控计量，经水泥仓底部双管螺旋输送机输送到一段搅拌机，在此与全尾砂、水淬渣形成膏体。

(3)膏体料浆泵送

由于输送距离较远、较深，采用两段泵送。整个充填系统分为地表制备站和井下接力泵站管道输送两部分，井下接力泵站分别设置在 1751 m 中段(2 号泵)和 2053 m 中段(1 号泵)。1 号泵站负责 1 号矿体充填任务，2 号泵站负责 8 号和 10 号矿体的充填任务。地表制备站充填泵和井下 1 号、2 号泵站的充填泵型号完全相同。该泵由荷兰 GEHO 公司制造，最大泵送能力为 60 m^3/h，最大工作压强为 12 MPa。充填管从地表通过钻孔到井下，共有 2 条充填干线，分别通往 1 号矿体和 8 号、10 号矿体。通往 1 号矿体的充填管线长约 3050 m，通往 8 号和 10 号矿体的充填管线长约 4050 m。充填管采用无缝钢管，内径为 150 mm，外径按压力不同分别为 194 mm、180 mm、168 mm。

3)加拿大威廉姆斯金矿

威廉姆斯金矿位于加拿大安大略省西北部赫姆洛矿区，矿山从 1984 年 3 月开始基建，1985 年年底投产，是加拿大最大的金矿生产商之一，年产金量 40 万盎司(约 11.34 t)。该矿于 2003 年 4 月启用膏体充填系统替代原来的废石胶结充填。充填能力为 110 m^3/h，年充填量为 61.8 万 m^3。充填材料为脱泥尾砂、粉煤灰和水泥，其中粉煤灰和水泥比为 1∶1，添加量为 2%~3%，膏体料浆浓度为 73%。

威廉姆斯金矿采用连续膏体充填工艺，图 5-72 为其工艺流程图。

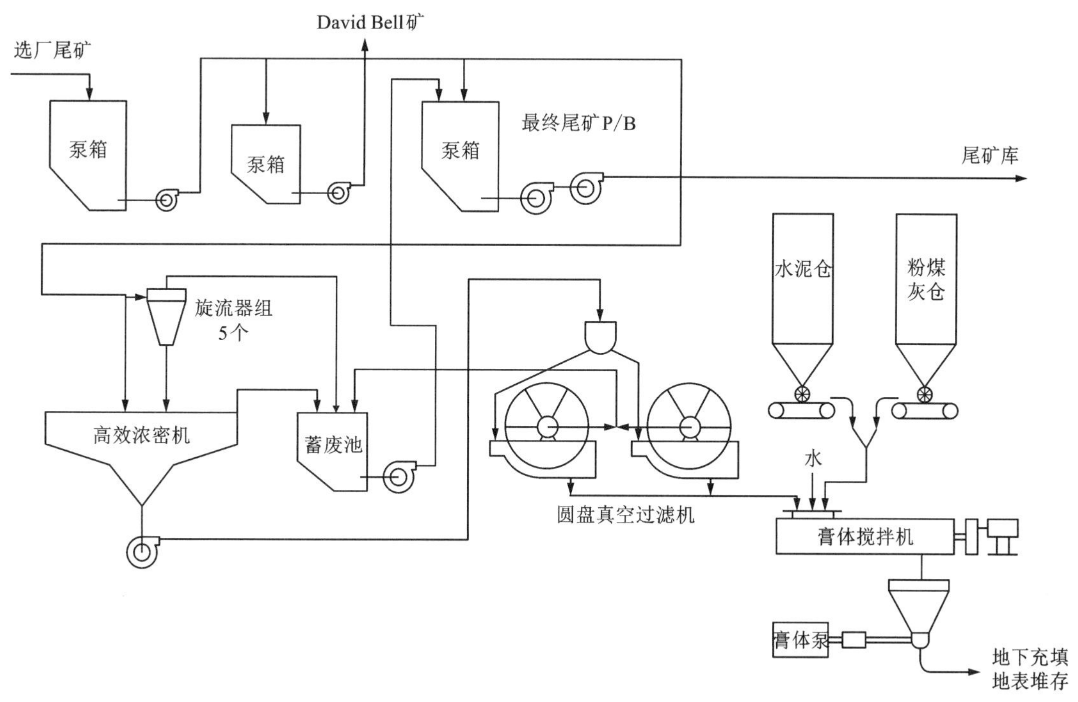

图 5-72　威廉姆斯金矿的连续膏体充填工艺图

尾砂浓密：选厂尾矿一部分泵送至附近的 David Bell 矿，另一部分泵送至膏体制备站。膏体制备站停工期间，尾矿通过两段泵送系统泵送至 5 km 外的尾矿库。泵送到制备站的选厂尾矿先进行预筛分，约 50%的筛下尾砂需通过 5 个 ϕ250 mm 的 Krebs G-max 旋流器组进行脱泥，剩余 50%的尾砂与脱泥后的尾砂一起进入 ϕ14 m 的 Outokumpu 高效浓密机。浓密机底流浓度为 55%~60%，溢流水自流到蓄废池，与旋流器溢流、圆盘过滤机过滤水等一起排放到尾矿库。

尾砂脱水：浓密机底流通过泵压输送至 2 台 GL&V 圆盘真空过滤机脱水，每台过滤机有 10 个 ϕ3 m 的圆盘，滤饼含水率为 21%。

膏体料浆制备：圆盘过滤机制备的滤饼由皮带机输送至双轴叶片式搅拌机，与水泥、粉煤灰、水混合搅拌制成膏体。水泥和粉煤灰储存于两个相同的储量为 150 t 的料仓内，由 2 台螺旋给料机分别送料到另一台螺旋给料机混料再送料至双轴叶片式搅拌机。

膏体料浆泵送：从搅拌机出来的膏体由 PM 泵泵送至膏体制备站外的充填钻孔顶部。地下充填管线总长为 1900 m，其中钻孔深度为 380 mm，充填管为 ϕ230 mm 和 ϕ200 mm 的普通钢管以及 HDPE 管。

4）智利 El Toqui 矿

El Toqui 矿为 NYRSTAR 下属的一个地下多金属矿山，已经生产近 40 年，位于智利 Aysen 区，在圣地亚哥以南 2000 km 的安第斯山脉范围内。El Toqui 矿采用连续工作制，一年 365 天除了固定检修期间外都正常运营，选矿能力为 1750 t/d。采矿方法包括房柱法和进路开采法。该矿于 2005—2009 年着手新的尾矿处置系统设计，采用尾矿膏体泵送充填和地表干堆相结合的处置方法。膏体充填系统于 2011 年 1 月启用，设计充填能力为 80 t/h，膏体密度约为 2 t/m^3。

El Toqui 矿采用的膏体充填和地表干堆相结合的尾矿处置工艺流程如图 5-73 所示，此处重点介绍其膏体充填环节。

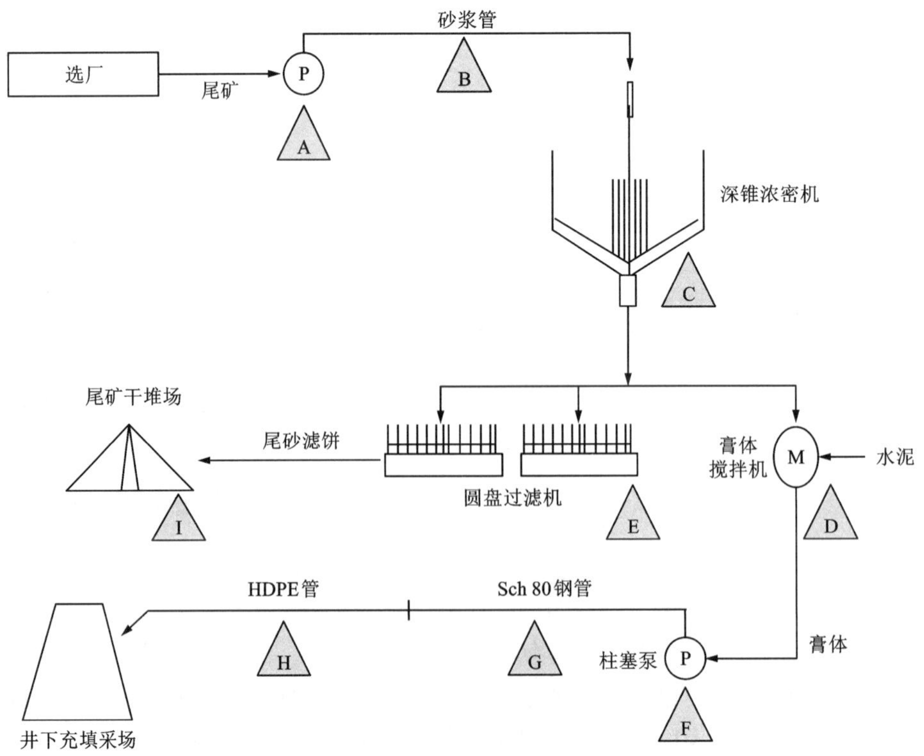

图 5-73 El Toqui 矿尾矿处理工艺流程

(1)尾砂浓密

选厂浓度为 30%的尾砂由 4 台处理能力为 200 m^3/h 的离心泵组通过近 1200 m 长的埋地 HDPE(高密度聚乙烯)管道输送到 ϕ14 m 的 Outotec 深锥浓密机顶部。埋地 HDPE 管中, ϕ200 mm 的管道长 400 m, ϕ180 mm 的管道长 800 m。深锥浓密机平均底流浓度为 72%。

(2)膏体料浆制备

浓密后的尾矿通过 3 台蠕动泵(2 用 1 备)分别泵送至膏体搅拌机和圆盘真空过滤机中处理。一部分浓密尾矿进入容积为 8014 mm×1388 mm×715 mm(长×宽×高)的膏体搅拌机与水泥混合搅拌, 制成膏体。根据各采场充填体强度要求, 水泥添加量一般为 1%~7%, 1%的水泥添加量只在矿柱充填时采用。

此外, 另一部分浓密尾矿经 2 台 ϕ3200 mm 的圆盘过滤机脱水制成浓度为 84%的滤饼后, 由前装机和自卸卡车运至距膏体制备站 500 m 处的尾矿干堆场排放。

(3)膏体料浆泵送

膏体由 1 台 Schwing 柱塞泵泵送, 该泵的功率为 260 kW, 最大泵压为 11 MPa, 泵送能力为 80 t/h。膏体至井下充填区域的距离为 2500~3000 m, 采用管道输送, 充填管线由 ϕ160 mm 的 Sch 80 钢管和 ϕ160 mm 的 HDPE 管组成, 高管压段使用钢管, 低管压段使用 HDPE 管。

5.6　废石胶结充填

5.6.1　废石胶结充填类型

废石胶结充填是以废石作为充填集料, 以水泥浆或水泥砂浆作为胶结介质的一种充填方式。这种充填方式一般不在采场脱水, 充填体刚性好, 能充分利用矿山废石, 可以实现矿山采掘废石的大量减排或零排放。

1)主要特点

废石胶结充填主要充填材料有废石集料、砂料、胶凝材料和水。废石集料一般为粒径 -300 mm 的自然级配料, 也可采用-300 mm 的简单级配料。砂料主要为分级尾砂, 也可采用磨砂或天然砂。胶凝材料一般为水泥, 也可采用其他胶结料或辅助料。砂料、胶凝材料和水组成砂浆或水泥浆, 即浆料。

废石胶结充填是根据矿山充填的应用条件, 为达到矿山充填的目的发展起来的。它既借鉴了混凝土学的基本原理, 又在工艺技术和充填体等方面具有鲜明特点。其综合特点是胶结充填料的配合要求和制造工艺简单、制造成本低。

(1)工艺技术特点

采用自然级配的废石集料, 胶结充填料借助重力混合, 集料与胶结材料分流输送, 可以实现最佳用水量配合; 制造技术与工艺具有多样性, 需要根据各矿山具体条件试验研究后选用合理的充填方式与充填工艺; 不需要庞大的机械搅拌系统, 制备能力大。

(2)充填体特点

废石集料具有很好的刚性, 但其配合往往不会十分密实。胶结充填体内部存在一些孔隙和许多蜂窝状孔洞。废石胶结体相对于尾砂胶结充填体具有收缩性小、力学性能好、均质性差等特殊的物理与力学特性。

收缩性：废石胶结充填体的固结收缩量要比细砂充填体小，而且绝大部分收缩量在早期完成。这是因为废石胶结充填体中的孔隙大、干燥快。

力学性能：废石胶结充填体的抗压强度比细砂胶结充填体高，但抗拉强度低，而且由于存在大量孔洞，集料之间是点接触，因此握裹力小。

均质性：用于矿山充填的废石料一般为自然级配，其配合不密实。因而，废石胶结充填体力学参数的离散性大，均质性差。

2）主要类型

根据浆料的类型，可以将废石胶结充填方式分为废石水泥浆胶结充填和废石砂浆胶结充填。

（1）废石水泥浆胶结充填

废石水泥浆胶结充填一般采用自然级配的废石料作为充填集料，废石与水泥浆分流输送到井下，通过水泥浆直淋混合后，采用无轨设备或矿车运输充填料，借助充填料的自重直接充入采空区。该充填方式既发扬了粗集料胶结充填体具有较高力学强度（或水泥单耗少）、无须采场脱水的优点，同时也克服了普通混凝土胶结充填方式物料配合要求高、需经机械混合和输送难度大等缺点。因而具有较广泛的适用范围，无论是大采场还是小采场、大规模充填或小规模充填均可应用，特别是有井下掘进废石和露天矿剥离废石可供利用时，其效益尤为显著。废石水泥浆胶结充填还具有应用灵活的优势，当充填规模较小时，其充填系统相当简易，基建投资很低，尤其适合中小规模充填。

（2）废石砂浆胶结充填

废石砂浆胶结充填的基本特点是以砂浆包裹废石形成胶结充填体。包裹，有两层意义：其一为砂浆包裹单个废石，形成坚固的胶结充填体；其二是废石位于采场中央而四周被砂浆包裹，形成一种“外强中干”的具有整体支撑能力和自立能力的胶结整体。废石粒径一般小于300 mm，砂浆一般为细砂浆。废石与砂浆分流输送到井下，同时下放到采场形成胶结充填体。由于充填体中的部分砂浆被废石替代，因此可显著降低充填成本。该工艺一般适用于大采场充填。

5.6.2 充填料制备

充填料制备是指将充填原材料制成可以用于采场充填的胶结料。主要是将矿山废石制备成充填集料，将胶凝材料制备成料浆或砂浆。

（1）废石料制备

废石集料是胶结充填料的主要组分。为了获得最好的力学性能指标，要求废石集料的不同粒级能相互填充，即小粒径级的集料刚好能填充大一粒径级集料的空隙。但因充填体集料消耗量大，受成本因素的制约，一般不宜按建筑混凝土学的原理进行集料组配，而是就地取材，充分利用矿山的廉价材料，如井下掘进废石、露天矿剥离废石和天然集料等。因此，废石胶结充填工艺往往采用自然级配的废石料和工业废料作为充填集料。这些自然级配的集料，虽然不能获得最理想的力学指标，但能满足矿山充填体的强度要求，且制造成本低廉、制造工艺简单。丰山铜矿和奥地利的布莱贝格铅锌矿将自然级配的掘进废石或露天矿剥离废石破碎后作为充填集料，均能满足工艺要求。

井下掘进废石一般不需加工，可以直接取用。丰山铜矿，奥托昆普威斯卡瑞铜矿等矿山均直接采用井下掘进废石作为充填集料。露天剥离废石作为充填集料时往往需要破碎。但破碎工艺较简单，一般采用一段破碎或两段破碎方式。破碎块度一般在 150 mm 以下，破碎后的废石不经筛分，以自然级配直接应用。

废石料制备主要包括废石装运、废石仓储和破碎工序。如丰山铜矿废石胶结充填试验系统的设计充填能力为 35 m^3/h。废石集料制备站采用矿山已有的铲运机转运露天剥离废石，设置有废石料仓和破碎机，制备好的废石料不经筛分直接下放到废石充填井中(图 5-74)。

(2)水泥浆制备

水泥浆制备站主要由水泥仓、搅拌桶、稳压水池和输浆管组成。在散装水泥仓出口安装给料机，给料机通过软袋管与高效搅拌桶相连。水泥浆的浓度以满足充填料的混合要求为原则，其搅拌工艺应满足水泥浆制备过程不发生沉淀的要求。根据充填规模，水泥浆的制备可以采用间断方式或连续方式。

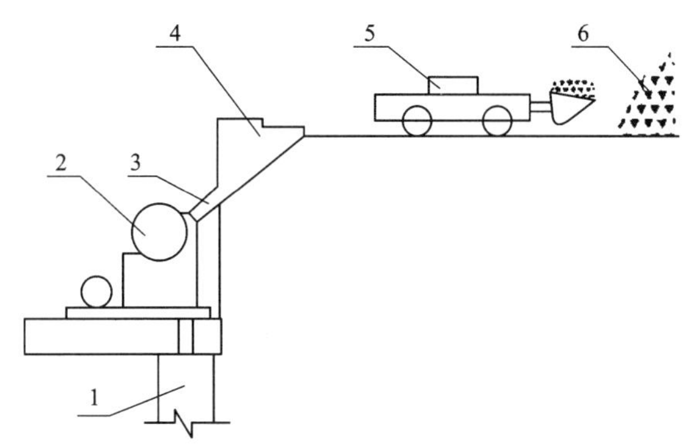

1—废石井；2—破碎机；3—给料斗；4—料仓；
5—铲运机；6—废石堆。

图 5-74　废石料破碎站工艺

当充填规模较小(300 m^3/d 左右)时，一般可采用间断方式制浆，其工艺和系统较简单，可靠性高。如丰山铜矿废石胶结充填试验系统的水泥浆制备站配置的散装水泥罐设计容量为 25 t，实际有效容量为 21 t(图 5-75)。采用间断制浆方式，水泥浆质量分数为 56%~57%，在制浆过程和输送过程中水泥浆性态稳定，管道中的浆料在静置 1 h 后仍可自流输送。

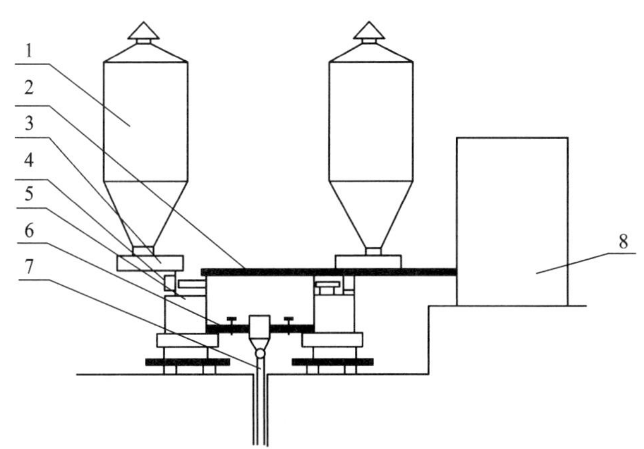

1—水泥仓；2—进水管；3—喂料机；4—软袋管；5—搅拌机；6—胶管阀；7—下浆管；8—贮水池。

图 5-75　丰山铜矿试验系统制浆站

充填规模较大时，一般要求采用连续制浆方式。连续制浆是指通过连续注水、连续添加水泥和连续搅拌，来实现连续制浆和连续下浆。连续制浆要求下浆速度与注水速度、水泥添加速度相匹配。因此，须针对各参量设置自动控制系统，以保证制浆质量。

水泥砂浆的制备同两相流水胶结充填料浆制备。

5.6.3　废石料输送

废石胶结充填料的输送通常采用分流输送方式。其中胶结料浆体通过管道输送到井下，废石散体则可采用多种输送方式，包括自溜和多种机械输送方式。分流输送工艺对充填料的输送特性没有特殊要求。因而，分流输送的意义不仅仅在于解决充填料的输送问题，还在于为实现最佳用水量配合和简化物料的配合要求奠定工艺基础。

废石料输送方式一般结合矿山采矿工艺和装备情况，可选用两段输送和三段输送方式，一般不采用四段以上的输送流程。其中第一段输送一般采用自重输送方式。

两段输送方式以自重输送结合铲运机输送、带式机输送、无轨运料车输送构成不同的输送流程。

三段输送方式以自重输送结合铲运机输送、带式机输送、无轨运料车输送、机车输送构成不同的输送流程。

(1)两段输送

自重铲运机输送：自重铲运机输送方式的特点是指以无轨铲运机输送废石充填混合料的输送方式。废石料借助自重自溜到井下，堆置在充填水平，水泥浆浇淋废石后，由铲运机铲运混合料充入采空区。这一方式简便灵活，适用于充填服务范围在 300 m 以内、铲运机单程运距不超过 150 m 的开采条件。如国内的丰山铜矿、芬兰皮哈萨尔米(Pyhasalmi)矿和德国的德莱斯勒重晶石矿(图 5-76)所采用的输送方式。

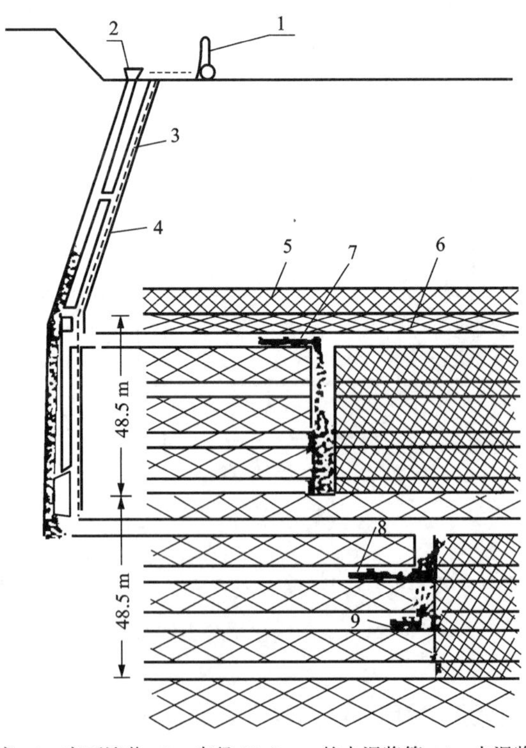

1—水泥库；2—废石溜井；3—直径 50.8 mm 的水泥浆管；4—水泥浆管钻孔；
5—充填体；6—矿体；7—铲运机充填；8—铲运机出矿；9—台车凿岩。

图 5-76　德国德莱斯勒重晶石矿废石胶结充填料输送方式

自重带式机输送：自重带式机输送方式是指借助自重废石自溜到井下后，由带式输送机直接将废石料输送到采空区，水泥浆或砂浆与废石同时下放到采空区构成废石胶结充填混合料。这一输送方式的充填能力大，为250~350 m^3/h，适用于阶段大采空区充填，如澳大利亚芒特艾萨铜矿(图5-77)的废石料输送方式。

自重无轨运料车输送：自重无轨运料车输送方式的特点是指以无轨运料车输送废石充填混合料的输送方式。废石料借助自重自溜到井下料仓，水泥浆或砂浆通过管道输送到井下后与废石同时下放到运料车内，再由运料车运送至采空区充填。这一方式的输送能力较小，一般在充填规模和充填范围较小的条件下应用。芬兰奥托昆普公司的威斯卡瑞铜矿，在井下掘进作业面采用铲运机铲取废石将其卸入无轨自卸式运料车，同时将其浇淋矿渣水泥浆后运送到采场进行充填(图5-78)。澳大利亚的达罗托金矿在井下将废石溜放到卡车内，同时浇淋浆料，然后运送到采场进行充填。奥地利的布莱贝格铅锌矿曾采用前端式无轨运料车运送废石混合料进行充填。

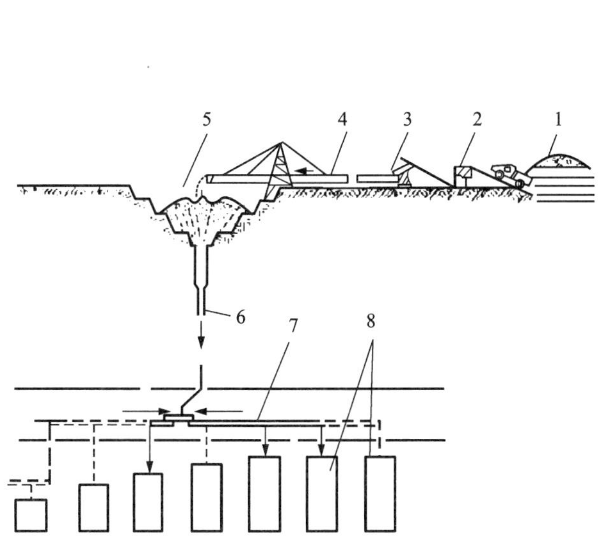

1—露天废石场；2—破碎站；3—筛分机；4—下料输送机；5—废石贮仓；6—废石溜井；7—井下带式输送机；8—待充采场。

图5-77 澳大利亚芒特艾萨铜矿废石充填料输送系统

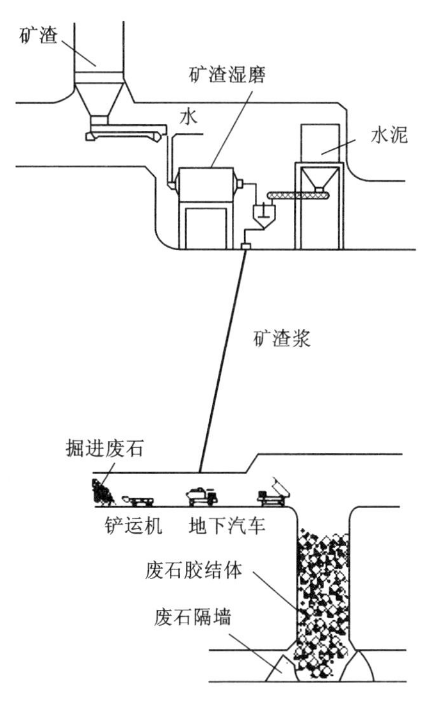

图5-78 芬兰奥托昆普公司威斯卡瑞铜矿废石胶结充填系统

(2)三段输送

在矿体走向长度较大的条件下可采用三段输送流程，以扩大废石充填的服务范围。在三段输送流程中，前两段均是输送废石，最后一段输送废石料或废石混合料。当废石来自地表时，第一段借助废石自重进行自溜输送；第二段在井下通过带式输送机、无轨运料车、机车等方式，将废石转运至充填料混合点；第三段由无轨铲运机、带式输送机或采用其他输送方式将其输送到采空区进行充填(图5-79)。

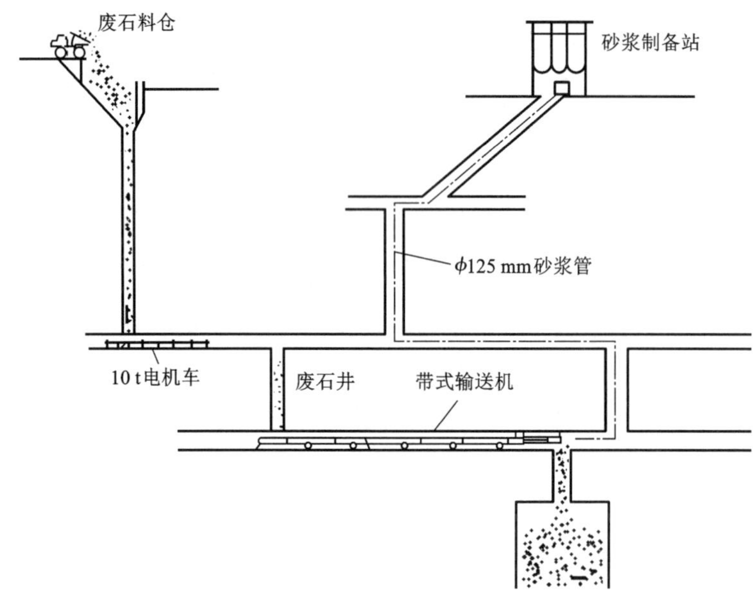

图 5-79 铜坑锡矿废石砂浆充填料输送系统

(3)井下废石短流程输送

当废石来自井下，在井下直接用作充填料时，掘进废石不出窿，掘进废石通过机车或无轨运料车输送到充填料混合点与水泥浆或砂浆混合，或直接由铲运机运送到采空区充填(图 5-80)。

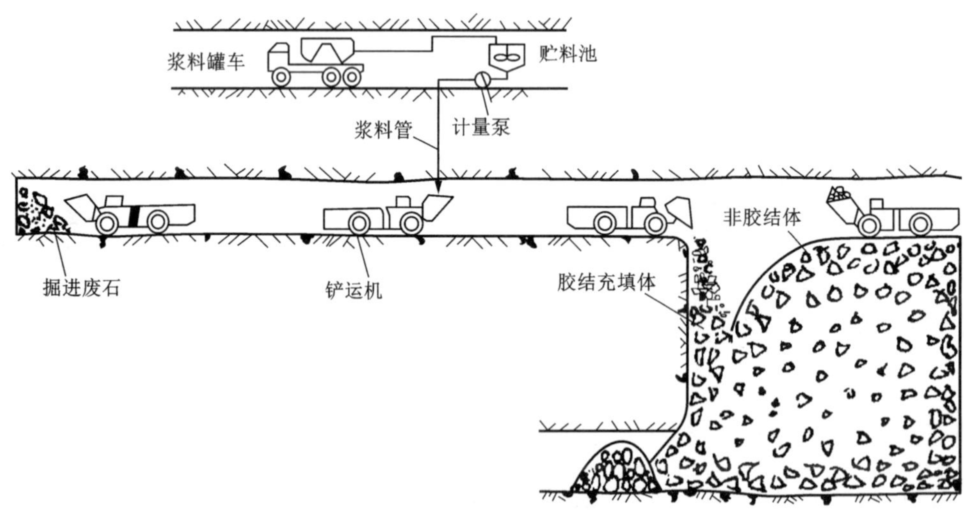

图 5-80 芬兰皮哈萨尔米矿废石胶结充填料输送方式

掘进废石不出窿的充填工艺需要解决充填料的平衡问题，因而一般是作为一种辅助流程应用。往往采用两段输送或一段输送方式。因为废石在井下直接利用，可以降低废石的提升成本，并且在地面无须建设废石场或减少废石排放量，是一种井下掘进废石短流程充填工艺。随着生态矿山建设的逐步推广，这种短流程充填工艺将具有巨大的发展前景。

5.6.4　胶结充填料混合

废石集料与胶凝材料的混合是废石胶结充填料制备的核心工序，也是决定能否大规模低成本地应用废石胶结充填工艺的关键。大部分矿山难以承受大规模搅拌混合的制造成本，制约了其在矿山的推广应用。基于充填体强度指标低和充填体整体承载的特点，通过试验和研究发现，采用重力混合方式可以满足采矿工艺的要求。这一混合方式不需要任何混合设备，具有工艺简单、技术可靠和能耗低等优点。而且大幅度降低了制造成本，可实现大规模连续充填。丰山铜矿采用水泥浆直淋重力混合工艺，铜坑锡矿采用废石和砂浆同时向采场下料的重力混合工艺，均取得了很好的效果。

重力混合可以实现充填料分流输送，对充填料的流动特性无特殊要求。满足充填体力学性能是唯一的配合目标，因而可按照充填体强度进行最佳用水量配合。不但可以在一定的水泥用量条件下获得最高的充填体强度指标，在一定强度条件下使水泥用量最少，而且还解决了充填料在井下脱水的难题。

目前常用的重力混合方式主要有水泥浆直淋重力混合、水泥浆溜槽重力混合和废石砂浆同时下料混合等。

1)水泥浆直淋重力混合

水泥浆直淋重力混合一般用于分段采矿法和阶段采矿法的充填工艺。该重力混合工艺将水泥浆直接浇淋在废石料堆上，浇淋了水泥浆的充填混合料一般由铲运机运送至采空区充填，如丰山铜矿。也可采用由地下无轨运料车装载废石料，将水泥浆直接浇淋在车内料堆上运送到采场进行充填的重力混合方式，如加拿大基德克里克(Kidd Creek)的 2 号矿。

(1)混合工艺

将废石集料堆集在充填溜井内，在充填水平呈自然安息角坍积。水泥浆通过管道输送直接浇淋在废石料堆上，料浆渗透分布到废石料堆的孔隙中，实现初步混合(图 5-81)。铲运机直接铲取废石混合料运送到采空区进行充填。

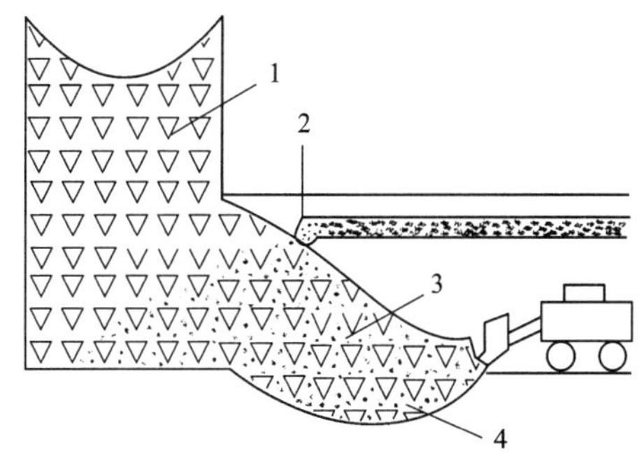

1—废石集料；2—水泥浆；
3—充填混合料；4—水泥浆蓄浆底槽。

图 5-81　废石充填料重力混合示意图

一般在料堆底部设一蓄浆槽，保证水泥浆不外泄。这种混合方式在丰山铜矿应用效果很好。

按照这种混合方式将废石胶结充填混合料充入采空区，将经历 4 次自然混合过程。

第一次为水泥浆浇淋混合，即水泥浆直接浇淋废石集料后形成重力混合充填料。

第二次为铲运机从充填溜井下部坍积的废石料堆铲装充填料后，堆存在充填井口的浇淋有水泥浆的废石集料随之坍塌，在坍落过程中实现自然混合。

第三次为铲运机在铲取废石混合料运往采空区充填的过程中，铲运机行走产生的振动作用产生的自然混合。

第四次是将充填料卸入采空区进行充填时，废石胶结充填料下落的冲击作用产生的自然混合。

第一次和第四次的混合效果最显著、作用最强，另外两次则进一步提高了废石胶结充填料的混合质量。试验表明：即使在铲斗内存在未完全混合均匀的废石料，在充入采空区后一般也观察不到明显混合不均匀的废石胶结料。因此，这种充填料混合工艺能够满足分段采场或阶段采场废石胶结充填工艺的要求。

(2)混合质量影响因素

影响充填料混合效果的主要因素是废石集料的级配效果、集料流动方向与铲运机铲料方向的相对关系。废石集料的细粒级含量不能太高。细粒物料含量太高，水泥浆不能渗入和分布到废石集料堆中，显然不能混合均匀。对于自然级配的废石集料，-5 mm 粒级的细粒质量分数不高于20%时混合效果较好，一般不应高于25%。而当细物料含量较少时，只要水泥浆浓度较高，当质量分数达到55%以上时，其混合效果也较好，并且可以减少水泥用量。这时水泥浆在料堆中具有很好的渗透性，同时，水泥浆又能黏附包裹在废石表面构成胶结层，使充填料形成一个胶结整体。

废石料堆的集料流动方向应与铲运机的铲料方向呈180°角，使充填井中的废石料在坍落过程中正好与铲料过程形成对流，这样能充分发挥第二次混合的作用，混合效果较好。

2)砂浆重力混合

废石料与砂浆料向采场同时下料实现的砂浆重力混合，也称为采场重力混合。采场重力混合方式主要用于阶段大采场充填工艺，如铜坑锡矿和澳大利亚芒特艾萨铜矿所采用的混合方式。这一混合方式的下料工艺与废石水泥浆溜槽混合方式相同。下料后不是通过溜槽混合，也不采用运料设备转运，而是通过充填溜井将废石料与砂浆料同时下放到采空区，借助下落过程中的碰撞效应、下放到采场充填料堆上的冲击作用与料流过程达到混合的目的。

这种混合方式需要重点考虑的是下料点的布置，应尽可能使充入采空区的充填料均匀分布；合理利用充填料通过斜充填井充入采场过程中的分级特点，使胶结充填体的质量满足采矿工艺和地压管理的要求，并减少不能充填接顶的空间。

3)溜槽重力混合

这一混合方式的胶结介质一般为水泥浆，是指将废石料与水泥浆同时下放到一个安装有混合挡板的溜槽或溜筒内，借助溜槽内的混合挡板改变物料运动方向，在自溜过程中使物料发生碰撞，以达到充分混合的目的。从溜槽下放的混合料可以由无轨运料车装载运送到采场充填，如奥地利的布莱贝格铅锌矿早期，或直接将废石混合料通过溜井充入采场，如加拿大基德克里克1号矿和澳大利亚达罗托金矿。

基德克里克1号矿为阶段采场，最大空区高度达140 m。该矿采用 ϕ1.2 m×2.0 m 的溜筒作为混合装置。溜筒内装有3块折返式导流混合板，混合板与溜筒轴线呈55°角。粒径为-150 mm 的废石集料在由带式输送机输送下放到溜筒的同时，与喷洒在集料上的水泥浆一同进入溜筒。物料经溜筒混合后再通过倾角大于55°的斜溜井直接充入采空区。

5.6.5 充填系统

1)充填工艺流程

废石胶结充填工艺的主体流程为：采集或制备废石集料，制备水泥浆或砂浆，废石集料与水泥浆分流输送到井下充填料混合点，水泥浆或砂浆在井下混合点通过重力方式与废石集料初步混合制备成废石胶结充填混合料，通过机械输送或自重输送将充填料充入采空区。

废石胶结充填所选用的集料、混合方式、输送方式和采场充填方式的多样性，构成了不同的胶结充填工艺流程。

2）充填系统组成

充填系统包括废石料制备站、水泥浆（或砂浆）制备站、废石料输送系统以及充填料井下输送系统。

废石料制备站加工废石料，并转运到废石充填井。一般包括废石原料仓、废石破碎机和输送设备。

水泥浆或砂浆制备站将水泥制备成浆料，或将水泥与细砂混合制备成砂浆。一般包括散装水泥仓和高浓度搅拌机。

充填料井下输送系统包括主废石井、中段水平转运系统、中段充填井以及水泥浆输送管道。

5.6.6　应用实例

1）丰山铜矿废石水泥浆充填

丰山铜矿南缘矿带于 20 世纪 90 年代进行了采矿方法技术改造，采用分段胶结充填采矿法，采空区采用自然级配的废石胶结充填料充填，采用台车凿岩、铲运机出矿和铲运机运料充填，实现采矿、出矿和充填作业全盘无轨机械化。

（1）充填材料

采用废石水泥浆胶结充填工艺进行分段充填。井下掘进废石和露天剥离废石经破碎后作为充填集料，采用水泥作为胶凝材料。

废石集料均为自然级配料。井下掘进废石或经破碎后露天剥离废石均不再筛分，以全部粒径的废石料作为充填集料。露天剥离废石破碎料的最大粒径为 80 mm，井下掘进废石粒径一般小于 200 mm（表 5-33）。

表 5-33　丰山铜矿掘进废石自然级配粒度组成

筛余量	粒径/mm											
	100	90	60	40	20	10	5	2.5	0.9	0.45	0.28	-0.28
筛余量分计/%	9.40	8.41	2.34	14.39	23.52	16.16	9.70	4.10	2.86	2.91	1.69	4.52
筛余量累计/%	100	90.60	82.19	79.85	65.46	41.94	25.78	16.08	11.98	9.12	6.21	4.52

注：平均粒径 37.18 mm。

丰山铜矿南缘采矿方法技术改造投产后，要求采矿生产能力达到 1500 t/d，在试验研究的基础上建成了工业生产废石胶结充填系统。

根据废石胶结充填法的采矿生产规模确定的日平均应充填的采空区体积为 437 m^3，所需废石胶结充填料为 468 m^3。按照每天两班工作制，每班制浆时间为 5 h，工作时间为 10 h/d，确定充填材料的消耗量（表 5-34）。

表 5-34 废石胶结充填材料消耗量(水泥浆质量分数 55%)

材料名称	材料消耗量		
	kg/min	t/h	t/d
水泥	78	4.68	46.8
水	64	3.84	38.4
废石	1560	94	936

(2)充填系统

充填系统由废石料制备站、水泥浆制备站和充填料井下输送系统组成(图 5-82)。

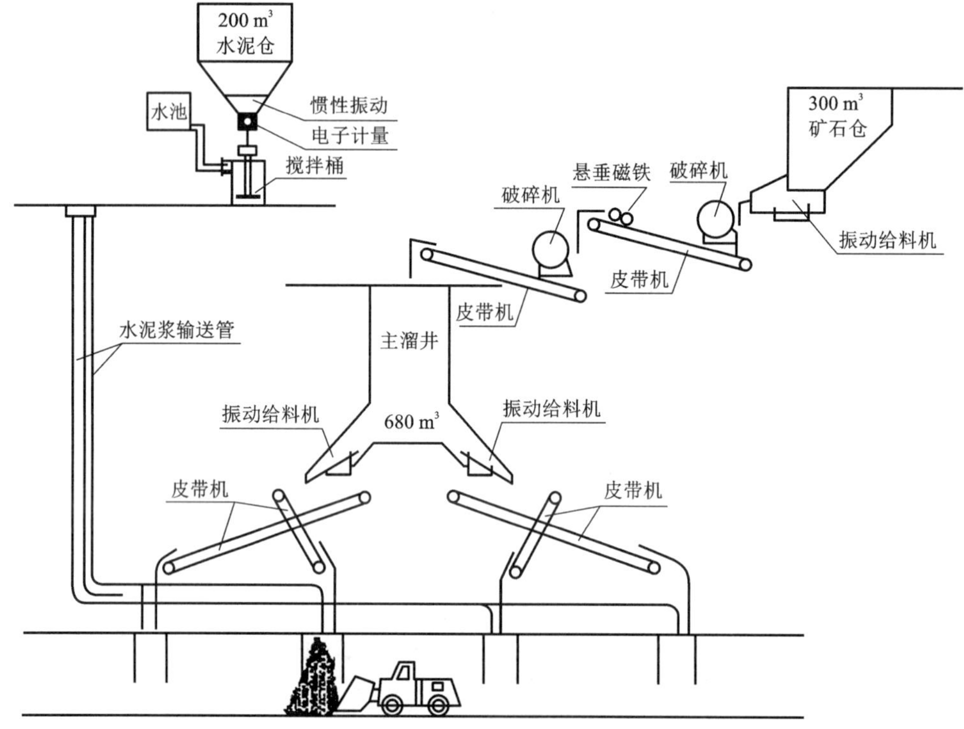

图 5-82 丰山铜矿废石胶结充填系统

①废石料制备站

废石料制备站包括废石料仓、二段破碎设备和废石输送设备。

废石料仓：由钢筋混凝土浇注而成，为了减少破损，在底板衬以 10 mm 厚的钢板，底板倾角为 50°，便于废石自溜；在废石料仓的顶板安有网度 500 mm×500 mm 的格筛，料仓的下部出料口安装有型号为 GZC-4.5/1.5-7.5 的振动给料机；料仓的有效容积为 300 m³。

二段破碎设备：粗碎采用 PE600×900 型颚式破碎机，终碎采用 PEX250×1200 型颚式破碎机。

废石输送设备：在废石料制备站安装有 2 台胶带输送机，将破碎加工后的废石接力输送至主废石充填井。

②水泥浆制备站

水泥浆制备站包括 2 个散装水泥仓和 2 台高浓度搅拌机。水泥仓的设计容积为 200 m^3，其仓底锥角为 65°。在水泥仓的下部安装有型号为 GDBP・A・WC 的惯性振动给料机。高浓度搅拌桶的有效容积为 2.65 m^3，规格为 ϕ1500 mm×1500 mm。

③充填料井下输送系统

充填料井下输送系统包括主废石井、-50 m 水平水泥浆输送管道、4 台胶带输送机、4 条分充填井。主废石井的直径为 3 m，在其下部-50 m 水平处安装有 GZC-2.3/0.6-3.0 型振动给料机。水泥浆下料井直径为 0.5 m，在其中安装有 DN80 的钢管。-50 m 水平处的水泥浆输送管采用 DN50 的钢管。在-50 m 水平安装有 4 台胶带输送机，负责将主溜井中的废石送往 4 个分充填井，其型号为 TD75-500。4 个分充填井直径为 2.5 m，分别为矿体开采范围内的分段采场提供废石充填集料。

(3) 充填工艺

①充填集料制备

充填集料来源于井下掘进废石和露天排土场剥离废石，主要由大理岩和花岗闪长斑岩两类岩石组成，废石密度为 2.6~2.8 g/cm^3，自然安息角约 39°。采用斗容为 3 m^3 的露天装载机将废石从露天排土场运至废石料仓。块度小于 500 mm 的合格废石进入废石料仓，大于 500 mm 的大块带回排土场处理。

仓内的废石经由 GZC-4.5/1.15-7.5 型振动给料机和钢制溜槽进入 PE600×900 型颚式破碎机粗碎。破碎机最大排料块度为 200 mm。粗碎集料由 TD75-650 型胶带输送机送到 PEX250×1200 型颚式破碎机终碎。破碎机最大排料粒度为 80 mm。最终集料产品由 TD75-500 型胶带输送机输送至主废石井。

②水泥浆制备

用散装水泥罐车将散装的 32.5 级普通硅酸盐水泥运送至水泥浆制备站，借助压气将其送至散装水泥仓中。通过 GDBP・A・WC 型惯性振动给料机和 ϕ200 mm 螺旋输送机，将仓内水泥输送至 ϕ1.5 m 的高效搅拌桶中，与此同时加水搅拌，将其制备成质量分数为 55%的水泥浆。

③井下输送系统

井下输送系统包括地面以下废石的料输送、水泥浆输送和充填混合料输送等部分。通过 2 台振动给料机和 4 台胶带输送机，将废石主溜井中的废石集料分送至 4 个分充填井。制备好的水泥浆从下浆小井中的 DN80 钢管自流输送到各充填水平。在分段充填水平的 4 个分充填井混合点，将水泥浆直接浇淋在废石集料堆上。浇淋了水泥浆的废石集料由铲运机直接铲取，运送至采空区卸料充填。

④系统计量与参数控制

废石输送计量与参数控制：在井下-50 m 水平安装有 2 台型号为 WPC-Ⅰ的多托辊电子皮带秤，可以自动记录进入分充填井中的废石瞬时流量和累计废石量。通过调节主充填井振动给料机的给料能力，可以控制进入各分充填井中的废石输送流量。应用过程中主要通过调节振动给料机的闸门通过量来控制其给料能力。

水泥制浆计量与参数调节：采用 LDC-H-200A 型恒速式螺旋电子秤对散装水泥仓进入

高效搅拌桶中的瞬时水泥流量和累计水泥用量进行计量。通过调节水泥仓的 GDBD · A · WC 型惯性振动给料机的给料能力，控制水泥输送量。采用 MWL-K10SI 型涡街流量计，对进入搅拌桶中的充填用水进行计量，通过阀门控制注水流量。

(4)应用效果

丰山铜矿南缘矿带采矿方法技术改造采用废石水泥浆胶结充填技术，很好地解决了该矿充填工艺的技术难题。该充填工艺将矿山废物回填至井下，减少了废石在地表的排放量；形成高质量的胶结充填体抑制了山体塌陷，有利于保护自然环境；阻滞了雨季地表水经采区渗入井下，消除了井下洪患；有效缓减了采动地压，防止坑道垮塌，有利于矿山生产安全；充分回收矿产资源。

2)铜坑锡矿废石砂浆充填

铜坑锡矿在开采 91 号矿体时，应用分段凿岩阶段空场嗣后充填采矿法和大直径深孔嗣后充填采矿法，将矿体划分为盘区，再在盘区内划分矿房和矿柱，先采矿房，废石砂浆胶结充填后再采矿柱。

(1)充填系统

地表破碎站安装有颚式破碎机，配备了铲装机及运料汽车。地表搅拌站设有 2 个直径 11 m、高 30 m，有效容量为 2800 t 的立式砂仓；2 个直径 7 m、高 22 m，有效容量 600 t 的水泥仓；2 台直径为 2 m 的高浓度搅拌机。搅拌站构成 2 个独立工作的砂浆搅拌系统。

井下废石输送系统包括废石料仓和主废石井，505 m 中段水平包括 2 m^3 矿车的废石转运系统、分配溜井、充填平巷及输送废石至采场的皮带机输送系统(图 5-83)。井下砂浆输送管路系统包括 2 套从搅拌站至井下充填采场的内径为 113 mm 的砂浆输送管道。

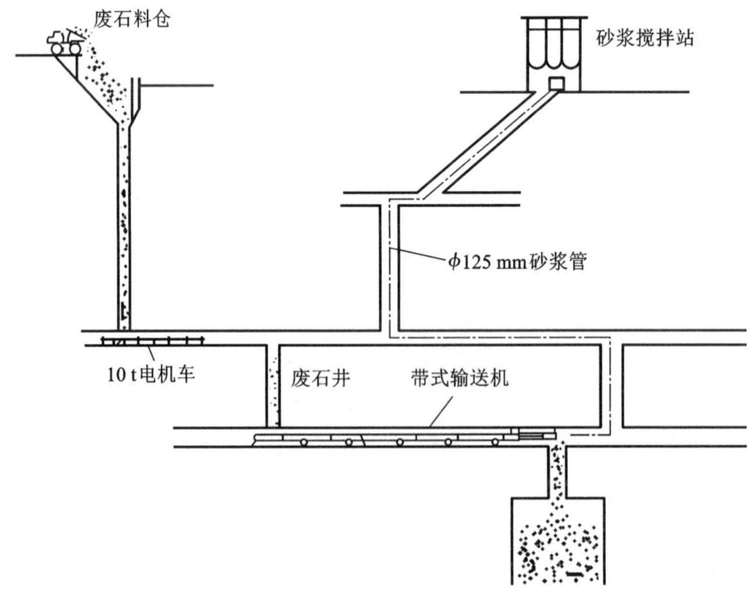

图 5-83 废石砂浆胶结充填系统

(2)充填材料制备与输送

充填材料由废石集料和水泥棒磨砂料浆两部分组成。两种类型的充填材料分别通过各自独立的输送系统分流输送到井下充填水平，同时充入采空区。

①废石集料

废石集料包括井下掘进废石和地表采石场废石。

井下掘进废石提升到地表后不经筛分被直接利用。地表采石场废石由汽车运送到破碎站，通过颚式破碎机破碎至粒径为-300 mm。破碎集料块度组成的一般要求是到达充填点时-20 mm 粒级物料质量分数不超过 25%。经破碎站破碎后的合格废石集料和井下出窿废石，由汽车运输至地表以下的废石料仓，通过主溜井溜至 505 m 中段转运水平，经 2 m^3 矿车转运至采区分溜井送达各充填平巷，再经皮带运输机送入待充采场。

②水泥砂浆

地表建有砂浆搅拌站，构成 2 个独立工作的砂浆搅拌系统。

水泥砂浆由 42.5 级普通硅酸盐水泥与棒磨砂制备而成。其制备与输送流程为：采用罐车将水泥运送到搅拌站水泥仓；采用粒径为-25 mm 的废石作为原材料，将其磨细至粒径为-4 mm 的棒磨砂(表 5-35)；棒磨砂由砂泵送至充填站立式砂仓脱水除泥。由地表搅拌站将棒磨砂与水泥制备成质量分数为 70%左右的砂浆，通过管道自流输送至井下充填工作面。

表 5-35　棒磨砂粒级组成

粒径/mm	分计/%	累计/%
+3.2	3.60	3.60
-3.2~+2.0	16.0	19.60
-2.0~+1.0	24.81	44.41
-1.0~+0.63	19.67	64.08
-0.63~+0.30	15.95	80.03
-0.30~+0.15	5.26	85.29
-0.15~+0.097	8.40	93.69
-0.097~+0.076	3.29	96.98
-0.076~+0.037	1.70	98.68
-0.037~+0.019	1.08	99.76
-0.019~+0.010	0.14	99.90
-0.010	0.10	100

(3)采场充填

①采场准备

在开始充入废石胶结充填料之前，首先封闭采场底部所有出矿进路口，然后充入少量棒磨砂胶结充填料，使采场底部残留的松散矿岩得到充分胶结。

②采场充填

完成了采场充填准备后，将废石集料和棒磨砂胶结料浆送达采场顶部充填井口，同时向采空区下料充填。废石料与磨砂料浆在下落过程会发生互相碰撞、掺和，坠落到充填料堆顶部，再沿料堆锥面向四周滚动和流动。两种充填料经过碰撞、掺和、滚动和流动等过程，得到混合。

为了保证废石砂浆胶结充填体质量，每个采场充填井所担负的充填面应尽量保持方形。铜坑锡矿阶段矿房法采场长70~80 m，宽20~25 m，一般每个采场设3个充填井，3点同时下料充填，并保持3个充填料锥堆基本处于同一高度。

在正常充填时，棒磨砂胶结充填料浆和废石集料的配合比取干料质量比1∶3。通过调节废石的供料速度实现砂浆与废石的配合比。为了使充填料配合均匀，要求皮带运输机连续均匀输送废石。

③接顶充填

废石胶结充填几乎没有多余的水流出采场，不会污染井下巷道。但同时带来的另一个问题是充填料流动性能不佳，充填料堆坡面堆积角一般为25°~30°。因而充填体与采场顶板之间存在较大的空区，使充填体失去对采场顶板的支撑能力。为了使充填体尽可能与采场顶板接触，在采场上部采用棒磨砂胶结充填料充填接顶。部分采场还在两充填料堆之间布置专用充填钻孔下料，以改善充填体和采场顶板间的接顶效果。

(4)应用效果

在充填过程中进行了充填料试块强度试验和现场充填体强度测试。试块规格为300 mm×300 mm×300 mm，采用单轴压力试验机对试块进行不同龄期的抗压和抗拉试验。现场充填体强度由声波测定试验测得。相关试验测定了废石砂浆胶结充填体力学特性，表明废石砂浆胶结充填体的力学性能满足采矿工艺的要求(表5-36)。

表5-36 废石砂浆胶结充填体力学性能

测试场地	养护时间/d	抗压强度/MPa	抗拉强度/MPa	弹性模量/MPa	泊松比	凝聚力/MPa	内摩擦角/(°)	声波速度/($m \cdot s^{-1}$)
实验室	28	3.23	0.47	730	—	0.68	41	—
现场	90	3.60	0.55	780	0.185	0.70	42	2806
	90	2.34	0.37	780	0.185	0.46	42	2806

铜坑锡矿废石砂浆胶结充填效率高，达到254 m^3/h。水泥耗量为100 kg/m^3，抗压强度为3.2 MPa。具有水泥耗量低、充填强度高的优点。胶结充填料在采场几乎不泌水，很好地解决了采场泄水污染井下作业环境的难题。

参考文献

[1] BLOSS M L, RANKINE R. Paste fill operations and research at Cannington mine[C]//Proceedings of the ninth AusIMM underground operators' conference. Perth, 2005.

[2] YILMAZ E, KESIMAL A, ERCIKDI B. Strength development of paste backfill samples at long term by using two different binders[C]//Proceedings of the 8th International Symposium on Mining with Backfill. Beijing, 2004.

[3] FALL M, BENZAAZOUA M, OUELLET S. Effect of tailings properties on paste backfill performance[C]//Proceedings of the 8th International Symposium on Mining with Backfill. Beijing, 2004.

[4] GRIDLEY N C, SALCEDO L. Cemented paste production provides opportunity for underground ore recovery while solving tailings disposal needs[Z]. International Seminar on Paste & Thickened Tailings. Belo Horizonte, Brazil, 2013.

[5] SIVAKUGAN N, RANKINE R M. Geotechnical considerations in mine backfilling in Australia [J]. Journal of Cleaner Production, 2006, 14(12-13): 1168-1175.

[6] NASIRA O, FALL M. Coupling binder hydration, temperature and compressive strength development of underground cemented paste backfill at earlyages [J]. Tunnelling and Underground Space Technology, 2010, 25(1): 9-20.

[7] BAWDEN W E. The influence of applied rock engineering on underground hard rock mine design-Impacts from 15 years of research and development [C]//37th US Symposium on Rock Mechanics. Taylor & Francis US, 1999.

[8] WANG F H, YAO Z L. An experimental study on technology and circuit of unclassified tailings paste filling [C]// Proceedings of the 8th International Symposium on Mining with Backfill. Beijing, 2004.

[9] ZHOU A M. Mining backfill technology in China: An overview[C]//Proceedings of the 8 th International Symposium on Mining with Backfill. Beijing, 2004.

[10] 蔡嗣经，王洪江. 现代充填理论与技术[M]. 北京：冶金工业出版社，2012.

[11] 蔡嗣经. 矿山充填力学基础[M]. 北京：冶金工业出版社，2012.

[12] 胡萌. 高浓度充填工艺技术在安庆铜矿的试验与应用[J]. 矿业快报，2006(4)：28-30.

[13] 黄玉诚. 矿山充填理论与技术[M]. 北京：冶金工业出版社，2014.

[14] 吉学文，严庆文. 驰宏公司全尾砂-水淬渣胶结充填技术研究[J]. 有色金属(矿山部分)，2006(2)：11-13.

[15] 刘同有. 充填采矿技术与应用[M]. 北京：冶金工业出版社，2001.

[16] 王洪江，吴爱祥，陈进，等. 全尾砂-水淬渣膏状物料可泵性指标优化[J]. 采矿技术，2007(3)：15-21.

[17] 王新民，郭红丹，赵彬，等. 焦家金矿尾砂固结充填配比优化研究[J]. 矿业研究与开发，2011，31(2)：26-30.

[18] 谢开维. 用沙坝磷矿磷石膏胶结充填技术试验研究[R]. 长沙：长沙矿山研究院. 2008.

[19] 姚维信，姚中亮，刘洲基，等. 高浓度大流量管输充填技术与工艺[M]. 北京：科学出版社，2014.

[20] 姚中亮. 金属矿山充填的意义、充填方式选择及典型实例概述[J]. 金属矿山，2010(增刊)：212-218.

[21] 姚中亮. 阿舍勒铜矿充填材料试验研究[R]. 长沙：长沙矿山研究院，2008.

[22] 姚中亮. 莱新铁矿高浓度结构流尾砂胶结充填试验研究[R]. 长沙：长沙矿山研究院，2009.

[23] 姚中亮. 吴集铁矿高浓度结构流尾砂胶结充填试验研究[R]. 长沙：长沙矿山研究院，2009.

[24] 于润沧. 采矿工程师手册(下)[M]. 北京：冶金工业出版社，2009.

[25] 赵传卿，胡乃联. 焦家金矿充填物料的颗粒级配优选研究[J]. 矿冶，2008(2)：16-19，62.

[26] 赵庆国，张明贤. 水力旋流器分离技术[M]. 北京：化学工业出版社，2003.

[27] 周爱民，古德生. 基于工业生态学的矿山充填模式与技术[J]. 长沙：中南工业大学学报(自然科学版)，2004，35(3).

[28] 周爱民. 矿山废料胶结充填[M]. 2版. 北京：冶金工业出版社，2010.

第 6 章

凿岩爆破

6.1 概述

凿岩爆破又称钻眼爆破或打眼放炮，是利用机械或人工方法，对岩石钻凿炮孔、装填炸药实施的爆破作业。凿岩爆破方法由于具有破岩功耗小、节省劳力、降低成本、加快工程进度等优点，目前仍是矿山破碎坚固岩石的主要手段，占破岩比例的90%以上。凿岩爆破是矿山生产的一个重要环节，在采矿作业中，凿岩爆破工程费用占采矿成本的40%~50%，尤其在地下矿山的井巷掘进中，凿岩爆破工作所需工时和成本占整个掘进工时和成本的一半以上。由此可见，爆破效果对矿山生产效率和成本都将产生重要影响，爆破工程在采掘行业中的地位和作用十分重要，具有非常广阔的发展前景。

不同于露天矿山爆破，地下矿山爆破通常在有限的空间内作业，需要根据复杂多变的开采条件采用不同的采矿方法，因而凿岩爆破方式也比露天开采爆破要复杂多变。根据炮孔类型归纳起来爆破方式主要有：浅眼爆破、深孔爆破和大直径深孔爆破。但具体的爆破工艺的组合方式较多，凿岩设备的选取也呈多样化趋势。近年来，随着先进爆破技术与工艺、新型凿岩装药设备及新型爆破器材的研发、推广和应用，地下矿山爆破不断向规模化、爆破技术精细化、爆破施工作业机械化和自动化、爆破生产工艺连续化方向发展，使得爆破采矿技术的工作效率和安全性均得到了显著提升。

6.1.1 地下矿山凿岩爆破技术现状

在回采爆破工艺方面，针对分层落矿、分段落矿和阶段落矿工艺，相应地采用浅眼爆破、深孔爆破和大直径深孔爆破等爆破工艺和技术。随着分层充填采矿技术的发展，分层落矿高度为6 m以上，高分层回采也采用了上向和水平平行深孔爆破工艺及技术。分段采矿法普遍采用了扇形(平行)深孔爆破技术进行大量崩矿，分段高度以8~12 m为主，炮孔孔径一般为50~64 mm；少数矿山采用了15~30 m的分段高度，炮孔孔径一般为76~102 mm。在阶段采矿法中，大直径深孔爆破因其爆破效率高、作业安全、成本低、爆破规模大等优点在许多矿山得到越来越广泛的应用。目前，大直径深孔爆破已形成了VCR法深孔爆破、无底柱深孔后退式崩矿爆破、平行密集束状深孔当量球形药包爆破、高阶段大直径深孔爆破等各具特色的爆破技术。

在凿岩设备方面，国内地下金属矿浅眼凿岩和掘进作业普遍采用半机械化的气腿式凿岩机凿岩；孔径小于 76 mm 的炮孔采用冲击式的液压或风动凿岩方式，孔径大于 76 mm 的深孔炮孔采用潜孔凿岩方式，少量采用重型液压凿岩方式；大直径深孔凿岩主要采用液压牙轮钻机和深孔高风压潜孔钻机。尽管我国在液压凿岩台车的研发与应用方面与世界发达国家还有一定差距，但目前我国在潜孔采矿凿岩领域的技术研究和产品开发方面取得了长足的进步，先后研制了 T-150、T-100 等高气压大直径潜孔钻机和 CS-100D 环形潜孔钻机等大直径深孔凿岩设备。

地下矿山目前广泛使用的爆破器材主要有塑料导爆管非电起爆系统、高精度延期雷管、数码电子雷管、安全导爆索和新型安全抗水炸药，如乳化炸药等，它们的使用大大提高了爆破作业的安全可靠性，推动了分段延时爆破、光面爆破、预裂爆破等精确控制爆破技术的发展和应用，为地下矿山爆破技术的精细化提供了有利的条件。数码电子雷管，可根据实际需要任意设定延期时间，具有使用安全可靠、延期时间精确度高、设定灵活等特点，使得实现复杂爆破网络起爆、精确控制爆炸能量释放、有效降低爆破灾害效应成为可能。如凡口铅锌矿针对井下爆破作业工作面数量多且分散、协调管理难度大的特点，采用电子雷管网络爆破技术取代传统的采用索式延期起爆雷管起爆方式，通过电子雷管起爆网络将各分段的爆破工作面串联起来集中起爆，消除了井下多分段大范围爆破起爆存在的炮烟中毒安全风险。

在地下矿山装药设备方面，我国地下矿山爆破工序中人工作业仍然占较大比例，存在劳动强度大、装药成本高、效率低、安全风险大且爆破效果保障性差等问题，严重制约了矿山开采效率和规模。为提高井下装药效率，一些矿山采用压气推送的装填粉、粒状炸药的装药器装药。铵油炸药、乳化炸药摩擦和冲击感度低，又具有一定的流动性及优良爆炸性能，这类炸药的推广应用为爆破作业实现机械化装药创造了有利条件。20 世纪 80 年代开始，粉、粒状炸药井下装药车陆续在国外的大型矿山出现，90 年代后期，澳大利亚 Orica 公司、挪威 Dyno Nobel 公司和南非 AEL 公司先后公开报道了他们的地下现场混装乳化炸药装药车。目前国外应用的地下混装乳化炸药装药车主要由 Orica、BTI、Atla、Normet 等公司生产。国外先进的地下乳化炸药车提供了安全、高效、先进的作业平台，针对不同需要，形成了系列化的产品。我国从 20 世纪 80 年代开始从国外引进和研制露天现场混装乳化炸药车和地下装药器，通过几十年努力，露天现场混装车技术得到了快速发展，而地下现场混装乳化炸药车的研究应用与技术发展相对落后。矿冶科技集团有限公司、深圳市金奥博科技有限公司和湖南金能科技股份有限公司等先后研发了乳化炸药地下装药车，推动了我国地下现场混装炸药车的技术进步，目前装药车已广泛应用于金川镍矿、永平铜矿、石人沟铁矿、司家营铁矿、铜绿山铜铁矿和开阳磷矿等不同地质条件的地下矿山。

地下矿山井巷包括平巷、竖井、斜井、斜坡道等各种地下工程，其特点是受掘进断面限制，且只有一个自由面，不利于井巷作业施工。井巷施工方法包括凿岩爆破与机械破岩两种方式，但多为凿岩爆破。凿岩爆破为常规掘进方法，国内几乎均采用浅眼爆破方法，其速度慢、工效低，也因爆破对岩体造成损伤和破坏，冒顶、片帮事故增加。机械破岩技术是一种无须爆破、人员不进入掘进掌子面操作、全断面机械破碎岩石、连续作业的井巷施工技术，具有掘进速度快，作业条件好，劳动强度低，工作安全，不破坏岩石原有的完整性和稳定性，井(巷)筒平整，井(巷)壁光滑，成井(巷)质量好，有利于地压控制和通风等突出特点。

在爆破工程中，除要求崩落破碎岩石外，还要求对保留岩体进行保护，尽量减少炸药的爆炸效应所造成的破坏，降低开挖面的超挖和欠挖，以达到岩体稳定、开挖面光滑平整、开挖轮廓符合设计要求的目的。根据工程要求，采取一定的措施，合理地利用炸药的爆炸能量，使之达到既能满足工程的具体要求，又能把爆破所造成的各种危害控制在规定的范围内的爆破技术统称为控制爆破技术。我国自 20 世纪 50 年代以来，在吸取国外先进经验的基础上，研究和推广了光面爆破、预裂爆破、毫秒延期爆破、挤压爆破等控制爆破技术。

特殊地层包括处于高地应力环境的地层、含硫量高的高温硫化矿地层、含放射性铀矿地层等。这些地层的爆破有其自身的特殊性，对爆破方法、起爆材料和炸药有一定的特殊要求。

控制爆破危害，确保爆破安全，是爆破作业的一个重要环节。爆破安全涉及爆破施工的全过程：爆破作业前，应加强爆破器材管理，确保爆破器材贮存和运输过程的安全；爆破作业中，必须掌握爆破安全技术，采取适当的技术措施对早爆、拒爆等爆破事故进行预防；爆破设计和施工中，应根据炸药的爆炸效应及其作用规律和现场环境，对爆破地震、空气冲击波、有毒有害气体等爆破危害进行控制；此外，还要加强施工现场的安全管理，严格遵守爆破安全规程。

6.1.2 地下矿山凿岩爆破发展趋势

现代爆破工艺的发展方向是高产、高效、高安全性和高可靠性，基本途径是爆破技术与现代高新技术相结合，研究开发高效、安全、可靠、智能化的爆破装备和生产监控系统，改进和完善爆破技术。地下矿山凿岩爆破的发展趋势如下。

(1) 实现爆破控制的精确化

爆破的精确化主要表现在通过精确设计爆破延期时间、爆破能量、爆破顺序、爆破环境等，实现对爆破质量、爆破方向、爆破危害、爆破效果等的有效控制。数码电子雷管、新型系列乳化炸药和遥控起爆技术等为爆破作业的精确控制提供了有利条件。今后应充分利用新型爆破器材和爆破理论研究成果，通过对各种爆破作业实行精确化控制，实现爆破破碎效果和安全保护的双面控制。

(2) 提高爆破施工作业的机械化、智能化水平

生产实践表明，爆破工程的机械化程度越高，其生产效率也越高。目前我国地下矿山爆破施工装备技术相对落后，机械化水平不高，严重影响了新的爆破技术的应用。因此今后应该在装备技术上创新，在提高设备的智能化、自动化和遥控化水平等方面做出努力，发展井下定位系统、测量新技术，实现凿岩爆破设备高效配套机械化、自动化和可视化。

(3) 发展爆破安全控制技术

爆破安全控制技术的发展，有利于扩大工程爆破的应用范围，也只有解决与爆破有关的安全技术问题，工程爆破才能发挥更大的作用。爆破安全技术包括爆破施工作业中的安全问题和爆破对建、构筑物与环境安全的影响两大部分。前者主要涉及爆破器材性能、使用条件、检验方法和起爆技术等安全性问题；后者即周围环境安全性问题，是与爆破作用机理、爆破参数与设计方法、安全准则与控制标准有关的技术问题。因此，完善地下矿山爆破安全控制技术，需要应用和研发各种精细控制爆破技术，控制和约束爆破对环境造成的破坏和干扰，包括爆破振动、空气冲击波、噪声、个别飞散物、粉尘、有害气体等。通过加强对爆破效应的监测工作，提高爆破振动监测技术水平，使有害效应降到最低。

6.2　凿岩方法

凿岩作业是矿山爆破的主要工序之一，其工作量大，耗时长。要提高凿岩效率，必须对凿岩作业和凿岩机械进行分析研究。炮孔按深度和直径不同可分为浅眼、深孔和大直径深孔 3 种。通常将深度小于 5 m、直径小于 50 mm 的炮孔称为浅眼，将深度为 5~15 m、直径为 50~100 mm 的炮孔称为深孔，将直径大于 100 mm、孔深大于 15 m 的炮孔称为大直径深孔。根据炮孔的不同分类，地下矿山凿岩方法可分为浅眼凿岩、深孔凿岩和大直径深孔凿岩。

6.2.1　浅眼凿岩

浅眼凿岩通常采用冲击式凿岩机械。根据驱动方式不同有气动凿岩机、内燃凿岩机、液压凿岩机、电动凿岩机等。其中应用最广泛的是气动凿岩机。

国产凿岩机的型号较多，按照《凿岩机械与气动工具产品型号编制方法》(JB/T 1590—2010)，凿岩机的分类及标识如表 6-1 所示。

表 6-1　凿岩机的分类及标识

类别	组别	型式	特性代号	产品名称及型号
凿岩机 Y(岩)	气动	手持式		手持式凿岩机 Y
			H	手持式湿式凿岩机 YH
			C(尘)	手持式集尘凿岩机 YC
			X(新)	新型手持式凿岩机 YX
				手持气腿两用凿岩机 YLY
				手持气腿两用湿式凿岩机 YHI，Y
				新型手持气腿两用凿岩机 YXI，Y
		气腿式 T(腿)		气腿式凿岩机 YT
				多用途气腿式凿岩机 YT DY
			C(尘)	气腿式集尘凿岩机 YTC
			P(频)	气腿式高频凿岩机 YTP
				环形钻架用气腿式高频凿岩机 YTP HJ
				光面爆破用气腿式高频凿岩机 YTP GB
		向上式 S(上)		向上式凿岩机 YS
			P(频)	向上式高频凿岩机 YSP
			C(侧)	向上式侧向凿岩机 YSC

续表6-1

类别	组别	型式	特性代号	产品名称及型号
凿岩机 Y(岩)	气动	导轨式 G(轨)		导轨式凿岩机 YG
			P(频)	导轨式高频凿岩机 YGP
			P(频) S(双)	导轨式高频双向回转凿岩机 YGPS
			Z(转)	导轨式独立回转凿岩机 YGZ
	内燃 N(内)	手持式		手持式内燃凿岩机 YN
			F(副)	带副缸的手持式内燃凿岩机 YNF
	液压 Y(液)	手持式		手持式液压凿岩机 YY
		支腿式 T(腿)		支腿式液压凿岩机 YYT
		导轨式 G(轨)	C(采)	导轨式采矿用液压凿岩机 YYGC
			J(掘)	导轨式掘进用液压凿岩机 YYGJ
	电动 D(电)	手持式		手持式电动凿岩机 YD
			R(软)	手持式软轴转动凿岩机 YR
		支腿式 T(腿)		支腿式电动凿岩机 YDT
				矿用隔爆支腿式电动凿岩机 YDT dl
		导轨式 G(轨)		导轨式电动凿岩机 YDG

1)气动凿岩机

气动凿岩机也称风动凿岩机，是以压缩气体驱动，以钎子冲击为主、以低压水排渣除尘的一种凿岩机。按凿岩机的支撑方式，气动凿岩机可分为手持式凿岩机、气腿式凿岩机、向上式凿岩机和导轨式凿岩机。手持式凿岩机钻孔直径以不超过 40 mm 为宜，最大钻孔直径可达 56 mm，钻孔深度以 2~3 m 为宜，最大可达 7 m，适宜钻凿竖直或向下的斜孔；气腿式凿岩机劳动强度比手持式凿岩机小，钻孔参数与手持式凿岩机相类似，但凿岩速度比手持式凿岩机要高，适宜于钻水平或小倾角的炮孔；向上式凿岩机又称伸缩式凿岩机，钻孔直径以 36~48 mm、钻孔深度以 2~5 m 为宜，适宜钻凿向上 60°~90°的炮孔，一般用于在采场和天井(竖井)中作业；导轨式凿岩机钻孔直径一般为 34~80 mm，钻孔深度一般为 5~8 m，最大可达 30 m，质量一般在 35~90 kg，可钻凿水平和各种方向的较深炮孔。

国产气动凿岩机的技术性能参数如表 6-2~表 6-5 所示。

表 6-2 国产手持式气动凿岩机的技术性能参数

技术性能参数	型号					
	Y6	Y20	YH24	Y24	QY-30	Y225
质量/kg	6	18	24	24	23	24
耗气量/($m^3\cdot min^{-1}$)	≤0.57	≤1.5	≤3.0	≤3.0	2.4	2.9

续表6-2

技术性能参数	型号					
	Y6	Y20	YH24	Y24	QY-30	Y225
钻孔直径/mm	20	34~42	34~42	34~42	38~42	34~42
钻孔深度/m	0.5	3	5	5	4	6
钎尾尺寸/(mm×mm)	ϕ15×88	ϕ22×108	ϕ22×108	ϕ22×108	ϕ25.4~30	ϕ25.4~30
工作气压/MPa	0.4	0.4	0.4	0.4	0.5	0.5
适用岩石	大理石，花岗石	中硬以上岩石	中硬以上岩石	中硬以上岩石	中硬以上岩石	中硬以上岩石

表 6-3　国产气腿式气动凿岩机技术性能参数

技术性能参数	型号			
	7655	YT24	YT27	YT28
质量/kg	24	24	26	26
耗气量/($m^3 \cdot min^{-1}$)	≤3.6	≤2.8	≤3.3	≤3.3
钻孔直径/mm	34~42	34~42	34~42	34~42
钻孔深度/m	5	5	5	5
钎尾尺寸/(mm×mm)	ϕ22×108	ϕ22×108	ϕ22×108	ϕ22×108
工作气压/MPa	0.63	0.63	0.63	0.63

表 6-4　国产 YSP45 向上式气动凿岩机技术性能参数

全长/mm	质量/kg	工作气压/MPa	耗气量/($m^3 \cdot min^{-1}$)	钻孔直径/mm	钻孔深度/m	推进行程/mm	钎尾规格/(mm×mm)
1500	45	0.63 0.5 0.4	≤6.8 ≤6.0 ≤5.5	34~42	6	720	ϕ22×108

表 6-5　国产导轨式气动凿岩机技术性能参数

技术性能参数	型号				
	YGP28	YG40	YG80	YGZ70	YGZ90
质量/kg	30	36	74	70	90
长度/mm	630	680	900	800	883
工作气压/MPa	0.5	0.5	0.5	0.5~0.7	0.5~0.7
耗气量/($m^3 \cdot min^{-1}$)	≤4.5	≤5	8.5	≤7.5	≤11
扭矩/(N·m)	≥30	38	100	≥65	≥120

续表6-5

技术性能参数	型号				
	YGP28	YG40	YG80	YGZ70	YGZ90
使用水压/MPa	0.2~0.3	0.3~0.5	0.3~0.5	0.4~0.6	0.4~0.6
钻孔直径/mm	38~62	40~55	50~75	40~55	50~80
钻孔深度/m		15	40	8	30
钎尾规格/(mm×mm)	ϕ22.2×108	ϕ32×97	ϕ38×97	ϕ25×159	ϕ38×97

2)液压凿岩机

液压凿岩机是以液体压力驱动的凿岩机，其工作方式与气动凿岩机类似，不同的是采用高压力水排岩碴。液压凿岩机的优点是钻速快、可调整、自润滑、能耗低等。缺点是油压高、不易远距离传输、设备清洁度要求高、维修难度大、重量和体积大、使用灵活性较差等。国产液压凿岩机主要技术性能参数如表6-6所示。

表6-6 国产液压凿岩机主要技术性能参数

型号	钎杆转速/($r \cdot min^{-1}$)	最大扭矩/(N·m)	冲击压力/MPa	冲击频率/Hz	钻孔直径/mm
YYG-80	0~300	150	10~12	50	<50
GYYG-20	0~250	200	13	50	50~120
CYY-20	0~250	300	16(20)	37~66	<50
YYG-250B	0~250	300	12~13	50	50~120
YYG-90A	0~300	140	12.5~13.5	48~58	<50
YYG-90	0~260	200	12~16	41~50	<50
YYG-250A	0~150	700	12.5~13.5	32~37	<50
DZYG38B	0~300	500或750	15~21.5	40~60	65~125
YYGJ-90	0~250	300	16~18	44~64	<50
YYGK-300	0~300	240	16~20	42~62	<50
YYGK-200	0~300	240	16~20	38~60	<50
YYG120		200	15	36~55	<50
YYG110		200	15~24	40~53	<50
YYG150		550~1000	25	40~60	<50
HYD200	200~400	300	14~16	34~67	27~64
HYD300	200~400	100~300	16~19	34~50	38~89

3)电动凿岩机

电动凿岩机是将电能转换为机械能实现冲击回转的凿岩机械。电动凿岩机凿岩速度偏低，且故障率较高，一般只用于无供气条件的零星开挖场所。

4)辅助设备

(1)气腿与钻架

气腿和钻架的产品名称及型号见表 6-7。

表 6-7　气腿和钻架的产品名称及型号

凿岩辅助设备 F(辅)	类型	型号
腿 T(腿)		气腿 FT
		环形钻架用气腿 FT HJ
	侧向式 C(侧)	侧向式气腿 FTC
	向下式 X(下)	向下式气腿 FTX
	水式 S(水)	水腿 FTS
	油式 Y(油)	油腿 FTY
	手摇式 J	支腿 FTJ
钻架 J(架)	单柱式 Z(柱)	单柱式钻架 FJZ
	双柱式 S(双)	双柱式钻架 FJS
	圆盘式 Y(圆)	圆盘式钻架 FJY
	伞式 D	伞形钻架 FJD
	环式 H(环)	环形钻架 FJH

钻架是供凿岩机钻凿炮孔的架，有柱式、圆盘式和伞式等形式，与相应的气动凿岩机配套，广泛用于井下采矿、竖井掘进等深孔凿岩作业中。国产钻架的主要技术性能参数见表 6-8。

表 6-8　国产钻架的主要技术性能参数

名称	型号	凿孔		工作高度/m	适应断面(宽×高)/(m×m)	工作压力/MPa
		直径/mm	深度/m			
单柱式钻架 圆盘式钻架	FJ225A FJY25A	40~55 50~75	15 40	2.7 3.5	2.5×2.5~3×3	0.63 0.63
凿岩滑架 凿岩钻架	FJ300·2 FJ200·2	34~42 34~45	5 5			0.4 0.63
圆盘式钻架	(TJ25)	50~80	30	3.37	2.5×2.5~3×3	0.5
伞式钻架	FJD6·7	38~60		ϕ8.5	井筒直径 5~7 m	0.5~0.7

(2)钎具

浅眼凿岩钎具又称钎子，由钎头和钎杆组成。钎子按结构分为整体钎子和活动钎子。整体钎子传递能力损失小，凿岩效率高，但修磨时搬运工作量大；活动钎子可以更换钎头，提高钎杆的利用率，钎头修磨时可减少钎杆的搬运量。

①钎头

钎头按活动性分为活动钎头和自刃钎头，其中活动钎头是指钎头与钎杆可分离，修磨、使用方便；自刃钎头是指钎头与钎杆连成一体，不耐磨，修磨使用不便。按钎头的刃口形状可分为一字形钎头、十字形钎头、T 字形钎头、X 形钎头和柱齿钎头等，钎头根据钎刃的形状来命名。其中最常用的是一字形钎头、十字形钎头和柱齿钎头，如图 6-1 所示。常配轻型内燃、电动、气动和液压凿岩机，用于在各类岩石中钻凿直径 50 mm 以下的炮孔。由于其价格低廉，目前是我国采掘工业中用于中、小直径炮孔钻凿的主要品种。十字形钎头是国际上片状钎头的主要品种，该钎头直径为 32~65 mm，对凿岩条件适应能力强，几乎不受凿岩机型和岩体性能的限制，不少国家，例如瑞典、加拿大等国的采掘工程中，普遍采用十字形钎头和柱齿钎头，而不用一字形钎头。柱齿钎头钝化使用周期长，其不磨寿命约为同类刃片钎头的 5~6 倍，有利于节省辅助工时，减轻工人劳动强度和加快工程速度。因此不同直径的锥度连接和螺纹连接的柱齿钎头被广泛应用在各类硬脆岩石中。瑞典工程技术人员认为，柱齿钎头与液压凿岩钻车配合，是现代凿岩技术的最佳配套。近几十年来，国内外柱齿钎头发展很快。

(a) 一字形钎头

(b) 十字形钎头

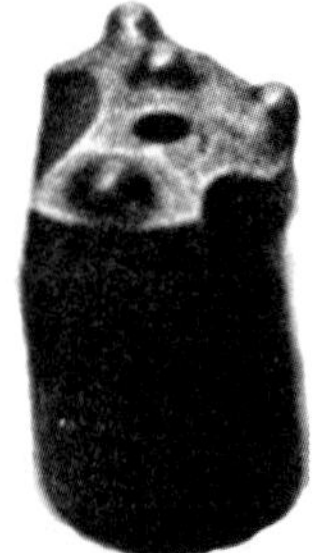

(c) 柱齿钎头

图 6-1　凿岩机钎头

②钎杆

钎杆如图 6-2 所示。钎杆前部有梢头与钎头连接，后部有钎尾供插入凿岩机承受冲击。钎尾前的突出部分称为钎肩，起限制钎尾进入凿岩机机头深度的作用，也便于用钎卡把钎子卡住，上向式凿岩机因有垫锤，所以无钎肩。钎杆中央有中心孔，用以供水(或气)冲洗炮孔排除岩粉。钎杆都用六角中空钢制成。

5)掘进台车

掘进台车带有独立推进机构的推进器，可保证生产所需要的轴推力。采用掘进台车时，操作人员可远离工作面，可一人操纵多台凿岩机，不仅明显改善了作业条件，而且钻孔质量高，显著提高了凿岩效率。液压凿岩机与钻臂配套使用可实现凿岩机械化和自动化。在平巷掘进中，采用凿岩台车的作业掘进工效是手持或气腿式单机的 2~5 倍。其缺点是设备投入

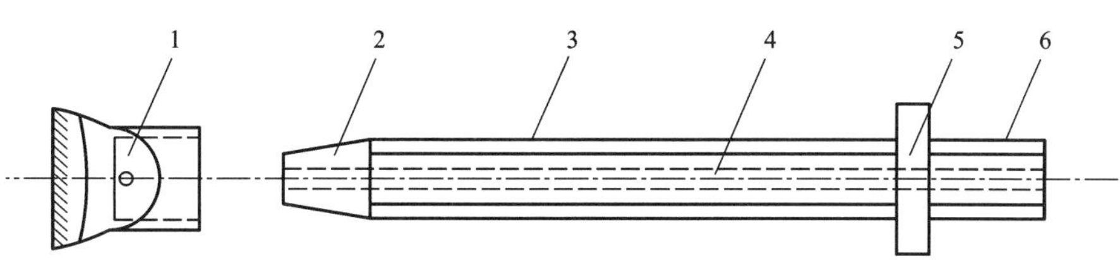

1—钎头；2—梢头；3—钎杆；4—中心孔；5—钎肩；6—钎尾。

图 6-2　凿岩机钎杆

大，维护保养和操作要求高。

(1)地下掘进台车分类

按凿岩机动力的不同，掘进台车分为气动、液压和液气联动掘进台车。气动台车的全部动作由气压传动来完成。液压台车的全部动作由液压传动来完成。气动液压联动台车凿岩动作由气动凿岩机完成，其他动作由液压传动完成。

按行走底盘的不同，掘进台车分为轨轮式、轮胎式、履带式和门架式 4 种(后者仅用于大断面隧道掘进)。

按钻臂运动方式的不同，掘进台车分为直角坐标式、极坐标式、复合坐标式和直接定位式 4 种类型。

按钻臂数目的不同，掘进台车分为单臂台车、双臂台车和多臂台车。

按动力源的不同，掘进台车分为电驱动、柴油机驱动和气动等类型(气动型台车已被淘汰，前两类也是先驱动液压泵再控制工作机构)。

按自动化程度的不同，掘进台车分为全自动、半自动和手动控制台车。

按照适用隧道断面大小的不同，掘进台车分为小型(隧道断面面积小于 10 m^2)、中小型(隧道断面面积 10～30 m^2)、中型(隧道断面面积 30～60 m^2)、大型(隧道断面面积 60～120 m^2)、特大型(隧道断面面积大于 120 m^2)5 种类型。

(2)地下掘进台车主要技术性能参数

CMJ 系列掘进台车主要技术性能参数如表 6-9 所示，国外生产的掘进台车的主要技术性能参数如表 6-10 和表 6-11 所示。

表 6-9　CMJ 系列掘进台车主要技术性能参数

技术性能参数	型号		
	CMJ12	CMJ17	CMJ 27
钻臂数量/个	2	2	2
适用巷道断面(宽×高)/(m×m)	3×4	5.02×3.5	5.97×4.6
运行状态尺寸(长×宽×高)/(mm×mm×mm)	6700×1210 ×1600	7400×1210×1620	7900×1210×1800
运行状态最小转弯半径/mm	6000	6000	6000

续表6-9

技术性能参数		型号		
		CMJ12	CMJ17	CMJ 27
工作状态稳车工作宽度/mm		1900	1900	1900
质量/kg		7200	7800	8500
钻孔直径/mm		27~42	27~42	27~42
冲洗水压力/MPa		≥0.6	≥0.6	≥0.6
钻孔深度/mm		1500	2100	3000
适应钎杆长度/mm		1975	2475	3350
凿岩机型号		HYD-300 液压凿岩机	HYD-300 液压凿岩机	HYD-300 液压凿岩机
电动机功率/kW		45	45	45
推进方式		液压缸-钢丝绳推进	液压缸-钢丝绳推进	液压缸-钢丝绳推进
总长度/mm		3900	3900	3900
推进行程/mm		1500	2100	2500
推进力/kN		8	8	8
推进速度/(m·min^{-1})		14.5	14.5	14.5
钻臂	类型特征	液压回转钻臂	液压回转钻臂	液压回转钻臂
	伸缩长度/mm	1600	2400	2600
	推进补偿行程/mm	1500	1500	1500
	推进器俯仰角度/(°)	俯 105，仰 15	俯 105，仰 15	俯 105，仰 15
	摆动角度/(°)	内 15，外 45	内 15，外 45	内 15，外 45
	臂身回转角度/(°)	正 180，反 180	正 180，反 180	正 180，反 180
行走机构	行走方式	电动机-马达	电动机-马达	电动机-马达
	驱动机构形式	液压马达-履带	液压马达-履带	液压马达-履带
	行走速度/(km·h^{-1})	1.25	1.25	1.25
	爬坡能力/(°)	±16	±16	±16
液压泵站	泵型号	MDB(A)-4X28.5FL-F	MDB(A)-4X28.5FL-F	MDB(A)-4X28.5FL-F
	工作压力/MPa	21	21	21
	工作流量/(L·min^{-1})	160	160	160

表 6-10　阿特拉斯系列掘进台车技术性能参数

技术性能参数	型号			
	104	281	282	XL3C
适用巷道断面积/m^2	6~20	8~31	8~45	20~169

续表6-10

技术性能参数		型号			
		104	281	282	XL3C
液压凿岩机：数量/台×型号		1×Cop1838ME	1×Cop1838ME	2×Cop1838ME	3×Cop1838ME
钻臂：数量/个×型号		1×BUT4	1×BUT28	2×BUT28	3×BUT35
大臂伸缩/mm		900	1250	1250	1600
推进补偿/mm		1500	1250	1250	1800
钻臂回转/(°)		360	360	360	360
推进器：数量/个×型号		1×(BMH2825～BMH2837)	1×(BMH2831～BMH2849)	2×(BMH2831～BMH2849)	3×(BMH6814～BMH6820)
最大长度/mm		5287	6507	6507	7677
最大钻深/mm		3405	4625	4625	5843
推进力/kN		15	15	15	
钻凿控制系统		DCS18-104	DCS18-280	DCS18-280	RCS
液压泵电动机：数量/台×功率/kW		1×55	1×55	2×55	3×75
空压机最大供气量/($L\cdot s^{-1}$)		4.4	4.4	12.5	
冲洗水增压泵最大流量/($L\cdot min^{-1}$)		75	100	150	
外形尺寸	长/mm	9971	11700	11820	17300
	宽/mm	1220	1700	1980	2700
	高/mm	2685	2900	2900	3660
机重/t		8.4	9.3	17.5	42.0

表 6-11　山特维克系列掘进台车技术性能参数

技术性能参数	型号		
	Quasar lF	Aera 5-126	Aera 6-226
底盘：数量/个×型号	1×Quasar	1×TC5	1×TC6
安全顶棚：数量/个×型号	1×FOPS	1×FOPS/ROPS	1×FOPS(IS03449)
凿岩机：数量/台×型号	1×HL510S	1×HLX5	2×HLX5
推进器：数量/个×型号	1×TF500-12	1×TF500	2×TF500-12
钻臂：数量/个×型号	1×B14F	1×B26F	2×B26F
凿岩机控制系统：数量/个×型号	1×IBCQF	1×THC560	2×THC560
装机：数量/台×功率/kW	1×45	55(1×HP560)	55(2×HP560)
钎尾润滑装置		1×KVL10-1	l×KVL10-2
空压机		1×CT10	1×CT10(7.5 kW)

续表6-11

技术性能参数		型号		
		Quasar lF	Aera 5-126	Aera 6-226
水泵			1×WBP1	1×WBP2(4.0 kW)
电缆卷筒：数量/个×型号		1×CRQ	1×TCR1	1×TCR2
长度/mm		9090	10855	12520
宽度/mm		1200	1750	1900
高度/mm	顶棚落下	1950	2100	2345
	顶棚升起	2750	3100	3195
质量/kg		9100	12000	1900
移动速度/(km·h^{-1})	平地	6.5	12	12
	爬坡(坡度为14%)	4	5	4.2
最大爬坡能力/%		35	35	28
噪声水平/dB(A)	操作平台	<98	<98	102
	噪声源			124

6.2.2 深孔凿岩

深孔凿岩一般采用接杆式凿岩，凿岩机通常采用导轨式，如YG-40、YG-80、YGZ-90型等，其特点是钎杆随孔深的增加，陆续使用一定标准的短钎杆(如1 m、1.2 m和3.6 m等)接长，直至钻进所需的深度，冲击动力作用在炮孔外部的钎杆端头(或凿岩冲击器位于孔外)。

1)凿岩机具

接杆式凿岩工具由钎头、钎杆、连接套筒(接头)和钎尾组成。钎头是直接破碎岩石的部分，钎杆、连接套筒和钎尾的作用是传递冲击力和扭矩、输送高压风和水。

(1)钎头

深孔钎头的形状和结构构造与浅眼凿岩钎头一样，但由于所用凿岩机的冲击功和回转力矩都比较大，如果钎头与钎杆之间采用锥形连接，就容易出现断锥、裂缝和卸杆困难等情况。所以，一般都采用螺纹连接，如图6-3所示。

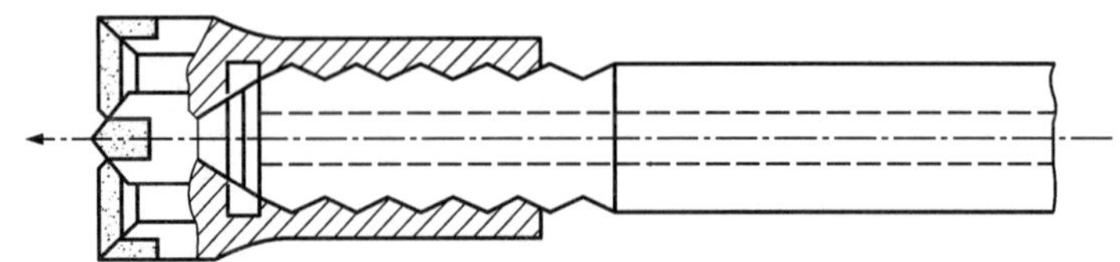

图6-3 接杆式钎头与钎杆的连接

(2)钎杆

目前我国的接杆式钎杆主要用(30~35)SiMnMoV合金钢制造，规格有内切圆直径为

25.4 mm 的中空六角形和直径为 32 mm 的中空圆形两种，每根长有 1.0，1.2，1.4，…，4.0 m 等规格。两端都车有供连接用的左旋螺纹。为了保证六角形钎杆螺纹处的连接强度，通常将钎杆两端长 80~100 mm 的一段镦粗后再车螺纹，如图 6-4 所示。

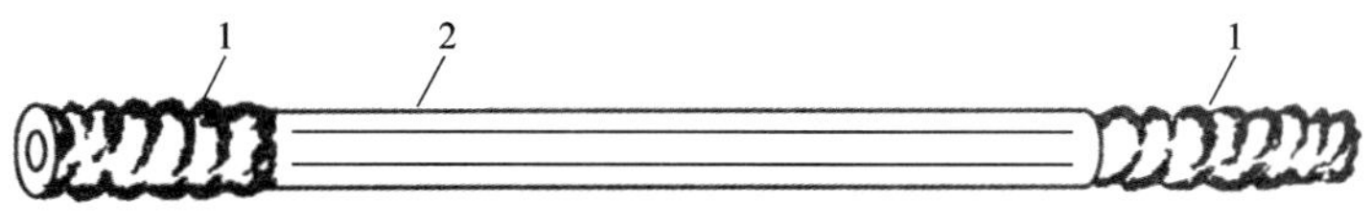

1—左旋螺纹；2—中空钎钢。

图 6-4　接杆式钎杆

(3)钎尾

钎尾也是用内切圆直径为 25.4 mm 的中空六角形或直径为 32 mm 的中空圆形钎钢(即 35SiMnMoV)制成。钎尾一端同样车有左旋螺纹，另一端则锻制成与凿岩机回转套筒相配合的形状和尺寸。钎尾的形式有二翼、四翼和八翼等，如图 6-5 所示。

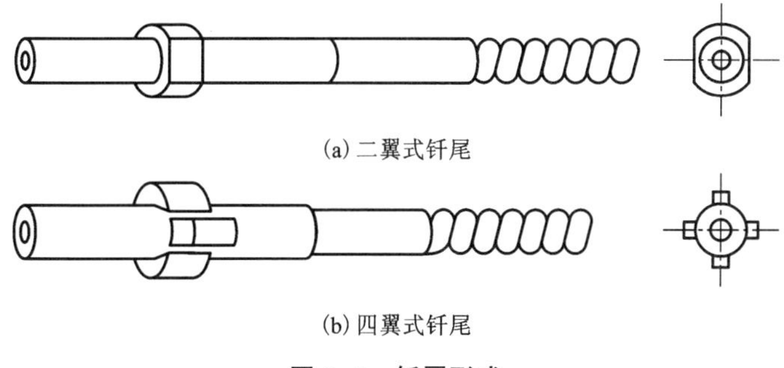

(a) 二翼式钎尾

(b) 四翼式钎尾

图 6-5　钎尾形式

(4)连接套筒

通常，钎头与钎杆通过螺纹直接连接，而钎杆与钎杆、钎杆与钎尾则通过两端车有内螺纹的连接套筒来连接。连接套筒常用的材料是 40Cr 或 30CrMnSi。图 6-6 为一款连接套筒的形状，其长度一般为 160~200 mm，外径取决于钎杆直径，对于内切圆直径 22 mm、25 mm 的六角形钎杆，其外径分别为 32 mm、35 mm，对于 ϕ32 mm 的圆钎杆，其外径为 42 mm。

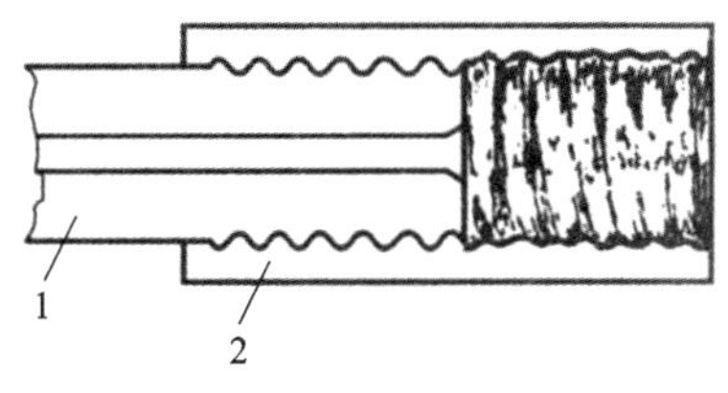

1—钎杆；2—连接套筒。

图 6-6　连接套筒

2)采矿钻车

采矿钻车是回采落矿进行深孔凿岩的设备，一般为轮胎式和履带式，配有相应的凿岩机或潜孔冲击器，如重型、中型导轨式凿岩机。接杆采矿钻车一般采用液压驱动钻凿深孔。少数大型地下矿山引进了国外全液压采矿钻车，此种钻车具有结构紧凑、通用化程度高和钻孔效率高的特点，其钻进效率是手持式或气腿式单机凿岩的 4~12 倍。适于地下金属矿山应用。全液压钻车虽然具有钻孔效率高、钻进深孔能力强、作业条件好等优点，但其价格昂贵，设备投入大，且系统复杂，备品备件难以保证，维护保养和操作要求高，在我国推广较慢。国内外采矿钻车的主要技术性能参数如表 6-12～表 6-14 所示。

表 6-12 国产 CTC14 系列采矿钻车主要技术性能参数

技术性能参数		型号	
		CTC14AJ1	CTC14B
外形尺寸(长×宽×高)/(mm×mm×mm)	运输状态	4700×1900×2300	4830×1810×2300
	工作状态	3860×1900×2700	3860×1810×2800
钻孔直径/mm		50～80	50～80
最大孔深/m		30	30
行走速度/(km·h^{-1})		0.51	0.51
最小转弯半径/m		6	6
行走驱动功率/kW		5.5×2	4×2
爬坡能力/(°)		18	18
支臂起落范围/(°)		20～95	20～95
支臂平移范围/mm		1700	1700
推进器回转范围/(°)		90	90
推进器推力/kN		13.7	13.7
推进器补偿长度/m		0.72	0.72
滑架行程/m		1.42	1.42
工作气压/MPa		0.5～0.63	0.5～0.63
工作油压/MPa		8～10	8～10
水压/MPa		0.4～0.6	0.4～0.6
耗气量/(L·s^{-1})		≤217	≤217
行走方式		气马达驱动减速器	气马达(自带减速器)驱动链条传动
配置凿岩机		YG290	YG290

表 6-13 阿特拉斯 Simba M2/3/4/6/7C 系列采矿钻车主要技术性能参数

技术性能参数	钻车型号				
	Simba M2 C	Simba M3 C	Simba M4 C	Simba M6 C	Simba M7 C
凿岩机型号	COP 1838ME/HE- 07/09				
推进器型号	BMH214/215/216/214/215/216				
夹钎器型号	BSH55	BSFI55	BSH55	BSH55	13SH55
集尘器型号	BSC55	BSC55	BSC55	BSC55	BSC55

续表6-13

技术性能参数		钻车型号				
		Simba M2 C	Simba M3 C	Simba M4 C	Simba M6 C	Simba M7 C
换杆器型号		RHS17/27	RHS17/27	RHS17/27	RHS17/27	RHS17/27
旋转器型号		BHR60-2	BHR60-2	BHR60-2	BHR60-2	BHR30
钻臂型号		BHP150	无	BHP150	BHP300	BUT35 BB
滑台型号		无	BHT150	BHT150	无	无
液压顶尖型号		上顶尖 BSJ 8-115，下顶尖 BSJ8-200				
凿岩控制系统型号		RCS	RCS	RCS	RCS	RCS
水泵型号		CR 16-80	CR 16	80	CR 16	80
空压机型号		Atlas Copco GA5				
钻孔直径/mm		51～89	51～89	51～89	51～89	51～89
钻孔深度/m		51	51	51	51	32
钻臂转动角度/(°)		380	无	380	±45	±35
钻臂移动距离/mm		0	无	1500	0	0
推进器转动角度/(°)		±45	380	±45	380	360
推进器移动距离/mm		0	1500	0	0	0
环形钻孔范围/(°)		360	360	360	360	360
平行钻孔范围/mm		1500	1500	3000	3000	4690×1100
俯仰架前倾角/(°)		30	30	30	45	0
俯仰架后倾角/(°)		30	30	30	30	45
工作时长度/mm		9460	9310	9460	10140	11180～12745
工作时宽度/mm		2210	2350	2350	2210	2350
工作时高度/mm		3715	3715	3715	4450	7850
适用断面宽度/mm		5940	7440	7440	8520	6140
适用断面高度/mm		3715～4915	3715～4915	3715～4915	4450～5650	7850
通行时最大长度/mm		10500	10500	10500	10500	9460
通行时最大宽度/mm		2210	2350	2350	2210	2350
通行时最大高度/mm		2875	2875	2875	3200	2875
离地间隙/mm		205	205	205	205	205
转弯半径/mm	外侧	6300	6300	6300	6750	6250
	内侧	3800	3800	3800	3800	3800
运行速度/(km·h^{-1})		0～15	0～15	0～15	0～15	0～15
总质量/t		17.3	17.0	17.8	20.9	17.8
装机容量/kW		118	118	118	118	118

表 6-14 山特维克采矿钻车主要技术性能参数

技术性能参数		钻车型号			
		DL321-7	DL331-5C	DL421-7C	DL421-15
底盘型号		NC5	NC5	NC7W	NC7W
安全棚：型号		FOPS(ISO3449)	FOPS-ROPS(ISO3449)	FOPS(IS03449/371)	FOPS (IS03449)
凿岩机型号		HL700	HLX5	HL710	HL1560T
钻孔孔径/mm		64~89	51~64	64~102	89~127
钻孔深度/m		38	23	54	54
作业断面(宽×高)/(m×m)	最大	5.3×4.2	7.7×6.8	5.1×4.4	5.4×4.7
	最小	3.2×3.2	3.0×3.1	3.2×3.2	3.5×3.5
推进器型号		HFRC700/pito5	LHF2000-5	LFRC1600/pito16	LFRC1600/pito16
换杆器型号			ERHC12		
钻臂型号		ZR20	SB60P	ZR 30	ZR 30
控制系统型号		TPC LH 5	THC560LH	TPC LH5	TPC LH5
动力站型号		HP755(55.0 kW)	HPP555(55 kW)	HPP755(75 kW)	HPP1590(90 kW)
钎尾润滑装置型号		SLU	SLU	SLU	SLU
空压机型号		CT160(11 kW)	CT16(11 kW)	CT16(11 kW)/28(18.5 kW)	CT16(11 kW)/28(18.5 kW)
水泵型号		WBP2(4 kW)	WBP1(4 kW)	WBP2(7.5 kW)	WBP2(7.5 kW)
主开关型号		MSE 5	MSE 5	MSE10	MSE10
电缆卷筒型号		TCR1	TCR1	TCR4E	TCR4E
宽度/mm		2000	3070	2290	2290
高度/mm		3100	2920	3150	3420
质量/kg		17000	15200	22000	22000
平地移动速度/(km·h^{-1})		12.0	12.0	15.0	15.0
坡道移动速度/(km·h^{-1})		5.0	5.0	6.5	6.5
最大爬坡能力/(°)		15	15	15	15
噪声水平(操作台)/dB(A)		97	<80	80	102
噪声水平(噪声源)/dB(A)		115		127	127

6.2.3 大直径深孔凿岩

常见的大直径深孔凿岩方式有潜孔式凿岩和牙轮钻进。

1)潜孔式凿岩

潜孔式凿岩属于大直径深孔凿岩的一种形式，凿岩时凿岩冲击器随钻具一起潜入孔底。

与此相对应的普通凿岩方式(凿岩冲击器置于孔外)则称为顶锤式凿岩。潜孔钻机的钻具主要包括钻杆、冲击器和钻头。

(1)钻杆

钻杆的作用是把冲击器和钻头送至孔底，传递扭矩和轴压力，并通过钻杆中心孔向冲击器输送压缩气体。钻杆一般由厚壁无缝钢管和两端焊接接头构成。钻杆在钻孔中承受着冲击振动、扭矩及轴压力等复杂荷载的作用，其外壁与孔壁、岩碴存在强烈摩擦和磨蚀，因此要求钻杆具有足够的强度、刚度和冲击韧性。在满足抗弯、抗扭强度的前提下，尽可能减轻钻杆重量，钻杆壁厚一般为 4~7 mm。井下潜孔钻机的钻杆较短，长度一般为 800~1300 mm。

钻杆直径应满足排碴的要求。由于供风量一定，排出岩碴的回风速度取决于孔壁与钻杆之间的环形断面面积。对于一定直径的钻孔，钻杆外径越大，回风速度越大。一般要求回风速度为 25~35 m/s。

(2)冲击器

冲击器的作用是通过活塞的运动把压气的压力能转变为破碎岩石的机械能，并实现孔底排碴和处理夹钻。冲击器的种类繁多，根据压力可将其分为低气压潜孔冲击器(0.7 MPa 以下)、中气压潜孔冲击器(0.7~1.6 MPa)和高气压潜孔冲击器(1.6 MPa 以上)。根据其结构还可分为有阀冲击器和无阀冲击器。在低气压下，有阀与无阀型冲击器性能上没有明显不同。就实现冲击动作而言，有阀型更为有利并易于调试；就单次冲击能量而言，在同样重量活塞下，有阀型的冲击末速度更大，相应的冲击能量也更大。只是由于现在高气压压缩机的成功应用，高气压无阀型显示出高性能、低能耗的特点，潜孔冲击器才从有阀型转变为无阀型。按性能参数还可以将冲击器分为高频低能型和高能低频型，分别适用于不同硬度的岩石。

(3)钻头

钻头按是否可拆分，分为整体式和分体式两类，按钻头上所镶硬质合金片齿的形状，分为刃片型、柱齿型、刃柱混合型。刃片型钻头是一种镶硬质合金片的钻头，只适合小直径、浅眼凿岩作业；柱齿型(整体)潜孔钻头在钻孔过程中钝化周期更长，钻进速度趋于稳定；刃柱混装型(整体)潜孔钻头为一种边刃与中齿混装的复合型潜孔钻头，能很好地解决钻头径向快速磨损问题；分体式潜孔钻头可更换易损合金片(柱)部位，经济上的优势明显。

钻头必须与钻凿的岩石相匹配，才能提高凿岩速度，降低钻孔成本。坚硬岩石的凿岩比功大，要求钻头体和柱齿具有较高的强度，一般选用双翼型钻头。钻凿可钻性较好的软岩时，钻凿速度较快，排碴量较大，要求钻头有较强的排渣能力，宜选用排渣槽较深、较大的三翼或四翼钻头；钻凿节理裂隙比较发育的岩石时，为减少偏斜，宜选用导向性较好的中间凹陷型或中间突出型钻头；在含黏土的岩层中钻进时，中间排碴孔常被堵死，宜选用侧排渣钻头。

2)牙轮钻进

牙轮钻机钻孔属于旋转冲击式破碎岩石，工作情况如图 6-7 所示，机体通过钻杆给钻头施加足够大的轴压力和回转扭矩，牙轮钻头在岩石上边推进边回转，使牙轮在孔底滚动中连续地切削、冲击破碎岩石，被破碎的岩碴不断被压气从孔底吹至孔外，直至形成炮孔。

(1)牙轮钻进的特点

牙轮在孔底绕钻孔轴线和绕牙轮轴滚动，对岩石起压入压碎剪切作用的同时，带有一定频率的冲击，从而提高了碎岩效果。

牙轮靠滚动和滑动轴承支撑在轴颈上，回转时转矩小，消耗的功率也小。

轴心载荷均匀分布在碎岩牙轮上，在牙齿与岩石不大的接触面上，造成很高的比压，提高了碎岩效果。

牙轮沿孔底滚动时，牙齿与岩石的接触传递载荷只是一瞬时，因此接触时间短，这便减少了牙齿的磨损，延长了牙齿的寿命。同时，瞬时接触造成的动载，亦强化了碎岩。

牙齿与岩石的接触时间短，因接触摩擦而产生的热量少，此热量在牙轮回转一周中可由冲洗介质完全带走，因此不会因过热而降低牙轮的力学性能。

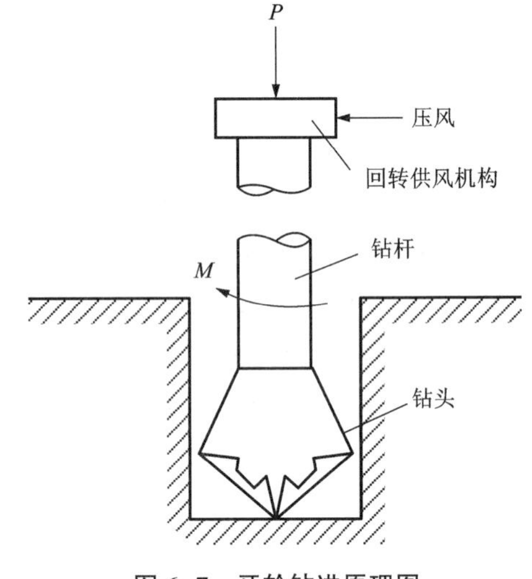

图 6-7　牙轮钻进原理图

(2)牙轮钻具

牙轮钻机的钻具主要包括钻杆、牙轮钻头两部分。为扩大钻孔直径或减少来自钻具的冲击振动负荷，还常在牙轮钻具上安装扩孔器、减振器、稳定器等辅助工具。

①钻杆

钻杆的上端拧在回转机构的钻杆连接器上，下端和牙轮钻头连接在一起。从减速器主轴来的压气，经空心钻杆从钻头喷出，吹洗孔底并排出岩碴。钻孔时，牙轮钻机利用回转机构带动钻具旋转，并利用回转小车使其沿钻架上下运动。通过钻杆，将加压和回转机构的动力传给牙轮钻头。在钻孔过程中，随着炮孔的延伸，牙轮钻头在钻机加压机构带动下不断推进，在孔底实施破岩。

②牙轮钻头

牙轮钻头的外形如图 6-8 所示。牙轮钻头有 3 个主要组成部分：牙轮、轴承和牙掌。牙轮安装在牙掌的轴颈上，其间还装有滚动体构成轴承，牙轮受力后即可在钻透体的轴颈上自由转动。牙轮钻头的破岩刃具是一些凸出圆锥体锥面，并成排排列的合金柱齿或铣齿。这些柱齿或铣齿与相邻钻头圆锥体上的成排柱齿或铣齿交错咬合。

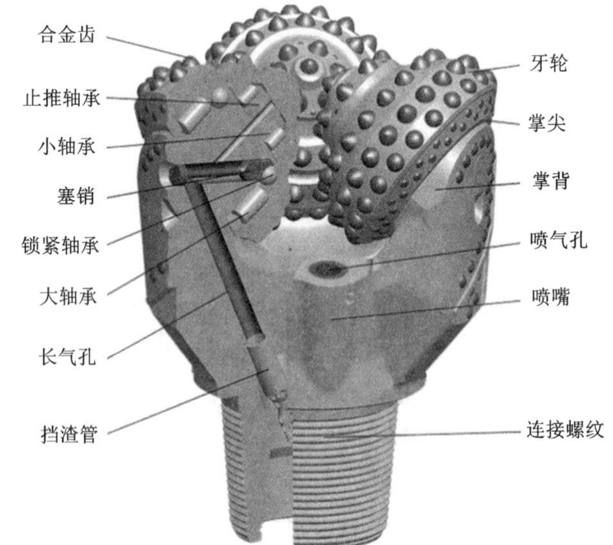

图 6-8　牙轮钻头结构

3)主要深孔设备参数

国内潜孔钻机主要技术性能参数如表 6-15 所示。

表 6-15　国内潜孔钻机主要技术性能参数

钻机型号	钻孔参数		工作气压/MPa	推进力/kN	扭矩/(kN·m)	耗气量/($m^3\cdot min^{-1}$)
	直径/mm	深度/m				
KQY90	80~130	20.0	0.50~0.70	4.5		7.0
KSZ100	80~130	20.0	0.50~0.70			12.0
KQD100	80~120	20.0	0.50~0.70			7.0
CLQ15	100~115	20.0	0.63	10.0	1.70	14.4
KQLG115	90~115	20.0	0.63~1.20	12.0	1.70	20.0
KQLG165	155~165	水平 70.0	0.63~2.00	31.0	2.40	34.8
TC102	105~115	20.0	0.63~2.00	13.0	1.70	16.8
CLQG15	105~130	20	0.4~0.63 1.0~1.50	13.0		24.0
TC308A	105~130	40	0.63~2.1	15.0		18.0
KQC120	90~120	20.0	1.0~1.60		0.90	18.0
KQI150	150~175	17.5	0.63		2.40	17.4
CTQ500	90~100	20.0	0.63	0.5		9.0
CTQ80A	80~120	30.0	0.63~0.70	10.0		16.8
CM-220	105~115		0.70~1.20	10.0		20.0
CM-351	110~165		1.05~2.46	13.6		21.0
CM120	80~130		0.63	10.0		16.8
CS-100	76~165	100	1.0~1.8	0~0.38	0.8~1.8	
T150	76~165	80	1.0~1.5			

国产地下牙轮钻机主要技术性能参数如表 6-16 所示。

表 6-16　国产地下牙轮钻机主要技术性能参数

技术性能参数	型号		技术性能参数		型号	
	KY120	KY170			KY120	KY170
牙轮钻头直径/mm	118/170	118/170	外形尺寸(长×宽×高)/(m×m×m)	主机	1.2×0.9×1.7	3.0×1.4×1.75
扩孔直径/mm	300	300		泵站	1.8×1.0×1.3	
钻孔深度/m	≤50~60	≤50~60		钎杆机	1.4×1.0×1.2	1.4×1.0×1.2
泵站电机功率/kW	35.5	39	总重/t		6.3	9
最大工作压力/MPa	25	25	工作高度/m		3	3.2
油箱容积/L	300	400	液压回转头扭矩/(N·m)		3000	3000

续表6-16

技术性能参数	型号		技术性能参数	型号	
	KY120	KY170		KY120	KY170
行走方式	轨轮	履带(胶轮)	转速/(r·min^{-1})	0~100	0~100
行走速度/(km·h^{-1})		2	推力/kN	0~90	0~130
钻杆长度/mm	1000	1000	钻杆直径/mm	91	91, 120

6.3 爆破器材及其使用

6.3.1 矿用炸药

众所周知，炸药广泛应用于国民经济和军事各领域。目前，世界上所用的工业炸药大多是以硝酸铵为主要成分配制的，随着技术的不断进步，硝铵类炸药的性能越来越优越。本节主要介绍矿山常用的乳化炸药、铵油炸药、膨化硝铵炸药、现场混装炸药等。

1)乳化炸药

乳化炸药是一种含水工业炸药，是通过乳化剂的作用，使硝酸铵类氧化剂水溶液的微滴均匀地分散在含有空气微泡等多孔性物质的油相连续介质中而形成的一种油包水型(W/O)的乳胶状混合炸药。其密度为1.05~1.35 g/cm^3，有乳白色、淡黄色、浅褐色和银灰色等多种颜色。

(1)乳化炸药的主要成分及其作用

①氧化剂水溶液

绝大多数乳化炸药的分散相由氧化剂水溶液构成，乳化炸药中氧化剂水溶液的主要作用是形成分散相和改善炸药的爆炸性能。通常使用硝酸铵和其他硝酸盐的过饱和溶液作氧化剂，其在乳化炸药中质量分数为90%左右。

②油相材料

乳化炸药的油相材料可广义地理解为一种不溶于水的有机化合物，当乳化剂存在时，可与氧化剂水溶液一起形成W/O型乳化液。油相材料是乳化炸药中的关键成分，其作用主要是形成连续相，使炸药具有良好的抗水性，既是燃烧剂，又是敏化剂。同时对乳化炸药的外观、贮存性能有明显影响。含量为炸药质量的2%~6%为宜。

③乳化剂

乳化剂使油水相互紧密吸附，形成比表面积很大的乳状液，并使氧化剂同还原剂的耦合程度增强。经验表明，HLB(亲水亲油平衡值)为3~7的乳化剂大多可以用作乳化炸药的乳化剂。乳化炸药可含有一种乳化剂，也可以含有两种或两种以上的乳化剂。乳化剂的含量一般为乳化炸药总量的1%~2%。

④敏化剂

用在其他含水炸药中的敏化剂也可用在乳化炸药中，如单质猛炸药(梯恩梯、黑索金等)、金属粉(铝、镁粉等)、发泡剂(亚硝酸钠等)、珍珠岩、空心玻璃微球、树脂微球等。因发泡剂、玻璃微球、树脂微球、珍珠岩的加入可调整炸药密度，所以又称密度调节剂。

⑤其他添加剂

其他添加剂包括乳化促进剂、晶形改性剂和稳定剂等，用量为 0.1%~0.5%。

(2)乳化炸药的主要特性

乳化炸药的主要特性如下。

①密度可调范围较宽。炸药密度为 0.8~1.45 g/cm^3。

②爆速和猛度较高。乳化炸药的爆速一般为 4000~5500 m/s，猛度为 17~20 mm。

③起爆感度高。乳化炸药通常可用 8 号雷管起爆。

④抗水性强。乳化炸药的抗水性比浆状炸药和水胶炸药更强。

几种国产乳化炸药的组分与性能见表 6-17。

表 6-17　几种国产乳化炸药的组分与性能

炸药的组分与性能		EL 系列	CLH 系列	SB 系列	BME 系列	RJ 系列	WR 系列	岩石型
组分占比/%	硝酸铵(钠)	65~75	63~80	67~80	51~36	58~85	78~80	65~86
	硝酸甲胺					8~10		
	水	8~12	5~11	8~13	9~6	8~15	10~13	8~13
	乳化剂	1~2	1~2	1~2	1.5~1.0	1~3	0.8~2	0.8~1.2
	油相材料	3~5	3~5	3.5~6	3.5~2.0	2~5	3~5	4~6
	铝粉	2~4	2		2~1			
	添加剂	2.1~2.2	10~15	6~9	1.5~1.0	0.5~2	5~6.5	1~3
	密度调整剂	0.3~0.5		1.5~3		0.2~1		
	铵油				15~40			
性能	爆速/($km \cdot s^{-1}$)	4~5.0	4.5~5.5	4~4.5	3.1~3.5(塑料管)	4.5~5.4	4.7~5.8	3.9
	猛度/mm	16~19		15~18		16~18	18~20	12~17
	殉爆距离/cm	8~12		7~12		>8	5~10	6~8
	临界直径/mm	12~16	40	12~16	40	13	12~18	20~25
	抗水性	极好	极好	极好	取决于添加比例与包装形式	极好	极好	极好
	储存期/月	6	>8	>6	2~3	3	3	3~4

2)铵油炸药

铵油炸药是一种无梯炸药，应用最广泛的是由 94.5%的粒状硝酸铵和 5.5%的轻柴油组成的铵油炸药。为了减少铵油炸药的结块现象，可适量加入木粉作为疏松剂。铵油炸药的性能不仅取决于配比，也取决于其生产工艺。

(1)粉状铵油炸药

粉状铵油炸药采用碾机热混加工工艺配制。各组分在一定范围内可以调整，当轻柴油占4%、木粉占4%时爆速最高。粉状铵油炸药颗粒越细，含水率越少，爆炸性能越好。

(2)多孔粒状铵油炸药

多孔粒状铵油炸药是铵油炸药的特殊品种，采用94.5%的多孔粒状硝酸铵和5.5%的柴油通过冷混工艺制备。考虑到加工过程中柴油可能有部分挥发和损失，通常加入6%的柴油。多孔粒状硝酸铵吸油率高，炸药松散性好，不易结块。多孔粒状硝酸铵对柴油的吸附特性使混制过程既简单又快速，所以一般多采用机械化的连续“现场混制”制作和装药相结合的方法。

(3)重铵油炸药

重铵油炸药又称乳化铵油炸药，它是多孔粒状铵油炸药(或多孔粒状硝酸铵)和乳化炸药(或乳胶基质)的机械混合物。在掺和过程中，高密度的乳胶基质填充多孔粒状硝酸铵颗粒间的空隙并涂覆于硝酸铵颗粒的表面，既提高了粒状铵油炸药的相对体积威力，又改善了铵油炸药的抗水性能。乳胶基质在重铵油炸药中的比例在0至100%之间变化，炸药的体积威力及抗水能力等性能也随着乳胶含量的变化而变化。图6-9为重铵油炸药的相对体积威力与乳胶含量的关系。

(4)改性铵油炸药

改性铵油炸药与铵油炸药配方基本相同，主要区别为将组分中的硝酸铵、燃料油和木粉进行改性，使炸药的爆炸性能和储存性能明显改善。燃料油改性是将复合蜡、松香、凡士林、柴油等与少量表面活性剂按一定比例加热熔化配制。硝酸铵改性主要是利用表面活性技术降低硝酸铵的表面能，提高硝酸铵颗粒与改性燃料油的亲和力，从而提高改性铵油炸药的爆炸性能和储存稳定性。改性铵油炸药适用于岩石爆破工程。改性铵油炸药的组分(质量分数)见表6-18。

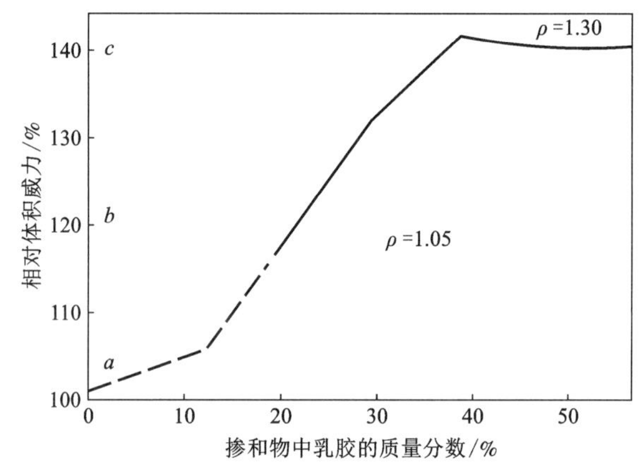

a—100%铵油炸药的体积威力；*b*—含5%铝粉的铵油炸药的相对威力；*c*—含10%铝粉的铵油炸药的相对体积威力。

图6-9 重铵油炸药的相对体积威力与乳胶含量的关系

表6-18 改性铵油炸药的组分(质量分数) 单位：%

组分	硝酸铵	木粉	复合油	改性剂
质量分数/%	89.8~92.8	3.3~4.7	2.0~3.0	0.8~1.2

注：1. 制造改性铵油炸药的硝酸铵应符合GB/T 2945—2017的要求。

2. 木粉可用煤粉、炭粉、甘蔗渣粉等代替。

3）膨化硝铵炸药

膨化硝铵炸药是以膨化硝酸铵为氧化剂，复合油（燃烧油与石蜡的混合物）和木粉为可燃剂，并按一定比例混合均匀制得的工业炸药。其关键技术是硝酸铵的膨化敏化改性，膨化硝酸铵颗粒中含有大量的"微气泡"，颗粒表面被"歧性化""粗糙化"，当其受到外界强力激发作用时，这些不均匀的局部就可能形成高温高压的"热点"进而发展成为爆炸，实现硝酸铵的"自敏化"设计。膨化硝铵炸药的组分（质量分数）见表 6-19。

表 6-19　膨化硝铵炸药的组分（质量分数）　　单位：%

炸药名称	硝酸铵	油相	木粉	食盐
岩石膨化硝铵炸药	90.0~94.0	3.0~5.0	3.0~5.0	—
露天膨化硝铵炸药	89.5~92.5	1.5~2.5	6.0~8.0	—
一级煤矿许用膨化硝铵炸药	81.0~85.0	2.5~3.5	4.5~5.5	8~10
一级抗水煤矿许用膨化硝铵炸药	81.0~85.0	2.5~3.5	4.5~5.5	8~10
二级煤矿许用膨化硝铵炸药	80.0~84.0	3.0~4.0	3.0~4.0	10~2
二级抗水煤矿许用膨化硝铵炸药	80.0~84.0	3.0~4.0	3.0~4.0	10~2

注：1. 抗水煤矿许用膨化硝铵炸药与非抗水煤矿许用膨化硝铵炸药的油相含量相同，仅油相成分不同。
2. 岩石、露天膨化硝铵炸药的木粉可用煤粉替代。

4）现场混装炸药

现场混装炸药也称散装炸药或无包装炸药，是由装药车装载炸药原料或半成品驶入爆破作业现场后，用车载系统将其连续制成炸药，并完成炮孔装填，实现采掘爆破。现场混装炸药已成为当今民用炸药技术的一个主要发展方向。

（1）现场混装炸药种类

目前，用于民爆行业的现场混装炸药通常有 3 种：铵油炸药、乳化炸药和重铵油炸药。铵油炸药主要适用于露天及无沼气和矿尘爆炸危险的爆破工程。铵油炸药成本相对较低，且技术成熟，在无水矿区应用广泛。乳化炸药是一种油包水型的乳胶态炸药，它是 20 世纪 70 年代发展出来的工业炸药。乳化炸药生产成本相对铵油炸药而言，要高出不少。而重铵油炸药指在铵油炸药中加入乳胶体的铵油炸药，具有密度大和抗水性好等优点，适用于在含水炮孔中使用，它又被称为乳化铵油炸药。重铵油炸药因其兼有铵油炸药和乳化炸药的特点而备受用户青睐。

（2）现场混装作业技术的优点

①安全可靠。混装车在运输过程中，料仓内装载的是生产炸药的原料，并不运送成品炸药，只在现场装填时才混制成炸药，不仅解决了炸药在运输、储存过程中的安全问题，而且在厂区内只存放一些非爆炸性原材料，无须储存和运输成品炸药，大大减少了仓储费用和爆炸危险性。

②计量准确。混装车上安装有先进的微机计量控制系统，计量准确，误差小于±2%。

③占地面积小、建筑物简单。与地面式炸药加工厂相比，混装车只需建设原料库房及相应的地面制备站，地面站占地面积小，而且建筑物简单，投资少。

④改善了工作环境。现场混装工业炸药的配方简单，混装过程没有废水排放，现场不残留炸药，减少了对工作环境的污染，保证了职工的身心健康。

⑤降低了成本、改善了爆破效果。与包装产品装填炮孔相比，现场混装可以显著提高炮孔装药密度，提高炸药与炮孔壁的耦合系数，扩大爆破的孔网参数，减少钻孔工作量。实践表明，由于装药密度和耦合系数的提高，孔网参数可扩大 20%～30%，钻孔量减少 25%～30%，钻孔成本明显降低，既可使爆破成本保持最低，又可以优化爆破效果。

⑥减轻劳动强度、提高装药效率。工业炸药现场混装技术可实现机械化装药作业，混装车每分钟可混装药200～450 kg，也就是1～2 min 可装填一个炮孔。由于混装车的机械化程度高，装药效率也高。

实践证明，现场混装这一爆破新技术对提高爆破质量、降低爆破成本，提高矿山综合经济效益，实现矿山安全、高效、低耗生产发挥着十分重要的作用。

6.3.2 起爆器材

工业炸药必须使用起爆器材才能安全、可靠地激发爆炸。起爆器材包括电雷管、导爆管雷管、电子雷管、导爆索、起爆具等。

(1)电雷管

电雷管是利用电点火元件点火起爆的雷管。常用的电雷管有瞬发电雷管、秒延期电雷管和毫秒延期电雷管。

①瞬发电雷管

按电点火装置的不同，瞬发电雷管可分为药头式和直插式，其结构如图 6-10 所示。

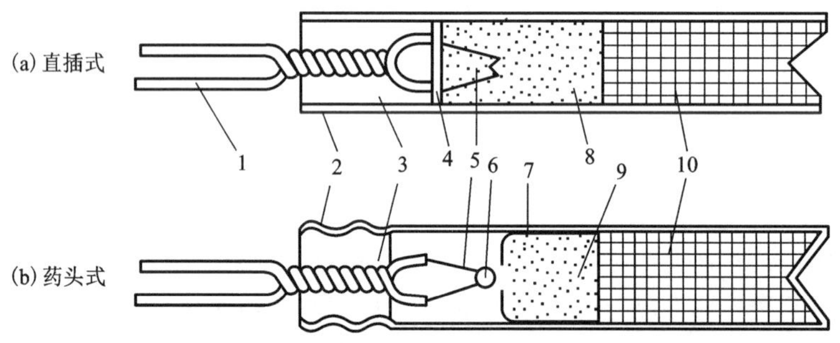

1—脚线；2—管壳；3—密封塞；4—纸垫；5—线芯；6—桥丝(引火头)；
7—加强帽；8—散装 DDNP；9—正起爆药；10—副起爆药。

图 6-10 瞬发电雷管结构

电点火装置由脚线、桥丝和引火药组成；脚线是用来给电雷管内的桥丝输送电流的导线，通常采用铜和铁两种导线，铜线直径为 0.45 mm，每米电阻为 0.1～0.12 Ω，铁丝直径为 0.5 mm，每米电阻为 0.55～0.6 Ω，外用塑料包皮绝缘，长度一般为 2 m，脚线要求具有一定的绝缘性和抗拉、抗挠曲、抗折断的能力。桥丝在通电时能灼热，以点燃引火药或引火头。桥丝一般采用镍铬丝(直径 0.035～0.04 mm)或康铜丝(铜镍合金，直径 0.045～0.05 mm)，焊接在两根脚线的端线芯上，桥距为 2.8～3.5 mm，长度为 4～6 mm。引火药一般都是可燃剂和氧化剂的混合物，目前国内使用的引火药成分有 3 类：一是氯化钾-硫氰酸铅类，多用硝棉胶作黏结剂；二是氯化钾-木炭类，多用骨胶或桃胶作黏结剂；三是在第二类的基础上再加入某些氧化剂和可燃剂。

另外，为了固定脚线和封住管口，在管口灌以硫黄或装上塑料塞。若灌以硫黄，为防止硫黄流入管内，可安装厚纸垫或橡皮圆垫。使用金属管壳时，则在管口装一塑料塞，再用卡钳卡紧。外面涂以不透水的密封胶管。

②秒延期电雷管

秒延期电雷管的结构与瞬发电雷管相近，所不同的是，前者的引火头与起爆药之间装有由一段精制导火索做的延期药，延期时间由延期药的装药长度、药量和配比来调节。根据导火索在雷管中的装配位置，秒延期电雷管的结构分为两类：整体管壳式和两段管壳式。其中整体管壳式多使用金属管壳，而两段管壳式则用精制导火索将点火部分的管壳和爆炸部分的管壳连接起来，见图 6-11。两段管壳式上开有两个排气孔，其作用是及时泄掉导火索燃烧气体产物以免压力升高而影响燃速。为防止受潮，排气孔用蜡纸密封。

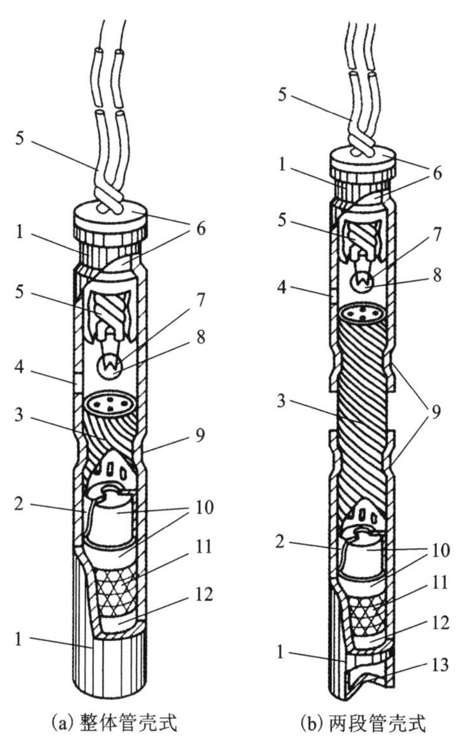

1—金属管壳；2—加强帽；3—导火索；4—排气孔；5—脚线；6—片口塞；7—桥丝；8—引火头；9—卡痕；10—副装药；11—二遍主装药；12—头遍主装药；13—聚能穴。

图 6-11　秒延期电雷管结构

③毫秒延期电雷管

毫秒延期电雷管又称为微差电雷管或毫秒电雷管。通电后，以毫秒量级的间隔时间延迟爆炸，其延期时间短，精度较高。毫秒电雷管与整体管壳式秒延期电雷管相似，不同之处在于延期药组分的不同。毫秒延期电雷管的延期药常采用反应速度非常稳定的硅铁（还原剂）和铅丹（氧化剂）的混合物，并掺入适量的硫化锑，以调节药剂的反应速度。通过改变延期药的成分、配比药量及压药密度可以控制延期时间。毫秒延期药反应时气体生成量很少，反应过程中的压力变化也不大，所以燃速稳定，延期时间比较准确。

毫秒电雷管中还装有延期内管，它的作用是固定和保护延期药，并作为延期药反应时气体生成物的容纳室，以保证延期时间压力比较平稳。

延期药的装填方式主要有装配式和直填式，如图 6-12 所示。装配式是将延期药先在延期内管装压好后再装入火雷管内，直填式则是先将延期药装入火雷管内，再装入反扣长内管，然后直接在雷管内加压。目前我国毫秒延期电雷管的延期元件主要采用铅质延期体，同时取消了加强帽，由于延期药分布均匀，延期精度高，因此广泛应用于毫秒延期雷管。

(2)导爆管及导爆管雷管

①导爆管

塑料导爆管是内壁附有极薄层混合炸药粉末的塑料软管，如图6-13所示。其管壁材料为高压聚乙烯，外径为(2.95±0.15)mm，内径为(1.4±0.10)mm；混合炸药的配比为：91%的奥克托金或黑索金，9%的铝粉和少量变色工艺附加物。装药量为14~18 mg/m，爆速为1600~2000 m/s。

塑料导爆管需用击发元件起爆，其击发元件有工业雷管、普通导爆索、击发枪、火帽、电引火头或专用激发笔等。当导爆管被激发后，管内出现一个向前传播的爆轰波。爆轰波使得前沿炸药粉末受到高温高压作用发生爆炸，爆炸的能量一部分用于剩余炸药的反应，一部分用于维持爆轰波的温度和压力，使其稳定地向前传播。导爆管内壁的炸药量很少，形成的爆轰波能量不大，因此不能直接起爆工业炸药，只能起爆雷管，然后再由雷管起爆工业炸药。

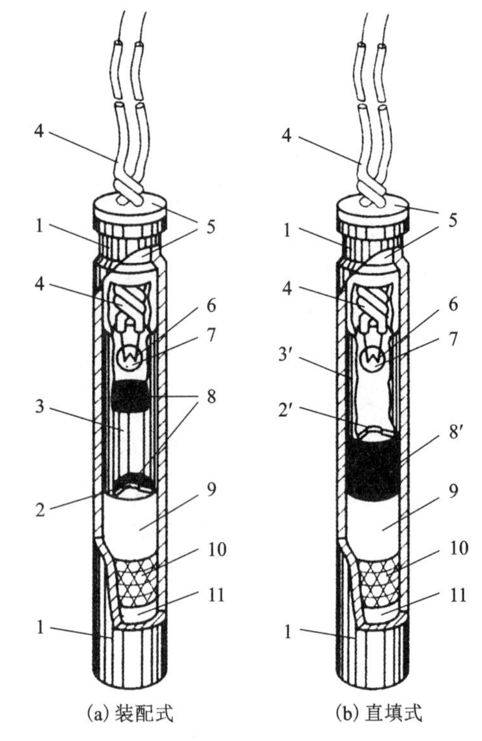

1—金属壳体；2—铅质延期体；2′—传火孔；3—延期药芯；3′—反扣长内管；4—脚线；5—卡扣塞；6—桥丝；7—引火头；8—卡痕；8′—延期药；9—副装药；10—二遍主装药；11—头遍主装药。

图6-12　毫秒延期电雷管结构

导爆管可以从轴向引爆，也可以从侧向引爆。轴向引爆是指把引爆源对准导爆管管口，侧向起爆是指把爆炸源设置在导爆管管壁外方。在爆破工程中导爆管侧向起爆网路还分为正向起爆和反向起爆，一般聚能穴宜采用反向起爆，以防止聚能穴打断导爆管而发生拒爆现象。导爆管的连接一般采用连通器或者雷管捆扎多根导爆管簇的方式。

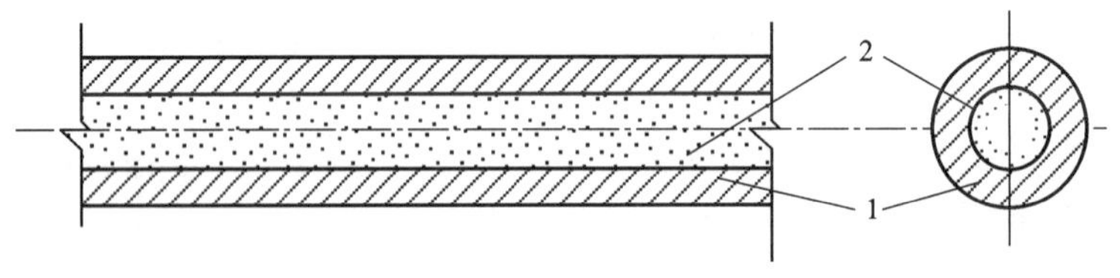

1—高压聚乙烯塑料管；2—炸药粉末。

图6-13　塑料导爆管结构

②导爆管雷管

导爆管雷管是导爆管传递的冲击波能直接起爆的雷管，主要由导爆管、卡口塞、加强帽、起爆药、猛炸药、管壳组成。导爆管受到一定强度的激发能作用后，管内出现一个向前传播的爆轰波，当爆轰波传递到雷管内时，导爆管端口处发火，火焰通过传火孔点燃雷管内的起爆药(或火焰直接点燃延期体，然后延期体火焰通过传火孔点燃起爆药)，起爆药在加强帽的作用下，迅速完成燃烧转爆轰，形成稳定的爆轰波，爆轰波再起爆下方猛炸药，从而引爆雷管。导爆管雷管具有抗静电、抗雷电、抗射频、抗水、抗杂散电流的能力，使用安全可靠、简单易行，因此得到了广泛应用。

导爆管雷管按延期时间分为毫秒延期导爆管雷管、1/4 秒延期导爆管雷管、半秒延期导爆管雷管和秒延期导爆管雷管。瞬发导爆管雷管结构如图 6-14 所示，延期导爆管雷管结构如图 6-15 所示。各段别导爆管雷管的延期时间如表 6-20 所示。

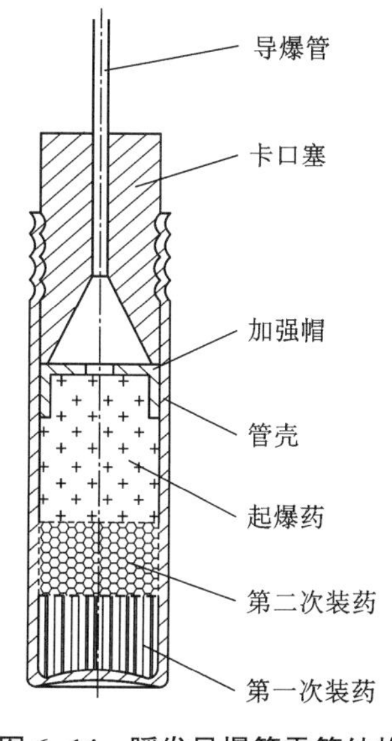

图 6-14　瞬发导爆管雷管结构

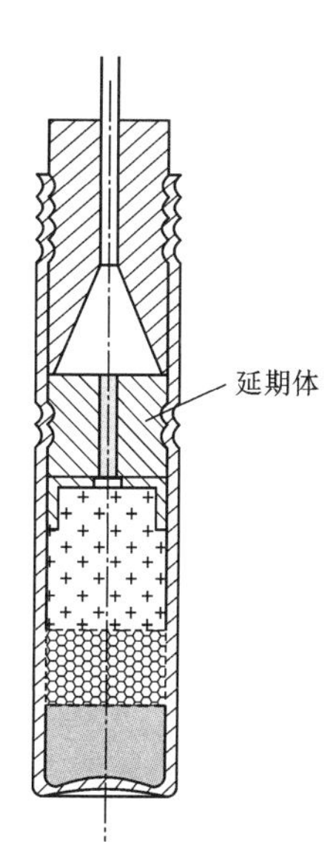

图 6-15　延期导爆管雷管结构

表 6-20　各段别导爆管雷管的延期时间

段别	毫秒延期导爆管雷管延期时间/ms			1/4 秒延期导爆管雷管延期时间/s	半秒延期导爆管雷管延期时间/s		秒延期导爆管雷管延期时间/s	
	第一系列	第二系列	第三系列	第一系列	第一系列	第二系列	第一系列	第二系列
1	0	0	0	0	0	0	0	0
2	25	25	25	0.25	0.50	0.50	2.5	1.0
3	50	50	50	0.50	1.00	1.00	4.0	2.0
4	75	75	75	0.75	1.50	1.50	6.0	3.0
5	110	100	100	1.00	2.00	2.00	8.0	4.0
6	150	125	125	1.25	2.50	2.50	10.0	5.0
7	200	150	150	1.50	3.00	3.00		6.0
8	250	175	175	1.75	3.60	3.50		7.0
9	310	200	200	2.00	4.50	4.00		8.0

续表6-20

段别	毫秒延期导爆管雷管延期时间/ms			1/4秒延期导爆管雷管延期时间/s	半秒延期导爆管雷管延期时间/s		秒延期导爆管雷管延期时间/s	
	第一系列	第二系列	第三系列	第一系列	第一系列	第二系列	第一系列	第二系列
10	380	225	225	2.25	5.50	4.50		9.0
11	460	250	250					
12	550	275	275					
13	650	300	300					
14	760	325	325					
15	880	350	350					
16	1020	375	400					
17	1200	400	450					
18	1400	425	500					
19	1700	450	550					
20	2000	475	600					
21		500	650					
22			700					
23			750					
24			800					
25			850					
26			950					
27			1050					
28			1150					
29			1250					
30			1350					

注：除末段外任何一段延期导爆管雷管的延期时间上规格限(U)均为该段延期时间与上段延期时间的中值，延期时间的下规格限(L)均为该段延期时间与下段延期时间的中值；瞬发导爆管雷管在与延期导爆管雷管配段使用时，延期时间的下规格限为零；末段延期导爆管雷管的延期时间的上规格限规定为本段延期时间与本段下规格限之差，再加上本段延期时间。

(3)电子雷管

电子雷管又称数码电子雷管、数码雷管或工业数码电子雷管，是采用内置微型电子延期芯片取代普通延期雷管中的延期火药，从而实现高精度电子延时，并且延期时间可以在毫秒级范围内任意设定的一种起爆器材，属于新型高精度电子延期雷管。其不仅大大提高了雷管的延时精度，而且控制了通往引火头的电源，从而最大限度地减少了电引火元件能量需求所引起的延时误差。

①电子雷管结构

电子雷管由基础雷管、管壳、电子控制模块和脚线 4 部分构成，如图 6-16 所示。其中电子控制模块是指置于电子雷管内部，具备雷管起爆延期时间控制、起爆能量控制功能，内置雷管身份信息码和起爆密码，并能和起爆控制器及其他外部控制设备进行通信的专用电路模块。电子延期精确可靠且可校准，使雷管的延期精度和可靠性极大提高。电子雷管的延期时间可精确到 1 ms，且延期时间可在爆破现场由爆破员按其意愿设定，并可在现场对整个爆破系统实施编程设定和检测。

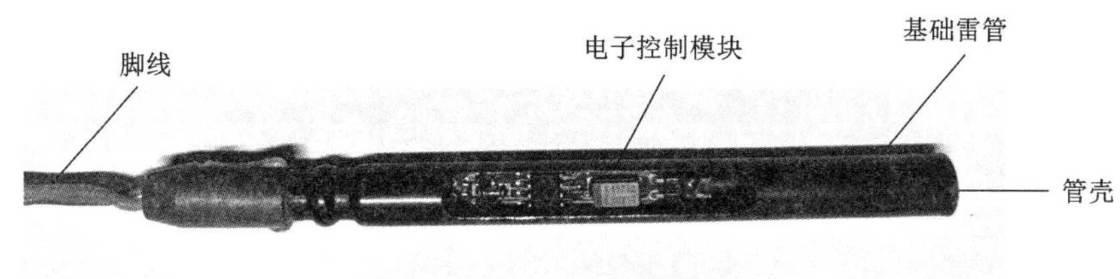

图 6-16　电子雷管结构

电子雷管与传统雷管结构对比如图 6-17 所示。由图 6-17 可知电子雷管与传统雷管的不同之处在于延期结构和点火头的位置，传统雷管采用化学物质进行延期，电子雷管采用具有电子延时功能的专用集成电路芯片延期；传统雷管点火头位于延期元件之前，点火头作用于延期元件实现雷管的延期功能，由延期元件引爆雷管的主装药部分，而电子雷管延期元件位于点火头之前，由延期元件作用到点火头上，再由点火头作用到雷管主装药上。

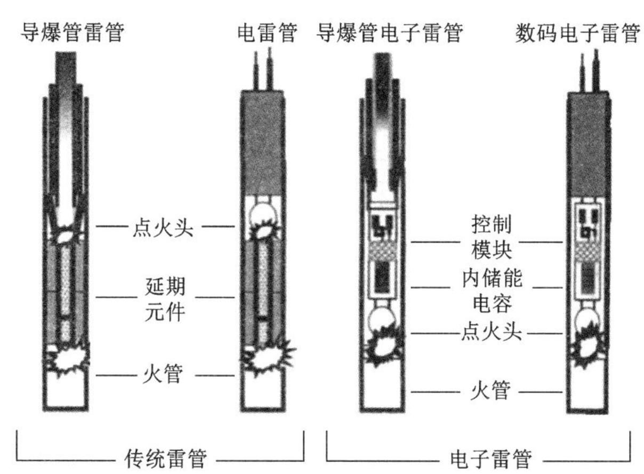

图 6-17　电子雷管与传统雷管结构对比

②电子雷管起爆

电子雷管的初始能量来自外部设备加载在雷管脚线上的能量，电子雷管的操作过程（如：写入延期时间、检测、充填、启动延期）由外部设备加载在脚线上的指令进行控制。

电子雷管必须使用专用的起爆器引爆。起爆网路编程与触发起爆所必需的程序命令设置在起爆器内。起爆器通过双绞线与编码器连接后，会自动识别所连接的编码器，首先将它们从休眠状态唤醒，然后分别对各个编码器回路的雷管进行检查。起爆器可以通过编码器把起爆信息传给每个雷管，保证雷管准确引爆；还可抵御静电、杂散电流、射频点等各种外来电，具有很高的安全性。

③电子雷管工作原理

电子雷管的工作原理如图 6-18 所示。为保持同传统电子雷管接线方式的一致，电子雷管通常采用供电线和通信线复合使用的方式；为提高电子雷管的使用可靠性，保证在爆破过程中，供电线路由于某种原因出现故障的情况下，仍能按设定的延期时间完成爆破操作，采用储能电容 C_1 和 C_2 分别储存控制芯片工作、点火药头所需的能量；为提高电子雷管的抗干扰(静电、射频、杂散电流)能力，提高电子雷管的安全性，采用电子开关 K_3 控制对起爆能电能的充电，使其只在起爆准备(连接、检测、延期时间设定等)完成后，才处于待起爆状态。在紧急情况下，需要终止爆破操作时，由电子开关 K_2 把 C_2的储能释放；在延期时间到达后，电子开关 K_1 控制把 C_2 的储能释放到电子点火头上，从而完成电子雷管的起爆工作。

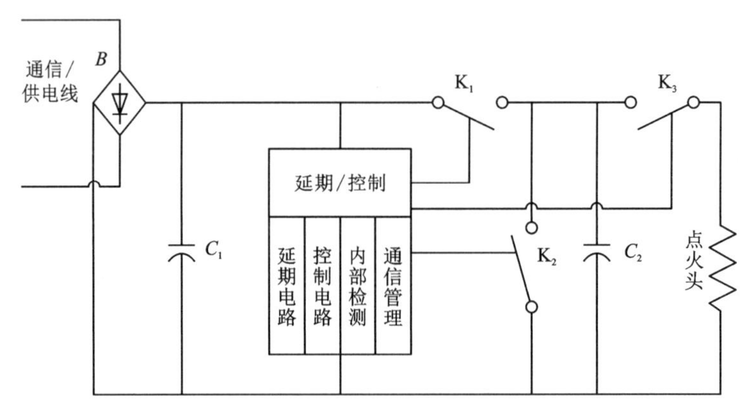

图 6-18　电子雷管工作原理

电子雷管具有以下优点：通过集成电路块取代传统延期药，实现了精确延期，有利于控制爆破效应；有良好的抗水、抗压性能；有可抵御静电、杂散电流、射频电等各种外来电的固有安全性；雷管起爆时间可以在爆破现场根据需要在 0~1500 ms 任意设置和调整；雷管延期时间长且误差小，精度高，可靠性高；具有起爆之前雷管位置和工作状态可反复检查的测控性；提高了雷管生产、运输、使用的技术安全性；可实现雷管的信息化管理。

(4)导爆索

导爆索是以单质猛炸药黑索金或太安作为索芯，用棉、麻、纤维及防潮材料包缠成索状的起爆器材。索芯中有 3 根芯线，索芯外有 3 层棉纱和纸条缠绕，并有两层防潮层。最外层表面涂成红色作为与导火索相区别的标志。导爆索的外径为 5.7~6.2 mm。每卷长度为(50±0.5)m。经雷管起爆后，导爆索可直接引爆炸药，也可以作为独立的爆破能源。导爆索结构简图如图 6-19 所示。

导爆索受到一定强度的爆炸冲击波作用后，沿索的一个方向向前传播稳定的爆轰波。导爆索一般从侧向引爆。

导爆索分为两类：一类是普通导爆索，另一类是安全导爆索。普通导爆索有一定的抗水

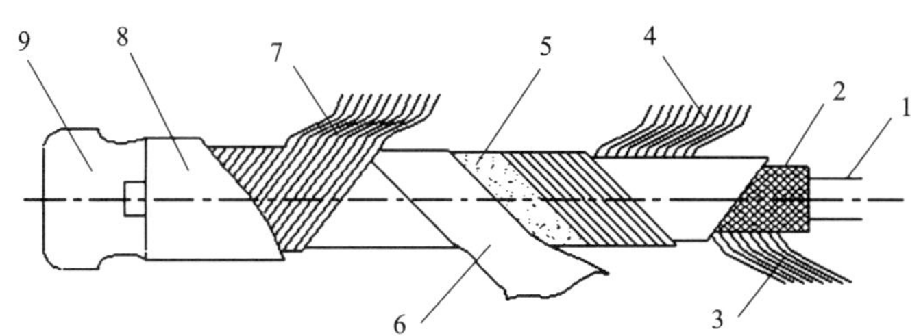

1—芯线；2—黑索金或泰安索芯；3—内线层；4—中线层；5—沥青；
6—纸条层；7—外线层；8—涂料层；9—防潮帽或防潮层。

图 6-19　导爆索结构简图

性能，能直接引爆常用的工业炸药，是目前生产和使用最多的一种导爆索。冶金矿山所用的导爆索均属此类。已研制出多种导爆索，其中包括高能导爆索、低能导爆索以及防水导爆索等。安全导爆索爆轰时火焰很小，温度较低，不会引爆瓦斯或矿尘。

导爆索的外观可以反映导爆索的质量。例如最外层棉纱层被覆的好坏能影响导爆索的耐折、耐拉以及抗水的性能。表面如有油脂和折伤痕迹，则药芯易折断，油脂容易渗入药芯而导致钝感；搭接接头过多会影响网路强度和传爆的可靠性。

国产导爆索爆速标准规定不低于 6500 m/s。普通导爆索以黑索金为药芯、药量为 12～14 g/m、药芯密度为 1.2 g/cm^3 左右时，爆速为 6700 m/s 左右。

国产导爆索标准规定，在 0.5 m 深的水中浸泡 24 h 后，其感度和传爆性能仍合格；在(50±3) ℃条件下保温 6 h，外观及传爆性能不变；在(−40±3) ℃条件下冷冻 2 h 后，其感度和传爆性能仍合格。

(5)起爆具

起爆具又称中继起爆药柱或中继传爆药包，是指设有安装雷管或导爆索的功能孔、具有较高起爆感度和高输出冲能的猛炸药制品。

①起爆具分类

起爆具按起爆方式分为双雷管起爆具、双导爆索起爆具、雷管与导爆索起爆具、其他起爆具。双雷管起爆具指起爆具本体上有两个雷管孔，可用两个雷管起爆，起双保险的作用；双导爆索起爆具指起爆具本体上有两个导爆索孔，可用两根导爆索起爆，起双保险的作用；雷管与导爆索起爆具指起爆具本体上有一个雷管孔，一个导爆索孔，用雷管或导爆索都可以起爆。起爆具按用途分为普通起爆具、起爆弹、起爆管和微型起爆具等。起爆具按功能孔个数可分为单功能孔起爆具、双功能孔起爆具和三功能孔起爆具。一般起爆具质量为 0.1～1 kg，微型起爆具装药量为几克到几十克。起爆具的产品代码由 4 部分构成，如图 6-20 所示。

②起爆具的作用及其起爆原理

起爆具用于起爆铵油炸药、浆状炸药、乳化炸药等低感度炸药及其他无雷管感度的炸药。起爆具的起爆原理：通过缠绕或插入在起爆具上的雷管或者导爆索起爆起爆具，然后起爆具再起爆低感度炸药，起爆具起放大爆轰波的作用。

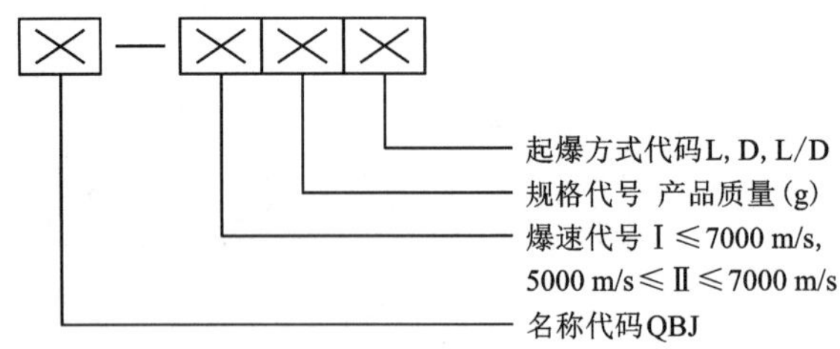

图 6-20 起爆具产品代码构成

③起爆具性能要求

根据行业标准 WJ 9045—2004 规定，起爆具性能指标如表 6-21 所示。

表 6-21 起爆具性能指标

<table>
<tr><td rowspan="2">性能指标</td><td colspan="2">性能要求参数值</td></tr>
<tr><td>Ⅰ</td><td>Ⅱ</td></tr>
<tr><td>起爆感度</td><td colspan="2">起爆可靠，爆炸完全</td></tr>
<tr><td>装药密度/(g·cm^{-3})</td><td>≥1.50</td><td>1.20~1.50</td></tr>
<tr><td>抗水性</td><td colspan="2">0.3 MPa，室温水中浸泡 48 h 后，起爆感度不变</td></tr>
<tr><td>爆速/(m·s^{-1})</td><td>≥7000</td><td>5000~7000</td></tr>
<tr><td>跌落安全性</td><td colspan="2">从 12 m 高处自由下落到硬土地面上应不燃不爆，允许有结构变形和外壳损伤</td></tr>
<tr><td>耐温耐油性</td><td colspan="2">在(80±2) ℃的 0 号轻柴油中，自然降温，浸泡 8 h 后应不燃不爆</td></tr>
</table>

注：大于 0.3 MPa 的抗水性要求，可按订购方的要求做。

④起爆弹

起爆弹的主装药配方有很多，凡是能用雷管和导爆索起爆的猛炸药都可做成起爆弹，如黑索金和梯恩梯的混合熔铸炸药、太安和梯恩梯的混合熔铸炸药、梯恩梯药柱或粉状炸药做成的起爆药包等。

起爆弹的外形结构主要有圆柱形和圆台形，外壳材料一般采用纸质或塑料材质，中间有搁置雷管或导爆索的贯穿圆孔。为了防止雷管从功能孔内脱出造成拒爆，在雷管孔底部设置台阶或孔口处设置雷管卡子；为了提高雷管的起爆可靠性，在起爆主药柱与功能孔之间浇注部分雷管感度较高的炸药，起到雷管爆轰波放大作用。起爆弹如图 6-21 所示。

⑤孔底起爆弹

在矿山生产中使用孔底起爆弹，有利于反射拉伸波动的叠加和矿岩的破碎，能降低破岩的块度；有利于克服炮孔底部的夹制性；可增长爆轰气体在介质中的作用时间。实践证明，使用孔底起爆弹具有很多明显的优点：与孔口起爆相比，一次炸药单耗减少，矿石大块率降低了 40%~50%，二次炸药消耗量大幅度下降；有效地控制了悬顶现象，眉线破坏率大幅度下降；节省了起爆器材费用；孔内导爆索消耗量减少。

孔底起爆弹分为整体式和分体式两种。

a. 整体式孔底起爆弹。整体式孔底起爆弹即弹内炸药全部都装在弹体内。这种起爆弹由弹体、内盖、顶盖和尾翼 4 部分组成，外径约为 35 mm。

整体式孔底起爆弹因存在加工及运输困难、价格较高等问题，应用量逐渐减少。

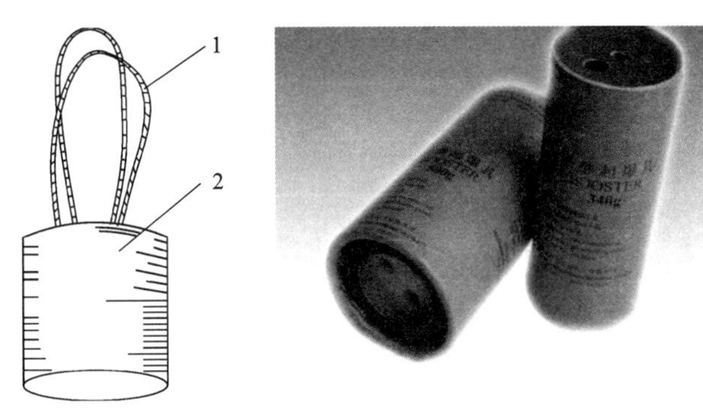

1—导爆索；2—主装药药柱。

图 6-21　起爆弹

b. 分体式孔底起爆弹。为克服整体式孔底起爆弹的缺陷，研制出分体式起爆弹，其结构如图 6-22 所示。分体式起爆弹由弹体、底盖和顶盖 3 部分组成。将装药装置改为由弹体和底盖两部分组成。每部分装药长度小，易于捣紧，装药后再将底盖扣入弹体内。由于取消了内盖，弹体装药时可预留起爆雷管位置，这样装雷管时不必在捣紧的炸药中扎一个较深的孔，操作更为简便。在大直径深孔应用中，考虑到炮孔直径较大，图 6-22 所示的分体式孔底起爆弹比原来整体式更长更粗，长度

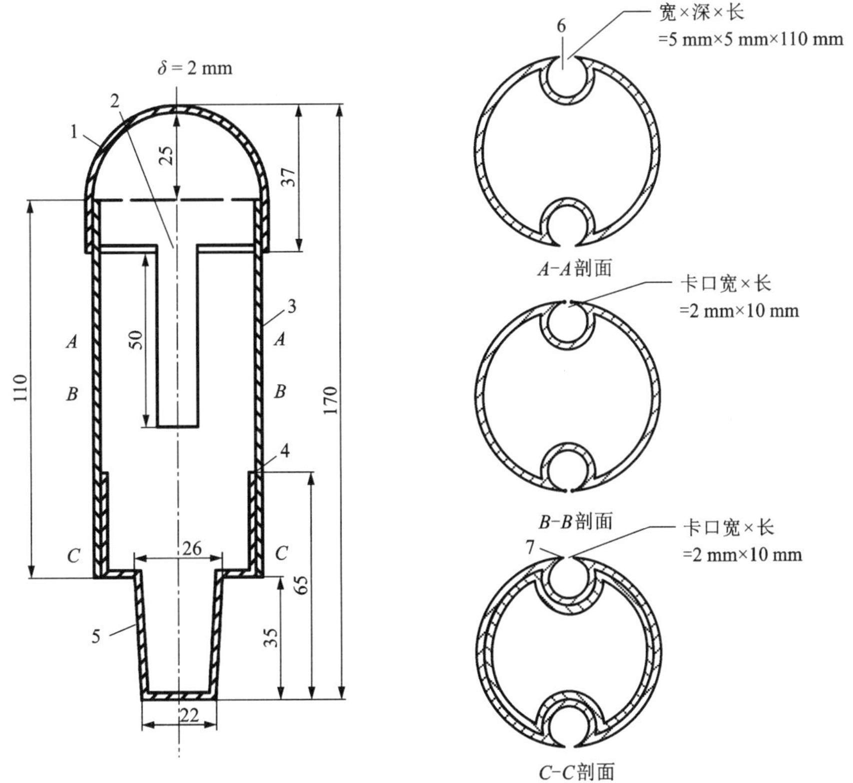

1—顶盖；2—雷管定位孔；3—弹体；4—定位环；5—底盖；6—管槽；7—槽卡。

图 6-22　分体式起爆弹弹壳结构

为 170 mm，直径为 42 mm。因此在 ϕ65 mm 的炮孔中不使用尾翼固定弹体，而在 ϕ110 mm 的炮孔中考虑用尾翼或其他方法固定弹体，以防弹体向下滑落。在矿山实际应用中，效果良好。

6.3.3 爆破器材检测

爆破器材在生产、运输、储存期间，常因温度、湿度以及其他环境因素的影响而发生物理和化学性质的变化。为确保爆破器材的使用安全，必须对爆破器材进行外观、爆破性能的检测。对于因各种原因无法使用的废旧爆破器材，则需通过安全、彻底、经济、环保的处理途径进行销毁。

1）矿用炸药检测

按照国家标准，炸药生产厂商每批出厂的产品应附有产品质量检验合格证。由于工业炸药在生产、运输和贮存期间，常因搬运时温度、湿度以及其他环境因素的影响，而发生物理和化学性质的变化。这种变化会导致炸药变质、性能降低，而影响使用。因此在购进炸药产品时或者在使用前应检测产品是否符合标准的要求。

抽取检测试样时，每批工业炸药质量不应超过 20 t。一般从每批产品中抽取 4 个包装件（小直径药卷品为纸箱，散装产品为一大包），再从每个包装件中分别抽取 1 个中包（散装品至少 1 kg），按试验需要量再从每个中包内分别抽取药卷。所抽取的试样应注明购进日期、生产厂家、产品名称以及批号、制造日期、取样日期和采样者姓名。

检测项目包括外观检测、爆炸性能检测和物理化学性能检测。

（1）外观检测

国家标准规定，购进的产品的每个包装件表面应有清晰、正确的标识（内容包括：制造厂名、炸药名称、规格、批号、制造日期、净重、毛重、体积以及爆炸物品标识等），包装件外观应保持完好无破损。使用者首先应对购进的产品进行外观检查，检查其包装是否有破损，封缄是否完整和有无浸湿性痕迹等。再取出部分药卷内的产品进行检验，粉状炸药应能用手指捻开，不成硬块；乳化炸药应呈胶态，不破乳、不析晶硬化；胶质炸药应不渗油、不冻结。

（2）爆炸性能检测

①爆速检测

试验测试系统如图 6-23 所示。检测的基本原理是利用炸药爆轰波阵面的电离导电特性或压力突变，测定爆轰波阵面依次通过药柱各探针所需的时间从而求得平均速度。用电子测时仪测出由安装在炸药药段两端的一对传感元件给出的两个信号之间的时间间隔 t，便可求得炸药的平均爆速。

②猛度检测

工业炸药的猛度通常采用铅柱压缩法检测，试验装置如图 6-24 所示。在规定的参量条件下，炸药装药爆炸对铅柱进行压缩，以压缩值衡量炸药的猛度，如图 6-25 所示。试验前，铅柱的高度要经过精确测量；炸药爆炸后，铅柱被压缩成蘑菇形，高度减小，用卡尺测量压缩后铅柱的高度，试验前后铅柱的高度差 Δh 表示炸药的猛度。

③殉爆距离检测

先将砂土地面捣固，然后用与药径相同的圆木棒在此地面压出一半圆形槽，将两药卷放入槽内，中心对正，主发药包的聚能穴与被发药包的平面端相对，量好两药包的距离，随后起爆主发药包。如果被发药包完全爆炸，改变距离，重复试验，直到不殉爆为止。连续 3 次发生殉爆的最大距离，作为该炸药的殉爆距离。炸药殉爆示意图如图 6-26 所示。

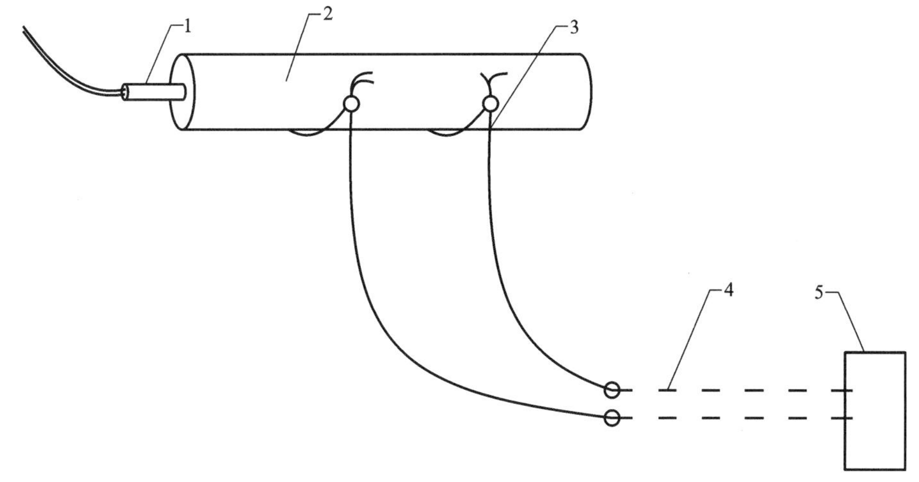

1—雷管；2—试样；3—传感元件；4—母线；5—爆速仪。

图 6-23　爆速测试系统示意图

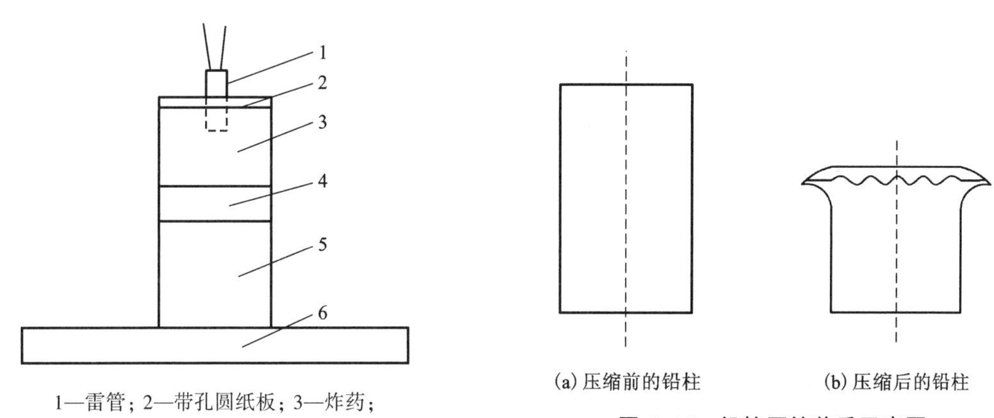

1—雷管；2—带孔圆纸板；3—炸药；
4—钢片；5—铅柱；6—钢底座。

图 6-24　猛度检测试验装置

图 6-25　铅柱压缩前后示意图

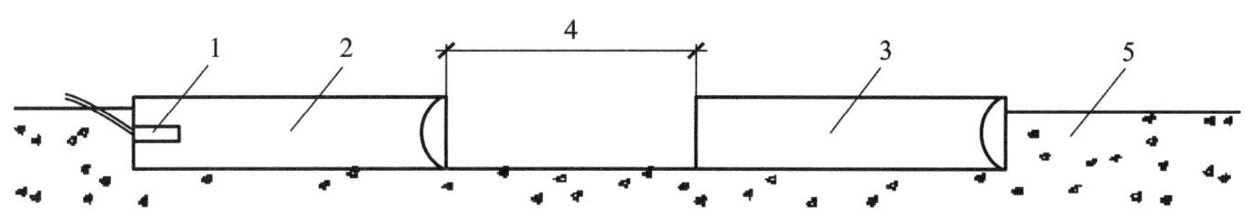

1—雷管；2—主爆药卷；3—从爆药卷；4—殉爆距离；5—砂子。

图 6-26　炸药殉爆示意图

④做功能力检测

炸药爆炸时对周围物体的各种机械作用统称炸药的爆炸做功。工业炸药做功能力测试方法常用的有铅(土寿)法、弹道抛掷法、弹道臼炮法、爆炸漏斗法等。这里介绍最常用的铅(土寿)法。

铅(土寿)法的原理是将一定质量、密度的炸药置于铅(土寿)孔内，爆炸后以扩大部分的容积来衡量炸药的做功能力。试验时将准备好的炸药试样放在铅(土寿)圆形孔内，用石英砂填满空隙。炸药爆炸时，铅(土寿)发生塑性变形，将内孔扩大成梨形大孔。孔内容积的增量即表示做功能力。如图 6-27 所示。

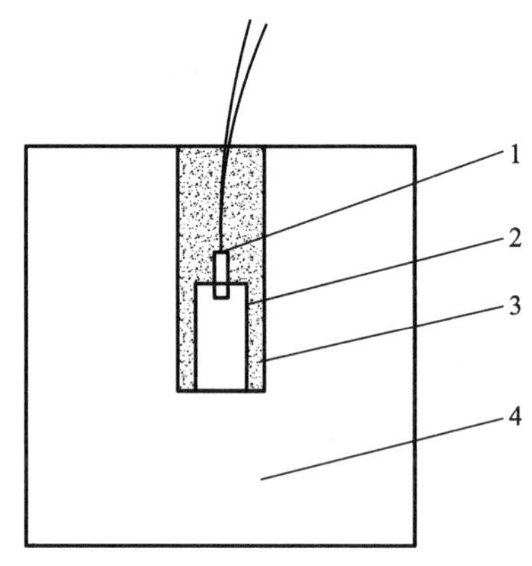

1—雷管；2—炸药；3—石英砂；4—铅铸。

图 6-27 铅(土寿)法示意图

(3)物理化学性能检测

①密度测定

炸药的机械力学性能、爆炸性能和起爆传爆性能等，均与密度有密切的关系。对于混合物，装药炸药中总存在一定的空隙，实际密度小于理论密度，这通常取决于加工工艺和装药条件。

a. 粉状炸药密度测试实验室法。用天平称取药卷，质量精确至 0.5 g。用卡尺测量药卷的长度，测量药卷一端的凹处至另一端凹处的距离，精确至 0.1 cm。倒净包装筒内的炸药，称取纸筒质量，精确至 0.5 g。将纸筒压扁，用直尺测量距纸筒两端各 3 cm 处的纸筒宽度，精确至 0.1 cm，取其平均值即为半周长。计算即可得药卷密度。

b. 现场密度杯法。密度杯适用于测定各种涂料及辅助材料、油类等液体的密度。密度杯多由不锈钢制成，使用公制单位。呈圆柱形，其开口大，方便样品的倒入、倒出及清洗。不锈钢盖上有一个向上至顶部中央的小孔，可使多余的样品材料溢出而不产生气泡。

将一定体积的待测样品装入密度杯中称重，即可计算出样品密度。密度杯使用方便，测量方法简单易行，通常应用于爆破工程的现场测试。密度杯如图 6-28 所示。

图 6-28 密度杯

②含水量测定

依据所测样品的不同特征，炸药含水量测定方法通常有真空烘箱法、水浴烘箱法和水分测定器法 3 种。这里重点介绍真空烘箱法。其原理为将定量的试样在负压及规定温度条件下烘干，损失量即为水分。水分质量与试样质量的比值即为样品含水量。此方法仅适用于不含有易挥发性油类的粉状炸药的水分测定。

③抗水性能测定

在实验室内利用压力装置给被测试样品施加一定压力，模拟相应深度的水下环境测试样品的抗水性能。抗水性能测试装置如图 6-29 所示。

(4)感度检测

①机械感度

a. 撞击感度。测定炸药的撞击感度通常使用立式落锤仪法。原理是将试样限制在两光滑硬表面之间，使其受到来自固定高度自由下落的落锤的一次撞击作用，观测并计算其爆炸概率，即为炸药的撞击感度。爆炸概率越大，炸药的撞击感度越大，反之则越小。试验所用落锤的质量分别为 10 kg、5 kg、2 kg。以 25 次试验为一组，以两组以上的平行数据计算爆炸概率。撞击感度试验机如图 6-30 所示，击柱如图 6-31 所示。

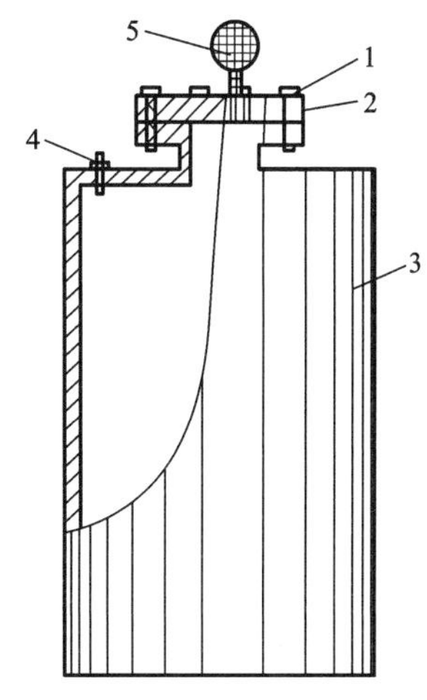

1—螺栓；2—容器盖；3—容器；4—气嘴；5—压力表。

图 6-29　抗水性能测试装置示意图

b. 摩擦感度。炸药在加工或者使用过程中，除了可能受到撞击外，还经常受到摩擦作用。有些被钝化的炸药有较低的撞击感度却有较高的摩擦感度。因此，从安全的角度考虑，研究和测定炸药的摩擦感度意义重大。工业炸药通常采用重力摆法测试摩擦感度，其原理为：将试样限制在两光滑硬表面之间，使其在恒定的挤压压力与外力作用下经受滑动摩擦作用，观测并计算其爆炸概率，即为炸药的摩擦感度。摩擦感度试验仪如图 6-32 所示。

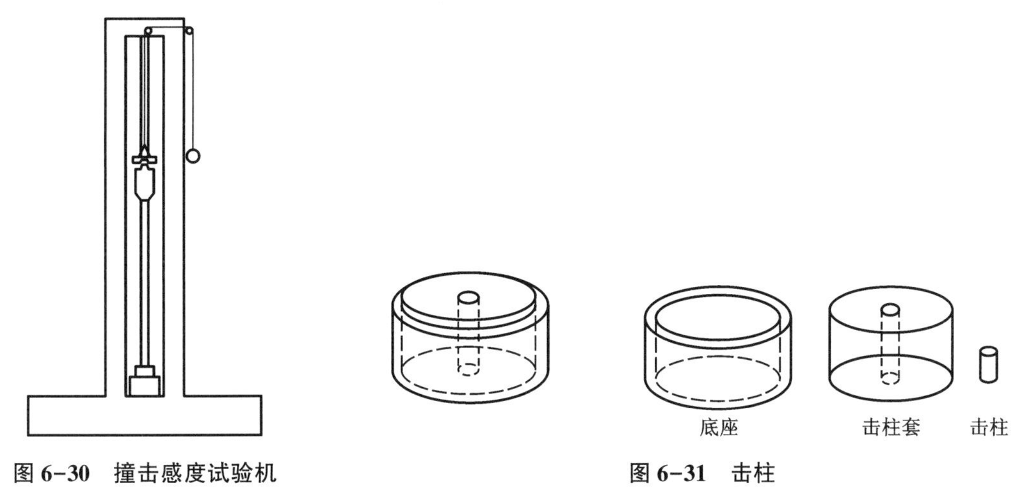

图 6-30　撞击感度试验机

图 6-31　击柱

②热感度

将一定质量的炸药在一定温度下恒温一定时间，观察试样是否有燃烧或爆炸现象，以燃烧或爆炸的频率表征试样的热感度。

2)起爆器材性能检测

(1)雷管

①外观

根据主装药装药量的不同，在我国广泛应用的工业雷管为 6 号和 8 号两种。

电雷管脚线的长度通常规定为 2 m，而导爆管雷管的脚线长度通常要求为 3 m。雷管壳使用的材料有纸、铜、覆铜钢、铝、铁等，但煤矿许用型电雷管的管壳只允许使用纸、铜、覆

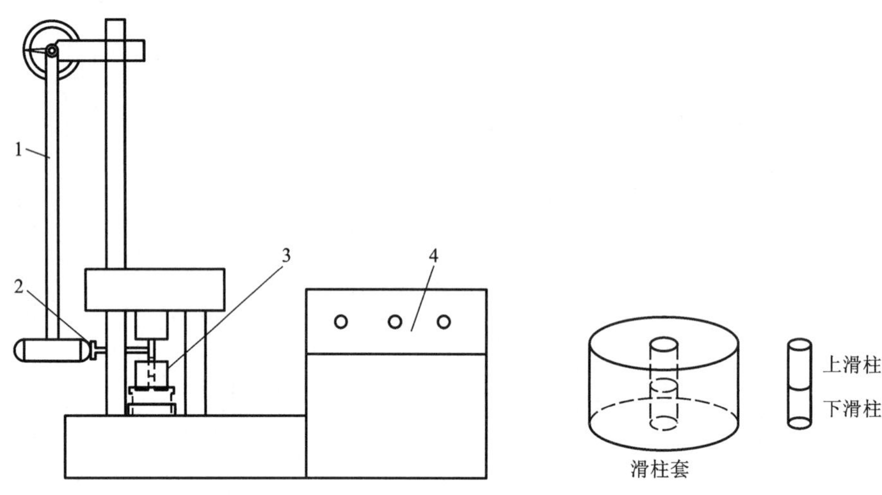

1—重力摆；2—顶杆；3—滑柱；4—油压机。

图 6-32 摩擦感度试验仪示意图

铜钢等材料。

雷管表面不应有明显浮药、锈蚀、严重砂眼和裂缝，外部允许有轻微污垢、口部裂缝和机械损伤，但不应有破损、断药、拉细、进水、管内杂质、塑化不良、封口不严等现象；导爆管与雷管结合应牢固，不应脱出或松动。

②起爆能力

起爆能力采用铅板穿孔试验法测定。试验方法是在规定的试验条件(铅板规格、点火方式)下，把雷管直立于直径为 30~40 mm 的铅板中心位置上起爆，以铅板穿孔孔径表示其威力。雷管爆炸装置如图 6-33 所示。

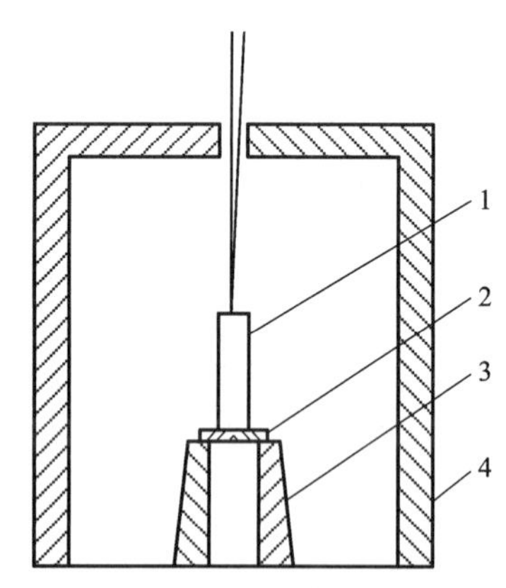

1—雷管；2—铅板；3—铅板支座；4—爆炸筒。

图 6-33 雷管爆炸装置示意图

③电阻

雷管全电阻由药头电阻和脚线电阻构成。电阻测量采用电雷管专用仪器。脚线长度一般为(2.0±0.1)m，通常要求电雷管全电阻不大于 6.3 Ω，上下限差值不大于 2.0 Ω。铜脚线电雷管全电阻应不大于 4.0 Ω，上下限差值不大于 1.0 Ω。断路、短路、电阻不稳视为重缺陷；电阻超差视为轻缺陷。若出现电阻值不稳定、电阻断路和短路时应及时记录。

④最大安全电流

电雷管连续通以 5 min 最大不发火的恒定直流电流称为最大安全电流。为确保安全，GB 8031—2015 国家标准规定：普通型电雷管安全电流≥0.20 A，钝感型电雷管安全电流≥0.30 A，高钝感型电雷管安全电流≥0.80 A。

⑤最小发火电流

单发电雷管在 30 s 内达到 0.9999 的发火概率所需施加的最小恒定直流电流称为最小发火电流。最小发火电流表示电雷管对电流的敏感程度，是限定电雷管单发发火电流的重要依据。单发发火电流的数值是通过采用数理统计的方法进行试验和数据处理而得到的。GB 8031—2015 规定电雷管最小发火电流：普通型，≤0.45 A；钝感型，≤1.00 A；高钝感型，≤2.50 A。

⑥延期时间

延期时间采用测时仪进行测定。测时仪精度要求为：段间隔时间小于 100 ms，精度不低于 0.1 ms；100 ms≤段间隔时间<1 s，精度不低于 1 ms；段间隔时间不小于 1 s，精度不低于 0.01 s。

⑦串联起爆电流

雷管在串联情况下，当电流通过时，总是最敏感的雷管先得到足够的电能而爆炸，造成串联网路断路，此时，敏感度较低的一些雷管，还没有获得足够的能量来点燃引火药，但由于网路已断，这些雷管因不能继续获得电能而形成丢炮被遗留下来。试验表明：通过串联网路的电流越大，丢炮就越少，当电流增大至某一数值时，就不再有丢炮。能使 20 发串联电雷管全部起爆的最小恒定直流电流称为串联准爆电流。GB 8031—2015 规定电雷管串联起爆电流：普通型，≤1.2 A，钝感型，≤1.5 A，高钝感型，≤3.5 A。电雷管串联网路起爆示意图如图 6-34 所示。

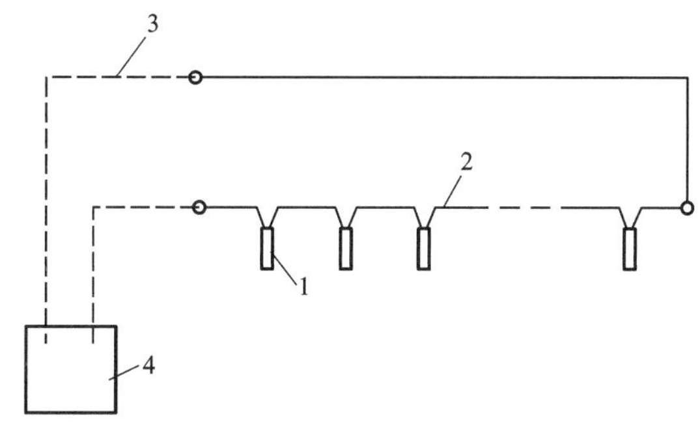

1—8 号电雷管；2—雷管脚线；3—电流传输导线；4—电雷管电参数测定仪。

图 6-34　电雷管串联网路起爆示意图

(2) 导爆索

①外观检查

外观应无严重折伤、油渍和污垢，外层线不得同时断两根，断 1 根的长度不得超过 7 m，索头有防潮帽。

②爆速

导爆索的爆速测定通常利用已知爆速的导爆索进行对比测试，如图 6-35 所示。

取长 1120 mm 的标准导爆索和待测导爆索各 1 根。在每根的一端离端面 30 mm 处做第一个记号。由此再往后 1000 mm 处做第二个记号。取尺寸为 180 mm×50 mm×5 mm 铅板一块，在板长的中线做记号“0”。将两根导爆索平放在铅板上，两索的第二个记号都与铅板中线重合，并用线绳扎紧。两索的另一端并齐与一个雷管扎在一起，雷管底部与第一个记号取平。将试验装置放在钢板或石座上，起爆后爆轰波从两索分道前进，至铅板某处相遇。将铅板炸出凹痕，测出该处与中线的距离 s(mm)，并记录刻痕是在标准导爆索一侧还是在待测导爆索一侧，即能计算出待测导爆索的爆速。

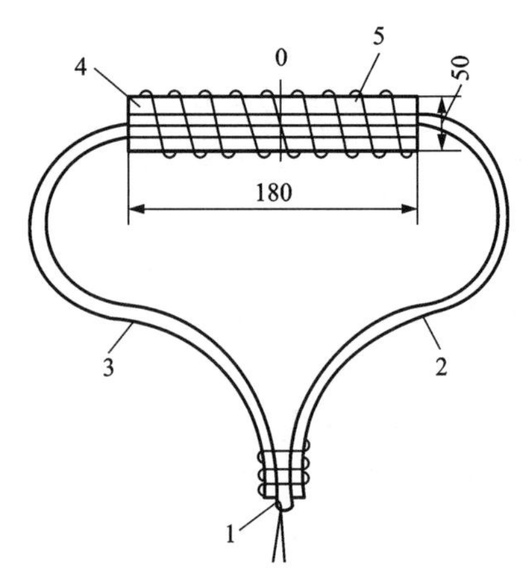

1—雷管；2—被测导爆索；3—标准爆速的导爆索；4—铅板；5—细绳。

图 6-35　导爆索爆速测定

③起爆性能

导爆索内含猛炸药，其爆炸后具有较大的起爆能量，能够将与之连接的梯恩梯药块可靠起爆。导爆索起爆性能试验示意图如图 6-36 所示。起爆器引爆导爆索一头，另一头的梯恩梯药块完全爆轰为合格。

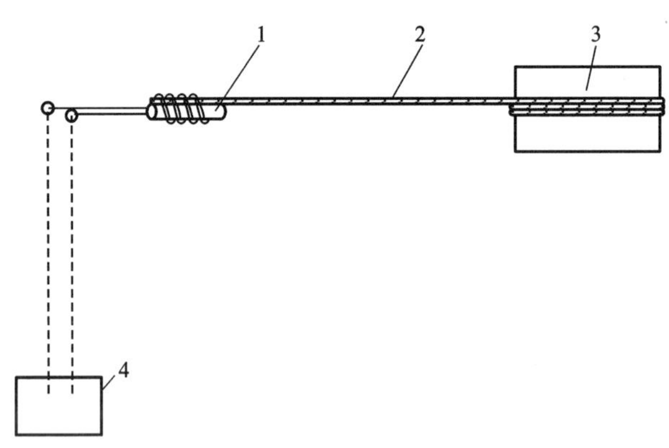

1—雷管；2—导爆索；3—梯恩梯药块；4—起爆器。

图 6-36　导爆索起爆性能试验示意图

④传爆性能

导爆索爆炸后要能够可靠地起爆与之搭接的另一导爆索。本测试取 1 根 8 m 长导爆索，切成 1 m 长 5 段，3 m 长 1 段，按图 6-37 所示方法连接。用 8 号雷管起爆后，各段导爆索完全爆囊为合格，以平行做两次都合格为准。

⑤抗水性能

取 5. 5 m 长的导爆索 1 根，卷成直径不小于 250 mm 的索卷，两端用蜡密封，浸入深 1 m、温度为 10~25 ℃的静水中，索头露出水面，浸 4 h。将其取出后切成 4~5 段长 1 m 的小段，按图 6-38 方法连接，用 8 号雷管起爆，完全爆轰为合格。

(3)导爆管

①外观

我国普通塑料导爆管一般由低密度聚乙烯树脂加工而成，无色透明，其外径为 2. 8~3. 1 mm，内径为(1. 4±0. 10)mm。

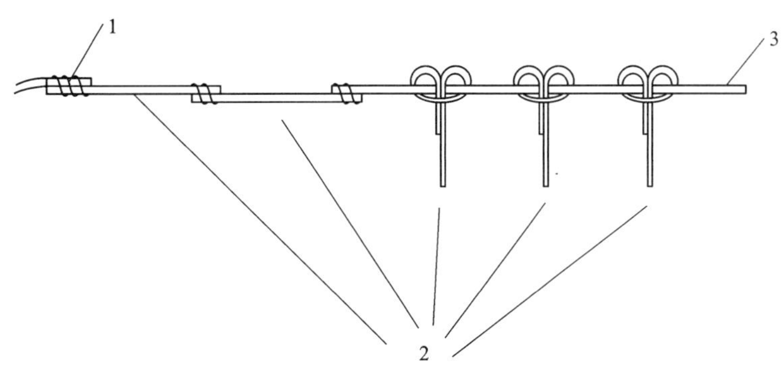

1—8 号雷管；2—1 m 长导爆索；3—3 m 长导爆索。

图 6-37　导爆索传爆性能检验装置

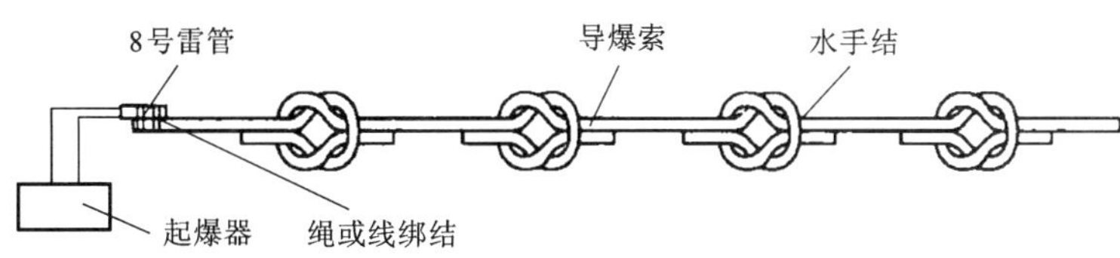

图 6-38　抗水性能测试导爆索连接示意图

②爆速

导爆管爆速采用光电法测量，将导爆管传爆过程中波阵面的强光信号经过光电转换装置变成电信号，启动(或停止)测时仪测得导爆管任意两点间的传爆时间间隔，由此可测出导爆管爆速。

③传爆可靠性

随机抽取 10 根试样，再从每根试样中截取 2 m 长的样本各 2 根，共 20 根。在 20±10 ℃的条件下，用起爆器起爆试样，观察传爆情况，检查有无除起爆端外的管壁击穿情况。出现传爆中止、管壁击穿现象视为不合格。

6.3.4　爆破器材贮存与运输

爆破器材包括各类炸药、雷管、导爆索、导爆管系统、起爆药和爆破剂，属民用爆炸物品，是矿山爆破施工中接触最多的危险物品，因爆破器材使用和管理不当而造成的安全事故时有发生。

1)爆破器材的贮存

(1)一般规定

爆破器材应贮存在专用的爆破器材库里；在特殊情况下，应经主管部门审核并经当地公安机关批准，方可在库外存放。

爆破器材库的贮存量规定如下。

地面单一库房的最大允许存药量，不应超过表 6-22 的规定。

表 6-22 地面单一库房的最大允许存药量

序号	爆破器材名称	最大允许存药量/t
1	黑索金、泰安、太乳炸药	50000
2	黑梯药柱	50000
3	梯恩梯	150000
4	辛味酸	30000
5	雷管	10000
6	继爆管	30000
7	导爆索	30000
8	导火索	40000
9	铵梯(油)类炸药、铵油(含铵松蜡、铵沥蜡)炸药、膨化硝铵炸药、胶状和粉状乳化炸药、水胶炸药、浆状炸药、多孔粒状铵油炸药、粒状黏性炸药、震源药柱	200000
10	奥克托今	3000
11	射孔弹、穿孔弹	10000
12	爆裂管	15000
13	黑火药	20000
14	硝酸铵	500000

注：雷管、导爆索、导火索、点火筒、继爆管及专用爆破器具按其装药量计算存药量。

地面总库的总容量：炸药不应超过本单位半年生产用量，起爆器材不应超过 1 年生产用量。地面分库的总容量：炸药不应超过 3 个月生产用量，起爆器材不应超过半年生产用量。

硐室式库的最大容量不应超过 100 t；井下只准建分库，库容量：炸药不超过 3 昼夜的生产用量，起爆器材不超过 10 昼夜的生产用量。

乡、镇所属以及个体经营的矿场、采石场及岩土工程等使用单位，其集中管理的小型爆破器材库的最大储存量应不超过 1 个月的用量，并应不大于表 6-23 规定的储存量。

表 6-23 小型爆破器材库的最大储存量

序号	产品类别	最大允许储存量
1	工业炸药及制品	5000 kg
2	黑火药	3000 kg
3	工业导爆索	50000 m(计算药量 600 kg)
4	工业雷管	20000 发(计算药量 20 kg)
5	塑料导爆管	100000 m

注：1. 工业炸药及制品包括铵油类炸药、硝化甘油炸药、乳化炸药、水胶炸药、膨化硝铵炸药、射孔弹、起爆药柱、震源药柱等。

2. 工业雷管包括电雷管、电子雷管、电磁雷管和导爆管雷管以及继爆管等。

3. 工业导爆索包括导爆索和爆裂管等。

4. 其他爆破器材按与本表中产品相近特性归类确定储存量；普通型导爆索药量为 12 g/m，常规雷管药量为 1 g/发，特殊规格产品的计算药量按照产品说明书给出的数值计算。

爆破器材单一品种应设专库存放。若受条件限制，同库存放不同品种的爆破器材应符合下列规定：炸药类、射孔弹类和导爆索、导爆管可以同库混存。雷管类起爆器材应设单独库房存放。黑火药应设单独库房存放。硝酸铵不应和任何物品同库存放。

当不同品种的爆破器材同库存放时，单库允许的最大存药量应符合表 6-24 的规定。

表 6-24　爆破器材同库存放的规定

爆破器材名称	雷管类	黑火药	导火索	炸药类	射孔弹类	导爆索类
雷管类	○	×	×	×	×	×
黑火药	×	○	×	×	×	×
导火索	×	×	○	○	○	○
炸药类	×	×	○	○	○	○
射孔弹类	×	×	○	○	○	○
导爆索类	×	×	○	○	○	○

注：1. “○”表示可同库存放，“×”表示不可同库存放。

2. 雷管类含火雷管、电雷管、导爆管雷管、继爆管。

3. 导爆索类含导爆索和爆裂管。若在爆破器材库存放塑料导爆管时，可按导爆索类对待。

(2)爆破器材的贮存、收发与库房管理

每间库房贮存爆破器材的数量，不应超过库房设计的允许贮存药量。

爆破器材应码放整齐，不得倾斜，码放高度不宜超过 1.6 m；包装箱下应垫有大于 0.1 m 高的垫木，宜有宽大于 0.6 m 的安全通道。包装箱与墙距离宜大于 0.4 m；存放硝化甘油类炸药、各种雷管和继爆管的包装箱，应放置在木制货架上，货架高度不宜超过 1.6 m。

对新购进的爆破器材，应逐个检查包装情况，并按规定做性能检验；应建立爆破器材收发账、领取和清退制度，定期核对账目，做到账物相符；变质的、过期的和性能不详的爆破器材，不应发放使用；爆破器材应按出厂时间和有效期的先后顺序发放使用；总库区内不允许拆箱发放爆破器材，只准许整箱发放；爆破器材的发放应单独在发放间里进行。

爆破器材库房的管理包括建立健全严格的责任制、治安保卫制度、防火制度、保密制度等，宜分区分库分品种贮存，分类管理。

库区应设警卫昼夜值守，加强巡逻，无关人员不得进入库区。进入库区不得带烟火及其他引火物；进入库区不得穿戴钉鞋和易产生静电的衣服。不得使用能产生火花的工具开启炸药雷管箱；库区不得存放与管理无关的工具和杂物。

库区的消防设备、通信设备、报警装置和防雷装置应定期检查。

库房应整洁、防潮和通风良好，杜绝鼠害。应经常测定库房的温度和湿度，发现硝化甘油类炸药渗油、冻结和硝铵类炸药吸潮结块，应及时处理。

(3)临时性爆破器材库和临时性存放爆破器材

临时性爆破器材库应设置在不受山洪、滑坡和危石等威胁的地方。允许利用结构坚固但不住人的各种房屋、土窑和车棚等作为临时性爆破器材库。

临时性爆破器材库房宜为单层结构，库房地面应平整无缝；墙、地板、屋顶和门为木结构者，应涂防火漆；窗、门应为有一层外包铁皮的板窗、门；在库房外应设简易围墙或铁刺网，其高度不小于 2 m。库内应有足够的消防器材；库内应设置独立的发放间，面积不小于 9 m^2；应设独立的雷管库房。临时性爆破器材库的最大贮存量为：炸药 10 t，雷管 20000 发，导爆索 10000 m。

时间不超过 6 个月的野外流动性爆破作业，用安装有特制车厢的汽车存放爆破器材时，爆破器材存放量不应超过车辆额定载重的 2/3；通过核准的专用车同时装有炸药与雷管时，雷管不得超过 2000 发和相应的导爆索；不应将特制车厢做成挂车形式。

特制车厢应是外包铝板或铁皮的木车厢，车厢前壁和侧壁都开有尺寸为 0. 3 m×0. 3 m 的铁栅通风孔，后部应开设有外包铝板或铁皮的木门，门应上锁，整个车厢外表应涂防火漆，并标有危险标识；宜在车厢内的右前角设置 1 个固定的专门存放雷管的木箱，木箱里面应衬软垫，箱应上锁。

车辆停放位置应确保爆破作业点、有人建筑物、重要构筑物和主要设备的安全；白天、夜晚均有人警卫；加工起爆管和监测电雷管电阻，应在离危险车辆 50 m 以外的地方进行。

用船存放爆破器材时，船上严禁烟火，并应备有足够的消防器材。存放爆破器材的船只，应停泊在航线以外的安全地点，距码头、建筑物、其他船只和爆破作业地点距离不应小于 250 m；船靠岸时，岸上 50 m 以内无关人员不准进入；海上不应使用非机动船存放爆破器材。

存放爆破器材的船舱，应用移动式蓄电池提灯或安全手电筒照明；爆破器材的存放量不应超过 2 t，存放爆破器材的框架应设凸缘，装爆破器材的箱(袋)应固定牢固。船上应设有单独的炸药舱和雷管舱，各舱应有单独的出入口并与机舱和热源隔离。

作业地点只能存放当班或本次爆破工程作业所需的爆破器材，应有专人看管；拆除爆破和地震勘探及油气井爆破时，不应将爆破器材散堆在地上，雷管应放在外包铁皮的木箱里，木箱应加锁。

经单位安全保卫部门和当地公安机关批准，爆破器材可临时露天存放，但应选择在安全地方存放，悬挂醒目标识，昼夜有人巡逻警卫；炸药与雷管间距离应不小于 25 m；爆破器材应堆放在垫木上，不应直接堆放在地；在爆破器材堆上，应覆盖帆布或搭简易帐篷；存放场周围 50 m 范围内严禁烟火。

2)爆破器材的运输

(1)一般规定

应用专用车船运输爆破器材。爆破器材运输车(船)应符合国家有关运输安全的技术要求；结构可靠，机械电器性能良好；具有防盗、防火、防热、防雨、防潮和防静电等安全性能。

装卸爆破器材时，应认真检查运输工具的完好状况，清除运输工具内的一切杂物；装卸爆破器材的地点，应远离人口稠密区，并设明显的标识，白天应悬挂红旗和警示标识，夜晚应有足够的照明并悬挂红灯；有专人在场监督，设有警卫，无关人员不允许在场。遇暴风雨或雷雨时，不应装卸爆破器材。

爆破器材和其他货物不应混装，雷管等爆破器材，不应与炸药同时同地进行装卸；装卸搬运时应轻拿轻放，装好、码平、卡牢、捆紧，不得摩擦、撞击、抛掷、翻滚、侧置及倒置爆破器材。装卸爆破器材时应做到不超高、不超宽、不超载。

爆破器材押运人员应熟悉所运爆破器材性能；非押运人员不应乘坐押运车；装运爆破器材的车（船）在行驶途中应按指定路线行驶；运输工具应符合有关安全规范的要求，并设警示标识；不准在人员聚集的地点、交叉路口、桥梁上（下）及火源附近停留；中途停留时，应有专人看管，不准吸烟、用火，开车（船）前应检查爆破器材码放和捆绑有无异常；运输有特殊安全要求的爆破器材时，应按照生产企业提供的安全要求进行；车（船）完成运输后应打扫干净，清出的药粉、药渣应运至指定地点，定期进行销毁。

（2）铁路运输

铁路运输爆破器材，除执行铁道部门有关规定外，还应遵守下列规定：

①装有爆破器材的车厢不应溜放。

②装有爆破器材的车辆，应专线停放，与其他线路隔开。

③通往该线路的转辙器应锁住，车辆应楔牢，其前后50 m处应设“危险”警示标识。

④机车停放位置与最近的爆破器材库房的距离，不应小于50 m。

⑤装有爆破器材的车厢与机车之间，炸药车厢与起爆器材车厢之间，应用一节以上未装有爆破器材的车厢隔开。

⑥车辆运行的速度，在矿区内不应超过30 km/h、厂区内不超过15 km/h、库区内不超过10 km/h。

（3）水路运输

水路运输爆破器材，应遵守下列规定：

①不应用筏类工具运输爆破器材。

②船上配备消防器材。

③船头和船尾设“危险”警示标识，夜间及雾天设警示灯。

④停泊地点距岸上建筑物不小于250 m。

⑤运输爆破器材的机动船，在装爆破器材的船舱里不应有电源。

⑥底板和舱壁应无缝隙，舱口应关严。

⑦与机舱相邻的船舱隔墙，应采取隔热措施。

⑧对邻近的蒸汽管路进行可靠的隔热。

（4）公路运输

用汽车运输爆破器材，应遵守下列规定：

①运输车辆安全技术状况应当符合国家有关安全技术标准的要求。

②出车前，车库主任（或队长）应认真检查车辆状况，并在出车单上注明“该车经检查合格，准许运输爆破器材”。

③由熟悉爆破器材性能，具有安全驾驶经验的司机驾驶。

④能见度良好时，汽车行驶速度应符合所行驶道路规定的车速下限。

⑤在平坦道路上行驶时，前后两部汽车距离应不小于50 m，上山或下山不小于300 m。

⑥遇有雷雨时，车辆应停在远离建筑物的空旷地方。

⑦在雨天或冰雪路面上行驶时，应采取防滑安全措施。

⑧车上应配备消防器材，并按规定配挂明显的危险标识。

⑨在高速公路上运输爆破器材，应按国家有关规定执行。

⑩公路运输爆破器材途中应避免停留住宿，禁止在居民点、行人稠密的闹市区、名胜古迹、风景游览区、重要建筑设施等附近停留，确需停留住宿的必须报告投宿地公安机关。

(5)航空运输

用飞机运输爆破器材，应严格遵守国际民用航空组织理事会和我国航空运输危险品的有关规定。

(6)往爆破作业地点运输爆破器材的规定

①在竖井、斜井运输爆破器材，应遵守下列规定：

a. 事先通知卷扬司机和信号工。

b. 在上、下班或人员集中的时间内，不应运输爆破器材。

c. 除爆破人员和信号工外，其他人员不应与爆破器材同罐乘坐。

d. 运送硝化甘油类炸药或雷管时，罐笼内只准放 1 层爆破器材料箱，不得滑动，运送其他类炸药时，炸药箱堆放的高度不得超过罐笼高度的 2/3。

e. 用罐笼运输硝化甘油类炸药或雷管时，升降速度不应超过 2 m/s，用吊桶或斜坡卷扬设备运输爆破器材时，速度不应超过 1 m/s，运输电雷管时应采取绝缘措施。

f. 爆破器材不应在井口房或井底车场停留。

②用矿用机车运输爆破器材时，应遵守下列规定：

a. 列车前后设“危险”警示标识。

b. 采用封闭型的专用车厢运送，车内应铺软垫，运行速度不超过 2 m/s。

c. 在装爆破器材的车厢与机车之间，以及装炸药的车厢与装起爆器材的车厢之间，应用空车厢隔开。

d. 运输电雷管时，应采取可靠的绝缘措施。

e. 用架线式电力机车运输爆破器材，在装卸时机车应断电。

③在斜坡道上用汽车运输爆破器材时，应遵守下列规定：

a. 行驶速度不超过 10 km/h。

b. 不应在上、下班或人员集中时运输。

c. 车头、车尾应分别安装特制的蓄电池红灯作为危险标识。

④用人工搬运爆破器材时，应遵守下列规定：

a. 在夜间或井下，操作人员应随身携带完好的矿用灯具。

b. 不应一人同时携带雷管和炸药，雷管和炸药应分别放在专用背包(木箱)内，不应放在衣袋里。

c. 领到爆破器材后，应直接送到爆破地点，不应乱丢乱放。

d. 不应提前班次领取爆破器材，不应携带爆破器材在人群聚集的地方停留。

e. 一人一次运送的爆破器材，雷管数量不超过 1000 发，拆箱(袋)运搬炸药不超过 20 kg；背运原包装炸药不超过 1 箱(袋)，挑运原包装炸药不超过 2 箱(袋)。

f. 用手推车运输爆破器材时，载重量不应超过 300 kg，运输过程中应采取防滑、防摩擦和防止产生火花等安全措施。

6.3.5 爆破器材销毁

1)报废炸药的销毁

经过检验确认已经变质不宜继续贮存和使用的炸药应当及时进行销毁，不得继续使用和转让。销毁时必须登记造册，编写书面报告，报告中应说明被销毁爆破器材的名称、数量、销毁原因和销毁方法、销毁地点和时间。报告一式五份，分送上级主管部门、单位总工程师或爆破工作领导人、单位安全保卫部门、爆破器材库和当地县(市)公安局。

销毁工作应报上级主管部门批准，根据单位总工程师或爆破工作领导人的书面批准进行。

销毁的方法有：爆炸销毁法、焚烧销毁法、溶解销毁法和化学分解法。

(1)爆炸销毁法

此法适用于销毁尚未完全丧失爆炸性能的报废炸药。销毁的地点和操作应符合爆破安全规程的要求。销毁用的起爆药包应采用优质的炸药做成。起爆应采用电雷管起爆。为了保证安全爆炸，最好将待销毁的炸药放置在浅坑内爆炸。

(2)焚烧销毁法

此法适用于不能由燃烧转为爆炸的报废炸药。如黑火药和其他失掉爆炸能力的炸药，焚烧时应在天气晴朗、干燥无风的白天进行。应将焚烧的炸药散铺成长条状，其厚度不大于10 cm，宽度不大于30 cm。可以同时并列铺放3条，但每条之间的距离不得小于5.0 m。在每条炸药的下风方向铺设长度不短于5 m的“引火路”，“引火路”由导火索或易燃的刨花、枯枝和碎纸组成。点火前，必须认真检查，严禁将雷管和起爆药包等混入炸药中。点火后，操作人员应迅速撤到安全地点。禁止在燃烧过程中再添加任何燃料。只有在确认炸药燃尽和熄灭以后，才能走近燃烧地点。

(3)溶解销毁法

此法适用于能够溶解于水的炸药。如硝铵类炸药和黑火药等。在盛水的容器内溶解时，每15 kg炸药所需水量不少于400~500 L。溶解完毕后将水溶液倒入坑中，并将不溶解的残渣收集起来爆炸或焚烧掉。

(4)化学分解法

此法适用于能为化学药品分解而失掉爆炸能力的炸药。应对化学分解后的残渣进行妥善处理。

2)报废起爆器材的销毁

不得使用变质失效的起爆器材，且应及时报废并销毁。其销毁方法与销毁炸药的方法基本相同。导火索用燃烧法，雷管、导爆索等则用爆炸法。有壳体的爆炸器材严禁掏挖弹体内的炸药，装药严禁用人工或机械的方法去破坏金属壳体，以免发生爆炸造成安全事故。

6.4 装药与起爆方法

6.4.1 炮孔装药

1)装药工艺

炮孔装药工艺分为人工装药和机械化装药两种，机械化装药又包括风动装药、液压装药和混装装药。

(1)人工装药

人工装药是用炮棍和炮锤装药，适合装药量较小的小型爆破或无装药机械的爆破。对小孔径炮孔，常用直径与药卷直径相当的木棍将成品药卷逐个装入炮孔。炮棍比孔深略长且必须直。用炮棍送药卷时用力要恰当，以免损坏起爆线。向较大炮孔装填散药时，只能装下向炮孔。人工装药技术易掌握，当药量较少、装药结构复杂、药量控制要求高时，可考虑采用。但人工装药方式劳动强度大、作业效率低、装药密度不高，而且经常由于堵孔、塌孔而不能将炸药药卷装至孔底，严重影响爆破效率与质量。

(2)机械化装药

机械化装药采用各类装药机械装药，具有机械化程度高、生产效率高、装药密度大等优点，因而被各大型矿山采用。装药工作机械化可提高装药密度，提高爆破质量，减少穿孔量，降低穿爆成本，节约炸药的贮存、保管、运输和包装费用，具有显著的经济效益。

2)装药设备

地下矿山爆破装药设备包括装药器和装药车两类。装药器又分为传统装填黏性粒状炸药(少数矿山装填粉状炸药)的压气装药器和新型现场混装乳化炸药装药器。装药车分为地下压气装药台车和地下现场混装乳化炸药车。压气装药器、压气装药台车的工作动力均为压缩空气。地下现场混装乳化炸药装药器、装药车则为电-液工作系统，既有装填功能，又有制药功能。

(1)压气装药器

压气装药器通过容器和管道，用压缩空气将散装炸药压入炮孔。在地下爆破工程作业，特别是地下矿山的上向深孔爆破中，采用装药器装药，可节省人力、提高装药效率和爆破质量、减轻劳动强度。

(2)压气装药台车

压气装药台车是一种在长大巷道施工中，将人员、物品提升起来，送至工作面进行装药的专用爆破装药作业台车，适用于无轨运输的大型地下矿山和其他地下大型硐库开挖爆破工程。压气装药台车采用标准化设计，包括不同的底盘、铵油炸药装药器、剪式升降台、工作平台及其他标准件。除用于装药外，还可以用于撬毛、凿岩、喷射混凝土、灌浆和润滑以及运送材料和人员等多种作业。

(3)现场混装乳化炸药装药器

现场混装乳化炸药装药器无自行行走底盘，需借助于其他辅助机械实现不同爆破作业点之间的移动，适用于井巷掘进、分段法采矿等空间狭窄的地下工程爆破装药作业。

(4)现场混装乳化炸药装药车

近些年来，乳化炸药装药车在地下爆破作业中的应用得到了快速发展。现场混装乳化炸药装药车由现场混装乳化炸药上盘系统和地下低矮汽车或铰接式台车底盘组成，是一种正在发展兴起的应用于地下矿山等的爆破装药机械，其安全性好、作业效率高。

表 6-25 至表 6-27 列出了几种地下装药器、现场混装炸药装药车的主要技术性能参数。

表 6-25 国产压气装药器主要技术性能参数

技术性能参数	有搅拌装置	无搅拌装置		
	BQF-100 型	BQ-100 型	AYZ-150 型	BQ-200 型
药桶装药量/kg	100	100	115	200
药桶容积/L	150	130	150	300
工作风压/MPa	0.2~0.4	0.25~0.45	0.25~0.45	0.3~0.8
输药管内径/mm	25 或 32	25 或 32	25 或 32	25 或 32
装药效率/(kg·h^{-1})	600	600	500	800
质量/kg	85	65	125	179
外形尺寸(长×宽)/(mm×mm)	980	676	1275	2100
移动方式	装有抬杠	装有抬杠	装有胶轮	手推胶轮式
备注	定型系列产品	定型系列产品	定型系列产品	定型系列产品

表 6-26 BCJ-5、BCJ-5(M)多品种现场混装炸药车主要技术性能参数

技术性能参数	BCJ-5 型	BCJ-5(M)型
载药量/kg	100~200	100~200
装药效率/kg	15~50	15~50
装填炮孔范围	(25~70 mm)×360°	(25~70 mm)×360°
装填炮孔深度/m	3~40	3~40
装药密度/g	0.95~1.20	0.95~1.20
行驶速度/(km·h^{-1})	20~30	40~60
工作动力	车载电机或汽车发动机	汽车发动机
外形尺寸(长×宽×高)/(mm×mm×mm)	1200×1200×1000	1200×1200×1000
备注	适于非煤地下矿山	适于井下煤矿

表 6-27 BCJ 系列地下单一乳化炸药现场混装车主要技术性能参数

技术性能参数	BCJ-1 型	BCJ-2 型	BCJ-4 型
载药量/kg	600~1000	600~2000	600~2000
装药效率/kg	15~20	15~80	15~80
装填炮孔范围	(25~50 mm)×360°	(25~50 mm)×360°	(25~90 mm)×360°
装填炮孔深度/m	3~40	3~40	3~40
装药密度/g	0.95~1.20	0.95~1.20	0.95~1.20
行驶速度/(km·h^{-1})	20~30	40~60	
工作动力	车载电机或汽车发动机	汽车发动机	车载电机
外形尺寸(长×宽×高)/(mm×mm×mm)	4300×2450×2600	7000×2430×3500	8900×1850×2500

6.4.2 起爆方法

在工程爆破中，引爆药包中的工业炸药有两种方法：一种是通过雷管的爆炸起爆工业炸药；一种是利用导爆索爆炸产生的能量去引爆工业炸药，而导爆索本身需要先用雷管将其引爆。用导爆索起爆炸药的起爆方式称作导爆索起爆法；按雷管的点燃方式，起爆方法包括电雷管起爆、导爆管雷管起爆法。电雷管起爆法采用电引火装置点燃雷管，故也称电力起爆法；导爆索起爆法和导爆管雷管起爆法统称非电力起爆法。

通过单个药包的起爆组合，向多个起爆药包传递起爆信息和能量的系统称为起爆网路。根据起爆方式的不同，起爆网路分为电力起爆网路、导爆管起爆网路、导爆索起爆网路。在工程实践中，有时根据施工条件和要求采用上述不同起爆网路组成的混合起爆网路。

1)电力起爆法

电力起爆法是指利用电能引爆电雷管进而直接或通过其他起爆方式起爆工业炸药的起爆方法。

(1)起爆器材

电力起爆法的器材有电雷管、导线、起爆电源和测量仪表，以下主要介绍前 3 种。

①电雷管

电雷管脚线一般长度为(2.0±0.1)m，镀锌钢芯脚线电雷管全电阻不大于 6.3 Ω，上下限差值不大于 2.0 Ω；铜脚线电雷管全电阻不大于 4.0 Ω，上下限差值不大于 1.0 Ω；电雷管的安全电流必须在 0.2 A 以上；单发电雷管的最小发火电流不大于 0.45 A。电爆网路中通过每个发电雷管的电流值为：一般爆破，直流电不小于 2 A，交流电不小于 2.5 A；硐室爆破，直流电不小于 2.5 A，交流电不小于 4 A。

②导线

电爆网络中使用的导线应遵循强度高、电阻小、绝缘性能良好、易铺设的原则，一般采用铜芯线。

③起爆电源

常用的起爆电源有 3 种：电池，包括干电池和蓄电池；动力交流电源；起爆器。

(2) 电力起爆法的特点

电力起爆法的最大特点是爆前可以用仪器检查电雷管和对网路进行测试，检查网路的施工质量，从而保证网路的准确性和可靠性；另外，电力起爆网路可以远距离起爆并控制起爆时间，调整起爆参数，实现分段延期起爆，但分段数量与灵活性不如导爆管起爆法。电力起爆法的缺点主要是在各种环境因素，如杂散电、静电、射频电、雷电等的电干扰下，存在早爆、误爆的危险，因此在雷雨季节和存在电干扰的危险范围内不能使用电爆网路；在药包数量比较多的工程爆破中，采用电爆网路，必须有可靠的起爆电源，对网路的设计和施工有较高的要求，网路连接也比较复杂。电爆网路的连接方式有串联网路、并联网路和混合联网路。

2) 导爆管起爆法

导爆管雷管起爆法是利用导爆管传递冲击波点燃雷管，进而直接或通过导爆索起爆工业炸药的方法。导爆管起爆法的特点是可以在有电干扰的环境中进行操作，联网时可以用电灯照明，不会因通信电网、高压电网、静电等杂电的干扰引起早爆、误爆事故，安全性较高；一般情况下导爆管起爆网路起爆的药包数量不受限制，网路也不必进行复杂的计算；导爆管起爆方法灵活、形式多样，可以实现多段延时起爆；导爆管网路连接操作简单，检查方便；导爆管传爆过程中声响小，没有破坏作用。导爆管起爆法的缺点是尚未有检测网路是否通顺的有效手段；导爆管本身的缺陷、操作中的失误和其轻微的损伤都有可能引起网路的拒爆；导爆管抗拉能力差，施工中容易受损。

(1) 导爆管起爆网路的组成

导爆管起爆法起爆网路由击发元件、连接元件、传爆元件和起爆元件组成。

击发元件：主要有各种工业雷管、导爆索、击发笔、电火花枪等。

连接元件：主要有分流式连接元件和反射式连接元件两种。

传爆元件：有两种形式。一是直接用导爆管雷管作为传爆元件；二是采用塑料连接块作为传爆元件，通过传爆雷管的爆炸将被传爆导爆管雷管击发起爆。

起爆元件：导爆管不能直接起爆炸药，必须通过在导爆管中传播的冲击波点燃雷管中的起爆药即导爆管雷管来起爆炸药。

(2) 导爆管起爆网路的连接方式

导爆管起爆网路的传爆形式有两种：一种是顺序式(接力)，即从前往后按网路节点(传爆节点)逐步传递下去，可以是一条传爆线路，也可以是多条传爆支路，但传爆过程是不可逆的，只能是前一级节点向后一级节点或上一级节点向下一级节点传爆，反之则不行；另一种是回路式的，传爆节点形成回路，每一个节点都可能向相邻的节点传爆。

①导爆管接力起爆网路

这是导爆管起爆网路中最基本的一种连接方法，将炮孔内引出的导爆管分成若干束，每束导爆管捆连在一发(或多发)导爆管传爆雷管上，将这些导爆管传爆雷管(或与另外一些孔内引出的导爆管)再集束捆连在上一级传爆雷管上，直至用一发或一组起爆雷管击发即可以将整个网路起爆，如图 6-39 所示。这种网路简单、方便，多用于炮孔比较密集和采用孔内延时组成的网路连接中。

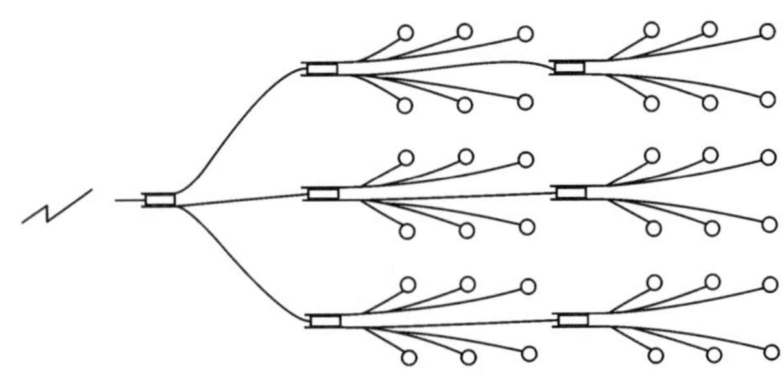

图 6-39 导爆管接力起爆网路示意图

②导爆管闭合网路

闭合网路与导爆管接力网路不同，它的连接元件是四通接头和导爆管，连接以插接为主。通过连接技巧，把导爆管雷管连接成网格状多通道的起爆网路，可以确保网路传爆的可靠性(图 6-40)，因此也可以称为网格式闭合网路。

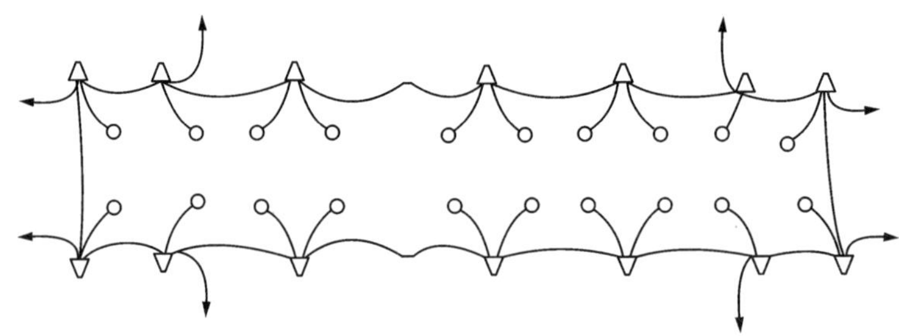

图 6-40 闭合起爆网路连接示意图

③导爆管混合起爆网路

在导爆管起爆网路中，也可将接力网路和闭合网路混合使用。在炮孔数量较多且密集的爆破中，采用闭合网路可以节省传爆雷管数，从这些闭合网路中引出多根导爆管与柱孔引出的导爆管再采用接力网路，对理顺整个起爆网路有好处。也可将各部位的导爆管雷管分别捆连在传爆雷管上，再将这些传爆雷管用四通连接起来组成闭合网路。闭合网路的传爆可靠度很高，而通过闭合网路接力传爆到炮孔中只有一个节点，如采用复式接力，其传爆可靠度也很高，这样整个网路的可靠度也就得到提高。

3) 导爆索起爆法

(1) 导爆索起爆法的特点

导爆索起爆法在装药、填塞和连网等施工程序中都没有使用雷管，因此不受雷电、杂散电流的影响，导爆索的耐折和耐损度远大于导爆管，安全性优于电爆网路和导爆管起爆法；此外导爆索起爆法传爆可靠，操作简单，使用方便，可以使钻孔爆破分层装药结构中的各个药包同时起爆；导爆索有一定的抗水性能和耐高、低温性能，可以用在有水的爆破作业环境中；由于导爆索的传爆速度高，因此可以提高弱性炸药的爆速和传爆可靠性，改善爆破效果。

导爆索起爆法的主要缺点是成本较高，不能用仪表检查网路质量；裸露在地表的导爆索网路，在爆破时会产生较大的声响和一定强度的空气冲击波。导爆索起爆法只有借助导爆索继爆管才能实现多段延时起爆，由于导爆索继爆管价格高，精度低，在爆破工程中已很少应用。

工程爆破中一般较多地将导爆索作为辅助起爆网路。常用的导爆索起爆网路有深孔爆破、光面爆破、预裂爆破、水下爆破以及硐室爆破等。

(2) 导爆索的连接方法

导爆索起爆网路的形式比较简单，无须计算，只要合理安排起爆顺序即可。

导爆索传递爆轰波的能力有一定方向性，在其传爆方向上最强，在与爆轰波传播方向成夹角的方向上导爆索传爆能力会减弱。导爆索常采用搭接、扭接、水手结和"T"形结等方法连接(图 6-41)，其中搭接应用最多。为保证传爆可靠，连接时两根导爆索搭接长度不应小于 15 cm，中间不得夹有异物和炸药卷，捆扎应牢固，支线与主线传爆方向的夹角应小于 90°。在导爆索接头较多时，为了提高传爆的可靠性，可以采用"T"形连接法。

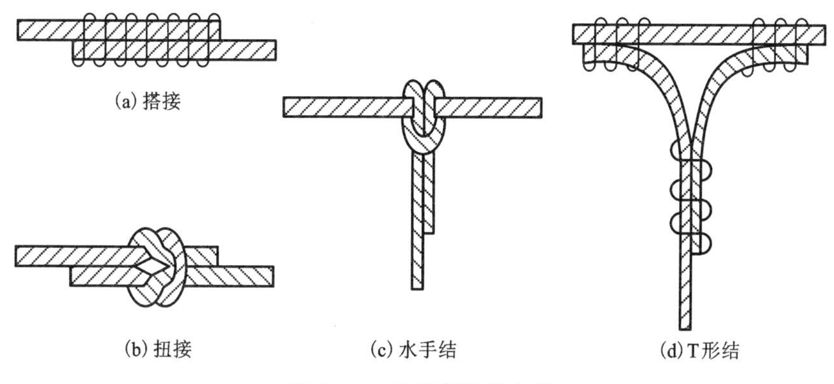

图 6-41　导爆索连接方式

常用的导爆索网路连接方式有如下两种。

①簇并联。将所有炮孔中的导爆索支线末端绑扎成一束或几束，然后再与一主导爆索相连，一般用于孔数不多或较集中的爆破中。

②分段并联。在炮孔或药室外敷设一条或两条导爆索主线，将各炮孔或药室中的导爆索支线分别依次与导爆索主线相连。

4) 混合起爆网路

在工程爆破现场使用中，最多采用的是以上各种起爆网路的混合体。混合起爆网路能充分利用各种网路的特性，可以保证网路的安全可靠性和经济合理性。

混合起爆网路有 3 种形式：电雷管-导爆管雷管混合网路、导爆索-导爆管雷管混合网路、电雷管-导爆索混合网路。有时候，混合起爆网路中甚至包含有电雷管、导爆管雷管、导爆索三种网路联合使用的形式。

(1) 电雷管-导爆管雷管混合网路

在以导爆管雷管起爆法为主的起爆网路中，利用电力起爆网路可以实现远距离起爆，控制起爆时间。

(2)导爆索-导爆管雷管混合网路

导爆索起爆法往往是作为辅助起爆网路与导爆管雷管起爆网路配合使用，当用导爆管雷管起爆导爆索时，必须注意起爆雷管的方向性。

采用导爆索引爆导爆管雷管网路可以克服导爆索网路中不能使用孔内延时爆破的缺点，还可使导爆管雷管网路的工作面混乱的局面得到根本改善。普通导爆索与导爆管应垂直连接，连接形式可采用“T”形结或绕结方式(图 6-42)。

在井巷掘进爆破中，重要的是要保证相邻起爆段之间具有足够的延迟时间。在使用时可以采用低能导爆索-导爆管雷管起爆系统，孔内采用不同段别的长延时导爆管雷管，通过塑料 J 形钩与孔外的低能导爆索网路相连，再用雷管引爆低能导爆索(图 6-43)。但要注意，为确保导爆管连接不会出现交叉现象，在距导爆索 20 cm 范围内不要放置导爆管。

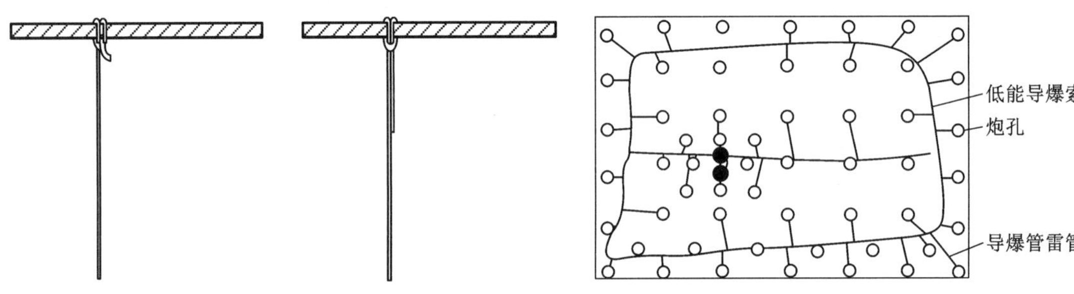

图 6-42 普通导爆索引爆导爆管的连接方法

图 6-43 低能导爆索-导爆管雷管起爆网路

(3)电雷管-导爆索混合网路

与导爆管雷管-导爆索混合网路一样，导爆索起爆法也经常作为辅助起爆网路与电爆网路配合使用。

总之，在熟悉各种起爆网路使用特点的基础上，根据各个工程的特点和要求，可以组合出各种各具特色的混合起爆网路来。

5)电子雷管起爆系统

澳大利亚 Orica 公司、瑞典 Dynamit Nobel 公司和中国兵器工业系统总体部(北方邦杰)等研发的电子雷管及其起爆系统在全世界范围内占有较大市场份额。下面介绍两款典型的电子雷管及其起爆系统。

(1)澳大利亚 Orica 公司的 i-KonTM 电子雷管起爆系统

i-KonTM 电子雷管起爆系统由电子雷管、编码器和起爆器 3 部分组成，见图 6-44。电子雷管可以实现 1 ms 间隔的从 0 到 15000 ms 的全部编程，总延期时间小于 100 ms 时的延期精度在 0.2 ms 以内，总延期时间大于 100 ms 时，误差小于 0.1%。编码器的功能是注册、识别、登记和设定每个雷管的延期时间，随时对电子雷管及网络在线检测；编码器可以识别雷管与起爆网路中可能出现的任何错误，如雷管脚线短路，正常雷管和缺陷雷管的 ID，雷管与编码器正确连接与否。编码器在一个固定的安全电压下工作。最大输出电流不足以引爆雷管并且在设计上其本身也不会产生起爆雷管的指令，从而保证了在布置和检测雷管时不会使雷管误发火。

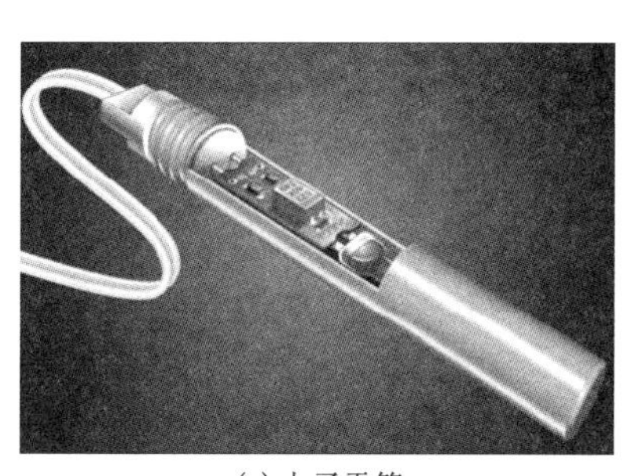

(a) 电子雷管

(b) 编码器

(c) 起爆器

图 6-44　i-KonTM 电子雷管、编码器和起爆器

起爆器控制整个爆破网路的编程和起爆。起爆器从编码器上读取整个网路中的雷管数据，然后检查整个起爆网络，只有当编码器与起爆器组成的系统没有任何错误，起爆器才发出编码信号起爆整个网路。爆破软件采用 SHOT PLUS-i 软件，这种软硬件结合使用的爆破系统大大提高了爆炸性能和爆破效果。

(2) 中国兵器工业系统总体部的"隆芯 1 号"电子雷管及其起爆系统

"隆芯 1 号"为国内第一个自主研发成功的电子雷管专用集成电路。该集成电路应用于雷管产品，具有电磁兼容性好、安全性高、可靠性好、延期精确、使用简单等特点。"隆芯 1 号"延期控制模块是国内具有自主知识产权的安全可靠、精度高的数码电子雷管控制模块，具有两线制双向组网通信、现场在线编程能力，可实现宽范围、小间隔延期数据的炮孔现场设定，起爆精确性好。电子雷管延期控制模块状态可在线检测，延期时间可在线校准，起爆网路可靠性高，数码电子雷管延期控制模块内置产品序列号和起爆密码，内嵌抗干扰隔离电路，使用安全、网路设计简单、操作使用方便。200 型起爆器是"隆芯 1 号"TM 系列数码电子雷管的专用起爆设备，如图 6-45 所示，该起爆器主要是针对 200 发以下数码电子雷管爆破网路进行设计的设备，单台设备就能够完成对数码电子雷管的注册、测试、删除、延期修改及起爆等操作，使用安全方便，各项性能指标均满足工程使用要求。在执行起爆流程操作时，引入隆码密钥密码验证机制，可防止对起爆器设备的非法操作，方便对设备的管理。

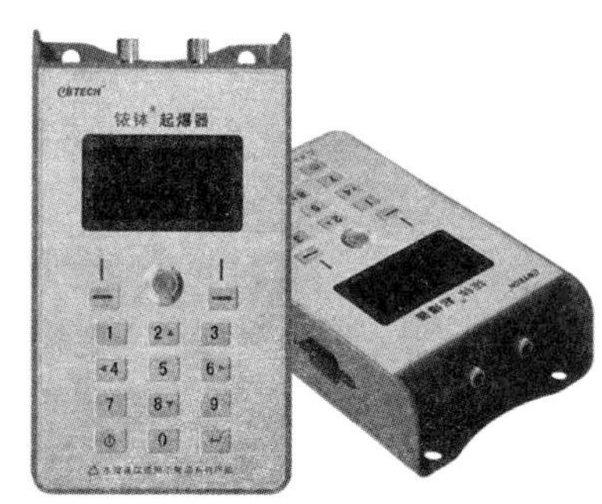

图 6-45　专用集成电路 200 型起爆器

6.5　爆破破岩

炸药爆炸时产生的高温、高压爆轰气体产物瞬间作用于岩石，可引起岩石运动，导致岩石破坏。研究岩石在爆破荷载作用下的破坏规律及相关理论，了解岩石爆破破岩机理，对提高矿山爆破工程质量和效益、正确指导爆破设计和施工、促进爆破理论和相关技术的发展具有十分重要的理论和实际意义。

6.5.1 岩石爆破作用原理

由于岩体爆破过程的复杂性、岩体的各向异性、非连续性以及爆破施工工艺的多样性，迄今为止，还没有一套完整而准确的岩石爆破破坏理论。然而，通过长期的理论研究、实验模拟，生产爆破实践以及数值计算，人们已逐步掌握了岩石爆破破坏的基本规律，并提出了一些较为符合实际的爆破破坏理论或假说。

1)岩石中的爆炸应力波

炸药在岩石和其他固体介质中爆炸所激起的应力扰动(或应变扰动)传播称为爆炸应力波。

(1)应力波分类

按传播途径应力波分为两类：在介质内部传播的应力波称为体积波；沿着介质内、外表面传播的应力波称为表面波。

体积波按波的传播方向和在传播途径中介质质点扰动方向的关系又分为纵波和横波。纵波亦称 P 波，其特点是波的传播方向与介质质点运动方向相一致。由于纵波传播垂直应力，在传播过程中引起压缩和拉伸变形，因此，纵波又分为压缩波和稀疏波。横波亦称 S 波，特点是波的传播方向与介质质点运动方向垂直，在传播过程中会使介质产生剪切变形。

表面波可以分为瑞利(Rayleigh)波和勒夫(Love)波。瑞利波简称 R 波；勒夫波简称 Q 波。勒夫波的特征是质点仅在水平横向做剪切型振动，没有垂直分量的运动，只有当岩体内存在两种或多种介质时，其交界面才会出现勒夫波；瑞利波使介质表面附近的质点做垂直和水平方向的复合运动，理想的半空间或成层介质也都存在瑞利波。表面波都具有质点的振幅随着界面距离的增加而按指数减少以及波形“沿”界面而传播的特点。

体积波特别是纵波由于能使岩石产生压缩和拉伸变形，是爆破时造成岩石破裂的重要原因。表面波特别是瑞利波，携带较大的能量，是造成地震破坏的主要原因。若震源辐射出的能量为 100，则纵波和横波所占能量比为 7% 和 26%，而表面波为 67%。图 6-46 为应力波传播引起的介质变形示意图。

传播过程中应力波所形成的波阵面形状不同，分为球面波、柱面波和平面波。球状药包激起的是球面波；柱状药包沿全长同时起爆时激起的是柱面波；平面药包激起的是平面波。

(2)岩石中爆炸应力波的传播

爆炸应力波在岩体内传播时，其强度随传播距离的增加而减小，波的性质和形状也产生相应的变化。根据波的性质、形状和作用的不同，可将爆炸应力波的传播过程分为 3 个作用区，如图 6-47 所示。在离爆源约 3~7 倍药包半径的近距离内，爆炸冲击波的强度极大，波峰压力一般都大大超过岩石的动抗压强度，使岩石产生塑性变形或粉碎，消耗了大部分的能量，冲击波的参数也发生急剧衰减，这个距离范围叫作冲击波作用区。冲击波通过该区以后，衰减成不具陡峻波峰的应力波，波阵面上的状态参数变得比较平缓，波速接近于岩石中的声速，由于应力波的作用，岩石处于非弹性状态，可导致岩石的破坏或残余变形，该区称作应力波作用区或压缩应力波作用区，其范围可达到 120~150 倍药包半径的距离。应力波传过该区后，波的强度进一步衰减，变为弹性波或地震波，波的传播速度等于岩石中的声速，

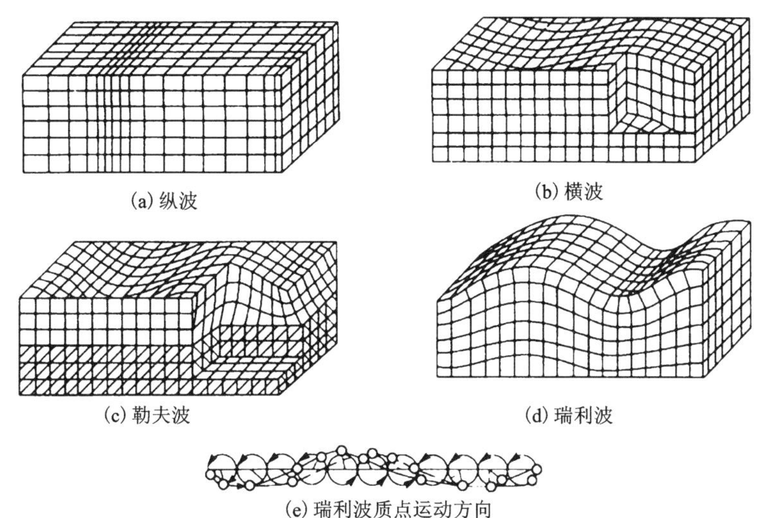

图 6-46　应力波传播引起的介质变形示意图

它的作用只能引起岩石质点做弹性振动，故此区称为弹性振动区。

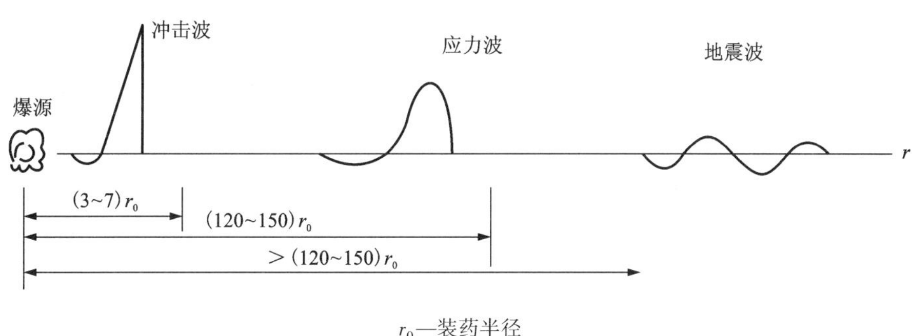

图 6-47　爆炸应力波传播过程及其作用范围

2) 岩石爆破破碎机理

(1) 炸药的内部作用

假设岩石为均匀介质，当炸药被置于无限均质岩石中爆炸时，在岩石中形成以炸药为中心的由近及远的不同破坏区域，分别称为粉碎区、裂隙区及弹性振动区，如图 6-48 所示。

①粉碎区

炸药爆炸后，爆轰波和高温、高压爆炸气体迅速膨胀形成的冲击波作用在孔壁上，都将在岩石中激起冲击波或应力波，其压力为几万兆帕、温度为 3000 ℃以上，远远超过岩石的动态抗压强度，致使炮孔周围岩石呈塑性状态，在几毫米至几十毫米的

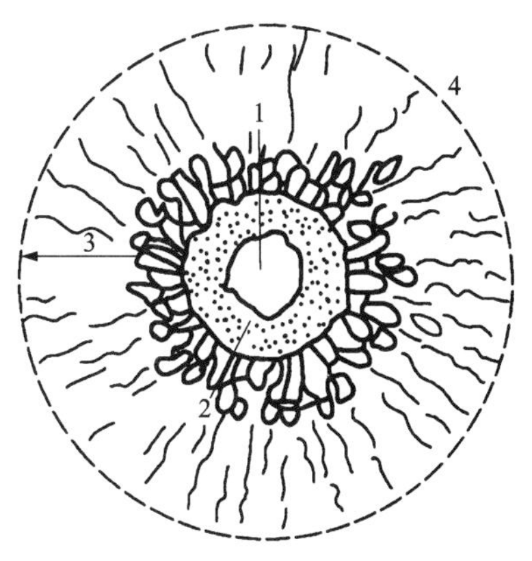

1—装药空腔；2—粉碎区；
3—裂隙区；4—弹性振动区。

图 6-48　岩石内部爆破作用示意

范围内岩石熔融。尔后随着温度的急剧下降，岩石被粉碎成微细的颗粒，原来的炮孔被扩大成空腔，称为粉碎区。如果所处岩石为塑性岩石（黏土质岩石、凝灰岩、绿泥岩等），则近区岩石被压缩成致密的、坚固的硬壳空腔，称为压缩区。由于粉碎区处于坚固岩石约束的条件下，大多数岩石的动态抗压强度都很大，冲击波的大部分能量已消耗于岩石的塑性变形、粉碎和加热等方面，冲击波的能量急剧下降，其波阵面的压力很快就下降到不足以粉碎岩石，因此粉碎区半径很小，一般约为药包半径的几倍。

②裂隙区

随着传播范围的扩大，冲击波衰减为压缩应力波。应力波的强度已低于岩石的动抗压强度，不能直接压碎岩石，但仍能引起岩石质点的径向位移，同时在切线方向上受到拉应力。由于岩石是脆性介质，其抗拉强度很低，因此，当切向拉应力值大于岩石的动抗拉强度时，外围的岩石层就会产生径向裂隙。之后，爆炸气体充满爆腔，以准静压力的形式作用在空腔壁上并冲入由应力波形成的径向裂隙中，在高温、高压爆炸气体的膨胀、挤压及气楔作用下，径向裂隙继续扩展和延伸，裂隙尖端处气体压力造成的应力集中也起到了加速裂隙扩展的作用。

受冲击波、应力波的强烈压缩作用，岩石内积蓄了一部分弹性变形能。当破裂区形成、径向裂隙展开、爆腔内爆炸气体压力下降到一定程度时，原先积蓄的这部分能量就会释放出来，并转变为卸载波向爆源中心传播，产生了与压应力波方向相反的向心拉应力波，使岩石质点产生向心运动，当此拉伸应力波的拉应力值大于岩石的抗拉强度时，岩石就会被拉断，形成了爆腔周围岩石中的环状裂隙。径向裂隙和环状裂隙的相互交错，将岩石割裂成块，因此裂隙区的范围比粉碎区要大得多。

③弹性振动区

在裂隙以外的岩体中，由于应力波引起的应力状态和爆轰气体压力建立起的准静应力场均不足以使岩石破坏，只能引起岩石质点做弹性振动，直到弹性振动波的能力被岩石完全吸收为止，因此这个区域称为弹性振动区。

粉碎区、裂隙区和振动区之间并无明显的界线，各区的大小与炸药的性质、装药量、装药结构以及岩土的性质有关。

（2）炸药的外部作用

当集中药包埋置在靠近地表的岩石中时，药包爆破后除产生内部的破坏作用以外，还会在地表产生破坏作用。在地表附近产生的破坏作用称为外部作用。

①反射拉伸波引起自由面附近岩石的片落

根据应力波反射原理，当药包爆炸以后，压缩应力波到达自由面时，产生反射拉伸应力波，并由自由面向爆源传播。由于岩石抗拉强度很低，当拉伸应力波的峰值压力大于岩石的抗拉强度时，岩石被拉断而与母岩分离。随着反射拉伸波的传播，岩石将从自由面向药包方向形成片落破坏，其破坏过程如图 6-49 所示。

②反射拉伸波引起径向裂隙的延伸

从自由面反射回岩体中的拉伸波，即使它的强度不足以产生片落，但是反射拉伸波同径向裂隙梢处的应力场相互叠加，可使径向裂隙大大地向前延伸。裂隙延伸的情况与反射应力波传播的方向和裂隙方向的交角有关。如图 6-50 所示，当夹角为 90°时，反射拉伸波将最有效地促使裂隙扩展和延伸；当夹角小于 90°时，反射拉伸波以一个垂直于裂隙方向的拉伸分

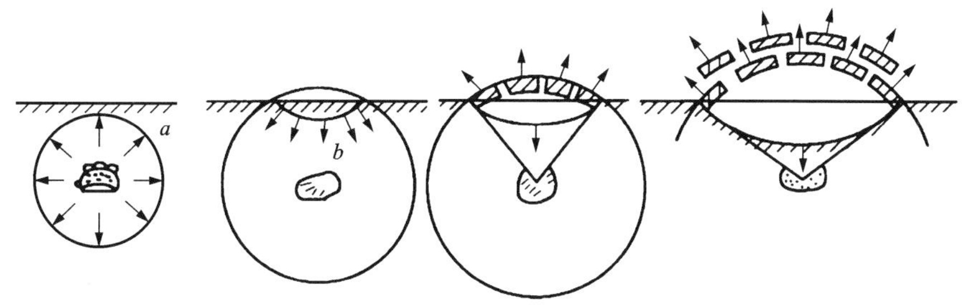

a—入射压力波波前；*b*—反射拉伸应力波波前。

图 6-49　反射拉伸应力波破坏过程示意图

力促使径向裂隙扩张和延伸，或者在径向裂隙末段造成一条分支裂隙；当径向裂隙垂直于自由面即夹角为 0°时，反射拉伸波不会再对裂隙产生任何拉力，故不会促使裂隙继续延伸发展，相反地，反射波在其切向上处于压缩应力状态，使已经张开的裂隙重新闭合。

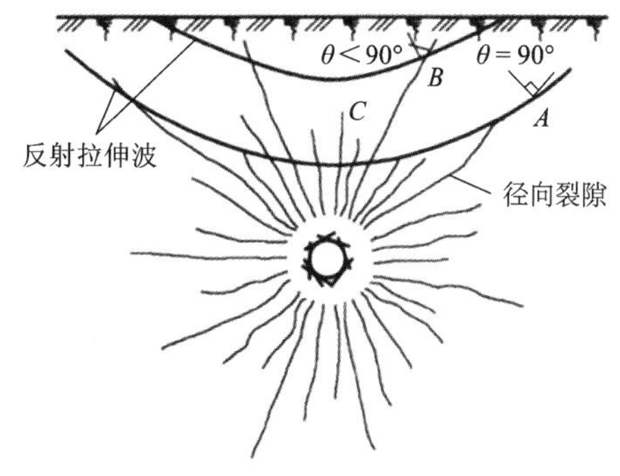

图 6-50　反射拉伸波对径向裂隙的影响

(3)炸药在岩石中的爆破破坏过程

岩石爆破破坏过程大致可分为以下 3 个阶段。

第一阶段为炸药爆炸后冲击波径向压缩阶段。炸药起爆后，产生的高压粉碎了炮孔周围的岩石，冲击波以 3000~5000 m/s 的速度在岩石中引起切向拉应力，由此产生的径向裂隙向自由面方向发展，冲击波由炮孔向外扩展到径向裂隙的出现需 1~2 ms，如图 6-51(a)所示。

第二阶段为冲击波反射阶段。第一阶段冲击波压力为正值，当冲击波到达自由面后发生反射时，波的压力变为负值。即由压缩应力波变为拉伸应力波。在反射拉伸应力的作用下，岩石被拉断，发生片落，如图 6-51 (b)所示。此阶段发生在起爆后 10~20 ms。

第三阶段为爆炸气体膨胀阶段，岩石受爆炸气体超高压力的影响，在拉伸应力和气楔的双重作用下，径向初始裂隙迅速扩大，如图 6-51(c)所示。

当炮孔前方的岩石被分离、推出时，岩石内产生的高应力卸载如同被压缩的弹簧突然松开一样。这种高应力的卸载作用，在岩体内引起极大的拉伸应力，继续第二阶段开始的破坏过程。第二阶段形成的细小裂隙构成了薄弱带，为破碎的主要过程创造了条件。

从爆炸荷载特征出发，第一、二阶段均是由冲击波的作用产生的，而第三阶段原生裂隙的扩大和碎石的抛出是爆炸气体作用的结果。对于一般爆破，岩石的破裂过程是从炮孔壁面向自由面方向发展的，而且岩石破坏时以拉伸破坏为主。

3)爆破漏斗理论

当药包爆炸产生外部作用时，除了将岩石破坏以外，还会将部分破碎了的岩石抛掷，在地表形成一个漏斗状的坑，这个坑称为爆破漏斗。

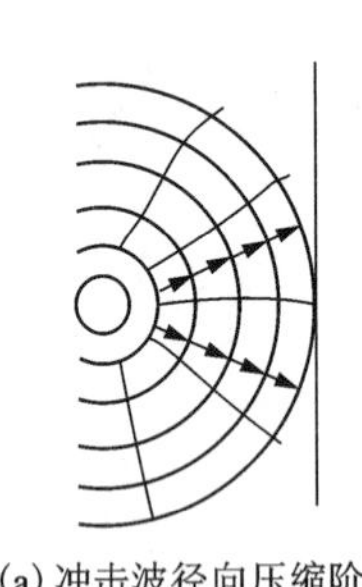

(a) 冲击波径向压缩阶段

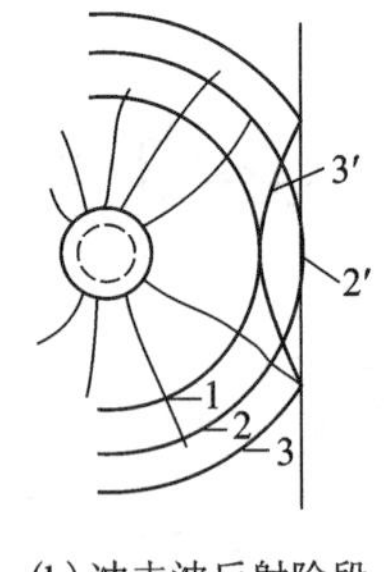

(b) 冲击波反射阶段

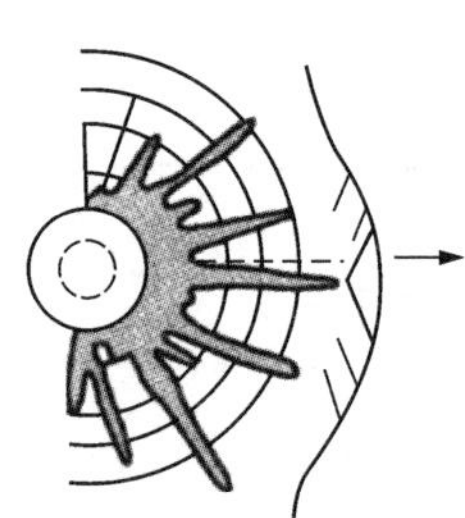

(c) 爆炸气体膨胀阶段

1, 2, 3—分别为时刻压缩波阵面; 2′—压缩波阵面遇到自由面开始产生反射波; 3′—反射产生的拉应力波阵面。

图 6-51 爆破过程的 3 个阶段

(1)爆破漏斗的几何参数

置于自由面下一定距离的球形药包爆炸后, 形成的爆破漏斗的几何参数如图 6-52 所示。

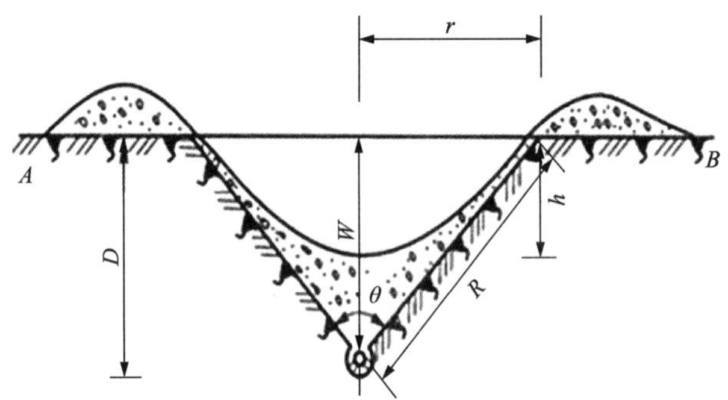

图 6-52 爆破漏斗的几何参数

自由面: 被爆破的岩石与空气接触的面为自由面, 又称为临空面。如图 6-52 中的 *AB* 面。

最小抵抗线 *W*: 自药包重心到自由面的最短距离, 即表示爆破时岩石阻力最小的方向。最小抵抗线是爆破作用和岩石移动的主导方向。

爆破漏斗半径 *r*: 爆破漏斗的底圆半径。

爆破作用半径 *R*: 药包重心到爆破漏斗底圆圆周上任一点的距离, 又称破裂半径。

爆破漏斗深度 *D*: 自爆破漏斗尖顶至自由面的最短距离。

爆破漏斗的可见深度 *h*: 自爆破漏斗中岩堆表面最低洼点到自由面的最短距离。

爆破漏斗张开角: 爆破漏斗的顶角。

(2)爆破漏斗的基本形式

爆破漏斗半径与最小抵抗线之比称为爆破作用指数 *n*。根据爆破作用指数 *n* 的不同, 爆破漏斗有 4 种基本形式。当 $n=\frac{r}{W}=1.0$, 漏斗的张开角为 90°, 形成标准抛掷爆破漏斗, 如图 6-53(a)所示; 当 $n>1.0$, 漏斗张开角 $\theta>90°$, 形成加强抛掷爆破漏斗, 如图 6-53(b)所示；当 $1>n>0.75$，漏斗张开角 $\theta<90°$，形成减弱抛掷爆破漏斗，如图 6-53(c)所示；当 $n\leqslant 0.75$，药包爆破后只使岩石破裂，几乎没有抛掷作用，从外表看，不形成可见的爆破漏斗，如图 6-53(d)所示。

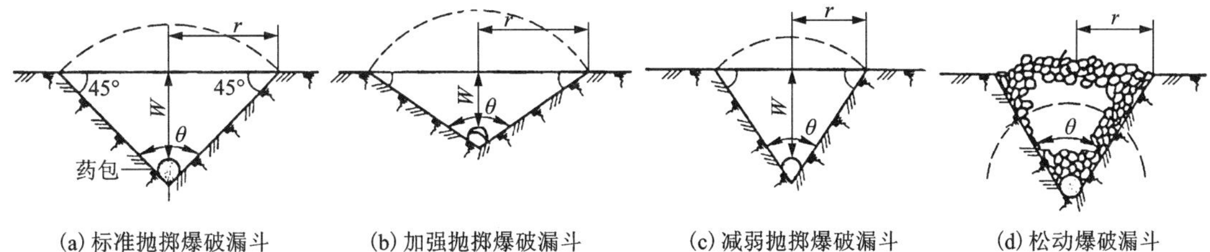

(a)标准抛掷爆破漏斗　(b)加强抛掷爆破漏斗　(c)减弱抛掷爆破漏斗　(d)松动爆破漏斗

图 6-53　爆破漏斗的基本形式

4)爆破装药量计算原理

(1)爆破装药量计算的基本公式

爆破装药量计算的基本公式可以表示为：

$$Q = K_2W^2 + K_3W^3 + K_4W^4 \tag{6-1}$$

式中：第一项(K_2W^2)表示克服张力形成断裂面所需要的能量；第二项(K_3W^3)表示介质体积变形所需要的能量；第三项(K_4W^4)表示介质克服重力场所需要的能量。

瑞典学者兰格福斯(U. Langefors)在《现代岩石爆破技术》一书中提出的在一般岩石中采用松动爆破情况下的药量计算公式为：

$$Q = 0.07W^2 + 0.35W^3 + 0.004W^4 \tag{6-2}$$

分析表明：①在小抵抗线 $0.1\ \text{m}\leqslant W\leqslant 1.0\ \text{m}$ 时，式中的第一项占总需能的 16%以上，不能忽略。所以在药包抵抗线小的情况下，单位炸药消耗量高。②在抵抗线 $W>20.0\ \text{m}$ 时，第一项占总需能的比例小于 1%，可以忽略；这时第三项上升到占总需能的 18%以上，是不能忽略的。③在抵抗线 $1.0\ \text{m}<W\leqslant 20.0\ \text{m}$ 时，爆破装药量可以不考虑岩土的重力和内聚力的影响，主要考虑使介质体积变形所需要的能量，其药量计算公式可以只采用第二项，即

$$Q = K_3W^3 \tag{6-3}$$

式(6-3)即是工程爆破常用的体积药量计算公式。由此可以认为，在工程中，最小抵抗线取 4.0~12.0 m 是合理和经济的。

(2)集中药包装药量计算公式

①集中药包的标准抛掷爆破

对于采用单个集中药包进行的标准抛掷爆破，其装药量计算式为：

$$Q_b = q_b \cdot W^3 \tag{6-4}$$

式中：Q_b 为形成标准抛掷漏斗的装药量，kg；q_b 为形成标准抛掷爆破漏斗的单位体积岩石的炸药消耗量，一般称为标准抛掷爆破单位用药量，kg/m³。

②集中药包的非标准抛掷爆破

非标准抛掷爆破的装药量是爆破作用指数的函数。不同爆破作用的装药量用通式(6-5)来表示：

$$Q = f(n) \cdot q_b \cdot W^3 \tag{6-5}$$

式中：$f(n)$为爆破作用指数函数。

对于标准抛掷爆破$f(n)=1.0$，减弱抛掷爆破或松动爆破$f(n)<1$，加强抛掷爆破$f(n)>1$。

$f(n)$具体的函数形式有多种，我国爆破工程界应用较为广泛的是苏联学者鲍列斯科夫提出的经验公式，由此得到集中药包抛掷爆破装药量的计算通式为：

$$Q=(0.4+0.6n^3)q_b W^3 \tag{6-6}$$

由于集中药包松动爆破的单位用药量约为标准抛掷爆破单位用药量的1/3~1/2，松动爆破的装药量公式可以表示为：

$$Q=(0.33\sim 0.5)q_b W^3 \tag{6-7}$$

(3)条形药包装药量计算公式

国内在条形药包爆破设计中，大多采用如式(6-8)所示的一般公式：

$$q=\frac{Q}{L}=KW^2 f_c(n) \tag{6-8}$$

式中：Q为条形药包装药量，kg；L为条形药包长度，m；q为炸药线装药密度，kg/m；K为标准抛掷爆破单位用药量，kg；W为最小抵抗线，m；$f_c(n)$为条形药包爆破作用指数函数，n为爆破作用指数。

条形药包爆破作用指数函数$f_c(n)$和集中药包爆破作用指数函数$f(n)$在含义和形式上是不相同的。对于条形药包爆破作用指数函数$f_c(n)$，中国铁道科学研究院建议的公式为：

$$f_c(n)=\left(\frac{1+n^2}{2}\right)^{1.4} \tag{6-9}$$

5)成组药包爆破作用

在实际的工程爆破中，一般很少采用单个药包爆破。常常要使用多个药包爆破才能达到预期的工程目的。成组药包若同时起爆或采用微差起爆，则相邻药包之间将相互作用，由两个药包爆破产生的应力波相互叠加，使岩石中的应力状态要比单个药包爆破时复杂得多。

如图6-54所示，岩体中的Ⅰ、Ⅱ两点的单元体受到炮眼径向方向的压缩应力，分别在此两点的法线方向上出现拉伸应力。Ⅰ点岩石单元体受到了A、B药包爆破引起的压缩应力波的叠加作用，其结果是在波阵面的切线方向上的拉伸应力增大，形成应力增高现象，从而使炮眼连心线上的岩石首先产生径向裂隙。炮眼距离愈近，这种裂隙就愈多。但是，不能认为炮眼愈近，爆破效果就愈好，因为炮眼连心线上的岩石产生裂隙后，爆轰气体会很快沿裂隙逸散，而使其他方向上的径向裂隙得不到足够的发展，从而降低了岩石的破碎程度。

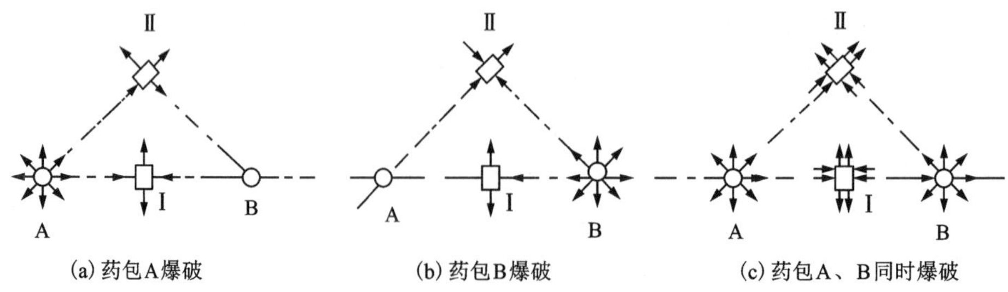

图6-54 应力加强和降低的分析

在 A、B 药包同时起爆时，Ⅱ点岩石单元体受到 A 药包爆破时引起的径向压缩应力与切向拉伸应力的作用，正好分别被 B 药包引起的切向拉伸应力与径向压缩应力所抵消，所以出现应力降低现象。应力的降低将导致岩石爆破后产生大块。因此，实际爆破中应适当增大眼距，并相应减小最小抵抗线，使应力降低区位于自由面之外，这样可以减少大块的产生。但是，眼距也不能太大，因应力随眼距增大而减小，岩石将得不到充分破碎，在两炮眼间会留下岩柱。

多排成组药包齐发爆破所产生的应力波相互作用情况比单排时更加复杂。如图 6-55 所示，前后排各炮眼所构成的四边形中的岩石，受到 4 个炮眼药包爆破引起的应力波的相互叠加作用，造成了极高的应力状态，并且延长了应力波的作用时间，因而使破碎效果大为改善。多排成组药包齐发爆破时，只有第一排炮眼爆破具有两个自由面的优越条件，而后排炮眼爆破无平行炮眼方向的自由面可利用，则爆破所受的夹制作用大。因此，爆破的能量消耗大，爆破效率不高，在实际中很少采用多排成组炮眼的齐发爆破。在多排成组炮眼爆破前后排炮眼爆破时，前后排炮眼采用微差起爆技术将会获得较好的爆破效果。

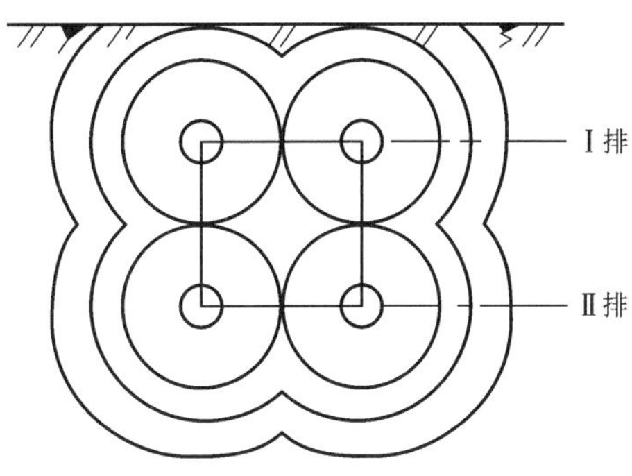

图 6-55　4 个药包齐发爆破应力波的叠加

6.5.2　岩石爆破作用的影响因素

影响岩石爆破作用的因素很多，归纳起来主要有 4 个方面，即炸药性能、岩石特性、炸药与岩石匹配关系、爆破条件和爆破工艺。

1）炸药性能对爆破作用的影响

直接影响爆破作用及其效果的炸药性能是炸药密度、爆热和爆速。它们进而又影响爆轰压力、爆炸压力、炸药能量利用率等。

（1）炸药密度、爆热和爆速

破碎岩石主要靠炸药爆炸释放出来的能量。增加炸药爆热和密度，可以提高单位炸药的能量密度；反之，必然导致炸药能量密度降低，增加钻孔的工作量和成本。对于单质猛炸药，当药包直径一定时，爆速随密度的增加而增大，二者成直线关系。工业炸药，二者的关系比较复杂，在直径一定时炸药的爆速先随密度的增加而增大，但达到一定极限后，再增加密度爆速反而降低。图 6-56 表示两种不同粉状硝铵类炸药（曲线 1 和曲线 2）药包在直径为 100 mm 时装药密度与爆速的关系。

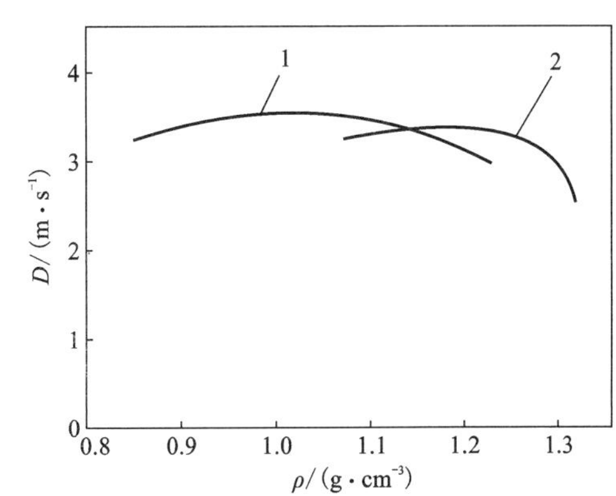

图 6-56　硝铵炸药装药密度与爆速的关系

爆速也是炸药性能的主要参数之一，不同爆速的炸药，在岩石中爆炸可激起不同的应力波参数，坚固的岩石使用高爆速的乳化炸药与低爆速的铵油炸药相比，爆破效果明显不同。采用高密度炸药是提高爆破作用的有效途径。

(2)爆轰压力

爆轰压力是指炸药爆轰时爆轰波波阵面中的C-J面所测得的压力。一般来说，爆轰压力越高，在岩石中激发的冲击波的初始峰值压力和引起的应力以及应变也越大，越有利于岩石的破裂，尤其是爆破坚硬致密的岩石更是如此。但是并不是对所有岩石来说爆轰压力越大越好，对某些岩石爆轰压力过大将会造成炮孔周围岩石的过度粉碎。另外爆轰压力越大，冲击波对岩石的作用时间越短，冲击波的能量利用率越低而且造成岩石破碎不均匀。因此，必须根据岩石的性质和工程的要求来合理选配炸药的品种。

爆轰压力与炸药的密度的一次方和爆速平方的乘积成正比。所以在爆破坚硬致密的岩石时，以选用密度大和爆速较高的炸药为宜。

(3)爆炸压力

爆炸压力又称炮孔压力，它是爆轰气体产物膨胀作用在孔壁上的压力。在爆破破碎过程中爆炸压力对岩石起胀裂、推移和抛掷作用，一般来说，爆炸压力越大，说明爆轰产物中所含有的能量越大，对岩石的胀裂、推移和抛掷作用越强烈。

爆炸压力值取决于炸药爆热、爆温和爆轰气体的体积。而爆炸压力作用的时间除与炸药本身的性能有关以外，还与爆破时炮泥的填塞质量有关。因此在工程爆破中除了针对岩石性能和爆破目的选用性能相适应的炸药品种外，还应考虑填塞质量。

(4)炸药能量利用率

炸药在岩体中爆炸释放出的能量通过爆炸应力波和爆轰气体膨胀压力的方式传递给岩石，使岩石产生破碎。但是，真正用于破碎岩石的能量只占炸药释放能量的极小部分，大部分能量都消耗在做无用功上。因此，提高炸药爆炸能量的利用率是有效地破碎岩石、改善爆破效果和提高经济效益的重要途径。

除了炸药爆炸时的热化学损失外，炸药爆炸时的能量分配包括：克服岩体中的凝聚力使岩体粉碎和破裂；克服岩体中的凝聚力和摩擦力使爆破范围内的岩石从母岩体中分离；将破碎后岩块推移和抛掷；形成爆破地震波、空气冲击波、噪声和爆破飞石。

在工程爆破中，造成岩石的过度粉碎，产生强烈的抛掷，形成强大爆破地震波、空气冲击波、噪声和爆破飞石能量均属无益消耗的爆炸功。因此，必须根据爆破工程的要求，采取有效措施提高炸药爆炸能量的利用率。比如，根据岩石性质合理选择炸药的品种，合理确定爆破参数，选择合理的装药结构和药包的起爆顺序以及保证填塞质量，等等，都可以提高炸药在岩体中爆炸时的能量利用率。

2)岩石性质对爆破作用的影响

岩石的基本性质决定了岩石的可爆性，也影响爆破参数的选择。以下爆破设计计算参数的选取与岩性密切相关：①炸药品种的选择；②单位岩石炸药消耗量的确定；③进行爆破漏斗及方量计算时的压缩圈系数、上破裂线系数、预留保护层厚度系数、药包间排距；④岩石的爆后松散系数，抛掷堆积计算的抛距系数和塌散系数；⑤爆破安全计算中的不逸出半径、地表破坏圈范围以及爆破振动计算中有关系数等。各种土石爆破后松散系数见表6-28。

表 6-28　各种土石爆破后的松散系数

名称	松散系数	名称	松散系数
砂土、砾石	1.1~1.2	软泥岩石	1.3~1.37
腐殖土	1.2~1.3	黏质页岩、比较软的岩石	1.35~1.45
砂质黏土大块漂石	1 2~1.25	中等硬度的岩石	1.4~1.6
重壤土	1.24~1.30	硬及非常硬的岩石	1.45~1.8

3）炸药波阻抗和岩石波阻抗的匹配

岩石的波阻抗反映了应力波使岩石质点运动时，岩石阻止波能传播的作用。岩石波阻抗对爆破能量在岩石中的传播效率有直接影响。通常认为炸药的波阻抗与岩石的波阻抗相匹配时，炸药传递给岩石的能量最多，在岩石中引起的应变值就越大，可获得较好的爆破效果。工程上常用的硝铵类炸药，其波阻抗一般为 5×10^5 g/(cm^2 · s)，而坚硬致密岩石的波阻抗为 $(10\sim25)\times10^5$ g/(cm^2 · s)，由此可见，普通硝铵类炸药尚不能很好地满足爆破致密坚硬岩石的要求。因此，通过提高装药密度来提高炸药的波阻抗值，也是提高爆破效果的有效途径之一。表 6-29 为各种岩石应选用的炸药的性能。

表 6-29　各种岩石应选用的炸药的性能

不同岩石波阻抗 /($\times10^6$ kg · m^{-2} · s^{-1})	坚固性系数 f	炸药爆炸性质		
		爆轰压/($\times10^2$ MPa)	爆速/($\times10^3$ m · s^{-1})	密度/(g · cm^{-3})
16~20	14~20	200	6.3	1.2~1.4
14~16	9~14	165	5.6	1.2~1.4
10~14	5~9	125	4.8	1.0~1.2
8~10	3~5	85	4.0	1.0~1.2
4~8	1~3	48	3.0	1.0~1.2
2~4	0.5~1	20	2.5	0.8~1.0

4）爆破工艺对爆破作用的影响

爆破工艺对爆破作用的影响是多方面的，主要包括自由面状态、装药结构、炮孔填塞、起爆药包位置等。

（1）自由面的影响

自由面对爆破作用的影响归纳起来有以下 3 点：

①自由面改变岩石的应力状态及强度极限。在无限介质中，岩石处于三向应力状态，而自由面附近的岩石则处于单向或双向应力状态。故自由面附近的岩石强度接近岩石单轴抗拉或抗压强度，是在无限介质中承受爆破作用时相应强度的几分之一甚至十分之一。

②自由面是最小抵抗线方向，应力波抵达自由面后，在自由面附近的介质运动因阻力减小而加速，随后而到的爆炸气体进一步向自由面方向运动，形成鼓包，最后破碎、抛掷。

③形成反射应力波。当爆炸应力波遇到自由面时发生反射，压缩应力波变为拉伸波，引起岩石的片落和径向裂隙的延伸。

自由面的存在有利于岩石破碎。其中，自由面的大小和数目对爆破作用效果的影响更为明显。自由面小和自由面的个数少，爆破作用受到的夹制作用大，爆破困难，单位炸药消耗量增加。

自由面的位置对爆破作用也有影响。炮孔中的装药在自由面上的投影面积愈大，愈有利于爆炸应力波的反射，对岩石的破坏愈有利。如图 6-57(a)所示，在一个自由面的条件下，如果炮孔与自由面垂直布置，炮孔中装药在自由面的投影面积极小，爆破破碎范围也很小。如图 6-57(b)所示，如果炮孔与自由面斜交布置，装药在自由面上的投影面积比较大，爆破破碎范围也比较大。

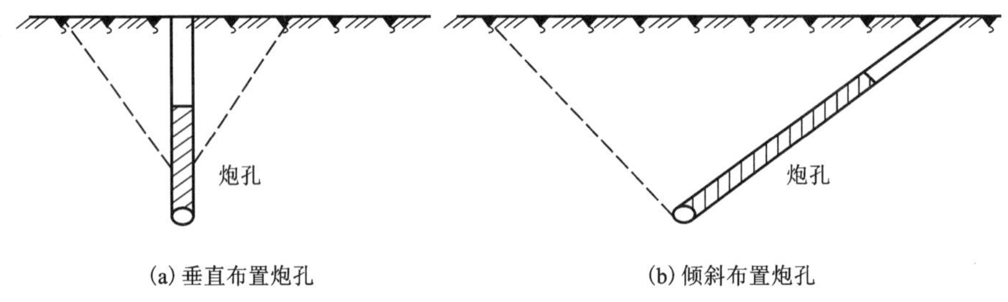

(a) 垂直布置炮孔　　(b) 倾斜布置炮孔

图 6-57　炮孔与自由面相关位置对爆破的影响

(2) 装药结构的影响

装药结构的改变可以引起炸药在炮孔方向的能量分布，从而影响爆炸能量的有效利用率。空气间隔装药降低了作用在孔壁的峰值压力，避免了炮孔周围岩石的过度粉碎，提高了能量的有效利用率；同时间隔装药降低了冲击压力，减少了冲击波的作用，相应地增大了应力波的能量，从而能够增加应力波的作用时间。

(3) 填塞的影响

填塞的影响是指填塞材料、填塞长度和填塞质量的影响。填塞物的作用主要在于：①阻止爆轰气体的过早逸散，使炮孔在相对较长的时间内保持高压状态，能有效地改善爆破作用；②良好的填塞可加强它对炮孔中炸药爆轰时的约束作用，降低了爆炸气体逸出自由面的压力和温度，提高了炸药的热效率，使更多的热能转变为机械功；③能阻止灼热固体颗粒(例如雷管壳碎片等)从炮孔内飞出，有利于安全。

(4) 起爆药包位置的影响

采用柱状装药时，起爆药包的位置决定炸药起爆以后，爆轰波的传播方向，也决定了爆炸应力波的传播方向和爆轰气体的作用时间，所以对爆破作用产生一定的影响。

根据起爆药包在炮孔中安置的位置不同，有 3 种不同的起爆方式：第一种是起爆药包装于孔底，雷管的聚能穴朝向孔口，称为反向起爆；第二种是起爆药包装于靠近孔口的附近，雷管聚能穴朝向孔底，称为正向起爆；第三种是多点起爆，即在长药包中于孔口附近和孔底分别放置起爆药包。实践证明：反向起爆能提高炮孔利用率，减小岩石的块度，降低炸药消耗量和改善爆破作用的安全条件。

6.5.3　地质条件对爆破的影响

岩石的基本性质决定了岩石的可钻性和可爆性，除此之外，地形、地质条件对药包布置和爆破效果的影响也不容忽视，有时甚至是爆破成败的关键。

1)地质构造

地质构造是指地质历史时期的各种内外动力作用在地壳上留下的构造形迹。与爆破工程有密切关系的地质构造条件主要有岩层层理、褶皱、断层、节理裂隙等。

(1)结构体与结构面

岩体中存在的各种类型的地质界面称为薄弱面、不连续面或结构面。不同方位的结构面组合将岩体切割成不同形状和大小的块体，称为岩块或结构体。岩体中不同形态、规模、性质的结构面和结构体相互结合，构成岩体结构。岩体的结构特征在很大程度上决定了岩体在爆炸荷载作用下的变形和破坏规律。

在爆破工程中，结构面的发育程度和形状对单位体积岩石炸药消耗量和爆破安全起决定性作用。

(2)地质构造的类型与特征

①层理

层理是沉积岩的主要特征之一，是在沉积形成过程中产生的原生构造。岩层厚度对岩体的可爆性和爆破后块度的影响十分明显。

②褶皱

褶皱的基本单位是褶曲。褶曲是岩层的一个弯曲，两个或两个以上的褶曲组合称为褶皱。褶曲岩层受构造影响较大，岩体的工程力学性质较差，对爆破的影响也较大。

③节理、裂隙

节理、裂隙就是自然岩体的开裂或断裂，如裂缝两侧的岩体没有沿裂面发生明显的位移或仅有微小位移的称为节理。节理是野外最常见的断裂构造，几乎自然界的所有岩体都或多或少受到节理裂隙的分割而降低了岩体的工程力学性质，节理裂隙越发育，岩体的工程力学性能越差。地下工程将围岩节理(裂隙)发育程度划分为 4 个等级，参见表 6-30。

表 6-30　围岩节理(裂隙)发育程度等级划分

等级	基本特征
节理不发育	节理(裂隙)1~2 组，规则，为原生型或构造型，多数间距在 1 m 以上，多为密闭岩体被切割，呈巨块状
节理较发育	节理(裂隙)2~3 组，呈 X 形，较规则，以构造型为主，多数间距大于 0.4 m，多为密闭部分微张，少有充填物，岩体被切割，呈大块状
节理发育	节理(裂隙)3 组以上，不规则，呈 X 形或米字形，以构造型或风化型为主，多数间距小于 0.4 m，大部分微张，部分张开，部分为黏性土充填，岩体被切割，呈块(石)碎(石)状
节理很发育	节理(裂隙)3 组以上，杂乱，以风化型和构造型为主，多数间距小于 0.2 m，微张或张开，部分为黏性土充填，岩体被切割，呈碎石状

④断层。岩体发生断裂且两侧岩石沿断裂面发生较大移动的构造称为断层。

⑤片理。片理是指岩石可顺片状矿物揭开的性质，其延伸不长。片理是变质岩所特有的构造，它们将岩体切割成碎片，是工程建设中要引起注意的问题。

2)结构面对爆破的影响

(1)结构面在爆破过程中的作用

结构面对爆破的影响可归纳为以下5种作用。

①应力集中作用

软弱带或软弱面的存在，使岩石的连续性遭到破坏。当其受力时，岩石便从强度最小的软弱带或软弱面处首先裂开，在裂开的过程中，裂缝尖端应力集中，特别是岩石在爆破应力作用下的破坏是瞬时的，来不及进行热交换，且处于脆性状态，因此应力集中现象更加突出。因此，在岩石中软弱面较发育的爆破地区，其单位耗药量 q 也相应降低。

②应力波的反射增强作用

由于软弱带的密度、弹性模量和纵波速度均比两侧岩石的值小，当爆炸波传至两者的界面处时，便发生反射，反射回去的波与随后继续传来的波相叠加，当二者同相位时，应力波便会增强，软弱带迎波一侧岩石的破坏加剧。对于张开的软弱面，这种作用亦较明显。

③能量吸收作用

由于界面的反射作用和软弱带充填介质的压缩变形与破裂，软弱带背波侧应力波减弱。它与反射增强作用同时产生。因而软弱带可保护其背波侧的岩石，使其破坏减轻。同样，空气充填的张开裂隙，也有能量吸收作用。

④泄能作用

当软弱带或软弱面穿过爆源通向临空面或爆破作用范围内有大溶洞存在，且由爆源到临空面间软弱带或软弱面的长度小于爆破药包最小抵抗线时，爆炸气体经过软弱面、软弱带或卸入溶洞，使炮孔(或硐室)的爆破压力迅速降低，从而导致其他方向的爆破径向裂隙停止继续扩展，使爆破效果明显降低。

⑤楔入作用

在高温高压爆炸气体的膨胀作用下，爆炸气体沿岩体软弱带高速侵入时，岩体沿软弱带发生楔形块裂破坏。

通过分析结构面对爆破过程的5种作用可知，在设计布置药包和选择相关爆破参数时，应充分发挥结构面的有利作用，避开其不利作用，才能达到满意的爆破效果。

(2)结构面对爆破效果的影响

①断层、层理对爆破效果的影响

当爆破漏斗范围内存在较大的结构面(如断层面、层理面等)时，其断层与药包的相对位置和产状，将会影响漏斗形状，使其不能达到预定的抛掷方向和堆积集中程度。爆破工程中断层、层理对爆破漏斗的影响有以下几种常见情况：当断层在药包后且截切上破裂线 R' 时(如图6-58所示)，爆破后上破裂线势必沿断层发展，使上破裂线比原设计减小，减少了爆破方量，抛掷作用加强；当断层在药包前，且截切上破裂线 R' 时，爆破后上部岩块将会沿断层坍滑，使上破裂线后仰，爆破方量增大，大块率较高(如图6-59所示)；当一组断层与最小抵抗线斜交，爆破时漏斗形状和抛掷方向都将受到影响。

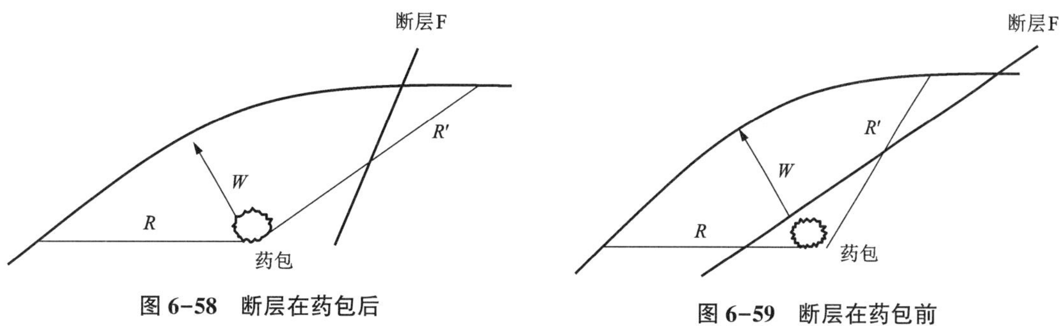

图 6-58　断层在药包后

图 6-59　断层在药包前

②结构面对深孔爆破的影响

当岩体中存在发育较大的结构面且岩性较软，如风化岩层中含发育泥化夹层面时，先引爆的前排药包对后排岩体将产生强烈扰动，易使周边岩体沿断裂面发生较大位移错动。若前后排药包延期时间间隔较大，导致后排柱状药包在雷管起爆前被错断而中断了局部药柱传爆，将发生局部拒爆现象。

③结构面对钻孔的影响

在钻孔过程中，当上、下岩层软硬差别较大，且岩层中结构面倾角大时，钻孔容易偏斜；同时由于软岩中钻孔直径偏大，硬岩中钻孔直径较小，提钻过程中易发生卡钻现象，如图 6-60 所示。此外，在裂隙发育的岩层或有空洞的岩层(如玄武岩)中钻孔也易产生卡钻。在裂隙发育带，钻孔不仅容易卡钻，还容易形成乱膛，乱膛处散装炸药局部集中，特别当钻孔与张开裂隙连通时，散装炸药流入形成装药集中区，易产生严重的飞石事故。

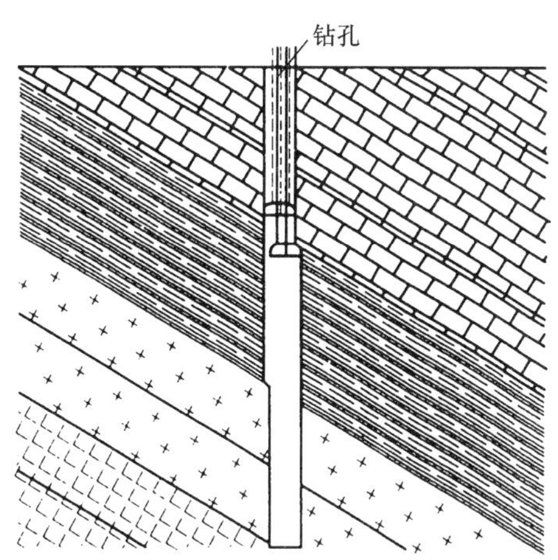

图 6-60　结构面导致炮孔偏斜甚至卡钻

④结构面对爆破岩块的破裂特征和块度形态的影响

岩体的强度受岩石强度和结构面强度的控制，主要受结构面强度的控制，所以岩块的破裂面大多数是沿岩体内部的结构面形成的。结构面的分布不仅对岩块的破裂特征有重要影响，而且对爆堆的块度分布规律也有重要影响。

3)特殊地质条件对爆破的影响

(1)岩溶对爆破的影响

在岩溶地区进行爆破，往往会遇到大小不同的溶洞或互相连接成暗河的溶洞。在矿山爆破工程中，除遇有岩溶问题外，还存在旧洞(窿)或采空区对爆破工程的影响问题，它们对爆破作用的影响，在性质上基本上是一样的。

溶洞将对爆破抛掷方向产生影响。在溶洞上面进行抛掷爆破，由于爆破的能量密度向溶洞方向集中，因而大大减少了爆破抛掷的方量。同样地，在一些溶蚀勾缝或岩溶中，充填的黏土常常会造成爆炸能量吸收或漏气等情况而降低爆破威力，缩小漏斗尺寸，减少爆破方量。此外，溶洞对爆破安全可能产生不利影响，特别是在地下巷道开挖中，爆破前方若有未知的溶洞或地下暗河，爆破可能引发突水涌泥的严重灾害。在深孔爆破中，一旦某炮孔与溶洞或裂隙、空洞连通，可能导致炸药流入，造成过量装药，产生大量飞石的恶性事故。岩溶常常造成爆破能量密度分布不均匀，有的位置爆破岩块过细，有的岩块过大，甚至出现特大岩块。

(2)地下水对爆破工程的影响

地下水对爆破工程的影响包括以下 4 个方面。

①地下水对爆破作用机制和效果的影响

地下水是爆破岩体介质的物质组成之一，但由于爆破是一种高温、高压的瞬间作用过程，因此无论是地下水的密度和质量，还是地下水对岩体介质的内部结构的作用，对爆破来说都是微不足道的，可以不考虑地下水对爆破作用机制和效果的影响。

②地下水对爆破施工的影响

在平坦地形、深挖基坑、堑沟及硐室施工时有可能会遇到地下水的问题，在爆破施工中主要表现在以下几方面：一是药室湿度对炸药、雷管性能和效果有影响，这时需要对炸药、雷管采取防水保护措施，或采用防水炸药；二是在开挖药室和导硐过程中地下水的作用造成药室导硐的围岩坍塌，影响施工进度和质量时，需加强围岩支护，确保施工安全；三是在开挖药室和导硐过程中，揭穿地下含水层或穿越过水断层破碎带会产生大量出水，不宜进行硐室爆破法施工。

③地下水对爆破工程质量和安全的影响

爆破是一种强大的破岩作用，常形成规模不等的爆破裂隙，因此爆破作用对边坡或隧道围岩的松动破坏增加了地下水的连通性，加剧了地下水的渗漏，同时降低了边坡和围岩岩体强度，极易造成涌水和坍塌的重大灾害性事故。

④地下水对钻孔爆破施工的影响

该影响主要是对钻孔和装药、填塞质量的影响。当钻孔达到地下水位以下时，孔内渗水，使得凿岩岩屑不易吹出孔外，容易发生卡钻现象；在装药过程中，若孔内有水，即使装入防水炸药，水的浮力会使药卷不易沉入孔底，有时装入药卷会因脱节不连续而发生殉爆，影响爆破效果，造成安全隐患。在填塞炮孔时，若孔口满水，回填的砂土粒不能及时下沉，使得孔口填塞不严实，常会发生冲炮，减弱爆破作用力。

6.6 掘进爆破

地下掘进爆破是指平巷、斜井、竖直井筒和隧道等各种地下通道掘进的爆破。这些爆破最大的特点是受掘进断面的约束，只有一个自由面，岩石爆破所受的夹制性很大，爆破条件差。这一特点决定了巷道掘进很难加深炮孔深度，每次爆破进尺一般只有 1~3 m。

井巷掘进是最频繁的地下作业，而钻孔爆破又是井巷掘进循环的主要工序，其后续工序都要围绕它来安排，爆破的质量和效果都将影响后续工序的效率和质量。因此，掘进爆破要严格保证巷道的规格与方向，满足爆堆集中、块度均匀、炮孔利用率高、周壁平整、材料消耗少等要求，并尽可能减小对巷道围岩稳定性的影响。

6.6.1　巷道掘进爆破

1) 炮孔分类

巷道爆破工作面上的炮孔，按其位置和作用分为掏槽孔、辅助孔和周边孔 3 大类，如图 6-61 所示。周边孔又可分为顶孔、底孔和帮孔。

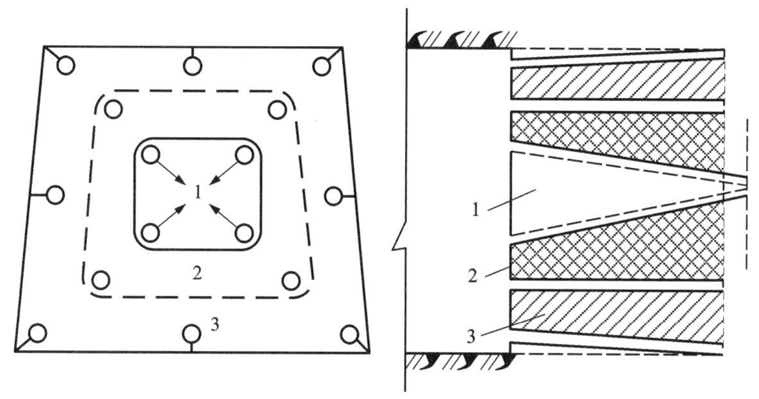

1—掏槽孔；2—辅助孔；3—周边孔。

图 6-61　井巷掘进的炮孔布置

掏槽孔的作用是在一个自由面(即工作面)的情况下首先爆出 1 个空腔，为其他炮孔的爆破增加 1 个自由面和提供岩石碎胀的补偿空间，以获得较好的爆破效果。一般掏槽孔比其他炮孔深 0.15~0.25 m，装药量比其他炮孔多 15%~20%。

辅助孔又称崩落孔，均匀布置在掏槽孔和周边孔之间。孔向与工作面垂直，孔底应落在同一平面上，以使爆后工作面平整。其作用是扩展掏槽孔爆出的槽腔，并为周边孔爆破创造有利条件。

周边孔又称轮廓孔，布置在开挖断面的轮廓上，用以控制巷道断面的轮廓和规格，使爆破后的巷道断面、形状和方向符合设计要求。周边孔应向外倾斜(其外倾角为 3°~5°)，以保证断面轮廓不缩小和凿岩机的操作净空。孔底都应落在同一个垂直于巷道轴线的平面上，使爆后工作面平整。

2) 掏槽爆破

巷道掘进爆破效果取决于掏槽爆破的效果，掏槽孔的炮孔利用率决定了巷道掘进的炮孔利用率。因此，合理选择掏槽方式及其爆破参数，使岩石完全破碎以形成洁净的槽腔，是决定巷道爆破效果的关键。

掏槽方式的选择主要取决于巷道断面、岩石性质、岩层地质条件和循环进尺要求等因素。掏槽方式按掏槽孔的方向可分为斜孔掏槽、直孔掏槽和两者相结合的混合掏槽。

(1) 斜孔掏槽

斜孔掏槽的特点是掏槽孔与自由面斜交，当掏槽孔中的炸药起爆时，孔底至自由面的岩石被破碎抛出。其优点是所需掏槽孔数较少，掏槽面积大。其缺点是掏槽孔深度受到巷道断面的限制，因而影响每个掘进循环的进尺；同时岩石抛掷距离较远，影响装岩效率。通常有单向掏槽、锥形掏槽和楔形掏槽等形式。

①单向掏槽

单向掏槽的特点是掏槽孔排列成一列行，并朝一个方向倾斜，如图 6-62 所示。单向掏槽适用于软岩或具有层理、节理、裂隙和软弱夹层的岩石，掏槽孔应与层理、裂隙垂直或斜交。可根据自然软弱面存在的情况分别采用顶部掏槽、底部掏槽、侧向掏槽和扇形掏槽方式，表 6-31 列出了其相应的适用条件。

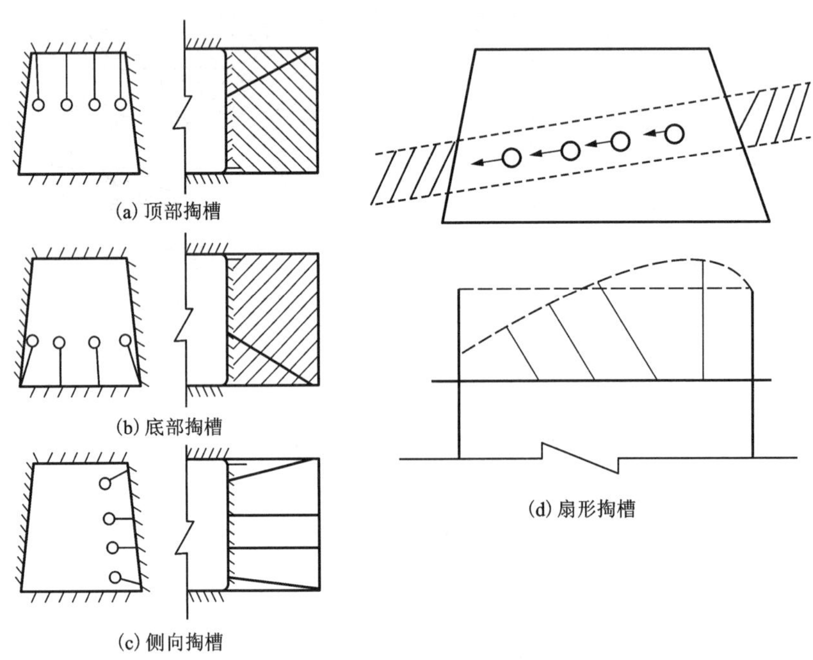

图 6-62　单向掏槽炮孔布置形式

表 6-31　各类单向掏槽方式的适用条件

单向掏槽分类	适用条件
顶部掏槽	①当巷道顶部有软夹层或巷道顶板正好是岩层的自然接触面； ②当岩层或裂隙背向工作面倾斜时[图 6-62(a)]
底部掏槽	①当巷道底部有软夹层或巷道底板正好是岩层的自然接触面； ②岩层层理或裂隙向着工作面倾斜时[图 6-62(b)]
侧向掏槽	当巷道一侧有软夹层或层理、裂隙向侧帮倾斜[图 6-62(c)]
扇形掏槽	当工作面遇到夹层位于巷道中部或斜交时[图 6-62(d)]

单向掏槽法可根据巷道断面或软夹层的厚度，布置一排或两排掏槽孔。掏槽孔的倾斜角度根据岩石的可爆性，一般取 50°~70°，岩石坚固程度高，角度可取小值。掏槽孔的孔间距为 30~60 cm，采用同时起爆时效果更好。

②锥形掏槽

锥形掏槽的特点是各掏槽孔以相等或近似相等的角度向工作面中心轴线倾斜。孔底集中于一垂直平面上，但互相不贯通，爆破后形成锥形槽。炮孔数量为3~6个，通常呈三角锥形、正锥形和圆锥形，如图6-63所示。常用锥形掏槽孔主要参数见表6-32。

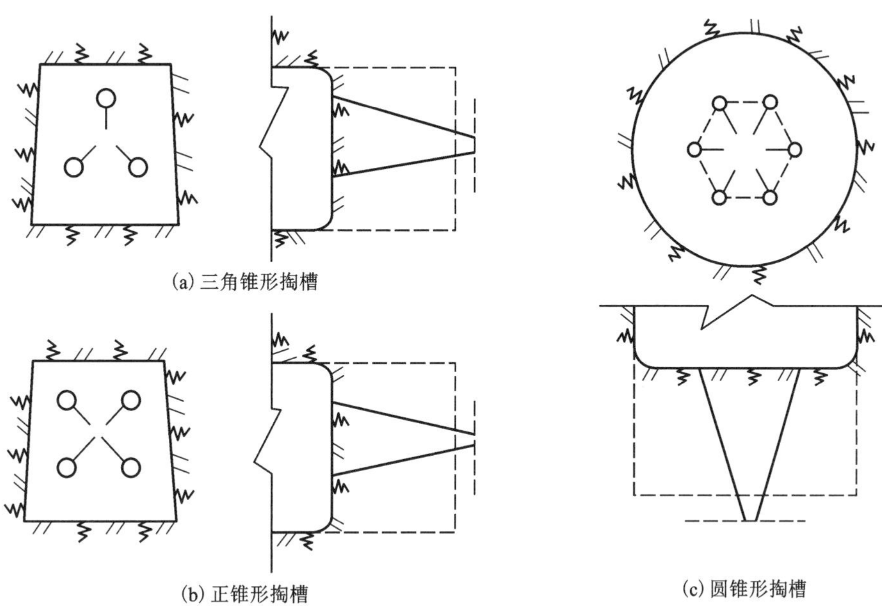

图6-63　锥形掏槽炮孔布置形式

表6-32　常用锥形掏槽孔主要参数

岩石坚固性系数 f	炮孔倾角/(°)	相邻炮孔间距/m	
		孔口距离	孔底距离
4~6	75~70	1.00~0.90	0.40
6~8	70~68	0.9~0.85	0.30
8~10	68~65	0.85~0.80	0.20
10~13	65~63	0.80~0.70	0.20
13~16	63~60	0.70~0.60	0.15
16~18	60~58	0.60~0.50	0.10
18~20	58~55	0.50~0.40	0.10

③楔形掏槽。

楔形掏槽又称V形掏槽，通常由两排或两排以上的相互对称的倾斜炮孔组成，爆破后形成楔形槽；前者称为单楔形掏槽(简称楔形掏槽)，后者称为双楔形(多楔形)掏槽。楔形掏槽又可分为垂直楔形掏槽和水平楔形掏槽(图6-64)。

在楔形掏槽中，每对掏槽眼间距为0.2~0.6 m，孔底间距为0.1~0.2 m，掏槽孔与工作

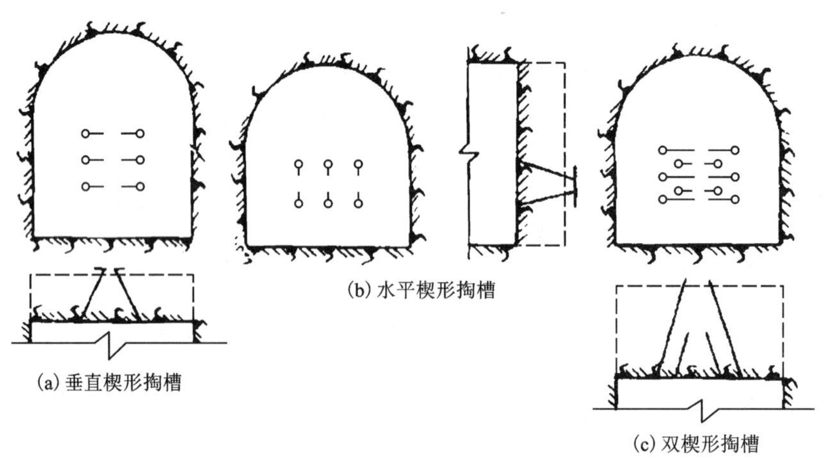

图 6-64　楔形掏槽炮孔布置形式

面夹角为 55°~75°；楔形掏槽炮孔参数根据岩石性质而定，其主要参数见表 6-33。楔形掏槽常用于中硬以上的均质岩石，且巷道断面面积大于 4 m^2。

表 6-33　常用楔形掏槽孔主要参数

岩石坚固性系数f	炮孔与工作面夹角/(°)	两排炮孔孔口距/m	炮孔数量/个
2~6	70~75	0.5~0.6	4
6~8	65~70	0.4~0.5	4~6
8~10	63~65	0.35~0.4	6
10~12	60~63	0.30~0.35	6
12~16	58~60	0.20~0.30	6
16~20	55~58	0.20	6~8

(2)直孔掏槽

直孔掏槽的特点是所有的掏槽孔均垂直于工作面，且互相平行，空孔为装药孔提供自由面和补偿空间，一般可用于中硬岩层或坚硬岩层。直孔掏槽的优点是炮孔深度不受开挖断面的限制，凿岩操作简单，钻孔效率高，炮孔利用率高；爆落岩块均匀，有利于装岩。其缺点是需要较多的炮孔数目和较多的炸药，且对炮孔施工精度要求较高。直孔掏槽分为龟裂掏槽、桶形掏槽和螺旋掏槽。

①龟裂掏槽

龟裂掏槽又称缝形掏槽，如图 6-65(a)所示，掏槽孔直线布置，装药孔与空孔间隔布置，孔距为 8~15 cm，适用于工作面有较软的夹层或接触带相交的情况，可将掏槽孔布置在较软的夹层中或接触带附近。

②桶形掏槽

桶形掏槽又称角柱形掏槽，各掏槽眼相互平行且呈对称形式[图 6-66(a)]，空孔直径可

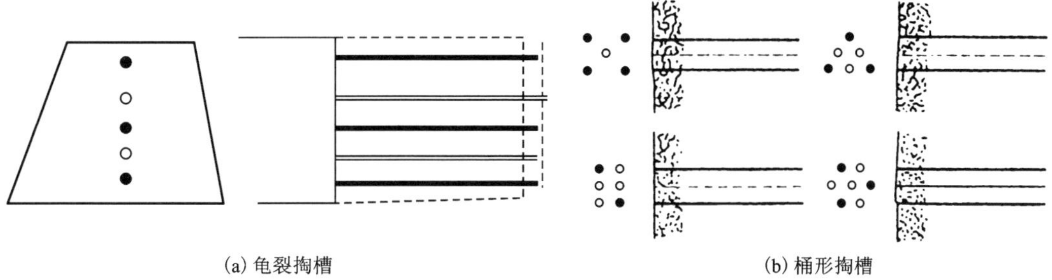
(a) 龟裂掏槽　　(b) 桶形掏槽

图 6-65　龟裂掏槽和桶形掏槽

与装药孔相同或采用直径为 75~100 mm 的大直径空孔(岩石较硬时)，以便增大人工自由面[图 6-66(b)]。桶形掏槽大、中、小断面均可采用。

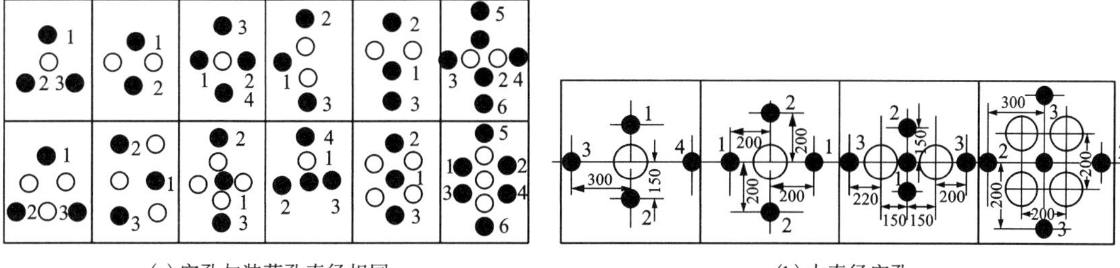

(a) 空孔与装药孔直径相同　　(b) 大直径空孔

图 6-66　空孔与装药孔直径相同和大直径空孔

③螺旋形掏槽

螺旋形掏槽的特点是各装药孔至空孔距离依次递减，装药孔呈螺旋线布置，并按由近及远的起爆顺序起爆，形成非对称桶形。按空孔直径螺旋形掏槽可分为小直径螺旋掏槽和大直径空眼螺旋掏槽，如图 6-67 所示。螺旋形掏槽适用于较均质岩石。

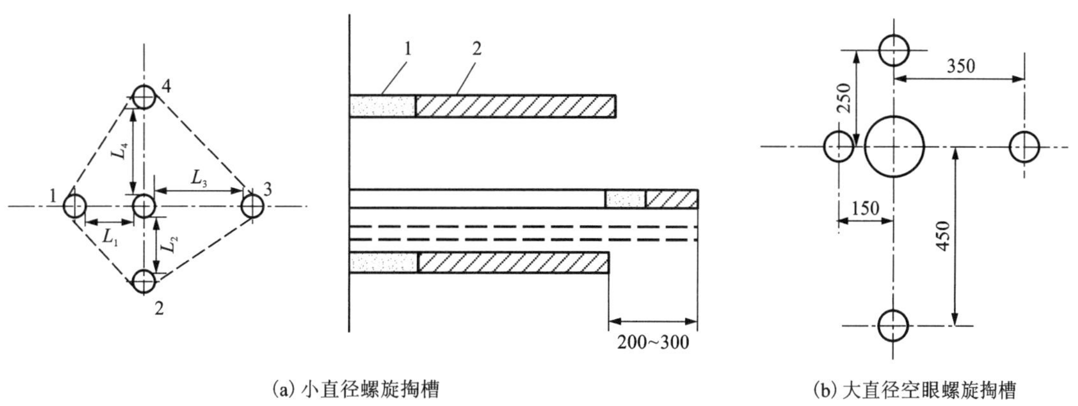

(a) 小直径螺旋掏槽　　(b) 大直径空眼螺旋掏槽

图 6-67　螺旋形掏槽布置示意图

(3)混合掏槽

混合掏槽是指两种以上的掏槽方式混合使用，主要适用于一些复杂的掘进条件。常用的混合掏槽方式见表6-34。

表6-34 巷道掘进混合掏槽的类型、技术特点和适用条件

混合掏槽形式	布置图	技术特点及适用条件
角柱形掏槽与楔形掏槽	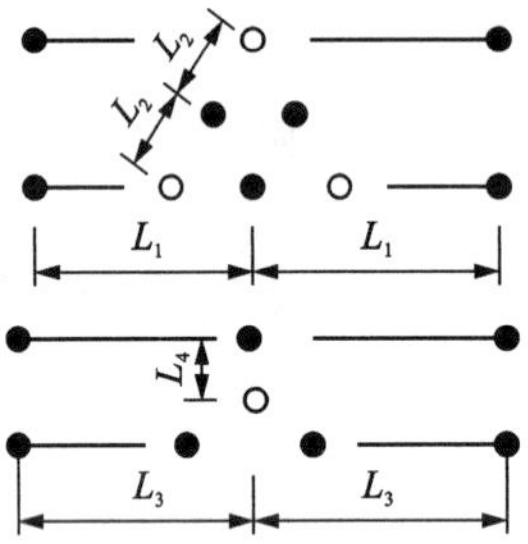 L_1 L_2 L_3 L_4	①孔距 $L_1=750\sim850$ mm，$L_2=100$ mm，$L_3=800\sim1000$ mm，$L_4=100\sim150$ mm； ②楔形掏槽孔与工作面夹角为55°~75°，孔底与直孔距离为150~250 mm； ③孔深2~3 m，装药系数直孔为0.7，斜孔为0.4~0.5； ④分两段起爆； ⑤适用于中硬以上岩层及大、中型断面的巷道
直线掏槽与楔形掏槽	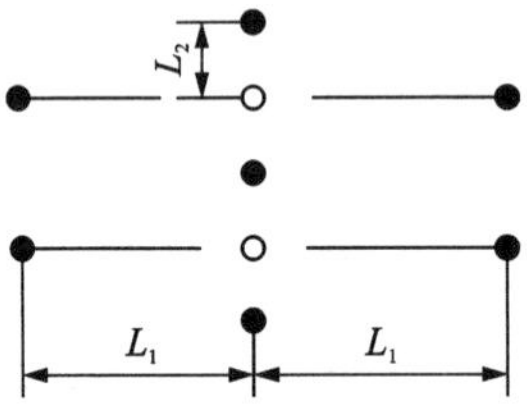 L_1 L_2	①孔距 $L_1=600\sim800$ mm，$L_2=100\sim150$ mm； ②孔深2 m左右； ③适用于中硬以上硬度的岩层及大、中型断面的巷道
大空孔角柱状掏槽与锥形掏槽	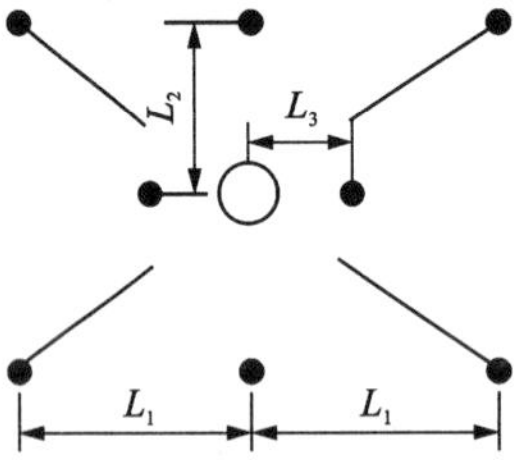 L_1 L_2 L_3	①孔距 $L_1=600\sim800$ mm，$L_2=150\sim200$ mm，$L_3=100\sim150$ mm； ②孔深2 m左右； ③适用于中硬以上硬度的岩层及大、中型断面的巷道

3)爆破参数设计

除掏槽方式及其参数外，主要的钻孔爆破参数还有：单位炸药消耗量、炮孔深度、炮孔直径、装药直径、炮孔间距和数目、抵抗线以及在掘进工作面的炮孔布置等。合理地选择这些爆破参数时，不仅要考虑掘进的条件(岩石地质和井巷断面条件等)，还要考虑这些参数间的相互关系及其对爆破效果和质量的影响(如炮孔利用率、岩石破碎块度、爆堆形状和尺寸等)。

(1)炮孔直径和装药直径

炮孔直径直接影响钻孔效率、全断面炮孔数目、炸药的单耗、爆破岩石块度与岩壁平整度。炮孔直径增加，意味着相应的装药直径增大，有利于爆速和爆轰稳定性。但炮孔直径过大，不仅导致凿岩速度显著下降，而且因全断面的炮孔数目减少影响炸药的均匀分布，岩石破碎质量、井巷轮廓平整度变差，甚至影响围岩的稳定性。因此，炮孔直径必须根据井巷断面大小、破碎块度要求、凿岩设备能力、炸药性能等因素综合分析和选择。

国内平巷掘进采用的手持式凿岩机和气腿式凿岩机有两种类型：普通型和小直径型(小

直径炮孔和小直径药卷)，其规格列于表 6-35。

表 6-35　普通型和小直径型炮孔孔径与药径规格　　单位：mm

类型	孔径	药径
普通型	40~42	32~35
小直径型	34~35	27

(2)炮孔深度

炮孔深度简称孔深，是指孔底到工作面的垂直距离，而沿炮孔方向的实际深度为炮孔长度。孔深不仅影响掘进工序的工作量和完成各工序的时间，而且影响爆破效果和掘进速度，是决定每班掘进循环次数的主要因素。采用手持式和气腿式凿岩机凿岩时，其孔深可按表 6-36 选取(普通孔径为 40~42 mm)。

表 6-36　普通型孔径的炮孔深度参考值

岩石坚固性系数 f	掘进断面	
	<12 m^2	>12 m^2
1.6~3	2~3	2.5~3.5
4~6	1.5~2	2.2~2.5
7~20	1.2~1.8	1.5~2.2

影响炮孔深度的因素主要有：岩石坚固性、炸药性能、巷道断面和凿岩机性能等。随着凿岩、装渣运输设备的改进，有加长炮孔深度以减少循环次数的趋势。

按掘进循环组织确定炮孔深度：

$$L = (T - t)/[K_P N/(K_d v_d) + \eta S\varphi/(\eta_m P_m)] \tag{6-10}$$

式中：T 为每循环作业时间；t 为其他工序作业时间；K_P 为钻孔与装岩的平行作业时间系数，一般小于 1；N 为每循环钻孔总数；K_d 为同时工作的凿岩机台数；v_d 为每台凿岩机的钻孔速度，m/h；S 为掘进断面面积，m^2；φ 为岩石松散系数，一般 φ 取 1.1~1.8；η_m 为装岩机的时间利用率；P_m 为装岩机的生产率，m^3/h。

(3)单位炸药消耗量

爆破每立方米岩石所消耗的炸药量称为单位炸药消耗量。单位炸药消耗量取决于巷道断面、炮孔深度、岩石性质、炸药性质(密度、猛度、爆力、爆速)、装药直径和炮孔直径等因素。对于给定岩石，巷道的单位炸药消耗量的确定可以通过经验公式进行计算，再将计算值通过试验进行验证，也可以依据有关定额选取和工程类比法确定。

①修正的普氏公式：

$$q = 1.1k_0\sqrt{\frac{f}{S}} \tag{6-11}$$

式中：q 为单位炸药消耗量，kg/m^3；f 为岩石坚固性系数，或称普氏系数；S 为井巷掘进断面面积，m^2；k_0 为考虑炸药爆力的校正系数，$k_0=525/p$，p 为爆力，mL。

②定额与经验值

在实际应用过程中，应根据国家定额或工程类比法选取单位炸药消耗量数值，通过在工程实践中不断加以调整，确定合理的使用值。

表 6-37 为岩石坚固性系数与巷道断面面积决定的每米巷道炸药消耗量经验值。

表 6-37 巷道掘进炸药消耗量经验值 单位：kg/m

巷道掘进断面面积 /m^2	岩石坚固性系数 f			
	2~4	5~7	8~10	11~14
4	7.28	9.26	12.80	15.72
6	9.30	12.24	16.62	20.58
8	11.04	14.80	19.92	24.88
10	12.06	17.20	23.00	28.80
12	14.04	19.32	25.80	32.40
14	15.40	21.42	28.70	36.12
16	16.64	23.36	31.04	39.36
18	17.82	24.38	33.66	42.30

(4)抵抗线与炮孔间距

最小抵抗线不仅与炸药性能和岩石性质相关，还与自由面的大小有关。研究表明：在自由面不受限制的条件下，形成标准爆破漏斗的最小抵抗线为 W，则在自由面宽度 $B=2W$ 时，形成的破碎漏斗接近标准爆破漏斗。自由面的宽度大于 $2W$ 时，崩落孔的最小抵抗线可用式(6-12)计算或参考表 6-38 的经验数值选取。

$$W=r_e\sqrt{\frac{\pi\rho_e\psi}{mq\eta}} \tag{6-12}$$

式中：W 为崩落孔的最小抵抗线，m；r_e 为装药半径，m；ψ 为装药系数，通常为 0.5~0.7；ρ_e 为炸药密度，kg/m^3；m 为炮孔密集系数；q 为单位炸药消耗量，kg/m^3；η 为炮孔利用率，为 0.8~0.95。

表 6-38 崩落孔最小抵抗线参考数值 单位：m

岩石坚固性系数 f	炸药爆力/mL		
	300~345	350~395	≥400
4~6	0.66~0.72	0.72~0.82	0.82~0.90
6~8	0.60~0.66	0.66~0.72	0.72~0.82
8~10	0.52~0.58	0.62~0.68	0.68~0.76
10~12	0.45~0.55	0.55~0.62	0.62~0.68

续表6-38

岩石坚固性系数 f	炸药爆力/mL		
	300~345	350~395	≥400
12~14	0.44~0.50	0.52~0.60	0.60~0.65
≥14	0.42~0.44	0.45~0.50	0.50~0.60

装药受夹制的程度可用自由面不受限制条件下装药的最小抵抗线与自由面宽度的比值表示，当自由面的宽度 $B<2W$ 时，装药的最小抵抗线也可用式(6-13)所示的经验公式计算：

$$W_b = \left(d_e \frac{1.95e}{\sqrt{\rho_m}} + 2.3 - 0.027b\right)(0.1b - 2.16) \tag{6-13}$$

其中 e 为炸药爆力校正系数，按下式计算：

$$e = \frac{360}{\text{炸药实际爆力}}$$

式中：W_b 为夹制条件下装药的最小抵抗线，cm；d_e 为装药直径，cm；b 为自由面宽度，cm；ρ_m 为岩石密度，g/cm^3。

U. 兰格福斯提出的受夹制条件下的装药量计算公式为：

$$q_b = 0.35W/(\sin\alpha)^{3/2} \tag{6-14}$$

式中：q_b 为自由面为平面的炮孔装药量，kg/m；α 为夹角，(°)；其他符号同上。

炮孔间距一般是根据一个掘进循环所需要的总装药量计算出总炮孔数目后，再按巷道断面的大小及形状均匀地布置炮孔来确定。平巷掘进中，掏槽孔有多种不同的形式，其孔间距也有所不同。周边孔的孔口至轮廓线的距离一般为 100~250 mm，在坚硬岩石中取小值；周边孔的孔口间距则为 500~800 mm，底孔的间距取小值；辅助孔的间距为 400~600 mm。

(5)炮孔数目

炮孔数目主要取决于岩石性质(裂隙率、坚固性系数)、掘进断面尺寸、炸药性能和炮孔直径、炮孔深度和装药密度等因素。合理的炮孔数目应当保证有较高的爆破效率(一般要求炮孔利用率为 85%以上)，爆落的岩块和爆破后的轮廓均能符合施工和设计要求。确定炮孔数目的基本原则是在保证爆破效果的前提下，尽可能地减少炮孔数目。

炮孔数目 N 通常可以根据式(6-15)估计：

$$N = 3.3\sqrt[3]{fS^2} \tag{6-15}$$

式中：N 为巷道全断面炮孔总数；f 为岩石坚固性系数；S 为巷道掘进断面面积，m^2。

式(6-15)没有考虑炸药性能、药卷直径和炮孔深度等因素对炮孔数目的影响。

可按每循环所需总装药量和每个炮孔的装药量估算炮孔数目：

$$N = \frac{Q}{Q_0} \tag{6-16}$$

式中：Q 为每循环所需总装药量，$Q=qV$，kg，其中，q 为单位炸药消耗量，kg/m^3；V 为循环爆破体积，m^3；Q_0 为一个炮孔平均药量，$Q_0=\alpha LG/h$，kg，其中，α 为平均装药系数，即装药长度与炮孔长度 L_0 之比，一般为 0.5~0.7；L 为炮孔平均深度，m；G 为药卷质量，kg；h 为药卷长度，m。

(6)装药量

目前大多采用的方法是，先用装药量体积公式计算出一个循环的总装药量，然后再按炮孔布置方式和不同类型的炮孔进行分配，经爆破实践检验和修正，直到取得良好的爆破效果为止，即

$$Q = qV \tag{6-17}$$

式中：Q 为掘进每循环所需总炸药量，kg；q 为单位炸药消耗量，kg/m^3；V 为1个循环进尺所爆落的岩石总体积，$V=SL\eta$，m^3，其中，S 为巷道掘进断面面积，m^2；L 为炮孔平均深度，m；η 为炮孔利用率，一般 $\eta=0.8\sim0.95$。

(7)周边孔参数

周边孔光面爆破有全断面一次爆破法和预留光爆层爆破法，全断面一次光面爆破时光面爆破孔和开挖主爆孔用延时雷管一次分段起爆，光面爆破孔迟后主爆孔150~200 ms。预留光爆层爆破主要用于巷道断面较大、岩体稳定的巷道。

周边光爆孔宜采用小直径、低猛度、低爆速、低密度、爆轰稳定性好的光爆专用炸药，采用不耦合装药，不耦合系数 $K\geqslant2.0\sim2.5$。当采用空气间隔装药结构来实现光面爆破时，孔内应用导爆索传爆。

在光面爆破设计中光爆孔的密集系数为0.7~1.0，即周边孔间距不宜大于光爆层厚度，以确保在周边孔间形成贯通裂缝。具体参数设计见手册的光面爆破部分。

4)爆破说明书编制

爆破说明书是巷道施工组织设计的一个重要组成部分，是指导、检查和总结爆破工作的技术文件。其内容如下。

①爆破工程的原始资料，包括掘进巷道的名称、用途、位置、断面形状和尺寸、穿过岩层的性质、地质条件、涌水量等。

②选用的爆破器材与钻孔机具，包括凿岩机具的型号、性能，炸药、雷管的品种，起爆电源等。

③爆破参数的计算选择，包括掏槽方法、炮孔直径、炮孔深度、炮孔数目、单位炸药消耗量、每个炮孔的装药量、填塞长度等。

④爆破网路的设计和计算。

⑤爆破采取的各项安全技术措施。

⑥根据爆破说明书绘出爆破图表，爆破图表应包括炮孔布置图、装药结构图、炮孔布置参数、装药参数的表格、预期的爆破效果和经济指标。

5)斜井(斜坡道)掘进爆破

通常将包括斜井井筒、上山和下山等不同角度的倾斜巷道统称斜井。斜井是井下开采的主要地下工程，其断面基本上为拱形，掘进的钻孔爆破工序与平巷掘进基本相似。当斜井角度小于8°~10°时，其钻孔爆破方法与水平巷道相同；当坡度大于35°时，其钻孔爆破方法与竖井井筒基本相同；坡度大于35°的向上巷道与反井施工相同。

(1)斜井爆破的特点

钻孔爆破所使用的机具钻爆工序等与平巷相同。但由于爆破介质在破碎过程中受重力影响，通常采用抛渣爆破方式，单位炸药消耗量一般较平巷爆破大，见表6-39。

表6-39 斜巷及斜井掘进单位炸药消耗量定额 单位：kg/m³

斜巷倾角/(°)	岩石坚固程度	巷道断面积/m²				
		<4	<6	<10	<15	>15
25~75	松石	2.84	2.32	1.96	1.54	1.39
	次坚石	3.04	2.59	2.09	1.70	1.52
	普坚石	4.18	3.34	2.77	2.19	1.99
	特坚石	5.01	4.02	3.25	2.65	2.39

斜井工作面上的炮孔排列类似于平巷，在平巷中所采用的各种掏槽方式同样适用于斜井掏槽爆破，只是斜井工作面为一倾斜面，各个炮孔均要有一定角度。

炮孔倾角比斜井倾角大5°~10°，孔深加深200~300 mm，孔底低于井筒底板200 mm，加大底孔装药量。

井筒工作面常有积水，需使用防水炸药和爆破器材。

斜井掘进通风比较容易，但运输和排水较为复杂，需要设置防跑车装置。

斜井施工大多采用耙斗装岩机、气腿式凿岩机，斜井施工机械化水平的提高受到一定限制。

断面斜井爆破常在地面设动力起爆电源，但斜巷等仍可以采用放炮器在躲避硐内起爆。

(2)工程实例

表6-40~表6-42列出了国内两个斜井掘进爆破工程的有关参数，其炮孔布置分别见图6-68和图6-69。

表6-40 斜井掘进爆破实例

爆破工程参数		铜川下石节平硐皮带暗斜井	阜新东梁六井
围岩条件		页岩、砂泥岩互层，f=4~6	三叠纪砂岩、砂质泥岩互层和侏罗纪花斑泥岩，f=4~6
施工条件	井筒斜长/m	800	998.9
	井筒倾角/(°)	16.5	21
	主要设备	MZ-1.2型电钻，ZYP-17型耙斗装岩机，3 m³无卸载轮前卸式箕斗	ZYPD-1/30型耙斗装岩机，3.51T13后卸式箕斗
	施工时间	1973年11月	1974年10月
成井速度/(m·月⁻¹)		504.5	499.3
支护形式		喷射混凝土(厚100 mm)	喷射混凝土
掘进断面面积/m²		8.9	7.43
炮孔深度/m		2.7	2.5
炮孔平均利用率/%		81	
掏槽方式		六孔三角柱楔形辅助掏槽	三角柱中空直孔掏槽
循环炮孔数量/个		38	29
循环炸药用量/kg		40.7	29.55

续表6-40

爆破工程参数	铜川下石节平硐皮带暗斜井	阜新东梁六井
单位炸药消耗量/(kg·m^{-3})	1.85	
单位岩体钻孔量/(m·m^{-3})	4.47	

表6-41　铜川下石节平硐皮带暗斜井炮孔参数

炮孔名称	孔号	孔深/m	角度/(°)		每孔药量/kg	起爆顺序	连线方式
			水平	垂直			
掏槽孔	1~3	2.9	90	90	1.4	1	串联
掏槽孔	4~6	2.9	90	90	0	1	
扩槽孔	7~11	2.7	75	90	1.3	2	
辅助孔	12~20	2.7	90	90	1.2	3	
周边孔	21~33	2.7	90	90	0.9	4	
底孔	34~38	2.8	90	85	1.5	5	

表6-42　阜新东梁六井炮孔参数

炮孔名称	孔号	孔数/个	炮孔深度/m	角度/(°)		爆破顺序	装药量	
				水平	垂直		卷/孔	质量/kg
掏槽孔	1~3	3	2.7	90	90	Ⅰ	8	3.6
扩槽孔	4~7	4	2.7	85	90	Ⅱ	7	4.2
辅助孔	8~15	8	2.5	90	90	Ⅲ	7	8.4
周边孔	16~24	9	2.5	90	90	Ⅳ~Ⅴ	6	8.1
底孔	25~29	5	2.5	90	90	Ⅵ	7	5.25
合计		29						29.55

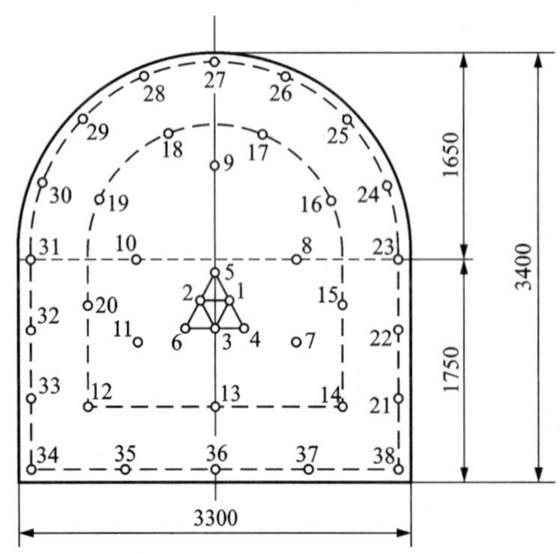

图6-68　铜川下石节平硐皮带暗斜井爆破炮孔布置

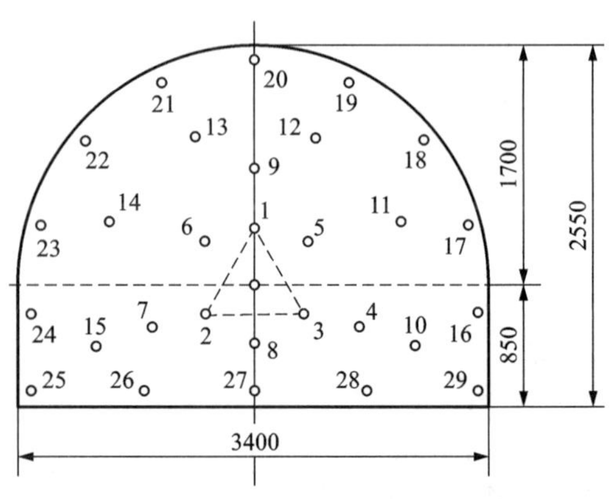

图6-69　阜新东梁六井爆破炮孔布置

6.6.2　竖井掘进爆破

竖井掘进爆破的炮孔呈同心圆布置，同心圆数目一般为 3~5 圈，其中最靠近开挖中心的 1~2 圈为掏槽孔，最外一圈为周边孔，其余为辅助孔。

1) 掏槽方式

掏槽方式按炮孔的角度分圆锥形和直孔桶形两种形式。

(1) 圆锥形掏槽

圆锥形掏槽与工作面的夹角(倾角)一般为 70°~80°；掏槽孔比其他炮孔深 0.2~0.3 m。各孔底间距不得小于 0.2 m。

(2) 直孔桶形掏槽

圈径通常为 1.2~1.8 m，孔数为 4~7 个。直孔掏槽应用于坚硬岩石爆破时，为减小岩石夹制力，除选用高威力炸药和增加装药量以外，还可以采用二级或三级掏槽，即布置多圈掏槽，并按目分次爆破。相邻每圈间距为 0.2~0.3 m，由里向外逐圈扩大加深，通常后级孔深度为前级孔深度的 1.5~1.6 倍，各圈孔数分别控制在 4~9 个。

为改善岩石破碎和抛掷效果，也可在井筒中心钻凿 1~3 个空孔，空孔深度较其他炮孔深 0.5 m 以上，并在孔底装入少量炸药，最后起爆。

常用的竖井井筒常用掏槽形式见表 6-43。

表 6-43　常用的竖井井筒常用掏槽形式

掏槽名称	布置图	特点
锥形掏槽	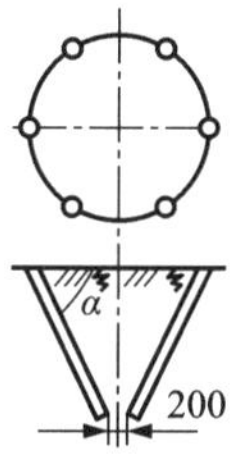 α 200	①圈径为 1.8~2.0 m，孔数 6~8 个； ②炮孔倾角为 70°~80°； ③装药系数为 0.7~0.8； ④中心可打一空孔，深度为槽孔的 2/3
锥形分段掏槽	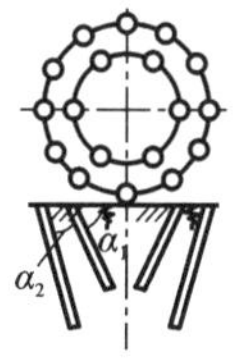 α_2　α_1	①圈径：第一圈 1.8~2 m，深度约为第二圈的 2/3，第二圈 2.5~3 m； ②倾角：第一圈 α_1 为 70°~75°，第二圈 α_2 为 75°~80°； ③装药系数 0.7 左右； ④适于韧性大的岩石
一阶直孔掏槽	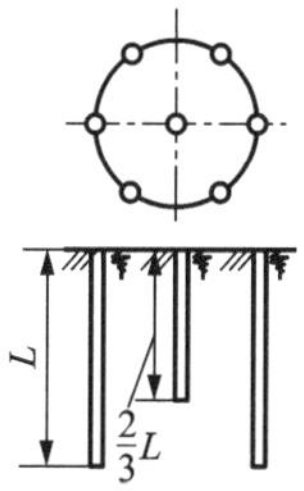 L $\frac{2}{3}L$	①圈径 1.2~1.8 m，孔数 3~6 个； ②装药系数 0.5~0.8； ③在中心可钻 1~3 个空孔，其深度为槽孔的 2/3； ④适用于孔深 2 m 以下

续表6-43

掏槽名称	布置图	特点
二阶直孔掏槽	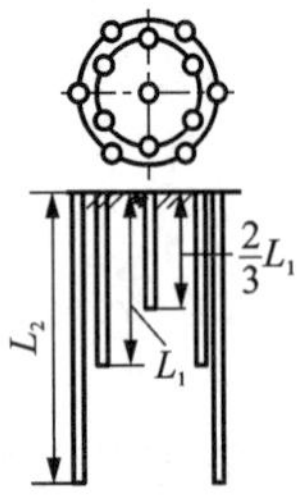	①一阶圈径同一阶直孔掏槽，孔深 $L_1=(0.6\sim0.7)L_2$，装药系数同一阶直孔掏槽； ②二阶圈径较一阶圈径增大 200～500 mm；装药系数为 0.4～0.5，一般二阶装药孔的顶端低于一阶炮孔的底部； ③适用于孔深 2 m 以上
三阶直孔掏槽	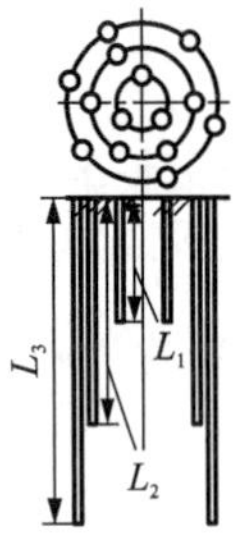	①一阶、二阶圈径和装药系数同二阶直孔掏槽，孔深 $L_1=(0.5\sim0.6)L_2$，$L_2=(0.5\sim0.6)L_3$； ②三阶圈径较二阶圈径增大 200～500 mm； ③三阶孔装药系数为 0.3～0.45
二阶同深直孔掏槽	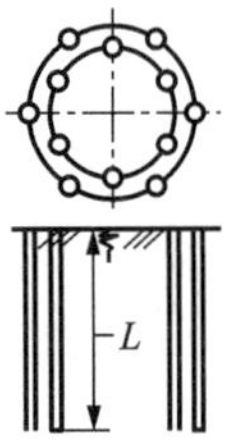	①一阶、二阶孔同深，圈径同二阶直孔掏槽； ②装药系数：一阶槽孔为 0.5～0.8；二阶槽孔 0.4～0.6，坚硬岩石取上限，软弱岩石取下限； ③毫秒分段起爆
分段直孔掏槽	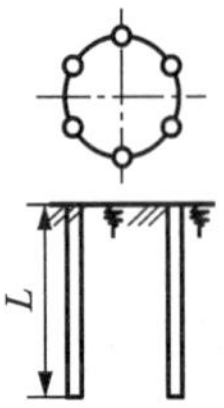	①炮孔布置同一段直孔掏槽； ②孔内分上、下两端装药，上、下段装药长度比为 1.0～1.3，药量比 0.8～1.0； ③上、下段毫秒分段起爆

2)爆破参数设计

同巷道类似，竖井掘进爆破的爆破参数主要包括：炮孔深度、药包直径、炮孔直径、抵抗线(或圈距)、孔距、装药系数、炮孔数目和炸药消耗量等，设计时应根据井筒施工的地质条件、岩石性质、施工机具和爆破材料等因素综合考虑合理确定。

(1)炮孔直径和药包直径

炮孔直径在很大程度上取决于使用的钻孔机具和炸药性能。普通凿岩机的钻孔直径为 38～42 mm，重型凿岩机的钻孔直径为 45～55 mm。炮孔直径应比药包直径大 5 mm 以上，采用伞形钻架重型凿岩机(由钻架和重型高频凿岩机组成的风液联动导轨式凿岩机具)时，一般在深孔爆破中采用直径为 55 mm 的炮孔直径，对掏槽孔和崩落孔选用 45 mm 的炸药直径；对手持式风钻，可采用直径为 42 mm 的常规钻头，对掏槽孔和崩落孔选用 35 mm 的炸药直径，周边孔根据光面爆破的要求选用 25～32 mm 的炸药直径。

(2)炮孔深度

炮孔深度的确定，可在充分考虑上述影响因素的同时，根据计划要求的月进度，按式(6-18)计算：

$$l = \frac{Ln_1}{24n\eta_1\eta} \tag{6-18}$$

式中：l 为按月进度要求的炮孔深度，m；L 为计划的月进度，m；n 为每月掘进天数，依掘砌作业方式而定，平行作业，可取 30 d，单行作业，在采用喷锚支护时为 27 d，采用混凝土或料石永久支护时为 18~20 d；n_1 为每循环小时数；η 为炮孔利用率，一般可取 0.8~0.9；η_1 为循环率，一般可取 80%~90%。

(3)炮孔数目

炮孔数目的确定通常先根据单位炸药消耗量进行初算，再根据实际统计资料用工程类比法初步确定炮孔数目，该数目可作为布置炮孔时的依据，然后再根据炮孔的布置情况，对该数目适当加以调整，最后得到确定的值。

根据单位炸药消耗量对炮孔数目进行估算时，可用式(6-19)进行计算：

$$N = \frac{q \cdot S \cdot \eta \cdot m}{\alpha \cdot G} \tag{6-19}$$

式中：q 为单位炸药消耗量，kg/m^3；S 为井筒的掘进断面面积，m^2；η 为炮孔利用率；m 为每个药包的长度，m；α 为炮孔平均装药系数，当药包直径为 32 mm 时，取 0.6~0.72，当药包直径为 35 mm 时，取 0.6~0.65；G 为每个药包的质量，kg。

(4)装药结构

掏槽孔、崩落孔和周边孔的爆破条件和爆破作用各不相同，应当依据它们的特点选用不同威力的炸药或不同的装药结构，合理地利用炸药的爆炸能量以获得预期的爆破效果。

掏槽孔和崩落孔应根据岩石的坚固程度选用威力较大的炸药，连续装药结构，掏槽孔装药系数一般为 0.6~0.8，崩落孔的装药系数一般为 0.5~0.7。

周边孔则应选用低威力但能稳定爆轰的炸药，如有条件应采用光面爆破专用炸药，根据经验采用间隔装药用导爆索起爆底部炸药，光面爆破的效果好；在无小直径药卷的情况下，要用低威力炸药，采用间隔装药或留空气柱(或水炮泥)的装药结构，装药系数小于 0.5。

(5)单位炸药消耗量

影响单位炸药消耗量的主要因素有：岩石坚固性、岩石结构构造特性、炸药威力等。由于井筒断面面积较大，单位炸药消耗量与断面面积关系不大。

国内部分竖井的爆破参数见表 6-44。

表 6-44　国内部分竖井的爆破参数

井筒名称	掘进断面面积/m^2	岩石性质	炮孔深度/m	炮孔数目/个	掏槽形式	炸药种类	药包直径/mm	雷管种类	爆破进尺/m	炮孔利用率/%	炸药消耗量/(kg·m^{-3})
凡口新副井	27.34	石灰岩 $f=8\sim10$	2.8	80	锥形	甘油与硝铵炸药	32	毫秒	2.18	81	1.96

续表6-44

井筒名称	掘进断面面积/m^2	岩石性质	炮孔深度/m	炮孔数目/个	掏槽形式	炸药种类	药包直径/mm	雷管种类	爆破进尺/m	炮孔利用率/%	炸药消耗量/(kg·m^{-3})
铜山新大井	29.22	花岗闪长岩、大理岩，f=4~6.8	3~3.8	62	直孔	20%~30% TNT 和 2% TNT 的硝铵	32	毫秒	平均 2.51	75.3	1.67
安庆铜矿副井	29.22	页岩，角页岩，细砂岩	2~2.3	70~95	锥形	硝铵黑	32	毫秒 秒差	2.7~3.31	77	3.14
凤凰山新副井	26.4	大理岩，f=8~10	4.3~4.5	104	复锥	2号岩石硝铵炸药	32	秒差	1.5~1.7	75	2.15
桥头河二号井	26.4	石灰岩，f=6~8	1.83	65	锥形	40%硝化甘油炸药	35	毫秒	1.6	87.5	1.97
万年二号风井	29.22	细砂岩，砂质泥岩 f=4~6	4.2~4.4	56	直孔	铵梯黑	45	毫秒	3.86	89	2.28
金山店主井	24.6	f=10~14	1.3	60	锥形	2号岩石硝铵炸药	32	毫秒	0.85	70	1.79
金山店西风井	24.6	f=10~14	1.5	64	锥形	2号岩石硝铵炸药	32	毫秒	1.11	85	1.79
凡口矿主井	26.4	石灰岩，f=8~10	1.3	63	锥形	2号岩石硝铵炸药	32	秒差	1.1	85	1.70
程潮铁矿西副井	15.48	f=12	2.0	36	锥形	硝化甘油炸药	35	秒差	1.74	93	1.22

3)起爆网路

竖井掘进爆破，大多采用电雷管起爆网路或导爆管雷管起爆网路；对于孔深大于 2.5 m 的也可以采用电雷管-导爆索复式起爆网路。

在电雷管起爆网路中，广泛采用并联网路和串并联网路，而串联网路由于工作条件差易发生拒爆现象，在竖井掘进中极少采用。

起爆电源大多采用地面的 220 V 或 380 V 的交流电源。在并联网路中，随着雷管并联组数目的增加，起爆总电流也增大，必须采用高能量的起爆电源。

4)冻结法凿井掘进爆破

冻结法凿井是指在井筒开凿之前，用人工制冷的方法，将井筒周围的岩层冻结成封闭的圆筒——冻结壁，以抵抗地压，隔绝地下水和井筒的联系，然后在冻结壁的保护下进行掘砌工作的一种特殊凿井方法。冻结法凿井主要工艺过程包括：冷冻站安装、钻孔施工、井筒冻结和井筒掘砌。

竖井冻结段爆破的关键是确保冻结管不受爆破损伤，一旦冻结管破裂或断管，有可能酿成灾难性的透水淹井事故，所以一般采用小药量松动爆破。施工中要精确确定井筒中心位置和轮廓线，严格按照爆破图表要求钻孔、装药，并根据冻结管偏斜图，严格控制周边孔的倾角。表 6-45 为我国部分冻结井筒爆破参数。

表 6-45　我国部分冻结井筒爆破参数

<table>
<tr><th>序号</th><th colspan="2">爆破参数</th><th>某矿井筒</th><th>田陈矿</th><th>刘桥二矿</th><th>三河口矿</th></tr>
<tr><td>1</td><td colspan="2">岩石名称</td><td>砂岩</td><td>泥岩</td><td>风化岩面</td><td>砂岩</td></tr>
<tr><td>2</td><td colspan="2">普氏系数</td><td>4~6</td><td>4~6</td><td></td><td>4~6</td></tr>
<tr><td>3</td><td colspan="2">冻结孔圈径/m</td><td>12.5</td><td>13.0</td><td>11.0</td><td>11.0</td></tr>
<tr><td>4</td><td colspan="2">井筒掘进直径/m</td><td>7.5</td><td>7.8</td><td>7.3</td><td>7.0</td></tr>
<tr><td>5</td><td colspan="2">周边孔到冻结管最小距离/m</td><td>2.2</td><td>0.6</td><td></td><td>0.84</td></tr>
<tr><td>6</td><td colspan="2">井帮最低温度/℃</td><td>-7</td><td>-18</td><td>-8</td><td>-10</td></tr>
<tr><td rowspan="5">7</td><td rowspan="5">炮孔布置</td><td>圈数/圈</td><td>5</td><td>6</td><td>5</td><td>5</td></tr>
<tr><td>掏槽孔数/个</td><td>5</td><td>6</td><td>6</td><td>6</td></tr>
<tr><td>崩落孔数/个</td><td>54</td><td>71</td><td>48</td><td>48</td></tr>
<tr><td>周边孔数/个</td><td>51</td><td>48</td><td>50</td><td>47</td></tr>
<tr><td>总炮孔数/个</td><td>110</td><td>125</td><td>104</td><td>101</td></tr>
<tr><td rowspan="2">8</td><td rowspan="2">孔深/m</td><td>掏槽孔</td><td>1.4</td><td>2.0</td><td>1.4</td><td>1.7</td></tr>
<tr><td>崩落孔及周边孔</td><td>1.2</td><td>1.8</td><td>1.2</td><td>1.6</td></tr>
<tr><td rowspan="3">9</td><td rowspan="3">装药量/(kg·孔$^{-1}$)</td><td>掏槽孔</td><td>0.9</td><td>1.2</td><td>0.6</td><td>0.9</td></tr>
<tr><td>崩落孔</td><td>0.75</td><td>0.9</td><td>0.45</td><td>0.75</td></tr>
<tr><td>周边孔</td><td>0.45</td><td>0.6</td><td>0.3</td><td>0.45</td></tr>
<tr><td>10</td><td colspan="2">总装药量/kg</td><td>70</td><td>100</td><td>40.2</td><td>62.55</td></tr>
<tr><td>11</td><td colspan="2">起爆电雷管</td><td>段发</td><td>段发</td><td>段发</td><td>段发</td></tr>
<tr><td>12</td><td colspan="2">炸药单耗/(kg·m^{-3})</td><td>1.7</td><td>1.33</td><td>0.94</td><td>1.22</td></tr>
<tr><td>13</td><td colspan="2">炮眼利用率/%</td><td>75</td><td>82</td><td>85</td><td>82</td></tr>
<tr><td>14</td><td colspan="2">循环进尺/m</td><td>0.9</td><td>1.47</td><td>1.47</td><td>1.31</td></tr>
</table>

6.6.3　天溜井掘进爆破

根据人员是否进入天井内作业，可以将天溜井掘进分为井内施工法和井外施工法两大类。井内施工法需要人员进入天井内作业，又可分为普通成井法、吊罐成井法和爬罐法掘进天井 3 种。井外施工法不需要人员进入天井内作业，可分为爆破法掘进天井和钻进法掘进天井两种。钻进法一般是使用大直径的旋转钻机全断面钻进，不需要进行爆破作业。下面介绍普通成井法、吊罐成井法等。

1)普通成井法

普通成井法是我国矿山曾长期应用的一种掘进方法，这种方法多是自下而上进行掘进的。它不受岩石条件和天井倾角的限制，只要高度不是太大，一般都可使用。

(1)普通成井法方案

图6-70为普通成井法掘进天井示意图，天井分为两间，一间为供人员上下的梯子间；另一间专供积存爆下来的石碴，其下部装有漏斗闸门，以便装车。凿岩爆破工作在距工作面2 m左右处临时搭设的工作台上进行。每循环需架设一次工作台。为了便于人员上下和设备材料与工具的搬运，需要随着工作面的推进而向上架梯子。爆破下来的岩石，为了利用自重下溜装车，必须修筑岩石间并随着工作面的推进而逐步加高。为了保护梯子间不被爆破下来的岩石打坏，在凿岩工作台之下梯子间之上，必须搭设安全棚。

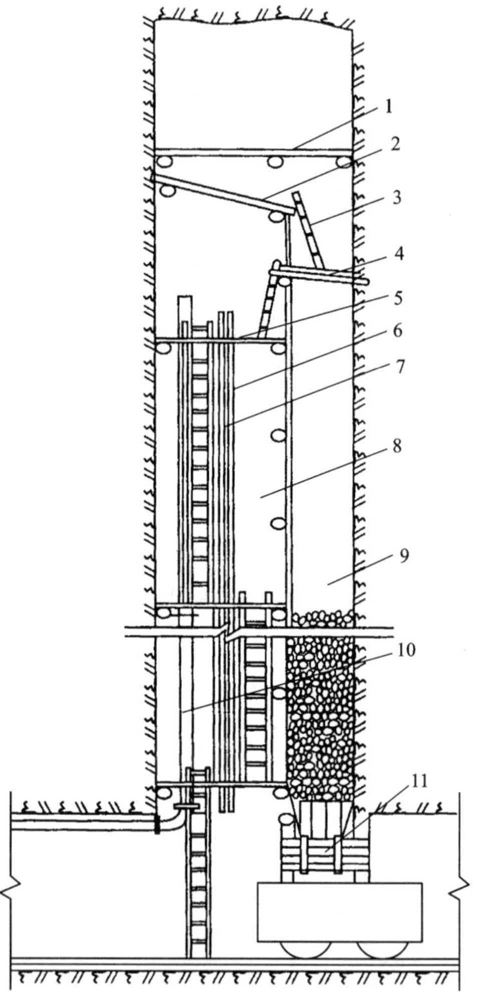

1—工作台；2—安全棚；3—短梯子；4—临时平台；5—工具台；6—水管；7—风管；8—梯子间；9—漏斗间；10—风筒；11—漏斗口。

图6-70 普通成井法掘进天井示意图

(2)凿岩爆破

凿岩设备选用YSP-45向上式凿岩机。由于天井横断面不大，为了便于凿岩和加深炮眼，广泛采用直眼掏槽。掏槽眼与空心眼之间距离视岩石硬度、空心眼数目与起爆顺序等而定。掏槽眼布置的位置以布置在岩石间上方为宜，这样可减弱对安全棚及梯子间的冲击。其他炮眼布置原则基本上与平巷相同，炮眼深度一般为1.4~1.8 m。起爆方法多采用激发器和非电导爆管。对于用电点火的起爆方法，由于采用的点火器材不同，可分为电桥点火与电阻丝点火两种(详见吊罐法掘进天井部分)。如采用普通电雷管起爆，则要求采取驱散杂散电流的措施才允许装药连线，并且由专人亲自管理起爆电源箱闸。

(3)普通成井法特点

普通成井法作业条件差，劳动强度大，掘进速度小，特别是在高天井掘进通风时更为困难。但此法适用条件较广，它可以跟随矿脉掘进，作为探矿天井比较灵活，因而一些小矿山至今仍在采用。

2) 吊罐成井法

(1) 吊罐成井法方案

吊罐成井法掘进天井如图 6-71 所示，它的特点就是以吊罐代替普通成井法中的凿岩工作台，同时又作为提升人员、设备、工具和爆破器材的容器。为此，在采用此法掘进天井时，首先要在天井断面中央打一个直径 100~300 mm 的中心孔，以贯通上下两个中段。然后在上中段安装提升绞车（游动或固定）。借此绞车和通过中心孔的钢丝绳升降吊罐。在吊罐的作业平台上完成凿岩、装药和连线等作业。放炮前把吊罐下放到天井下部平巷中避炮。放炮通风后，将吊罐提升至工作面进行打眼，同时，在下部平巷用装岩机装岩。

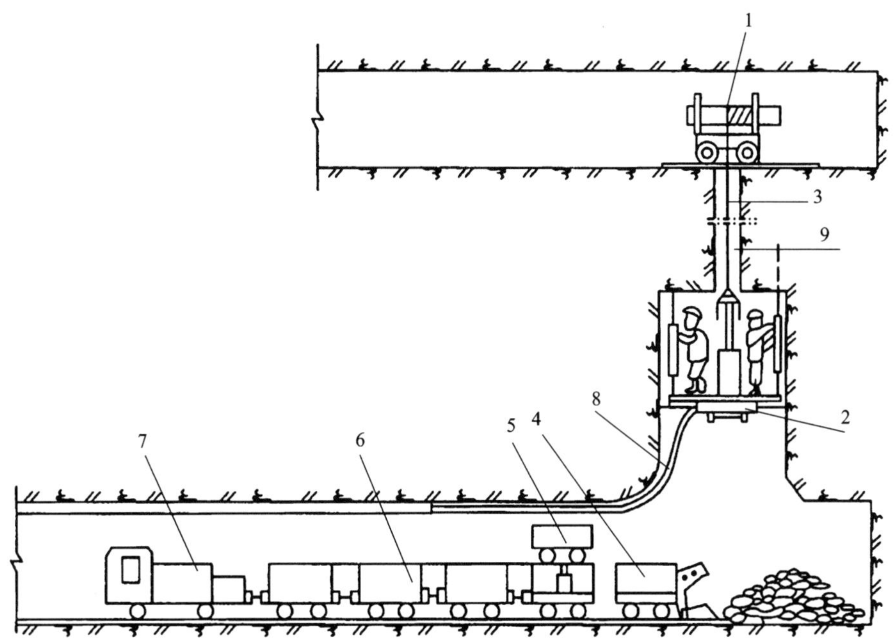

1—游动绞车；2—吊罐；3—提升钢丝绳；4—装岩机；5—斗式转载机；
6—矿车；7—电机车；8—风水管及电缆；9—中心孔。

图 6-71　吊罐成井法掘进天井示意图

(2) 凿岩爆破

采用吊罐成井法掘进天井时，凿岩采用 YSP-45 型凿岩机。一般有两名凿岩工上罐负责凿岩、装药和连线。凿岩时，两名凿岩工各站在工作平台的一侧，对称进行打眼，这样有利于吊罐保持受力均衡，不致因打眼而发生摇摆。一般采用直线掏槽，其掏槽眼必须与中心孔保持平行。掏槽眼距中心孔的间距应根据岩石性质确定，一般在硬岩中采用的间距较小，软岩中较大。起爆方法有激发器起爆非电导爆管和电雷管起爆方法。为避免杂散电流的威胁，一般多采用激发器起爆非电导爆管的起爆方法。

(3) 吊罐成井法特点

与普通成井法相比，吊罐成井法工序简单，辅助作业时间短，爆破效率高，因而大大地提高了天井掘进速度和工效。虽然通风条件比普通成井法有较大改善，但凿岩时，工作面粉尘浓度依然较大，对工人健康有一定影响。该法只适用于中等以上硬度(f>8)，不需要支护的稳定岩层，在松软、破碎的不稳定岩层中不宜采用。不适于高天井、盲天井和倾角小于65°的斜天井的掘进，因此，其使用范围受到限制。

3)深孔爆破一次成井法

深孔爆破一次成井法是用深孔钻机按天井断面尺寸沿天井全高自上向下或自下向上钻凿一组平行深孔，然后一次或分段爆破，形成所需要的天井的成井方法，见图6-72。该法的最大特点是，一般不受岩层破碎与否的限制，所需的设备少，工人不进入井筒内作业，人员的作业条件显著改善，作业安全，但对钻孔精度要求高。

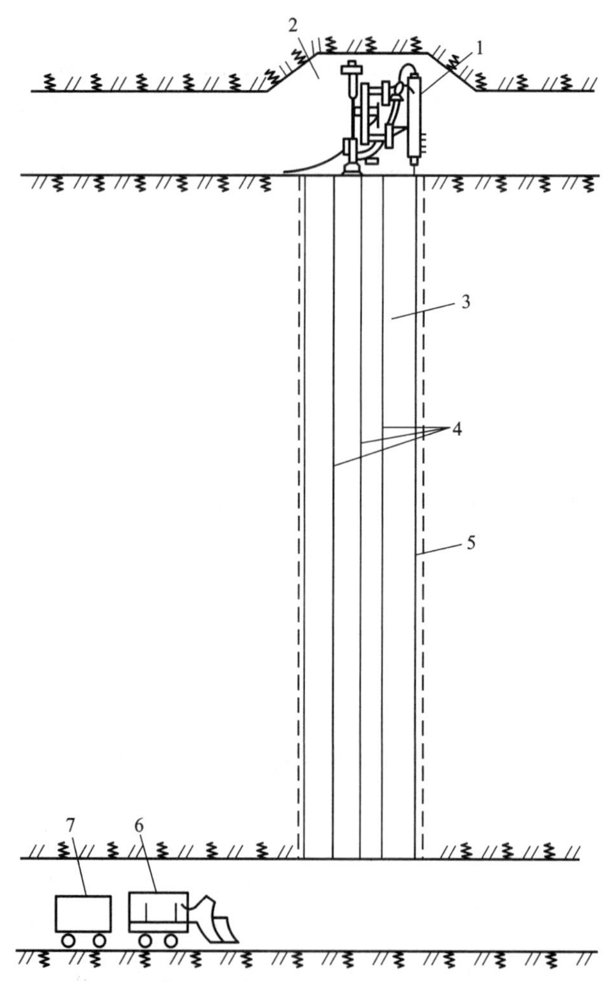

1—深孔钻机；2—钻机硐室；3—天井；4—掏槽孔；5—周边孔；6—装岩机；7—矿车。

图6-72 深孔爆破一次成井法示意图

(1)深孔爆破一次成井工艺

深孔爆破一次成井法按照装药结构和掏槽形式可分为两种工艺：平行空孔掏槽法和球形药包漏斗掏槽法，如图6-73所示。平行空孔掏槽法是最早采用的掏槽形式，至今仍然普遍采用，其特点是以中心孔为自由面，连续柱状装药，爆破范围小而深，自由面条件差，爆破夹制性大。球形药包漏斗掏槽法的特点是不需要中心空孔且钻孔数量少，爆破是以天井工作面为自由面，爆破时形成漏斗，钻孔精度相对地可以要求低一些，因而钻爆费用也低一些，且作业简单，因此这种方法得到越来越广泛的应用。

(2)爆破参数

①平行空孔掏槽法爆破参数

a. 孔径。孔径根据使用的钻孔钻具来确定，中心空孔直径为 102~250 mm，掘进孔孔径为 50~75 mm。

b. 初始补偿系数。空孔面积 S_0 与首爆装药孔爆落的岩碴的实体面积 S_1 之比称为初始补偿系数 n。设计中要求补偿空间能完全容纳爆破的松散岩碴。

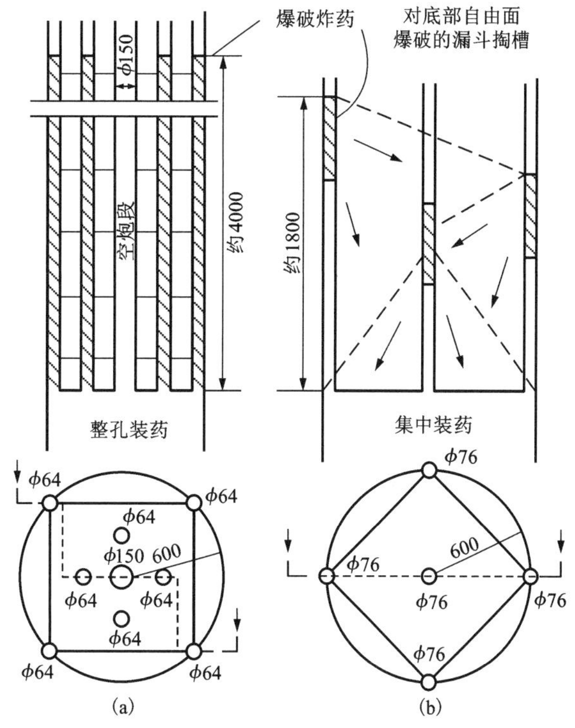

图 6-73　平行空孔掏槽法(a)和球形药包漏斗掏槽法(b)

c. 首爆装药孔与空孔中心的距离 L_1。

应避免两孔在天井内钻通，同时又应满足初始补偿系数 n 的要求，根据桃林铅锌矿和黄沙坪铅锌矿的经验，可按式(6-20)计算(图 6-74)。

$$L_1' = \frac{\pi}{4} \times \frac{2(D_1^2 + D_2^2) + n(D_1^2 + D_2^2 + d^2)}{n(D_1 + D_2 + d)} \tag{6-20}$$

$$L_1 = \frac{L_1'}{\cos(\alpha/2)} \tag{6-21}$$

式中：D_1 为大孔直径，mm；D_2 为并联小空孔直径，mm，如不用并联导向器扩孔时，$D_2=0$；d 为装药孔直径，mm；n 为初始补偿系数，取 $n \geqslant 0.7$，但对盲天井一次成井，则取 $n \geqslant 1.2$；α 为装药孔中心与两孔并联空孔中心的连线夹角，当有一个空孔时 $\alpha=0$，则 $L_1=L_1'$；L_1 为首爆装药孔与空孔中心距离，mm。

其余槽孔至空孔的距离，应在确保补偿空间和自由面宽度的前提下，尽量增大槽腔面积，要考虑孔偏影响。

当采用两个大空孔时，其空孔间距应越小越好，但考虑凿岩时，不至于相互贯通，所以间距不能太小，根据桃林铅锌矿试验得到空孔间距，以取 200~250 mm 为宜。

d. 掏槽孔装药量。深孔爆破法容易产生槽腔挤死和邻孔带炮现象。因此，掏槽孔的装药量 q 不能过大。q 主要取决于该孔的抵抗线和自由面的宽度、岩石和炸药的性质等。q 可由药包直径和长度、装药间隔长度来调节，可按式(6-22)及图 6-75 确定。

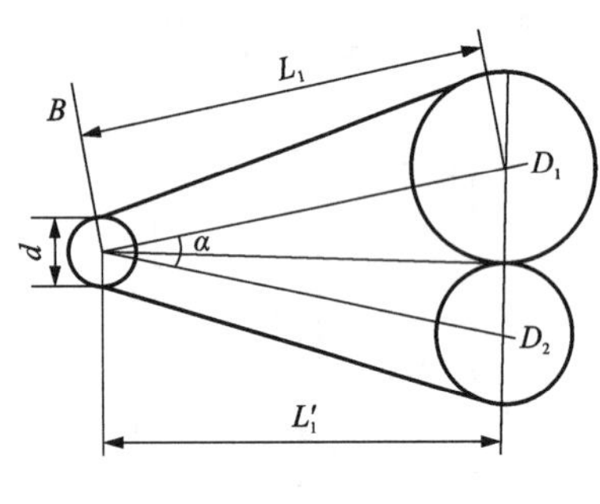

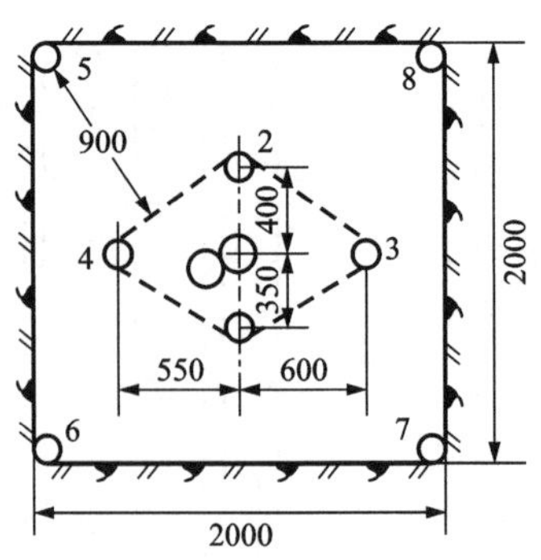

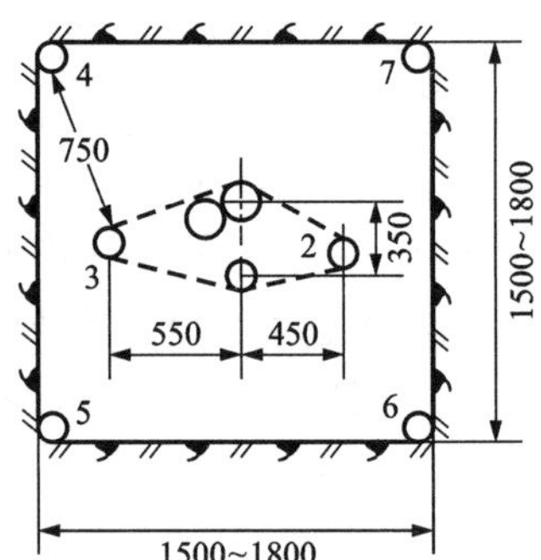

图 6-74 并联空孔炮孔排列

$$q = 0.55\left(L - \frac{D_1}{2}\right)\left(\sin\frac{\beta}{2}\right)^{\frac{3}{2}} \quad (6-22)$$

式中：q 为掏槽孔装药量，kg/m；L 为掏槽装药孔中心到空孔中心距离，m；D_1 为孔直径，m；β 为装药孔中心到自由面两端连线的夹角[即岩石破碎角(°)]。

e. 炮孔深度。炮孔深度取决于天井设计高度，设计时一般考虑炮孔利用率为 90%，为了保证一次爆破达到设计高度，设计深孔时应考虑孔适当超深，对于高度为 8～12 m 的天井，掏槽孔应超深 1.5～2.0 m，辅助孔应超深 1～1.5 m，周边孔应超过 0.5～1.0 m。

f. 装药结构和起爆药包位置。掏槽孔装药结构根据深孔掏槽爆破特点，为减少掏槽孔装药量，采用间隔装药结构，辅助孔和周边孔采用连续柱状装药，炮孔全长敷设导爆索。起爆药包装于孔底有利于岩石破碎，装于孔口对排渣有利，一般将起爆药包装于距孔口 3 m 左右的位置，采用两个起爆药包，一个位于孔底第三至第五个药包、一个位于距孔口 3 m 左右的位置。

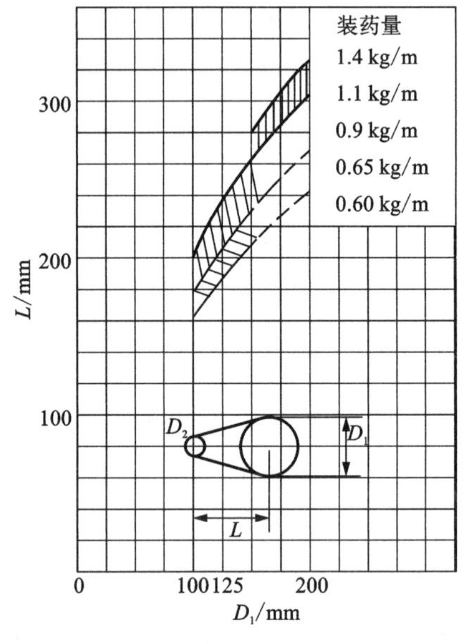

图 6-75 空孔直径与孔间距离确定掏槽孔装药量

②球形药包漏斗掏槽法爆破参数

漏斗掏槽由 5 个炮孔构成，掏槽过程中，中心炮孔先爆，周围 4 个孔按顺序起爆，装药高度依次上提(比中心孔)10～20 cm。下部用炮塞和砂子堵塞，上部用少许砂子后加水袋堵塞(或灌水)，中间药包长度为 6 倍孔径。能否可靠地形成圆锥形，自由面极为重要，因此必须正确求出中心炮孔的装药量和最佳装药深度，以及合理地确定 4 个角孔的间距。

漏斗掏槽法的不足之处是一次爆破进尺较小(与孔径和炸药有关)。

集中装药的漏斗掏槽爆破参数设计是根据莱文斯顿理论推算的，其计算方法为：

$$L_0 = 6d \quad (6-23)$$

式中：L_0 为集中装药长度，mm；d 为炮孔直径，mm。

中心炮孔的装药量：

$$Q = \frac{3}{2}\pi d^3 \rho \tag{6-24}$$

式中：Q 为中心炮孔装药量，kg；ρ 为装药密度，使用气力装填机装药时，$\rho = 1.3\ kg/dm^3$。

中心孔药包的最佳装药深度：

$$L_B = 13.7d \tag{6-25}$$

式中：L_B 为中心孔药包的最佳装药深度，即中心孔药包中心至自由面的距离。

中心炮孔与 4 个掏槽孔的间距 a(mm)：

$$a = (0.58 \sim 0.7)L_B \tag{6-26}$$

(3)装药方式与起爆顺序

装药、堵塞、起爆均在钻孔开口水平处进行，先下一炮塞(木质或水泥塞)为堵塞物，接着自下而上装药到设计高度。装药方式如图 6-76 所示。起爆顺序取决于钻孔偏差，按离空孔的距离由近到远的顺序依次全部起爆。

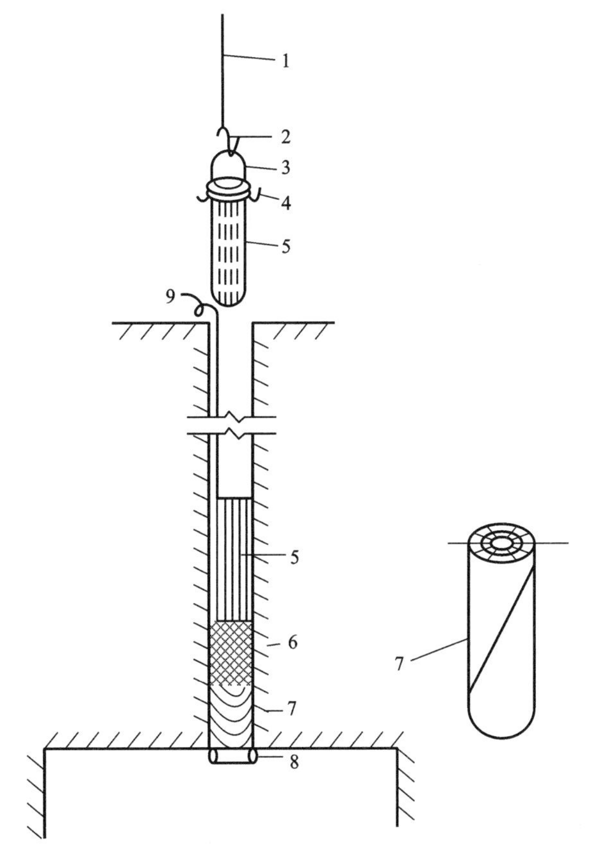

1—麻绳；2—铁钩；3—铁丝；4—麻线；5—药包；6—炮泥；7—木楔；8—小圆木；9—细铁丝。

图 6-76　深孔爆破一次成井装药方式示意图

(4)工程实例——超大断面竖井爆破成井

①超大断面竖井深孔爆破成井方案

某竖井的掘进工程存在施工条件差、井筒断面大(直径为 20 m)、掘进深度较深(50 m)的特点，井筒形式为简单圆筒式。通过比较几种常用的竖井施工方法，考虑该工程对施工工期的严格要求，确定采用深孔爆破法施工该竖井。因该竖井直径达 20 m，为了保证竖井施工作业的安全，必须确保每次爆破竖井顶板的安全。竖井施工过程中安全系数最低的是最后一次破顶爆破，因此确定破顶层厚度是本次施工的关键。基于薄板理论和厚板理论，并结合三维数值模拟研究，确定破顶爆破预留层采用倒台阶状(图 6-77)，最薄处厚度为 14 m。为确保爆破质量并有效控制爆破振动，将竖井施工分成 3 类进行 5 次爆破，操作如下。

a. 基于多孔球状药包爆破的导井爆破。中间导井主要为后续主体崩落爆破创造自由面并提供补偿空间，是后续爆破顺利进行的先决条件。由于导井深度达 50 m，一次形成导井难度较大，结合国内外深孔爆破成井经验，将导井爆破分成3次进行，前两次单独进行导井爆破(图6-77中①和②)，每次爆破高度为18 m，第三次导井爆破与破顶爆破一起实施。

b. 基于周边孔预裂爆破的侧崩爆破。以中间导井为自由面进行侧崩爆破(图6-77中③和④)，每次爆破形成倒台阶形状，以保证竖井顶板安全。每次爆破在竖井周边采用预裂爆破，以形成光滑的壁面。

c. 基于周边孔预裂爆破的破顶爆破。破顶爆破是将该竖井范围内的剩余岩体爆穿(图6-77中⑤)，以形成竖井设计断面，最终完成该竖井的掘进。与侧崩爆破类似，破顶爆破也在竖井周边采用预裂爆破，以形成光滑的壁面。

②导井爆破

由于导井断面较大，为在实现高效爆破成井的同时降低爆破振动影响，采用短延时起爆多孔球状药包爆破成井技术实施导井爆破。短延时起爆可使导井同层炮孔以同一自由面共同形成爆破漏斗，虽然爆破延期时间较短，但仍然降低了单段爆破药量，因此可以有效降低爆破振动影响。由于导井爆破的两次爆破方案类似，因此仅介绍第一次导井爆破方案。

a. 炮孔布置。导井爆破共布置4圈炮孔，炮孔均匀分布于直径分别为1.5 m、3.0 m、4.5 m、6.0 m的圆周上，每圈炮孔数量分别为5个、10个、15个、20个，炮孔总数量为50个，孔间距为1.0~1.2 m，炮孔直径165 mm，如图6-78所示。

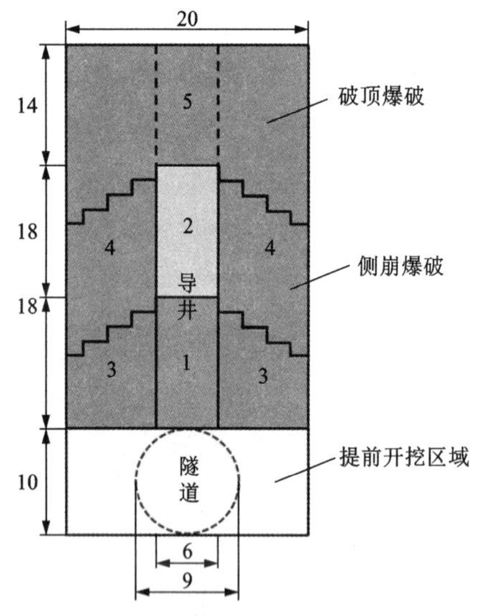

图6-77 大断面竖井爆破规划图(单位：m)

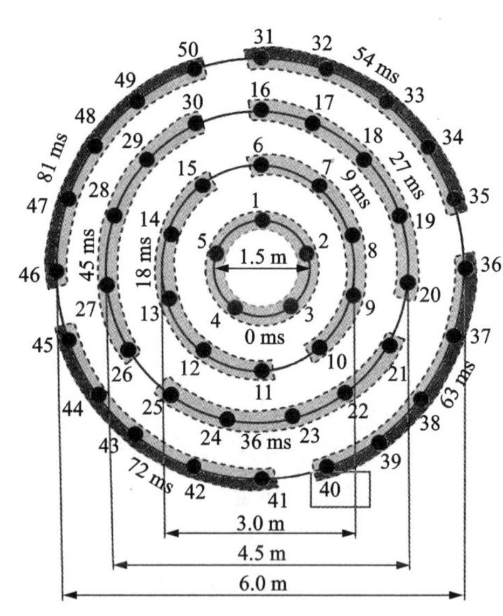

图6-78 导井爆破炮孔布置示意图

b. 装药结构。导井第一次爆破分5层装药，根据爆破漏斗理论和每分层自由面宽度确定第一分层高度为4.5 m，其中抵抗线长度为2.5 m，第二~第四分层高度为3.6 m，其中抵抗线为2.0 m，第五分层高度为2.7 m，其中抵抗线长度为1.5 m。导井爆破装药结构如图6-79所示。

c. 起爆网路。根据延期时间计算公式，并结合高精度雷管微差延期时间，确定短延期时间为9 ms，层间延期时间为200 ms。每层爆破以5个孔为一段爆破，段间采用高精度雷管短延期起爆。为实现短延期爆破，现场采用孔外延期起爆方式，同层孔间采用延期时间9 ms高

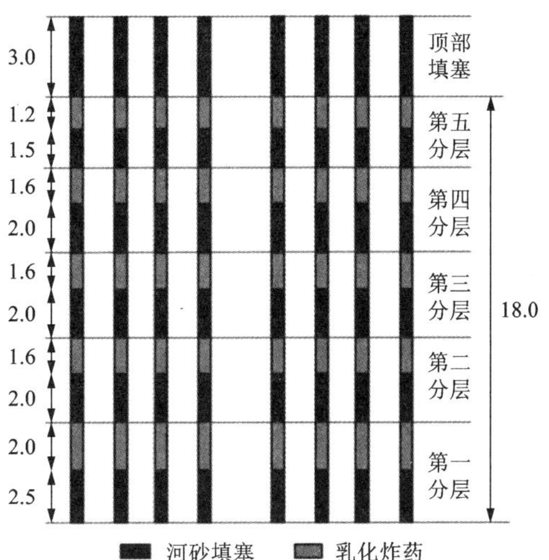

图 6-79　导井爆破装药结构示意图(单位：m)

精度雷管、层间采用 200 ms 高精度雷管，孔内统一采用 1950 ms 高精度雷管起爆，起爆网路见图 6-80。

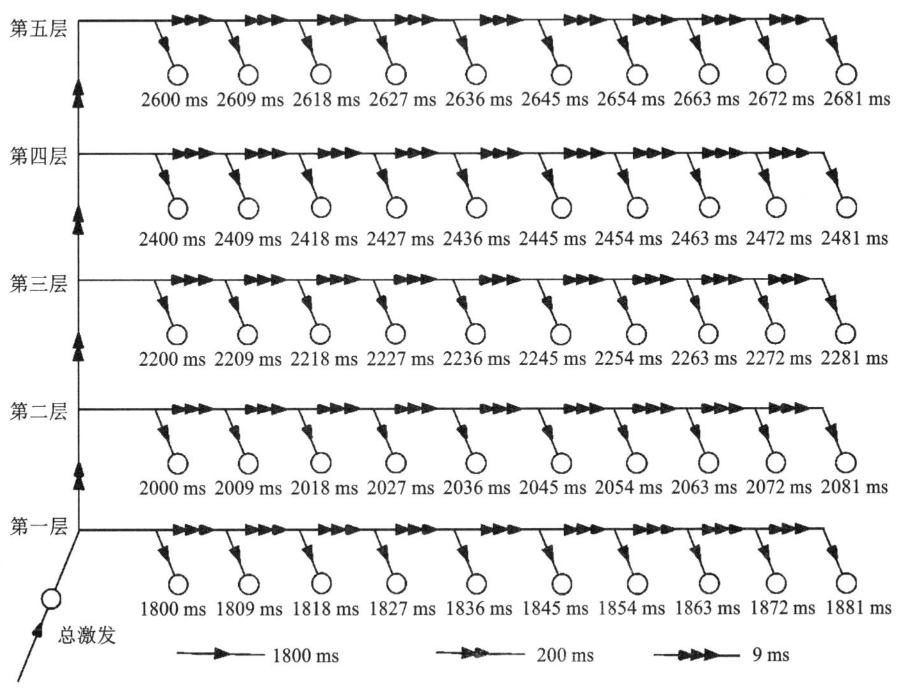

图 6-80　导井爆破起爆网路示意图

d. 爆破参数。导井爆破使用直径为 120 mm 的 2#岩石乳化炸药，单个药包长度为 0.4 m，单个药包质量为 5 kg。导井第一次爆破参数如表 6-46 所示。导井爆破单孔药量为 100 kg，最大段药量为 125 kg，爆破总药量为 5000 kg，单耗 9.8 kg/m^3。

表 6-46 导井第一次爆破参数

参量	第一分层	第二分层	第三分层	第四分层	第五分层
分层高度/m	4.5	3.6	3.6	3.6	2.7
抵抗线长度/m	2.5	2.0	2.0	2.0	1.5
单孔药包数/个	5	4	4	4	3
药包总数/个	250	200	200	200	150
药量/kg	1250	1000	1000	1000	750

③基于预裂爆破的主体崩落爆破

两次侧崩爆破方案类似，因此仅介绍第一次侧崩爆破(即第三次爆破)方案。

a. 炮孔布置。在导井外布置 3 圈主体崩落孔和 1 圈预裂孔，主体崩落孔分别布置在直径为 10 m、14 m、18 m 的圆圈上，孔间距为 2 m，每圈炮孔数量分别为 16 个、22 个、28 个。第一圈崩落孔与导井边界和每圈崩落孔之间的距离为 2 m，炮孔直径为 165 mm；预裂孔距第三圈崩落孔的距离为 1 m，孔间距为 1 m，炮孔直径为 150 mm，预裂孔数量为 63 个。侧崩爆破炮孔布置如图 6-81 所示。

b. 装药结构。侧崩爆破采用导爆索起爆孔内所有炸药，炮孔底部填塞深度为 1.5 m，主体崩落孔每装 1 条炸药(0.4 m)间隔 0.3 m，预裂孔每装 1 条炸药(0.5 m)间隔 0.4 m，顶部填塞 2.0 m。炮孔装药结构如图 6-82 所示。

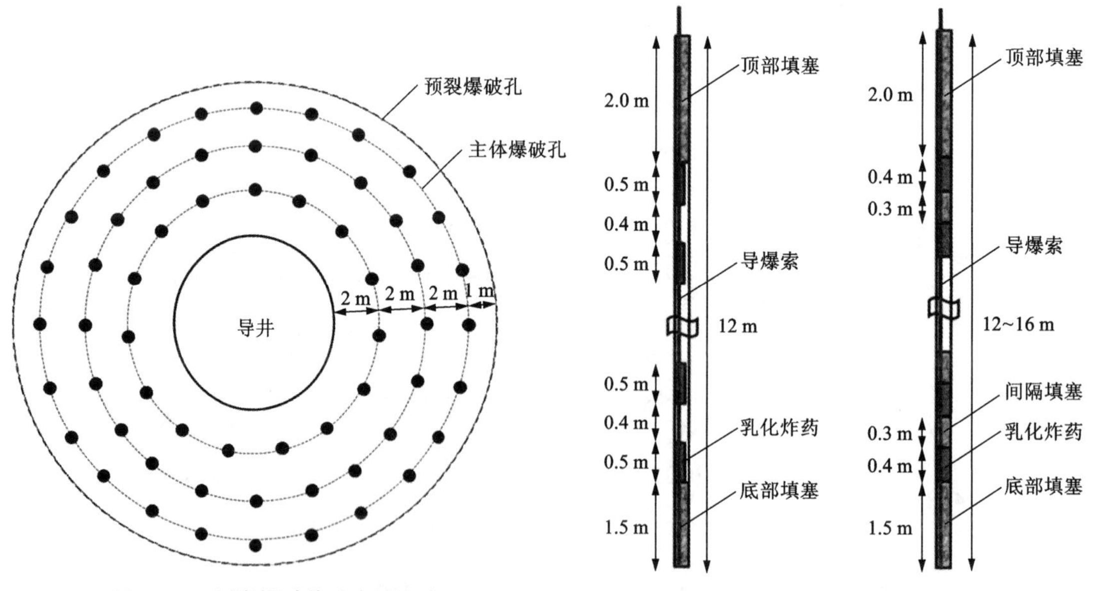

图 6-81 侧崩爆破炮孔布置示意图

图 6-82 炮孔装药结构示意图(单位：m)

c. 起爆网路。侧崩爆破孔内统一采用长延期 1950 ms 的高精度雷管，主体崩落炮孔以相邻 5 孔为一段，段间延期采用孔外 25 ms 延期雷管。由于预裂爆破孔数较多，为在形成预裂缝的同时降低爆破振动，以相邻 5 孔为一段，段间预裂炮孔采用孔外 9 ms 延期雷管。不同圈的炮孔采用 200 ms 延期雷管，为了保证预裂效果，第一、二圈崩落孔起爆后，预裂孔先于第三圈崩落炮孔起爆。侧崩爆破起爆网路如图 6-83 所示。

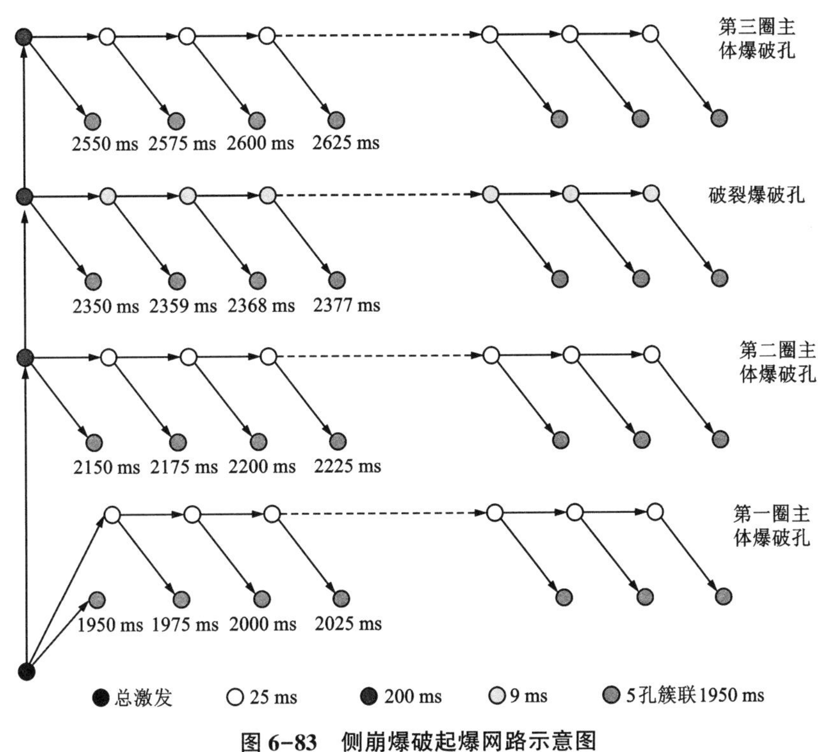

图 6-83　侧崩爆破起爆网路示意图

d. 爆破器材消耗。侧崩爆破装药炮孔数量为 129 个，主体崩落孔单卷炸药的质量为 5 kg，乳化炸药为 5490 kg，预裂爆破单卷炸药的质量为 1 kg，药量为 693 kg，爆破总药量为 6183 kg。第一次侧崩爆破参数见表 6-47。

表 6-47　第一次侧崩爆破参数

参量	第一圈崩落孔	第二圈崩落孔	第三圈崩落孔	预裂孔
孔数/个	16	22	28	63
爆破高度/m	16	14	12	12
单孔药量/kg	95	85	75	11
总药量/kg	1520	1870	2100	693

④基于预裂爆破的破顶爆破

破顶爆破是导井爆破与侧崩爆破的结合，其炮孔布置和装药结构与导井爆破和侧崩爆破类似。破顶爆破孔数量多，爆破网路极其复杂。首先起爆中间导井部分炮孔，起爆网路与前述导井爆破类似，之后起爆第一、二圈主体崩落孔，然后起爆预裂爆破孔，最后起爆第三圈主体崩落孔。

⑤爆破效果

爆破施工过程中进行了爆破振动监测，结果显示爆破峰值振速分布均匀，可见爆破降振效果明显。经过5次爆破，包括2次导井爆破、2次侧崩爆破和1次破顶爆破，成功完成了直径为20 m、深度为50 m的竖井爆破，竖井断面达到了设计的尺寸和规格要求。

6.7 回采爆破

对地下矿山回采爆破的要求是，爆破作业安全、炮孔崩矿量大、大块少、二次爆破量小、粉矿少、矿石贫化损失小、材料消耗量低。

6.7.1 浅眼爆破

浅眼爆破适用范围广、设备简单、方便灵活、工艺简单，只要严格掌握药量计量，并根据岩石性质调整爆破参数，就容易达到设计要求。浅眼爆破的主要缺点是，机械化程度还不够高，工人劳动强度大，劳动生产率低，爆破作业频繁，大大增加了爆破安全管理的工作量。

1)炮孔布置方式

地下采矿浅眼爆破主要用于留矿法、分层充填法、分层崩落法以及某些房柱法等采矿作业中。地下采矿浅眼爆破炮孔按炮孔方向不同，可分为上向炮孔和水平炮孔两种。矿石比较稳固时，采用上向炮孔，见图6-84。矿石稳固性较差时，一般采用水平炮孔，见图6-85。工作面可以是水平单层，也可以是梯段形，梯段长3~5 m，高1.5~3.0 m。

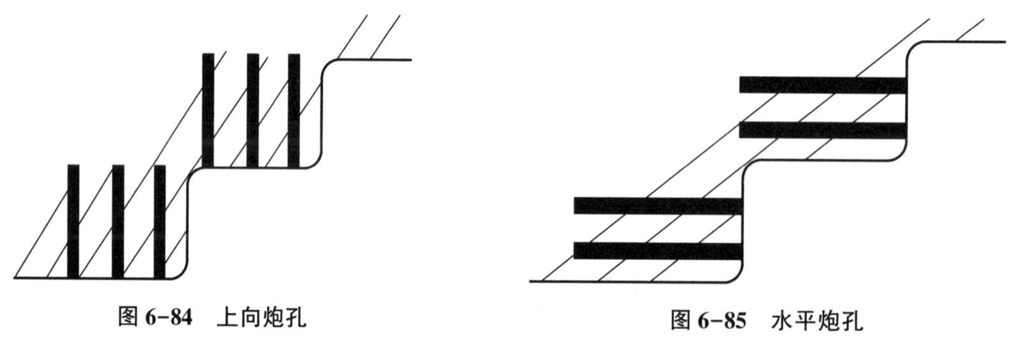

图6-84 上向炮孔 **图6-85 水平炮孔**

爆破工作面以台阶形式向前推进，炮孔在工作面的布置形式有矩形和三角形排列方式，见图6-86。三角形排列时，炸药在矿体中的分布比较均匀，破碎程度较好，不需要二次破碎，故采用较多。三角形排列一般用于矿石坚硬稳定、采幅较窄的矿体，矩形排列一般用于矿石比较坚硬、矿岩不易分离以及采幅较宽的矿体。

2)爆破参数

(1)炮孔直径

采场崩矿的炮孔直径和矿床赋存条件有关，并对回采工作有重要影响。我国矿山浅眼爆破崩矿广泛采用32 mm药卷直径，其相应的炮孔直径为38~42 mm。

我国一些有色金属矿山使用25~28 mm小直径药卷进行爆破，其相应的炮孔直径为30~40 mm，在控制采幅宽度和降低贫化损失等方面取得了比较显著的效果。当开采薄矿脉、稀

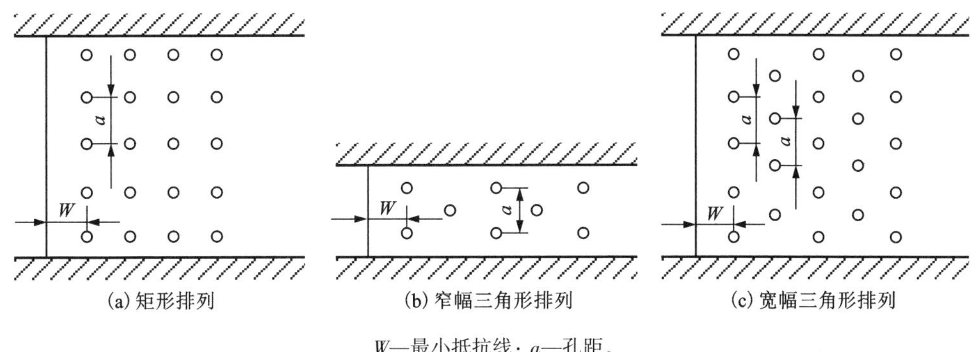

W—最小抵抗线；a—孔距。

图 6-86　浅眼爆破的炮孔布置形式

有金属矿脉或贵重金属矿脉时，特别适宜使用小直径炮孔爆破。

(2) 炮孔深度

炮孔深度与矿体、围岩性质、矿体厚度及边界形状等因素有关。它不仅决定着采场每循环的进尺和采高、回采强度，而且影响爆破效果和材料消耗量。井下崩矿孔深常采用 1.5~2.5 m，个别矿山开采厚矿体时孔深为 3~4 m。当矿体较小且不规则、矿岩不稳固时，应选用较小值以便控制采幅，降低矿石的损失和贫化。

(3) 最小抵抗线和炮孔间距

井下浅眼崩矿时，炮孔排距通常为最小抵抗线 W，炮孔间距 a 则指同排内相邻炮孔的距离。W 过大，会降低破碎质量，大块多；W 过小，则矿石被过度粉碎，既增加了凿岩成本、浪费爆破器材，又给易氧化、易黏接矿石的装运工作带来困难。

通常，最小抵抗线 W 和炮孔间距 a 的经验公式为：

$$W = (25 \sim 30)d \tag{6-27}$$

$$a = (1.0 \sim 1.5)W \tag{6-28}$$

式中：d 为炮孔直径，mm；式中的系数，依岩石坚固性系数而定，岩石坚固性系数大时，取小值，反之，取大值。

(4) 单位炸药消耗量和一次爆破装药量

浅眼爆破的炸药单耗与矿石性质、炸药性能、孔径、孔深以及采幅宽度等因素有关。一般采幅愈窄，孔深愈大，岩石坚固性系数愈大，坚硬致密的矿石对爆破作用的夹制性愈大，则炸药单耗量愈大。表 6-48 列出了 2#岩石铵梯炸药在地下采矿浅眼爆破崩矿中的单位炸药消耗量。

表 6-48　地下采矿浅眼爆破炸药单位消耗量

岩石坚固性系数 f	<8	8~10	10~15	>15
单位炸药消耗量/($kg \cdot m^{-3}$)	0.25~1.0	1.0~1.6	1.6~2.6	2.8 以上

采矿时一次爆破装药量 Q 通常根据单位炸药消耗量和欲崩落矿石的体积进行计算，即

$$Q = qml\overline{L} \qquad (6\text{-}29)$$

式中：Q 为一次爆破装药量，kg；q 为单位炸药消耗量，kg/m^3；m 为采幅宽度，m；l 为一次崩矿总长度，m；$\overline{L}$ 为平均炮孔深度，m。

6.7.2 深孔爆破

地下采矿深孔爆破常用于阶段崩矿法、分段崩矿法等采矿方法。与浅眼爆破法比较，其具有以下优点：①每米炮孔的崩矿量大，一次爆破规模大，矿块回采速度快，开采强度高；②炸药单耗低，爆破次数少，劳动生产率高，成本低；③爆破工作集中，便于管理，安全性好；④工程进度快，有利于缩短工期，对于矿山而言，有利于地压管理和提高回采率。同时深孔爆破也存在如下一些缺点：①需要专门的钻孔设备，对钻孔工作面有一定的要求；②对钻孔技术要求较高，容易出现超挖和欠挖现象；③由于炸药相对集中，崩落矿石块度不均匀，大块率较高，二次破碎工作量大；④相应的贫化损失较大。所以，深孔爆破广泛用于地下矿中厚以上矿体的回采、矿柱回采和空区处理等。

1)炮孔布置方式

深孔布置方式有平行布孔和扇形布孔两种，如图 6-87 所示。扇形布孔时深孔由于具有凿岩巷道掘进工程量小，深孔布置灵活和凿岩设备移动次数较少等优点，应用更为广泛。表 6-49 给出了常见的扇形布孔方案。由于扇形布孔时深孔呈放射状，孔口间距小而孔底间距大，因而崩落矿石的块度没有平行布孔的深孔均匀，炮孔利用率也较低。对于形状规则矿体的开采和要求爆后岩块均匀时，宜采用平行布孔。

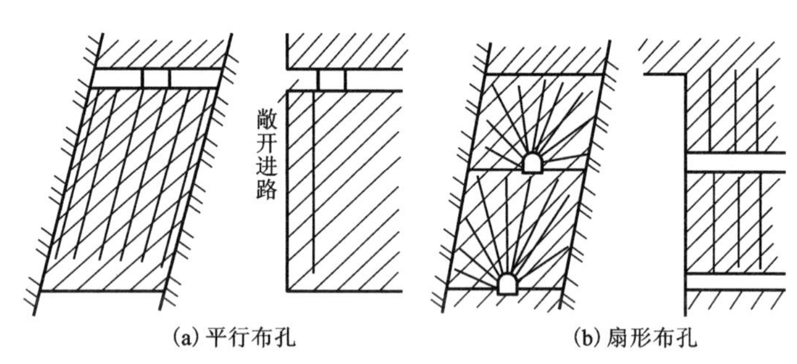

(a) 平行布孔　(b) 扇形布孔

图 6-87 深孔布置方式

表 6-49 常见的扇形布孔方案

凿岩天井或硐室位置	示意图	优点	缺点
下盘中央		①凿岩天井或硐室掘进工作量少； ②总孔深小	不易控制矿体边界、易丢矿
对角		①控制矿体不易丢矿； ②凿岩工作面多，施工灵活	掘进工作量大

续表6-49

凿岩天井或硐室位置	示意图	优点	缺点
一角		①掘进工作量小； ②安全	大块率高
中央		掘进工作量小	①不易控制矿体边界、易丢矿； ②总孔深大
中央两侧		①孔浅； ②大块率低； ③凿岩工作面多，施工灵活性大	不易控制矿体边界、易丢矿

2)爆破参数

(1)炮孔直径

炮孔直径直接影响每米炮孔崩矿量、炸药消耗量、大块率、凿岩速度、凿岩爆破工作的劳动生产率和爆破效果。所以，在选取孔径时，必须考虑使用的凿岩设备和工具、炸药的威力和矿岩性质。

接杆凿岩孔径主要取决于连接套直径和必需的装药体积，孔径一般为 50~75 mm，以 55~65 mm 居多。潜孔凿岩因受冲击器的制约，孔径较大，为 90~120 mm，以 90~110 mm 居多，也有个别矿山采用 165 mm 的孔径。采用无底柱采矿法的破碎软矿岩矿山，宜采用大孔径炮孔爆破。

(2)炮孔深度

炮孔深度对凿岩机速度、凿岩质量和采准工作量影响很大。炮孔深度的选择主要取决于凿岩机类型、矿体赋存条件、矿岩性质、采矿方法和装药方式等因素。目前，使用 BA-100 和 YQ-100 潜孔钻机时，炮孔深度一般为 10~20 m，最大不超过 25~30 m；使用 YG-80、YGZ-90 和 BBC-120F 凿岩机时，孔深一般为 10~15 m，最大不超过 18 m。

(3)最小抵抗线

最小抵抗线取决于矿岩的坚固程度、孔径、炸药性能与补偿空间状况等。目前，其选择可参照以下 3 种方法。

①平行布孔时，可按式(6-30)计算：

$$W = d\sqrt{\frac{7.85\Delta\tau}{mq}} \tag{6-30}$$

式中：d 为炮孔直径，dm；Δ 为装药密度，kg/dm^3；τ 为装药系数，0.7~0.8；m 为密集系数，又称邻近系数，$m=a/W$，对于平行布置的深孔 $m=0.8\sim1.1$，对于扇形布置的深孔，孔底 $m=1.1\sim1.5$，孔口 $m=0.4\sim0.7$；q 为单位炸药消耗量，kg/m^3。

②根据最小抵抗线和孔径的比值选取：当单位炸药消耗量和密集系数一定时，最小抵抗

线和孔径成正比。实际资料表明，最小抵抗线按式(6-31)~式(6-33)选取。

坚硬矿石

$$W=(25\sim30)d \tag{6-31}$$

中等坚硬矿石

$$W=(30\sim35)d \tag{6-32}$$

较软矿石

$$W=(35\sim40)d \tag{6-33}$$

③根据矿山实际资料参考选取：国内一些矿山所采用的最小抵抗线见表6-50。

表6-50 水平扇形布置的深孔最小抵抗线

炮孔直径/mm	50~60	60~70	70~80	90~120
最小抵抗线/m	1.2~1.6	1.5~2.0	1.8~2.5	2.5~4.0

(4)炮孔间距及密集系数

平行排列的深孔的孔间距为相邻两孔间的轴线距。扇形排列的深孔孔间距分为孔底距和孔口距。孔底距是指由装药长度较短的深孔孔底至相邻深孔的垂直距离；孔口距是指由填塞较长的深孔装药端至相邻深孔的垂直距离，见图6-88。

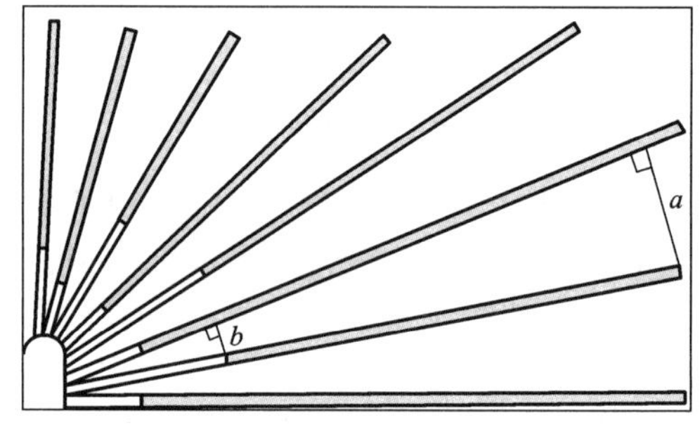

a—孔底距；b—孔口距。

图6-88 扇形布置的深孔的孔间距

在设计和布置扇形深孔排面时，为使炸药分布均匀，用孔底距 a 来控制孔底深度的密集程度，用孔口距 b 来控制孔口部分的炸药分布，以避免炸药分布过多及爆后造成粉矿过多。关于孔间距 a 的确定，可采用式(6-34)进行计算，扇形布孔时的孔底距：

$$a=(1.1\sim1.5)W \tag{6-34}$$

坚硬矿石取较小系数，反之则取较大系数。

密集系数的选取常根据经验来确定，通常平行孔的密集系数为0.8~1.1，以0.9~1.1居多。扇形孔孔底密集系数为0.9~1.5，以1.0~1.3居多；孔口密集系数为0.4~0.7。选取密集系数时，矿石愈坚固，要求的块度愈小，则应取较小值；反之，应取较大值。

(5)单位炸药消耗量

单位炸药消耗量直接影响岩石的爆破效果，其值与岩石的可爆性、孔径、炸药性能和最小抵抗线有关。通常可参考表6-51选取，也可根据爆破漏斗试验确定。

表6-51 地下采矿深孔爆破单位炸药消耗量

岩石坚固性系数 f	3~5	5~8	8~12	12~16	>16
一次爆破单位岩石炸药消耗量/(kg·m^{-3})	0.2~0.35	0.35~0.5	0.5~0.8	0.8~1.1	1.1~1.5
二次爆破单位岩石炸药消耗量所占比例/%	10~15	15~25	25~35	35~45	>45

平行深孔每孔装药量为：

$$Q = aWL = qmW^2L \tag{6-35}$$

式中：L 为深孔长度，m；m 为密集系数；a 为孔间距，m；W 为最小抵抗线长度，m；q 为单位炸药消耗量，kg/m^3。

扇形深孔每孔装药量因其孔深、孔距均不相同，通常先求出每排孔的装药量，然后按每排长度和总填塞长度，求出每米孔的装药量，再分别确定每孔装药量。每排孔装药量为：

$$Q_p = qWS \tag{6-36}$$

式中：Q_p 为每排深孔的总装药量，kg；S 为每排深孔的崩矿面积，m^2。

我国金属矿山的一次炸药单耗一般为 0.25~0.6 kg/t，二次炸药单耗为 0.1~0.3 kg/t。二次炸药单耗较高的矿山大块量较高，应进一步改善布孔参数和适当提高一次炸药消耗量。

3）工程实例

表 6-52 列出了我国部分矿山地下深孔爆破参数。

表 6-52　我国部分矿山地下深孔爆破参数

矿山名称	矿石坚固性系数 f	深孔排列方式	深孔直径/mm	最小抵抗线/m	孔底距/m	孔深/m	一次岩石炸药消耗量/$(kg\cdot t^{-1})$	二次岩石炸药消耗量/$(kg\cdot t^{-1})$	深孔崩矿量/$(t\cdot m^{-1})$
胡家峪铜矿	8~10	上向垂直扇形	65~72	1.8~2.0	1.8~2.2	12~15	0.35~0.40	0.15~0.25	5~6
篦子沟铜矿	8~12	上向垂直扇形	65~72	1.8~2.0	1.8~2.0	<15	0.442	0.183	5
铜官山铜矿	3~5	水平上向垂直扇形	55~60	1.2~1.5	1.2~1.8	3~5	0.25	0.16	6~8
云锡松树脚锡矿	10~12	上向垂直扇形	50~54	1.3	1.3~1.5	5~8	0.245	0.267	6.33
红透山铜矿	8~12	水平扇形	90~110	3.5	3.8~4.5	10~25	0.21	0.60	15~20
狮子山铜矿	12	水平扇形	90~110	2.0	2.5	15~20	0.45~0.50	0.1~0.2	11~12
易门铜矿凤山坑	4~8	水平扇形或束状	105~110	2.5~3.0	2.5~4.0	<30	0.45	0.0213	10~15
易门铜矿狮山坑	4~6	水平扇形或束状	105	3.2~3.5	3.3~4.0	5~20	0.25	0.074	16~26
狮子山铜矿	12~14	垂直扇形	90~110	2.0~2.2	2.5	10~15	0.40~0.45	0.10~0.20	11~12
东川因民铜矿	8~10	垂直扇形	90~110	1.6~2.0	2.0~2.5	<15	0.445	0.0643	7.9
红透山铜矿	8~10	水平扇形	50~60	1.4~1.6	1.6~2.2	6~8	0.18~0.20	0.40	4~5
青城子铅矿	8~10	倾斜扇形	65~70	1.5	1.5~1.8	4~12	0.25	0.15	5~7
金岭铁矿	8~12	上向垂直扇形	60	1.5	2.0	8~10	0.16	0.246	6
程潮铁矿	2~6	上向垂直扇形	56	2.5	1.2~1.5	—	0.218	0.01	8

续表6-52

矿山名称	矿石坚固性系数 f	深孔排列方式	深孔直径/mm	最小抵抗线/m	孔底距/m	孔深/m	一次岩石炸药消耗量/(kg·t^{-1})	二次岩石炸药消耗量/(kg·t^{-1})	深孔崩矿量/(t·m^{-1})
核工业集团794矿	8~10	垂直扇形深孔	65	1.2	1.8	4~12	0.75	—	3
核工业集团719矿	8~12	垂直扇形	70 75	1.2	0.8~1 1.8~2.2	1.8~1.5 35~40	0.45 1.08~0.9	0.01	—
兰家金矿(长春)	11~12	水平下向炮孔	38~42	0.85	0.85	2~3 2~4	0.5	—	2.14
河北铜矿	8~14	水平扇形	110	2.5	3.0	<30	0.44	—	—
大庙铁矿	9~13	上向扇形	57	1.5	1.0~1.6	<15	0.25	—	—
华铜铜矿	8~10	上向扇形	60~65	1.8~2.0	2.5~3.3	5~12	0.12~0.15	—	—
杨家杖子岭前矿	10~12	上向扇形	95~105	3.0~3.5	3.0~4.0	12~30	0.30~0.40	—	—

6.7.3 大直径深孔爆破

大直径深孔采矿法采场结构合理，凿岩效率高，爆破工艺先进，一次崩矿量大，出矿集中连续，机械化程度高，作业安全，采场生产能力和劳动生产率高，已在我国安庆铜矿、凡口铅锌矿、铜绿山铜铁矿、大厂铜坑锡矿、凤凰山铜矿等矿山得到了较为广泛的应用。这种采矿方法适用于急倾斜、中厚以上、形态较规整、矿围岩均较稳固的矿体开采。

1)垂直深孔球状药包下向分层(VCR)爆破

(1)概述

VCR 法是加拿大朗(L. C. Lang)在利文斯顿爆破漏斗理论基础上研究创造的、以球状药包爆破方式为特征的采矿方法。它的实质和特点是，在上切割巷道内按一定孔距和排距钻凿大直径深孔到下部切割巷道，崩矿时自顶部凿岩硐室装入长度不大于直径 6 倍的药包，然后沿采场全长和全宽按分层自下而上崩落一定厚度矿石，逐层将整个采高采完，下部切割巷道成为出矿巷道。

VCR 法爆破的炮孔两端敞开，需堵孔将药包停留在预定的位置上，所以装药是非常关键的作业。VCR 法爆破的主要特点是将球状药包埋置在采场顶底板之间向下部自由空间爆破，即倒置漏斗爆破。

VCR 法主要适用于中厚以上的急倾斜矿体和厚大的倾斜矿体及极厚大的缓倾斜矿体。VCR 法深孔排列采用平行排列，一般垂直向下，见图 6-89，也可钻凿倾角大于 60°的倾斜孔，但是在同一排面内的深孔应互相平行，深孔间距在孔的全长上相等。

(2)爆破参数

①炮孔直径

炮孔直径一般取 160~165 mm。

②炮孔深度

炮孔深度为一个阶段(或分段)的高度，一般为 20~50 m，有的为 70~80 m；钻孔偏差必须控制在 1%左右。

③孔网参数

排距一般为 2~4 m；孔距为 2~3 m。

④最小抵抗线和崩落高度

最小抵抗线即药包最佳埋深随矿石性质和炸药特性不同而异，一般为 1.8~2.8 m，崩落高度为 2.4~4.2 m。

⑤单药包质量

要求药包长径比不超过 6(近似球状药包)，重 20~37 kg，一般要求用高密度、高爆速、高爆热的三高炸药。

⑥爆破分层高度

每次爆破分层高度一般为 3~4 m。爆破时为装药方便、提高装药效率可采用单分层或多分层爆破方式，最后一组爆破高度为一般分层高度的 2~3 倍，采用自下而上的起爆顺序。

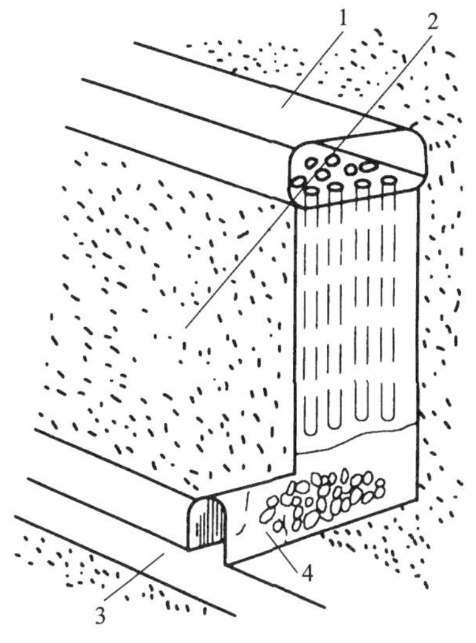

1—顶部平台；2—矿柱；
3—运输巷道；4—出矿巷道。

图 6-89　VCR 法分段爆破崩矿示意图

⑦单位炸药消耗量

在中硬矿石条件下，即 f=8~12 时，一般平均为 0.34~0.5 kg/t。

⑧装药高度

采用分层装高密度 ρ_e=1.3~1.5 t/m^3 的乳化炸药(高威力炸药)时，装药高度一般为 1.0~1.1 m。

⑨延期时间

分层之间按 50~100 ms 的延迟时间起爆；为降低地震效应，同层采用毫秒延时起爆，先起爆中部，再按顺序起爆边角炮孔，延迟时间为 25~50 ms。

(3)施工工艺

①在矿块中钻凿大直径炮孔。

②在每个炮孔中装入一个大球状药包或近似球体的药包并填塞。

③药包爆炸时，借助于气体压力破碎岩石，在矿体中形成倒置漏斗。

④从矿房运出漏斗中的破碎矿石。

(4)VCR 法评价

VCR 法有以下优点：在采准巷道中作业，工作条件好，安全程度高；应用球状药包爆破，可充分利用炸药能量，破碎块度均匀，爆破效果好；矿块结构简单，不用掘切割天井和开挖切割槽，切割工程量小；如果采用高效率凿岩和出矿设备，因爆破矿石块度均匀，可提高装运效率及降低凿岩、爆破和装运成本。VCR 法有以下缺点：装药爆破作业工序复杂，难于实现机械设备装药，工人体力劳动强度大；使用的炸药成本高；爆破易堵孔和冲孔，难于处理。

(5)工程实例

金川二矿、凡口铅锌矿、大冶铜绿山铜矿、金厂峪金矿、狮子山铜矿、草楼铁矿等矿山都依据不同的开采条件对不同方案的 VCR 采矿法进行了应用研究和推广，取得了良好的经济效益和社会效益。国内外部分矿山应用 VCR 法实例及参数见表 6-53。

表 6-53　国内外部分矿山应用 VCR 法实例及参数

序号	矿山名称	孔径/mm	埋置深度/m	布孔方式	孔网尺寸/(m×m)	柱状药包质量/kg	爆破层厚度/m	填塞高度/m	采场规格(长×宽×高)/(m×m×m)	孔深/m	爆破量/(t·m^{-1})	炸药单耗/(kg·t^{-1})
1	Levack(加拿大)	165	1.8	垂直孔	4.6×3	34	3.9~4.2		49×6×(20~26)			
2	Lerack West(加拿大)	165			3.33×3.33	34	3.33					
3	Birchtree(加拿大)	152	约 2.5	扇形孔	3×3	23	3.60		38×(3~9)×34	32		
4	Strathcona(加拿大)	165	1.80	垂直孔	3×3	37.5	3~3.6	1.8~2.0	(107~122)×67×61	56		
5	Rabiales(西班牙)	165	约 2.6	扇形孔	3×3	25	3.0	1.0	25×15×70	55	33.0	0.34
6	Carr Fort(美国)	156	2.0	扇形孔	2.5×2.5 或 3×3	34	3.0	3.0		40~45	18.6~21.6	0.330
7	Almaden(西班牙)	165	1.79		2×2	18	2.46	2.0	30×45×44	40	13	0.650
8	Fobian(瑞典)		1.80		2×2							
9	Clere Land(澳大利亚)	158	2.4~2.8	垂直孔	3.7×3	37.5 或 12.5	3.0		40×6.1×45	35		
10	凡口铅锌矿(中国)	165	2.25	垂直孔	2.7×2.7	25	3.86	1.75~2.5	38×8×32.2	32	24.8	0.280
11	金川二矿(中国)	165	2.21~2.45	垂直孔	排距≥6,孔距 2.5~3.0	20~25	2.8~3.7	1.0	22.5×6×50	50	14.7	0.47
12	铜绿山铜矿(中国)	165	1.8~2.0	垂直孔	2.5×2.5 或 2.5×3	37.5	3.0	1.8	(40~50)×10×50	46	20	0.6
13	狮子山铜矿(中国)	170	2.5	垂直孔	2.5×2.5	30	3.0	1.8	26×12×36	30	16	0.6
14	金厂峪金矿(中国)	165	2.7	垂直孔	2.5×3.2	25	3.6	1.5	30×8×36	30	13.2	0.4
15	草楼铁矿(中国)	165	2.0	垂直孔		30	2.5~3.0	1.4	50×16×50			

2）阶段深孔拉槽侧向崩矿爆破

（1）概述

阶段深孔拉槽侧向崩矿爆破是一种代表性的大直径深孔爆破技术方案。该方案首先是沿采场高度方向利用天井或 VCR 法爆破形成竖向切割槽作为自由面和补偿空间，其余炮孔采用柱状药包全孔一次侧向爆破，如图 6-90 所示。这种方法也可看作是将 VCR 法中的自下而上后退式倒漏斗爆破改为拉槽式侧向爆破，该方法在矿山实际应用中得到了良好的验证。

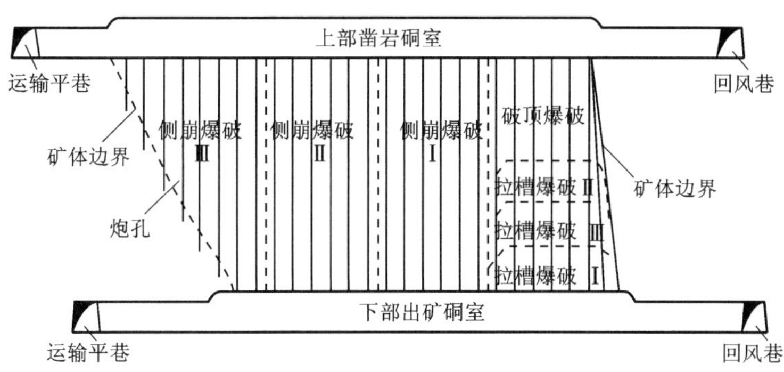

图 6-90　采场分次爆破

（2）爆破参数

①炮孔直径

炮孔直径为 110~165 mm，各矿山采用的炮孔直径各不相同。有试验表明采用孔径为 110~140 mm 的侧向爆破技术具有效率高、作业安全、环境好、成本低、适应性强等优点。

②炮孔深度

采用全段高崩矿的矿山，炮孔深度为相应的钻孔深度；对于采用台阶侧向崩矿的矿山炮孔深度为一个阶段（或分段）的高度，一般为 20~50 m，有的为 70~100 m。

③孔网参数

采场孔网参数一般为（2.0~3.5）m×（2.2~3.5）m（孔距排距），可根据采场矿岩性质进行适当调整。拉槽区布置在采场靠里位置，人工拉槽以天井为自由面进行拉槽；非人工拉槽则采用 VCR 法爆破或束状孔拉槽方式，斜孔最大孔底距不大于 2.6 m。间柱采场边孔距离矿房充填体 1.2~3.0 m。边孔采用间隔装药方式以减少药量，并选用爆速较低的炸药以保护充填体。

（3）爆破工艺

爆破工艺主要有拉槽爆破、破顶爆破和侧崩爆破。

①拉槽爆破

拉槽爆破的主要目的是为采场破顶和侧崩爆破提供自由面，一般在拉槽区范围由下至上逐层进行拉槽爆破。每次拉槽高度为 6 m 左右，每个炮孔装 2 层炸药，层与层之间采用间隔装药方式，每层炸药中安装有雷管和起爆药。孔内不同药层和不同炮孔之间进行微差起爆。首先起爆拉槽区中间的束状孔，其余炮孔围绕束状孔由里向外起爆，第一层炸药全部起爆后再以同样的顺序起爆第二层炸药。

②破顶爆破

拉槽爆破至一定安全厚度后，进行破顶爆破。根据矿山的矿岩性质、采场结构、采场跨度、充填质量等因素，为确保上部硐室设备运行和装药人员作业安全，安全厚度一般为 10~

12 m。破顶爆破区分为拉槽区和侧崩区。破顶爆破区每个炮孔可装 3 层药，层与层之间采用间隔装药方式，顶部预留一定高度最后进行堵塞。每层炸药安装有起爆药、高精度雷管和塑料导爆管的起爆药包起爆炸药。孔内不同药层和不同炮孔之间进行微差起爆。起爆顺序与拉槽爆破一致，第一层炸药全部起爆后起爆第二层，最后起爆第三层。

③侧崩爆破

侧崩区炮孔采用间隔装药，中间排炮孔采用河沙间隔，为控制采场边帮和保护相邻矿房充填体，边排炮孔采用竹筒间隔不耦合装药方式，如图 6-91 所示。因侧崩区炮孔单孔装药层数多，若用孔内微差起爆则单孔雷管数量较多，所以孔内采用双导爆索起爆炸药，孔外连接双发雷管引爆导爆索。侧崩区炮孔以拉槽区爆破形成的空间为自由面逐列后退式起爆，边孔滞后于中间孔起爆，相邻炮孔起爆微差间隔时间为 25~100 ms。

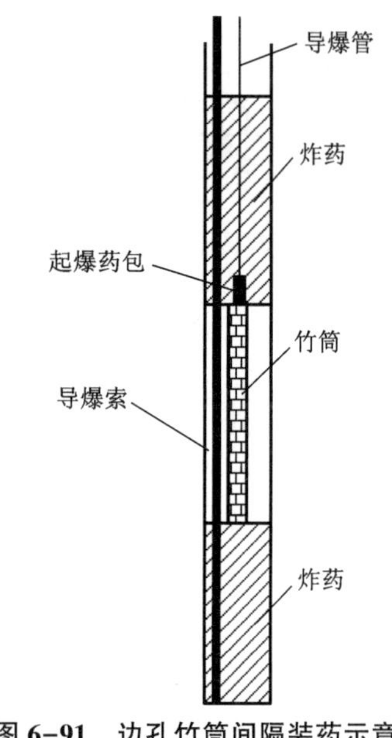

图 6-91 边孔竹筒间隔装药示意图

3) 束状深孔爆破

束状深孔爆破技术是孙忠铭教授在长期地下矿大直径深孔爆破试验研究的基础上提出的一种全新的爆破技术。该技术以利文斯顿球形药包爆破漏斗理论和数个密集平行深孔形成共同应力场的作用机理为基础，既发挥了垂直深孔球形药包能量利用率高、破岩效果好的优点，又克服了其成本高、采准量大和地压管理复杂的缺点，具有良好的安全性、经济性和高效性，是地下大直径深孔采矿领域颇具竞争力的一项新技术。

(1) 基本原理

束状深孔爆破的基本原理如下：由数个间距为 3~8 倍孔径的密集平行深孔组成一束孔，束孔（直径为 d）装药同时起爆，对周围岩体的爆破作用视同一个更大直径（等效直径）的炮孔的爆破作用（见图 6-92）。与单孔爆破不同，束孔爆破形成的共同应力场应力波波阵面具有一定的厚度，应力波峰值作用于岩石的时间更长、冲量更大、应力动能量密度也更大，有利于增加爆破中远区的破碎作用。因此，其爆破效果更好。由于可以以一束孔的共同作用设计爆破参数，因此在工程应用方面有很大的灵活性和实用性。

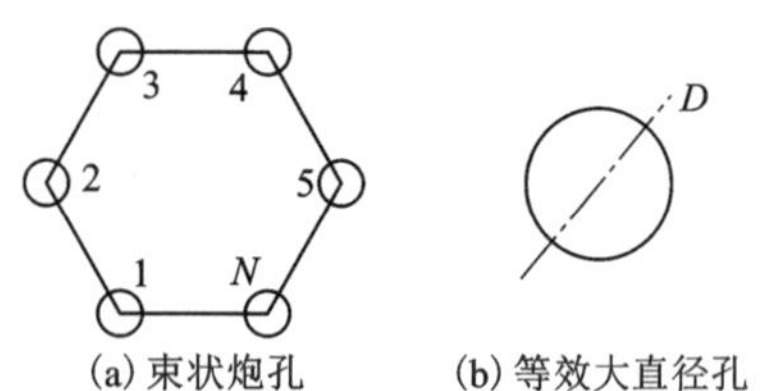

图 6-92 束状孔等效示意图

直径为 d 的孔所组成的束孔，其等效的单孔直径按式(6-37)计算：

$$D = \sqrt{N} d \tag{6-37}$$

束状孔可布置成线形、弧形、矩形等形式。不同布孔方式，其爆破效应也有所不同。以直线形为例，该布孔方式可形成椭圆形应力场，在其短轴方向即炮孔连线的中垂线方向较侧向更密，且形成近似平面形状的波前，因而应力衰减较其侧向也慢得多。如 4 孔的直线形束状孔在距爆破中心 50 倍孔径的距离时，其正向应力大约是侧向应力的 1.8 倍。

(2) 爆破参数

束状孔当量球形药包爆破主要参数如下。

①束间距：当束间距大于 2 倍束状孔最优埋深下的爆破漏斗半径 R 时，容易在束间形成矿岩脊柱，合理的束间距一般为 $L_0=(1.0\sim1.5)R$。

②分层高度：需通过束状孔爆破漏斗模拟试验得出最优埋深与药量的关系，结合束状孔装药结构和参数确定其最优埋深，进而确定分层爆破的高度。

③最小抵抗线：根据束状孔经验公式和普通深孔爆破最小抵抗线计算式，束状孔爆破的最小抵抗线可确定为：

$$W = 9d\sqrt{\frac{(2.17N-1)\Delta}{q}} \tag{6-38}$$

式中：W 为最小抵抗线，m；d 为炮孔直径，m；N 为炮孔个数；Δ 为装药密度，t/m^3；q 为炸药单耗，kg/t。

(3)工程实例

冬瓜山铜矿是我国首次开采的千米深、日产万吨的特大型金属矿床。为满足日产万吨的持续稳定生产能力，采取强化开采措施，对大直径束状深孔当量球形药包爆破工艺进行研究和试验。试验采场长 82 m、宽 18 m，采场高为矿体垂直厚度。

采场结构如图 6-93 所示，采场中间布置束状孔，两侧布置双孔，端帮布置单孔。束孔由 5 个直径为 165 mm 的垂直平行孔组成，贯通凿岩硐室底板和拉底层顶板，束孔间距 7 m。采

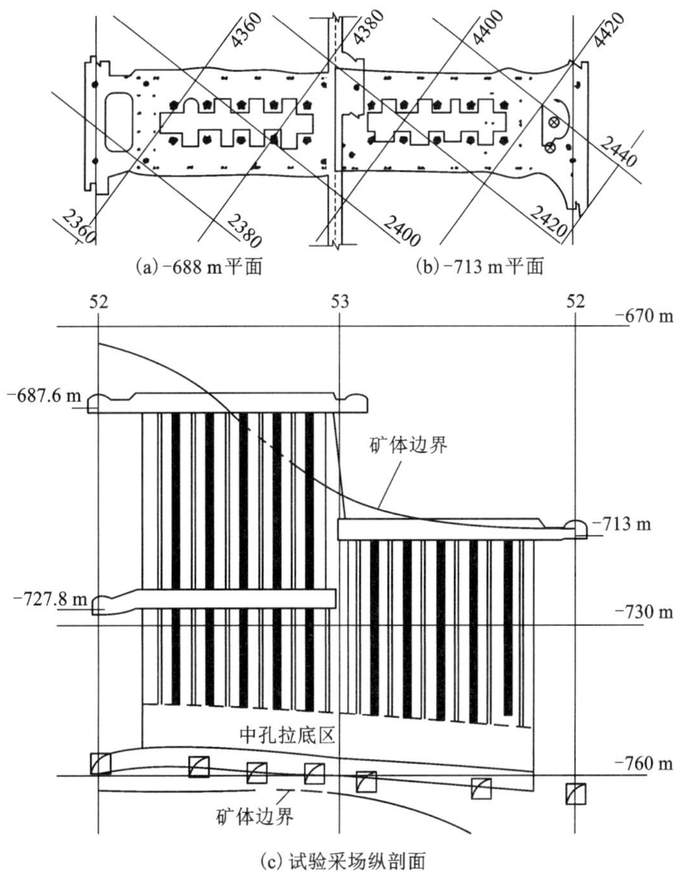

图 6-93　冬瓜山铜矿束状孔爆破试验采场布置示意图

场共布孔 262 个，总孔深 7995 m，每米孔崩矿量为 30.87 t。采场从下而上分层爆破，分层爆破高度约 7 m，破顶爆破高度为 12~14 m。

束孔装药结构：7 m 分层爆破时，在距孔底 0.5 m 处充填 2.0 m 河沙，将双导爆索绑扎于袋装乳化炸药上，下放至孔底，再装填乳化炸药至设计高度，上部充填 3.0 m 高的河沙；破顶爆破时，距孔底 0.5 m 处堵孔，炮孔孔底、孔口分别填充 1.5 m、2.5 m 高的河沙，非首爆束孔中间采用连续装药，首爆束孔装药分两层，两层间隔 0.5 m 厚河沙。边孔：采用间隔 1.5~2.0 m 的不连续柱状装药方式，装药高度与束孔对应。

在每个孔的孔口双导爆索上绑扎两发同段非电毫秒雷管，将雷管的导爆管脚线绑扎到主导爆索上。由采场中间向两端逐列起爆，每列先起爆采场中部束孔，后起爆两侧边孔，顺段延时起爆。

束状孔当量球形药包高分层落矿为保证生产能力提供了条件。采场爆破次数少，没有拉槽低效率作业，简化了作业工序。采用 7 m 分层爆破落矿和厚大(12~14 m)揭顶爆破，一次爆破矿量多，保证了采场大量连续崩矿。爆破作用控制较好，边帮顶板平整；矿岩破碎质量良好，爆堆块度均匀，大块率低，出矿效率提高 20%以上。爆破主要技术指标见表 6-54。

表 6-54 冬瓜山铜矿束状孔爆破技术指标

项目名称	爆破量/t	炸药量/kg	炸药单耗 /($kg \cdot t^{-1}$)	崩矿量 /($t \cdot m^{-1}$)	最大一响药量/kg	大块率 /%	二次爆破炸药单耗 /($kg \cdot t^{-1}$)
7 m 分层爆破	137832	49610	0.36	29	980		
破顶爆破	108960	35718	0.33	32	1450		
合计	246792	85328	0.35*	30.6*		<2	0.032

注：* 为平均值。

6.7.4 挤压爆破

1) 概述

挤压爆破是矿山爆破中常用的一种控制爆破技术。岩石爆破破碎后，其体积一般要比原生状况增大 50%~60%，所以在自由面处应预留足够的补偿空间来容纳爆破碎胀部分的岩石体积。在地下爆破崩矿时，为准备这一补偿空间，所进行的拉底或开凿切割槽工程，工作效率很低，作业条件差，并伴有爆破岩块抛掷和空气冲击波产生，致使炸药爆炸能量的利用率不高。为了提高炸药能量利用率和改善爆破效果，在预爆破岩石自由面前面无须形成足够的补偿空间，而只预留一定厚度和高度的已爆矿岩碴堆，这样的爆破技术称为挤压爆破。与自由空间条件下的爆破比较，这种爆破方法可延长爆炸气体的作用时间，减少矿石的抛掷，改善矿石的破碎效果。

2) 爆破原理

根据应力波传播理论，爆炸在矿岩中引起应力波的传播。当应力波传播到岩体与破碎岩堆交界面时，一部分入射波能量转化为反射波，而其余部分则转化为透射波。根据能量守恒原理，在界面处(图 6-94 中 00′)应有：

$$E_0 = E_1 + E_2 \tag{6-39}$$

式中：E_0 为入射波总能量；E_1 为从 00′界面以反射波形式传播的能量；E_2 为从介质Ⅰ通过界面 00′透射到介质Ⅱ的能量。

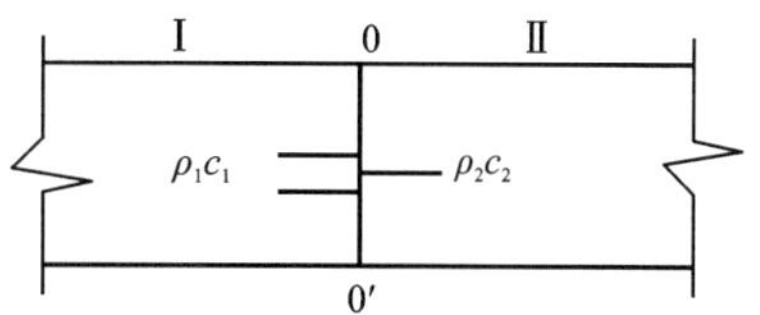

图 6-94 应力波通过不同介质的传播

根据应力波理论，入射波、反射波和透射波三者能量间的关系为：

$$E_1 = \left(\frac{\rho_1c_1 - \rho_2c_2}{\rho_1c_1 + \rho_2c_2}\right)^2 E_0 \tag{6-40}$$

$$E_2 = \frac{4\rho_1c_1\rho_2c_2}{(\rho_1c_1 + \rho_2c_2)^2}E_0 \tag{6-41}$$

式中：ρ_1c_1、ρ_2c_2 分别为岩体、岩堆的波阻抗。

挤压爆破跟一般爆破情况不同，爆破前在自由面前方留有一定厚度的爆堆。由于自由面前松散矿石的波阻抗大于空气的波阻抗，因而反射波能量将减小(减小 20%~30%)，而透射波能量增大，这部分透射能量被爆堆碎矿石所吸收，不利于矿石的充分破碎。但自由面上的松散介质(矿石)阻碍了新破碎矿岩的向前运动，从而延长了爆破应力波和爆生气体的作用时间，有利于裂隙的发展，提高了爆炸能量利用率。在爆生气体膨胀阶段，新分离的岩块带有一定的能量，以 50~100 m/s 的速度撞击留碴或前排爆破体，进一步破碎矿石，同时把抛掷能量和空气冲击波的能量转变为破碎矿石的有用功。而在有自由面空间的条件下，岩石向前运动的动能完全消耗在岩石的抛掷上。所以，与清碴爆破相比，挤压爆破可延长爆炸气体的作用时间，减少岩石的抛掷，改善矿石的爆破效果。

3)爆破参数

在上述爆破机理的基础上，通过实践建立了半理论半经验的挤压爆破参数计算公式。

(1)炸药单耗 q

根据波阻抗原理及波动定律，爆炸应力波从岩体进入渣堆。通常岩体的波阻抗 ρ_1c_1 大于渣堆的波阻抗 ρ_2c_2。为了不降低反射波能量，需要相应增大入射波能量，挤压爆破炸药单耗为：

$$q = kq_0 \tag{6-42}$$

式中：q_0 为标准条件下的炸药消耗，kg/m^3；k 为挤压系数，与矿体、矿石波阻抗有关，$k=1\sim1.4$。

$$k = [(\rho_1c_1 - \rho_2c_2)/(\rho_1c_1 + \rho_2c_2)]^2 \tag{6-43}$$

其中第一排孔的炸药单耗要比其他各排孔炸药单耗增加 10%~15%；最后一排孔的排距应缩小 10%，炸药单耗增加 30%~40%。

(2)留碴厚度 B

由于矿山具体条件不同，因而合理的留碴厚度亦不相同。下面介绍几种留碴厚度的计算公式，可供选择和概算时使用。

$$B = (WK_P/2)[1 + (\rho_2c_2/\rho_1c_1)] \tag{6-44}$$

$$B = K_PW\left(\frac{\sqrt{2KqE\Delta}}{\sigma_{max}} - 1\right) \tag{6-45}$$

$$B = K'\frac{D}{(1.7s + W)\gamma} \tag{6-46}$$

式中：B 为留碴厚度，m；K_P 为碴堆碎胀系数，$K_P=\rho_1/\rho_2$；W 为底盘抵抗线，m；ρ_1、ρ_2 分别为矿体、矿碴密度，kg/m^3；K 为用于破碎矿(岩)的炸药能量利用系数，$K=0.04\sim0.2$；E 为矿石弹性模量，$E=\rho_1 c_1^2$；Δ 为炸药比能，kg · m/kg；σ_{max} 为矿石极限抗压强度，MPa；D 为炮孔直径，m；s 为留碴顶部平均厚度，m；γ 为矿石容重，kN/m^3；K'为推力系数，kN/m^2；c_1、c_2 分别为矿体、矿碴中纵波速度，m/s。

$$c_2 = 500(3 + d_n) \tag{6-47}$$

式中：d_n 为矿碴岩块平均尺寸，m。

(3)延期时间 τ

根据岩体爆破发生前移和回弹两个作用的运动过程，并考虑自由面原理，挤压爆破延迟起爆时间应该等于岩体向前运动和向后回弹以及形成裂隙自由面的总时间，即

$$\tau = K_1 Q^{1/3} + K_2 Q^{1/3} + \frac{S}{v} \tag{6-48}$$

式中：Q 为炸药量，kg；K_1 为岩体系数，$K_1=1.2\sim2$，当岩体容重小、纵波速度低、节理发育时，取小值，反之，则取大值；S 为形成裂隙宽度，一般取 10 mm；v 为岩块平均移动速度，据大冶露天铁矿实测，该值为 4~7 mm/ms；K_2 为炸药与岩体波阻抗系数。

为了有较长时间挤压前面的碴堆，毫秒间隔时间要长一些，一般要比普通毫秒延期爆破的间隔时间长 30%~50%。

(4)一次爆破的排数

从提高爆破效果的目的出发，一般不采用单排孔留碴爆破。排数过多，势必要增大单位炸药消耗量，而且难以保证爆破效果。

6.7.5 多排同段爆破

1)概述

多排同段爆破技术是在矿山生产实践中摸索出来的一种爆破工艺，这种爆破方法使用同段毫秒雷管引爆多排孔药包，使爆破能同时对岩层做功，并延长做功时间，提高了做功的有效利用率，能节省炸药和减少打眼数目。多排同段爆破技术在浅眼留矿法、分段崩落法和大直径深孔采场爆破中普遍使用。

2)多排同段爆破的实质与特点

多排同段爆破技术从总的作用看，其实质仍属毫秒延时爆破技术。通常的毫秒延时爆破技术为离开爆破自由面由近而远，各排炮孔依次用段别增加的同段雷管起爆。由于段别雷管本身存在点火延时误差，特别是毫秒延时雷管，往往不能准确达到其标称延时。因此，从同一排内的炮孔来看，各炮孔中炸药爆炸对岩石的作用时刻存在两种情况：一是若干炮孔内的炸药同时被引爆，实现对岩石的同时作用；二是炮孔内的炸药被引爆的时刻之间有“短时毫秒延时”，对岩石不能同时施加作用，这种短时毫秒延时是相对于雷管段别毫秒延时而言的，是在同段雷管的点火延时精度范围内的毫秒延时。

在多排同段爆破中，同段延期雷管起爆的若干炮孔可视为排间毫秒延时爆破中的一排，炮孔之间岩石的破碎作用过程则类似于排间毫秒延时爆破中同段排孔之间的作用。

3)多排同段爆破机理

多排同段爆破中同段雷管的“短时毫秒延时”起爆在破碎岩石过程中起主要爆破作用，随

机分布的“同时”起爆成分在整个破岩过程中处于次要地位。同段雷管的“短时毫秒延时”起爆，其爆破作用机理与排间段别延期雷管爆破作用相似，与毫秒延时爆破比较，在爆破应力波叠加作用及爆炸气体作用方面，多排同段爆破中的“短时毫秒延时”起爆更为充分，爆破裂纹的形成、交叉、分岔现象更为普遍。在单自由面与炮孔排面垂直条件下的平行孔多排同段爆破，相邻炮孔“同时”起爆时，炸药能量同时对岩石释放的结果是岩石极易沿孔间连线形成足够宽的贯通裂纹，但在炮孔的其他作用方向上，这种能量同时释放对岩石的破碎作用没有明显效果。在相同布孔参数和爆破条件下，爆破自由面的存在与炮孔中炸药同时对岩石释放能量比较，其更有利于岩石的充分破碎。

从多排同段爆破作用的特点和振动特性看，多排同段爆破技术与岩体的地质结构条件和岩石的力学性质是相关的，它适用于矿体及围岩坚固稳定、矿岩致密难爆的采场。

4）爆破参数

（1）同段雷管的精确度

单个药包爆破时，爆破波的能量使矿层质点产生持续振动的过程分为：前波段、主波段、尾波段。破碎矿岩需要频率高、振幅大的主波段的能量来实现。

使用多排同段毫秒差雷管爆破时，为了使相邻炮孔药包爆破的主波段能量在被爆破的矿层中形成叠加，要求同段雷管的精度差小于爆破能使矿层质点产生主波段能量的振动作用时间，因此同段雷管的精度愈高愈好。如果同段雷管的精度差过大，可能同段雷管的后排孔先响，而造成放空枪现象，因此同段雷管的精度差起码小于爆破层离开原矿体的时间，故现有国产的高秒段的毫秒雷管不宜使用。现今用的是 10 段以内的毫秒雷管。

（2）补偿空间

岩石由整体破碎成小块，体积增大后，需要有一定的空间来容纳，这个空间称为补偿空间。多排同段爆破使矿层受到的挤压破碎作用主要产生在被爆破矿层离开原矿体之前，而不是在其离开母体后对矿堆的挤压作用。故而其补偿空间，只要为原有空间的 15%或以上就可以了，因此这种爆破法适用于采用崩落法、空场法、留矿法和充填法的采场中。

（3）被爆破矿层的“厚宽比”

在进行侧帮自由面方向爆破时，炮孔与自由面平行，第二排孔及以后的各排孔药包相对离开自由面较远，矿层不会过早劈开，因而爆破能可以充分作用在岩体上。如图 6-95 所示，第 1 排炮孔所爆层与逐排分段爆破相同，但是第 1、2 排孔用同段雷管起爆，则两排孔间矿层受到双排孔药包爆破能同时作用，爆破效果自然就好。但被爆破层离开原矿体时，需要有一定的时间和空间，同时又受到为爆破帮矿岩的夹制作用，故同段雷管引爆的炮孔排数是有限的，在狮子山铜矿矿层的物理机械性质条件下，得出采场爆破的“厚宽比”公式为：

$$L \leqslant KB \tag{6-49}$$

式中：L 为同段雷管引爆的爆破层厚度；B 为采场爆破自由面的最小宽度；K 为比例系数，在侧帮自由面条件下爆破时 $L \leqslant 0.8$。

当矿层厚度为 15 m，采场上下两层采用落矿法，每段层高各为 10 m，上下两层对应排炮孔，采用同段雷管爆破时，采场自由面尺寸为 15 m×20 m，采场自由面的最小宽度 $B=15$ m，$L=(0.6\sim0.8)\times15=9\sim12$(m)。若炮孔排距为 2 m，则用同段雷管引爆的炮孔排数为 4～6 排；当上下两段坑道炮孔单独起爆分段爆破时，采场爆破自由面尺寸为 15 m×10 m，则爆破自由面的最小宽度 $B=10$ m，$L=(0.6\sim0.8)\times10=6\sim8$ m，这时同段雷管引爆炮孔排数为 3～4 排。

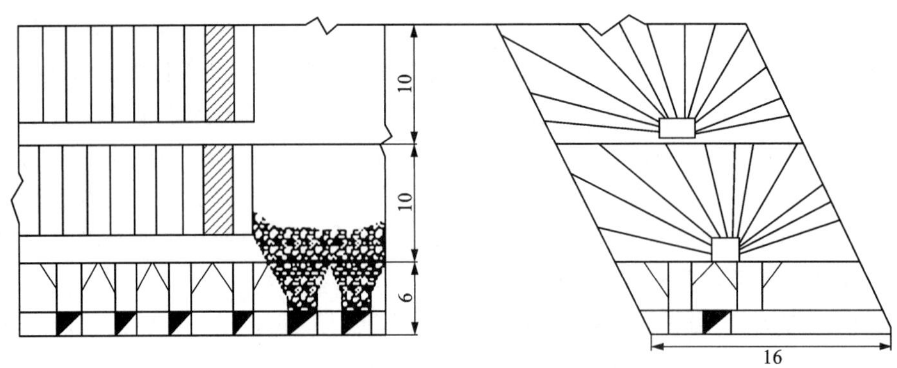

图 6-95 侧帮自由面方向爆破示意图

如图 6-96 所示，沿炮孔方向崩矿时，炮孔方向与自由面垂直，通常这种沿炮孔方向的崩矿条件极差，因为与自由面接近垂直的炮孔，即为最小抵抗线位置。如果没有切割槽，逐排分段爆破便无法进行，但是若采用多排同段爆破，则无须先拉切割槽，孔底药包的爆破条件虽然最差，但因它离自由面较远，多排孔的孔底药包同时起爆后，增加了爆破能对矿层的作用时间，使爆破能做功叠加，矿层破碎也较充分，故爆破后不留残眼，甚至有时超挖。但由于四周岩石的夹制作用，采场宽度一定时，炮孔越深，夹制力越大，因此在中硬以上的矿层中爆破时，比例系数 K 应取 0.4~0.6。

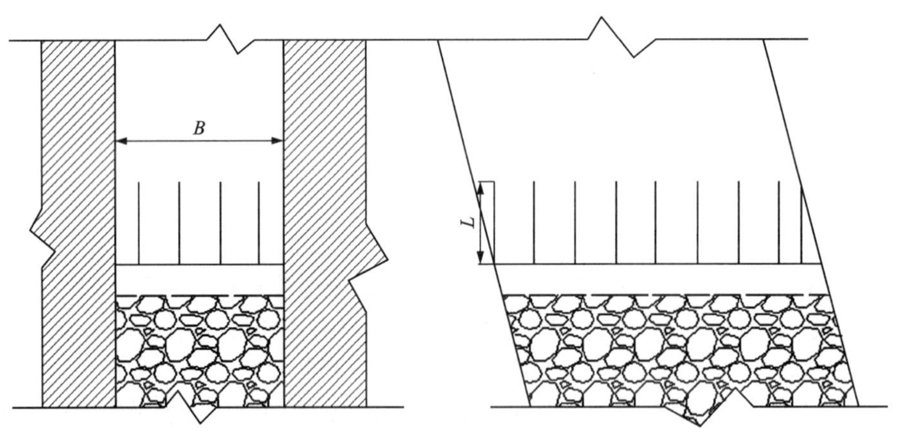

图 6-96 崩矿炮眼布置示意图

6.7.6 二次破碎爆破

地下深孔爆破的一个严重问题是大块率高。大块就是指矿岩尺寸 300 超过了放矿、运输、铲装等设备所要求的块度，地下爆破时大块一般指最大边长大于 300~400 mm 的岩石。大块的多少可以用大块率来表示，即大块矿岩的重量与全部崩下的矿岩总重量的比值，地下深孔爆破大块率为 20%~30%。

产生大块的原因是爆破参数设计不合理、矿岩有黏结性、存在地质断层和节理等。过高的大块率不仅降低耙矿、铲运、铲装、放矿等环节的效率，还可能造成卡死漏斗和溜井、采场悬拱现象，并对生产安全造成极大威胁。

处理大块的方法有人工大锤破碎、爆破法破碎和机械破碎等方法。人工破碎工作既繁重、工效又极低，故应尽量避免使用。裸露爆破不需要钻孔工具和钻孔作业工序，是最简单和最方便的方法。

1)炮孔爆破法

(1)普通浅眼爆破

一般在大块矿岩的中心部位钻凿炮孔，块度较大时可同时钻多个孔，孔深为大块厚度的1/2~2/3，确保钻孔深度等于或大于最小抵抗线，装入少量药包堵塞后爆破，可使大块矿岩解体成许多较小尺寸的矿岩块，如图 6-97 所示。由于大块的自由面较多，而最小抵抗线又很小，故消耗的药量较少，表 6-55 给出了孤石爆破装药量经验值。

表 6-55　孤石爆破装药量经验值

孤石体积/m^3	孤石厚度/m	炮孔深度/m	炮孔数目/个	装药量(每个炮孔)/kg
0.5	0.8	0.44	1	0.05
1.0	1.0	0.55	1	0.10
2.0	1.0	0.55	2	0.10
3.0	1.5	0.87	2	0.15

(2)水压浅眼爆破

采用裸露药包爆破和普通浅眼爆破孤石，都会产生飞石和空气冲击波。在孤石爆破施工中，为防止飞石对人员造成伤亡，降低爆破的有害效应，可采用水压浅眼爆破法破碎孤石。如图 6-98 所示用水压浅眼爆破法破碎大块孤石时，在大块孤石的中心钻一个浅眼，把装有雷管的药包装入孔底。如果使用的炸药密度小于 1.0 kg/cm^3，可在药卷底部装入少量密度较大的碎石或细沙，然后往炮孔中注水，一直注满。最后用电雷管或导爆管起爆。

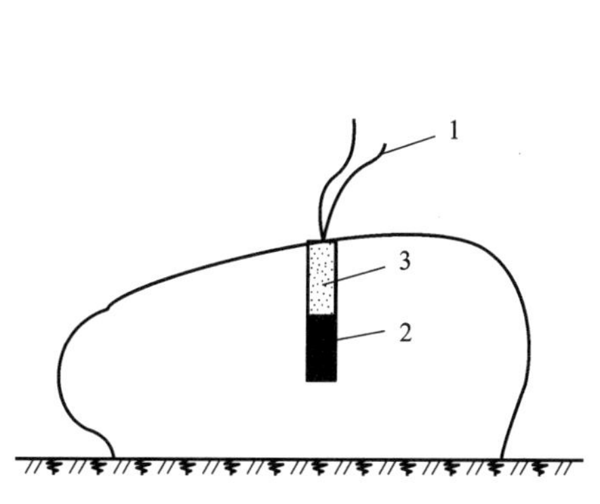

1—雷管脚线；2—药包；3—炮泥。

图 6-97　炮孔法二次爆破

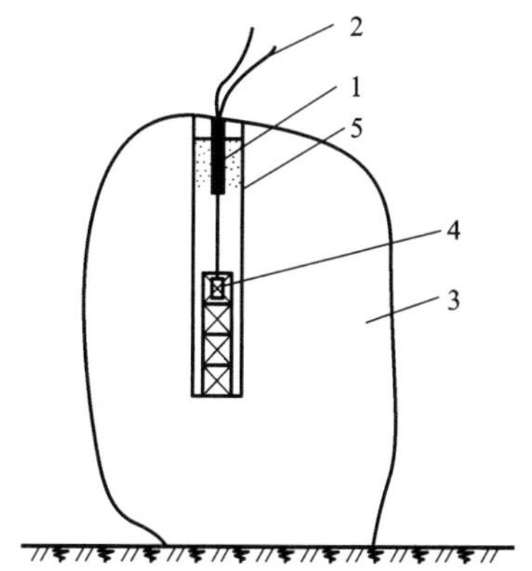

1—水；2—脚线；3—孤石；4—药包；5—炮孔。

图 6-98　水压浅眼爆破法破碎孤石

爆破的效果主要取决于水压浅眼爆破的有关参数，主要参数如下。

①不耦合系数

该值必须考虑岩块的物理力学性质和炸药的性能，根据经验，不耦合系数为 2.0~2.5 时能取得满意效果。

②最小抵抗线 W

除考虑岩石性质和炸药的威力外，主要考虑孤石的形状和尺寸。根据经验，一个炮孔的最小抵抗线最好不要超过 0.8 m，如果孤石的尺寸过大，可考虑布置 2 个或 2 个以上的炮孔。

③炮孔深度 l

确定炮孔深度时应考虑最小抵抗线和孤石的高度，一般 $l=(0.6\sim0.8)H$，H 为孤石高度。

④装药量

装药量目前尚没有一个精确的公式可用，一般根据工程类比选取。根据我国矿山经验，炸药单耗为 0.015~0.05 kg/m^3。

实践表明，用水压浅眼爆破法来破碎孤石，可降低飞石抛掷距离和振动幅值，减少炸药消耗量，效益明显。

2）裸露药包爆破法

裸露爆破多是指将扁平形药包放在被爆物体的表面进行的一种爆破，亦称扒炮、贴炮、明炮。其实质是利用炸药的猛度作用，对被爆物体的局部（炸药所接触的表面附近）产生压缩、粉碎或击穿作用。炸药爆炸时的气体产物逸散到大气中，损失了很大一部分冲击波能量，故炸药的爆力作用未能被充分利用。

裸露爆破主要用于不合格大块的二次破碎、清除大块孤石、破冰和爆破冻土。对于这样一些施工条件，只要爆破地点周围没有重要设备或设施，采用裸露爆破法，就能充分显示它的灵活性和高效性。

裸露爆破具有以下特点：爆破操作技术简单、工人易于掌握和运用；不需要开挖硐室，也不需要钻孔及做准备工作，因此施工速度快、耗用劳动力少；不需要钻孔机械及其辅助设备，工作具有较大的灵活性；爆破时产生的破碎块体飞散较少，大部分都能留在原来的位置上，可能有个别碎块飞散较远，为了安全可靠，安全距离必须大于 400 m。裸露爆破时炸药能量损失大，炸药单耗较大，为 2~2.5 kg/m^3，因此所能破碎的块体体积有限，只适用于爆破体积不大的石块，一般体积不宜大于 1 m^3。

（1）爆破类型

裸露药包的布置可分为以下两种类型。

①聚能药包爆破

用猛度较高、带有聚能穴结构的专用药包进行大块矿岩的覆土爆破，具体做法是，将药包垂直于大块孤石的顶面上，聚能穴朝下，药包的位置应选在顶面的几何中心或附近较平整的地点，然后在上面盖上泥沙，如图 6-99 所示。研究资料表明，用聚能药包爆破能降低炸药消耗量，控制岩尘和飞石，效果很好。

②土药包爆破

这种方法是直接将药包搁置在大块矿岩的凹陷部位，或放置在被爆体的中心，然后用泥土封闭覆盖，或用草皮、土块及不易燃烧的物体加以覆盖，如图 6-100 所示。覆盖的泥土厚度应大于药包厚度的 2 倍。覆盖物内不得混有石块、砖头等物，最好用塑料水袋进行水压密封覆盖。如需将孤石抛向一侧，这时应将药包放于孤石飞散方向的后面。这种方法简便易行，费时最少，但药量消耗较大，个别飞石现象比炮孔法严重。

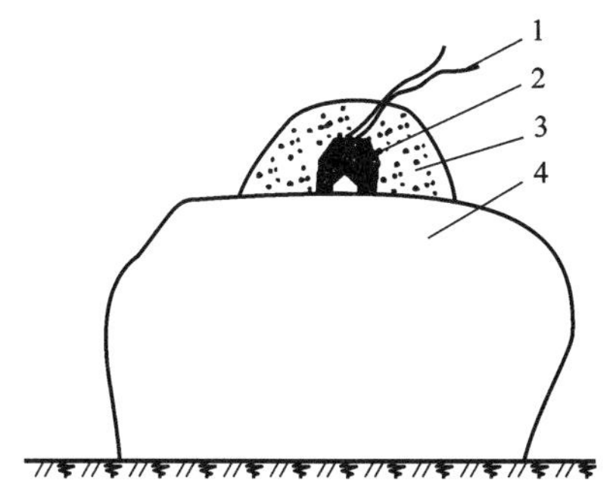

1—雷管脚线；2—聚能穴成型药包；3—黏性泥土；4—大块孤石。

图 6-99　聚能药包爆破大块孤石

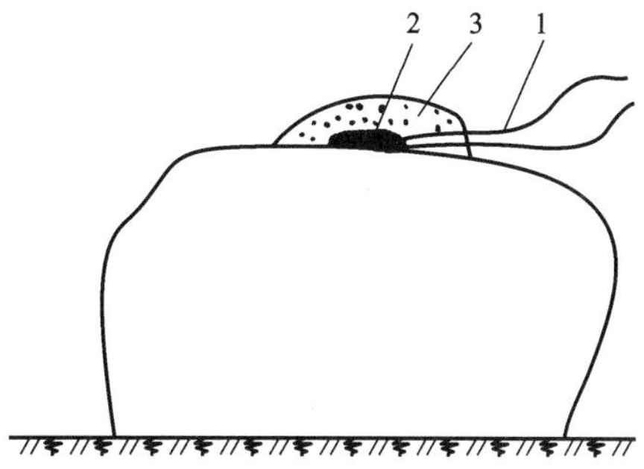

1—雷管脚线；2—药包；3—黏性泥土。

图 6-100　覆土法二次爆破

(2)药量计算

用裸露药包爆破岩石时，药包质量的计算主要是由岩石等级及岩石体积决定的，其用药量可参考表 6-56 中所列数据，并通过试验确定。表 6-56 所列数据中，岩石块度均小于 1 m^3，对于体积大于 1 m^3 的岩石，则可参考表 6-57 的数据。根据岩石体积的变化，按比例增加药包质量，可用经验公式(6-50)计算：

$$Q = qV \tag{6-50}$$

式中：Q 为所需药包质量，kg；q 为单位用药量，kg/m^3；V 为大块岩石体积，m^3。不同等级岩石的单位用药量参见表 6-56。

表 6-56　大块岩石二次爆破用药量

岩石等级	大块岩石边长 0.5~0.6 m，每 1 m^3 5~8 块		大块岩石边长 0.7 m，每 1 m^3 3 块		单位炸药耗量 /(kg·m^{-3})
	平均体积/m^3	每块岩石炸药用量 /kg	平均体积/m^3	每块岩石炸药用量 /kg	
Ⅳ	0.15~0.2	0.25	0.33	0.44	1.3
Ⅴ	0.15~0.2	0.28	0.33	0.47	1.4
Ⅵ	0.15~0.2	0.30	0.33	0.50	1.5
Ⅶ	0.15~0.2	0.32	0.33	0.53	1.6
Ⅷ	0.15~0.2	0.34	0.33	0.57	1.7
Ⅸ	0.15~0.2	0.36	0.33	0.60	1.8
Ⅹ	0.15~0.2	0.38	0.33	0.64	1.9
Ⅺ	0.15~0.2	0.40	0.33	0.67	2.0

表 6-57 裸露药包二次爆破的大块岩石体积与药包质量

大块岩石体积/m^3	0.5	1.0	1.5	2.0	3.0	4.0	5.0
药包质量/kg	1.1	1.5	2.0	2.5	3.1	4.5	5.5

(3)施工工艺

先按计算出的药量，将炸药制成圆饼形，药饼的厚度应大于该种炸药传爆的临界厚度(对于固体硝铵类炸药，药饼厚度一般不应小于 3 cm)，药饼直径视药量需要而定。然后将药饼放置在要爆破的岩石顶部中央位置，起爆药包放在药包中央。最后用覆盖材料将药饼覆盖起来，并稍加压实。覆盖材料最好使用湿土或含水细砂，切不要使用干砂或石块。覆盖材料的厚度应大于药包的厚度。为了不使覆盖材料与炸药相混合，最好用牛皮纸或炸药包装纸盖在药包上，再压上覆盖物，这样可以提高爆破效果。

药包可以用导爆管雷管起爆，也可以用导爆索及电力起爆。

采用导爆索或电力同时起爆时，响声大，飞石远，空气冲击波强烈。需要加强对固定设施或设备的防护。根据我国爆破安全规程的规定，裸露爆破时，个别飞石与人员的安全距离不小于 400 m。

(4)安全注意事项

裸露药包爆破时冲击波很强，个别飞石飞得很远，容易使周围建筑物和设备受损，起爆时，裸露药包可以单个或成组同时起爆，但成组同时起爆时要保证药包之间相互不影响，即各裸露药包之间要相隔适当距离，防止先爆药包产生的空气冲击波将邻近药包冲散。药包个数较多时，应设有标记，防止漏点。此外，在通风不良的巷道禁止使用该法。

药包一般应采用筒装药，如用散药应用防潮纸捆成包，防止炸药受潮；裸露药包爆破警戒范围宜设远一些；爆破之后，应仔细检查工作场地是否有未爆药包，如有，应将残药、雷管收集起来再次进行爆破，不得散落在现场。

6.8 控制爆破

6.8.1 光面爆破

1)概述

光面爆破是指沿开挖边界布置密集炮孔，采取不耦合装药或装填低威力炸药方式，在主爆区爆破后起爆，以形成平整开挖面的一种爆破技术。

光面爆破与普通爆破相比具有如下特点：①周边轮廓线符合设计要求；②爆破后的岩面光滑平整，通常可在新形成的壁面上残留清晰可见的半边孔壁痕迹(见图 6-101)，原有构造裂隙不因爆破影响而有明显扩展，可保持围岩的整体性和稳定性，有利于施工的安全；③可减少超挖或欠挖量，节省因超、欠挖而增加的工程量和费用，提高工程速度和质量。

光面爆破的基本原理是控制炸药的爆破作用，使猛度做功形式更多地转化为爆力做功形式，降低炸药爆炸的初始冲量，从而减少对炮孔壁岩体的破坏，并控制爆破裂缝沿预计方向发展。通常是根据不同岩层情况，通过合理地选择炸药、装药结构，正确地选定周边孔爆破

图 6-101　光面爆破后成形规整

参数(即孔间距、抵抗线、装药量)以及保证周边孔同时起爆等几项措施来实现的。

2)爆破原理

光面爆破时沿开挖轮廓线布置间距减小的平行炮孔，这些光面炮孔在进行药量较小的不耦合装药后同时起爆。爆破时沿这些炮孔的中心连接线岩石破裂成平整的光面。虽然光面爆破已经应用了几十年，但是由于岩体爆破过程的复杂性和理论研究的不足，光面爆破的机理至今仍未能完全弄清楚。这里仅介绍几种具有代表性的观点。

(1)应力波叠加作用理论

W. I. Duvall 和 R. S. Paine 等人提出了相邻炮孔爆炸应力波叠加成缝的理论。该理论认为，当相邻两炮孔同时起爆时，各炮孔爆炸所产生的压缩应力波以柱面波的形式向四周移散，并在两孔连心线的中点处相遇，产生应力波的叠加。在应力波的交会处，应力波合力的方向垂直于炮孔连心线，而且方向相反，促使岩体向外移动，产生拉伸力，如图 6-102 所示。当合成应力超过岩体的抗拉强度时，便会在两炮孔连心线的中点首先产生裂缝，然后，沿炮孔连心线向两个炮孔方向发展，最后形成一条断裂面。

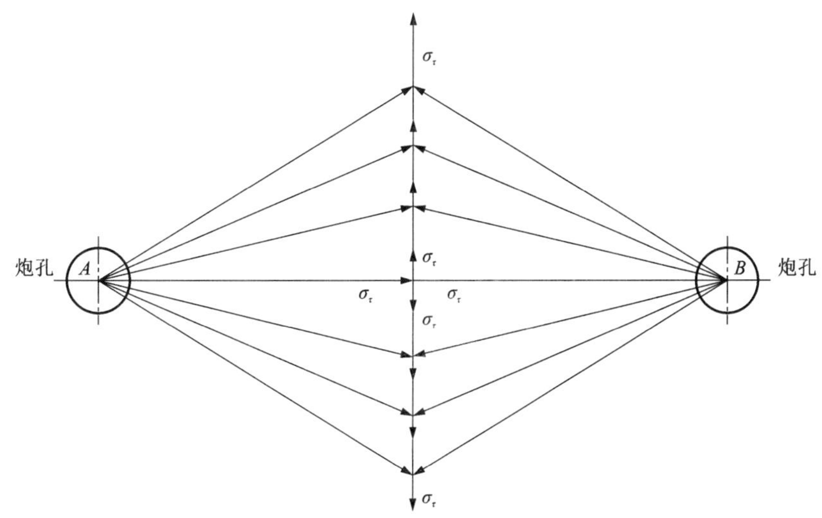

图 6-102　应力波叠加示意图

应力波叠加理论是一种纯理论的分析，要使相邻炮孔的爆炸应力波在其连心线中点相遇，必须保证相邻两炮孔绝对同时起爆。这在生产实践中往往是很难做到的，即使采用瞬发电雷管或采用导爆索起爆，仍然或多或少地存在着某些误差。但是，在光面爆破中，相邻两孔的间距一般都不大，只有几十厘米，而应力波在岩体中的传播速度往往为4000 m/s以上，因此，两孔之间应力波的传播时间只有0.1~0.2 ms，有时甚至更短。而实际的起爆误差要比上述数值大得多，因此，在生产实践中，单纯用应力波叠加的理论来进行分析，是很难完全解释清楚的。

(2)准静态压力作用理论

山口梅太郎等人认为裂缝的形成主要是爆炸高压气体的作用。他们承认应力波的作用，但认为这种作用是微小的，裂缝的形成主要是爆炸生成的高压气体的准静态压力所致。由于空气间隙的缓冲作用，使作用于孔壁的冲击波压力大大减小。然而爆轰气体产物在眼内却能较长时间维持高压状态，这主要是因为爆炸高压气体所造成的准静态压力的作用。在这种准静压力作用下，在炮孔连心线上产生非常大的切向拉伸应力，而且在连心线与眼壁相交处产生最大的应力集中，两个炮孔越接近，应力集中越显著。因此，首先在孔壁上应力集中处出现拉伸裂隙，然后，这些裂隙沿着炮孔连心线方向延伸，当孔距合适时，相向延伸的裂缝互相贯通，形成一个光滑的断裂面。

(3)应力波与爆轰气体共同作用理论

H. K. Kert等人提出了裂缝面的形成是应力波和爆轰气体共同作用的结果的理论。该理论认为，应力波的主要作用是在炮孔的周围产生一些初始的径向裂缝。继之，在爆轰气体准静态压力的作用下，径向裂缝进一步扩展。当相邻的两个炮孔爆炸时，不论是同时起爆，还是存在着不同程度的时差，由于应力集中，岩石沿炮孔的连心线方向首先出现裂缝，并且发展也最快。在爆轰气体压力的作用下，由于最长的径向裂缝扩展所需的能量最小，因此该处的裂缝将首先扩展，炮孔连心线方向也就成为裂缝继续扩展的最优方向，而其他方向的裂缝发展甚微，从而保证了岩体沿着炮孔连心线方向裂纹贯通。这种解释比较符合实际的情况。

3)爆破参数

影响光面爆破效果的因素十分复杂，除地质条件、炮孔精度和爆破操作技术外，影响光面爆破效果的主要因素如下。

(1)不耦合系数

不耦合系数是指炮孔直径 d 和药卷直径 d_0 之比。

$$K = d/d_0 \tag{6-51}$$

合理的不耦合系数应使炮孔压力低于岩壁动抗压强度而高于动抗拉强度。实践证明，$K \geqslant 2 \sim 5$ 时，光面爆破效果最好。

(2)炮孔间距

根据生产实践，炮孔间距一般为炮孔直径的10~20倍，如图6-103所示。在节理裂隙比较发育的岩石中应取小值，在整体性好的岩石中可取大值。

(3)最小抵抗线 W

光面层厚度或周边孔到邻近辅助孔间的距离是光面孔起爆时的最小抵抗线，一般它应大于或等于光面眼间距。

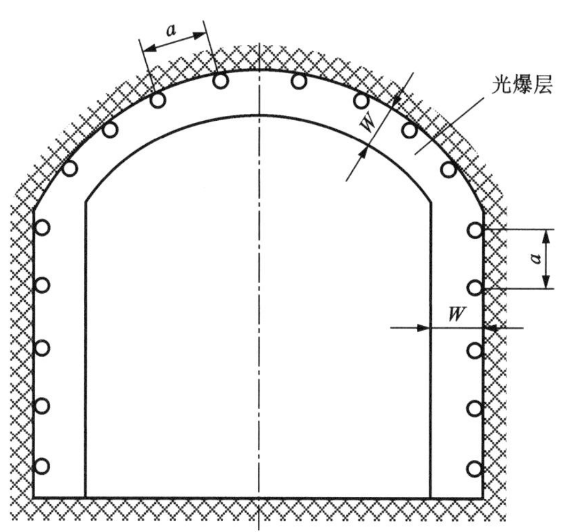

图 6-103　光爆层炮孔参数示意图

(4)周边孔密集系数

周边孔密集系数 m 即光面炮孔间距与其最小抵抗线之比。m 值过大时，爆后有可能在光面孔间的岩壁表面留下岩埂，造成欠挖；m 值过小时，会在新壁面造成凹坑。实践表明，当 m=0.8~1.0 时，爆破后的光面效果较好，硬岩中取大值，软岩中取小值。

(5)线装药密度 q_1

线装药密度又称装药集中度，它是指单位长度炮孔中的装药量(g/m)。为了控制裂隙的发育以保持新壁面的完整稳固，在保证岩石沿炮孔连心线破裂的前提下，应尽可能少装药。软岩中一般为 70~120 g/m，中硬岩石中为 100~150 g/m，硬岩中为 150~250 g/m。

(6)起爆间隔时间

爆破试验结果表明，齐发起爆的裂隙表面最平整，延期起爆次之，秒差延期起爆最差。齐发起爆时，炮孔间贯通裂隙较长，抑制了其他方向裂隙的发育，有利于减少炮孔周围裂隙的产生，可形成平整的壁面。所以，在实施光面爆破时，间隔时间愈短，壁面平整的效果愈有保证。应尽可能减小周边孔间的起爆时差。相邻光面炮孔的起爆间隔时间不应大于 100 ms。

4)工程实例

国内部分地下金属矿山光面爆破有关参数见表 6-58。

表 6-58 国内部分地下金属矿山光面爆破参数

矿山名称	工程名称	地质条件	断面尺寸（宽×高）/(m×m)	开挖方式	周边炮孔爆破参数					效果
					炮孔间距 a/cm	抵抗线 W/cm	密集系数 m	装药集中度 Q_L/(g·m^{-1})	炮孔深度 L/m	
酒钢镜铁山铁矿	卷扬机硐室	钙质千枚岩，f=8~10	13.4×(7~9)	预留光面层	60~70	70~80	0.8~0.9	200~300	1.5~1.8	岩面平整，孔痕完整
酒钢镜铁山铁矿	中央变电硐室	钙质千枚岩，f=6~8	6.9×(4.7~5.7)	预留光面层	50~60	65~80	0.7~0.8	150~200	2.0~2.5	岩面平整，孔痕完整
南京梅山铁矿	粗破碎硐室	安山岩 f=5~6	10.5×13.3	预留光面层	50~70	70~90	0.7~0.9	200~250	1.8~2.0	岩面平整，孔痕清晰完整
武钢金山店铁矿	粗破碎硐室	石英二长岩 f=8~10	11.8×4.5	预留光面层	50~60	60~70	0.8~1.0	200~250	2.0 左右	岩面平整，孔痕清晰完整
云南牟定铜矿	卸矿硐室	长石石英岩 f=8~10	21 m^2	预留光面层	50~60	70	0.7~0.8	120~140	1.6~1.8	岩面平整，留孔痕
山东张家洼铁矿	地下水平 1 号 3 号岔道	闪长岩节理裂隙发育	(6~8)×(4.5~4.8)	预留光面层	50~60	70~90	0.6~0.7	150~200	2.0~2.5	岩面平整，留孔痕 80%
安徽滁州铜矿	地下调车站	石灰岩 f=5~6	(5.3~8)×33.9	预留光面层	60~70	70~90	0.8~1.0	100~150	2.5~3.0	岩面平整，孔痕清晰完整
安徽滁州铜矿	新建竖井	石灰岩 f=5~6	D=6.4	预留光面层	50~60	60~70	0.8~1.0	55~75	2.0	岩面平整，孔痕完整
武钢金山店铁矿	-60 m 运输巷	石英二长岩 f=8~10	3.7×3.4	预留光面层	60~70	70~90	0.8~1.0	250~300	1.8	岩面平整，留孔痕
南京梅山铁矿	地下水平运输巷	安山岩 f<6	3.1×3.3	全断面一次爆破	50~60	60~80	0.7~0.9	300~350	1.8~2.0	岩面平整，留孔痕

6.8.2 预裂爆破

1) 概述

预裂爆破是在光面爆破基础上发展起来的一项控制爆破技术。其特点是在设计开挖轮廓线上钻凿一排孔距合适的预裂孔，并采用不耦合装药或其他特殊的装药结构，在开挖主体爆破之前，同时起爆预裂炮孔内的装药，从而形成一条贯穿预裂炮孔的裂缝。

预裂爆破的成缝机理和光面爆破是一致的，爆破后也能沿设计轮廓线形成平整的光滑表面，可减少超、欠挖量，而且可利用预裂缝将开挖区和保留区岩体分开，使开挖区爆破时的应力波在裂缝上产生反射，而透射到保留区岩体的应力波强度则大为减弱。同时，还减小了主爆炮孔组的爆破地震效应，从而可有效保护保留区的岩体和建筑物。故预裂爆破已广泛地应用于地下矿山施工中，以提高保留区壁面的稳定性。

光面爆破和预裂爆破都是沿设计开挖轮廓线进行的控制爆破，故又称轮廓爆破或周边爆破。二者的区别主要有以下几点：

(1) 光爆孔的爆破是在开挖主体爆破之后进行的，而预裂孔的爆破则是在开挖主体爆破之前完成的。

(2) 从爆破时岩体的状态看，爆破时光爆孔附近有两个自由面，而预裂孔附近只有一个自由面。因此，为减小岩体的夹制作用，常在预裂孔的底部加强装药。

(3) 单位炸药消耗量不同，光面爆破单位炸药消耗量小，预裂爆破由于夹制性大，炸药单耗大。

预裂爆破在开挖区爆破之前，首先沿着设计轮廓线爆破形成一条有一定宽度的贯穿裂缝，然后才进行开挖区的爆破。由于先形成的裂缝将开挖区与保留区岩体分开，开挖区爆破时应力波在裂缝面上产生反射和折射，使通过它的应力波强度大为减弱，因而既控制了爆破对保留区岩体产生的破坏，又起到了减少超挖量，加快施工进度的作用。

2) 爆破参数

预裂爆破的主要参数及其影响因素很多，如孔径、孔距、炸药性能、线装药密度、装药结构、岩石的组织及构造等。由于预裂爆破理论还不完善，理论上推导建立的一些公式往往不能直接用于预裂爆破施工。因此，只有简化研究方法，寻找上述因素中主要影响因素之间的关系，通过现场爆破试验，才能正确选定爆破参数。虽然确定预裂爆破主要参数的方法有理论计算法、经验公式法、经验类比法 3 种，但目前一般还是根据实践经验来确定。

(1) 周边孔的间距

预裂爆破时预裂孔的孔间距同孔径有关，一般为孔径的 10~14 倍。经马鞍山矿山研究院反复试验，当预裂孔直径为 38~45 mm 时，拱部预裂孔间距一般为 450~550 mm，墙部预裂孔间距一般为 500~600 mm。拱部小弧部分（即靠近拱基处）预裂孔间距可根据具体情况缩小到 400 mm 左右。

在一般情况下，岩体整体性好时取大值，节理裂隙发育，岩石破碎时则取小值，岩石坚固、性脆取大值，有导坑的工程取大值，无导坑时取小值，对工程质量要求高时取小值，要求低取大值，跨度大取大值，跨度小取小值等。

(2) 炮孔密集系数

孔间距 a 与岩石环厚度 W 的比值 m_K 称为炮孔密集系数。m_K 是一个相对数，随孔间距和环厚度而变化。m_K 的变化直接影响预裂和爆破效果。

(3)线装药密度

线装药密度又称装药集中度(kg/m 或 g/m)，是指炮孔装药量对不包括堵塞部分的炮孔长度之比。装药量应当能克服岩石的阻力，形成贯通的预裂面，又不至于造成围岩的破坏，预裂爆破装药量一般为 0.1~0.2 kg/m，国内预裂爆破常用参数见表 6-59。

表 6-59 国内矿山预裂爆破常用参数

岩体情况	开挖部位工程跨度/m		周边炮孔爆破参数					
			炮孔直径/mm	炮孔间距/mm	最小抵抗线/mm	岩石环厚度/mm	炮孔密集系数	线装药密度/(g·m^{-1})
整体稳定性好，中硬到坚硬	拱部	<5	35~45	400~450	500~700	500~600	0.9~0.92	200~250
		>5	35~45	450~550	700~900	500~600	0.9~0.92	200~250
	边墙		35~45	500~600	600~700	550~650	0.9~0.92	200~250
整体稳定性一般或欠佳，中硬到坚硬	拱部	<5	35~45	400~500	600~800	500~550	0.8~0.9	150~200
		>5	35~45	450~550	800~1000	500~600	0.9~0.92	150~200
	边墙		35~45	500~600	700~800	500~600	1.0	150~200
节理裂隙发育、破碎，岩石较松软	拱部	<5	35~45	400~450	700~900	500~550	0.8~0.82	100~150
		>5	35~45	450~550	800~1000	500~600	0.9~0.92	100~150
	边墙		35~45	500~600	700~900	500~650	0.92~1.0	100~150

(4)孔径、孔间距和线装药密度的关系

岩石性质、孔径、孔间距和线装药密度的关系见表 6-60。

表 6-60 岩石性质、孔径、孔间距和线装药密度的关系

孔径 d/mm			105~150	105~150	105~150	200~250	200~250	200~250
孔间距 a/cm			100	150	200	250	280	300
线装药密度 q_l/(kg·m^{-1})	岩石普氏系数 f	6~8	0.8	1.2	1.5	2.0	2.2	2.5
		10~12	1.0	1.5	2.0	2.5	3.2	3.5
		13~15	1.3	2.0	2,5	3.0	3.8	—
		16~20	1.5	2.2	3.0	3.5	—	—

3)影响预裂爆破效果的主要因素

(1)岩石物理力学性质及地质条件

如前所述，预裂爆破的主要参数均与岩石的物理力学性质(如岩石的抗压强度)直接相关。因此，在进行预裂爆破设计时，应取得较准确的岩石力学性能参数，以保证选择的爆破参数的准确性。

(2)不耦合作用

不耦合作用就是指利用装药和孔壁之间存在的间隙，降低炸药爆炸时作用在孔壁上的初始压力。一般不耦合系数在 2~5 时均可获得满意的效果。在允许的线装药密度下，不耦合系数可随孔距的减小而适当增大。岩石抗压强度大时，应选取较小的不耦合系数。

(3)装药结构

预裂爆破通常采用小直径药卷连续或间隔装药结构，由于炮孔底部夹制性较大，不易形成所要求的预裂缝，故通常需要将孔底一段线装药密度加大。一般底部装药量可增加 2~3 倍。

(4)起爆时间间隔

为了确保降震作用，必须使预裂孔超前于主爆破孔起爆，超前的时间至少应有 100 ms。但是在岩石含水量较多或岩石比较松软的情况下，水和细块岩石易充填预裂缝，降低预裂缝的作用，在这种情况下预裂孔可超前主爆孔 50~100 ms 起爆。

(5)钻孔质量

钻孔质量对预裂爆破效果影响较大。一般要求孔钻在一个平面上，垂直于钻孔平面的偏差小于 20 cm；孔底落在一条线上，偏差不超过 15 cm。否则，爆后壁面凹凸不平。

(6)预裂孔的深度

预裂缝的作用是削弱应力波的作用和地震效应对岩壁的影响，为此预裂孔的深度一定要超过主爆孔的深度。

(7)堵塞长度

良好的孔口堵塞是保持高压爆炸气体所必需的。堵塞段长度过短而装药段太长，有使孔口成为漏斗状的危险。堵塞段过长和装药段过短则难以使顶部形成完整的预裂缝。堵塞长度同炮孔直径有关，通常可取炮孔直径的 12~20 倍。

6.9　特殊条件爆破

6.9.1　高应力卸压爆破

地下巷道掘出后，会在巷道周边形成较大的应力集中，随着时间延长，在高地应力作用或采动影响下，巷道易发生变形破坏，导致其返修率高。

卸压爆破法是指在围岩钻孔底部集中装药爆破，使巷道周边附近的围岩与深部岩体脱离，原来处于高应力状态的岩层卸载，将应力转移到围岩深部。卸压爆破不仅能够释放岩体中所积聚的弹性变形能，而且在卸压爆破的作用下，松动圈本身受压致密，在一定的时间内，可使周围岩体变形直接被卸压爆破产生的松动圈吸收，从而减小巷道围岩变形量。卸压爆破属于一种功能爆破，其爆破形式一般为松动爆破，少数为预裂爆破。

1)卸压爆破的分类

根据卸压钻孔的数目，可将巷道卸压爆破分为单孔卸压爆破和多孔集群卸压爆破。单孔卸压爆破只针对局部围岩应力集中问题，而且区域面积较小，分布也比较零散；而多孔集群卸压爆破解决的是巷道内较为普遍的高地应力问题，通常多炮孔的卸压爆破需要同时起爆，在所有炮孔的共同作用下控制巷道的稳定性。

根据卸压位置的不同，巷道卸压爆破可分为侧帮卸压爆破、底板卸压爆破和全断面卸压爆破，如图 6-104 所示。

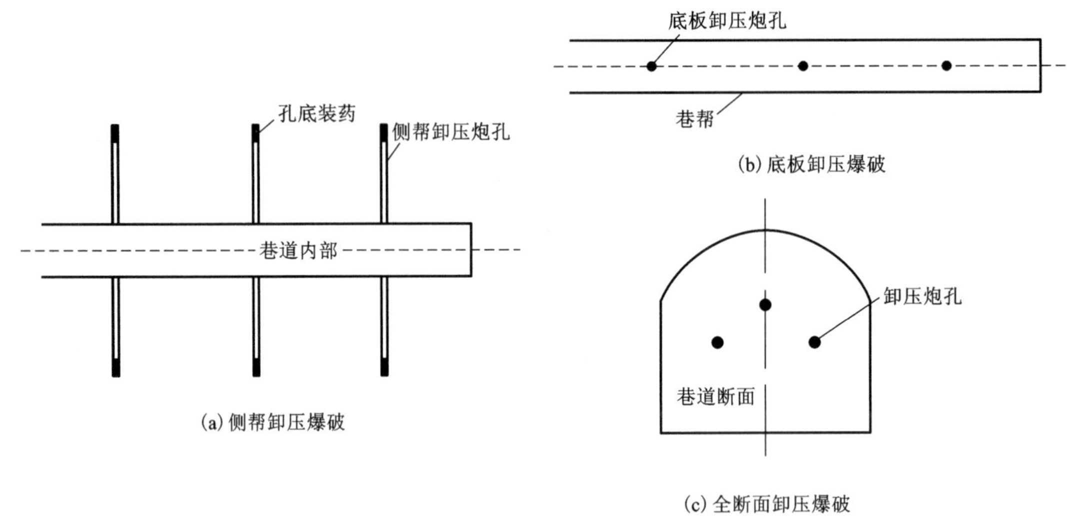

图 6-104 卸压爆破三种方式示意图

根据钻孔的长度，卸压爆破可分为深孔卸压爆破（孔深一般大于 5 m）和浅眼卸压爆破（孔深一般小于 5 m）。

根据有无控制空孔，卸压爆破又可分为常规卸压爆破和控制卸压爆破，现在国内常采用深孔控制卸压爆破对巷道内围岩进行卸压。

根据围岩卸压的效果，卸压爆破又可分为完全卸压爆破、不完全卸压爆破和超卸压爆破。其中完全卸压爆破是最理想的卸载状态，此时，爆炸产生的裂隙刚好完全吸收围岩内的高地应力，爆破的能量完全用于围岩的应力释放。不完全卸压爆破不能完全卸载围岩内的高地应力，并且会造成围岩的进一步不稳定，从而导致岩爆等地压问题。超卸压爆破是指爆破的能量大于卸载所需的能量，多余的能量一部分传递到围岩深处，一部分则传递到工作面，从而导致工作面的不稳定。

2）卸压爆破的原理

卸压爆破改善巷道围岩应力状态的基本原理如图 6-105 所示。由图 6-105 可以看出，高地应力巷道在不卸压的状态下，因巷道埋深较大，围岩内存在着很高的应力集中。两帮垂直应力和顶底板水平应力都高度集中。当巷道力学状态成为高应力软岩状态时，围岩发生塑性破坏、碎胀变形和移动，应力向深部转移，支护体因不能适应较大的围岩移动，其支护阻力不断降低，使巷道维护状态恶化，不能满足工程需要。卸压后，两帮的垂直应力和顶底板的水平应力转移到围岩深部形成三向应力状态的自承载圈，在巷道两帮和底板形成完整的低应力卸压保护带，不因岩体塑性破坏、碎胀而发生显著的围岩移动，爆破产生的破碎带又可以吸收岩体变形能，起到卸压保护的作用。

3）炮孔布置方式

回采炮孔布置形式在很大程度上决定着爆破效果，影响着后续一系列生产的效率。

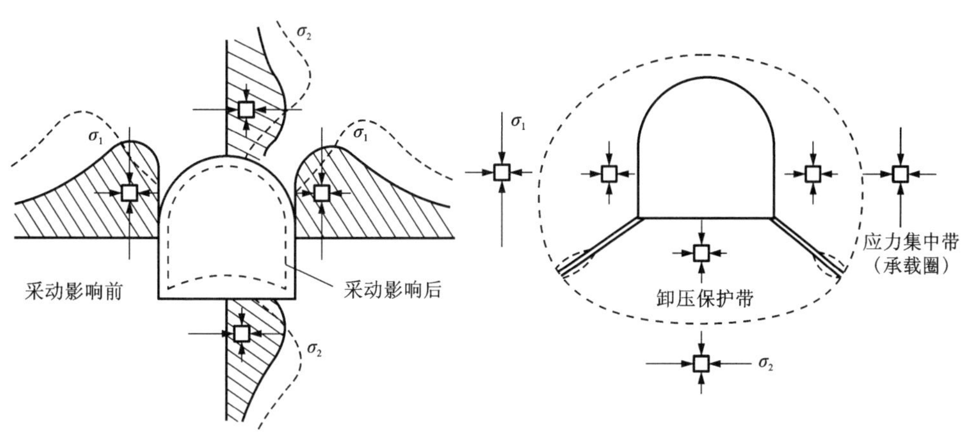

图 6-105　卸压爆破原理图

卸压爆破的炮孔可以垂直或平行于巷道轴线，垂直炮孔可以布置于巷道的两帮或底板，平行炮孔只能够布置于巷道两帮。而炮孔布置形式是指在一定的爆破参数(炮孔直径、最小抵抗线)下，如何布置每一排炮孔以及如何协调排与排之间炮孔的相对位置。卸压爆破控制底鼓、边帮布孔示意图如图 6-106 和图 6-107 所示。

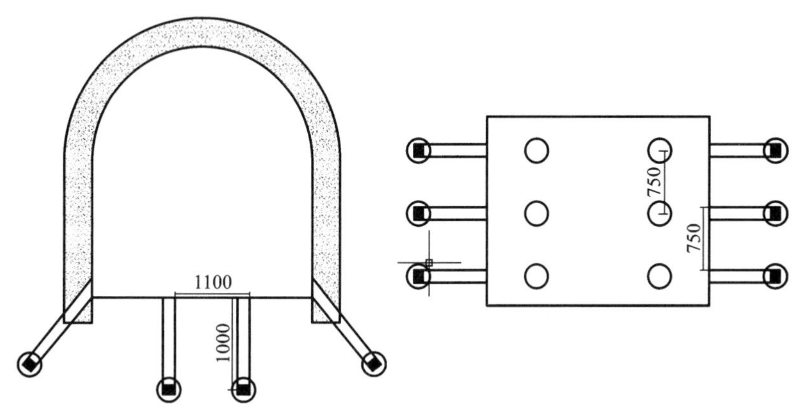

图 6-106　卸压爆破控制底鼓布孔示意图

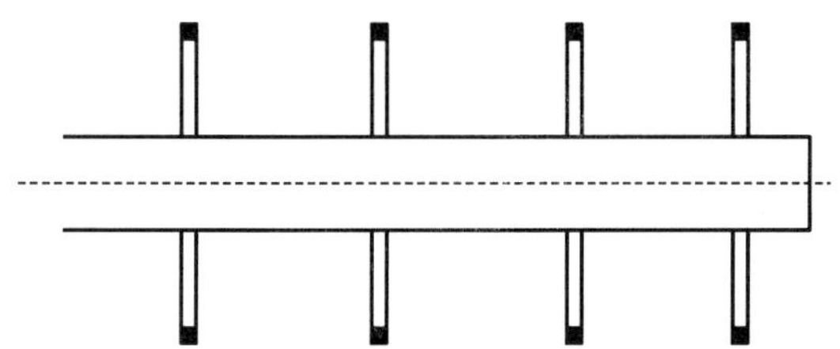

图 6-107　卸压爆破控制边帮布孔示意图

4）爆破参数

卸压爆破参数主要有装药安全埋置深度、装药量、装药结构及炮孔布置参数等。

（1）临界深度与装药安全埋置深度

根据 C. W. Livingston 能量平衡原理，装药埋置深度为临界深度时，在自由面不产生爆破漏斗。考虑到不同岩石表现出的不同的爆破特性，炸药的临界埋置深度应根据围岩性质，选用相应爆破理论计算公式确定。

对于波阻抗为 15~25 g/(cm^3 · s)的高阻抗岩石，应根据应力波理论计算炸药埋置临界深度：

$$W_c = \left[\frac{(R+e)p_2}{\sigma_t}\right]^{\frac{1}{e'}} r_b \tag{6-52}$$

式中：W_c 为临界深度；R 为反射系数，$R=\dfrac{\tan\beta\tan^2 2\beta-\tan\alpha}{\tan\beta\tan^2 2\beta+\tan\alpha}$；$p_2$ 为作用在炮孔壁上的最大冲击压力；r_b 为炮孔半径；σ_t 为岩石抗拉强度；e 为切向应力与径向应力的比例系数，$e=\dfrac{\nu}{1-\nu}$；$e'=2-e$；ν 为岩石泊松比；α 为纵波入射角；β 为横波入射角，$\beta=\arcsin\left[\left(\dfrac{1-2\nu}{2(1-\nu)}\right)^{\frac{1}{2}}\sin\alpha\right]$。

对于波阻抗小于 5 g/cm^3×cm/s 的低阻抗岩石，应根据爆生气体作用理论计算炸药临界埋深：

$$W_c = K_y r_b\sqrt{\frac{p_p}{\sigma_t}} \tag{6-53}$$

式中：K_y 为与岩石构造特征有关的参数，一般为 1.4~2.0，整体岩石取下限，裂隙性岩石取上限；p_p 为作用在炮孔壁上的气体静压；装药安全埋置深度取值应大于临界深度，即 $W>W_c$，以确保巷道周边完整性不因卸压爆破而破坏。

（2）装药量

为减少围岩爆破损伤，卸压爆破装药量要严格控制，基本上可根据式(6-54)、式(6-55)确定：

$$Q = \left(\frac{W_c}{E_b}\right)^3 \tag{6-54}$$

$$q_1 = \left(\frac{W_c}{E_b}\right)^2 \tag{6-55}$$

式中：Q 为集中装药的药量，kg；q_1 为条形装药每米装药量，kg/m；E_b 为岩石变形能系数，取决于炸药类型和岩石性质，脆性岩石 E_b 比塑性岩石的大。

将式(6-54)、式(6-55)确定的药量埋置于安全埋置深度的岩体中，实现了卸压爆破，有效地控制了巷道围岩周边的爆破破坏。

（3）炮孔深度

最小抵抗线应大于装药的临界深度，这就确定了卸压区的装药位置距巷道的距离必须大于巷道围岩临界深度。为保证巷道安全，卸压爆破设计在巷道近区，围岩预留 0.5 m 的副承载圈厚度，因此，炮孔深度按式(6-56)计算确定：

$$l = \frac{W_c + 0.5}{\sin \varphi} \tag{6-56}$$

式中：φ 为炮孔与巷道周边切线方向所夹的锐角。

(4)炮孔间距和排距

炮孔间、排距参数关系到卸压区的均匀程度，卸压区的均匀程度直接影响巷道的卸压效果。因此，正确选择炮孔间、排距对于爆破卸压维护高应力软岩巷道具有重要实际意义。

按照利文斯顿爆破能量理论计算的炮孔间距应该使卸压爆破形成的爆生裂隙贯通为最佳。

炮孔排距按式(6-57)计算：

$$b = (0.6 \sim 0.8)a \tag{6-57}$$

另一种计算方法从断裂力学的角度考虑，可求得卸压爆破的炮孔间距的近似表达式：

$$a = Kr_0 f^{\frac{1}{3}} \tag{6-58}$$

式中：f 为岩石的普氏系数；r_0 为炮孔半径；K 为调整参数，一般取值范围为 10~15，f 越大，K 值越大。

(5)堵塞长度

根据相关资料得到耦合装药条件下的堵塞长度计算式：

$$L = \frac{d_0 p_t}{2f_0} \tag{6-59}$$

不耦合装药条件下的堵塞长度计算式为：

$$L = k\frac{d^6 p_t}{2d_0^5 f_0} \tag{6-60}$$

不过此计算结果并未考虑压力作用时间，在计算时应适当增大堵孔系数 k(k=1.1~1.3)。

6.9.2 高温硫化矿爆破

1)概述

硫化矿氧化、自燃，地下火区、地热等引起矿体和岩层发热，当其温度高于 50 ℃时成为高温硫化矿岩。在这种矿岩中进行的爆破称为高温硫化矿爆破。高温硫化矿爆破有以下特点。

①矿石含硫高

一般采场的矿山含硫量达到 27%，富集带高至 70%~90%。含硫量越高，越容易和硝铵类炸药反应，从而使温度升高引起炸药自爆。

②黄铁矿氧化严重

有的采场处于接触破碎带中，黄铁矿在渗透水和空气作用下预氧化，在采场掘进时，黄铁矿暴露在井下潮湿空气中加速氧化。而黄铁矿在氧化过程中会放出大量的热。

③采场炮孔孔温偏高有发火倾向

高温硫化矿床，矿石具有自然发火倾向，在开采期间会出现不同程度的高温或自燃现象。

2)自爆机理

硫化矿矿石与硝酸铵或乳化炸药接触之所以能够引起炸药自爆，其中一个重要原因是当硫化矿与硝铵类炸药接触时发生了化学反应。一般认为，硫化矿中炸药发生自燃自爆的化学反应过程如下：

$$2FeS_2 + 7O_2 + 2H_2O = 2FeSO_4 + 2H_2SO_4 + 2574\ kJ$$

$$FeS_2 + 3O_2 = FeSO_4 + SO_2\uparrow + 1040\ kJ$$

$$2FeS_2 + 7O_2 = Fe_2(SO_4)_3 + SO_2 + 1180\ kJ$$

从上述各反应式可以看出，井下酸性水、硫酸盐类和刺激性气体是硫化矿石氧化反应的结果。而硫化矿石氧化反应产生的硫酸亚铁不稳定，硫酸亚铁进一步被氧化生成硫酸铁。

$$12FeSO_4 + 6H_2O + 3O_2 = 4Fe(OH)_3 + 4Fe_2(SO_4)_3$$

硫酸铁作为一种氧化剂，又与黄铁矿按下式进行反应：

$$Fe_2(SO_4)_3 + FeS_2 + 2H_2O + 3O_2 = 3FeSO_4 + 2H_2SO_4$$

以上反应生成的硫酸与硝酸铵作用产生硝酸，硝酸再与黄铁矿作用生成二氧化氮。反应如下：

$$H_2SO_4 + 2NH_4NO_3 = (NH_4)_2SO_4 + 2HNO_3$$

$$64HNO_3 + 4FeS_2 = 2Fe_2(SO_4)_3 + 2H_2SO_4 + O_2 + 64NO_2 + 30H_2O$$

上述反应生成的硫酸铁能促进黄铁矿的氧化反应，而黄铁矿氧化反应的产物硫酸进一步加速相关反应。这些反应相互促进并不断加速，热量不断积累，使温度升高，最终导致炸药的爆燃或爆炸。

引起炸药在高硫矿床炮孔中自爆的另一个原因是炸药在高温环境下发生热分解反应。

$$8NH_4NO_3 = 2NO_2 + 4NO + 5N_2 + 16H_2O + Q$$

在敞口条件下，炸药的热分解反应随着环境温度升高而加快，直至分解完毕。当炸药制成药卷或将药粉直接装入高温炮孔中时，其分解的热量和矿石反应生成的热量不能及时释放出去，尤其是在炮口被炮泥填塞的情况下，易形成热积累并加速炸药分解，导致爆燃或爆炸的 FeS_2 在氧化中生成 Fe^{2+}、Fe^{3+} 和 H_2SO_4，使矿石 pH 下降。经氧化的 FeS_2 与硝铵类炸药接触容易发生反应，含有 FeS_2 的矿石与硝铵类炸药产生反应的最低温度称为临界温度。临界温度随矿石 pH 的下降而降低，Fe^{2+}、Fe^{3+} 含量随着温度的增加而降低，见图 6-108 和图 6-109。各矿石的临界温度可由该矿石的 pH 和 Fe^{2+}、Fe^{3+} 含量在图中查得。当炮孔温度高于临界温度时，硝铵类炸药与炮孔中硫化矿石接触就会反应，有自爆危险。

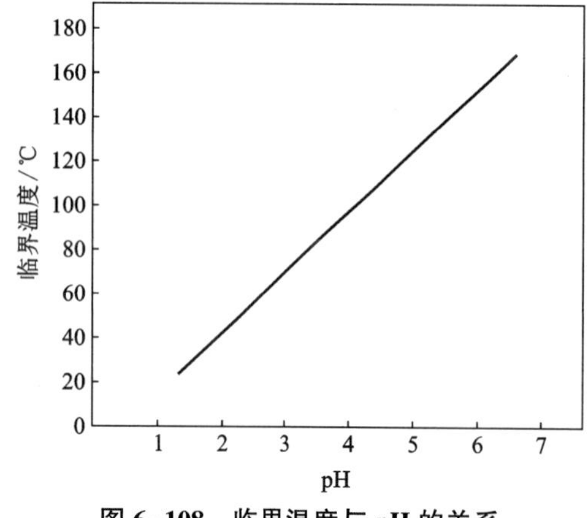

图 6-108 临界温度与 pH 的关系

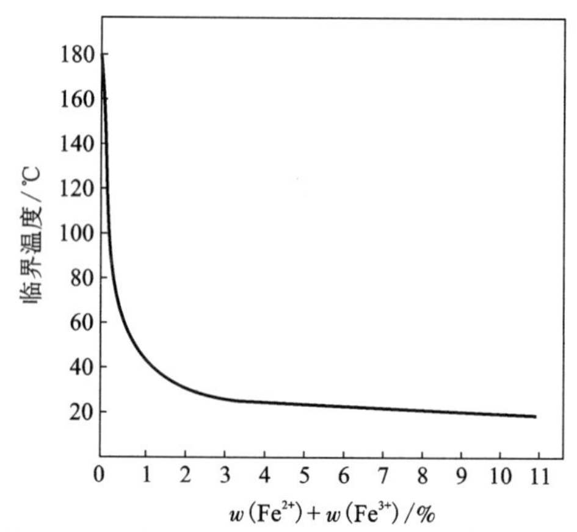

图 6-109 临界温度与 $w(Fe^{2+})+w(Fe^{3+})$ 的关系

在自爆机理基础上建立的自燃自爆危险性评价方法有三要素差别法、酸度差别法和临界温度差别法 3 种。

3) 硫化矿用安全炸药

在矿用安全炸药的研究中，常利用尿素等来改性铵油炸药。在粉状炸药中加入尿素、氧化锌、碳酸钙等物质可抑制硝酸铵与硫化矿的反应。采用粉状炸药加抑制剂的方法受混合均匀程度、混合效率等许多因素的影响，还与硫化矿的氧化程度、混合程度及炸药的接触条件等因素有关。表 6-61 为国内外对硫化矿用安全炸药的研究总结。

表 6-61　国内外对硫化矿用安全炸药的研究总结

炸药名称	添加物质	分解起始温度/℃	持续时间/h	爆破环境
铵油炸药	0.25%~2.0%的尿素	101		干矿石
		82		矿石含水量为 5%
		51		含酸为 5%(0.34%硫酸)
代拿买特胶质或乳化炸药	1%硫脲和 7%碳酸钙	56.9	24	
粒状铵油炸药	高分子胶凝剂和甲酸钙等分解抑制剂	46	4	油浴条件下

4) 高温硫化矿爆破隔热措施

(1) 隔离包装防止炸药自爆

《爆破安全规程》(GB 6722—2014) 规定孔温超过 60 ℃的矿井爆破，必须采取安全措施，孔温超过 40 ℃时应采用耐热爆破器材。

采取良好的隔离包装可以防止炸药在高硫高温炮孔内发生自燃、自爆。常用的隔离包装材料见表 6-62。

表 6-62　常用的隔离包装材料

炮孔温度/℃	隔离包装材料要求
≤50	中间涂沥青的双层牛皮纸、表面涂石蜡的双层牛皮纸或聚氯乙烯布作为炸药包装材料
50~80	全部用涂沥青牛皮纸，外加聚氯乙烯布或双层聚氯乙烯布包装
≥80	用玻璃丝布外涂水玻璃防水包装

氧化严重的硫化矿石与 2#岩石铵梯炸药接触在 50~70 ℃的炮孔内会发生剧烈反应。若将炸药包装成防自爆药包，使其与硫化矿石隔离，装入 100 ℃的炮孔内 8 h 也不会发生剧烈分解，见图 6-110。

(2) 高温隔热包装材料

在炮孔温度很高的情况下装药，有时炸药虽然与黄铁矿石相隔离，但炸药在孔内受热发生分解而又放出热量，最后导致炸药燃烧，见图 6-111。

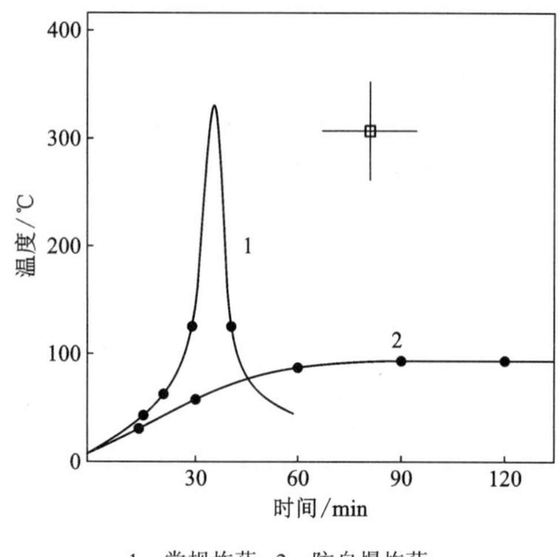

1—常规炸药；2—防自爆炸药。

图 6-110 炸药、矿石隔离与解除时炸药升温情况

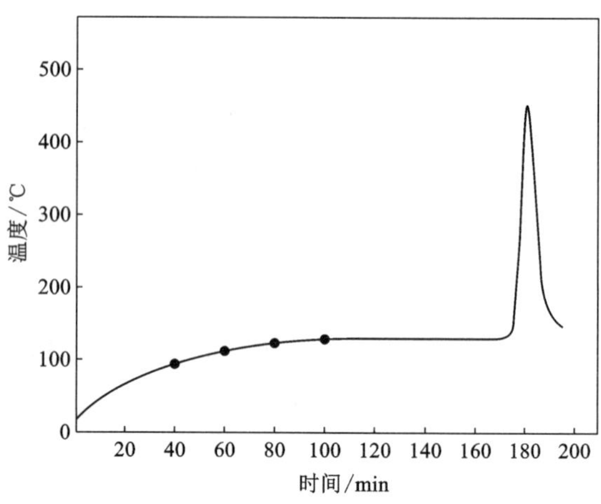

图 6-111 炸药在高温炮孔燃烧情况

常用的保温隔热材料有石棉绳、膨胀珍珠岩、细玻璃棉和海泡石等几种。因珍珠岩等材料不便包缠于炸药卷外侧，过去在高温爆破中，多使用石棉绳，而海泡石为新型的保温隔热材料，在同等条件下海泡石的导热系数要低于土和石棉类隔热材料。试验结果表明：当外侧介质温度低于 96 ℃时，海泡石和石棉绳隔热效果无差异，但当外侧介质温度大于 106 ℃后，海泡石隔热效果明显优于石棉绳，而通常的高温爆破，孔内温度均大于 150 ℃，故应选择海泡石作为隔热材料。当外界温度低于 100 ℃时，含水石棉绳隔热效果较佳；当外界温度为 180 ℃时，两者效果接近；当外界温度为 248 ℃时，含水海泡石效果较佳。

5)高温爆破作业技术措施

(1)改善作业条件

井下爆破作业面空气温度高于 28 ℃时，应采取降温措施。降温方法可选用下述 4 项方法。

①加强通风，从低温区引入新鲜风流，降低作业面气温。

②用喷雾器喷射冷水和通风联合降温。

③往工作面喷射冰水降温。

④将制冷系统制备的冷空气送入工作面降温。

(2)测定炮孔温度

爆破前必须多次测定高温区各个炮孔的温度，掌握爆区温度分布及孔温随孔深和时间的变化规律，测温方法有：普通水银温度计测温；留点温度计测温；半导体点温计测温；热电偶和电位差计测温；数字温度仪测温。测温时送入炮孔内的温度计或测温探头需用金属套管保护，测温器材应经常标定。必须测得孔温的稳定值和最高值以保证测温结果的可靠性。

(3)加强安全监测

通常炸药装入炮孔后，药温上升至孔温为止，若超过孔温，意味着炸药产生了明显的热分解，或者包装破裂，炸药与硫化矿石产生了化学反应，有自燃、自爆危险。为及时掌握装药中炸药的温升情况，必须进行安全监测，其方法是将热电偶置于炮孔的炸药内，通过补偿导线连接在安全地点的测温仪器观察，记录装药过程中炸药温度的变化情况。监测自燃硫化矿炮孔中装药时，热电偶应放置在有隔离包装的炸药内，并保证包装的密封性。

(4)采取防止自爆措施

防止自爆措施有：采用耐热爆破器材；缩短装药时间；孔温高于所选用炸药的允许使用温度时，需改用其他合适的炸药或采取降温措施，可以往孔内压送冷水或冰水，进行孔内降温；装药地点有专人监视，发现炮孔冒黄烟和其他异常现象应立即组织撤离；硫化矿火区爆破严禁用硫化矿粉作炮孔填塞物；填塞、连线并检查无误后，应立即起爆。

6.10 爆破安全

6.10.1 爆破事故预防

1)早爆事故及其预防

(1)炸药引起的早爆

①炸药热感度及火焰感度引起的早爆

达到爆发点的环境温度即可使炸药爆炸。炸药在明火(火焰、火星)下，可能发生爆炸。

《爆破安全规程》(GB 6722—2014)规定：爆破装药用电灯照明时，在离爆破器材 20 m 以外可装 220 V 的照明器材，在作业现场或硐室内应使用电压不高于 36 V 的照明器材。从带有电雷管的起爆药包或起爆体进入装药警戒区开始，装药警戒区内应停电，应采用安全蓄电池灯、安全灯或绝缘手电筒照明。

硐室爆破规定：装药时可使用电压低于 36 V 以下的低压电源照明，照明灯应加保护网，照明线路应绝缘良好，电灯与炸药堆之间的水平距离应不小于 2 m；电雷管起爆体装入药室前，应切断一切电源，拆除一切金属导体，可改为安全矿灯或绝缘手电筒照明。

在超过 60 ℃的高温矿井爆破时，《爆破安全规程》(GB 6722—2014)对加工药包、装药工艺和安全措施做出了一系列规定，必须严格遵守。例如，应使用加工良好的耐高温防自爆药包，且药包不应有损坏、变形；装药前应测定工作面与孔内温度，孔温不应高于药包安全使用温度；爆前、爆后应加强通风，并采取喷雾洒水、清洗炮孔等降温措施；用导爆索起爆时，应采用耐高温高强度塑料导爆索；不应使用含硫化矿的矿岩粉作填塞物；孔内温度为 60~80 ℃时，应控制装药至起爆的间隔时间不超过 1 h；孔内温度为 80~120 ℃时，应用石棉织物或其他绝热材料严密包装炸药，采用经防热处理的导爆索起爆，装药至起爆的间隔时间应通过模拟试验确定；孔内温度超过 120 ℃时，应采用耐高温爆破器材。

同样，《爆破安全规程》(GB 6722—2014)规定：高温、高硫区不应进行预装药作业；在药壶爆破中，用硝铵类炸药扩壶，每次爆破后应等待 15 min 或满足设计确定的等待时间(温度低于 40 ℃)，才准许重新装药。这些都是基于炸药热感度对爆破安全的影响而做出的规定。

对于热凝结物爆破，《爆破安全规程》(GB 6722—2014)规定：热凝结物破碎宜采用钻孔爆破，用专门加工的炮泥填塞。炮孔底部温度超过 200 ℃时，应采用定型隔热药包向炮孔内装药；温度低于 200 ℃时，炮孔内药包应进行隔热处理，确保药包内温度不超过 80 ℃；装药前，先对炮孔进行强制降温，然后测定隔热包装条件下的包装内部温度上升曲线，确认 5 min

后隔热包装内的温度；如孔内装雷管应采用双发，爆破前应先做隔热包装试验，保证雷管在5 min内不发生自爆；孔内装导爆索时，爆破前应做导爆索隔热试验，确保传爆可靠。

针对常用工业炸药的火焰感度比较敏感的特点，《爆破安全规程》(GB 6722—2014)规定：在爆破作业场所，不应存在明火；同时，不应将火柴、打火机等带入作业场所。炮孔填塞材料中不应有煤粉、块状材料或其他可燃性材料。

②炸药机械感度引起的早爆

炸药机械感度可分为撞击感度、摩擦感度、针刺感度、射击感度等。爆破器材在储存、装卸、运输、使用过程中，受到机械撞击、摩擦或偶然落下的重物冲击时，都可能引发爆炸，酿成事故。

《爆破安全规程》(GB 6722—2014)规定：装卸、搬运爆破器材应轻拿轻放，装好、码平、卡牢、捆紧，不得摩擦、撞击、抛掷、翻滚、侧置及倒置爆破器材。应用木、竹或其他不产生火花的材料制成的工具填塞炮孔；若在雷管和起爆药包放入之前，装药发生卡塞，可用非金属长杆处理；装入起爆药包后，不应用任何工具冲击、挤压。应将导爆索起爆网路布置在掩蔽的地方，以免遭受偶然掉落重物和其他机械作用的冲击。采用人工搅拌混制炸药时，不应使用能产生火花的金属工具；新混制设备和检修后的设备投入生产前，应清除焊渣、毛刺及其他杂物。

③炸药爆轰感度引起的早爆

炸药在爆轰波作用下发生爆炸的难易程度称为炸药的爆轰感度。炸药因爆轰感度有可能引起早爆。

即使是认为“失效”的炸药，仍有爆轰感度，有可能造成安全事故。因此，必须及时发现和处理盲炮。

④炸药静电火花感度引起的早爆

在静电火花作用下，炸药内因产生激发冲击波而可能发生爆炸。在炸药生产和爆破作业现场利用装药车(器)经管道输送进行炮孔装药时，炸药颗粒之间或炸药与其他绝缘物体之间发生摩擦会产生静电，有时会形成很高的静电电压(可至数十千伏)。当静电电量或能量聚集到足够大时，有可能放电产生电火花而引燃或引爆炸药。

目前，尚无有效方法避免静电产生，但可以采取措施防止静电积累，或将产生的静电及时消除和泄漏，以免发生事故。在炸药生产中，通常采用的防静电事故的措施有：工房增湿；设备接地、容器壁涂上能减少产生静电的物质或防静电剂；炸药颗粒包敷导电物质或表面活性剂；桌面、地面铺设导电橡胶等。在爆破地点使用压气装药器装药时，必须将所有设备可靠地接地，以防止静电积累；在装药时，不应用不良导体垫在装药车下面；输药风压不应超过额定风压的上限值；持管人员应穿导电或半导电胶鞋，或手持一根接地导线。一般认为炮孔潮湿，则输药管上的电荷和吹入炮孔的炸药颗粒所带的电荷会很快向大地泄漏，静电不易集聚，当相对湿度大于70%时，不致因静电引起早爆事故。

(2)外界电干扰引起的早爆

在电爆网路的设计和施工中，爆区周围外来电场的干扰是引发安全事故的主要因素。外来电场主要指雷电、杂散电流、感应电流、静电、射频电、化学电等。当这些外来电场产生的外来电流进入电爆网路，且其强度超过电雷管的最小起爆电流时，就可能引起电雷管的早爆。

①杂散电流引起的早爆

当用电设备与电源之间的回路被切断后，电流便利用大地作为回路而形成大地电流，即产生杂散电流，其大小、方向随时都在变化。另外，电气设备或电线破损产生的漏电也能形成杂散电流，硝铵类炸药在装药过程中洒落在地面遇水溶解电离产生的化学电也属杂散电流。当杂散电流进入起爆网路并超过电雷管的最小发火电流时，便可能引起早爆事故。

杂散电流可以现场测试，有专用的杂散电流测试仪，如 ZS-1 型杂散电流测试仪，一些电雷管测试仪表中也附加了杂散电流的测试功能，如 2H-1 型电雷管测试仪。《爆破安全规程》(GB 6722—2014)规定：在杂散电流大于 30 mA 的工作面，不应采用普通电雷管起爆。

根据杂散电流形成原因分析，在采用直流架线电机车牵引网路进行轨道运输的矿区进行爆破时应特别注意杂散电流的影响，最好的办法就是采用导爆管起爆系统。如果必须采用电爆网路，则应采取如下措施。

a. 减少杂散电流的来源，采取措施，减少电机车和动力线路对大地的电流泄漏；检查爆区周围的各类电气设备，防止漏电；切断进入爆区的电源、导电体等；在进行大规模爆破时，局部或全部停电。

b. 装药前应检测爆区内的杂散电流，当杂散电流超过 30 mA 时，应该使用抗杂散电流电雷管，包括无桥丝电雷管、低电阻率电雷管和电磁雷管，这些雷管只有在大电流下才会被引爆，一般杂散电流不会引起早爆，或采用防杂散电流的电爆网路。

c. 防止金属物体及其他导电体进入装有电雷管的炮孔中，防止将硝铵类炸药撒在潮湿的地面上等。

②感应电流引起的早爆

在动力线、变压器、高压电开关和接地的回馈铁轨附近都存在交变电磁场，如果电爆网路或电雷管正好处在交变电磁场的作用范围内并形成闭合电路(这种闭合电路可能是网路本身连接而成的，也可能是网路的某些接头接触潮湿地面与大地的回路形成的)时，在电爆网路或电雷管中就会产生感应电流，当感应电流值超过电雷管的最小发火电流时，就可能引起早爆事故。

预防感应电流引起的早爆需采取以下措施。

a. 电爆网路附近有输电线、变压器、高压电气开关等带电设施时，应检测感应电流，当感应电流值超过 30 mA 时，禁止采用普通电雷管，在 20 kV 动力线 100 m 范围内不得进行电爆网路作业。

b. 尽量缩小电爆网路圈定的闭合面积，电爆网路两根主线间距离不得大于 15 cm。

c. 采用导爆管起爆系统。

③静电引起的早爆

炸药一般都是电介质，在炸药的生产、加工和输送过程中，当炸药颗粒间、炸药与空气或其他电介质摩擦时，便会产生静电，若不及时导除，便会通过积聚使静电压升至几千伏甚至上万伏，遇适当条件就会迅速放电产生电火花。静电火花的能量达到足够大时，即能够将爆炸物品及其他可燃气体或粉尘引燃引爆。

在爆破器材加工和爆破作业中，如果作业人员穿着化纤或其他具有绝缘性能的工作服，衣服相互摩擦产生的静电荷积累到一定程度时，便会放电，也可能导致电雷管爆炸。

压气装药器或装药车在装药过程中出现早爆，可能有以下 4 种情况：装药时，带电的炸药颗粒使起爆药包和雷管壳带电，若雷管脚线接地，管壳与引火头之间产生火花放电，能量达到一定程度时，引起早爆；装药时，带电的装药软管将电荷感应传递给电雷管脚线，若管壳接地，引火头与管壳之间产生火花放电，能量达到一定程度时，引起早爆；装药时，若电雷管的一根脚线被带电的炸药或输药软管的感应或传递而带电，另一根脚线接地，则脚线之间产生电位差，电流通过电桥在脚线之间流动，当该电流大于电雷管的最小起爆电流时，可能引起早爆；在第 3 种情况下，如果电雷管断桥，则在电桥处产生间隙，并因脚线间的电位差而放电，引起早爆。

在爆破作业现场防止静电早爆的最好方法是采用导爆管雷管或导爆索起爆网路。

在进行爆破器材加工或采用机械化装药时，可采取如下措施：

a. 消除人体静电积累的方法就是人体接地，使人体电位不超过规定的安全值。

b. 进行爆破器材加工和爆破作业的人员应穿导电鞋，不要穿戴化纤、羊毛等可能产生静电的衣物。

c. 接地是消除静电危害最基本的有效措施，在机械化装药时，所有设备必须有可靠的接地，防止静电积累。

d. 装粒状铵油炸药的露天装药车车厢应用耐腐蚀的金属材料制造，厢体应有良好的接地，输药软管应使用专用半导体材料软管，钢丝与厢体的连接应牢固。

e. 在装药时，不应用不良导体垫在装药车下面，输药风压不应超过额定风压的上限值，持管人员应穿导电或半导电胶鞋，或手持一根接地导线。

f. 在使用压气装填粉状硝铵类炸药时，特别在干燥地区，为防止静电引起早爆，可以采用导爆索网路和孔口起爆法，或采用抗静电的电雷管。

④高压电、射频电引起的早爆

高压电是指高压线输送的电力；射频电是指由电台、雷达、电视发射台、高频设备等产生的各种频率的电磁波。在高压电和射频电的周围，都存在着电场，按频率的不同可分为工频电场与射频电场。电雷管或电爆网路处在强大的工频或射频电场内时，便起到接收天线作用，在网路两端产生感应电压，从而有电流通过。当该电流超过电雷管的最小起爆电流时，就可能引起电爆网路或电雷管的早爆事故。

预防压电、射频电引起的早爆可采取以下措施：

a. 采用电爆网路时，应对高压电、射频电等进行调查，发现存在危险，应采取预防或排除措施。

b. 禁止流动射频源进入作业现场，已进入且不能撤离的射频源，装药开始前应暂停工作；《爆破安全规程》(GB 6722—2014)规定手持式或其他移动式通信设备进入爆区应事先关闭，因此，在携带和应用电雷管的施工现场，关闭手机是至关重要的。

c. 电爆网路敷设时应顺直、贴地铺平，尽量缩小导线圈定的闭合面积；电爆网路的主线应用双股导线或相互平行且紧贴的单股线，如用两根导线，则主线间距不得大于 15 cm；网路导线与雷管脚线不准与任何天线接触，且不准一端接地。

⑤仪表电源和起爆电源引起的早爆、误爆

在电爆网路敷设过程中和敷设完毕后使用非专用爆破电桥或不按规定使用起爆电源，也会引起网路的早爆。其预防措施如下：

a.《爆破安全规程》(GB 6722—2014) 强调，电爆网路的导通和电阻值检查，应使用专用导通器和爆破电桥，专用爆破电桥的工作电流应小于 30 mA；定期检查专用导通器和爆破电桥的性能和输出电流，禁止使用万用电表或其他仪表检测雷管电阻和导通网路。

b. 严格按照有关规定设置和管理起爆电源，起爆器或电源开关箱的钥匙要由起爆负责人严加保管，不得交给他人。

c. 定期检查、维修起爆器，电容式起爆器至少每月充电赋能 1 次。

d. 在爆破警戒区所有人员撤离以后，只有在爆破工作领导人下达准备起爆命令之后，起爆网路主线才能与电源开关、电源线或起爆器的接线钮相连接。起爆网路在连接起爆器前，起爆器的两接线柱要用绝缘导线短路，放掉接线柱上可能残留的电量。

2) 拒爆事故及其处理

(1) 拒爆的分类与判别

拒爆是指爆破网路连接后，按程序进行起爆，有部分或全部雷管及炸药等爆破器材未发生爆炸的现象。拒爆可分为全拒爆、半爆和残爆(表 6-63)。

表 6-63　拒爆的分类

分类	现象	产生的原因
全拒爆	药包中雷管及炸药均未发生爆炸	①起爆网路设计和施工操作出现失误； ②起爆器材质量问题
半爆	只爆雷管，炸药未发生爆炸	①炸药质量问题，炸药受潮变质，感度低； ②雷管起爆能不够； ③装药施工中雷管与药包脱离
残爆	炸药爆轰不完全或传爆中断，药包残留部分炸药未爆	①炸药质量问题，炸药受潮变质，感度低； ②装药施工造成药包间断或有岩粉间隔； ③炮孔的沟槽效应

深孔爆破和硐室爆破起爆后，发现有下列现象之一，可以判断其药包发生了拒爆。

a. 爆破效果与设计有较大差异，爆堆形态和设计有较大差别，地表无松动或抛掷现象。

b. 在爆破地段范围内残留炮孔，爆堆中留有岩坎、陡壁或两药包之间有显著的间隔。

c. 现场发现残药和未传爆的导爆管或导爆索残段。

(2) 产生拒爆的原因

①炸药因素造成的拒爆

炸药的质量是造成药包拒爆的重要原因。对于工业炸药，起爆能量、含水率、密度、药卷直径、爆破约束条件等对其稳定爆轰状态影响甚大。要认真阅读爆破器材使用说明书，了解产品特性，正确掌握使用方法，避免因使用方法不当导致拒爆现象的发生。

预防炸药造成拒爆应采取以下措施：

a. 禁止采用过期、变质、失效的炸药，装药前应检查炸药外观和有效期，铵油炸药应检查含水率，乳化炸药应检查药卷的颜色和手感软硬程度。

b. 在多雨或地下水发育的爆破工地，使用硝铵类炸药要做好炸药、起爆药包的防水、防潮工作，应将炮孔中的积水排干，或采用浆状炸药、水胶炸药、乳化炸药等抗水类炸药。

c. 提高起爆能，必要时采用强力起爆手段，有助于药包稳定爆轰，避免出现拒爆。

d. 注意装药直径必须大于炸药的临界直径，装药密度以达到最佳密度范围为宜。

②起爆器材因素造成的拒爆

雷管质量不好或破损是产生拒爆的一个重要原因。如装、运过程中，桥丝松动或断裂，雷管管体被压扁，加强帽歪斜；或外壳密封不好(挤压塑料塞不合格、雷管有裂缝或微裂缝)；或在储存中保管不良及装药后雷管受潮变质，使其起爆能降低；雷管出厂时质量就不合格，起爆力小，电雷管桥丝电阻过大或过小，超过允许的范围，或者品种不一，起爆敏感度不一致等。

雷管过期主要是因为其内部的起爆药过期失效，虽能点火起爆，但起爆能已大为降低，很多已引爆不了炸药。因此，应禁止使用过期的电雷管。

导爆管的质量问题包括异物入管、管道填塞、管壁药量不足或有断药，管口封闭不严造成管内进水，管壁破损、穿孔或有折伤等；导爆管在敷设过程中由于种种原因造成导爆管出现如管壁破损、管壁磨薄、管径拉细、导爆管对折或打折等问题都能引起拒爆。导爆管雷管中导爆管与雷管连接不当也会出现拒爆。

导爆索是由棉、麻、纤维及防潮材料包缠猛炸药而制成的，要求药芯不能间断、包缠物不能损伤。导爆索油浸以后会使防潮层损伤导致药芯炸药失效而造成拒爆，在硐室爆破和深孔爆破中，直接放置在铵油炸药中的导爆索常常出现拒爆就是这个原因。

预防措施：要预防起爆器材引起的拒爆，首先应选择那些产品质量稳定、使用性能好的合格起爆器材；其次要加强对起爆器材的检查，包括外观检查、性能检查和有效期的检查，不合格产品应报废；最后在使用中要做好起爆器材的防水、防潮、防油浸等工作。

③起爆网路设计和施工操作不当引起的拒爆

起爆网路设计和施工操作不当是爆破工程出现拒爆的常见原因。

导爆索起爆法产生拒爆的原因：导爆索质量差，或因储存时间长，保管不良而受潮变质；装入炮孔(或药室)后，铵油炸药中的柴油渗入药芯中，使其性能改变，造成拒爆；在充填过程中受损或断裂；延时起爆时，先爆段导爆索产生的冲击波将后爆导爆索网路损坏；网路连接方法错误等。

导爆索传递爆轰波的能力有一定方向性，因此在连接网路时必须使每一支线的接头迎着主线的传爆方向，这是导爆索起爆网路敷设中的最基本要求。

导爆管网路产生拒爆的原因主要有：导爆管质量差，有破损、漏洞或管内有杂物；在连接过程中出现死结；有沙粒、气泡、水珠进入导爆管；导爆管与连接元件松动、脱节；捆连网路中传爆雷管捆扎的导爆管数量太多，捆扎部位和雷管方向不合适，或捆扎不紧；起爆雷管不能完全起爆导爆管；网路在装药填塞过程中受损等。

采用导爆管毫秒雷管网路可以实现大面积分段毫秒延时爆破，但在起爆网路设计中，应注意选取合理的点燃阵面宽度，防止先爆药包对尚未点燃的后爆药包造成破坏而引起拒爆。

电雷管和电爆网路产生拒爆的原因，可以从两方面来分析：一是属于雷管本身的原因；二是外来原因，如装填不慎，将网路打断，连接不牢固，连接方式不妥当，使爆破网路有漏电或接地现象等。

电爆网路设计或计算错误，也会引起拒爆。除电源产生的电流太小，不够准爆条件而引起拒爆外，还可能是因为设计时采用的连接方式不够合理，例如各支路电阻不平衡，使一些支路电流较大，而另一些支路中的电流达不到雷管的最小准爆电流。因此，在电爆网路设计中，一定要注意电源的容量和保证网路中每一个电雷管所得到的电流大于最小准爆电流。在一般情况下，应尽可能使各支路电阻平衡。除此以外，对深孔爆破或硐室爆破，由于炮孔(或药室)数量多，应注意炮孔与炮孔，延期雷管与瞬发雷管，并联与串联，主、副网路的线头不要错连、漏连。

由于电爆网路设计错误或施工不当可能造成的药包拒爆类型及原因如表 6-64 所示。

表 6-64　电爆网路药包拒爆类型及原因

拒爆类型	拒爆现象	拒爆原因
整体型拒爆	连接于同一网路的药包全部拒爆	①首先考虑起爆电源：起爆箱电路是否发生故障或严重接触不良；起爆器中的电池是否已过期失效；起爆器的起爆能力是否与网路匹配等； ②对网路进行导通检查，逐段检查导线、电雷管，找出断路所在位置
区域性拒爆	某一支路，或某一区域范围内的药包拒爆，而在此以外的药包全爆	主要原因是网路有漏电或短路处，原因有：接头绝缘不好；雷管脚线质量不好；炮孔或网路敷设处有水；起爆器起爆脉冲电压过高导致线路击穿等
类别型拒爆	网路中某一相同类型或段数的雷管全部拒爆，其余则全爆	主要是雷管起爆特性差异太大引起的。将不同厂家、不同批次的产品用于同一网路，会产生这种拒爆现象
随机型拒爆	网路中有一个、数个或部分药包拒爆，且无明显的规律性	①主要是通过雷管的起爆电流偏小，或同一网路雷管的阻值差偏大； ②雷管或炸药变质，特别是装入含水炮孔，而防水处理又不好，以及装药不当，雷管与药包脱离，网路漏接、断线等

为了确保起爆网路安全可靠，防止在起爆网路这一重要环节出现拒爆事故，要求各种起爆网路均应使用经现场检验合格的起爆器材；在可能对起爆网路造成损害的地段，应采取措施保护穿过该地段的网路；A、B、C、D 级爆破和重要爆破工程应采用复式起爆网路。对各种起爆网路，应按照《爆破安全规程》(GB 6722—2014)的要求进行施工，并做好起爆网路的试验和检查工作。

④装药施工引起的拒爆

装药施工引起拒爆的原因主要有两个：起爆雷管在起爆药包中位置不当，或在装药过程中起爆雷管被拉出并脱离起爆药包；起爆药卷与其他药卷之间受岩粉阻隔或距离超过殉爆距离。

雷管起爆炸药主要靠雷管的装药部位，即靠雷管聚能穴的一端。正确的安装方法是将雷管的端部放置在起爆药包的中部，如果位置太偏，雷管处于药卷表层，就可能引起药卷拒爆。在深孔爆破施工中，一些工人将雷管插入起爆药包后，习惯于将导爆管或电雷管脚线在药包上打个结就装入炮孔，如果没有把结打顺、打牢，在装药过程中就很容易将起爆雷管拔出而引起药包拒爆。如果药卷直径大、分量重，应考虑用吊绳将起爆药包装入孔内，不要直接用导爆管或雷管脚线做吊绳安装起爆药包。

雷管在起爆药包中的位置见图 6-112。

起爆药卷与其他药卷隔断是深孔爆破中出现拒爆现象的一种常见原因。一种是装入一部分炸药后炮孔发生填塞，导致起爆药包装不下去而与已装下去的炸药脱节；另一种出现在水孔中，装药过程中速度过快，药卷未装到位就装入起爆药卷，填塞后下部药卷缓慢下沉，而起爆药卷被导爆管或脚线拉住不再下沉，导致下部药卷与起爆药卷脱离而发生拒爆。因此必须注意装药工序中的施工操作技术，杜绝因装药不慎出现的拒爆。

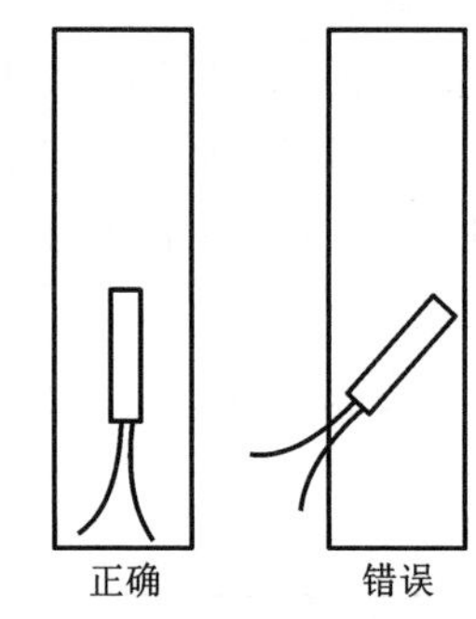

图 6-112 雷管在起爆药包中的位置

⑤沟槽效应引起的拒爆

在钻孔爆破中进行不耦合装药，即药卷与炮孔壁之间存在月牙形间隙时，会出现爆炸药柱在传爆过程中自抑制——能量逐渐衰减直至爆轰中断或由爆轰转变为燃烧，即拒(熄)爆的现象，这就是沟槽效应，又称管道效应、空气间隙效应。这种现象在小直径水平炮孔中使用硝铵炸药药卷装药时相当普遍地存在着：一般手持式凿岩机的钻孔直径为 38~42 mm，而炸药卷直径通常为 32 mm。一旦出现沟槽效应，不但影响爆破效果，而且在沼气矿井内进行爆破作业时，还可能引起沼气爆炸。沟槽效应与炸药配方、包装条件和加工工艺以及药卷与孔壁之间的距离有关。为消除沟槽效应，可采取如下措施。

a. 采用爆轰性能好、沟槽效应小的炸药，如乳化炸药。

b. 增大药卷直径，或采用散装药，减少或消除药柱与炮孔壁之间间隙，防止沟槽效应的出现。

c. 沿药包全长放置导爆索起爆。

(3) 拒爆(盲炮)的处理

①盲炮处理的一般规定

检查人员发现拒爆(盲炮)及其他险情，应及时上报或处理；处理前应在现场设立危险标识，并采取相应的安全措施，无关人员不应接近。处理盲炮应当遵守以下规定：

a. 处理盲炮前应由爆破负责人定出警戒范围，并在该区域边界设置警戒，处理盲炮时无关人员不准进入警戒区。

b. 应派有经验的爆破员处理盲炮，硐室爆破的盲炮处理应由爆破工程技术人员提出方案并经单位主要负责人批准。

c. 电力起爆发生盲炮时，应立即切断电源，及时将盲炮电路短路。

d. 导爆索和导爆管起爆网路发生盲炮时，应首先检查导爆管是否已传爆，是否有破损或断裂，未传爆的，发现有破损或断裂的，修复后可重新起爆。

e. 不应拉出或掏出炮孔和药壶中的起爆药包。

f. 盲炮处理后，应仔细检查爆堆，将残余的爆破器材收集起来销毁；在不能确认爆堆无残留的爆破器材之前，应采取预防措施。

g. 盲炮处理后应由处理者填写登记卡片或提交报告，说明产生盲炮的原因、处理的方法和结果、预防措施。

②盲炮处理的技术要求

裸露爆破盲炮的处理办法：处理裸露爆破的盲炮，可去掉部分封泥，安置新的起爆药包，加上封泥起爆；如发现炸药受潮变质，则应将变质炸药取出销毁，重新敷药起爆。

浅眼爆破盲炮的处理办法：经检查确认起爆网路完好时，可重新起爆；可打平行孔装药爆破，平行孔距盲炮不应小于 0.3 m；对于浅眼药壶法，平行孔距盲炮药壶边缘不应小于 0.5 m，为确定平行炮孔的方向，可从盲炮孔口掏出部分填塞物；可用木、竹或其他不产生火花的材料制成的工具，轻轻地将炮孔内填塞物掏出，用药包诱爆；可在安全地点外用远距离操纵的风水喷管吹出盲炮填塞物及炸药，但应采取措施回收雷管；处理非抗水硝铵炸药的盲炮，可将填塞物掏出，再向孔内注水，使其失效，但应回收雷管。盲炮应当班处理，当班不能处理或未处理完毕，应将盲炮情况(盲炮数目、炮孔方向、装药数量和起爆药包位置、处理方法和处理意见)在现场交接清楚，由下一班继续处理。

深孔爆破盲炮的处理办法：爆破网路未受破坏，且最小抵抗线无变化者，可重新连线起爆；最小抵抗线有变化者，应验算安全距离，加大警戒范围后，再连线起爆；可在距盲炮孔口不小于 10 倍炮孔直径处另打平行孔装药起爆，爆破参数由爆破工程技术人员确定并经爆破领导人批准；所用炸药为非抗水性硝铵类炸药，且孔壁完好时，可取出部分填塞物，向孔内灌水使之失效，然后再作进一步处理。

6.10.2　爆破危害控制

炸药在介质中爆炸，在达到工程目的的同时，也产生一些有害效应，如爆破振动、爆破有害气体、空气冲击波、爆破噪声、粉尘、爆破飞石等。在地下矿山的爆破中，炸药在固体介质中爆炸，在爆源一定距离的固体介质中产生地震波，伴随着爆炸气体逸出产生空气冲击波，噪声和有毒有害气体。

1)爆破振动控制技术

(1)爆破振动安全允许标准和评价方法

①爆破振动破坏判据的工程参数

作为爆破振动破坏判据的最佳物理量有以下 3 个标准：①是决定爆破振动破坏力的主要因素，和宏观烈度有着良好的相关性；②与药量和爆心距应有较好的相关性；③能用简单的仪器测定。

可以作为爆破振动的参数有地面振动峰值(加速度峰值、速度峰值、位移峰值)、地震反应谱的某种特征值、与爆破能量有关的函数等。目前，国内外在考虑爆破振动的判据时，有的采用地面垂直最大振动速度、加速度、位移，有的采用能量比，这些物理量都能反映爆破振动对工程结构的破坏作用。

目前，诸多国家采用质点振动速度作为衡量爆破振动效应的标准。大量的现场试验和观测表明，爆破振动破坏程度与质点振速相关性最好，而且，与其他物理量相比，振速与岩土性质有较稳定的关系。因而我国在确定爆破振动破坏判据时就是以地面振动速度作为标准。但由于无法具体考虑构筑物结构的动态特性和材料性能，因此这种方法给出的指标对于不同的场区和不同类型构筑物的适用性较差。实际应用时，只能凭借设计施工人员的经验予以修正。

②爆破振动安全标准

根据《爆破安全规程》(GB 6722—2014)，爆破振动安全标准如表 6-65 所示。

表 6-65 爆破振动安全标准

<table>
<tr><th rowspan="2">序号</th><th rowspan="2" colspan="3">保护对象类别</th><th colspan="3">安全允许振速 $v/(\mathrm{cm\cdot s^{-1}})$</th></tr>
<tr><th><10 Hz</th><th>10~50 Hz</th><th>50~100 Hz</th></tr>
<tr><td>1</td><td colspan="3">土窑洞、土坯房、毛石房屋</td><td>0.15~0.45</td><td>0.45~0.9</td><td>0.9~1.5</td></tr>
<tr><td>2</td><td colspan="3">一般民用建筑物</td><td>1.5~2.0</td><td>2.0~2.5</td><td>2.5~3.0</td></tr>
<tr><td>3</td><td colspan="3">工业和商业建筑物</td><td>2.5~3.5</td><td>3.5~4.5</td><td>4.2~5.0</td></tr>
<tr><td>4</td><td colspan="3">一般古建筑与古迹</td><td>0.1~0.2</td><td>0.2~0.3</td><td>0.3~0.5</td></tr>
<tr><td>5</td><td colspan="3">运行中的水电站及发电厂中心控制室设备</td><td>0.5~0.6</td><td>0.6~0.7</td><td>0.7~0.9</td></tr>
<tr><td>6</td><td colspan="3">水工隧洞</td><td>7~8</td><td>8~10</td><td>10~15</td></tr>
<tr><td>7</td><td colspan="3">交通隧道</td><td>10~12</td><td>12~15</td><td>15~20</td></tr>
<tr><td>8</td><td colspan="3">矿山巷道</td><td>15~18</td><td>18~25</td><td>20~30</td></tr>
<tr><td>9</td><td colspan="3">永久性岩石高边坡</td><td>5~9</td><td>8~12</td><td>10~15</td></tr>
<tr><td rowspan="3">10</td><td rowspan="3">新浇大体积混凝土(C20)</td><td rowspan="3">龄期/d</td><td>3</td><td>1.5~2.0</td><td>2.0~2.5</td><td>2.5~3.0</td></tr>
<tr><td>4~7</td><td>3.0~4.0</td><td>4.0~5.0</td><td>5.0~7.0</td></tr>
<tr><td>8~28</td><td>7.0~8.0</td><td>8.0~10.0</td><td>10.0~12</td></tr>
</table>

注：1. 表中质点振动速度为三分量中的最大值；振动频率为主振频率。

2. 频率范围根据现场实测波形确定或按如下数据选取：硐室爆破$f<20$ Hz；地下深孔爆破$f=30\sim100$ Hz；地下浅眼爆破$f=60\sim300$ Hz。

3. 爆破振动监测应同时测定质点振动相互垂直的 3 个分量。

(2)控制爆破振动的技术措施

控制爆破振动可以采用以下综合技术措施：

①采用毫秒延时爆破，限制单段爆破的最大用药量。被保护构筑物的允许临界振动速度$[v]$确定以后，即可根据式(6-61)计算一次爆破最大(段)药量：

$$Q_{\max}=R^3\left(\frac{[v]}{K}\right)^{3/\alpha} \tag{6-61}$$

式中：$Q_{\max}$为炸药量，齐发爆破为总药量，延时爆破为最大单段药量，kg；$[v]$为保护对象所在地安全允许质点振速，cm/s；R为爆破振动安全允许距离，m；K，α分别为与爆破点至保护对象间的地形地质条件有关的系数和衰减指数，应通过现场试验确定。

当设计药量大于该值而又没有其他降振措施时，必须分次爆破，控制一次爆破的炸药量。将一次爆破药量分成多段毫秒延期爆破，使得爆破振动速度的峰值减小，为受单响最大药量控制。这样，一次爆破规模可增加很多倍而不会产生超强振动。采用毫秒延期爆破使得先爆炮孔产生的振动波与后爆炮孔产生的振动波相互干扰或峰值不能叠加而错开，导致爆破产生的最大峰值减小。

国内矿山的一些工程试验表明，采用毫秒延期爆破与采用顺发爆破相比，平均降振率为50%，毫秒延期段数越多，降振效果越好。

②采用预裂爆破或开挖减振沟槽。当保护对象距爆源很近时，可在爆源周边介质中设置

一条预裂隔振带或钻凿不装药的单排或双排防振孔，也可以起到降振作用。防振孔的孔径选取值为 35~65 mm，孔间距不大于 25 cm。

③在爆破设计中可采取以下技术措施：

a. 选择最小抵抗线方向。在爆破中，在最小抵抗线方向上的爆破振动强度最小，反向最大，侧向居中。然而最小抵抗线方向又是主抛方向，从减振和控制飞石危害考虑，一般应该使被保护对象位于最小抵抗线的两侧位置。

b. 增加布药的分散性和临空面，可以减小振动速度公式中的 K 值和 α 值，减小爆破振动的强度。

c. 选择低爆速、低密度的炸药或选择合理的炸药结构。

d. 进行爆破振动监测。在特殊构筑物附近进行爆破时，应进行爆破振动监测，以掌握这些设施在爆破振动作用下的受力状况，为安全核算提供较为准确的依据。

由于非电雷管有较大的延时误差，延时误差不利于爆破振动的控制，因而可利用电子雷管具有的精准延时精度来实现爆破振动波的叠加，以削弱振动强度。

2）爆破空气冲击波控制

（1）爆破空气冲击波的产生

炸药爆破时，都会有空气冲击波从爆炸中心传播。炸药在岩石中爆炸，高温高压的爆炸产物就从岩石裂隙瞬间冲入周围空气中，强烈地压缩邻近的空气，使其压力、密度、温度突然升高，形成空气冲击波。由于空气冲击波具有较高的压力和流速，所以不但可以引起爆破点附近一定范围内建筑物的破坏，还会造成人员伤亡。工程爆破产生空气冲击波的情况主要有以下几种。

①裸露在外的炸药、导爆索等爆炸产生空气冲击波。

②炮孔填塞长度不够，或填塞质量不好，爆炸高温气体从孔口冲出产生空气冲击波。

③局部抵抗线太小，沿该方向冲出的高温高压气体产生空气冲击波。

④多炮孔或多药室爆破时，由于起爆顺序不合理，导致部分药包抵抗线变小或裸露，爆破后造成空气冲击波强度增加。

⑤在断层、夹层、破碎带等弱面部位高温高压气体冲出产生空气冲击波。

⑥贮存或运输中的爆破器材发生意外爆炸产生空气冲击波。

⑦炸药量、炸药性质、介质性质及构造、炸药与介质匹配关系、填塞状态及方式、起爆方法等是影响空气冲击波强度的主要因素，另外气候条件，如风向、风速等也会影响空气冲击波的强度。

（2）空气冲击波的危害

空气冲击波的破坏作用主要与冲击波超压（Δp）、冲击波正压区作用时间（t_+）、冲击波冲量（I）以及受冲击波影响的保护物的形状、强度和自振周期（T）等因素有关。

如果空气冲击波超压低于保护物的强度极限，即使有较大冲量也不会对保护物产生严重破坏作用；同理，如果冲击波正压区作用时间不超过保护物由弹性变形转变为塑性变形所需的时间，即使有较大超压也不会导致保护物的严重破坏。

当保护物与爆区中心有一定距离时，冲击波对其破坏的程度，由保护物本身的自振周期 T 与正压区作用时间 t_+决定。当 $t_+ \ll T$ 时，对保护物的破坏作用主要取决于冲量 I；反之，当 $t_+ \gg T$ 时，对保护物的破坏程度则主要取决于冲击波超压峰值 Δp。计算表明，按冲量计算，

要满足 $t_+/T \leqslant 0.25$；或按冲击波超压峰值 Δp 计算，要满足 $t_+/T \geqslant 10$；上述计算的冲击波对保护物的破坏结果较为准确。当 $0.25 < t_+/T < 10$ 时，按 I 或 Δp 计算的冲击波对保护物的破坏作用误差很大。除超压外，气流、空气冲击波负压，也是构成空气冲击波破坏作用的重要因素。空气冲击波达到一定值后，会对周围人员、构筑物或设备造成破坏。冲击波超压(Δp)可按照式(6-62)计算：

$$\Delta p = 14\left(\frac{\sqrt[3]{Q}}{R}\right)^3 + 4.3\left(\frac{\sqrt[3]{Q}}{R}\right)^2 + 1.1\left(\frac{\sqrt[3]{Q}}{R}\right) \tag{6-62}$$

式中：Δp 为空气冲击波超压值，10^5 Pa；Q 为一次爆破的梯恩梯炸药当量，kg，秒延期爆破为最大一段药量，毫秒延期爆破为总药量；R 为装药至保护对象的距离，m。

(3)爆破空气冲击波的评价标准

在工程爆破中，一般都是根据爆芯与构筑物或设备的距离及它们的抗冲击波性能确定一次爆破的最大药量。一次爆破药量不能减少时，则需要设法降低冲击波的超压值，或对保护对象采取防护措施。

空气冲击波对人和构筑物的危害程度与冲击波超压、比冲量、作用时间和构筑物固有振动周期有关。空气冲击波对人体的危害情况见表 6-66。

表 6-66　空气冲击波对人体的危害情况

序号	超压值/MPa	伤害程度	伤害情况
1	<0.02	安全	安全无伤
2	0.02~0.03	轻微	轻微挫伤
3	0.03~0.05	中等	听觉、气管损伤；中等挫伤、骨折
4	0.05~0.1	严重	人体内脏受到严重挫伤；可能造成伤亡
5	>0.1	极严重	大部分人死亡

(4)空气冲击波的防护措施

空气冲击波的防护措施如下。

①可采用毫秒爆破技术来削弱空气冲击波的强度。

②严格按照设计的抵抗线施工可防止强烈冲击波的产生。实践证明，精确钻孔可以使设计抵抗线保持均匀，防止因钻孔偏斜使爆炸物从薄弱部位过早泄漏而产生较强冲击波。

③裸露地面的导爆索用砂、土掩盖，孔口段提高填塞质量能降低冲击波的强度影响。

④补强岩体的地质弱面可遏制冲击波的产生渠道。钻孔装药遇到岩体弱面，如节理、裂隙和夹层等，有可能沿其弱面产生漏气滋生空气冲击波，因此应对地质弱面做补强处理，或者减少这些部位的装药量。

⑤控制爆破方向及合理选择爆破时间。

⑥地下爆破时，可利用一个或多个反向布置的辅助药包与主药包同时起爆，来削弱主药包爆破产生的空气冲击波强度。

⑦预设阻波墙。在地下爆破区附近的巷道中，构筑不同形式和不同材料(如混凝土、岩石、金属或其他材料)的阻波墙，可将产生的空气冲击波的强度立即削减98%以上，这样有利

于附近的施工机械、管线等设施的安全。

3)有毒有害气体控制

(1)爆破有毒有害气体的产生

一般，炸药爆炸时生成的有害气体主要与炸药的氧平衡有关，起爆药包的类型和威力，炸药加工质量和使用条件(如装药密度、炮孔直径、炮孔内的水和岩粉等)对有害气体的产生有一定影响。

正氧平衡过大的炸药爆破时，过剩的氧将使氮元素氧化成氮氧化物(NO_2、N_2O_5)；负氧平衡过大的炸药爆炸时，由于氧不足，碳原子不能完全氧化，因而生成较多的一氧化碳。在工程爆破中，即使零氧平衡的炸药，在其爆炸时由于周围介质参加反应及整个过程的复杂性，也会生成数量相当的有害气体。

(2)有害气体的性质及危害

人体 CO 中毒后的症状因中毒程度不同而异，轻度中毒者表现为头痛、头昏、心悸、恶心、呕吐和四肢无力；中毒者除上述症状外，还会面色潮红、黏膜呈樱桃红色、全身疲软无力、步态不稳、意识模糊甚至昏迷；重度中毒者，前述症状发展成昏迷，可并发休克、脑水肿、呼吸衰竭、心肌损害、肺水肿、高热、惊厥等，治愈后常有后遗症，而且在短时间内吸入大量 CO 者，可能在无任何不适的情况下很快丧失意识而昏迷，甚至死亡。NO_2 急性中毒者主要表现为肺水肿、化学性肺炎和化学性支气管炎，长期接触低浓度的 NO_2 者则会出现慢性咽炎、支气管炎，而且还可能出现头昏、头痛、无力、失眠等症状。特别是气喘病人，吸入 NO_2 后，对灰尘和花粉的敏感性将大大加强。

(3)减少爆破有害气体的技术措施

①选定炸药合理配方，从理论上设计接近零氧平衡的炸药。我国有关部门研究提出，矿用炸药的有害气体含量不宜超过 80 L/kg。研制的新品种炸药必须通过实验室及工业性试验，得出结论后才能推广使用。应按工业试验要求检验各项指标(包括有害气体成分及数量)是否符合要求。

②增大起爆能。选用感度适中、威力大的炸药作为起爆药包，这对感度较低的炸药(如铵油类、不含梯恩梯的硝铵类炸药等)尤为重要。

③选定合理的装药形式。装药前必须将药孔内积水及岩粉吹干净。根据情况采用散装药(不耦合系数为 1)将会显著降低有毒气体浓度。此外，装药密度、起爆药包的位置、药包包装材料、填塞物种类、填塞质量等，对有毒气体的产生都有一定影响。

④加强通风与洒水。爆破后要加强通风，驱散较轻的 CO，一切人员必须等到有害气体稀释至《爆破安全规程》(GB 6722—2014)中允许的浓度以下时，才可返回工作面；地下爆破时，爆后至少通风 15 min 才能进入工作面。按一般经验，爆破粉尘可在几至十几分钟内扩散。洒水一方面可将溶解度较高的 $NO_2/N_2O_4 \cdot N_2O_3$ 转变为亚硝酸与硝酸；另一方面可将难溶于水的氮氧化物从碎石堆或裂隙中驱赶出来，便于随风流出工作面。

参考文献

[1] 汪旭光. 爆破手册[M]. 北京：冶金工业出版社，2010.

[2] 汪旭光. 爆破设计与施工[M]. 北京：冶金工业出版社，2013.

[3] 李夕兵. 凿岩爆破工程[M]. 长沙：中南大学出版社，2011.
[4]《采矿设计手册》编委会. 采矿设计手册[M]. 北京：中国建筑工业出版社，1987.
[5] 刘殿书. 中国爆破新技术Ⅱ[M]. 北京：冶金工业出版社，2008.
[6] 刘殿中，杨仕春. 工程爆破实用手册[M]. 2 版. 北京：冶金工业出版社，1999.
[7] 周昌达. 井巷工程[M]. 北京：冶金工业出版社，1994.
[8] 陶颂霖. 爆破工程[M]. 北京：冶金工业出版社，1979.
[9] 陶颂霖. 凿岩爆破[M]. 北京：冶金工业出版社，1986.
[10] 王文龙. 钻眼爆破[M]. 北京：煤炭工业出版社，1984.
[11] 朱忠节，何广沂. 岩石爆破新技术[M]. 北京：中国铁道出版社，1986.
[12] 张国建. 实用爆破技术[M]. 北京：冶金工业出版社，1999.
[13] 中国力学学会工程爆破专业委员会. 爆破工程[M]. 北京：冶金工业出版社，1996.
[14] 汪旭光. 中国典型爆破工程与技术[M]. 北京：冶金工业出版社，2006.
[15] 古德生，李夕兵，等. 现代金属矿床开采科学技术[M]. 北京：冶金工业出版社，2006.
[16] 郭进平，聂兴信. 新编爆破工程实用技术大全[M]. 北京：光明日报出版社，2002.
[17] 王玉杰. 爆破工程[M]. 武汉：武汉理工大学出版社，2007.
[18] 熊代余，顾毅成. 岩石爆破理论与技术新进展[M]. 北京：冶金工业出版社，2002.
[19] 杨维好. 十年来中国冻结法凿井技术的发展与展望[M]//中国煤炭学会. 中国煤炭学会成立五十周年高层学术论坛论文集. 北京：煤炭工业出版社，2012：1-7.
[20] 胡坤，吕晓亮，荆留杰. 冻结法凿井需注意问题的探讨[J]. 山西建筑，2008，34(19)：127-128.
[21] 史秀志，邱贤阳，张木毅，等. 凡口铅锌矿无底柱深孔后退式崩矿嗣后充填采矿法[J]. 采矿技术，2011，11(4)：11-12，31.
[22] 廖世金，肖有鼎. 侧向崩矿大直径深孔采矿法的应用[J]. 金属矿山，1992(4)：10-12，30.
[23] 中国矿业学院. 井巷工程第三分册立井[M]. 北京：煤炭工业出版社，1979.
[24] 中国矿业学院. 特殊凿井[M]. 北京：煤炭工业出版社，1981.
[25] 编委会. 最新矿山井巷工程施工综合技术与标准规范实用手册[Z]. 长春：吉林电子出版社，2005.
[26]《建井工程手册》编委会. 简明建井工程手册[M]. 北京：煤炭工业出版社，2003.
[27] 煤炭科学研究院北京研究所建井室. 煤矿冻结法凿井[M]. 北京：煤炭工业出版社，1975.
[28] 秦明武. 控制爆破[M]. 北京：冶金工业出版社，1993.
[29] 于金吾，李安. 现代矿山采矿新工艺、新技术、新设备与强制性标准规范全书[Z]. 北京：当代中国音像出版社，2003.
[30] 蔡本裕. 采矿概论[M]. 重庆：重庆大学出版社，1988.
[31] 蔡汉迁，陈寿如，等. 地下矿中深孔深孔底起爆弹的应用与改进[J]. 爆破器材，2003，32(6)：31-34.
[32] 武宏博. 现场混装炸药在国际工程中的应用探讨[J]. 科技资讯，2013(28)：28.
[33] 璩世杰，孙长寿，方祖烈. 复合型粒状乳化炸药及其压气机械化装药在地下矿的应用[J]. 有色金属，1997，49(1)：1-7.
[34] 段灿明. 液压式乳化炸药装药机[J]. 液压与气动，1993(6)：16-17
[35] 侯仰松，刘钦山，柳爱民，等. 新型中深孔采矿钻车研究[J]. 凿岩机械气动工具，2011(3)：5-9.
[36] 靖洪文，李元海，赵宝太，等. 软岩工程支护理论与技术[M]. 徐州：中国矿业大学出版社，2008.
[37] 王昌汉. 铀矿床开采[M]. 北京：原子能出版社，1997.
[38] ROEST J P A，贺永和. 在高应力状态下通过巷道围岩卸压圈保障巷道的稳定[J]. 矿山压力，1985(1)：74-77，62.
[39] 熊代余，王旭光，杨仁树. 狮子山铜矿多排同段爆破的实质及其破岩机理[J]. 北京矿冶研究总院学报，1993，2(1)：1-6，42.

[40] 温世懋. 多排同段爆破技术在铜陵狮子山矿的应用[M]//中国力学学会工程爆破专业委员会. 工程爆破文集. 北京：冶金工业出版社，1988：231-236.

[41] 秦尚文. 爆炸物品安全管理[M]. 成都：四川科学技术出版社，1988.

[42] 陈寿峰，刘殿书，高全臣. 圆形断面巷道爆破卸压机理数值模拟研究[J]. 辽宁工程技术大学学报，2001，20(4)：405-407.

[43] 陈寿峰，刘殿书，等. 卸压控制爆破设计方法研究[C]//第七届工程爆破学术会议论文集. 成都，2011：116-121.

[44] 王襄禹. 高应力软岩巷道有控卸压与蠕变控制研究[D]. 徐州：中国矿业大学，2008.

[45] 杨祖光. 多排同段爆破技术的应用及其机理探讨[J]. 江西冶金，1987，7(6)：26-28.

[46] 罗忆，卢文波. 爆破振动安全判据研究综述[J]. 爆破，2010，27(1)：14-22.

[47] 边克信. 爆破地震对地下构筑物的影响[J]. 中国矿山工程，1981，1(6)：25-36.

[48] 吴德伦，叶晓明. 工程爆破安全振动速度综合研究[J]. 岩石力学与工程学报，1997，16(3)：266-273.

[49] 凌同华，李夕兵，王桂尧. 爆破振动灾害主动控制方法研究[J]. 岩土力学，2007，28(7)：1439-1442.

[50] 宋光明，曾新吾，陈寿如，等. 基于波形预测小波包分析模型的降振微差时间选择[J]. 爆炸与冲击，2003，23(3)：163-168.

[51] 李鹏，卢文波. 爆破振动全历程预测及主动控制研究进展[J]. 力学进展，2011，41(5)：537-546.

[52] 韩周礼. 硫化矿爆破必须防止炸药自爆[J]. 冶金安全，1982(4)：46-50.

[53] 廖明清，李荣其，邹素珍. 硫化矿高温采区的爆破技术[J]. 矿业研究与开发，1987(3)：64-71.

[54] 王国利. 硫化矿爆破安全技术的发展[J]. 工程爆破，1997，3(2)：65-68.

[55] 廖明清. 炸药自爆危险性及硫化矿用炸药安全性检测技术[J]. 爆破器材，1992，21(4)：14-19.

[56] 陈寿如，徐国元，李夕兵. 硫化矿中炸药自爆判据的简化及应用[J]. 中南工业大学学报，1995，26(2)：167-171.

[57] 陈寿如，谢圣权. 硫化矿炸药自爆新判据和治理措施研究[J]. 工程爆破，2005，11(3)：19-22.

[58] 孟廷让，吴超，谢水铜，等. 高硫矿床开采中炸药自爆危险性及安全装药评价法研究[J]. 中南矿冶学院学报，1994，25(1)：19-23.

[59] 王运敏. 现代采矿手册[M]. 北京：冶金工业出版社，2008.

[60] 孙忠铭，陈何，王湖鑫，等. 束状孔等效直径当量球形药包大量落矿采矿技术[J]. 矿业研究与开发，2006，26(S2)：56-58.

[61] 刘建东，陈何，孙忠铭，等. 平行密集束状深孔高效爆破技术研究及应用[J]. 工程爆破，2011，17(2)：23-25，64.

[62] 欧任泽，宋嘉栋，曾慧明，等. 井下特大规模爆破研究与实践[J]. 采矿技术，2012，12(4)：76-79.

[63] 孙忠铭，张友宝，陈何. 铜坑矿火区下不规则矿柱群集束孔大参数整体崩落[J]. 有色金属(矿山部分)，2007，59(4)：5-8.

[64] 马宏昊. 张高安全雷管机理与应用的研究[D]. 合肥：中国科学技术大学，2008.

[65] 周爱民. 我国硬岩矿山凿岩爆破工艺与装备进展[J]. 凿岩机械气动工具，2009(1)：50-54.

[66] GB 6722—2014. 爆破安全规程[S].

第 7 章

特殊环境矿床开采

7.1 概述

特殊环境矿床开采主要是指：开采埋藏在江、河、湖泊的水体下或大水岩层中等特定条件下的矿床；开采矿岩性质特殊，如具有自燃性、放射性等特征的矿床；开采矿体赋存较深的地下矿山；开采露天转地下和二次开采等类型矿山。本章主要阐述深部矿床、高原高寒矿床、大水矿床、自燃性矿床、放射性矿床、二次资源等类型矿山的开采。

目前，我国大型金属露天矿已所剩无几，有的已开采到临界深度，面临关闭或转入深部开采状态；在约占矿山总数 90%的地下金属矿山中，20 世纪 50 年代建成的矿山中 3/5 的矿山因储量枯竭而接近开采尾声或已闭坑，其余 2/5 的矿山正逐步转入深部开采，地压、岩爆与岩层控制、通风降温、排水疏干、采矿方法及采空区处理等均是亟待解决的技术难题。

高原高寒矿床是赋存在高原和高寒地区的矿床，面临高山效应和高寒气候环境。高山效应的特点是缺氧，气压、氧分压和水的沸点均低，人的工作能力也因之下降，重者甚至患高山病。设备在这种地区运转，效率低，使用寿命短。中国 2500 m 以上的高山高原地区占 1/6，这些地区蕴藏着丰富的矿产资源，且多山势陡峭险峻，岩石风化强烈，给矿山建设和生产增加了许多困难。因此，在高原高寒矿床开采中，除应考虑工业场地布置、开拓运输、通风压气设备的选择外，还应做好高山病的防护和防寒保暖工作。

大水矿床是指对赋存于含水岩系中涌水量大于 1 m^3/s，或净水压力为 2 MPa 以上的矿床。开采时，必须预先采取措施对水进行治理和预防。

自燃性矿床指含有硫、碳等可燃物，在开采过程中与空气、水接触后能发生化学反应，形成自然发火条件而发生自燃火灾(也称内因火灾)的矿床。自燃性矿床发火的原因表现在两个方面：①黄铁矿或磁黄铁矿氧化升温后，使采区中的坑木(或采空区中残留的坑木)自燃，发生火灾。②在矿体夹层或顶板中，存在含碳的煤系页岩或炭染页岩，它们冒落后引起火灾。自燃性矿床开采要根据自燃性矿床类型和对自燃性矿床开采的一般要求采取相应的防火、灭火措施。

放射性矿床主要是指含有天然放射性元素铀、镭、钍，在现代技术经济条件下，具有工业利用价值的矿床。铀矿床与非铀矿床开采方法基本相同，所不同的是铀矿床具有较强的放射性，因而在矿床勘探、开采、辐射防护、通风环保等方面均有各自的特点。

二次开采是指在已经结束开采的阶段或矿山中再次进行的采矿作业。它是充分回收矿产资源、增加矿石产量和延长矿山企业寿命的重要手段。随着矿石加工与采矿技术的进步，以及对矿产品要求的不断增长，有不少矿山原一次开采时损失的矿石、留下的贫矿和氧化矿等都有进行二次开采的价值。

7.2　深部矿床开采

国内外对于深部矿床开采的指标没有统一的标准，南非、加拿大等国家将矿井深度为 800~1000 m 称为深部矿床；德国将埋深为 800~1000 m 的矿床称为深部矿床，将埋深超过 1200 m 的矿床称为超深部矿床；日本把深部矿床的“临界深度”界定为 600 m，而英国和波兰则将其界定为 750 m。《中国煤矿开拓系统》按深度将矿井划分为：深度<400 m 的浅矿井，深度为 400~800 m 的中深矿井，深度为 800~1200 m 的深矿井，深度≥1200 m 的特深矿井。

据不完全统计，国外开采深度超千米的金属矿山超过 100 座，超过 3000 m 的矿山有 16 座，主要分布在加拿大、南非、美国、印度等国家。其中，加拿大 2 座，南非 10 座，美国 2 座，印度 1 座，巴西 1 座。南非绝大多数金矿的开采深度大都在 1000 m 以上。南非 TauTona 金矿开采至地下 3900 m，南非 Mponeng 金矿已拓展到 4350 m，南非 East Rand 金矿深达 3585 m，印度 Kolar 金矿开采至地下 3260 m。

我国开采深度超过 1500 m 的矿山主要有云南会泽铅锌矿、抚顺红透山铜矿、本溪思山岭铁矿、本溪大台沟铁矿、鞍山陈台沟铁矿、山东济宁铁矿、山东三山岛金矿西岭矿区、云南大红山铁矿、招金瑞海矿业、中金山东纱岭金矿等。会泽铅锌矿开采深度达 1526. 5 m，思山岭铁矿开采深度超过 1500 m，夹皮沟金矿开采深度达 1500 m，冬瓜山铜矿开采深度达 1100 m，红透山铜矿开采深度达 1137 m，湘西金矿开采深度超过 1100 m。此外，寿王坟铜矿、凡口铅锌矿、金川镍矿、乳山金矿、高峰锡矿等许多矿山，都已步入深部开采。

深部开采已成为我国乃至世界矿业界特别关注的问题。

7.2.1　深部矿床开采的特殊问题

深部矿床开采存在高地应力、高井温和高井深的特殊开采环境。

(1)高地应力

进入 1000~2000 m 的深部，资源赋存的地质条件变得复杂、地应力增大，岩石可能表现出大变形、强流变等特征，深部开采过程灾害的孕育机理、致灾过程更加复杂，导致深部资源开采难度加大、采场作业环境恶化和生产成本急剧增加等一系列问题。若不采取与高应力环境相适应的采矿技术与工艺，势必引发较大的工程灾害，也会限制矿山的规模化生产。

(2)高井温

随着开采深度的增加，矿井中空气及巷道周围岩体的温度升高。岩层温度随深度以 10~40 ℃/km 的速率增加，持续的高井温将对工人健康造成极大的伤害，工作劳动生产率大大下降，生产成本大幅增加。由井下温度对劳动生产率的影响可知，井下空气湿球温度提高 1 ℃会使劳动生产率降低 30%。不仅如此，高温环境还可能导致人体出现如热痉挛、热疲劳、热辐射等。因此，高地温引起的工作条件恶化、职业病威胁是深部开采所面临的又一重大挑战。

(3)高井深

随着开采深度的增加，矿石和各种物料的提升高度显著增加，目前的单罐提升设备性能无法满足井深超过2000 m的提升技术要求。深部资源高井深开采需满足大吨位、高速提升要求，因此提升系统在承载、传动、控制、钢丝绳结构可靠性及安全保障等方面面临一系列挑战，使提升成本大幅增加，并对矿山安全生产构成威胁。

7.2.2 深部矿床开拓与采准

(1)深部矿床开拓

深部矿床最主要、最经济的开拓方式是竖井开拓。特别是对于地质条件相对复杂、岩爆现象多发的矿区，竖井开拓更为安全。

深部矿床开拓大多数是在矿山原有的开拓工程基础上进行的延伸工作，但也有属于深埋矿体的首次开拓工程。不论何种情况都必须进行可行性研究，以便根据矿床的赋存条件、采矿技术水平及经济条件，合理确定深部矿床的开拓深度。选择开拓方案的原则和方法与浅部矿床开拓基本相同，但应考虑深部矿床开拓的特殊性。

在具体设计中，必须根据深部开采的特点，确定是采用单一开拓还是联合开拓；应考虑井筒的类型、位置、数目及提升段数。采用载重为25~50 t的箕斗多绳提升机一段提升深度可达2000 m。南非“布雷尔”多绳缠绕式提升机最大提升深度为2442 m。所以对埋深延展深度小于2000 m的矿床，根据矿床倾角可采取单一开拓方式，井筒由地表一次或分次掘至设计深度；或采取联合开拓方式(竖井-竖井；竖井-斜井)。

在一般情况下，为保证通风及运输材料需要，深部开拓的辅助井筒数目多于浅部及中等深度开采时辅助井筒数目。

深部矿床开拓受高温、高应力、涌水等诸多因素的影响，方案的优选就显得相对复杂。在深部矿床开拓中常运用模糊数学模型，采用多层次模糊综合评判法来优选、确立深部矿床开拓方案。具体方法为：第一，针对深部矿床开拓时所涉及的深部矿床开拓安全性、技术性、经济性等多种因素，综合考虑其模糊数学计算原理，首先确立优选时的指标体系。第二，依据实际计算的数据模型，确立针对深部矿床开拓方案而设计的评价体系。第三，通过模糊数据模型的评价体系，对所设计的深部矿床开拓方案的安全性、技术性、经济性做出理性的评估。此外，通过以模糊数学为基础的多层次模糊综合评判，确定最优的深部矿床开拓方案，从而实现深部矿床开拓方案的优选设计。

(2)深部矿床采准

在深部矿床开采设计之前必须了解开采阶段的原岩应力场的特点，即应力的大小及作用方向。根据原岩应力的大小、垂直应力与水平应力分量比、最大主应力作用方向等，合理选择巷道断面形状及其布置方位。设计巷道断面时，应尽量使巷道断面水平轴尺寸与垂直轴尺寸之比等于原岩应力水平分量与垂直分量之比，并且将其长轴布置于最大来压方向，以便于在巷道周围岩体中形成一均匀的环向压应力圈，使巷道的稳定性在二次应力场的特征上得到保证。

为此，在深部地压大的地段，主要巷道均应采用曲线形断面(圆形、椭圆形)。

随着开采深度的增大，原岩应力增大，巷道开凿后失稳的可能性也增大，尤其采准巷道在采动影响下更易失稳。因此，在考虑开拓、采准巷道布置时，应避开原岩应力集中、构造应力集中、采动应力的影响，选择在岩性较为稳定的岩石中布置巷道。尤其在采用崩落法开采厚矿体时，在矿体下盘分布的应力升高区范围较大，导致位于矿体下盘的阶段巷道受地压作用而被破坏，巷道维护费用增加。为保证深部开采时阶段采准巷道免受采动影响而被破坏，阶段采准巷道的位置应避开矿体下盘的应力升高区，一般设于距矿体 30~60 m 处。

(3)井巷支护

巷道开挖前岩体受地应力场的初始应力作用，处于原始平衡状态，巷道开挖后原岩应力重新分布，一是切向应力增加，并产生应力集中，二是径向应力降低，在巷道周边处应力为零。应力变化引起岩体变形和向自由面位移，围岩的过量位移和应力集中将导致围岩局部或整体失稳和破坏而向新的平衡状态发展，这就是地压发生的过程和机理。地压与岩体的受力状态、岩体的物理力学性质、工程地质条件以及时间等因素有关。“地压显现”可以表现为各种不同的形式，如岩体变形、微观和宏观破裂、岩层移动、巷道片帮、冒落、断面形状改变、支护破坏、采场垮落等。

影响深部矿床巷道地压显现的因素较多，但通常可将其分为两类，一类是自然因素，另一类是工程因素。原岩应力状态和岩体的物理力学性质等属自然因素；巷道的形状和布置方式、开挖方法、支护时间和支架结构性能及回采动压属工程因素。

对国内外大量深部矿床开采矿井的研究表明，布置在中硬以下岩层中的巷道变形破坏严重，特别是受采动影响后，破坏程度更大。采深在 800~1000 m 以上时，在中硬及中硬以上岩层内布置的巷道，若采用传统的支护方式，巷道维护仍很困难。因此，在深部矿床中，除要求合理布置巷道位置外，还应根据深部矿床矿压特点，结合围岩状况和巷道条件，采用不同的支护方法和形式。

目前，深部矿床巷道采用的主要支护方式及控制措施有以下几方面。

①在采准巷道中采用多种形式的 U 钢可缩性支架，是解决围岩高应力、大变形问题的有效支护方式。可提高支架架设质量，加强壁后充填，改善支架受力状况。

②发展以锚杆为主体的新型支护，即喷锚支护、锚梁网组合支护、锚杆与可缩性支架联合支护以及可缩性锚杆等。合理选择支护形式和参数，加强质量管理，完善检测手段。

③针对采准巷道不同时期，采动引起的围岩不同的移动特征，采用改变巷道支护方式、调节巷道支护强度的非等强多次支护工艺，可提高深部矿床巷道的技术经济效益。

④锚喷网联合支护在服务年限长、围岩较稳定的深部矿床巷道中的应用，可充分发挥围岩的自承能力，防止水及空气对围岩的风化作用。

根据对南非深矿井巷道周围岩石破坏情况的观察及其巷道支护经验，用原岩应力垂直应力分量 σ_{zz} 与岩石单向抗压强度 σ_c 之比来确定是否需要支护及支护类型：

① $\sigma_{zz}/\sigma_c=0.1$ 时，巷道稳定，不需支护。

② $\sigma_{zz}/\sigma_c=0.2$ 时，巷道帮发生轻微片帮，可用喷锚支护。

③ $\sigma_{zz}/\sigma_c=0.3$ 时，巷道帮发生严重片帮，需支护，可用喷锚支护。

④ $\sigma_{zz}/\sigma_c=0.4$ 时，需加强支护，可用金属拱形支架支护。

⑤ $\sigma_{zz}/\sigma_c=0.5$ 时，有发生岩爆可能，可采用锚喷网联合支护。

7.2.3　深部矿床的热环境控制

我国深部矿床开采的矿山均不同程度地出现井下高温问题，也进行过有关技术研究，但总的来说，深部矿床高温治理仍没有很好的解决方法。

(1)深部矿床内热源及特征

深部矿床内热源种类很多，与井巷内空气的热交换类型也多种多样，有岩层与空气的热交换、热水与空气热交换、机电与空气热交换、化学热与空气热交换、人体散热等。

不同的矿井，各种热源的散热量比例不同，由表 7-1 可见，在矿井诸多热源中，以地热(高温岩层)为主，它是连续作用热源，散热量占 50%以上。其次是矿岩氧化、热水、机电设备的散热等。有的以空气压缩为主，各矿山各异。

表 7-1　矿井热源散热比例统计　　单位：%

矿井名称	围岩	矿石氧化	热水	机电设备	空气压缩	人体	其他	合计
冬瓜山铜矿	24.5	4	5.5	19	43.5	—	3.5	100
国外某矿山	50	30	12	3.3	—	4	0.7	100

随着开采深度的不断增加，深部矿床原岩温度不断升高，成为深部矿床主要热源，其高温热害也日益严重。根据测量，地温梯度一般为 30~50 ℃/km，有些地区如断层附近或导热率高的异常局部地区，地温梯度有时高达 200 ℃/km。岩体在超出常规温度环境条件下，表现出的力学、变形性质与普通环境条件下的相比有很大差别。地温可以使岩体热胀冷缩而破碎，而且岩体内温度变化 1 ℃可产生 0.4~0.5 MPa 的地应力变化。

(2)高温矿井热害控制措施

深部矿床降温的方法很多，主要有两大类，一类为无空气冷却装置降温，另一类为人工制冷降温。为提高降温效果，矿井降温常采用多种综合降温措施。

矿井通风降温是无冷却装置降温，其主要方法见表 7-2。

表 7-2　矿井降温方法

<table>
<tr><th colspan="3">矿井降温方法</th><th>特点及适用范围</th></tr>
<tr><td colspan="3">通风降温</td><td>通过加大风量，提高风速等措施，实现矿井降温。该法切实可行，较经济，应用广泛，是矿井降温的主要手段，适用于大部分矿井。但进入矿井或采掘工作面、硐室的空气温度应低于安全规程规定的最高气温，当风温高于安全规程规定的最高气温或采用该法后仍不能完全降温时，必须与人工制冷方法配合使用</td></tr>
<tr><td rowspan="4">人工制冷降温</td><td rowspan="2">天然冷水降温</td><td>直通式</td><td>当矿井或地面有丰富、水质良好的地温水源时，可将冷水直接送到采掘工作面，通过空气冷却器进行降温。由于受隔热技术及水压限制，该法适用于开采深度及开采范围不大的矿井</td></tr>
<tr><td>循环式</td><td>矿井或地面无丰富、水质良好的低温水，但矿井地面气温低，循环水冷却效果较好，可用该法。由于受隔热技术及水压限制，该法适用于开采深度及开采范围不大的矿井</td></tr>
<tr><td rowspan="2">压缩制冷降温</td><td>直通式</td><td>矿井或地面有丰富、水质良好、温度较低的水源。该法适用于开采深度及开采范围不大的矿井</td></tr>
<tr><td>循环式</td><td>当矿井或地面水温高，水质不好，水源有限以及矿井过深无法利用地面水时，采用该方法。该法适用于任何类型矿井，是压缩制冷的主要类型</td></tr>
</table>

(3)深部矿床热源综合利用

深部矿床热源属于深部热能的一部分，深部热能是以热能为主要形式存在于地球内部的热量，按属性地热能可分为水热型地热能、地压地热能、干热岩地热能和岩浆地热能；按照开发利用的目的水热型地热能分为高于 150 ℃的高焓地热能，60～150 ℃的中焓地热能和低于 60 ℃的低焓地热能。高焓地热能主要应用于地热发电，中焓地热能主要作洗浴及生活热水用，高焓及中焓地热的分布具有较大的局限性，而低焓地热却分布普遍，也易于开发利用。

地热能作为一种资源引起全世界重视并发展成为一门新的能源科学，是在近半个世纪内完成的。我国地热工程技术的发展已经历了三代技术。第一代技术是地热地质技术，即以地热地质勘探技术为主体，以简单的直接利用为标志，如洗浴、生活热水的直接利用等；第二代技术是工程热物理技术，即工程热物理专家介入后，以换热器、热泵等地热利用设备的出现为标志；第三代技术是集约化功能技术，是 20 世纪 90 年代后期发展起来的，由中国矿业大学(北京)何满潮院士首次提出，它是面向工程对象，通过地上地下工程一体化设计平台，实现各种地热资源、设备、工艺参数整体优化组合和整个利用系统功能达到最佳的现代化地热工程技术。

深部矿床降温与热量利用系统的结构见图 7-1，系统主要包括：地面热量输送系统，地面工作站，压力转换器，工作面降温系统，工作面风输送系统，液、气态工质输送系统 7 个主要部分。

深部矿床热源利用可分为地下热水的利用和地热的利用，通过建立深部矿床热能井下利用系统，提取矿井水冷能，可解决深部矿床热害问题，还可解决矿区供暖、洗浴供热以及食品加工和衣服烘干等供热问题。2008 年中国矿业大学(北京)何满潮院士结合徐州矿务集团有限公司夹河煤矿深部矿床条件研发建立了 HEMS 深部矿床降温和热源利用系统，其原理是利用矿井各水平现有涌水，通过 HEMS-Ⅰ制冷系统工作站从中提取冷能，然后将提取出的冷能与工作面高温空气进行热交换，降低工作面的环境温度及湿度，同时将置换出的热量作为地面供热及洗浴的热源，见图 7-2。

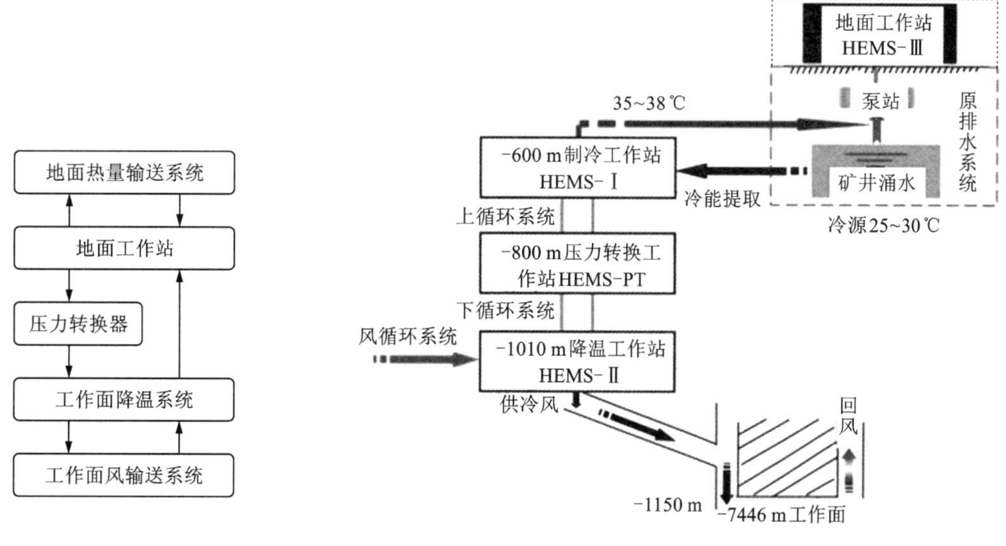

图 7-1　深部矿床降温与热量利用系统的结构

图 7-2　HEMS 系统工作原理

地热利用主要是指利用废旧巷道或采空区(应有一定长度)作为冬季矿井的进风道，使进风流在其中进行充分的热交换，来提高进风温度，防止井筒和巷道冰冻。在我国北方许多矿区冬季地面气温很低，在进风风筒和巷道内，当其围岩壁面有水时，就会出现冰冻现象，致使通风断面减小，风阻增大，矿井通风条件恶化。冰冻严重时，还会造成卡罐、坠罐、落冰伤人和风、水管道冻裂等事故，给运输、提升装置的正常运行带来困难，威胁矿井安全生产，影响人员的身心健康，降低劳动生产率。利用地温预热进风温度，可以省去锅炉蒸汽预热的基本建设工程和设备的投资，节省锅炉用煤，且安全可靠，易于管理。

7.2.4 深部矿床开采方法选择

从国外深部矿床开采的现状看，深部开采常用的采矿方法主要以充填采矿法为主，例如印度戈拉尔(Kolar)金矿的吉福德(Gifford)矿井是世界上著名深井之一，开采深度为 3260 m，主要采用充填法。加拿大最深的克赖顿镍矿 9 号竖井，最深处达 2175 m，主要采用充填法开采。空场法和崩落法应用较少，主要在克里沃罗格铁矿区和美国的圣曼纽尔(San Nanuel)铜矿采用。虽然充填法直接成本有所增加，但综合效益明显，可减少采空区变形和岩爆发生，减少原岩散热，同时可以减少尾砂占地和排放对环境的污染。实际上许多矿山一般都采用过两三种采矿方法，并在生产过程中逐步改进、发展和完善。南非金矿因矿体赋存条件不同，深部开采所采用的采矿方法方案多种多样，典型的例子是 West Dricfoven 金矿，开采三层矿脉，中间为主矿脉，顶板为火山沉积岩，底板为白云岩，开采面积为 5000 m^2，掘进 2000 m，产金 2.688 t；矿脉厚 6 m，采用南非典型的壁式充填法。采场长 30 m，工作面呈梯状，分层高度为 1.2 m；采场顶板采用 4.6 m 长的锚索支护，间排距 2 m×2 m；采空区采用尾砂胶结充填，料浆浓度达到 70%~80%，不需脱水，接顶用高压充填，胶结充填后再开采相邻矿壁。

(1)普遍原则

国外深部开采矿山普遍遵循下列原则。

①开采顺序。一般矿床是自上而下。走向上根据深部开采特点，一般是从中央向两翼或者由一翼向另一翼连续推进。

②连续回采。南非深部矿体，一般采用连续回采方法，但延长超过数千米时，需每隔一定距离留下 40~50 m 宽的连续矿柱，并在回采完毕后及时充填，以防止地压增大导致采场闭合。

③强化开采。深部开采非常强调强化开采，采用连续作业方式，或提高作业面推进速度。

我国深部矿床主要采用充填采矿法开采，如湘西金矿、冬瓜山铜矿、红透山铜矿、凡口铅锌矿、弓长岭铁矿、夹皮沟金矿等已进入深部开采的矿山，全部采用充填法。其中包括盘区分层充填采矿、分段充填采矿、高阶段大直径深孔嗣后充填采矿技术。

(2)选择要求

为选择适合于深部矿体的开采方法，除要考虑满足中、浅部矿体开采时对开采方法的要求外，还应强调下列几点。

①选用机械化程度高、采场生产能力大的采矿方法。这不仅可以补偿因改善工作环境所增加的采矿成本，而且有利于进行岩层控制。

②优先选择贫化率小或可进行选别回采的采矿方法，以提高原矿品位、减少提升量。

③采空区的暴露面积不宜过大，以免引起暴露岩层突然冒落；为了保证矿块生产能力而要求增大采空区暴露面积时，可考虑采用预加固长锚索等技术措施来加固岩层。

④不留影响顶板岩石均匀下沉的各种类型矿柱。因为这些矿柱会引起应力集中，发生岩爆。必须采用能形成连续采空区的采矿方法。

⑤必须从回采过程中蓄积弹性应变能量与释放能量近于相等的角度，或从减缓蓄积能量释放速度的角度来选择采矿方法。因此，可从崩落法或充填法中选取适合矿岩条件的采矿方法。苏联在开采埋深较大、矿石及围岩不够稳固的倾斜及急倾斜矿体时多采用崩落法，如克里沃罗格铁矿区。

(3)空场法和崩落法需要注意的问题

在选择深部矿床的采矿方法时，可借鉴许多由浅部矿床开采转入深部矿床开采的经验。浅部开采空场法用于深部开采时，因地压增大将会引起某些矿柱破坏，顶板(或两盘)垮落，给回采工作造成困难，可采取下列技术措施来克服这些困难。

①缩小矿房尺寸，增大矿柱尺寸。如石嘴子铜矿从上部 25 m 阶段开始到闭坑时，开采深度达到 950 m，始终采用浅孔留矿法。在中等深度(530 m 以上)开采时，可获得较好的效果。随着回采深度的增加(530~710 m)，采矿作业日益困难，为此相应地改变了矿块结构参数，采用了多留矿法变型方案，基本上获得了满意的结果。加拿大弗林弗伦(Flin Flon)铜矿采用深孔落矿阶段矿房法，在开采深度达到 975 m 时，为保证回采空间的稳定性，采取了加大矿柱尺寸的方法，使矿柱中占有的矿量达 1/3。

②改变采矿方法。南非威特沃特斯兰德金矿开采倾角为 21°的缓倾斜金矿床，开采深度小于 300 m 时，采用留矿柱的全面采矿法，开采深度超过 300 m 后，工作面呈直线布置连续推进的壁式采矿方法比重逐渐增加。加拿大一些金矿开采深度小于 600 m 时，几乎都是采用留矿法，但当开采深度超过 500 m 时，则全部改用充填采矿法。

③用长锚索预加固，采后一次充填。加拿大桦树(Brichtree)矿在深部采用大直径深孔落矿，阶段高度为 121 m，矿块长 35.5 m，采场上盘采用长锚索预加固，出矿巷道用喷锚支护，获得了较好的效果。

在深部矿床开采中，崩落法的局限性主要表现在下列两个方面。

a. 当开采达到一定深度，原岩应力增加至某一数值时，矿块底部出矿巷道出现失稳现象，加固巷道保证其稳定性，往往是不经济的，这就决定了崩落法有一个有效的使用深度，其有效使用深度取决于开采矿体厚度。当矿体厚度为 100 m 时，合理的临界使用深度为 1400~1500 m；厚度小于 100 m 时，临界使用深度为 1800~2000 m。开采深度超过临界使用深度时，应改为胶结充填采矿法。

b. 崩落下来的矿石被压实，造成放矿困难，贫化指标增高。可采取下列措施改善崩落法的使用效果，在全盘区面积上先局部放出 10%~15%的崩落矿量，以松动崩落矿石，改善放矿条件；相邻盘区出矿巷道保持一定高差。

通过对许多已转入深部矿床开采的矿山开采经验和所用采矿方法的演变分析可知，空场法和崩落法难以在深部矿床开采中继续使用，而充填法是开采深部矿床最有效的一类采矿方法。

7.2.5 深部矿床开采卸压与碎裂诱导

在诸多影响岩石开挖工程稳定性的因素中，地应力状态是最重要最根本的因素之一。对矿山设计来说，只有掌握了具体工程区域的地应力条件，才能合理确定矿山总体布置方案，确定巷道和采场的最佳断面形状、断面尺寸。

由于采矿工程的复杂性和形状多样性，仅仅利用理论解析的方法进行工程稳定性的分析和计算是不够的。所有的计算和分析都必须在已知地应力场的前提下进行。由于地应力状态的复杂性和多变性，要了解一个地区的地应力状态，唯一的方法就是进行现场地应力测量。

1)地应力规律

(1)地应力分布的基本规律

地应力是一个具有相对稳定性的非稳定应力场，它是时间与空间的函数。地应力在绝大部分地区是以水平应力为主的三向不等压应力场。三个主应力的大小和方向是随着空间和时间而变化的，因而它是一个非稳定的应力场。地应力在空间上的变化，从小范围来看，是很明显的，从某一点到相距数十米外的另一点，地应力的大小和方向也可能是不同的。但就某个地区整体而言，地应力的变化是不大的。

实测垂直应力基本等于上覆岩层的重量。

水平应力普遍大于垂直应力。实测资料表明，在绝大多数地区均有两个主应力位于水平或接近水平的平面内，其与水平面的夹角一般不大于30°，最大水平主应力 $\sigma_{h,max}$ 普遍大于垂直应力 σ_v；$\sigma_{h,max}$ 与 σ_v 之比一般为0.5~5.5，在很多情况下比值大于2。将最大水平主应力与最小水平主应力的平均值 $\sigma_{h,av}$ 与 σ_v 相比，总结目前全世界地应力实测的结果，得出 $\sigma_{h,av}/\sigma_v$ 一般为0.8~1.5，这说明在浅层地壳中平均水平应力也普遍大于垂直应力。垂直应力在多数情况下为最小主应力，少数情况下为中间主应力，只在个别情况下为最大主应力。

平均水平应力与垂直应力的比值随深度增加而减小，但在不同地区，变化的速度很不相同。

最大水平主应力和最小水平主应力也随深度线性增长。与垂直应力不同的是，在水平主应力线性回归方程中的常数项比垂直应力线性回归方程中的常数项的数值要大些，这反映了在某些地区近地表处仍存在显著水平应力的事实。

最大水平主应力和最小水平主应力之值一般相差较大，显示出很强的方向性。

地应力的上述分布规律还会受到地形、地表剥蚀、风化、岩体结构特征、岩体力学性质、温度、地下水等因素的影响，特别是受地形和断层的扰动影响最大。

(2)构造运动对地应力场的影响

岩层内发生过的构造运动与存在的地质构造影响构造应力场，其中对地应力的形成及其分布特点影响最大的是水平方向的构造运动。构造应力场的影响因素非常复杂，构造运动的类型、规模、时间与空间演化、活动状况等都对其有一定的影响。在空间上，构造应力场的分布极不均匀，而且随着时间的推移在不断变化，它属于非稳定的应力场。目前，还很难用函数形式描述构造应力场的分布与变化规律，比较可靠的方法是进行现场地应力测量，然后根据实测数据进行统计分析，研究地应力分布规律，用以指导工程实践。

地应力状态的变化与地质构造断裂发育的复杂程度密切相关，构造断裂越发育，地应力状态的变化幅度就越大，在断裂构造极为发育的地区，地应力方向极为分散，而且应力大小也变化很大，并且断裂的规模及其活动性与对地应力的影响范围成正比。缓倾角(0°~30°)断裂面往往成为地应力局部分区的界面，被断裂扰动的局部应力场常常位于断裂面以上，而断裂面以下的应力状态则代表区域应力场。与区域主应力方向相比，断裂附近的主应力方向往往存在不同程度的变化，变化幅度从几度到近90°。加拿大原子能公司地下研究实验室(URL)通过现场试验测定最大水平主应力方位在断裂面上下相差近90°。断裂及其附近应力数值的变化(应力既有增大的，也有减小的)主要与断裂带附近应力随时间的变化有关。

近年来的地应力测量和研究结果表明，地应力场中水平构造应力起着主导和控制作用。应力场的最大主应力的方向主要取决于现今构造应力场，地质史上曾经出现过的构造应力场跟它之间并不存在直接或者必然的联系。只有当现今地应力场在先前应力场基础上发展或与历史上某一次构造应力场的方向耦合时，现今应力场的方向才可能与历史上的地质构造要素之间发生联系。

(3)岩体的物理力学性质对地应力的影响

地应力从能量的角度分析其实是一个能量的积聚和释放的过程。因此岩体中地应力的大小必然受到岩石强度的限制，一般来说，在相同的地质构造中，地应力的大小是岩性因素的函数，弹性强度较大的岩体有利于地应力的积累，所以在这些部位容易发生地震和岩爆，而容易变形的塑性岩体则不利于应力的积累。

同一岩性和同一测量深度是不同地点测值进行对比分析的前提，否则对比分析是不科学的。这就需要对不同地点的测值在岩石力学参数现场和室内测试的基础上进行岩性校正，然后在同一深度或同一高程进行对比分析。

(4)地下水对地应力的影响

地下水对岩体地应力的大小具有显著的影响。岩体中的节理、裂隙等不连续层面中含有丰富的地下水，地下水的存在使岩石孔隙中产生孔隙水压力，岩体的地应力由这些孔隙水压力与岩石骨架的应力共同组成。特别是水对深层岩体中地应力的影响更大。地下水影响岩体的力学性能表现最为明显的是通过有效应力原理起作用。岩石表面间的有效法向应力会被分隔岩块的节理中的承压水减小，进而减小由于摩擦而可能产生的潜在抗剪强度。在采矿生产实践中地下水对岩体强度的影响也十分明显。

岩层适应地应力场变化的方式是破碎位移的出现，并提供场所以用于地下水的富集及运动，而流动和压力传递地下水则是地下水调整含水空间扩张岩石裂隙实现流固宏观耦合的方式。尽管地质历史时期构造应力场经历多次叠加改造，但形成区域主要构造骨架时的渗流场与地应力场具有相当的一致性，最大水平主应力方向与主渗透方向一致。

(5)温度对地应力的影响

地温梯度和岩体局部受温度的影响是温度对地应力的影响的两个主要方面。由地温梯度产生的地温应力，其温度应力场为静压力场，它可以与自重应力场进行代数叠加。而如果岩体局部寒热不均，就会产生收缩和膨胀，则导致岩体内部产生应力。

各地区地温梯度 α 不相同，一般 $\alpha=3$ ℃/100 m，热线胀系数 $\beta=10^{-5}$。岩体受局部温度影响而受热不均，则会产生收缩或膨胀，这样就会在岩体内部形成裂隙，并有部分残余热应力保留在岩体内部及其周围。如花岗片麻岩在时间为0时温度瞬时增加180 ℃，岩体内部10 m深度的热应力历经10 a左右仍然存在，轴向应力高达60 MPa。

岩体内由地温梯度引起的温度应力为压应力，且随深度 H 的增加而增加。在同一埋深的不同岩体中，相同的地温梯度引起的温度应力与该岩体的线胀系数和弹性模量的乘积成正比，不同性质的岩石在相同的地温梯度下引起的温度应力相差很大。而且某些岩石中由地温梯度而引起的力学效应非常可观，甚至接近由重力应力场引起的地应力值，若此时忽略不计，可能会给矿山开采带来安全隐患甚至出现围岩失稳的严重安全事故。

中国境内的恒温带深度一般取离地表20~30 m，恒温带的温度一般取高于本地年平均气温2~6 ℃，或把地下水的温度或岩溶洞穴中的气温作为恒温带以下计算地温梯度的依据。通过对地温梯度的分布和随深度变化的分析，可以探讨区域地质构造的活动性及影响地温分布的各种因素。影响温度分布的因素一般包括地下水、地质构造、地层、岩性、岩石导热率等。

在同一构造单元内部存在着的断裂分布的组成及构造特征常常影响深部岩层热量的传导、积累和散失，并且很明显地影响着本区域地温分布。断裂不仅作为地质体控制地温，而且在某种情况下也作为地下热流体循环对流的通道，形成较高地温分布区。由于岩石存在温度热胀性质，如果岩体局部温度变化明显则会使岩石性质发生变化，进而影响应力分布情况。

温度也会对地下水的物理性质产生很大的影响，其中地下水的密度和地下水的物理、力学及热学性质都随温度的变化而变化，其中比热容、密度和重度的变化较小，分别为1.1%、4.2%；而体积弹性系数和压缩系数、表面张力以及导热系数的最大变化幅度较大(11.8%~22.5%)，动力黏度、运动黏度和热膨胀系数的最大变化幅度超过80%，这对渗流场的分析会产生很大的影响，进而影响地应力场的分布。

2)开采工程的布置

地应力对于巷道围岩的稳定性有着重要影响，其引起巷道围岩变形量不同的一个重要原因，就是由于巷道方向和应力作用方向间的夹角不同，围岩内的应力集中有很大差异。当巷道与最大主应力方向正交时，围岩的应力将达到最大集中度。巷道轴向与最大主应力方向平行时，地应力对巷道的稳定性影响最小。地应力对巷道稳定性的影响，主要是随着巷道的轴向与最大主应力方向间二倍夹角的余弦值变化。如果夹角小于25°时，对巷道的稳定性影响无明显变化。

原岩应力场对矿石的可崩性具有较大影响。垂直应力大，有利于矿石崩落。由构造应力产生的水平应力对矿岩初始崩落是不利的。当矿区最大主应力为水平应力而且数值较大时，往往需要采取预裂、割帮等措施，建立应力释放带，以减少或消除水平应力对崩落的影响。

为了促进崩落和保证底部结构的稳定性，在确定崩落方向时，要使拉底的最长边垂直最大主应力方向，主要采准巷道平行于最大主应力方向。矿山的生产实践表明，拉底空间形状同岩体崩落应力有密切关系，因而可以通过改变拉底空间形状来促使矿岩崩落。

3)回采顺序优化

深部采矿是在高地应力作用下进行的，不同的回采顺序使得采场的岩体应力和位移发生不同的变化过程，未开挖区域及充填区域的应力场和位移场发生不同的变化。合理的回采顺序，将有助于提高采场结构的稳定性，减少矿石损失。

卸压开采指运用应力转移原理，将回采区域内的高应力通过一定的卸压措施转移到四周，使区内应力降低，从而改善矿体的应力分布状态，控制由于多次采动的影响造成的应力集中区域相互重叠的程度，以保证矿床安全顺利开采。在矿床卸压式开采过程中，可通过合理安排、调整矿体的回采顺序，改变岩体开挖后围岩的应力、应变分布状态，使岩体中应力分布与应力集中朝有利于矿体开采的方向转移，从而使未开挖采场处于较低应力区域；或者根据开采引起的岩体应力场分布特征，将回采工程布置在应力降低区域来实现卸压开采的目的，提高地下结构的稳定性与回采作业的安全性。

根据矿山岩体力学特性分析，建立三维数值模型，模拟分析在不同回采顺序条件下的应力、位移及塑性区的变化情况，进而可得出合理的回采顺序。

4）碎裂诱导与卸压爆破的应用

深部矿床开采坚硬矿岩“好凿好爆”，此种现象被认为是高应力所致。在深部矿床开采中，如何有效预防和抑制由高应力诱发的岩爆等灾害性事故发生，同时又能充分利用高应力与高应力波应力场叠加组合进行高效率的破裂矿岩，已成为深部开采中迫切需要研究的课题。

近十几年来，国内外对岩石分别在高应力状态和动荷载作用下的特性与响应做了一系列细致而深入的研究。以三轴试验仪为主要试验设备，对岩石在高应力状态下的物理特性与破坏进行了试验研究，利用细观力学、断裂力学及损伤力学等现代理论，对岩石的本构特征、断裂破坏机理进行了理论与数值分析，从而对冲击、岩爆等物理现象有了本质的认识；另外，以霍普金森（Hopkinson）压杆与轻气炮为主要冲击试验设备，对岩石在动载荷作用下高应变频段的动力参量与动力性质进行了试验研究，并从应力波理论的角度利用各种现代方法对岩石的本构特征、应力波在岩石中的传播与能量耗散以及界面边界效应等方面进行了理论分析推导与数值模拟，从而得到了一系列的岩石动态破坏规律。至今为止，人们还没有重视对岩石在高应力状态下的动态特性与碎裂机理的研究，有限的研究也主要局限在脆性材料在高应力与应力脉冲组合下的理论分析上。

卸压爆破是对已经形成岩爆危险的矿岩用爆破的方法减缓其应力集中程度的一种解危措施。卸压爆破的作用有两个，一是同时局部解除岩爆发生的强度条件和能量条件，即在有岩爆危险的工作面卸压和在近临空面一定厚度的条带内破坏矿岩的结构，改变矿岩的物理力学特性，使其不能积聚弹性能或达不到威胁安全的程度。这样，在工作面形成一条卸压保护带，隔绝了工作空间与围岩深部的高应力区，提高了发生岩爆的最小能量水平。二是在监测到有岩爆危险情况时，利用较大药量进行爆破以释放大量的爆破能，人为诱发岩爆，使岩爆发生在一定的时间和地点，从而避免更大的损害。这种爆破一般采用大药量、集中装药和同时引爆的方法，以便使岩体强烈震动，诱发岩爆，或造成岩体强烈卸压、释放能量，把高应力带移向岩体深部。

7.2.6　岩爆灾害预防

1）岩爆特点及影响因素

岩爆是岩体或者地质构造的突然猛烈破坏。它是指处于高应力或极限平衡状态的岩体或地质构造在开挖活动的扰动下，其内部储存的应变能瞬间释放，造成开挖空间岩壁部分岩石从原岩体中急剧猛烈地突出或弹射的现象。岩爆可能是矿山发生地震，也可能是矿山地震诱发的岩体破坏。

岩爆具有瞬间释放的能量大的特点。随着地下开挖空硐遭到破坏，产生的震动与响声，不仅在井下在地表也能感受到。岩爆所释放能量相当于里氏 5 级以上地震，小者可使巷道顶板岩石以很高的速度弹出。发生岩爆需具备一定条件，从目前发生岩爆的矿山资料分析，岩爆是自然地质条件与采矿技术条件按一定方式组合的结果。岩爆等级及特征与回采空间形状、规模、矿岩的物理力学性质有关。能量释放(或耗散)速度(ERR)是评价岩爆危险程度的指标。如采矿所引起的能量释放速度大于岩体破坏所消耗能量的速度，则将发生岩爆或其他猛烈破坏。岩爆发生次数随着开采深度增加及支撑面积的减少而增加。

岩爆的发生主要受 4 个方面因素控制：岩体特征、原岩应力、回采率和采掘强度。

(1)岩体特征

发生岩爆的岩石一般具有强度高、岩性脆(破坏前变形小)和弹性模量大的特点。发生岩爆的岩石有前寒武纪岩石、火成岩和变质岩类岩石、含硅质(特别是石英)或其他坚硬矿物的岩石。到目前为止，硬岩矿山发生岩爆的矿床的形态大多为板状矿床，矿体厚度大都小于 5 m。在高原岩应力条件下，如果矿床内褶皱、断层和变质等地质构造发育，那么薄矿脉、坚硬脆性岩石在回采率很高时肯定会发生岩爆。

(2)原岩应力

矿床埋藏深度、大地构造应力或者两者的叠加控制着原岩应力的大小。岩爆发生时大都具有高原岩应力背景，因此岩爆大多发生在埋藏深度较大的矿床或水平处。许多发生岩爆的急倾斜薄矿体，其原岩应力的最大主应力和次主应力方向均为水平或者接近水平方向，而最大主应力方向通常垂直矿体走向，最大主应力值最高可达到最小主应力的 2 倍。

(3)回采率

一个矿山或采区的回采率控制着矿山岩体应力的转移和集中程度。由于矿柱、矿柱基础和采矿区域应力的集中受回采率的控制，因此矿柱岩爆和断层滑动岩爆均受回采率的控制。许多硬岩矿山都是在回采率为 70%~80%后发生岩爆的。

(4)采掘强度

矿山的生产能力和采掘工作面推进速度控制着岩体构造上的应力变化率。在许多发生岩爆的矿山，岩爆发生的频率与积累采出矿量成正比。采矿方法由分层充填法(浅孔采矿)改为深孔采矿法时，由于单位时间采矿量变大，所以发生岩爆的强度也就变得更大；岩爆矿山的工作面进尺由小变大时，因为应力转移的范围变大，原来多发生在工作面迎头的小规模岩爆就变成了工作面前方岩体深处更大规模的岩爆；在高应力条件下掘进巷道，巷道前方将形成一个破裂区，这个破裂区大多在爆破后几小时内开始形成，一般要经过大约 24 小时结束。工作面前的破裂区没有完全形成，局部应力没有达到新的平衡状态时进行新一轮爆破，两次爆破效果的叠加，很容易导致工作面岩爆。

2)岩爆类型

根据深部原岩应力状态，可将岩爆分成以下 3 种类型：

(1)重力型岩爆，主要受重力作用影响，没有或仅有小的构造应力影响而引起的岩爆。

(2)构造应力型岩爆，存在较大构造应力，岩爆发生与开采深度无关。

(3)中间型(重力-构造型)岩爆，由重力与构造应力共同作用引起。

根据岩爆发生时释放能量的大小，还可把岩爆划分成其他类型。

3)岩爆预测与监测

关于岩爆预测，国内外目前还没有一套成熟的理论和方法。印度学者用地震学方法的研究成果代表岩爆长期趋势预测的水平。南非学者通过仪器观测的研究成果代表岩爆短期预报的水平。国内外岩爆预测方法大致可分为理论分析法和现场实测法。

(1)理论分析法

理论分析法主要根据不同岩爆得出的理论判据来形成不同的预测方法。主要采用的判据有应力判据、能量判据、冲击能量指数判据、临界深度判据、岩性判据、岩体 RQD 指标判据、线弹性能判据、弹性应变能判据、岩体完整性系数判据等。理论分析法也注重先进的数学方法的应用，如模糊数学综合评价方法、人工神经网络、可拓学、数值模拟方法、距离判别方法、灰色白化权函数聚类预测方法、非线性混沌理论、支持向量机法、属性数学理论、分形理论等。

南非、苏联、波兰等国家采用下列判据作为判断能否发生岩爆的指标。

①能量法

将一定体积岩石中蓄积的弹性应变能作为评定发生岩爆危险程度指标。

②克狄宾斯克(Kidybinski)法

岩石在荷载作用下直到破坏前蓄积的应变能部分消耗于塑性变形。因此，可用蓄积的弹性应变能 U_e 与消耗于塑性变形和破坏上的能量 U_s 之比，表征岩爆发生倾向 K。

③弹性变形法

根据作用于试件上荷载小于极限强度 80%条件下，经多次加卸载循环得到的弹性变形应变量 ε_e 与总应变量 ε_g 之比，来表征发生岩爆倾向 K。

除根据岩石力学性质进行研究判断外，尚可根据生产中所出现的一些现象判断是否可能发生岩爆。如根据钻探过程中有无饼状岩心出现，或根据掘进时巷道工作面情况，也可判断是否发生岩爆，还可根据凿岩时钻孔的难易，工作面岩石外观(如具有玻璃光泽感则将发生岩爆)进行判断。

(2)现场实测法

现场实测法主要包括各种直接接触式方法和地球物理探测方法。直接接触式方法指通过向采掘工作面打钻孔测量反映应力状态的直接参数，并根据经验和已有的理论进行预测的方法，具体有钻孔应力计、光弹应力计、光弹应变计、压力盒、收敛计、位移计、电阻率法、煤粉钻监测方法等。其主要优点是可积累经验和基本数据指标，各指标直接从前方岩体中取得，具有较高的可靠度。缺点是预测的间隔时间较长，无法实现连续监测，因此信息量少、偶然性大，预测过程要扰动和接触岩体，易诱发动力现象，安全性差。地球物理探测方法指通过对岩体突然破裂发出的前兆信息用精密仪器进行采集分析的方法，包括地震监测技术应用、声发射监测技术应用、电磁辐射监测技术应用、超声波探测技术应用以及其他物理化学探测技术应用等。这些方法的共同特点是将灾害发生前的特征信息通过传感器转化为数字化信息，自动采集或者汇集信息，数字化传输、数据库存储数据并提供分析结果，很大程度上克服了直接接触式监测预报方法的局限性，并具有可以在全国甚至全球范围内通过互联网实现前兆数据的分布式共享、建立多维岩爆灾害监测系统的发展前景。应用地球物理探测方法监测预报岩爆灾害还处在发展阶段，目前存在测试参数依据不强、监测信息可靠度不高及前期投入大等缺点，但它代表了未来岩爆预测的发展方向。

(3)岩爆监测

矿山的岩爆监测主要是指矿山的微震监测。矿山的微震监测是矿山常规地压监测的拓展，利用设在研究对象岩体周围的传感器，拾取岩体由于破裂或沿地质构造面滑动发射出的地震波，可以研究岩体应力和应变随采矿生产活动的时空变化，掌握矿区岩爆活动规律和评估矿区潜在岩爆的危险性。

矿山微震监测系统由地表监测控制中心、井下通信控制中心、地震仪、地震传感器和信号传输线路等硬件系统和微震监测系统监控软件(如 RTS)、地震波分析软件(如 JMTS)、地震学参数可视化解释软件(如 Jdi)等组成。各传感器拾取的地震信号通过地震仪(如 QS)采集和数模转换后，经铜芯电缆传输到井下通信控制中心，然后由井下控制中心通过光缆经竖井传输到地表控制中心，在地表监测控制中心进行地震波信号的分析和处理。地表监测控制中心发出控制指令控制和管理微震监测系统的运营。某矿山的微震监测系统和结构如图 7-3 所示。

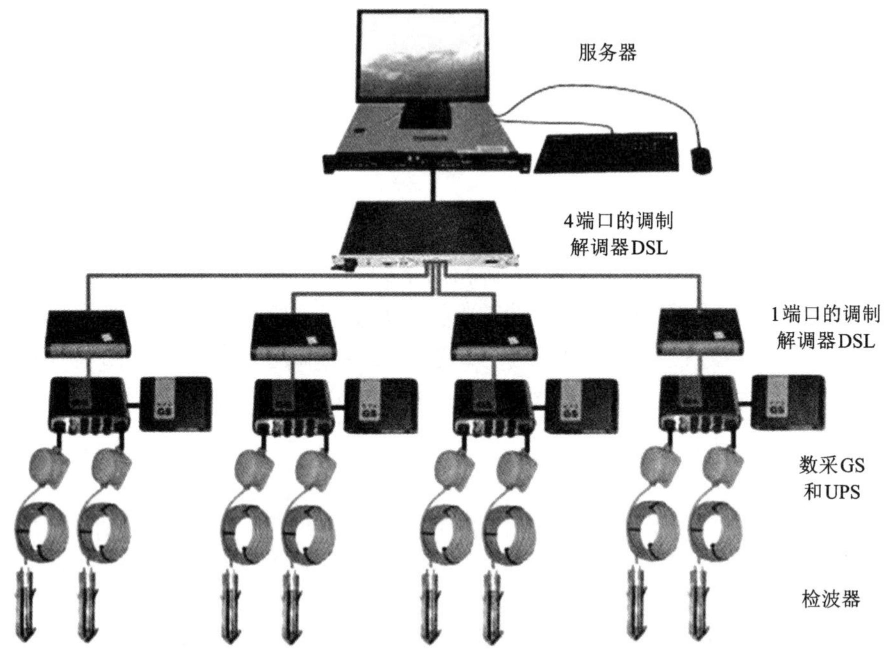

图 7-3 某矿山井下微震监测系统组成及结构

目前，矿山微震监测系统使用的传感器主要有两种：微型地震检波器(地音仪)和压电加速度计。为了满足不同监测目的的需要，典型矿山微震监测系统配置(传感器类型选择和监测网络的逻辑和物理参数)要求如表 7-3 所示。

表 7-3　典型矿山微震监测系统配置参数

监测范围	建议系统配置的最低要求
大区域范围内有多个矿山生产，系统灵敏度 $m_{min} \geq 0$，监测范围为 1~30 km	低频率：1~500 Hz
	传感器密度：震源 5 km 范围内设 5 个测点
	传感器：地音仪/力平衡加速度计
	动态响应范围：120 dB
	分辨率：12 bit
	事件发生频率：1~100 个/d
	持续事件发生频率：25 个/h
	通信速率：1.2 kb/s
	通信方法：单根双绞线/无线电
一个矿山或一个井田范围，系统灵敏度 $m_{min} \geq -1.0$，监测范围为 300 m~5 km	中等频率：1 Hz~2 kHz
	传感器密度：震源 1 km 范围内设 5 个测点
	传感器：地音仪/压电加速度计
	动态响应范围：120 dB
	分辨率：10 bit
	事件发生频率：100~1000 个/d
	持续发生事件频率：250 个/h
	通信速率：9.6 kb/s
	通信方法：两根双绞线/光纤电缆
局部微震监测，系统灵敏度 $m_{min} \geq -3.0$，监测范围为 100 m~1 km	宽频率范围：1 Hz 至 2 kHz
	传感器密度：震源 300 m 范围内安装 5 个测点
	传感器：压电加速度计
	动态响应范围：110 dB
	分辨率：10 bit
	事件发生频率：1000~10000 个/d
	持续发生事件频率：2500 个/h
	通信速率：115 kb/s
	通信方法：铜芯电缆/光纤电缆

传感器一般安装在钻孔内。为了消除开挖巷道周边破碎松动圈的影响，传感器在钻孔内的安装深度一般要求为 8~10 m 以上；传感器放置完毕，一般还要将钻孔封堵结实，封堵材料的波阻抗要尽可能与岩体材料的波阻抗相近，矿山实际一般采用水泥浆封堵。传感器的安装角度要精确，偏斜角度(偏离水平或者垂直基准线)一般要控制在 5°以内；如果传感器安装

在表土而不是基岩上时，则必须安装在基座上，基座半径应小于将要记录最高频率波长的1/9。

4）预防措施

目前在国外金属矿山及煤矿中采取的预防岩爆措施如下。

（1）降低回采过程中弹性应变能的释放速度。这可借助部分回采，或应用废石、尾砂、河砂、胶结材料充填采空区来实现。

（2）两帮岩石在回采过程中可发生收敛闭合时，应减小矿块宽度（如石嘴子铜矿）。

（3）采用振动爆破释放应力。

（4）改变矿岩层的物理化学性质，如在煤矿采用高压注水方式人为地在煤层内部造成一系列的弱面，并起软化作用，以降低煤的强度和增加塑性变形量。注水后，可使煤单向压缩的塑性变形量增加13.3%~14.5%。

（5）孔槽卸压是指用大直径炮孔或切割沟槽使煤体松动来达到卸压效果。

7.2.7 应用实例

冬瓜山铜矿是我国首次开采深度为千米的、日产万吨的特大型金属矿床。矿床水平投影长1810 m，平均宽度为500 m，平均厚度为34.16 m，缓倾斜。矿床埋藏深（-690~-1007 m），原岩应力高（38 MPa），岩温高（39 ℃），含硫高（平均17.6%），存在岩爆倾向等复杂的开采技术条件。根据冬瓜山矿床的特点与开采的技术条件，采用阶段空场嗣后充填采矿方法。为满足日产1万t持续稳定的生产能力，采取强化开采措施，对采场爆破技术——大直径束状深孔等效孔当量球形药包爆破工艺进行了研究和试验，该项技术取得了突破性进展，取得了好的爆破效果。具体如下：

1）束状孔当量球形药包爆破原理

束状深孔爆破是以数个密集平行深孔形成共同应力场的作用机理为基础的深孔爆破技术，即由N个间距为3~9倍孔径的密集平行深孔组成一束孔（直径d）装药同时起爆，对周围岩体的作用视同一个更大直径（等效直径$D=\sqrt{N}d$）炮孔的装药爆破作用。

以束状孔等效直径为计算依据的当量球形药包装药量、装填参数以及相应的最优埋深、布孔方案和参数，可以依据采场具体条件在较大范围内进行合理选择。其工程工艺和预期效果的适用性与合理性如下。

（1）该方案综合利用了有利于增强装药中远区爆破作用的束状孔效应和最优埋深条件下的球形药包漏斗爆破，合理利用了炸药能量的最优条件。

（2）在工程工艺方面，由于采用束状孔的大参数束间距，凿岩硐室可以布置成凿岩巷道的形式，凿岩水平可以留有大尺寸连续矿柱，简化了采场管理；采场利用高分层大量落矿条件，完全避免了切割井、拉槽等低效率作业辅助工程；高分层的分层落矿和厚大的揭顶爆破，使矿山的爆破周期更趋合理。

（3）由于束状孔采用大参数束间距布孔方式和最优埋深的成倍增加，从根本上改善了装药爆破的约束条件。当量球形药包可以采用无特殊性能要求的普通低成本炸药，在提高每米崩矿量、降低炸药成本方面有明显效果。

2）采场爆破条件

矿岩可爆性主要取决于其强度参数、岩体结构、原岩应力等因素。冬瓜山矿体由含铜矽卡岩、含铜磁黄铁矿、含铜黄铁矿、含铜蛇纹岩等构成。矿体构造简单，节理裂隙不发育，岩性坚硬，力学强度高，稳定性较好，$f=8\sim16$。冬瓜山矿床原岩应力在方向和量级上主要受地质构造控制，量值在 30 MPa 至 38 MPa 之间，属高应力区。

通过与径向裂隙特性的动态光弹试验对高应力条件下矿体介质爆破进行研究，表明冬瓜山矿岩难爆，裂纹扩展及爆破效果与附加载荷有关，附加应力愈大，裂纹扩展愈小。爆破要采用较小抵抗线的凿岩爆破方案。通过在首采地段进行束状孔当量球形药包爆破漏斗试验可知，等效束状孔爆破效果明显好于单大孔爆破。合理的束间距为：$L_0=(1-1.5)d_0$。多束孔同时起爆的爆破作用效果比单束孔好。乳化硝铵炸药最大比能 $V_0/W=0.196$。双密集孔间能有效贯穿，爆破后边壁平整。

3）试验采场爆破参数

在首采矿段 52-2#采场进行了束状孔当量球形药包落矿试验。采场长为 78 m（尾砂采场）或 82 m（胶结采场），宽为 18 m，采场高度为矿体厚度。矿体厚度大于 35 m 时采用大孔（ϕ165 mm）落矿。根据矿体顶板变化，凿岩硐室分别布置在−687 m、−714 m、−730 m 水平。

根据采场尺寸和爆破条件，漏斗爆破试验和小台阶爆破模拟试验结果，采用 5 孔束状孔与边孔双孔的布孔设计，在采场中间部位布置束状深孔，束孔由间距为 0.825 m 的垂直平行孔组成，贯通凿岩硐室底板和拉底层顶板，束间距为 7.0 m，侧帮边孔为双密集孔，间距为 7.0 m，端帮为单孔垂直平行孔，间距取孔径的 21 倍，为 3.6 m。下向垂直深孔按布孔设计，定位误差不大于 5 cm，偏斜率不大于 1%。分层爆破高度为 7 m，破顶爆破高度为 12～14 m。采场共布孔 262 个，总孔深 7995 m，布孔范围的矿石量为 246792 t，崩矿量为 30.87 t/m。采场总的落矿次数为−730 m 硐室（2 次）、−687 m 硐室（4 次）、−714 m 硐室（4 次），共 10 次爆破，见图 7-4。

4）爆破起爆顺序与起爆网路

采用乳化硝铵炸药装药，首先起爆采场中部束状深孔，然后起爆采场两侧及两端深孔。束孔内各孔同时起爆。束孔、边孔间采用孔口和孔内微差起爆。爆破作业微差起爆间隔为 1 段。爆破采用孔内双导爆索和孔口非电毫秒雷管联合起爆。主起爆网路采用单导爆索双回路环形起爆系统。

5）爆破效果

为保证生产能力，减少了采场爆破次数，没有拉槽低效率作业，作业工序简化。采用 7 m 分层爆破落矿和厚大（12～14 m）揭顶爆破，一次爆破矿量多，保证了采场大量连续崩矿。

简化了采场地压管理，有利于凿岩硐室的稳定。用凿岩巷道代替凿岩硐室，避免大面积开挖凿岩硐室，凿岩水平可以留有大尺寸连续矿柱。

有利于爆破作用的控制，获得良好的矿岩破碎质量，爆堆块度均匀，大块率低，出矿效率提高 20%以上。

炸药单耗低（0.32～0.36 kg/t）；崩矿量大（26～31 t/m）；降低了生产成本。

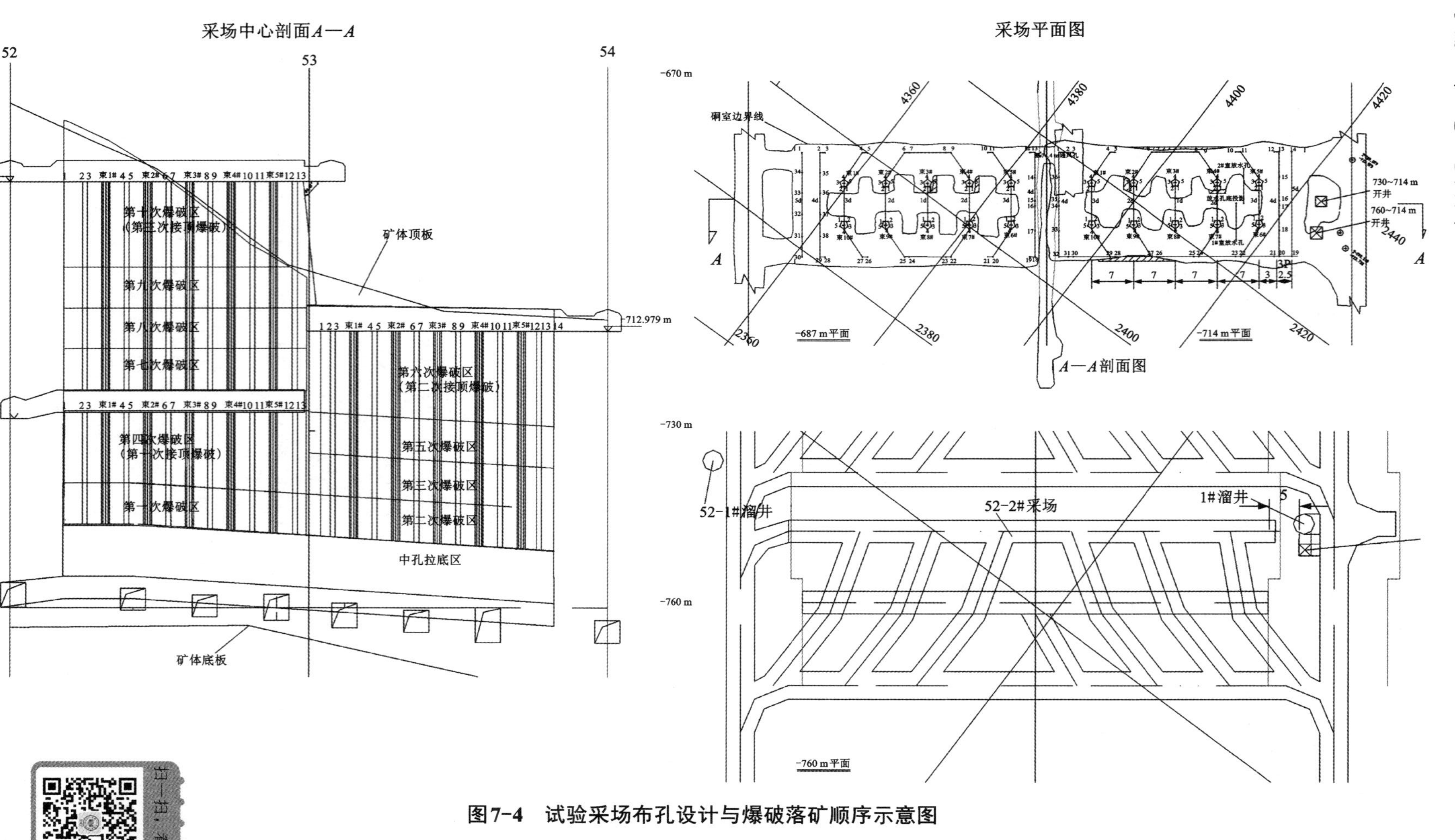

图7-4　试验采场布孔设计与爆破落矿顺序示意图

扫一扫，看彩图

7.3 高原高寒矿床开采

7.3.1 高原高寒矿床开采特殊问题及要求

1)工业场地的选择

部分高原高寒地区山高、谷深、坡陡，可供布置工业场地的地方少，因此要求布局尽量紧凑。

部分高原高寒矿床所处地区地震较多，特别是在碎石多山坡上和土层中含水分大的地方，地震的危险性大，应避免在这样的地区布置工业场地。

高原高寒地区碎石、浮石及山顶采空区覆盖岩石等易滑落形成泥石流，选择工业场地时应避开这些危险因素影响的区域，若无法避开，应采取完备的防护措施。

较厚的坡积层，堆积物在地下水、季节融水的渗透下，易形成滑坡，应避免在其附近布置工业场地。

要避开终年积雪区。

高原高寒地区生态环境脆弱，选择工业场地时应尽量降低对生态环境的影响，并减少占地。

2)采矿方法选择

高原高寒矿山通常离城市较远，交通不便，运输费用高，材料供应困难，因而应选用材料消耗少、节能节水的采矿方法，并应尽量选用当地能提供的材料。

高原高寒地区气候恶劣，劳动环境差，易发高原病，应尽量选用劳动力消耗少的采矿方法。

应选择机械化、自动化程度高，劳动强度小的方法。

3)防寒

建筑物地基处理：在永冻层上，当室温升高时，地基下沉，楼房等高大建筑物易破裂，特别当表土厚度不均匀，或基层是斜坡时，地基下沉不均匀，破坏性更大，可采取如下措施。

(1)表土厚度在2.5 m左右时，最好建地下室。

(2)表土厚度在5 m以上或在永冻层上修建高大建筑物时，基础应深挖在基岩上，基础圈梁的纵向钢筋和基岩应铆固在一起。

(3)表土厚度特别大时，可用高压注浆法处理基础。

(4)各种管道要深埋，不作业时，要将管道内的水放净。

(5)凿岩可用高压开水。先将开水装入水包，再充入高压空气，形成高压开水运入地下使用。

(6)冰害处理。地下作业积水易结冰，易造成矿石冰结，阻塞管路、漏斗，盖没轨面，如不及时处理，还可能堵满井巷、硐室，淹没设备，影响日常排水、通风及运输系统。在永冻层内，巷道宽度要适当加大。

(7)地下采暖。除上述冰害外，冰冻使设备配件物理性质变脆，使用寿命减小。在永冻层中采矿，凿岩工淋水后浑身结冰，行动不便，天井梯子滑，巷道内也行走困难，人的工作能力大大降低，故需采暖。采暖主要有以下两种方式。

①整体预热式：给热风增温，如利用锅炉供蒸汽。这种方式只能使地下温度短时局部上升，且投资大，运转费用高，效果差，不太理想。

②工作面局部预热式：如利用电热或供暖气等，效果较好。

4）高原病及防护

高原病亦称高山病、高原适应不全，是指人体进入高原低氧环境下发生的一种特发性疾病，病人返回平原后迅速恢复。常在海拔 3000 m 以上高原发病。致病原因主要是缺氧、寒冷、干燥、太阳辐射、疲劳，营养不良也可促进其发生。

（1）缺氧致病。由于缺氧，人们会出现头痛、心慌、气促、恶心、呕吐、腹泻等症状，严重时会出现高山肺水肿、高原脑水肿等。如多次重返高原，反应会一次比一次加重。在高原定居的外来人，当机体变异组织缺氧时，会产生慢性高原病，如高原心脏病、高原红细胞增多症、高原血压异常等。

（2）紫外线致病。高原紫外线强，常使人患日光性皮炎、光照性眼炎等。

（3）营养不良。高原地区物资匮乏，如后勤保障不力，易造成人体营养不良。

（4）心理疾病。由于缺氧对中枢神经系统的影响和高原的特殊环境，人易出现情绪紊乱和情感障碍症状，产生感知功能下降、注意力分散、思维凌乱和情绪波动等心理问题。

以上原因，使人们工作效率大大降低，出勤率也降低。脑力劳动者的工作效率降低更为明显。与平原相比，人的劳动能力在海拔 3000 m 处下降约 29.2%，在海拔 4000 m 处下降约 39.7%。同时随着年龄增加，适应能力减弱，发病率增高。

除尽量聘用当地人员外，宜采取以下防护措施：

（1）体格检查。制定完备的体格检查标准，选择适合人员进入高原工作，并进行动态监控。凡有器质性心脏病、呼吸器官疾病及曾患过高原心脏病、严重高原脑水肿、高原肺水肿及高原红细胞增多症的人员均不宜进驻高原。

（2）阶梯式习服。平原人群进入高原地区，可采用阶梯式习服方式，可有效降低急性重型高原病的发病率。

（3）加强营养。多吃高蛋白、高脂肪、高碳水化合物的食物，注意补充维生素，以增强人的抵抗力。

（4）配备劳动防护用品，防止冻伤及紫外线灼伤。

（5）增加地下通风量。

（6）采用合理的工作制度，降低劳动强度及持续劳动时间，工作一定时间应到低海拔区域进行休整。

（7）配备医疗救护设施及医护人员。

7.3.2 开采通风

高原高寒地区大气压低，空气稀薄缺氧，气候干燥寒冷。井下空气由于在采掘过程中受释放的有害气体和粉尘等污染，缺氧更甚，严重影响矿工的身体健康和劳动效率。

针对高原高寒矿井通风的特殊条件，采用增氧增压的通风方式是解决其通风问题的关键，可采取的主要措施如下。

（1）采用压入式通风。

（2）采用整体增压及工作面局部增压措施。

(3)采用先进可靠的通风设备，充分考虑现场条件进行设备选型。

(4)必要时通过配置制氧机弥散供氧、工作面氧吧供氧及个人配备氧气瓶供氧等方式进行氧气补充。

(5)井下应保持一定的温度，特别是采掘工作面要注意调整好温度、湿度与风速的关系。

(6)井下要加强安全管理，采取有效措施杜绝火灾等剧烈耗氧的现象。

7.3.3　设备选择

由于高原矿山的设备效率大大降低，需增加设备备用系数，有时甚至还要更换设备。设备效率降低，不仅和高原采矿特殊条件有关，还与其所用的动力方式有关。

在高原矿床开采中，设备所用的动力不同，其能力降低情况也不一样，如表 7-4 所示。

表 7-4　高原矿山不同动力方式设备能力降低情况

设备动力类别	海拔范围/m	设备能力降低范围/%	设备能力降低原因
电力	3000~5000	25~40	高山日照长、紫外线强，降低了绝缘性能、磁场强度降低，感应电流产生慢，感应磁场强度减小，降低了轴功率
电工器材	3000~5000	①各种元件动作失灵使用寿命短，油漆粉化；②可控硅通态电流降低 15%~25%；③易聚温；④避雷器耐压强度降低，变压器易漏油	①日照长，紫外线强，导致绝缘性能降低，磁场强度降低，从而降低了机械力；②空气稀薄，风冷效果差；③温差大，经常性的热胀冷缩瓷元件易被破坏；④高山气压低
压气动力	3000~5000	30~50	高山空气密度小，重量流减小，低温增加了风流阻力，从而降低了轴功率
柴油动力	3000~5000	40~60	高山缺氧，油料不能完全燃烧，设备启动困难，热能利用率低，严重影响额定功率
蒸汽动力	3000~5000	50~70	热能利用低，严重影响额定功率

1)通风设备

高原高寒矿床开采通风设备运行的主要问题是效率降低、风机匹配不当、检修周期短。解决上述问题的根本途径是选择合适的风机，并对高海拔矿井通风参数进行修正。通风参数主要包括矿井需风量、风机风量、矿井阻力、风机风压。

2)压气设备

高原矿区受空气密度、气温、气压等影响，压气设备生产能力下降，下降情况见表 7-5。

表 7-5　高原矿区压气设备生产能力下降情况

压缩方式	体积生产力	重量生产力
单段压缩	下降	明显下降
双段压缩	不变	明显下降

在同样压力下，高山地区从管道缝隙中渗漏的压气也较海平面多。为缩短管道，减少损耗，可采取以下措施。

(1)合理选择设备，采用高原型空压机。

(2)对现有空压机进行改进，如增加气缸容积、提高升程、采用进气增压装置及增加吸气系统压力等，以提高空压机工作能力。

(3)压气设备可选择安装在主要开拓巷道的出口附近或安装在地下硐室内。

(4)有条件的可采用液压或电动设备替代气动设备。

3)电气设备

高原的特殊条件，对电气设备绝缘、温升、耐低温性、耐电晕等性能均有不同程度的影响。

空气压力或空气密度降低，会引起电气间隙和外绝缘强度降低。试验结果表明，在海拔5000 m以内，每升高1000 m，外绝缘强度降低8%~13%，但海拔对固体绝缘材料的瞬时击穿电压无明显影响。

空气压力降低使高压电气设备局部放电电压降低，电晕起始电压降低，电晕腐蚀严重，高压避雷器内腔因气压降低引起的工频放电电压也降低。

空气压力或空气密度的降低，使以空气介质灭弧的开关电器灭弧性能降低、通断能力下降和电寿命缩短。交、直流电弧的燃弧时间随气压下降而延长。电压击穿强度降低，可能导致灭弧时间不合格。

空气压力或空气密度的降低使空气冷却效果降低，对于以自然对流、强迫通风或空气散热器为主要散热方式的电气产品，由于散热能力降低，温升增加。有研究表明，在海拔5000 m以内，每升高1000 m，温升增加3%~10%。

高原气温变化大，使产品密封结构容易破裂，外壳容易变形、皲裂。空气温度降低对提高放电电压有益，但其影响值较小。温度降低将使线圈电阻值减小，动作安匝数增加，机械冲击增加，机械寿命与电寿命降低。温度降低对电器开关电弧冷却有利，但影响较小。

针对这些影响，设计时应充分考虑高原影响，进行修正，并选用高原型专用产品，可采取的具体措施如下。

(1)为保证电气产品有足够的沿固体绝缘材料表面放电的能力，应加大爬电距离；为保证电气产品电气间隙有足够的耐受电压击穿的能力，应加大电气间隙。

(2)为避免海拔对开关电器通断性能的影响，对高原用电气设备应尽量选用密封(充氮)电器或真空电器等不受海拔影响的电气设备。无法采用密封电器或真空电器设备时，应验证其灭弧性能是否符合技术要求。可采用接点串联办法来提高分断性能。对主电路、辅助电路的电气设备应尽量采用无电弧转换控制。

(3)环境温度低时，选用材料的允许使用温度范围应满足低的环境温度的要求。

(4)为避免电晕出现，对于高压电气设备，在设计时应避免金属件出现尖角、截面突变等。海拔升高会降低电晕电压值，对于超出低压电气设备范畴的电气设备应考虑尽量采用耐电晕的绝缘材料。

4)燃油动力设备

随着海拔的升高，大气压力、空气密度、环境温度及水的沸点均会降低，相应关系见表7-6，而这些变化直接影响柴油动力设备的功率及油耗，海拔与燃油动力设备功率及油耗的关系见表 7-7。

表 7-6　海拔与大气压力、空气密度、温度及水沸点的对应关系

海拔/m	大气压力/kPa	大气温度/℃	空气密度/(kg · m^{-3})	水沸点/℃
0	101.325	15	1.226	100
1000	90.419	8.5	1.112	97.5
2000	79.487	2	1.006	95.5
3000	70.101	-4.5	0.909	90.5
4000	61.635	-1	0.819	87
5000	54.009	-17.5	0.736	84

表 7-7　海拔与汽车功率、油耗的关系

海拔/m	功率/kW	油耗	
		占海拔 0 m/%	占海拔 0 m/%
0	68.68	100	100
2000	54.21	79	107
3000	45.79	66.9	109.5
4000	36.61	53.3	114.3
5000	32.96	48	116

环境变化对燃油动力设备的影响主要表现在以下 4 个方面。

(1)随着海拔的升高、大气压的降低，冷却液的沸点随之降低。在一定海拔地区，冷却水还没有达到正常工作温度却已沸腾，导致发动机受热零件冷却不足、机体过热、充气系数下降、燃烧异常、机油变质和零件磨损加剧，进而使整机性能恶化，可靠性和寿命降低。

(2)随着空气密度的减小，空气含氧量下降，易使发动机增压器效率降低，后燃现象增加，燃烧持续时间长，冒烟严重；使燃油动力设备的动力性和经济性显著降低，排放恶化。

(3)在高原严寒环境中，机油黏度大，启动阻力大；燃油黏度高，混合气形成质量差；压缩温度与压力降低，首采着火困难；蓄电池内部化学反应缓慢，内阻增大，端电压下降，启动力矩降低。这些因素使得发动机不能顺利启动，还会使机器磨损增加，寿命缩短。

(4)高原地区干燥多风，空气含尘率高，沙尘易使滤清器孔堵塞，增大进气系统阻力，将会造成油料燃烧不完全、功率下降、油耗增加；同时沙尘还易加剧零件磨损。

针对这些问题，可以采取的措施有：

(1)采取闭式水冷却，增加蒸汽阀弹簧弹力，提高冷却系统内部压力，防止冷却水沸点降低。

(2)采用强化增压进气(多级增压)、富氧进气、喷油量匹配调节、发动机降功率匹配等措施改善排放效果。

(3)改进燃油系统和废气涡轮增压器的性能。

(4)采用启动预热及进气管喷入辅助燃料方式，提高低温启动性能。

(5)合理选择适应高原环境的油料。

7.3.4 应用实例

甲玛铜多金属矿位于西藏自治区墨竹工卡县，距拉萨市区 68 km，至墨竹工卡县城 7 km，交通较为方便。矿区处于西藏自治区“一江两河”开发区中部，矿区东西长 8~11 km，南北宽 6~11 km，面积约 106 km^2。整个矿区海拔在 4300 m 以上，属于高原温带半干旱季风气候区。

甲玛铜多金属矿床具有规模大、有价元素品位高、开采技术条件好的特点，随着勘探的不断深入，矿产资源量将大幅度增加。外围和深部的当量铜资源量预计突破 1500 万 t。有望成为中国在青藏高原上发现的世界级超大型矿，而且是矽卡岩、角砾岩、斑岩 3 种工业类型“三位一体”的甲玛式铜金多金属矿床。

(1)开采通风

考虑高原缺氧，采用多级机站通风系统，使工作面处于微正压状态，改善作业环境。多级机站通风系统采用高效率的节能风机，针对矿井的具体情况进行优化计算和配置，使得矿井工作面处于较佳的分风状态，同时也达到了通风节能的目的。由于现代测控技术的发展，多级机站的监测和控制已变成现实，因而多级机站通风的管理也变得较简单。

甲玛铜多金属矿设计采用分区开采，其生产规模较大，且地处高原，采用单一抽出式通风方式将使坑内空气变得更加稀薄，不利于作业人员健康和设备运转。因此在南北两区分别布置通风系统，即分区通风。

北区采用压抽混合的多级机站通风方案，中央双翼对角压抽结合的通风方式。措施风井、专用进风竖井进风，两翼风井出风。措施风井采用 1 台 DK-12-No34 型矿用轴流通风机，专用进风井采用 2 台 DK-12-No38 型矿用轴流通风机，北回风井采用 2 台 DK-12-No32 型矿用轴流通风机并联，南回风井采用 2 台 DK-10-No32 型矿用轴流通风机并联。

南区基本都有平硐开拓条件，入风、需风段负压较小，采用罐笼竖井和各中段平硐口进风侧翼风井回风的单翼对角单一抽出式通风方式，对坑内空气密度影响较小。初期回风井采用 2 台 DK-6-No19 型矿用轴流通风机，末期回风井采用 2 台 DK-6-No21 型矿用轴流通风机。

(2)设备选择

采用国际先进凿岩、出矿设备，提高劳动效率、节能降耗。

露天开采剥离穿孔选用 2 台孔径为 250 mm 的牙轮钻机；采矿穿孔选用 2 台孔径 165 mm 液压潜孔钻机；选用 3 台斗容 10 m^3 电动挖掘机作为岩石主要铲装设备；为了较好地进行矿岩分采，有效控制损失贫化，选用 2 台斗容为 5 m^3 的液压反铲挖掘机进行矿石铲装工作；此外选用 2 台斗容 5 m^3 前装机及 2 台斗容 3 m^3 前装机作为辅助铲。运输采用载重为 91 t 的自卸汽车。

地下开采落矿凿岩采用阿特拉斯 · 科普柯公司生产的 SimbaH1354 采矿凿岩台车配 Cop1838ME 型高效液压凿岩机，出矿设备选择山特维克公司生产的 Toro1400E 电动铲运机，斗容为 6 m^3；浅孔落矿及大断面水平巷道掘进采用 Boomer281 型单臂液压凿岩台车，出碴采用国产斗容为 3 m^3 的铲运机。

采用大型现代化设备，可有效提高工作效率，降低工人劳动强度。

110 kV 系统采用成套 SF6 绝缘全密封免维组合电器(GIS)，节约了变电站的占地面积，降低了变电站的总投资。同时在高原地区减少了设备的检修与维护工作量。

7.4 大水矿床开采

据初步统计，复杂难采矿床的铁矿资源量和有色金属资源量全国约有 85 亿 t，其中复杂富水矿床资源量约 46 亿 t。上述金属矿资源的特点是赋存在厚大第四系岩层、流砂含水层的富水矿床及深部富水破碎矿床，开采环境极为复杂，给矿山开采带来很大困难。

7.4.1 大水矿床开采特殊要求

(1)水文地质工作

与常规矿床相比，大水矿床对水文地质工作要求更高，要求全面掌握矿区的水文地质资料，并进行深入分析研究，查明水量的大小、分布、排泄条件、补给水与水力联系等。同时还须查清水质、水温及其变化规律，可利用同位素技术、遥感技术及计算机技术等先进技术手段探测。

(2)采矿方法选择

应根据矿床充水类型综合比较选择采矿方法，条件适宜的推荐采用充填采矿法。

(3)防治手段

根据充水类型，选择适宜的防治方法，与“疏、堵、避”相结合进行综合治理。

7.4.2 大水矿床开采水害预报与预防

1)充水类型分析

依据充水水源的类型，大水矿床充水通常可分为 4 个类型，即大气降水、地表水、地下水和老空水。

(1)大气降水

一般来说大气降水是矿床充水的根本来源，通过对地表水、地下水的补给对采矿生产造成威胁，引发水患。

(2)地表水

地表水即赋存于地表的水源，如滨海、河流、湖泊、池塘等。地表水对矿床充水影响取决于地表水对矿坑的补给方式。位于地表水下的矿山，我国较为常见。如位于康家溪下的湖南康家湾铅锌金银矿、位于马河下的河北西石门铁矿、位于圣冲河和新西河下的安徽新桥硫铁矿、位于青山河附近的安徽姑山铁矿、位于青山河下的安徽白象山铁矿、位于水岩河下的湖南冷水江锡矿山南矿、位于赛城湖下的江西城门山铜矿、位于渤海边的山东三山岛金矿等。

(3)地下水

地下水往往是矿坑涌水的直接来源，造成矿坑涌水的含水层称为充水含水层或充水围岩。我国威胁最大的充水含水层有北方中奥陶系灰岩、南方二叠系茅口灰岩和石炭系壶天灰岩，其共同特点是质纯厚度大、岩溶发育，90%的复杂大水矿床分布其中。同时还是其他作为充水层补给源的水源进入矿坑的主要途径。充水含水层的孔隙性决定矿床的充水强度。宏观上，岩溶充水矿床最强，裂隙充水矿床最弱，孔隙充水矿床居中。通常裂隙充水矿床含水少、水源补给弱，对矿床开采影响不大。按照充水条件将复杂大水矿床分为以孔隙含水层充水为主的矿床和以岩溶含水层充水为主的矿床。我国以孔隙含水层充水为主的矿床多分布于山前冲积平原、河流两岸、河床沉积地带，主要是产在第三系和第四系岩层中的矿床及埋藏于富水孔隙含水层下的基岩中的矿床，如安徽姑山铁矿。我国以岩溶含水层充水为主的矿床分布较广。南方这类大水矿床岩溶特别发育，岩溶形态以溶洞、暗河为主，矿坑涌水量受降水影响大，滞后期短，地下水以管流形式为主；而北方大水矿床岩溶形态以溶隙、溶洞为主，矿坑涌水量相对较稳定，降水影响滞后期相对较长。

(4)老空水

老空水是存在于废弃矿坑或巷道中的积水。老空水位置多无资料可查，分布不清，调查困难，同时巷道空区还可成为其他水源的涌水通道，如处理不当将会引发突水事故。

2)水害预报预防

对大水矿床水害的预报预防要多措并举，综合利用，主要措施如下。

(1)辨识水害征兆

从开拓工作面开始发展到突水的期间内，在工作面及其附近往往会出现一些征兆。

①承压水与承压水有关断层水突水征兆：出现工作面顶板来压、掉碴、冒顶、支架倾倒或折梁断柱现象；底软膨胀、底膨胀裂。这种征兆多在顶板来压之后发生，且较普遍，在采掘面围岩内出现裂缝，当突水量大、来势猛时，会伴有“底爆”响声。先出小水后出大水也是较常见的征兆。

②冲积层水突水征兆：突水部位岩层发潮、滴水，且逐渐增大，仔细观察可发现水中有少量细砂；发生局部冒顶，水量突增并出现流砂，流砂常呈间歇性，水色时清、时混；发生大量溃水、溃砂，这种现象可能影响至地表，导致地表出现塌陷坑。

(2)水源识别

采掘过程中发现突水征兆，应及时告诫并采取必要防范措施，以减缓或防止突水事故发生。矿井突水后，如何查清水源，进行有针对性的治理，是一个重要问题。水源识别主要有以下方法。

①地质、水文地质分析法

熟悉、掌握矿区或采区内已存在或可能存在的断层位置、性质、落差、两盘含水层错动情况；断裂构造的组合特征、含水层数目、厚度、含水类型、水压大小、富水性、裂隙或岩溶发育程度；矿层与直接或间接充水含水层的距离、隔水层厚度、强度、稳定性；老空边界、旧钻孔位置及封孔质量；地表水是否与矿坑水有联系。通过上述方法可以初步确定突水的类型和位置。

②突水点位置和突水形态分析法

在采矿过程中，由于矿层底板或断层应力场发生了变化，承压水的入侵高度沿断层带或破断的底板向上发展产生递进导升现象，造成突水。因此，突水过程具有岩体应力、渗透性变化，水压升高、涌水量增大等一系列前兆。这些前兆是突水预测、预报的依据，通过传感器对应力、水压的变化幅度等信息进行分析处理，反演突水区域，进而计算突水点的位置。突水形态是指水从突水点流出或冒出，一阵大或一阵小，缓慢增大；上翻出水、喷射，还是缓流水。突水形态可判断水压的相对大小，同时也可反映出动水量大小。

③突水携出物分析法

无论是地表水还是井下承压含水层中的水，溃入采掘工作面时，一般都能携带突破点附近围岩物质；可通过观察和分析这方面的资料来确定突水位置。

④地下水动态分析法

井巷突水前，地下水运动处于相对动平衡状态，在疏放流场中，其流向、水力坡度、水质、水温都相对稳定。突水后，势必打破原平衡状态，在水位、水质、水量等方面应有所反映。通过动态分析法，可以分析判断突水水源。

⑤水化学法

水化学法是研究地下水自身组分的变化，从微观上判别与认识不同水源间差异和联系的一种方法。要判别井下突水水源，必须首先搞清不同水源之间的区别和各自特征，并掌握其形成特征的自然规律。地下水在形成过程中，由于受到含水层的沉积期、地层岩性、建造和地化环境等诸多因素的影响，储存在不同含水层中的地下水主要化学成分有所不同。

随着计算技术和计算机技术的迅速发展，一些定量、半定量的分析方法已经应用到对矿井突水水源的判别中，如模糊综合评判法、人工神经网络、灰色关联分析，等等。每种方法有其自身的特点，同时也存在一定的局限性。针对不同情况，应从方法上扬长避短，发挥各自的优势，实现对矿井突水水源的准确判别及预测。

(3)水害预测研究

①突水系数法

我国学者早在 1964 年就开始了底板突水规律的研究，提出了采用突水系数作为预测、预报底板突水与否的标准。突水系数就是单位隔水层所能承受的极限水压值。

在矿井底板突水预测中，使用了临界突水系数的概念，即单位隔水层厚度所能承受的最大水压。突水系数概念明确，公式简便实用，一直沿用至今。由于临界突水系数统计中 80%以上是断层突水，所以临界突水系数主要反映的是断裂薄弱带的突水条件。该法用于预测正常底板，其数值偏小，这对深部矿床开采有时起到了一定的束缚和限制作用。

②下三带理论预测方法

以山东科技大学为代表，根据现场实测底板突水资料，结合相似材料模拟及有限元计算提出了下三带理论。该理论认为底板突水是底板在水压力作用下底板强度低于水压力的失稳现象，是底板含水层在水压力和矿山压力共同作用下升高所致。当底板含水层与底板导水带沟通时，就会发生突水事故。

③突水概率指数方法

突水概率指数是指应用赋权的方法，将影响底板突水的各种因素在底板突水中所起的作用定量化，通过一定的数学模型求得的总体量化指数即为突水概率指数。突水概率指数方法是结合现场实际来预测采场底板突水的一种新方法，它不仅考虑了多种因素对突水的综合影响，而且能够反映研究区的突水规律。经过计算机程序化后，其现场操作十分方便。

④其他方法

其他方法主要有模糊数学、神经网络、突变理论、地理信息系统和多源信息复合处理法等。

(4)水害现场监测

水害现场监测是水害预报预防的重要手段，采用包括抗地电干扰的瞬变电磁仪、红外探测仪、三维高分辨率目标地震勘探仪、微震监测、综合物探和超前钻探法等综合方法探测突水点，取得了较好的效果。

7.4.3 大水矿床开采水害防治措施

大水矿床开采水害的防治，应根据具体水害原因制定措施，通常可采取的措施如下。

(1)排水疏干

疏干是大水矿床开采必须做的工作，也是最原始、最简单、最广泛的防治水害的方法。但排水疏干存在一些问题，如矿床疏干排水改变了矿区附近的天然水文地质条件；长期大量地疏排地下水，降落漏斗日益扩展，破坏了地下水资源；岩溶充水矿床因矿山疏排水引起地面沉降、开裂和塌陷，造成农田和建筑物被毁坏等。如水口山铅锌矿、莱芜业庄铁矿、北洺河铁矿因强排疏水，造成突出的环境问题。

(2)帷幕堵水

帷幕堵水就是利用钻孔揭穿含水层的岩溶裂隙，通过钻孔将水泥浆注入含水层的岩溶裂隙中，在水泥浆凝固之后把各个钻孔周围的岩溶裂隙封堵起来，就形成一条地下帷幕。这类帷幕具有较强的防渗漏性，起到阻隔水源的作用，可减少矿坑涌水量，保证生产。合理的帷幕堵水方案能够减少坑内涌水，保证矿山安全生产。如水口山铅锌矿、济南张马屯铁矿、黑旺铁矿、铜绿山铜铁矿等采用帷幕堵水，保证了矿山安全生产，取得了良好的经济效益。但帷幕堵水工艺复杂、成本高，使用范围受到制约。

(3)合理避水

使用河流改道等方法可以使矿体上部水源“远离”矿体，达到“避水”的目的。如凡口铅锌矿、西石门铁矿等矿山均位于河流下面，为保证矿山安全开采，将地表河流改道，避开地表水对矿床开采带来的威胁。如莱芜业庄铁矿实施“躲水采矿”，保证了矿山的安全生产，地表无任何塌陷，经济效益良好。

(4)“疏、堵、避”综合运用

复杂大水矿床只有综合运用“疏、堵、避”防治水方法，才能保证矿山的安全开采。如水口山铅锌矿、莱芜业庄铁矿、济南张马屯铁矿等矿山起初由于采用单一防治水的方法引发了突出的环境问题。之后采用“疏、堵”的方法，保证了矿山长期的安全生产，取得了良好的技术经济效果。

7.4.4 大水矿床开采技术特点及注意事项

(1)开拓与采准的特点

①开拓大水矿床，首先应开拓水文地质条件简单、储水量小的块段，建立起可靠的防排水基地，然后再逐步深入到水文地质条件复杂的块段。这样可以利用开采简单块段的疏排水设施，预先疏干和进一步探明复杂块段的水文地质情况，减少复杂块段初期涌水量大的不利因素。如在岩溶地区进行开拓和采准，初期工程要布置在非岩溶地段，避开充水构造、破碎带。开采特厚含水层的矿体，应先对深部矿区进行开拓、采准，由深部向浅部进行开采。

②对位于互有水力联系、同一水文地质区域的各井田，应布置多井同时开采，进行整体

疏干，形成区域水位下降漏斗，加快疏干速度，缩短整个矿区的开采期限，分散排水负担，减少单位矿石的排水费用。

③疏干巷道一般应垂直地下水的补给方向布置。当疏干涌水量较大的含水层时，疏干巷道应在隔水层中掘进，只起引水作用并通过放水钻孔对含水层进行疏干。疏干巷道的布置要与采矿工程密切结合，尽可能为以后开拓和采准所利用。

④疏干放水巷道要与水仓平行布置，以便于各处涌出的地下水能分散地引入水仓；同样水仓与主要运输巷道也宜平行布置，虽然有时需增设水仓入口处的沉淀池工程，但却可减小疏干放水巷道与主要运输巷道水的汇流量。

⑤大水矿床一般按 4~6 h 计算水仓容积，当正常涌水量与最大涌水量差额较大时，除须用正常涌水量计算外，还要按最大涌水量 2~4 h 计算的容积核算其水仓容积，并取两者中的较大值。

当矿床埋藏较深时，常分段建立水仓泵房，这样开采前期排水扬程低而减少的排水费用可大大超过后期因增添水仓泵房建设所需的投资。

水仓泵房要有独立的通风系统，为此往往要开掘补充通风井和有关的回风巷道。

⑥坑内涌水量大、泥质较多的矿山，放矿溜井和主充填井应尽量布置在穿脉内，以防止主要运输平巷淤积泥浆。

我国部分大水矿山采矿方法应用情况见表 7-8。

表 7-8　我国部分大水矿山采矿方法应用情况

矿山名称	水文地质情况	采矿方法	防治水措施
水口山铅锌矿	上部溪水，裂隙导水	上向分层充填采矿法	地面抗洪、防渗、帷幕注浆
济南张马屯铁矿	中下奥陶系灰岩及第四系松散层含水	空场嗣后全尾砂胶结充填采矿法	以堵为主，堵、排结合
西石门铁矿	奥陶系灰岩含水层	有底柱和无底柱分段崩落法	超前疏干
北洺河铁矿	季节性河流，奥陶系灰岩水层	无底柱分段崩落法	河床改道、超前疏干
凡口铅锌矿	白云岩岩溶含水	机械化盘区上向分层充填采矿法	地下帷幕注浆截流和地表防渗相结合
新桥硫铁矿	地表河床、水库，矿体顶板栖霞灰岩含水层	空场嗣后块石砂浆胶结充填采矿法	地面帷幕注浆截流，河流改道防渗，水孔疏干
铜绿山铜铁矿	矿区大理岩岩溶水为主	上向分层点柱充填采矿法	帷幕注浆
莱芜业庄铁矿	顶板奥陶系灰岩为强含水层，最大疏干排水量 11×10^4 m³/d	上向分层点柱充填采矿法	顶板帷幕注浆堵水
莱芜谷家台铁矿	地表有河流，顶板奥陶系灰岩为强含水层，最大涌水量为 7.5×10^4 m³/d	下向进路充填采矿法	井下近矿体帷幕注浆
三山岛金矿	滨海矿床，裂隙充水矿床	上向分层点柱充填采矿法	平行疏干与注浆加固堵水

续表7-8

矿山名称	水文地质情况	采矿方法	防治水措施
程潮铁矿	岩溶裂隙水	无底柱分段崩落法	地下巷道疏干
泗顶铅锌矿	以岩溶含水为主，地下暗河、裂隙纵横交错，断层横切河床，地表水与地下水联系密切	切顶房柱法	“导、疏、堵、排”
锡矿山南矿	矿体上面为河流	充填采矿法	河床加固防渗
油麻坡钨钼矿	矿体上面为河流	空场嗣后充填采矿法	河流改道，留隔水矿柱
南洺河铁矿	季节性河流，奥陶系灰岩含水层	空场嗣后胶结充填采矿法	超前疏干
云驾岭铁矿	奥陶系灰岩含水层	上向分层点柱充填采矿法	超前疏干
白象山铁矿	上部为河流，第四系孔隙含水层和基岩裂隙含水层	上向分层点柱充填采矿法	以局部控制疏干为主，注浆堵水为辅
草楼铁矿	矿体顶板风化带含水层、第四系底部碎石含水层	空场嗣后充填采矿法	保护顶板

(2)应注意的问题

①开采顺序。在一个阶段里，应先探明和回采水文地质条件比较简单，涌水量比较小的矿体，为开采水文地质条件复杂、赋存水量较大的矿体创造条件。采矿工作要与地下疏干排水工作紧密结合。地下水疏干工作形成的降水漏斗曲线应低于相应时期采掘工作标高或获得的剩余水头值达到允许范围时才能开采。

②顶底板管理。大水矿床的矿(岩)体经疏干后，其稳固性均较差，回采时应特别注意顶板的维护。当地下水的水源为地表水时，其足够的强度取决于矿体顶板及其覆盖岩层的岩性和采区上方岩层的破坏程度。为减少覆盖岩层的破坏，可用充填法或空场法开采矿体。为确保顶板稳定，上下应分两层错开一段时间间歇开采，以缓和岩层移动，降低岩层导水(构造)裂隙的高度。

当矿体与底板承压含水层间有隔水层存在时，要注意底板是否产生底鼓、裂隙从而引起突水。

③地下水清污分流。井下涌出的清水与生产过程中产生的污水，应按“清污分流，各成体系，综合利用，保护环境”的原则进行处理。在主要的运输巷道中，要分别开凿污水沟、清水沟，设立污水、清水两套排水设施。污水送地表进行处理，回收有用金属，经处理后的矿坑水尾液符合国家排放标准，方可排放。

④水的探测。井下采掘作业接近可能发生强涌水地段时，必须坚持“先探后掘”的施工原则。探水孔的终孔位置必须超前掘进工作面一定的距离。为了保证生产安全，达到有计划的放水目的，探水孔孔口要选择在岩石坚硬而完整的地段，并牢固安设带闸门的孔口管。探水孔施工中要有专人记录钻孔涌水、涌砂等情况，填写深水孔登记表。探水孔竣工后要实测孔口位置，校正孔深、方位、倾角，整理全孔资料。

⑤加快采掘速度，对降低单位矿石排水费具有重要意义。要以“坑钻结合”手段，查清地

质和水文地质条件，对下阶段进行控制性勘探，为开拓下阶段提供可靠资料；加快掘进速度，缩短开拓时间以及尽可能地选用高效率的采矿方法。国外大水矿床多采用空场法等高效率采矿方法。如赞比亚孔科拉(Konkola)铜矿用深孔空场法回采，苏联米尔加利姆塞多金属矿用房柱法、分层和分段巷道开采的空场法等方法开采，匈牙利尼拉德(Niyrad)铝土矿用房柱法和长壁法回采，波兰鲁德纳(Rudna)铜矿用房柱法和长壁法回采等。为了充分利用工作面，各工作面常采用平行和交叉作业形式和轮休工作制度。

对矿井有威胁的大水矿床，每年应制订预防灾害措施计划，并报上级主管部门审批。

7.4.5　应用实例

1)张马屯铁矿帷幕注浆堵水工程

张马屯铁矿位于济南市区东郊，属于矽卡岩型磁铁矿床，累计探明地质储量2930万t，年产矿石50万t，矿石品位54.3%，是自熔、半自熔高炉高硫富矿。该矿水文地质条件极为复杂，矿坑涌水量特别大。该矿位于地下水承压排泄区，地下水补给十分充沛，且溶洞、裂隙发育，为国内少见的大水矿床，因涌水量巨大无法开采。帷幕注浆堵水工程从1979年开始动工，至1996年底竣工，工程总长1410 m，厚度为20~30 m，深度为330~560 m。帷幕形成后进行巷道排水，幕内外形成170~380 m水头差，矿区排水量稳定在65000 m^3/d，堵水效果为85.32%以上，保证了矿山的正常开采。

含水层为埋深266~360 m的奥陶系中统灰岩，小溶洞、溶蚀裂隙发育，且部分向层间溶蚀溶洞和大型岩溶导水构造过渡。大理岩中白云质成分含量高，岩质较破碎，较帷幕其他地段具有更好的导水条件，为重点研究区域。

1997年与2010年分别进行了两次放水试验。1997年开始采用帷幕堵水，效果很好，经过近30年的开采，帷幕在长时间的高水压、高流速的地下水冲刷腐蚀和爆破震动等因素的影响下，出现局部破坏。至2009年7月，-300 m和-360 m中段巷道涌水量突增10^5 m^3/月，推测是西南角BC段形成隐伏突水通道，存在安全隐患。

钻孔的单位涌水量一般为1~5 L/(s·m)，最大达23.81 L/(s·m)，最小为0.068 L/(s·m)，渗透系数一般为20 m/d，最大达38.17 m/d，最小为0.08 m/d。奥陶系下统白云质灰岩的岩溶裂隙亦较发育，富水性较强，导水性较好，钻孔的单位涌水量为1.6~2.2 L/(s·m)，渗透系数为3.39~9.69 m/d。西矿体储量大，达2396.7万t，是注浆帷幕围堵的主要范围。帷幕堵水工程东起7号勘探线，与原小帷幕相接，西至11号勘探线。帷幕全长1410 m，深度为330~560 m，一般为370~450 m，帷幕厚度10 m左右。

矿坑涌水量为38万 m^3/d。钻孔的单位涌水量最大达2057 m^3/(d·m)，渗透系数最大达38.17 m/d。

2)高阳铁矿注浆封堵井下突水与分层回采胶结充填采矿法

高阳铁矿为接触交代矽卡岩型磁铁矿床，是典型的复杂富水矿床，开采难度极大，矿区周边均为村庄和农田，地表不允许错动和塌陷、不允许排放废石和尾矿。该矿床的主要含水层为第四系砂砾石及奥陶系灰岩，次要含水层为二叠系角岩、变质砂岩。第四系含水砂砾石分布广泛，主要赋存于矿体上部的亚砂土、砂和砂砾石中，其底板由亚黏土及角岩构成。奥陶系灰岩含水层多构成矿体的间接底板，角岩作为矿体的直接顶、底板，由于断层、裂隙的导通，使其成为矿体充水的又一主要来源。矿床东侧由于闪长岩的隆起，切断了矿体与区域地下水的水源联系，成为矿体东侧的阻水边界。矿床除东侧闪长岩形成阻水边界外，矿体顶、底板及南、北、西侧均受水害威胁。在这种复杂条件下，矿山采取多种手段，对水害进行了治理，保证了矿山生产的正常进行。

(1)注浆封堵井下突水

高阳铁矿副井-6#矿房探矿巷突水点位于乌河南部，距乌河北岸水平距离 110 m，由于突水点上方为其他乡镇，受周边关系影响无法在正上方施工垂直钻孔，因此采用在乌河北岸打低垂深大位移随钻定向钻孔，注入水泥浆固结破碎带松散体并封堵充填突水巷道的施工方案。

注浆孔数量及位置：受地表条件限制，在乌河北岸布置 1 个定向钻孔，钻机孔口与突水点垂直深度为 264.5 m，水平距离为 106.9 m。注浆孔深度及结构：钻孔垂深为 274.5 m，斜长为 296 m(图 7-5)。

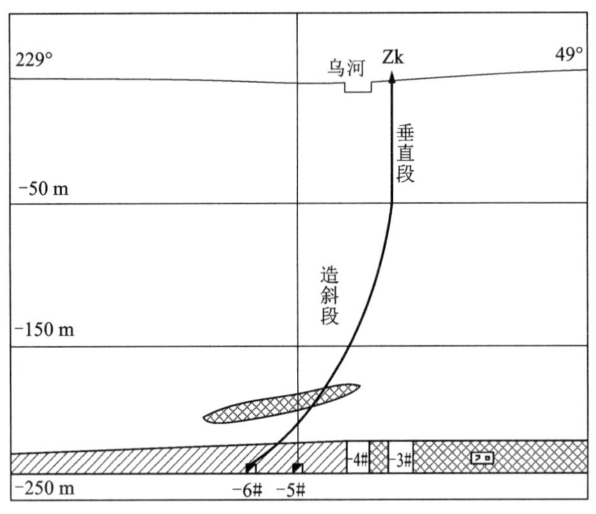

图 7-5 高阳铁矿地表注浆定向钻孔剖面图

注浆段起始位置：突水点上、下各 10 m 区段为注浆段，即钻孔深为 274.4~296 m，钻孔斜长为 21.6 m。

注浆工艺：水泥单液浆采用 KWS 型止浆塞严格分段后，进行定量、多次复注，每次注入 30~60 m^3 浆液，待凝固后再扫孔复注直至升压；通过止浆塞、钻杆、注浆泵将 MG-646 化学浆液压入钻孔，用于封闭细小裂隙，直至达到设计压力后停止注浆。

此次定向钻孔注浆堵水用时 60 d，突水点经定向钻孔注浆封堵后，从清淤揭露情况看，破碎带裂隙被浆液充满，整个过水通道均被水泥浆液封堵，凝固后的水泥体须打眼爆破处理，巷道顶板没有淋水，底板仅有 0.2 m^3/h 的涌水，说明大位移定向钻孔和注浆封堵井下突水技术的实施效果良好。

(2)分层回采胶结充填采矿法

高阳铁矿原设计采用有底柱分段空场嗣后充填和浅孔房柱嗣后充填采矿法。在基建工程的施工过程中，通过坑探和钻探提升了矿床的勘探级别，发现矿体的分支复合现象严重，因此进行了采矿方法的试验研究。浅孔房柱嗣后充填采矿法采用装岩机出矿，矿柱宽度为 6 m，矿房宽度为 8 m，其贫化、损失率高，切割工程量大，开采成本相对较高；而有底柱分段空场嗣后充填采矿法的贫化损失率更高。因此，针对高阳铁矿矿体形态复杂、涌水规律不清等情况，经过方案对比分析，最终采用多层位矿体盘区一体化分层回采胶结充填采矿法，见图 7-6。

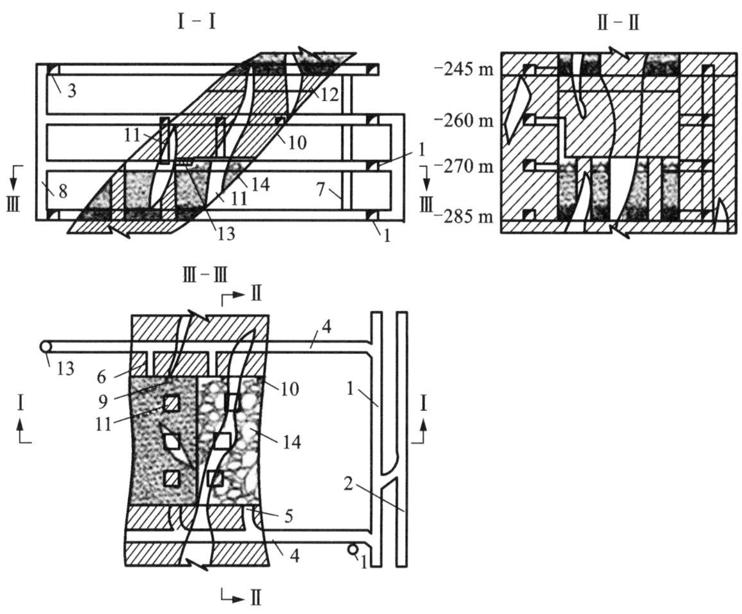

1—中段(分段)沿脉运输平巷；2—盘区斜坡道；3—回风平巷；4—穿脉运输平巷；5—出矿联络巷；6—回风联络巷；7—盘区溜矿井；8—盘区回风井；9—切割天井；10—切割斜井；11—点柱；12—顶柱；13—炮孔；14—矿石。

图 7-6　多层位矿体盘区一体化分层回采胶结充填采矿法

高阳铁矿采用多层位矿体盘区一体化分层回采胶结充填采矿法回采矿体，对采场及时进行了充填，最后一次接顶，有效控制了顶板岩层的移动，保护了隔水层，控制了承压水；整个盘区全面拉开，减少了采切工程量，充分利用夹石作为点柱，实现了安全低贫损开采矿体，其采切工程能避开坚韧角岩，降低了成本。

(3)局部帷幕注浆封堵

高阳铁矿水文地质条件复杂，2007 年经过两次放排水治理后，水位由-185 m 降低至-275 m 左右。日均排水量 7000 余吨，每天排水费用近万元，补给量和排水量达到平衡，地下水严重威胁-285 m 水平的安全开采。根据高阳铁矿地下水水位、水压、水温监测，水质分析及综合物探结果，确定了地下水渗流场的特征和地下水渗流场高水位导水通道区及低水位导水通道区，决定对矿区地下水渗流场的高水位导水通道区，即矿区西南侧范围进行局部注浆封堵，而在其低水位导水通道区进行地下水渗流场的动态监测与探测，并根据局部封堵的效果，采取分期、分段封堵的动态优化综合封堵措施。

局部帷幕注浆封堵方案为通过灌浆封堵-285 m 水平 5#~7#穿脉西侧导水断面主要溶洞、断层破碎带、裂隙破碎区(钻孔取芯率较低区域)等构成的导水通道，降低该区域地下水位和排水量。根据钻孔资料结合电磁波 CT 探测成果，确定岩石的渗透系数为 20~70 m/d，吸水率为0.3%~0.38%，孔隙率为0.25%~10%。针对这种地质状况可以判断，5#穿脉以南的6#、7#穿脉区段与4#、5#穿脉区段情况相同，所以应采用强力注浆的方法，即在5#、6#、7#穿脉西侧以外形成一条封闭的帷幕墙。

根据高阳铁矿采掘现状和水位监测（-276 m以下）情况，突水防治的主要地层确定在-270~-285 m深度范围，既可减少资金投入，又可达到防水目的。在综合考虑5#~7#穿脉地质与水文地质条件及注浆堵水设计所确定的有关参数的基础上，在施工区4个掌子面、10个巷道侧壁面和2个巷道底面范围总共设计174个封堵注浆钻孔，可在西侧形成南北长141 m、高15 m、厚1.7~2 m的注浆帷幕防渗墙体，达到封堵西部外围水体突入矿区的目的。

高阳铁矿自2009年6月至2009年8月进行注浆施工，总注浆量达299 m^3，共注入水泥366 t，水玻璃48 m^3。注浆封堵工程施工结束后，矿区水位由注浆前的-279 m左右下降到-286 m水平，使矿区地下水位降到矿床回采水平以下，日均排水量降至1000 m^3/d以下，解除了矿体的地下水威胁，实现了矿床无水条件下的安全开采，并大幅节省了排水费用。

高阳铁矿采用多层位矿体盘区一体化分层回采胶结充填采矿法和局部帷幕注浆封堵、岩层变形破坏监测及地压监测、注浆封堵井下突水等技术，将监探测方法、治水技术与矿体回采进行了系统的整合，提高了资源回收率，有效地控制了顶板岩层移动，避免了地下采矿造成的地表塌陷和安全隐患，实现了矿体的安全高效开采。

(4)岩层变形破坏监测及地压监测

由于采矿工作地点的地质情况复杂，先期的分析研究和预测预报不可避免地有一定偏差。另外，随着矿体开采的不断推进，空间形态也在不断变化，地压呈现动态性质。因此只有根据实时监测获得的地压显现相关数据，结合先期的地压预测结果，才能正确把握地压特征及其发展变化的趋势，掌握井下岩体稳定性的变化情况，预防开采过程中大面积岩体失稳事件的发生，保障采矿工作的安全。

3)安徽新桥矿业地面帷幕注浆工程

安徽新桥矿业为露天地下联合开采的大型多金属硫化矿床，分为东西两翼矿区，西翼采用地下开采，东翼前期采用露天开采。矿区东翼水文地质条件复杂，预计到开采-150 m水平时，矿坑涌水量为50000 m^3/d，东翼矿体的顶板为栖霞灰岩含水层，灰岩岩溶发育(图7-7)。从1972年到1992年在基建和开采过程中，多次发生大的突水事故，突水的同时伴随着地表地面发生塌陷和开裂，致使河流断流、河水倒灌矿坑，矿区公路、铁路、农舍、地质环境被毁。矿区矛盾日益加剧，矿山安全生产受到严重威胁。为解决东翼地下水害问题，1992年新桥矿业有限公司与长沙矿山研究院合作开展了帷幕注浆的可行性试验研究，之后研究院推荐矿区东翼采用以矿区注浆帷幕截流为主的防治水方案。

新桥矿注浆截流帷幕长达690 m、最大幕深281 m，主径流通道岩溶率为10%以上，最大溶洞高达15 m，属复杂水文地质条件下的矿区大型帷幕注浆截流工程，主要存在动水注浆、材料消耗量大等诸多难点，本项矿区帷幕工程于2007年8月建成。通过采用数值模拟与解析法相结合的方法，动态分析预测了东翼地下水渗流场深部矿坑涌水量，预计建幕后露天坑水位降至-144 m时，矿坑涌水量约14108 m^3/d，帷幕截流堵水率达75.15%(在-100 m堵水率达77.96%，幕内外的最高水位差达40.6 m)，截流效果显著。

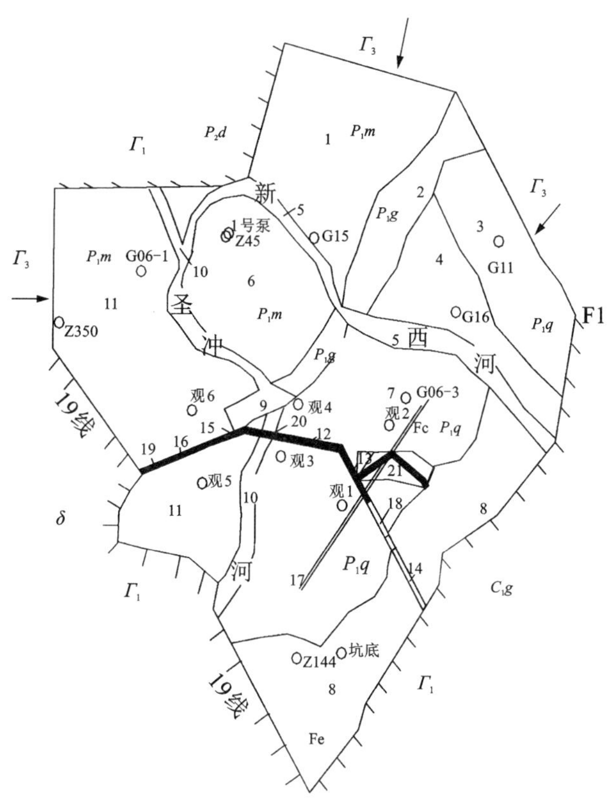

图 7-7　新桥硫铁矿帷幕前矿区富水性分区

4) 山东莱新铁矿井下近矿体帷幕注浆工程

山东莱新铁矿为岩溶裂隙大水矿山，地下水压为 3.5~4.5 MPa，矿坑涌水量 5~6 万 m^3/d，前期采用疏干排水的防治水方法，井下涌水严重，多个矿房顶板冒落致使采场无法回采，矿山无法达产。自 2006 年 7 月开始对西矿区实施井下近矿体帷幕注浆工程(图 7-8)，2009 年 8 月帷幕注浆工程完成，矿坑实际最大涌水量从 50000 m^3/d 降至 4000 m^3/d，堵水率高达 92%。矿山生产能力从 2006 年的 22 万 t/a 提升至 2008 年的 51 万 t/a，释放可采矿量 700 多万 t，据初步估算，释放矿量价值为 20 亿元，井下近矿体帷幕注浆工程的成本约 2500 万元，可取得显著的经济效益。同时，矿区地下水已基本回升至矿山开采前的水平，较好地保护了矿区地下水资源，且避免了地面塌陷等工程地质灾害，社会和环境效益明显。2016 年 10 月西矿区的矿量已采完，通过 7 年多的声发射和应力联合监测，以及采矿工程的实施情况，证实了注浆帷幕具有良好的堵水效果和整体稳固性等。

5) 马坑铁矿控制疏干工程

马坑铁矿属顶板岩溶水直接充水的大水矿床，矿区断裂构造及岩溶发育，矿区水文地质条件复杂。2006 年至 2008 年，矿坑涌突水事故频发，严重影响矿山安全持续开采。2008 年 8 月开始疏干后，矿坑岩溶水涌水量约为 25000 m^3/d，岩溶地下水下降较快。但 2010 年 6 月后，矿区岩溶水位下降缓慢，雨季甚至不降反升，特别是从 2015 年开始，矿坑涌水量增大至 2016 年 10 月的 42606 m^3/d。随着深部开拓工程的继续，传统西部富水区水位继续下降，排

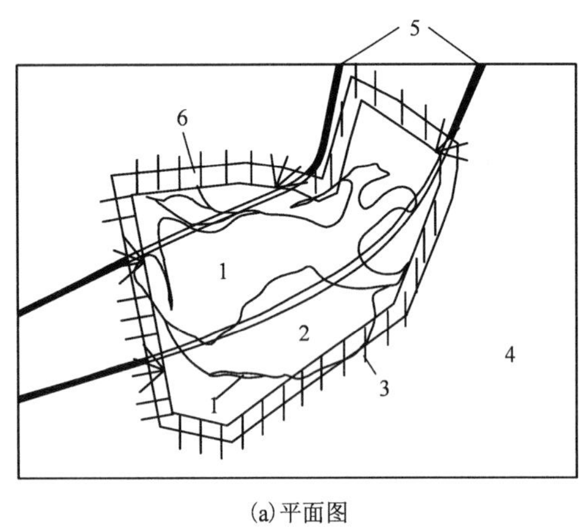

(a)平面图

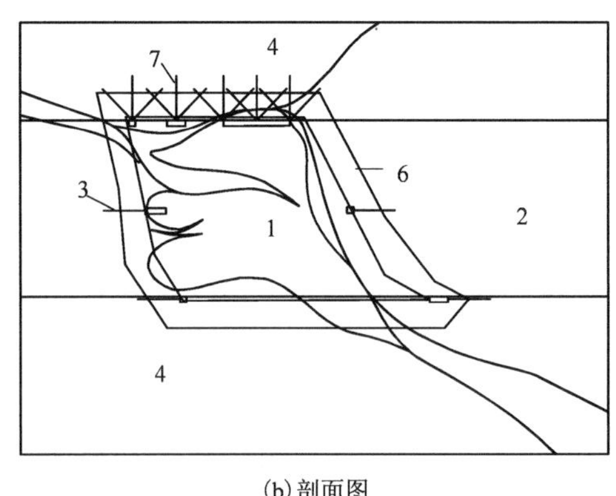

(b)剖面图

1—矿体；2—闪长岩；3—水平钻孔；4—大理岩；5—导水通道；6—帷幕体；7—顶板钻孔。

图 7-8 莱新铁矿近矿体帷幕注浆工程示意图

水量进一步增大，矿区的排水成本大幅增加。另外，由于岩溶水疏干难度增大，目前矿床地下水位仍处于 100 m 标高以上，大量的地下水进入深部采场，导致充填等采矿工作难以进行，严重影响生产。为此，2017 年开始在矿区西部存在稳定隔水带（辉绿岩及矽卡岩隐伏隔水带）的地段，采用控水疏干新技术，实行局部地段的安全带压开采，节省了排水成本、减少了疏干工程量并缩短了工期；利用矿山含水层在空间上呈现出非均质各向异性的特性，采用注浆堵水、留设防水矿柱方法控制矿区强含水层及断层水，使之不流入矿井，对相对弱富水围岩含水层进行疏干排水，从而在矿区西部内灰岩、外灰岩中形成两层相对独立的地下水位。有效防止了矿井突水事故，减少了矿井 30%的涌水量，实现了 0 m 中段安全带压开采。采出的矿石量达 361.7 万 t，解决了 2019 年实现 500 万 t/a 达产、稳产的技术难题。

控水采矿技术相比传统疏干技术，疏干半径减小，地下水流速减缓，有效地控制了基岩水位下降对第四系水位的影响，减少了因水位下降导致的地表塌陷灾害的发生。同时减少了地表水下渗带入矿坑的泥沙量，节约了矿山排水系统清理及维护费用，减小了矿山疏干排水对地表地质环境的影响，有效地保护了矿区的地质环境和土地资源。

7.5 自燃性矿床开采

硫化矿石、煤炭、含炭质的其他矿岩在与空气接触时产生氧化升温的现象，称为矿岩的自热。矿岩的自然发火是它本身氧化自热引起的，是一个复杂的物理化学过程。随着矿岩的氧化自热，矿岩的温度不断升高，导致氧化速度加快，当温度达到矿石或伴随物质的着火点时，就自燃了。这个过程概括为矿岩氧化—聚热升温—自然发火。矿山发生的自燃火灾，亦称内因火灾。有自然发火倾向的矿床，称为自燃性矿床。

7.5.1 自燃性矿床的危害

就矿石氧化自燃特性来说，自燃矿床主要有黄铁矿、胶状黄铁矿、磁黄铁矿及白铁矿等含硫的硫化矿。金属矿发生过的自燃火灾主要是硫铁矿自燃引起的。

硫化矿自燃引起的火灾会带来一系列安全与环境的问题，并会造成巨大的经济损失。矿石自燃是矿石氧化蓄热升温的结果，被氧化的矿石不仅改变了原矿的性质，影响矿石质量，而且会提高出矿及后期选矿难度，增加成本。如块状黄铁矿氧化生成 $FeSO_3$ 后易呈粉状，增加了扒矿的难度，并容易导致扬尘；同时，矿石出矿一旦遇水还会伴有胶体产生，从而使矿石凝结导致溜井堵塞；含 Cu 等其他金属元素的硫化矿石被氧化成多种金属氧化物后，大大增加了后期的选矿难度。采场矿石自然发火导致的高温极大地影响了工人的作业环境；矿石自燃还会产生大量的 SO_2，进一步加剧恶化井下作业条件，降低井下工人的作业效率，长此以往将影响工人的健康和生命安全；湿空气环境下 SO_2 所形成的酸雾还会腐蚀井下各种机械设备。一旦排至地表，也容易对地表环境造成污染。

我国有大约 30%的有色金属矿山、10%的铁矿山(主要是硫铁矿)、10%的非金属建材矿山存在矿石自燃的隐患。自中华人民共和国成立以来，已有数十座金属矿山都曾报道发生过规模大小不一的硫化矿石自燃火灾，如江西瑞昌武山铜矿、广西大厂锡矿、安徽马鞍山向山硫铁矿、安徽铜陵铜官山铜矿等。

发生自燃的矿井，其作业面环境温度均比较高，且随着矿石发火程度的增加而升高，当温度升高到一定值时，容易诱发可燃气体或粉尘等混合性气体的爆炸。如硫化矿石发生氧化反应后生成的产物与炸药接触会发生强烈的化学反应，反应所放出的热量又进一步触发更为强烈的反应，最终导致炸药的自燃自爆。

7.5.2　自燃性矿床自然发火机理和预测

1)硫化矿石自然发火机理

研究表明：在矿井环境中，硫化矿石的氧化介质主要是空气和水，如黄铁矿(FeS_2)与空气和水接触时，发生的化学反应为：

$$2FeS_2 + 7O_2 + 2H_2O = 2FeSO_4 + 2H_2SO_4 + 2558.4\ kJ \tag{7-1}$$

$$4FeSO_4 + 2H_2SO_4 + O_2 = 2Fe_2(SO_4)_3 + 2\ H_2O + 393.3kJ \tag{7-2}$$

$$12FeSO_4 + 3O_2 + 6\ H_2O = 4Fe_2(SO_4)_3 + 4Fe(OH)_3 + 762.5\ kJ \tag{7-3}$$

从上述反应式可知，硫化矿石氧化是一个放热反应的过程。含硫化物的矿床一旦被坑道工程揭露，尤其爆破成松散体后，氧化作用就不可避免。即使采场的温度为常温，随着矿石氧化的进行，其温度也会逐渐增高，而温度的升高促使其氧化产物[如 H_2SO_4 或 $Fe_2(SO_4)_3$ 等]加速氧化，当氧化作用不断聚集的热量远远大于逸散的热量时，终将导致矿石的自燃。

可以看出，硫化矿石发生自燃的前提是其两个主体硫化矿石和氧气必须在蓄热的环境下接触。事实上能与氧接触并发生氧化反应的物质不计其数，但会发生自燃的并不多见。因此矿石发生自燃不仅与其主体本身有关，还应与矿石所处的环境有关。

目前被普遍接受的硫化矿石自然发火机理有物理学机理、化学热力学机理、电化学机理以及生物作用机理。

(1)物理学机理

物理学机理从宏观上解释了硫化矿石的氧化自燃过程。该机理认为，硫化矿石从揭露崩落到氧化、自燃共经历了矿石破碎、氧化、聚热、升温、着火等 5 个阶段。

破碎后的矿石由于比表面积剧增，与空气充分接触，很容易发生氧化而放出热量。若氧化生成的热量大于其向周围散发的热量，该物质能自行增温，矿石温度的升高又能加速矿石氧化的速率；在蓄热的环境下，局部的热量得到积聚，当温度持续升高到矿石着火点时，便会引发自燃火灾。

(2)化学热力学机理

该机理认为硫化矿床在开采过程中矿石被揭露后发生的氧化反应同其在地表的自然氧化具有相同性质，矿石的氧化过程分阶段进行：首先是矿物晶格内的离子键由于金属原子以离子的形式释放到溶液中而遭破坏；然后硫离子溶解到溶液中而生成亚硫酸根离子，并进一步氧化生成硫酸根离子；最后生成的硫酸根离子与之前释放的金属离子结合生成硫酸盐。同时，该机理还认为，整个氧化反应过程处于动态平衡状态，所发生的化学反应模式非常复杂，这些阶段的反应会同时进行。其中矿物成分和湿度、温度等外界条件对硫化矿石发生的氧化反应影响较大。

(3)电化学机理

电化学机理主要从微观上研究了硫化矿石氧化反应的过程。研究表明，在潮湿环境下，硫化矿物表面存在的 Fe^{2+}、Fe^{3+}、Cu^{2+}、Zn^{2+}、Pb^{2+}、Ag^{+}、H^{+}等阳离子和 S^{2-}、HS^{-}、SO_4^{2-} 等阴离子，容易发生电离作用。这些离子和矿石表面的水膜一起构成电解质溶液，因而能发生电化学氧化还原反应，在某种程度上类似于金属的腐蚀过程。这一机理从微观上阐述了硫化矿石氧化反应的过程，并可解释硫化矿物在有黄铁矿参与反应时会出现氧化加速的现象。

(4)生物作用机理

生物作用机理认为附着在硫化矿石表面上的细菌分泌出的 EPS 充当媒介，与其含铁的 EPS 层发生化学反应产生 Fe^{2+}和硫代硫酸盐。*T. f* 菌及 *L. f* 菌通过自养，将 Fe^{2+}氧化成 Fe^{3+}，*T. f* 菌及 *T. t* 菌则将硫代硫酸盐分解出的硫氧化为硫酸盐。因此，可以看出，生物氧化机理本质就是一种接触氧化。以黄铁矿为例，*T. f* 菌通过直接氧化黄铁矿获得生长所需的能量，氧化反应产生的硫酸铁又可反过来氧化黄铁矿产生单质 S 和 Fe，而单质 S 和 Fe 又能够作为细菌的能源而被氧化。整个过程为：

$$4FeS_2 + 15O_2 + 2H_2O = 2Fe_2(SO_4)_3 + 2H_2SO_4 \tag{7-4}$$

$$FeS_2 + Fe_2(SO_4)_3 = 3FeSO_4 + 2S \tag{7-5}$$

$$4Fe^{2+} + O_2 + 4H^+ = 4Fe^{3+} + 2H_2O \tag{7-6}$$

$$2S + 3O_2 + 2H_2O = 4H^+ + 2SO_4^{2-} \tag{7-7}$$

硫化矿石低温氧化阶段的生物作用机理认为，由于采场矿堆没有适合于对硫化矿石氧化起作用的特有菌种的生存环境，因而都没有进行深入的研究。过去常常认为这些起作用的细菌一般只能在低于 30 ℃的环境下才具有较强的活力，而采场崩矿后，矿堆内的温度一般都高于 30 ℃，因此细菌的活性很低，对硫化矿石氧化的贡献极小。研究发现，硫化矿石崩落破碎后，存在大量的粉矿，微生物的氧化作用主要体现在氧化这些粉矿颗粒上，而这一过程与生物冶金的机理相似。因此，借鉴生物冶金的研究成果对硫化矿石低温氧化的生物作用机理进行深入的研究，提出了硫化矿物生物氧化过程的模型图。

综上所述，虽然在硫化矿石自燃机理的问题上存在多种解释，但无论哪种机理，都涉及氧化自热。事实上在宏观上，硫化矿石就是由于氧化放热和聚热升温共同作用而自燃的。矿石自燃是由矿石本身的物理化学性质及外部因素共同决定的，其内因条件是矿石氧化放热，而湿空气和良好的聚热环境是必要的外部条件。

2) 自燃预测预报技术

目前用于预测预报硫化矿石堆氧化自燃的技术或方法主要有自燃倾向性预测法、综合评判预测法、统计经验预测法、数学模型预测法、非接触预测法等。

(1) 自燃倾向性预测法

自燃倾向性预测法主要是根据硫化矿石自燃倾向性不同，划分硫化矿石自燃等级，以此来区分硫化矿石的自燃危险性程度，从而采取相应的防灭火措施。研究硫化矿石的自燃倾向性，主要是通过试验来测定矿石的有关数据等。

(2) 综合评判预测法

综合评判预测法利用大量的统计资料，定性分析引起矿体自燃的主要因素的影响程度，粗略预测矿体自燃危险程度，而对发火期以及可能发火的区域则无法进行预测。在主观判断、专家评分的基础上，应用模糊数学理论逐步聚类分析，并根据标准模式来获得聚类中心，然后对生产矿井自燃危险程度进行综合评判预测；或应用神经网络中 BP 网络这一高度非线性关系映射建立自然发火预测模型来准确有效地预测开采矿床的自燃危险性。

(3) 统计经验预测法

这种方法是建立在已发生自然发火事故的统计资料的基础上的，分析预测松散矿体实际开采条件下的自燃危险程度。通过分析矿井自燃事故的统计资料，找出其规律，形成预防经验。表 7-9 为硫铁矿一次崩矿量及其允许堆放时间。

表 7-9　硫铁矿一次崩矿量及其允许堆放时间

一次崩矿量/t	允许堆放时间/d		
	含铜磁黄铁矿	含铜黄铁矿	胶黄铁矿
2500	78	80	86
5000	70	69	69
10000	62	62	63
20000	58	57	59

(4) 数学模型预测法

20 世纪 90 年代初，中南工业大学从矿岩氧化自燃的电化学机理出发，首次建立了一个较为完整的矿岩氧化自燃数学模型。这个模型中包括矿石的比热容、密度、温度、含水量、氧化速率、粒度、矿物含量及散热系数等十几个影响因素，充分反映了矿岩氧化自燃的影响因素之间的关系。

(5) 非接触预测法

利用红外测温仪测定发热矿堆表面温度，根据红外检测仪的指示读数，用误差拟合关系方程式推断出矿堆表面的真实温度。然后运用传热学、多孔介质渗流理论，结合初始边界条件，探知矿堆内部温度，进而对其自燃危险性进行预测。

此外，还有神经网络预测法、灰色预测法、指数拟合预测法等。这些方法在预测矿石自燃的问题上均有一定的理论意义和实用价值。

3)自燃倾向性指标测试与分级

目前国内外主要通过测定矿石的某些氧化性能表征指标来对其自燃特性进行对比、判别。对比、判别的方法主要有单因素评价法和多因素评价法。其中单因素评价法由于只要测一个指标，因此简单、快速、成本也低，但存在的主要问题是目前还没发现一种能完全反映硫化矿石氧化性能的单一指标，因此判别误差较大；多因素评价法则是通过综合比较多个指标进行判别，其结果相对要可靠，但这种方法耗时费力、成本较高，而且指标的选取盲目性和重复性较大，目前还没有统一标准。

包括煤炭行业，大多数科研工作者在进行自燃倾向性判定中所测定的指标或内容一般有：矿石中各种矿物的成分和含量、矿石的含硫量及其他有关成分的含量、矿石中水溶性铁离子含量、矿石的吸氧速率、矿石起始自热温度、自热幅度、矿石着火点等。有学者在此基础上提出了硫化矿石自燃倾向性鉴定的综合分析法，对该方法的鉴定程序、指标体系及各项指标的测试原理、测试方法、测试装置和操作流程等进行了系统的研究，并提出了以下相关改进方案。

①用简单可靠的氧化增重测定法代替复杂且难掌握的吸氧速率测定法。

②提出将 5 d 增重率(或 5 d 吸氧率)、自热点和自燃点作为硫化矿石自燃倾向性鉴定的主要指标，并建议将这 3 项指标的测试方法标准化，硫化矿石自燃倾向性分级参考标准，见表 7-10。

表 7-10 硫化矿石自燃倾向性分级参考标准

自燃倾向性等级	5 d 增重率(5 d 吸氧率)/%	自热点/℃	自燃点/℃
Ⅰ	>2.0	<100	<220
Ⅱ	>1.0	<150	
Ⅲ	<1.0		

影响矿岩自燃倾向性的因素较多。需分别对各矿层(体)和不同的地质构造区域取样，进行自燃倾向性测试。通过测定矿岩物质组分、氧化速率、自热自燃倾向性(自热点、着火点、吸收热反应、燃烧热等)对自燃倾向作出评价。煤炭工业采用氧化煤样发火点降低值 ΔT 来区分自燃倾向程度，确定自燃倾向等级。用固态氧化剂法测定煤的发火点，并根据还原煤样和氧化煤样发火点之差 ΔT 进行判别，ΔT 愈大则煤愈易自燃。昆明理工大学用类似的方法对硫化矿石进行了鉴定，见表 7-11。

表 7-11 矿岩自燃倾向性测试

试验项目	测定目的	测试方法
矿岩物质组分	查清是否有自燃倾向的物质及其含量	化学分析法、仪器分析法
矿岩鉴定	查清黄铁矿结晶形态、分布情况、粒度	偏光显微镜、矿相分析显微镜

续表7-11

试验项目	测定目的	测试方法
矿岩氧化速率试验	查清矿岩氧化速率，借以判定有无自燃倾向	①常温下矿岩氧化速率——pH 测定法； ②中温下矿岩氧化速率——FeS_2 减量法； ③高温条件下氧化速率——SO_2 出量法
矿岩自热自燃倾向性试验： ①自热点及增温梯度； ②着火点； ③自然发火期	①查清矿岩开始自热温度； ②查清矿岩发火温度	热差分析法、温度跟踪测定法、定量空气法
矿岩其他热特性试验： ①燃烧热； ②放热及吸热特征	了解矿岩在自燃过程中的放热或吸热特点以判定火灾程度	氧弹式热量计法、差热分析法

矿岩自燃性的现场调查是指对有可能自燃的矿床进行实际考察。硫化矿岩的含硫量和硫的出现形态、矿物组成和分布规律、矿床成因、地质构造、矿体赋存条件、节理裂隙发育程度、矿岩的自热自燃倾向性及开采情况等都是判断自燃火灾危险性的重要判据，应注意查明。在同一矿区的不同矿体或不同地段，内因火灾的危险程度是不一样的，应注意鉴别，以便合理地划分发火与不发火矿体(采区)的界线。

最短发火期是指从矿石被揭露之日至发生自燃为止的时间。影响发火期的因素较多，准确性也不易确定，因而观测工作难度较大。但从确定火区开采速度的需要出发，还是需要做此项工作。发火期尽可能在坑探期、基建期或生产试验期初步测定，并在以后的实践中逐步修正。对于可能发生自燃的矿体都应在其矿石和回采工作面上进行观测，以确定各矿体(区段)的发火期，见表 7-12。

表 7-12　矿岩自燃性的现场调查

调查项目	易于氧化自燃的情况
矿床成因	煤系沉积矿床，含黄铁矿；炭质页岩，含黄铁矿；热液成因的硫化矿床，半氧化带次生富集带内含黄铁矿
地质构造特征	断层；接触带、接触破碎带
物质组成及分布规律，矿岩中硫、碳含量	胶状黄铁矿、白铁矿、磁黄铁矿；硫铁矿与铜、炭共生。有单质碳存在，黄铁矿含量大于 2%
矿体特征	厚度大(大于 5 m)，倾角大，岩石破碎松软
围岩情况	直接顶板为炭质页岩，并有黄铁矿化或有黄铁矿共生
硫铁矿的氧化程度	矿井水呈酸性并含铁离子，表明硫铁矿已开始氧化，并易于氧化
采矿方法及回采工艺	崩落法、留矿法的矿山，矿石在采场内积存并有遗留木材
矿井通风	
矿床开采历史	查明老硐及遗留矿石木材情况

4）自燃火源探测技术

研究表明，自燃火源发火初期，高温火源点往往范围较小，一般不到几平方米，仅仅是一个微小的局部区域，具有很大的隐蔽性。火源探测就是指火源初步升温而未引起火灾这段时间内对火源位置与范围的确定，是根据自燃过程中物质本身或周围介质的物理或化学变化的改变量来进行分析探测的。目前，国内外用于探测硫化矿石自燃火源的方法不多，基本上应用在煤炭行业。主要有：气体分析法、温度探测法、火灾诊断法、同位素测氡法、测电阻率法、地质雷达法、磁探法、红外测温探测法、无线电波法、遥感法以及计算机数值模拟法等。

（1）气体分析法

气体分析法是利用自燃介质自燃过程中产生的气体（视为指标气体）与介质温度之间存在的关系对其进行探测的。通过监测指标气体出现的初始温度和浓度变化趋势，对介质自燃发展的程度进行分析，并对其自燃位置、范围做近似的判定。目前，用于探测煤自燃的气体分析工艺方法主要有井下气体分析法、地面钻孔气体分析法以及双元示踪气体法 3 种。

①井下气体分析法。采用人工取样方法或束管检监测系统对自然发火区域的气体进行监测，通过对其成分进行分析，估计煤自燃的发展程度及大致范围，但该方法难以实现对火源点的准确定位。

②地面钻孔气体分析法。最早由俄罗斯学者提出。研究发现煤炭自燃火源区域与地面存在一定的压差和气体的扩散，在地表层能发现一些有代表性的气体从煤炭自燃源区域垂直方向放出，据此可围绕可能存在自燃火源的位置布置长 10～30 m 的方形网并钻孔取标志性气体样本以期确定火源位置，钻孔深度一般为 1～1.5 m。通过钻孔取样，把获得的结果绘制成气体异常图，并依据最大含量的标志性气体来确定火源的大致区域和燃烧程度。地面气体探测法只能用于正压通风的矿井，因为它要求气体能不断地向上运移且不与其他物质发生化学变化，并能扩散至地面。该方法能大致确定自燃火源的位置，但由于其受采深、自燃火区上覆岩层性质及地表大气流动等因素影响，因此难以用作主要的火源探测方法，目前只能作为探测火源的辅助手段。

③双元示踪气体法。安徽理工大学在利用热稳定性较好 SF_6、1211（$CClBrF_2$）等的示踪气体测定采空区漏风量时发现这些气体在某一温度条件下能发生热分解，并可以直接监测其分解物，从而间接测定出易发火点的温度值，实现早期预测预报。该方法的缺点是难以对高温点的具体位置与范围进行准确确定。

（2）温度探测法

温度探测法是利用测温传感器来获取测温对象温度的方法。目前该方法使用较为广泛，淮南、兖州、大屯等矿区采用该方法测量煤温取得一定效果。其测温传感器主要有热电偶、铂电阻、数字温度传感器等。常用的测定方法有直接测温法和预埋温度探头测温法。直接测温法是在自燃火区的上部利用仪器探测热流量或利用布置在测温钻孔内的传感器测定温度，然后根据测取的温度场用温度反演法来确定自燃火区火源的位置。对于火源深度浅、温度高的火区，使用这种方法能取得一定效果。波兰、俄罗斯应用此法探测煤层露头的自燃火区范围的实践表明该方法能探测到深度为 30～50 m 处的火源。预埋温度探头测温法是把测温传感器预埋或通过钻孔布置在易自然发火区域（采空区和煤层内），并根据传感器的温度变化来确定高温点的位置和火源的变化规律。这种方法工作量大、投入多，但受外界干扰少，测定准确。

(3) 火灾诊断法

矿井火灾诊断技术(mine fire diagnostic，即 MFD)是美国 2004 年提出的火源定位新方法。该方法主要用烃指数作为指标，利用钻孔采集数据的方法对煤自燃区域进行判断。通过布置一定数量的钻孔，利用抽气泵抽取测点气样并进行分析，再根据分析结果判断各测点是否存在高温火源点。

(4) 同位素测氡法

近年来，太原理工大学利用同位素测氡法对煤自燃位置和范围进行探测取得了一些成果。该方法是利用煤岩介质中天然放射性随温度升高析出率增强的特性，在地面探测氡的变化规律，并经过一系列数据分析处理方法，从而分析出火源位置、范围及发展趋势。理论研究表明该方法的探测深度为 800~1200 m，目前的探测深度大约为 500 m。由于氡气在岩体中的传递规律还不够清楚，也较难解释地面氡气分布与地下某一地点温度的关系，目前该技术还处在研究阶段。

(5) 电阻率探测法

由于在煤炭燃烧过程中煤层的结构状态及其含水性会发生较大的变化，因而煤层及周围岩石的电阻率会发生变化。燃烧初期，空气中的水分逐渐凝积，使得裂隙中的水分增加、导电性增强，从而导致电阻率下降。燃烧后期，煤层燃烧比较充分，其结构状态发生了较大变化，水分也全部蒸发掉，表现为较高的电阻率值。电阻率探测法正是基于这种原理。但该方法较易受大地杂散电流、测区附近高压线、大型电机等设备干扰，且易受地形影响。故此法目前主要应用于露天开采矿井或煤田的煤炭自然发火火源位置与范围的测定，在埋深较大的矿井探测火源位置难以取得明显的效果。

(6) 地质雷达法

地质雷达法是利用超声波在介质中传播时遇高温其反射速率会发生变化这一原理对煤自燃火源进行探测的。用该方法探测火源时，由于波的衰减过快，并且在井下非连续介质中进行温度的定性或定量分析缺乏准确性和可靠的对比参数，因此对煤自燃火源的探测效果并不明显，目前仍处于研究阶段。

(7) 磁探法

此方法包括人工磁场探测法和天然磁场探测法。早在 20 世纪 70 年代初我国西北各省就用磁探法结合电测法来确定煤田自燃火区，取得了一定效果。苏联、印度等国用此探测法，也取得了较好的应用效果。由于煤层自燃时上覆岩石受到高温烘烤，其中铁质成分发生物理化学变化，形成磁性矿物，并且烧变岩(因煤层自燃而变质的岩石)由高温冷却后仍保留有较强的热剩磁。磁探法正是基于此对火区火源及其边界进行探测的。该方法目前主要用于煤田自燃火区火源的探测，生产矿井的自然发火火源探测应用较少。

(8) 红外测温探测法

红外测温探测法是一种非接触式方法，探测仪包括红外测温仪和红外热像仪。这种方法能够测量一定距离内的矿岩及其他表面的温度，对检测矿岩裂隙和巷道高帽地点的自燃火源极为方便，能够准确地探测出自热点的位置。山东科技大学使用红外测温仪进行了井下煤自燃隐蔽火源探测的研究和应用，包括易氧化区域的预防探测，煤巷近距离自燃火源位置的红外探测与反演研究等。在对煤巷近距离自燃火源位置的研究中发现，当巷道表面上出现热流密度异常，并随时间变化时，在巷道壁面上增加测点，测点密度为 100~150 个/m^2，使之形成一个观测网，来确定各点辐射量，在煤巷纵向方向上选择红外辐射强度最大值处为坐标原点，根据松散煤体煤炭自燃火源的传热机理，并假定在火源周围的煤体为均质、各向同性，建立了巷道松散煤体三维非稳态有内热源(自燃火源)的热传导方程式，以此判断火源深度和温度，该方法在实际应用中取得了良好效果。太原理工大学使用红外成像仪分别完成了巷道自然发火隐患的探测与识别、煤自燃火灾识别及火区治理效果检验及浅部煤田火区勘察等方面的工作，使得红外热像仪在煤炭自燃火源的探测中得到了实际应用。

此外，还有无线电波法、遥感法以及计算机数值模拟法等。

7.5.3 自燃性矿床热害防治措施

1)通风

①通风系统。矿区采取大风量低负压的分区独立通风系统或分区并联通风系统。多巷道平行并联的通风网路结构较适合自燃性矿床，这样即使某一采区发生火灾，高温和有害气体不至于窜入其他采区。采场全断面贯穿风流的通风方法，可以达到散热降温，减少漏风的效果。

②通风方式。压入式或抽出式通风各有利弊，不宜强求统一，要因地制宜。有些矿山采用抽、压混合的通风方式也取得了很好的效果。也可采用多级机站抽压混合的通风系统。不管采用哪种通风方式，通风机必须有反风装置，并有可靠的反风风路及相应的通风构筑物，以便火灾发生时能根据需要及时更换通风方式，控制火势，进行灭火。

高温矿井(采区)采用大风量、低负压、低风温的通风方式是必要的(有些矿井利用脉外进风巷来降低风温)。

③工作面通风。最好有较强有力的风流贯穿工作面，工作面处应保证一定的风速，据铜官山铜矿经验，风速以 0.8 m/s 左右为宜。当然风量和风速应根据工作面的温度进行调整，以保持工作面的舒适度。

④通风管理。应加强通风管理，及时调整风路和风量，减少漏风。采空区应及时密闭(需要充填的及时充填)，并注意观测和记录。要有专门的通风管理机构。因为硫化矿氧化产生 SO_2 气体，对抽出式风机腐蚀较严重，故应采取适当的防腐措施并定期进行检查。

2)防火

①密闭。采空区要及时密闭(包括报废的巷道、天井、放矿溜井等)，及时充填需要充填的采空区，减少漏风量。要切断采空区补给水源，防止上阶段的水泄漏到下部采场。

②灌浆。对现有火区或自燃征兆明显的地段适当地进行预防性灌浆也是防火的有效措施之一。在采取黄泥灌浆前应作周密设计，灌浆孔的布置、网度、泥浆浓度、灌浆量和灌浆系数、泥浆设备和灌浆系统等应在设计中规定，使所灌的泥浆能够到达预期的自然发火部位，起到预定的防灭火作用。

③使用阻化剂。某些物质与自燃性矿物(黄铁矿、煤等)相互作用，在矿物表面生成一定的膜层[如 $CaSO_4$，$Fe(OH)_2$，$Fe(OH)_3$]，从而减慢矿物(如 FeS_2)的氧化反应，这些物质称为阻化剂。硫化矿床常用的阻化剂有石灰、MgO、水玻璃等，石灰价廉，效果好较为常用。阻化剂可以通过钻孔灌入采区(采空区)，也可以喷洒于采区(采空区)矿石的表面。阻化剂种类和浓度等要根据矿石情况通过试验来确定。武山铜矿北矿带用混凝土假顶分层崩落法开采，采场有自然发火情况。在采空区放顶前先喷洒阻化剂——石灰浆，取得了一定效果。石

灰浆浓度为 5%~7%，从井上制备后，经管道输送至采场，通过喷头喷洒在残留的碎矿（含铜黄铁矿）粉矿和坑木表面，阻止和减缓矿石的氧化自热。在喷洒前，采场 SO_2 气体体积分数高达（85~191）$\times 10^{-6}$，喷洒后，SO_2 体积分数急剧下降到 7×10^{-6} 左右，在其后 9 个月内保持在（5~7）$\times 10^{-6}$，采场温度也有所下降。

④制定预防措施。在活动火区附近（相邻采区或下部）进行回采时，必须留防火矿柱，并作好开采设计，制定安全措施。在采区进出口（风道、联络道）建造自动防火门或砌好留有门洞的防火墙，门洞附近放置防火门，储备堵塞门洞的材料，以便随时封闭。开采结束后，必须尽快永久封闭。

⑤火区监测。对火区、发热区要加强监测，经常测定火区的温度、水质、空气成分的变化，记录并分析情况及时采取对策。要建立火区检查记录档案，如火区登记表、火区灌浆记录表、防火墙（门）记录表，编制火区位置关系图。这些资料要长期保存。

⑥组织方面。设立群专结合的矿山救护队，建立固定的观测站。要把防灭火技术措施、预防自燃火灾计划及事故危险疏散计划列入年度采掘技术计划中。

3）有毒气体及高温粉尘喷出的预防措施

有些自燃性矿山（向山硫铁矿、铜官山铜矿、西林铅锌矿）在开采中曾出现过高温有毒气体和高温粉尘突然喷出伤人的事故。

这些现象产生的原因是在作业区上部或邻近存在自然发火的硫化矿石，氧化升温或升温产生的高温有毒有害气体（SO_2，H_2S 等）聚留在采空区、矿石的裂隙中和空硐内，回采时当暴露面扩大，空硐或悬顶突然塌落，高温的冲击气流或粉尘就从薄弱的地点喷出，造成伤人事故。在某些高岭土化凝灰岩类型的矿体中，矿石燃烧后形成灰白色或其他颜色的高温粉状物质，其流动性极强，当工作面上方的矿层减薄到一定程度时，它们伴随着热浪和有毒有害气体喷出，造成伤人事故，应注意预防。

预防的措施如下：

（1）查明原有火区范围，划定可能产生喷出气浪的区域。

（2）定期抽取工作面空气试样进行分析，如发现某些有害气体含量逐步升高，则应做好应急准备。

（3）工作面和采区进出口做好密闭门，遇到紧急情况及时密闭。

（4）采用遥控设备装运矿石。

（5）采用大风量局扇，加大工作面风量。

（6）加强工人的个人防护。

7.5.4 自燃性矿床开采技术

对于有自燃危险的矿体，在开发时要注意采取以下措施。

（1）首先要进行开发可行性研究，以确定矿床开发在技术上是否可行，经济上是否合理，安全是否有保证。

（2）采取预防火灾的一般性措施。其中包括井架、井口建筑物和主要井巷用不燃性材料建造。各处的消防器材应准备充分，建立消防制度。注意井口工业广场布置的风向，在井口及主要井巷设置防火门等。

（3）从采矿技术方面采取措施。

(4)从组织工作方面采取预防措施。

1)开拓和采准

为保证正常生产和防灭火措施的实施，矿床开拓布置应有利于采用分区通风方式，以降低矿井通风总负压，减少漏风。如果一旦发生火灾，这种布置应便于人员撤出和进行防灭火工作，且利于采用分区采矿以减少生产损失。

根据矿区自然发火情况，合理划分采区，各采区间应尽量采用独立的通风系统和联络巷道，并迅速回采，使每个采区的开采时间短于自然发火期，且采完后立即封闭。采准布置应该采用自上而下、自矿体边界向矿体中央的后退式顺序。

把主要的开拓井巷和采准巷道布置在无自燃倾向的脉外，可以减少矿体的暴露面积和时间，减少矿石氧化的机会，而且一旦发生火灾也便于封闭部分采区。有些运输和采准巷道如果要布置在有发火倾向的矿体中，则应用不燃性材料作支护，巷道周围喷涂防火材料。如有可能还应利用脉外巷道温度低的特点，把进风巷道尽量布置在地温较低的脉外。铜官山铜矿松树山矿区和向山硫铁矿用这一方法都降低了新鲜风流的温度。

2)采矿方法

正确地选择采矿方法，合理地划分矿块，采用后退式的回采顺序，实行“三强”(强掘、强采、强运)开采，确保回采和放矿工作在矿石发火期前结束，减少矿石损失和减少坑木消耗等是开采有自燃倾向的矿床必须遵循的原则。

各种采矿方法对防止矿石自然发火的效果(或称“防火性能”)是相对的，选择采矿方法时应综合考虑矿体的赋存条件，矿石自然发火的特点和发火期，矿床的地质构造，采取的开采技术手段和防灭火措施等因素，“因矿制宜”选择合适的采矿方法。

一般来说，大面积崩落采矿、大爆破和长时间地留矿往往是自燃火灾的诱因，因而应尽量避免使用。空场采矿法中的全面采矿法、房柱采矿法、阶段矿房法和 VCR 法只要爆破参数合理，爆破工艺得当，崩落的矿石能从采场中及时运出，仍然是可以用于回采自燃性矿床的。这几种方法，由于回采空间较大，通风条件较好，采下的矿石通常不会长时间积存在工作面，因此火灾不易发生。但当某些具体问题处理不当，也会引起火灾。如西林铅锌矿从 20 世纪 50 年代开始用天井崩矿阶段矿房法开采，20 年从未发生过矿石自然发火。后来由于采空区未及时处理，矿柱破坏垮塌，大量矿石留存在采空区内，接着又强制崩落了采场余下的矿石和顶柱，近 30 万 t 矿石积存在采场两年，1975 年发现矿石有温升的火灾征兆，随后即发生自燃火灾。可见，尽管空场法本身防火性能好，但如果处理不当仍存在自然发火的可能。

凡口铅锌矿在用 VCR 法开采有氧化自热倾向的矿体(含硫高达 33%)也获得了成功。该矿在试验时，由于炸药爆炸产生的高温加速了矿石的氧化，因此当第一分层爆破一周后，崩下的碎矿堆里就陆续散发出 SO_2，弥漫了凿岩硐室，一度使作业无法进行。这个区域的炮孔孔底温度和碎矿堆表面温度比周围环境温度高 8～10 ℃，3 号放矿漏斗颈部还出现碎矿结块造成悬顶放不下来的现象。经分析，是由于矿石积压在采场，散热不良，使温度升高造成的。后来采取了以下措施：①加快采矿出矿速度，缩短矿石在采场内的留存时间。②装药时紧挨药包的下部装填一袋 2.5 kg 重的石灰粉，爆破时石灰粉和矿石粉尘混合，抑制和减缓了矿石氧化速率。同时 $Ca(OH)_2$ 在分解过程中还能吸收爆炸时产生的热量，从而减少了矿石高温氧化的机会。③将整层起爆延续时间控制在 200 ms 以内，在硫化粉尘未达到易爆炸的临界浓度前即完成爆破作业。④防止药包破损，避免炸药与矿石接触而发生自爆。⑤爆破前提前将孔底堵好，爆破后用木塞封严上层孔口，以减少采场上行风流，减缓矿石的氧化。凡口铅锌矿的经验表明，自燃性矿床可用 VCR 法开采。

崩落法由于矿石损失较多，顶板崩落冒通地表后漏风大，采场工作面通风条件差，采空区散热慢，氧化聚热条件好。特别是阶段崩落法，矿石在采场留存时间长，因而自燃性矿床一般不宜使用一次崩矿量大的阶段崩落法。

对于矿石松软破碎、围岩不稳固、顶板易崩落、矿石价值不高的矿床，为了降低成本，也可以使用分段崩落法(有底柱或无底柱)。在这方面，铜官山铜矿松树山矿区和向山硫铁矿都取得了比较好的经验。加拿大的沙利文(Sullivan)铅锌矿也成功地采用分段崩落法开采了有自燃性的矿体。对于某些已发火或有严重发火倾向的矿区，采取预防性灌浆的崩落法也是可行的，这种办法在俄罗斯乌拉尔各硫化矿山用得很成功。

充填采矿法(水砂充填、尾砂充填或结胶充填)由于矿石损失小、坑木消耗少，顶板及围岩不崩落，采空区漏风少，充填的惰性材料包围了遗留的矿石，减少了矿石氧化自燃的机会，且部分热量可被充填时的排泄水带走，因而其防火性能较好，是一种有效的预防、控制、隔离地下火灾的最佳的采矿方法，特别适用于大范围或燃烧已久的火灾矿山。但是，由于充填工序繁多，经济效益不够理想。如湘潭锰矿过去用壁式崩落法开采，为了解决顶板炭质岩自然发火问题，改用壁式水砂充填法开采，这对防止顶板炭质页岩自燃虽有效果，但却增加了成本。

3)回采工艺

开采有自然发火倾向的矿床，要从回采工艺、采掘机械化等方面努力提高采矿强度，应按“三强”原则来组织生产。

在有自燃倾向的硫化矿床开采中，爆破安全应特别值得注意的问题。其中有高温采区的爆破问题，有防止炸药自爆的问题和防止硫化矿粉尘的爆炸问题。

1962—1982 年，铜山铜矿、向山硫铁矿、水口山铅锌矿和大厂铜坑锡矿先后在采场和掘进工作面发生过爆炸自燃事故。自爆的征兆是，自爆前有大量棕色二氧化氮气体从炮孔中冒出。自爆的原因是，在矿井的温度、湿度条件下，硫化矿氧化生成硫酸铁，硫酸铁和黄铁矿反应生成硫酸，硫酸与硝酸铵作用生成硝酸，硝酸与黄铁矿作用能够在低温条件下产生二氧化氮并放出热量，降低炸药的爆燃点；这几种反应相互促进，最终导致炸药自爆。硫酸铁、黄铁矿和适量的水分是引起炸药自爆的主要物质。铜山铜矿矿床中铁离子(Fe^{3+}+Fe^{2+})质量分数高于 0.3%，黄铁矿质量分数高于 30%，水分含量为 3%~14%，是引起炸药自爆的必要而充分的条件。炸药中的硝铵对自爆起主导作用。试验表明，只要矿石不符合自爆条件或将炸药与硫化矿粉隔离，就不会发生自爆事故。只要矿石符合自爆条件，且与硝铵炸药直接接触，即使处于较低的起始温度(如常温)也会发生自爆。硫化矿与硝铵炸药接触愈充分，炮孔温度愈高，达到自爆的时间愈短。自爆试验的温升加速点温度为 40~60 ℃，因而在火区开采时要特别引起注意。

1987 年大厂铜坑锡矿炸药自爆研究表明：①炸药自爆的主要原因是炸药含有硝酸铵，矿石含有黄铁矿及其氧化物。Fe^{2+}+Fe^{3+}含量和 pH 反映黄铁矿的氧化程度。自爆临界温度随Fe^{2+}+Fe^{3+}含量的增加、pH 的下降而降低。②自爆的外部条件是温度和水分。外界温度等于或高于临界温度时会引起接触反应，有自爆危险。引起接触反应的最佳水分含量为 0.5%~5%。③用 pH 和 Fe^{2+}+Fe^{3+}含量确定的临界温度来评定炸药自爆危险性是合理的，它们的关系见表 7-13。

表 7-13 自爆临界温度与矿石 pH 和 Fe^{2+}+Fe^{3+} 质量分数的对应关系

临界温度/℃	<40	40~60	60~80	80~100	>100
孔壁矿粉 pH	<2.1	2.1~2.8	2.8~3.5	3.5~4.5	>4.3
铁离子(Fe^{2+}+Fe^{3+})质量分数/%	>1.5	1.5~0.5	0.5~0.3	0.3~0.2	<0.2

了解自爆现象的实质及引起自爆的条件后，只要措施采取得当，就可以避免自爆事故，做到安全生产。为此首先应对矿区的硫化矿取样进行自爆性能试验，查明是否有自爆可能。对有自爆可能的采区，装药时应避免硝铵炸药与硫化矿粉直接接触，装药前应测量孔底温度，采取高温爆破防自爆的措施。装填药包要快，把有自爆危险的炮孔放在最后装药。

自爆性矿床高温采区开采时，为防止自爆事故，应按高温爆破技术规定的有关技术措施组织生产。

在美国和苏联，个别硫化矿床在开采过程中曾发生爆破时引爆(或引燃)硫化矿尘事故。苏联乌拉尔化学研究所认为：当空气中黄铁矿粉尘浓度为 400 g/m^3 时，发生爆炸的最低温度为 225 ℃；而浓度的增加或减少，临界温度都会增加。

炮孔填塞物、装填的炮泥长度应适当；在爆破工作面及其相邻的长度为 15 m 的巷道内充分洒水，使矿尘水分含量大于 12%；对有可能发生矿尘爆炸的矿区，应取样送研究机构做专门试验鉴定。

7.5.5 应用实例

新桥硫铁矿应用实例如下。

(1)矿体赋存条件

新桥硫铁矿是一个以硫为主的多金属矿床。矿体倾角为 12°左右，矿体厚度变化较大，最厚处厚 46 m，平均厚 17 m。矿石自然类型有黄铁矿矿石、黄铁矿型铜矿石、浸染型铜矿石、铅锌矿石、磁铁矿矿石，均为原生矿石。矿石构造主要有致密块状、角砾状、脉状等。矿石结构主要有自形半自形晶体结构，交代熔蚀结构和胶状结构等。矿石的矿物成分中主要金属矿物有黄铁矿、胶状黄铁矿、磁铁矿、闪锌矿、方铅矿等；次要金属矿物有赤铁矿、磁黄铁矿、斑铜矿、辉铜矿等。

(2)开采和火灾情况

中南大学曾对新桥硫铁矿所做的硫化矿石堆自然发火规律试验进行分析。从表 7-14 可以看出，比较容易自然发火的矿石类型为胶状黄铁矿。矿石的自燃地点大多发生在采场的出矿死角处，如两条人工电耙道间的三角棱柱体矿堆；矿石堆一般小于 1000 t，从堆矿到自燃的时间一般为 20 多天。

表 7-14　新桥硫铁矿自然发火调查

调查项目	自形半自形中细粒黄铁矿	黄铁矿	胶状黄铁矿	黄铁矿、胶状黄铁矿	胶状黄铁矿、黄铁矿
采矿方法	充填采矿法	分段空场嗣后充填法	—	—	—
落矿矿石氧化状况	部分矿石经过预氧化	部分矿石经过预氧化	部分矿石经过预氧化	未氧化	未氧化
火灾发生地点	分层充填法采场矿堆	预压矿堆	出矿死角矿堆	两条人工电耙道间矿堆	出矿死角矿堆
落矿次数	1	1	2	1	5
总落矿量/t	约 1000	200~300	300~500	200~300	22400
落矿至自燃时间/d	15~20	20~30	（2 次落矿后）约 20	20~30	（5 次落矿后）约 25
火灾处理方法	用充填料覆盖自燃矿石	用电耙将自燃矿石扒到电耙道旁积水处	用电耙将自燃矿石扒到电耙道旁积水处	工人佩戴防毒面具用电耙强行将自燃矿石放出	工人佩戴防毒面具用电耙强行将自燃矿石放出

中南大学对新桥硫铁矿矿石自燃倾向性的研究结果表明，采取的 13 个矿样中存在易自燃的矿石，这与该矿山多次发生的自燃案例吻合。矿样主要矿物成分如表 7-15 所示。

表 7-15　矿样主要矿物成分　　单位：%

矿样编号	主要矿物	质量分数	化学成分(质量分数)						
			Fe_T	Fe^{2+}	S_T	S^0	Cu	Pb	Zn
X_1	胶状黄铁矿	70	45.2	36.48	34.5	0.31	0.33	0.20	0.02
X_2	胶状黄铁矿	45	46.01	38.57	38.76	0.1	0.33	0.20	0.017
X_3	黄铁矿	80	44.12	24.89	42.99	0.095	0.53	0.14	0.30
X_4	黄铁矿	75	22.07	13.71	19.02	0.064	0.17	0.19	0.44
X_5	黄铁矿	97	48.43	33.52	49.95	0.079	0.024	0.14	0.023
X_6	胶状黄铁矿	48	47.24	43.16	43.60	0.13	0.29	0.14	0.049
X_7	黄铁矿	90	43.42	27.93	47.32	0.096	0.22	0.14	0.056
X_8	黄铁矿	80	43.40	24.89	42.35	0.095	0.48	0.16	0.15
X_9	黄铁矿	32	45.82	29.53	37.30	0.08	0.64	0.14	0.01
	胶状黄铁矿	28							
X_{10}	黄铁矿	96	46.05	24.72	46.65	0.079	0.08	0.19	0.01
X_{11}	黄铜矿	82	32.72	18.87	33.64	0.14	16.65	0.36	0.072

续表7-15

矿样编号	主要矿物	质量分数	化学成分(质量分数)						
			Fe_T	Fe^{2+}	S_T	S^0	Cu	Pb	Zn
X_{12}	黄铁矿	95	46.89	19.31	49.84	0.08	0.14	0.20	0.031
X_{13}	磁黄铁矿	93	63.74	56.10	36.31	0.74	0.28	0.22	0.0076

从矿样主要矿物与化学成分分析及典型的矿相分析结果可以看出，实际的硫化矿石含有多种矿物，其晶体颗粒大小与形状、矿物之间结构构造等都有很大的差异。通过分析，可确定自燃倾向性较大的矿石类型(如胶状黄铁矿和细颗粒黄铁矿等)。

7.6 放射性矿床开采

7.6.1 放射性矿床开采的特殊要求

放射性矿床中的天然放射核素^{238}U、^{235}U、^{226}Ra、^{232}Th 的半衰期都很长，在衰变过程中产生一系列子体核素，放出 α、β、γ 射线。

放射性矿床与普通矿床的开采方法基本相同，所不同的是前者因含放射性核素而具有较大的放射性，因而在矿床勘探、开采、辐射防护、通风环保等方面均有其本身的特点。

1)开采中的放射性物探

在铀矿开采中，肉眼不易区分铀矿。根据铀原子具有放射性这一特殊物理性质，应用探测放射性仪器圈定矿体，确定品位，检查和分选矿石的方法就是放射性物探方法。

若放射性物探工作做得不好，会导致矿体圈定和矿石品位确定的不准确，进而使得储量计算结果、开采贫化率和损失率不准确，从而影响整个矿山开采计划。所以放射性矿床从地质勘探到矿山开拓，从采准、回采到出窿矿石的检查都离不开放射性物探工作。放射性物探工作包括物探取样和物探编录。

(1)物探取样及编录

井下物探取样和物探编录的主要目的是对采掘暴露矿岩表面进行放射性测量，确定矿体厚度、品位，圈定矿体边界，指导采掘工作，计算储量和损失、贫化率。

根据所测量射线的种类和测量方法，辐射取样分为 γ 取样、β 取样、γ 能谱取样和 γ-β 综合取样。物探取样属于定量测量，物探编录主要作 γ 等值图或品位等值图，属于半定量测量。矿床放射性不平衡且偏铀或含铀、钍时，采用能谱测定。矿体的 γ 强度很低时采用 γ-β 综合取样和编录，有两种方法：铅屏和不带铅屏二次测量差值法。定向测量法可自动消除干扰辐射对被测点影响，用一次测量代替二次测量可避免位移误差。

为提高测量精度，γ 取样和编录先要洗壁除铀尘，尤其是低品位矿石。某铀矿平巷洗壁前后 γ 取样对照试验见表 7-16。

表 7-16　某铀矿平巷洗壁前后 γ 取样对照试验

壁号	测距/cm	洗壁前品位/%	洗壁后品位/%	相对误差/%
右壁	2~12	0.026	0.013	100
右壁	12~22	0.085	0.087	1.1
左壁	4~14	0.028	0.012	133.3
左壁	14~24	0.073	0.064	14.1

矿体厚度的确定：采用 1/2 最大强度法(图 7-9)和给定强度法(图 7-10)。

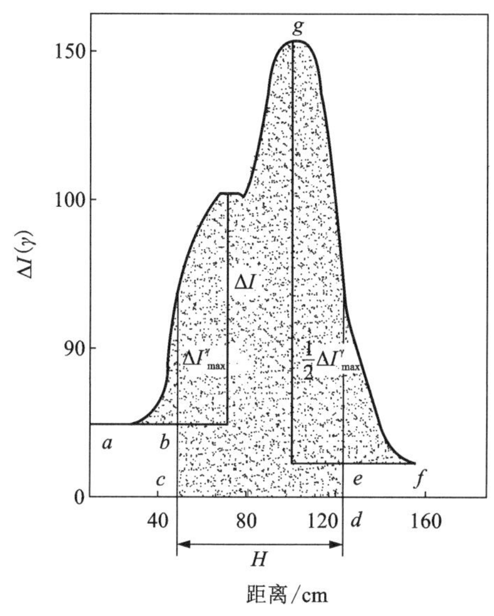

图 7-9　1/2 最大强度法确定矿体厚度

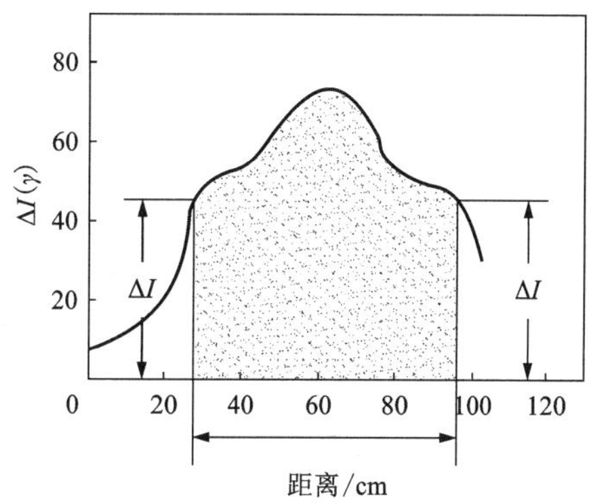

图 7-10　给定强度法确定矿体边界

测线间距在矿化地段为 25~100 cm，无矿段为 100~200 cm。测点间距一般为 20 cm，特殊情况加密到 10 cm。在实际测量中，测线、测点距离可根据各矿山、各地段矿化条件做相应调整。

另外，确定矿体厚度的方法还有 4/5 最大强度法。该方法用于真厚度小于饱和厚度的薄矿体，用最大强度减去围岩正常强度的 4/5 的两点决定矿体厚度。

(2) γ 测井及 γ 测孔

γ 测井及 γ 测孔的目的主要是利用测井辐射仪器测量矿井或钻孔岩石的 γ 射线强度，依此圈定矿体，确定矿体厚度和铀品位。另外，根据 γ 测井和 γ 测孔的资料还可以划分 γ 强度不同的岩层界线。

测井方法有点测井法和连续测井法。

γ 测孔可以取代岩芯取样。因此，铀矿山应尽量采用钻探代替坑探，勘探分支矿体和盲矿体钻孔深度可达 100 m，一般 3~20 m 深的工作面浅孔和采场围壁炮孔也需进行 γ 测量。进行 γ 测井及 γ 测孔时，为了保证测孔质量，必须做到如下几点：①测孔前冲洗钻孔，将钻井或钻孔内的射气和碎石冲出，避免测井、测孔时矿粉或射气影响测量结果或碎石卡住探管；②冲洗钻孔完毕，立即进行测量，防止钻井和钻孔围壁塌落和含矿地段氡气逸出；③记录好所测点的深度和γ活度，为整理资料、计算储量做好基础工作。

钻孔和炮孔测量间距，矿化地段为10~20 cm，最大为40 cm，无矿地段为0.5~1 m。

(3)回采过程物探跟班作业

物探跟班取样是铀矿采掘主要工序之一，是指导生产正常进行、降低矿石损失贫化的关键。对工作面或采场顶板按一定网度进行γ取样，圈定矿体边界，标出采掘方向。对采场围壁进行炮孔γ测量，指导切割找边工作，必要时进行爆堆γ测量。矿量、矿石品位、矿石损失贫化的计算以物探跟班取样资料为依据。

按工作面推进方式物探跟班取样分为上向推进、下向推进和横向推进3种。倾斜和急倾斜矿体一般采用上向推进的采矿方法，回采工作面在冲洗之后进行γ编录或取样。对于采场地质条件差的缓倾斜和倾斜矿体，为预防塌方等现象，适于采用下向推进。下向推进物探工作一定要做到炮孔探矿，防止丢矿。水平或缓倾斜的层状矿体不含铀或含铀少，物探跟班编录圈定矿体方式与下向推进相同。

(4)γ取样编录主要仪器

γ取样编录主要仪器见表7-17。表中仪器是通过测量矿石γ强度间接测量矿石铀含量，目前国外正在试验直接测量矿石中铀含量的方法，如缓发中子直接测铀法，软硬γ射线强度比值法。

表7-17 γ取样编录主要仪器

仪器名称	型号	测量范围	用途
定向γ辐射仪	FD-3025A	(200~1000)γ	γ辐射取样编录等
β-γ测量仪	FD-3010A	0.01%~5%	编录取样
闪烁γ测井仪	FD-3019改进型	本底至20000×10^{-6}	钻孔放射性γ强度测量
智能γ辐射仪	M11444		岩性取样编录

(5)出窿矿石的γ测量与分析

为保证出窿矿石的质量，防止少部分矿石损失贫化导致运出矿石品位达不到要求，一般每个矿井设置1个或数个矿石检查站对所生产的矿石、金属实行计量和质量监督。矿石检查站的类型根据设置地点和运输矿石容器类别分为矿车矿石检查站、汽车矿石检查站、火车矿石检查站、索道矿斗矿石检查站、胶带矿石检查站等。

矿石检查站常用γ强度测量仪表见表7-18。为保证分析质量，必须正确选择辐射仪表安装位置、换算系数确定方法和仪器校准方法。仪器每季校准1次，半年对全车或拣块取样做理化分析，消除系统误差。

表 7-18　矿石检查站常用 γ 强度测量仪表　　单位：%

仪器名称	型号	测程	用途
检查站晶体管辐射仪	FXY-217G		分析矿、汽车矿石品位
铀钍能谱检查站辐射仪	FXY-221	铀 0.01~1.00 钍 0.03~1.00	分析矿、汽车矿石品位
索道检查站辐射仪	FXY-1901	0.01~1.00	分析索斗矿石品位
火车矿石品位分析仪	FXY-1904	0.03~0.5	分析火车矿石品位
矿床检查站辐射仪	FXY-1905	0.01~1.00	分析矿床矿石品位

2)辐射防护

辐射防护的目的就是对电离辐射的使用给予必要的控制，防止对健康有害的确定性效应发生，并将随机性效应的发生率合理地降低到尽可能低的水平。

(1)外照射的防护原理

X 射线、γ 射线及中子流等都是穿透力很强的射线，对它们的防护可以采取距离、时间和屏蔽 3 种防护方式。

时间防护：尽可能缩短人体在射线下的受照时间。一般来说，在相同照射率的情况下，受照时间越短，人体所受剂量就越小。

距离防护：利用延长辐射源到人体之间的距离，减少人体的受照剂量。因为，在忽略空气对 γ 射线吸收的情况下，照射量与辐射源的距离平方成反比关系。

屏蔽防护：在放射源和人体之间设置一种能有效吸收射线的屏蔽材料，从而减弱或消除射线对人体的危害。

对于铀矿冶企业，特别是铀矿山，外照射主要来自四面八方岩石、矿体的 γ 辐射，因此，采取的主要防护措施是时间防护，控制工作时间和工作性质。因为不同地段的 γ 辐射强度是不同的，如主巷道与采场工作面的 γ 辐射强度不同。另外也可以结合距离防护，离高品位的矿石尽量远一点。

(2)内照射的防护原理

产生内照射的原因主要有两种：放射性物质的吸入和食入。因此，内照射的防护主要采取降低工作场所空气中放射性物质浓度、隔离、清洗表面污染、减少受照时间等措施。

降低工作场所空气中放射性物质浓度，对铀矿山来说，就是降低矿井空气中的氡、氡子体和粉尘浓度。采取的防护措施有通风、洒水等。

对吸入放射性物质的隔离，就是减少人在呼吸时对放射性物质的吸入。铀矿冶企业采取的主要措施就是戴口罩，特别是戴高过滤效率的口罩，可以减少 90%的放射性物质的吸入。

放射性表面污染的清除措施主要是清洗。当工作人员离开放射性工作场所时，必须更换工作服、洗手和洗澡，防止放射性物质随着被污染的手取食而一起被食入。同时也防止放射性物质对空气的再次污染。

减少受照时间，与外照射的时间防护是同一原理。

放射性物质进入人体的途径及其在体内的代谢过程见图 7-11。

(3)职业健康与安全

为了保障放射性工作人员的健康和安全，全面评价放射性工作人员胜任本职工作的健康状况，关心事故受照人员和职业放射损伤人员的健康，国家制定了一系列法规和管理规定。采取的方法如下。

①从事有放射性工作的人员的剂量评价。通过对放射性工作人员的个人剂量进行常规监测，或通过工作场所放射性浓度监测和工作时间统计估算个人剂量。

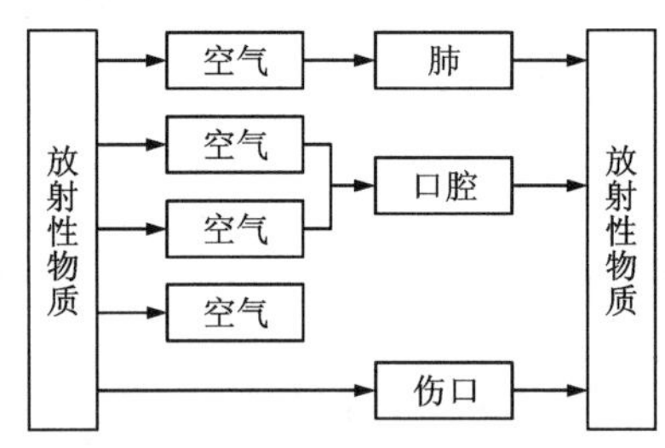

图 7-11　放射性物质进入人体的途径及其在体内的代谢过程

②常规医学监督。准备从事放射性工作的人员必须进行就业前体检，接受适当的健康检查；已从事放射性工作的人员应定期进行健康检查，年有效剂量有可能超过 5 mSv 的人员应每年检查 1 次，其他放射性工作人员每 2~3 年检查 1 次，检查结果应存入健康档案。

③特殊受照人员的健康监督。未满 18 周岁的人员不得从事放射性工作；从事放射性工作的哺乳期妇女和怀孕初期 3 个月的孕妇应尽量避免照射，并且不得接受事先计划的特殊照射和参与造成内照射的工作；从事放射工作累积工龄超过 15 年，内照射年摄入量大于或等于年限值 2 倍，一次或短期内接受照射剂量大于 0. 1 Sv，全身累积剂量大于或等于 1 Sv 的工作人员，应定期进行健康访问，原则上 2~3 年进行 1 次。

④事故受照人员的健康监护。当一次受照当量剂量超过 50 mSv 的人员应给予医学检查；超过 100 mSv 者还应给予必要的处理，超过 1 Sv 者应由放射病临床部门负责处理，所有的资料都应存档。

⑤放射性工作人员的保健。保健待遇也是放射性工作人员健康管理的内容之一。放射性工作人员除每年法定假日外，可享受保健休假 2~4 周；对从事放射性工作 25 年以上的在职者，每年应由所在单位安排疗养；长期从事放射性工作的人员，因职业放射损伤致残或患病者，经省级卫生行政部门指定的组织或机构确诊后，按工伤处理或提前退休，一切待遇不变。

3)排氡通风

通风是降低矿井井下空气氡及其子体浓度的主要措施，是以降低氡及其子体浓度为主要目的的矿井通风。矿井通风的基本原理都适用于铀矿通风，但铀矿通风的特殊性又反过来丰富了矿井通风学。氡的性质、产生和传播过程中的一系列特点决定了铀矿通风具有其特殊性。这就要求铀矿通风不仅要稀释和排出井下有害物，而且要能抑制井下有害物产生量。因此，铀矿通风的重点是防氡。但是绝不可以把矿井防氡与对其他有害物如粉尘、炮烟、瓦斯和其他有害气体的防护技术截然分开，更不可以只关注一种有害物的防护而忽视对其他有害物的防护。

排氡通风一般具有以下特点。

(1)按氡的析出量和井下大气中氡子体 α 潜能的增长规律计算矿井所需风量。

任何一个矿山都同时有若干种有害因素存在，风量设计必须同时满足排除这些有害因素的要求。以氡及其子体为主要有害因素的矿山，应按排氡及其子体计算风量，并对其他有害因素进行校核。因为矿井通风的风量是根据通风的目的和卫生要求确定的，是按排除井下有害物使之符合法定标准的要求计算的。对排氡通风而言，直接按氡析出量计算风量。但由于氡与粉尘、炮烟、瓦斯、柴油机废气等有害物不同，进入矿井的氡衰变产生氡子体，而氡子体的危害为氡的 20 倍左右。因此排氡风量计算必须同时考虑氡及其子体。

(2)氡的析出量与矿井通风紧密相关。

通风对氡析出量的影响不仅包括通风压力变化造成的影响，还包括对氡析出的影响。对一个矿井而言，可能存在一个技术经济合理的风量，这说明井下风流和通风压力的分布必然要在射气介质中产生渗流，从而影响井下氡析出量。氡析出量与通风的这种密切关系，是其他有害物所没有的。

(3)氡子体的产生不仅和通风量有关，而且和通风空间体积有关。

当氡析出量为一定值时，如通风量不发生变化，通风空间体积越大，风流在该空间流动的时间也越长，这就给氡子体的增长以更充裕的时间，这样氡与氡子体的平衡比就要增加。当氡与氡子体达到相当高的平衡比时，氡子体就会超过最大允许浓度，风流即失去了降低井下氡及氡子体浓度使其达到允许标准的作用。通风空间的这种不良作用，也是排氡通风的一个特点。

(4)氡及氡子体的产生是连续的，氡及氡子体对大气的污染普遍存在于整个矿井内，采空区可能是重要的污染源。

井下氡析出与氡子体产生，在时间上是连续不断的，在空间上遍布于整个矿井内。基于这一特点，通风一旦停止，井下大气中的氡浓度和氡子体 α 潜能积累迅速增高，因此在铀矿山自然通风是不允许的。

氡析出与氡子体的产生在时间与空间的连续性，使采空区和废弃巷道很容易成为重要的污染源。因为这些地方的氡浓度往往很高，氡子体的平衡比也很高，它对风流的污染往往比对矿体表面要严重得多。

排氡通风的上述 4 个特点反映了排氡通风的内在矛盾，这种内在矛盾在选择通风方式，计算风量以及通风管理方面也突出地反映出来。

7.6.2　放射性危害防治

放射性矿床均有放射性危害，但依其核素和含量的不同，危害程度也不同。铀矿中氡的半衰期为 3.82 d，氡气及其子体对铀矿工人的内照射，成为铀矿的主要放射性危害。钍矿床中的钍射气半衰期为 55.6 s，只有钍含量很高的矿床，钍射气及其子体才有一定的放射性危害。锕铀仅占天然铀的 0.72%，锕射气半衰期为 3.96 s，其放射性危害甚微。

此外，铀、钍衰变子体所放出的 β、γ 射线，对矿工形成全身外照射。当矿体含铀品位很高时(地下矿高于 1%)，γ 外照射不容忽视。β 射线比 γ 射线的照射剂量小得多，一般不考虑。

研究资料显示，高浓度氡气吸入人体后产生照射，破坏细胞结构分子，将会造成人呼吸道感染和肺伤害。氡的 α 射线会致癌。铀矿山矿工吸入氡子体对肺造成伤害的剂量是氡的 21 倍，氡子体是诱发矿工肺癌的主要原因，其次是矿尘和长寿命放射性气溶胶。国内外铀矿开采实践表明，矿工吸入矿尘和放射性核素，引起的肺癌发病率比一般人员高 3~30 倍。氡及其子体致癌的潜伏期为 17~20 年。

我国矿山井下氡初步测量结果表明，相当一部分非铀矿山通风不足致使井下工作人员暴露于高氡工作环境中，这些矿山从业人员多，集体剂量大，因此要做好对放射性危害的防治工作。

1)危害来源

矿井中的氡主要来自含铀矿岩石的暴露表面、地下堆积的铀矿石、采空区或冒落塌陷区、充填料、采场和矿井水。各种来源占的比例随采矿方法、开采深度、通风条件的不同而不同。铀矿在开采中,若矿石铀品位高、块度小、细矿多,氡析出量将随矿井或采场的存矿量增加而增多。一般情况下,采空区、冒落塌陷区和采场是铀矿井氡析出的主要场所,也是高品位铀矿床矿井通风防护必须严加控制的主要场所。表 7-19 为某铀矿全矿井氡释放分布。另外,非铀放射性矿山井下氡主要来源于岩石裂隙和采空区。

表 7-19 某铀矿全矿井氡释放分布

场所	秒释放量/Bq	年释放量/Bq	占总排氡量的百分比/%
260~300 m 采空塌陷区	2.53×10^5	1.11×10^{13}	60.9
235 m 副中段冒落塌陷区	1.07×10^5	3.36×10^{12}	18.5
180~220 m Ⅱ号采场	8.94×10^4	2.82×10^{12}	15.5
巷道壁、水仓等	2.95×10^4	9.28×10^{11}	5.1
全矿总排氡量	4.79×10^5	1.82×10^{13}	100

铀矿山通风设计所用的氡析出量一般要经过实际测量确定。采场氡及其子体主要来自入风污染、围岩和尾矿堆析出。

2)检测方法

氡析出率 δ 测定通常为铀矿部门通风设计提供可靠依据,以便达到坑道防氡降氡的目的。

氡析出率 δ 是指介质表面单位面积、单位时间析出的氡量。铀矿氡析出率主要取决于含铀品位。所以,铀矿中矿体暴露表面析出氡为主要氡源,其主要影响因素是介质的性质、结构、铀含量及通风状况等。为了适用于工程,这里引入当量氡析出率 δ_e,即将铀品位(U%)折算到 1%,铀、镭平衡系数 K_p 折算到 1 时的氡析出量。一般情况下,在介质和通风条件一定时 δ 为常数。但实测数据波动较大。其主要影响因素是风量和风压及温度等。考虑到实测数据的统计误差,经回归分析提出建议值,供通风计算时参考。

矿岩氡的析出能力主要取决于矿岩的粒度、厚度、密度和空气的渗流作用等,破碎矿岩氡析出能力较未破碎矿岩大得多。尾砂射气能力实测数据见表 7-20。氡析出量计算公式见表 7-21。破碎矿岩氡析出能力见表 7-22。测得氡析出率后,氡析出量按表 7-23 中公式计算。

表 7-20 尾砂射气能力 单位: $Bq/(s\cdot m^3)$

尾砂类型	射气能力
未分级尾砂	4.1~22.4
分级尾砂	1.7~15.7
胶结尾砂	3.7~11.1

表 7-21　氡析出量计算公式

<table>
<tr><th>氡来源</th><th>氡析出量/(Bq·s^{-1})</th><th>公式符号注释</th></tr>
<tr><td>矿岩表面</td><td>$U = \dfrac{S}{HAK_p(1 - S_e)} \times 0.01\%$</td><td rowspan="4">$U$—矿石铀品位，%；
S—异常曲线包围的面积，m^2；
H—矿体厚度，m；
A—换算系数，γ/(0.01%U)；
S_e—射气系数；
R_2—矿堆氡析出量；
δ_k—破碎矿岩氡析出能力；
W—矿岩质量，t；
K_p—铀、镭平衡系数；
α—氡析出系数，0.1~0.2；
R_3—地下水氡析出量；
B—矿井涌水量，m^3/s；
c—矿井水氡浓度，Bq/m^3；
f—水氡释放系数；
R_4—尾砂氡析出量；
F_i—充填体表面积，m^2；
L_m—氡在充填体中扩散长度，1~2 m；
β—射气能力，Bq/(s·m^3)</td></tr>
<tr><td>崩落矿堆</td><td>$R_2 = \delta_k W = 259WUK_pS_e\alpha$</td></tr>
<tr><td>地下水</td><td>$R_3 = Bcf$</td></tr>
<tr><td>尾砂充填</td><td>$R_4 = \sum_{i=1}^{n} F_i L_m \beta$</td></tr>
</table>

表 7-22　破碎矿岩氡析出能力

矿山	品位/%	风速/(m·s^{-1})	千吨矿石氡析出能力/(kBq·s^{-1})	每米顺路井氡析出能力/(kBq·s^{-1})
711 矿	1.1~1.2	0.5	1.76	0.12
712 矿	0.08~0.1	0.5	16.87	
713 矿	0.2~0.5	0.5	11.73	

表 7-23　氡析出率实测方法与计算公式

<table>
<tr><th>实测方法</th><th>氡析出率/(Bq·m^{-2}·s^{-1})</th><th>备注</th></tr>
<tr><td>全巷动态法</td><td>$\delta_e = \dfrac{Q(c_i - c_0)}{\sum_{i=1}^{n} S_i U_i K_p}$</td><td rowspan="3">$\delta_e$—当量氡析出率，Bq/(m^2·s)(1%)；
Q—风量，m^3/s；
c_i，c_0—入、出风口氡浓度，Bq/m^3；
S_i—第 i 块射气面积，m^2；
U_i—被测区铀品位，%；
K_p—铀、镭平衡系数；
S—被测面积，m^2；
V—积累箱体积，m^3；
c_i'，c_0'—密闭初、终氡浓度，Bq/m^3</td></tr>
<tr><td>局部动态法</td><td>$\delta_e = \dfrac{Q(c_i - c_0)}{S}$</td></tr>
<tr><td>全巷、局部静态法</td><td>$\delta_e = \dfrac{V(c_i' - c_0')}{S_i}$</td></tr>
</table>

氡析出率的确定受环境、气象等因素的影响，要求测量氡析出率的方法简单方便，并且抗干扰性强、稳定性能好。目前氡析出率测定方法有以下 3 种。

(1)自动连续测量，即连续记录测量结果，该方法测量费用较高、维护困难、不适合大规模观测。

(2)瞬时测量方法，主要用于解决尾矿排放治理问题，如局部静态法，在铀尾矿砂表面测量氡析出率时多采用这种方法，此外还有驻极体法。瞬时测量方法的特点是采样快，测量结果波动大。

(3)累积测量方法，监测时间较长，可减少测量偏差。如活性炭吸附法，是利用活性炭的强吸附性能采集氡气，然后用NaI(TL)探测晶体探测氡子体的γ射线来确定氡的析出率，是累积测量方法中吸附效率较高的一种。

此外，γ能谱法是新提出的一种氡析出率测定方法，即用镭比活度计算氡析出率代替实测氡析出率。氡是镭的衰变子体，理论上通过镭可以计算氡的析出率，但镭是固体核素，氡是气体核素，所以用镭比活度计算氡析出率变得复杂。故γ能谱测量镭比活度计算氡析出率的方法仍处于理论阶段。

7.6.3 放射性矿床开采技术

放射性矿床开采与普通矿床开采基本类似，其突出特点是采出的矿石因含有辐射较强的天然放射性核素而具有放射性。因此，放射性物探工作贯穿于放射性矿床开采的整个过程，矿井通风、辐射防护、“三废”处理、环境保护也是生产过程和退役治理的重要工作。

国内外铀矿开采方法有露天开采和地下开采、溶浸采矿和副产品回收。这4种方法的相对产量自20世纪80年代以来发生了很大变化，地下矿山的产量从占总量的50%下降到不足30%；露天采矿占比较大，接近50%；副产品产量大致保持在10%左右；溶浸采矿大幅增加，约为17%。目前国内外所采用的铀矿开采方法大体相同，但国外矿山开采的机械化水平都比较高，而我国铀矿床由于地质条件复杂，矿化不均匀，矿床规模偏小，难以实现大型机械化高效开采。

1)地下开采

铀矿地下开采主要采用水平分层干式充填法，产量约占井下总产量的60%，其次有分层崩落法、留矿法、空场法和进路法，开采煤型铀矿采用倾斜分层充填法。

水平分层干式充填法要比崩落、留矿等方法效率低、成本高。但在铀矿开采中仍广泛应用，其优点如下：①矿石损失贫化控制好，损失率为0.3%~8%，贫化率为5%~15%；②能够灵活适应矿体变化；③能够减小采空区暴露面积和采场矿石积存量，有效降低氡析出率；④工人作业安全，充填体能及时支撑采空区，减少地压，可较好地保护矿井上、下设施。

各种采矿方法历年所占比例见表7-24，国外部分铀矿地下采矿方法及主要设备见表7-25。

表7-24 各种采矿方法历年所占比例 单位：%

<table>
<tr><th>序号</th><th colspan="2">采矿方法</th><th>1966年</th><th>1967年</th><th>1978年</th><th>1979年</th><th>1980年</th></tr>
<tr><td rowspan="3">1</td><td rowspan="3">充填法</td><td>上向水平分层干式充填</td><td>58</td><td rowspan="2">58.5</td><td rowspan="2">54.1</td><td rowspan="2">57.3</td><td>50.9</td></tr>
<tr><td>上向倾斜分层干式充填</td><td>—</td><td>3.3</td></tr>
<tr><td>支柱干式充填</td><td>0.7</td><td>—</td><td>0.8</td><td>0.2</td><td>—</td></tr>
<tr><td rowspan="2">2</td><td rowspan="2">崩落法</td><td>壁式崩落</td><td>29.3</td><td>16.4</td><td>15.4</td><td>15.6</td><td>17.7</td></tr>
<tr><td>分层崩落</td><td>—</td><td>7.6</td><td>9.7</td><td>8.4</td><td>13.2</td></tr>
</table>

续表7-24

序号	采矿方法		1966 年	1967 年	1978 年	1979 年	1980 年
3	空场法	留矿法	12	10.2	8.2	9.2	7.1
		全面法	—	7.1	11.8	9.3	4.4
		房柱法	—	—	—	—	2.8
4	其他	溶浸采矿	—	0.2	—	—	

表 7-25　国外部分铀矿地下采矿方法及主要设备

矿山名称	矿石规模/($kt \cdot a^{-1}$)	矿石品位/%	矿体厚度/m	矿体产状	采矿方法	采掘运输设备	人员数量/人
美国海兰	1600		0~12	不规则	分层充填法及崩落法、房柱法	直径为 30 m 的护盾式联合掘进机，8 t 内燃机车 11 台，斗容 3 m^3 矿车 80 台，0.75~1.5 m^3 Eimco 铲运车 30 台	全员 293
加拿大杜勃纳	300		脉矿	急倾斜	留矿法，阶段高度为 30 m	手持式凿岩机，单机小钻车，13 t 卡车，1.5 m^3 铲运车	
法国夏尔东	500		0.2~1.2 3~5		上向分层充填法	凿岩钻车 6 台，电耙，Cavo310 装运车，Alimak 爬罐	全员 82 井下 75 采矿 36
法国潘纳兰	120	0.1~0.3	3	50°~90°	上向分层充填法，分层高 3 m	全液压凿岩钻车 1 台，铲运机 6 台，卡车若干	全员 24 井下 21 采矿 16
加蓬奥克洛	200	4	6~8	10°~65°	下向分层胶结充填法	凿岩钻车，平均斗容为 2.9 m^3 的铲运机，天井钻车，卡车	井下 127 采矿 74

(1)开拓采准布置

一般地，放射性矿床开拓采准工程布置应遵循以下原则：

①开拓巷道一般布置在脉外，必须穿过矿体的巷道数量尽可能少。

②采用后退式回采顺序，使采空区尽量保持在回风系统一侧，以免使采空区氡及子体污染新鲜风流。

③井田范围不宜过大，有良好的通风系统。

④主要行人通道、运输巷道、提升机房、机修室、矿石检查站、炸药库等布置于新鲜风流中，地下储矿仓、水仓应有单独回风道。

⑤坚持采探结合，并以钻探代替坑探，减少氡析出量。我国铀矿床开采的采掘比都较大，见 1965—1985 年的统计数据(表 7-26)。

表 7-26　我国铀矿开采的采掘比(1965—1985)　　单位：m/kt

砂岩型	碳硅泥型	花岗岩型	火山岩型(脉状)	火山岩型(块状)
50~80	25~42	37~43	78	17

(2)采矿方法选择

采矿方法除应满足一般要求外，还应满足以下要求：采用具有最小射气表面的方法，保证氡析出量最小；具有大的灵活性，能适应矿体探明后的变化；矿石贫化损失要小；回采时有利于辐射取样和探矿；易实现工作面贯穿通风。

充填采矿法最适合这些要求，但从充填料析出的氡不容忽视，从采场顺路井充填体析出的氡占矿井总析出氡量约 20%。加拿大埃利奥特湖铀矿全尾矿充填体氡析出率实测为 55 Bq/(cm^2 · s)。非胶结充填料氡析出率为胶结充填体的 160%。充填前测得采场氡浓度为 32 kBq/m^3，充填后为 4.81 kBq/m^3，降低了 85%。

留矿法因在采场贮存大量爆破矿石，氡析出量大。711 铀矿实测表明，留矿法采场平均氡浓度达 33.3 kBq/m^3，为国家标准的 8 倍。因为氡的密度较大，采用下行通风后，工作面氡浓度可大大降低。但应注意下行排风对新鲜风流的污染。

崩落法，如通风系统不合理，崩落体析出大量氡会造成严重污染，716 矿从崩落体析出的氡占矿井总析出量的 88%，井下平均氡浓度高达 22 kBq/m^3。

对特高品位的铀矿体还应采取其他专门措施，如尽量采用遥控设备等，用专用容器装运矿石，以及穿防护服等，加强个人剂量检查，使外照射不超过限值。

(3)采矿作业

在脉内坑道掘进和采场回采过程中，打眼前应对工作面进行 γ 取样，确定矿体厚度、品位，圈定矿体边界大眼后，一般应进行 γ 测孔，区分矿石和废石，以便进行分采分爆；爆破后，也应进行爆堆 γ 测量，以便手选废石，或对特高品位矿石进行分装分运。采场围壁应打物探炮孔进行围壁探矿和切割找边。采场顶板和巷道围壁应进行取样和编录，为圈定矿体、计算储量提供基础资料。打物探探孔，勘探盲矿体。

2)溶浸采矿

所谓溶浸采矿是建立在化学反应基础上的采冶新工艺。它是指利用某些能溶解浸出矿石中铀的溶浸剂，将其按一定比例配制成溶浸液注入矿层或喷洒到矿堆，溶浸液与矿石充分接触并发生化学反应，使矿石中的铀从固态矿物中转入到溶液中，再通过收集浸出液，提取浸出液中铀，是集采、选、冶于一体的新型金属矿床采冶工艺。溶浸采矿具有基建费用少、生产成本低、作业条件安全、对环境影响较小等优点。溶浸采矿按作业地点和开采工艺分为原地浸出采铀和原地破碎浸出采铀。

(1)原地浸出采铀

原地浸出采铀是指在矿床天然赋存条件下，通过钻孔工程将溶浸液注入矿体，使溶浸液与矿石发生化学反应，从矿石中选择性地浸出铀而不使矿石产生移动破碎的集采、选、冶于一体的新型采矿方法。与常规矿井开采和露天开采相比，该方法没有昂贵而繁重的矿井开拓和露天剥离工程，省去了矿石开采、提升运输、矿石破碎、选矿和尾矿坝建设等工序，简化了采、选、冶工艺过程，被采的是天然赋存条件下的矿体，采出的是含铀的溶液。

原地浸出采铀技术主要用于矿石疏松、孔隙发育、渗透性较好的砂岩型铀矿床。与原地浸出采铀技术有关的矿床地质和水文地质因素主要有矿石的渗透系数、孔隙率、顶底板岩层渗透系数、矿层地下水的水位埋深和水头值、矿石品位、埋藏深度、矿体产状和形态等多种因素，美国及苏联评价原地浸出采铀的地质和水文地质条件见表 7-27。

表 7-27　美国和苏联评价原地浸出采铀的地质和水文地质条件

美国	苏联
(1)铀沉积在渗透层中，并可被某种化学试剂溶解； (2)铀应赋存于疏松砂岩中； (3)地下水水位至少高于矿层 30 m； (4)天然的地下水矿化度 TDS 小于 10 g/L； (5)渗透系数一般应大于 0.414 m/d； (6)一般认为矿层中含有不可渗透的方解石、黏土细脉及含碳的矿石是不可开采的； (7)地下水天然流速小于 3 m/a； (8)溶浸液能被限制在一定范围内； (9)矿体埋深小于 360 m； (10)矿体厚度为 0.6 m 时，矿石品位不小于 0.02%； (11)矿床储量应达到经济开采规模	(1)在厚度方向上划分矿层的边界品位，在可渗透层中为 0.01%，在不渗透层中为 0.03%； (2)在矿体中，厚度为 1 m 以下、铀质量分数小于 0.01%的夹层可包含在贫化矿石中； (3)在矿段范围内，允许铀含量小于 0.01%的最大厚度为 5 m； (4)在平面图圈定矿体(块)的最低铀量一般为 1 kg/m^2； (5)矿块中探矿钻孔的见矿率应大于 0.7； (6)矿块中碳酸盐含量(以 CO_2 计)在酸法浸出时最大允许值为 2%； (7)矿石中黏土(粒度小于 0.05 mm)最大允许含量为 30%； (8)矿石的最小渗透系数一般为 0.3~0.5 m/d； (9)工业块段最低铀量为 3~5 kg/m^2

(2)原地破碎浸出采铀

原地破碎浸出采铀是指利用露天或井下采切形成碎胀补偿空间，采用爆破或挤压爆破技术，将矿石就地进行破碎，构筑矿石块度级配合理、矿石微细裂隙发育、孔隙度均匀适度、渗透性良好的采场矿堆，然后向矿堆布洒溶浸剂，有选择性地浸出矿石中的铀，浸出的含铀溶液被收集转输至地面加工回收金属，矿渣留采场就地处置。与铀矿常规采冶比较，原地破碎浸出采铀方法是将矿体采切的 20%~30%的矿石出窿，形成原地挤压爆破的补偿空间，70%~80%左右的矿体在原地进行挤压爆破，就地破碎构筑利于浸出的地下矿堆进行布液浸出，出窿矿石在地面进行堆置浸出。

该方法的特点是，采切工程量少，大幅减少了出窿矿量和矿石运输量，省去了采场顶板管理、采空区处理和矿石破磨、固液分离及尾渣排放等繁杂工序，采、选、冶综合成本降低 30%，基建投资减少 30%~40%，基建周期缩短 1/3。并有利于实现矿山机械化和自动化，有利于矿区环境保护和矿山关闭后的环境复原整治。

7.6.4　排氡通风与降尘

矿井通风降氡有两个作用，一是利用新鲜风流稀释和排出井下的氡，降低井下通风空间的氡浓度和氡子体 α 潜能；二是利用通风及其他措施控制氡的析出，减少井下的氡析出量，以便在不增风量的条件下，改善井下的防护条件。

1)通风方式

压入式通风，井下空气为正压，渗流方向指向井外，有利于控制氡的析出，入风风质好；但漏风率大(有的为70%)，工作面供风不足，难以管理。加拿大试验证明，压入式的总排氡量比抽出式低20%。而国内711铀矿矿岩致密，渗透性小，无采空区通地表，试验证明，排氡量只降低10%，效果不显著。因此，压入式通风一般适用于矿业裂隙发育，采空区多，容易造成污染的矿山。

抽出式通风，井下空气处于负压状态，渗流方向指向井下，氡析出量增加，但漏风量小，管理简单。因此，抽出式通风一般适用于矿岩致密，渗透性小，能建立良好的回风水平，采空区的氡不会污染新鲜风流的矿山。

抽-压混合式通风，兼有上述两种通风方式的优点，因此一般适用于通风线路长，阻力大，自然风压干扰较大的矿山。

伴随采矿工作的进行和矿山地质条件的变化，压力分布、通风网路结构、风量分配、氡的析出量和析出率在不断变化。因此，必须适时进行调整，消除循环风，控制氡的污染；防止漏风，保证压力和风量的合理分布。若井田范围较大，通风效果差，则采用必要的密闭和分区通风效果好。

2)通风系统

铀矿开采过程中为了控制氡的内部渗透，降低氡气的危害，建立一个完善的通风系统，合理调整压力分布是极为重要的。一个完善的排氡通风系统应满足以下要求。

(1)入风风质好。入风口的氡浓度不应超过表7-28指标。

表7-28 入风口的氡浓度指标

入风位置	氡子体浓度/($\mu J \cdot m^{-3}$)	氡浓度/($kBq \cdot m^{-3}$)	总粉尘浓度/($mg \cdot m^{-3}$)
总入风口	0.3	0.2	0.2
工作面入风口	2.0	1.0	0.5

(2)通风体积小。通风体积小，可以减少氡析出量，缩短换气时间，降低氡和氡子体 α 潜能平衡因子 F。实测换气时间和 F 值见表7-29。

表7-29 实测换气时间和 F 值

矿山名称	换气时间/min	工作面氡浓度/($kBq \cdot m^{-3}$)	氡子体的 α 潜能浓度 c_p/($\mu J \cdot m^{-3}$)	氡和氡子体的 α 潜能平衡因子 F
711铀矿	20.36	3.26	1.57	0.087
赣州铀矿	13	2.04	1.63	0.14
郴州铀矿	22	2.92	2.56	0.159
南雄铀矿	6.8	3.18	5.57	0.264
宁乡铀矿	11.9	3.81	0.56	0.032

(3)提高通风效率，减少漏风，控制氡的析出量和析出率。在多路进风条件下，风量分配要合理，尽量减少角联风路，减少独头通风和死角。

(4)压力分布控制。压力分布控制指控制氡的渗流析出和防止入风污染，使其不受自然风压的干扰。在裂隙发育地带或采空区附近应保持正压，使渗流指向采空区。

(5)在自然风压干扰的情况下，应尽量保持矿岩体氡的渗流方向不变。氡析出量和氡析出率最小。

一个完善的通风系统不可能是一成不变的。调整的基本内容：调整网路结构，使主扇运转特性与矿井风阻特性相匹配，新、污风流互不干扰；调整网路中的压力分布，提高风流稳定性，控制氡的析出和污染；调整风量分配，使工作面氡及其子体浓度和有害物质含量能迅速降到国家允许水平。调整和管理好通风设施。采空区的密闭应使隔离区相对于作业区保持一定的负压，避免采空区的氡透过隔墙和岩石渗流到作业区，采空区的氡也可用占孔单独抽放。

若井田范围较大，通风效果较差，可采取分区通风和必要的密闭措施。另外，仍需对氡及其子体浓度进行监测，监测目的是检查工作场所氡及其子体浓度是否满足国家标准(氡 3.7 kBq/m^3，氡子体 6.4 $\mu J/m^3$)的要求，为通风系统调整提供依据；测量结果也用于估算工人的辐射剂量。监测工作由专门人员进行。在风路上布置测点，测点位置和监测范围根据工作地点和通风系统的变化确定。凡有人作业的地点都应定期进行监测。采场、掘进工作面的监测周期要短一些，一般每周 1 次，其他 10~15 d 1 次。氡及子体浓度高，变化大的地点，每周 3 次，或 1 天 1 次，并采取应急措施，独头工作面、硐室等分别进行数据处理。样品要有代表性。

3)降尘

铀矿尘主要来自铀矿开采过程中凿岩、爆破、放矿等生产环节产生的矿尘；矿石装卸和运输过程中扬起的矿尘；已沉落在岩壁、巷道内的矿尘因爆破、通风等而再次飞扬的二次矿尘等。

铀矿降尘的目的是防止铀矿尘危害矿工的身体健康和扩散到大气中对居民健康产生危害。抑制措施除了加强通风外，主要是利用液体(水和泡沫)对矿尘的作用来抑制它的扩散，地下开采中广泛应用了能提高水的表面能的化学物质进行喷雾洒水，提高水的捕尘效率。爆破后的矿堆通过洒水作业，减少了装矿和放矿过程中矿尘的飞扬。

为了防止放射性粉尘的危害，广大铀矿工人在生产实践中，积累了丰富的经验，总结出“风、水、密、护、革、管、教、查”八字综合防尘措施。八字防尘措施的内容是，风——通风除尘；水——喷雾洒水；密——及时密闭；护——个体防护；革——技术革新；管——科学管理；教——宣传教育；查——检查测定。在各主要生产环节中应采取的防尘技术措施有：凿岩防尘(湿式凿岩、干式捕尘、改进凿岩技术和凿岩设备)、爆破防尘(喷雾洒水、水封爆破)、装卸矿时的防尘(喷雾洒水、溜井密闭、通风抽尘)、充填浇灌的防尘、放顶防尘、风流净化、个体防护等。

7.6.5　“三废”处理

含放射性核素的矿井水、废气和废渣是环境污染的主要来源。此外，破碎矿石粉尘、运输中洒落的矿石也是矿区环境污染源。以下内容以铀矿“三废”处理为例。

(1)废气影响及处置

铀矿通风排出的空气含有氡气、氡子体、矿尘、放射性气溶胶以及其他气态污染物，会对地面大气造成污染。

氡是铀矿开采过程中大气的主要污染源，在自然条件下，以扩散和渗流两种形式迁移。矿山出风井或其他污染源对大气的影响范围为100~200 m，实际影响随当地地形、常年风向及污染源浓度等因素变化。按《铀矿冶辐射防护和辐射环境保护规定》(GB 23727—2020)，主要污染源距生产、生活设施的防护距离如表7-30所示。

表7-30 主要污染源距生产、生活设施的防护距离 单位：m

污染源	露天水源地	居民区	进风井	选冶厂
出风井	500	800	100	300
露天采场	500	800		
废石场		300		
矿仓、成品库		300		
选冶厂		300		
尾矿库	500	800		

一个中型铀矿山，在正常通风状态下，每天析出的氡量为$3.71\times10^{9}\sim1.79\times10^{11}$ Bq，矿井排放废气量为$1.54\times10^{8}\sim7.45\times10^{9}$ Bq/h，其氡浓度一般为1.1~69 kBq/m^3，氡子体α潜能浓度为2.9~121.3 μJ/m^3。在矿区周围500 m范围内室外环境氡浓度一般可增加1~10 Bq/m^3。

铀矿山治理废气的主要方法是通风以减少对人体的伤害。对废石产生的氡等放射性气体的处理，除通风外，还应处理废石，目的也是减少氡的析出。

(2)废水影响及处置

在铀矿开采过程中，必然会将铀等放射性核素及其他重金属毒物带入矿坑水。多数情况下，废水中含铀量与矿石品位和矿坑水的酸度成正比。表7-31列出了几个铀矿山废水中放射性物质含量分析结果。

表7-31 几个铀矿山废水中放射性物质含量分析结果

矿山编号	废水量/(m^3·d^{-1})	放射性物质质量浓度/(mg·L^{-1})		
		铀	镭	ΣA
Ⅰ	2500	1~30	约4.2	40.7~384.1
Ⅱ	8000	0.3~0.7	1.45~2.5	8.1~211.0
Ⅲ	1600	10~18	3.3~7.3	6.5~251
Ⅳ	8300	1.1~3.8	0.3~1.1	约95.5
Ⅴ	1480	约0.36	约0.22	
Ⅵ	3000	0.4~20	2.5~22.6	

从表7-31中可以看出，坑道废水中放射性核素铀、镭的含量很高，需要进行处理。

放射性废水的处理方法很多，基本可分为3类：①物理方法，如自然沉降、过滤、蒸发浓缩、稀释、反渗透等；②化学或物理化学方法，如化学沉淀、离子交换、电渗析等；③生物方法，主要是通过细菌或微生物的吸收分解作用，使废水净化，如生物滤池、曝气池等。

我国铀矿山废水的处理方法主要有稀释、化学沉淀、离子交换、电渗析等，其中以离子交换法应用最普遍。另外，“清污分流”在某些铀矿山废水处理中已有应用，“闭路循环”在化工、冶金等矿山已广泛使用，也可供铀矿山废水处理借鉴。

(3)废渣影响及处置

矿山开采过程中产生的废石，放射性选矿厂选弃的、水冶厂加工排出的及堆浸后的尾矿，都会给环境带来污染。大量的废石和尾矿中含有的铀、镭等放射性核素及有害物质，由于风化、剥蚀等作用不断析出，污染范围不断扩大。由于矿石和废石在运输中洒漏，两侧路基和农田土壤中铀含量高达8.5×10^{-7} g/kg。另外，水冶厂尾矿中的镭占原矿石镭量的95%以上，所以尾矿仍具有原矿70%以上的放射性，给矿区环境带来很大程度的污染。

因此，尽可能利用废石及尾矿充填地下采空区，以减少地表的堆存量，是铀矿山废石无害化处理的重要途径。另外，在无充填条件的矿山建造废石场，其选址应根据风向和居民点的位置来确定，并应建有防洪设施；尽可能边堆放边覆土植被，以控制氡析出率、降低γ辐射，并进行同化处理以确保安全；覆盖封闭防氡，据调查，当覆盖层黄土厚度为0.5～2.0 m时，氡的析出率可降低69%～99%，防γ辐射率为65%～95%。

7.6.6　应用实例

711矿水平分层充填采矿法实例如下。

该矿床为后生热液铀钼型沉积变质矿床。矿体赋存于硅质带中。硅质带长4 km，宽50～300 m，主要由黑灰色石英岩和微石英岩组成。矿体形态复杂，为不规则透镜体，呈巢状，与围岩接触不明显，大小不一，走向长度为20～200 m，倾角为70°～90°，含矿不均，品位变化大。矿石坚硬稳固，f=16～18，上盘为硅化炭质页岩或炭质页岩，下盘为石英岩，f=17～19，裂隙发育。涌水量正常为3600 m^3/h，一个工作面突然涌水量高达4900 m^3/h，水温38～50 ℃，最高达58 ℃。

该矿主要用水平分层充填法回采。阶段高度为40～50 m。该矿充填法具有如下特点。

(1)混凝土人工间柱。矿体厚度大于10 m时，沿矿体走向布置矿房、矿柱。矿房宽15～20 m，矿柱宽为2～6 m。先采矿柱，再用低标号混凝土浇筑采空区形成人工间柱，见图7-12。

人工间柱可用水平分层胶结充填法回采矿柱，矿柱宽6 m，每分层回采后用粗骨料废石(块度50～200 mm)充填，每充0.6 m，用水泥砂浆固结充填料，也可用留矿法加采矿柱，随后一次胶结充填。矿柱宽度可减到2 m。用粗骨料充填时，废石用矿车运至搅拌站加入适量水泥砂浆后，运往采场充填。砂浆配比，m(水)：m(水泥)：m(砂)=0.9：1：(3～3.25)。用细骨料(粒径20～40 mm)充填时，混凝土在搅拌站制备，通过管道用压气送往采场充填。水灰比为0.7：0.8，m(水泥)：m(砂)：m(碎石)=1：3.5：6。

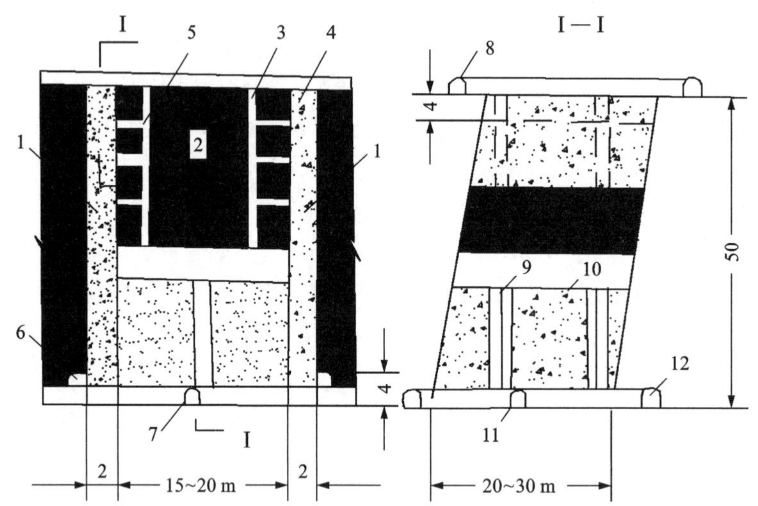

1—混凝土间柱；2—矿房；3—充填井；4—充填小井；5—联络巷道；6—电耙道；7—混凝土假巷；8—回风巷道；9—顺路天井；10—混凝土垫板；11—脉内运输巷道；12—脉外运输巷道。

图 7-12　混凝土间柱水平分层充填法

(2)混凝土隔离墙。如图 7-13 所示，沿矿体走向每隔 20~40 m 布置一个矿房，取消矿柱。相邻矿房回采滞后 4~8 m。随超前采场的回采及时浇筑 0.8 m 厚的混凝土隔离墙。回采高度为 2~3.5 m，采用手持式凿岩机接杆凿岩，微差爆破，用功率为 28 kW 的电耙出矿和充填。每分层用废石充填，在底板铺设 80~100 mm 厚的板，以减少矿石损失贫化。

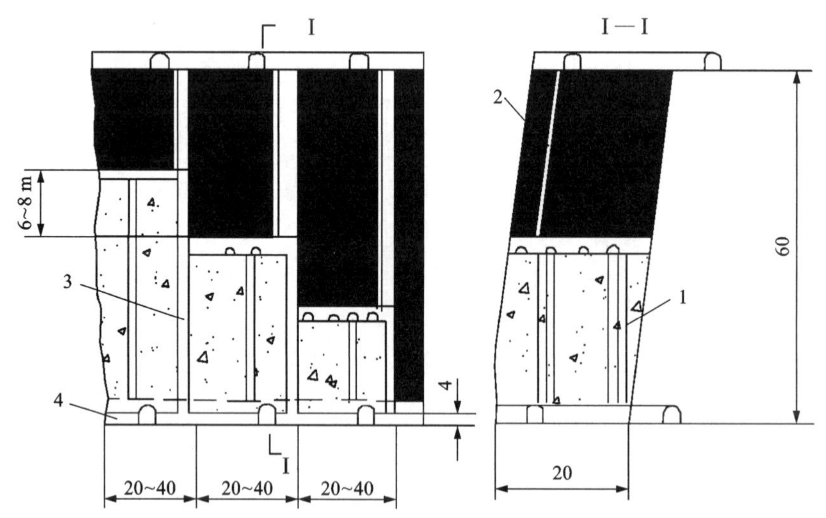

1—溜矿行人井；2—充填井；3—混凝土隔离墙；4—假底假巷。

图 7-13　混凝土隔离墙充填法

此法比矿房、间柱二步骤回采采矿强度提高79%，工效提高73%，吨矿混凝土耗量仅0.012 m^3，直接成本降低10%。

(3)混凝土假底假巷。从运输巷道沿矿体底部全部切开，浇注0.4~0.8 m厚的混凝土底板隔层，按设计架设模板，砌筑0.3~0.5 m厚的混凝土假巷和漏斗，然后将废石充填至假巷顶部以上1 m处，再浇注150 mm厚的砂浆垫板。

(4)充填浇灌系统。沿走向每隔100 m左右布置1个充填井，利用上部已采完的采场从顶部爆破与地面采石场贯通，形成与充填井连通的储料仓。采石场和井下来的废石倒入储料仓。放射性选厂的尾矿和表外矿石倒入地下堆浸场，堆浸后作充填料，见图7-14。

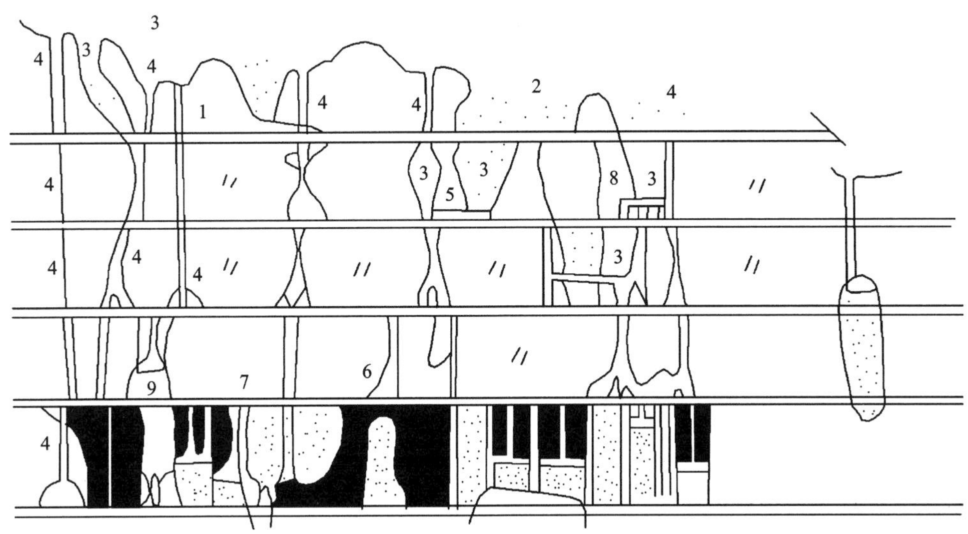

1—细砂溜井；2—采石场；3—充填料储料仓；4—充填井；5—充填料电耙道；
6—混凝土搅拌站；7—充填管路；8—井下堆浸场；9—采场。

图7-14 充填浇灌系统

下部中段将分支天井与主充填井相连，大部分充填料可直接放入采场，充填速度快，缓冲余地大。

全矿设3个混凝土搅拌站，1个在地表，1个在井下，通过ϕ150 mm的铸铁管用压气输送混凝土或砂浆到采场充填。搅拌站设备有：JI—800型混凝土搅拌机1台，容量为800 L，电机功率为17 kW，生产率90~120 s/次；ZH05(500/150)型混凝土浇注机1台，容量为500 L，骨料最大允许粒径50 mm，水平输送距离最大250 m。

711矿水平分层充填采矿法主要技术经济指标列入表7-32。

表 7-32 711 矿水平分层充填采矿法主要技术经济指标

指标名称		参数值	平均值	占比/%
采场生产能力/(t·d^{-1})		50~60	55	
充填生产能力/(m^3·台$^{-1}$·班$^{-1}$)		25~110	67.5	
采矿强度/(t·m^{-2}·月$^{-1}$)		3~4.5	3.75	
采矿工效/(t·班$^{-1}$)		2~3.8	2.9	
充填工效/(m^3·班$^{-1}$)		3~12	7	
贫化率/%		15~23	10	
损失率/%		2~8	5	
主要材料消耗	炸药/(kg·kt^{-1})	650~750	650	
	雷管/(个·kt^{-1})	680~1100	890	
	钎头/(个·kt^{-1})	170~230	200	
	钎钢/(kg·kt^{-1})	130~170	150	
	木材/(m^3·kt^{-1})	1.5~3.1	2.3	
	水泥/(t·kt^{-1})	6.3~15	10.7	

指标名称		参数值	平均值	占比/%
成本/(元·t^{-1})	材料	13.3		20.6
	工资	10		15.5
	动力	10		15.5
	直接成本	33.3		51.6
	运输费	1.6		2.5
	车间经费	20		31
	企管费	9.6		14.9
	矿山成本	64.5		100

7.7 二次资源开采

7.7.1 二次资源开采类型

根据开采对象，二次资源开采可分为：残矿柱二次开采、残留贫矿二次开采、尾矿二次开采和崩落区二次开采。

(1)残矿柱二次开采

对一次开采时残留的各种形式矿柱进行回采称为残矿柱二次开采。

(2)残留贫矿二次开采

随着科学技术的进步，一次开采时认为没有开采价值的贫矿、表外矿、矿化围岩以及一次开采时采富留贫的贫矿部分，现在已具有开采价值，对这部分矿石的回收称之为残留贫矿二次开采。

(3)尾矿二次开采

尾矿二次开采是指对一次开采时限于技术未能回收或认为没有回收价值的已堆存至尾矿库的尾矿重新进行开采。

(4)崩落区二次开采

崩落区二次开采是指对一次开采时落矿后由于种种原因残留在采空区未能放出的矿石进行回采。

7.7.2 二次资源开采的特殊要求

1)充分利用现有工程

二次开采开拓工程的主要特点是要处理好与一次开采时的开拓系统的关系，一方面要满足二次开采本身的各种要求，另一方面还要充分利用原有一次开采的开拓工程。根据对原有一次开采的开拓工程利用程度，二次开采的开拓方法分为下述3种。

(1)利用原有的全部开拓系统。这种方法无须开掘新的井巷工程，只需修复原来的开拓系统，它是一种最简单和投资最少的开拓方法。这种开拓方法适用于一次开采已结束的矿山，以及二次开采出矿量不大和一次开采的运输提升能力有富余的矿山。二次开采和一次开采的矿石在同一系统不能分别运出，必须混合处理，选矿技术经济指标降低不明显的矿山才能采用此种开拓方法。

(2)利用原来一次开采时的部分开拓系统和新开掘部分巷道组成二次开采的开拓系统。这里分两种情况，一种是用原来的提升井提升矿石和新掘的阶段运输巷道运送矿石；另一种是用原来的阶段巷道运送矿石和新掘的井筒提升矿石。前一种情况和利用原有的全部开拓系统的方法差不多，其适用条件也相同，只是原来的阶段运输巷道不能利用需要重新开掘。后一种情况恰好与之相反，无法利用原有提升井，需要重新开掘新提升井，才能允许有较大规模的二次采矿量和有条件把二次开采的矿石与一次开采的矿石分别运出、分别处理，并能提高矿山生产能力和保证较好的选矿技术经济指标。如苏联的尼基托夫斯基矿的二次开采就是采用这种开拓方法。

(3)新建二次开采的开拓系统。这种方法适用于二次开采产量大、服务年限长及原有开拓系统满足不了要求的矿山。这种方法也利于把二次开采的贫矿和一次开采的富矿分别运出、分别处理，因而可获得较好的技术经济指标。加拿大的克赖顿矿的二次开采即采用这种开拓方法。

在实际工作中，二次开采开拓方法要通过技术经济比较选择，其中二次开采矿石的数量和质量在评价中是起决定性的因素。

2)安全防护

二次开采除要遵守现有矿山各种安全规程外，还应满足下述安全要求。

(1)二次开采至少要落后于一次开采1~2个阶段，即在一次开采结束后大致要经过5~10年的时间才能进行二次开采，以提高已崩落矿石的密实性和稳定性。

(2)要系统地进行采场地压监测，以便及时对巷道进行维护和更新支护，确保生产作业的安全。

(3)开采崩落带的矿石时，应在巷道中通过打深孔探测矿岩被压实的范围以便确定安全边界线。

(4)在崩落带内掘进巷道时，炮孔深度不应超过1.3 m，而且要采用便于维修更换的可缩性金属支架，支架间距不宜大于0.5 m。

(5)当巷道需要通过老巷道或采空区时，应事先用深孔探清边界。在巷道掘进邻近空区时，工作面循环进尺不超过0.5~0.7 m，并且要加强支护，要浇筑混凝土隔墙。

(6)由于在崩落带内掘进天井难度大，安全性差，因此在采场设计时要尽可能不用或少用天井，在不得已时，其高度要控制在6 m以内。

(7)在进行二次开采之前，要采取相应的组织技术措施，全面分析被采矿体的情况和老工程的状态，拟定相应的安全技术措施，组织强有力的技术工人队伍承担二次开采的任务。

(8)二次开采时漏风比较大，要加强通风系统管理和加大供风量。

7.7.3 二次资源开采技术

1)采矿方法特点

根据二次资源开采的特点，可采用不同的采矿方法，国内外常用的采矿方法列入表7-33。

表7-33 二次开采常用采矿方法分类

采矿方法	矿体类型	使用矿山
崩落采矿法 ①自然崩落法 ②强制崩落法	贫矿体与含矿围岩等	苏联尼基托夫卡矿和克里沃罗格矿区各矿
充填采矿法	缓倾斜贵重金属薄矿体	湘西金矿
直接放矿法	充填料矿与残留矿等	苏联阿奇赛铅锌矿

二次开采的采矿方法选择：除要满足一次开采时的要求，还应考虑以下因素。

(1)二次开采的矿石品位一般都比较低，宜采用成本较低的采矿方法。

(2)二次开采是在一次开采结束的阶段上或矿山中进行的，存在着不同形状的采空区，矿体的整体性和围岩可能发生了变形、移动乃至破坏，所以选择的采矿方法应保证安全生产。

(3)在矿岩已发生移动和破坏的范围内，由于巷道的掘进和维护比较困难和复杂，一般宜采用采准切割工程量较小和回采强度较高的采矿方法。

要根据二次开采矿体的具体条件，在对所有影响因素进行综合分析和技术经济比较后再确定采矿方法。

2)采准切割

二次开采的采矿方法结构参数与采准布置根据矿体的具体条件确定。采准切割工作具有如下特点。

(1)尽可能地利用一次开采时的原有各种巷道，这些巷道多数需经修复才能利用。

(2)新掘巷道布置时要注意避免穿过原废弃巷道和采空区，一般是脉外采准。

(3)必须对原采空区和矿岩的移动破坏范围进行探测，根据探测资料进行采场设计与施工。

(4)采场的运输巷道一般布置在本阶段运输巷道下部，矿石通过溜井下放至下一阶段运输巷道运出。

(5)二次开采一般没有一次开采时的三级矿量的严格要求。

3)回采工艺

二次开采的回采工艺随开采矿体所处的状态而定。如果是未被移动破坏的整体性矿体，其回采工艺和一次开采的回采工艺相同；若是已被移动破坏的矿体或是已充填的矿段等，其回采工艺有如下特点：

(1)采场不留底柱，凿岩爆破在采场运输巷道中进行。

(2)采场不留矿柱，采用一步骤回采。

(3)采用崩落法时，不设中间凿岩水平，而在采场下部进行一次落矿，其上部矿石随着放矿自然崩落。

(4)采下的矿石运至溜井，下放到下一阶段运输巷道运出。

(5)开采充填料矿时，一般无须凿岩爆破落矿，只需少量裸露药包爆破松动压实的充填料，然后进行放矿。

(6)用崩落法的采场，要严格控制放矿，以保证采出矿石的质量。

对于分散于采空区及充填体内的残留矿石，可以采用注浆固结形成矿房进行回采。对于破坏严重、作业环境恶劣的矿柱群，可以选取作业环境相对较好的水平，利用大直径深孔结合局部中深孔及装药硐室进行整体崩落。对低品位、残留分散难采的铜、铀等残矿可以考虑采用就地浸出的方法回收。

4)尾矿开采方法

就国内外开采尾矿的方法来看，可归纳为以下几种：水采，水枪-砂泵开采；船采，挖泥船开采；干采，机械开采。

按尾矿回采方向，开采方法可分为以下几种。①横向开采，即尾砂回采方向与尾矿坝主坝坝轴线基本保持平行，采砂时沿尾矿库横向分成条带进行开采。本法又分为单工作面横向法和相邻工作面横向法。②纵向开采，即尾砂回采方向与尾矿坝主坝坝轴线基本保持垂直，采砂时沿尾矿库纵向分成条带进行开采。又分单工作面纵向法和平行工作面纵向法。③联合开采，即尾矿库内尾砂贮存条件较复杂时，可将上述方法联合使用。

尾矿库回采的基本顺序：先内后外，先库后坝，先上后下，分层开采。

尾矿库回采的平面总体方向顺序分为后退式和前进式。后退式：尾砂回采的总体顺序方向由库内向库外纵向回采。前进式：尾砂回采的总体顺序方向由库外向库内纵向回采，这种开采顺序应留有足够的干滩长度和滩面坡度。

7.7.4　二次资源开采的安全措施

(1)残矿与贫矿开采安全措施

由于一次开采打破了原岩的应力平衡，产生了次生应力场，给残矿、贫矿回采带来安全隐患。因此，必须加强岩石移动观测，掌握岩石移动规律。在地面和井下各中段布置地压观测点，做好预防预报工作，构建地下开采灾害预警系统，并对采场进行安全稳定性评估，以便采取措施减少地压危害。

利用矿山现有溜井连通各中段平巷，封闭废弃巷道，残矿回采点加强局部通风，形成完善的通风系统。

由于残矿回采作业非常特殊，安全风险很大，因此，应组建专门的由具有一定残矿回采经验的人员组成的残矿回采施工队伍。施工队伍必须经过安全技术等培训。

(2)尾矿回采安全措施

尾矿回采期间应注意对尾矿库坝体及其他相关设施的保护，保持尾矿库处于正常库状态，不应在危库、险库、病库内进行尾矿回采作业。

对尾矿库内距排水井、排水斜槽、排水涵管等排水设施 15 m 范围内的尾矿不宜进行机械回采。严禁在尾矿坝坝脚掏采尾矿。寒冷地区冬季尾砂回采应先对冻土层进行剥离，严禁在冻土层下掏采。

在回采过程中，尾矿库排洪、排渗设施一旦被损毁或淤堵应立即修复。汛期前应进行防汛安全检查，复核尾矿库防洪能力和尾矿坝稳定性，及时消除安全隐患。遇大雨、暴雨天气，应停止回采。汛期尾矿库的安全超高、干滩长度及尾矿坝稳定性均应满足《尾矿库安全技术规程》(AQ2006—2005)的有关规定。

加强尾矿库及尾矿回采区域的安全巡视、检查和监测，及时消除安全隐患，做好安全生产记录。企业应编制应急救援预案，并组织演练。

尾矿回采作业结束后，原尾矿库再利用或闭库，应满足《尾矿库安全技术规程》(AQ2006)等有关规定的要求。尾矿回采完毕的，原址应按照设计进行复垦和生态治理。

(3)崩落区开采安全措施

在采准作业过程中，必须及时处理顶板和边帮的松石，采取措施保持出矿联络道的稳定性，确保作业安全。

严格按出矿顺序要求自上而下进行出矿，严禁上下同时进行出矿作业，并做好矿石、废石分流工作。

在出矿过程中，如果矿体变化，应及时汇报，以便做出相应调整。

控制大块矿石产出率，当班对上一班产生的大块进行处理。

对地、测、采技术人员加强技术指导，控制出矿贫化、损失。

出矿作业前，应了解周边的地压活动情况，严禁在地压活动时和悬空条件下出矿，对现场的安全情况进行确认后方可施工。

严禁进入采空区、在大块悬顶下进行出矿与大块二次爆破，爆破时要求做好安全警戒，严防发生爆破事故。

7.7.5 应用实例

1)广西华锡集团铜坑矿残矿柱回采

广西华锡集团铜坑矿 92 号矿体产出于长坡-铜坑矿床下部，东西走向长 680 m，南北倾向长 830 m，倾角为 15°~25°，平均厚度为 22 m。92 号矿体采用空场法开采，经过十余年的开采，留下大量房间矿柱、盘区矿柱等矿柱群，矿柱矿量达 1000 万 t，采空区约 163 万 m^3。

经过“十一五”攻关，北京矿冶研究总院与铜坑矿山共同开发了大矿块阶段强制连续崩落采矿技术，对矿柱进行安全高效回收。

主要回采技术方案如下。

(1)间柱回采方案

①采准切割：在间柱顶部布置凿岩硐室，钻凿下向大直径束状深孔(图 7-15)，并在间隔的凿岩硐室里布置上向扇形中深孔。

②回采工作：先起爆间柱 2，利用爆破抛掷作用把矿石分别堆积在间柱 1 和 3 处，对间柱 1 形成一层覆盖，延时起爆间柱 1 的束状深孔，完成人工临空面向心爆破及抛掷覆盖挤压爆破过程。起爆间柱 1 的同时，起爆间柱 1 顶板上向扇形炮孔，强制崩落顶板，释放地应力。第一个回采步距完成后效果见图 7-16。回采步距为 80 m。

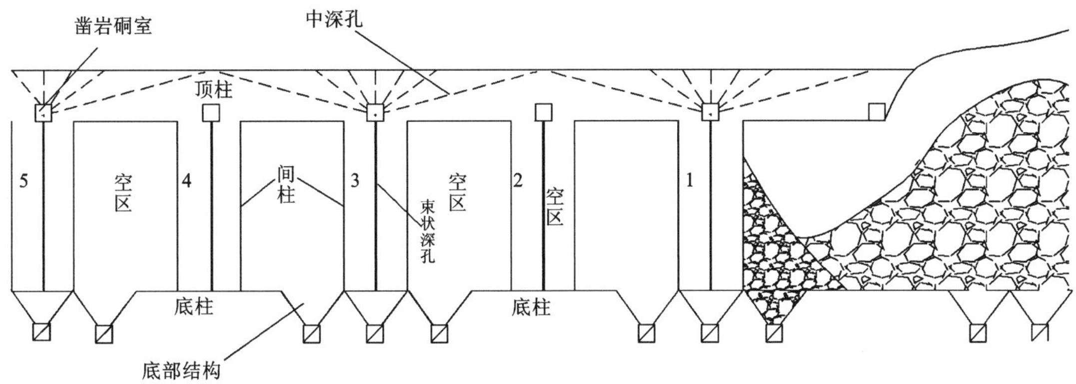

图 7-15　矿柱群采准布置示意图

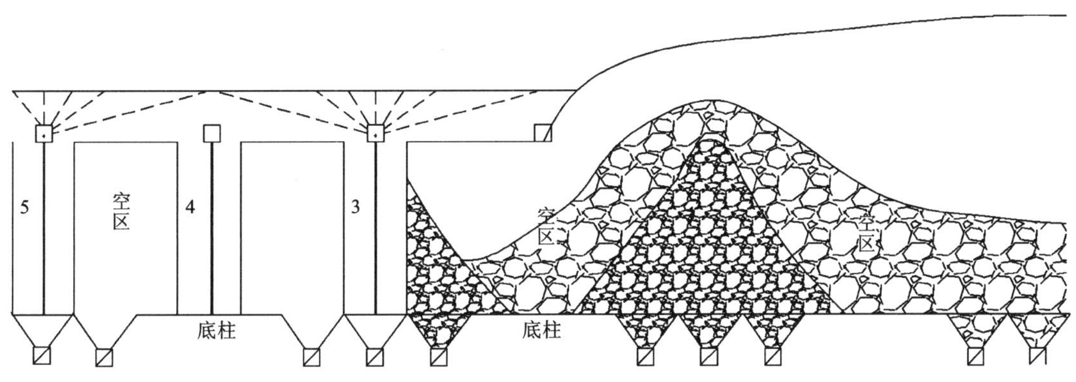

图 7-16　爆破完成后效果示意图

(2)盘区矿柱的回采方案

①采准切割：在盘区顶板内布置两个凿岩巷道，沿盘区走向凿下向束状大直径深孔，并凿上向扇形中深孔，见图 7-17。

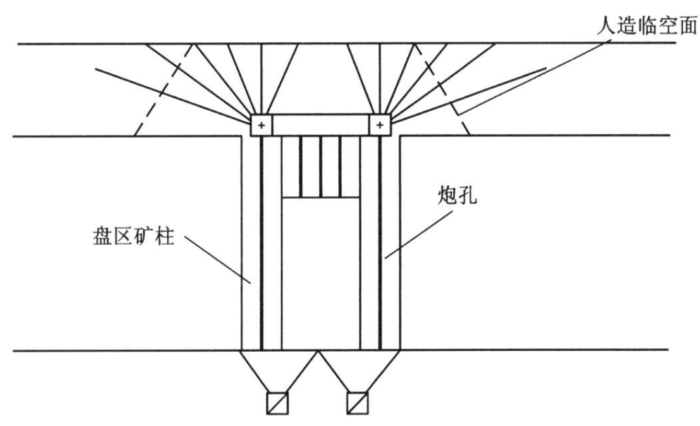

图 7-17　盘区矿柱采准示意图

②回采工作：先起爆中间束孔，每次崩落高度为6~7 m，采掉2/3阶段部分并放出矿石后，再与设计范围内的间柱同时起爆，完成一个步距的回采，回采步距为80 m(图7-18)。

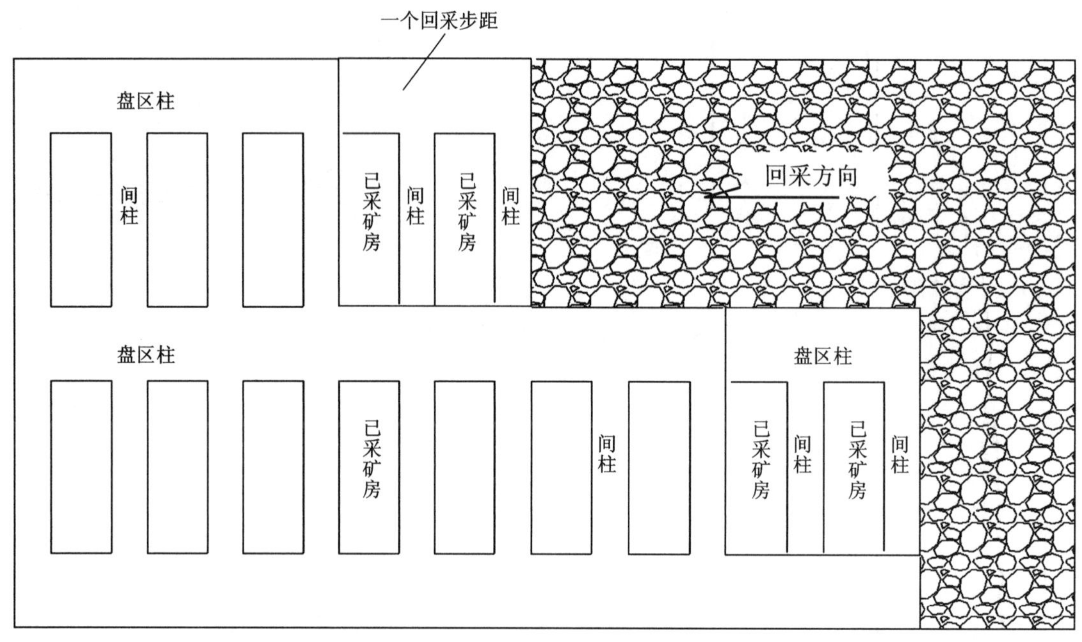

图7-18 回采崩落的顺序与步距

铜坑矿残矿柱回采技术经济指标如表7-34所示，爆破技术采用大直径深孔束状孔当量球形药包下向高分层落矿(ϕ165 mm)。

表7-34 铜坑矿残矿柱回采技术经济指标

参数	指标
崩矿量/($t \cdot m^{-1}$)	30.91
采切比/($m \cdot kt^{-1}$)	39.4
炸药单耗/($kg \cdot t^{-1}$)	0.37
二次炸药单耗/($kg \cdot t^{-1}$)	0.04
大块率/%	7
贫化率/%	13.5(设计贫化率为7%)
损失率/%	9(设计损失率为7%)
供矿强度/($t \cdot d^{-1}$)	2237

2)寿王坟铜矿残矿就地浸出回采

寿王坟铜矿存窿矿量为650万t，铜品位为0.35%，可利用铜金属量为1.43万t，采用就地细菌浸出技术进行回收。化学浸出铜的浸出率较低，浸出率为46%，加入细菌后，浸出率提高 26%左右，铜浸出率可达 72%，细菌浸出时产生酸，可使浸出的酸耗降低。

浸出合格液输送至地表萃取电积车间，如果浸出液浓度不合要求，则二级泵送至下一水平配酸池继续配液循环浸出。萃余液通过斜坡道内布设的管线进入下一水平配酸池后加酸配液。添加的菌液经细菌培养池泵送至配酸池。

电积工段为不溶阳极电沉积作业，阳极选用铅-钙-银-锡合金，阴极为铜始极片。电解液采用上进下出的循环方式。电流密度控制为 120~140 A/m^2，槽电压为 1.19~2.11 V，常温下作业，铜的生产周期为 7~8 d。

生产能力为年产铜 1000 t，浸出率为 68.11%，集液率为 93.48%，富液含铜量为 1.234 g/L，萃取回收率为 99.5%，电积回收率为 99.5%。综合回收率为 63.03%，年直接经济效益为 914.32 万元。

3) 五龙金矿尾矿回采

21 世纪初进行尾矿金回收的尾矿库 1964 年投入使用，1987 年闭库，库内堆存浮选尾矿量为 341 万 t，品位 0.626 g/t，金属量 2134.56 kg。库区面积 0.05 km^2，尾矿最大堆积高度为 48 m。尾矿粒度为 -200 目的占 90%，平均粒度为 0.045 mm。尾矿密度为 1.4 t/m^3。尾矿呈板结状，颗粒越细胶结越严重。尾矿黏聚力 22.56 kPa，内摩擦角 37.5°。堆积坝表面压一层厚 0.2~0.3 m 毛石，可防止雨水冲刷。尾矿库平面及品位分布见图 7-19(图中数字为尾矿品位：g/t)。

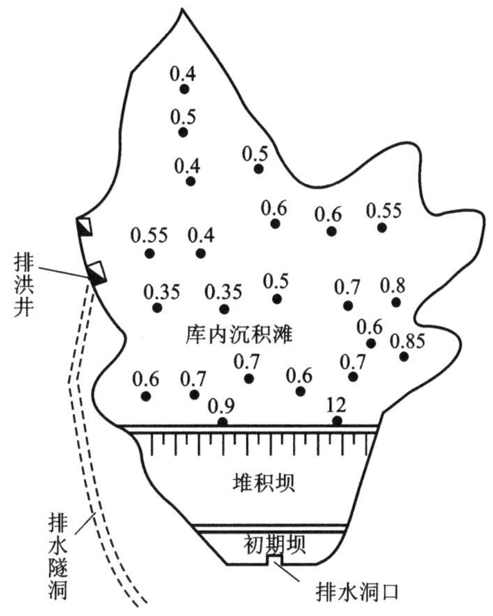

图 7-19　尾矿库平面及品位分布

(1) 机械开采

尾矿库内尾矿金品位是不均匀的，粗颗粒的部分和堆积坝的地方矿石品位高一些。为便于选别开采，先采高品位的地段，充分利用矿山现有设备，采用了开采工艺简单、灵活的装载机-自卸汽车机械开采方案。

铲运设备为 ZL-50 型前端式轮式装载机 1 台，8 t 自卸汽车 1 台。

分层高度根据装载机铲装高度选取。分层高度太高，不安全；分层高度低，则影响装载机生产效率。综合考虑选取分层高度为 5 m。

开采堑沟垂直堆积坝布置，堑沟宽度为 15~20 m。

主要技术经济指标见表 7-35。

表 7-35　机械开采技术经济指标

参数	指标
年作业天数/d	210
生产能力/(t·台$^{-1}$·班$^{-1}$)	350
劳动生产率/(t·人$^{-1}$·a^{-1})	10576
采矿成本/(元·t^{-1})	3.26

机械开采存在的问题：①由于堆积坝逐年向库内推进，并且始终从堆积坝向库内堆放尾矿，库内不同粒级的尾矿叠加、沉积后形成层状构造，越向库里越明显。装载机铲装的尾矿多呈片状、硬度大、不易水碎，筛分除屑作业困难，严重影响生产。②雨天不能生产。③开采作业成本高。④尽管开采工作面采取降尘措施，但粉尘量还是很大。⑤山坡挂帮尾矿清理困难。

(2)水力开采

针对机械开采存在的问题，以及黄金市场较高的金价，通过综合技术经济分析，认为整个库内尾矿都有开采价值，故2003年将尾矿金回收车间生产能力由800 t/d提高到2000 t/d，并采用高压水枪水力开采方案，见图7-20。

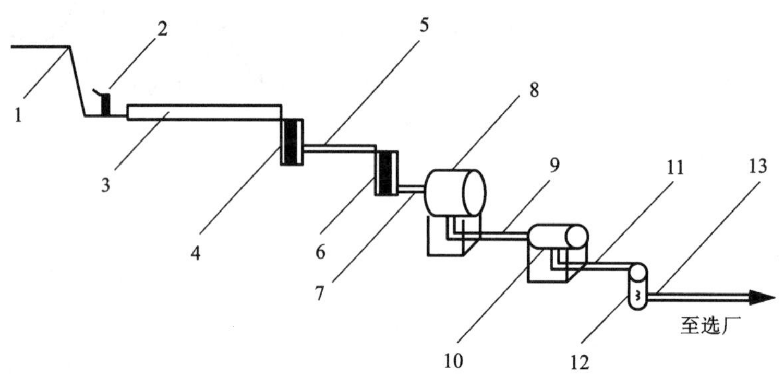

1—尾矿；2—水枪；3—溜槽；4—缓冲槽；5—矿浆管；6—矿浆槽；7—矿浆管；8—圆筒筛；9—矿浆管；10—圆筒筛；11—矿浆管；12—矿浆槽；13—矿浆管。

图7-20 水力开采工艺流程示意图

①开拓和冲采方法

尾矿库外坡呈台阶状，形成30°的坡面。开采顺序：自上而下，由外向里。采用堑沟开拓法。回采工作面台阶高度为8~10 m，工作面宽度为20~30 m。采用逆向冲采法，冲矿沟布置在中间或一侧。

②工作压力和单位耗水量

工作压力和单位耗水量是水力开采的2个重要参数，是水枪、供水设备选择和生产能力计算的依据。沉积尾矿是砂矿床的一种特殊类型，因此，在设计时应结合矿山尾矿胶结严重的特点，参照类似砂矿山选取。选取的工作压力为1000 kPa，经过1年的生产实践被认为是合适的。最初选取的耗水量为4.0 m^3/m^3(2.86 m^3/t)，试生产后，实际耗水量2.1 m^3/m^3(1.5 m^3/t)，比一般砂矿耗水量要小，水量损失小于10%。

③水枪和供水系统

根据工作压力和流量，选用2台人工操作的平桂-150型水枪，1台生产，1台备用。平桂-150型水枪技术性能见表7-36。

表 7-36　平桂-150 型水枪技术性能

型号	工作压力/kPa	流量/($m^3 \cdot h^{-1}$)	水平转角/(°)	最大射程/m	外形尺寸/(mm×mm×mm)
平桂-150 型	500~1000	186~322	360	80	2200×350×2099

供水系统：尾矿库回收水作为水力开采水源。根据水力开采及选矿用水量，选用 150D30×5 型水泵，泵送到采场附近容量为 500 m^3 的水池。水枪供水泵型号为 150DL-150-20×6，安装在水池旁。水枪的供水管采用带法兰的耐压塑料管，安装、移动方便。

④矿浆运输

利用回采工作面与筛分除屑设备间的高差，采用溜槽自流运输。溜槽形状为半圆形，半径有 250 mm 和 300 mm 2 种，由玻璃钢材料制作，表面光滑，阻力很小。工作面与筛分除屑设备间高差大时，采用缓冲槽连接，即溜槽送到缓冲槽，缓冲槽运至筛分除屑设备，采用管道运输。并在送往选厂的矿浆管路上安装浓度计和流量计进行在线测量。

⑤筛分除屑作业

采用 2 段筛分除屑方式，第 1 段采用直径<2.0 m 的圆筒筛 1 台，筛孔直径为 10 mm；第 2 段采用直径<1.5 m 的圆筒筛 2 台，筛孔直径 0.6 mm。筛分除屑后，矿浆浓度为 40%左右，经管道自流输送至选厂泵池。

水力开采主要技术经济指标见表 7-37。

表 7-37　水力开采主要技术经济指标

参数	指标值
年作业天数/d	210
生产能力/(t·台$^{-1}$·班$^{-1}$)	85
耗水量/($m^3 \cdot t^{-1}$)	1.5
矿浆浓度/%	40~50
劳动生产率/(t·人$^{-1}$·a^{-1})	17778
采矿成本/(元·t^{-1})	1.25

水力开采和机械开采比较有以下优点：沉积多年胶结严重的尾矿，机械开采时，产生很多板状块体，占尾矿量的 10%~30%，筛分除屑作业十分困难；水力开采时，在高压射流作用下，很少有大块产生，水碎效果明显，筛分除屑作业比较容易。开采成本低，采矿成本下降 2.01 元/t。劳动生产率高。雨天不影响生产。山坡尾矿易清理干净、损失小。扬尘减少，改善了作业环境。

参考文献

[1] 何满潮，李春华，朱家玲，等. 中国中低焓地热工程技术[M]. 北京：科学出版社，2004.
[2] 曹秀玲. 三河尖矿深井高温热害资源化利用技术[D]. 北京：中国矿业大学(北京)，2010.
[3] TEMPLETON J D, GHOREISHI-MADISEH S A, HASSANI F, et al. Abandoned petroleum wells as sustainable sources of geothermal energy[J]. Energy, 2014, 70(3)：366-373.
[4] 何满潮. HEMS 深井降温系统研发及热害控制对策[J]. 中国基础科学，2008，10(2)：1353-1361.
[5] 李虎虎. 深井热资源的利用研究[J]. 科技创新与应用，2017(11)：128-129.
[6] INABA H, HORIBE A, OZAKI K, et al. Study of cold heat energy release characteristics of flowing ice water slurry in a pipe[J]. Transactions of the Japan Society of Refrigerating & Air Conditioning Engineers, 2011, 14(3)：265-276.
[7] 魏玉光，杨浩，刘建军. 青藏铁路运输组织的特殊性及安全保障体系初探[J]. 中国安全科学学报，2003，13(3) ：22-28.
[8] 孙信义. 试论压入式通风在高海拔矿井中的应用[J]. 煤炭工程. 2004(4)：35-39.
[9] 王洪粱，辛嵩. 人工增压技术的高海拔矿井通风系统[J]. 黑龙江科技学院学报，2009，19(6)：447-450.
[10] 陈开运. 高海拔电气设备工作特点及设计要求[J]. 机车电传动，2005(2)：19-22.
[11] 张家玺. 高原环境对车用柴油机使用性能影响分析[J]. 车用发动机，2003(4)：52-54.
[12] 杜海青. 高原缺氧地区多金属矿的开发思考：以西藏甲玛特大型铜多金属矿开发为例[J]. 黄金，2011，32(12)：1-4.
[13] 刘晓亮，褚洪涛. 我国复杂大水金属矿床的开采现状与发展趋势[J]. 采矿技术，2008，8(2)：3-4，29.
[14] 李唐山，王权明，曹志忠，等. 老窑积水威胁煤矿工作面水害综合防治技术[J]. 矿业安全与环保，2012，39(1)：70-71.
[15] 张立新，李长洪，赵宇，等. 矿井突水预测研究现状及发展趋势[J]. 中国矿业，2009，18(1)：88-90，108.
[16] 褚军凯，霍俊发，崔存旺，等. 复杂富水矿床安全开采综合技术研究[J]. 金属矿山，2012(8)：6-11.
[17] 李庆倩，郭景柱. 高阳铁矿采矿方法优化研究[J]. 采矿技术，2008，8(2)：7-8，86.
[18] 古德生，吴超，等. 我国金属矿山安全与环境科技发展前瞻研究[M]. 北京：冶金工业出版社，2011.
[19] 刘辉. 硫化矿石自燃特性及井下火源探测技术研究[D]. 长沙：中南大学，2010.
[20] 李济吾，宋学义. 矿岩氧化自燃数学模型的研究[J]. 南方冶金学院学报，1990，11(1)：7-17.
[21]《采矿手册》编辑委员会. 采矿手册第 4 卷[M]. 北京：冶金工业出版社，1990.
[22] 王运敏. 现代采矿手册[M]. 北京：冶金工业出版社，2012.
[23] 周星火. 铀矿通风与辐射安全[M]. 哈尔滨：哈尔滨工程大学出版社，2009.
[24] 马尧，胡宝群，孙占学，等. 浅论铀矿山的三废污染及治理方法[J]. 铀矿冶，2007，26(1)：35-39.
[25]《铀矿开采技术》编写组. 铀矿开采技术[M]. 北京：原子能出版社，1981.
[26] 杨仕教. 现代铀矿床开采科学技术[M]. 哈尔滨：哈尔滨工程大学出版社，2010.
[27] 王湖鑫，陈何，孙忠铭，等. 地下残矿回收方法研究[J]. 矿冶，2008，17(2)：24-26.
[28] 王光瑞. 上厂铁矿尾矿开采的探索与实践[J]. 矿业快报，2001(22)：16-18.
[29] 谷新建，胡磊，等. 老窿残矿开采技术及安全管理措施[J]. 中国安全科学学报，2008(18)：150-153.
[30] 王海君. 残矿的回收及其劳动组织[J]. 采矿技术，2005，5(1)：13-14.
[31] 韦方景. 铜坑矿高大冒落区残矿回收浅析[J]. 采矿技术，2009，9(4)：13-15.
[32] 张福国，杨新德，吴士鹏，等. 矿山沉积尾矿开采生产实践[J]. 黄金，2005，26(5)：24-26.

[33] ARNIM GLEICH, ROBERT U AYRES, STEFAN GÖßLING - REISEMANN. Securing Our Future - Steps Towards a Closed Loop Economy[M]. Spiringer, 2006.

[34] GLUSHKO V T, VAGANOV I I. Influence of certain natural geological and miningtechnology factors on the stability of a development working[J]. Jounal of Mining Scienee, 1998, 5(4): 89-10.

[35] KULTHAREV V, ADORSKAYA L G. A method and a model formining manipulator control[J]. Journal of Mining Seienee, 1990, 26(6): 172-18.

[36] WINDE F, SANDHAM L A. Uranium pollution of south african streams-An overview of the situation in gold mining areas of the Witwatersrand[J]. Geojoumal, 2004, 61(2): 112-115.

[37] DONDURUR D. Depth estimates for slingram electromagnetic anomalies from dipping sheet-like bodies by the normalized full gradient method[J]. Pure and Applied Geophysies, 2005, 162(11): 2179-2195.

[38] GIBOWIEZ S J, LASOEKI S. Analysis of shallow and deep earthquake doublets in the Fiji-Tonga-Kermadec Region[J]. Pure and Applied Geo Physies, 2007, 164(1): 42-53.

[39] ZARETSKII Y K, KARABAEV M I. Feasibility of face sureharging during deep settlement-Free tunneling in dense urban settings[J]. Soil Mechanics and Foundation Engineering, 2004, 41(4): 1136-1149.

[40] GRODNER M. Fraeturing around a preconditioned deep level goldmine stope[J]. Geotechnical and Geological Engineering, 1999, 17(3-4): 418-42.

[41] MILEV A M, SPOTTISWOODE S M. Effect of the rock propertieson mining-induced seismicity around the ventersdorp contact reef, Witwatersr and Basin, South Africa[J]. Pure and Applied GeoPhysies, 1999, 159 (1-3): 165-177.

[42] 陈炎光，陈冀飞. 中国煤矿开拓系统[M]. 徐州：中国矿业大学出版社，1996.

[43] 赵生才. 深部高应力下的资源开采与地下工程：香山会议第 175 次综述[J]. 地球科学进展，2002，17(2)：295-298.

[44] 古德生，李夕兵. 有色金属深井采矿研究现状与科学前沿[C]//中国有色金属学会，长沙矿山研究院. 中国有色金属学会第五届学术年会论文集，长沙，2003.

[45] 刘同有. 国际采矿技术发展的趋势[J]. 中国矿山工程，2005，34(1)：35-40.

[46] ZHANG X, ZHANG X K, LIU M. Deep structural characteristies and seismogenesis of the M 8.0 earthquakes in North China[J]. Acta Seismological Sinica, 2003, 16(2): 148-155.

[47] 景海河. 深部工程围岩特性及其变形破坏机制研究[D]. 北京：中国矿业大学(北京校区)，2002.

[48] TEMPLETON J D, GHOREISHI - MADISEH S A, HASSANI F, et al. Abandoned petroleum wells as sustainable sources of geothermal energy[J]. Energy, 2014, 70(3): 366-373.

[49] 何满潮. HEMS 深井降温系统研发及热害控制对策[J]. 中国基础科学，2008，10(2)：1353-1361.

[50] 李虎虎. 深井热资源的利用研究[J]. 科技创新与应用，2017(11)：128-129.

[51] INABA H, HORIBE A, OZAKI K, et al. Study of cold heat energy release characteristics of flowing ice water slurry in a pipe[J]. Transactions of the Japan Society of Refrigerating & Air Conditioning Engineers, 2011, 14(3): 265-276.

[52] 魏玉光，杨浩，刘建军. 青藏铁路运输组织的特殊性及安全保障体系初探[J]. 中国安全科学学报，2003，13(3)：22-28.

[53] 孙信义. 试论压入式通风在高海拔矿井中的应用[J]. 煤炭工程，2004(4)：35-39.

[54] 王洪粱，辛嵩. 人工增压技术的高海拔矿井通风系统[J]. 黑龙江科技学院学报，2009，19(6)：447-450.

[55] 陈开运. 高海拔电气设备工作特点及设计要求[J]. 机车电传动，2005(2)：19-22.

[56] 张家玺. 高原环境对车用柴油机使用性能影响分析[J]. 车用发动机，2003(4)：52-54.

[57] 杜海青. 高原缺氧地区多金属矿的开发思考：以西藏甲玛特大型铜多金属矿开发为例[J]. 黄金，2011，

32(12)：1-4.
[58] 吕波，高道平. 如何安全进行高海拔、永冻层中矿体的开采[J]. 新疆有色金属，2006，29(3)：13-14.
[59] 刘晓亮，褚洪涛. 我国复杂大水金属矿床的开采现状与发展趋势[J]. 采矿技术，2008，8(2)：3-4，29.
[60] 李唐山，王权明，曹志忠，等. 老窑积水威胁煤矿工作面水害综合防治技术[J]. 矿业安全与环保，2012，39(1)：70-71.
[61] 张立新，李长洪，赵宇，等. 矿井突水预测研究现状及发展趋势[J]. 中国矿业，2009，18(1)：88-90，108.
[62] 褚洪涛. 我国金属矿山大水矿床的地下开采采矿方法[J]. 采矿技术，2006，6(3)：49-52.
[63] 褚军凯，霍俊发，崔存旺，等. 复杂富水矿床安全开采综合技术研究[J]. 金属矿山，2012(8)：6-11.
[64] 李庆倩，郭景柱. 高阳铁矿采矿方法优化研究[J]. 采矿技术，2008，8(2)：7-8+86.
[65] 古德生，吴超，等. 我国金属矿山安全与环境科技发展前瞻研究[M]. 北京：冶金工业出版社，2011.
[66] 刘辉. 硫化矿石自燃特性及井下火源探测技术研究[D]. 长沙：中南大学，2010.
[67] 阳富强. 金属矿山硫化矿自然发火机理及其预测预报技术研究[D]. 长沙：中南大学，2011.
[68] 李济吾，宋学义. 矿岩氧化自燃数学模型的研究[J]. 南方冶金学院学报，1990，11(1)：7-17.
[69] 王运敏. 现代采矿手册[M]. 北京：冶金工业出版社，2012.
[70] 周星火. 铀矿通风与辐射安全[M]. 哈尔滨：哈尔滨工程大学出版社，2009.
[71] 马尧，胡宝群，孙占学，等. 浅论铀矿山的三废污染及治理方法[J]. 铀矿冶，2007，26(1)：35-39.
[72]《铀矿开采技术》编写组. 铀矿开采技术[M]. 北京：原子能出版社，1981.
[73] 杨仕教. 现代铀矿床开采科学技术[M]. 哈尔滨：哈尔滨工程大学出版社，2010.
[74] 王湖鑫，陈何，孙忠铭，等. 地下残矿回收方法研究[J]. 矿冶，2008，17(2)：24-26.
[75] 王光瑞. 上厂铁矿尾矿开采的探索与实践[J]. 矿业快报，2001(22)：16-18.
[76] 谷新建，胡磊，等. 老窿残矿开采技术及安全管理措施[J]. 中国安全科学学报，2008(18)：150-153.
[77] 王海君. 残矿的回收及其劳动组织[J]. 采矿技术，2005，5(1)：13-14.
[78] 韦方景. 铜坑矿高大冒落区残矿回收浅析[J]. 采矿技术，2009，9(4)：13-15.
[79] 张福国，杨新德，吴士鹏，等. 矿山沉积尾矿开采生产实践[J]. 黄金，2005，26(5)：24-26.